2025年版

共通テスト

過去問研究

数学

I、A / II、B、C

教学社

受験勉強の5か条

受験勉強は過去問に始まり，過去問に終わる。

入試において，過去問は最大の手がかりであり，情報の宝庫です。

次の5か条を参考に，過去問をしっかり活用しましょう。

✦出題傾向を把握

まずは「共通テスト対策講座」を読んでみましょう。

✦いったん試験1セット分を解いてみる

最初は時間切れになっても，またすべて解けなくても構いません。

✦自分の実力を知り，目標を立てる

答え合わせをして，得意・不得意を分析しておきましょう。

✦苦手も克服！

分野や形式ごとに重点学習してみましょう。

✦とことん演習

一度解いて終わりにせず，繰り返し取り組んでおくと効果アップ！

直前期には時間を計って本番形式のシミュレーションをしておくと万全です。

はじめに

 共通テストってどんな試験？

大学入学共通テスト（以下，共通テスト）は，大学への入学志願者を対象に，高校の段階における基礎的な学習の達成の程度を判定し，大学教育を受けるために必要な能力について把握することを目的とする試験です。一般選抜で国公立大学を目指す場合は，原則的に，一次試験として共通テストを受験し，二次試験として各大学の個別試験を受験することになります。また，私立大学も 9 割近くが共通テストを利用します。そのことから，共通テストは 50 万人近くが受験する，大学入試最大の試験になっています。

新課程の共通テストの特徴は？

2025 年度から新課程入試が始まり，共通テストにおいては教科・科目が再編成され，新教科「情報」が導入されます。2022 年に高校に進学した人が学んできた内容に即して出題されますが，重視されるのは，従来の共通テストと同様，「思考力」です。単に知識があるかどうかではなく，知識を使って考えることができるかどうかが問われます。新課程の問題作成方針を見ると，問題の構成や場面設定など，これまでの共通テストの出題傾向を引き継いでおり，作問の方向性は変わりません。

どうやって対策すればいいの？

共通テストで問われるのは，高校で学ぶべき内容をきちんと理解しているかどうかですから，まずは普段の授業を大切にし，教科書に載っている基本事項をしっかりと身につけておくことが重要です。そのうえで過去問を解いて共通テストで特徴的な出題に慣れておきましょう。共通テストは問題文の分量が多いので，必要とされるスピード感や難易度の振れ幅を事前に知っておくと安心です。過去問を解いて間違えた問題をチェックし，苦手分野の克服に役立てましょう。問題作成方針では「これまで良質な問題作成を行う中で蓄積した知見や，問題の評価・分析の結果を問題作成に生かす」とされており，過去問の研究は有用です。本書は，大学入試センターから公表された資料等を詳細に分析し，課程をまたいでも過去問を最大限に活用できるよう編集しています。

本書が十分に活用され，志望校合格の一助になることを願ってやみません。

Contents

※1 実戦創作問題は，大学入試センターから公表された新課程試作問題等に基づいて独自に作成した，本書オリジナルの問題です。

※2 新課程試作問題は，2025年度からの試験の問題作成の方向性を示すものとして，2022年11月9日に大学入試センターから公表された問題です。

※3 2021年度の共通テストは，新型コロナウイルス感染症の影響に伴う学業の遅れに対応する選択肢を確保するため，本試験が2日程で実施されました。

※4 試行調査は，センター試験から共通テストに移行するに先立って実施されました。なお，記述式の出題は見送りとなりましたが，試行調査で出題された記述式問題は参考として掲載しています。

共通テストについてのお問い合わせは…

独立行政法人 大学入試センター
志願者問い合わせ専用（志願者本人がお問い合わせください）03-3465-8600
9：30～17：00（土・日曜，祝日，12月29日～1月3日を除く）
https://www.dnc.ac.jp/

共通テストの
基礎知識

本書編集段階において，2025年度共通テストの詳細については正式に発表されていませんので，ここで紹介する内容は，2024年3月時点で文部科学省や大学入試センターから公表されている情報，および2024年度共通テストの「受験案内」に基づいて作成しています。変更等も考えられますので，各人で入手した2025年度共通テストの「受験案内」や，大学入試センターのウェブサイト（https://www.dnc.ac.jp/）で必ず確認してください。

共通テストのスケジュールは？

A　2025年度共通テストの本試験は，1月18日(土)・19日(日)に実施される予定です。

「受験案内」の配布開始時期や出願期間は未定ですが，共通テストのスケジュールは，例年，次のようになっています。1月なかばの試験実施日に対して出願が10月上旬とかなり早いので，十分注意しましょう。

9月初旬　「受験案内」配布開始
　└志願票や検定料等の払込書等が添付されています。

10月上旬　**出願**（現役生は在籍する高校経由で行います。）

1月なかば　共通テスト　2025年度本試験は1月18日(土)・19日(日)に実施される予定です。

自己採点

1月下旬　国公立大学一般選抜の個別試験出願

私立大学の出願時期は大学によってまちまちです。
各人で必ず確認してください。

共通テストの出願書類はどうやって入手するの？

A 「受験案内」という試験の案内冊子を入手しましょう。

「受験案内」には，志願票，検定料等の払込書，個人直接出願用封筒等が添付されており，出願の方法等も記載されています。主な入手経路は次のとおりです。

現役生	高校で一括入手するケースがほとんどです。出願も学校経由で行います。
過年度生	共通テストを利用する全国の各大学の入試担当窓口で入手できます。 予備校に通っている場合は，そこで入手できる場合もあります。

個別試験への出願はいつすればいいの？

A 国公立大学一般選抜は「共通テスト後」の出願です。

国公立大学一般選抜の個別試験（二次試験）の出願は共通テストの後になります。受験生は，共通テストの受験中に自分の解答を問題冊子に書きとめておいて持ち帰ることができますので，翌日，新聞や大学入試センターのウェブサイトで発表される正解と照らし合わせて**自己採点**し，その結果に基づいて，予備校などの合格判定資料を参考にしながら，出願大学を決定することができます。

私立大学の共通テスト利用入試の場合は，出願時期が大学によってまちまちです。大学や試験の日程によっては**出願の締め切りが共通テストより前**ということもあります。志望大学の入試日程は早めに調べておくようにしましょう。

受験する科目の決め方は？　『情報Ｉ』の受験も必要？

A 志望大学の入試に必要な教科・科目を受験します。

次ページに掲載の７教科 21 科目のうちから，受験生は最大９科目を受験することができます。どの科目が課されるかは大学・学部・日程によって異なりますので，受験生は志望大学の入試に必要な科目を選択して受験することになります。

すべての国立大学では，原則として『情報Ｉ』を加えた６教科８科目が課されます。公立大学でも『情報Ｉ』を課す大学が多くあります。

共通テストの受験科目が足りないと，大学の個別試験に出願できなくなります。第一志望に限らず，**出願する可能性のある大学の入試に必要な教科・科目は早めに調べ**ておきましょう。

● 2025 年度の共通テストの出題教科・科目

教　科	出題科目	出題方法（出題範囲・選択方法）	試験時間 （配点）
国　語	『国語』	「現代の国語」及び「言語文化」を出題範囲とし，近代以降の文章及び古典（古文，漢文）を出題する。	90 分 （200 点）＊1
地理歴史 公　民	(b) 『地理総合，地理探究』 『歴史総合，日本史探究』 『歴史総合，世界史探究』 『公共，倫理』 『公共，政治・経済』 (a) 『地理総合／歴史総合／公共』 (a)：必履修科目を組み合わせた出題科目 (b)：必履修科目と選択科目を組み合わせた出題科目	６科目から最大２科目を選択解答（受験科目数は出願時に申請）。 ２科目を選択する場合，以下の組合せを選択することはできない。 **(b)のうちから２科目を選択する場合** 『公共，倫理』と『公共，政治・経済』の組合せを選択することはできない。 **(b)のうちから１科目及び(a)を選択する場合** (b)については，(a)で選択解答するものと同一名称を含む科目を選択することはできない。＊2 (a)の『地理総合／歴史総合／公共』は，「地理総合」，「歴史総合」及び「公共」の３つを出題範囲とし，そのうち２つを選択解答する（配点は各 50 点）。	１科目選択 60 分（100 点） ２科目選択＊3 解答時間 120 分 （200 点）
数学 ①	『数学Ⅰ，数学Ａ』 『数学Ⅰ』	２科目から１科目を選択解答。 「数学Ａ」は２項目（図形の性質，場合の数と確率）に対応した出題とし，全てを解答する。	70 分 （100 点）
数学 ②	『数学Ⅱ，数学Ｂ，数学Ｃ』	「数学Ｂ」「数学Ｃ」は４項目（数列，統計的な推測，ベクトル，平面上の曲線と複素数平面）に対応した出題とし，そのうち３項目を選択解答する。	70 分 （100 点）
理　科	『物理基礎／化学基礎／生物基礎／地学基礎』 『物理』 『化学』 『生物』 『地学』	５科目から最大２科目を選択解答（受験科目数は出願時に申請）。 『物理基礎／化学基礎／生物基礎／地学基礎』は，「物理基礎」，「化学基礎」，「生物基礎」及び「地学基礎」の４つを出題範囲とし，そのうち２つを選択解答する（配点は各 50 点）。	１科目選択 60 分（100 点） ２科目選択＊3 解答時間 120 分 （200 点）
外国語	『英語』 『ドイツ語』 『フランス語』 『中国語』 『韓国語』	５科目から１科目を選択解答。 『英語』は，「英語コミュニケーションⅠ」，「英語コミュニケーションⅡ」及び「論理・表現Ⅰ」を出題範囲とし，【リーディング】及び【リスニング】を出題する。 受験者は，原則としてその両方を受験する。	『英語』 【リーディング】 80 分（100 点） 【リスニング】 解答時間 30 分＊4 （100 点） 『英語』以外 【筆記】 80 分（200 点）
情　報	『情報Ⅰ』		60 分（100 点）

＊1　『国語』の分野別の大問数及び配点は，近代以降の文章が３問 110 点，古典が２問 90 点（古文・漢文各 45 点）とする。

＊2　地理歴史及び公民で2科目を選択する受験者が，(b)のうちから1科目及び(a)を選択する場合において，選択可能な組合せは以下のとおり。　○：選択可能　×：選択不可

		(a)		
		「地理総合」「歴史総合」	「地理総合」「公共」	「歴史総合」「公共」
(b)	『地理総合，地理探究』	×	×	○
	『歴史総合，日本史探究』	×	○	×
	『歴史総合，世界史探究』	×	○	×
	『公共，倫理』	○	×	×
	『公共，政治・経済』	○	×	×

＊3　「地理歴史及び公民」と「理科」で2科目を選択する場合は，解答順に「第1解答科目」及び「第2解答科目」に区分し各60分間で解答を行うが，第1解答科目と第2解答科目の間に答案回収等を行うために必要な時間を加えた時間を試験時間（130分）とする。

＊4　リスニングは，音声問題を用い30分間で解答を行うが，解答開始前に受験者に配付したICプレーヤーの作動確認・音量調節を受験者本人が行うために必要な時間を加えた時間を試験時間（60分）とする。

科目選択によって有利不利はあるの？

A　得点調整の対象となった各科目間で，次のいずれかが生じ，これが試験問題の難易差に基づくものと認められる場合には，得点調整が行われます。

・20点以上の平均点差が生じた場合

・15点以上の平均点差が生じ，かつ，段階表示の区分点差が20点以上生じた場合

旧課程で学んだ過年度生のための経過措置はあるの？

A　あります。

2025年1月の共通テストは新教育課程での実施となるため，旧教育課程を履修した入学志願者など，新教育課程を履修していない入学志願者に対しては，出題する教科・科目の内容に応じて経過措置を講じることとされ，「地理歴史・公民」「数学」「情報」の3教科については旧課程科目で受験することもできます。

「受験案内」の配布時期や入手方法，出願期間，経過措置科目などの情報は，大学入試センターから公表される最新情報を，各人で必ず確認するようにしてください。

WEBもチェック！〔教学社 特設サイト〕

〈新課程〉の共通テストがわかる！

http://akahon.net/k-test_sk

試験データ

2021～2024 年度の共通テストについて，志願者数や平均点の推移，科目別の受験状況などを掲載しています。

● 志願者数・受験者数等の推移

	2024 年度	2023 年度	2022 年度	2021 年度
志願者数	491,914 人	512,581 人	530,367 人	535,245 人
内，高等学校等卒業見込者	419,534 人	436,873 人	449,369 人	449,795 人
現役志願率	45.2%	45.1%	45.1%	44.3%
受験者数	457,608 人	474,051 人	488,384 人	484,114 人
本試験のみ	456,173 人	470,580 人	486,848 人	482,624 人
追試験のみ	1,085 人	2,737 人	915 人	1,021 人
再試験のみ	—	—	—	10 人
本試験＋追試験	344 人	707 人	438 人	407 人
本試験＋再試験	6 人	26 人	182 人	51 人
追試験＋再試験	—	1 人	—	—
本試験＋追試験＋再試験	—	—	1 人	—
受験率	93.03%	92.48%	92.08%	90.45%

・2021 年度の受験者数は特例追試験（1 人）を含む。
・やむを得ない事情で受験できなかった人を対象に追試験が実施される。また，災害，試験上の事故などにより本試験が実施・完了できなかった場合に再試験が実施される。

● 志願者数の推移

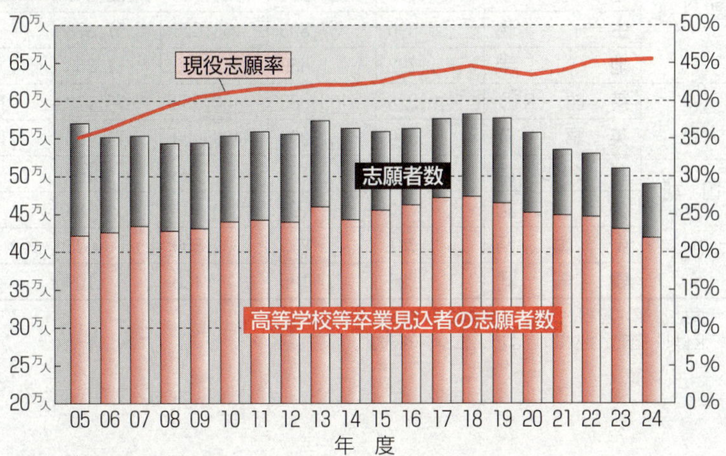

科目ごとの受験者数の推移（2021〜2024年度本試験）

（人）

教科		科目	2024年度	2023年度	2022年度	2021年度①	2021年度②
国語		国語	433,173	445,358	460,967	457,304	1,587
地理歴史		世界史Ａ	1,214	1,271	1,408	1,544	14
		世界史Ｂ	75,866	78,185	82,986	85,690	305
		日本史Ａ	2,452	2,411	2,173	2,363	16
		日本史Ｂ	131,309	137,017	147,300	143,363	410
		地理Ａ	2,070	2,062	2,187	1,952	16
		地理Ｂ	136,948	139,012	141,375	138,615	395
公民		現代社会	71,988	64,676	63,604	68,983	215
		倫理	18,199	19,878	21,843	19,954	88
		政治・経済	39,482	44,707	45,722	45,324	118
		倫理，政治・経済	43,839	45,578	43,831	42,948	221
数学	数学①	数学Ⅰ	5,346	5,153	5,258	5,750	44
		数学Ⅰ・Ａ	339,152	346,628	357,357	356,492	1,354
	数学②	数学Ⅱ	4,499	4,845	4,960	5,198	35
		数学Ⅱ・Ｂ	312,255	316,728	321,691	319,697	1,238
		簿記・会計	1,323	1,408	1,434	1,298	4
		情報関係基礎	381	410	362	344	4
理科	理科①	物理基礎	17,949	17,978	19,395	19,094	120
		化学基礎	92,894	95,515	100,461	103,073	301
		生物基礎	115,318	119,730	125,498	127,924	353
		地学基礎	43,372	43,070	43,943	44,319	141
	理科②	物理	142,525	144,914	148,585	146,041	656
		化学	180,779	182,224	184,028	182,359	800
		生物	56,596	57,895	58,676	57,878	283
		地学	1,792	1,659	1,350	1,356	30
外国語		英語（R※）	449,328	463,985	480,762	476,173	1,693
		英語（L※）	447,519	461,993	479,039	474,483	1,682
		ドイツ語	101	82	108	109	4
		フランス語	90	93	102	88	3
		中国語	781	735	599	625	14
		韓国語	206	185	123	109	3

・2021年度①は第1日程，2021年度②は第2日程を表す。
※英語のＲはリーディング，Ｌはリスニングを表す。

科目ごとの平均点の推移（2021〜2024年度本試験）

（点）

教科		科目	2024年度	2023年度	2022年度	2021年度①	2021年度②
国語		国語	58.25	52.87	55.13	58.75	55.74
地理歴史		世界史A	42.16	36.32	48.10	46.14	43.07
		世界史B	60.28	58.43	65.83	63.49	54.72
		日本史A	42.04	45.38	40.97	49.57	45.56
		日本史B	56.27	59.75	52.81	64.26	62.29
		地理A	55.75	55.19	51.62	59.98	61.75
		地理B	65.74	60.46	58.99	60.06	62.72
公民		現代社会	55.94	59.46	60.84	58.40	58.81
		倫理	56.44	59.02	63.29	71.96	63.57
		政治・経済	44.35	50.96	56.77	57.03	52.80
		倫理，政治・経済	61.26	60.59	69.73	69.26	61.02
数学	数学①	数学Ⅰ	34.62	37.84	21.89	39.11	26.11
		数学Ⅰ・A	51.38	55.65	37.96	57.68	39.62
	数学②	数学Ⅱ	35.43	37.65	34.41	39.51	24.63
		数学Ⅱ・B	57.74	61.48	43.06	59.93	37.40
		簿記・会計	51.84	50.80	51.83	49.90	—
		情報関係基礎	59.11	60.68	57.61	61.19	—
理科	理科①	物理基礎	57.44	56.38	60.80	75.10	49.82
		化学基礎	54.62	58.84	55.46	49.30	47.24
		生物基礎	63.14	49.32	47.80	58.34	45.94
		地学基礎	71.12	70.06	70.94	67.04	60.78
	理科②	物理	62.97	63.39	60.72	62.36	53.51
		化学	54.77	54.01	47.63	57.59	39.28
		生物	54.82	48.46	48.81	72.64	48.66
		地学	56.62	49.85	52.72	46.65	43.53
外国語		英語（R※）	51.54	53.81	61.80	58.80	56.68
		英語（L※）	67.24	62.35	59.45	56.16	55.01
		ドイツ語	65.47	61.90	62.13	59.62	—
		フランス語	62.68	65.86	56.87	64.84	—
		中国語	86.04	81.38	82.39	80.17	80.57
		韓国語	72.83	79.25	72.33	72.43	—

- 各科目の平均点は100点満点に換算した点数。
- 2023年度の「理科②」，2021年度①の「公民」および「理科②」の科目の数値は，得点調整後のものである。
  得点調整の詳細については大学入試センターのウェブサイトで確認のこと。
- 2021年度②の「－」は，受験者数が少ないため非公表。

● 地理歴史と公民の受験状況（2024年度）

（人）

受験科目数	地理歴史						公民				実受験者
	世界史A	世界史B	日本史A	日本史B	地理A	地理B	現代社会	倫理	政治・経済	倫理, 政経	
1科目	646	31,853	1,431	64,361	1,297	111,097	23,752	5,983	15,095	15,651	271,166
2科目	576	44,193	1,023	67,240	775	26,168	48,398	12,259	24,479	28,349	126,730
計	1,222	76,046	2,454	131,601	2,072	137,265	72,150	18,242	39,574	44,000	397,896

● 数学①と数学②の受験状況（2024年度）

（人）

受験科目数	数学①		数学②				実受験者
	数学Ⅰ	数学Ⅰ・数学A	数学Ⅱ	数学Ⅱ・数学B	簿記・会計	情報関係基礎	
1科目	2,778	24,392	85	401	547	69	28,272
2科目	2,583	315,744	4,430	312,807	777	313	318,327
計	5,361	340,136	4,515	313,208	1,324	382	346,599

● 理科①の受験状況（2024年度）

区分	物理基礎	化学基礎	生物基礎	地学基礎	延受験者計
受験者数	18,019人	93,102人	115,563人	43,481人	270,165人
科目選択率*	6.7%	34.5%	42.8%	16.1%	—

・2科目のうち一方の解答科目が特定できなかった場合も含む。
・科目選択率＝各科目受験者数／理科①延受験者計×100（＊端数切り上げ）

● 理科②の受験状況（2024年度）

（人）

受験科目数	物理	化学	生物	地学	実受験者
1科目	13,866	11,195	13,460	523	39,044
2科目	129,169	170,187	43,284	1,292	171,966
計	143,035	181,382	56,744	1,815	211,010

● 平均受験科目数（2024年度）

（人）

受験科目数	8科目	7科目	6科目	5科目	4科目	3科目	2科目	1科目
受験者数	6,008	266,837	19,804	20,781	38,789	91,129	12,312	1,948

平均受験科目数
5.67

・理科①（基礎の付された科目）は，２科目で１科目と数えている。

・上記の数値は本試験・追試験・再試験の総計。

共通テスト
対策講座

ここでは，大学入試センターから公表されている資料と，これまでに実施された試験をもとに，共通テストについてわかりやすく解説し，具体的にどのような対策をすればよいか考えます。

どんな問題が出るの？

まずは，大学入試センターから発表されている資料から，共通テストの作問の方向性を確認しておきましょう。

2021 年 1 月からスタートした「大学入学共通テスト」は，2025 年 1 月から，新課程に対応した試験となります。大学入試センターから変更点が発表され，変更点にかかわる「試作問題」も 2022 年 11 月 9 日に公表されました。

新課程の共通テストではどんな問題が出題されるのでしょうか？　公表された資料や試作問題の形式を確認しながら，これまでの共通テストとの共通点と相違点を具体的に見ていきましょう。

問題作成方針

共通テストの数学の**「問題作成方針」**は，下記のようになっています。

数学の**問題発見・解決の過程**を重視する。事象を数理的に捉え，数学の問題を見いだすこと，解決の見通しをもつこと，目的に応じて**数，式，図，表，グラフなどの数学的な表現**を用いて処理すること，及び**解決過程を振り返り**，得られた結果を意味づけたり，活用したり，統合的・発展的に考察したりすることなどを求める。

問題の作成に当たっては，数学における**概念や原理を基に考察したり，数学のよさを認識できたりするような題材等**を含め検討する。例えば，**日常生活や社会の事象など様々な事象を数理的に捉え，数学的に処理できる題材，教科書等では扱われていない数学の定理等を既習の知識等を活用しながら導くことのできるような題材**が考えられる。

試作問題を見ても，こうした方針が明確に表れた意欲的なものとなっています。新課程になるとはいえ，試作問題の中には 2021 年度の第 1 日程と同じ問題もあり，これまでの共通テストの内容や形式をほぼ継承しているといえます。会話形式や実用的な設定の多用，複数の資料・データの提示など，全体的に「読ませる」「考えさせる」設定になっており，**思考力・判断力・表現力**を問うために，問題の内容や設問の形式において様々な特徴が見られます。数学の本質や実用を意識させるような問い方になっており，**解いてみると楽しい，よく練られた良問**であると実感できます。

共通テスト徹底分析

新課程の共通テストではどんな問題が出題されるのでしょうか？　形式を確認しながら，具体的に見ていきましょう。

出題科目と試験時間

共通テストの数学は **2つのグループ**に分かれて実施されますが，新課程では下記のようになります。グループ②の出題科目は，従来「数学Ⅱ」『数学Ⅱ・数学B』『簿記・会計』『情報関係基礎』の4科目から1科目選択で，試験時間60分で実施されていましたが，『数学Ⅱ，数学B，数学C』 1科目に変更され，試験時間もグループ①と同様に70分となります。配点は，グループ①・②ともに，従来と変わらず **100点満点**です。

グループ	出題科目	出題方法	試験時間（配点）
①	『数学Ⅰ，数学A』 『数学Ⅰ』	• 左記出題科目の2科目のうちから1科目を選択し，解答する。 • 「数学A」については，図形の性質，場合の数と確率の2項目に対応した出題とし，全てを解答する。	70分 (100点)
②	『数学Ⅱ，数学B，数学C』	• 「数学B」及び「数学C」については，数列（数学B），統計的な推測（数学B），ベクトル（数学C）及び平面上の曲線と複素数平面（数学C）の4項目に対応した出題とし，4項目のうち3項目の内容の問題を選択解答する。	70分 (100点)

『数学Ⅰ，数学A』では，従来は「数学A」の範囲が選択問題で，3問のうち2問を解答することになっていましたが，新課程では選択問題を含まず，すべてを解答することになります。なお，「数学A」の範囲では，**「整数の性質」が出題されなくなり**，「図形の性質」，「場合の数と確率」の2項目に対応した出題となります。

『数学Ⅱ，数学B，数学C』では，従来は「数学B」の範囲が選択問題で，３問のうち２問を解答することになっていましたが，新課程では**「数学C」が追加**され，「数学B」の「数列」，「統計的な推測」と，「数学C」の「ベクトル」，「平面上の曲線と複素数平面」の**計４項目のうち３項目の内容の問題を選択解答**することになり，試作問題では選択問題が１問増えました。なお，従来「数学B」にあった「ベクトル」は「数学C」に移されましたが，**「平面上の曲線と複素数平面」は新課程入試で新たに出題される項目**になります。

変更点のまとめ

数学Ⅰ，数学A

- 選択問題３題のうち「整数の性質」が出題されなくなる。
- 選択問題であった「図形の性質」と「場合の数と確率」が必答問題になる。

数学Ⅱ，数学B，数学C

- 出題科目が『数学Ⅱ・数学B』から『数学Ⅱ，数学B，数学C』になる。
- 試験時間が60分から70分になる。
- 選択問題が，「３題のうち２題選択」から，「４題のうち３題選択」になる。
- 選択問題に「平面上の曲線と複素数平面」（数学C）が新しく出題される。

● 数学Ⅰ，数学A／大問構成・配点

試　験	区　分	大　問	項　目	配　点
新課程 試作問題	全問必答	第１問	〔1〕２次方程式，数と式 〔2〕図形と計量	10点 20点
		第２問	〔1〕２次関数 〔2〕データの分析	15点 15点
		第３問	図形の性質	20点
		第４問	場合の数と確率	20点
2024年度 本試験	必　答	第１問	〔1〕数と式 〔2〕図形と計量	10点 20点
		第２問	〔1〕２次関数 〔2〕データの分析	15点 15点
	２問選択	第３問	場合の数と確率	20点
		第４問	整数の性質	20点
		第５問	図形の性質	20点
2023年度 本試験	必　答	第１問	〔1〕数と式 〔2〕図形と計量	10点 20点
		第２問	〔1〕データの分析 〔2〕２次関数	15点 15点
	２問選択	第３問	場合の数と確率	20点
		第４問	整数の性質	20点
		第５問	図形の性質	20点
2023年度 追試験	必　答	第１問	〔1〕数と式 〔2〕図形と計量	10点 20点
		第２問	〔1〕２次関数 〔2〕データの分析 〔3〕データの分析	15点 6点 9点
	２問選択	第３問	場合の数と確率	20点
		第４問	整数の性質	20点
		第５問	図形の性質	20点

2022年度 本試験	必　答	第1問	〔1〕数と式 〔2〕図形と計量 〔3〕図形と計量，2次関数	10点 6点 14点
		第2問	〔1〕2次関数，集合と論理 〔2〕データの分析	15点 15点
	2問選択	第3問	場合の数と確率	20点
		第4問	整数の性質	20点
		第5問	図形の性質	20点
2022年度 追試験	必　答	第1問	〔1〕数と式 〔2〕図形と計量 〔3〕図形と計量	10点 6点 14点
		第2問	〔1〕2次関数 〔2〕データの分析	15点 15点
	2問選択	第3問	場合の数と確率	20点
		第4問	整数の性質	20点
		第5問	図形の性質	20点
2021年度 本試験 （第1日程）	必　答	第1問	〔1〕2次方程式，数と式 〔2〕図形と計量	10点 20点
		第2問	〔1〕2次関数 〔2〕データの分析	15点 15点
	2問選択	第3問	場合の数と確率	20点
		第4問	整数の性質	20点
		第5問	図形の性質	20点
2021年度 本試験 （第2日程）	必　答	第1問	〔1〕数と式，集合と論理 〔2〕図形と計量	10点 20点
		第2問	〔1〕2次関数 〔2〕データの分析	15点 15点
	2問選択	第3問	場合の数と確率	20点
		第4問	整数の性質	20点
		第5問	図形の性質	20点

試作問題は大問4題で，第1問・第2問が「数学Ⅰ」の範囲（計60点），第3問・第4問が「数学A」の範囲（計40点）からの出題でした。なお，試作問題のうち，新規に作成された問題は第2問〔2〕の**「データの分析」**，第4問の**「場合の数と確率」**のみで，その他の問題は2021年度第1日程で出題されたものと同じ問題でした。

● 数学Ⅱ，数学B，数学C／大問構成・配点

試　験	区　分	大　問	項　目	配　点
新課程 試作問題	必　答	第1問	三角関数	15点
		第2問	指数関数	15点
		第3問	微分・積分	22点
	3問選択	第4問	数列	16点
		第5問	統計的な推測	16点
		第6問	ベクトル	16点
		第7問	〔1〕平面上の曲線 〔2〕複素数平面	4点 12点
2024年度 本試験	必　答	第1問	〔1〕指数・対数関数，図形と方程式 〔2〕いろいろな式	15点 15点
		第2問	微分・積分	30点
	2問選択	第3問	確率分布と統計的な推測	20点
		第4問	数列	20点
		第5問	ベクトル	20点
2023年度 本試験	必　答	第1問	〔1〕三角関数 〔2〕指数・対数関数	18点 12点
		第2問	〔1〕微分 〔2〕積分	15点 15点
	2問選択	第3問	確率分布と統計的な推測	20点
		第4問	数列	20点
		第5問	ベクトル	20点
2023年度 追試験	必　答	第1問	〔1〕いろいろな式 〔2〕対数関数	16点 14点
		第2問	〔1〕微分 〔2〕積分	20点 10点
	2問選択	第3問	確率分布と統計的な推測	20点
		第4問	数列	20点
		第5問	ベクトル	20点

年度	区分	問	出題内容	配点
2022年度 本試験	必　答	第1問	〔1〕図形と方程式 〔2〕指数・対数関数	15点 15点
		第2問	〔1〕微分 〔2〕積分	18点 12点
	2問選択	第3問	確率分布と統計的な推測	20点
		第4問	数列	20点
		第5問	ベクトル	20点
2022年度 追試験	必　答	第1問	〔1〕図形と方程式 〔2〕三角関数	15点 15点
		第2問	微分・積分	30点
	2問選択	第3問	確率分布と統計的な推測	20点
		第4問	数列	20点
		第5問	ベクトル	20点
2021年度 本試験 （第1日程）	必　答	第1問	〔1〕三角関数 〔2〕指数関数，いろいろな式	15点 15点
		第2問	微分・積分	30点
	2問選択	第3問	確率分布と統計的な推測	20点
		第4問	数列	20点
		第5問	ベクトル	20点
2021年度 本試験 （第2日程）	必　答	第1問	〔1〕対数関数 〔2〕三角関数	13点 17点
		第2問	〔1〕微分・積分 〔2〕微分・積分	17点 13点
	2問選択	第3問	確率分布と統計的な推測	20点
		第4問	〔1〕数列 〔2〕数列	6点 14点
		第5問	ベクトル	20点

※ 2024年度以前は『数学Ⅱ・数学B』。

試作問題は大問7題で，第1問～第3問が「数学Ⅱ」の範囲（計52点），第4問～第7問が「数学B」「数学C」の範囲（各16点，計48点）でした。選択問題が増えた分，「数学Ⅱ」の配点が従来の60点から少なくなりました。なお，試作問題のうち，新規に作成された問題は第5問の**「統計的な推測」**，第7問の**「平面上の曲線と複素数平面」**のみで，その他の問題は2021年度第1日程で出題されたものと同じ問題，または一部を改題されたものでした。

● 数学Ⅰ／大問構成・配点

試　験	区　分	大　問	項　目	配　点
2024年度 本試験	必　答	第1問	〔1〕数と式 〔2〕集合と論理	10点 10点
		第2問	〔1〕図形と計量 〔2〕図形と計量	10点 20点
		第3問	〔1〕２次関数 〔2〕２次関数	15点 15点
		第4問	データの分析	20点
2023年度 本試験	必　答	第1問	〔1〕数と式 〔2〕集合と論理	10点 10点
		第2問	図形と計量	30点
		第3問	データの分析	20点
		第4問	〔1〕２次関数 〔2〕２次関数	15点 15点

難易度

2021年度の共通テストでは，大多数が受験した第1日程の平均点はいずれも50点台となり，やや難度は高めでした。2022年度はさらに難化し，40点前後の平均点となりましたが，2023・2024年度は50〜60点台の平均点となりました。今後も場面設定や設問形式による難化を想定して臨む方がよいと思われます。共通テストの過去問にはすべて取り組んでみて，こうした設定や形式に慣れておきましょう。本書で掲載している「実戦創作問題」も，それに準じてやや難しめの設定・形式で作成しています。

● 平均点の比較

科目名	2024 本試験	2023 本試験	2022 本試験	2021 第1日程	2021 第2日程
数学Ⅰ・数学A	51.38点	55.65点	37.96点	57.68点	39.62点
数学Ⅱ・数学B	57.74点	61.48点	43.06点	59.93点	37.40点

※追試験は非公表。

問題の場面設定

共通テストの大きな特徴のひとつが，問題の場面設定です。生徒同士や先生と生徒による**会話文の設定**や，教育現場での **ICT（情報通信技術）活用の設定**，社会や日常生活における**実用的な設定**の問題などが目を引きます。また，既知ないし未知の**公式ないし数学的事実の考察・証明**や，**大学で学ぶ高度な数学の内容を背景とする**ような出題も見られます。

いずれも，そうした内容自体が知識として問われるわけではなく，あくまでも，高校で身につけた内容を駆使して取り組めるように工夫がこらされていますが，設定が目新しく，長めの問題文を読みながら解き進めていく必要もあるので，柔軟な応用力が試されるものとなっています。

● 場面設定の分類

分類		会話文の設定 会話設定	ICT 活用の設定 ICT 活用	実用的な設定 実用設定	考察・証明 高度な数学的背景 考察・証明
数学Ⅰ、数学A	新課程 試作問題	1〔1〕，2〔2〕，4		2〔1〕，2〔2〕，4	1〔2〕，4
	2024 本試験	1〔1〕，3		1〔2〕，2〔2〕	2〔2〕，4，5
	2023 本試験	2〔2〕，4		2〔1〕，2〔2〕	2〔2〕，3，5
	2023 追試験	2〔1〕		2〔1〕，2〔2〕	
	2022 本試験	1〔2〕，2〔1〕	2〔1〕	1〔2〕，2〔2〕，3	3，4
	2022 追試験			1〔2〕，2〔2〕，3	1〔3〕，3，5
	2021 第1日程	1〔1〕，3		2〔1〕，2〔2〕	1〔2〕，3，4
	2021 第2日程	2〔1〕	1〔2〕	2〔1〕，2〔2〕	1〔2〕，4，5
数学Ⅱ、数学B、数学C	新課程 試作問題	2，7〔2〕	7〔1〕，7〔2〕	5	2，3，5，6
	2024 本試験	5		3	1〔2〕，2，4
	2023 本試験	2〔2〕		2〔2〕，3，4	1〔1〕，1〔2〕
	2023 追試験	2〔1〕		1〔2〕，2〔1〕，3	
	2022 本試験	1〔1〕，4，5		3，4	1〔1〕，1〔2〕
	2022 追試験	1〔2〕			2，3，4，5
	2021 第1日程	1〔2〕		3	1〔2〕，2，5
	2021 第2日程	1〔1〕		3，4〔2〕	1〔2〕

※『数学Ⅱ，数学B，数学C』については 2024 年度以前は『数学Ⅱ・数学B』。
数字は大問番号，〔 〕は中問番号。

形式を知っておくと安心

数学では，他科目とは異なる形式の出題があります。共通テスト対策において，これらの解答の形式に慣れておくことは重要です。

数学特有の形式と解答用紙

他科目では，選択肢の中から答えのマーク番号を選択する形式がほとんどですが，数学では，**与えられた枠に当てはまる数字や記号をマークする**，**穴埋め式**で出題されています。

解答用紙には，従来は**0～9の数字**だけでなく，**－の符号**と，『数学Ⅰ・数学A』「数学Ⅰ」では±の符号も，『数学Ⅱ・数学B』「数学Ⅱ」ではa～dの記号も設けられていましたが，新課程では±の符号とa～dの記号は廃止される予定です。分数は既約分数で，根号がある場合は根号の中の数字が最小となる形で解答しなければならないことにも注意が必要です。

共通テストでは，選択肢の中から選ぶ形式の出題が増え，数字や符号を穴埋めする問題と区別して，□と二重四角で表されています。本番で焦らないよう，こうした形式に慣れておきましょう。問題冊子の裏表紙に**「解答上の注意」**が印刷されていますので，**試験開始前によく読みましょう**。

マーク式の怖さを知る

マーク式なので，途中の考え方がいかに正しくても最終的な答えが間違っていれば得点にはなりません。また，複数のマークがすべて合っていないと点が与えられない問題もあります。１問１問の配点は決して小さくはないので，本来なら解けるはずの問題を取りこぼすことは致命傷になりかねません。**マークの塗り間違い**から，**計算ミス**，**論理ミス**まで，ミスには種々のレベルがありますが，それらを本番の試験会場ですべてクリアするためには，マーク式の試験に対する十分な準備が必要です。

 定規・コンパスは使えない

定規・コンパスを持ち込むことはできません。そこで，ふだんの学習でも**図をフリーハンドできれいに描ける**ように練習しておくことが重要です。問題を解く上で図はとても重要ですので，できるだけ正確に描きましょう。

 同冊子や選択問題に注意！

試験問題は『数学Ⅰ，数学A』と『数学Ⅰ』が同冊子になる予定です。**本番で慌てて違う科目を解答しないよう**十分に注意してください。

また，『数学Ⅱ，数学B，数学C』では選択問題が出題されるため，**選択した問題番号の解答欄にマークする**必要があるので，別の問題の解答欄にマークしないよう注意しましょう。

ねらいめはココ！

数学では，大問ないし中問が特定の分野から出題されることが多いです。苦手な分野については，その分野の問題を重点的に選んで解いていくのも効果的です。以下では，本書に収載している試験について，分野ごとの学習対策を見ていきます。

数学Ⅰ

1　数と式

『数学Ⅰ・数学A』では，第1問〔1〕で10点分が出題されていました。新課程の『数学Ⅰ，数学A』の試作問題でも，第1問〔1〕で10点分が出題され，2021年度の第1日程の第1問〔1〕と同じ問題でした。

式の展開，**因数分解**，**1次不等式**，**集合**などを扱う単元で，新課程でも内容的に変更はありません。共通テストでは，**根号を含む計算**や，**絶対値を含む方程式や不等式**がよく出題されています。**必要条件と十分条件**については，他分野の大問の中で問われることがあるので，注意が必要です。「数と式」は，いずれの項目も他の分野の基礎となる部分ですので，しっかりと固めておきましょう。

試　験	大　問	出題項目	配　点
試作問題	第1問〔1〕	2次方程式，式の値　会話設定	10点
2024 本試験	第1問〔1〕	平方根，式の値　会話設定	10点
2023 本試験	第1問〔1〕	絶対値を含む不等式，式の値	10点
2023 追試験	第1問〔1〕	不等式	10点
2022 本試験	第1問〔1〕	式の値，対称式	10点
2022 追試験	第1問〔1〕	絶対値を含む方程式	10点
2021 本試験 (第1日程)	第1問〔1〕	2次方程式，式の値　会話設定	10点
2021 本試験 (第2日程)	第1問〔1〕	絶対値を含む不等式で定められる集合	10点

2 2次関数

『数学Ⅰ・数学A』では，第2問〔1〕または〔2〕で15点分が出題されていました。新課程の『数学Ⅰ，数学A』の試作問題でも，第2問〔1〕で15点分が出題され，2021年度の第1日程の第2問〔1〕と同じ問題でした。

2次関数のグラフ，平行移動，最大・最小，2次不等式などを扱う単元で，新課程でも内容的な変更はありません。共通テストでは，陸上競技のタイムや，模擬店での利益の最大化など，**実用的な設定が出題されやすく**，文章を読んでそこから関数を立式する作業が要求されます。また，**グラフ表示ソフトの活用**や，**三角比との融合問題**なども見られます。

試験	大問	出題項目	配点
試作問題	第2問〔1〕	1次関数，2次関数 実用設定	15点
2024本試験	第2問〔1〕	2次関数	15点
2023本試験	第2問〔2〕	2次関数 会話設定 実用設定 考察・証明	15点
2023追試験	第2問〔1〕	2次関数 会話設定 実用設定	15点
2022本試験	第2問〔1〕	共通解，平行移動，集合と命題 会話設定 ICT活用	15点
2022追試験	第2問〔1〕	2次関数の最大値	15点
2021本試験（第1日程）	第2問〔1〕	1次関数，2次関数 実用設定	15点
2021本試験（第2日程）	第2問〔1〕	1次関数，2次関数 会話設定 実用設定	15点

3 図形と計量

『数学Ⅰ・数学A』では，20点分が出題されており，2022年度のように，内容の異なる中問〔2〕〔3〕に分かれて出題されたこともあります。新課程の『数学Ⅰ，数学A』の試作問題でも，第1問〔2〕で20点分が出題され，2021年度の第1日程の第1問〔2〕と同じ問題でした。

三角比を扱う単元で，新課程でも内容的に変更はありません。**正弦定理と余弦定理**，**三角形の面積**などが問われていますが，**三角比を実生活で活用**するような，共通テストならではの設定が見られます。その際，三角比の表を活用することも多いです。また，**式の考察**や**定理の証明**など，思考力を問う出題にも注意が必要です。

試　験	大　問	出題項目	配　点
試作問題	第1問〔2〕	三角形の面積，辺と角の大小関係，外接円 考察・証明	20点
2024本試験	第1問〔2〕	三角比の図形への応用 実用設定	20点
2023本試験	第1問〔2〕	正弦定理・余弦定理，三角形の面積，三角錐の体積	20点
2023追試験	第1問〔2〕	正弦定理，三角形の面積，余弦定理，2次関数の最大	20点
2022本試験	第1問〔2〕 第1問〔3〕	正接の値 会話設定 実用設定 正弦定理，外接円，2次関数の最大値	6点 14点
2022追試験	第1問〔2〕 第1問〔3〕	三角比の図形への応用 実用設定 条件のもとで作る三角形の形状 考察・証明	6点 14点
2021本試験（第1日程）	第1問〔2〕	三角形の面積，辺と角の大小関係，外接円 考察・証明	20点
2021本試験（第2日程）	第1問〔2〕	外接円の半径が最小となる三角形 ICT活用 考察・証明	20点

4 データの分析

『数学Ⅰ・数学A』では，15点分が出題されており，2023年度追試験のように，内容の異なる中問〔2〕〔3〕に分かれて出題されたこともあります。新課程の『数学Ⅰ，数学A』の試作問題でも，第2問〔2〕で15点分が出題されました。

平均値，**分散**，**標準偏差**，**相関係数**の意味や，**データの散らばり**や**相関**などを扱う単元で，新課程では，**外れ値**や**仮説検定の考え方**が追加されており，試作問題もそれらの項目を含む問題となっています。もともと具体的な統計を扱う分野なので，**実用的な設定**での出題が多く，穴埋め式の問題よりも**グラフの読み取り**や**データの扱い方**についての選択式の問題が多くなっています。

試　験	大　問	出題項目	配　点
試作問題	第2問〔2〕	外れ値，散布図，箱ひげ図，仮説検定 会話設定 実用設定	15点
2024本試験	第2問〔2〕	ヒストグラム，箱ひげ図，データの相関 実用設定 考察・証明	15点
2023本試験	第2問〔1〕	ヒストグラム，箱ひげ図，データの相関 実用設定	15点
2023追試験	第2問〔2〕 第2問〔3〕	平均値，分散 実用設定 平均値，共分散，標準偏差，相関係数	6点 9点

2022 本試験	第2問〔2〕	ヒストグラム，箱ひげ図，データの相関 実用設定	15点
2022 追試験	第2問〔2〕	標準偏差，相関係数，箱ひげ図，散布図 実用設定	15点
2021 本試験 (第1日程)	第2問〔2〕	箱ひげ図，ヒストグラム，データの相関 実用設定	15点
2021 本試験 (第2日程)	第2問〔2〕	散布図，ヒストグラム，平均値，分散 実用設定	15点

数学A

1 場合の数と確率

従来の『数学Ⅰ・数学A』では，選択問題として第3問で20点分が出題されていましたが，新課程の『数学Ⅰ，数学A』では**必答問題**となり，試作問題では第4問で20点分が出題されました。

共通テストでは，**条件付き確率**がよく出題されていますが，2023年度の本試験のように，場合の数のみで確率が出題されなかったこともあります。ゲームの戦略を考える**実用的な設定**の問題や，**構想をもとに考察**させる問題など，工夫をこらした設定がよく見られます。新課程では**期待値の活用**が追加されており，試作問題もそれを含む問題となっています。

試 験	大 問	出題項目	配 点
試作問題	第4問	期待値，条件付き確率 会話設定 実用設定 考察·証明	20点
2024 本試験	第3問	確率 会話設定	20点
2023 本試験	第3問	場合の数 考察·証明	20点
2023 追試験	第3問	場合の数，条件付き確率	20点
2022 本試験	第3問	完全順列，条件付き確率 実用設定 考察·証明	20点
2022 追試験	第3問	確率による得点に関する戦略の立て方 実用設定 考察·証明	20点
2021 本試験 (第1日程)	第3問	条件付き確率 会話設定 考察·証明	20点
2021 本試験 (第2日程)	第3問	条件付き確率	20点

2 図形の性質

従来の『数学Ⅰ・数学A』では，選択問題として第5問で20点分が出題されていましたが，新課程の『数学Ⅰ，数学A』では**必答問題**となり，試作問題では第3問で20点分が出題されました。問題の内容は2021年度の第1日程の第5問と同じでした。

方べきの定理や**メネラウスの定理**など，幾何を扱う単元ですが，新課程でも内容的な変更はありません。共通テストでは，**定理の証明や作図の手順**など，本質的な理解が求められる問題がよく出題されており，中学校で学ぶ相似の知識や三平方の定理などを活用する場面も多いです。

試　験	大　問	出題項目	配　点
試作問題	第3問	角の二等分線と辺の比，方べきの定理	20点
2024本試験	第5問	メネラウスの定理，方べきの定理　考察・証明	20点
2023本試験	第5問	作図，円に内接する四角形，円周角の定理　考察・証明	20点
2023追試験	第5問	チェバの定理，内接円，メネラウスの定理，面積比	20点
2022本試験	第5問	重心，メネラウスの定理，方べきの定理	20点
2022追試験	第5問	方べきの定理，メネラウスの定理　考察・証明	20点
2021本試験（第1日程）	第5問	角の二等分線と辺の比，方べきの定理	20点
2021本試験（第2日程）	第5問	作図の手順　考察・証明	20点

数学Ⅱ

1 いろいろな式

従来の『数学Ⅱ・数学B』では，2024 年度の本試験の第 1 問〔2〕と 2023 年度の追試験の第 1 問〔1〕で，「三角関数」の代わりに出題されました。それ以外にも，他の分野の問題の中で部分的に問われることもありました。新課程『数学Ⅱ，数学B，数学C』の試作問題では独立した大問・中問は出題されませんでした。

「数学Ⅱ」の各分野を勉強する上で前提となる，いろいろな項目を扱う単元なので，**整式の除法，剰余の定理，因数定理，高次方程式，複素数，解と係数の関係，不等式の証明，相加平均と相乗平均の関係，二項定理**といった項目をしっかり対策しておく必要があります。

試　験	大　問	出題項目	配　点
2024 本試験	第 1 問〔2〕	整式の除法　考察・証明	15 点
2023 追試験	第 1 問〔1〕	高次方程式	16 点

2 図形と方程式

独立した大問や中問が出題されることは少ないですが，2022 年度本試験では「三角関数」の代わりに，2022 年度追試験では「指数・対数関数」の代わりに出題されました。独立した大問や中問がない場合でも，「微分・積分」や「指数・対数関数」の問題に関連して問われることも多いです。新課程『数学Ⅱ，数学B，数学C』の試作問題では独立した大問・中問は出題されませんでした。

単独で問われるにせよ，融合的に問われるにせよ，**円と直線の位置関係，点と直線の距離の公式，円の方程式，軌跡と領域**などは重要な項目ですので，しっかりと対策しておきましょう。

試　験	大　問	出題項目	配　点
2022 本試験	第 1 問〔1〕	不等式の表す領域，円と直線　会話設定　考察・証明	15 点
2022 追試験	第 1 問〔1〕	不等式と領域	15 点

3 指数・対数関数

従来の『数学Ⅱ・数学B』では，第1問の中問で15点分程度が出題されていました。新課程の『数学Ⅱ，数学B，数学C』の試作問題では，中問が大問になって第2問で出題されましたが，問題の分量としては変わらず15点分で，2021年度の第1日程の第1問〔2〕と同じ問題でした。

指数・対数の方程式・不等式，**指数関数・対数関数のグラフ**などを扱う単元で，新課程でも内容的に変更はありません。共通テストでは，計算だけでなく，指数関数と対数関数の**グラフの位置関係**に関するものなど，選択式で**定性的な理解を問う**出題も見られ，指数・対数の意味するところをきちんと理解しておく必要があります。

試験	大問	出題項目	配点
試作問題	第2問	指数関数の性質 会話設定 考察・証明	15点
2024本試験	第1問〔1〕	対数関数のグラフ，不等式の表す領域	15点
2023本試験	第1問〔2〕	対数の定義，背理法 考察・証明	12点
2023追試験	第1問〔2〕	常用対数の利用 実用設定	14点
2022本試験	第1問〔2〕	対数の大小 考察・証明	15点
2021本試験（第1日程）	第1問〔2〕	指数関数の性質 会話設定 考察・証明	15点
2021本試験（第2日程）	第1問〔1〕	桁数と最高位の数字 会話設定	13点

4 三角関数

従来の『数学Ⅱ・数学B』では，第1問の中問で15点分程度が出題されていました。新課程の『数学Ⅱ，数学B，数学C』の試作問題では，中問が大問になって第1問で出題されましたが，問題の分量としては変わらず15点分で，2021年度の第1日程の第1問〔1〕と同じ問題でした。

三角関数の方程式や**不等式**，**最大・最小**，**加法定理**や**2倍角の公式**といった**種々の公式**，**三角関数の合成**などを扱う単元で，新課程でも内容的に変更はありません。共通テストでは，指数・対数関数と同様に，計算を主体としたものよりは，**定性的な理解**に重点が置かれており，**図形の考察**を主体とした問題などが出題されています。

試験	大問	出題項目	配点
試作問題	第1問	三角関数の最大値	15点
2023本試験	第1問〔1〕	三角関数の不等式 考察・証明	18点
2022追試験	第1問〔2〕	三角関数の相互関係，加法定理，2倍角の公式 会話設定	15点
2021本試験（第1日程）	第1問〔1〕	三角関数の最大値	15点
2021本試験（第2日程）	第1問〔2〕	三角関数に関わる図形についての命題 考察・証明	17点

5 微分・積分

従来の『数学Ⅱ・数学B』では，第2問で出題され，大問1題ないし中問2題の計30点分が出題されていました。新課程の『数学Ⅱ，数学B，数学C』の試作問題では，第3問で出題され，数学Bと数学Cの選択問題が増えた影響もあり，2021年度の第1日程の第2問を一部改題して22点分になっていましたが，最重要分野であることには変わりありません。

接線の方程式，**極大と極小**，**不定積分と定積分**，**面積**などを扱う単元で，新課程でも内容的に大きな変更はありません。共通テストでは，計算を主体としたものよりは，**式の意味するところ**や，**グラフの概形の選択**など，本質的な理解が求められる問題が多く出題されています。

試験	大問	出題項目	配点
試作問題	第3問	接線，面積，3次関数のグラフ 考察・証明	22点
2024本試験	第2問	微分法と積分法の関係，面積 考察・証明	30点
2023本試験	第2問〔1〕 第2問〔2〕	3次関数の微分，体積の最大値 定積分，不定積分 会話設定 実用設定	15点 15点
2023追試験	第2問〔1〕 第2問〔2〕	直方体の体積の最大値 会話設定 実用設定 定積分を利用する数列の和	20点 10点
2022本試験	第2問〔1〕 第2問〔2〕	3次関数のグラフ，微分法の方程式への応用 2曲線で囲まれた図形の面積	18点 12点
2022追試験	第2問	曲線の平行移動，極大・極小，2曲線で囲まれた図形の面積 考察・証明	30点
2021本試験（第1日程）	第2問	接線，面積，3次関数のグラフ 考察・証明	30点
2021本試験（第2日程）	第2問〔1〕 第2問〔2〕	2次関数の増減と極大・極小 絶対値を含む関数のグラフ，図形の面積	17点 13点

数学B

1 統計的な推測

従来の『数学Ⅱ・数学B』では，選択問題として20点分が出題されていました。新課程の『数学Ⅱ，数学B，数学C』の試作問題では，新作問題が16点分出題されました。

標本調査の考え方，確率変数と確率分布，二項分布と正規分布，正規分布表の読み取りなどに加えて，新課程では**仮説検定**の方法が追加されており，試作問題もその項目を扱ったものでした。個別試験では出題範囲に含まれていない大学もありますが，理解していれば比較的取り組みやすい分野なので，この分野を選択解答する場合は，しっかりと対策しておきましょう。

試　験	大　問	出題項目	配　点
試作問題	第5問	標本平均，信頼区間，仮説検定 実用設定 考察・証明	16点
2024本試験	第3問	母平均の推定，期待値 実用設定	20点
2023本試験	第3問	正規分布，二項分布，信頼区間 実用設定	20点
2023追試験	第3問	平均，標準偏差，母平均の推定の応用 実用設定	20点
2022本試験	第3問	二項分布，標本比率，正規分布，確率密度関数 実用設定	20点
2022追試験	第3問	二項分布，正規分布，標本平均 考察・証明	20点
2021本試験（第1日程）	第3問	二項分布，正規分布，母平均の推定 実用設定	20点
2021本試験（第2日程）	第3問	二項分布，正規分布 実用設定	20点

2 数　列

従来の『数学Ⅱ・数学B』では，選択問題として20点分が出題されていました。新課程の『数学Ⅱ，数学B，数学C』の試作問題では，2021年度の第1日程の第4問を一部改題して16点分にしたものが出題されました。

等差数列と等比数列，階差数列，いろいろな数列とその和，漸化式など，新課程でも扱われる項目に変更はありません。共通テストでは，薬の有効成分の血中濃度，畳の敷き方，歩行者と自転車の時刻と位置の関係，複利計算といった**実用的な設定**がよく出題されています。与えられた設定を数列として扱い，問題を解決する力が問われています。

試　験	大　問	出題項目	配　点
試作問題	第４問	等差数列，等比数列，漸化式	16点
2024本試験	第４問	等差数列，漸化式，数学的帰納法 考察・証明	20点
2023本試験	第４問	複利，漸化式，数列の和 実用設定	20点
2023追試験	第４問	等差数列，分散型の漸化式	20点
2022本試験	第４問	連立漸化式 会話設定 実用設定	20点
2022追試験	第４問	漸化式，階差数列，数列の和 考察・証明	20点
2021本試験（第１日程）	第４問	等差数列，等比数列，漸化式	20点
2021本試験（第２日程）	第４問〔１〕 第４問〔２〕	数列の和と一般項の関係，等比数列の和 畳の敷き詰め方の総数 実用設定	６点 14点

数学Ｃ

1　ベクトル

従来の『数学Ⅱ・数学Ｂ』では，選択問題として20点分が出題されていました。新課程の『数学Ⅱ，数学Ｂ，数学Ｃ』の試作問題では，2021年度の第１日程の第５問を一部改題して16点分にしたものが出題されました。

従来は「数学Ｂ」で扱われる単元でしたが，新課程では「数学Ｃ」で扱われています。**位置ベクトル**，**ベクトルの成分表示**，**ベクトルの内積**など，扱われる項目に変更はありません。共通テストでは，平面ベクトルだけでなく，**空間ベクトル**の難度の高い出題も増えており，「証明」や「方針」の空欄を埋めるものなど，**考察力が問われる**出題となっています。

試　験	大　問	出題項目	配　点
試作問題	第６問	内積，空間ベクトル 考察・証明	16点
2024本試験	第５問	空間ベクトル 会話設定	20点
2023本試験	第５問	空間ベクトル，内積	20点
2023追試験	第５問	空間ベクトル，直線のベクトル方程式，軌跡	20点
2022本試験	第５問	平面ベクトル 会話設定	20点
2022追試験	第５問	空間ベクトル，内積，２点の位置関係 考察・証明	20点
2021本試験（第１日程）	第５問	内積，空間ベクトル 考察・証明	20点
2021本試験（第２日程）	第５問	空間における点の位置	20点

2 平面上の曲線と複素数平面

旧課程では「数学Ⅲ」で扱われていましたが，新課程では「数学C」で扱われるようになり，『数学Ⅱ，数学B，数学C』として出題される新課程の共通テストにおいて，選択問題として追加される項目となります。試作問題では第7問として16点分が出題されました。

平面上の曲線では，**放物線，楕円，双曲線の性質**や，**曲線の媒介変数表示，極座標と極方程式**など，複素数平面では，**複素数と複素数平面，極形式，ド・モアブルの定理**などを扱う項目で，試作問題ではそれぞれが中問に分かれて出題されました。

試 験	大 問	出題項目	配 点
試作問題	第7問〔1〕 第7問〔2〕	2次曲線 ICT活用 複素数平面上の点，偏角，絶対値 会話設定 ICT活用	4点 12点

効果的な過去問の使い方

共通テストの出題内容をふまえた上で，効果的な過去問の活用法について考えます。

実際に問題を解いてみる

共通テストがどういうものなのか，過去問を実際に解いてみましょう。これらを本番直前の演習用に「とっておく」受験生もいるようですが，**早いうちに問題を解いてみて，出題形式をつかみ，自分の弱点を知っておく**べきです。

時間を意識する

問題は必ず試験時間を計って解いてください。予想以上に時間が足りないと感じる人が多いのではないでしょうか。共通テストの数学は他科目と比べて**時間との勝負**といえます。計算力だけでなく，**問題文の出題の意図をすばやく正確に読み取る力**も必要となります。また，**各大問の時間配分**をあらかじめ決めておいて，難しい問題に時間を取られすぎないようにしましょう。慣れてきたら実際の試験時間よりも少し短めの時間で練習しておくと，本番で余裕をもって取り組めます。

誘導に乗る

出題の意図をくみ取って，**誘導形式にうまく乗って**解き進めることを意識しましょう。共通テストでは，実用的な設定や高度な数学的背景をもつものなど，見慣れない設定の問題も多いので，**題意を丁寧に読み進めていく**必要があります。題意をしっかりと理解できれば，**煩雑な計算問題が少なく，取り組みやすい**面もあります。また，設問が次の設問の前提となったり，ヒントとなることもあるので，**最初に大問の全体を見渡しておく**と見通しがよくなります。

なお，数値を穴埋めする形式の問題については，空欄に入る桁数もよく確認しておきましょう。例えば，アイウと３桁になっている場合は，３桁の数字が入ることもあれば，アに－（マイナス）が入ってイウに 2 桁の数字が入ることもあるので，注意が必要です。

図形やグラフを描いて考える

図形やグラフと関連している問題については，数式だけで解き進めようとせず，図形やグラフを描いてみましょう。数式だけで考えているよりもはるかによく全体が見えてきます。図形やグラフを描かずに計算だけに頼っていると，大局が見えず，視野の狭い解法になる危険性があります。図形やグラフを描いて考える習慣をふだんから身につけるようにし，本番では問題冊子の余白や下書きページを有効に使いましょう。

計算が必要なものについても，**余白や下書きページに整理して書く**ようにしましょう。下書きだからといって，乱雑に書くと，計算が合わなかったときにどこが間違っているかわかりにくくなったり，計算スペースが足りなくなったりする恐れがあります。

苦手な分野を集中的に

分野ごとに独立した大問や中問に分かれているので，**苦手な分野の問題をまとめて重点的に取り組む**のも効果的です。前述の**「ねらいめはココ！」**のページを参考にして，弱点補強に取り組みましょう。

共通テスト
攻略アドバイス

2025 年度から新課程入試となりますが，先輩方が共通テスト攻略のために編み出した「秘訣」の中には，引き続き活用できそうなものがたくさんあります。これらをヒントに，あなたも攻略ポイントを見つけ出してください！

✔ 独特の誘導形式に慣れる！

問題文には誘導があり，「次に何をすべきか」が示されています。しかし，その誘導にうまく乗れず解きにくい，という場面はよくあります。自己流の解き方をしようとせず，問題文で何が求められているかをしっかりと読み取っていく必要があります。誘導形式対策を怠らないようにしましょう。

うまく誘導に乗ることを意識して解いていくとよいと思います。共通テストの過去問を解き，苦手なところが見つかったら基本的な問題集に戻って補強していきましょう。　M. A. さん・九州大学（芸術工学部）

文章量が多いので，数学力だけでなく，情報処理能力も身につけることが大切だと思います。また，計算間違いをしないように，時間が余れば複数の手法で解き，答えを確かめることも点数向上に役立つでしょう。

Y. H. さん・京都大学（工学部）

速く文章を読んで，状況把握をすることが大切です。また，誘導にうまく乗る練習をすることも非常に大切です。誘導にうまく乗れないと，時間内に完答することは困難です。　I. S. さん・東京慈恵会医科大学（医学部）

時間配分を考える

「時間が足りなかった」という声をよく聞きます。時間不足で手をつけられない問題がないように，計算を省力化できる公式はしっかりと覚えておきましょう。また，各大問の前半の比較的易しい問題を確実に解答して，後半の難しい問題は飛ばして後で考えるなど，時間配分のコツをつかんでおきましょう。

共通テストの数学は時間との勝負です。解法を考えることに手間取らずに，スラスラ解けるかが重要です。普段から時間を意識して，正確な計算をするように心掛けるとよいと思います。K. A. さん・東京医科歯科大学（医学部）

常に時計を見ながら解き，詰まったところはすぐに飛ばして，できるだけ速く一周終わらせることが大事だと思います。一周目が終わった後は，検算を忘れずにしましょう。　H. R. さん・東京工業大学（工学院）

何度も演習。これに尽きます。時間内に解ける問題を最大化するためには，自分がどのような時間配分で取り組むのか，戦略を立てることが必須です。できるだけ早くに一度，戦略を立ててみて，それに合わせて演習を始める時期を決めるとよいです。　I. M. さん・順天堂大学（医学部）

時間内に解き終えるためには，解く大問の順番を必要に応じて変えることが大事です。例えば私の場合，速く解くことができる選択問題から取り組むことで，気持ちが焦ることが少なくなりました。

I. S. さん・宮崎大学（農学部）

それぞれの大問の最後の問題は，難しい割に点数配分が少なく，コストパフォーマンスが悪いです。時間があれば解くくらいの心持ちで問題ないでしょう。また，問題を解くために必要な条件は，必要になってから探せばよいです。重要でない部分をじっくりと時間をかけて読む必要はありません。

K. I. さん・京都工芸繊維大学（工芸科学部）

✔ 過去問を使って練習しよう！

過去問に取り組む際は，時間を計り，巻末のマークシート解答用紙や，赤本ノートや赤本ルーズリーフなどを使って，試験本番と同じ条件で解き切る練習をしましょう。また，計算や図は余白に整理して書き込むよう心がけましょう。

マークシートを塗るタイミングについては，人それぞれやり方が違うようです。自分はどのような流れで進めるのがよいかを，過去問演習を通して確認しましょう。また，見直しはとても重要です。素早くできて確実な検算方法を工夫してみましょう。

記述試験では見られないような，共通テスト独特の問題があるので，基礎と標準が安定して解けるようになったと思ったら，早めに過去問や共通テスト対策の問題集を解くとよいと思います。　H. M. さん・信州大学（農学部）

問題の見た目は年によってまちまちですが，本質的に問うている内容は毎年，さほど変わりないです。基礎力養成のために，網羅系参考書や共通テスト対策の問題集に取り組んでおくのがよいでしょう。

I. M. さん・一橋大学（商学部）

教科書の章末レベルの問題を，確実に短時間で解くことが求められているので，基礎固めと計算練習が重要だと思います。基礎から標準レベルの解法を押さえたら，過去問を一度解いてみるとよいでしょう。

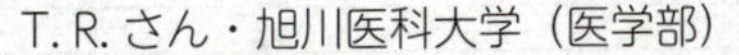

T. R. さん・旭川医科大学（医学部）

過去問で時間内になるべく解き終わるように練習し，解ける問題を確実にとるようにするとよいです。また，数学の文章問題に慣れておくことも大切です。ケアレスミスをすると命取りになるので気を付けてください。

S. N. さん・法政大学（経済学部）

 対策が手薄になる分野に注意！

「データの分析」「集合と論理」など，個別試験では扱いが少ない分野は，対策が手薄になりがちですので，注意が必要です。「数学B」と「数学C」の範囲は選択問題となっているので，あらかじめ解答する分野を決めて集中して取り組むか，当日問題の難易度を見て取り組みやすそうなものを選ぶか，自分なりに戦略を立てておくとよいでしょう。

問題の誘導にしっかりと乗れるようになるまで，演習を繰り返すとよいでしょう。また，個別試験ではあまり出題されないデータの分析についても，しっかりと対策すれば得点源になると思います。

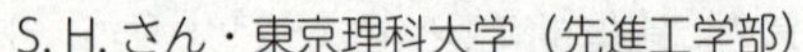
S. H. さん・東京理科大学（先進工学部）

数列やベクトルは，最初でつまずいてしまうとその先の問題が解けずに焦ってしまうので，序盤の問題は簡単だと感じても，ちゃんと問題文を読んで丁寧に計算するとよいと思います。　S. S. さん・横浜国立大学（理工学部）

共通テストでは，個別試験では出題されることが少ない，集合と論理やデータの分析がよく出題されます。時間が限られている中，複雑な計算が出てくるので，慣れておくことが大切です。

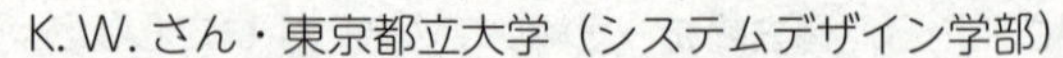
K. W. さん・東京都立大学（システムデザイン学部）

あえて誘導なしで解くことによって，共通テストの対策にもなるし，個別試験の対策もすることができました。また，いろいろな分野から出題されるので，苦手分野をひとつも残さないことが重要になると思います。
S. Y. さん・金沢大学（医薬保健学域）

出題形式・分野別に収録した「入試問題事典」

国公立大学

- 東大の英語25カ年
- 東大の英語リスニング20カ年 DL
- 東大の英語 要約問題 UNLIMITED
- 東大の文系数学25カ年
- 東大の理系数学25カ年
- 東大の現代文25カ年
- 東大の古典25カ年
- 東大の日本史25カ年
- 東大の世界史25カ年
- 東大の地理25カ年
- 東大の物理25カ年
- 東大の化学25カ年
- 東大の生物25カ年
- 東工大の英語20カ年
- 東工大の数学20カ年
- 東工大の物理20カ年
- 東工大の化学20カ年
- 一橋大の英語20カ年
- 一橋大の数学20カ年
- 一橋大の国語20カ年
- 一橋大の日本史20カ年
- 一橋大の世界史20カ年
- 筑波大の英語15カ年 NEW
- 筑波大の数学15カ年 NEW
- 京大の英語25カ年
- 京大の文系数学25カ年
- 京大の理系数学25カ年
- 京大の現代文25カ年
- 京大の古典25カ年
- 京大の日本史20カ年
- 京大の世界史20カ年
- 京大の物理25カ年
- 京大の化学25カ年
- 北大の英語15カ年
- 北大の理系数学15カ年
- 北大の物理15カ年
- 北大の化学15カ年
- 東北大の英語15カ年
- 東北大の理系数学15カ年
- 東北大の物理15カ年
- 東北大の化学15カ年
- 名古屋大の英語15カ年
- 名古屋大の理系数学15カ年
- 名古屋大の物理15カ年
- 名古屋大の化学15カ年
- 阪大の英語20カ年
- 阪大の文系数学20カ年
- 阪大の理系数学20カ年
- 阪大の国語15カ年
- 阪大の物理20カ年
- 阪大の化学20カ年
- 九大の英語15カ年
- 九大の理系数学15カ年
- 九大の物理15カ年
- 九大の化学15カ年
- 神戸大の英語15カ年
- 神戸大の数学15カ年
- 神戸大の国語15カ年

私立大学

- 早稲田の英語
- 早稲田の国語
- 早稲田の日本史
- 早稲田の世界史
- 慶應の英語
- 慶應の小論文
- 明治大の英語
- 明治大の国語
- 明治大の日本史
- 中央大の英語
- 法政大の英語
- 同志社大の英語
- 立命館大の英語
- 関西大の英語
- 関西学院大の英語

全73点／A５判
定価 2,310 ～2,640 円（本体2,100 ～2,400円）

akahon.net でチェック！

赤本

共通テスト

実戦創作問題

独自の分析に基づき，新課程入試に対応できる本書オリジナル模試を作成しました。試験時間・解答時間を意識した演習に役立ててください。出題形式や難易度に多少の変化があっても落ち着いて取り組める実戦力をつけておきましょう。

数学Ⅰ，数学Ａ：
解答時間 70 分
配点 100 点

数学Ⅱ，数学Ｂ，数学Ｃ：
解答時間 70 分
配点 100 点

解答上の注意（数学Ⅰ，数学A）

1 解答は，解答用紙の問題番号に対応した解答欄にマークしなさい。

2 問題の文中の［ア］，［イウ］などには，符号（－）又は数字（0～9）が入ります。ア，イ，ウ，…の一つ一つは，これらのいずれか一つに対応します。それらを解答用紙のア，イ，ウ，…で示された解答欄にマークして答えなさい。

例 ［アイウ］に－83と答えたいとき

ア	●	⓪	①	②	③	④	⑤	⑥	⑦	⑧	⑨
イ	⊖	⓪	①	②	③	④	⑤	⑥	⑦	●	⑨
ウ	⊖	⓪	①	②	●	④	⑤	⑥	⑦	⑧	⑨

3 分数形で解答する場合，分数の符号は分子につけ，分母につけてはいけません。

例えば，$\dfrac{\boxed{エオ}}{\boxed{カ}}$ に $-\dfrac{4}{5}$ と答えたいときは，$\dfrac{-4}{5}$ として答えなさい。

また，それ以上約分できない形で答えなさい。

例えば，$\dfrac{3}{4}$ と答えるところを，$\dfrac{6}{8}$ のように答えてはいけません。

4 小数の形で解答する場合，指定された桁数の一つ下の桁を四捨五入して答えなさい。また，必要に応じて，指定された桁まで⓪にマークしなさい。

例えば，$\boxed{キ}.\boxed{クケ}$ に2.5と答えたいときは，2.50として答えなさい。

5 根号を含む形で解答する場合，根号の中に現れる自然数が最小となる形で答えなさい。

例えば，$\boxed{コ}\sqrt{\boxed{サ}}$ に $4\sqrt{2}$ と答えるところを，$2\sqrt{8}$ のように答えてはいけません。

6 根号を含む分数形で解答する場合，例えば $\dfrac{\boxed{シ}+\boxed{ス}\sqrt{\boxed{セ}}}{\boxed{ソ}}$ に $\dfrac{3+2\sqrt{2}}{2}$ と答えるところを，$\dfrac{6+4\sqrt{2}}{4}$ や $\dfrac{6+2\sqrt{8}}{4}$ のように答えてはいけません。

7 問題の文中の二重四角で表記された［タ］などには，選択肢から一つを選んで，答えなさい。

8 同一の問題文中に［チツ］，［テ］などが2度以上現れる場合，原則として，2度目以降は，［チツ］，［テ］のように細字で表記します。

数学Ⅰ，数学A

問題	選択方法
第1問	必答
第2問	必答
第3問	必答
第4問	必答

第1問 （必答問題） （配点　30）

〔1〕 整数全体の集合を Z で表すこととし，集合 S を

$$S=\{p\sqrt{2}+q\sqrt{3}\mid p\in Z,\ q\in Z\}$$

で定める。

(1) 集合 $S\cap Z$ は，［ア］である。

［ア］の解答群

⓪ 自然数全体の集合	① 0以上の整数全体の集合
② 負の整数全体の集合	③ 0以下の整数全体の集合
④ 空集合	⑤ 0以上の有理数全体の集合
⑥ 負の有理数全体の集合	⑦ 0以下の有理数全体の集合
⑧ 0のみを要素とする集合	⑨ 無理数全体の集合

(2) 集合 T を

$$T=\{ab\mid a\in S,\ b\in S\}$$

で定める。

このとき，実数 x について，$x\in Z$ であることは，$x\in T$ であるための［イ］。

［イ］の解答群

⓪ 必要十分条件である
① 必要条件であるが，十分条件ではない
② 十分条件であるが，必要条件ではない
③ 必要条件でも十分条件でもない

〔2〕 太郎さんと花子さんは，先生から出された次の課題について話し合っている。会話を読んで，下の問いに答えよ。

課題

x についての２つの不等式

$x^2-2x-1\geqq 0$ ……①

$x^2-ax-2a^2\leqq 0$ ……②

について，次の問いに答えよ。ただし，a は正の定数とする。

(i) ①を解け。

(ii) ②を解け。

(iii) ①と②をともに満たす実数 x が存在するような a の値の範囲を求めよ。

(iv) ①と②をともに満たす整数 x が存在するような a の値の範囲を求めよ。

(v) ①と②をともに満たす整数 x がちょうど２つ存在するような a の値の範囲を求めよ。

花子：まずは(i)と(ii)の問題を考えよう。
不等式①を解くと，$x\leqq 1-\sqrt{2}$，$1+\sqrt{2}\leqq x$ であり，②を解くと，$-a\leqq x\leqq 2a$ となるね。

太郎：(iii)，(iv)，(v)の問題は，すべて①かつ②を満たす x の存在や個数についての問題だね。

花子：②を満たす x の値の範囲は，正の定数 a の値によって変化するので，状況を見やすくするために，こんな図を描いてみたよ。白丸印は，格子点（x 座標および a 座標がともに整数である点）だよ。

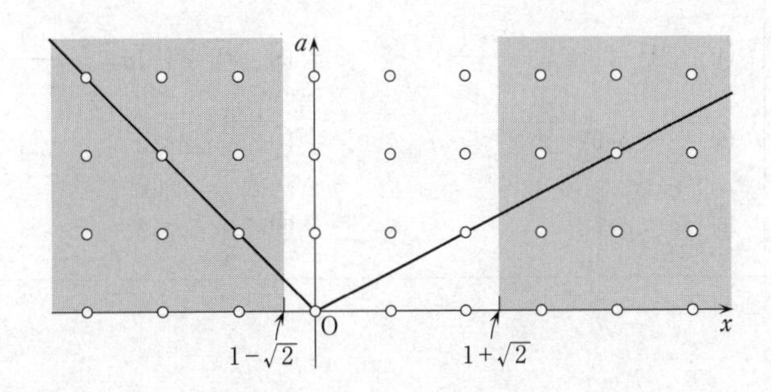

(1)　先生から出された課題の(iii)の答え は，［ウ］である。

［ウ］の解答群

⓪ $0<a\leqq 1$	① $0<a<1+\sqrt{2}$
② $a\geqq 1$	③ $a\geqq 1+\sqrt{2}$
④ $a\geqq -1+\sqrt{2}$	⑤ $0<a<-1+\sqrt{2}$
⑥ $a>-1+\sqrt{2}$	⑦ $a\geqq 2$
⑧ $a\geqq \frac{3}{2}$	⑨ $a>\frac{3}{2}$

(2)　先生から出された課題の(iv)の答えは，［エ］である。

［エ］の解答群

⓪ $0<a\leqq 1$	① $0<a<1+\sqrt{2}$
② $a\geqq 1$	③ $a\geqq 1+\sqrt{2}$
④ $a\geqq -1+\sqrt{2}$	⑤ $0<a<-1+\sqrt{2}$
⑥ $a>-1+\sqrt{2}$	⑦ $a\geqq 2$
⑧ $a\geqq \frac{3}{2}$	⑨ $a>\frac{3}{2}$

(3)　先生から出された課題の(v)の答えは，［オ］である。

［オ］の解答群

⓪ $0<a<1+\sqrt{2}$	① $0<a\leqq 1+\sqrt{2}$
② $\sqrt{2}-1<a<\frac{\sqrt{2}+1}{2}$	③ $\sqrt{2}-1\leqq a<\frac{\sqrt{2}+1}{2}$
④ $\sqrt{2}-1<a\leqq \frac{\sqrt{2}+1}{2}$	⑤ $\sqrt{2}-1\leqq a\leqq \frac{\sqrt{2}+1}{2}$
⑥ $\frac{3}{2}<a<2$	⑦ $\frac{3}{2}\leqq a<2$
⑧ $\frac{3}{2}<a\leqq 2$	⑨ $\frac{3}{2}\leqq a\leqq 2$

〔3〕

(1) 関数 $f(x)$ を $f(x)=x^2-4x+5$ で定める。このとき，1以上の実数 a に対して，$1\leqq x\leqq a$ における $f(x)$ の最大値を $M(a)$，最小値を $m(a)$ で表すことにする。

$y=M(a)$ のグラフを太線で表したものは［カ］であり，$y=m(a)$ のグラフを太線で表したものは［キ］である。

［カ］，［キ］については，最も適当なものを，次の⓪～③のうちから一つずつ選べ。

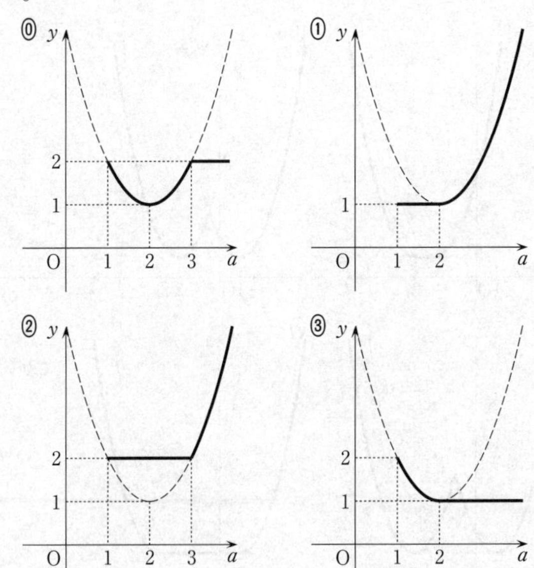

(2)　関数 $f(x)$ を $f(x)=x^2-4x+5$ で定める。このとき，実数 t に対して，$t-1 \leqq x \leqq t+3$ における $f(x)$ の最大値を $p(t)$，最小値を $q(t)$ で表すことにする。

(i)　実数 t に対して，$\{f(x) \mid t-1 \leqq x \leqq t+3\}=\{f(t-k) \mid -3 \leqq k \leqq 1\}$ である。このことに着目すると，$y=p(t)$ のグラフを太線で表したものは［ク］であり，$y=q(t)$ のグラフを太線で表したものは［ケ］である。

［ク］，［ケ］については，最も適当なものを，次の⓪～④のうちから一つずつ選べ。

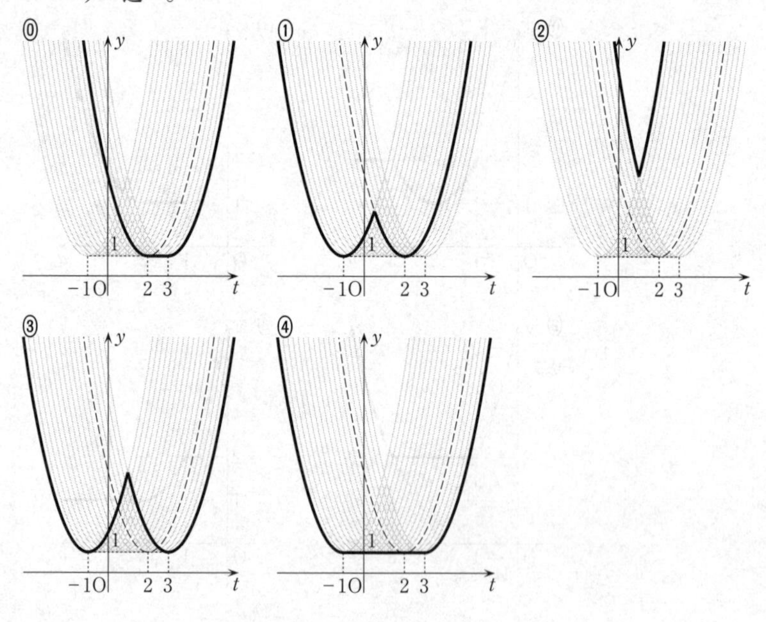

(ii)　$p(t)-q(t) \leqq 16$ を満たす t の値の範囲は

［コサ］$\leqq t \leqq$［シ］

である。

第２問 （必答問題） （配点　30）

〔1〕 太郎さんと花子さんは，プロ野球の成績について話をしている。会話を読んで，下の問いに答えよ。

順位	1	2	3	4	5	6
球団	巨人	DeNA	阪神	広島	中日	ヤクルト

太郎：今年はセ・リーグは巨人が優勝したね。最終的な順位が新聞に載っていたよ。

花子：阪神ファンの私としては，開幕前のスポーツ番組で阪神を最下位予想していた解説者の予想が外れたのがうれしいな。

太郎：そういえば，その番組は僕も見ていたよ。たしかこんな予想をしていたな。

順位	1	2	3	4	5	6
解説者A	巨人	DeNA	阪神	広島	中日	ヤクルト
解説者B	ヤクルト	中日	広島	阪神	DeNA	巨人
解説者C	広島	ヤクルト	巨人	中日	DeNA	阪神
解説者D	DeNA	中日	広島	ヤクルト	巨人	阪神
解説者E	中日	巨人	広島	DeNA	ヤクルト	阪神

花子：解説者Aはズバリ的中だよ！　それに比べて，解説者Bはまるで正反対だね。ここまで真逆をよく言えたものだね。

太郎：解説者C，D，Eは，Bほど外してはいないけど，この３人のうちでは誰が一番的中したといえるのか考えてみよう。
こんなのはどう？　巨人を１，DeNAを２，阪神を３，広島を４，中日を５，ヤクルトを６と対応付けて表を書き直すと，次のようになるよ。
順位の部分は変量xとし，それぞれの解説者の名前を変量名として小文字で書くことにしたよ。

花子：「xとの相関係数の値が大きいほど予想が的中していた」と考えればよさそうだね。

変量 x	1	2	3	4	5	6
変量 a	1	2	3	4	5	6
変量 b	6	5	4	3	2	1
変量 c	4	6	1	5	2	3
変量 d	2	5	4	6	1	3
変量 e	5	1	4	2	6	3

(1)　変量 x と変量 a の相関係数は［ア］であり，変量 x と変量 b の相関係数は［イ］である。

［ア］，［イ］については，最も適当なものを，次の⓪～⑧のうちから一つずつ選べ。ただし，同じものを繰り返し選んでもよい。

⓪　-1　　①　-0.6　　②　-0.3　　③　-0.1　　④　0
⑤　0.1　　⑥　0.3　　⑦　0.6　　⑧　1

一般に，変量 y の分散 ${s_y}^2$ は

$${s_y}^2=\overline{y^2}-\left(\overline{y}\right)^2$$

で計算できる。ここで，記号 $\overline{★}$ は変量★の平均を表す記号である。

また，一般に，二つの変量 z，w について，z と w の共分散 s_{zw} は

$$s_{zw}=\overline{zw}-\overline{z}\cdot\overline{w}$$

で計算できる。

(2)　ここでのデータでは

$$\overline{x}=\overline{a}=\overline{b}=\overline{c}=\overline{d}=\overline{e}=\frac{［ウ］}{［エ］}$$

であり

$${s_x}^2={s_a}^2={s_b}^2={s_c}^2={s_d}^2={s_e}^2=\frac{［オカ］}{［キク］}$$

である。

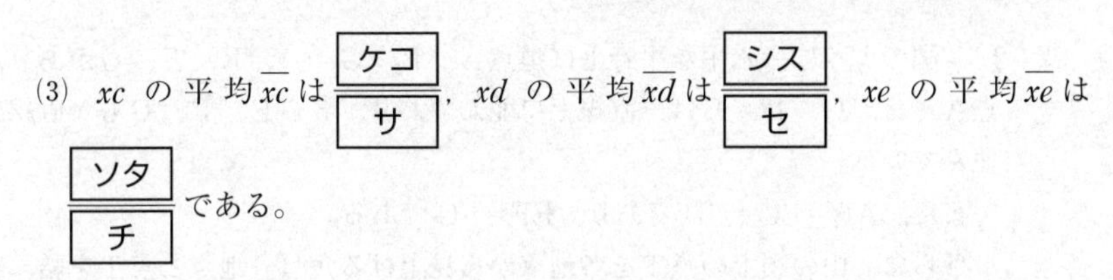

(3) xc の平均 $\overline{xc}$ は $\dfrac{\boxed{\text{ケコ}}}{\boxed{\text{サ}}}$, xd の平均 $\overline{xd}$ は $\dfrac{\boxed{\text{シス}}}{\boxed{\text{セ}}}$, xe の平均 $\overline{xe}$ は $\dfrac{\boxed{\text{ソタ}}}{\boxed{\text{チ}}}$ である。

(4) 3人の解説者C, D, Eのうち, 最も予想が当たっていたのは [ツ] で, 最も予想を外していたのは [テ] といえる。

[ツ], [テ] については, 最も適当なものを, 次の⓪～②のうちから一つずつ選べ。

⓪ C	① D	② E

〔2〕 図のように，水平な平野上に地点A，B，C，D，E，F，Gがあり，5点A，B，C，D，Eは一直線上に並んでおり，3点E，F，Gも一直線上に並んでいる。

また，AB＝BC＝CDであり，EF＝FGである。

さらに，山の頂上の点Tを各地点から見上げる角（各地点と点Tを結ぶ線分と水平面のなす角）について，山の頂上の点Tから水平面に垂線を下ろし，水平面との交点をHとすると

$$\angle \mathrm{TAH}=30^\circ,\quad \angle \mathrm{TBH}=45^\circ,\quad \angle \mathrm{TDH}=60^\circ$$

であることがわかっている。

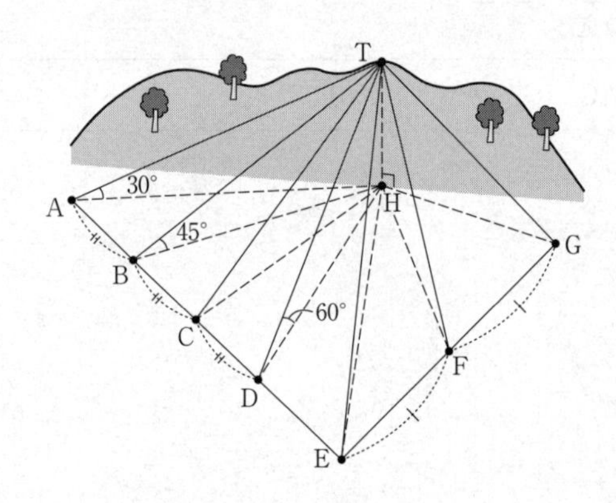

$\mathrm{TE}=p$，$\mathrm{TG}=q$，$\mathrm{TF}=r$，$\mathrm{AB}=\mathrm{BC}=\mathrm{CD}=t$，$\mathrm{EF}=\mathrm{FG}=s$，$\angle \mathrm{TCH}=\theta$ とおき，地点Hと山の頂上の点Tの標高差 TH を h とする。

(1) $\angle \mathrm{TFE}+\angle \mathrm{TFG}=180^\circ$ であることに注意し，三角形 TEF と三角形 TFG に余弦定理を適用することで

$p^2+q^2=$ ［ト］

が成り立つことがわかる。

［ト］の解答群

⓪ $r+s$	① $2(r+s)$	② rs	③ $2rs$
④ r^2+s^2	⑤ r^2+4s^2	⑥ r^2s^2	⑦ $2(r^2+s^2)$
⑧ $2(r^2+4s^2)$	⑨ $3(r^2+4s^2)$		

(2) ∠HBA＋∠HBC＝180°であることに注意し，三角形 HAB と三角形 HBC に余弦定理を適用することで

$$h^2(\boxed{ナ}+\boxed{ニ})=2t^2$$

が成り立つことがわかる。

ニ の解答群

⓪ $\sin^2\theta$	① $\cos^2\theta$	② $\tan^2\theta$
③ $\dfrac{1}{\sin^2\theta}$	④ $\dfrac{1}{\cos^2\theta}$	⑤ $\dfrac{1}{\tan^2\theta}$

(3) ∠HCB＋∠HCD＝180°であることに注意し，三角形 HBC と三角形 HCD に余弦定理を適用することで

$$h^2\left(\frac{\boxed{ヌ}}{\boxed{ネ}}-\boxed{ノ}\right)=t^2$$

が成り立つことがわかる。

ノ の解答群

⓪ $\sin^2\theta$	① $\cos^2\theta$	② $\tan^2\theta$
③ $\dfrac{1}{\sin^2\theta}$	④ $\dfrac{1}{\cos^2\theta}$	⑤ $\dfrac{1}{\tan^2\theta}$

(4) 次ページの三角比の表を利用すると，θ はおよそ ハ であることがわかる。

ハ については，最も適当なものを，次の⓪～⑨のうちから一つ選べ。

⓪ 42°	① 47°	② 52°	③ 57°	④ 62°
⑤ 67°	⑥ 72°	⑦ 77°	⑧ 82°	⑨ 87°

(5) $\dfrac{AD}{h}=\sqrt{\boxed{ヒ}}$ である。

三角比の表

角度	sin	cos	tan	角度	sin	cos	tan
0°	0.0000	1.0000	0.0000	45°	0.7071	0.7071	1.0000
1°	0.0175	0.9998	0.0175	46°	0.7193	0.6947	1.0355
2°	0.0349	0.9994	0.0349	47°	0.7314	0.6820	1.0724
3°	0.0523	0.9986	0.0524	48°	0.7431	0.6691	1.1106
4°	0.0698	0.9976	0.0699	49°	0.7547	0.6561	1.1504
5°	0.0872	0.9962	0.0875	50°	0.7660	0.6428	1.1918
6°	0.1045	0.9945	0.1051	51°	0.7771	0.6293	1.2349
7°	0.1219	0.9925	0.1228	52°	0.7880	0.6157	1.2799
8°	0.1392	0.9903	0.1405	53°	0.7986	0.6018	1.3270
9°	0.1564	0.9877	0.1584	54°	0.8090	0.5878	1.3764
10°	0.1736	0.9848	0.1763	55°	0.8192	0.5736	1.4281
11°	0.1908	0.9816	0.1944	56°	0.8290	0.5592	1.4826
12°	0.2079	0.9781	0.2126	57°	0.8387	0.5446	1.5399
13°	0.2250	0.9744	0.2309	58°	0.8480	0.5299	1.6003
14°	0.2419	0.9703	0.2493	59°	0.8572	0.5150	1.6643
15°	0.2588	0.9659	0.2679	60°	0.8660	0.5000	1.7321
16°	0.2756	0.9613	0.2867	61°	0.8746	0.4848	1.8040
17°	0.2924	0.9563	0.3057	62°	0.8829	0.4695	1.8807
18°	0.3090	0.9511	0.3249	63°	0.8910	0.4540	1.9626
19°	0.3256	0.9455	0.3443	64°	0.8988	0.4384	2.0503
20°	0.3420	0.9397	0.3640	65°	0.9063	0.4226	2.1445
21°	0.3584	0.9336	0.3839	66°	0.9135	0.4067	2.2460
22°	0.3746	0.9272	0.4040	67°	0.9205	0.3907	2.3559
23°	0.3907	0.9205	0.4245	68°	0.9272	0.3746	2.4751
24°	0.4067	0.9135	0.4452	69°	0.9336	0.3584	2.6051
25°	0.4226	0.9063	0.4663	70°	0.9397	0.3420	2.7475
26°	0.4384	0.8988	0.4877	71°	0.9455	0.3256	2.9042
27°	0.4540	0.8910	0.5095	72°	0.9511	0.3090	3.0777
28°	0.4695	0.8829	0.5317	73°	0.9563	0.2924	3.2709
29°	0.4848	0.8746	0.5543	74°	0.9613	0.2756	3.4874
30°	0.5000	0.8660	0.5774	75°	0.9659	0.2588	3.7321
31°	0.5150	0.8572	0.6009	76°	0.9703	0.2419	4.0108
32°	0.5299	0.8480	0.6249	77°	0.9744	0.2250	4.3315
33°	0.5446	0.8387	0.6494	78°	0.9781	0.2079	4.7046
34°	0.5592	0.8290	0.6745	79°	0.9816	0.1908	5.1446
35°	0.5736	0.8192	0.7002	80°	0.9848	0.1736	5.6713
36°	0.5878	0.8090	0.7265	81°	0.9877	0.1564	6.3138
37°	0.6018	0.7986	0.7536	82°	0.9903	0.1392	7.1154
38°	0.6157	0.7880	0.7813	83°	0.9925	0.1219	8.1443
39°	0.6293	0.7771	0.8098	84°	0.9945	0.1045	9.5144
40°	0.6428	0.7660	0.8391	85°	0.9962	0.0872	11.4301
41°	0.6561	0.7547	0.8693	86°	0.9976	0.0698	14.3007
42°	0.6691	0.7431	0.9004	87°	0.9986	0.0523	19.0811
43°	0.6820	0.7314	0.9325	88°	0.9994	0.0349	28.6363
44°	0.6947	0.7193	0.9657	89°	0.9998	0.0175	57.2900
45°	0.7071	0.7071	1.0000	90°	1.0000	0.0000	—

第3問 （必答問題）（配点　20）

太郎さんと花子さんはチェバの定理を最近学習した。以下は，職員室での太郎さん，花子さん，先生の3人の会話である。会話を読んで，下の問いに答えよ。

太郎：チェバの定理とは，三角形 ABC とその内部の点 P について，直線 BC と直線 AP との交点を A′，直線 CA と直線 BP との交点を B′，直線 AB と直線 CP との交点を C′ とするとき

$$\frac{\mathrm{AC'}}{\mathrm{C'B}}\times\frac{\mathrm{BA'}}{\mathrm{A'C}}\times\frac{\mathrm{CB'}}{\mathrm{B'A}}=1 \quad \cdots\cdots(*)$$

が成り立つというものでした。

花子：そうですね。

$$\frac{\mathrm{AC'}}{\mathrm{C'B}}=\boxed{\text{ア}},\quad \frac{\mathrm{BA'}}{\mathrm{A'C}}=\boxed{\text{イ}},\quad \frac{\mathrm{CB'}}{\mathrm{B'A}}=\boxed{\text{ウ}}$$

が成り立つので，これらをかけあわせれば証明できます。

太郎：面積を考えるというのがポイントでしたね。

(1) [ア] ～ [ウ] については，最も適当なものを，次の⓪～⑨のうちから一つずつ選べ。

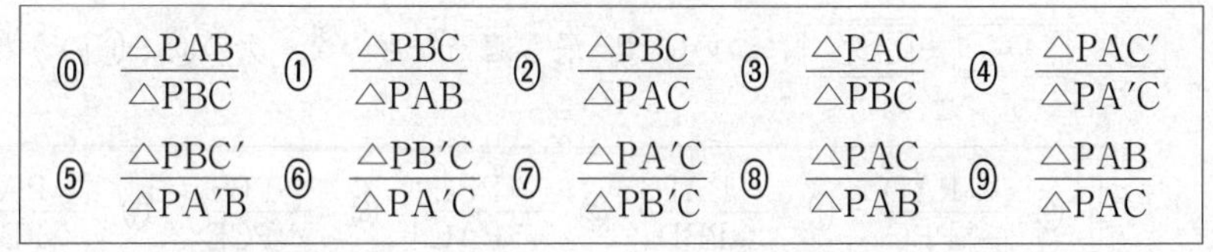

⓪ $\frac{\triangle\mathrm{PAB}}{\triangle\mathrm{PBC}}$　① $\frac{\triangle\mathrm{PBC}}{\triangle\mathrm{PAB}}$　② $\frac{\triangle\mathrm{PBC}}{\triangle\mathrm{PAC}}$　③ $\frac{\triangle\mathrm{PAC}}{\triangle\mathrm{PBC}}$　④ $\frac{\triangle\mathrm{PAC'}}{\triangle\mathrm{PA'C}}$

⑤ $\frac{\triangle\mathrm{PBC'}}{\triangle\mathrm{PA'B}}$　⑥ $\frac{\triangle\mathrm{PB'C}}{\triangle\mathrm{PA'C}}$　⑦ $\frac{\triangle\mathrm{PA'C}}{\triangle\mathrm{PB'C}}$　⑧ $\frac{\triangle\mathrm{PAC}}{\triangle\mathrm{PAB}}$　⑨ $\frac{\triangle\mathrm{PAB}}{\triangle\mathrm{PAC}}$

先生：授業のときには紹介しなかったが，このチェバの定理には，様々な拡張や変種が考えられているんだよ。今日は，そのうちの二つを紹介しよう。

花子：それは興味深いです。

先生：まずはじめは，三角形でなくても，五角形や七角形などの角の個数が奇数である多角形でも同様の式が成り立つということから始めようか。

太郎：とりあえず，五角形の図を描いてみます。そして，三角形のときと同じように点をとっていくことにします。

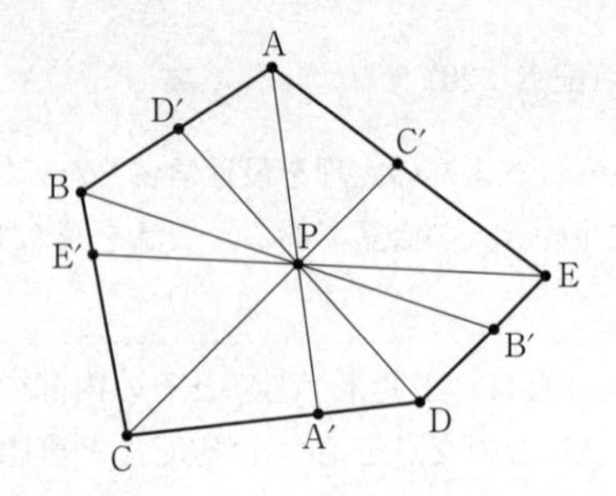

花子：さきほどと同様の式が成り立つということは，この図で

$$\frac{AD'}{D'B}\times\frac{BE'}{E'C}\times\frac{CA'}{A'D}\times\frac{DB'}{B'E}\times\frac{EC'}{C'A}=1$$

が成り立つということですか。

先生：そうだね。

太郎：三角形の場合と同様に，面積を用いて証明できそうです。実際

$$\frac{AD'}{D'B}=\boxed{エ},\quad \frac{BE'}{E'C}=\boxed{オ},\quad \frac{CA'}{A'D}=\boxed{カ},$$

$$\frac{DB'}{B'E}=\boxed{キ},\quad \frac{EC'}{C'A}=\boxed{ク}$$

が成り立つので，これらをかけあわせれば証明できます。

(2)　エ ～ ク については，最も適当なものを，次の⓪～⑨のうちから一つずつ選べ。

⓪	$\frac{\triangle PAD}{\triangle PBC}$	①	$\frac{\triangle PAD}{\triangle PBD}$	②	$\frac{\triangle PBC}{\triangle PAC}$	③	$\frac{\triangle PBE}{\triangle PCE}$	④	$\frac{\triangle PAC}{\triangle PBC}$
⑤	$\frac{\triangle PBD}{\triangle PBE}$	⑥	$\frac{\triangle PCE}{\triangle PAC}$	⑦	$\frac{\triangle PAC}{\triangle PCE}$	⑧	$\frac{\triangle PAC}{\triangle PAD}$	⑨	$\frac{\triangle PAD}{\triangle PAC}$

先生：では，二つ目の内容に入ろう。今度は，三角形について，交点を辺上ではなく，三角形の外接円上にとっても，同様の式が成り立つというものだ。図を描いて説明しよう。

この図においても，最初の関係式(∗)が成り立つんだよ。A′，B′，C′を最初は三角形の辺上にとったけれども，三角形の外接円上にとっても成り立つわけだ。円の性質を用いて，証明を考えてごらん。

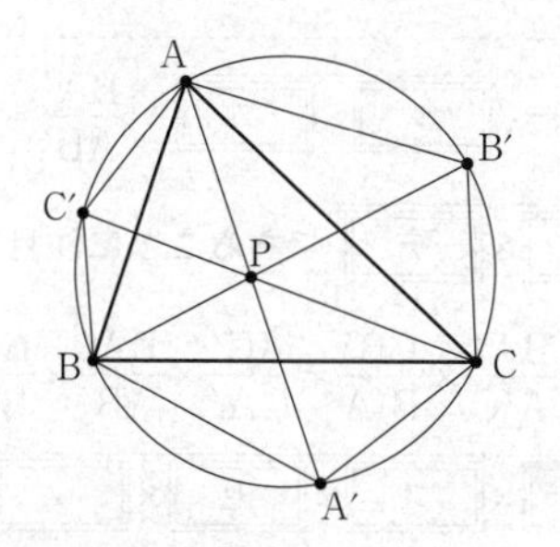

太郎：円周角の定理を用いることで

△PAC′∽ ケ ，△PBA′∽ コ ，△PCB′∽ サ

が成り立つことがわかります。

花子：相似な三角形において，対応する辺の長さの比が等しいことから

$$\frac{AC'}{CA'}=\boxed{シ}=\boxed{ス},\quad \frac{BA'}{AB'}=\boxed{セ}=\boxed{ソ},$$

$$\frac{CB'}{BC'}=\boxed{タ}=\boxed{チ}$$

が成り立ちます。

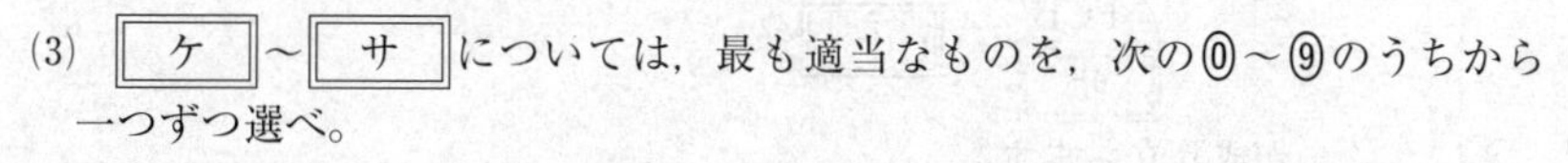

(3) ケ ～ サ については，最も適当なものを，次の⓪～⑨のうちから一つずつ選べ。

⓪	△A′B′C′	①	△ABC	②	△PBC′	③	△ABA′	④	△BCC′
⑤	△PAB′	⑥	△ACC′	⑦	△PBC	⑧	△PCA′	⑨	△PAB

(4) シ ～ チ については，最も適当なものを，次の⓪～⑨のうちから一つずつ選べ。

ただし， シ と ス ， セ と ソ ， タ と チ は，それぞれ解答の順序は問わない。

⓪	$\frac{PA}{PC}$	①	$\frac{PB}{PA}$	②	$\frac{PA}{PA'}$	③	$\frac{PC}{PB}$	④	$\frac{PB'}{PC'}$
⑤	$\frac{PC'}{PB'}$	⑥	$\frac{PA'}{PC'}$	⑦	$\frac{PC'}{PA'}$	⑧	$\frac{PA'}{PB'}$	⑨	$\frac{PC}{PA'}$

先生：そこで，$\dfrac{AC'}{CA'}=\sqrt{\boxed{シ}\times\boxed{ス}}$，$\dfrac{BA'}{AB'}=\sqrt{\boxed{セ}\times\boxed{ソ}}$，

$\dfrac{CB'}{BC'}=\sqrt{\boxed{タ}\times\boxed{チ}}$ であることに注目すると

$$\frac{AC'}{C'B}\times\frac{BA'}{A'C}\times\frac{CB'}{B'A}=\frac{AC'}{CA'}\times\frac{BA'}{AB'}\times\frac{CB'}{BC'}$$

$$=\sqrt{\boxed{シ}\times\boxed{ス}\times\boxed{セ}\times\boxed{ソ}\times\boxed{タ}\times\boxed{チ}}$$

$=1$ ……(＊＊)

が成り立つね。

さらに，このことから，△PAC′，△PBA′，△PCB′ の面積の積を S とし，$\boxed{ケ}$，$\boxed{コ}$，$\boxed{サ}$ の面積の積を T とすると，$S=T$ が成り立つことがわかるんだ。

花子：交互に三角形を見ていくとき，面積の積が等しくなるということですね。

太郎：相似な三角形では，面積比が相似比の２乗となっていることから

$$\frac{\triangle PAC'}{\boxed{ケ}}=\left(\boxed{ツ}\right)^2,\quad \frac{\triangle PBA'}{\boxed{コ}}=\left(\boxed{テ}\right)^2,$$

$$\frac{\triangle PCB'}{\boxed{サ}}=\left(\boxed{ト}\right)^2$$

が成り立ちます。

花子：これらをかけあわせ，(＊＊)を用いると

$$\frac{S}{T}=\left(\boxed{ツ}\times\boxed{テ}\times\boxed{ト}\right)^2=1^2=1$$

が確かに成り立ちますね。

(5) $\boxed{ツ}$ ～ $\boxed{ト}$ については，最も適当なものを，次の⓪～⑦のうちから一つずつ選べ。

⓪ $\dfrac{PA}{PA'}$	① $\dfrac{PA'}{PA}$	② $\dfrac{AC'}{CA'}$	③ $\dfrac{BA'}{AB'}$
④ $\dfrac{PB}{PB'}$	⑤ $\dfrac{PB'}{PB}$	⑥ $\dfrac{CB'}{BC'}$	⑦ $\dfrac{PB'}{PA'}$

第4問 （必答問題） （配点 20）

二つの袋A，Bがあり，袋Aには赤球9個，白球1個の計10個の球が入っており，袋Bには赤球2個，白球8個の計10個の球が入っている。袋Aと袋Bは外見がそっくりで，外から袋の中身は見えない。

太郎さんと花子さんは，無作為に袋を選び，その選んだ袋から球を無作為に取り出すという試行について議論している。会話を読んで，下の問いに答えよ。

花子：袋に関しては，Aが選ばれやすいとかBが選ばれやすいとかという情報が全くない状況では，それぞれの袋が選ばれる確率は等しく$\frac{1}{2}$だね。

太郎：無作為に袋を選び，その選んだ袋から無作為に球を1個取り出す試行を考えよう。

(1) この試行で，赤球を取り出す確率は$\frac{\boxed{\text{アイ}}}{\boxed{\text{ウエ}}}$である。

花子：試しにやってみよう。無作為に袋を選び，その選んだ袋から無作為に球を1個取り出してみると…赤球が出たよ。

太郎：こういうことが確率$\frac{\boxed{\text{アイ}}}{\boxed{\text{ウエ}}}$で起こるということだね。

花子：赤球が出たということは，私が選んだ袋はおそらく袋Aだったのではないかな？

太郎：袋Aだった可能性が高いね。もちろん，袋Bを選んでいる可能性も否定はできないけれども，袋Bなら赤球を取り出す可能性はわずかだからね。

花子：いま取り出した赤球を元の袋に戻すね。そのうえで，元に戻した袋からもう一度無作為に球を1個取り出すとき，再び赤球を取り出す条件付き確率pはいくらかな？

太郎：選んだ袋はAの可能性が高いから，おそらくpは，

$$p>\frac{\boxed{\text{アイ}}}{\boxed{\text{ウエ}}}$$

を満たすよね。

花子：pの正確な値を計算してみよう。

(2)　1回目に赤球を取り出すという事象を R_1，袋Aを選ぶという事象を A とすると，1回目に赤球を取り出したという条件のもとで，袋Aを選んでいたという条件付き確率 $P_{R_1}(A)$ は

$$P_{R_1}(A)=\frac{P(R_1\cap A)}{P(R_1)}=\frac{\boxed{オ}}{\boxed{カキ}}$$

であり，袋Bを選ぶという事象を B とすると，1回目に赤球を取り出したという条件のもとで，袋Bを選んでいたという条件付き確率 $P_{R_1}(B)$ は

$$P_{R_1}(B)=\frac{P(R_1\cap B)}{P(R_1)}=\frac{\boxed{ク}}{\boxed{カキ}}$$

である。

花子：つまり，私が赤球を取り出したことによって，選んでいた袋についての情報が少し得られたというわけだね。さっき，「選んだ袋はおそらく袋Aだ」という話をしていたけど，それを数学的に表現すると

$$P_{R_1}(A)>P_{R_1}(B)$$

となるね。

太郎：だったら，選んでいる袋がAかBかということについて得られた情報を加味して考えると，2回目に赤球を取り出すという事象を R_2 として

$$p=P_{R_1}(A)\cdot P_A(R_2)+P_{R_1}(B)\cdot P_B(R_2)$$

で p の値が計算できる気がするよ。感覚的ではあるけれども…。

花子：確かに，うまく情報を反映できている気がするね。けど，本当に正しいのかな？　いま立てた式の正当性を確認してみようよ。

太郎：そうだね。感覚的なままではなんだかモヤモヤするね。

花子：数学的にきちんと定式化して議論しよう。p は

$$p=P_{R_1}(R_2)$$

ということだね。

太郎：さらに，2回目に赤球を取り出すのは，2回目に袋Aから赤球を取り出すときと，袋Bから赤球を取り出すときの，同時には起こらない二つの場合に分けられるね。

花子：つまり，$\varnothing$ を空集合を表す記号として

$$R_2=(A\cap R_2)\boxed{ケ}(B\cap R_2)$$

$$(A\cap R_2)\boxed{コ}(B\cap R_2)=\varnothing$$

ということだね。

(3) ケ ， コ については，最も適当なものを，次の⓪～⑥のうちから一つずつ選べ。ただし，同じものを繰り返し選んでもよい。

⓪ $<$	① $=$	② $>$	③ $\subset$	④ $\supset$	⑤ $\cap$	⑥ $\cup$

太郎：だから，p を書き換えていくと

$$p = P_{R_1}(R_2) = P_{R_1}(A \cap R_2) + P_{R_1}(B \cap R_2)$$

となるね。

花子：$P_{R_1}(A \cap R_2)$ については

$$P_{R_1}(A \cap R_2) = \frac{P(R_1 \cap (A \cap R_2))}{P(R_1)} = \frac{P((R_1 \cap A) \cap R_2)}{P(R_1)}$$

$$= \frac{P(R_1 \cap A) \cdot P_{R_1 \cap A}(R_2)}{P(R_1)}$$

であることと

$$\frac{P(R_1 \cap A)}{P(R_1)} = P_{R_1}(A), \quad P_{R_1 \cap A}(R_2) = P_A(R_2)$$

であることに注意すると

$$P_{R_1}(A \cap R_2) = P_{R_1}(A) \cdot P_A(R_2)$$

が成り立つね。

太郎：同様に

$$P_{R_1}(B \cap R_2) = P_{R_1}(B) \cdot P_B(R_2)$$

もいえるよ。

花子：まとめると

$$p = P_{R_1}(A \cap R_2) + P_{R_1}(B \cap R_2)$$

$$= P_{R_1}(A) \cdot P_A(R_2) + P_{R_1}(B) \cdot P_B(R_2)$$

がいえるね。つまり，感覚的に立てた式は正しかったということだね。

これを計算すると，$p = \dfrac{\boxed{サシ}}{\boxed{スセ}}$ となるね。

(4) サシ ～ スセ に当てはまる数を答えよ。

太郎：直接，p を計算して確認してみるね。つまり

$$p = P_{R_1}(R_2) = \frac{P(R_1 \cap R_2)}{P(R_1)} = \frac{P(A \cap R_1 \cap R_2) + P(B \cap R_1 \cap R_2)}{P(A \cap R_1) + P(B \cap R_1)}$$

として計算してみよう。

花子：$P(A \cap R_1 \cap R_2) = \dfrac{\boxed{ソタ}}{\boxed{チツテ}}$，　$P(B \cap R_1 \cap R_2) = \dfrac{\boxed{ト}}{\boxed{ナニ}}$

であることから，p を計算すると…確かに同じ値になっているね。

太郎：そして，$p > \dfrac{\boxed{アイ}}{\boxed{ウエ}}$ という予想も正しかったね。

(5)　$\boxed{ソタ}$ ～ $\boxed{ナニ}$ に当てはまる数を答えよ。

共通テスト 実戦創作問題：数学Ⅰ，数学A

問題番号(配点)	解答記号	正解	配点	チェック
第1問 (30)	ア	⑧	3	
	イ	②	3	
	ウ	④	3	
	エ	②	3	
	オ	⑦	3	
	カ	②	3	
	キ	③	3	
	ク	②	3	
	ケ	④	3	
	コサ，シ	−1，3	3	
第2問 (30)	ア	⑧	2	
	イ	⓪	2	
	$\frac{ウ}{エ}$	$\frac{7}{2}$	1	
	$\frac{オカ}{キク}$	$\frac{35}{12}$	2	
	$\frac{ケコ}{サ}$	$\frac{67}{6}$	2	
	$\frac{シス}{セ}$	$\frac{71}{6}$	2	
	$\frac{ソタ}{チ}$	$\frac{25}{2}$	2	
	ツ	②	1	
	テ	⓪	1	
	ト	⑦	3	
	ナ，ニ	1，⑤	3	
	$\frac{ヌ}{ネ}$，ノ	$\frac{2}{3}$，⑤	3	
	ハ	⑥	3	
	ヒ	5	3	

問題番号(配点)	解答記号	正解	配点	チェック
第3問 (20)	ア，イ，ウ	③，⑨，①	3	
	エ，オ，カ，キ，ク	①，③，⑧，⑤，⑥	5	
	ケ，コ，サ	⑧，⑤，②	3	
	シ，ス	⓪，⑦ (解答の順序は問わない)	2	
	セ，ソ	①，⑧ (解答の順序は問わない)	2	
	タ，チ	③，④ (解答の順序は問わない)	2	
	ツ，テ，ト	②，③，⑥	3	
第4問 (20)	$\frac{アイ}{ウエ}$	$\frac{11}{20}$	2	
	$\frac{オ}{カキ}$	$\frac{9}{11}$	2	
	ク	2	2	
	ケ	⑥	1	
	コ	⑤	1	
	$\frac{サシ}{スセ}$	$\frac{17}{22}$	4	
	$\frac{ソタ}{チツテ}$	$\frac{81}{200}$	4	
	$\frac{ト}{ナニ}$	$\frac{1}{50}$	4	

（注）全問必答。

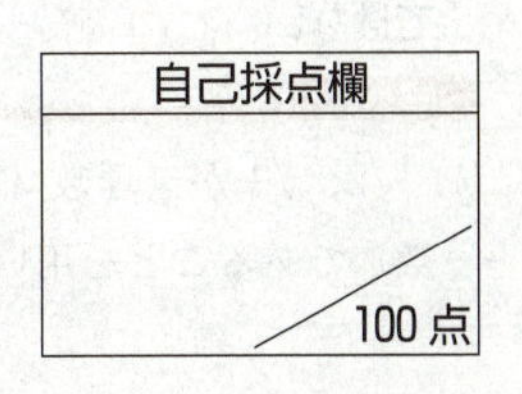

第1問 ―― 数と式，2次関数

〔1〕 標準 《集合と論理》

(1)　$m \in S \cap Z$ とすると　　$m \in S$　かつ　$m \in Z$

$m \in S$ より　　$m = p\sqrt{2} + q\sqrt{3}$　……①

と表される。ただし，$m \in Z$，$p \in Z$，$q \in Z$ である。

①より

$$(m - p\sqrt{2})^2 = 3q^2 \qquad 2mp\sqrt{2} = m^2 + 2p^2 - 3q^2$$

$mp \neq 0$ と仮定すると　　$\sqrt{2} = \dfrac{m^2 + 2p^2 - 3q^2}{2mp}$

m，p，q は整数だから，$\sqrt{2}$ は有理数となり，矛盾。

したがって，$mp = 0$ である。

$m \neq 0$ と仮定すると，$p = 0$ だから，①より　　$q\sqrt{3} = m$

このとき，$q \neq 0$ であるから　　$\sqrt{3} = \dfrac{m}{q}$

m，q は整数だから，$\sqrt{3}$ は有理数となり，矛盾。

したがって，$m = 0$ であり　　$S \cap Z = \{0\}$

よって，集合 $S \cap Z$ は，**0のみを要素とする集合** ⑧ →ア である。

(2)　「$x \in Z \Longrightarrow x \in T$」は成り立つ。

(証明)　$x \in Z$ とする。

$$x = x(\sqrt{3} + \sqrt{2})(\sqrt{3} - \sqrt{2}) = (x\sqrt{2} + x\sqrt{3})(\sqrt{3} - \sqrt{2})$$

$$x\sqrt{2} + x\sqrt{3} \in S$$

$$\sqrt{3} - \sqrt{2} = (-1) \times \sqrt{2} + 1 \times \sqrt{3} \in S$$

したがって　　$x \in T$　　(証明終)

「$x \in T \Longrightarrow x \in Z$」は成り立たない。

(反例：$x = \sqrt{6}$)

$$\sqrt{3} = 0 \times \sqrt{2} + 1 \times \sqrt{3} \in S, \quad \sqrt{2} = 1 \times \sqrt{2} + 0 \times \sqrt{3} \in S$$

であるから，$\sqrt{6} = \sqrt{2} \times \sqrt{3} \in T$ であるが，$\sqrt{6} \notin Z$ である。

したがって，$x \in Z$ であることは，$x \in T$ であるための**十分条件であるが，必要条件ではない。** ② →イ

解説

(1)　$\sqrt{2}$，$\sqrt{3}$ が無理数（分母・分子がともに整数であるような分数で表されない実数）であることを用いて，$m = p\sqrt{2} + q\sqrt{3}$ を満たす整数 p，q，m の値を求めれば

よい。

$\sqrt{2}$ が無理数であることは，次のように背理法を用いて証明できる。

（証明） $\sqrt{2}$ が無理数でないと仮定すると

$$\sqrt{2}=\frac{q}{p}\quad (p,\ q \text{ は互いに素な自然数})$$

このとき，$2p^2=q^2$ より，q^2 は 2 の倍数である。これより，q は 2 の倍数であり，q^2 は 4 の倍数である。

よって，p^2 は 2 の倍数である。これより，p も 2 の倍数となり，p，q が互いに素であることに矛盾する。したがって，$\sqrt{2}$ は無理数である。　（証明終）

また，a，b が有理数，r が無理数のとき

「$a+br=0$ ならば，$a=b=0$」

が成り立つことを用いてもよい（証明は，$b\neq 0$ と仮定して矛盾を導けばよい）。

(2) 「$p\Longrightarrow q$」が成り立つとき，p は q であるための十分条件，q は p であるための必要条件という。

$\sqrt{3}\pm\sqrt{2}\in S$ で，$1=(\sqrt{3}+\sqrt{2})(\sqrt{3}-\sqrt{2})$ であることを利用すれば，「$x\in Z\Longrightarrow x\in T$」が成り立つことを証明できる。

また，$\sqrt{3}\in S$，$\sqrt{2}\in S$ を用いて「$x\in T\Longrightarrow x\in Z$」が成り立たないことも示せる。

〔2〕 標準 《連立不等式》

(1) ① $\Longleftrightarrow x\leqq 1-\sqrt{2},\ 1+\sqrt{2}\leqq x$

② $\Longleftrightarrow -a\leqq x\leqq 2a$

①と②をともに満たす実数 x が存在するような a の値の範囲は，下図の赤い横線と網かけ部分が共有部分をもつ a の範囲であるから

$a\geqq -1+\sqrt{2}$ 　④　→ウ

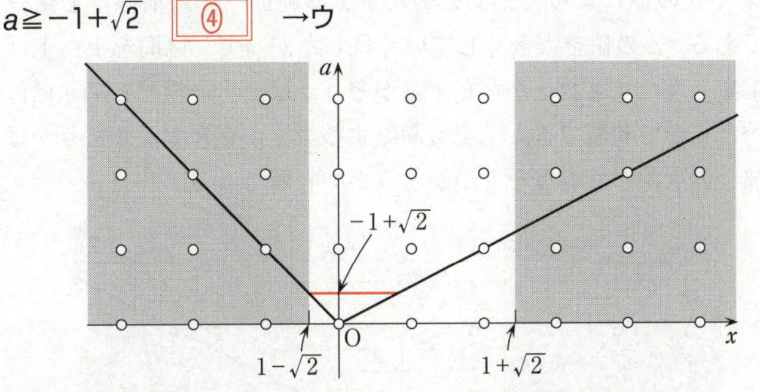

(2) ①と②をともに満たす整数 x が存在するような a の値の範囲は，次図の赤い横線と網かけ部分の点線が共有点をもつ a の範囲であるから

$a \geqq 1$　**②**　→エ

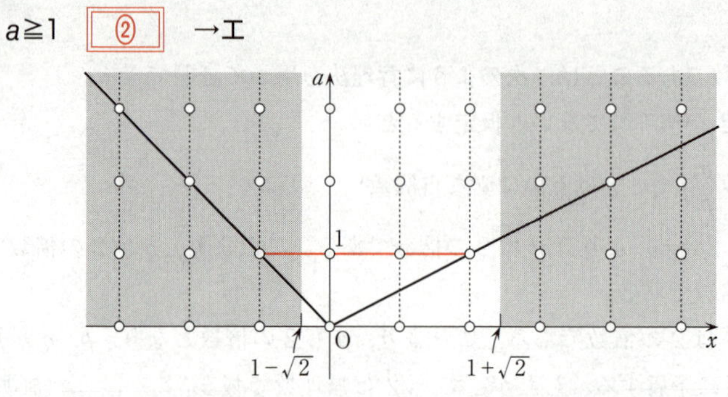

(3)　①と②をともに満たす整数 x がちょうど2つ存在するような a の値の範囲は，下図の赤い横線と網かけ部分の点線がちょうど2個の共有点をもつ a の範囲であるから

$\frac{3}{2} \leqq a < 2$　**⑦**　→オ

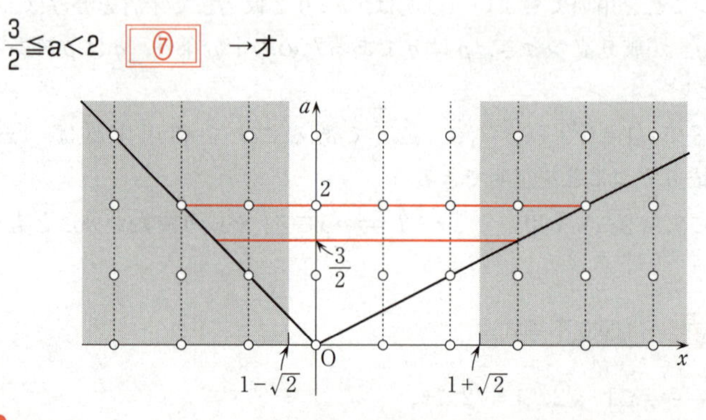

解説

数直線を図示する際，②を満たす x の範囲（赤い横線）は a の値に伴って両端が同時に動く（右に伸びるスピードは左に伸びるスピードの2倍）。
それをふまえて a の値によって，②を満たす x の範囲（赤い横線）を見やすくしたのが，下図である。a の値を大きくしていくにしたがって，区間を上へ上げて見ていけばよい。①をも満たす実数 x が存在するかどうかは，赤い横線と網かけ部分が共有部分をもつかどうかで判断でき，①をも満たす整数 x が存在するかどうかは，赤い横線と網かけ部分の点線が共有点をもつかどうかで判断できる。

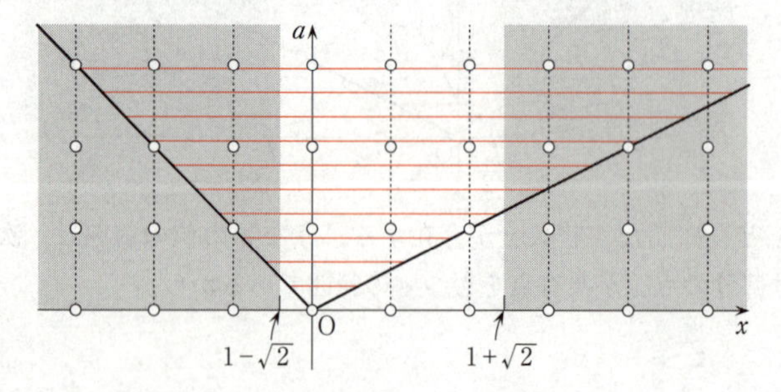

〔3〕 標準 《2次関数の最大・最小》

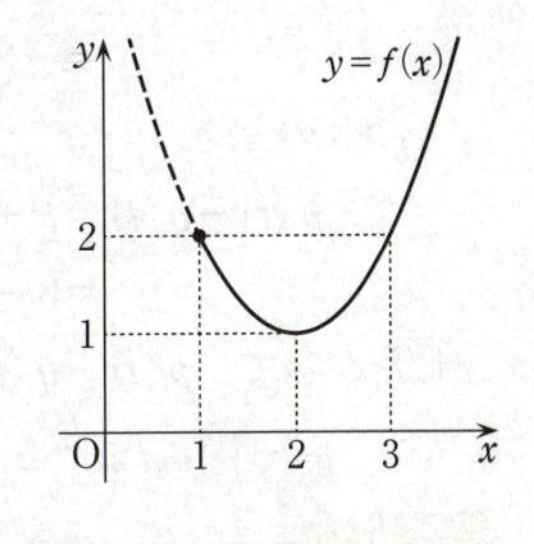

(1) $f(x)=x^2-4x+5=(x-2)^2+1$ であるから

$$M(a)=\begin{cases}2 & (1\leqq a\leqq 3)\\ f(a) & (a>3)\end{cases}$$

より，$y=M(a)$ のグラフは ② →カ である。

$$m(a)=\begin{cases}f(a) & (1\leqq a\leqq 2)\\ 1 & (a>2)\end{cases}$$

より，$y=m(a)$ のグラフは ③ →キ である。

(2)(i) 問題文から，$y=f(t)$ の $t-1\leqq x\leqq t+3$ における最大値と最小値は，$y=f(t-k)$ の $-3\leqq k\leqq 1$ における最大値と最小値である。

ここで，$y=f(t-k)$ のグラフは，$y=f(t)$ のグラフを x 軸方向に k 平行移動させたグラフであり，与えられた選択肢には，いずれも $y=f(t)$ のグラフを x 軸方向に -3 から 1 まで平行移動させた様子が描かれていることを利用すると，t をある値 t_0 に固定したときに $y=f(t_0-k)$ $(-3\leqq k\leqq 1)$ のとり得る値の範囲は，右図のように表される。

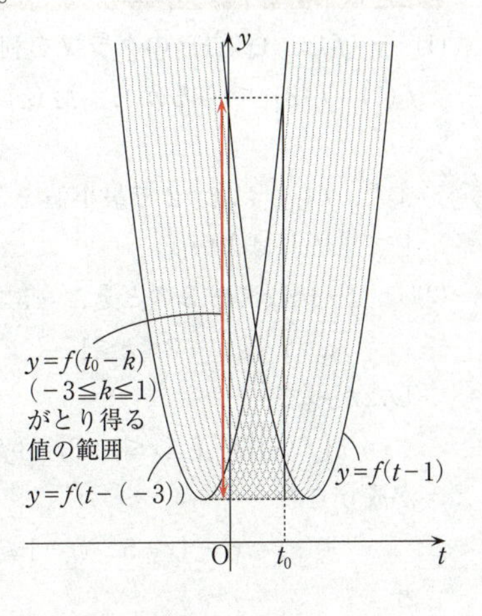

よって，$y=f(t-k)$ $(-3\leqq k\leqq 1)$ の最大値のグラフと最小値のグラフは，$y=f(t-k)$ のグラフが動き得る範囲のなかで最も上側の境界線と最も下側の境界線で表されるので，

最大値 $y=p(t)$ のグラフは ② →ク であり，

最小値 $y=q(t)$ のグラフは ④ →ケ である。

(ii) (i)のグラフから

$$p(t)=\begin{cases}f(t-1)=t^2-6t+10 & (t\leqq 1)\\ f(t+3)=t^2+2t+2 & (t\geqq 1)\end{cases}$$

$$q(t)=\begin{cases}f(t+3)=t^2+2t+2 & (t\leqq -1)\\ 1 & (-1\leqq t\leqq 3)\\ f(t-1)=t^2-6t+10 & (t\geqq 3)\end{cases}$$

であり，$p(-1)=p(3)=17$ であるから，右図のように，$-1\leqq t\leqq 3$ のとき $p(t)-q(t)\leqq 16$ は成り立つ。

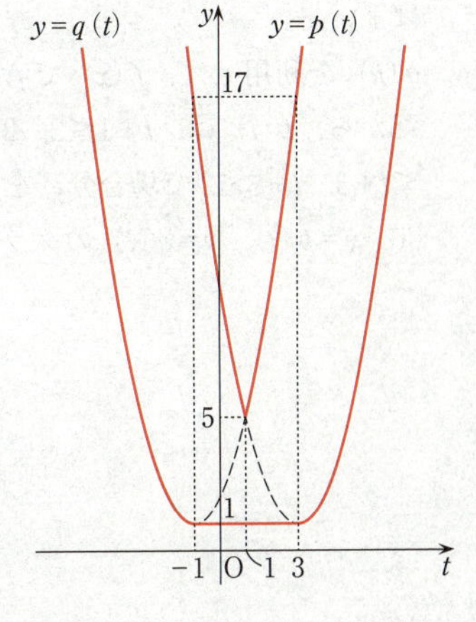

- $t<-1$ のとき

$$p(t)-q(t)=t^2-6t+10-(t^2+2t+2)$$
$$=-8t+8>16$$

- $t>3$ のとき

$$p(t)-q(t)=t^2+2t+2-(t^2-6t+10)$$
$$=8t-8>16$$

したがって，$p(t)-q(t)\leqq 16$ を満たす t の値の範囲は

$\boxed{-1}\leqq t\leqq\boxed{3}$ →コサ，シ

解説

(1) $y=f(x)$ $(x\geqq 1)$ のグラフを利用する。

$f(1)=f(3)$ であるから，$M(a)$ は，$1\leqq a\leqq 3$，$a>3$ で場合分けをして求めればよい。

また，$f(x)$ は $x=2$ で最小値をとるから，$m(a)$ は，$1\leqq a\leqq 2$，$a>2$ で場合分けをして求めればよい。

(2)(i) $t-1\leqq x\leqq t+3$ のとき，$-3\leqq t-x\leqq 1$ だから，$t-x=k$ とおくと

$x=t-k$，$-3\leqq k\leqq 1$

したがって

$$\{f(x)\,|\,t-1\leqq x\leqq t+3\}=\{f(t-k)\,|\,-3\leqq k\leqq 1\}$$

が成り立ち

$$f(x)=x^2-4x+5 \quad (t-1\leqq x\leqq t+3)$$

と

$$g(k)=f(t-k) \quad (-3\leqq k\leqq 1)$$

がとる値の範囲は一致する。

したがって，$g(k)=(k-t+2)^2+1$ の $-3\leqq k\leqq 1$ における最大値，最小値を求めればよい。

$g(k)$ を利用せず，$f(x)$ で考える場合は，$f(x)$ の軸は $x=2$，区間の中央は $t+1$ だから，$p(t)$ は，$t+1\leqq 2$，$2\leqq t+1$ で場合分けをし，$q(t)$ は，$2\leqq t-1$，$t-1\leqq 2\leqq t+3$，$t+3\leqq 2$ で場合分けをして考えればよい。

(ii) $y=p(t)$，$y=q(t)$ のグラフを利用する。

第２問 ── データの分析，図形と計量

〔1〕 標準 《相関係数》

(1) 変量 x と変量 a には $a=x$ という関係があり，相関係数は１ ⑧ →ア である。

変量 x と変量 b には $b=-x+7$ という関係があり，相関係数は－１ ⓪ →イ である。

(2) $$\bar{x}=\frac{1}{6}(1+2+3+4+5+6)=\frac{7}{2} \quad \to \frac{ウ}{エ}$$

$$\overline{x^2}=\frac{1}{6}(1^2+2^2+3^2+4^2+5^2+6^2)=\frac{91}{6}$$

$$s_x{}^2=\overline{x^2}-(\bar{x})^2=\frac{91}{6}-\left(\frac{7}{2}\right)^2=\frac{35}{12} \quad \to \frac{オカ}{キク}$$

$\bar{x}=\bar{a}=\bar{b}=\bar{c}=\bar{d}=\bar{e}$，$\overline{x^2}=\overline{a^2}=\overline{b^2}=\overline{c^2}=\overline{d^2}=\overline{e^2}$ であるから

$$s_x{}^2=s_a{}^2=s_b{}^2=s_c{}^2=s_d{}^2=s_e{}^2$$

(3) $$\overline{xc}=\frac{1\cdot4+2\cdot6+3\cdot1+4\cdot5+5\cdot2+6\cdot3}{6}=\frac{67}{6} \quad \to \frac{ケコ}{サ}$$

$$\overline{xd}=\frac{1\cdot2+2\cdot5+3\cdot4+4\cdot6+5\cdot1+6\cdot3}{6}=\frac{71}{6} \quad \to \frac{シス}{セ}$$

$$\overline{xe}=\frac{1\cdot5+2\cdot1+3\cdot4+4\cdot2+5\cdot6+6\cdot3}{6}=\frac{25}{2} \quad \to \frac{ソタ}{チ}$$

(4) $$s_{xc}=\overline{xc}-\bar{x}\cdot\bar{c}=\frac{67}{6}-\left(\frac{7}{2}\right)^2=-\frac{13}{12}$$

よって，変量 x と変量 c の相関係数は

$$\frac{s_{xc}}{s_xs_c}=\frac{-\frac{13}{12}}{\sqrt{\frac{35}{12}}\sqrt{\frac{35}{12}}}=-\frac{13}{35}$$

同様にして　$s_{xd}=-\dfrac{5}{12}$，　$s_{xe}=\dfrac{3}{12}$

変量 x と変量 d の相関係数は　$\dfrac{s_{xd}}{s_xs_d}=-\dfrac{5}{35}$

変量 x と変量 e の相関係数は　$\dfrac{s_{xe}}{s_xs_e}=\dfrac{3}{35}$

よって，３人の解説者Ｃ，Ｄ，Ｅのうち

最も予想が当たっていたのはＥ ② →ツ

最も予想を外していたのはC ⓪ →テ

解説

変量 x と変量 y の相関係数 r は，$r=\dfrac{s_{xy}}{s_x s_y}$ で与えられる。ただし，s_x，s_y はそれぞれ x，y の標準偏差，s_{xy} は x と y の共分散である。

相関係数の性質から，(1)は計算しなくても答えることができる。変量 x と変量 a の関係を散布図で表すと左下図のようになり，変量 x と変量 b の関係を散布図で表すと右下図のようになる。

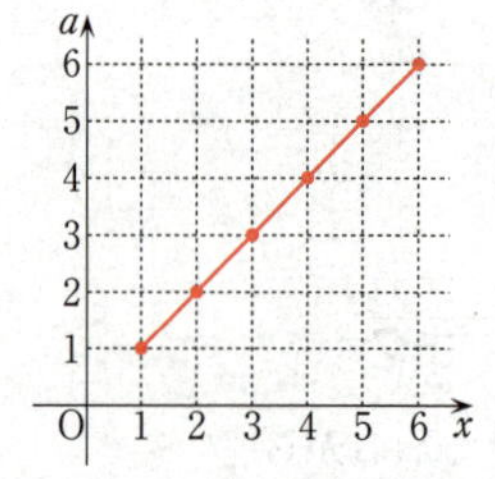

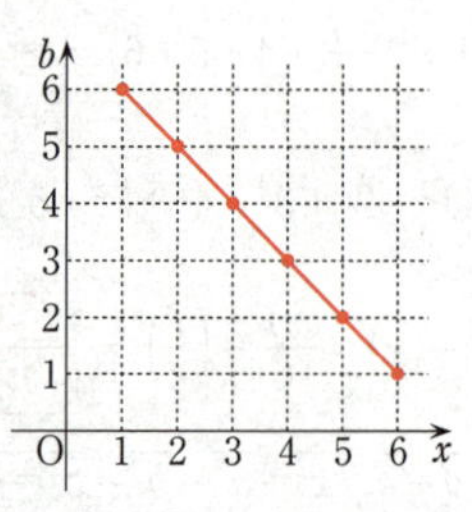

このように，右上がりの同一直線上にすべての点が存在するとき，相関係数はちょうど1となり，右下がりの同一直線上にすべての点が存在するとき，相関係数はちょうど−1となる。

本問では，s_x，s_y は5人の解説者の間で同じ値をとるが，共分散の値が異なる。共分散は

$$s_{xy}=\frac{(x_1-\overline{x})(y_1-\overline{y})+(x_2-\overline{x})(y_2-\overline{y})+\cdots+(x_n-\overline{x})(y_n-\overline{y})}{n}$$

で与えられ，$(x_i-\overline{x})(y_i-\overline{y})$ が大きい正の値になる，すなわち，$x_i-\overline{x}$ と $y_i-\overline{y}$ が同符号でともに絶対値が大きくなるような i が多いほど s_{xy} は大きくなり，逆に，$(x_i-\overline{x})(y_i-\overline{y})$ が小さい負の値（絶対値の大きい負の値）になる，すなわち，$x_i-\overline{x}$ と $y_i-\overline{y}$ が異符号でともに絶対値が大きくなるような i が多いほど s_{xy} は小さくなる。これを言い換えれば，x_i が x の平均より大きい（小さい）ほど y_i も y の平均より大きい（小さい）ようなデータ $(x_i,\ y_i)$ が多いほど s_{xy} は大きく，逆に x_i が x の平均より大きい（小さい）ほど y_i が y の平均より小さい（大きい）ようなデータ $(x_i,\ y_i)$ が多いほど s_{xy} は小さくなる。このことから，相関係数の値が大きいとき「x_i が大きければ y_i も大きく，x_i が小さければ y_i も小さい」という傾向が強く，相関係数の値が小さいとき「x_i が大きければ y_i は小さく，x_i が小さければ y_i は大きい」という傾向が強いといえる。これが「『x との相関係数の値が大きいほど予想が的中していた』と考えればよさそうだ」という発言の背景である。

〔2〕 標準 《三角比の応用》

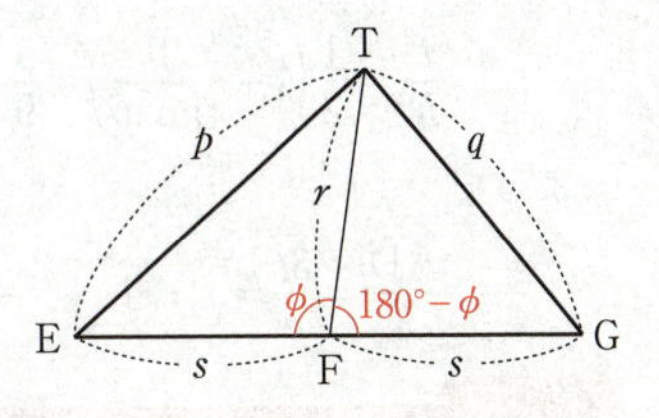

(1) $\angle \mathrm{TFE}=\phi$ とおくと　　$\angle \mathrm{TFG}=180^\circ-\phi$

余弦定理から

$$p^2=\mathrm{TE}^2=r^2+s^2-2rs\cos\phi$$

$$q^2=\mathrm{TG}^2=r^2+s^2-2rs\cos(180^\circ-\phi)$$

$\cos(180^\circ-\phi)=-\cos\phi$ であるから

$$p^2+q^2=2(r^2+s^2)$$　⑦　→ト

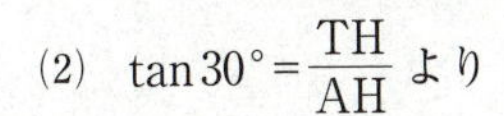

(2) $\tan 30^\circ=\dfrac{\mathrm{TH}}{\mathrm{AH}}$ より

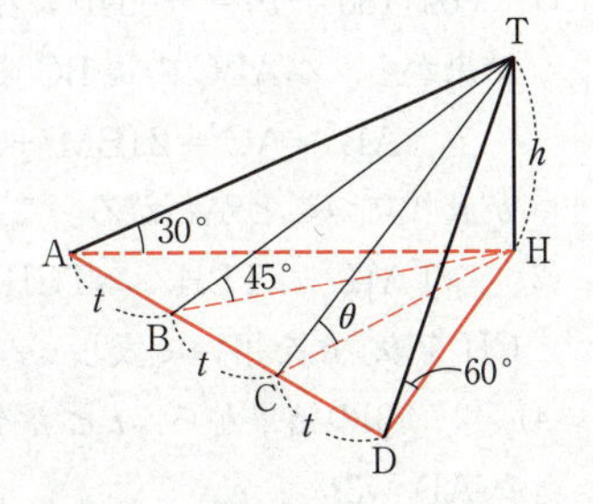

$$\mathrm{AH}=\frac{h}{\tan 30^\circ}=\sqrt{3}h$$

同様にして

$$\mathrm{BH}=\frac{h}{\tan 45^\circ}=h$$

$$\mathrm{CH}=\frac{h}{\tan\theta}$$

$$\mathrm{DH}=\frac{h}{\tan 60^\circ}=\frac{h}{\sqrt{3}}$$

△HAC において，$\mathrm{AB}=\mathrm{BC}=t$ が成り立つから，(1)と同様にして

$$\mathrm{HA}^2+\mathrm{HC}^2=2(\mathrm{AB}^2+\mathrm{HB}^2)$$

$$(\sqrt{3}h)^2+\left(\frac{h}{\tan\theta}\right)^2=2(t^2+h^2)$$

よって　　$h^2\left(\boxed{1}+\dfrac{1}{\tan^2\theta}\right)=2t^2$　⑤　→ナ，ニ

(3) △HBD において，$\mathrm{BC}=\mathrm{CD}=t$ が成り立つから，(1)と同様にして

$$\mathrm{HB}^2+\mathrm{HD}^2=2(\mathrm{BC}^2+\mathrm{HC}^2)$$

$$h^2+\frac{h^2}{3}=2\left(t^2+\frac{h^2}{\tan^2\theta}\right)\qquad h^2\left(\frac{4}{3}-\frac{2}{\tan^2\theta}\right)=2t^2$$

よって　　$h^2\left(\dfrac{\boxed{2}}{\boxed{3}}-\dfrac{1}{\tan^2\theta}\right)=t^2$　⑤　→$\dfrac{ヌ}{ネ}$，ノ

(4) (2)，(3)の結果から

$$h^2\left(1+\frac{1}{\tan^2\theta}\right)=h^2\left(\frac{4}{3}-\frac{2}{\tan^2\theta}\right)$$

$$1+\frac{1}{\tan^2\theta}=\frac{4}{3}-\frac{2}{\tan^2\theta}\qquad \tan^2\theta=9$$

$\tan\theta>0$ より　　$\tan\theta=3$

三角比の表より，θ はおよそ 72°　⑥　→ハ である。

(5)　(2)，(4)の結果から

$$\frac{t^2}{h^2}=\frac{1}{2}\left(1+\frac{1}{\tan^2\theta}\right)=\frac{5}{9}\qquad \frac{t}{h}=\frac{\sqrt{5}}{3}$$

よって

$$\frac{\mathrm{AD}}{h}=\frac{3t}{h}=\sqrt{\boxed{5}}\quad \to ヒ$$

解説

(1)　$\cos(180°-\theta)=-\cos\theta$ に注意する。

結果から，△ABC の辺 BC の中点を M とすると

$$\mathrm{AB}^2+\mathrm{AC}^2=2(\mathrm{BM}^2+\mathrm{AM}^2)$$

が成り立つことがわかる。これを**中線定理**という。

(2)　△TAH，△TBH，△TCH が直角三角形であることを利用して，AH，BH，CH を θ，h を用いて表し，△HAC で中線定理を用いる。

(4)　(2)，(3)の結果から，t と h を消去し，$\tan\theta$ が満たす方程式を導く。

(5)　$\dfrac{\mathrm{AD}}{h}=\dfrac{3t}{h}$ である。(2)と，(4)で求めた $\tan\theta$ の値を利用して，$\dfrac{t}{h}$ を求める。

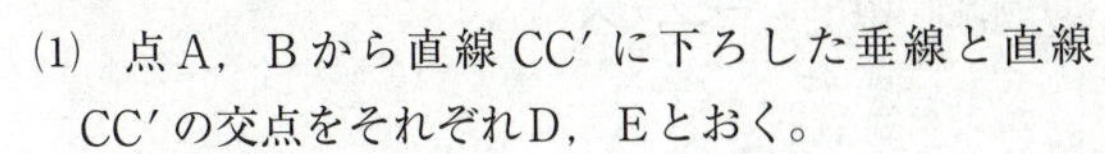

第3問 標準 図形の性質 《辺の比と三角形の面積比，相似》

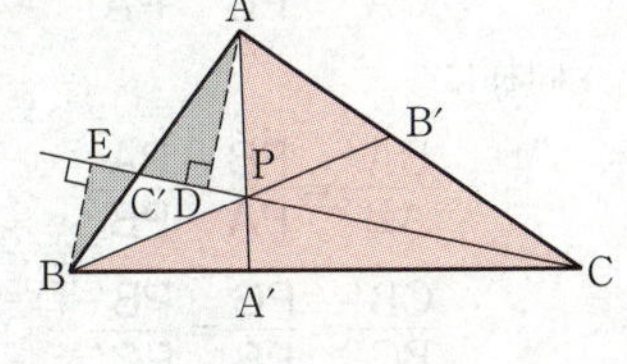

(1) 点A，Bから直線CC′に下ろした垂線と直線CC′の交点をそれぞれD，Eとおく。

△AC′D∽△BC′Eより

$$AD : BE = AC' : BC'$$

$$AD \cdot BC' = BE \cdot AC'$$

よって

$$\frac{\triangle PAC}{\triangle PBC} = \frac{\frac{1}{2} \cdot PC \cdot AD}{\frac{1}{2} \cdot PC \cdot BE} = \frac{AD}{BE} = \frac{AC'}{C'B}$$ ③ →ア

同様にして

$$\frac{BA'}{A'C} = \frac{\triangle PAB}{\triangle PAC}$$ ⑨ →イ

$$\frac{CB'}{B'A} = \frac{\triangle PBC}{\triangle PAB}$$ ① →ウ

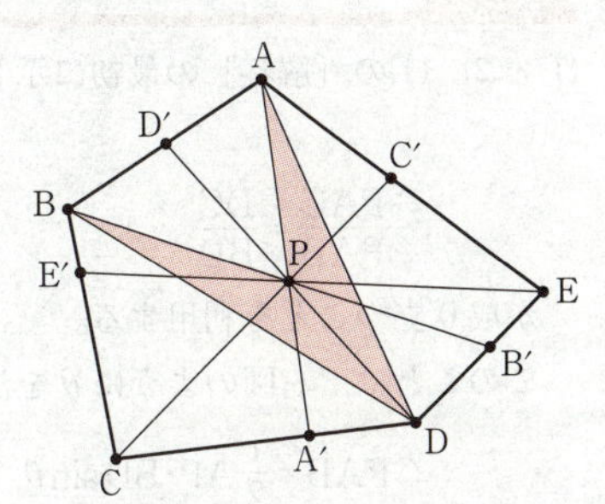

(2) △ADBで(1)と同じようにして

$$\frac{AD'}{D'B} = \frac{\triangle PAD}{\triangle PBD}$$ ① →エ

以下，同様にして

$$\frac{BE'}{E'C} = \frac{\triangle PBE}{\triangle PCE}$$ ③ →オ

$$\frac{CA'}{A'D} = \frac{\triangle PAC}{\triangle PAD}$$ ⑧ →カ

$$\frac{DB'}{B'E} = \frac{\triangle PBD}{\triangle PBE}$$ ⑤ →キ

$$\frac{EC'}{C'A} = \frac{\triangle PCE}{\triangle PAC}$$ ⑥ →ク

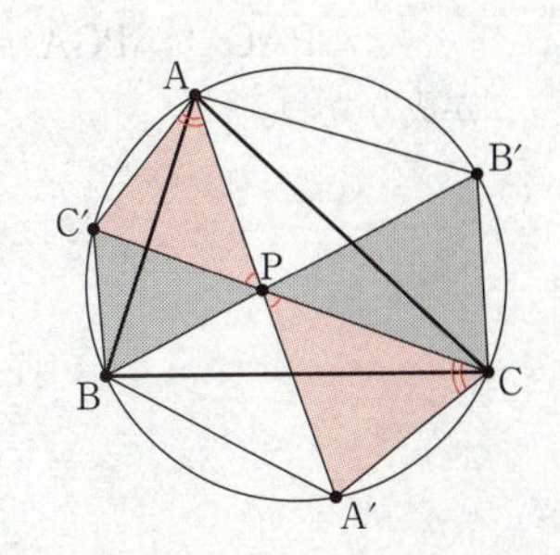

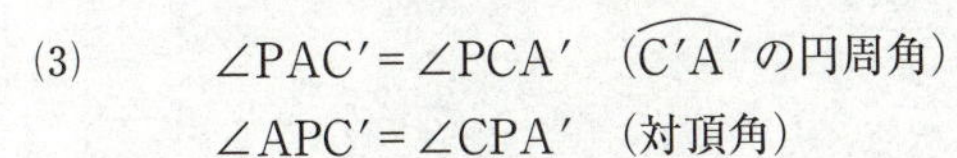

(3) ∠PAC′＝∠PCA′ （$\overset{\frown}{C'A'}$ の円周角）

∠APC′＝∠CPA′ （対頂角）

したがって

△PAC′∽△PCA′  ⑧ →ケ

同様に

△PBA′∽△PAB′ ⑤ →コ

△PCB′∽△PBC′ ② →サ

(4)　△PAC′∽△PCA′ であるから

$$\frac{AC'}{CA'}=\frac{PA}{PC}=\frac{PC'}{PA'}$$　⓪，⑦　→シ，ス

同様に

$$\frac{BA'}{AB'}=\frac{PB}{PA}=\frac{PA'}{PB'}$$　①，⑧　→セ，ソ

$$\frac{CB'}{BC'}=\frac{PC}{PB}=\frac{PB'}{PC'}$$　③，④　→タ，チ

(5)　△PAC′∽△PCA′ であるから

$$\frac{\triangle PAC'}{\triangle PCA'}=\left(\frac{AC'}{CA'}\right)^2$$　②　→ツ

同様に

$$\frac{\triangle PBA'}{\triangle PAB'}=\left(\frac{BA'}{AB'}\right)^2$$　③　→テ

$$\frac{\triangle PCB'}{\triangle PBC'}=\left(\frac{CB'}{BC'}\right)^2$$　⑥　→ト

解説

(1)・(2)　(1)の〔解答〕の最初に示したように，右図において

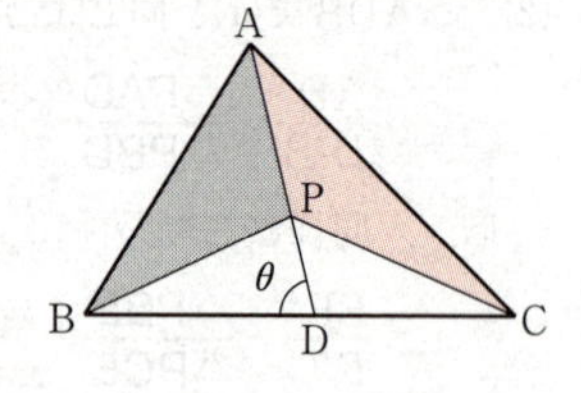

$$\frac{\triangle PAC}{\triangle PAB}=\frac{DC}{BD}$$

が成り立つことを利用する。

このことは，右図のように θ を決めれば

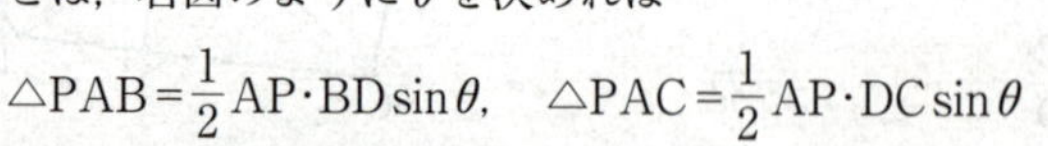

$$\triangle PAB=\frac{1}{2}AP\cdot BD\sin\theta,\quad \triangle PAC=\frac{1}{2}AP\cdot DC\sin\theta$$

であることからわかる。

(3)　対頂角が等しい三角形に注目する。

(5)　△PAC′∽△PCA′，相似比は AC′：CA′ であるから

$$\triangle PAC' : \triangle PCA' = (AC')^2 : (CA')^2$$

が成り立つ。

第4問 標準 場合の数と確率 《条件付き確率》

(1) 1回目に赤球を取り出すのは，袋Aから赤球を取り出すときと，袋Bから赤球を取り出すときの，同時には起こらない二つの場合に分けられるので，確率の加法定理，乗法定理を用いて

$$P(R_1)=P(A\cap R_1)+P(B\cap R_1)$$
$$=P(A)\cdot P_A(R_1)+P(B)\cdot P_B(R_1)$$
$$=\frac{1}{2}\times\frac{9}{10}+\frac{1}{2}\times\frac{2}{10}=\frac{11}{20}\quad\rightarrow\frac{アイ}{ウエ}$$

(2) (1)より

$$P_{R_1}(A)=\frac{P(R_1\cap A)}{P(R_1)}=\frac{\frac{9}{20}}{\frac{11}{20}}=\frac{9}{11}\quad\rightarrow\frac{オ}{カキ}$$

$$P_{R_1}(B)=\frac{P(R_1\cap B)}{P(R_1)}=\frac{\frac{2}{20}}{\frac{11}{20}}=\frac{2}{11}\quad\rightarrow ク$$

である。

(3) 2回目に赤球を取り出すのは，袋Aから赤球を取り出すときと，袋Bから赤球を取り出すときの，同時には起こらない二つの場合に分けられるので

$R_2=(A\cap R_2)\cup(B\cap R_2)$ ⑥ →ケ

$(A\cap R_2)\cap(B\cap R_2)=\varnothing$ ⑤ →コ

(4)
$$p=P_{R_1}(A)\cdot P_A(R_2)+P_{R_1}(B)\cdot P_B(R_2)$$
$$=\frac{9}{11}\times\frac{9}{10}+\frac{2}{11}\times\frac{2}{10}=\frac{17}{22}\quad\rightarrow\frac{サシ}{スセ}$$

(5) 確率の乗法定理を用いて，直接 p を計算すると

$$P(A\cap R_1\cap R_2)=P(A)\cdot P_A(R_1\cap R_2)$$
$$=\frac{1}{2}\times\frac{9}{10}\times\frac{9}{10}=\frac{81}{200}\quad\rightarrow\frac{ソタ}{チツテ}$$

$$P(B\cap R_1\cap R_2)=P(B)\cdot P_B(R_1\cap R_2)$$
$$=\frac{1}{2}\times\frac{2}{10}\times\frac{2}{10}=\frac{1}{50}\quad\rightarrow\frac{ト}{ナニ}$$

よって

$$p=\frac{P(A\cap R_1\cap R_2)+P(B\cap R_1\cap R_2)}{P(R_1)}=\frac{\frac{81}{200}+\frac{1}{50}}{\frac{11}{20}}=\frac{17}{22}$$

となり，確かに p は同じ値になっている。

解説

ポイント　確率の加法定理・乗法定理

事象 A，B が同時には起こらないとき

$$P(A\cup B)=P(A)+P(B)$$

事象 A が起こったとき，事象 B が起こる確率を $P_A(B)$ とおくと

$$P(A\cap B)=P(A)\cdot P_A(B)\qquad P_A(B)=\frac{P(A\cap B)}{P(A)}$$

これらを題材にした確率の計算問題である。

$\frac{\boxed{アイ}}{\boxed{ウエ}}$ は，確率の加法定理，乗法定理を用いて

$$\begin{aligned}P(R_1)&=P(A\cap R_1)+P(B\cap R_1)\\&=P(A)\cdot P_A(R_1)+P(B)\cdot P_B(R_1)\end{aligned}$$

$\frac{\boxed{ソタ}}{\boxed{チツテ}}$ は，確率の乗法定理を用いて

$$P(A\cap R_1\cap R_2)=P(A)\cdot P_A(R_1\cap R_2)$$

を計算すればよい。

また，会話文から得られる等式

$$P_{R_1}(R_2)=P_{R_1}(A)\cdot P_A(R_2)+P_{R_1}(B)\cdot P_B(R_2)\quad\cdots\cdots(*)$$

は次のように示すことができる。

事象 $R_1\cap R_2$ が起こるのは

(i)　袋Aを選んで $R_1\cap R_2$ が起こる。

(ii)　袋Bを選んで $R_1\cap R_2$ が起こる。

の場合があり，これらの事象は互いに排反であるから，確率の加法定理，乗法定理を用いて

$$\begin{aligned}P(R_1\cap R_2)&=P(A\cap R_1\cap R_2)+P(B\cap R_1\cap R_2)\\&=P(R_1\cap(A\cap R_2))+P(R_1\cap(B\cap R_2))\\&=P(R_1)\cdot P_{R_1}(A\cap R_2)+P(R_1)\cdot P_{R_1}(B\cap R_2)\\&=P(R_1)\{P_{R_1}(A\cap R_2)+P_{R_1}(B\cap R_2)\}\end{aligned}$$

したがって

$$P_{R_1}(R_2)=\frac{P(R_1\cap R_2)}{P(R_1)}=P_{R_1}(A\cap R_2)+P_{R_1}(B\cap R_2)$$

ここで

$$P_{R_1}(A\cap R_2)=P_{R_1}(A)\cdot P_{R_1\cap A}(R_2)$$

であるが

$$\begin{aligned}P_{R_1\cap A}(R_2)&=\frac{P((A\cap R_1)\cap R_2)}{P(A\cap R_1)}=\frac{P(A\cap(R_1\cap R_2))}{P(A\cap R_1)}\\&=\frac{P(A)\cdot P_A(R_1\cap R_2)}{P(A)\cdot P_A(R_1)}=\frac{P_A(R_1\cap R_2)}{P_A(R_1)}\\&=\frac{P_A(R_1)\cdot P_A(R_2)}{P_A(R_1)}=P_A(R_2)\end{aligned}$$

であるから

$$P_{R_1}(A\cap R_2)=P_{R_1}(A)\cdot P_A(R_2)$$

同様にして

$$P_{R_1}(B\cap R_2)=P_{R_1}(B)\cdot P_B(R_2)$$

したがって，(＊)は成り立つ。

なお，センター試験・共通テストともに条件付き確率の問題がよく出題されている。本問は条件付き確率をどのように捉えるかという見方を学習する素材として適しているので，参考にしてもらいたい。

解答上の注意（数学Ⅱ，数学B，数学C）

1 解答は，解答用紙の問題番号に対応した解答欄にマークしなさい。

2 問題の文中の［ア］，［イウ］などには，符号(－)又は数字(0～9)が入ります。ア，イ，ウ，…の一つ一つは，これらのいずれか一つに対応します。それらを解答用紙のア，イ，ウ，…で示された解答欄にマークして答えなさい。

例 ［アイウ］に -83 と答えたいとき

ア	● ⓪ ① ② ③ ④ ⑤ ⑥ ⑦ ⑧ ⑨
イ	⊖ ⓪ ① ② ③ ④ ⑤ ⑥ ⑦ ● ⑨
ウ	⊖ ⓪ ① ② ● ④ ⑤ ⑥ ⑦ ⑧ ⑨

3 分数形で解答する場合，分数の符号は分子につけ，分母につけてはいけません。

例えば，$\dfrac{\boxed{エオ}}{\boxed{カ}}$ に $-\dfrac{4}{5}$ と答えたいときは，$\dfrac{-4}{5}$ として答えなさい。

また，それ以上約分できない形で答えなさい。

例えば，$\dfrac{3}{4}$ と答えるところを，$\dfrac{6}{8}$ のように答えてはいけません。

4 小数の形で解答する場合，指定された桁数の一つ下の桁を四捨五入して答えなさい。また，必要に応じて，指定された桁まで⓪にマークしなさい。

例えば，［キ］.［クケ］に 2.5 と答えたいときは，2.50 として答えなさい。

5 根号を含む形で解答する場合，根号の中に現れる自然数が最小となる形で答えなさい。

例えば，$\boxed{コ}\sqrt{\boxed{サ}}$ に $4\sqrt{2}$ と答えるところを，$2\sqrt{8}$ のように答えてはいけません。

6 根号を含む分数形で解答する場合，例えば $\dfrac{\boxed{シ}+\boxed{ス}\sqrt{\boxed{セ}}}{\boxed{ソ}}$ に $\dfrac{3+2\sqrt{2}}{2}$ と答えるところを，$\dfrac{6+4\sqrt{2}}{4}$ や $\dfrac{6+2\sqrt{8}}{4}$ のように答えてはいけません。

7 問題の文中の二重四角で表記された［［タ］］などには，選択肢から一つを選んで，答えなさい。

8 同一の問題文中に［チツ］，［［テ］］などが2度以上現れる場合，原則として，2度目以降は，［チツ］，［［テ］］のように細字で表記します。

数学Ⅱ，数学B，数学C

問　題	選 択 方 法
第1問	必　　答
第2問	必　　答
第3問	必　　答
第4問	いずれか3問を選択し，解答
第5問	
第6問	
第7問	

第１問 （必答問題）（配点　18）

〔1〕

(1) 次の⓪～⑧の等式のうち，任意の実数 α，β について成立するものは，［ア］，［イ］，［ウ］，［エ］である。

［ア］～［エ］の解答群（ただし，解答の順序は問わない。）

⓪ $\cos\alpha+\cos\beta=2\sin\frac{\alpha+\beta}{2}\sin\frac{\alpha-\beta}{2}$

① $\cos\alpha+\sin\beta=2\cos\frac{\alpha+\beta}{2}\cos\frac{\alpha-\beta}{2}$

② $\sin^2\alpha-\sin^2\beta=\sin(\alpha+\beta)\sin(\alpha-\beta)$

③ $\sin(\alpha^2-\beta^2)=\sin(\alpha+\beta)\sin(\alpha-\beta)$

④ $\sin^2(\alpha+\beta)=\sin^2\alpha+2\sin\alpha\sin\beta\cos(\alpha+\beta)+\sin^2\beta$

⑤ $\sin\alpha+\sin\beta=2\sin\frac{\alpha+\beta}{2}\cos\frac{\alpha-\beta}{2}$

⑥ $\sin\alpha-\sin\beta=-2\sin\frac{\alpha+\beta}{2}\cos\frac{\alpha-\beta}{2}$

⑦ $\cos^2\alpha-\sin^2\beta=\cos(\alpha+\beta)\cos(\alpha-\beta)$

⑧ $\cos(\alpha^2-\beta^2)=\cos(\alpha+\beta)\cos(\alpha-\beta)$

(2) すべての実数 x に対して

$$(\cos x+\cos 2x+\cos 3x)\times 2\sin\frac{x}{2}=\boxed{\text{オ}}$$

が成り立つ。

［オ］の解答群

⓪ $\sin\frac{5x}{2}-\cos\frac{x}{2}$　　① $\sin\frac{5x}{2}+\sin\frac{x}{2}$　　② $\sin\frac{7x}{2}-\sin\frac{x}{2}$

③ $\cos\frac{7x}{2}+\cos\frac{x}{2}$　　④ $\sin\frac{9x}{2}+\sin\frac{x}{2}$　　⑤ $\sin\frac{9x}{2}-\sin\frac{x}{2}$

(3) $0<x<2\pi$ の範囲で

$$\cos x+\cos 2x+\cos 3x=0$$

を満たす x は［カ］個ある。

〔2〕

(1)　次の⓪～⑨の等式のうち，1 でない正の実数 a，b および，正の実数 M，N について常に成立するものは，［キ］，［ク］，［ケ］である。

［キ］～［ケ］の解答群（ただし，解答の順序は問わない。）

⓪　$MN=a^{\log_a M+\log_a N}$	①　$MN=a^{\log_a M-\log_a N}$
②　$MN=a^{\log_a M\times\log_a N}$	③　$\dfrac{M}{N}=a^{\log_a M+\log_a N}$
④　$\dfrac{M}{N}=a^{\log_a M-\log_a N}$	⑤　$\dfrac{M}{N}=a^{\log_a M\times\log_a N}$
⑥　$\dfrac{M}{N}=a^{\frac{\log_a M}{\log_a N}}$	⑦　$M^b=b^{\log_a M}$
⑧　$M^b=a^{b\log_a M}$	⑨　$M^b=a^{a\log_b M}$

(2)　$1<b<a$ とするとき，三つの数

$$X=(\log_a b)^2,\quad Y=\log_a b^2,\quad Z=\log_a(\log_a b)$$

の大小を比較すると

［コ］＜［サ］＜［シ］

となる。

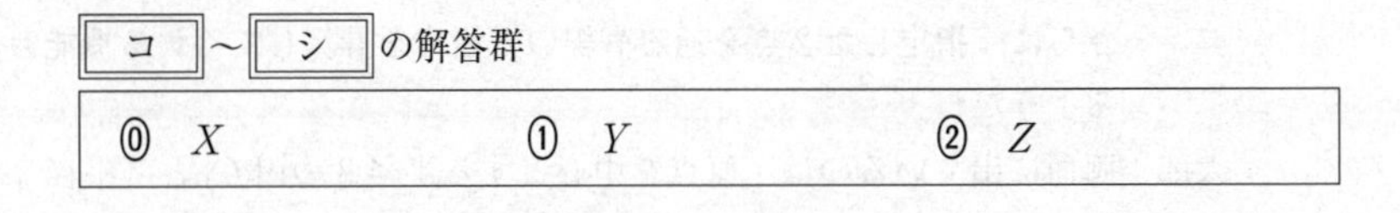

［コ］～［シ］の解答群

⓪　X	①　Y	②　Z

第2問　（必答問題）（配点　12）

太郎さんと花子さんは，図形と方程式との対応をみるために，コンピュータを用いた学習をしている。2人の会話を読んで，下の問いに答えよ。

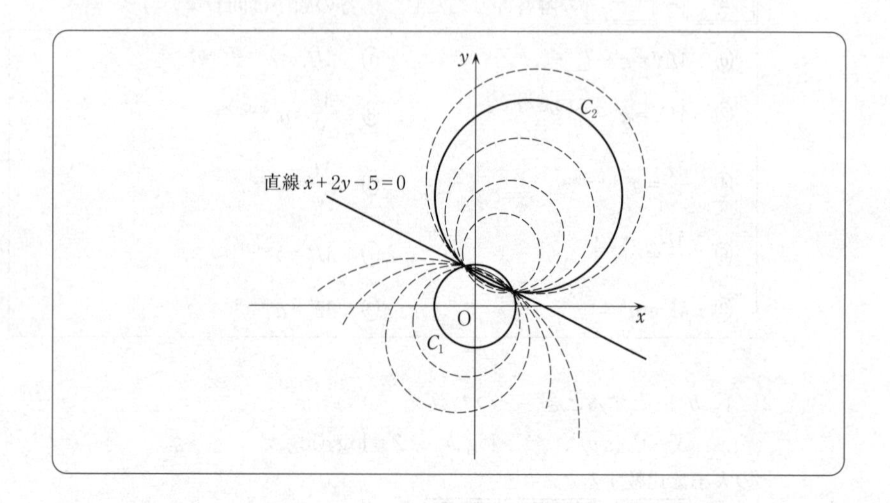

花子：このソフトでは，中心の座標と半径を入力したり，円の方程式を入力すると，その円を表示することができるよ。
さらに，指定した2点を通る直線の方程式を計算してくれる機能もあるようだね。

太郎：画面に出ているのは，原点を中心とする半径3の円 C_1 と，半径7の円 C_2 なんだ。
この二つの円の2交点を通る直線の方程式は，$x+2y-5=0$ なのだけれど，円 C_2 の中心の座標を消去してしまったので，C_2 の中心の座標がわからなくなってしまったんだ。

花子：$(x^2+y^2-9)+k(x+2y-5)=0$ という方程式で表される図形を D_k として，k に様々な値を入力してみると，D_k は，どうやら円 C_1 と円 C_2 の2交点を通る円を表すようだね。

太郎：それらの円の中心は，すべて直線 ア 上にあるようだ。さらに，上手に k の値を決めれば，円 C_2 を表示できそうだよ。

花子：円 C_1 との交点を通る直線の方程式が $x+2y-5=0$ で，半径が7であるような円 C_2 の中心として考えられるのは， イ と ウ の二つがあるけど，いま画面に表示されている円の中心は第一象限にあるから，消去してしまった円 C_2 の中心の座標は［イ］だね。

(1)　［ア］については，最も適当なものを，次の⓪～⑨のうちから一つ選べ。

⓪　$y=x$	①　$y=x+1$	②　$y=x-1$	③　$y=2x$
④　$y=2x+1$	⑤　$y=2x-1$	⑥　$y=3x$	⑦　$y=3x+1$
⑧　$y=3x-1$	⑨　$y=\frac{1}{2}x$		

(2)　［イ］，［ウ］については，最も適当なものを，次の⓪～⑨のうちから一つずつ選べ。

⓪　$(1,\ 1)$	①　$(-1,\ -1)$	②　$(2,\ 4)$	③　$(-2,\ -4)$
④　$(3,\ 6)$	⑤　$(-3,\ -6)$	⑥　$(4,\ 8)$	⑦　$(-4,\ -8)$
⑧　$(2,\ 6)$	⑨　$(-2,\ -6)$		

第3問 （必答問題）（配点 22）

〔1〕 $f(x)=-\frac{3}{2}(x-1)(x-3)$ とする。

(1) $f(x)$ を $(x-1)^2$ で割った余りは $\boxed{\text{ア}}(x-\boxed{\text{イ}})$ であり，$f(x)$ を $(x-4)^2$ で割った余りは $\boxed{\text{ウエ}}x+\dfrac{\boxed{\text{オカ}}}{\boxed{\text{キ}}}$ である。

(2) 放物線 $y=f(x)$ と直線 $y=\boxed{\text{ア}}(x-\boxed{\text{イ}})$ は x 座標が $\boxed{\text{ク}}$ の点で接している。また，放物線 $y=f(x)$ と直線 $y=\boxed{\text{ウエ}}x+\dfrac{\boxed{\text{オカ}}}{\boxed{\text{キ}}}$ は x 座標が $\boxed{\text{ケ}}$ の点で接している。

(3) 放物線 $y=f(x)$ と直線 $y=\boxed{\text{ア}}(x-\boxed{\text{イ}})$ および直線 $y=\boxed{\text{ウエ}}x+\dfrac{\boxed{\text{オカ}}}{\boxed{\text{キ}}}$ で囲まれる部分の面積は $\dfrac{\boxed{\text{コサ}}}{\boxed{\text{シ}}}$ である。

〔2〕 二つの2次関数 $y=f(x)$ と $y=g(x)$ のグラフが次のように与えられている。

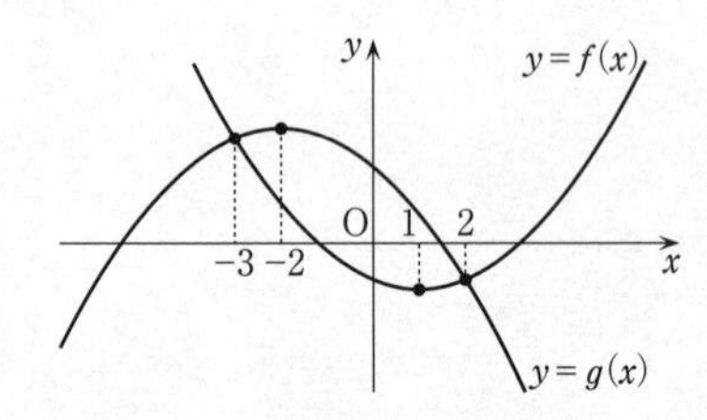

(1) $y=\int_0^x\{f(t)-g(t)\}dt$ のグラフとして最も適当なものは $\boxed{\text{ス}}$ であり，$y=\int_1^x|f(t)-g(t)|dt$ のグラフとして最も適当なものは $\boxed{\text{セ}}$ である。

$\boxed{\text{ス}}$，$\boxed{\text{セ}}$ については，最も適当なものを，次の⓪～⑧のうちから一つずつ選べ。

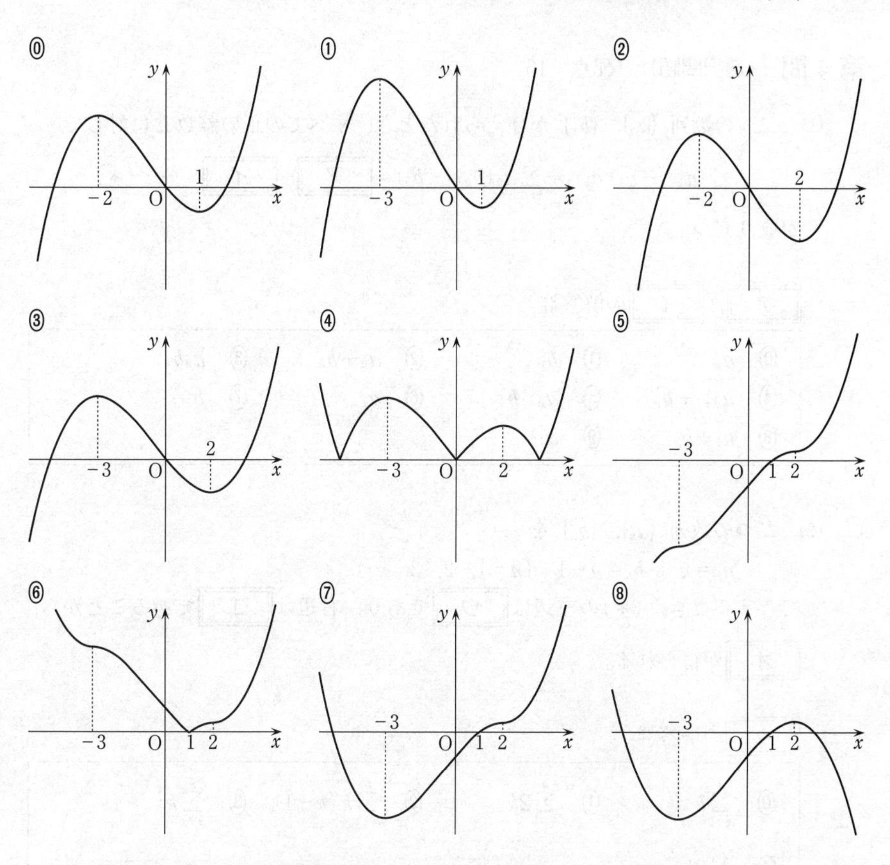

(2)　$f(x)$ の x^2 の係数が 2 であり，$g(x)$ の x^2 の係数が -2 のとき，曲線 $y=f(x)$ と $y=g(x)$ および直線 $x=-2$，$x=1$ で囲まれた部分の面積 S は

$S=$ ソタ

である。

(3)　$f(x)$ の x^2 の係数が 1 であり，$g(x)$ の x^2 の係数が -1 のとき，曲線 $y=f(x)$ と $y=g(x)$ で囲まれた部分の面積 T は

$T=\dfrac{\boxed{\text{チツテ}}}{\boxed{\text{ト}}}$

である。

第4問 (選択問題) (配点 16)

(1) 二つの数列 $\{a_n\}$, $\{b_n\}$ が与えられたとき，すべての正の整数 n に対して

$$\sum_{k=1}^{n}(a_{k+1}-a_k)b_{k+1}+\sum_{k=1}^{n}a_k(b_{k+1}-b_k)=\boxed{\text{ア}}-\boxed{\text{イ}} \quad \cdots\cdots(*)$$

が成り立つ。

ア , イ の解答群

⓪ a_n	① b_n	② a_n+b_n	③ a_nb_n
④ $a_{n+1}+b_{n+1}$	⑤ $a_{n+1}b_{n+1}$	⑥ a_1	⑦ b_1
⑧ a_1+b_1	⑨ a_1b_1		

(2) 二つの数列 $\{a_n\}$, $\{b_n\}$ を

$$a_n=n, \quad b_n=n-1 \quad (n=1, 2, 3, \cdots)$$

で与えるとき，$(*)$の左辺は ウ であり，右辺は エ であることから，

オ が得られる。

ウ の解答群

⓪ $\sum_{k=1}^{n}k$	① $\sum_{k=1}^{n}2k$	② $\sum_{k=1}^{n}k(k-1)$	③ $\sum_{k=1}^{n}k^2$
④ $\sum_{k=1}^{n}2k^2$			

エ の解答群

⓪ n	① $n-1$	② $n(n-1)$	③ n^2
④ $n(n+1)$			

オ の解答群

⓪ $\sum_{k=1}^{n}k=\frac{1}{2}n-1$	① $\sum_{k=1}^{n}k=n(n+1)$	② $\sum_{k=1}^{n}k=\frac{1}{2}n(n+1)$
③ $\sum_{k=1}^{n}k^2=\frac{1}{2}n(n+1)$	④ $\sum_{k=1}^{n}k^2=\frac{1}{6}n(n+1)(2n+1)$	

(3) 二つの数列 $\{a_n\}$, $\{b_n\}$ を

$$a_n=n^2,\quad b_n=n-1\quad (n=1,\ 2,\ 3,\ \cdots)$$

で与えるとき，(＊)の左辺は［カ］であり，右辺は［キ］であることから，［オ］を用いることで［ク］が得られる。

［カ］の解答群

⓪ $\sum_{k=1}^{n}(2k+1)k$	① $\sum_{k=1}^{n}k^2$	② $\sum_{k=1}^{n}(3k^2+k)$	③ $\sum_{k=1}^{n}2k^2$
④ $\sum_{k=1}^{n}k^3$			

［キ］の解答群

⓪ $n^2(n-1)$	① n^2	② $(n+1)^2$	③ n^3
④ $n(n+1)^2$			

［ク］の解答群

⓪ $\sum_{k=1}^{n}k=\frac{1}{2}n(n+1)$	① $\sum_{k=1}^{n}k^2=n^2(n+1)$
② $\sum_{k=1}^{n}k^2=\frac{1}{6}n(n+1)(2n+1)$	③ $\sum_{k=1}^{n}k^2=\frac{1}{6}n(n+1)(n+2)$
④ $\sum_{k=1}^{n}k^3=n^2(n+1)^2$	⑤ $\sum_{k=1}^{n}k^3=\frac{1}{4}n^2(n+1)^2$

(4)　二つの数列 $\{a_n\}$, $\{b_n\}$ を

$$a_n=n^2,\quad b_n=(n-1)^2\quad (n=1,\ 2,\ 3,\ \cdots)$$

で与えるとき，(＊)の左辺は [ケ] であり，右辺は [コ] であることから，[サ] が得られる。

[ケ] の解答群

⓪ $\sum_{k=1}^{n} k^2$　① $\sum_{k=1}^{n} 2k^3$　② $\sum_{k=1}^{n} k(k+1)^2$　③ $\sum_{k=1}^{n} k^3$

④ $\sum_{k=1}^{n} 4k^3$

[コ] の解答群

⓪ n^2　① $(n+1)^2$　② $n(n+1)^2$　③ $n^2(n+1)^2$

④ $n(n+1)^3$

[サ] の解答群

⓪ $\sum_{k=1}^{n} k=\frac{1}{2}n(n+1)$　① $\sum_{k=1}^{n} k^2=n(n+1)^2$

② $\sum_{k=1}^{n} k^2=n^2(n+1)$　③ $\sum_{k=1}^{n} k^2=\frac{1}{6}n(n+1)(2n+1)$

④ $\sum_{k=1}^{n} k^2=\frac{1}{6}n(n+1)(n+2)$　⑤ $\sum_{k=1}^{n} k^3=\frac{1}{4}n^2(n+1)^2$

(5)　二つの数列 $\{a_n\}$，$\{b_n\}$ を

$$a_n=(n-1)^3,\quad b_n=(n-1)^2\quad (n=1,\ 2,\ 3,\ \cdots)$$

で与えるとき，(＊)の左辺は［シ］であり，右辺は［ス］であることから

$$\frac{n^5-n}{5}=\sum_{k=1}^{n}(\ \boxed{セ}\ )$$

が得られる。

［シ］の解答群

⓪ $\sum_{k=1}^{n}(k^4+2k^3+2k^2+k+1)$	① $\sum_{k=1}^{n}5(k^4+2k^3+2k^2+k)$
② $\sum_{k=1}^{n}(k^4-2k^3+2k^2+k)$	③ $\sum_{k=1}^{n}5(k^4-2k^3+2k^2-k)$
④ $\sum_{k=1}^{n}(5k^4-10k^3+10k^2-5k+1)$	

［ス］の解答群

⓪ n^4	① n^5+n^4	② n^5-n	③ n^5
④ n^5+n			

［セ］の解答群

⓪ $k^4+2k^3+2k^2+k$	① $k^4+2k^3+2k^2+k+1$
② $k^4-2k^3+2k^2+k$	③ $k^4-2k^3+2k^2-k-1$
④ $k^4-2k^3+2k^2-k$	⑤ $k^4-2k^3+2k^2-k+1$
⑥ $5k^4-10k^3+10k^2-5k$	⑦ $k^5-2k^3+2k^2-k+1$

(6)　すべての正の整数 n に対して

$$\sum_{k=1}^{n}k^4=\frac{1}{\boxed{ソ}}n^5+\frac{1}{\boxed{タ}}n^4+\frac{1}{\boxed{チ}}n^3-\frac{1}{\boxed{ツテ}}n$$

が成り立つ。

第5問　(選択問題)　(配点　16)

健康診断を終えた太郎さんと花子さんが話をしている。会話を読んで，下の問いに答えよ。必要に応じて54ページの正規分布表を用いてもよい。

太郎：今日の健康診断は検査項目が多くて，かなりのハードスケジュールだったね。

花子：私は体重測定にしか興味がなかったけどね。

太郎：それは聞いてはいけない話かな。僕は，歯科検診のときに，虫歯があるという診断を受けてしまったのがショックだよ。

花子：太郎さんは背が高い方だと思うのだけど，何 cm だったの？

太郎：僕は 175 cm だったよ。

花子：それって，高校3年生の男子の身長としては，高い方なの？

太郎：どうなんだろう？

花子：今日の身体検査で，この学校の高3男子64人の身長の平均は 170 cm だったらしいよ。さっきのホームルームで公表されたよ。標準偏差が 10 cm だって。ということは，この学校の中では，太郎さんの身長は平均以上だね。

太郎：この学校の高3男子64人の中では背が高い方でも，全国的にみて背が高い方かどうかはわからないよ。統計的推測の考え方を用いて，日本の高3男子の身長の平均を推定してみよう。

花子：「母平均が m で母標準偏差が σ である母集団から抽出された大きさ n の無作為標本の標本平均 $\overline{X}$ は，n が大きいとき，近似的に正規分布 $N($ ア $,$ イ $)$ に従う」ということを習ったよね。n が大きくなると，$\overline{X}$ が従う分布の分散は ウ ね。

太郎：母集団が正規分布のときには，n が大きくなくても，常に標本平均は正規分布 $N($ ア $,$ イ $)$ に従うことが知られているね。以降は，母集団が正規分布に従うと仮定することにしよう。

花子：現実的な仮定だと思うよ。さらに，母標準偏差の代わりに標本標準偏差を用いて考えることにしよう。

太郎：すると，$Z=\dfrac{\overline{X}-\text{ア}}{\text{エ}}$ によって，確率変数 Z を定めると，Z は標準正規分布に従うね。

花子：母平均を信頼度 95 % で区間推定してみよう。$P(|Z|\leqq$ オ $)$ が約

0.95 であることが，正規分布表からわかるよ。

太郎：すると，母平均に対する信頼度 95％の信頼区間は，

［ カ ， キ ］となるね。

(1) ア ， イ については，最も適当なものを，次の⓪～⑨のうちから一つずつ選べ。

⓪ 0	① 1	② m	③ n	④ σ
⑤ σ^2	⑥ $\dfrac{\sigma^2}{m}$	⑦ $\dfrac{\sigma^2}{n}$	⑧ $\dfrac{\sigma}{m^2}$	⑨ $\dfrac{\sigma}{n^2}$

(2) ウ については，最も適当なものを，次の⓪～①のうちから一つ選べ。

⓪ 大きくなる　　① 小さくなる

(3) エ については，最も適当なものを，次の⓪～⑨のうちから一つ選べ。

⓪ n	① m	② σ	③ σ^2	④ $\sqrt{n}$
⑤ $\sqrt{m}$	⑥ $\sqrt{\sigma}$	⑦ $\dfrac{\sigma}{\sqrt{n}}$	⑧ $\dfrac{\sigma}{n^2}$	⑨ $\dfrac{\sigma}{\sqrt{m}}$

(4) オ については，最も適当なものを，次の⓪～④のうちから一つ選べ。

⓪ 0.88　① 0.99　② 1.38　③ 1.96　④ 2.58

(5) カ ， キ については，最も適当なものを，次の⓪～⑨のうちから一つずつ選べ。

⓪ 167.55	① 169.55	② 170	③ 171.25	④ 172
⑤ 172.45	⑥ 173	⑦ 174.25	⑧ 175.45	⑨ 176.75

花子：太郎さんには虫歯があるようだけど，今日の歯科検診で，高３の全生徒100人のうち，虫歯があったのは25人らしいよ。

太郎：４人に１人の割合だね。日本全体ではどうなのかな？
統計的推測の考え方を用いて，全国の高３の生徒のうち虫歯がある人の割合 p を推定してみよう。

花子：「ある特性をもつものの母比率が p である母集団から，大きさ n の無作為標本を抽出するとき，n が大きいとき，その特性をもつものの比率 R は近似的に正規分布 $N($[ク]，[ケ]$)$ に従う」ということを習ったよね。この設定に当てはめて考えよう。

太郎：すると，$z=\dfrac{R-\boxed{ク}}{\boxed{コ}}$ によって，確率変数 z を定めると，z は標準正規分布に従うね。

花子：母比率 p を信頼度99％で区間推定してみよう。$P(|z|\leqq \boxed{サ})$ が約0.99であることが，正規分布表からわかるよ。

太郎：n が十分大きいとき，大数の法則により，R は p に近いとみなしてよいから，母比率 p に対する信頼度99％の信頼区間は，
$[\boxed{シ}, \boxed{ス}]$ となるね。

(6)　[ク]，[ケ] については，最も適当なものを，次の⓪～⑨のうちから一つずつ選べ。

⓪ 0　① 1　② p　③ p^2　④ $1-p$
⑤ $(1-p)^2$　⑥ $p(1-p)$　⑦ $np(1-p)$　⑧ $\dfrac{p(1-p)}{n}$　⑨ $\dfrac{p(1-p)}{n^2}$

(7)　[コ] については，最も適当なものを，次の⓪～⑨のうちから一つ選べ。

⓪ $\dfrac{p}{n}$　① $\dfrac{p}{\sqrt{n}}$　② $\dfrac{\sqrt{p}}{n^2}$　③ $\dfrac{1-p}{\sqrt{n}}$
④ $\dfrac{\sqrt{1-p}}{n}$　⑤ $\dfrac{p(1-p)}{n^2}$　⑥ $\dfrac{p(1-p)}{\sqrt{n}}$　⑦ $\dfrac{\sqrt{p(1-p)}}{n^2}$
⑧ $\sqrt{\dfrac{p(1-p)}{n}}$　⑨ $\dfrac{\sqrt{p(1-p)}}{n}$

(8) [サ] については，最も適当なものを，次の⓪～⑥のうちから一つ選べ。

⓪ 0.38	① 0.88	② 1.38	③ 1.88
④ 1.96	⑤ 2.58	⑥ 3.08	

(9) [シ]，[ス] については，最も適当なものを，次の⓪～⑨のうちから一つずつ選べ。

⓪ 0.04	① 0.09	② 0.14	③ 0.19	④ 0.25
⑤ 0.29	⑥ 0.32	⑦ 0.36	⑧ 0.41	⑨ 0.47

正 規 分 布 表

次の表は，標準正規分布の分布曲線における右図の灰色部分の面積の値をまとめたものである。

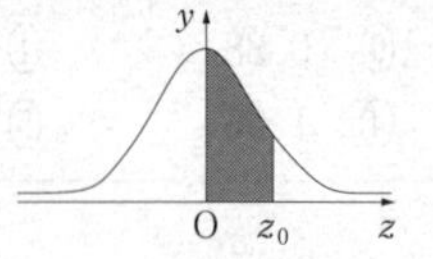

z_0	0.00	0.01	0.02	0.03	0.04	0.05	0.06	0.07	0.08	0.09
0.0	0.0000	0.0040	0.0080	0.0120	0.0160	0.0199	0.0239	0.0279	0.0319	0.0359
0.1	0.0398	0.0438	0.0478	0.0517	0.0557	0.0596	0.0636	0.0675	0.0714	0.0753
0.2	0.0793	0.0832	0.0871	0.0910	0.0948	0.0987	0.1026	0.1064	0.1103	0.1141
0.3	0.1179	0.1217	0.1255	0.1293	0.1331	0.1368	0.1406	0.1443	0.1480	0.1517
0.4	0.1554	0.1591	0.1628	0.1664	0.1700	0.1736	0.1772	0.1808	0.1844	0.1879
0.5	0.1915	0.1950	0.1985	0.2019	0.2054	0.2088	0.2123	0.2157	0.2190	0.2224
0.6	0.2257	0.2291	0.2324	0.2357	0.2389	0.2422	0.2454	0.2486	0.2517	0.2549
0.7	0.2580	0.2611	0.2642	0.2673	0.2704	0.2734	0.2764	0.2794	0.2823	0.2852
0.8	0.2881	0.2910	0.2939	0.2967	0.2995	0.3023	0.3051	0.3078	0.3106	0.3133
0.9	0.3159	0.3186	0.3212	0.3238	0.3264	0.3289	0.3315	0.3340	0.3365	0.3389
1.0	0.3413	0.3438	0.3461	0.3485	0.3508	0.3531	0.3554	0.3577	0.3599	0.3621
1.1	0.3643	0.3665	0.3686	0.3708	0.3729	0.3749	0.3770	0.3790	0.3810	0.3830
1.2	0.3849	0.3869	0.3888	0.3907	0.3925	0.3944	0.3962	0.3980	0.3997	0.4015
1.3	0.4032	0.4049	0.4066	0.4082	0.4099	0.4115	0.4131	0.4147	0.4162	0.4177
1.4	0.4192	0.4207	0.4222	0.4236	0.4251	0.4265	0.4279	0.4292	0.4306	0.4319
1.5	0.4332	0.4345	0.4357	0.4370	0.4382	0.4394	0.4406	0.4418	0.4429	0.4441
1.6	0.4452	0.4463	0.4474	0.4484	0.4495	0.4505	0.4515	0.4525	0.4535	0.4545
1.7	0.4554	0.4564	0.4573	0.4582	0.4591	0.4599	0.4608	0.4616	0.4625	0.4633
1.8	0.4641	0.4649	0.4656	0.4664	0.4671	0.4678	0.4686	0.4693	0.4699	0.4706
1.9	0.4713	0.4719	0.4726	0.4732	0.4738	0.4744	0.4750	0.4756	0.4761	0.4767
2.0	0.4772	0.4778	0.4783	0.4788	0.4793	0.4798	0.4803	0.4808	0.4812	0.4817
2.1	0.4821	0.4826	0.4830	0.4834	0.4838	0.4842	0.4846	0.4850	0.4854	0.4857
2.2	0.4861	0.4864	0.4868	0.4871	0.4875	0.4878	0.4881	0.4884	0.4887	0.4890
2.3	0.4893	0.4896	0.4898	0.4901	0.4904	0.4906	0.4909	0.4911	0.4913	0.4916
2.4	0.4918	0.4920	0.4922	0.4925	0.4927	0.4929	0.4931	0.4932	0.4934	0.4936
2.5	0.4938	0.4940	0.4941	0.4943	0.4945	0.4946	0.4948	0.4949	0.4951	0.4952
2.6	0.4953	0.4955	0.4956	0.4957	0.4959	0.4960	0.4961	0.4962	0.4963	0.4964
2.7	0.4965	0.4966	0.4967	0.4968	0.4969	0.4970	0.4971	0.4972	0.4973	0.4974
2.8	0.4974	0.4975	0.4976	0.4977	0.4977	0.4978	0.4979	0.4979	0.4980	0.4981
2.9	0.4981	0.4982	0.4982	0.4983	0.4984	0.4984	0.4985	0.4985	0.4986	0.4986
3.0	0.4987	0.4987	0.4987	0.4988	0.4988	0.4989	0.4989	0.4989	0.4990	0.4990

第6問 （選択問題）（配点　16）

太郎さんと花子さんは，ベクトルの授業で参考事項として学んだ“cleaver”という直線について話をしている。

太郎：cleaverとは，三角形の辺の中点を通り三角形の周の長さを二等分するような直線のことをいうんだよね。

花子：そうすると，一つの三角形には，3本のcleaverが存在することになるね。

太郎：cleaverは，三角形のある内角の二等分線と平行であり，3本のcleaverは1点で交わるという性質があるそうだね。

花子：角の二等分線が関係するということは，三角形の内心，つまり，内接円の中心も関わってくるのかな。

太郎：この前勉強したけど，一般に三角形ABCにおいて，$\mathrm{BC}=a$，$\mathrm{CA}=b$，$\mathrm{AB}=c$とするとき，点Iが三角形ABCの内心である条件は

$$a\overrightarrow{\mathrm{AI}}+b\overrightarrow{\mathrm{BI}}+c\overrightarrow{\mathrm{CI}}=\vec{0}$$

が成り立つことなんだよね。

これはきれいな等式で記憶にも残りやすい形だ。必要に応じてこのことを用いることにしよう。

花子：cleaverの性質を具体的な三角形で確認してみよう。

たとえば，$\mathrm{BC}=14$，$\mathrm{CA}=10$，$\mathrm{AB}=16$であるような三角形ABCで考えてみることにするね。

太郎：BCの中点をD，CAの中点をE，ABの中点をFとして図を描いてみると，こんな感じになるよ。

花子：XD，YE，ZFの3本がcleaverというわけだね。

確かに，図を描いてみると1点で交わっていそうだよ。

太郎：AX，BY，CZの長さについて調べてみると，$\mathrm{AX}=3$，$\mathrm{BY}=1$，$\mathrm{CZ}=2$であることがいえるね。

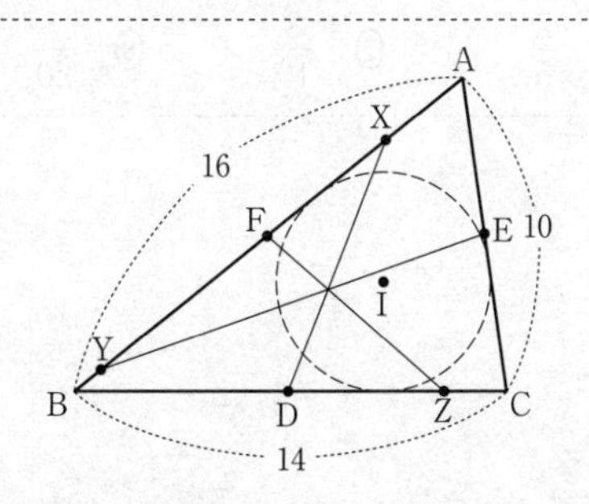

花子：cleaver は，三角形の内角の二等分線と平行であるという性質について調べてみよう。

太郎：
$$\overrightarrow{XD} = \boxed{ア}\,\overrightarrow{AB} + \boxed{イ}\,\overrightarrow{AC},$$
$$\overrightarrow{YE} = \boxed{ウ}\,\overrightarrow{BA} + \boxed{エ}\,\overrightarrow{BC},$$
$$\overrightarrow{ZF} = \boxed{オ}\,\overrightarrow{CA} + \boxed{カ}\,\overrightarrow{CB}$$
が成り立つね。

花子：さっき話題にした内心をベクトルで表す式を用いると，三角形 ABC の内心 I について
$$\overrightarrow{AI} = \boxed{キ}\,\overrightarrow{AB} + \boxed{ク}\,\overrightarrow{AC},$$
$$\overrightarrow{BI} = \boxed{ケ}\,\overrightarrow{BA} + \boxed{コ}\,\overrightarrow{BC},$$
$$\overrightarrow{CI} = \boxed{サ}\,\overrightarrow{CA} + \boxed{シ}\,\overrightarrow{CB}$$
が成り立つね。

太郎：すると，$\overrightarrow{XD} = \boxed{ス}\,\overrightarrow{AI}$，$\overrightarrow{YE} = \boxed{セ}\,\overrightarrow{BI}$，$\overrightarrow{ZF} = \boxed{ソ}\,\overrightarrow{CI}$ が成り立つよ。

花子：これで，この三角形について，cleaver が三角形の内角の二等分線と平行であるという性質を確認することができたね。

$\boxed{ア}$ ～ $\boxed{カ}$ の解答群（ただし，同じものを繰り返し選んでもよい。）

⓪ $\frac{1}{2}$	① $\frac{1}{3}$	② $\frac{2}{3}$	③ $\frac{1}{4}$	④ $\frac{5}{16}$
⑤ $\frac{3}{8}$	⑥ $\frac{7}{16}$	⑦ $\frac{2}{7}$	⑧ $\frac{5}{14}$	⑨ $\frac{3}{7}$

$\boxed{キ}$ ～ $\boxed{シ}$ の解答群（ただし，同じものを繰り返し選んでもよい。）

⓪ $\frac{1}{2}$	① $\frac{1}{3}$	② $\frac{2}{3}$	③ $\frac{1}{4}$	④ $\frac{3}{4}$
⑤ $\frac{1}{5}$	⑥ $\frac{2}{5}$	⑦ $\frac{3}{10}$	⑧ $\frac{7}{20}$	⑨ $\frac{9}{20}$

ス ～ ソ の解答群（ただし，同じものを繰り返し選んでもよい。）

⓪ $\frac{1}{2}$　① $\frac{3}{2}$　② $\frac{1}{3}$　③ $\frac{2}{3}$　④ $\frac{4}{3}$

⑤ $\frac{3}{4}$　⑥ $\frac{4}{5}$　⑦ $\frac{5}{4}$　⑧ $\frac{3}{5}$　⑨ $\frac{10}{7}$

太郎：また，XD と YE の交点を S_1，XD と ZF の交点を S_2 とすると，$\overrightarrow{AS_1}$ も $\overrightarrow{AS_2}$ もともに，$\frac{3}{8}\overrightarrow{AB}+\frac{3}{10}\overrightarrow{AC}$ と表されることが少し計算することでわかるよ。

花子：これで，この三角形について，３本の cleaver が１点で交わるという性質を確認することができたね。

太郎：すると，３本の cleaver の交点を S とするとき， タ が成り立つよ。

花子：考察した三角形 ABC について，３本の cleaver の交点 S は，三角形 DEF の チ と一致することがわかるね。

タ の解答群

⓪ $5\overrightarrow{SD}+7\overrightarrow{SE}+8\overrightarrow{SF}=\vec{0}$　① $5\overrightarrow{SD}+8\overrightarrow{SE}+7\overrightarrow{SF}=\vec{0}$

② $7\overrightarrow{SD}+5\overrightarrow{SE}+8\overrightarrow{SF}=\vec{0}$　③ $7\overrightarrow{SD}+8\overrightarrow{SE}+5\overrightarrow{SF}=\vec{0}$

④ $8\overrightarrow{SD}+5\overrightarrow{SE}+7\overrightarrow{SF}=\vec{0}$　⑤ $8\overrightarrow{SD}+7\overrightarrow{SE}+5\overrightarrow{SF}=\vec{0}$

チ の解答群

⓪ 外心　① 内心　② 重心　③ 垂心

第7問 （選択問題）（配点　16）

〔1〕 楕円 $E:\dfrac{x^2}{9}+y^2=1$ と楕円 E 上の点 A $(0,\ -1)$ を考える。

点Aを通り傾きが m (<0) である直線と楕円 E とのAでない方の交点をBとし，直線 AB と点Aで直交する直線と楕円 E とのAでない方の交点をCとする。

太郎さんと花子さんは，コンピュータソフトを用いて，負の実数 m の値をいろいろ変えて，性質を調べようとしている。左下図は $m=-0.6$ としたときのPC画面の様子であり，右下図は $m=-0.2$ としたときのPC画面の様子である。

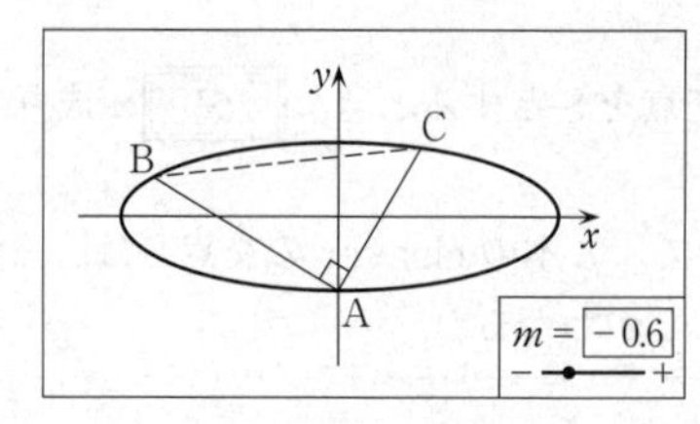

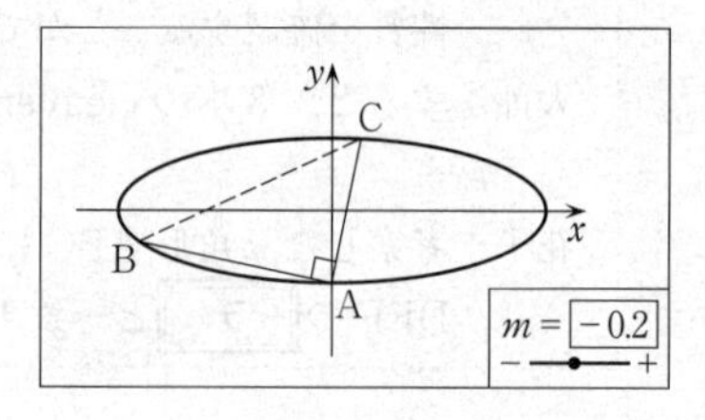

負の実数 m の値を変化させると，点B，点Cの位置は変わるが，直線 BC と y 軸との交点は変わらないように思えた太郎さんと花子さんは，数式で調べてみることにした。

花子：直線 AB，直線 AC の方程式は m を用いて表せるね。
太郎：すると，楕円 E 上の点B，点Cの座標も m で表すことができそうだよ。
花子：直線 BC の方程式を求めて，その y 切片を調べてみよう。

点Bの x 座標は［ア］，点Cの x 座標は［イ］と表される。したがって，

直線 BC の方程式は $y=$［ウ］$x+\dfrac{［エ］}{［オ］}$ となり，負の実数 m の値によらず，

直線 BC は y 軸上の定点 $\left(0,\ \dfrac{［エ］}{［オ］}\right)$ を通ることがわかる。

[ア]～[ウ]の解答群（ただし，同じものを繰り返し選んでもよい。）

⓪	$\dfrac{m-1}{m^2+1}$	①	$\dfrac{m^2-1}{m^2+1}$	②	$\dfrac{m-1}{10m}$	③	$\dfrac{m^2-1}{10m}$	④	$\dfrac{18m}{m^2+9}$
⑤	$\dfrac{-18m}{m^2+9}$	⑥	$\dfrac{18m}{9m^2+1}$	⑦	$\dfrac{-18m}{9m^2+1}$	⑧	$\dfrac{18m}{m^2+10}$	⑨	$\dfrac{-18m}{m^2+10}$

三角形 ABC が直角二等辺三角形となるような負の実数 m の値のうち整数であるものは

$$m=-\boxed{\text{カ}}$$

である。

〔2〕 i を虚数単位とし，$z=\cos\dfrac{2\pi}{7}+i\sin\dfrac{2\pi}{7}$，$w=\cos\dfrac{2\pi}{7}-i\sin\dfrac{2\pi}{7}$ とする。

$z^7=\boxed{\text{キ}}$，$zw=\boxed{\text{ク}}$ である。

$Z=z+z^2+z^4$，$W=w+w^2+w^4$ とすると

$$Z+W=\boxed{\text{ケコ}},\quad ZW=\boxed{\text{サ}}$$

であるので

$$\cos\frac{2\pi}{7}+\cos\frac{4\pi}{7}+\cos\frac{8\pi}{7}=\frac{\boxed{\text{シス}}}{\boxed{\text{セ}}}$$

$$\sin\frac{2\pi}{7}+\sin\frac{4\pi}{7}+\sin\frac{8\pi}{7}=\frac{\sqrt{\boxed{\text{ソ}}}}{\boxed{\text{タ}}}$$

であることがわかる。

共通テスト　実戦創作問題：数学Ⅱ，数学B，数学C

問題番号（配点）	解答記号	正　解	配　点	チェック
第1問（18）	ア，イ，ウ，エ	②，④，⑤，⑦（解答の順序は問わない）	4	
	オ	②	4	
	カ	6	4	
	キ，ク，ケ	⓪，④，⑧（解答の順序は問わない）	3	
	コ，サ，シ	②，⓪，①	3	
第2問（12）	ア	③	4	
	イ	⑥	4	
	ウ	③	4	

問題番号（配点）	解答記号	正　解	配　点	チェック
第3問（22）	ア，イ	3，1	2	
	ウエ，$\frac{オカ}{キ}$	-6，$\frac{39}{2}$	2	
	ク	1	1	
	ケ	4	1	
	$\frac{コサ}{シ}$	$\frac{27}{8}$	4	
	ス	③	3	
	セ	⑤	3	
	ソタ	66	3	
	$\frac{チツテ}{ト}$	$\frac{125}{3}$	3	

問題番号(配点)	解答記号	正解	配点	チェック
第4問(16)	ア, イ	⑤, ⑨	2	
	ウ, エ	①, ④	2	
	オ	②	1	
	カ, キ	②, ④	2	
	ク	②	1	
	ケ, コ	④, ③	2	
	サ	⑤	1	
	シ, ス	④, ③	2	
	セ	④	1	
	ソ, タ, チ, ツテ	5, 2, 3, 30	2	
第5問(16)	ア, イ	②, ⑦	2	
	ウ	①	2	
	エ	⑦	1	
	オ	③	1	
	カ, キ	⓪, ⑤	2	
	ク, ケ	②, ⑧	2	
	コ	⑧	2	
	サ	⑤	2	
	シ, ス	②, ⑦	2	

問題番号(配点)	解答記号	正解	配点	チェック
第6問(16)	ア, イ	④, ⓪	1	
	ウ, エ	⑥, ⓪	1	
	オ, カ	⓪, ⑧	1	
	キ, ク	③, ⑥	2	
	ケ, コ	⑧, ⑥	2	
	サ, シ	⑧, ③	2	
	ス, セ, ソ	⑦, ⑦, ⑨	3	
	タ	②	2	
	チ	①	2	
第7問(16)	ア	⑥	1	
	イ	⑤	1	
	ウ	③	2	
	$\frac{\text{エ}}{\text{オ}}$	$\frac{4}{5}$	2	
	カ	1	2	
	キ	1	1	
	ク	1	1	
	ケコ	−1	1	
	サ	2	1	
	$\frac{\text{シス}}{\text{セ}}$	$\frac{-1}{2}$	2	
	$\frac{\sqrt{\text{ソ}}}{\text{タ}}$	$\frac{\sqrt{7}}{2}$	2	

（注）第1問，第2問，第3問は必答。第4問〜第7問のうちから3問選択。計6問を解答。

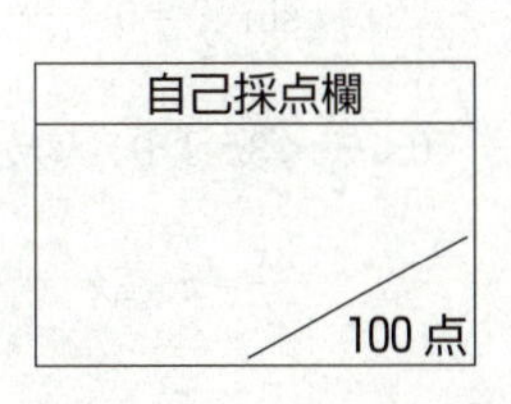

第1問 ―― 三角関数，指数・対数関数

〔1〕 標準 《加法定理，和・差を積に変形する公式》

(1)　$\cos 0=1$，$\sin 0=0$ であるから，$\alpha=\beta=0$ のとき，⓪と①は成立しない。

$\sin\frac{\pi}{4}=\cos\frac{\pi}{4}=\frac{\sqrt{2}}{2}$，$\cos\frac{\pi}{2}=0$ であるから，$\alpha=\beta=\frac{\pi}{4}$ のとき，⑥と⑧は成立しない。

さらに，$\alpha=\pi$，$\beta=0$ のとき

$$\sin(\alpha^2-\beta^2)=\sin\pi^2\neq 0,\quad \sin(\alpha+\beta)\sin(\alpha-\beta)=0$$

であるから，③は成立しない。

したがって，任意の実数 α，β について成立するものは，**②**，**④**，**⑤**，**⑦** →ア，イ，ウ，エである。

(2)　積から和に変形する公式

$$2\sin\alpha\cos\beta=\sin(\alpha+\beta)+\sin(\alpha-\beta)$$

を用いて

$$(\cos x+\cos 2x+\cos 3x)\times 2\sin\frac{x}{2}$$

$$=2\sin\frac{x}{2}\cos x+2\sin\frac{x}{2}\cos 2x+2\sin\frac{x}{2}\cos 3x$$

$$=\left\{\sin\frac{3x}{2}+\sin\left(-\frac{x}{2}\right)\right\}+\left\{\sin\frac{5x}{2}+\sin\left(-\frac{3x}{2}\right)\right\}+\left\{\sin\frac{7x}{2}+\sin\left(-\frac{5x}{2}\right)\right\}$$

$$=\left(\sin\frac{3x}{2}-\sin\frac{x}{2}\right)+\left(\sin\frac{5x}{2}-\sin\frac{3x}{2}\right)+\left(\sin\frac{7x}{2}-\sin\frac{5x}{2}\right)$$

$$=\sin\frac{7x}{2}-\sin\frac{x}{2}$$ **②** →オ

(3)　$0<x<2\pi$ のとき，$0<\frac{x}{2}<\pi$ より，$\sin\frac{x}{2}>0$ であるから

$$\cos x+\cos 2x+\cos 3x=0 \quad \cdots\cdots①$$

$$(\cos x+\cos 2x+\cos 3x)\times 2\sin\frac{x}{2}=0$$

$$\sin\frac{7x}{2}-\sin\frac{x}{2}=0 \qquad 2\sin\frac{3x}{2}\cos 2x=0$$

$$\sin\frac{3x}{2}=0 \quad \cdots\cdots② \quad \text{または} \quad \cos 2x=0 \quad \cdots\cdots③$$

$0<\frac{3x}{2}<3\pi$ より，②から

$$\frac{3x}{2}=\pi,\ 2\pi \qquad \therefore\quad x=\frac{2\pi}{3},\ \frac{4\pi}{3}$$

$0<2x<4\pi$ より，③から

$$2x=\frac{\pi}{2},\ \frac{3\pi}{2},\ \frac{5\pi}{2},\ \frac{7\pi}{2} \qquad \therefore\ x=\frac{\pi}{4},\ \frac{3\pi}{4},\ \frac{5\pi}{4},\ \frac{7\pi}{4}$$

したがって，$0<x<2\pi$ の範囲で①を満たす x は 6 →カ 個ある。

解説

(1) 成立しないものを5個見つければよい。また，任意の実数 α，β について，②，④，⑤，⑦が成立することを示すには，次のように加法定理を用いればよい。

②
$$\begin{aligned}\sin(\alpha+\beta)\sin(\alpha-\beta)&=(\sin\alpha\cos\beta+\cos\alpha\sin\beta)(\sin\alpha\cos\beta-\cos\alpha\sin\beta)\\&=\sin^2\alpha\cos^2\beta-\cos^2\alpha\sin^2\beta\\&=\sin^2\alpha(1-\sin^2\beta)-(1-\sin^2\alpha)\sin^2\beta\\&=\sin^2\alpha-\sin^2\beta\end{aligned}$$

④
$$\begin{aligned}\sin^2(\alpha+\beta)&=(\sin\alpha\cos\beta+\cos\alpha\sin\beta)^2\\&=\sin^2\alpha\cos^2\beta+2\sin\alpha\cos\beta\cos\alpha\sin\beta+\cos^2\alpha\sin^2\beta\\&=\sin^2\alpha(1-\sin^2\beta)+2\sin\alpha\sin\beta\cos\alpha\cos\beta+\sin^2\beta(1-\sin^2\alpha)\\&=\sin^2\alpha+2\sin\alpha\sin\beta(\cos\alpha\cos\beta-\sin\alpha\sin\beta)+\sin^2\beta\\&=\sin^2\alpha+2\sin\alpha\sin\beta\cos(\alpha+\beta)+\sin^2\beta\end{aligned}$$

⑤
$$\begin{aligned}\sin\alpha+\sin\beta&=\sin\left(\frac{\alpha+\beta}{2}+\frac{\alpha-\beta}{2}\right)+\sin\left(\frac{\alpha+\beta}{2}-\frac{\alpha-\beta}{2}\right)\\&=\left(\sin\frac{\alpha+\beta}{2}\cos\frac{\alpha-\beta}{2}+\cos\frac{\alpha+\beta}{2}\sin\frac{\alpha-\beta}{2}\right)\\&\qquad+\left(\sin\frac{\alpha+\beta}{2}\cos\frac{\alpha-\beta}{2}-\cos\frac{\alpha+\beta}{2}\sin\frac{\alpha-\beta}{2}\right)\\&=2\sin\frac{\alpha+\beta}{2}\cos\frac{\alpha-\beta}{2}\end{aligned}$$

⑦
$$\begin{aligned}\cos(\alpha+\beta)\cos(\alpha-\beta)&=(\cos\alpha\cos\beta-\sin\alpha\sin\beta)(\cos\alpha\cos\beta+\sin\alpha\sin\beta)\\&=\cos^2\alpha\cos^2\beta-\sin^2\alpha\sin^2\beta\\&=\cos^2\alpha(1-\sin^2\beta)-(1-\cos^2\alpha)\sin^2\beta\\&=\cos^2\alpha-\sin^2\beta\end{aligned}$$

なお，⑤は，和・差を積に変形する次の公式群のうちの一つである。

ポイント　和・差を積に変形する公式

$$\sin\alpha+\sin\beta=2\sin\frac{\alpha+\beta}{2}\cos\frac{\alpha-\beta}{2} \qquad \sin\alpha-\sin\beta=2\cos\frac{\alpha+\beta}{2}\sin\frac{\alpha-\beta}{2}$$

$$\cos\alpha+\cos\beta=2\cos\frac{\alpha+\beta}{2}\cos\frac{\alpha-\beta}{2} \qquad \cos\alpha-\cos\beta=-2\sin\frac{\alpha+\beta}{2}\sin\frac{\alpha-\beta}{2}$$

なお，2021年度「数学Ⅱ・B」本試験第1日程において，指数を含む数式に関して，常に成り立つものとそうでないものを判断する問題が出題されている。本問と同じ傾向の問題であるので，参考にしてもらいたい。

(2) k が自然数のとき

$$2\sin\frac{x}{2}\cos kx=\sin\left(\frac{1}{2}+k\right)x+\sin\left(\frac{1}{2}-k\right)x=\sin\left(k+\frac{1}{2}\right)x-\sin\left(k-\frac{1}{2}\right)x$$

が成り立つことを利用する。

(3) (2)の結果を利用する。差を積に変形する公式を用いると

$$\sin\frac{7x}{2}-\sin\frac{x}{2}=2\sin\frac{3x}{2}\cos 2x$$

〔2〕 標準 《指数と対数》

(1)
$$a^{\log_a M+\log_a N}=a^{\log_a M}\times a^{\log_a N}=MN$$
$$a^{\log_a M-\log_a N}=a^{\log_a M}\div a^{\log_a N}=\frac{M}{N}$$
$$M^b=(a^{\log_a M})^b=a^{b\log_a M}$$

が成り立つ。 ⓪ ， ④ ， ⑧ →キ，ク，ケ

(2) $t=\log_a b$ とおくと

$$X=t^2,\quad Y=2t,\quad Z=\log_a t$$

$1<b<a$ より　$0<\log_a b<\log_a a$　∴　$0<t<1$

このとき，$Z<0<t^2<2t$ が成立し，$Z<X<Y$ ② ， ⓪ ， ① →コ，サ，シとなる。

解説

(1) $a^{\log_a x}=y$ とおくと，対数の定義より

$$\log_a x=\log_a y\qquad\therefore\quad x=y$$

したがって，$a^{\log_a x}=x$ が成り立つ。この関係式自体が対数の定義にほかならない。いわゆる指数法則を対数を用いて表記したものを選ぶ主旨の問題である。

(2) $\log_a b=t$ とおいて，X，Y，Z を t で表すと考えやすくなる。

第2問 標準 図形と方程式 《円の方程式》

(1) 円 D_k は，$(x^2+y^2-9)+k(x+2y-5)=0$ と表され，これを変形すると

$$\left(x+\frac{k}{2}\right)^2+(y+k)^2=\frac{5}{4}k^2+5k+9$$

したがって，円の中心は $\left(-\frac{k}{2},\ -k\right)$ で，直線 $y=2x$ ③ →ア 上にある。

(2) 円 C_2 の半径が 7 であるから

$$\sqrt{\frac{5}{4}k^2+5k+9}=7 \qquad k^2+4k-32=0$$

$$(k+8)(k-4)=0 \qquad \therefore \quad k=-8,\ 4$$

よって，第一象限にある中心は，(4，8) ⑥ →イ であり，
もう一つの中心は，(−2，−4) ③ →ウ である。

別解 (1) 2円 C_1 と C_2 の交点をA，Bとおき，円 C_2 の中心を O′ とおくと，直線 OO′ は線分 AB の垂直二等分線だから，傾きが2であり，O′ は直線 $y=2x$ 上にある。

(2) 円 C_2 の中心を $\mathrm{O}'(t,\ 2t)$ とおくと

$$C_2：(x-t)^2+(y-2t)^2=49$$

$$x^2+y^2-2t(x+2y)+5t^2-49=0$$

C_1，C_2 の交点の一つを $(x_0,\ y_0)$ とおくと

$$x_0{}^2+y_0{}^2=9, \quad x_0+2y_0=5, \quad x_0{}^2+y_0{}^2-2t(x_0+2y_0)+5t^2-49=0$$

x_0，y_0 を消去すると

$$9-10t+5t^2-49=0 \qquad 5t^2-10t-40=0$$

$$t^2-2t-8=0 \qquad (t+2)(t-4)=0$$

$$\therefore \quad t=-2,\ 4$$

よって，円 C_2 の中心の座標は，$(-2,\ -4)$，$(4,\ 8)$ で，このうち，第一象限にあるものは $(4,\ 8)$ である。

解説

円 $C：x^2+y^2+ax+by+c=0$ と直線 $l：px+qy+r=0$ が交わるとき，交点の座標を $(x_0,\ y_0)$ とおくと

$$x_0{}^2+y_0{}^2+ax_0+by_0+c=0, \quad px_0+qy_0+r=0$$

このとき

$$x_0{}^2+y_0{}^2+ax_0+by_0+c+k(px_0+qy_0+r)=0+k\cdot 0=0$$

したがって

$$x^2+y^2+ax+by+c+k(px+qy+r)=0 \quad \cdots\cdots(*)$$

は，C と l の交点を通る曲線を表すが

$$(*) \iff x^2+y^2+(a+kp)x+(b+kq)y+c+kr=0$$

より，$(*)$ は C と l の交点を通る円の方程式である。

本問では，C_1 と C_2 の交点は，C_1 と直線 $x+2y-5=0$ の交点だから

$$D_k : (x^2+y^2-9)+k(x+2y-5)=0$$

と表される。

第3問 ―― 微分・積分

〔1〕 標準 《接線の方程式，面積》

(1)
$$f(x)=-\frac{3}{2}(x-1)(x-3)=-\frac{3}{2}(x^2-4x+3)$$
$$=-\frac{3}{2}x^2+6x-\frac{9}{2}$$

であり，$f(x)$ を $(x-1)^2$ つまり x^2-2x+1 で割った余りは，$3x-3$ つまり $\boxed{3}(x-\boxed{1})$ →ア，イである。

$$\begin{array}{r} -\frac{3}{2} \\ x^2-2x+1\,\overline{)\,-\frac{3}{2}x^2+6x-\frac{9}{2}} \\ \underline{-\frac{3}{2}x^2+3x-\frac{3}{2}} \\ 3x-3 \end{array}$$

また，$f(x)$ を $(x-4)^2$ つまり $x^2-8x+16$ で割った余りは，$\boxed{-6}\,x+\dfrac{\boxed{39}}{\boxed{2}}$ →ウエ，$\dfrac{\text{オカ}}{\text{キ}}$ である。

$$\begin{array}{r} -\frac{3}{2} \\ x^2-8x+16\,\overline{)\,-\frac{3}{2}x^2\;+6x-\frac{9}{2}} \\ \underline{-\frac{3}{2}x^2+12x-24} \\ -6x+\frac{39}{2} \end{array}$$

(2) $f(x)=-\dfrac{3}{2}(x-1)^2+3(x-1)$ より，放物線 $y=f(x)$ と直線 $y=3(x-1)$ は x 座標が $\boxed{1}$ →クの点で接している。

また，$f(x)=-\dfrac{3}{2}(x-4)^2+\left(-6x+\dfrac{39}{2}\right)$ より，放物線 $y=f(x)$ と直線 $y=-6x+\dfrac{39}{2}$ は x 座標が $\boxed{4}$ →ケの点で接している。

(3) 放物線 $y=f(x)$ と直線 $y=3(x-1)$ および直線 $y=-6x+\dfrac{39}{2}$ で囲まれる部分は右図の赤色部分であり，直線 $y=3(x-1)$ と直線 $y=-6x+\dfrac{39}{2}$ は x 座標が $\dfrac{5}{2}$ の点で交わることから，その面積は

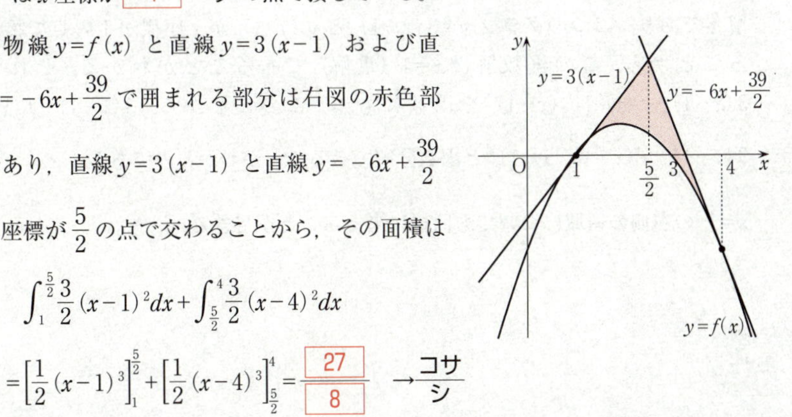

$$\int_1^{\frac{5}{2}}\frac{3}{2}(x-1)^2dx+\int_{\frac{5}{2}}^4\frac{3}{2}(x-4)^2dx$$
$$=\left[\frac{1}{2}(x-1)^3\right]_1^{\frac{5}{2}}+\left[\frac{1}{2}(x-4)^3\right]_{\frac{5}{2}}^4=\frac{\boxed{27}}{\boxed{8}}\quad\to\frac{\text{コサ}}{\text{シ}}$$

(注) 公式 $\displaystyle\int(x-\alpha)^n=\frac{1}{n+1}(x-\alpha)^{n+1}+C$ （n：自然数，α：実数の定数，C：積分定数）を用いた。

解説

(2) 一般に，実数係数の多項式 $f(x)$ について，α を実数の定数とし，$f(x)$ を $(x-\alpha)^2$ で割った余りを $px+q$（p，q は定数）とすると，直線 $y=px+q$ は曲線 $y=f(x)$ の $(\alpha,\ f(\alpha))$ における接線である。

実際，$f(x)$ を $(x-\alpha)^2$ で割ったときの商を $Q(x)$ とすると

$$f(x)=(x-\alpha)^2Q(x)+px+q$$

が成り立つことから，曲線 $y=f(x)$ と直線 $y=px+q$ の共有点の x 座標は

$$f(x)=px+q \quad つまり \quad (x-\alpha)^2Q(x)+px+q=px+q$$

の実数解として得られる。$x=\alpha$ はこの方程式の重解となるので，曲線 $y=f(x)$ と直線 $y=px+q$ は x 座標が α である点で接することがわかる。このことが本問の背景にあり，2次関数のグラフ（放物線）や3次関数のグラフにおける接線の方程式は（微分法によらなくても）多項式の除法により計算できるのである。

(3) 求める面積は，$\int_1^{\frac{5}{2}}\frac{3}{2}(x-1)^2dx+\int_{\frac{5}{2}}^4\frac{3}{2}(x-4)^2dx$ で表されることに注意しよう。

直線 $x=\frac{5}{2}$ によって二つの領域に分け，それら二つの領域の面積の和として計算する。左側の領域は $x=1$，$x=\frac{5}{2}$ および $y=3(x-1)$，$y=f(x)$ で囲まれており，その面積は，$\int_1^{\frac{5}{2}}\{3(x-1)-f(x)\}dx$ で表される。この被積分関数は x の2次式で表され，その2次式は x^2 の係数が $0-\left(-\frac{3}{2}\right)=\frac{3}{2}$ である。また，$3(x-1)-f(x)=0$ とした x の2次方程式の実数解は，$y=3(x-1)$ と $y=f(x)$ を連立した方程式の実数解 x であり，二つのグラフ $y=3(x-1)$ と $y=f(x)$ が x 座標が1の点で接していることから，この実数解は $x=1$（重解）であることがわかる。それゆえ，$3(x-1)-f(x)$ は $(x-1)^2$ を因数にもつ。このことから，$3(x-1)-f(x)$ は，$3(x-1)-f(x)=\frac{3}{2}(x-1)^2$ と因数分解できることがわかるのである。

$x=\frac{5}{2}$ の右側の領域についても同様に考えることができる。

［2］ 標準 《定積分で表された関数，面積》

(1) $F(t)=f(t)-g(t)$ とおくと，$f(-3)=g(-3)$，$f(2)=g(2)$ より

$$F(-3)=F(2)=0$$

したがって，因数定理より

$$F(t)=c(t+3)(t-2)$$

と表される。

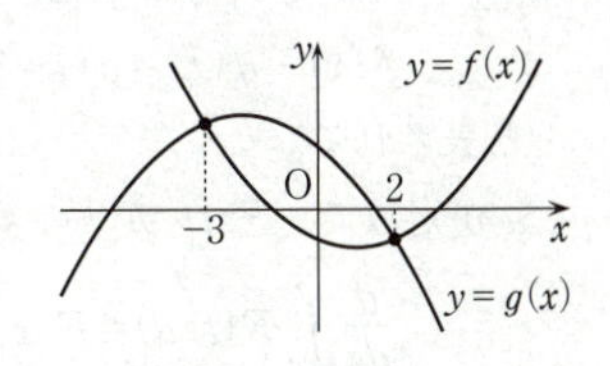

$f(t)$，$g(t)$ の t^2 の係数は，それぞれ正の数，負の数であるから

$$c>0$$

$G(x)=\int_0^x F(t)\,dt$，$H(x)=\int_1^x |F(t)|\,dt$ とおくと

$$G'(x)=F(x)=c(x+3)(x-2)$$

x	$\cdots$	-3	$\cdots$	2	$\cdots$
$G'(x)$	$+$	0	$-$	0	$+$
$G(x)$	$\nearrow$		$\searrow$		$\nearrow$

$G(x)$ の増減表は，右のようになり，$G(0)=0$

だから，$y=G(x)$ すなわち $y=\int_0^x \{f(t)-g(t)\}\,dt$ のグラフは ③ →スである。

さらに

$$H'(x)=|F(x)|=c|(x+3)(x-2)|\geqq 0$$

したがって，$y=H(x)$ は増加関数で，$H(1)=0$ であるから，$y=H(x)$ すなわち

$y=\int_1^x |f(t)-g(t)|\,dt$ のグラフは ⑤ →セ である。

(2) $f(x)$ の x^2 の係数が 2 であり，$g(x)$ の x^2 の係数が -2 であることより

$$c=4,\quad F(x)=4(x+3)(x-2)$$

よって

$$S=\int_{-2}^{1}\{g(x)-f(x)\}\,dx=-\int_{-2}^{1}F(x)\,dx$$

$$=-4\int_{-2}^{1}(x+3)(x-2)\,dx=-4\int_{-2}^{1}(x^2+x-6)\,dx$$

$$=-4\left[\frac{1}{3}x^3+\frac{1}{2}x^2-6x\right]_{-2}^{1}=\boxed{66}$$ →ソタ

(3) $f(x)$ の x^2 の係数が 1 であり，$g(x)$ の x^2 の係数が -1 であることより

$$c=2,\quad F(x)=2(x+3)(x-2)$$

よって

$$T=\int_{-3}^{2}\{g(x)-f(x)\}\,dx=-\int_{-3}^{2}F(x)\,dx$$

$$=-2\int_{-3}^{2}(x+3)(x-2)\,dx$$

$$=\frac{2}{6}(2+3)^3=\frac{\boxed{125}}{\boxed{3}} \quad \to \frac{チツテ}{ト}$$

解説

(1)　$f(-3)=g(-3)$，$f(2)=g(2)$ より，因数定理から

$$f(x)-g(x)=c(x+3)(x-2)$$

と表される。

a が定数で，$F(t)$ が t の多項式のとき

$$\frac{d}{dx}\int_a^x F(t)\,dt=F(x),\quad \frac{d}{dx}\int_a^x |F(t)|\,dt=|F(x)|$$

が成り立つことを利用して，x の関数

$$\int_0^x \{f(t)-g(t)\}\,dt,\quad \int_1^x |f(t)-g(t)|\,dt$$

の増減を調べればよい。

(2)　$a \leqq x \leqq b$ において，$f(x) \geqq g(x)$ が成り立つとき，2 曲線 $y=f(x)$，$y=g(x)$ と 2 直線 $x=a$，$x=b$ で囲まれた部分の面積 S は

$$S=\int_a^b \{f(x)-g(x)\}\,dx$$

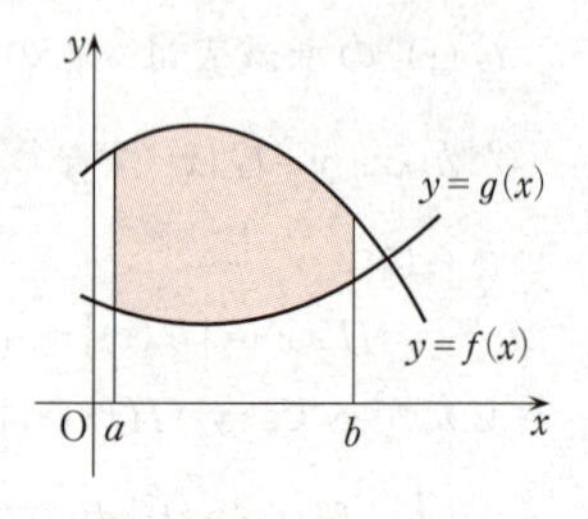

で与えられる。したがって，c の値を求めて

$$S=-\int_{-2}^1 F(x)\,dx$$

を計算すればよい。

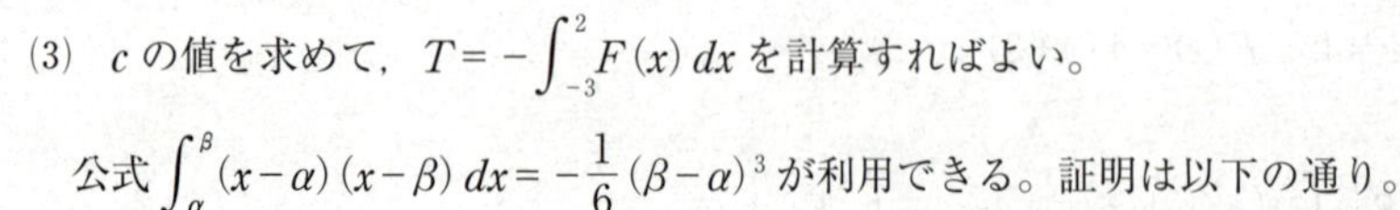

(3)　c の値を求めて，$T=-\int_{-3}^2 F(x)\,dx$ を計算すればよい。

公式 $\int_\alpha^\beta (x-\alpha)(x-\beta)\,dx=-\frac{1}{6}(\beta-\alpha)^3$ が利用できる。証明は以下の通り。

(証明)

$$\int_\alpha^\beta (x-\alpha)(x-\beta)\,dx=\int_\alpha^\beta (x-\alpha)\{(x-\alpha)-(\beta-\alpha)\}\,dx$$

$$=\int_\alpha^\beta \{(x-\alpha)^2-(\beta-\alpha)(x-\alpha)\}\,dx$$

$$=\left[\frac{1}{3}(x-\alpha)^3-\frac{1}{2}(\beta-\alpha)(x-\alpha)^2\right]_\alpha^\beta$$

$$=\frac{1}{3}(\beta-\alpha)^3-\frac{1}{2}(\beta-\alpha)^3$$

$$=-\frac{1}{6}(\beta-\alpha)^3$$

(証明終)

第4問 標準 数列 《数列の和》

(1)
$$\sum_{k=1}^{n}(a_{k+1}-a_k)b_{k+1}+\sum_{k=1}^{n}a_k(b_{k+1}-b_k)$$
$$=\sum_{k=1}^{n}\{(a_{k+1}-a_k)b_{k+1}+a_k(b_{k+1}-b_k)\}$$
$$=\sum_{k=1}^{n}(a_{k+1}b_{k+1}-a_kb_k)$$
$$=(a_2b_2+a_3b_3+\cdots+a_nb_n+a_{n+1}b_{n+1})-(a_1b_1+a_2b_2+\cdots+a_nb_n)$$
$$=a_{n+1}b_{n+1}-a_1b_1$$ ⑤，⑨ →ア，イ

したがって
$$\sum_{k=1}^{n}(a_{k+1}-a_k)b_{k+1}+\sum_{k=1}^{n}a_k(b_{k+1}-b_k)=\sum_{k=1}^{n}(a_{k+1}b_{k+1}-a_kb_k)$$
$$=a_{n+1}b_{n+1}-a_1b_1 \quad \cdots\cdots(*)$$

(2) $a_n=n$，$b_n=n-1$（$n=1$，2，3，…）のとき
$$a_{k+1}b_{k+1}-a_kb_k=(k+1)k-k(k-1)=2k$$
$$a_{n+1}b_{n+1}-a_1b_1=(n+1)n-1\cdot 0=n(n+1)$$

よって

$(*)$の左辺$=\sum_{k=1}^{n}2k$ ① →ウ

$(*)$の右辺$=n(n+1)$ ④ →エ

これより $\sum_{k=1}^{n}2k=n(n+1)$

よって $\sum_{k=1}^{n}k=\frac{1}{2}n(n+1)$ ② →オ

(3) $a_n=n^2$，$b_n=n-1$（$n=1$，2，3，…）のとき
$$a_{k+1}b_{k+1}-a_kb_k=(k+1)^2k-k^2(k-1)=3k^2+k$$
$$a_{n+1}b_{n+1}-a_1b_1=(n+1)^2n-1\cdot 0=n(n+1)^2$$

よって

$(*)$の左辺$=\sum_{k=1}^{n}(3k^2+k)$ ② →カ

$(*)$の右辺$=n(n+1)^2$ ④ →キ

これより $\sum_{k=1}^{n}(3k^2+k)=n(n+1)^2$

よって
$$3\sum_{k=1}^{n}k^2=n(n+1)^2-\sum_{k=1}^{n}k$$

$$=n(n+1)^2-\frac{1}{2}n(n+1) \quad (\text{オより})$$

$$=n(n+1)\left\{(n+1)-\frac{1}{2}\right\}=\frac{1}{2}n(n+1)(2n+1)$$

$$\sum_{k=1}^{n}k^2=\frac{1}{6}n(n+1)(2n+1) \quad \boxed{②} \quad \to ク$$

(4) $a_n=n^2$, $b_n=(n-1)^2$ $(n=1,\ 2,\ 3,\ \cdots)$ のとき

$$a_{k+1}b_{k+1}-a_kb_k=(k+1)^2k^2-k^2(k-1)^2=4k^3$$

$$a_{n+1}b_{n+1}-a_1b_1=(n+1)^2n^2-1\cdot 0=n^2(n+1)^2$$

よって

$(*)$の左辺$=\displaystyle\sum_{k=1}^{n}4k^3$ $\boxed{④}$ →ケ

$(*)$の右辺$=n^2(n+1)^2$ $\boxed{③}$ →コ

これより　$\displaystyle\sum_{k=1}^{n}4k^3=n^2(n+1)^2$

よって　$\displaystyle\sum_{k=1}^{n}k^3=\frac{1}{4}n^2(n+1)^2$ $\boxed{⑤}$ →サ

(5) $a_n=(n-1)^3$, $b_n=(n-1)^2$ $(n=1,\ 2,\ 3,\ \cdots)$ のとき

$$a_{k+1}b_{k+1}-a_kb_k=k^3\cdot k^2-(k-1)^3(k-1)^2=k^5-(k-1)^5$$

$$=5k^4-10k^3+10k^2-5k+1$$

$$a_{n+1}b_{n+1}-a_1b_1=n^3\cdot n^2-0=n^5$$

よって

$(*)$の左辺$=\displaystyle\sum_{k=1}^{n}(5k^4-10k^3+10k^2-5k+1)$ $\boxed{④}$ →シ

$(*)$の右辺$=n^5$ $\boxed{③}$ →ス

これより

$$5\sum_{k=1}^{n}(k^4-2k^3+2k^2-k)+n=n^5$$

$$\frac{n^5-n}{5}=\sum_{k=1}^{n}(k^4-2k^3+2k^2-k) \quad \boxed{④} \quad \to セ$$

(6) (5)の結果より

$$\sum_{k=1}^{n}k^4=2\sum_{k=1}^{n}k^3-2\sum_{k=1}^{n}k^2+\sum_{k=1}^{n}k+\frac{1}{5}(n^5-n)$$

$$=\frac{1}{2}n^2(n+1)^2-\frac{1}{3}n(n+1)(2n+1)+\frac{1}{2}n(n+1)+\frac{1}{5}(n^5-n)$$

$$=\frac{1}{6}n(n+1)\{3n(n+1)-2(2n+1)+3\}+\frac{1}{5}(n^5-n)$$

$$=\frac{1}{6}(n^2+n)(3n^2-n+1)+\frac{1}{5}(n^5-n)$$

$$=\frac{1}{6}(3n^4+2n^3+n)+\frac{1}{5}(n^5-n)$$

$$=\frac{1}{\boxed{5}}n^5+\frac{1}{\boxed{2}}n^4+\frac{1}{\boxed{3}}n^3-\frac{1}{\boxed{30}}n$$ →ソ，タ，チ，ツテ

解 説

本問は，どんな数列 $\{a_n\}$，$\{b_n\}$ に対しても一般的に成立する等式（＊）に具体的な数列を適用することで，和に関する等式を順番に導く趣旨の問題であり，問題の意図と誘導に乗って議論を進めることで，解決できる問題である。

$$\sum_{k=1}^{n}k=\frac{n(n+1)}{2}$$

$$\sum_{k=1}^{n}k^2=\frac{n(n+1)(2n+1)}{6}$$

$$\sum_{k=1}^{n}k^3=\left\{\frac{n(n+1)}{2}\right\}^2$$

は公式として覚えておきたいが，本問は単に正しい等式を覚えていれば解けるというものではなく，議論の流れを理解し，公式が導かれる理由を押さえて解かなければ，正しい選択肢は選べない問題である。

(2)　等式(＊)を利用して，$\sum_{k=1}^{n}k$ を求める問題である。(＊)の左辺が

$$\sum_{k=1}^{n}(a_{k+1}b_{k+1}-a_kb_k)$$

であるから，$a_{k+1}b_{k+1}-a_kb_k$ を求めて，(＊)を書き換えればよい。

(3)〜(5)　考え方は(2)と同様であるが，得られた(＊)の式と前問までの結果を利用して，$\sum_{k=1}^{n}k^2$，$\sum_{k=1}^{n}k^3$，$\sum_{k=1}^{n}k^4$ を求めていく。工夫して計算することがポイントである。

また，(5)では，等式 $\frac{n^5-n}{5}=\sum_{k=1}^{n}(k^4-2k^3+2k^2-k)$ を導くが，この右辺はもちろん整数であることから，すべての自然数 n に対して，n^5-n が5の倍数であることが示される。

一般に，素数 p と自然数 n に対して，n^p-n は p の倍数である。これを「フェルマーの小定理」というが，本問ではこの素数 p が5である特殊な場合が示せており，n^5-n が5で割り切れることだけでなく，n^5-n を5で割ったときの商までわかったことになるのである。

第5問 標準 確率分布と統計的推測 《正規分布，母平均の推定，母比率の推定》

(1)　母平均が m，母標準偏差が σ である母集団から抽出された大きさ n の無作為標本の標本平均 $\overline{X}$ は，n が大きいとき，近似的に正規分布

$$N\left(m,\ \frac{\sigma^2}{n}\right)$$ ②，⑦　→ア，イ

に従う。

(2)　n が大きくなると，$\overline{X}$ の分散 $\frac{\sigma^2}{n}$ は小さくなる。①　→ウ

(3)　以下，母集団が正規分布 $N(m,\ \sigma^2)$ に従うと仮定すると，大きさ n の標本の標本平均 $\overline{X}$ は，正規分布 $N\left(m,\ \frac{\sigma^2}{n}\right)$ に従い

$$Z=\frac{\overline{X}-m}{\frac{\sigma}{\sqrt{n}}}$$ ⑦　→エ

によって，確率変数 Z を定めると，Z は標準正規分布 $N(0,\ 1)$ に従う。

(4)　$P(|Z|\leqq a)=0.95$ とおくと，Z は標準正規分布に従うから

$$0.95=P(|Z|\leqq a)=2P(0\leqq Z\leqq a)$$
$$P(0\leqq Z\leqq a)=0.475$$

これを満たす a の値は，正規分布表から

$$a=1.96$$ ③　→オ

(5)
$$|Z|\leqq 1.96 \iff |\overline{X}-m|\leqq 1.96\times\frac{\sigma}{\sqrt{n}}$$
$$\iff m-1.96\times\frac{\sigma}{\sqrt{n}}\leqq\overline{X}\leqq m+1.96\times\frac{\sigma}{\sqrt{n}}$$

よって，信頼度 95％の信頼区間は

$$\left[\overline{X}-1.96\times\frac{\sigma}{\sqrt{n}},\ \overline{X}+1.96\times\frac{\sigma}{\sqrt{n}}\right]$$

であり，$\overline{X}=170$，$n=64$ である。

また，母標準偏差の代わりに標本標準偏差 10 を用いるので，$\sigma=10$ より，信頼度 95％の信頼区間は

$$\left[170-1.96\times\frac{10}{8},\ 170+1.96\times\frac{10}{8}\right]$$

すなわち

$$[167.55,\ 172.45]$$ ⓪，⑤　→カ，キ

(6)　母比率が p である母集団から，大きさ n の無作為標本を抽出するとき，n が大

きいとき，標本比率 R は近似的に正規分布

$$N\left(p,\ \frac{p(1-p)}{n}\right)$$ ②，⑧ →ク，ケ

に従う。

(7)
$$z=\frac{R-p}{\sqrt{\frac{p(1-p)}{n}}}$$ ⑧ →コ

によって，確率変数 z を定めると，z は標準正規分布に従う。

(8) (7)の結果から，$P(|z|\leqq a)=0.99$ とおくと

$0.99=P(|z|\leqq a)=2P(0\leqq z\leqq a)$

$P(0\leqq z\leqq a)=0.495$

これを満たす a の値は，正規分布表から

$a=2.58$ ⑤ →サ

(9) 信頼度 99％の信頼区間は

$$\left[p-2.58\times\sqrt{\frac{p(1-p)}{n}},\ p+2.58\times\sqrt{\frac{p(1-p)}{n}}\right]$$

n が十分大きいとき，大数の法則により，R は p に近いとみなしてよいから，

$p=\frac{1}{4}=0.25$，$n=100$ として，信頼度 99％の信頼区間は

$$\left[0.25-2.58\times\frac{\sqrt{3}}{40},\ 0.25+2.58\times\frac{\sqrt{3}}{40}\right]$$

すなわち

$[0.14,\ 0.36]$ ②，⑦ →シ，ス

解説

ポイント 標本平均の分布

母平均が m，母標準偏差が σ である母集団から抽出された大きさ n の無作為標本の標本平均を $\overline{X}$ で表すと

$\overline{X}$ の平均 $=m$　　$\overline{X}$ の分散 $=\frac{\sigma^2}{n}$

n が大きいとき，あるいは，母集団が正規分布に従っているとき，$\overline{X}$ は正規分布 $N\left(m,\ \frac{\sigma^2}{n}\right)$ に従い，$Z=\frac{\overline{X}-m}{\frac{\sigma}{\sqrt{n}}}$ によって，確率変数 Z を定めると，Z は標準正規分布 $N(0,\ 1)$ に従う。

ポイント 標本比率の分布

母比率 p，大きさ n の無作為標本の標本比率を R とすると

$$R\text{の平均}=p \qquad R\text{の標準偏差}=\sqrt{\frac{p(1-p)}{n}}$$

標本の大きさ n が大きいとき，標本比率 R は近似的に

$$\text{正規分布}\ N\left(p,\ \frac{p(1-p)}{n}\right)$$

に従う。

ポイント 信頼区間

$\overline{X}$ が正規分布 $N\left(m,\ \dfrac{\sigma^2}{n}\right)$ に従っているとき

信頼度 95％の信頼区間は　$\left[\overline{X}-1.96\times\dfrac{\sigma}{\sqrt{n}},\ \overline{X}+1.96\times\dfrac{\sigma}{\sqrt{n}}\right]$

信頼度 99％の信頼区間は　$\left[\overline{X}-2.58\times\dfrac{\sigma}{\sqrt{n}},\ \overline{X}+2.58\times\dfrac{\sigma}{\sqrt{n}}\right]$

で与えられる。

第6問 標準 ベクトル 《平面ベクトル》

$AB+BC+CA=40$ より

$$AX+AC+CD=20$$

よって

$$AX=20-AC-CD=20-10-\frac{14}{2}=3$$

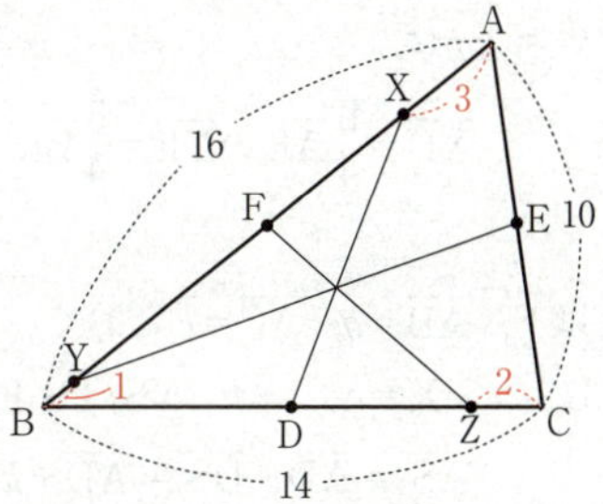

同様に

$$BY=20-BC-CE=20-14-\frac{10}{2}=1$$

$$CZ=20-AC-AF=20-10-\frac{16}{2}=2$$

となる。

$$\overrightarrow{XD}=\overrightarrow{AD}-\overrightarrow{AX}=\frac{1}{2}(\overrightarrow{AB}+\overrightarrow{AC})-\frac{3}{16}\overrightarrow{AB}$$

$$=\frac{5}{16}\overrightarrow{AB}+\frac{1}{2}\overrightarrow{AC}$$ ④，⓪ →ア，イ

$$\overrightarrow{YE}=\overrightarrow{BE}-\overrightarrow{BY}=\frac{1}{2}(\overrightarrow{BA}+\overrightarrow{BC})-\frac{1}{16}\overrightarrow{BA}$$

$$=\frac{7}{16}\overrightarrow{BA}+\frac{1}{2}\overrightarrow{BC}$$ ⑥，⓪ →ウ，エ

$$\overrightarrow{ZF}=\overrightarrow{CF}-\overrightarrow{CZ}=\frac{1}{2}(\overrightarrow{CA}+\overrightarrow{CB})-\frac{1}{7}\overrightarrow{CB}$$

$$=\frac{1}{2}\overrightarrow{CA}+\frac{5}{14}\overrightarrow{CB}$$ ⓪，⑧ →オ，カ

Ｉが三角形 ABC の内心だから

$$14\overrightarrow{AI}+10\overrightarrow{BI}+16\overrightarrow{CI}=\vec{0} \qquad 7\overrightarrow{AI}+5\overrightarrow{BI}+8\overrightarrow{CI}=\vec{0}$$

Aを始点としたベクトルで表すと

$$7\overrightarrow{AI}+5(\overrightarrow{AI}-\overrightarrow{AB})+8(\overrightarrow{AI}-\overrightarrow{AC})=\vec{0}$$

$$\therefore\quad \overrightarrow{AI}=\frac{5\overrightarrow{AB}+8\overrightarrow{AC}}{20}=\frac{1}{4}\overrightarrow{AB}+\frac{2}{5}\overrightarrow{AC}$$ ③，⑥ →キ，ク

同様にして

$$\overrightarrow{BI}=\frac{7}{20}\overrightarrow{BA}+\frac{2}{5}\overrightarrow{BC}$$ ⑧，⑥ →ケ，コ

$$\overrightarrow{CI}=\frac{7}{20}\overrightarrow{CA}+\frac{1}{4}\overrightarrow{CB}$$ ⑧，③ →サ，シ

以上より

$$16\overrightarrow{XD}=5\overrightarrow{AB}+8\overrightarrow{AC}=20\overrightarrow{AI}$$

$$16\overrightarrow{YE}=7\overrightarrow{BA}+8\overrightarrow{BC}=20\overrightarrow{BI}$$

$$14\overrightarrow{ZF}=7\overrightarrow{CA}+5\overrightarrow{CB}=20\overrightarrow{CI}$$

であるから

$$\overrightarrow{XD}=\frac{5}{4}\overrightarrow{AI},\quad \overrightarrow{YE}=\frac{5}{4}\overrightarrow{BI},\quad \overrightarrow{ZF}=\frac{10}{7}\overrightarrow{CI}$$ ⑦, ⑦, ⑨

→ス, セ, ソ

以下, $\overrightarrow{AB}=\vec{b}$, $\overrightarrow{AC}=\vec{c}$ とおく。

$DS_1 : S_1X=k:1-k$, $YS_1 : S_1E=l:1-l$ とおくと

$$\overrightarrow{AS_1}=\overrightarrow{AD}+\overrightarrow{DS_1}=\overrightarrow{AD}+k\overrightarrow{DX}=\overrightarrow{AD}-k\overrightarrow{XD}$$

$$=\frac{1}{2}(\vec{b}+\vec{c})-k\left(\frac{5}{16}\vec{b}+\frac{1}{2}\vec{c}\right)$$

$$=\left(-\frac{5}{16}k+\frac{1}{2}\right)\vec{b}+\left(-\frac{k}{2}+\frac{1}{2}\right)\vec{c}$$

また

$$\overrightarrow{YE}=\overrightarrow{AE}-\overrightarrow{AY}=-\frac{15}{16}\vec{b}+\frac{1}{2}\vec{c}$$

であるから

$$\overrightarrow{AS_1}=\overrightarrow{AY}+\overrightarrow{YS_1}=\overrightarrow{AY}+l\overrightarrow{YE}$$

$$=\frac{15}{16}\vec{b}+l\left(-\frac{15}{16}\vec{b}+\frac{1}{2}\vec{c}\right)$$

$$=\frac{15(1-l)}{16}\vec{b}+\frac{l}{2}\vec{c}$$

$\vec{b}\not\parallel\vec{c}$, $\vec{b}\neq\vec{0}$, $\vec{c}\neq\vec{0}$ であるから

$$-\frac{5}{16}k+\frac{1}{2}=\frac{15(1-l)}{16},\quad -\frac{k}{2}+\frac{1}{2}=\frac{l}{2}$$

よって, $k=\frac{2}{5}$, $l=\frac{3}{5}$ であり

$$\overrightarrow{AS_1}=\frac{3}{8}\vec{b}+\frac{3}{10}\vec{c}=\frac{3}{8}\overrightarrow{AB}+\frac{3}{10}\overrightarrow{AC}$$

$\overrightarrow{AS_2}$ も同様にして, $\overrightarrow{AS_2}=\frac{3}{8}\overrightarrow{AB}+\frac{3}{10}\overrightarrow{AC}$ となることがわかる。

上の結果から, $\overrightarrow{AS}=\frac{3}{8}\vec{b}+\frac{3}{10}\vec{c}$ であるから

$$\overrightarrow{SD}=\overrightarrow{AD}-\overrightarrow{AS}=\frac{1}{2}(\vec{b}+\vec{c})-\left(\frac{3}{8}\vec{b}+\frac{3}{10}\vec{c}\right)=\frac{1}{8}\vec{b}+\frac{1}{5}\vec{c}\quad\cdots\cdots①$$

$$\overrightarrow{SE}=\overrightarrow{AE}-\overrightarrow{AS}=\frac{1}{2}\vec{c}-\left(\frac{3}{8}\vec{b}+\frac{3}{10}\vec{c}\right)=-\frac{3}{8}\vec{b}+\frac{1}{5}\vec{c}\quad\cdots\cdots②$$

$$\overrightarrow{SF}=\overrightarrow{AF}-\overrightarrow{AS}=\frac{1}{2}\vec{b}-\left(\frac{3}{8}\vec{b}+\frac{3}{10}\vec{c}\right)=\frac{1}{8}\vec{b}-\frac{3}{10}\vec{c} \quad \cdots\cdots③$$

①, ②より

$$\vec{b}=2(\overrightarrow{SD}-\overrightarrow{SE}),\quad \vec{c}=\frac{5}{4}(3\overrightarrow{SD}+\overrightarrow{SE}) \quad \cdots\cdots④$$

③, ④より $\vec{b}$, $\vec{c}$ を消去すると

$$\overrightarrow{SF}=\frac{1}{4}(\overrightarrow{SD}-\overrightarrow{SE})-\frac{3}{8}(3\overrightarrow{SD}+\overrightarrow{SE})$$

よって

$7\overrightarrow{SD}+5\overrightarrow{SE}+8\overrightarrow{SF}=\vec{0}$ 　② →タ　……⑤

中点連結定理から

$$DE=\frac{1}{2}AB=8,\quad EF=\frac{1}{2}BC=7,\quad FD=\frac{1}{2}AC=5$$

したがって，⑤から，Sは三角形 DEF の**内心**　① →チ である。

解説

ア〜カ. $\overrightarrow{XD}=\overrightarrow{AD}-\overrightarrow{AX}$ だから，$\overrightarrow{AD}$, $\overrightarrow{AX}$ を $\overrightarrow{AB}$, $\overrightarrow{AC}$ で表せばよい。$\overrightarrow{YE}$, $\overrightarrow{ZF}$ についても同様である。

キ〜シ. Iが三角形 ABC の内心である条件式を，Aを始点としたベクトルで表せば，$\overrightarrow{AI}$ を $\overrightarrow{AB}$, $\overrightarrow{AC}$ で表せる。$\overrightarrow{BI}$, $\overrightarrow{CI}$ についても同様である。

タ. $\overrightarrow{SD}$, $\overrightarrow{SE}$, $\overrightarrow{SF}$ を $\overrightarrow{AB}$, $\overrightarrow{AC}$ で表し，得られた3つの関係式から $\overrightarrow{AB}$, $\overrightarrow{AC}$ を消去して，$\overrightarrow{SD}$, $\overrightarrow{SE}$, $\overrightarrow{SF}$ の関係式を求めればよい。

チ. 中点連結定理を利用して三角形 DEF の各辺の長さを求める。Sが三角形 DEF の内心であることは，三角形の内心についての太郎の発言内容から容易にわかる。

第7問 ―― 平面上の曲線と複素数平面

〔1〕 標準 《楕　円》

直線 AB の式は

$$y=mx-1$$

であり，これと楕円 E の式 $\frac{x^2}{9}+y^2=1$ から y を消去すると

$$x^2+9(mx-1)^2-9=0$$
$$x\{(9m^2+1)x-18m\}=0$$

点Bの x 座標は0ではないので

$$(点Bの\ x\ 座標)=\frac{18m}{9m^2+1}\quad \boxed{⑥}\quad →ア$$

この結果において，m を $-\frac{1}{m}$ に置き換えたものが点Cの x 座標であり

$$(点Cの\ x\ 座標)=\frac{18\cdot\left(-\frac{1}{m}\right)}{9\cdot\left(-\frac{1}{m}\right)^2+1}=\frac{-18m}{m^2+9}\quad \boxed{⑤}\quad →イ$$

これより，直線 AB：$y=mx-1$ 上の点Bの座標は

$$B\left(\frac{18m}{9m^2+1},\ \frac{9m^2-1}{9m^2+1}\right)$$

と表され，直線 AC：$y=-\frac{1}{m}x-1$ 上の点Cの座標は

$$C\left(\frac{-18m}{m^2+9},\ \frac{9-m^2}{m^2+9}\right)$$

と表されることから，直線 BC の傾きは

$$\frac{\frac{9-m^2}{m^2+9}-\frac{9m^2-1}{9m^2+1}}{\frac{-18m}{m^2+9}-\frac{18m}{9m^2+1}}=\frac{(9-m^2)(9m^2+1)-(9m^2-1)(m^2+9)}{-18m(9m^2+1)-18m(m^2+9)}$$

$$=\frac{18(1-m^4)}{-180m(m^2+1)}=\frac{m^2-1}{10m}\quad \boxed{③}\quad →ウ$$

ゆえに，直線 BC の方程式は

$$y=\frac{m^2-1}{10m}\left(x-\frac{18m}{9m^2+1}\right)+\frac{9m^2-1}{9m^2+1}=\frac{m^2-1}{10m}x+\frac{5(9m^2-1)-9(m^2-1)}{5(9m^2+1)}$$

$$=\frac{m^2-1}{10m}x+\frac{\boxed{4}}{\boxed{5}}\quad →\frac{エ}{オ}$$

となり，負の実数 m の値によらず，直線BCは y 軸上の定点 $\left(0,\ \frac{4}{5}\right)$ を通ることがわかる。

三角形ABCが直角二等辺三角形となる条件は，AB＝AC，つまり

$$\sqrt{1+m^2}\cdot\frac{-18m}{9m^2+1}=\sqrt{1+\frac{1}{m^2}}\cdot\frac{-18m}{m^2+9} \qquad -m(m^2+9)=9m^2+1$$

$$m^3+9m^2+9m+1=0 \qquad (m+1)(m^2+8m+1)=0$$

上記の式を満たす負の実数 m の値のうち整数であるものは

$$m=-\boxed{1}$$ →カ

である。

解説

ア．交点の座標は連立方程式を解くことで得られる。

イ．点Cの x 座標も連立方程式を解くことで得られるが，**ア**での結果を利用すると簡単にわかる。m で計算した点Bでの議論に対して，その m を $-\frac{1}{m}$ に置き換えたものが点Cでの議論となるので，**ア**の m の部分に $-\frac{1}{m}$ を代入したものが**イ**の答えである。

ウ．点B，点Cの座標が m で表され，直線BCの傾きは

$\dfrac{(\text{点Cの}\ y\ \text{座標})-(\text{点Bの}\ y\ \text{座標})}{(\text{点Cの}\ x\ \text{座標})-(\text{点Bの}\ x\ \text{座標})}$ で得られる。

エ，**オ**．直線BCについては，傾きが**ウ**で得られており，点Bを通ることから，直線BCの式は $y=(\text{傾き})(x-(\text{点Bの}\ x\ \text{座標}))+(\text{点Bの}\ y\ \text{座標})$ として計算できる。

カ．三角形ABCは∠BAC＝90°の直角三角形であるから，三角形ABCが直角二等辺三角形となる条件はAB＝ACである。点B，点Cの座標が m で表されているので，この条件を m についての関係式に書き換えて，そこから得られる m についての方程式を解くことで知りたい m の値がわかる。

〔2〕 標準 《ド・モアブルの定理》

ド・モアブルの定理により

$$z^7=\cos 2\pi+i\sin 2\pi=\boxed{1}$$ →キ

である。また

$$zw=\cos^2\frac{2\pi}{7}+\sin^2\frac{2\pi}{7}=\boxed{1}$$ →ク

である。

$$w=\frac{1}{z}=\frac{z^7}{z}=z^6,\ \ w^2=\frac{1}{z^2}=\frac{z^7}{z^2}=z^5,\ \ w^4=\frac{1}{z^4}=\frac{z^7}{z^4}=z^3$$

より

$$Z+W=(z+z^2+z^4)+(z^6+z^5+z^3)=z+z^2+z^3+z^4+z^5+z^6$$

$$=\frac{z^6\cdot z-z}{z-1}=\frac{1-z}{z-1}=\boxed{-1}\quad \to ケコ$$

であり

$$ZW=(z+z^2+z^4)(z^6+z^5+z^3)=z^7+z^6+z^4+z^8+z^7+z^5+z^{10}+z^9+z^7$$

$$=3+z^6+z^4+z+z^5+z^3+z^2=3+(-1)=\boxed{2}\quad \to サ$$

である。したがって，Z，W は x の２次方程式

$$x^2+x+2=0$$

の２解であり，それらは

$$x=\frac{-1\pm\sqrt{7}i}{2}$$

である。ここで，$z=\cos\frac{2\pi}{7}+i\sin\frac{2\pi}{7}$ に対し，ド・モアブルの定理から

$$z^2=\cos\frac{4\pi}{7}+i\sin\frac{4\pi}{7},\ \ z^4=\cos\frac{8\pi}{7}+i\sin\frac{8\pi}{7}$$

である。したがって，$Z=z+z^2+z^4$ の実部 $\mathrm{Re}(Z)$ と Z の虚部 $\mathrm{Im}(Z)$ は

$$\mathrm{Re}(Z)=\cos\frac{2\pi}{7}+\cos\frac{4\pi}{7}+\cos\frac{8\pi}{7},\ \ \mathrm{Im}(Z)=\sin\frac{2\pi}{7}+\sin\frac{4\pi}{7}+\sin\frac{8\pi}{7}$$

である。したがって

$$\cos\frac{2\pi}{7}+\cos\frac{4\pi}{7}+\cos\frac{8\pi}{7}=\mathrm{Re}(Z)=\frac{\boxed{-1}}{\boxed{2}}\quad \to \frac{シス}{セ}$$

である。また

$$\sin\frac{8\pi}{7}=-\sin\frac{\pi}{7}$$

であることに注意すると

$$\mathrm{Im}(Z)=\sin\frac{2\pi}{7}-\sin\frac{\pi}{7}+\sin\frac{4\pi}{7}$$

であるが，$\sin\frac{2\pi}{7}>\sin\frac{\pi}{7}$，$\sin\frac{4\pi}{7}>0$ より，$\mathrm{Im}(Z)>0$ であるから

$$\sin\frac{2\pi}{7}+\sin\frac{4\pi}{7}+\sin\frac{8\pi}{7}=\mathrm{Im}(Z)=\frac{\sqrt{\boxed{7}}}{\boxed{2}}\quad \to \frac{ソ}{タ}$$

解説

キ．複素数の n 乗計算では，ド・モアブルの定理が役に立つ。ド・モアブルの定理とは，任意の整数 n に対して

$$(\cos\theta + i\sin\theta)^n = \cos n\theta + i\sin n\theta$$

が成り立つというものである。

ク. $z = \cos\frac{2\pi}{7} + i\sin\frac{2\pi}{7}$, $w = \cos\frac{2\pi}{7} - i\sin\frac{2\pi}{7}$ に対して，$i^2 = -1$ であることに注意して zw を直接計算すればよい。$\sin\theta$ と $\cos\theta$ の 2 乗和が常に 1 であることにも注意。

ケ，コ. z と w の関係を考えるうえで，設問の**ク**で得られた $zw=1$ が大きなヒントとなる。$zw=1$ であることから，w は $w=\frac{1}{z}$ であることがわかる。それを踏まえて，$Z+W$ は z のみで

$$Z+W = z + z^2 + z^3 + z^4 + z^5 + z^6$$

と表すことができる。これは初項 z，公比 z $(\neq 1)$，項数 6 の等比数列の和であるから，等比数列の和の公式により計算でき，さらに，**キ**で求めたように $z^7=1$ であることをうまく活用することで，$Z+W$ の値が求まる。

サ. ZW も z のみで表せ，$z^7=1$ であることに注意すると，$ZW=3+(Z+W)$ であることがわかり，**ケコ**での結果を活用することで ZW の値が求まる。

シ～タ. ここまでの議論と $\cos\frac{2\pi}{7} + \cos\frac{4\pi}{7} + \cos\frac{8\pi}{7}$, $\sin\frac{2\pi}{7} + \sin\frac{4\pi}{7} + \sin\frac{8\pi}{7}$ との関係性を考える。z の偏角が $\frac{2\pi}{7}$ であることから，ド・モアブルの定理により，z^2 の偏角が $\frac{4\pi}{7}$, z^4 の偏角が $\frac{8\pi}{7}$ であることに気付く。すると，極形式でみたとき，cos は実部，sin は虚部に対応することから

$$\cos\frac{2\pi}{7} = (z\text{ の実部}),\ \cos\frac{4\pi}{7} = (z^2\text{ の実部}),\ \cos\frac{8\pi}{7} = (z^4\text{ の実部})$$

$$\sin\frac{2\pi}{7} = (z\text{ の虚部}),\ \sin\frac{4\pi}{7} = (z^2\text{ の虚部}),\ \sin\frac{8\pi}{7} = (z^4\text{ の虚部})$$

である。複素数の足し算が実部同士の足し算，虚部同士の足し算として行われることに注目すると

$$\cos\frac{2\pi}{7} + \cos\frac{4\pi}{7} + \cos\frac{8\pi}{7} = (z\text{ の実部}) + (z^2\text{ の実部}) + (z^4\text{ の実部})$$

$$= (z + z^2 + z^4\text{ の実部}) = (Z\text{ の実部})$$

$$\sin\frac{2\pi}{7} + \sin\frac{4\pi}{7} + \sin\frac{8\pi}{7} = (z\text{ の虚部}) + (z^2\text{ の虚部}) + (z^4\text{ の虚部})$$

$$= (z + z^2 + z^4\text{ の虚部}) = (Z\text{ の虚部})$$

であることがわかる。

以上から，複素数 Z の正体がわかればよいことになる。Z については，W とセッ

トにして考えた和 $Z+W$ と積 ZW がわかっていることから，Z，W は x の2次方程式 $(x-W)(x-Z)=0$ つまり $x^2-(Z+W)x+ZW=0$ の解として，$x^2+x+2=0$ を解の公式を用いて解いた $\dfrac{-1\pm\sqrt{7}i}{2}$ であることがわかる。

$(Z,\ W)=\left(\dfrac{-1+\sqrt{7}i}{2},\ \dfrac{-1-\sqrt{7}i}{2}\right)$ であるか $(Z,\ W)=\left(\dfrac{-1-\sqrt{7}i}{2},\ \dfrac{-1+\sqrt{7}i}{2}\right)$ であるかはまだ決定できていないが，いずれにしても Z の実部が $-\dfrac{1}{2}$ であることはわかるので，**シスセ**が答えられる。また，Z の虚部は $\dfrac{\sqrt{7}}{2}$ か $-\dfrac{\sqrt{7}}{2}$ であることまではわかるので，解答欄の形から**ソタ**を埋めることは可能である。きちんと調べるなら，〔解答〕で議論したような $\mathrm{Im}(Z)=\sin\dfrac{2\pi}{7}+\sin\dfrac{4\pi}{7}+\sin\dfrac{8\pi}{7}$ の符号に関する考察が必要となる。

NOTE

NOTE

NOTE

NOTE

NOTE

解答・解説編

Keys & Answers

解答・解説編

数学Ⅰ，A ／ 数学Ⅱ，B，C（各1回　計2回分）

- 新課程試作問題

数学Ⅰ・A ／数学Ⅱ・B（各9回　計18回分）＋**数学Ⅰ**（2回分）

- 2024年度　本試験　　　付録：数学Ⅰ
- 2023年度　本試験　　　付録：数学Ⅰ
- 2023年度　追試験
- 2022年度　本試験
- 2022年度　追試験
- 2021年度　本試験（第1日程）
- 2021年度　本試験（第2日程）
- 第2回試行調査
- 第1回試行調査

解答・配点に関する注意

本書に掲載している正解および配点は，大学入試センターから公表されたものをそのまま掲載しています。

新課程試作問題：数学Ⅰ，数学Ａ

問題番号(配点)	解答記号	正　解	配点	チェック
第1問(30)	(アx+イ)(x−ウ)	($2x+5$)($x-2$)	2	
	$\frac{-エ\pm\sqrt{オカ}}{キ}$	$\frac{-5\pm\sqrt{65}}{4}$	2	
	$\frac{ク+\sqrt{ケコ}}{サ}$	$\frac{5+\sqrt{65}}{2}$	2	
	シ	6	2	
	ス	3	2	
	$\frac{セ}{ソ}$	$\frac{4}{5}$	2	
	タチ	12	2	
	ツテ	12	2	
	ト	②	1	
	ナ	⓪	1	
	ニ	①	1	
	ヌ	③	3	
	ネ	②	2	
	ノ	②	2	
	ハ	⓪	2	
	ヒ	③	2	
第2問(30)	ア	②	3	
	イウx+$\frac{エオ}{5}$	$-2x+\frac{44}{5}$	3	
	カ.キク	2.00	2	
	ケ.コサ	2.20	3	
	シ.スセ	4.40	2	
	ソ	③	2	
	タチ	12	2	
	ツ	3	2	
	テ	②	2	
	トとナ	⓪と① (解答の順序は問わない)	2	
	ニ	⑥	3	
	ヌ.ネ，ノ，ハ	5.8，①，①	4	

問題番号(配点)	解答記号	正　解	配点	チェック
第3問(20)	$\frac{ア}{イ}$	$\frac{3}{2}$	2	
	$\frac{ウ\sqrt{エ}}{オ}$	$\frac{3\sqrt{5}}{2}$	2	
	カ$\sqrt{キ}$	$2\sqrt{5}$	2	
	$\sqrt{ク}r$	$\sqrt{5}r$	2	
	ケ$-r$	$5-r$	2	
	$\frac{コ}{サ}$	$\frac{5}{4}$	2	
	シ	1	2	
	$\sqrt{ス}$	$\sqrt{5}$	2	
	$\frac{セ}{ソ}$	$\frac{5}{2}$	2	
	タ	①	2	
第4問(20)	$\frac{ア}{イ}$	$\frac{3}{8}$	2	
	$\frac{ウ}{エ}$	$\frac{4}{9}$	2	
	$\frac{オ}{カ}$	$\frac{3}{2}$	2	
	キ	1	2	
	$\frac{クケ}{コサ}$	$\frac{27}{59}$	2	
	シ	③	3	
	ス，セ	②，③	4	
	$\frac{ソタ}{チツ}$，テ	$\frac{75}{59}$，①	3	

(注) 全問必答。

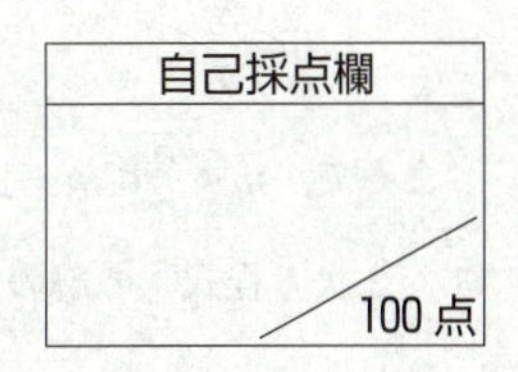

第1問 —— 数と式，図形と計量

〔1〕 標準 《2次方程式，式の値》

2021年度本試験（第1日程）「数学Ⅰ・数学A」第1問〔1〕に同じ

(1)　$c=1$ のとき，$2x^2+(4c-3)x+2c^2-c-11=0$　……① に $c=1$ を代入すれば

$$2x^2+x-10=0$$

左辺を因数分解すると

$$(\boxed{2}x+\boxed{5})(x-\boxed{2})\quad \to ア，イ，ウ$$

であるから，①の解は

$$x=-\frac{5}{2},\ 2$$

である。

(2)　$c=2$ のとき，①に $c=2$ を代入すれば

$$2x^2+5x-5=0$$

解の公式を用いると，①の解は

$$x=\frac{-5\pm\sqrt{5^2-4\cdot2\cdot(-5)}}{2\cdot2}=\frac{-\boxed{5}\pm\sqrt{\boxed{65}}}{\boxed{4}}\quad \to \frac{エ，オカ}{キ}$$

であり，大きい方の解を α とすると

$$\alpha=\frac{-5+\sqrt{65}}{4}$$

だから

$$\frac{5}{\alpha}=\frac{5}{\frac{-5+\sqrt{65}}{4}}=\frac{20}{\sqrt{65}-5}=\frac{20(\sqrt{65}+5)}{(\sqrt{65}-5)(\sqrt{65}+5)}$$

$$=\frac{20(\sqrt{65}+5)}{40}=\frac{\boxed{5}+\sqrt{\boxed{65}}}{\boxed{2}}\quad \to \frac{ク，ケコ}{サ}$$

である。

また，$8=\sqrt{64}$，$9=\sqrt{81}$ より

$$8<\sqrt{65}<9\qquad 13<5+\sqrt{65}<14\qquad \frac{13}{2}<\frac{5+\sqrt{65}}{2}<7$$

だから

$$6<\frac{5}{\alpha}<7$$

よって，$m<\dfrac{5}{\alpha}<m+1$ を満たす整数 m は $\boxed{6}$ →シ である。

(3)　2次方程式①の解の公式の根号の中に着目すると，根号の中を D とすれば

$$D=(4c-3)^2-4\cdot 2\cdot(2c^2-c-11)=-16c+97$$

①が異なる二つの実数解をもつ条件は，$D>0$ であることなので

$$D=-16c+97>0 \qquad c<\frac{97}{16}=6.06\cdots$$

c は正の整数なので　　$c=1,\ 2,\ 3,\ 4,\ 5,\ 6$

さらに，①の解が有理数となるためには，D が平方数となればよいので，$c=1,\ 2,\ 3,\ 4,\ 5,\ 6$ のときの $D=-16c+97$ の値を計算すると

$$81\,(=9^2),\ 65,\ 49\,(=7^2),\ 33,\ 17,\ 1\,(=1^2)$$

よって，$D=-16c+97$ が平方数となるのは，$c=1,\ 3,\ 6$ のときだから，①の解が異なる二つの有理数であるような正の整数 c の個数は 3 →ス 個である。

解説

文字定数 c を含む2次方程式の解についての問題である。(3)の有理数をもつための条件を求めさせる問題は，個別試験においても出題されるやや発展的な問題である。太郎さんと花子さんの会話文が誘導となっているので，それを手がかりとして正しい方針を立てられるかどうかがポイントである。

(1)・(2)　計算間違いに気を付けさえすれば，特に問題となる部分はない。

(3)　①に解の公式を用いると，$x=\dfrac{-(4c-3)\pm\sqrt{(4c-3)^2-4\cdot 2\cdot(2c^2-c-11)}}{2\cdot 2}$

$=\dfrac{-4c+3\pm\sqrt{-16c+97}}{4}$ であるが，太郎さんと花子さんの会話文に従って，根号の中に着目して考える。根号の中が平方数となれば，①の解は有理数となることに気付きたい。

①が異なる二つの実数解をもつための条件は，根号の中の D が $D>0$ となることであるから，$D>0$ を考えることで正の整数 c の値を具体的に絞り込むことができる。そこから c の値が $c=1,\ 2,\ 3,\ 4,\ 5,\ 6$ のいずれかであることがわかるので，c の値を $D=-16c+97$ に代入して実際に計算することで，根号の中の $D=-16c+97$ が平方数となるかどうかを調べればよい。

〔2〕 やや難 《三角形の面積，辺と角の大小関係，外接円》

2021 年度本試験（第１日程）「数学Ⅰ・数学Ａ」第１問〔２〕に同じ

(1)　$0° < A < 180°$ より，$\sin A > 0$ なので，$\sin^2 A + \cos^2 A = 1$ を用いて

$$\sin A = \sqrt{1 - \cos^2 A} = \sqrt{1 - \left(\frac{3}{5}\right)^2} = \boxed{\frac{4}{5}} \quad \to セ・ソ$$

であり，△ABC の面積は

$$\frac{1}{2} \cdot CA \cdot AB \cdot \sin A = \frac{1}{2} bc \sin A = \frac{1}{2} \cdot 6 \cdot 5 \cdot \frac{4}{5} = \boxed{12} \quad \to タチ$$

四角形 CHIA，ADEB は正方形より

$$AI = CA = b, \quad DA = AB = c$$

であり

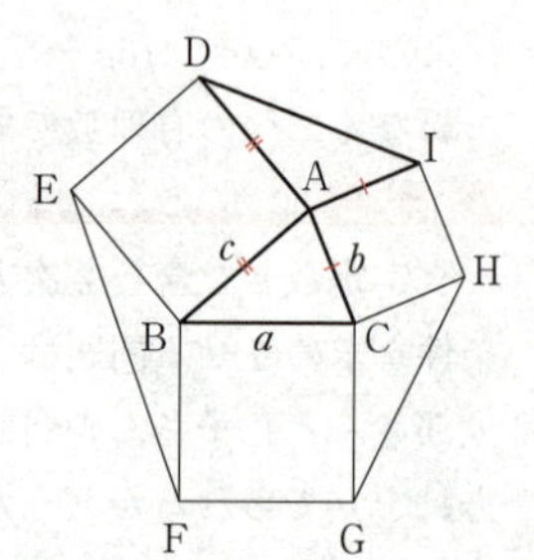

$$\angle DAI = 360° - \angle IAC - \angle BAD - \angle CAB$$
$$= 360° - 90° - 90° - A$$
$$= 180° - A$$

なので

$$\sin \angle DAI = \sin (180° - A) = \sin A$$

よって，△AID の面積は

$$\frac{1}{2} \cdot AI \cdot DA \cdot \sin \angle DAI = \frac{1}{2} bc \sin A = \boxed{12} \quad \to ツテ$$

(2)　正方形 BFGC，CHIA，ADEB の面積をそれぞれ S_1，S_2，S_3 とすると

$$S_1 = BC^2 = a^2, \quad S_2 = CA^2 = b^2, \quad S_3 = AB^2 = c^2$$

このとき

$$S_1 - S_2 - S_3 = a^2 - b^2 - c^2 = a^2 - (b^2 + c^2)$$

となる。

- $0° < A < 90°$ のとき

$$a^2 < b^2 + c^2$$

なので，$S_1 - S_2 - S_3 = a^2 - (b^2 + c^2)$ は負の値である。 ② →ト

- $A = 90°$ のとき

$$a^2 = b^2 + c^2$$

なので，$S_1 - S_2 - S_3 = a^2 - (b^2 + c^2)$ は０である。 ⓪ →ナ

- $90° < A < 180°$ のとき

$$a^2 > b^2 + c^2$$

なので，$S_1 - S_2 - S_3 = a^2 - (b^2 + c^2)$ は正の値である。 ① →ニ

(3)　△ABC の面積を T とすると

$$T = \frac{1}{2} bc \sin A = \frac{1}{2} ca \sin B = \frac{1}{2} ab \sin C$$

△AIDの面積 T_1 は，(1)より

$$T_1=\frac{1}{2}bc\sin A=T$$

(1)と同様にして考えると，四角形ADEB，BFGC，CHIAが正方形より

$$BE=AB=c,\ FB=BC=a$$
$$CG=BC=a,\ HC=CA=b$$

であり

$$\begin{aligned}\angle FBE&=360°-\angle EBA-\angle CBF-\angle ABC\\&=360°-90°-90°-B\\&=180°-B\end{aligned}$$

$$\begin{aligned}\angle HCG&=360°-\angle GCB-\angle ACH-\angle BCA\\&=360°-90°-90°-C\\&=180°-C\end{aligned}$$

なので

$$\sin\angle FBE=\sin(180°-B)=\sin B$$
$$\sin\angle HCG=\sin(180°-C)=\sin C$$

よって，△BEF，△CGHの面積 T_2，T_3 は

$$T_2=\frac{1}{2}\cdot BE\cdot FB\cdot\sin\angle FBE=\frac{1}{2}ca\sin B=T$$

$$T_3=\frac{1}{2}\cdot CG\cdot HC\cdot\sin\angle HCG=\frac{1}{2}ab\sin C=T$$

なので

$$T=T_1=T_2=T_3$$

したがって，a，b，c の値に関係なく，$T_1=T_2=T_3$　③　→ヌ　である。

(4)　△ABC，△AID，△BEF，△CGHの外接円の半径をそれぞれ，R，R_1，R_2，R_3 とする。

$0°<A<90°$ のとき，$\angle DAI=180°-A$ より　　$\angle DAI>90°$

すなわち　　$\angle DAI>A$

△AIDと△ABCは

$$AI=CA,\ DA=AB$$

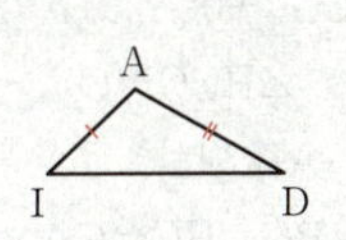

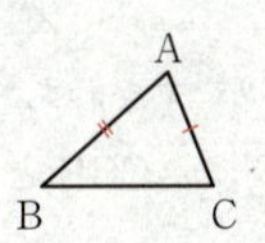

なので，$\angle DAI>A$ より

$ID>BC$　②　**→ネ**　……①

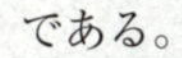

である。

△AIDに正弦定理を用いると

$$2R_1=\frac{ID}{\sin\angle DAI}=\frac{ID}{\sin A}\qquad\therefore\quad R_1=\frac{ID}{2\sin A}$$

△ABCに正弦定理を用いると

$$2R=\frac{\mathrm{BC}}{\sin A} \qquad \therefore \quad R=\frac{\mathrm{BC}}{2\sin A}$$

①の両辺を $2\sin A\,(>0)$ で割って

$$\frac{\mathrm{ID}}{2\sin A}>\frac{\mathrm{BC}}{2\sin A} \qquad \therefore \quad R_1>R \quad \cdots\cdots②$$

したがって

(△AIDの外接円の半径)＞(△ABCの外接円の半径)　**②**　→ノ

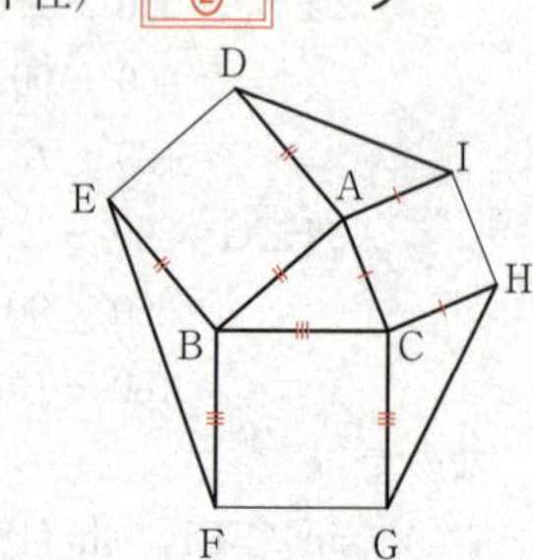

であるから，上の議論と同様にして考えれば

• $0°<A<B<C<90°$ のとき

$0°<B<90°$ なので，$\angle\mathrm{FBE}=180°-B$ より

$$\angle\mathrm{FBE}>90°$$

すなわち　$\angle\mathrm{FBE}>B$

△BEFと△ABCは

$$\mathrm{BE}=\mathrm{AB},\ \mathrm{FB}=\mathrm{BC}$$

なので，$\angle\mathrm{FBE}>B$ より

$$\mathrm{EF}>\mathrm{CA} \quad \cdots\cdots③$$

である。

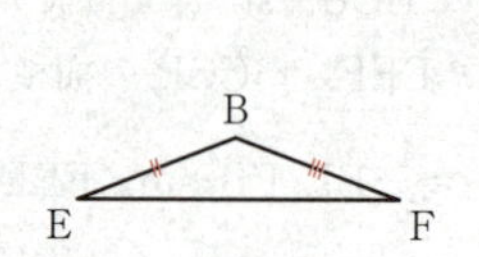

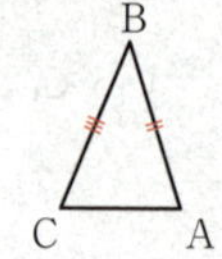

△BEFに正弦定理を用いると

$$2R_2=\frac{\mathrm{EF}}{\sin\angle\mathrm{FBE}}=\frac{\mathrm{EF}}{\sin B} \qquad \therefore \quad R_2=\frac{\mathrm{EF}}{2\sin B}$$

△ABCに正弦定理を用いると

$$2R=\frac{\mathrm{CA}}{\sin B} \qquad \therefore \quad R=\frac{\mathrm{CA}}{2\sin B}$$

$0°<B<180°$ より，$\sin B>0$ なので，③の両辺を $2\sin B\,(>0)$ で割って

$$\frac{\mathrm{EF}}{2\sin B}>\frac{\mathrm{CA}}{2\sin B} \qquad \therefore \quad R_2>R \quad \cdots\cdots④$$

$0°<C<90°$ なので，$\angle\mathrm{HCG}=180°-C$ より

$$\angle\mathrm{HCG}>90°$$

すなわち　$\angle\mathrm{HCG}>C$

△CGHと△ABCは

$$\mathrm{CG}=\mathrm{BC},\ \mathrm{HC}=\mathrm{CA}$$

なので，$\angle\mathrm{HCG}>C$ より

$$\mathrm{GH}>\mathrm{AB} \quad \cdots\cdots⑤$$

である。

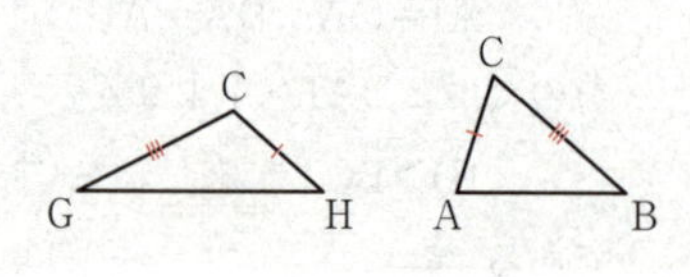

△CGHに正弦定理を用いると

$$2R_3=\frac{\mathrm{GH}}{\sin\angle\mathrm{HCG}}=\frac{\mathrm{GH}}{\sin C}\qquad \therefore\quad R_3=\frac{\mathrm{GH}}{2\sin C}$$

△ABCに正弦定理を用いると

$$2R=\frac{\mathrm{AB}}{\sin C}\qquad \therefore\quad R=\frac{\mathrm{AB}}{2\sin C}$$

$0^\circ<C<180^\circ$ より，$\sin C>0$ なので，⑤の両辺を $2\sin C\,(>0)$ で割って

$$\frac{\mathrm{GH}}{2\sin C}>\frac{\mathrm{AB}}{2\sin C}\qquad \therefore\quad R_3>R\quad\cdots\cdots⑥$$

よって，②，④，⑥より，△ABC，△AID，△BEF，△CGHのうち，外接円の半径が最も小さい三角形は**△ABC** **⓪** **→ハ** である。

• $0^\circ<A<B<90^\circ<C$ のとき

$90^\circ<C$ なので，$\angle\mathrm{HCG}=180^\circ-C$ より

$$0^\circ<\angle\mathrm{HCG}<90^\circ$$

すなわち　$\angle\mathrm{HCG}<C$

△CGHと△ABCは

$$\mathrm{CG}=\mathrm{BC},\ \mathrm{HC}=\mathrm{CA}$$

なので，$\angle\mathrm{HCG}<C$ より

$$\mathrm{GH}<\mathrm{AB}\quad\cdots\cdots⑦$$

である。

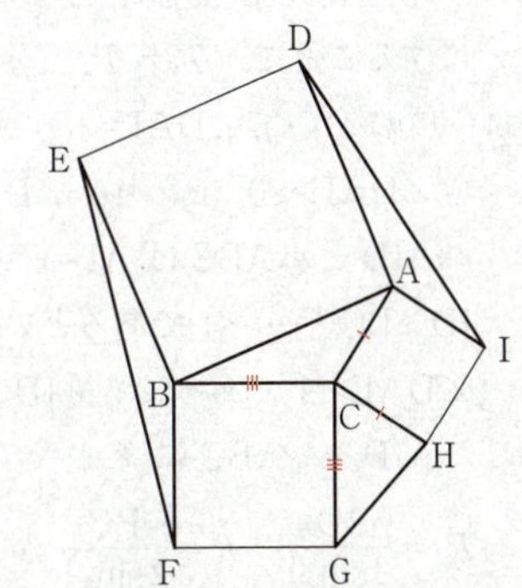

⑦の両辺を $2\sin C\,(>0)$ で割って

$$\frac{\mathrm{GH}}{2\sin C}<\frac{\mathrm{AB}}{2\sin C}\qquad \therefore\quad R_3<R\quad\cdots\cdots⑧$$

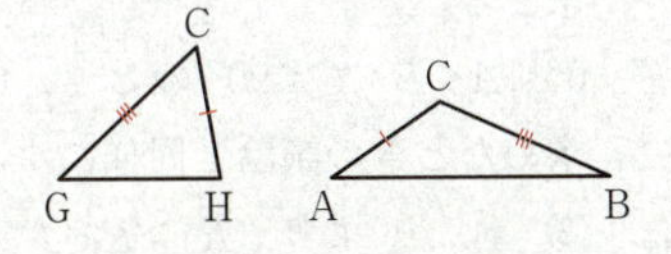

よって，②，④，⑧より，△ABC，△AID，△BEF，△CGHのうち，外接円の半径が最も小さい三角形は**△CGH** **③** **→ヒ** である。

解説

三角形の外側に，三角形の各辺を１辺とする３つの正方形と，正方形の間にできる３つの三角形を考え，それらの面積の大小関係や，外接円の半径の大小関係について考えさせる問題である。単純に式変形や計算をするだけでなく，辺と角の大小関係と融合させながら考えていく必要があり，思考力の問われる問題である。

(1)　△AIDの面積が求められるかどうかは，$\angle\mathrm{DAI}=180^\circ-A$ となることに気付けるかどうかにかかっている。これがわかれば，$\sin(180^\circ-\theta)=\sin\theta$ を利用することで，(△AIDの面積)＝(△ABCの面積)＝12 であることが求まる。

(2)　$S_1-S_2-S_3=a^2-(b^2+c^2)$ であることはすぐにわかるので，問題文の $0^\circ<A<90^\circ$，$A=90^\circ$，$90^\circ<A<180^\circ$ から，以下の〔ポイント〕を利用することに気付きたい。

ポイント　**三角形の形状**

△ABCにおいて

$$A<90^\circ \iff \cos A>0 \iff a^2<b^2+c^2$$

$$A=90^\circ \iff \cos A=0 \iff a^2=b^2+c^2$$

$$A>90^\circ \iff \cos A<0 \iff a^2>b^2+c^2$$

上の〔ポイント〕は暗記してしまってもよいが，余弦定理を用いることで

$\cos A=\dfrac{b^2+c^2-a^2}{2bc}$となることを考えれば，その場で簡単に導き出すことができる。

⑶　△ABCの面積をTとすると，⑴の結果より$T_1=T$が成り立つので，⑴と同様にすることで，$T_2=T$，$T_3=T$が示せることも予想がつくだろう。

⑷　⑴において$\angle\mathrm{DAI}=180^\circ-A$であることがわかっているので，$0^\circ<A<90^\circ$のとき$\angle\mathrm{DAI}>90^\circ$であり，$\angle\mathrm{DAI}>A$であることがわかる。

△AIDと△ABCは$\mathrm{AI}=\mathrm{CA}$，$\mathrm{DA}=\mathrm{AB}$なので，$\angle\mathrm{DAI}>A$より，

$\mathrm{ID}>\mathrm{BC}$　……①であるといえる。$\mathrm{AI}=\mathrm{CA}$，$\mathrm{DA}=\mathrm{AB}$が成り立たない場合には，$\angle\mathrm{DAI}>A$であっても，$\mathrm{ID}>\mathrm{BC}$とはいえない。

△AID，△ABCにそれぞれ正弦定理を用いると，$\sin\angle\mathrm{DAI}=\sin A$より，

$R_1=\dfrac{\mathrm{ID}}{2\sin A}$，$R=\dfrac{\mathrm{BC}}{2\sin A}$が求まるので，①を利用することで，$R_1>R$　……②が求まる。

$0^\circ<A<B<C<90^\circ$のとき，$0^\circ<B<90^\circ$，$0^\circ<C<90^\circ$なので，$R_1>R$　……②を求めたときの議論と同様にすることで，$R_2>R$　……④，$R_3>R$　……⑥が求まる。

②，④，⑥より，$R_1>R$，$R_2>R$，$R_3>R$となるから，外接円の半径が最も小さい三角形は△ABCであることがわかる。結果的に，与えられた条件$A<B<C$は利用することのない条件となっている。

$0^\circ<A<B<90^\circ<C$のとき，$0^\circ<A<90^\circ$，$0^\circ<B<90^\circ$なので，$R_1>R$　……②，$R_2>R$　……④が成り立つ。この場合は$90^\circ<C$であるが，$0^\circ<C<90^\circ$のときと同じように考えていくことにより，$R_3<R$　……⑧が導き出せる。②，④，⑧より，$R_1>R$，$R_2>R$，$R>R_3$となるから，外接円の半径が最も小さい三角形は△CGHであることがわかる。ここでも，与えられた条件$A<B$は利用することのない条件である。

第２問 ―― ２次関数，データの分析

〔１〕 標準 《１次関数，２次関数》

2021 年度本試験（第１日程）「数学Ⅰ・数学Ａ」第２問〔１〕に同じ

(1)　１秒あたりの進む距離すなわち平均速度は，x と z を用いて

平均速度＝１秒あたりの進む距離

＝１秒あたりの歩数×１歩あたりの進む距離

$=z\times x=xz$〔m/秒〕　②　→ア

と表される。

これより，タイムと，ストライド，ピッチとの関係は

$$タイム=\frac{100〔\mathrm{m}〕}{平均速度〔\mathrm{m/秒}〕}=\frac{100}{xz}\quad\cdots\cdots①$$

と表されるので，xz が最大になるときにタイムが最もよくなる。

(2)　ストライドが 0.05 大きくなるとピッチが 0.1 小さくなるという関係があると考えて，ピッチがストライドの１次関数として表されると仮定したとき，そのグラフの傾きは，ストライド x が 0.05 大きくなるとピッチ z が 0.1 小さくなることより

$$\frac{-0.1}{0.05}=-2$$

これより，グラフの z 軸上の切片を b とすると

$$z=-2x+b$$

とおけるから，表の２回目のデータより，$x=2.10$，$z=4.60$ を代入して

$$4.60=-2\times2.10+b\qquad\therefore\quad b=8.80=\frac{44}{5}$$

よって，ピッチ z はストライド x を用いて

$$z=-2x+\frac{44}{5}\quad→イウ，エオ\quad\cdots\cdots②$$

と表される。

②が太郎さんのストライドの最大値 2.40 とピッチの最大値 4.80 まで成り立つと仮定すると，ピッチ z の最大値が 4.80 より，$z\leqq4.80$ だから，②を代入して

$$-2x+\frac{44}{5}\leqq4.80\qquad-2x\leqq4.80-8.80\qquad\therefore\quad x\geqq2.00$$

ストライド x の最大値が 2.40 より，$x\leqq2.40$ だから，x の値の範囲は

$$2.00\leqq x\leqq2.40\quad→カ，キク$$

$y=xz$ とおく。②を $y=xz$ に代入すると

$$y=x\left(-2x+\frac{44}{5}\right)=-2x^2+\frac{44}{5}x=-2\left(x-\frac{11}{5}\right)^2+\frac{242}{25}$$

太郎さんのタイムが最もよくなるストライドとピッチを求めるためには，$2.00 \leqq x \leqq 2.40$ の範囲で y の値を最大にする x の値を見つければよい。

$y=-2\left(x-\frac{11}{5}\right)^2+\frac{242}{25}$

$x=2.00$　$x=2.40$

$x=2.20$

このとき，$x=\frac{11}{5}=2.2$ より，y の値が最大になるのは

$x=$ 2 . 20 →ケ，コサのときであり，y の値の最大値は $\frac{242}{25}$ である。

よって，太郎さんのタイムが最もよくなるのは，ストライド x が 2.20 のときであり，このとき，ピッチ z は，$x=2.20$ を②に代入して

$$z=-2\times 2.20+8.80=\boxed{4}.\boxed{40}$$ →シ，スセ

である。

また，このときの太郎さんのタイムは，$y=xz$ の最大値が $\frac{242}{25}$ なので，①より

$$\text{タイム}=\frac{100}{xz}=\frac{100}{\frac{242}{25}}=100\div\frac{242}{25}=\frac{1250}{121}=10.330\cdots\fallingdotseq 10.33$$ ③ →ソ

である。

解説

陸上競技の短距離 100m 走において，タイムが最もよくなるストライドとピッチを，ストライドとピッチの間に成り立つ関係も考慮しながら考察していく，日常の事象を題材とした問題である。問題文で与えられた用語の定義や，その間に成り立つ関係を理解し，数式を立てられるかどうかがポイントとなる。

(1)　問題文に，ピッチ $z=$（1秒あたりの歩数），ストライド $x=$（1歩あたりの進む距離）であることが与えられているので，平均速度＝（1秒あたりの進む距離）であることと合わせて考えれば，平均速度 $=xz$ と表されることがわかる。あるいは

$$\text{ストライド}\ x=\frac{100〔\text{m}〕}{100\text{m を走るのにかかった歩数}〔\text{歩}〕}$$

$$\text{ピッチ}\ z=\frac{100\text{m を走るのにかかった歩数}〔\text{歩}〕}{\text{タイム}〔\text{秒}〕}$$

であることを利用して

$$\text{平均速度}=1\text{秒あたりの進む距離}=\frac{100〔\text{m}〕}{\text{タイム}〔\text{秒}〕}$$

$$=\frac{100〔\text{m}〕}{100\text{m を走るのにかかった歩数}〔\text{歩}〕}\cdot\frac{100\text{m を走るのにかかった歩数}〔\text{歩}〕}{\text{タイム}〔\text{秒}〕}$$

$$=xz$$

と考えてもよい。

(2)　ピッチがストライドの１次関数として表されると仮定したとき，ストライドxが0.05大きくなるとピッチzが0.1小さくなることより，変化の割合は$\dfrac{-0.1}{0.05}=-2$で求められる。

〔解答〕では$z=-2x+b$とおき，表の２回目のデータ$x=2.10$，$z=4.60$を代入したが，１回目のデータ$x=2.05$，$z=4.70$，もしくは，３回目のデータ$x=2.15$，$z=4.50$を代入してbの値を求めてもよい。$z=-2x+\dfrac{44}{5}$　……②が求まれば，$x\leqq 2.40$，$z\leqq 4.80$を用いてxの値の範囲が求められる。

$y=xz$とおいてからは，問題文に丁寧な誘導がついているので，それに従っていけばyの値が最大になるxの値が求まる。このときのzの値は②を利用し，タイムは①が タイム$=\dfrac{100}{xz}=\dfrac{100}{y}$であることを利用する。

〔２〕 標準 《外れ値，散布図，箱ひげ図，仮説検定》

(1)　40の国際空港からの「移動距離」（単位はkm）を並べたデータについて考える。

第１四分位数は，小さい方から10番目と11番目のデータの平均値を求めて，

$\dfrac{13+13}{2}=13$である。

第３四分位数は，小さい方から30番目と31番目のデータの平均値を求めて，

$\dfrac{25+25}{2}=25$である。

よって，四分位範囲は$25-13=$ 12 →タチ である。

（第１四分位数）$-1.5\times$（四分位範囲）を計算すると，$13-1.5\times 12=13-18=-5$となる。データの最小値は6であり，-5以下のデータはない。

（第３四分位数）$+1.5\times$（四分位範囲）を計算すると，$25+1.5\times 12=25+18=43$となる。データのなかで43以上のデータは47，48，56の３個である。

よって，外れ値の個数は$0+3$より 3 →ツ である。

(2)　(i)　40の国際空港について，「所要時間」を「移動距離」で割った「1kmあたりの所要時間」を考える。「1kmあたりの所要時間」の箱ひげ図は，外れ値を＊で示しているが，ここでは40のデータすべてに対して「所要時間」を「移動距離」で割り「1kmあたりの所要時間」を小さい順に並べ直し，第１四分位数，第３四分位数から四分位範囲を求めて外れ値を求める必要はない。求める「1kmあたりの所要時間」は，散布図において原点を通る直線の傾きとして読み取ることができ

る。

まず，「1kmあたりの所要時間」の小さい方，大きい方のどちらに外れ値があるのだろうか。原点を通る直線が点B(6, 37) を通るとき直線の傾きは6.2であり，点A(13, 72) を通るとき直線の傾きは5.5である。この2つが外れ値かどうかは調べてみないとわからないが，他と比べて極めて大きな値をとっている。この2つのデータが存在することから，候補は②と④に絞られる。そして，傾きが大きい方から3つ目の値は点 (10, 40) のときの傾き4.0であることから，第2四分位数（中央値）がおよそ4.25である④は候補から外れる。よって，外れ値を＊で示した「1kmあたりの所要時間」の箱ひげ図は ② →テ であり，外れ値は図1のA～HのうちのAとBである。 ⓪ ， ① →ト，ナ

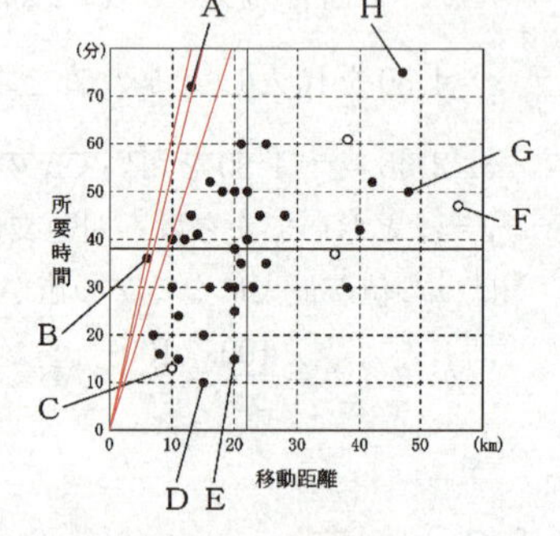

参考　②の箱ひげ図について調べてみよう。概算で計算してみる。原点を通る直線の傾きを考えて，第1四分位数は点 (23, 30) を通るときの1.3，第3四分位数は点 (18, 50) を通るときの2.8である。よって，四分位範囲は2.8－1.3＝1.5である。

(第1四分位数)－1.5×(四分位範囲) を計算すると，1.3－1.5×1.5＝－0.95となる。データの最小値は点 (14, 10) を通るときのおよそ0.7であり，－0.95以下のデータはない。

(第3四分位数)＋1.5×(四分位範囲) を計算すると，2.8＋1.5×1.5＝5.05となる。データのなかで5.05以上のものは5.5, 6.2の2つである。

これらと箱ひげ図を比較してみると，確かに②がデータを的確に表している箱ひげ図であることがわかる。

(ii)　(Ⅰ), (Ⅱ), (Ⅲ)は，ある国で建設される計画がある移動距離22km，所要時間38分，費用950円の新空港を40の国際空港に加えたデータに関する記述である。ここで，新空港の「移動距離」，「所要時間」，「費用」は，40の国際空港の「移動距離」，「所要時間」，「費用」の平均値と全く同じであることに注目しよう。

(Ⅰ)　日本の四つの空港の「費用」はおよそ350円，1200円，1300円，2500円，「所要時間」はおよそ12分，37分，47分，62分である。新空港の費用が950円，所要時間が38分だから，「費用」，「所要時間」のいずれの記述に関しても**誤り**である（試験ではどちらかだけを確かめればよい）。

(Ⅱ)「移動距離」のデータを x_1, x_2, …, x_{40}, x_{41} (x_{41} が新空港の22) とする。新空港を加える前の分散を $s_0{}^2$，新空港を加えた後の分散を s^2 とおく。ここで，$x_{41}=22$ であることから

$$s^2=\frac{(x_1-22)^2+(x_2-22)^2+\cdots+(x_{40}-22)^2+(x_{41}-22)^2}{41}$$
$$=\frac{(x_1-22)^2+(x_2-22)^2+\cdots+(x_{40}-22)^2+(22-22)^2}{41}$$
$$=\frac{(x_1-22)^2+(x_2-22)^2+\cdots+(x_{40}-22)^2}{41}$$
$$<\frac{(x_1-22)^2+(x_2-22)^2+\cdots+(x_{40}-22)^2}{40}=s_0{}^2$$

標準偏差は分散の正の平方根であるから，「移動距離」の標準偏差も，新空港を加えると減少するので，この記述は**誤り**である。

(Ⅲ) 変量 x の 41 個のデータを x_1, x_2, …, x_{40}, x_{41}（x_{41} が新空港のデータ），変量 y の 41 個のデータを y_1, y_2, …, y_{40}, y_{41}（y_{41} が新空港のデータ）とする。$x_{41}=\overline{x}$, $y_{41}=\overline{y}$ であることから，相関係数 r_{xy} は

$$r_{xy}=\frac{\frac{1}{41}\{(x_1-\overline{x})(y_1-\overline{y})+\cdots+(x_{40}-\overline{x})(y_{40}-\overline{y})+(x_{41}-\overline{x})(y_{41}-\overline{y})\}}{\sqrt{\frac{1}{41}\{(x_1-\overline{x})^2+\cdots+(x_{40}-\overline{x})^2+(x_{41}-\overline{x})^2\}}\cdot\sqrt{\frac{1}{41}\{(y_1-\overline{y})^2+\cdots+(y_{40}-\overline{y})^2+(y_{41}-\overline{y})^2\}}}$$

$$=\frac{(x_1-\overline{x})(y_1-\overline{y})+\cdots+(x_{40}-\overline{x})(y_{40}-\overline{y})}{\sqrt{\{(x_1-\overline{x})^2+\cdots+(x_{40}-\overline{x})^2\}}\cdot\sqrt{\{(y_1-\overline{y})^2+\cdots+(y_{40}-\overline{y})^2\}}}$$

$$(\because\ x_{41}-\overline{x}=0,\ y_{41}-\overline{y}=0)$$

$$=\frac{\frac{1}{40}\{(x_1-\overline{x})(y_1-\overline{y})+\cdots+(x_{40}-\overline{x})(y_{40}-\overline{y})\}}{\sqrt{\frac{1}{40}\{(x_1-\overline{x})^2+\cdots+(x_{40}-\overline{x})^2\}}\cdot\sqrt{\frac{1}{40}\{(y_1-\overline{y})^2+\cdots+(y_{40}-\overline{y})^2\}}}$$

となり，これは，新空港を加える前の相関係数である。この変量 x, y は「移動距離」,「所要時間」,「費用」のいずれにも当てはめることができるので，二つずつ組合せることにより，図 1，図 2，図 3 のそれぞれの二つの変量について，変量間の相関係数は，新空港を加える前後で変化しないという記述は**正しい**。

(Ⅰ), (Ⅱ), (Ⅲ)の正誤の組合せとして正しいものは ⑥ →ニ である。

(3) 太郎さんは，調べた空港のうちの一つであるＰ空港で，利便性に関するアンケート調査が実施されていることを知った。

太郎さんと花子さんの二人は，30 人のうち 20 人が「便利だと思う」と回答した場合に，「Ｐ空港は便利だと思う人の方が多い」といえるかどうかを，方針を立てて考えることにした。

ここで，30 枚の硬貨を投げる実験を 1000 回行う試行について考える。実験結果より，30 枚の硬貨のうち 20 枚以上が表になった割合は実験結果の 20 枚以上 30 枚以下の割合を足せばよいので

$3.2+1.4+1.0+0.1+0.1=$ 5 . 8 →ヌ，ネ ％である。

ここから，P空港のアンケート調査の内容に戻り，これを30人のうち20人以上が「便利だと思う」と回答する確率とみなすというのである。

方針

- **仮説**：P空港の利用者全体のうちで「便利だと思う」と回答する割合と，「便利だと思う」と回答しない割合が等しい。
- この仮説のもとで，30人抽出したうちの20人以上が「便利だと思う」と回答する確率が5％未満であれば，その仮説は誤っていると判断し，5％以上であれば，その仮説は誤っているとは判断しない。

ここで，実験結果は5.8％なので，5％以上であり，「便利だと思う」と回答する割合と，「便利だと思う」と回答しない割合が等しいという仮説は**誤っているとは判断されず** ① →ノ，P空港は便利だと思う人の方が**多いとはいえない。** ① →ハ

解説

(1)　まず，第1四分位数，第3四分位数を求めよう。40個のデータが10個ずつ4段で，わかりやすく記されている。それから四分位範囲を求め，外れ値が定義されているので，これらから，外れ値を求める。

(2)　(i)　三つの変量「移動距離」,「所要時間」,「費用」を二つずつ組合せた図1，図2，図3の散布図がある。まず，図1において「所要時間」を「移動距離」で割った「1kmあたりの所要時間」を考える。外れ値を＊で示した「1kmあたりの所要時間」の箱ひげ図を選択する問題である。外れ値自体は先ほどの定義に当てはめて計算しなければならないが，外れ値がどれかということよりも，他と比べて明らかに大きな値や小さな値に注目するとよい。

〔解答〕で示した方法以外にも，いくらでも判断するためのポイントはあるので，できるだけ要領よく少ない手順で②を選択しよう。〔参考〕で②が図1を表す箱ひげ図であることの確認をしているので，目を通しておくとよい。選択する過程で外れ値がどれかもわかる。試験の際には，丁寧に②であるということを確認している時間はない。他との区別ができた時点で解答しよう。

(ii)　新空港の「移動距離」,「所要時間」,「費用」は，40の国際空港の「移動距離」,「所要時間」,「費用」の平均値と同じであるということをわかったうえで解答すること。そうでなければ，この設問が問うている意味もわからないし，判断のしようがなくなる。$x_{41}-\bar{x}=0$，$y_{41}-\bar{y}=0$ であることがわかっても丁寧に定義に当てはめて，どのような計算処理になるのかを考えて答えること。そうしないと，(Ⅱ)，(Ⅲ)で誤答してしまう可能性があるので，注意しよう。

(3)　空港の利便性について，「そうか，このように方針を立てたのか」と理解しなが

ら問題文を読み始めると，突然30枚の硬貨を投げる実験の話になり，最初は戸惑うかもしれない。しかし，読み進めると，この実験結果を用いて，30枚の硬貨のうち20枚以上が表となった割合を，30人のうち20人以上がP空港を「便利だと思う」と回答する確率とみなすということで，空港の利便性のテーマに戻ってくる。太郎さんは，P空港で利便性に関するアンケート調査が実施されていることを知っているだけで，どのような結果になったかわからないだろうから，自分で勝手にデータを作成すると，自分の意思が入った意図的なものになってしまうので，それに代わる実験結果を探したのだろう。「仮説」も，またその仮説が誤っていると判断する，誤っているとは判断しないの境界が5％であることの，どちらも太郎さんと花子さんが決めたことであるが，「方針に従うと」とあるので，その状況を受け入れて解答を進めていこう。

第3問 

図形の性質　《角の二等分線と辺の比，方べきの定理》
2021年度本試験（第1日程）「数学Ⅰ・数学Ａ」第5問に同じ

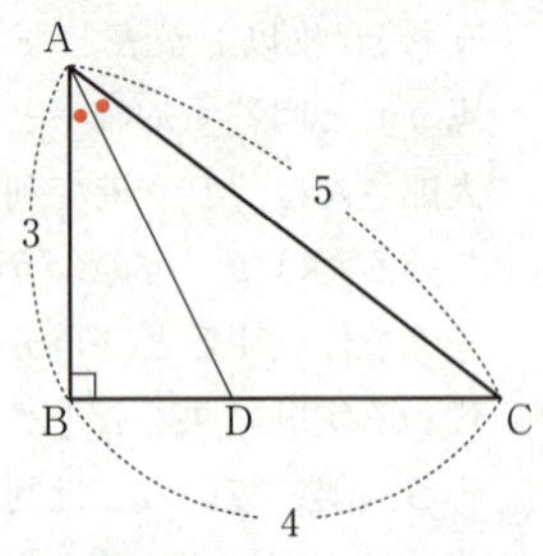

線分ADは∠BACの二等分線なので

$$BD : DC = AB : AC = 3 : 5$$

であるから

$$BD = \frac{3}{3+5}BC = \frac{3}{8}\cdot 4 = \frac{3}{2} \quad \to \frac{ア}{イ}$$

△ABCにおいて

$$AC^2 = AB^2 + BC^2$$

が成り立つので，三平方の定理の逆より，∠B＝90°である。

直角三角形ABDに三平方の定理を用いて

$$AD^2 = AB^2 + BD^2 = 3^2 + \left(\frac{3}{2}\right)^2 = \frac{45}{4}$$

AD＞0より

$$AD = \sqrt{\frac{45}{4}} = \frac{3\sqrt{5}}{2} \quad \to \frac{ウ\sqrt{エ}}{オ}$$

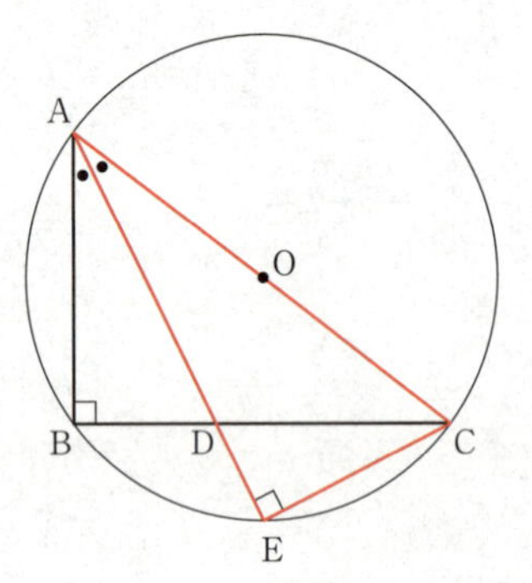

また，∠B＝90°なので，円周角の定理の逆より，△ABCの外接円Oの直径はACである。

円周角の定理より

$$\angle AEC = 90^\circ$$

なので，△AECに着目すると，△AECと△ABDにおいて，∠CAE＝∠DAB，∠AEC＝∠ABD＝90°より，△AEC∽△ABDであるから

$$AE : AB = AC : AD$$

$$AE : 3 = 5 : \frac{3\sqrt{5}}{2} \qquad \frac{3\sqrt{5}}{2}AE = 15$$

$$\therefore \quad AE = 15 \times \frac{2}{3\sqrt{5}} = 2\sqrt{5} \quad \to カ，キ$$

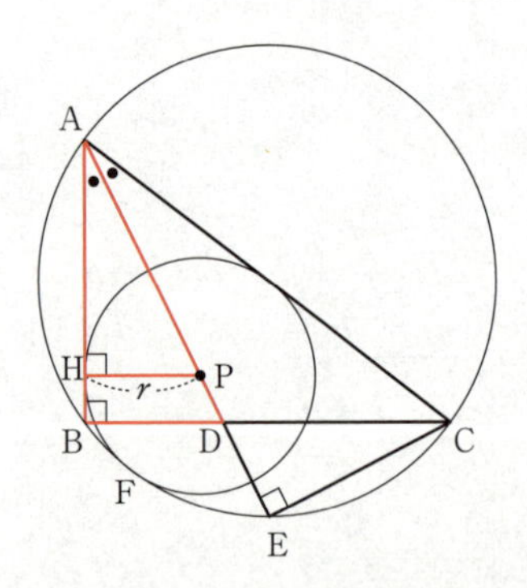

円Pは△ABCの2辺AB，ACの両方に接するので，円Pの中心Pは∠BACの二等分線AE上にある。

円Pと辺ABとの接点をHとすると

$$\angle AHP = 90^\circ,\ HP = r$$

HP∥BDより

$$AP : AD = HP : BD$$

$$AP : \frac{3\sqrt{5}}{2} = r : \frac{3}{2} \qquad \frac{3}{2}AP = \frac{3\sqrt{5}}{2}r$$

$\therefore \quad AP=\sqrt{\boxed{5}}\,r$ →ク

円Pは△ABCの外接円Oに内接するので，円Pと外接円Oとの接点Fと，円Pの中心Pを結ぶ直線PFは，外接円Oの中心Oを通る。

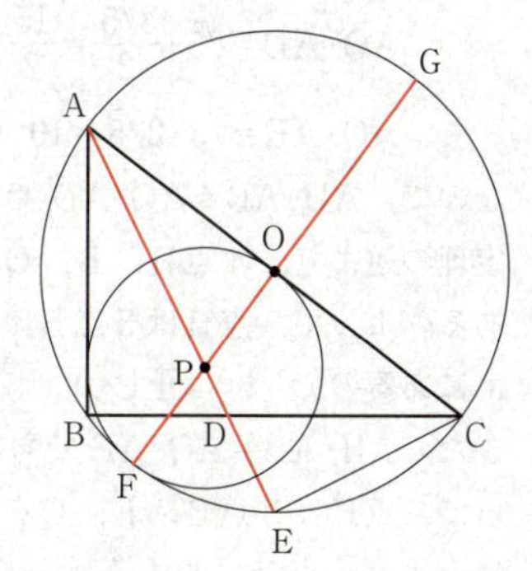

これより，FGは外接円Oの直径なので

$$FG=AC=5$$

であり

$$PG=FG-FP=\boxed{5}-r \quad \text{→ケ}$$

と表せる。

したがって，方べきの定理より

$$AP\cdot PE=FP\cdot PG$$

$$AP\cdot(AE-AP)=FP\cdot PG$$

$$\sqrt{5}\,r(2\sqrt{5}-\sqrt{5}\,r)=r(5-r)$$

$$4r^2-5r=0 \qquad r(4r-5)=0$$

$r>0$ なので　$r=\dfrac{\boxed{5}}{\boxed{4}}$ →$\dfrac{コ}{サ}$

内接円Qの半径を r' とすると，（△ABCの面積）$=\dfrac{1}{2}r'(AB+BC+CA)$ が成り立つので

$$\frac{1}{2}\cdot 3\cdot 4=\frac{1}{2}r'(3+4+5) \qquad \therefore \quad r'=1$$

よって，内接円Qの半径は $\boxed{1}$ →シ である。

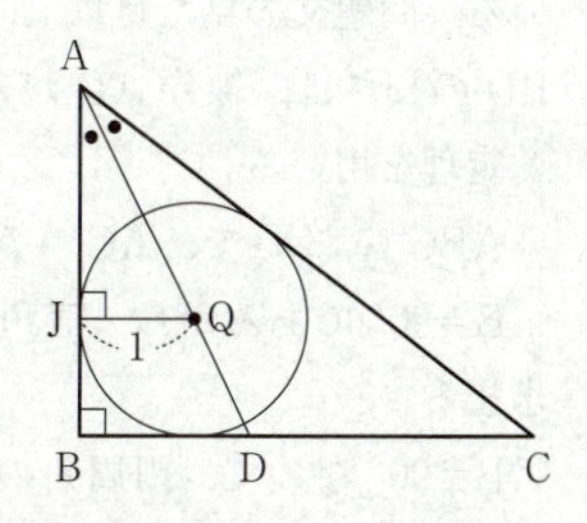

内接円Qの中心Qは，△ABCの内心なので，∠BACの二等分線AD上にある。

内接円Qと辺ABとの接点をJとすると

$$\angle AJQ=90^\circ,\ JQ=r'=1$$

なので，JQ∥BDより

$$AQ:AD=JQ:BD$$

$$AQ:\frac{3\sqrt{5}}{2}=1:\frac{3}{2} \qquad \frac{3}{2}AQ=\frac{3\sqrt{5}}{2}$$

$\therefore \quad AQ=\sqrt{\boxed{5}}$ →ス

である。

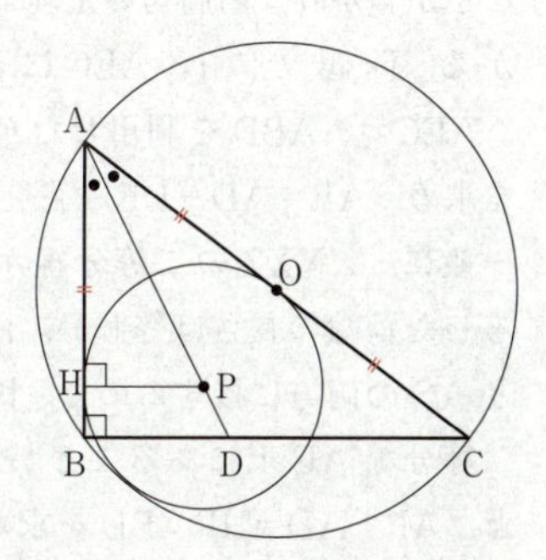

また，点Aから円Pに引いた2接線の長さが等しいことより

$$AH=AO=\frac{AC}{2}=\frac{\boxed{5}}{\boxed{2}} \quad \text{→}\frac{セ}{ソ}$$

である。このとき

$$AH\cdot AB=\frac{5}{2}\cdot 3=\frac{15}{2}$$

$$AQ\cdot AD=\sqrt{5}\cdot\frac{3\sqrt{5}}{2}=\frac{15}{2}$$

$$AQ\cdot AE=\sqrt{5}\cdot 2\sqrt{5}=10$$

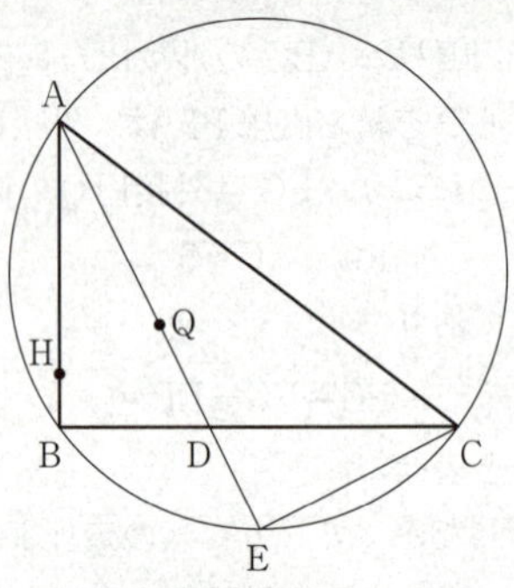

なので，AH·AB＝AQ·AD であるから，方べきの定理の逆より，4点H，B，Q，Dは同一円周上にある。よって，点Hは3点B，D，Qを通る円の周上にあるので，(a)は**正しい**。

また，AH·AB≠AQ·AE であるから，4点H，B，Q，Eは同一円周上にない。よって，点Hは3点B，E，Qを通る円の周上にないので，(b)は**誤り**。

以上より，点Hに関する(a)，(b)の正誤の組合せとして正しいものは ① →タ である。

解説

直角三角形の外接円，外接円に内接する円，内接円に関する問題。問題では図が与えられていないため，正確な図を描くだけでも難しい。また，3つの円を考えていくので，設問に合わせた図を何回か描き直す必要があり，時間もかかる。誘導も丁寧に与えられていないので，行間を思考しながら埋めていかなければならず，平面図形において成り立つ図形的な性質を理解していないと解き進められない問題も出題されている。問題文の見た目以上に時間のかかる，難易度の高い問題である。

BD の長さは，線分 AD が∠BAC の二等分線なので，角の二等分線と辺の比に関する定理を用いる。

△ABC において，$AC^2=AB^2+BC^2$ が成り立つので，三平方の定理の逆より，∠B＝90° であるから，直角三角形 ABD に三平方の定理を用いれば，AD の長さが求まる。

∠B＝90° なので，円周角の定理の逆より，△ABC の外接円Oの直径は AC であることがわかり，円周角の定理より，△AEC においても∠AEC＝90° であることがわかる。問題文に「△AEC に着目する」という誘導が与えられているので，△AEC∽△ABD を利用したが，方べきの定理を用いて AD·DE＝BD·DC から DE を求め，AE＝AD＋DE を考えることで AE の長さを求めることもできる。

一般に，∠YXZ の二等分線から，2辺 XY，XZ へ下ろした垂線の長さは等しい。円Pが△ABC の2辺 AB と AC の両方に接するので，円Pの中心Pは∠BAC の二等分線 AE 上にあることがわかる。この理解がないと，AP：AD＝HP：BD を求めることは難しい。

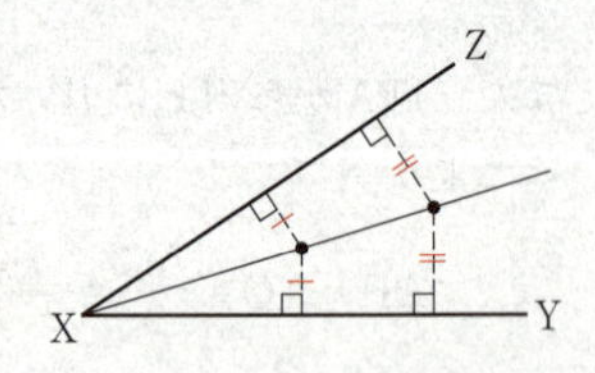

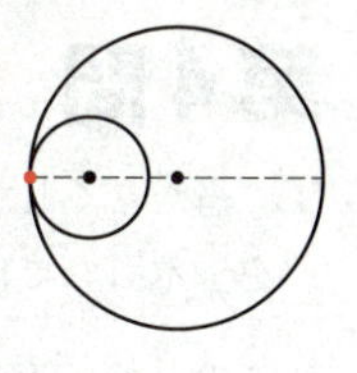

一般に，内接する2円の接点と，2円の中心は一直線上にある。
円Pは△ABCの外接円Oに内接するので，直線PFは外接円Oの中心Oを通る。この理解がないと，FG=5を求めることは難しい。
AP，PGの長さが求まれば，方べきの定理を用いることは問題文の誘導として与えられているので，ここまでに求めてきた線分の長さも考慮に入れることで，AP·PE=FP·PGからrを求めることに気付けるだろう。

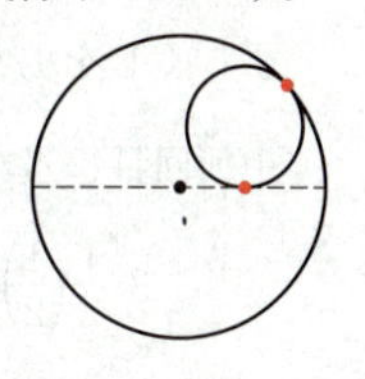

一般に，内接する2円において，内側の円が外側の円の直径にも接するとき，その接点は外側の円の中心とは限らない。この問題では，結果として$r=\frac{5}{4}$が求まるので，円Pが外接円Oの中心Oにおいて外接円Oの直径ACと接していることがわかる。

内接円Qの半径は，（△ABCの面積）$=\frac{1}{2}r'$(AB+BC+CA) を利用して求めた。円外の点から円に引いた2接線の長さが等しいことを利用して，半径r'を求めることもできる。

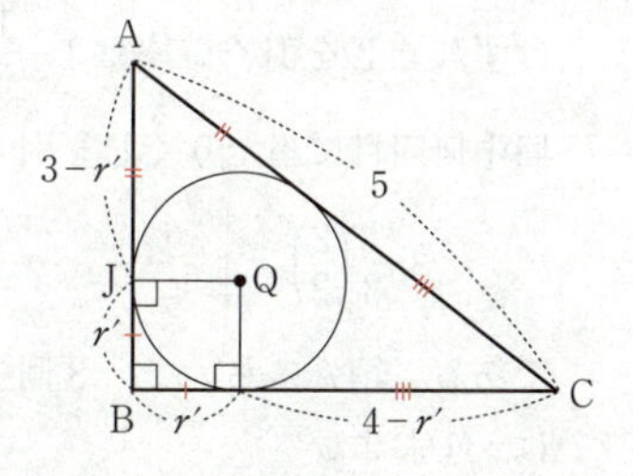

AQを求める際に，AQ：AD=JQ：BDを利用したが，AJ=AB−JB=3−r'=2，JQ=r'=1であることがわかれば，△AJQに三平方の定理を用いてもよい。
AHを求める際に，点Aから円Pに引いた2接線の長さが等しいことを利用したが，HP=r，AP=$\sqrt{5}r$なので，△AHPに三平方の定理を用いる解法も思い付きやすい。
点Hに関する(a)，(b)の正誤を判断する問題は，これまでに得られた結果を念頭において考える。ここまでの設問でAH，AQ，AD，AEの長さは求まっているので，方べきの定理の逆を用いることに気付きたい。

ポイント　方べきの定理の逆

2つの線分VWとXY，または，VWの延長とXYの延長どうしが点Zで交わっているとき

$$ZV \cdot ZW = ZX \cdot ZY$$

が成り立つならば，4点V，W，X，Yは同一円周上にある。

AH·AB，AQ·AD，AQ·AEの値を計算することで，AH·AB=AQ·ADが成り立つことがわかるから，方べきの定理の逆より，4点H，B，D，Qは同一円周上にあることがわかる。また，AH·AB≠AQ·AEであるから，方べきの定理の対偶を考えることで，4点H，B，E，Qは同一円周上にないことがわかる。

第4問 標準 場合の数と確率 《当たりくじを引く回数の期待値》

(1) 当たりくじではないくじのことを，はずれくじと呼ぶことにする。各箱で，くじを１本引いてはもとに戻す試行を３回繰り返す。

このとき，箱Ａにおいて，くじを１回引くときに，当たりくじを引く確率は $\frac{1}{2}$，はずれくじを引く確率は $1-\frac{1}{2}=\frac{1}{2}$ である。３回中ちょうど１回当たる確率は，３回中何回目に当たりくじを引くのかが ${}_3C_1=3$ 通りあるので

$$3\cdot\frac{1}{2}\left(\frac{1}{2}\right)^2=\frac{3}{8}\quad\cdots\cdots①\quad\to\frac{ア}{イ}$$

である。また，箱Ｂにおいて，くじを１回引くときに，当たりくじを引く確率は $\frac{1}{3}$，はずれくじを引く確率は $1-\frac{1}{3}=\frac{2}{3}$ である。３回中ちょうど１回当たる確率は，３回中何回目に当たりくじを引くのかが ${}_3C_1=3$ 通りあるので

$$3\cdot\frac{1}{3}\left(\frac{2}{3}\right)^2=\frac{4}{9}\quad\cdots\cdots②\quad\to\frac{ウ}{エ}$$

である。箱Ａにおいて，３回引いたときに当たりくじを引く回数とそれぞれの確率は，①および

$$\begin{cases}\text{ちょうど0回当たる確率}\ \cdots\ {}_3C_0\left(\frac{1}{2}\right)^0\left(\frac{1}{2}\right)^3=\frac{1}{8}\\ \text{ちょうど2回当たる確率}\ \cdots\ {}_3C_2\left(\frac{1}{2}\right)^2\frac{1}{2}=\frac{3}{8}\\ \text{ちょうど3回当たる確率}\ \cdots\ {}_3C_3\left(\frac{1}{2}\right)^3\left(\frac{1}{2}\right)^0=\frac{1}{8}\end{cases}$$

まとめると，次の表のようになる。

回数	0	1	2	3
確率	$\frac{1}{8}$	$\frac{3}{8}$	$\frac{3}{8}$	$\frac{1}{8}$

よって，箱Ａにおいて，３回引いたときに当たりくじを引く回数の期待値は

$$0\times\frac{1}{8}+1\times\frac{3}{8}+2\times\frac{3}{8}+3\times\frac{1}{8}=\frac{12}{8}=\frac{3}{2}\quad\to\frac{オ}{カ}$$

である。

また，箱Ｂにおいて，３回引いたときに当たりくじを引く回数とそれぞれの確率は，②および

$$\begin{cases} \text{ちょうど0回当たる確率} \cdots {}_3C_0\left(\dfrac{1}{3}\right)^0\left(\dfrac{2}{3}\right)^3=\dfrac{8}{27} \\ \text{ちょうど2回当たる確率} \cdots {}_3C_2\left(\dfrac{1}{3}\right)^2\dfrac{2}{3}=\dfrac{6}{27} \\ \text{ちょうど3回当たる確率} \cdots {}_3C_3\left(\dfrac{1}{3}\right)^3\left(\dfrac{2}{3}\right)^0=\dfrac{1}{27} \end{cases}$$

まとめると，次の表のようになる。

回数	0	1	2	3
確率	$\dfrac{8}{27}$	$\dfrac{12}{27}$	$\dfrac{6}{27}$	$\dfrac{1}{27}$

よって，箱Bにおいて，3回引いたときに当たりくじを引く回数の期待値は

$$0\times\frac{8}{27}+1\times\frac{12}{27}+2\times\frac{6}{27}+3\times\frac{1}{27}=\frac{27}{27}=\boxed{1} \quad \to キ$$

である。

(2) 選ばれた箱がAである確率が$\dfrac{1}{2}$で，ア，イより，箱Aにおいて3回中ちょうど1回当たる確率は$\dfrac{3}{8}$である。また，選ばれた箱がBである確率が$\dfrac{1}{2}$で，ウ，エより，箱Bにおいて3回中ちょうど1回当たる確率は$\dfrac{4}{9}$である。したがって

$$P(A\cap W)=\frac{1}{2}\times\frac{3}{8}=\frac{3}{16},\ P(B\cap W)=\frac{1}{2}\times\frac{4}{9}=\frac{2}{9}$$

である。よって

$$P(W)=P(A\cap W)+P(B\cap W)=\frac{3}{16}+\frac{2}{9}=\frac{59}{144}$$

3回中ちょうど1回当たったとき，選んだ箱がAである確率は，条件付き確率

$$P_W(A)=\frac{P(A\cap W)}{P(W)}$$

で求めることができるから

$$P_W(A)=\frac{\dfrac{3}{16}}{\dfrac{59}{144}}=\frac{\boxed{27}}{\boxed{59}} \quad \to \frac{クケ}{コサ}$$

となる。

また，条件付き確率$P_W(B)$は$1-P_W(A)=1-\dfrac{27}{59}=\dfrac{32}{59}$である。

次に，花子さんが箱を選ぶ。太郎さんが選んだ箱がAである確率$P_W(A)=\dfrac{27}{59}$を用いると，花子さんは太郎さんと同じ箱を選んでいるので，その箱がAで，かつ，花

子さんが３回引いてちょうど１回当たる事象の起こる確率は，①を用いて

$$P_W(A)\times P(A_1)=\frac{27}{59}\cdot\frac{3}{8}=\frac{81}{472}$$

と表せる。

このことと同様に考えると，花子さんが選んだ箱がＢで，かつ，花子さんが３回引いてちょうど１回当たる事象の起こる確率は

$$P_W(B)\times P(B_1)=\frac{32}{59}\cdot\frac{4}{9}=\frac{128}{531}$$　③　→シ

である。

残りの６通りについても同じように計算すれば，箱Ａにおいて，３回引いたときに当たりくじを引く回数の期待値は $\frac{3}{2}$，箱Ｂにおいて，３回引いたときに当たりくじを引く回数の期待値は１なので，(X)の場合の当たりくじを引く回数の期待値を計算する式は

$$\begin{aligned}&0\times P_W(A)\times P(A_0)+1\times P_W(A)\times P(A_1)+2\times P_W(A)\times P(A_2)\\&\quad+3\times P_W(A)\times P(A_3)+0\times P_W(B)\times P(B_0)+1\times P_W(B)\times P(B_1)\\&\qquad+2\times P_W(B)\times P(B_2)+3\times P_W(B)\times P(B_3)\\&=P_W(A)\times\{0\times P(A_0)+1\times P(A_1)+2\times P(A_2)+3\times P(A_3)\}\\&\qquad+P_W(B)\times\{0\times P(B_0)+1\times P(B_1)+2\times P(B_2)+3\times P(B_3)\}\\&=P_W(A)\times[\text{箱Aにおいて，3回引いたときに当たりくじを引く回数の期待値}]\\&\qquad+P_W(B)\times[\text{箱Bにおいて，3回引いたときに当たりくじを引く回数の期待値}]\\&=P_W(A)\times\frac{3}{2}+P_W(B)\times 1\end{aligned}$$

②，③　→ス，セ

これは

$$P_W(A)\times\frac{3}{2}+P_W(B)\times 1=\frac{27}{59}\times\frac{3}{2}+\frac{32}{59}\times 1=\frac{145}{118}$$

となる。

(Y)の場合についても同様に考える。

太郎さんが選んだ箱がＡであれば，花子さんは箱Ｂを選び，太郎さんが選んだ箱がＢであれば，花子さんは箱Ａを選ぶので，(Y)の場合の当たりくじを引く回数の期待値は

$$\begin{aligned}&0\times P_W(A)\times P(B_0)+1\times P_W(A)\times P(B_1)+2\times P_W(A)\times P(B_2)\\&\quad+3\times P_W(A)\times P(B_3)+0\times P_W(B)\times P(A_0)+1\times P_W(B)\times P(A_1)\\&\qquad+2\times P_W(B)\times P(A_2)+3\times P_W(B)\times P(A_3)\\&=P_W(A)\times\{0\times P(B_0)+1\times P(B_1)+2\times P(B_2)+3\times P(B_3)\}\\&\qquad+P_W(B)\times\{0\times P(A_0)+1\times P(A_1)+2\times P(A_2)+3\times P(A_3)\}\end{aligned}$$

$=P_W(A)\times$[箱Bにおいて，3回引いたときに当たりくじを引く回数の期待値]

$+P_W(B)\times$[箱Aにおいて，3回引いたときに当たりくじを引く回数の期待値]

$=P_W(A)\times 1+P_W(B)\times\dfrac{3}{2}$

$=\dfrac{27}{59}\times 1+\dfrac{32}{59}\times\dfrac{3}{2}=\dfrac{150}{118}=\dfrac{\boxed{75}}{\boxed{59}}$　→$\dfrac{ソタ}{チツ}$

である。

得られた2つの期待値を比較すると $\dfrac{145}{118}<\dfrac{150}{118}$ である。よって，当たりくじを引く回数の期待値が大きい方の箱を選ぶという方針に基づくと，花子さんは，太郎さんが選んだ箱と**異なる箱を選ぶ方がよい**。 ① →テ

解説

(1)　箱Aにおいて，3回引いたときに当たりくじを引く回数の期待値は

0回×(0回引く確率)＋1回×(1回引く確率)＋2回×(2回引く確率)
＋3回×(3回引く確率)

で求めることができる。よって，0回，1回，2回，3回当たりくじを引く確率をそれぞれ求める必要がある。期待値の定義を覚えて，求めることができるようにしておこう。

(2)　問題文で与えられている $P(A\cap W)=\dfrac{1}{2}\times\dfrac{3}{8}=\dfrac{3}{16}$，$P(B\cap W)=\dfrac{1}{2}\times\dfrac{4}{9}=\dfrac{2}{9}$ の計算は，次のように確率の積の法則に基づいて得られている。

$P(A\cap W)=P(A)\cdot P_A(W)=\dfrac{1}{2}\cdot\dfrac{3}{8}=\dfrac{3}{16}$

$P(B\cap W)=P(B)\cdot P_B(W)=\dfrac{1}{2}\cdot\dfrac{4}{9}=\dfrac{2}{9}$

これらは，条件付き確率 $P_A(W)=\dfrac{P(A\cap W)}{P(A)}$，$P_B(W)=\dfrac{P(B\cap W)}{P(B)}$ より得られる。

また，$P(W)=P(A\cap W)+P(B\cap W)$ である。箱はA，Bの二つしかないので，3回中ちょうど1回当たる場合，それは箱Aから引くか，箱Bから引くかのいずれかの場合だからである。

太郎さんは二つの箱のうちの一方をでたらめに選んだ。その結果，その箱から3回中ちょうど1回当たった。この結果をもとにして，花子さんは太郎さんが選んだ箱と同じ箱を選ぶか，異なる箱を選ぶかを考えるのである。その判断基準は，どちらの方が当たりくじを引く回数の期待値が大きいのかである。問題文では飛ばされている計算過程の行間を丁寧に埋めてみると理解が深まるだろう。

花子さんとしては，太郎さんの結果を参考に行動判断をすることができるわけであ

るが，太郎さんの結果をどのように受けとめるのかが重要となる。当たりくじを引く回数の期待値が大きい方の箱を選びたいということなので，結局，箱Aを選びたいということであり，太郎さんの結果から，太郎さんの選んだ箱がAなのかBなのかを確率的に推定することになる。全く手掛かり（情報）がなければ太郎さんが選んだ箱はAかBかという2択の状況で$\dfrac{1}{2}$ずつと諦めるしかないが，太郎さんの結果による情報から，太郎さんの選んだ箱がAなのかBなのかという確信度の数値化が可能となる。このように新情報によって確信度に修正をかける考え方をベイズ推定といい，本問ではベイズ推定の発想が主題となっている。なお，ベイズ推定は現在進行形で発展しているAI，機械学習などの根底にある考え方である。
さて，本問では太郎さんの結果による情報から，太郎さんの選んだ箱がAである（条件付き）確率が$P_W(A)=\dfrac{27}{59}$で，太郎さんの選んだ箱がBである（条件付き）確率が$P_W(B)=\dfrac{32}{59}$ということが得られるので，太郎さんが選んだ箱はBである確率が高いという判断をすることができ，そうすると当たりくじを引く回数の期待値が大きい方の箱であるAを選びたい花子さんからすると，太郎さんの選んだのではない方の箱を選択すべきという確率的行動判断をすることとなる。

新課程試作問題：数学Ⅱ，数学Ｂ，数学Ｃ

問題番号(配点)	解答記号	正　解	配点	チェック
第１問(15)	$\sin\frac{\pi}{ア}$	$\sin\frac{\pi}{3}$	2	
	イ	2	2	
	$\frac{\pi}{ウ}$，エ	$\frac{\pi}{6}$，2	2	
	$\frac{\pi}{オ}$，カ	$\frac{\pi}{2}$，1	1	
	キ	⑨	2	
	ク	①	1	
	ケ	③	1	
	コ，サ	①，⑨	2	
	シ，ス	②，①	2	
第２問(15)	ア	1	1	
	イ	0	1	
	ウ	0	1	
	エ	1	1	
	$\log_2(\sqrt{オ}-カ)$	$\log_2(\sqrt{5}-2)$	2	
	キ	⓪	1	
	ク	③	1	
	ケ	1	2	
	コ	2	2	
	サ	①	3	

問題番号(配点)	解答記号	正　解	配点	チェック
第３問(22)	$アx+イ$	$2x+3$	2	
	ウ	④	2	
	エ	c	1	
	$オx+カ$	$bx+c$	2	
	$\frac{キク}{ケ}$	$\frac{-c}{b}$	1	
	$\frac{ac^{コ}}{サb^{シ}}$	$\frac{ac^3}{3b^3}$	4	
	ス	⓪	3	
	$セx+ソ$	$cx+d$	2	
	$\frac{タチ}{ツ}$，テ	$\frac{-b}{a}$，0	2	
	$\frac{トナニ}{ヌネ}$	$\frac{-2b}{3a}$	3	

問題番号(配点)	解答記号	正解	配点	チェック
第4問(16)	ア$+(n-1)p$	$3+(n-1)p$	1	
	イr^{n-1}	$3r^{n-1}$	1	
	ウ$a_{n+1}=r(a_n+$エ$)$	$2a_{n+1}=r(a_n+3)$	2	
	オ，カ，キ	2，6，6	2	
	ク	3	2	
	$\frac{ケa_{n+1}}{a_n+コ}c_n$	$\frac{4a_{n+1}}{a_n+3}c_n$	2	
	サ	②	2	
	$\frac{シ}{q}(d_n+u)$	$\frac{2}{q}(d_n+u)$	2	
	$q>$ス	$q>2$	1	
	$u=$セ	$u=0$	1	
第5問(16)	ア	⓪	1	
	イ	⑦	1	
	ウ	④	1	
	エ	⑤	1	
	オカキ，クケコ	193，207	3	
	サ，シ	②，⑥	3	
	ス	⑦	1	
	セ	①	2	
	ソ，タ	①，⓪	3	

問題番号(配点)	解答記号	正解	配点	チェック
第6問(16)	ア	a	2	
	イ－ウ	$a-1$	3	
	$\frac{エ-\sqrt{オ}}{カ}$	$\frac{1-\sqrt{5}}{4}$	3	
	キ	⑨	3	
	ク	⓪	3	
	ケ	⓪	2	
第7問(16)	ア	②	4	
	$\lvert w\rvert=$イ	$\lvert w\rvert=1$	1	
	ウ	①	2	
	エ	③	3	
	オ	6	3	
	カ	⑥	3	

（注）第1問，第2問，第3問は必答。第4問～第7問のうちから3問選択。計6問を解答。

自己採点欄
100点

第1問  三角関数　《三角関数の最大値》

2021年度本試験（第1日程）「数学Ⅱ・数学B」第1問〔1〕に同じ

(1)　関数 $y=\sin\theta+\sqrt{3}\cos\theta\ \left(0\leqq\theta\leqq\frac{\pi}{2}\right)$ ……Ⓐ の最大値を求める。

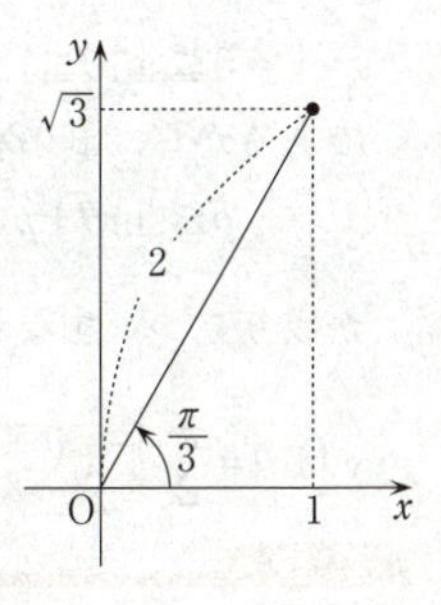

$$\sin\frac{\pi}{\boxed{3}}=\frac{\sqrt{3}}{2}\quad\to ア,\quad \cos\frac{\pi}{3}=\frac{1}{2}$$

であるから，Ⓐの右辺に対する三角関数の合成により，Ⓐは

$$y=\boxed{2}\sin\left(\theta+\frac{\pi}{3}\right)\quad\to イ$$

と変形できる。$0\leqq\theta\leqq\frac{\pi}{2}$ より，$\frac{\pi}{3}\leqq\theta+\frac{\pi}{3}\leqq\frac{5}{6}\pi$ であるから，

y は

$$\theta+\frac{\pi}{3}=\frac{\pi}{2}\quad すなわち\quad \theta=\frac{\pi}{\boxed{6}}\quad\to ウ$$

で最大値 $\boxed{2}$ →エ をとる。

(2)　関数 $y=\sin\theta+p\cos\theta\ \left(0\leqq\theta\leqq\frac{\pi}{2}\right)$ ……Ⓑ の最大値を求める。

(i)　$p=0$ のとき，Ⓑは

$$y=\sin\theta\quad\left(0\leqq\theta\leqq\frac{\pi}{2}\right)$$

であるから，y は $\theta=\frac{\pi}{\boxed{2}}$ →オ で最大値 $\boxed{1}$ →カ をとる。

(ii)　$p>0$ のとき，加法定理

$$\cos(\theta-\alpha)=\cos\theta\cos\alpha+\sin\theta\sin\alpha$$

を用いると

$$r\cos(\theta-\alpha)=(r\sin\alpha)\sin\theta+(r\cos\alpha)\cos\theta\quad（r\ は正の定数）$$

が成り立つから，Ⓑは

$$y=\sin\theta+p\cos\theta=r\cos(\theta-\alpha)$$

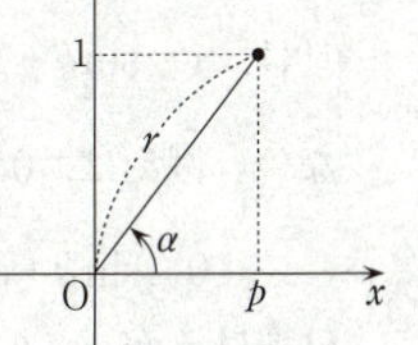

と表すことができる。

ただし，$r\sin\alpha=1$，$r\cos\alpha=p$ であるから，右図より

$$r=\sqrt{1+p^2}\quad \boxed{⑨}\quad\to キ$$

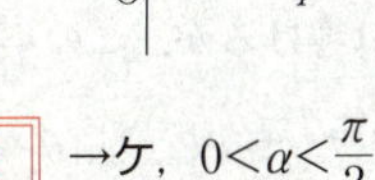

であり，α は

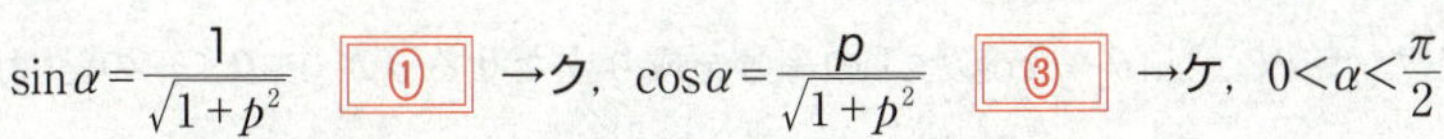

$$\sin\alpha=\frac{1}{\sqrt{1+p^2}}\quad\boxed{①}\quad\to ク,\quad \cos\alpha=\frac{p}{\sqrt{1+p^2}}\quad\boxed{③}\quad\to ケ,\quad 0<\alpha<\frac{\pi}{2}$$

を満たすものとする。

このとき，y は，$\theta-\alpha=0$ すなわち $\theta=\alpha$ ① →コ で

最大値 $r=\sqrt{1+p^2}$ ⑨ →サ をとる。

(iii) $p<0$ のとき，$0\leqq\theta\leqq\frac{\pi}{2}$ より

$$0\leqq\sin\theta\leqq1,\ 0\leqq\cos\theta\leqq1,\ p\leqq p\cos\theta\leqq0$$

であるから，Ⓑの右辺に対して，不等式

$$p\leqq\sin\theta+p\cos\theta\leqq1$$

が成り立つ。すなわち，$p\leqq y\leqq1$ であり，$\theta=\frac{\pi}{2}$ のとき，確かに $y=1$ となるから，

y は $\theta=\frac{\pi}{2}$ ② →シ で最大値 1 ① →ス をとる。

解説

(1) 三角関数の合成については，次の［Ⅰ］がよく使われるが，［Ⅱ］の形もある。いずれも加法定理から導ける。

ポイント 三角関数の合成

［Ⅰ］ $a\sin\theta+b\cos\theta=\sqrt{a^2+b^2}\sin(\theta+\alpha)$

$$\left(\text{ただし，}\cos\alpha=\frac{a}{\sqrt{a^2+b^2}},\ \sin\alpha=\frac{b}{\sqrt{a^2+b^2}}\right)$$

［Ⅱ］ $a\sin\theta+b\cos\theta=\sqrt{a^2+b^2}\cos(\theta-\beta)$

$$\left(\text{ただし，}\sin\beta=\frac{a}{\sqrt{a^2+b^2}},\ \cos\beta=\frac{b}{\sqrt{a^2+b^2}}\right)$$

(2) (i)は容易である。(ii)は，上の［Ⅱ］を知っていればよいが，［Ⅰ］の作り方を理解していれば対応できるであろう。

$0\leqq\theta\leqq\frac{\pi}{2}$，$0<\alpha<\frac{\pi}{2}$ より，$-\frac{\pi}{2}<\theta-\alpha<\frac{\pi}{2}$ であるので，$\cos(\theta-\alpha)=1$ となるのは $\theta-\alpha=0$ のときだけである。

(iii)は，$y=\sin\theta+p\cos\theta\leqq1$ であるからといって，y の最大値が 1 であるとはかぎらない。例えば，$0\leqq\theta\leqq\frac{\pi}{2}$ のとき，$0\leqq\sin\theta\leqq1$，$0\leqq\cos\theta\leqq1$ から

$$0\leqq\sin\theta+\cos\theta\leqq2$$

は導けるが，この不等式の等号を成り立たせる θ は存在しない。

したがって，$\sin\theta+p\cos\theta\leqq1$ の等号を成り立たせる θ が $0\leqq\theta\leqq\frac{\pi}{2}$ の範囲に存在することを確認する必要がある。

第2問 標準 指数関数・対数関数 《指数関数の性質》

2021年度本試験(第1日程)「数学Ⅱ・数学B」第1問〔2〕に同じ

$$f(x)=\frac{2^x+2^{-x}}{2},\ g(x)=\frac{2^x-2^{-x}}{2}$$

(1) $f(0)=\frac{2^0+2^0}{2}=\frac{1+1}{2}=$ 1 →ア

$g(0)=\frac{2^0-2^0}{2}=\frac{1-1}{2}=$ 0 →イ

である。$2^x>0$, $2^{-x}>0$ であるので，相加平均と相乗平均の関係から

$$f(x)=\frac{2^x+2^{-x}}{2}\geqq\sqrt{2^x\times2^{-x}}=\sqrt{2^0}=1$$

が成り立ち，等号は，$2^x=2^{-x}$ が成り立つとき，すなわち $x=0$ のときに成り立つから，$f(x)$ は $x=$ 0 →ウ で最小値 1 →エ をとる。

$2^{-x}=\frac{1}{2^x}$ に注意して，$g(x)=\frac{2^x-2^{-x}}{2}=-2$ となる 2^x の値を求めると

$$2^x-\frac{1}{2^x}=-4 \qquad (2^x)^2+4(2^x)-1=0$$

$2^x=X$ とおくと　$X^2+4X-1=0$

$X>0$ より　$X=-2+\sqrt{4+1}=-2+\sqrt{5}$

よって　$2^x=-2+\sqrt{5}$

である。したがって，$g(x)=-2$ となる x の値は

$x=\log_2(\sqrt{5}-2)$ →オ，カ

である。

(2) $f(-x)=\frac{2^{-x}+2^x}{2}=f(x)$ ⓪ →キ

$g(-x)=\frac{2^{-x}-2^x}{2}=-\frac{2^x-2^{-x}}{2}=-g(x)$ ③ →ク

$\{f(x)\}^2-\{g(x)\}^2=\{f(x)+g(x)\}\{f(x)-g(x)\}$

$=2^x\times2^{-x}=2^0=$ 1 →ケ

$g(2x)=\frac{2^{2x}-2^{-2x}}{2}=\frac{(2^x)^2-(2^{-x})^2}{2}=\frac{(2^x+2^{-x})(2^x-2^{-x})}{2}$

$=\frac{2f(x)\times2g(x)}{2}=$ 2 $f(x)g(x)$ →コ

(3) $f(\alpha-\beta)=f(\alpha)g(\beta)+g(\alpha)f(\beta)$ ……(A)

$f(\alpha+\beta)=f(\alpha)f(\beta)+g(\alpha)g(\beta)$ ……(B)

$g(\alpha-\beta)=f(\alpha)f(\beta)+g(\alpha)g(\beta)$ ……(C)

$g(\alpha+\beta)=f(\alpha)g(\beta)-g(\alpha)f(\beta)$ ……(D)

$\beta=0$ とおいてみる。

(A)は，$f(\alpha)=f(\alpha)g(0)+g(\alpha)f(0)$ となるが，(1)より，$f(0)=1$，$g(0)=0$ であるから，$f(\alpha)=g(\alpha)$ となり，これは $\alpha=0$ のとき成り立たない。よって，(A)はつねに成り立つ式ではない。

(C)も，$g(\alpha)=f(\alpha)f(0)+g(\alpha)g(0)=f(\alpha)$ となる。よって，(C)はつねに成り立つ式ではない。

(D)は，$g(\alpha)=f(\alpha)g(0)-g(\alpha)f(0)=-g(\alpha)$ すなわち $g(\alpha)=0$ となる。

$g(1)=\dfrac{2-\frac{1}{2}}{2}=\dfrac{3}{4}\neq 0$ であるから，これは $\alpha=1$ のとき成り立たない。よって，(D)はつねに成り立つ式ではない。

(B)については

$$
\begin{aligned}
f(\alpha)f(\beta)+g(\alpha)g(\beta)&=\frac{2^{\alpha}+2^{-\alpha}}{2}\times\frac{2^{\beta}+2^{-\beta}}{2}+\frac{2^{\alpha}-2^{-\alpha}}{2}\times\frac{2^{\beta}-2^{-\beta}}{2}\\
&=\frac{2^{\alpha+\beta}+2^{\alpha-\beta}+2^{-\alpha+\beta}+2^{-\alpha-\beta}}{4}\\
&\qquad+\frac{2^{\alpha+\beta}-2^{\alpha-\beta}-2^{-\alpha+\beta}+2^{-\alpha-\beta}}{4}\\
&=\frac{2^{\alpha+\beta}+2^{-\alpha-\beta}}{2}=f(\alpha+\beta)
\end{aligned}
$$

となり，つねに成り立つ。

したがって，(B) ① →サ 以外の三つは成り立たない。

解説

(1) 2数 a，b $(a>0,\ b>0)$ の相加平均 $\dfrac{a+b}{2}$，相乗平均 $\sqrt{ab}$ の間には，つねに次の不等式が成り立つ。

ポイント 相加平均と相乗平均の関係

$a>0$，$b>0$ のとき

$$\frac{a+b}{2}\geqq\sqrt{ab}\quad(a=b\text{ のとき等号成立})$$

また，3数 a，b，c $(a>0,\ b>0,\ c>0)$ に対しては

$$\frac{a+b+c}{3}\geqq\sqrt[3]{abc}\quad(a=b=c\text{ のとき等号成立})$$

が成り立つので記憶しておこう。

$g(x)=-2$ は指数方程式になる。まず 2^x の値を求める。$2^x=X$ と置き換えるとよい。

(2) $\{f(x)\}^2-\{g(x)\}^2$ に $f(x)=\dfrac{2^x+2^{-x}}{2}$, $g(x)=\dfrac{2^x-2^{-x}}{2}$ を代入した場合は，$2^x\times 2^{-x}=2^0=1$ に注意して

$$\left(\frac{2^x+2^{-x}}{2}\right)^2-\left(\frac{2^x-2^{-x}}{2}\right)^2=\frac{2^{2x}+2+2^{-2x}}{4}-\frac{2^{2x}-2+2^{-2x}}{4}=\frac{2+2}{4}=1$$

となる。また

$$f(x)\,g(x)=\frac{2^x+2^{-x}}{2}\times\frac{2^x-2^{-x}}{2}=\frac{(2^x)^2-(2^{-x})^2}{4}=\frac{1}{2}\times\frac{2^{2x}-2^{-2x}}{2}=\frac{1}{2}g(2x)$$

と計算して $g(2x)=2f(x)\,g(x)$ を導いてもよい。

(3) 本問は，式(A)～(D)のなかに，「つねに成り立つ式」があるかどうかを調べる問題である。$f(x)$ も $g(x)$ も実数全体で定義されているので，「つねに成り立つ式」では，α, β にどんな実数を代入しても成り立つはずである。式が成り立たないような実数が少なくとも一つ見つかれば，その式は「つねに成り立つ式」ではないと判定できる。

花子さんの「β に何か具体的な値を代入して調べてみたら」をヒントにして，〔解答〕では $\beta=0$ とおいてみたが，$\alpha=\beta$ とおいてもできる。

(A)は，$f(0)=2f(\alpha)\,g(\alpha)$ となるが，(1)より，$f(0)=1$ で，(2)より，$2f(\alpha)\,g(\alpha)=g(2\alpha)$ であるから，$g(2\alpha)=1$ となる。

(C)は，$g(0)=\{f(\alpha)\}^2+\{g(\alpha)\}^2$ となるが，(1)より，$g(0)=0$，したがって，$f(\alpha)=g(\alpha)=0$ となる。

(D)は，$g(2\alpha)=f(\alpha)\,g(\alpha)-g(\alpha)\,f(\alpha)=0$ となる。

いずれも $g(x)$ が定数関数となって，矛盾が生じてしまう。

第３問　標準

微分・積分の考え　《接線，面積，３次関数のグラフ》
2021年度本試験（第１日程）「数学Ⅱ・数学Ｂ」第２問を一部改変

(1)　$y=3x^2+2x+3$　……①

$y=2x^2+2x+3$　……②

①，②はいずれも $x=0$ のとき $y=3$ であるから，①，②の２次関数のグラフと y 軸との交点は $(0,\ 3)$ である。

さらに，①，②よりそれぞれ $y'=6x+2$，$y'=4x+2$ が得られ，いずれも $x=0$ のとき $y'=2$ であるから，①，②の２次関数のグラフと y 軸との交点における接線の方程式はいずれも $y=$ 2 $x+$ 3 →ア，イ である。

問題の⓪〜⑤の２次関数のグラフのうち，y 軸との交点における接線の方程式が $y=2x+3$（点 $(0,\ 3)$ を通り，傾きが２の直線）となるものは

$y=-x^2+2x+3$　④　→ウ

である。なぜなら，点 $(0,\ 3)$ を通るものは，③，④，⑤で，それぞれ $y'=4x-2$，$y'=-2x+2$，$y'=-2x-2$ であるから，$x=0$ のとき $y'=2$ となるものは，④のみである。

曲線 $y=ax^2+bx+c$（a，b，c は０でない実数）上の点 $(0,$ c $)$ →エ における接線 ℓ の方程式は，$y'=2ax+b$（$x=0$ のとき $y'=b$）より

$y-c=b(x-0)$　　$\therefore\ y=$ b $x+$ c →オ，カ

である。

接線 ℓ と x 軸との交点の x 座標は，$0=bx+c$ より，$\dfrac{-c}{b}$ $\to\dfrac{\text{キク}}{\text{ケ}}$ である。

a，b，c が正の実数であるとき，曲線 $y=ax^2+bx+c$ と接線 ℓ および直線 $x=-\dfrac{c}{b}$ (<0) で囲まれた図形の面積 S は，右図より

$$S=\int_{-\frac{c}{b}}^{0}\{(ax^2+bx+c)-(bx+c)\}dx$$

$$=\int_{-\frac{c}{b}}^{0}ax^2dx=\left[\frac{a}{3}x^3\right]_{-\frac{c}{b}}^{0}$$

$$=0-\frac{a}{3}\left(-\frac{c}{b}\right)^3$$

$$=\frac{ac^{3}}{3b^{3}}\quad\cdots\cdots③\quad\to\frac{\text{コ}}{\text{サ，シ}}$$

である。

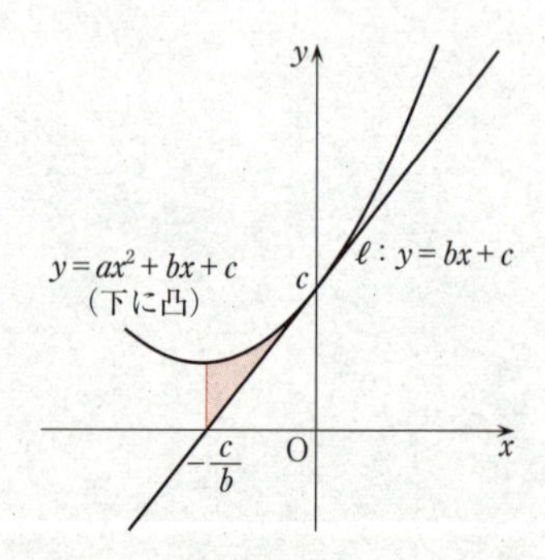

③において，$a=1$ とすると，$S=\dfrac{c^3}{3b^3}$ であり，S の値が一定となるように正の実数

b, c の値を変化させるとき，b と c の関係を表す式は

$$c^3=3Sb^3 \quad より \quad c=\sqrt[3]{3S}\,b$$

となり，$\sqrt[3]{3S}$ は正の定数であるから，このグラフは，原点を通り正の傾きをもつ直線の $b>0$, $c>0$ の部分である。

よって，問題のグラフの概形⓪～⑤のうち，最も適当なものは ⓪ →ス である。

(2) 関数 $y=f(x)=ax^3+bx^2+cx+d$（a, b, c, d は0でない実数）のグラフと y 軸との交点における接線の方程式は，$y'=3ax^2+2bx+c$（$x=0$ のとき $y'=c$）より

$$y-d=c(x-0) \qquad \therefore \quad y=\boxed{c}\,x+\boxed{d} \quad →セ，ソ$$

である。

次に，$f(x)=ax^3+bx^2+cx+d$, $g(x)=cx+d$ に対し，$f(x)-g(x)$ を考えると，a, b, c, d は0でない実数なので

$$f(x)-g(x)=ax^3+bx^2=ax^2\left(x+\frac{b}{a}\right)$$

と変形できる。

$y=f(x)$ のグラフと $y=g(x)$ のグラフの共有点の x 座標は，方程式 $f(x)=g(x)$ すなわち $f(x)-g(x)=0$ の実数解で与えられるから，$ax^2\left(x+\dfrac{b}{a}\right)=0$ を解いて

$$x=\frac{\boxed{-b}}{\boxed{a}} \quad →\frac{タチ}{ツ}$$

$$x=\boxed{0} \quad →テ$$

である。

$-\dfrac{b}{a}$ と0の間にあって，$|f(x)-g(x)|$ の値が最大となる x の値を求める。

$$y'=3ax^2+2bx=x(3ax+2b)=0$$

を解くと

$$x=0,\ -\frac{2b}{3a}$$

これより，$y=f(x)-g(x)=ax^3+bx^2$ のグラフは，$x=0$, $-\dfrac{2b}{3a}$ のとき極値をとる。

x が $-\dfrac{b}{a}$ と0の間を動くとき，$|f(x)-g(x)|>0$ であるから，適する値は

$$x=\frac{\boxed{-2b}}{\boxed{3a}} \quad →\frac{トナニ}{ヌネ}$$

である。

解説

(1)　ここでは接線の方程式がポイントとなる。

> **ポイント　接線の方程式**
>
> 関数 $y=f(x)$ のグラフ上の点 $(a,\ f(a))$ における接線の方程式は
>
> $$y-f(a)=f'(a)(x-a)$$

⓪～⑤の２次関数のグラフから正しいものを一つ選ぶ問題は，その次の一般的な問題を先に解く方が時間の節約になる。

関数 $y=f(x)$ のグラフと x 軸との交点の x 座標（x 切片という）は，方程式 $f(x)=0$ の実数解で与えられる。

面積 S の計算では，図を描くことが第一歩である。$a>0$ であるから，２次関数のグラフは下に凸になる。定積分の計算は容易である。

A，B が実数ならば，$A^3=B^3 \Longleftrightarrow A=B$ である。これは，

$A^3-B^3=(A-B)(A^2+AB+B^2)=(A-B)\left\{\left(A+\dfrac{1}{2}B\right)^2+\dfrac{3}{4}B^2\right\}$ からわかる。

(2)　$y=f(x)=ax^3+bx^2+cx+d$ のグラフと y 軸との交点における接線の方程式が

$$y=cx+d$$

となることは，(1)の経験から求められるであろう。

$y=f(x)-g(x)=ax^3+bx^2$ $(a \neq 0,\ b \neq 0)$ のグラフは，式を微分して $3ax^2+2bx=0$ を解くと，$x=0,\ -\dfrac{2b}{3a}$ となるので，このとき極値をもつことがわかる。ここから $|f(x)-g(x)|$ の値が最大となる x の値を求めることができる。

第4問 

数列 《等差数列，等比数列，漸化式》
2021年度本試験(第1日程)「数学Ⅱ・数学B」第4問を一部改変

$$a_n b_{n+1} - 2a_{n+1} b_n + 3b_{n+1} = 0 \quad (n = 1,\ 2,\ 3,\ \cdots) \quad \cdots\cdots①$$

(1) 数列 $\{a_n\}$ は，初項3，公差 p ($\neq 0$) の等差数列であるから

$$a_n = \boxed{3} + (n-1)p \quad \cdots\cdots② \quad \rightarrow ア$$

$$a_{n+1} = 3 + np \quad \cdots\cdots③$$

数列 $\{b_n\}$ は，初項3，公比 r ($\neq 0$) の等比数列であるから

$$b_n = \boxed{3}\, r^{n-1} \quad \rightarrow イ$$

と表される。$r \neq 0$ により，すべての自然数 n について，$b_n \neq 0$ となる。①の両辺を b_n で割ることにより

$$\frac{a_n b_{n+1}}{b_n} - 2a_{n+1} + \frac{3b_{n+1}}{b_n} = 0$$

$\dfrac{b_{n+1}}{b_n} = r$ であるから　　$ra_n - 2a_{n+1} + 3r = 0$

これより

$$\boxed{2}\, a_{n+1} = r(a_n + \boxed{3}) \quad \cdots\cdots④ \quad \rightarrow ウ，エ$$

が成り立つことがわかる。④に②と③を代入すると

$$2(3+np) = r\{3 + (n-1)p + 3\}$$

$$6 + 2pn = 6r + rpn - rp$$

$$\therefore \quad (r - \boxed{2})\, pn = r(p - \boxed{6}) + \boxed{6} \quad \cdots\cdots⑤ \quad \rightarrow オ，カ，キ$$

⑤がすべての n で成り立つことおよび $p \neq 0$ により，$r - 2 = 0$ すなわち $r = 2$ を得る。したがって

$$0 = 2(p-6) + 6$$

$$\therefore \quad p = \boxed{3} \quad \rightarrow ク$$

以上から，すべての自然数 n について，a_n と b_n が正であることもわかる。

(2)
$$a_n c_{n+1} - 4a_{n+1} c_n + 3c_{n+1} = 0 \quad (n = 1,\ 2,\ 3,\ \cdots) \quad \cdots\cdots⑥$$

⑥を変形して

$$(a_n + 3)\, c_{n+1} = 4a_{n+1} c_n$$

a_n が正であることから，$a_n + 3 \neq 0$ なので

$$c_{n+1} = \frac{\boxed{4}\, a_{n+1}}{a_n + \boxed{3}}\, c_n \quad \rightarrow \frac{ケ}{コ}$$

を得る。さらに，$p = 3$ であることから，$a_{n+1} = a_n + 3$ であるので

$$c_{n+1} = 4c_n \quad (c_1 = 3)$$

となり，数列 $\{c_n\}$ は公比が1より大きい等比数列である。  →サ

(3) $$d_nb_{n+1}-qd_{n+1}b_n+ub_{n+1}=0 \quad (n=1,\ 2,\ 3,\ \cdots) \quad \cdots\cdots⑦$$

において，q，u は定数で，$q\neq 0$ であり，$d_1=3$ である。

$r=2$ であることから，$b_{n+1}=2b_n$ であるので，⑦は

$$2b_nd_n-qb_nd_{n+1}+2ub_n=0$$

となり，$b_n>0$ であるので，両辺を b_n で割って

$$2d_n-qd_{n+1}+2u=0$$

$q\neq 0$ より

$$d_{n+1}=\frac{\boxed{2}}{q}(d_n+u) \quad \to シ$$

を得る。

数列 $\{d_n\}$ が，公比 s $(0<s<1)$ の等比数列のとき，$d_{n+1}=sd_n$ $(d_1=3)$ であるから，上の式に代入して

$$sd_n=\frac{2}{q}(d_n+u) \qquad \therefore \quad \left(s-\frac{2}{q}\right)d_n=\frac{2}{q}u$$

$s-\frac{2}{q}$，$\frac{2}{q}u$ は定数であり，$\{d_n\}$ は $d_1>d_2>d_3>\cdots$ となる等比数列であるので，

$s-\frac{2}{q}\neq 0$ なら $d_n=\dfrac{\frac{2}{q}u}{s-\frac{2}{q}}$ となり，数列 $\{d_n\}$ の各項がすべて定数となるため不適。

よって $s-\frac{2}{q}=0$ であり，これより $\frac{2}{q}u=0$ となる。したがって，$s=\frac{2}{q}$，$u=0$ である。

このとき $d_{n+1}=\frac{2}{q}d_n$ より，$\{d_n\}$ は公比 $\frac{2}{q}$ $(\neq 1)$ の等比数列となる。すなわち，数列 $\{d_n\}$ が，公比が 0 より大きく 1 より小さい等比数列となるための必要十分条件は，$q>\boxed{2}$ →ス かつ $u=\boxed{0}$ →セ である。

解説

(1) 等差数列，等比数列について，それぞれの一般項と，それらの初項から第 n 項までの和についてまとめておく。

ポイント 等差数列

初項が a，公差が d の等差数列 $\{a_n\}$ について，

漸化式 $a_{n+1}=a_n+d$ が成り立ち，一般項は $a_n=a+(n-1)d$ と表される。

初項から第 n 項までの和 S_n は

$$S_n=a_1+a_2+\cdots+a_n=\frac{1}{2}n\{2a+(n-1)d\}=\frac{1}{2}n(a_1+a_n)$$

ポイント 等比数列

初項が b，公比が r の等比数列 $\{b_n\}$ について，

漸化式 $b_{n+1}=rb_n$ が成り立ち，一般項は $b_n=br^{n-1}$ と表される。

初項から第 n 項までの和 T_n は

$$T_n=b_1+b_2+\cdots+b_n=\begin{cases}\dfrac{b(1-r^n)}{1-r}=\dfrac{b(r^n-1)}{r-1} & (r\neq 1)\\ nb \quad (r=1)\end{cases}$$

⑤の $(r-2)pn=r(p-6)+6$ は自然数 n についての恒等式であるから

$$(r-2)p=0 \quad かつ \quad r(p-6)+6=0$$

が成り立つ。

(2) 問題文の指示に従えばよい。$p=3$ であることは，$a_{n+1}=a_n+3$ を表しているが，$a_n=3n$ であるので，$a_{n+1}=3(n+1)$ として代入してもよい。

(3) $r=2$ であることは，$b_{n+1}=2b_n$ を表しているが，$b_n=3\times2^{n-1}$ であるから，$b_{n+1}=3\times2^n$ として代入してもよい（計算ミスには気をつけたい）。

最後の必要十分条件を求める部分は，十分条件 $q>2$，$u=0$ がわかりやすく，空所補充形式の問題であるから，手早く解答できるであろう。$u\neq0$ でも $\{d_n\}$ が等比数列になることはあるので注意しよう。$q=4$，$u=3$ とすると $d_1=3$，$d_2=3$，$d_3=3$，…となり，公比1の等比数列である。

第5問  統計的な推測
《標本平均の分布，推定，信頼区間，正規分布，仮説検定》

無作為に選んだ20cm四方の区画の表面から深さ3cmまでをすくい，MPの個数を数え，この個数を確率変数Xとして考える。

このとき，Xの母平均をm，母標準偏差をσとし，標本49区画の1区画あたりのMPの個数の平均値を表す確率変数を$\overline{X}$とする。

花子さんたちが調べた49区画では，平均値が16，標準偏差が2であった。

(1)　砂浜全体に含まれるMPの全個数Mを推定することにする。

花子さんは，次の方針でMを推定することとした。

方針

砂浜全体には20cm四方の区画が125000個分あり，$M=125000\times m$なので，Mを$W=125000\times\overline{X}$で推定する。

確率変数$\overline{X}$は，標本の大きさ49が十分に大きいので，Xの母平均がmで，母標準偏差がσであることから，平均$\boldsymbol{m}$ ⓪ →ア，標準偏差$\frac{\sigma}{\sqrt{49}}$つまり$\frac{\boldsymbol{\sigma}}{7}$ ⑦ →イ の正規分布に近似的に従う。

そこで，**方針**に基づいて考えると，確率変数Wは$W=125000\times\overline{X}$で定められているので，平均**125000*m*** ④ →ウ，標準偏差$\frac{125000}{7}\boldsymbol{\sigma}$ ⑤ →エ の正規分布に近似的に従うことがわかる。

このとき，Mに対する信頼度95％の信頼区間は

$$[標本平均]-1.96\times[標準偏差]\leqq M\leqq[標本平均]+1.96\times[標準偏差]$$

で表すことができる。ここで，$m=16$を代入し，Xの母標準偏差σは標本の標準偏差と同じ$\sigma=2$と仮定すると

$$[標本平均]=125000m=125000\times 16$$

$$[標準偏差]=\frac{125000\times 2}{7}$$

となるので

$$125000\times 16-1.96\times\frac{125000\times 2}{7}=125000\times\left(16-1.96\times\frac{2}{7}\right)$$
$$=125000\times(16-0.56)$$
$$=125000\times 15.44$$
$$=193\times 10^4$$

$$125000\times 16+1.96\times\frac{125000\times 2}{7}=125000\times\left(16+1.96\times\frac{2}{7}\right)$$

$=125000\times(16+0.56)$
$=125000\times16.56$
$=207\times10^4$

よって

$\boxed{193}\times10^4\leqq M\leqq\boxed{207}\times10^4$ →オカキ，クケコ

となる。

(2) 昨年は，1区画あたりのMPの個数の母平均が15，母標準偏差が2であった。今年の母平均 m が昨年とは異なるといえるかを，有意水準5％で仮説検定をする。よって，帰無仮説と対立仮説は「今年の母平均は15である」と「今年の母平均は15ではない」に絞られる。さらに続けて「帰無仮説が正しいとすると，$\overline{X}$ は平均 $\boxed{ス}$，標準偏差 $\boxed{セ}$ の正規分布に近似的に従う」とあることから，帰無仮説は「今年の母平均は15である」 $\boxed{②}$ →サ であり，対立仮説は「今年の母平均は15ではない」 $\boxed{⑥}$ →シ である。一般に仮説検定では，帰無仮説のもとで計算するので，帰無仮説は等号を用いて表される。

母標準偏差は今年も $\sigma=2$ とする。帰無仮説が正しいとすると，$\overline{X}$ は平均15 $\boxed{⑦}$ →ス，標準偏差 $\dfrac{2}{\sqrt{49}}$ つまり $\dfrac{2}{7}$ $\boxed{①}$ →セ の正規分布に近似的に従う。

確率変数 $\overline{X}$ が正規分布 $N(m,\ \sigma^2)$ に従うとき，$Z=\dfrac{\overline{X}-m}{\sigma}$ とおくと，確率変数 Z は標準正規分布 $N(0,\ 1)$ に従うので，確率変数 $Z=\dfrac{\overline{X}-15}{\frac{2}{7}}=\dfrac{7}{2}(\overline{X}-15)$ は標準正規分布に近似的に従う。

花子さんたちの調査結果から求めた Z の値を z とすると，$\overline{X}$ の平均は $m=16$ より

$$z=\frac{7}{2}(16-15)=\frac{7}{2}=3.5$$

と定まる。

標準正規分布において確率 $P(Z\leqq-|z|)$ と確率 $P(Z\geqq|z|)$ の和について考える。右のグラフを参考にする。

$P(Z\leqq-|z|)+P(Z\geqq|z|)$
$=P(Z\leqq-3.5)+P(Z\geqq3.5)$
$=2P(Z\geqq3.5)$
$=2\{0.5-P(0\leqq Z\leqq3.5)\}$
$=2(0.5-0.4998)$
$=0.0004$

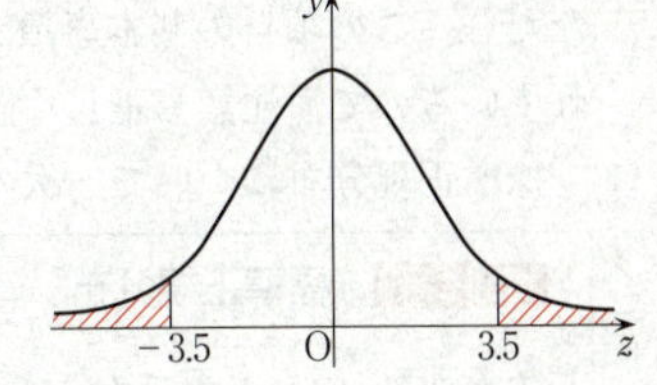

よって，確率 $P(Z \leqq -|z|)$ と $P(Z \geqq |z|)$ の和 0.0004 は 0.05 よりも**小さい**

① →ソ ので，有意水準5％で今年の母平均 m は昨年と**異なるといえる**。

⓪ →タ

解説

(1)　正規分布の平均と標準偏差，および標本平均の分布についてまとめておく。

> **ポイント　正規分布の平均と標準偏差**
>
> 確率変数 X が正規分布 $N(m,\ \sigma^2)$ に従うとき
>
> 　平均 $E(X)=m$，標準偏差 $\sigma(X)=\sigma$

> **ポイント　標本平均の分布**
>
> 母平均 m，母分散 σ^2 の母集団から無作為抽出された大きさ n の標本平均 $\overline{X}$ の分布は，n が大きければ正規分布 $N\left(m,\ \dfrac{\sigma^2}{n}\right)$ とみなすことができる。

標本の大きさ 49 が大きいかどうかの判断は，いくら以上だから大きいという基準はないが，十分に大きいといってくれているので，それに従う。

正規分布 $N\left(m,\ \dfrac{\sigma^2}{n}\right)$ に従うということは，平均は m，標準偏差は分散の正の平方根なので $\dfrac{\sigma}{\sqrt{n}}$ である。

> **ポイント　信頼度95％の信頼区間**
>
> 標本平均を $\overline{X}$ とする。母分散 σ^2 がわかっている母集団から大きさ n の標本を抽出するとき，n が大きければ，母平均 m に対する信頼度95％の信頼区間は
>
> $$\overline{X}-1.96\times\frac{\sigma}{\sqrt{n}} \leqq m \leqq \overline{X}+1.96\times\frac{\sigma}{\sqrt{n}}$$

$\overline{X}$，$\dfrac{\sigma}{\sqrt{n}}$ の値は既に求めているので，代入して正確に計算しよう。

ただし，この項目の基本事項，公式での $\overline{X}$ はこの問題での $\overline{X}$ とは違う意味で使われているので，注意し正しく置き換えて用いよう。

(2)　標準正規分布について，次のことがいえる。

> **ポイント　標準正規分布**
>
> 確率変数 X が正規分布 $N(m,\ \sigma^2)$ に従うとき，$Z=\dfrac{X-m}{\sigma}$ とおくと，確率変数 Z は標準正規分布 $N(0,\ 1)$ に従う。

確率 $P(Z \leqq -|z|)$ と $P(Z \geqq |z|)$ の和をもとにして，有意水準5％で今年の母平均 m は昨年と異なるといえるかどうかを判断する問題では，〔解答〕のような正規分布のグラフをイメージしてどの部分の確率を求めればよいのかを正しく判断して答えよう。グラフを描くことで勘違いを防ぐことができる。

第6問  ベクトル《内積，空間ベクトル》

2021年度本試験（第1日程）「数学Ⅱ・数学B」第5問を一部改変

(1)　与えられた正五角形の1辺の長さは1，対角線の長さは a である。よって

$$\overrightarrow{A_1A_2}=\boxed{a}\,\overrightarrow{B_1C_1}\quad\to ア$$

であるから

$$\overrightarrow{B_1C_1}=\frac{1}{a}\overrightarrow{A_1A_2}=\frac{1}{a}(\overrightarrow{OA_2}-\overrightarrow{OA_1})$$

また，$\overrightarrow{OA_1}$ と $\overrightarrow{A_2B_1}$ は平行で，さらに，$\overrightarrow{OA_2}$ と $\overrightarrow{A_1C_1}$ も平行であることから

$$\overrightarrow{B_1C_1}=\overrightarrow{B_1A_2}+\overrightarrow{A_2O}+\overrightarrow{OA_1}+\overrightarrow{A_1C_1}=-a\overrightarrow{OA_1}-\overrightarrow{OA_2}+\overrightarrow{OA_1}+a\overrightarrow{OA_2}$$

$$=(a-1)\overrightarrow{OA_2}-(a-1)\overrightarrow{OA_1}=(\boxed{a}-\boxed{1})(\overrightarrow{OA_2}-\overrightarrow{OA_1})\quad\to イ，ウ$$

となる。したがって，$\dfrac{1}{a}=a-1$ が成り立つ。

分母を払って整理すると，$a^2-a-1=0$ となるから

$$a=\frac{1\pm\sqrt{1+4}}{2}=\frac{1\pm\sqrt{5}}{2}$$

$a>0$ より，$a=\dfrac{1+\sqrt{5}}{2}$ を得る。

(2)　1辺の長さが1の正十二面体（右図）において，面 $OA_1B_1C_1A_2$ に着目する。$\overrightarrow{OA_1}$ と $\overrightarrow{A_2B_1}$ が平行であることから

$$\overrightarrow{OB_1}=\overrightarrow{OA_2}+\overrightarrow{A_2B_1}=\overrightarrow{OA_2}+a\overrightarrow{OA_1}$$

である。また

$$|\overrightarrow{OA_2}-\overrightarrow{OA_1}|^2=|\overrightarrow{A_1A_2}|^2=a^2$$

$$=\left(\frac{1+\sqrt{5}}{2}\right)^2=\frac{1+2\sqrt{5}+5}{4}$$

$$=\frac{3+\sqrt{5}}{2}$$

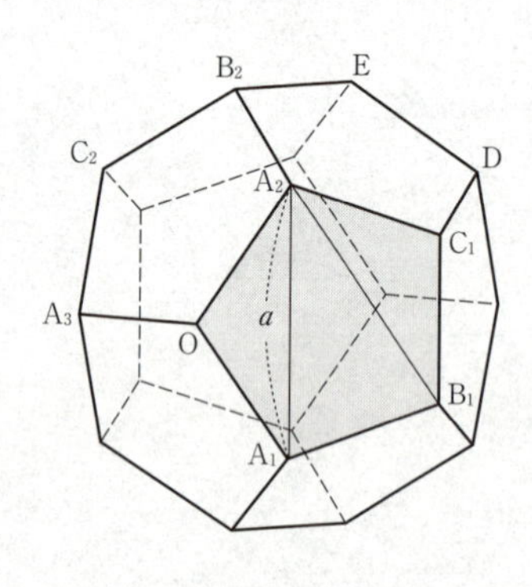

に注意して

$$|\overrightarrow{OA_2}-\overrightarrow{OA_1}|^2=(\overrightarrow{OA_2}-\overrightarrow{OA_1})\cdot(\overrightarrow{OA_2}-\overrightarrow{OA_1})=|\overrightarrow{OA_2}|^2-2\overrightarrow{OA_1}\cdot\overrightarrow{OA_2}+|\overrightarrow{OA_1}|^2$$

$$=1^2-2\overrightarrow{OA_1}\cdot\overrightarrow{OA_2}+1^2=2(1-\overrightarrow{OA_1}\cdot\overrightarrow{OA_2})$$

より，$2(1-\overrightarrow{OA_1}\cdot\overrightarrow{OA_2})=\dfrac{3+\sqrt{5}}{2}$ が成り立ち

$$\overrightarrow{OA_1}\cdot\overrightarrow{OA_2}=1-\frac{3+\sqrt{5}}{4}=\frac{\boxed{1}-\sqrt{\boxed{5}}}{\boxed{4}}\quad\to \frac{エ，オ}{カ}$$

である。

次に，面 $OA_2B_2C_2A_3$（右図）に着目すると

$$\overrightarrow{OB_2}=\overrightarrow{OA_3}+\overrightarrow{A_3B_2}=\overrightarrow{OA_3}+a\overrightarrow{OA_2}$$

である。さらに，対称性により

$$\overrightarrow{OA_2}\cdot\overrightarrow{OA_3}=\overrightarrow{OA_3}\cdot\overrightarrow{OA_1}=\overrightarrow{OA_1}\cdot\overrightarrow{OA_2}=\frac{1-\sqrt{5}}{4}$$

が成り立つことがわかる。ゆえに

$$\begin{aligned}\overrightarrow{OA_1}\cdot\overrightarrow{OB_2}&=\overrightarrow{OA_1}\cdot(\overrightarrow{OA_3}+a\overrightarrow{OA_2})\\&=\overrightarrow{OA_1}\cdot\overrightarrow{OA_3}+a\overrightarrow{OA_1}\cdot\overrightarrow{OA_2}\\&=\frac{1-\sqrt{5}}{4}+\frac{1+\sqrt{5}}{2}\times\frac{1-\sqrt{5}}{4}\\&=\frac{1-\sqrt{5}}{4}+\frac{1-5}{8}=\frac{-1-\sqrt{5}}{4}\end{aligned}$$

⑨ →キ

$$\begin{aligned}\overrightarrow{OB_1}\cdot\overrightarrow{OB_2}&=(\overrightarrow{OA_2}+a\overrightarrow{OA_1})\cdot(\overrightarrow{OA_3}+a\overrightarrow{OA_2})\\&=\overrightarrow{OA_2}\cdot\overrightarrow{OA_3}+a|\overrightarrow{OA_2}|^2+a\overrightarrow{OA_1}\cdot\overrightarrow{OA_3}+a^2\overrightarrow{OA_1}\cdot\overrightarrow{OA_2}\\&=\frac{1-\sqrt{5}}{4}+\frac{1+\sqrt{5}}{2}\times1^2+\frac{1+\sqrt{5}}{2}\times\frac{1-\sqrt{5}}{4}+\frac{3+\sqrt{5}}{2}\times\frac{1-\sqrt{5}}{4}\\&=\frac{1-\sqrt{5}}{4}+\frac{1+\sqrt{5}}{2}+\frac{1-5}{8}+\frac{-2-2\sqrt{5}}{8}\\&=\frac{3+\sqrt{5}}{4}-\frac{1}{2}+\frac{-1-\sqrt{5}}{4}\\&=0\end{aligned}$$

⓪ →ク

である。これは，$\angle B_1OB_2=90^\circ$ であることを意味している。

最後に，面 $A_2C_1DEB_2$（右図）に着目する。

$$\overrightarrow{B_2D}=a\overrightarrow{A_2C_1}=\overrightarrow{OB_1}$$

であることに注意すると，4 点 O，B_1，D，B_2 は同一平面上にあり，$OB_1=OB_2$，$\angle B_1OB_2=90^\circ$ であることから，四角形 OB_1DB_2 は**正方形である** **⓪** →ケ ことがわかる。

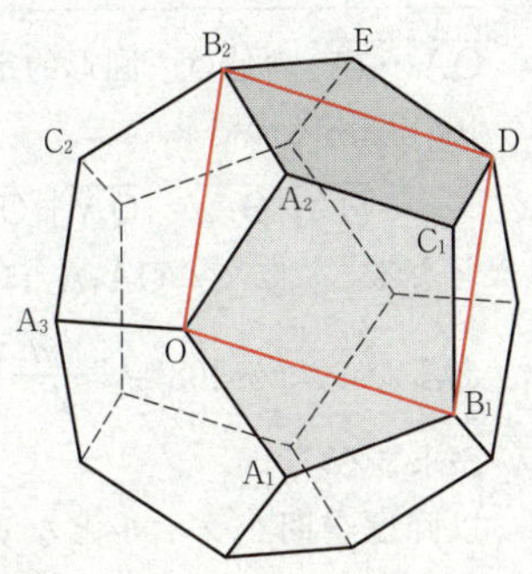

解説

(1) 問題文では，$\overrightarrow{B_1C_1}=\dfrac{1}{a}\overrightarrow{A_1A_2}$ かつ $\overrightarrow{B_1C_1}=(a-1)\overrightarrow{A_1A_2}$ より，$\dfrac{1}{a}=a-1$ が導かれている。このことは，次図を見るとわかりやすい。

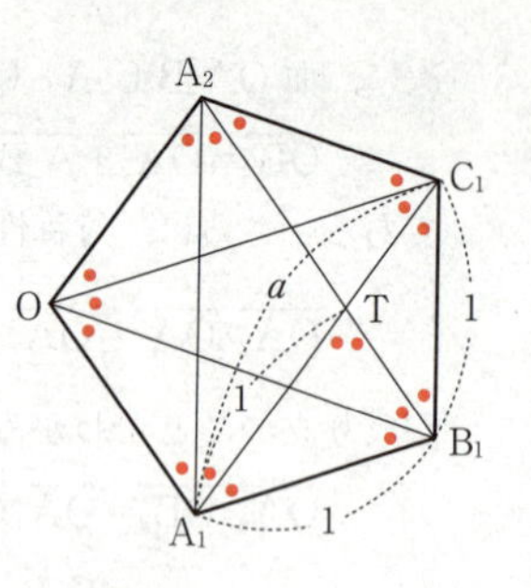

$\triangle B_1C_1A_1 \backsim \triangle TB_1C_1$ より，$TC_1=\dfrac{1}{a}$ がわかり，

$\triangle A_1B_1T$ が $A_1B_1=A_1T=1$ の二等辺三角形であることより，$TC_1=a-1$ がわかる。

よって，$\dfrac{1}{a}=a-1$ が得られ，これより $a=\dfrac{1+\sqrt{5}}{2}$ とわかる。

なお，問題文で，$\overrightarrow{B_1C_1}=\overrightarrow{B_1A_2}+\overrightarrow{A_2O}+\overrightarrow{OA_1}+\overrightarrow{A_1C_1}$ と

してあるのは，$\overrightarrow{B_1C_1}$ を $\overrightarrow{OA_1}$ と $\overrightarrow{OA_2}$ だけで表そうとしているからで，

$\overrightarrow{B_1A_2}=a\overrightarrow{A_1O}=-a\overrightarrow{OA_1}$ などとなる。

(2)　ここでは内積の計算がポイントになる。

> **ポイント**　**内積の基本性質**
>
> ベクトルの大きさと内積の関係 $|\vec{a}|^2=\vec{a}\cdot\vec{a}$ は重要である。
>
> 計算規則として次のことが成り立つので，整式の展開計算と同様の計算ができる。
>
> $\vec{a}\cdot\vec{b}=\vec{b}\cdot\vec{a}$　（交換法則）
>
> $\vec{a}\cdot(\vec{b}+\vec{c})=\vec{a}\cdot\vec{b}+\vec{a}\cdot\vec{c}$　（分配法則）
>
> $(m\vec{a})\cdot\vec{b}=\vec{a}\cdot(m\vec{b})=m(\vec{a}\cdot\vec{b})$　（m は実数）
>
> また，$\vec{a}\cdot\vec{b}=0$，$\vec{a}\neq\vec{0}$，$\vec{b}\neq\vec{0}$ のとき $\vec{a}\perp\vec{b}$ である。

$\overrightarrow{OA_1}\cdot\overrightarrow{OA_2}$ の値は，図形的定義に従って求めることもできる。正五角形の内角は 108° であるので

$$\overrightarrow{OA_1}\cdot\overrightarrow{OA_2}=|\overrightarrow{OA_1}||\overrightarrow{OA_2}|\cos\angle A_2OA_1=1\times1\times\cos108^\circ$$

となる。ここで $\triangle OA_1A_2$ に余弦定理を用いて，$a^2=1^2+1^2-2\times1\times1\times\cos108^\circ$ であるから，$\cos108^\circ=\dfrac{2-a^2}{2}$ となり，$\overrightarrow{OA_1}\cdot\overrightarrow{OA_2}=\dfrac{2-a^2}{2}=\dfrac{1}{2}\left\{2-\left(\dfrac{1+\sqrt{5}}{2}\right)^2\right\}=\dfrac{1-\sqrt{5}}{4}$ が求まる。

以降は空間ベクトルとなるが，図形の対称性を考慮することが大切である。$\overrightarrow{OA_1}\cdot\overrightarrow{OB_2}$，$\overrightarrow{OB_1}\cdot\overrightarrow{OB_2}$ の計算では，ベクトルをすべて $\overrightarrow{OA_1}$，$\overrightarrow{OA_2}$，$\overrightarrow{OA_3}$ で表そうと考えるとよい。

第７問 ―― 平面上の曲線と複素数平面

〔１〕 標準 《楕円，円，双曲線，放物線》

$ax^2+by^2+cx+dy+f=0$ において，$a=2$，$b=1$，$c=-8$，$d=-4$，$f=0$ とすると

$$2x^2+y^2-8x-4y=0$$

となり

$$x^2+\frac{y^2}{2}-4x-2y=0$$

$$x^2-4x+\frac{1}{2}(y^2-4y)=0$$

$$(x-2)^2-2^2+\frac{1}{2}\{(y-2)^2-2^2\}=0$$

$$(x-2)^2+\frac{(y-2)^2}{2}=6$$

$$\frac{(x-2)^2}{6}+\frac{(y-2)^2}{12}=1$$

よって，図１のコンピュータソフトでは，中心の座標が $(2,\ 2)$，焦点の座標が $(2,\ 2+\sqrt{6})$，$(2,\ 2-\sqrt{6})$ の楕円が描かれているのである。

この設定を，方程式 $ax^2+by^2+cx+dy+f=0$ の a，c，d，f の値は変えずに，b の値だけを $b\geqq 0$ の範囲で変化させる場合を考える。

上の変形と同じように，平方完成する過程があるので，b の値で場合分けしよう。

$b=0$ のとき

$$2x^2-8x-4y=0$$

となり，整理すると

$$y=\frac{1}{2}x^2-2$$

と表すことができる。これは放物線の方程式である。

$b>0$ のとき

$$2x^2+by^2-8x-4y=0$$

両辺を正の $2b$ で割って

$$\frac{x^2}{b}+\frac{y^2}{2}-\frac{4}{b}x-\frac{2}{b}y=0$$

$$\frac{1}{b}(x^2-4x)+\frac{1}{2}\left(y^2-\frac{4}{b}y\right)=0$$

$$\frac{1}{b}\{(x-2)^2-2^2\}+\frac{1}{2}\left\{\left(y-\frac{2}{b}\right)^2-\frac{4}{b^2}\right\}=0$$

$$\frac{(x-2)^2}{b}-\frac{4}{b}+\frac{1}{2}\left(y-\frac{2}{b}\right)^2-\frac{2}{b^2}=0$$

$$\frac{(x-2)^2}{b}+\frac{\left(y-\frac{2}{b}\right)^2}{2}=\frac{4b+2}{b^2}\quad\cdots\cdots①$$

ここで，$b>0$ なので，$\frac{4b+2}{b^2}>0$ である。

①は，特に $b=2$ のとき

$$\frac{(x-2)^2}{2}+\frac{(y-1)^2}{2}=\frac{5}{2}$$

両辺に 2 をかけて

$$(x-2)^2+(y-1)^2=5$$

となるので，中心の座標が（2，1），半径が $\sqrt{5}$ の円を表す。

それ以外の場合は楕円を表す。

$b>0$ なので，双曲線を表すことはない。

よって，座標平面上には楕円，円，放物線が現れ，他の図形は現れない。

② →ア

解説

前半部分は，図 1 のコンピュータソフトで描かれている図形について説明しているだけなので，試験の解答の際には不要であり，直接，$ax^2+by^2+cx+dy+f=0$ において，b 以外を，$a=2$，$c=-8$，$d=-4$，$f=0$ として，変形するところから始めればよい。

整理すると，$\frac{(x-2)^2}{b}+\frac{\left(y-\frac{2}{b}\right)^2}{2}=\frac{4b+2}{b^2}$ ……① と表すことができるのであるが，この変形の平方完成をする際に，b で割る操作が入っていることに注意すること。$b=0$ のときには，b で割ることができないから，この変形は $b\neq0$ であることが前提となっており，$b=0$，$b\neq0$ の場合分けをする必要がある。2 次曲線の標準形をつくるために，①の両辺を $\frac{4b+2}{b^2}$ で割ってもよいが，①の形でどのような図形ができるかは判断できる。正の値 b に対して，2 のときは円，それ以外のときには楕円を表す。双曲線を表すことはない。もう一つの場合分けである $b=0$ のときはそもそも，この変形に持ち込むことができないので，最初の形である $ax^2+by^2+cx+dy+f=0$ に先ほどの値と $b=0$を代入して，変形，整理すると，放物線を表す。このようにして，選択肢から正解を選ぼう。

〔2〕 標準 《複素数平面に現れる点の配列》

太郎さんと花子さんは，コンピュータソフトを用いて，複素数 w を一つ決めて，w，w^2，w^3，…によって複素数平面上に表されるそれぞれの点 A_1，A_2，A_3，…を表示させた。点 $A_1(w)$ は実軸より上にあるとすると，複素数 w の虚部は0より大きいと表現することもできるが，そのことは w の偏角を $\arg w$ とするとき，$w\neq 0$ かつ $0<\arg w<\pi$ と言い換えることもできる。本問ではこのように定義されている。

さて，太郎さんは，A_1，A_2，A_3，…と点をとっていって再び A_1 に戻る場合に，点を順に線分で結んでできる図形について一般に考えることにした。すなわち，A_1 と A_n が重なるような n があるとき，線分 A_1A_2，A_2A_3，…，$A_{n-1}A_n$ を描いてできる図形について考える。このとき，$w=w^n$ に着目すると

$$w(w^{n-1}-1)=0$$

$w\neq 0$ であるから

$$w^{n-1}-1=0$$

$$w^{n-1}=1$$

両辺の絶対値をとると，$|w^{n-1}|=1$ より　$|w|^{n-1}=1$

よって　$|w|=$ 1 →イ

• $1\leqq k\leqq n-1$ に対して A_kA_{k+1} の値を求める。

$$\begin{aligned}A_kA_{k+1}&=|w^{k+1}-w^k|\\&=|w^k(w-1)|\\&=|w^k||w-1|\\&=|w|^k|w-1|\\&=1^k|w-1|\\&=|w-1|\end{aligned}$$

よって，$A_kA_{k+1}=|w-1|$ ① →ウ であり，つねに一定である。

• $2\leqq k\leqq n-1$ に対して $\angle A_{k+1}A_kA_{k-1}$ の値を求める。

ただし，$\angle A_{k+1}A_kA_{k-1}$ は，線分 A_kA_{k+1} を線分 A_kA_{k-1} に重なるまで回転させた角とする。

$$\begin{aligned}\angle A_{k+1}A_kA_{k-1}&=\arg\frac{w^{k-1}-w^k}{w^{k+1}-w^k}\\&=\arg\frac{-w^{k-1}(w-1)}{w^k(w-1)}\\&=\arg\left(-\frac{1}{w}\right)\end{aligned}$$

よって，$\angle A_{k+1}A_kA_{k-1}=\arg\left(-\dfrac{1}{w}\right)$ ③ →エ であり，つねに一定である。

花子さんは，$n=25$ のとき，すなわち，A_1 と A_{25} が重なるとき，A_1 から A_{25} までを順に結んでできる図形が，正多角形になる場合を考えた。このような w の値は全部で何個あるか求めよう。

$$w=w^{25}$$
$$w(w^{24}-1)=0$$

$w\neq0$ であるから

$$w^{24}-1=0$$
$$w^{24}=1$$

$|w|=1$ であることはわかっているので，$\arg(w^{24})=2\pi$ すなわち $24\arg w=2\pi$ より

$$0<\arg w<\pi \text{ で } \quad \arg w=\frac{k}{12}\pi \quad (k=1,\ 2,\ \cdots,\ 11)$$

を満たす w について考える。さらに，A_1 から A_{25} までを順に結んでできる図形が正 n 角形になるのは

$$\frac{k}{12}\pi\times n=2\pi \quad \text{すなわち} \quad kn=24 \quad (n\text{ は3以上の整数})$$

を満たすときであるから，次の場合に限られる。

・$\arg w=\dfrac{\pi}{12}$ のとき，$\arg(w^{24})=2\pi$ となる。

25個の点のうち A_1 と A_{25} とが重なり，正24角形ができる。

・$\arg w=\dfrac{\pi}{6}$ のとき，$\arg(w^{12})=2\pi$ となる。

A_1 と A_{13} と A_{25}，A_2 と A_{14}，…，A_{12} と A_{24} とが重なる。
線分が2重になることで正12角形ができる。

・$\arg w=\dfrac{\pi}{4}$ のとき，$\arg(w^{8})=2\pi$ となる。

A_1 と A_9 と A_{17} と A_{25}，A_2 と A_{10} と A_{18}，…，A_8 と A_{16} と A_{24} とが重なる。
線分が3重になることで正8角形ができる。

・$\arg w=\dfrac{\pi}{3}$ のとき，$\arg(w^{6})=2\pi$ となる。

A_1 と A_7 と A_{13} と A_{19} と A_{25}，A_2 と A_8 と A_{14} と A_{20}，…，A_6 と A_{12} と A_{18} と A_{24} とが重なる。
線分が4重になることで正6角形ができる。

・$\arg w=\dfrac{\pi}{2}$ のとき，$\arg(w^{4})=2\pi$ となる。

A_1 と A_5 と A_9 と A_{13} と A_{17} と A_{21} と A_{25}，…，A_4 と A_8 と A_{12} と A_{16} と A_{20} と

A_{24} とが重なる。

線分が6重になることで正方形ができる。

・$\arg w = \dfrac{2}{3}\pi$ のとき，$\arg(w^3) = 2\pi$ となる。

A_1 と A_4 と A_7 と A_{10} と A_{13} と A_{16} と A_{19} と A_{22} と A_{25}，　…，　A_3 と A_6 と A_9 と A_{12} と A_{15} と A_{18} と A_{21} と A_{24} とが重なる。

線分が8重になることで正3角形ができる。

よって，このような w の値は全部で 6 →オ 個である。

また，正多角形に内接する円上の点を z とすると，z は右図の位置にある。

z は線分 A_kA_{k+1} $(1 \leqq k \leqq 24)$ の中点であるから

$$z = \frac{w^k + w^{k+1}}{2}$$

が成り立ち，両辺の絶対値をとると

$$|z| = \left|\frac{w^k + w^{k+1}}{2}\right| = \left|\frac{w^k(1+w)}{2}\right|$$
$$= \frac{|w^k||1+w|}{2} = \frac{|w|^k|w+1|}{2}$$
$$= \frac{|w+1|}{2} \quad (\because \ |w| = 1)$$

z はつねに $|z| = \dfrac{|w+1|}{2}$ ⑥ →カ を満たす。

解説

> **ポイント** ド・モアブルの定理
> $(\cos\theta + i\sin\theta)^n = \cos n\theta + i\sin n\theta$ （n は整数）

点 A_1，A_2，A_3，…，A_{20} を表示させると，w の値のとり方により，問題文の図1，図2，図3のような並びになる。

例えば，次の図5は w の偏角を $\dfrac{2}{11}\pi$，絶対値を $\dfrac{4}{5}$ と設定した $w = \dfrac{4}{5}\left(\cos\dfrac{2}{11}\pi + i\sin\dfrac{2}{11}\pi\right)$ の場合に A_1，…，A_{10} を表示させたものであり，図1の配列のタイプである。

図6は w の偏角を $\dfrac{80}{101}\pi$，絶対値を $\dfrac{31}{30}$ に設定した $w = \dfrac{31}{30}\left(\cos\dfrac{80}{101}\pi + i\sin\dfrac{80}{101}\pi\right)$ の場合に A_1，…，A_{10} を表示させたものであり，図2の配列のタイプである。

図7は w の偏角を $\dfrac{2}{5}\pi$，絶対値を1に設定した $w = \cos\dfrac{2}{5}\pi + i\sin\dfrac{2}{5}\pi$ の場合に A_1，

…，A_{10} を表示させたものであり，図３の配列のタイプである。ここで，点が５個しか見えないのは，１点が２重になっているからである。

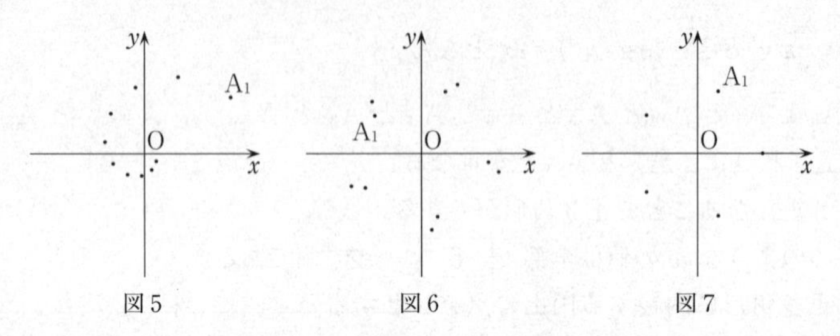

図５　　図６　　図７

面倒ではあるが，計算して，このような点の配列を自分で作ってみると問題で問われていることがとてもよくわかる。計算しやすい絶対値，偏角を設定し，数個でいいので，手を動かして A_1，A_2，…と点をとっていってみよう。

複素数平面の問題では，w を $w=r(\cos\theta+i\sin\theta)$ のように絶対値 $|w|=r$ と偏角 $\arg w=\theta$ を用いて表すと，$x=r\cos\theta$，$y=r\sin\theta$ より，実際には xy 平面で処理していることと同じことになり，敷居は低くなるが，計算が面倒になる場合が多い。本問はこのように極形式に直さなくても簡単に計算処理できる問題なので，〔解答〕で示したように複素数をそのまま扱うことをお薦めしたい。

この分野では，他の分野よりも理解不十分な項目を抱えている人が多いように見受けられる。場合によると，理解不十分ということの自覚がないかもしれない。一度，複素数平面に関わる基本的な定義，定理や考え方を丁寧に一つ一つ確認しておくとよいだろう。

数学Ⅰ・数学A 本試験

問題番号（配点）	解答記号	正　解	配点	チェック
第1問 (30)	ア	7	2	
	イ，ウ	7，3	2	
	エオカ	−56	2	
	キク	14	2	
	ケ，コ，サ	3，6，0	2	
	シ	4	4	
	ス，セ	4，⓪	4	
	ソ，タ，チ	7，4，②	4	
	ツ	③	4	
	テ，ト，ナ，ニ	7，⑤，⓪，①	4	

問題番号（配点）	解答記号	正　解	配点	チェック
第2問 (30)	ア	9	3	
	イ	8	3	
	ウエ	12	2	
	オ	8	1	
	カキ	13	2	
	$ク-\sqrt{ケ}+\sqrt{コ}$	$3-\sqrt{3}+\sqrt{2}$	4	
	サ	⑧	2	
	シ	⑥	2	
	ス	④	2	
	セ	⓪	2	
	ソ.タチ	3.51	2	
	ツ	①	2	
	テ	①	3	

問題番号(配点)	解答記号	正　解	配点	チェック
第3問 (20)	$\dfrac{ア}{イ}$	$\dfrac{1}{2}$	2	
	ウ	6	2	
	エオ	14	2	
	$\dfrac{カ}{キ}$	$\dfrac{7}{8}$	2	
	ク	6	2	
	$\dfrac{ケ}{コ}$	$\dfrac{2}{9}$	2	
	サシ	42	2	
	スセ	54	2	
	ソタ	54	2	
	$\dfrac{チツ}{テトナ}$	$\dfrac{75}{512}$	2	
第4問 (20)	アイウ	104	2	
	エオカ	103	3	
	キク	64	2	
	ケコサシ	1728	3	
	スセ，ソ	64，6	3	
	タチツ	518	4	
	テ	③	3	

問題番号(配点)	解答記号	正　解	配点	チェック
第5問 (20)	ア	⓪	2	
	イ：ウ	1：4	3	
	エ：オ	3：8	2	
	カ	5	3	
	キク，ケ	45，⓪	3	
	コ，サ，シ	①，⓪，②	4	
	ス，セ	②，②	3	

(注)　第1問，第2問は必答。第3問～第5問のうちから2問選択。計4問を解答。

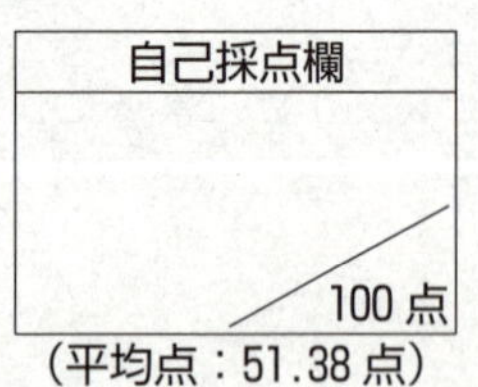

(平均点：51.38点)

第1問 ―― 数と式，図形と計量

〔1〕 標準 《平方根，式の値》

$2\sqrt{13}=\sqrt{52}$ なので，$\sqrt{49}<\sqrt{52}<\sqrt{64}$ より

$$7<2\sqrt{13}<8$$

よって，不等式 $n<2\sqrt{13}<n+1$ ……① を満たす整数 n は $\boxed{7}$ →ア である。

実数 a，b を

$$a=2\sqrt{13}-7 \quad ……②,\quad b=\frac{1}{a} \quad ……③$$

で定める。このとき

$$b=\frac{1}{a}=\frac{1}{2\sqrt{13}-7}=\frac{2\sqrt{13}+7}{52-49}=\frac{\boxed{7}+2\sqrt{13}}{\boxed{3}} \quad \text{→イ，ウ} \quad ……④$$

である。また

$$a^2-9b^2=(a+3b)(a-3b)=4\sqrt{13}\cdot(-14)=\boxed{-56}\sqrt{13} \quad \text{→エオカ}$$

である。①から，$7<2\sqrt{13}<8$ なので

$$\frac{7}{2}<\sqrt{13}<\frac{8}{2} \quad ……⑤$$

が成り立つ。

①と④から

$$\frac{7+n}{3}<b<\frac{7+(n+1)}{3}$$

$n=7$ より

$$\frac{14}{3}<b<\frac{15}{3}$$

したがって，$\frac{m}{3}<b<\frac{m+1}{3}$ を満たす整数 m は $\boxed{14}$ →キク となる。

よって，③から

$$\frac{14}{3}<\frac{1}{a}<\frac{15}{3}$$

各辺は正なので，各辺の逆数を考えれば

$$\frac{3}{15}<a<\frac{3}{14} \quad ……⑥$$

が成り立つ。

$\sqrt{13}$ の整数部分は，⑤より $3.5<\sqrt{13}<4$ なので $\boxed{3}$ →ケ であり，②と⑥を使えば

$$\frac{1}{5}<2\sqrt{13}-7<\frac{3}{14} \qquad \frac{36}{5}<2\sqrt{13}<\frac{101}{14} \qquad \frac{18}{5}<\sqrt{13}<\frac{101}{28}$$

$\frac{18}{5}=3.6$，$\frac{101}{28}=3.607\cdots$ より，$\sqrt{13}$ の小数第１位の数字は 6 →コ，小数第２位の数字は 0 →サ であることがわかる。

解説

$\sqrt{13}$ の整数部分，小数第１位の数字，小数第２位の数字を求めさせる問題。

不等式 $n<2\sqrt{13}<n+1$ を満たす整数 n は，$3<\sqrt{13}<4$ より両辺を２倍して $6<2\sqrt{13}<8$ とすると求めることができないので，$2\sqrt{13}=\sqrt{52}$ と変形してから考える。

a^2-9b^2 に $a=2\sqrt{13}-7$，$b=\frac{7+2\sqrt{13}}{3}$ を直接代入してもよいが，和と差の積の形に因数分解すると省力化できる。

〔２〕 標準 《三角比の図形への応用》

坂の傾斜を表す道路標識には７％と表示されているので

$$\tan\angle\mathrm{DCP}=\frac{7}{100}=0.07$$

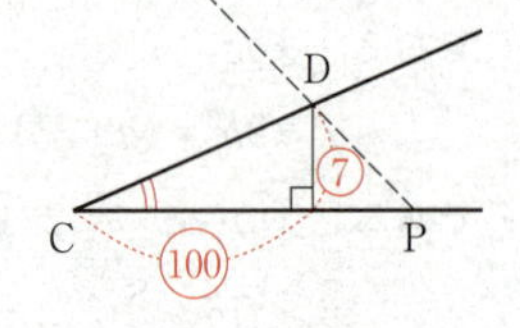

三角比の表より，$\tan 4^\circ=0.0699$，$\tan 5^\circ=0.0875$ なので

$$\tan 4^\circ<\tan\angle\mathrm{DCP}<\tan 5^\circ$$

$$4^\circ<\angle\mathrm{DCP}<5^\circ$$

よって，坂の傾斜角∠DCP の大きさについて，$n^\circ<\angle\mathrm{DCP}<n^\circ+1^\circ$ を満たす n の値は 4 →シ である。

以下では，∠DCP の大きさは，ちょうど 4° であるとする。

太陽高度が∠APB＝45° であったとき，点Dから直線BC に下ろした垂線の足をＦとすると

$$\mathrm{BE}=\mathrm{FD}=\mathrm{CD}\cdot\sin\angle\mathrm{DCP}$$

$$=4\times\sin\angle\mathrm{DCP}\ \text{〔m〕}$$

→ス，⓪ →セ

であり

$$\mathrm{DE}=\mathrm{FB}=\mathrm{BC}+\mathrm{CF}=\mathrm{BC}+\mathrm{CD}\cdot\cos\angle\mathrm{DCP}$$

$$=(7+4\times\cos\angle\mathrm{DCP})\ \text{〔m〕}$$

→ソ，タ，② →チ

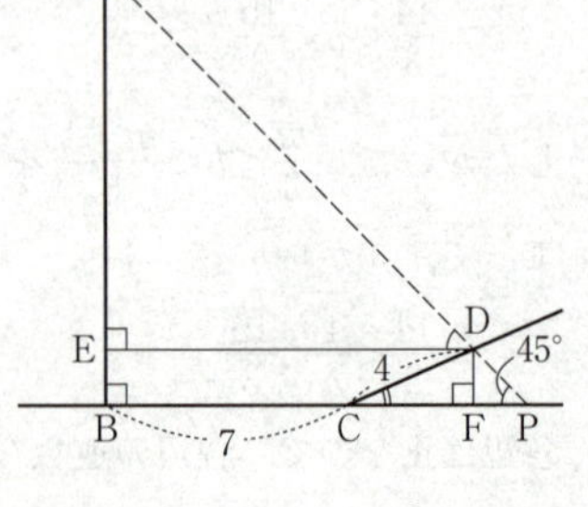

ここで，∠APB＝45°，BP∥DE より，∠EDA＝45° なので，△AED は AE＝DE の直角二等辺三角形である。

よって，電柱の高さ AB は，∠DCP＝4° であることに注意すると

$$\mathrm{AB}=\mathrm{AE}+\mathrm{BE}=\mathrm{DE}+\mathrm{BE}$$

$= (7+4\cos\angle DCP) + 4\sin\angle DCP$

$= 7+4(\cos 4^\circ + \sin 4^\circ) = 7+4(0.9976+0.0698)$

$= 7+4\times 1.0674 = 11.2696$

なので，小数第２位で四捨五入すると 11.3 ③ →ツ m であることがわかる。

太陽高度が $\angle APB = 42^\circ$ であったとき，点Dから直線 AB，BC に下ろした垂線の足をそれぞれ，G，Hとすると，BC＝7 に注意して

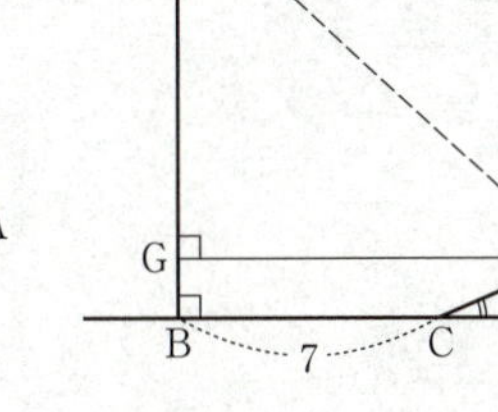

$BG = HD = CD\cdot\sin\angle DCP$

$DG = HB = BC + CH = 7 + CD\cdot\cos\angle DCP$

ここで，$\angle APB = 42^\circ$，$BP /\!/ DG$ より，$\angle GDA = 42^\circ$ なので

$$\tan\angle GDA = \frac{AG}{DG}$$

すなわち

$AG = DG\cdot\tan\angle GDA = (7+CD\cdot\cos\angle DCP)\tan 42^\circ$

よって，電柱の高さ AB は

$AB = AG + BG$

$= (7+CD\cdot\cos\angle DCP)\tan 42^\circ + CD\cdot\sin\angle DCP$

$= 7\tan 42^\circ + CD(\cos\angle DCP\tan 42^\circ + \sin\angle DCP)$ ……①

したがって，電柱の影について，坂にある部分の長さ CD は，①を変形して

$CD(\cos\angle DCP\tan 42^\circ + \sin\angle DCP) = AB - 7\tan 42^\circ$

$$CD = \frac{AB - \boxed{7}\times\tan 42^\circ}{\sin\angle DCP + \cos\angle DCP\times\tan 42^\circ}〔m〕$$

→テ，⑤，⓪，① →ト，ナ，ニ

$AB = 11.3$〔m〕として，これを計算することにより，この日の電柱の影について，坂にある部分の長さは，前回調べた 4m より約 1.2m だけ長いことがわかる。

解説

三角比を利用して，電柱の高さと影の長さを求めさせる問題。三角比の表を利用して計算する問題はあるが，正弦定理，余弦定理を用いる問題はなかった。

図２の後の問題文にあるように，道路標識の７％という表示は，この坂をのぼったとき，100m の水平距離に対して 7m の割合で高くなることを示している。

BE，DE を求める際には，セ，チ の解答群から，∠DCP の三角比を利用することがわかるので，△DCF に着目して考える。

電柱の高さ AB は，BE，DE を利用することを念頭に置いて考えれば，△AED が AE＝DE の直角二等辺三角形であることに気付けるだろう。

太陽高度が $42°$ のときの電柱の影の坂にある部分の長さ CD に関しては，誘導が与えられていないので，太陽高度が $45°$ であったときと同様の計算を考える。仮にどのように求めていくかが想像できていなくとも，とりあえず同様の計算を実行してみるのがよいだろう。解決の糸口がつかめるはずである。同様の計算を行う際，$\angle APB=42°$ なので，$\angle APB=45°$ の場合のように $AG=DG$ とはならないことに注意が必要である。DG を使って AG を表すと考えれば，$AG=DG\cdot\tan 42°$ を利用することに気付けるはずである。

第２問 ―― ２次関数，データの分析

〔１〕 標準 《２次関数》

(1) 開始時刻から１秒後の点P，Qの座標は

$P(1,\ 0)$，$Q(0,\ 4)$

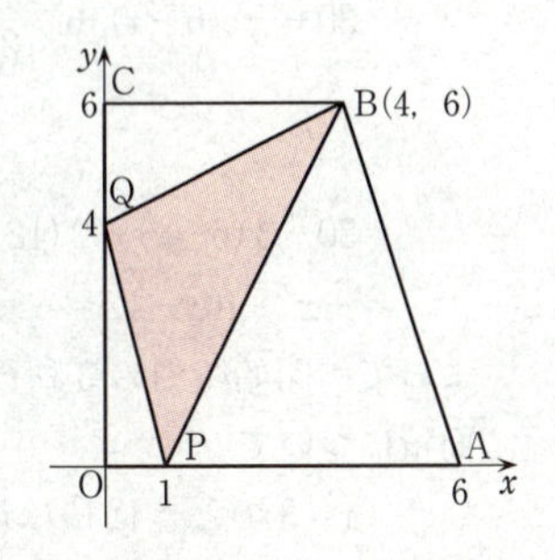

よって，開始時刻から１秒後の△PBQの面積は，台形OABCの面積から△ABP，△BCQ，△OPQの面積を引けばよいから

$$\frac{1}{2}\cdot(4+6)\cdot6-\frac{1}{2}\cdot5\cdot6-\frac{1}{2}\cdot2\cdot4-\frac{1}{2}\cdot1\cdot4$$

$$=30-15-4-2=\boxed{9}$$ →ア

(2) 開始時刻から x 秒後 $(0\leqq x\leqq3)$ の点P，Qの座標は

$P(x,\ 0)$，$Q(0,\ 6-2x)$

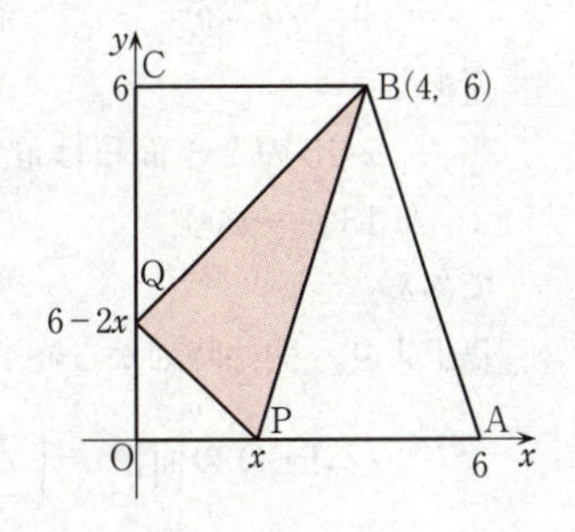

なので

$PA=6-x$，$CQ=6-(6-2x)=2x$

$OP=x$，$OQ=6-2x$

これより，開始時刻から３秒間の△PBQの面積は，(1)と同様にして

$$30-\frac{1}{2}\cdot(6-x)\cdot6-\frac{1}{2}\cdot2x\cdot4-\frac{1}{2}\cdot x\cdot(6-2x)$$

$$=30-3(6-x)-4x-x(3-x)$$

$$=x^2-4x+12=(x-2)^2+8\quad(0\leqq x\leqq3)$$

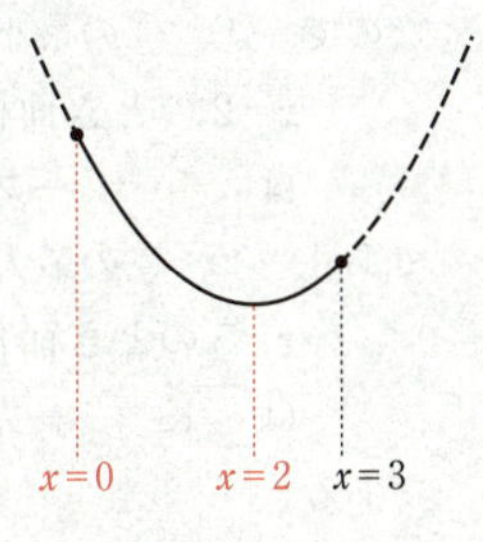

よって，開始時刻から３秒間の△PBQの面積について

$x=2$ のとき面積は最小となり，面積の最小値は

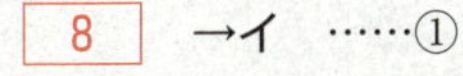
$\boxed{8}$ →イ ……①

であり

$x=0$ のとき面積は最大となり，面積の最大値は $\boxed{12}$ →ウエ ……②

である。

(3) 開始時刻の３秒後から６秒後までの△PBQの面積について考える。開始時刻から x 秒後 $(3\leqq x\leqq6)$ の点P，Qの座標は

$P(x,\ 0)$，$Q(0,\ 2x-6)$

なので

$PA=6-x$，$CQ=6-(2x-6)=12-2x$

$\mathrm{OP}=x,\ \mathrm{OQ}=2x-6$

これより，開始時刻の３秒後から６秒後までの△PBQの面積は，(1)と同様にして

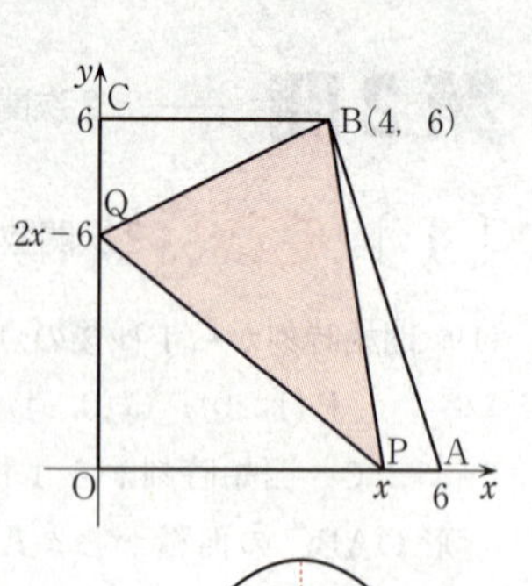

$$30-\frac{1}{2}\cdot(6-x)\cdot 6-\frac{1}{2}\cdot(12-2x)\cdot 4-\frac{1}{2}\cdot x\cdot(2x-6)$$

$$=30-3(6-x)-2(12-2x)-x(x-3)$$

$$=-x^2+10x-12=-(x-5)^2+13 \quad (3\leqq x\leqq 6)$$

$x=3$　$x=5$　$x=6$

よって，開始時刻の３秒後から６秒後までの△PBQの面積について

$x=3$ のとき面積は最小となり，面積の最小値は

9　……③

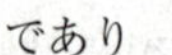

であり

$x=5$ のとき面積は最大となり，面積の最大値は

13　……④

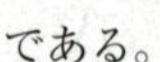

である。

以上より，開始時刻から終了時刻までの△PBQの面積について

$$(\triangle\mathrm{PBQ}\text{の面積})=\begin{cases}(x-2)^2+8 & (0\leqq x\leqq 3)\\ -(x-5)^2+13 & (3\leqq x\leqq 6)\end{cases}$$

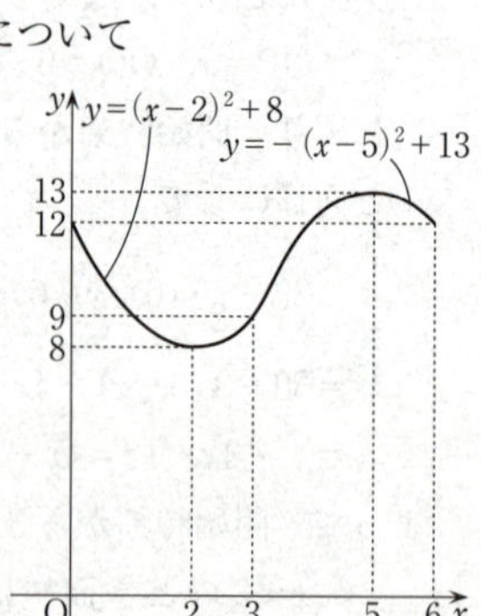

なので，①，③の最小値を比較すれば

$x=2$ のとき面積は最小となり，面積の最小値は 8 →オ

であり，②，④の最大値を比較すれば

$x=5$ のとき面積は最大となり，面積の最大値は 13 →カキ

である。

(4)　開始時刻から x 秒後（$0\leqq x\leqq 6$）の△PBQの面積について，面積が10以下となる時刻を求めると

• $0\leqq x\leqq 3$ のとき，（△PBQの面積）$=x^2-4x+12$ だから

$$x^2-4x+12\leqq 10$$

$$x^2-4x+2\leqq 0$$

$$2-\sqrt{2}\leqq x\leqq 2+\sqrt{2}$$

$0\leqq x\leqq 3$ なので　$2-\sqrt{2}\leqq x\leqq 3$　……⑤

• $3\leqq x\leqq 6$ のとき，（△PBQの面積）$=-x^2+10x-12$ だから

$-x^2+10x-12\leqq 10$

$x^2-10x+22\geqq 0$

$x\leqq 5-\sqrt{3}$，$5+\sqrt{3}\leqq x$

$3\leqq x\leqq 6$ なので　$3\leqq x\leqq 5-\sqrt{3}$　……⑥

よって，△PBQ の面積について，面積が 10 以下となる時刻は，⑤，⑥より

$2-\sqrt{2}\leqq x\leqq 5-\sqrt{3}$

以上より，開始時刻から終了時刻までの△PBQ の面積について，面積が 10 以下となる時間は

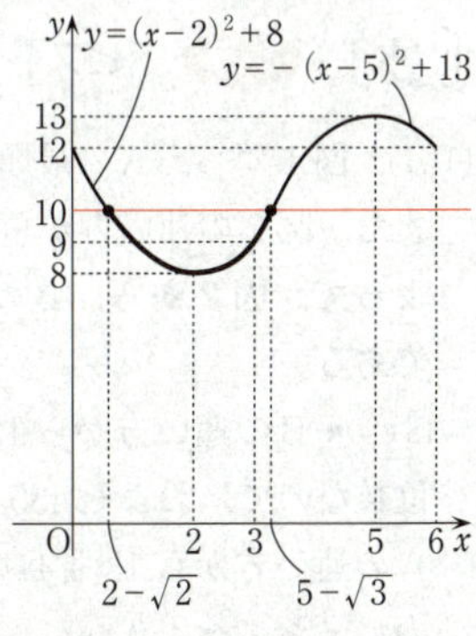

$(5-\sqrt{3})-(2-\sqrt{2})=($ 3 $-\sqrt{3}+\sqrt{2})$ 秒間　→ク，ケ，コ

解説

２次関数と図形の融合問題。台形の辺上を**規則**に従って動く点によって変化する三角形の面積に関する問題。２点Ｐ，Ｑの座標を，時刻を変数とした形に設定できるかどうかが鍵となる。

２点Ｐ，Ｑは**規則**に従って移動するので，移動の仕方を正確に把握する。

△PBQ の面積は，(台形 OABC の面積)－(△ABP の面積)－(△BCQ の面積)－(△OPQ の面積) で求まり，それぞれの面積は，(台形 OABC の面積)＝$\frac{1}{2}\cdot(\mathrm{BC}+\mathrm{OA})\cdot\mathrm{OC}$，(△ABP の面積)＝$\frac{1}{2}\cdot\mathrm{PA}\cdot$(点Ｂの y 座標)，(△BCQ の面積)＝$\frac{1}{2}\cdot\mathrm{CQ}\cdot\mathrm{BC}$，(△OPQ の面積)＝$\frac{1}{2}\cdot\mathrm{OP}\cdot\mathrm{OQ}$ で求まる。

(3)　点Ｑは，開始時刻の３秒後 $(x=3)$ に点Ｏ$(y=0)$ を出発して，６秒後 $(x=6)$ に点Ｃ$(y=6)$ に到達するまで，毎秒２の一定の速さで移動するので，開始時刻の３秒後から６秒後までの点Ｑの y 座標は $y=2(x-3)$ $(3\leqq x\leqq 6)$ と表せる。

開始時刻から終了時刻までの△PBQ の面積の最小値は，$0\leqq x\leqq 3$ の範囲における面積の最小値である①と，$3\leqq x\leqq 6$ の範囲における面積の最小値である③を比較して決定しなければならない。開始時刻から終了時刻までの△PBQ の面積の最大値についても同様で，②の最大値と④の最大値を比較して決定する必要がある。$y=(x-2)^2+8$ $(0\leqq x\leqq 3)$ と $y=-(x-5)^2+13$ $(3\leqq x\leqq 6)$ のグラフを図示するとわかりやすい。

(4)　$0\leqq x\leqq 3$ のとき (△PBQ の面積)$=x^2-4x+12$，$3\leqq x\leqq 6$ のとき (△PBQ の面積)$=-x^2+10x-12$ なので，△PBQ の面積が 10 以下となる x の値の範囲を，$0\leqq x\leqq 3$ のときと，$3\leqq x\leqq 6$ のときにおいてそれぞれ求めればよい。図を利用して，$0\leqq x\leqq 6$ の範囲における△PBQ の面積が 10 以下となる x の値の範囲を確認するとよい。

〔2〕 標準 《ヒストグラム，箱ひげ図，データの相関》

(1)(i)　図1から，Aの最頻値は階級510以上540未満 **⑧** →サ の階級値である。
また，図2の速い方から25番目と26番目の値が含まれる階級は450以上480未満。
よって，図2から，Bの中央値が含まれる階級は450以上480未満 **⑥** →シ
である。

(ii)　• Bの速い方から13番目の選手のベストタイムは，Bの箱ひげ図の第1四分位数なので，およそ435。
Aの速い方から13番目の選手のベストタイムは，Aの箱ひげ図の第1四分位数なので，およそ480。
この2つの値の差は，およそ(480－435＝)45。
よって，Bの速い方から13番目の選手のベストタイムは，Aの速い方から13番目の選手のベストタイムより，およそ45 **④** →ス 秒速い。
• Aの箱ひげ図より，Aの第1四分位数は，およそ480。Aの第3四分位数は，およそ535。
これより，Aの四分位範囲は，およそ(535－480＝)55。
Bの箱ひげ図より，Bの第1四分位数は，およそ435。Bの第3四分位数は，およそ485。
これより，Bの四分位範囲は，およそ(485－435＝)50。
したがって，Aの四分位範囲からBの四分位範囲を引いた差の絶対値は，およそ(|55－50|＝)5。
よって，Aの四分位範囲からBの四分位範囲を引いた差の絶対値は0以上20未満 **⓪** →セ である。

(iii)　式と表1を用いると，Bの1位の選手のベストタイムに対する z の値は

$$296 = 454 + z \times 45$$
$$45z = -158$$
$$z = -3.5\dot{1}$$

より

$$z = -\boxed{3}.\boxed{51}$$ →ソ，タチ

このことから

（Bの1位の選手のベストタイム）

＝（Bの平均値）＋（－3.51）×（Bの標準偏差）

となるので，Bの1位の選手のベストタイムは，平均値より標準偏差のおよそ3.51倍だけ小さいことがわかる。
また，式と表1を用いると，Aの1位の選手のベストタイムに対する z の値は

$376 = 504 + z \times 40$

$40z = -128$

$z = -3.2$

このことから

（Aの１位の選手のベストタイム）

＝（Aの平均値）＋（－3.2）×（Aの標準偏差）

となるので，Aの１位の選手のベストタイムは，平均値より標準偏差のおよそ3.2倍だけ小さいことがわかる。

したがって，**ベストタイムで比較するとBの１位の選手の方が速く，z の値で比較するとBの１位の選手の方が優れている。**

よって，A，Bそれぞれにおける，１位の選手についての記述として，正しいものは ① →ツ である。

(2)(a) 図４より，マラソンのベストタイムの速い方から３番目までの選手の10000ｍのベストタイムは，３選手とも1670秒未満なので，**正しい**。

(b) マラソンと10000ｍの間の相関は，5000ｍと10000ｍの間の相関より弱いので，**誤り**。

よって，(a)，(b)の正誤の組合せとして正しいものは ① →テ である。

解説

実際のデータを扱ったデータの分析に関する問題。ヒストグラム，箱ひげ図，散布図の読み取りが中心で，標準的な内容である。後半では，z 値（z スコア）に関する新たな数式を導入し，データを比較する問題があり，目新しい。

(1)(i)・(ii) ヒストグラムにおける最頻値は，最も度数の大きい階級の階級値である。50個のデータを x_1，x_2，…，x_{50}（ただし，$x_1 \leqq x_2 \leqq \cdots \leqq x_{50}$）とすると，中央値は $\frac{x_{25}+x_{26}}{2}$ である。第１四分位数は x_{13}，第３四分位数は x_{38}，四分位範囲は「（第３四分位数）－（第１四分位数）」で求められる。

(iii) $z = -$ ソ . タチ は，空欄に合うように四捨五入する必要がある。その指示は問題文にはないが，「解答上の注意」の４に記載されている。

A，Bそれぞれにおける１位の選手を，z の値で比較するとき，A，Bそれぞれにおいて，１位の選手のベストタイムが，平均値を基準として，データの散らばりの度合いを表す標準偏差よりもどれだけ小さいかを考えている。したがって，z の値で比較した場合，z の値が小さい方が優れているといえる。この問題では，（Bの１位の選手のベストタイムに対する z の値 $z = -3.51$）＜（Aの１位の選手のベストタイムに対する z の値 $z = -3.2$）であるから，z の値で比較すると，Bの１位の選手の方が優れている。

第3問 標準 場合の数と確率 《確率》

(1)(i)　2回の試行ですべての取り出し方は 2^2 通り。

2回の試行でA，Bがそろっている取り出し方は

• 1回目の試行で[A]が取り出され，2回目の試行で[B]が取り出される。

• 1回目の試行で[B]が取り出され，2回目の試行で[A]が取り出される。

のどちらかなので，2通り。

よって，2回の試行でA，Bがそろっている確率は

$$\frac{2}{2^2}=\frac{\boxed{1}}{\boxed{2}}\quad\to\frac{ア}{イ}$$

1回目	2回目
[A]	[B]
[B]	[A]

(ii)　3回の試行でA，Bがそろっている確率を求める。

3回の試行ですべての取り出し方は 2^3 通り。

3回の試行のうち[A]を1回，[B]を2回取り出す取り出し方は3通り。

3回の試行のうち[A]を2回，[B]を1回取り出す取り出し方も同様に3通り。

1回目	2回目	3回目
[A]	[B]	[B]
[B]	[A]	[B]
[B]	[B]	[A]

1回目	2回目	3回目
[B]	[A]	[A]
[A]	[B]	[A]
[A]	[A]	[B]

したがって，3回の試行でA，Bがそろっている取り出し方は $2\times3=\boxed{6}$ →ウ 通りあることがわかる。

よって，3回の試行でA，Bがそろっている確率は

$$\frac{6}{2^3}=\frac{3}{4}$$

(iii)　4回の試行ですべての取り出し方は 2^4 通り。

4回の試行でA，Bがそろっているのは

(ア)　4回の試行のうち[A]を1回，[B]を3回取り出す。

(イ)　4回の試行のうち[A]を2回，[B]を2回取り出す。

(ウ)　4回の試行のうち[A]を3回，[B]を1回取り出す。

のいずれかである。(ア)，(イ)，(ウ)のそれぞれの取り出し方を求めると

(ア)　${}_4C_1\times{}_3C_3=4\times1=4$ 通り

(イ)　${}_4C_2\times{}_2C_2=6\times1=6$ 通り

(ウ)　${}_4C_3\times{}_1C_1=4\times1=4$ 通り

したがって，4回の試行でA，Bがそろっている取り出し方は，(ア)〜(ウ)より，

$4+6+4=\boxed{14}$ →エオ 通りある。

よって，4回の試行でA，Bがそろっている確率は

$$\frac{14}{2^4}=\frac{\boxed{7}}{\boxed{8}}\quad\to\frac{カ}{キ}$$

別解 (iii) 4回の試行ですべての取り出し方は 2^4 通り。

4回の試行でA，Bがそろっている事象の余事象を考える。

4回の試行でA，Bがそろっていない取り出し方は

- 4回の試行でⒶだけが取り出される。
- 4回の試行でⒷだけが取り出される。

のどちらかなので，2通り。

したがって，4回の試行でA，Bがそろっている取り出し方は，余事象を考えて，$2^4-2=14$ 通りある。

よって，4回の試行でA，Bがそろっている確率は

$$\frac{14}{2^4}=\frac{7}{8}$$

(2)(i) 3回の試行ですべての取り出し方は 3^3 通り。

3回目の試行で初めてA，B，Cがそろうのは，3回の試行でⒶ，Ⓑ，Ⓒを1回ずつ取り出すときである。

したがって，3回目の試行で初めてA，B，Cがそろう取り出し方は $3!=$ 6 →ク 通りある。

よって，3回目の試行で初めてA，B，Cがそろう確率は

$$\frac{6}{3^3}=\frac{2}{9}$$

である。

(ii) 4回目の試行で初めてA，B，Cがそろう確率を求める。

4回の試行ですべての取り出し方は 3^4 通り。

3回の試行でA，Bだけがそろい，かつ4回目の試行で初めてⒸが取り出される取り出し方を考えると，(1)(ii)の結果より

$6\times1=6$ 通り

4回目の試行で初めてⒶあるいはⒷが取り出される取り出し方も同様にそれぞれ6通り。

したがって，4回目の試行で初めてA，B，Cがそろう取り出し方は，(1)(ii)を振り返ることにより，$3\times6=18$ 通りあることがわかる。

よって，4回目の試行で初めてA，B，Cがそろう確率は

$$\frac{18}{3^4}=\frac{2}{9} \quad \to \frac{ケ}{コ}$$

(iii) 5回の試行ですべての取り出し方は 3^5 通り。

4回の試行でA，Bだけがそろい，かつ5回目の試行で初めてⒸが取り出される取り出し方を考えると，(1)(iii)の結果より

$14\times1=14$ 通り

5回目の試行で初めて[A]あるいは[B]が取り出される取り出し方も同様にそれぞれ14通り。

したがって，5回目の試行で初めてA，B，Cがそろう取り出し方は$3\times14=$ [42] →サシ 通りある。

よって，5回目の試行で初めてA，B，Cがそろう確率は

$$\frac{42}{3^5}=\frac{14}{81}$$

である。

(3)　6回目の試行で初めてA，B，C，Dがそろう確率について考える。

6回の試行ですべての取り出し方は4^6通り。

5回目までに[A]，[B]，[C]のそれぞれが少なくとも1回は取り出され，かつ6回目に初めて[D]が取り出される場合を考える。

そのために，初めてA，B，Cだけがそろうのが，3回目のとき，4回目のとき，5回目のときで分けて考えてみる。

6回の試行のうち3回目の試行で初めてA，B，Cだけがそろう取り出し方が，(2)(i)より，6通りであることに注意すると，「6回の試行のうち3回目の試行で初めてA，B，Cだけがそろい，かつ6回目の試行で初めて[D]が取り出される」取り出し方は，4回目と5回目の試行で[A]，[B]，[C]のいずれかが取り出され，6回目の試行で初めて[D]が取り出されるときなので，$6\times3\times3\times1=$ [54] →スセ 通りあることがわかる。

同じように考えると，6回の試行のうち4回目の試行で初めてA，B，Cだけがそろう取り出し方が，(2)(ii)より，18通りであることに注意すると，「6回の試行のうち4回目の試行で初めてA，B，Cだけがそろい，かつ6回目の試行で初めて[D]が取り出される」取り出し方は，5回目の試行で[A]，[B]，[C]のいずれかが取り出され，6回目の試行で初めて[D]が取り出されるときなので，$18\times3\times1=$ [54] →ソタ 通りあることもわかる。

同様に，6回の試行のうち5回目の試行で初めてA，B，Cだけがそろう取り出し方が，(2)(iii)より，42通りであることに注意すると，「6回の試行のうち5回目の試行で初めてA，B，Cだけがそろい，かつ6回目の試行で初めて[D]が取り出される」取り出し方は，$42\times1=42$通りあることもわかる。

これより，5回目までに[A]，[B]，[C]のそれぞれが少なくとも1回は取り出され，かつ6回目に初めて[D]が取り出される取り出し方は

$54+54+42=150$ 通り

6回目に初めて[A]あるいは[B]あるいは[C]が取り出される場合も同様にそれぞれ150

通り。

したがって，6回目の試行で初めてA，B，C，Dがそろう取り出し方は，4×150 通り。

よって，6回目の試行で初めてA，B，C，Dがそろう確率は

$$\frac{4\times150}{4^6}=\frac{75}{4^4\times2}=\frac{75}{512}\quad\rightarrow\frac{チツ}{テトナ}$$

であることがわかる。

解説

箱の中からアルファベットが書かれたカードを取り出す確率の問題。問題の分量が多く，文章量も多いが，誘導は丁寧である。

(1)(i)・(ii)　(1)(ii)の問題文にあるように，題意を満たす取り出し方をすべて列挙することで，取り出し方の総数を求めることもできる。

(iii)　(1)(ii)の問題文と同様に，題意を満たす取り出し方をすべて列挙してもよいが，試行の回数やカードの枚数が増えると取り出し方の総数が多くなるので，順列と組合せの考え方を利用する。例えば，(ア)の取り出し方を求めるには，4つの□からAが入る□を1つ選ぶ方法が $_4C_1$ 通り，残りの3つの□からBが入る□を3つ選ぶ方法が $_3C_3$ 通りだから，(ア)の取り出し方は $_4C_1\times{}_3C_3$ 通りと考える。

1回目	2回目	3回目	4回目
□	□	□	□

また，〔別解〕において余事象を考えている。4回の試行でA，Bがそろっているとは，4回の試行でⒶ，Ⓑのそれぞれが少なくとも1回は取り出されることを意味するから，余事象を考える場合，4回の試行でⒶ，Ⓑのどちらか一方だけが取り出されることを考える。

(2)(i)　3回目の試行で初めてA，B，Cがそろうには，3回の試行でⒶ，Ⓑ，Ⓒを1回ずつ取り出せばよいから，A，B，Cの順列の総数を考えれば，3回目の試行で初めてA，B，Cがそろう取り出し方は $_3P_3=3!$ 通り。

(ii)　3回の試行でA，Bだけがそろうのは(1)(ii)の結果より6通り，4回目の試行でⒸが取り出されるのは1通りだから，3回の試行でA，Bだけがそろい，かつ4回目の試行で初めてⒸが取り出される取り出し方は，6×1 通り。

4回目の試行で初めてA，B，Cがそろうのは

- 3回の試行でA，Bだけがそろい，かつ4回目の試行で初めてⒸが取り出される。
- 3回の試行でB，Cだけがそろい，かつ4回目の試行で初めてⒶが取り出される。
- 3回の試行でA，Cだけがそろい，かつ4回目の試行で初めてⒷが取り出される。

のいずれかであり，いずれの取り出し方もそれぞれ6通りである。

(iii)　(ii)と同様に考える。

5回目の試行で初めてA，B，Cがそろうのは

- 4回の試行でA，Bだけがそろい，かつ5回目の試行で初めて[C]が取り出される。
- 4回の試行でB，Cだけがそろい，かつ5回目の試行で初めて[A]が取り出される。
- 4回の試行でA，Cだけがそろい，かつ5回目の試行で初めて[B]が取り出される。

のいずれかであり，いずれの取り出し方もそれぞれ14通りである。

(3)　5回目までに[A]，[B]，[C]のそれぞれが少なくとも1回は取り出され，かつ6回目に初めて[D]が取り出される場合については，問題文に，初めてA，B，Cだけがそろうのが，3回目のとき，4回目のとき，5回目のときで分けて考える誘導が与えられているので，それに従い求めれば，$54+54+42=150$ 通りであることがわかる。

6回目の試行で初めてA，B，C，Dがそろうのは

- 5回目までに[A]，[B]，[C]のそれぞれが少なくとも1回は取り出され，かつ6回目に初めて[D]が取り出される。
- 5回目までに[B]，[C]，[D]のそれぞれが少なくとも1回は取り出され，かつ6回目に初めて[A]が取り出される。
- 5回目までに[A]，[C]，[D]のそれぞれが少なくとも1回は取り出され，かつ6回目に初めて[B]が取り出される。
- 5回目までに[A]，[B]，[D]のそれぞれが少なくとも1回は取り出され，かつ6回目に初めて[C]が取り出される。

のいずれかであり，いずれの取り出し方もそれぞれ150通りである。

第4問 やや難 整数の性質 《n 進法，最小公倍数，不定方程式》

(1) 10 進数の 40 を 6 進数で表すと

$$40=1\cdot6^2+0\cdot6^1+4\cdot6^0=104_{(6)}$$

よって，T6 は，スタートしてから 10 進数で 40 秒後に 104 →**アイウ** と表示される。

2 進数の $10011_{(2)}$ を 10 進数で表すと

$$10011_{(2)}=1\cdot2^4+0\cdot2^3+0\cdot2^2+1\cdot2^1+1\cdot2^0=19$$

だから，10 進数の 19 を 4 進数で表せば

$$19=1\cdot4^2+0\cdot4^1+3\cdot4^0=103_{(4)}$$

よって，T4 は，スタートしてから 2 進数で $10011_{(2)}$ 秒後に 103 →**エオカ** と表示される。

(2) T4 は，333 と表示された 1 秒後に表示が 000 に戻るから，T4 をスタートさせた後，初めて表示が 000 に戻るのは，スタートしてから 4 進数で $333_{(4)}+1_{(4)}=1000_{(4)}$ 秒後である。

4 進数の $1000_{(4)}$ を 10 進数で表すと

$$1000_{(4)}=1\cdot4^3+0\cdot4^2+0\cdot4^1+0\cdot4^0=64$$

よって，T4 をスタートさせた後，初めて表示が 000 に戻るのは，スタートしてから 10 進数で 64 →**キク** 秒後であり，その後も 64 秒ごとに表示が 000 に戻る。

同様の考察を T6 に対しても行うと，T6 は，555 と表示された 1 秒後に表示が 000 に戻るから，T6 をスタートさせた後，初めて表示が 000 に戻るのは，スタートしてから 6 進数で $555_{(6)}+1_{(6)}=1000_{(6)}$ 秒後である。

6 進数の $1000_{(6)}$ を 10 進数で表すと

$$1000_{(6)}=1\cdot6^3+0\cdot6^2+0\cdot6^1+0\cdot6^0=216$$

よって，T6 をスタートさせた後，初めて表示が 000 に戻るのは，スタートしてから 10 進数で 216 秒後であり，その後も 216 秒ごとに表示が 000 に戻る。

T4 と T6 を同時にスタートさせた後，初めて両方の表示が同時に 000 に戻るのは，64（$=2^6$）と 216（$=2^3\cdot3^3$）の最小公倍数を求めれば，$2^6\cdot3^3=64\cdot27=1728$ なので，スタートしてから 10 進数で 1728 →**ケコサシ** 秒後であることがわかる。

(3) 4 進数の $012_{(4)}$ を 10 進数で表すと

$$012_{(4)}=0\cdot4^2+1\cdot4^1+2\cdot4^0=6$$

T4 は 000 と表示されてから 10 進数で 6 秒後に 012 と表示されるから，(2)より，T4 はスタートしてから 10 進数で 64 秒ごとに表示が 000 に戻ることに注意すると，T4 をスタートさせた ℓ 秒後に T4 が 012 と表示されることと

ℓ を 64 →**スセ** で割った余りが 6 →**ソ** であること ……①

は同値である。

T3についても同様の考察を行い，3進数の$012_{(3)}$を10進数で表すと

$$012_{(3)}=0\cdot3^2+1\cdot3^1+2\cdot3^0=5$$

T3は，222と表示された1秒後に表示が000に戻るから，T3をスタートさせた後，初めて表示が000に戻るのは，スタートしてから3進数で$222_{(3)}+1_{(3)}=1000_{(3)}$秒後である。

3進数の$1000_{(3)}$を10進数で表すと

$$1000_{(3)}=1\cdot3^3+0\cdot3^2+0\cdot3^1+0\cdot3^0=27$$

なので，T3をスタートさせた後，初めて表示が000に戻るのは，スタートしてから10進数で27秒後であり，その後も27秒ごとに表示が000に戻る。

したがって，T3は000と表示されてから10進数で5秒後に012と表示されるから，T3はスタートしてから10進数で27秒ごとに表示が000に戻ることに注意すると，T3をスタートさせたℓ秒後にT3が012と表示されることと

　　ℓを27で割った余りが5であること　……②

は同値である。

T3とT4を同時にスタートさせてから，ℓ秒後に両方が同時に012と表示されるとすると，①，②はそれぞれ，a，bを0以上の整数として

$$\ell=64\times a+6\quad\cdots\cdots③,\quad \ell=27\times b+5\quad\cdots\cdots④$$

と表される。

③，④より，ℓを消去して

$$64a+6=27b+5$$

$$27b-64a=1\quad\cdots\cdots⑤$$

ここで，27と64にユークリッドの互除法を用いると

$$64=27\cdot2+10\qquad\therefore\quad 10=64-27\cdot2$$

$$27=10\cdot2+7\qquad\therefore\quad 7=27-10\cdot2$$

$$10=7\cdot1+3\qquad\therefore\quad 3=10-7\cdot1$$

$$7=3\cdot2+1\qquad\therefore\quad 1=7-3\cdot2$$

であるから

$$\begin{aligned}1&=7-3\cdot2\\&=7-(10-7\cdot1)\cdot2\\&=7\cdot3-10\cdot2\\&=(27-10\cdot2)\cdot3-10\cdot2\\&=27\cdot3-10\cdot8\\&=27\cdot3-(64-27\cdot2)\cdot8\\&=27\cdot19-64\cdot8\end{aligned}$$

したがって，$27\cdot19-64\cdot8=1$ ……⑥ が成り立つから，⑤－⑥ より

$$27(b-19)-64(a-8)=0$$

$$27(b-19)=64(a-8)$$

27 と 64 は互いに素だから，c を 0 以上の整数として

$$a-8=27c,\ b-19=64c$$

$$\therefore\ a=27c+8,\ b=64c+19$$

と表せる。

T3 と T4 を同時にスタートさせてから，初めて両方が同時に 012 と表示されるまでの時間を求めるためには，③より最小となるような 0 以上の整数 a を求めればよい。

0 以上の整数 a が最小となるのは，$c=0$ のときだから

$$a=27\cdot0+8=8$$

よって，T3 と T4 を同時にスタートさせてから，初めて両方が同時に 012 と表示されるまでの時間を m 秒とするとき，③に $a=8$ を代入して，m は 10 進法で

$m=64\times8+6=$ **518** →タチツ

と表される。

また，6 進数の $012_{(6)}$ を 10 進数で表すと

$$012_{(6)}=0\cdot6^2+1\cdot6^1+2\cdot6^0=8$$

T6 は 000 と表示されてから 10 進数で 8 秒後に 012 と表示されるから，(2)より，T6 はスタートしてから 10 進数で 216 秒ごとに表示が 000 に戻ることに注意すると，T6 をスタートさせた ℓ 秒後に T6 が 012 と表示されることと

ℓ を 216 で割った余りが 8 であること ……⑦

は同値である。

T4 と T6 を同時にスタートさせてから，ℓ 秒後に両方が同時に 012 と表示されるとすると，①，⑦はそれぞれ，x，y を 0 以上の整数として

$\ell=64\times x+6$ ……⑧，$\ell=216\times y+8$ ……⑨

と表される。

⑧，⑨より，ℓ を消去して

$$64x+6=216y+8$$

$$64x-216y=2$$

$$32x-108y=1$$

$4(8x-27y)=1$ ……⑩

x，y は 0 以上の整数より，$8x-27y$ は整数なので，⑩の左辺は偶数，⑩の右辺は奇数となるから，⑩を満たす x，y は存在しない。

よって，T4 と T6 を同時にスタートさせてから，両方が同時に 012 と表示されることはない。 **③** →テ

解説

3進数，4進数，6進数を3桁表示するタイマーに関する問題。問題文に1次不定方程式を利用することの直接的な誘導はないため，1次不定方程式をどのように利用するかまでを自分自身で考える必要があり，整数の性質についての理解が問われる問題である。

(1)　T6は，6進数を3桁表示するタイマーなので，10進数の40を6進数で表せばよい。

T4は，4進数を3桁表示するタイマーなので，2進数の$10011_{(2)}$を4進数で表せばよいから，まず2進数の$10011_{(2)}$を10進数で表した後に4進数で表す。

(2)　T4はスタートしてから10進数で64秒ごとに表示が000に戻り，T6はスタートしてから10進数で216秒ごとに表示が000に戻るから，T4とT6を同時にスタートさせた後，初めて両方の表示が同時に000に戻るのは，64と216の最小公倍数を考えればよいことがわかる。

また，p，qを自然数として，64の倍数$64p$と216の倍数$216q$が等しくなる場合を考えて，$64p=216q$，両辺を8で割って，$8p=27q$から，8と27は互いに素だから，初めて両方の表示が000に戻るのは，$p=27$，$q=8$となることより，$64\times 27=1728$を求めてもよい。

(3)　(2)の結果から，T4はスタートしてから10進数で64秒ごとに表示が000に戻ることがポイントとなる。

T3についても同様の考察を行うことで，T3はスタートしてから10進数で27秒ごとに表示が000に戻ることがポイントであることもわかる。

①，②が得られたことから，1次不定方程式の利用を考える。まずは，T3とT4を同時にスタートさせてから，両方が同時に012と表示されるまでの時間について考え，そこから，<u>初めて</u>両方が同時に012と表示されるまでの時間について考えている。

また，T4とT6の表示に関しても，T3とT4の表示に関しての場合と同様にして考えると，⑩を満たすx，yが存在しないので，T4とT6を同時にスタートさせてから，両方が同時に012と表示されることはないことがわかる。

第5問 標準 図形の性質 《メネラウスの定理，方べきの定理》

(1) △AQD と直線 CE に着目すると，メネラウスの定理を用いて

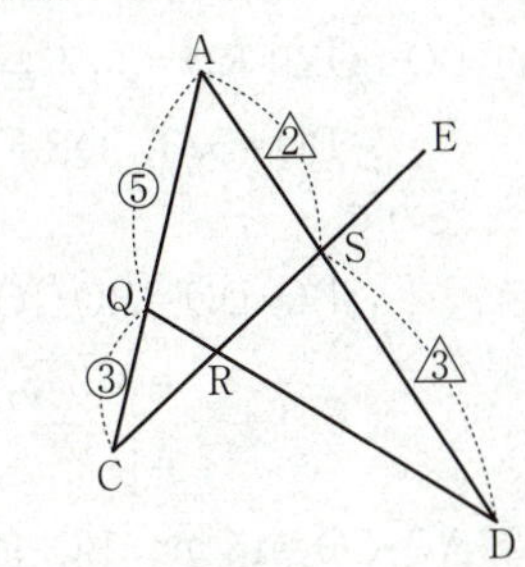

$$\frac{QR}{RD}\cdot\frac{DS}{SA}\cdot\frac{AC}{CQ}=1 \quad \boxed{0} \quad \to ア$$

が成り立つので

$$\frac{QR}{RD}\cdot\frac{3}{2}\cdot\frac{8}{3}=1 \qquad \therefore \quad \frac{QR}{RD}=\frac{1}{4}$$

すなわち

$$QR:RD=\boxed{1}:\boxed{4} \quad \to イ，ウ$$

また，△AQD と直線 BE に着目すると，

メネラウスの定理を用いて

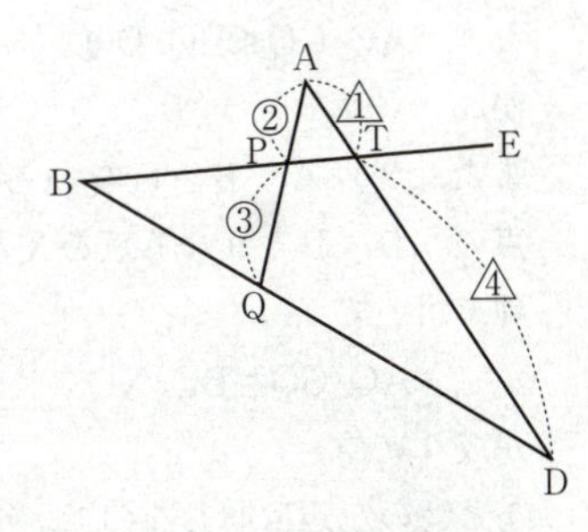

$$\frac{QP}{PA}\cdot\frac{AT}{TD}\cdot\frac{BD}{QB}=1$$

$$\frac{3}{2}\cdot\frac{1}{4}\cdot\frac{BD}{QB}=1$$

$$\therefore \quad \frac{BD}{QB}=\frac{8}{3}$$

すなわち

$$QB:BD=\boxed{3}:\boxed{8} \quad \to エ，オ$$

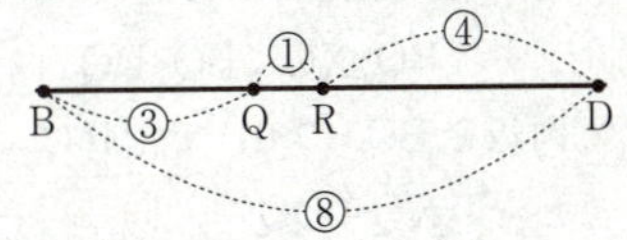

したがって

$$BQ:QR:RD=3:1:4$$

となることがわかる。

(2)(i) 5点A，P，Q，S，Tに着目すると，

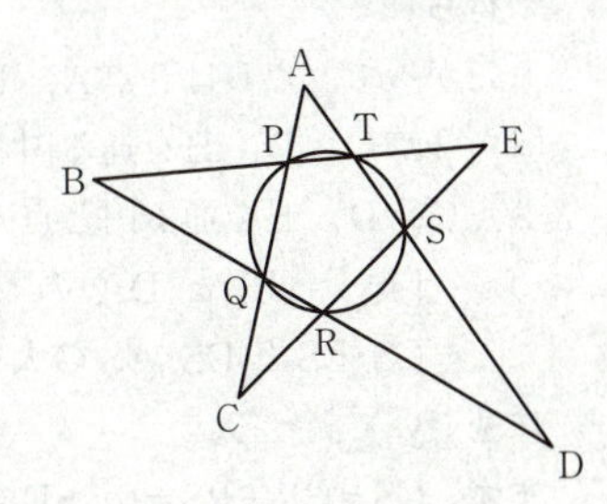

AP：PQ：QC＝2：3：3，AC＝8 より

$$AP=2,\ PQ=3,\ QC=3$$

であり，方べきの定理を用いて

$$\begin{aligned}AT\cdot AS&=AP\cdot AQ\\&=AP\cdot(AP+PQ)\\&=2\cdot5=10\end{aligned}$$

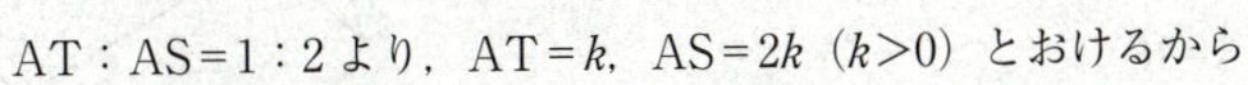

AT：AS＝1：2 より，AT＝k，AS＝$2k$ ($k>0$) とおけるから

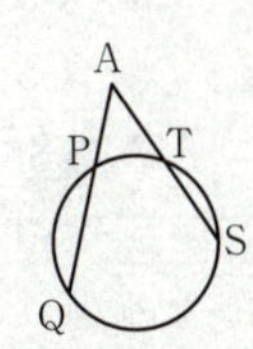

$$k\cdot2k=10 \qquad k^2=5$$

$k>0$ なので　$k=\sqrt{5}$

よって　$AT=(k=)\sqrt{\boxed{5}}$ →カ

さらに，5点D，Q，R，S，Tに着目すると $DR=4\sqrt{3}$ となることがわかる。

(ii)　3点A，B，Cを通る円と点Dとの位置関係を，**構想**に基づいて調べる。

まず，$AQ=5$，$QC=3$なので

$$AQ\cdot CQ=5\cdot 3=15$$

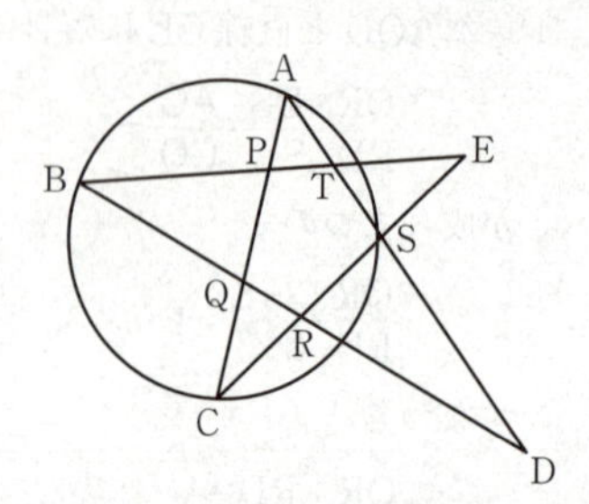

$BQ:QR:RD=3:1:4$，$DR=4\sqrt{3}$より

$$BQ=3\sqrt{3},\ QR=\sqrt{3},\ DR=4\sqrt{3}$$

なので

$$BQ\cdot DQ=BQ\cdot(QR+DR)$$
$$=3\sqrt{3}\cdot 5\sqrt{3}$$
$$=\boxed{45}\quad \rightarrow キク$$

$AQ\cdot CQ=15$かつ$BQ\cdot DQ=45$であるから

$$AQ\cdot CQ<BQ\cdot DQ\quad \boxed{⓪}\quad \rightarrow ケ\quad \cdots\cdots①$$

が成り立つ。

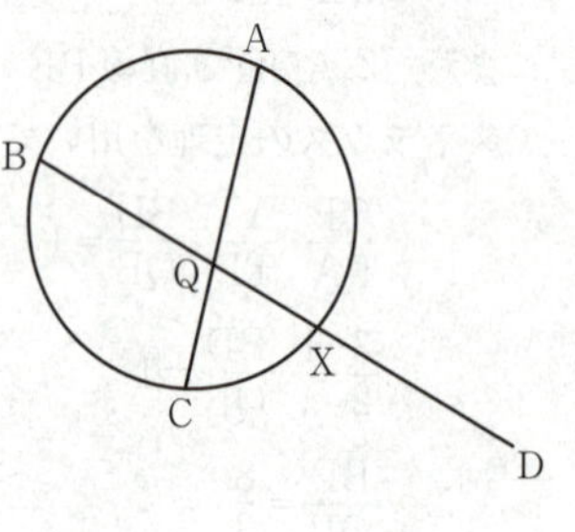

また，3点A，B，Cを通る円と直線BDとの交点のうち，Bと異なる点をXとすると，方べきの定理を用いて

$$AQ\cdot CQ=BQ\cdot XQ\quad \boxed{①}\quad \rightarrow コ\quad \cdots\cdots②$$

が成り立つ。

①と②の左辺は同じなので，①と②の右辺を比べることにより

$$BQ\cdot XQ<BQ\cdot DQ$$

両辺をBQ（>0）で割れば

$$XQ<DQ\quad \boxed{⓪}\quad \rightarrow サ$$

が得られる。

したがって，点Dは3点A，B，Cを通る円の**外部**　$\boxed{②}$　→シ にある。

(iii)　3点C，D，Eを通る円と2点A，Bとの位置関係について調べる。

3点C，D，Eを通る円と点Aとの位置関係を，

「線分CEとDAの交点Sに着目し，
CS・ESとDS・ASの大小を比べる」

に基づいて調べる。

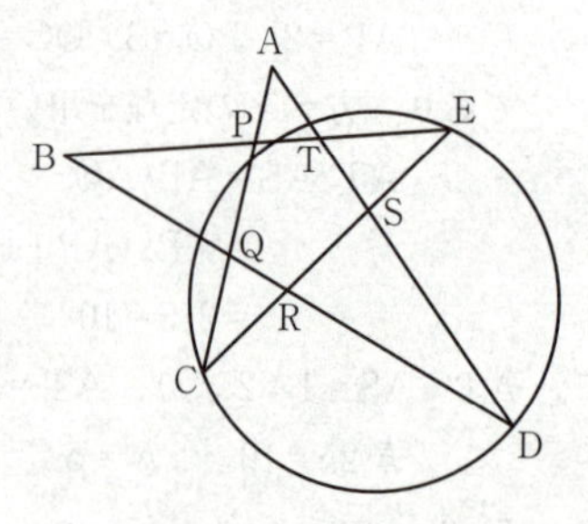

まず，$CS=CR+RS=6$，$SE=3$なので

$$CS\cdot ES=6\cdot 3=18$$

$AT:TS:SD=1:1:3$，$AT=\sqrt{5}$より

$$AT=\sqrt{5},\ TS=\sqrt{5},\ SD=3\sqrt{5}$$

なので

$$DS\cdot AS=DS\cdot(AT+TS)$$
$$=3\sqrt{5}\cdot 2\sqrt{5}=30$$

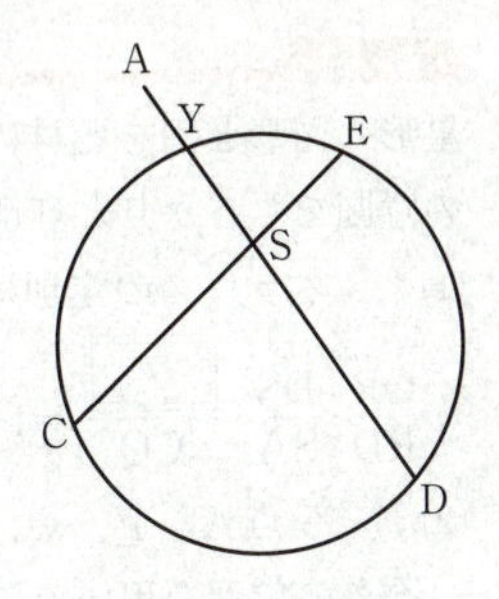

$CS\cdot ES=18$ かつ $DS\cdot AS=30$ であるから

$$CS\cdot ES<DS\cdot AS \quad \cdots\cdots③$$

が成り立つ。

また，３点Ｃ，Ｄ，Ｅを通る円と直線DAとの交点のうち，Ｄと異なる点をＹとすると，方べきの定理を用いて

$$CS\cdot ES=DS\cdot YS \quad \cdots\cdots④$$

が成り立つ。

③，④より

$$DS\cdot YS<DS\cdot AS$$

両辺をDS（>0）で割れば

$$YS<AS$$

が得られる。

したがって，点Aは３点Ｃ，Ｄ，Ｅを通る円の**外部** ② →ス にある。

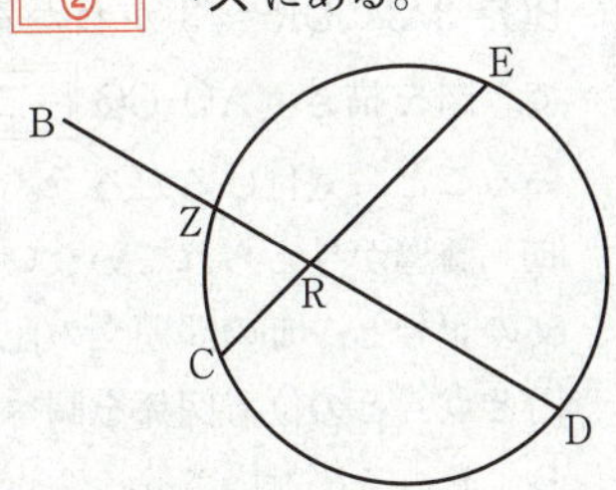

３点Ｃ，Ｄ，Ｅを通る円と点Bとの位置関係を，

「線分 CE と DB の交点Ｒに着目し，
CR・ERとDR・BRの大小を比べる」

に基づいて調べる。

まず，$CR=3$，$ER=SE+RS=6$ なので

$$CR\cdot ER=3\cdot 6=18$$

$DR=4\sqrt{3}$，$BR=BQ+QR=4\sqrt{3}$ なので

$$DR\cdot BR=4\sqrt{3}\cdot 4\sqrt{3}=48$$

$CR\cdot ER=18$ かつ $DR\cdot BR=48$ であるから

$$CR\cdot ER<DR\cdot BR \quad \cdots\cdots⑤$$

が成り立つ。

また，３点Ｃ，Ｄ，Ｅを通る円と直線DBとの交点のうち，Ｄと異なる点をＺとすると，方べきの定理を用いて

$$CR\cdot ER=DR\cdot ZR \quad \cdots\cdots⑥$$

が成り立つ。

⑤，⑥より

$$DR\cdot ZR<DR\cdot BR$$

両辺をDR（>0）で割れば

$$ZR<BR$$

が得られる。

したがって，点Bは３点Ｃ，Ｄ，Ｅを通る円の**外部** ② →セ にある。

解説

星形の図形と円を題材にした問題。メネラウスの定理，方べきの定理を用いる。誘導の意図をしっかりと理解し，題意を汲み取ることが重要な問題である。

(1)　メネラウスの定理は頻出である。$\triangle$AQD と直線 CE に着目して，与えられた式

$\dfrac{QR}{RD}\cdot\dfrac{DS}{SA}\cdot\dfrac{\boxed{ア}}{CQ}=1$ を眺めれば，メネラウスの定理を用いることに気付ける。

(2)(i)　5点A，P，Q，S，Tに着目すれば，方べきの定理は頻出であるから，方べきの定理を用いることに気付けるだろう。

問題文中に $DR=4\sqrt{3}$ は与えられているが，求める場合には，5点A，P，Q，S，Tに着目して AT の長さを求めた手順と同様にすることで，5点D，Q，R，S，Tに着目することから $DR=4\sqrt{3}$ の長さを求めることができる。

(ii)　(i)において $DR=4\sqrt{3}$ が与えられているので，BQ：QR：RD＝3：1：4より，$BQ=3\sqrt{3}$，$QR=\sqrt{3}$ がわかるから，BQ·DQ の値が求まる。また，構想に基づいて，図を描き，AQ·CQ $\boxed{コ}$ BQ·XQ　……② を眺めれば，方べきの定理を用いることに気付けるだろう。

(iii)　誘導が与えられていないので，(ii)と同様にして求める。そのために，(ii)の問題文の記号と，(iii)の問題文の記号を対応させながら考えれば，3点C，D，Eを通る円と点Aとの位置関係を調べる場合には，(ii)のA，B，C，Dをそれぞれ(iii)ではC，D，E，Aに対応させ，3点C，D，Eを通る円と点Bとの位置関係を調べる場合には，(ii)のA，B，C，Dをそれぞれ(iii)ではC，D，E，Bに対応させればよいことがわかる。

数学Ⅱ・数学B　本試験

問題番号(配点)	解答記号	正　解	配点	チェック
第1問(30)	ア	3	1	
	イウ	10	1	
	(エ，オ)	(1，0)	2	
	カ	⓪	3	
	キ	⑤	3	
	ク	②	2	
	ケ	②	3	
	コサ，シ	−2，3	2	
	ス，セ	2，1	2	
	ソタ	12	1	
	チ	③	3	
	ツ	①	1	
	テ，ト	①，①	2	
	ナ	③	1*	
	ニヌ	−6	2	
	ネノ	14	1	

問題番号(配点)	解答記号	正　解	配点	チェック
第2問(30)	$\frac{\text{ア}}{\text{イ}}$	$\frac{3}{2}$	2	
	ウ，エ	9，6	1	
	$\frac{\text{オ}}{\text{カ}}$，キ	$\frac{9}{2}$，6	2	
	ク	1	1	
	$\frac{\text{ケ}}{\text{コ}}$	$\frac{5}{2}$	1	
	サ	2	1	
	シ	2	1	
	ス	③	3	
	セ，ソ	⓪，⑤	2	
	タ	①	2	
	チ	①	4	
	ツ	②	2	
	テ	③	1	
	ト，ナ	④，②	3	
	ニ，ヌ	⓪，④	2	
	ネ	②	2	

問題番号(配点)	解答記号	正解	配点	チェック
第3問 (20)	ア	⓪	2	
	イ	③	2	
	ウ，エ	①，②	3	
	オ	⓪	3	
	カ	3	3	
	キク	33	3	
	$\frac{ケコ}{サ}$	$\frac{21}{8}$	4	
第4問 (20)	アイ，ウエ	24，38	2	
	オカ	14	2	
	キ，$\frac{ク}{ケ}$，コ	3，$\frac{1}{2}$，3	3	
	サ	1	1	
	シス，セソ	−3，−3	2	
	タ，チツ	1，40	3	
	テ	③	3	
	ト	④	4	

問題番号(配点)	解答記号	正解	配点	チェック
第5問 (20)	(ア，イウ，エ)	(1，−1，1)	2	
	オ	0	2	
	カ	②	3	
	キ，クケ，コサ	3，12，54	3	
	シ	①	3	
	ス	2	3	
	(セソ，タチ，ツテ) (トナ，ニヌ，ネノ)	(−3，12，−6) (−7，12，−2)	4	

（注）

1　＊は，解答記号テ，トが両方正解の場合のみ③を正解とし，点を与える。

2　第1問，第2問は必答。第3問～第5問のうちから2問選択。計4問を解答。

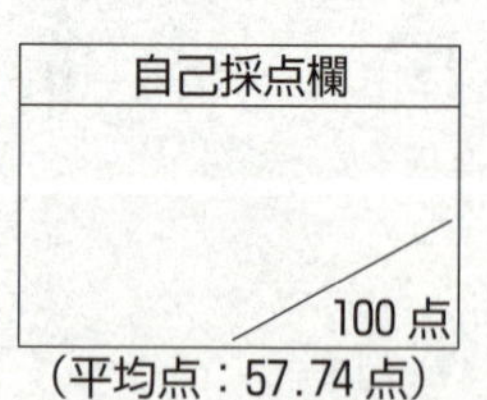

（平均点：57.74点）

第1問 —— 指数・対数関数，図形と方程式，いろいろな式

〔1〕 標準 《対数関数のグラフ，不等式の表す領域》

(1)(i)　$y=\log_3 x$ において，$x=27$ のとき $y=\log_3 27=\log_3 3^3=3\log_3 3=3$ であるから，この関数のグラフは点 (27，3) →ア を通る。

$y=\log_2\dfrac{x}{5}$ において，$y=1$ のとき $1=\log_2\dfrac{x}{5}$ より $\dfrac{x}{5}=2$ すなわち $x=10$ であるから，この関数のグラフは点 (10，1) →イウ を通る。

(ii)　$y=\log_k x$ において，$k>0$，$k\neq1$ を満たす任意の k に対して $x=1$ ならば $y=0$ であるから，この関数のグラフは，k の値によらず定点 (1，0) →エ，オ を通る。

(iii)　$y=\log_k x$ のグラフは，(ii)より定点 (1，0) を通り，かつ

$k=2$ のとき，点 (2，1)　($\log_2 2=1$)，

$k=3$ のとき，点 (3，1)　($\log_3 3=1$)，

$k=4$ のとき，点 (4，1)　($\log_4 4=1$)

を通るから，このグラフの概形は ⓪ →カ である。

$y=\log_2 kx$ のグラフは

$k=2$ のとき

点 $\left(\dfrac{1}{2},\ 0\right)$　$\left(\log_2\left(2\times\dfrac{1}{2}\right)=0\right)$　かつ　点 (1，1)，

$k=3$ のとき

点 $\left(\dfrac{1}{3},\ 0\right)$　$\left(\log_2\left(3\times\dfrac{1}{3}\right)=0\right)$　かつ

点 (1，$\log_2 3$)，

$k=4$ のとき

点 $\left(\dfrac{1}{4},\ 0\right)$　$\left(\log_2\left(4\times\dfrac{1}{4}\right)=0\right)$　かつ

点 (1，2)

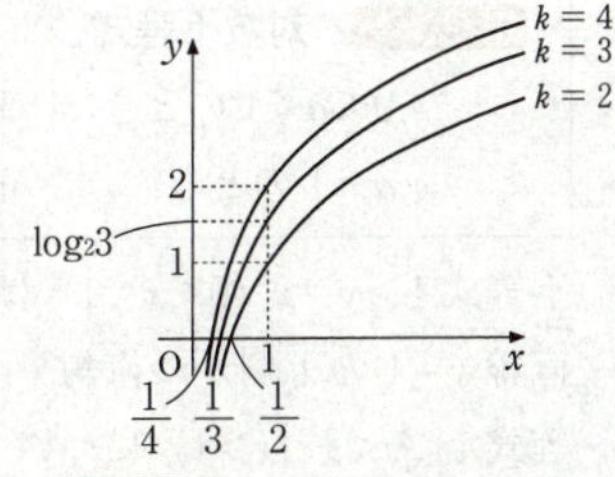

を通り，$1<\log_2 3<2$ であるから，このグラフの概形は ⑤ →キ である。

(2)(i)　方程式 $\log_x y=2$ すなわち $y=x^2$ ($x>0$，$x\neq1$，$y>0$) の表す図形は ② →ク の $x>0$，$x\neq1$，$y>0$ の部分となる。

(ii)　$0<\log_x y<1$ すなわち $\log_x 1<\log_x y<\log_x x$ ($x>0$，$x\neq1$，$y>0$) は次と同値となる。

$\begin{cases} 0<x<1 \text{ のとき，} 1>y>x \\ x>1 \text{ のとき，} 1<y<x \end{cases}$

これを図示すると右図のようになるから，不等式 $0<\log_x y<1$ の表す領域を図示すると，②　→ケの斜線部分となる。ただし，境界（境界線）は含まない。

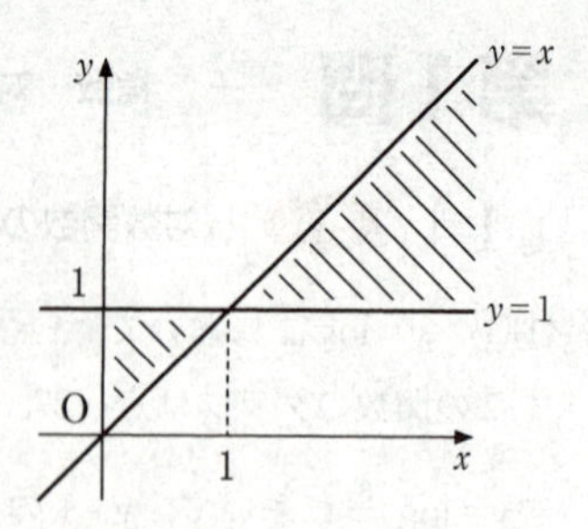

解説

(1)　対数関数 $y=\log_a x$ $(a>0,\ a\neq1)$ の定義域は $x>0$ であり，このグラフはつねに定点 $(1,\ 0)$，$(a,\ 1)$ を通る。また，$0<a<1$ のときは減少関数，$a>1$ のときは増加関数となる。

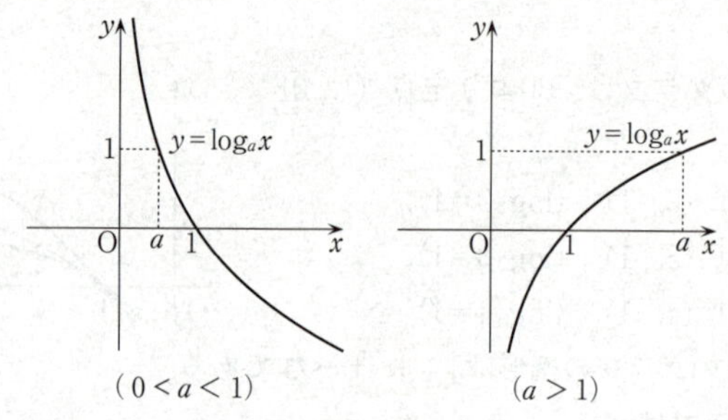

(iii)は，グラフ上にある見やすい２点を見つけるとよいだろう。後半は，$\log_2 kx$ $=\log_2 k+\log_2 x$ と変形して考えてもよい。つまり，$y=\log_2 kx$ のグラフは，$y=\log_2 x$ のグラフを y 軸方向に $\log_2 k$ だけ平行移動したものと捉えるのである。

(2)　対数不等式については，次のことが基本である。

> **ポイント**　対数不等式
>
> $0<a<1$ のとき　$\log_a M>\log_a N \iff 0<M<N$
>
> $a>1$ のとき　$\log_a M>\log_a N \iff M>N>0$

不等式 $1>y>x$ $(0<x<1)$ は，$1>y$ かつ $y>x$ かつ $0<x<1$ と同値である。これは，直線 $y=1$ の下側かつ直線 $y=x$ の上側かつ２直線 $x=0$，$x=1$ の間を意味する。不等式 $1<y<x$ $(x>1)$ についても同様に考える。

〔２〕 標準 《整式の除法》

(1)　$P(x)=2x^3+7x^2+10x+5$，$S(x)=x^2+4x+7$

方程式 $S(x)=0$ の解は，解の公式を用いて

$x=-2\pm\sqrt{2^2-1\times7}=-2\pm\sqrt{-3}=\boxed{-2}\pm\sqrt{\boxed{3}}\,i$ →コサ，シ

$P(x)$ を $S(x)$ で割ると

$$\begin{array}{r} 2x-1 \\ x^2+4x+7\,\big)\,2x^3+7x^2+10x+5 \\ 2x^3+8x^2+14x \\ \hline -x^2-\ \ 4x+5 \\ -x^2-\ \ 4x-7 \\ \hline 12 \end{array}$$

となるから，$P(x)$ を $S(x)$ で割ったときの商 $T(x)$，余り $U(x)$ は

$T(x)=\boxed{2}\,x-\boxed{1}$ →ス，セ

$U(x)=\boxed{12}$ →ソタ

(2)(i) 方程式 $S(x)=0$ は異なる二つの解 α，β をもつとする。すなわち，$S(\alpha)=S(\beta)=0$ $(\alpha\neq\beta)$ とする。$P(x)$ を $S(x)$ で割ったときの商が $T(x)$，余りが $U(x)$ であるから

$P(x)=S(x)T(x)+U(x)$

が成り立つ。

余りが定数すなわち $U(x)=k$（定数）のとき，$S(\alpha)=S(\beta)=0$ が成り立つから

$P(\alpha)=S(\alpha)T(\alpha)+U(\alpha)=0\times T(\alpha)+k=k$

$P(\beta)=S(\beta)T(\beta)+U(\beta)=0\times T(\beta)+k=k$

より $P(\alpha)=P(\beta)=k$ となる。 ③ →チ

したがって，余りが定数になるとき，$P(\alpha)=P(\beta)$ ① →ツ が成り立つ。

(ii) $P(\alpha)=P(\beta)$ が成り立つとする。

$S(x)$ は x の2次式であるから，余り $U(x)$ は1次以下の x の整式である。よって，$U(x)=mx+n$（m，n は定数）とおける。このとき

$P(x)=S(x)T(x)+mx+n$ ① →テ

となり，$S(\alpha)=S(\beta)=0$ に注意すれば

$$\begin{cases} P(\alpha)=S(\alpha)T(\alpha)+m\alpha+n=m\alpha+n \\ P(\beta)=S(\beta)T(\beta)+m\beta+n=m\beta+n \end{cases}$$ ① →ト

となるので，$P(\alpha)=P(\beta)$ より

$m\alpha+n=m\beta+n$

$m(\alpha-\beta)=0$，$\alpha\neq\beta$ より　$m=0$ ③ →ナ

となる。以上から，余り $U(x)$ は定数 n である。

(3) $P(x)=x^{10}-2x^9-px^2-5x$（p は定数），$S(x)=x^2-x-2$

$P(x)$ を $S(x)$ で割った余りが定数になるとする。

$S(x)=x^2-x-2=(x+1)(x-2)$

より，$S(x)=0$ の解は，$x=-1,\ 2$ であるから，(2)の考察より

$$P(-1)=P(2)$$

が成り立つ。

$$P(-1)=(-1)^{10}-2(-1)^9-p(-1)^2-5(-1)=1+2-p+5=8-p$$

$$P(2)=2^{10}-2\times2^9-p\times2^2-5\times2=-4p-10$$

であるから

$$8-p=-4p-10 \qquad 3p=-18 \qquad \therefore\ p=\boxed{-6}$$ →ニヌ

となり，その余りは，やはり(2)の考察より

$$P(-1)=8-p=8-(-6)=\boxed{14}$$ →ネノ

となる。

解説

整式の割り算においては，次のことが基本となる。

ポイント　整式の割り算

整式 A を整式 B で割ったときの商を Q，余りを R とすると次式が成り立つ。

$A=BQ+R$　（（R の次数）＜（B の次数））

（割られる式）＝（割る式）×（商の式）＋（余りの式）

本問では，$P(x)=S(x)T(x)+U(x)$（（$U(x)$ の次数）＜（$S(x)$ の次数））となる。$S(x)$ は2次式であるから，$U(x)$ は定数あるいは1次式である。

(1)　$S(x)=0$ は2次方程式であるから，解の公式を用いればよい。

(i)　$ax^2+bx+c=0\ (a\neq0)$ に対して　$x=\dfrac{-b\pm\sqrt{b^2-4ac}}{2a}$

(ii)　$ax^2+2b'x+c=0\ (a\neq0)$ に対して　$x=\dfrac{-b'\pm\sqrt{b'^2-ac}}{a}$

できれば，(ii)を用いたい。$T(x)$，$U(x)$ を求めるには実際に割り算を実行する。

(2)　$S(x)=0$ が異なる二つの解 α，β をもつときを考える。このとき

（$P(x)$ を $S(x)$ で割った余りが定数）$\Longleftrightarrow$（$P(\alpha)=P(\beta)$）……(☆)

を示すことが問題になっている。

($\Longrightarrow$) を示すには，$U(x)=k$（k は定数）とおく。

($\Longleftarrow$) を示すには，$U(x)=mx+n$（m，n は定数）とおく。

いずれにも $S(\alpha)=S(\beta)=0$，$\alpha\neq\beta$ であることが用いられる。

(3)　(☆) の練習問題である。

$S(x)=0$ の解が -1 と 2 であることを用いて

$P(-1)=P(2)$（p についての方程式）

を解けばよい。余りは，$P(-1)$ または $P(2)$ を計算する。

第２問　やや難　微分・積分《微分法と積分法の関係，面積》

(1)　$f(x)=3(x-1)(x-2)=3(x^2-3x+2)=3x^2-9x+6$

(i)　$f'(x)=6x-9$

より，$f'(x)=0$ となる x の値は $x=\dfrac{\boxed{3}}{\boxed{2}}$ →$\dfrac{ア}{イ}$ である。

(ii)　$S(x)=\displaystyle\int_0^x f(t)\,dt=\int_0^x (3t^2-\boxed{9}\,t+\boxed{6})\,dt$　→ウ，エ

$$=\left[t^3-\frac{9}{2}t^2+6t\right]_0^x=x^3-\frac{\boxed{9}}{\boxed{2}}x^2+\boxed{6}\,x \quad →\frac{オ}{カ},\ キ$$

$S'(x)=f(x)=3(x-1)(x-2)$ であるから，$S(x)$ の増減表は右表のようになる。したがって，$S(x)$ は $x=\boxed{1}$ →ク のとき極大値

x	…	1	…	2	…
$S'(x)$	+	0	−	0	+
$S(x)$	↗	$S(1)$	↘	$S(2)$	↗

$S(1)=1-\dfrac{9}{2}+6=\dfrac{\boxed{5}}{\boxed{2}}$ →$\dfrac{ケ}{コ}$ をとり，$x=\boxed{2}$ →サ のとき極小値 $S(2)=8-18+12=\boxed{2}$ →シ をとる。

(iii)　$f(3)=S'(3)$ であるから，$f(3)$ は，関数 $y=S(x)$ のグラフ上の点 $(3,\ S(3))$ における接線の傾きに等しい。$\boxed{③}$　→ス

(2)　$f(x)=3(x-1)(x-m)\ (m>1)$

のグラフは右図のようになる。題意の S_1，S_2 はそれぞれ右図の薄い網かけ部分の面積，濃い網かけ部分の面積である。

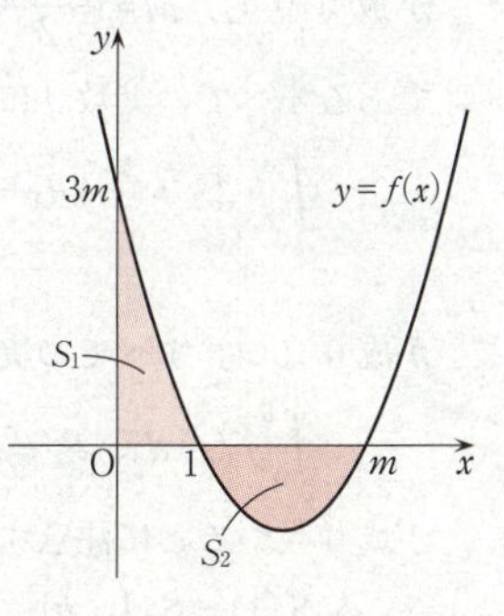

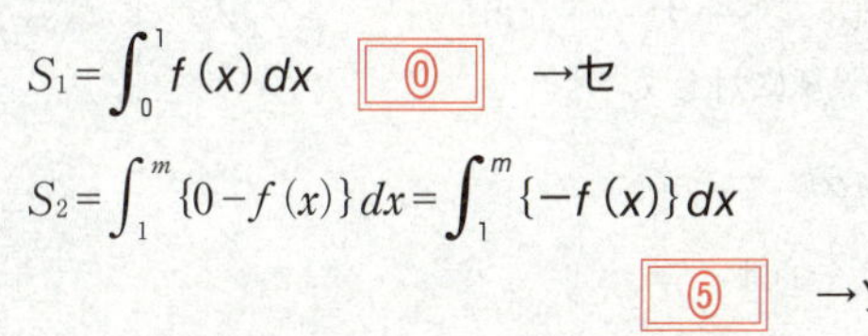

$$S_1=\int_0^1 f(x)\,dx \quad \boxed{⓪} \quad →セ$$

$$S_2=\int_1^m \{0-f(x)\}\,dx=\int_1^m \{-f(x)\}\,dx$$

$\boxed{⑤}$　→ソ

である。

$S_1=S_2$ となるのは，$\displaystyle\int_0^1 f(x)\,dx=\int_1^m \{-f(x)\}\,dx$ すなわち

$$\int_0^1 f(x)\,dx+\int_1^m f(x)\,dx=0 \qquad \therefore\ \int_0^m f(x)\,dx=0 \quad \boxed{①} \quad →タ$$

のときである。

$y=S(x)=\displaystyle\int_0^x f(t)\,dt$ のグラフは，$S(0)=\displaystyle\int_0^0 f(t)\,dt=0$ より，原点を通る。また，$S'(x)=f(x)$ と，$0<x<1$ で $f(x)>0$，$1<x<m$ で $f(x)<0$，$m<x$ で $f(x)>0$ で

あることから，$S(x)$ は $0\leqq x\leqq 1$ で増加，$1\leqq x\leqq m$ で減少，$m\leqq x$ で増加することがわかる。

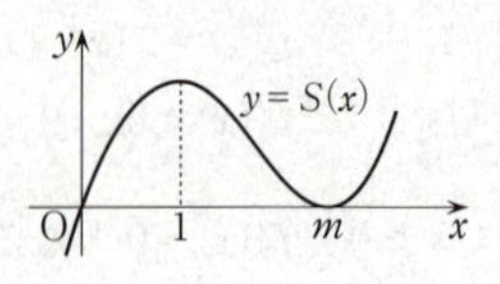

$S_1=S_2$ が成り立つような $f(x)$ に対する関数 $y=S(x)$ のグラフの概形は，$S(m)=\int_0^m f(t)\,dt=0$ より，右図のようになる。　①　→チ

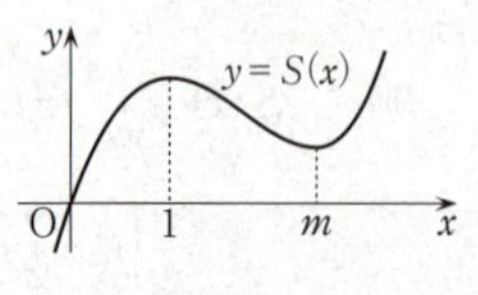

$S_1>S_2$ が成り立つような $f(x)$ に対する関数 $y=S(x)$ のグラフの概形は，$S(m)=\int_0^m f(t)\,dt=\int_0^1 f(t)\,dt+\int_1^m f(t)\,dt=\int_0^1 f(t)\,dt-\int_1^m \{-f(t)\}\,dt=S_1-S_2>0$ より，右図のようになる。　②　→ツ

(3)　関数 $y=f(x)=3(x-1)(x-m)$ $(m>1)$ のグラフは直線 $x=\dfrac{m+1}{2}$　③　→テ に関して対称であるから，すべての正の実数 p に対して

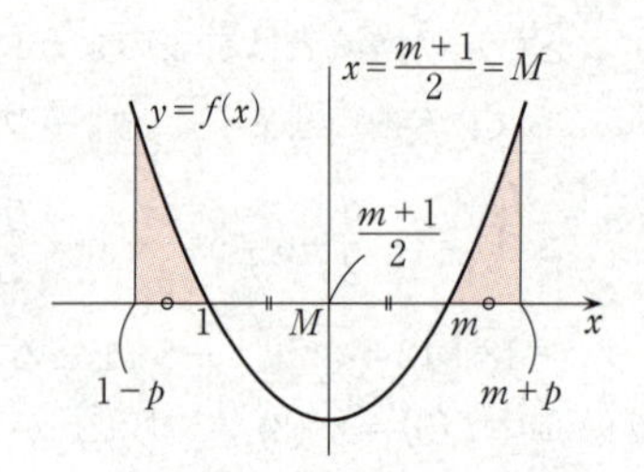

$$\int_{1-p}^{1} f(x)\,dx=\int_m^{m+p} f(x)\,dx$$

④　→ト　……①

が成り立ち，$M=\dfrac{m+1}{2}$ とおくと，$0<q\leqq M-1$ であるすべての実数 q に対して

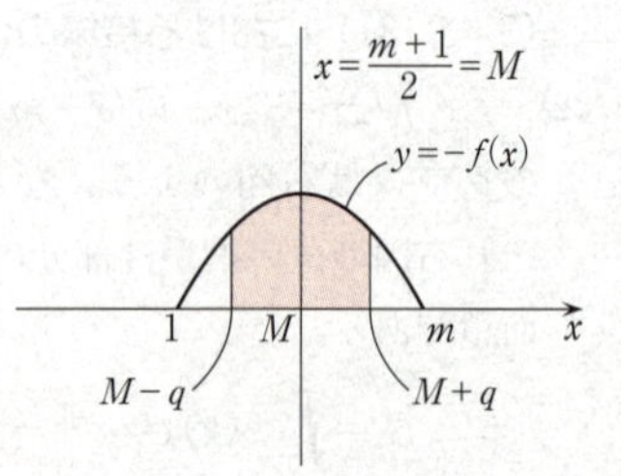

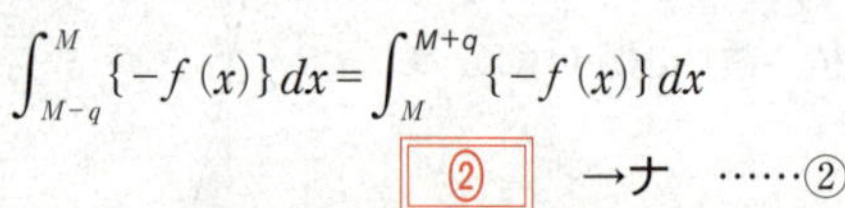

$$\int_{M-q}^{M}\{-f(x)\}\,dx=\int_M^{M+q}\{-f(x)\}\,dx$$

②　→ナ　……②

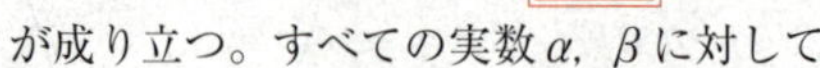

が成り立つ。すべての実数 α，β に対して

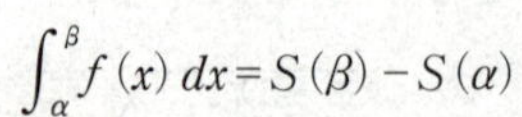

$$\int_\alpha^\beta f(x)\,dx=S(\beta)-S(\alpha)$$

が成り立つことに注意すれば，①は

$$S(1)-S(1-p)=S(m+p)-S(m)$$

$$\therefore\quad S(1-p)+S(m+p)=S(1)+S(m)$$　⓪　→ニ　……③

となり，②は，$\int_M^{M-q} f(x)\,dx=\int_{M+q}^{M} f(x)\,dx$ と変形されることから

$$S(M-q)-S(M)=S(M)-S(M+q)$$

$$\therefore\quad 2S(M)=S(M-q)+S(M+q)$$　④　→ヌ　……④

となる。

以上から，すべての正の実数 p に対して，2点 $(1-p,\ S(1-p))$，$(m+p,\ S(m+p))$ を結ぶ線分の中点の x 座標は

$$\frac{(1-p)+(m+p)}{2}=\frac{1+m}{2}=M$$

中点の y 座標は③を用いて

$$\frac{1}{2}\{S(1-p)+S(m+p)\}=\frac{1}{2}\{S(1)+S(m)\} \quad \cdots\cdots⑤$$

となる。④において，$q=M-1$ とおくと

$$2S(M)=S(1)+S(2M-1)=S(1)+S(m) \quad \left(\because \quad M=\frac{m+1}{2}\right)$$

が得られるから，⑤すなわち中点の y 座標は $S(M)$ となる。つまり，中点の座標は $(M,\ S(M))$ となるから，この中点は $y=S(x)$ のグラフ上にあることになる。

したがって，2点 $(1-p,\ S(1-p))$，$(m+p,\ S(m+p))$ を結ぶ線分の**中点は p の値によらず一つに定まり，関数 $y=S(x)$ のグラフ上にある。** ② →ネ

解説

本問は微積分の問題としては数値計算の少ない問題であるが，後半で抽象的な関数記号の計算をしなければならない。$S(x)$ の意味が理解できるかがポイントになる。2次関数 $y=f(x)$ のグラフを描いて，それを見ながら考えるとよい。

(1)　性質 $\dfrac{d}{dx}\displaystyle\int_a^x f(t)\,dt=f(x)$（$a$ は定数）より $S'(x)=f(x)$ である。このことに気付けば速い。

(2)　次の性質が使われる。

> **ポイント　定積分の性質**
>
> $$\int_a^a f(x)\,dx=0,\quad \int_a^b f(x)\,dx=\int_a^c f(x)\,dx+\int_c^b f(x)\,dx$$

$S(x)$ の増減は，次のように考えることもできる。

$0\leqq x\leqq 1$ のとき，$S(x)=\displaystyle\int_0^x f(t)\,dt$ は増加関数となる（面積が増えていく）。

$1\leqq x\leqq m$ のとき

$$S(x)=\int_0^x f(t)\,dt=\int_0^1 f(t)\,dt+\int_1^x f(t)\,dt$$

において，$\displaystyle\int_1^x f(t)\,dt$ が減少関数であるから，$S(x)$ は減少関数となる。

$x\geqq m$ のとき

$$S(x)=\int_0^x f(t)\,dt=\int_0^1 f(t)\,dt+\int_1^m f(t)\,dt+\int_m^x f(t)\,dt$$

において，$\displaystyle\int_m^x f(t)\,dt$ が増加関数であるから，$S(x)$ は増加関数となる。

(3)　問題文の指示に従えば自然に解答できる。中点の座標が $(M,\ S(M))$ となるこ

とを示すには，④で $q=M-1$ とおくと $2S(M)=S(1)+S(m)$ になることを用いればよい。

2次関数のグラフ（放物線）の対称性に関する問題であるから，図を描いて考えることが大切である。

第3問 標準 確率分布と統計的な推測 《母平均の推定，期待値》

(1) 確率変数 X が問題の表1の確率分布に従うとき，X の平均（期待値）m は

$$m=0\times(1-p)+1\times p=p \quad \boxed{⓪} \quad \rightarrow ア$$

である。この確率分布をもつ母集団から無作為に抽出した大きさ n の標本 X_1，X_2，…，X_n の標本平均 $\overline{X}$ を用いて，母平均 m を推定する。$n=300$ とする。母標準偏差を σ とすると，$n=300$ は十分に大きいので，$\overline{X}$ は近似的に正規分布 $N\left(m,\ \dfrac{\sigma^2}{n}\right)$ $\boxed{③}$ →イ に従う。σ がわからないとき，n が大きければ，σ の代わりに標本の標準偏差 S を用いてもよいから

$$S=\sqrt{\frac{1}{n}\{(X_1-\overline{X})^2+(X_2-\overline{X})^2+\cdots+(X_n-\overline{X})^2\}}$$

$$=\sqrt{\frac{1}{n}\{(X_1{}^2+X_2{}^2+\cdots+X_n{}^2)-2(X_1+X_2+\cdots+X_n)\overline{X}+n(\overline{X})^2\}}$$

$$=\sqrt{\frac{1}{n}\{(X_1{}^2+X_2{}^2+\cdots+X_n{}^2)-2(n\overline{X})\overline{X}+n(\overline{X})^2\}}$$

$$\left(\frac{X_1+X_2+\cdots+X_n}{n}=\overline{X}\right)$$

$$=\sqrt{\frac{1}{n}\{(X_1{}^2+X_2{}^2+\cdots+X_n{}^2)-n(\overline{X})^2\}}$$

$$=\sqrt{\frac{1}{n}(X_1{}^2+X_2{}^2+\cdots+X_n{}^2)-(\overline{X})^2} \quad \boxed{①} \quad \rightarrow ウ$$

$$=\sqrt{\frac{1}{n}(X_1+X_2+\cdots+X_n)-(\overline{X})^2}$$

（$X_i=0$ または1であるから $X_i{}^2=X_i$ $(i=1,\ 2,\ \cdots,\ n)$）

$$=\sqrt{\overline{X}-(\overline{X})^2}=\sqrt{\overline{X}(1-\overline{X})} \quad \boxed{②} \quad \rightarrow エ$$

を用いると，母平均 m に対する信頼度95％の信頼区間は

$$\overline{X}-1.96\times\frac{S}{\sqrt{n}}\leqq m\leqq\overline{X}+1.96\times\frac{S}{\sqrt{n}} \quad \cdots\cdots(☆)$$

で与えられる。問題の表2より

$$\overline{X}=\frac{75}{300}=\frac{1}{4}=0.25$$

であるから

$$S=\sqrt{\frac{1}{4}\left(1-\frac{1}{4}\right)}=\frac{\sqrt{3}}{4}$$

となり，これと $n=300$ より

$$1.96\times\frac{S}{\sqrt{n}}=1.96\times\frac{\frac{\sqrt{3}}{4}}{\sqrt{300}}=1.96\times\frac{1}{40}=0.049$$

よって，(☆)より

$$0.25-0.049\leqq m\leqq 0.25+0.049$$

$\therefore\quad 0.201\leqq m\leqq 0.299$　[0]　→オ

となる。

(2)　$p=\frac{1}{4}$ とするから，$X=1$ となる確率 $P(X=1)$ は，$P(X=1)=p=\frac{1}{4}$ である。

問題の表3より，$U_4=1$ となる確率 $P\ (U_4=1)$ は

$$\begin{aligned}&P(U_4=1)\\&=P(X_1=1,\ X_2=1,\ X_3=1,\ X_4=0)+P(X_1=0,\ X_2=1,\ X_3=1,\ X_4=1)\\&=p^3\times(1-p)+(1-p)\times p^3=2p^3(1-p)\\&=2\left(\frac{1}{4}\right)^3\left(1-\frac{1}{4}\right)=2\times\frac{3}{4^4}=\frac{3}{128}\end{aligned}$$

であり，U_4 の値は1または0であるので

$$P(U_4=0)=1-P(U_4=1)=1-\frac{3}{128}=\frac{125}{128}$$

である。

したがって，U_4 の期待値 $E(U_4)$ は

$$E(U_4)=0\times\frac{125}{128}+1\times\frac{3}{128}=\frac{3}{128}\quad→カ$$

となる。

U_4	0	1	計
確率	$\frac{125}{128}$	$\frac{3}{128}$	1

$U_5=1$ となるのは，右下表の5通りであり，$P(U_4=1)$ と同様にして

$$\begin{aligned}P(U_5=1)&=\left(\frac{1}{4}\right)^3\left(1-\frac{1}{4}\right)^2\times3+\left(\frac{1}{4}\right)^4\left(1-\frac{1}{4}\right)\times2\\&=\frac{27}{4^5}+\frac{6}{4^5}=\frac{33}{4^5}=\frac{33}{1024}\end{aligned}$$

となる。U_5 は2以上の値をとらないから

$$\begin{aligned}P(U_5=0)&=1-P(U_5=1)=1-\frac{33}{1024}\\&=\frac{991}{1024}\end{aligned}$$

である。したがって

$$E(U_5)=0\times\frac{991}{1024}+1\times\frac{33}{1024}=\frac{33}{1024}\quad→キク$$

となる。

X_1	X_2	X_3	X_4	X_5	U_5
1	1	1	0	0	1
1	1	1	0	1	1
0	1	1	1	0	1
0	0	1	1	1	1
1	0	1	1	1	1

座標平面上の点 $(4,\ E(U_4))$，$(5,\ E(U_5))$，…，$(300,\ E(U_{300}))$ は一つの直線上にあるのだから，点 $(300,\ E(U_{300}))$ は，2点 $\left(4,\ \frac{3}{128}\right)$，$\left(5,\ \frac{33}{1024}\right)$ を通る直線

$$y-\frac{3}{128}=\frac{\frac{33}{1024}-\frac{3}{128}}{5-4}(x-4) \quad \text{すなわち} \quad y=\frac{9}{1024}(x-4)+\frac{3}{128}$$

の上にある。よって

$$E(U_{300})=\frac{9}{1024}(300-4)+\frac{3}{128}=\frac{2664+24}{1024}=\frac{2688}{1024}$$
$$=\frac{2^7\times3\times7}{2^{10}}=\frac{21}{2^3}=\frac{\boxed{21}}{\boxed{8}} \quad \to \frac{\text{ケコ}}{\text{サ}}$$

となる。

解説

(1)　確率変数 X が右表の確率分布に従うとき X の期待値（平均）$E(X)$ は

X	x_1	x_2	…	x_n	計
確率	p_1	p_2	…	p_n	1

$$E(X)=x_1p_1+x_2p_2+\cdots+x_np_n$$

と定義される。

標本平均の分布については次のことが知られている。

ポイント　標本平均の分布

母平均 m，母標準偏差 σ の母集団から大きさ n の標本を無作為抽出するとき，標本平均 $\overline{X}$ は，n が大きいならば近似的に正規分布 $N\left(m,\ \frac{\sigma^2}{n}\right)$ に従うとみなすことができる。

$\overline{X}$ は近似的に正規分布 $N\left(m,\ \frac{\sigma^2}{n}\right)$ に従うから，確率変数 $Z=\frac{\overline{X}-m}{\frac{\sigma}{\sqrt{n}}}$ は近似的に標準正規分布 $N(0,\ 1)$ に従う。正規分布表から $P(0\leqq Z\leqq1.96)=0.4750$ がわかるから

$$P(|Z|\leqq1.96)=2\times0.4750=0.95$$

となり（$-1.96\leqq Z\leqq1.96$ となる確率が 0.95 である）

$$-1.96\leqq Z\leqq1.96 \quad \text{すなわち} \quad -1.96\leqq\frac{\overline{X}-m}{\frac{\sigma}{\sqrt{n}}}\leqq1.96$$

これを m について解くと

$$\overline{X}-1.96\times\frac{\sigma}{\sqrt{n}}\leqq m\leqq\overline{X}+1.96\times\frac{\sigma}{\sqrt{n}}$$

が得られる。これを公式として覚えておくとよい。

> **ポイント**　**母平均の推定**
>
> 標本の大きさ n が大きいとき，母平均 m に対する信頼度 95％の信頼区間は
>
> $$\overline{X}-1.96\times\frac{\sigma}{\sqrt{n}}\leqq m\leqq\overline{X}+1.96\times\frac{\sigma}{\sqrt{n}}$$

本問では σ を標本の標準偏差 S で代用する。

(2)　問題の表3を見て $U_4=1$ となる確率 $P(U_4=1)$ を求める。$U_4=0$ となる確率 $P(U_4=0)$ は求めなくてもよい。なぜなら

$$E(U_4)=0\times P(U_4=0)+1\times P(U_4=1)=P(U_4=1)$$

であるから。

$E(U_5)$ についても表3のような表を作り，同様にすればよい。

$(X_1,\ X_2,\ X_3,\ X_4,\ X_5)=(1,\ 1,\ 1,\ 0,\ 1),\ (1,\ 0,\ 1,\ 1,\ 1)$ を忘れないよう落ち着いて考えよう。

$E(U_{300})$ の値は直線の方程式を求めずに，右図より

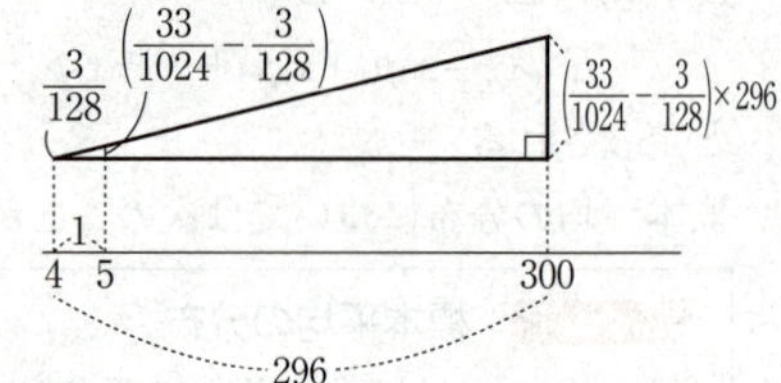

$$\frac{3}{128}+\left(\frac{33}{1024}-\frac{3}{128}\right)\times296$$

としても計算できる。

第4問　標準　数列《等差数列，漸化式，数学的帰納法》

(1)　$a_{n+1}-a_n=14 \quad (n=1,\ 2,\ 3,\ \cdots)$

を満たす数列 $\{a_n\}$ において，$a_1=10$ であれば

$a_2-a_1=14$ より　$a_2=a_1+14=10+14=\boxed{24}$　→アイ

$a_3-a_2=14$ より　$a_3=a_2+14=24+14=\boxed{38}$　→ウエ

である。

数列 $\{a_n\}$ は，初項 a_1，公差14の等差数列であるから

$a_n=a_1+(n-1)\times 14=a_1+\boxed{14}(n-1)$　→オカ

と表せる。

(2)　$2b_{n+1}-b_n+3=0$　すなわち　$b_{n+1}=\frac{1}{2}b_n-\frac{3}{2} \quad (n=1,\ 2,\ 3,\ \cdots)$

を満たす数列 $\{b_n\}$ の一般項は，この漸化式が

$b_{n+1}+3=\frac{1}{2}(b_n+3)$　$\left(\text{数列 } \{b_n+3\} \text{ は公比が } \frac{1}{2} \text{ の等比数列となる}\right)$

と変形できることから

$b_n+3=(b_1+3)\left(\frac{1}{2}\right)^{n-1}$

$\therefore\ b_n=(b_1+\boxed{3})\left(\frac{\boxed{1}}{\boxed{2}}\right)^{n-1}-\boxed{3}$　→キ，$\frac{ク}{ケ}$，コ

と表せる。

(3)　$(c_n+3)(2c_{n+1}-c_n+3)=0 \quad (n=1,\ 2,\ 3,\ \cdots)$　……①

を満たす数列 $\{c_n\}$ に対し，以下の(i)〜(iv)を考察する。

(i)　$c_1=5$ のとき，①で $n=1$ とおいた $(c_1+3)(2c_2-c_1+3)=0$ から

$(5+3)(2c_2-5+3)=0 \qquad 8(2c_2-2)=0 \qquad 16(c_2-1)=0$

となるので，$c_2=\boxed{1}$ →サ である。

$c_3=-3$ のとき，①で $n=2$ とおいた $(c_2+3)(2c_3-c_2+3)=0$ から

$(c_2+3)\{2\times(-3)-c_2+3\}=0 \qquad -(c_2+3)^2=0$

となるので，$c_2=\boxed{-3}$ →シス であり，$(c_1+3)(2c_2-c_1+3)=0$ から

$(c_1+3)\{2\times(-3)-c_1+3\}=0 \qquad -(c_1+3)^2=0$

となるので，$c_1=\boxed{-3}$ →セソ である。

(ii)　$c_3=-3$ のとき，①で $n=3$ とおいた $(c_3+3)(2c_4-c_3+3)=0$ では，$c_3+3=0$ が成り立つから，c_4 は任意である。

①で $n=4$ とおいた $(c_4+3)(2c_5-c_4+3)=0$ において，$c_4=5$ とすると

$(5+3)(2c_5-5+3)=0 \qquad 16(c_5-1)=0$

より　　$c_5=$ 1 →タ

であり，$c_4=83$ とすると，$(83+3)(2c_5-83+3)=0 \qquad 172(c_5-40)=0$

より　　$c_5=$ 40 →チツ

である。

(iii)　〔命題A〕数列 $\{c_n\}$ が①を満たし，$c_1 \neq -3$ であるとする。このとき，すべての自然数 n について $c_n \neq -3$ である。

命題Aが真であることを証明するには，数学的帰納法を用いればよい。すなわち，**$n=k$ のとき $c_n \neq -3$ が成り立つと仮定すると，$n=k+1$ のときも $c_n \neq -3$ が成り立つこと**を示せばよい。 ③ →テ

(iv)　数列 $\{c_n\}$ に関する次の命題(Ⅰ)，(Ⅱ)，(Ⅲ)の真偽を調べる。

(Ⅰ)　$c_1=3$ かつ $c_{100}=-3$ であり，かつ①を満たす数列 $\{c_n\}$ がある。

(Ⅱ)　$c_1=-3$ かつ $c_{100}=-3$ であり，かつ①を満たす数列 $\{c_n\}$ がある。

(Ⅲ)　$c_1=-3$ かつ $c_{100}=3$ であり，かつ①を満たす数列 $\{c_n\}$ がある。

(Ⅰ)は偽である。

〔命題A〕より，$c_1=3 \neq -3$ かつ①を満たすならば，$c_{100} \neq -3$ である。

(Ⅱ)は真である。

$c_n=-3$ $(n=1,\ 2,\ 3,\ \cdots)$ とすると，数列 $\{c_n\}$ は①を満たし，このとき $c_1=-3$，$c_{100}=-3$ である。

(Ⅲ)は真である。

①より　　$c_n=-3$　または　$c_{n+1}=\dfrac{c_n-3}{2}$　$(n=1,\ 2,\ 3,\ \cdots)$

であるから，$c_n=-3$ のとき c_{n+1} は任意であることに注意して

$$\begin{cases} c_n=-3 & (n=1,\ 2,\ 3,\ \cdots,\ 99) \\ c_{100}=3 & \\ c_{n+1}=\dfrac{c_n-3}{2} & (n=100,\ 101,\ 102,\ \cdots) \end{cases}$$

とすると，数列 $\{c_n\}$ は①を満たし，このとき $c_1=-3$，$c_{100}=3$ である。

以上より，**(Ⅰ)偽，(Ⅱ)真，(Ⅲ)真** ④ →トである。

解説

(1)　初項が a，公差が d の等差数列の第 n 項は，$a+(n-1)d$ と表される。あるいは，$n \geqq 2$ のとき，$a_n-a_{n-1}=14$，$a_{n-1}-a_{n-2}=14$，$\cdots$，$a_2-a_1=14$ の（$n-1$）個の式の辺々を加えて $a_n-a_1=14(n-1)$ とし，これから $a_n=a_1+14(n-1)$（$n=1$ のときも成り立つ）としてもよい。

(2)　本問の漸化式の解法には習熟しておかなければならない。

ポイント　漸化式 $a_{n+1}=pa_n+q$（$p\neq1$）の解法

$$\begin{array}{rl} & a_{n+1}=pa_n+q \\ -) & \alpha=p\alpha+q \\ \hline & (a_{n+1}-\alpha)=p(a_n-\alpha) \end{array}$$

（便宜的に $a_{n+1}=a_n=\alpha$ とおく）$\longrightarrow \alpha=\dfrac{q}{1-p}$

数列 $\{a_n-\alpha\}$ が公比 p の等比数列であることがわかる。

$$a_n-\alpha=(a_1-\alpha)p^{n-1} \qquad \therefore \quad a_n=(a_1-\alpha)p^{n-1}+\alpha$$

(3)　漸化式 $(c_n+3)(2c_{n+1}-c_n+3)=0$ において，$2c_{n+1}-c_n+3=0$ を考えると，(2)より，$c_n=(c_1+3)\left(\dfrac{1}{2}\right)^{n-1}-3$ であることがわかる。この式から，$c_1\neq-3$ ならば，$(c_1+3)\left(\dfrac{1}{2}\right)^{n-1}\neq0$ となるので，$c_n\neq-3$ がわかる。

〔命題A〕を数学的帰納法を用いて証明する際のポイントは次のようになる。

$n=k$ のとき，$c_n\neq-3$ が成り立つと仮定すると

$$(c_k+3)(2c_{k+1}-c_k+3)=0,\ c_k\neq-3$$

であるから

$$2c_{k+1}-c_k+3=0 \quad よって \quad c_{k+1}=\frac{c_k-3}{2}\neq\frac{-3-3}{2}=-3$$

となって，$n=k+1$ のときも $c_n\neq-3$ である。

(iv)の命題(Ⅱ)，(Ⅲ)では，具体例を挙げて数列 $\{c_n\}$ の存在を確認する。

命題(Ⅱ)について，〔命題A〕より，数列 $\{c_n\}$ が①を満たすとき，「ある自然数 n について $c_n=-3 \Longrightarrow c_1=-3$」……(＊)である。よって，①を満たし $c_{100}=-3$ とすれば $c_1=-3$ となることがわかる。

命題(Ⅲ)について，数列 $\{c_n\}$ が①を満たすとき

$$c_n=-3 \text{ ならば } c_{n+1} \text{ は任意，} c_n\neq-3 \text{ ならば } c_{n+1}=\frac{c_n-3}{2}\quad(\neq-3)$$

であることに注目し，$c_{99}=-3$，$c_{100}=3$ とおいて考える。このとき，(＊)より $c_1=-3$ である。また，$n\geqq100$ のとき，(2)の b_n を c_n に読み替えれば，

$c_n=(c_{100}+3)\left(\dfrac{1}{2}\right)^{n-100}-3=6\times\left(\dfrac{1}{2}\right)^{n-100}-3$ となることがわかる。

第5問 標準 ベクトル 《空間ベクトル》

2点A $(2,\ 7,\ -1)$，B $(3,\ 6,\ 0)$ を通る直線を ℓ_1，2点C $(-8,\ 10,\ -3)$，D $(-9,\ 8,\ -4)$ を通る直線を ℓ_2 とする。

(1)　$\overrightarrow{AB}=\overrightarrow{OB}-\overrightarrow{OA}=(3,\ 6,\ 0)-(2,\ 7,\ -1)$

$=(\boxed{1},\ \boxed{-1},\ \boxed{1})$　→ア，イウ，エ

$\overrightarrow{CD}=\overrightarrow{OD}-\overrightarrow{OC}=(-9,\ 8,\ -4)-(-8,\ 10,\ -3)$

$=(-1,\ -2,\ -1)$

であるから

$\overrightarrow{AB}\cdot\overrightarrow{CD}=1\times(-1)+(-1)\times(-2)+1\times(-1)=-1+2-1=\boxed{0}$　→オ

である。これは $\ell_1\perp\ell_2$ を示している。

(2)　点Pが ℓ_1 上を動くとき，$\overrightarrow{AP}=s\overrightarrow{AB}$ を満たす実数 s があり

$\overrightarrow{OP}=\overrightarrow{OA}+\overrightarrow{AP}=\overrightarrow{OA}+s\overrightarrow{AB}$　$\boxed{②}$　→カ

$=(2,\ 7,\ -1)+s(1,\ -1,\ 1)$

$=(2+s,\ 7-s,\ -1+s)$

が成り立つ。

$|\overrightarrow{OP}|^2$ が最小となる s の値を求めると

$|\overrightarrow{OP}|^2=(2+s)^2+(7-s)^2+(-1+s)^2$

$=\boxed{3}s^2-\boxed{12}s+\boxed{54}$　→キ，クケ，コサ

$=3(s^2-4s)+54=3(s-2)^2+42\geqq 42$　（$s=2$ のとき等号成立）

より，$s=2$ である。

$|\overrightarrow{OP}|$ が最小となるときの直線OPと ℓ_1 の関係に着目すると，$\mathrm{OP}\perp\ell_1$ になることから，$\mathrm{OP}\perp\mathrm{AB}$ すなわち $\overrightarrow{OP}\cdot\overrightarrow{AB}=0$　$\boxed{①}$　→シ が成り立つことがわかる。

$\overrightarrow{OP}\cdot\overrightarrow{AB}=(2+s)\times 1+(7-s)\times(-1)+(-1+s)\times 1$

$=3s-6=3(s-2)=0$

より，$s=2$ である。

いずれの方法でも，$s=\boxed{2}$ →ス のとき $|\overrightarrow{OP}|$ が最小となることがわかる。

(3)　点Qが ℓ_2 上を動くとする。$\overrightarrow{CQ}=t\overrightarrow{CD}$ を満たす実数 t があり

$\overrightarrow{OQ}=\overrightarrow{OC}+\overrightarrow{CQ}=\overrightarrow{OC}+t\overrightarrow{CD}$

$=(-8,\ 10,\ -3)+t(-1,\ -2,\ -1)$

$=(-8-t,\ 10-2t,\ -3-t)$

が成り立つ。このとき

$$\overrightarrow{PQ}=\overrightarrow{OQ}-\overrightarrow{OP}=(-8-t,\ 10-2t,\ -3-t)-(2+s,\ 7-s,\ -1+s)$$
$$=(-10-t-s,\ 3-2t+s,\ -2-t-s)$$

である。

$\overrightarrow{PQ}\neq\vec{0}$ のとき，線分 PQ の長さが最小になるのは，$PQ\perp\ell_1$ かつ $PQ\perp\ell_2$ すなわち，$\overrightarrow{PQ}\perp\overrightarrow{AB}$ かつ $\overrightarrow{PQ}\perp\overrightarrow{CD}$ が成り立つときであるから

$$\overrightarrow{PQ}\cdot\overrightarrow{AB}=0 \quad かつ \quad \overrightarrow{PQ}\cdot\overrightarrow{CD}=0 \quad \cdots\cdots(*)$$

である。$\overrightarrow{PQ}=\vec{0}$ のときも $(*)$ は成り立つから，$(*)$ を満たす実数 $s,\ t$ を求めると

$$\overrightarrow{PQ}\cdot\overrightarrow{AB}=(-10-t-s)\times1+(3-2t+s)\times(-1)+(-2-t-s)\times1$$
$$=-3s-15=-3(s+5)=0 \qquad \therefore \quad s=-5$$

$$\overrightarrow{PQ}\cdot\overrightarrow{CD}=(-10-t-s)\times(-1)+(3-2t+s)\times(-2)+(-2-t-s)\times(-1)$$
$$=6t+6=6(t+1)=0 \qquad \therefore \quad t=-1$$

となる。よって，求める点P，Qの座標はそれぞれ

$$P(2+(-5),\ 7-(-5),\ -1+(-5))$$

より　（ -3 ， 12 ， -6 ）　→セソ，タチ，ツテ

$$Q(-8-(-1),\ 10-2(-1),\ -3-(-1))$$

より　（ -7 ， 12 ， -2 ）　→トナ，ニヌ，ネノ

である。

別解　(3)　$\overrightarrow{PQ}$ の成分表示までは〔解答〕に同じ。

$$|\overrightarrow{PQ}|^2=(-10-t-s)^2+(3-2t+s)^2+(-2-t-s)^2$$
$$=(s^2+t^2+100+2st+20s+20t)+(s^2+4t^2+9-4st+6s-12t)$$
$$+(s^2+t^2+4+2st+4s+4t)$$
$$=3s^2+6t^2+30s+12t+113$$
$$=3(s^2+10s)+6(t^2+2t)+113$$
$$=3\{(s+5)^2-25\}+6\{(t+1)^2-1\}+113$$
$$=3(s+5)^2+6(t+1)^2+32\geqq32 \quad (s=-5,\ t=-1 で等号成立)$$

以下〔解答〕に同じ。

解説

オーソドックスな問題で，解きやすかっただろう。

(1)　ベクトルの内積の図形的意味から，$\overrightarrow{AB}\neq\vec{0}$ かつ $\overrightarrow{CD}\neq\vec{0}$ のとき

$$AB\perp CD \iff \overrightarrow{AB}\cdot\overrightarrow{CD}=0$$

が成り立つ。基本的かつ重要である。ベクトルの内積の成分表示では

ポイント　ベクトルの内積の成分表示

$\vec{a}=(a_1,\ a_2,\ a_3)$，$\vec{b}=(b_1,\ b_2,\ b_3)$ のとき

$$\vec{a}\cdot\vec{b}=a_1b_1+a_2b_2+a_3b_3$$

を知っていなければならない。

(2)　2点A，Bを通る直線上の点Pを表すには

$$\overrightarrow{OP}=\overrightarrow{OA}+\overrightarrow{AP}=\overrightarrow{OA}+s\overrightarrow{AB}\quad (s\ は実数)$$
$$=\overrightarrow{OA}+s(\overrightarrow{OB}-\overrightarrow{OA})=(1-s)\overrightarrow{OA}+s\overrightarrow{OB}$$

などとするのが一般的である。最後の式は，Pが線分 AB を $s:(1-s)$ の比に分ける点と解釈できる。

$\vec{a}=(a_1,\ a_2,\ a_3)$ のとき，$|\vec{a}|=\sqrt{a_1{}^2+a_2{}^2+a_3{}^2}$ である。

重要な性質 $|\vec{a}|^2=\vec{a}\cdot\vec{a}$ を用いると，$|\overrightarrow{OP}|^2$ は次のように計算できる。

$$|\overrightarrow{OP}|^2=\overrightarrow{OP}\cdot\overrightarrow{OP}=(\overrightarrow{OA}+s\overrightarrow{AB})\cdot(\overrightarrow{OA}+s\overrightarrow{AB})$$
$$=\overrightarrow{OA}\cdot\overrightarrow{OA}+2s\overrightarrow{OA}\cdot\overrightarrow{AB}+s^2\overrightarrow{AB}\cdot\overrightarrow{AB}$$
$$=|\overrightarrow{OA}|^2+2s\overrightarrow{OA}\cdot\overrightarrow{AB}+s^2|\overrightarrow{AB}|^2$$

ここに，$|\overrightarrow{OA}|^2=2^2+7^2+(-1)^2=54$，$\overrightarrow{OA}\cdot\overrightarrow{AB}=2\times1+7\times(-1)+(-1)\times1=-6$，$|\overrightarrow{AB}|^2=1^2+(-1)^2+1^2=3$ を代入して

$$|\overrightarrow{OP}|^2=54+2s\times(-6)+s^2\times3=3s^2-12s+54$$

となる。この計算にも習熟しておかなければならない。

〔解答〕では，2つの方法で $s=2$ を求めたが，もちろん一方だけ計算すればよい。

(3)　ここでも2つの解法が考えられる。$PQ\perp\ell_1$ かつ $PQ\perp\ell_2$ が成り立つような s，t を求める方法と，実際に $|\overrightarrow{PQ}|^2$ を計算してしまう方法である。前者が〔解答〕であり，後者が〔別解〕である。前者の方が計算はやさしいようである。いずれの方法でも，計算ミスに気を付けなければならない。

数学Ⅰ　本試験

問題番号(配点)	解答記号	正　解	配点	チェック
第1問(20)	ア	7	2	
	イ，ウ	7，3	2	
	エオカ	−56	2	
	キク	14	2	
	ケ，コ，サ	3，6，0	2	
	シ，ス，セ	4，5，8	2	
	ソ，タ，チ	2，4，8	2	
	ツ，テ	5，7	2	
	ト，ナ，ニ，ヌ	2，3，5，7	2	
	ネ	②	1	
	ノ	③	1	
第2問(30)	$\sqrt{アイ}$	$\sqrt{21}$	2	
	ウ，エ	1，4 (解答の順序は問わない)	3	
	$\frac{オ}{カ}$	$\frac{5}{2}$	2	
	$\frac{キ\sqrt{ク}}{ケ}$	$\frac{5\sqrt{3}}{3}$	3	
	コ	4	4	
	サ，シ	4，⓪	4	
	ス，セ，ソ	7，4，②	4	
	タ	③	4	
	チ，ツ，テ，ト	7，⑤，⓪，①	4	

問題番号(配点)	解答記号	正　解	配点	チェック
第3問(30)	ア	⓪	1	
	イ	⓪	2	
	ウ	⓪	1	
	エ	②	2	
	オ，カ	⓪，②	2	
	キ	⑤	4	
	ク	⓪	3	
	ケ	9	3	
	コ	8	3	
	サシ	12	2	
	ス	8	1	
	セソ	13	2	
	$タ-\sqrt{チ}+\sqrt{ツ}$	$3-\sqrt{3}+\sqrt{2}$	4	
第4問(20)	ア	6	1	
	イウ	18	1	
	エ	⑧	2	
	オ	⑥	2	
	カ	④	2	
	キ	⓪	2	
	ク.ケコ	3.51	2	
	サ	①	2	
	シ	①	3	
	ス	⑦	3	

（注）　全問必答。

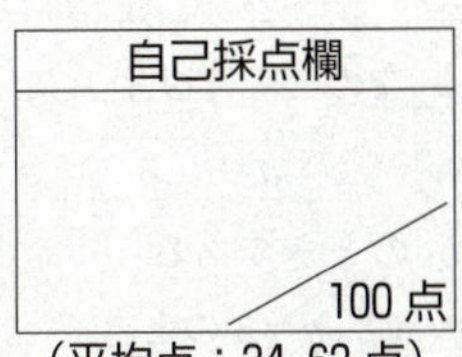

（平均点：34.62 点）

第1問 ―― 数と式，集合と論理

〔1〕 ―― 「数学Ⅰ・数学A」第1問〔1〕に同じ（p. 3～4 参照）

〔2〕 標準 《集合，命題》

(1)　$a=4$，$b=5$ のとき

$A=\{n \mid n$ は U の要素かつ 4 の倍数$\}=\{4,\ 8\}$

$B=\{n \mid n$ は U の要素かつ 5 の倍数$\}=\{5\}$

よって

$A\cup B=\{$ 4 ， 5 ， 8 $\}$ →シ，ス，セ

(2)　$a=2$，$b=3$ のとき

$A=\{n \mid n$ は U の要素かつ 2 の倍数$\}=\{2,\ 4,\ 6,\ 8\}$

$B=\{n \mid n$ は U の要素かつ 3 の倍数$\}=\{3,\ 6,\ 9\}$

なので

$\overline{B}=\{1,\ 2,\ 4,\ 5,\ 7,\ 8\}$

よって

$A\cap\overline{B}=\{$ 2 ， 4 ， 8 $\}$ →ソ，タ，チ

(3)(i)　$a=2$，$b=3$ のとき

$A=\{2,\ 4,\ 6,\ 8\}$，$B=\{3,\ 6,\ 9\}$

なので

$A\cup B=\{2,\ 3,\ 4,\ 6,\ 8,\ 9\}$

$\overline{C}\cap\overline{D}=\overline{C\cup D}$ だから，$A\cup B=\overline{C\cup D}$ が成り立つのは

$C\cup D=\{5,\ 7\}$

のときなので，$c<d$ より

$c=$ 5 ，$d=$ 7 →ツ，テ

のときである。

(ii)　2 以上 9 以下の自然数のうち，素数は

2，3，5，7

なので，$A\cup B\cup C\cup D=U$ が成り立つのは，$a<b<c<d$ より

$a=$ 2 ，$b=$ 3 ，$c=$ 5 ，$d=$ 7 →ト，ナ，ニ，ヌ

のときである。

(iii)　$a=2$ のとき

$$A=\{2,\ 4,\ 6,\ 8\}$$

となるから，$A\cup B\cup C$ は２，６，８を要素にもつので

$$\{2,\ 6,\ 8\}\subset A\cup B\cup C$$

よって，

$a=2 \Longrightarrow \{2,\ 6,\ 8\}\subset A\cup B\cup C$　は真

$\{2,\ 6,\ 8\}\subset A\cup B\cup C$ のとき，$A\cup B\cup C$ は２を要素にもつので，a，b，c のいずれかは２でなければならない。

$a<b<c$ より，$b=2$ あるいは $c=2$ とはなれないから

$$a=2$$

よって

$\{2,\ 6,\ 8\}\subset A\cup B\cup C \Longrightarrow a=2$　は真

以上より，$a=2$ であることは，$\{2,\ 6,\ 8\}\subset A\cup B\cup C$ であるための**必要十分条件である。** ② →ネ

また，$b=6$ のとき，$b=6$，$a=5$ となる場合を考えれば，$A\cup B\cup C$ は２を要素にもたないので，$\{2,\ 6,\ 8\}\subset A\cup B\cup C$ は成り立たない。

よって

$b=6 \Longrightarrow \{2,\ 6,\ 8\}\subset A\cup B\cup C$　は偽（反例：$a=5$）

$\{2,\ 6,\ 8\}\subset A\cup B\cup C$ のとき，$a=2$，$b=3$ となる場合を考えれば，
$\{2,\ 6,\ 8\}\subset A\cup B\cup C$ を満たすが，$b\neq 6$ である。

よって

$\{2,\ 6,\ 8\}\subset A\cup B\cup C \Longrightarrow b=6$　は偽（反例：$a=2$，$b=3$）

以上より，$b=6$ であることは，$\{2,\ 6,\ 8\}\subset A\cup B\cup C$ であるための**必要条件でも十分条件でもない。** ③ →ノ

第2問 ―― 図形と計量，2次関数

〔1〕 やや難 《正弦定理，余弦定理，2次関数》

(1)　△ABC の外接円の半径が $\sqrt{7}$ のとき，正弦定理を用いれば

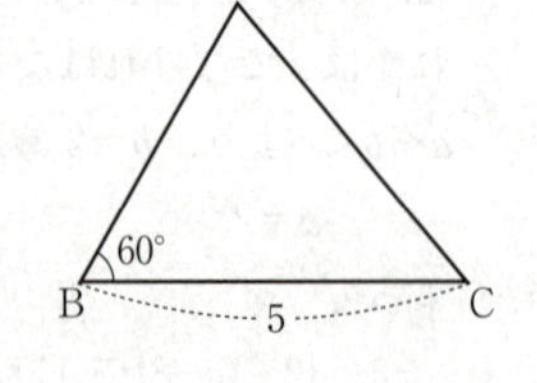

$$\frac{AC}{\sin\angle ABC}=2\cdot\sqrt{7}$$

すなわち

$$AC=2\sqrt{7}\sin 60°=2\sqrt{7}\times\frac{\sqrt{3}}{2}$$

$$=\sqrt{\boxed{21}}\quad\to アイ$$

であり，余弦定理を用いれば

$$AC^2=AB^2+BC^2-2\cdot AB\cdot BC\cdot\cos\angle ABC$$

$$21=AB^2+25-2\cdot AB\cdot 5\cdot\cos 60°$$

$$AB^2-5AB+4=0$$

$$(AB-1)(AB-4)=0$$

$$\therefore\quad AB=1,\ 4$$

よって，AB＝$\boxed{1}$ または $\boxed{4}$ →ウ，エ（解答の順序は問わない）である。

したがって，外接円の半径が $\sqrt{7}$ であるような△ABC は二つある。

(2)　△ABC の外接円の半径を R とするとき，正弦定理を用いれば

$$\frac{AC}{\sin\angle ABC}=2R$$

すなわち

$$AC=2R\sin 60°=2R\times\frac{\sqrt{3}}{2}=\sqrt{3}R$$

であり，余弦定理を用いれば

$$AC^2=AB^2+BC^2-2\cdot AB\cdot BC\cdot\cos\angle ABC$$

$$3R^2=AB^2+25-2\cdot AB\cdot 5\cdot\cos 60°$$

$$AB^2-5AB+(25-3R^2)=0$$

AB＝x（$x>0$）とおくと

$$x^2-5x+(25-3R^2)=0\quad\cdots\cdots①$$

△ABC が一通りに決まるためには，AB（＝x）が一通りに決まるような正の実数 R が定まればよいから，①が正の重解をもつか，あるいは，①が正の解と 0 以下の解をもてばよい。

これより，$f(x)=x^2-5x+(25-3R^2)$ とおくと

$$f(x)=\left(x-\frac{5}{2}\right)^2+\frac{75}{4}-3R^2$$

なので，放物線 $y=f(x)$ の軸が $x=\frac{5}{2}>0$ であることに注意して

(i) ①が正の重解をもつとき，判別式を D とすると，$D=0$ となるから

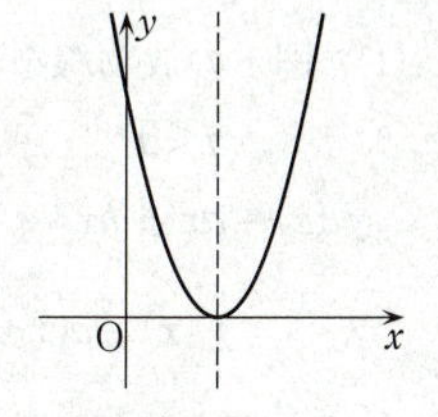

$$D=(-5)^2-4\cdot1\cdot(25-3R^2)=0$$

$$R^2=\frac{25}{4}$$

$R>0$ なので　　$R=\sqrt{\frac{25}{4}}=\frac{5}{2}$

(ii) ①が正の解と0以下の解をもつとき

$$f(0)=25-3R^2\leqq0$$

$$(\sqrt{3}R+5)(\sqrt{3}R-5)\geqq0$$

$$R\leqq-\frac{5}{\sqrt{3}},\ \frac{5}{\sqrt{3}}\leqq R$$

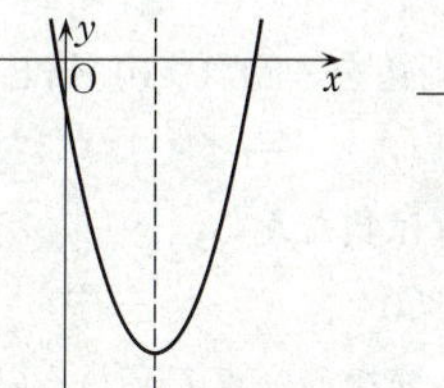

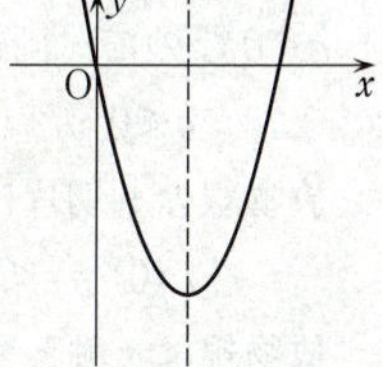

$R>0$ なので

$$R\geqq\frac{5}{\sqrt{3}}=\frac{5\sqrt{3}}{3}$$

以上(i)，(ii)より

$R=\frac{\boxed{5}}{\boxed{2}}$ →オ/カ　または　$R\geqq\frac{\boxed{5}\sqrt{\boxed{3}}}{\boxed{3}}$ →キ，ク/ケ

であることは，△ABC が一通りに決まるための必要十分条件である。

〔2〕 ―― コ～ト 「数学Ⅰ・数学A」第1問〔2〕シ～ニに同じ （p. 4～6 参照）

第3問 ―― 2次関数

〔1〕 標準 《2次関数，2次不等式，2次方程式》

(1) 図1の放物線を表示させる a，b，c の値について，放物線は上に凸だから

$a<0$　⓪　→ア

$f(x)=ax^2+bx+c$ を平方完成すると

$$f(x)=a\left(x+\frac{b}{2a}\right)^2-\frac{b^2-4ac}{4a}$$

であり，軸が y 軸より左側にあるので

$$-\frac{b}{2a}<0$$

$a<0$ なので，両辺を $-2a$ (>0) 倍して

$b<0$　⓪　→イ

放物線の y 切片は負だから

$f(0)=c<0$　⓪　→ウ

放物線は x 軸と異なる2点で交わるので，$f(x)=0$ の判別式を D とすると

$D=b^2-4ac>0$　②　→エ

$x=-2$ のとき，$y<0$ なので

$y=f(-2)=4a-2b+c<0$　⓪　→オ

$x=-1$ のとき，$y>0$ なので

$y=f(-1)=a-b+c>0$　②　→カ

(2) 「不等式 $f(x)<0$ の解が，すべての実数となること」……(＊) が起こり得るためには，どの操作を行っても $a<0$ であることに注意すると，操作を行って

$D=b^2-4ac<0$　……①

が満たされればよい。

操作Aは，b (<0)，c (<0) の値は変えず，a (<0) の値だけを減少させるから

$b^2>0$，$-4ac<0$

であり，$-4ac$ (<0) の値は減少するので

$b^2-4ac<0$

となり得る。

したがって，操作Aは①を満たす。

操作Bは，a (<0)，c (<0) の値は変えず，b (<0) の値だけを減少させるから

$b^2>0$，$-4ac<0$

であり，b^2（>0）の値は増加するので

$$b^2-4ac>0$$

となる。

したがって，操作Bは①を満たさない。

操作Cは，a（<0），b（<0）の値は変えず，c（<0）の値だけを減少させるから

$$b^2>0,\ -4ac<0$$

であり，$-4ac$（<0）の値は減少するので

$$b^2-4ac<0$$

となり得る。

したがって，操作Cは①を満たす。

よって，（＊）が起こり得る操作は**操作Aと操作Cだけである。** ⑤ →キ

また，操作A，操作B，操作Cのいずれの操作を行っても

$$a<0,\ b<0,\ c<0$$

である。$a<0$ のとき，「方程式 $f(x)=0$ は，異なる二つの正の解をもつこと」……（＊＊）が起こり得るためには，操作を行って

$$D=b^2-4ac>0 \quad \text{かつ} \quad 軸\ x=-\frac{b}{2a}>0 \quad \text{かつ} \quad f(0)=c<0 \quad \cdots\cdots②$$

が満たされなければならない。

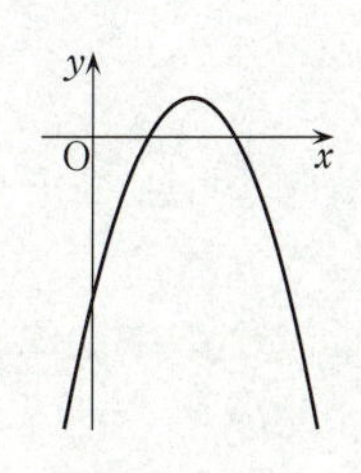

しかし，$a<0$，$b<0$ のとき

$$軸\ x=-\frac{b}{2a}>0$$

の条件を満たすことはない。

したがって，操作A，操作B，操作Cは②を満たさない。

よって，（＊＊）が起こり得る操作は**ない。** ⓪ →ク

〔2〕 ── ケ～ツ 「数学Ⅰ・数学A」第2問〔1〕ア～コに同じ（p. 7～9 参照）

第4問 標準 データの分析 《ヒストグラム，箱ひげ図，データの相関》

(1)(i)　ア～ウ　ベストタイムが420秒未満の選手の度数は，図1よりAでは3，図2よりBでは9なので，ベストタイムが420秒未満の選手の割合はAでは $\frac{3}{50}=0.06$ より **6** →ア％であり，Bでは $\frac{9}{50}=0.18$ より **18** →イウ％である。

エ・オ　「数学Ⅰ・数学A」第2問〔2〕(1)(i)サ・シに同じ（p. 10～11参照）

(ii)　カ・キ　「数学Ⅰ・数学A」第2問〔2〕(1)(ii)ス・セに同じ（p. 10～11参照）

(iii)　ク～サ　「数学Ⅰ・数学A」第2問〔2〕(1)(iii)ソ～ツに同じ（p. 10～11参照）

(2)(i)　シ　「数学Ⅰ・数学A」第2問〔2〕(2)テに同じ（p. 10～11参照）

(ii)　ス　表2を用いると，5000mと10000mの相関係数は

$$\frac{(5000\,\text{m と } 10000\,\text{m の共分散})}{(5000\,\text{m の標準偏差})\times(10000\,\text{m の標準偏差})}$$

$$=\frac{131.8}{10.3\times17.9}=0.714\cdots\fallingdotseq0.71$$

よって，相関係数について，最も適当なものは，0.71 **⑦** →スである。

数学Ⅰ・数学A 本試験

問題番号(配点)	解答記号	正　解	配点	チェック
第1問 (30)	アイ	−8	2	
	ウエ	−4	1	
	オ，カ	2，2	2	
	キ，ク	4，4	2	
	ケ，コ	7，3	3	
	サ	⓪	3	
	シ	⑦	3	
	ス	④	2	
	セソ	27	2	
	$\frac{タ}{チ}$	$\frac{5}{6}$	2	
	$ツ\sqrt{テト}$	$6\sqrt{11}$	3	
	ナ	⑥	2	
	$ニヌ(\sqrt{ネノ}+\sqrt{ハ})$	$10(\sqrt{11}+\sqrt{2})$	3	

問題番号(配点)	解答記号	正　解	配点	チェック
第2問 (30)	ア	②	2	
	イ	⑤	2	
	ウ	①	2	
	エ	②	3	
	オ	②	3	
	カ	⑦	3	
	キ，ク	4，3	3	
	ケ，コ	4，3	3	
	サ	②	3	
	$\frac{シ\sqrt{ス}}{セソ}$	$\frac{5\sqrt{3}}{57}$	3	
	タ，チ	⓪，⓪	3	

問題番号(配点)	解答記号	正　解	配点	チェック
第3問 (20)	アイウ	320	3	
	エオ	60	3	
	カキ	32	3	
	クケ	30	3	
	コ	②	3	
	サシス	260	2	
	セソタチ	1020	3	
第4問 (20)	アイ	11	2	
	ウエオカ	2310	3	
	キク	22	3	
	ケコサシ	1848	3	
	スセソ	770	2	
	タチ	33	2	
	ツテトナ	2310	2	
	ニヌネノ	6930	3	

問題番号(配点)	解答記号	正　解	配点	チェック
第5問 (20)	アイ	90	2	
	ウ	③	2	
	エ	④	3	
	オ	③	3	
	カ	②	2	
	キ	③	3	
	$\frac{ク\sqrt{ケ}}{コ}$	$\frac{3\sqrt{6}}{2}$	3	
	サ	7	2	

（注）　第1問，第2問は必答。第3問～第5問のうちから2問選択。計4問を解答。

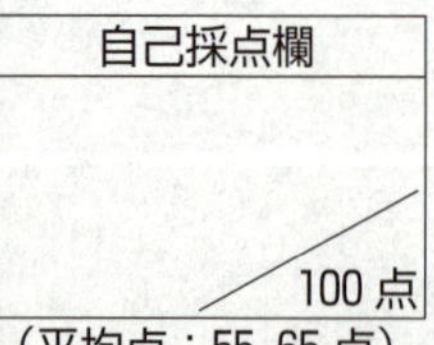

（平均点：55.65点）

第1問 ── 数と式，図形と計量

〔1〕 標準 《絶対値を含む不等式，式の値》

実数 x についての不等式 $|x+6|\leqq 2$ ……④ の解は

$$-2\leqq x+6\leqq 2$$

$$\boxed{-8}\leqq x\leqq \boxed{-4} \quad \to \text{アイ，ウエ}$$

よって，実数 a，b，c，d が $|(1-\sqrt{3})(a-b)(c-d)+6|\leqq 2$ ……(＊) を満たしているとき，④において，$x=(1-\sqrt{3})(a-b)(c-d)$ とすれば

$$-8\leqq(1-\sqrt{3})(a-b)(c-d)\leqq -4$$

$1-\sqrt{3}$ は負であることに注意すると，辺々を $1-\sqrt{3}$ (<0) で割って

$$-\frac{8}{1-\sqrt{3}}\geqq(a-b)(c-d)\geqq -\frac{4}{1-\sqrt{3}}$$

$$-\frac{8(1+\sqrt{3})}{1-3}\geqq(a-b)(c-d)\geqq -\frac{4(1+\sqrt{3})}{1-3}$$

$$4(1+\sqrt{3})\geqq(a-b)(c-d)\geqq 2(1+\sqrt{3})$$

よって，$(a-b)(c-d)$ のとり得る値の範囲は

$$\boxed{2}+\boxed{2}\sqrt{3}\leqq(a-b)(c-d)\leqq\boxed{4}+\boxed{4}\sqrt{3} \quad \to \text{オ，カ，キ，ク}$$

等式①，②，③の左辺を展開すると

$$(\text{①の左辺})=(a-b)(c-d)=ac-ad-bc+bd$$

$$(\text{②の左辺})=(a-c)(b-d)=ab-ad-bc+cd$$

$$(\text{③の左辺})=(a-d)(c-b)=ac-ab+bd-cd$$

となるから，比較することにより

$$(\text{①の左辺})-(\text{②の左辺})=(\text{③の左辺})$$

であることがわかる。

よって，特に $(a-b)(c-d)=4+4\sqrt{3}$ ……① であるとき，さらに $(a-c)(b-d)=-3+\sqrt{3}$ ……② が成り立つならば，①－② より

$$(a-d)(c-b)=(4+4\sqrt{3})-(-3+\sqrt{3})$$

$$=\boxed{7}+\boxed{3}\sqrt{3} \quad \to \text{ケ，コ}$$

解説

絶対値を含む不等式についての問題と，文字を含む3つの式を比較して式の値を求める問題である。誘導が丁寧であるから，方針について迷うこともない。計算間違いのないように，落ち着いて計算していけばよい。

実数 x についての不等式④は，「$k>0$ のとき，$|X|\leqq k \Longleftrightarrow -k\leqq X\leqq k$」を用いて式変形する。

不等式（＊）については，$x=(1-\sqrt{3})(a-b)(c-d)$ と考えることで，不等式④の結果が利用できる。$1-\sqrt{3}$ が負であることは問題文で与えられているので，不等号の向きに注意して解き進めればよい。
$(a-d)(c-b)$ の値を求める部分に関しては，４つの文字を含む式となっているので煩雑ではあるが，問題文に「等式①，②，③の左辺を展開して比較することにより」という誘導があるので，落ち着いて左辺の式を見比べれば，
（①の左辺）－（②の左辺）＝（③の左辺）となっていることに気付けるだろう。

〔２〕 標準 《正弦定理，三角比，三角形の面積，余弦定理，三角錐の体積》

(1)(i)　△ACB に正弦定理を用いると，円Oの半径が５なので

$$2\cdot 5=\frac{AB}{\sin\angle ACB}$$

すなわち　　$\sin\angle ACB=\dfrac{6}{2\cdot 5}=\dfrac{3}{5}$　⓪　→サ

また，$\sin^2\angle ACB+\cos^2\angle ACB=1$ より

$$\cos^2\angle ACB=1-\left(\frac{3}{5}\right)^2=\frac{16}{25}$$

なので

$$\cos\angle ACB=\pm\frac{4}{5}$$

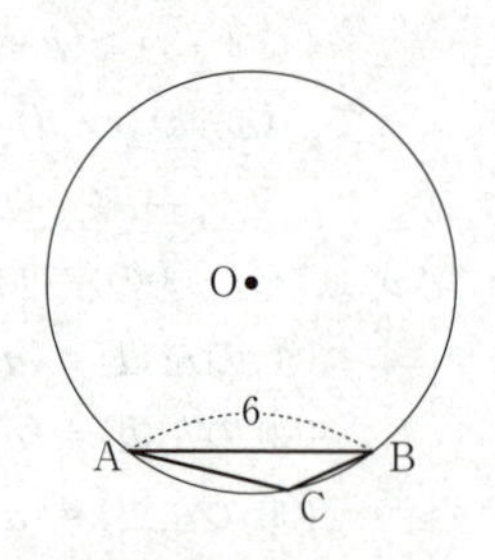

点Cを∠ACB が鈍角となるようにとるとき，
$\cos\angle ACB<0$ なので

$$\cos\angle ACB=-\frac{4}{5}$$　⑦　→シ

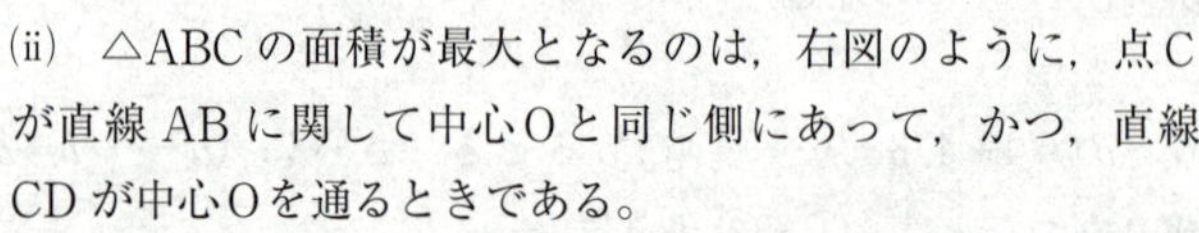

(ii)　△ABC の面積が最大となるのは，右図のように，点Cが直線 AB に関して中心Oと同じ側にあって，かつ，直線 CD が中心Oを通るときである。
このとき，OA＝OB＝5 より，△OAB は二等辺三角形なので，点Dは線分 AB の中点と一致するから

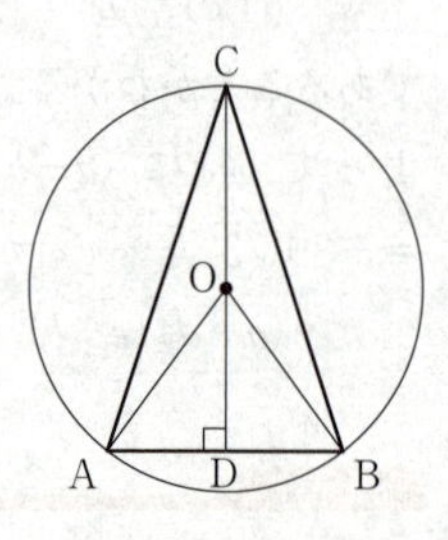

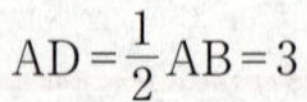

$$AD=\frac{1}{2}AB=3$$

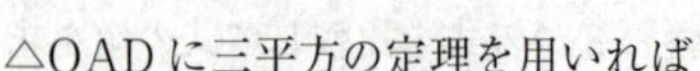

△OAD に三平方の定理を用いれば

$$OD=\sqrt{OA^2-AD^2}=\sqrt{5^2-3^2}=4$$

よって，△OAD において

$$\tan\angle OAD=\frac{OD}{AD}=\frac{4}{3}$$　④　→ス

また，OC＝5 より

$$CD=OC+OD=5+4=9$$

なので，△ABC の面積は

$$\frac{1}{2}\cdot AB\cdot CD=\frac{1}{2}\cdot 6\cdot 9=\boxed{27}\quad \to セソ$$

(2)　まず，△PQR に余弦定理を用いれば

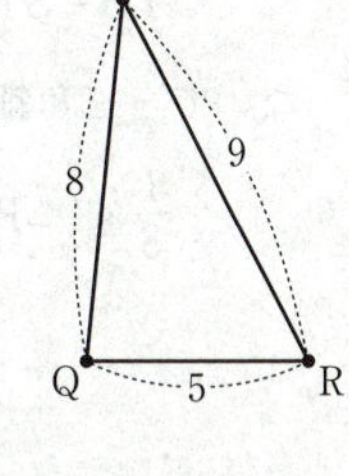

$$\cos\angle QPR=\frac{9^2+8^2-5^2}{2\cdot 9\cdot 8}=\frac{120}{144}=\frac{\boxed{5}}{\boxed{6}}\quad \to \frac{タ}{チ}$$

$0°<\angle QPR<180°$ より，$\sin\angle QPR>0$ なので

$$\sin\angle QPR=\sqrt{1-\cos^2\angle QPR}=\sqrt{1-\left(\frac{5}{6}\right)^2}=\frac{\sqrt{11}}{6}$$

よって，△PQR の面積は

$$\frac{1}{2}\cdot PQ\cdot RP\cdot\sin\angle QPR=\frac{1}{2}\cdot 8\cdot 9\cdot\frac{\sqrt{11}}{6}=\boxed{6}\sqrt{\boxed{11}}\quad \to ツ，テト$$

次に，球 S の中心を S とする。

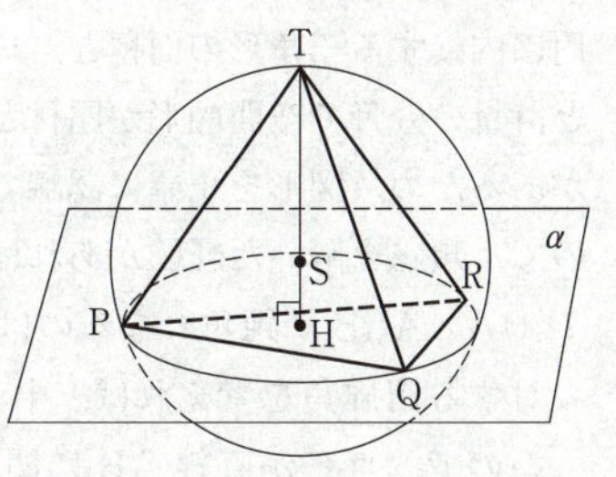

三角錐 TPQR の体積が最大となるのは，右図のように，点 T が平面 α に関して中心 S と同じ側にあって，かつ，直線 TH が中心 S を通るときである。

このとき，直角三角形 SPH，SQH，SRH において，SP＝SQ＝SR＝5 であり，SH が共通なので，△SPH≡△SQH≡△SRH である。

したがって，PH，QH，RH の長さについて

$$PH=QH=RH\quad \boxed{⑥}\quad \to ナ$$

が成り立つ。

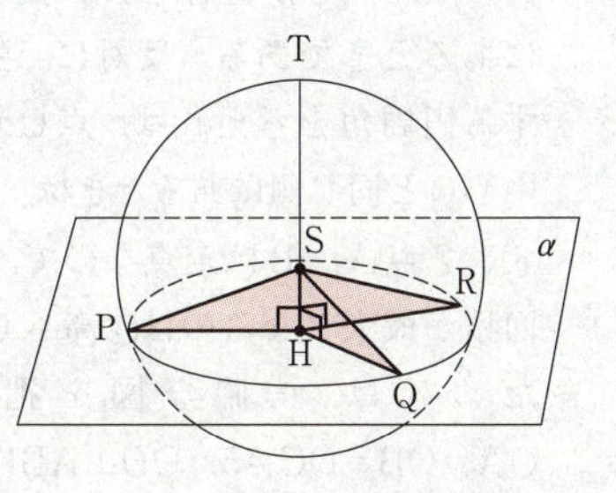

球 S と平面 α が交わる断面の図形は円であり，PH＝QH＝RH より，点 H はこの円の中心である。よって，△PQR に正弦定理を用いると，△PQR の外接円の半径が PH（＝QH＝RH）なので

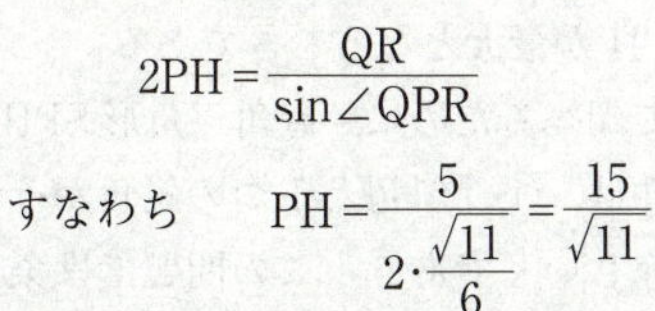

$$2PH=\frac{QR}{\sin\angle QPR}$$

すなわち　$PH=\dfrac{5}{2\cdot\dfrac{\sqrt{11}}{6}}=\dfrac{15}{\sqrt{11}}$

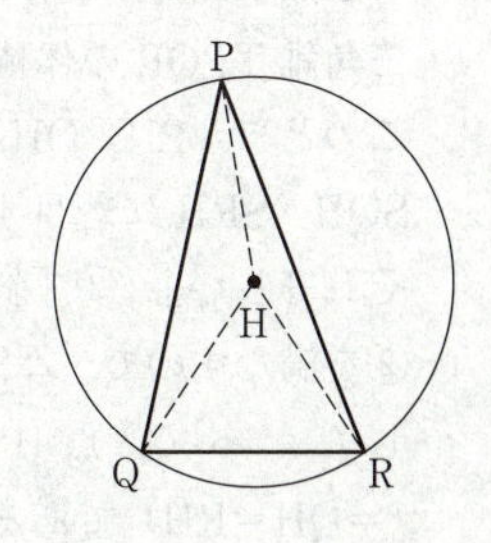

直角三角形 SPH に三平方の定理を用いて

$$SH=\sqrt{SP^2-PH^2}=\sqrt{5^2-\left(\frac{15}{\sqrt{11}}\right)^2}=\sqrt{5^2\left(1-\frac{3^2}{11}\right)}=5\sqrt{\frac{2}{11}}$$
$$=\frac{5\sqrt{22}}{11}$$

以上より

$$TH=ST+SH=5+\frac{5\sqrt{22}}{11}$$

なので，三角錐 TPQR の体積は

$$\frac{1}{3}\times(\triangle PQR\text{ の面積})\times TH=\frac{1}{3}\times 6\sqrt{11}\times\left(5+\frac{5\sqrt{22}}{11}\right)$$
$$=10\sqrt{11}+10\sqrt{2}$$
$$=\boxed{10}\left(\sqrt{\boxed{11}}+\sqrt{\boxed{2}}\right)$$

→ニヌ，ネノ，ハ

解説

円に内接する三角形の面積と，球に内接する三角錐の体積に関する問題である。図形と計量の分野で空間図形が題材となることは珍しい。図形的な考察を必要とする箇所があるため，図形を正確に認識できなければならないが，よく見かける問題ではあるので，類題を解いた経験があれば難しくはない。

(1)(i)　∠ACB が鈍角となるのは，弧 AB の長い方に対する円周角を考えれば，中心角が 180° より大きいので，点 C が直線 AB に関して中心 O と反対側にあるときである。反対に，弧 AB の短い方に対する円周角を考えれば，点 C が直線 AB に関して中心 O と同じ側にあるときは，∠ACB は鋭角となる。

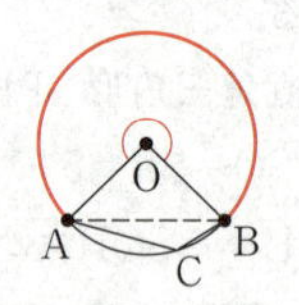

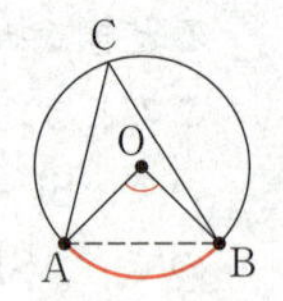

(ii)　2 点 A，B は定点なので，△ABC の底辺を AB として考えれば，△ABC の面積が最大となるのは，高さ CD が最大となるときである。この設問に解答するためには，正確な図を把握する必要があるが，それができれば，OA＝OB＝OC＝5，OD⊥ABに注意することで，正解を導き出すことができる。

(2)　3 点 P，Q，R は定点だから，三角錐 TPQR の底面を△PQR として考えれば，三角錐 TPQR の体積が最大となるのは，高さ TH が最大となるときである。
このとき，PH，QH，RH の長さの関係について調べるために，直角三角形 SPH，SQH，SRH に着目する。直角三角形の合同条件は，①「斜辺と 1 つの鋭角がそれぞれ等しい」，②「斜辺と他の 1 辺がそれぞれ等しい」であり，この問題では条件②を満たすので，△SPH≡△SQH≡△SRH が成り立ち，PH＝QH＝RH が導ける。したがって，点 H は△PQR の外心であり，△PQR の外接円の半径が PH（＝QH＝RH）であることがわかる。

第2問 ―― データの分析，2次関数

〔1〕 標準 《ヒストグラム，箱ひげ図，データの相関》

(1)　• 52 個のデータの第 1 四分位数は，52 個のデータを小さいものから順に並べたときの小さい方から 13 番目と 14 番目の値の平均値である。

図 1 の小さい方から 13 番目と 14 番目の値が含まれる階級は 1800 以上 2200 未満。

よって，第 1 四分位数が含まれる階級は **1800 以上 2200 未満** ② →ア である。

• 52 個のデータの第 3 四分位数は，52 個のデータを小さいものから順に並べたときの大きい方から 13 番目と 14 番目の値の平均値である。

図 1 の大きい方から 13 番目と 14 番目の値が含まれる階級は 3000 以上 3400 未満。

よって，第 3 四分位数が含まれる階級は **3000 以上 3400 未満** ⑤ →イ である。

• 図 1 の四分位範囲は，第 3 四分位数，第 1 四分位数が含まれる階級がそれぞれ 3000 以上 3400 未満，1800 以上 2200 未満であることに注意すれば，

(3000 − 2200 =) 800 より大きく，(3400 − 1800 =) 1600 より小さい。

よって，四分位範囲は **800 より大きく 1600 より小さい。** ① →ウ

(2)(i)　⓪　地域Eにおいて，小さい方から 5 番目の値は，19 個のデータの第 1 四分位数である。

地域Eの第 1 四分位数は，図 2 より，2000 より大きい。

よって，地域Eにおいて，小さい方から 5 番目は 2000 より大きいので，正しくない。

①　地域Eの範囲は，図 2 より，最大値が 3800 より小さく，最小値が 1000 より大きいことに注意すれば，(3800 − 1000 =) 2800 より小さい。

地域Wの範囲は，図 3 より，最大値が 4800 より大きく，最小値が 1400 より小さいことに注意すれば，(4800 − 1400 =) 3400 より大きい。

よって，地域Eと地域Wの範囲は等しくないので，正しくない。

②　地域Eの中央値は，図 2 より，2400 より小さい。

地域Wの中央値は，図 3 より，2600 より大きい。

よって，**中央値は，地域Eより地域Wの方が大きい**ので，正しい。

③　地域Eの 2600 未満の市の割合は，図 2 より，中央値が 2600 より小さいので，19 個のデータの中央値は，19 個のデータを小さいものから順に並べたときの小さい方から 10 番目の値であることに注意すれば，10 ÷ 19 = 0.52… より，50％より大きい。

地域Wの 2600 未満の市の割合は，図 3 より，中央値が 2600 より大きいので，33 個のデータの中央値は，33 個のデータを小さいものから順に並べたときの小さい方から 17 番目の値であることに注意すれば，16 ÷ 33 = 0.48… より，50％より小さ

い。

よって，2600 未満の市の割合は，地域Ｅより地域Ｗの方が小さいので，正しくない。

以上より，かば焼きの支出金額について，図２と図３から読み取れることとして，正しいものは ② →エ である。

(ii)　分散は，偏差の２乗の平均値である。

よって，地域Ｅにおけるかば焼きの支出金額の分散は，地域Ｅのそれぞれの市におけるかば焼きの支出金額の偏差の２乗を合計して地域Ｅの市の数で割った値 ② →オ である。

(3)　表１を用いると，地域Ｅにおける，やきとりの支出金額とかば焼きの支出金額の相関係数は

$$\frac{124000}{590\times570}=\frac{1240}{59\times57}=\frac{1240}{3363}=0.368\cdots\fallingdotseq0.37 \quad ⑦ \quad \to カ$$

である。

解説

実際のデータを扱ったデータの分析に関する問題。データの分析についての基本的な知識が習得できていれば比較的解きやすい標準的な内容であったが，データ数が異なる２つの箱ひげ図から正しいことを読み取る問題は目新しい。

(1)　52 個のデータを x_1，x_2，…，x_{52}（ただし，$x_1\leqq x_2\leqq\cdots\leqq x_{52}$）とすると，

第１四分位数は $\dfrac{x_{13}+x_{14}}{2}$，第３四分位数は $\dfrac{x_{39}+x_{40}}{2}$，四分位範囲は

「(第３四分位数)－(第１四分位数)」で求められる。

(2)(i)　19 個のデータを x_1，x_2，…，x_{19}（ただし，$x_1\leqq x_2\leqq\cdots\leqq x_{19}$）とすると，第１四分位数は x_5，中央値は x_{10} である。

33 個のデータを x_1，x_2，…，x_{33}（ただし，$x_1\leqq x_2\leqq\cdots\leqq x_{33}$）とすると，第１四分位数は $\dfrac{x_8+x_9}{2}$，中央値は x_{17} である。

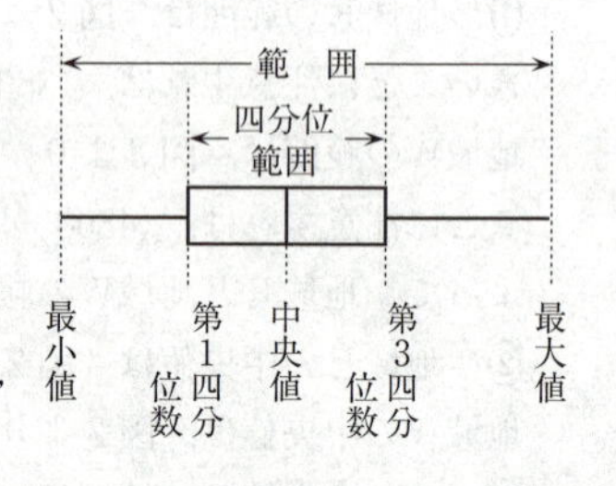

①　範囲は「(最大値)－(最小値)」で求められる。

図２と図３の縦軸の目盛りは等しいので，図２と図３を横並びに比較すれば，地域Ｅと地域Ｗの範囲は等しくないことがわかる。〔解答〕では範囲を具体的に考えたが，実際にはその必要はない。

②　図２と図３の縦軸の目盛りは等しいので，図２と図３を横並びに比較すれば，地域Ｗの中央値の方が地域Ｅの中央値よりも大きいことがわかる。〔解答〕では中央値を具体的に考えたが，実際にはその必要はない。

③　2600 未満の市の「個数」ではなく，「割合」であることに注意する。
地域Wの第1四分位数は2600より小さいから，33個のデータを小さいものから順に並べたときの小さい方から1番目から8番目までの値は2600未満であることは確実だが，地域Wの中央値が2600より大きいことだけでは，33個のデータを小さいものから順に並べたときの小さい方から9番目から16番目までの値が2600未満であるとは言えない。しかし仮に，33個のデータを小さいものから順に並べたときの小さい方から9番目から16番目までの値が2600未満であったとしても，$16\div33=0.48\cdots$ より，50％を超えることはないから，2600未満の市の割合は，地域Eより地域Wの方が小さいと言える。

(ii)　地域Eにおけるかば焼きの支出金額を X とし，X の値を X_1，X_2，…，X_{19} とする。X の平均値を $\overline{X}$ とすると，かば焼きの支出金額の分散は

$$\frac{1}{19}\{(X_1-\overline{X})^2+(X_2-\overline{X})^2+\cdots+(X_{19}-\overline{X})^2\}$$

で求められるから，偏差 $X-\overline{X}$ の2乗の平均値である。

(3)　地域Eにおける，やきとりの支出金額とかば焼きの支出金額の相関係数は

$$\frac{\text{共分散}}{(\text{やきとりの支出金額の標準偏差})\times(\text{かば焼きの支出金額の標準偏差})}$$

で求められる。

〔2〕　やや難　《2次関数》

(1)　放物線 C_1 の方程式を $y=ax^2+bx+c$ $(a<0)$ とおくと，C_1 は $\mathrm{P}_0(0,\ 3)$ を通るので

$$3=c \quad \cdots\cdots①$$

C_1 は $\mathrm{M}(4,\ 3)$ を通るので

$$3=16a+4b+c \quad \cdots\cdots②$$

①を②に代入して

$$16a+4b=0 \quad \text{すなわち} \quad b=-4a$$

よって，放物線 C_1 の方程式は

$$y=ax^2-\boxed{4}ax+\boxed{3} \quad \to キ，ク$$

と表すことができる。
また，平方完成すると

$$y=a(x^2-4x)+3 \quad \cdots\cdots③$$
$$=a\{(x-2)^2-4\}+3=a(x-2)^2-4a+3 \quad \cdots\cdots④$$

なので，C_1 の頂点の座標は

$(2,\ -4a+3)$

よって，プロ選手の「シュートの高さ」は

$-\boxed{4}a+\boxed{3}$ →ケ，コ ……⑤

放物線 C_2 の方程式は

$$y=p\left\{x-\left(2-\frac{1}{8p}\right)\right\}^2-\frac{(16p-1)^2}{64p}+2 \quad (p<0)$$

と表すことができるので，C_2 の頂点の座標は

$$\left(2-\frac{1}{8p},\ -\frac{(16p-1)^2}{64p}+2\right)$$

プロ選手と花子さんの「ボールが最も高くなるときの地上の位置」は，それぞれ

プロ選手　$x=2$

花子さん　$x=2-\dfrac{1}{8p}$

なので，$p<0$ であることに注意すると，$-\dfrac{1}{8p}>0$ より　$2-\dfrac{1}{8p}>2$

よって，プロ選手と花子さんの「ボールが最も高くなるときの地上の位置」を比較すると，**花子さんの「ボールが最も高くなるときの地上の位置」の方が，つねにMの x 座標に近い。** $\boxed{②}$ →サ

(2)　点Dの座標は，A (3.8, 3)，$\mathrm{AD}=\dfrac{\sqrt{3}}{15}$ より　$\mathrm{D}\left(3.8,\ 3+\dfrac{\sqrt{3}}{15}\right)$

なので，$x=3.8=\dfrac{19}{5}$，$y=3+\dfrac{\sqrt{3}}{15}$ を④に代入して

$$3+\frac{\sqrt{3}}{15}=a\left(\frac{19}{5}-2\right)^2-4a+3 \qquad \frac{\sqrt{3}}{15}=\frac{81}{25}a-4a$$

$$\therefore\quad a=-\frac{5\sqrt{3}}{57}$$

よって，放物線 C_1 がDを通るとき，C_1 の方程式は，③より

$$y=-\frac{\boxed{5}\sqrt{\boxed{3}}}{\boxed{57}}(x^2-4x)+3 \quad \to \frac{\text{シ，ス}}{\text{セソ}}$$

このとき，プロ選手の「シュートの高さ」は，⑤より

$$-4\cdot\left(-\frac{5\sqrt{3}}{57}\right)+3=\frac{20\sqrt{3}}{57}+3$$

$\sqrt{3}\fallingdotseq 1.73$ として考えると

$$\frac{20\sqrt{3}}{57}+3\fallingdotseq\frac{20\times 1.73}{57}+3=3.60\cdots$$

なので，プロ選手の「シュートの高さ」は約3.6と求められる。

また，放物線 C_2 がDを通るとき，(1)で与えられた C_2 の方程式を用いると，花子

さんの「シュートの高さ」は約3.4と求められる。

以上のことから，放物線 C_1 と C_2 がDを通るとき，プロ選手と花子さんの「シュートの高さ」を比べると

$$3.6-3.4=0.2$$

より，**プロ選手** [⓪] →タ の「シュートの高さ」の方が大きく，その差はボール約1個分 [⓪] →チである。

解説

バスケットボールにおいて，シュートを打つ高さによってボールの軌道がどのように変わるかを，放物線を利用して考察する問題。計算量が多くなってしまう部分に関しては，あらかじめ問題の中で計算結果が与えられているため，実際の計算量はさほど多くないが，仮定や会話文の文章が長く，問題設定を把握することに苦労した受験生は多かっただろう。

(1) 放物線 C_1 は上に凸なので，放物線 C_1 の方程式における x^2 の係数を a とするとき，$a<0$ である。

問題文から，放物線 C_1 の方程式を $y=ax^2-$ [キ] $ax+$ [ク] と表すので，C_1 の方程式を $y=ax^2+bx+c$ $(a<0)$ とおくとき，b を a で表さなければならないことがわかる。

仮定より，「シュートの高さ」は放物線 C_1，C_2 の頂点の y 座標であり，「ボールが最も高くなるときの地上の位置」は放物線 C_1，C_2 の頂点の x 座標である。

放物線 C_2 は上に凸なので，放物線 C_2 の方程式における x^2 の係数を p とするとき，$p<0$ である。これが意識できていないと，プロ選手と花子さんの「ボールが最も高くなるときの地上の位置」を比較する際，$2-\frac{1}{8p}>2$ が求められない。また，仮定より，ボールがリングや他のものに当たらずに上からリングを通り，かつ，ボールの中心がABの中点M(4, 3)を通る場合を考えているので，放物線の頂点の x 座標がMの x 座標 $x=4$ を超えることはないから，$2<2-\frac{1}{8p}<4$ が成り立つ。

(2) プロ選手の「シュートの高さ」は，問題文で与えられた $\sqrt{3}=1.7320508\cdots$ の値を利用すれば，約3.6と求まる。〔解答〕では $\sqrt{3}\fallingdotseq1.73$ として考えたが，$\sqrt{3}\fallingdotseq1.7$ として考えた場合には $\frac{20\sqrt{3}}{57}+3\fallingdotseq3.59\cdots$ となる。

花子さんの「シュートの高さ」は約3.4となることが問題文に与えられているので，プロ選手と花子さんの「シュートの高さ」の差は約0.2となる。仮定より，ボールの直径は0.2なので，「シュートの高さ」の差をボールの個数で比べた場合，ボール約1個分に相当することがわかる。

第3問　標準　場合の数と確率　《場合の数》

(1)　球1の塗り方は，5通り。

球2の塗り方は，球1に塗った色以外の4通り。

球3の塗り方は，球2に塗った色以外の4通り。

球4の塗り方は，球3に塗った色以外の4通り。

よって，図Bにおいて，球の塗り方は

$5\times4\times4\times4=$ 320 通り　→アイウ

(2)　球1の塗り方は，5通り。

球2の塗り方は，球1に塗った色以外の4通り。

球3の塗り方は，球1と球2に塗った色以外の3通り。

よって，図Cにおいて，球の塗り方は

$5\times4\times3=$ 60 通り　→エオ

(3)　赤をちょうど2回使う塗り方は

(i)　球1と球3を赤で塗り，球2と球4を赤以外で塗る。

(ii)　球2と球4を赤で塗り，球1と球3を赤以外で塗る。

のいずれかである。(i)，(ii)の塗り方をそれぞれ求めると

(i)　球1と球3を赤で塗るとき，球2と球4の塗り方はそれぞれ，赤以外の4通りだから，このときの球の塗り方は

$4\times4=16$ 通り

(ii)　球2と球4を赤で塗るとき，(i)と同様に考えれば，このときの球の塗り方は

$4\times4=16$ 通り

よって，(i)，(ii)より，図Dにおける球の塗り方のうち，赤をちょうど2回使う塗り方は

$16+16=$ 32 通り　→カキ

(4)　赤と青を複数回使うので，球1には赤と青は塗れないから，球1の塗り方は，赤と青以外の3通り。

球2から球6の五つの球を，赤をちょうど3回使い，かつ青をちょうど2回使う塗り方を考える。五つの球から赤を塗る三つの球を選ぶ選び方は ${}_5C_3$ 通り。

残りの二つの球は青を塗るから ${}_2C_2=1$ 通り。

これより

$${}_5C_3\times1={}_5C_2=\frac{5\cdot4}{2\cdot1}=10\text{ 通り}$$

よって，図Eにおける球の塗り方のうち，赤をちょうど3回使い，かつ青をちょうど2回使う塗り方は

$3\times10=$ 30 通り　→クケ

(5)　図Dにおいて，球の塗り方の総数を求めるために，図Dと図Fを比較する。
図Fにおける球の塗り方は，図Bにおける球の塗り方と同じであるため，全部で320通りある。
そのうち，球3と球4が同色になる球の塗り方を考えると，球1と球3は異なる色であるから，球1と球3がひもでつながれていると考えてもよい。
よって，図Fにおける球の塗り方のうち，球3と球4が同色になる球の塗り方の総数と一致する図は ② →コ である。
図②は，(2)の図Cだから，図②における球の塗り方は，(2)より，60通りある。
したがって，図Dにおける球の塗り方は

$320-60=\boxed{260}$ 通り　→サシス

(6)　(5)と同様に，図Gにおいて，球の塗り方の総数を求めるために，図Gと図Hを比較する。
図Hにおける球の塗り方は，図Ⅰにおける球の塗り方と同じであるため，(1)と同様に考えると，全部で

$5\times4\times4\times4\times4=1280$ 通り

そのうち，球4と球5が同色になる球の塗り方を考えると，球1と球4は異なる色であるから，球1と球4がひもでつながれていると考えてもよい。
よって，図Hにおける球の塗り方のうち，球4と球5が同色になる球の塗り方の総数は，図Dにおける球の塗り方の総数と一致し，図Dにおける球の塗り方は，(5)より，260通りある。
したがって，図Gにおいて，球の塗り方は

$1280-260=\boxed{1020}$ 通り　→セソタチ

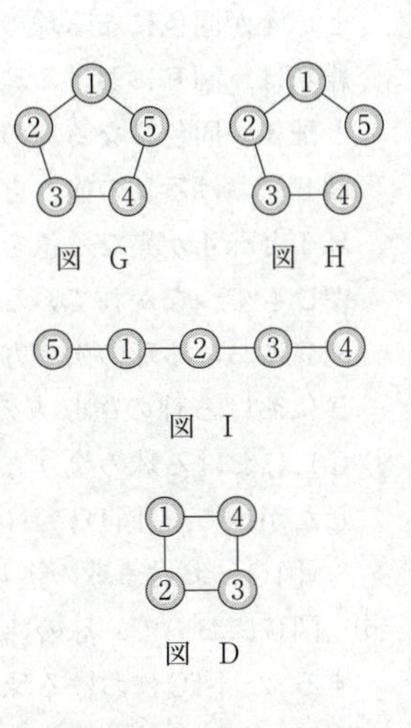

解説

ひもでつながれた複数の球の塗り分け方を考える問題。丁寧な誘導もあり，比較的解きやすい問題である。誘導にうまくのっていけるかどうかで差がついただろう。2023年度は場合の数に関する出題であり，確率に関する出題はなかった。

(1)　問題文の導入部分に，図Aにおける球の塗り方の総数の求め方が例として示されているので，それにならって求めていけばよい。

(2)　球3は，球1・球2とひもでつながれているので，球1と球2に塗った色以外を塗ることに注意する。

(3)　赤をちょうど2回使う塗り方は，(i)，(ii)のいずれかの場合が考えられる。(ii)は，(i)と同様にして求めればよいが，実際に求めると，球2と球4を赤で塗るとき，球1と球3の塗り方はそれぞれ，赤以外の4通りだから，このときの球の塗り方は $4\times4=16$ 通りとなる。

⑷　球1は，球2，球3，球4，球5，球6とそれぞれひもでつながれているから，赤と青を複数回使って球1から球6までを塗るとき，球1には赤と青は塗れないことがわかる。

球1に赤と青が塗れないので，球2から球6の五つの球を，赤をちょうど3回，青をちょうど2回使って塗ることになる。球2から球6の五つの球は互いにひもでつながれていないから，球2から球6の塗り方は，五つの球から赤を塗る三つの球を選ぶ組合せの総数に等しい。

⑸　図Dにおいて，球の塗り方の総数を求めるとき，構想に基づいて，図Dと図Fを比較すると，図Dは球3と球4が同色になる球の塗り方が不可能だが，図Fは球3と球4が同色になる球の塗り方が可能である。よって，図Dにおける球の塗り方の総数は，図Fにおける球の塗り方の総数から，図Fにおける球の塗り方のうち球3と球4が同色になる球の塗り方の総数を引けばよいことがわかる。

図Fにおける球の塗り方のうち球3と球4が同色になる球の塗り方を考えるとき，球1と球4が異なる色を塗るのに，球3と球4が同色になるのだから，球1と球3がひもでつながれていると考えてもよいことがわかる。

図Fにおける球の塗り方の総数は，図Bにおける球の塗り方の総数と一致する。図Fにおける球の塗り方のうち球3と球4が同色になる球の塗り方の総数は②（図C）における球の塗り方の総数と一致する。

したがって，(図Dにおける球の塗り方の総数)＝(図Bにおける球の塗り方の総数)－(図Cにおける球の塗り方の総数）で求められる。

⑹　図Gにおいて，球の塗り方の総数を求めるとき，⑸と同様に，図Gと図Hを比較すると，図Gにおける球の塗り方の総数は，図Hにおける球の塗り方の総数から，図Hにおける球の塗り方のうち球4と球5が同色になる球の塗り方の総数を引けばよいことがわかる。

図Hにおける球の塗り方の総数は，図Ⅰにおける球の塗り方の総数と一致する。図Hにおける球の塗り方のうち球4と球5が同色になる球の塗り方の総数は図Dにおける球の塗り方の総数と一致する。

したがって，(図Gにおける球の塗り方の総数)＝(図Ⅰにおける球の塗り方の総数)－(図Dにおける球の塗り方の総数）で求められる。

第4問  整数の性質《素因数分解，最小公倍数，最大公約数，不定方程式》

(1)　462 と 110 をそれぞれ素因数分解すると

$$462=2\times3\times7\times11$$
$$110=2\times5\times11$$

なので，462 と 110 の両方を割り切る素数のうち最大のものは $\boxed{11}$ →アイ である。

横の長さが 462 で縦の長さが 110 である赤い長方形を，図1のように並べて作ることができる正方形は，横の長さと縦の長さが等しいので，一辺の長さが 462 と 110 の公倍数となる。

この正方形のうち，辺の長さが最小であるものは，一辺の長さが 462 と 110 の最小公倍数となればよいから

$$2\times3\times5\times7\times11=\boxed{2310}$$ →ウエオカ

のものである。

また，赤い長方形を横に x 枚，縦に y 枚（x，y：自然数）並べて正方形ではない長方形を作るとき，横の長さと縦の長さの差の絶対値は，462 と 110 の約数を考えると

$$|462x-110y|=|22(21x-5y)|=22|21x-5y|$$

これが最小になるのは，$462x\neq110y$ より，$|21x-5y|$ が最小の自然数となる場合を考えればよい。$|21x-5y|=1$，すなわち，$21x-5y=1$ または $21x-5y=-1$ を満たす自然数 x，y が存在するかどうかを調べると，一の位に着目して，x と y に順に値を代入していけば

- $x=1$，$y=4$ のとき　　$21x-5y=1$
- $x=4$，$y=17$ のとき　　$21x-5y=-1$　……①

となる。

このとき，横の長さと縦の長さの差の絶対値は

$$22|21x-5y|=22\times1=22$$

よって，横の長さと縦の長さの差の絶対値が最小になるのは，差の絶対値が $\boxed{22}$ →キク になるときであることがわかる。

縦の長さが横の長さより 22 長い長方形は

$$110y-462x=22$$
$$-22(21x-5y)=22$$

すなわち，$21x-5y=-1$ を満たす自然数 x，y を考えればよい。

この長方形のうち，横の長さが最小であるものは，x の値が最小となる場合なので，①より，$x=4$，$y=17$ のときだから，横の長さが

$462\times4=\boxed{1848}$　→ケコサシ

のものである。

(2)　363 と 154 を素因数分解すると

$363=3\times11^2$

$154=2\times7\times11$

(1)で用いた赤い長方形を 1 枚以上並べて長方形を作り，その右側に横の長さが 363 で縦の長さが 154 である青い長方形を 1 枚以上並べて，図 2 のような正方形や長方形を作ることを考える。

このとき，赤い長方形を並べてできる長方形の縦の長さと，青い長方形を並べてできる長方形の縦の長さは等しい。

よって，図 2 のような長方形は，縦の長さが 110 と 154 の公倍数となる。

この長方形のうち，縦の長さが最小のものは，縦の長さが 110 と 154 の最小公倍数となればよいから

$2\times5\times7\times11=\boxed{770}$　→スセソ

のものであり，図 2 のような長方形は縦の長さが 770 の倍数である。

462 と 363 の最大公約数は

$3\times11=\boxed{33}$　→タチ

であり，33 の倍数のうちで，770 の倍数でもある最小の正の整数は，$33=3\times11$ と $770=2\times5\times7\times11$ の最小公倍数であるから

$2\times3\times5\times7\times11=\boxed{2310}$　→ツテトナ

である。

これらのことと，使う長方形の枚数が赤い長方形も青い長方形も 1 枚以上であることから，赤い長方形を横に a 枚，青い長方形を横に b 枚（a，b：自然数）並べて図 2 のような正方形を作るとき，一辺の長さは 2310 の倍数でなければならないので

$462a+363b=2310n$　（n：自然数）

$33(14a+11b)=33\times70n$

すなわち，$14a+11b=70n$　……②を満たす自然数 a，b，n を考えればよい。

この正方形のうち，辺の長さが最小であるものは，n の値が最小となる場合なので，②を変形すると

$11b=14(5n-a)$

11 と 14 は互いに素であり，b は自然数なので，k を自然数として

$b=14k$　……③

$5n-a=11k$　……④

と表せる。

④において，k は自然数より，$5n-a$ $(=11k)\geqq 11$ となるので，n，a が自然数であることを考慮すれば

$$n\geqq 3$$

となる。

$n=3$ のとき，④は

$$15-a=11k$$

となるから，$a=4$，$k=1$ のとき④を満たし，$k=1$ のとき③より $b=14$ となる。

したがって，③，④を満たす自然数 a，b が存在するので，最小となる n の値は，$n=3$ である。

よって，図2のような正方形のうち，辺の長さが最小であるものは，$a=4$，$b=14$，$n=3$ のときだから，一辺の長さが

$2310\times 3=$ 6930 →ニヌネノ

のものであることがわかる。

解説

色のついた長方形を並べて，長方形や正方形を作ることを考える問題。(2)の途中までは誘導があるため，計算すべきことがわかりやすくなっているが，(2)の最後の設問は誘導がないため，花子さんと太郎さんの会話文を手がかりに解答方針を設定していく必要があり，少し難しい。思考力が問われる問題となっている。

(1) 462と110の両方を割り切る素数のうち最大のものを求める際に，「素数」を読み落とさないように注意する。

赤い長方形を並べて正方形を作るとき，赤い長方形を横に x 枚，縦に y 枚（x，y：自然数）並べて正方形を作ると考えて，$462x=110y$，両辺を22で割って，$21x=5y$ から，辺の長さが最小であるものを求めてもよい。21と5は互いに素だから，$x=5$，$y=21$ となることより，一辺の長さは $462\times 5=2310$ となる。

赤い長方形を並べて正方形ではない長方形を作るとき，正方形ではないので，$462x\neq 110y$，すなわち，$|462x-110y|\neq 0$ となる場合を考える。

$|462x-110y|=22|21x-5y|$ が最小の自然数となる場合を考える際に，$|21x-5y|$ がとり得る値に当たりをつけて考える。$21x-5y=1$ または $21x-5y=-1$ を満たす自然数 x，y が存在するかどうかを調べるとき，5の倍数である $5y$ の一の位は0あるいは5となることに着目すれば，$x=1$，$y=4$ の場合に $21x-5y=1$ となることに気付く。また，$21x-5y=-1$ となるには，5の倍数である $5y$ の一の位は0あるいは5なので，$21x$ の一の位が9あるいは4とならなければならないことに気付く。したがって，$x=1$，2，3のとき，$21x-5y=-1$ を満たす自然数 y は存在しないことがわかるので，$x=4$ が決定でき，$y=17$ が定まる。

⑵　図2のように並べて正方形を作ることを考える際，花子さんと太郎さんの二人の会話文を参考にして考える。赤い長方形の横の長さが462で，青い長方形の横の長さが363だから，図2のような正方形の横の長さは462と363を組み合わせて作ることができる長さでないといけないから，赤い長方形を横にa枚，青い長方形を横にb枚（a，b：自然数）並べて図2のような正方形を作るとき，
$462a+363b=33(14a+11b)$より，正方形の横の長さ（一辺の長さ）は33の倍数でなければならない。また，図2のような長方形は縦の長さが770の倍数であることはわかっているので，図2のような正方形を作るとき，横の長さは770の倍数でもなければならない。したがって，図2のような正方形の横の長さ（一辺の長さ）は，33と770の最小公倍数である2310の倍数でなければならないことがわかる。
②の右辺が定数であるような不定方程式は扱い慣れているが，②の右辺に自然数nが含まれた形となっている部分が悩ましい。〔解答〕のような解法でなくても，次のように自然数n，a，bに順に値を代入することで，正解を探し当てればよい。

- $n=1$のとき，②より

$$14a+11b=70 \quad \text{すなわち} \quad 11b=14(5-a)$$

11と14は互いに素で，bは自然数なので，$5-a$は11の正の倍数になるが，そのような自然数aは存在しない。

- $n=2$のとき，②より

$$14a+11b=70\cdot 2 \quad \text{すなわち} \quad 11b=14(10-a)$$

$n=1$のときと同様に考えて，$10-a$は11の正の倍数になるが，そのような自然数aは存在しない。

- $n=3$のとき，②より

$$14a+11b=70\cdot 3 \quad \text{すなわち} \quad 11b=14(15-a)$$

$a=4$のとき，$15-a=11$であるから，$15-a$は11の正の倍数で，このとき$b=14$である。

したがって，$n=3$，$a=4$，$b=14$のとき②を満たすから，最小となるnの値は，$n=3$である。

第5問　やや難　図形の性質
《作図，円の接線，円に内接する四角形，円周角の定理》

(1)　円Oに対して，手順1で作図を行うと，右図のようになる。

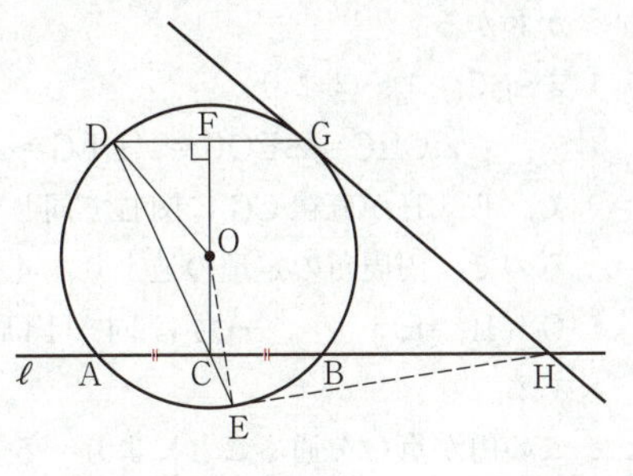

このとき，直線ℓと点Dの位置によらず，直線EHは円Oの接線である。

このことは，構想「直線EHが円Oの接線であることを証明するためには，$\angle OEH=$ 90 $^\circ$ →アイ　であることを示せばよい」に基づいて，次のように説明できる。

手順1の（Step 1）により，点Cは線分ABの中点なので，直線OCと線分ABは直交するから

$$\angle OCH=90^\circ$$

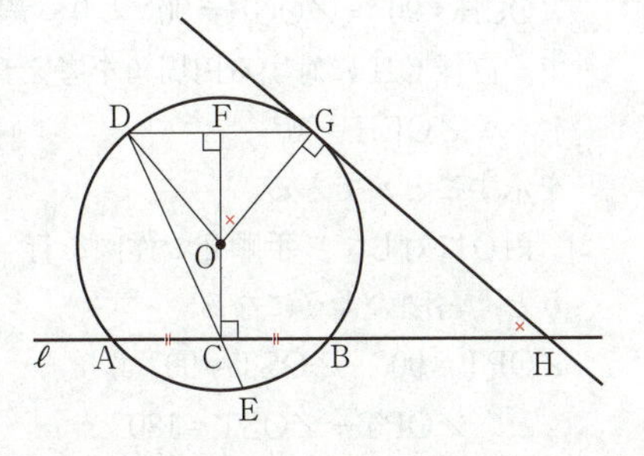

また，手順1の（Step 4）により，直線HGは円Oの接線なので

$$\angle OGH=90^\circ$$

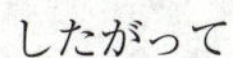

したがって

$$\angle OCH+\angle OGH=180^\circ$$

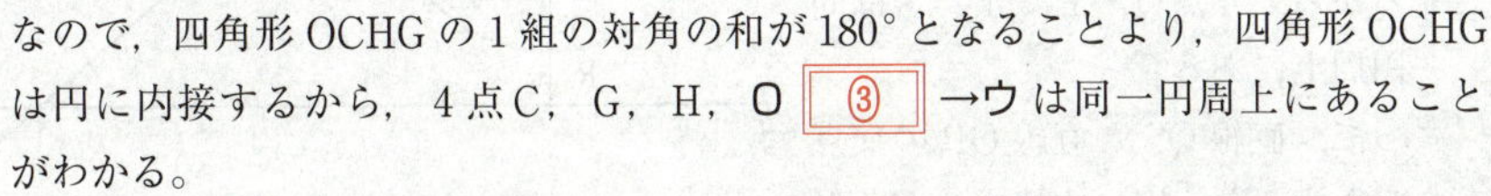

なので，四角形OCHGの1組の対角の和が180°となることより，四角形OCHGは円に内接するから，4点C，G，H，O ③ →ウ は同一円周上にあることがわかる。

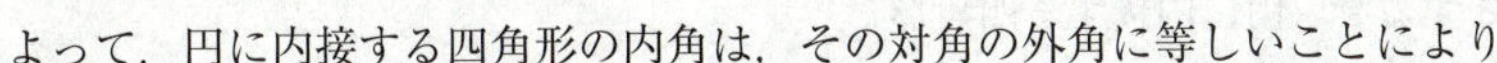

よって，円に内接する四角形の内角は，その対角の外角に等しいことにより

$$\angle CHG=\angle FOG \quad ④ \quad \rightarrow エ \quad \cdots\cdots①$$

である。

一方，△ODGはOD＝OGの二等辺三角形だから，点Oから線分DGに下ろした垂線は∠DOGを2等分するので

$$\angle FOG=\frac{1}{2}\angle DOG$$

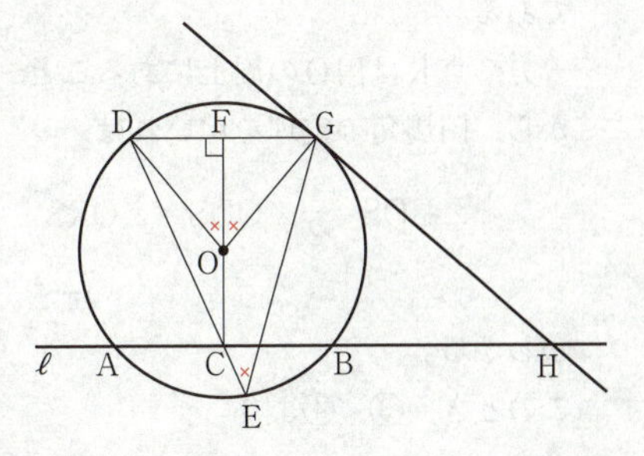

さらに，点Eは円Oの周上にあることから，円周角の定理を用いれば

$$\angle DEG=\frac{1}{2}\angle DOG$$

なので

$$\angle \mathrm{FOG}=\frac{1}{2}\angle \mathrm{DOG}=\angle \mathbf{DEG}\quad \boxed{③}\quad →オ\quad ……②$$

がわかる。

よって，①，②より

$$\angle \mathrm{CHG}=\angle \mathrm{FOG}=\angle \mathrm{DEG}=\angle \mathrm{CEG}$$

で，E，Hが直線CGに関して同じ側にあるので，円周角の定理の逆より，4点C，G，H，**E** $\boxed{②}$ →カ は同一円周上にある。

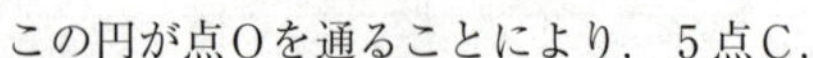

この円が点Oを通ることにより，5点C，G，H，O，Eは同一円周上にある。

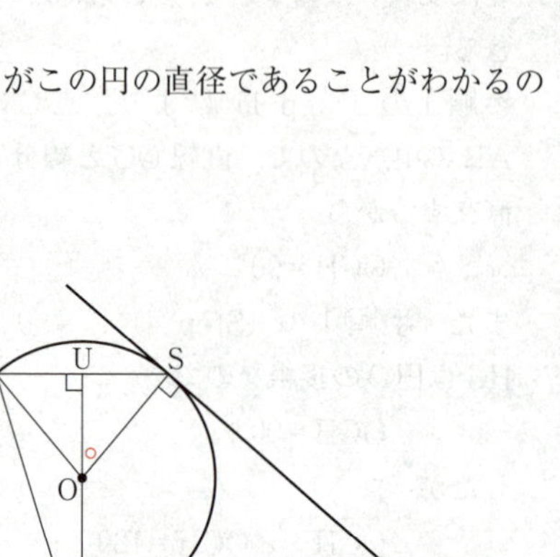

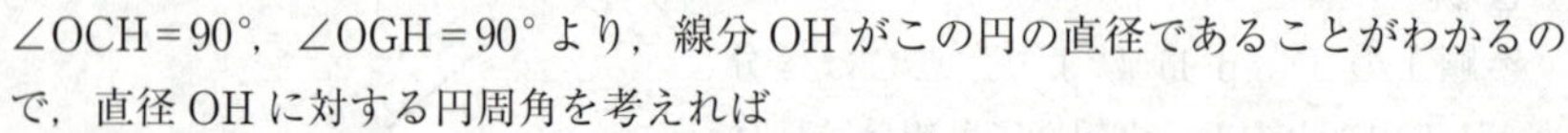

∠OCH＝90°，∠OGH＝90°より，線分OHがこの円の直径であることがわかるので，直径OHに対する円周角を考えれば

$$\angle \mathrm{OEH}=90°$$

を示すことができる。

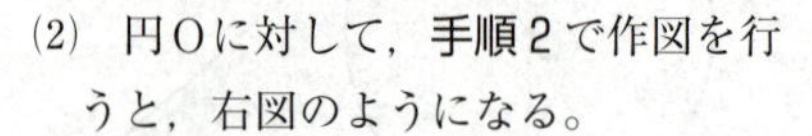

(2)　円Oに対して，**手順2**で作図を行うと，右図のようになる。

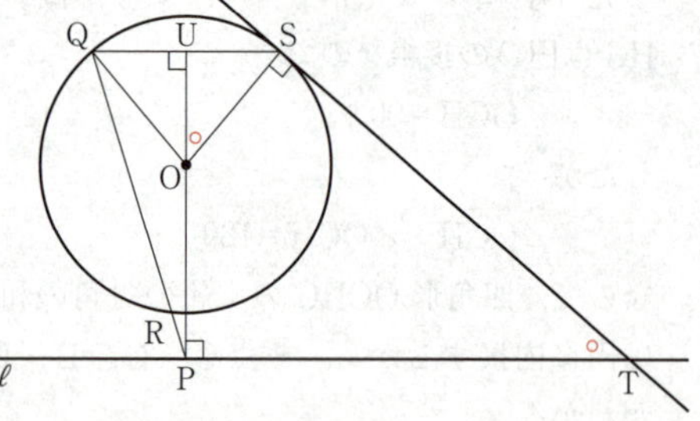

∠OPT＝90°，∠OST＝90°より

$$\angle \mathrm{OPT}+\angle \mathrm{OST}=180°$$

なので，四角形OPTSは円に内接するから，4点O，P，T，Sは同一円周上にある。

よって，直線QSと直線OPの交点をUとすると，円に内接する四角形の内角は，その対角の外角に等しいことにより

$$\angle \mathrm{PTS}=\angle \mathrm{UOS}\quad ……③$$

である。

一方，点Rは円Oの周上にあることから，円周角の定理を用いれば

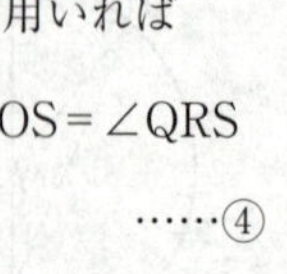

$$\angle \mathrm{UOS}=\frac{1}{2}\angle \mathrm{QOS}=\angle \mathrm{QRS}\quad ……④$$

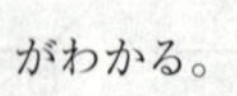

がわかる。

このとき，③，④より

$$\angle \mathrm{PTS}=\angle \mathrm{UOS}=\angle \mathbf{QRS}\quad \boxed{③}\quad →キ$$

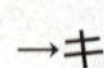

である。

よって，四角形RPTSの1つの内角が，その対角の外角に等しいことにより，4点R，P，T，Sは同一円周上にある。

この円が点Oを通ることにより，5点O，R，P，T，Sは同一円周上にある。

∠OPT＝90°，∠OST＝90°より，線分OTがこの円の直径であることがわかるので，3点O，P，Rを通る円の半径は，OT＝$3\sqrt{6}$より

$$\frac{1}{2}\text{OT}=\frac{\boxed{3}\sqrt{\boxed{6}}}{\boxed{2}}$$

→ク，ケ／コ

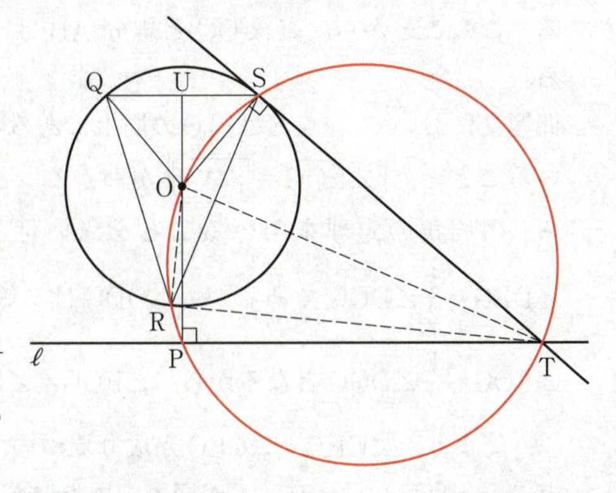

また，直径OTに対する円周角の定理を考えれば，∠ORT＝90°なので，直角三角形ORTに三平方の定理を用いると，OR＝$\sqrt{5}$より

$$\text{RT}=\sqrt{\text{OT}^2-\text{OR}^2}=\sqrt{(3\sqrt{6})^2-(\sqrt{5})^2}=\boxed{7}$$ →サ

である。

解説

円に対して与えられた手順で作図を行い，直線が円の接線であることを構想に基づいて説明する問題。(1)では参考図が与えられており，誘導も比較的丁寧であるが，(2)では参考図が与えられていないため，手順に従って自力で図を描き，(1)の証明を参考にしながら解答を組み立てる必要があるため，少し難度が高い。円に内接する四角形の性質と円周角に関する知識が試される問題であり，図形の性質の分野において頻出である方べきの定理，チェバの定理，メネラウスの定理に関する出題はなかった。

(1)　一般に，円の接線は，接点を通る半径に垂直である。また，円周上の点を通る直線 m がその点を通る半径と垂直ならば，m はこの円の接線である。このことから，直線EHが円Oの接線であることを証明するためには，∠OEH＝90°であることを示せばよいことがわかる。

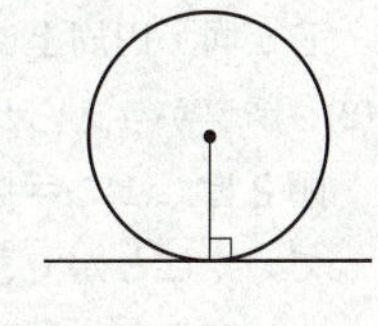

円に内接する四角形について，次のことが成り立つ。

> **ポイント　円に内接する四角形**
>
> 四角形が円に内接する ⟺ 四角形の向かい合う内角の和が180°
>
> ⟺ 四角形の内角が，それに向かい合う角の外角に等しい

問題文において「4点C，G，H，$\boxed{\text{ウ}}$ は同一円周上にあることがわかる」とな

っていることから，**手順1**（Step 1）の〈点Cが線分ABの中点であること〉と，**手順1**（Step 4）の〈点Gが円Oの接点であること〉に注目する。

一般に，円の中心と円の弦の中点を通る直線は，円の弦と直交する。このことから，直線OCと線分ABは直交することがわかる。

問題文において，「点Eは円Oの周上にあることから」となっていることと，「∠FOG＝ オ がわかる」となっていることから，円周角の定理を用いることを思い付きたい。円周角の定理を用いると，$\angle DEG=\frac{1}{2}\angle DOG$ であるが，△ODGは二等辺三角形であり，DG⊥OFなので，$\angle FOG=\frac{1}{2}\angle DOG$ となるから，∠FOG＝∠DEGがわかる。

①，②より，∠CHG＝∠CEGが成り立つので，次の円周角の定理の逆を用いることで，4点C，G，H，Eが同一円周上にあることがわかる。

ポイント　円周角の定理の逆

4点X，Y，Z，Wについて，2点Z，Wが直線XYに関して同じ側にあるとき

　　∠XWY＝∠XZY

ならば，4点X，Y，Z，Wは同一円周上にある。

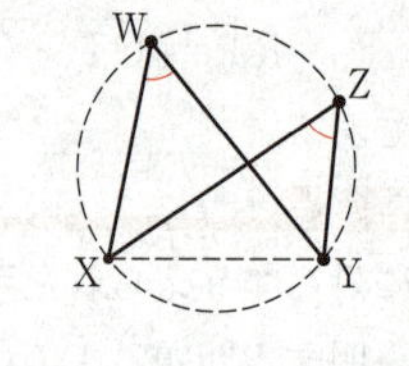

一般に，一直線上にない3点を通る円はただ1つに決まる。この問題において，3点C，G，Hを通る円はただ1つに決まるから，4点C，G，H，Oが同一円周上にあることと，4点C，G，H，Eが同一円周上にあることがいえたので，5点C，G，H，O，Eが同一円周上にあることがわかる。

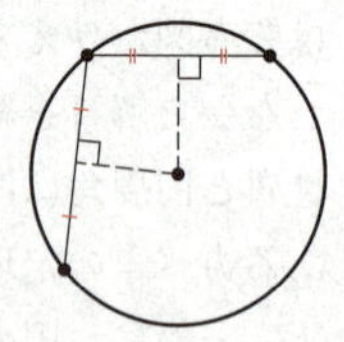

(2)　誘導が与えられていないため，(1)の証明を参考にしながら，解答を作成する。**手順2**は，(1)の**手順1**とは直線ℓの引き方を変えているが，(1)と同様の証明で進めていくことができる。ただし，4点R，P，T，Sが同一円周上にあることを証明する部分については，円周角の定理の逆ではなく，四角形の内角がそれに向かい合う角の外角に等しいことを用いて示すことになる。

∠OPT＝90°，∠OST＝90°から，3点O，P，Rを通る円の直径が線分OTであることに気付ければ，円の半径は$\frac{1}{2}$OTで求まり，(1)と同様に∠ORT＝90°を考えることで，三平方の定理からRTの長さが求まる。

数学Ⅱ・数学B 本試験

問題番号（配点）	解答記号	正　解	配点	チェック
第1問（30）	ア	⓪	1	
	イ	②	1	
	ウ，エ	2，1	2	
	オ	3	2	
	$\dfrac{\text{カ}}{\text{キ}}$	$\dfrac{5}{3}$	2	
	ク，ケ	ⓐ，⑦	2	
	コ	7	2	
	$\dfrac{\text{サ}}{\text{シ}}$，$\dfrac{\text{ス}}{\text{セ}}$	$\dfrac{3}{7}$，$\dfrac{5}{7}$	2	
	ソ	6	2	
	$\dfrac{\text{タ}}{\text{チ}}$	$\dfrac{5}{6}$	2	
	ツ	②	3	
	テ	2	2	
	$\dfrac{\text{ト}}{\text{ナ}}$	$\dfrac{3}{2}$	2	
	ニ	⑤	2	
	ヌ	⑤	3	

問題番号（配点）	解答記号	正　解	配点	チェック
第2問（30）	ア	④	1	
	イウx^2＋エkx	$-3x^2+2kx$	3	
	オ	⓪	1	
	カ	⓪	1	
	キ	③	1	
	ク	⑨	1	
	$\dfrac{\text{ケ}}{\text{コ}}$，サ	$\dfrac{5}{3}$，9	3	
	シ	6	2	
	スセソ	180	2	
	タチツ	180	3	
	テトナ，ニヌ，ネ	300，12，5	3	
	ノ	④	3	
	ハ	⓪	3	
	ヒ	④	3	

問題番号(配点)	解答記号	正　解	配　点	チェック
第3問(20)	ア	0	1	
	$\frac{イ}{ウ}$	$\frac{1}{2}$	1	
	エ	④	2	
	オ	②	2	
	カ.キク	1.65	2	
	ケ	④	2	
	$\frac{コ}{サ}$	$\frac{1}{2}$	1	
	シス	25	2	
	セ	③	1	
	ソ	⑦	1	
	タ	⓪	3	
	チツ	17	2	
第4問(20)	ア	②	2	
	イ，ウ	⓪，③	3	
	エ，オ	④，⓪	3	
	カ，キ	②，③	2	
	ク	②	2	
	ケ	①	2	
	コ	③	2	
	サシ，スセ	30，10	2	
	ソ	⑧	2	

問題番号(配点)	解答記号	正　解	配　点	チェック
第5問(20)	$\frac{ア}{イ}$，$\frac{ウ}{エ}$	$\frac{1}{2}$，$\frac{1}{2}$	2	
	オ	①	2	
	カ	9	2	
	キ	2	3	
	ク	⓪	3	
	ケ	③	2	
	コ	⓪	2	
	サ	④	3	
	シ	②	1	

（注）第1問，第2問は必答。第3問～第5問のうちから2問選択。計4問を解答。

自己採点欄
／100点

（平均点：61.48点）

第1問 —— 三角関数，指数・対数関数

〔1〕 標準 《三角関数の不等式》

(1) $x=\frac{\pi}{6}$ のとき　$\sin x=\sin\frac{\pi}{6}=\frac{1}{2}$，$\sin 2x=\sin\left(2\times\frac{\pi}{6}\right)=\sin\frac{\pi}{3}=\frac{\sqrt{3}}{2}$

であり，$\frac{1}{2}<\frac{\sqrt{3}}{2}$ であるから，$\sin x<\sin 2x$ ⓪ →ア である。

$x=\frac{2}{3}\pi$ のとき　$\sin x=\sin\frac{2}{3}\pi=\frac{\sqrt{3}}{2}$，$\sin 2x=\sin\left(2\times\frac{2}{3}\pi\right)=\sin\frac{4}{3}\pi=-\frac{\sqrt{3}}{2}$

であり，$\frac{\sqrt{3}}{2}>-\frac{\sqrt{3}}{2}$ であるから，$\sin x>\sin 2x$ ② →イ である。

(2)　$\sin 2x-\sin x=2\sin x\cos x-\sin x$　（2倍角の公式）

$=\sin x(\boxed{2}\cos x-\boxed{1})$　→ウ，エ

であるから，$\sin 2x-\sin x>0$ が成り立つことは

「$\sin x>0$　かつ　$2\cos x-1>0$」　……①

または

「$\sin x<0$　かつ　$2\cos x-1<0$」　……②

が成り立つことと同値である。$0\leqq x\leqq 2\pi$ のとき，①が成り立つような x の値の範囲は，$2\cos x-1>0 \Longleftrightarrow \cos x>\frac{1}{2}$ に注意して

$0<x<\pi$　かつ　$\left(0\leqq x<\frac{\pi}{3}\right.$　または　$\left.\frac{5}{3}\pi<x\leqq 2\pi\right)$

より

$0<x<\frac{\pi}{\boxed{3}}$　→オ

であり，②が成り立つような x の値の範囲は

$\pi<x<2\pi$　かつ　$\frac{\pi}{3}<x<\frac{5}{3}\pi$

より

$\pi<x<\frac{\boxed{5}}{\boxed{3}}\pi$　→$\frac{カ}{キ}$

である。よって，$0\leqq x\leqq 2\pi$ のとき，$\sin 2x>\sin x$ が成り立つような x の値の範囲は

$0<x<\frac{\pi}{3}$，$\pi<x<\frac{5}{3}\pi$

である。

(3) 三角関数の加法定理

$$\sin(\alpha+\beta)=\sin\alpha\cos\beta+\cos\alpha\sin\beta$$
$$\sin(\alpha-\beta)=\sin\alpha\cos\beta-\cos\alpha\sin\beta$$

より

$$\sin(\alpha+\beta)-\sin(\alpha-\beta)=2\cos\alpha\sin\beta \quad \cdots\cdots③$$

が得られる。

$$\alpha+\beta=4x,\ \alpha-\beta=3x \quad \text{すなわち} \quad \alpha=\frac{7}{2}x,\ \beta=\frac{x}{2}$$

とおくと，③より

$$\sin 4x-\sin 3x=2\cos\frac{7}{2}x\sin\frac{x}{2}$$

であるから，$\sin 4x-\sin 3x>0$ が成り立つことは

「$\cos\frac{7}{2}x>0$　かつ　$\sin\frac{x}{2}>0$」　ⓐ，⑦　→ク，ケ　……④

または

「$\cos\frac{7}{2}x<0$　かつ　$\sin\frac{x}{2}<0$」　……⑤

が成り立つことと同値である。

$0\leqq x\leqq\pi$ のとき，$\cos\frac{7}{2}x>0$ が成り立つような x の値の範囲は

$0\leqq\frac{7}{2}x\leqq\frac{7}{2}\pi$ より　　$0\leqq\frac{7}{2}x<\frac{\pi}{2},\ \frac{3}{2}\pi<\frac{7}{2}x<\frac{5}{2}\pi$

すなわち　　$0\leqq x<\frac{\pi}{7},\ \frac{3}{7}\pi<x<\frac{5}{7}\pi$

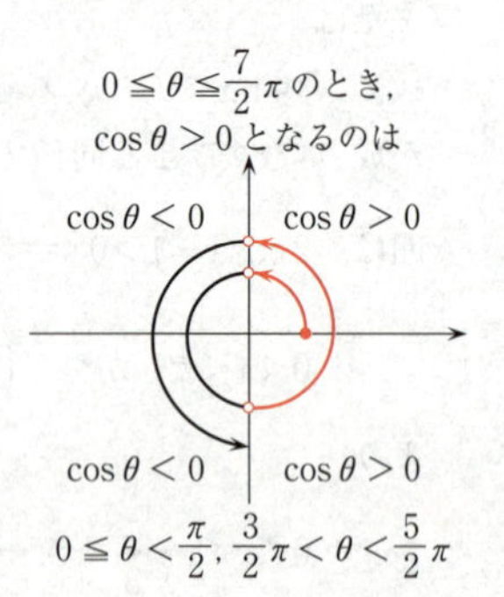

であり，$\sin\frac{x}{2}>0$ が成り立つような x の値の範囲は

$0\leqq\frac{x}{2}\leqq\frac{\pi}{2}$ より　　$0<\frac{x}{2}\leqq\frac{\pi}{2}$

すなわち　　$0<x\leqq\pi$

である。よって，④が成り立つような x の値の範囲は

$$\left(0\leqq x<\frac{\pi}{7},\ \frac{3}{7}\pi<x<\frac{5}{7}\pi\right) \quad \text{かつ} \quad (0<x\leqq\pi)$$

すなわち

$$0<x<\frac{\pi}{7},\ \frac{3}{7}\pi<x<\frac{5}{7}\pi$$

となる。

$0\leqq x\leqq\pi$ のとき，$0\leqq\frac{x}{2}\leqq\frac{\pi}{2}$ で，このとき $\sin\frac{x}{2}\geqq0$ であるから，⑤が成り立つよう

な x の値は存在しない。

したがって，$0 \leqq x \leqq \pi$ のとき，④，⑤により，$\sin 4x > \sin 3x$ が成り立つような x の値の範囲は

$$0 < x < \frac{\pi}{\boxed{7}}, \quad \frac{\boxed{3}}{\boxed{7}}\pi < x < \frac{\boxed{5}}{\boxed{7}}\pi \quad \to コ，\frac{サ}{シ}，\frac{ス}{セ}$$

である。

(4) $0 \leqq x \leqq \pi$ のとき

$\sin 3x > \sin 4x$ が成り立つような x の値の範囲は，(3)より

$$\frac{\pi}{7} < x < \frac{3}{7}\pi, \quad \frac{5}{7}\pi < x < \pi \quad \cdots\cdots ⑥$$

であることがわかり，

$\sin 4x > \sin 2x$ が成り立つような x の値の範囲は，(2)の結果で，(2)の x を $2x$ とみて（(2)では $0 \leqq x \leqq 2\pi$ であるが，ここでは $0 \leqq 2x \leqq 2\pi$ となるから，(2)が使える）

$$0 < 2x < \frac{\pi}{3}, \quad \pi < 2x < \frac{5}{3}\pi \quad すなわち \quad 0 < x < \frac{\pi}{6}, \quad \frac{\pi}{2} < x < \frac{5}{6}\pi \quad \cdots\cdots ⑦$$

であることがわかる。

したがって，$0 \leqq x \leqq \pi$ のとき，$\sin 3x > \sin 4x > \sin 2x$ が成り立つような x の値の範囲は，⑥と⑦の共通部分をとり

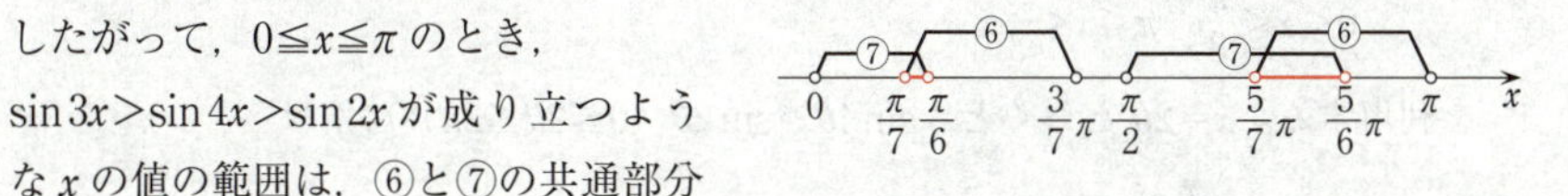

$$\frac{\pi}{7} < x < \frac{\pi}{\boxed{6}}, \quad \frac{5}{7}\pi < x < \frac{\boxed{5}}{\boxed{6}}\pi \quad \to ソ，\frac{タ}{チ}$$

である。

解説

(1) $\frac{\pi}{6}$，$\frac{\pi}{3}$，$\frac{2}{3}\pi$，$\frac{4}{3}\pi$ はいずれも三角関数の値がわかる特別な角度である。

$y = \sin x$，$y = \sin 2x$ のグラフを利用するまでもない。

(2) 2倍角の公式

$$\sin 2\alpha = 2\sin\alpha\cos\alpha, \quad \cos 2\alpha = \cos^2\alpha - \sin^2\alpha = 2\cos^2\alpha - 1 = 1 - 2\sin^2\alpha$$

は必ず覚えておこう。

実数 a，b に対して次のことは基本である。

$$ab > 0 \iff (a > 0 かつ b > 0) または (a < 0 かつ b < 0)$$

$\cos x > \frac{1}{2}$ $(0 \leqq x \leqq 2\pi)$ の解は，右図より

$$0 \leqq x < \frac{\pi}{3}, \quad \frac{5}{3}\pi < x \leqq 2\pi$$

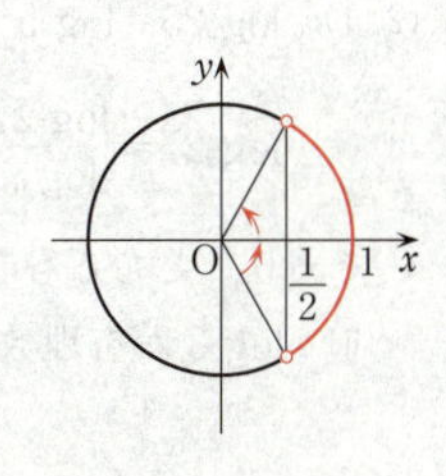

である。

(3) 加法定理

$$\sin(\alpha\pm\beta)=\sin\alpha\cos\beta\pm\cos\alpha\sin\beta$$
$$\cos(\alpha\pm\beta)=\cos\alpha\cos\beta\mp\sin\alpha\sin\beta$$
（複号同順）

は必ず覚えておこう。これらの公式からさまざまな公式が導かれる。

不等式 $\cos\frac{7}{2}x>0$ $(0\leqq x\leqq\pi)$ を解くには，整数 n を用いて次のようにもできる。

$$\left(2n-\frac{1}{2}\right)\pi<\frac{7}{2}x<\left(2n+\frac{1}{2}\right)\pi \quad より \quad \frac{(4n-1)\pi}{7}<x<\frac{(4n+1)\pi}{7}$$

として，x が $0\leqq x\leqq\pi$ を満たすような n を選ぶ。$n\geqq2$ や $n\leqq-1$ は不適である。

$n=0$，1 として，$-\frac{\pi}{7}<x<\frac{\pi}{7}$，$\frac{3}{7}\pi<x<\frac{5}{7}\pi$ を得るから，$0\leqq x\leqq\pi$ に含まれるように，$0\leqq x<\frac{\pi}{7}$，$\frac{3}{7}\pi<x<\frac{5}{7}\pi$ とすればよい。

(4) 不等式 $\sin3x>\sin4x$ は，(3)の不等式 $\sin4x>\sin3x$ の解を利用すればよい。

不等式　$\sin4x>\sin2x$ は，(2)の不等式 $\sin2x>\sin x$ $(0\leqq x\leqq2\pi)$ の解

$$0<x<\frac{\pi}{3},\ \pi<x<\frac{5}{3}\pi$$

を利用する。$x=2\theta$ とおくと，$\sin4\theta>\sin2\theta$ $(0\leqq2\theta\leqq2\pi)$ の解は

$$0<2\theta<\frac{\pi}{3},\ \pi<2\theta<\frac{5}{3}\pi$$

となるから，$\sin4\theta>\sin2\theta$ $(0\leqq\theta\leqq\pi)$ の解は

$$0<\theta<\frac{\pi}{6},\ \frac{\pi}{2}<\theta<\frac{5}{6}\pi$$

となる。θ を x に置き換えればよい。

〔2〕 易 《対数の定義，背理法》

(1) $a>0$，$a\neq1$，$b>0$ のとき，$\log_a b=x$ とおくと

$a^x=b$ 　②　→ツ

が成り立つ。

(2)(i) $\log_5 25=\log_5 5^2=2\log_5 5=2\times1=$ 2 →テ

$$\log_9 27=\frac{\log_3 27}{\log_3 9}=\frac{\log_3 3^3}{\log_3 3^2}=\frac{3\log_3 3}{2\log_3 3}=\frac{3}{2}$$ →ト，ナ

であり，どちらも有理数である。

(ii) $\log_2 3$ が有理数であると仮定すると，$\log_2 3>\log_2 1=0$ であるので，二つの自然

数 p，q を用いて $\log_2 3=\dfrac{p}{q}$ と表すことができる。このとき，(1)により

$$\log_2 3=\frac{p}{q} \Longleftrightarrow 2^{\frac{p}{q}}=3 \Longleftrightarrow 2^p=3^q$$ ⑤ →ニ

と変形できる。2 は偶数であり 3 は奇数であるので，2^p は偶数，3^q は奇数ゆえ，$2^p=3^q$ を満たす自然数 p，q は存在しない。

したがって，$\log_2 3$ が有理数とした仮定は誤りで，$\log_2 3$ は無理数である。

(iii) a，b を 2 以上の自然数とするとき，$\log_a b$ が有理数であれば，$\log_a b>\log_a 1=0$ であるので，二つの自然数 p，q を用いて $\log_a b=\dfrac{p}{q}$ と表すことができ

$$\log_a b=\frac{p}{q} \Longleftrightarrow a^{\frac{p}{q}}=b \Longleftrightarrow a^p=b^q$$

と変形できる。(ii)と同様に考えると

（a が偶数　かつ　b が奇数）または（a が奇数　かつ　b が偶数）

であれば，$a^p=b^q$ を満たす自然数 p，q は存在しないから，$\log_a b$ は無理数ということになる。したがって

「a と b のいずれか一方が偶数で，もう一方が奇数ならば $\log_a b$ はつねに無理数である」 ⑤ →ヌ

ことがわかる。

解説

(1) 対数の定義である。正確に記憶しておかなければならない。

(2)(i) $\log_5 25=m$ とおくと，$5^m=25$ で $m=2$，

$\log_9 27=n$ とおくと，$9^n=27$ で，$3^{2n}=3^3$ とすることにより，$2n=3$ すなわち $n=\dfrac{3}{2}$ となる。基本問題である。

(ii) $2^{\frac{p}{q}}=3$ の両辺を q 乗すると，$(2^{\frac{p}{q}})^q=3^q$ すなわち $2^p=3^q$ となる。どんな自然数 p，q を選んでも，左辺は偶数，右辺は奇数で，等号が成り立つことはない。

(iii) $a^p=b^q$ が成り立つような自然数 p，q が存在しないための十分条件を求めればよいので，(ii)と同様に考えれば簡単にわかる。

第2問 ── 微分・積分

〔1〕 易 《3次関数の増減，円錐に内接する円柱の体積の最大値》

(1)　$f(x)=x^2(k-x)=-x^3+kx^2 \quad (k>0)$

3次方程式 $f(x)=0$ を解くと，$x=0$（重解），k であるから，$y=f(x)$ のグラフと x 軸との共有点の座標は $(0,\ 0)$ と $(k,\ 0)$ ④ →ア である。

$f'(x)=$ −3 x^2+ 2 kx →イウ，エ

$=-3x\left(x-\dfrac{2}{3}k\right) \quad (k>0)$

より，右の増減表を得る。

$f(0)=0$

$f\left(\dfrac{2}{3}k\right)=\dfrac{4}{9}k^2\left(k-\dfrac{2}{3}k\right)=\dfrac{4}{27}k^3$

x	$\cdots$	0	$\cdots$	$\frac{2}{3}k$	$\cdots$
$f'(x)$	−	0	+	0	−
$f(x)$	↘	極小	↗	極大	↘

であるから

$x=0$ ⓪ →オ のとき，$f(x)$ は極小値 0 ⓪ →カ

$x=\dfrac{2}{3}k$ ③ →キ のとき，$f(x)$ は極大値 $\dfrac{4}{27}k^3$ ⑨ →ク

をとる。また，$0<x<k$ の範囲において，$x=\dfrac{2}{3}k$ のとき，$f(x)$ は最大となることがわかる。

(2)　底面が半径9の円で高さが15の円錐に内接する円柱を横から見ると右図のようになる。円柱の底面の半径と体積をそれぞれ x，V とし，高さを h とする。このとき，$0<x<9$ であり，右図より

$\dfrac{15-h}{x}=\dfrac{15}{9} \qquad \therefore \quad h=15-\dfrac{5}{3}x$

であるから

$V=\pi x^2\times h=\pi x^2\left(15-\dfrac{5}{3}x\right)$

$=\dfrac{5}{3}\pi x^2(9-x) \quad (0<x<9)$ →$\dfrac{ケ}{コ}$，サ

である。

$x^2(9-x)$ は，(1)の考察において $k=9$ とすることにより，$x=\dfrac{2}{3}k=\dfrac{2}{3}\times 9=6$ のとき最大となり，最大値は $\dfrac{4}{27}k^3=\dfrac{4}{27}\times 9^3=108$ であることがわかる。よって，V は

$x=\boxed{6}$ →シ のとき，最大値 $\dfrac{5}{3}\pi\times 108=\boxed{180}\pi$ →スセソ

である。

解説

(1)　3次関数の増減を調べてグラフを描く練習を積んでいれば問題なく対応できる。$k>0$ という条件を読み落とさないように。

(2)　円柱の体積 V を x を用いて表すことがポイントになる。円柱の高さ h は，相似な三角形に着目して簡単な比例式で求まる。また，体積計算は(1)の結果を利用すればよい。

〔2〕 標準 《定積分とその応用》

(1)

$$\int_0^{30}\left(\frac{1}{5}x+3\right)dx=\left[\frac{1}{10}x^2+3x\right]_0^{30}=\frac{900}{10}+90=\boxed{180}\quad\text{→タチツ}$$

$$\int\left(\frac{1}{100}x^2-\frac{1}{6}x+5\right)dx=\frac{1}{\boxed{300}}x^3-\frac{1}{\boxed{12}}x^2+\boxed{5}\,x+C$$ （C は積分定数）

→テトナ，ニヌ，ネ

(2)　2月1日午前0時から $24x$ 時間（$x\geqq 0$）経った時点を x 日後とし，x 日後の気温を y ℃とする。$y=f(x)$ とおく。$y<0$ とはならないものとする。このとき

設定：$S(t)=\int_0^t f(x)\,dx$ （$t>0$）が 400 に到達したとき，ソメイヨシノが開花する。

と考える。

(i)　$f(x)=\dfrac{1}{5}x+3$ （$x\geqq 0$）のとき

$$S(t)=\int_0^t f(x)\,dx=\int_0^t\left(\frac{1}{5}x+3\right)dx=\left[\frac{1}{10}x^2+3x\right]_0^t=\frac{1}{10}t^2+3t$$

であるから，$S(t)=400$ を解くと

$$\frac{1}{10}t^2+3t=400\qquad t^2+30t-4000=0\qquad (t-50)(t+80)=0$$

$t>0$ より　　$t=50$

となる。したがって，ソメイヨシノの開花日時は2月に入ってから50日後 $\boxed{④}$ →ノ となる。

(ii)

$$f(x)=\begin{cases}\dfrac{1}{5}x+3 & (0\leqq x\leqq 30)\\[2mm] \dfrac{1}{100}x^2-\dfrac{1}{6}x+5 & (x\geqq 30)\end{cases}$$

のとき，(1)より

$$\int_0^{30}\left(\frac{1}{5}x+3\right)dx=180$$

であり

$$\int_{30}^{40}\left(\frac{1}{100}x^2-\frac{1}{6}x+5\right)dx=\left[\frac{1}{300}x^3-\frac{1}{12}x^2+5x\right]_{30}^{40}=115$$

となる。

$x>30$ の範囲において，$f'(x)=\frac{1}{50}x-\frac{1}{6}>0$ であるから，$x\geqq 30$ の範囲において $f(x)$ は増加する。よって

$$\int_{30}^{40}f(x)\,dx<\int_{40}^{50}f(x)\,dx$$  →ハ

であることがわかる。以上より，右図のように $S(t)$ の値がわかるから，ソメイヨシノの開花日時は２月に入ってから

40日後より後，かつ50日後より前 ④ →ヒ

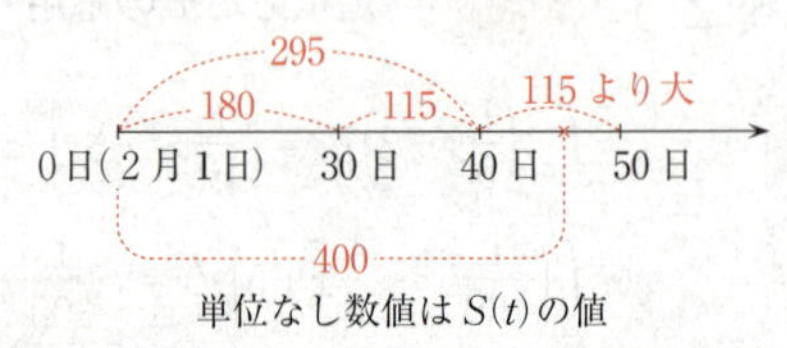

単位なし数値は $S(t)$ の値

となる。

解説

(1)　単純な定積分，不定積分の計算である。計算ミスのないように注意しよう。

(2)　問題文は長いが，意味は取りやすい。変数 x および関数 $f(x)$ の意味，設定の内容を正しく理解することが大切である。

２月１日に入ってからの気温の〈蓄積〉が400に到達したときソメイヨシノは開花すると太郎さんと花子さんは考えて，気温の折れ線グラフから，$y=f(x)$ のグラフを１次関数や２次関数で表してみたのである。気温の〈蓄積〉は定積分で求められる。なお，$\int_0^{30}\left(\frac{1}{5}x+3\right)dx$ の値は(1)で計算してあり，$\int_{30}^{40}\left(\frac{1}{100}x^2-\frac{1}{6}x+5\right)dx$ の値は問題文に書かれているから計算量は多くない。

$\int_{30}^{40}f(x)\,dx<\int_{40}^{50}f(x)\,dx$（$f(x)$ は増加）は右図より明らかであろう。

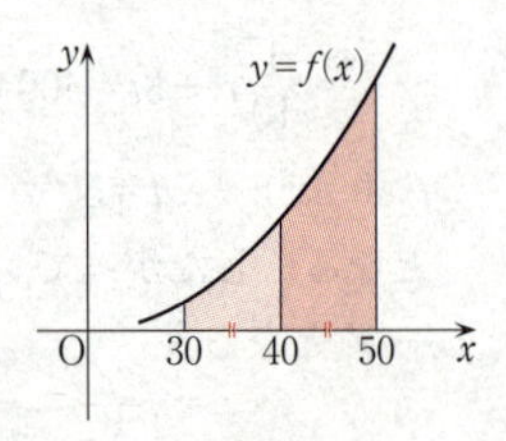

第3問 標準 確率分布と統計的な推測

≪正規分布，二項分布，信頼区間≫

(1) 母集団：ある生産地で生産されるピーマン全体

確率変数 X：母集団におけるピーマン1個の重さ（単位はg）

確率変数 X は正規分布 $N(m,\ \sigma^2)$ に従うので，m は母平均 $E(X)$，σ は母標準偏差 $\sigma(X)$ を表す。

(i) 確率変数 X を確率変数 $Z=\dfrac{X-m}{\sigma}$ に変換すると，Z は標準正規分布 $N(0,\ 1)$ に従うから

$$P(X\geqq m)=P\left(\frac{X-m}{\sigma}\geqq \boxed{0}\right) \quad \rightarrow ア$$

$$=P(Z\geqq 0)=0.5=\frac{\boxed{1}}{\boxed{2}} \quad \rightarrow \frac{イ}{ウ}$$

である。

(ii) 母集団から無作為に抽出された大きさ n の標本 X_1，X_2，…，X_n の標本平均を $\overline{X}$ とするとき

$$E(\overline{X})=m \quad \boxed{④} \quad \rightarrow エ$$

$$\sigma(\overline{X})=\frac{\sigma}{\sqrt{n}} \quad \boxed{②} \quad \rightarrow オ$$

となる。

$n=400$，標本平均が30.0g，標本の標準偏差が3.6gのとき，m の信頼度90％の信頼区間を求める。ただし，信頼度90.1％の信頼区間を求め，これを信頼度90％の信頼区間とみなして考える。

Z を標準正規分布 $N(0,\ 1)$ に従う確率変数とする。

$$P(-z_0\leqq Z\leqq z_0)=0.901$$

すなわち

$$P(0\leqq Z\leqq z_0)=\frac{0.901}{2}=0.4505$$

となる z_0 を正規分布表から求めると，$z_0=\boxed{1}.\boxed{65}$ →カ，キク である。

標本平均 $\overline{X}$ は，n が大きいとき，近似的に正規分布 $N\left(m,\ \dfrac{\sigma^2}{n}\right)$ に従うから，

$Z=\dfrac{\overline{X}-m}{\dfrac{\sigma}{\sqrt{n}}}$ は $N(0,\ 1)$ に従う。したがって

$$P(|Z| \leqq 1.65) = P\left(\left|\frac{\overline{X}-m}{\frac{\sigma}{\sqrt{n}}}\right| \leqq 1.65\right) = 0.901$$

が成り立ち，m の信頼度 90.1％の信頼区間は

$$-1.65 \leqq \frac{\overline{X}-m}{\frac{\sigma}{\sqrt{n}}} \leqq 1.65 \qquad \therefore \quad \overline{X} - 1.65 \times \frac{\sigma}{\sqrt{n}} \leqq m \leqq \overline{X} + 1.65 \times \frac{\sigma}{\sqrt{n}}$$

と表される。標本の大きさ $n=400$ は十分に大きいので，母標準偏差 σ の代わりに標本の標準偏差 3.6 g を用いてよいから，$\overline{X}=30.0$，$n=400$ とともに代入すると

$$30.0 - 1.65 \times \frac{3.6}{\sqrt{400}} \leqq m \leqq 30.0 + 1.65 \times \frac{3.6}{\sqrt{400}}$$

となり，$1.65 \times \frac{3.6}{\sqrt{400}} = 1.65 \times \frac{3.6}{20} = 1.65 \times 0.18 = 0.297$ より，求める信頼区間は

$$30.0 - 0.297 \leqq m \leqq 30.0 + 0.297 \qquad 29.703 \leqq m \leqq 30.297$$

$\therefore$ **$29.7 \leqq m \leqq 30.3$**　④　→ケ

となる。

(2)　母集団（$m=30.0$，$\sigma=3.6$ とする）から無作為にピーマンを 1 個ずつ抽出し，ピーマン 2 個を 1 組にして袋に入れたものを 25 袋作る。ただし，抽出したピーマンについて，重さが 30.0g 以下のときをＳサイズ，30.0g を超えるときはＬサイズと分類し，ＳサイズとＬサイズのピーマンを一つずつ選び，ピーマン 2 個を 1 組とした袋を作る（**ピーマン分類法**）。

(i)　$E(X) = m = 30.0$ で，X が正規分布に従うのだから，無作為に 1 個抽出したピーマンがＳサイズである確率は $\frac{1}{2}$ →$\frac{\text{コ}}{\text{サ}}$ である。

ピーマンを無作為に 50 個抽出したときのＳサイズのピーマンの個数を表す確率変数 U_0 は二項分布 $B\left(50, \frac{1}{2}\right)$ に従うので，ピーマンを無作為に 50 個抽出したとき，**ピーマン分類法**で 25 袋作ることができる確率 p_0 は，Ｓサイズのピーマンが 25 個（Ｌサイズが 25 個）抽出される（$U_0 = 25$ となる）確率で，それは

$$p_0 = {}_{50}\mathrm{C}_{25} \times \left(\frac{1}{2}\right)^{25} \times \left(1 - \frac{1}{2}\right)^{50-25} \quad \text{→シス}$$

$$= {}_{50}\mathrm{C}_{25}\left(\frac{1}{2}\right)^{50} \fallingdotseq 0.11$$

となる。

(ii)　**ピーマン分類法**で 25 袋作ることができる確率が 0.95 以上となるようなピーマンの個数を考える。

k を自然数とし，ピーマンを無作為に $(50+k)$ 個抽出したとき，Sサイズのピーマンの個数を表す確率変数を U_k とすると，U_k は二項分布 $B\left(50+k,\ \frac{1}{2}\right)$ に従う。
$(50+k)$ は十分に大きいので，U_k は近似的に正規分布

$$N\left((50+k)\times\frac{1}{2},\ (50+k)\times\frac{1}{2}\times\left(1-\frac{1}{2}\right)\right)$$

すなわち　$N\left(\frac{50+k}{2},\ \frac{50+k}{4}\right)$　③，⑦　→セ，ソ

に従い，$Y=\dfrac{U_k-\frac{50+k}{2}}{\sqrt{\frac{50+k}{4}}}$ とすると，Y は近似的に標準正規分布 $N(0,\ 1)$ に従う。

よって，**ピーマン分類法**で，25 袋作ることができる確率を p_k とすると，p_k は，$U_k=25,\ 26,\ \cdots,\ 25+k$ となる確率であるから

$$p_k=P(25\leqq U_k\leqq 25+k)=P\left(-\frac{k}{\sqrt{50+k}}\leqq Y\leqq\frac{k}{\sqrt{50+k}}\right)$$　⓪　→タ

となる。

$k=\alpha$，$\sqrt{50+k}=\beta$ とおくと，$p_k\geqq 0.95$ になるような $\frac{\alpha}{\beta}$ について，正規分布表から $\frac{\alpha}{\beta}\geqq 1.96$ を満たせばよいことがわかる。ここでは

$$\frac{\alpha}{\beta}\geqq 2\quad\cdots\cdots①$$

を満たす自然数 k を考える。①の両辺は正であるから，$\alpha^2\geqq 4\beta^2$ すなわち

$$k^2\geqq 4(50+k)\qquad k^2-4k-200\geqq 0$$

2次方程式 $k^2-4k-200=0$ を解くと

$$k=2\pm\sqrt{4+200}=2\pm\sqrt{204}=2\pm 2\sqrt{51}$$

であるから

$$k^2-4k-200\geqq 0\iff k\leqq 2-2\sqrt{51},\ 2+2\sqrt{51}\leqq k$$

ここで，$2+2\sqrt{51}=2+2\times 7.14=16.28$ である。よって，$\alpha^2\geqq 4\beta^2$ を満たす最小の自然数 k を k_0 とすると

$k_0=$ 17　→チツ

である。したがって，少なくとも $50+17=67$ 個のピーマンを抽出しておけば，**ピーマン分類法**で 25 袋作ることができる確率は 0.95 以上となる。

解説

(1)(i)　正規分布曲線は，直線 $x=m$（平均）に関して対称であるから，$X\geqq m$ となる確率は $\frac{1}{2}$ である。

(ii) 次のこと，特に $\sigma(\overline{X})$ をよく理解しておかなければならない。

ポイント 標本平均の平均（期待値）と標準偏差

母平均 m，母標準偏差 σ の母集団から大きさ n の標本を無作為に抽出するとき，標本平均 $\overline{X}$ の平均（期待値）と標準偏差は

$$E(\overline{X})=m,\quad \sigma(\overline{X})=\frac{\sigma}{\sqrt{n}}$$

母平均の推定については，次の公式がある。

ポイント 母平均の推定

標本の大きさ n が大きいとき，母平均 m に対する信頼度 95％ の信頼区間は

$$\overline{X}-1.96\times\frac{\sigma}{\sqrt{n}}\leqq m\leqq\overline{X}+1.96\times\frac{\sigma}{\sqrt{n}}$$

（σ は母標準偏差であるが，n が大きいとき標本標準偏差で代用できる）

これは信頼度を 95％ としたときの公式であるが，90％ のときには，1.96 を 1.65 に代えればよい。

(2)(i) 一般に，1回の試行で事象 A の起こる確率が p であるとき，この試行を n 回行う反復試行において，A が r 回起こる確率は

$${}_n\mathrm{C}_r p^r(1-p)^{n-r}\quad(0\leqq r\leqq n)$$

である。ここでは，事象 A は，抽出した1個のピーマンがSサイズであることで，$p=\frac{1}{2}$，$n=50$，$r=25$ である。

(ii) 二項分布 $B(n,\ p)$ に従う確率変数 X は，n が大きいとき，近似的に正規分布 $N(np,\ np(1-p))$ に従う。

ポイント 二項分布の平均，標準偏差

確率変数 X が二項分布 $B(n,\ p)$ に従うとき

$$E(X)=np,\quad \sigma(X)=\sqrt{np(1-p)}$$

第4問 標準 数列 ≪複利法，漸化式，数列の和≫

A 万円の預金がある預金口座に，毎年の初めに p 万円（$p>0$）の入金をする。預金には年利１％で利息がつく。$A=10$ のときの n 年目（n は自然数）の初めの預金を a_n 万円とすると

$$a_1=10+p,\quad a_2=1.01a_1+p=1.01(10+p)+p$$

である。

(1) 方針１により a_n を求める。

$$a_3=1.01\times a_2+p=1.01\{1.01(10+p)+p\}+p$$ ② →ア

である。すべての自然数 n について

$$a_{n+1}=1.01\times a_n+p$$ ⓪，③ →イ，ウ

が成り立つ。これは，この式から便宜的に $a_{n+1}=a_n=\alpha$ とおいた式を辺々引くことによって

$$\begin{array}{rl} & a_{n+1}=1.01\times a_n+p \\ -) & \alpha=1.01\times\alpha\ +p \\ \hline & a_{n+1}-\alpha=1.01(a_n-\alpha) \end{array}$$

$0.01\alpha=-p$ より，$\alpha=-100p$ となるから

$$a_{n+1}+100p=1.01(a_n+100p)$$ ④，⓪ →エ，オ

と変形でき，a_n を求めることができる。

方針２により a_n を求める。

もともと預金口座にあった10万円は，２年目の初めには 10×1.01 万円，３年目の初めには 10×1.01^2 万円，…，n 年目の初めには $10\times1.01^{n-1}$ 万円になる。

- １年目の初めに入金した p 万円は，n 年目の初めには $p\times1.01^{n-1}$ 万円になる。 ② →カ
- ２年目の初めに入金した p 万円は，n 年目の初めには $p\times1.01^{n-2}$ 万円になる。 ③ →キ

⋮

- n 年目の初めに入金した p 万円は，n 年目の初めには p 万円のままである。

これより

$$\begin{aligned} a_n&=10\times1.01^{n-1}+p\times1.01^{n-1}+p\times1.01^{n-2}+\cdots+p \\ &=10\times1.01^{n-1}+p(1+1.01+\cdots+1.01^{n-2}+1.01^{n-1}) \\ &=10\times1.01^{n-1}+p\sum_{k=1}^{n}1.01^{k-1} \end{aligned}$$

（先頭を除いて並び順を逆にした）

② →ク

となる。ここで

$$\sum_{k=1}^{n}1.01^{k-1}=\frac{1.01^n-1}{1.01-1}=100(1.01^n-1)\quad \boxed{①}\quad \to ケ$$

となるので，a_n を求めることができる。

(2)　10年目の終わりの預金が30万円以上であることを不等式を用いて表すと

$$1.01a_{10}\geqq 30\quad \boxed{③}\quad \to コ$$

となる。

方針2の結果より

$$a_{10}=10\times 1.01^9+p\times 100(1.01^{10}-1)$$

であるから，不等式 $1.01a_{10}\geqq 30$ を p について解くと

$$10\times 1.01^9+p\times 100(1.01^{10}-1)\geqq \frac{30}{1.01}$$

$$p\times 100(1.01^{10}-1)\geqq \frac{30}{1.01}-10\times 1.01^9=\frac{30-10\times 1.01^{10}}{1.01}$$

$$\therefore\quad p\geqq \frac{30-10\times 1.01^{10}}{1.01\times 100(1.01^{10}-1)}=\frac{\boxed{30}-\boxed{10}\times 1.01^{10}}{101(1.01^{10}-1)}\quad \to サシ，スセ$$

となる。

(3)　$A=13$ のときの n 年目の初めの預金を b_n 万円とすると，**方針2**と同様にして

$$b_n=13\times 1.01^{n-1}+p\sum_{k=1}^{n}1.01^{k-1}$$

となるから，a_n と b_n の違いに着目して

$$b_n-a_n=13\times 1.01^{n-1}-10\times 1.01^{n-1}=(13-10)\times 1.01^{n-1}$$

$$=3\times 1.01^{n-1}\quad \boxed{⑧}\quad \to ソ$$

である。よって，b_n 万円は a_n 万円より $3\times 1.01^{n-1}$ 万円多い。

解説

(1)　問題文の冒頭にある参考図は非常に親切である。a_3 は容易に書けるであろう。

方針1での2項間の漸化式の解法は必須事項である。

ポイント　隣接2項間の漸化式 $a_{n+1}=pa_n+q$ $(p\neq 1)$ の解法

$$\begin{array}{rl} & a_{n+1}=pa_n+q \\ -) & \alpha=p\alpha+q \\ \hline & a_{n+1}-\alpha=p(a_n-\alpha) \end{array}\quad \longrightarrow \alpha=\frac{q}{1-p}$$

より，数列 $\{a_n-\alpha\}$ は初項 $a_1-\alpha$，公比 p の等比数列で

$$a_n-\alpha=p^{n-1}(a_1-\alpha)\qquad \therefore\quad a_n=\frac{q}{1-p}+p^{n-1}\left(a_1-\frac{q}{1-p}\right)$$

$a_{n+1}=1.01\times a_n+p$ は $a_{n+1}+100p=1.01(a_n+100p)$ と変形されるから

$$a_n+100p=1.01^{n-1}(a_1+100p)$$

となり，$a_1=10+p$ を代入して

$$a_n=1.01^{n-1}(10+101p)-100p=10\times1.01^{n-1}+1.01^{n-1}\times1.01\times100p-100p$$
$$=10\times1.01^{n-1}+100p(1.01^n-1)$$

となる。

方針2では等比数列の和の公式が用いられる。

> **ポイント　等比数列の和**
>
> 初項 a，公比 r の等比数列 $\{a_n\}$ の初項から第 n 項までの和 S_n は，$r\neq1$ のとき
>
> $$S_n=a+ar+ar^2+\cdots+ar^{n-1}$$
> $$=\frac{a(r^n-1)}{r-1}\quad\left(\frac{\langle初項\rangle(\langle公比\rangle^{\langle項数\rangle}-1)}{\langle公比\rangle-1}\text{と覚える。指数の部分に注意}\right)$$
>
> となり，$r=1$ のときは $S_n=na$ である。

(2)　10年目の初めの預金が a_{10} で，終わりの預金は $1.01\times a_{10}$ である。

二項定理を用いて，$1.01^{10}=(1+0.01)^{10}>1+{}_{10}C_1 0.01+{}_{10}C_2 0.01^2=1.1045$ となるから

$$\frac{30-10\times1.01^{10}}{101(1.01^{10}-1)}<\frac{30-10\times1.1045}{101(1.1045-1)}=\frac{18.955}{10.5545}=1.79\cdots$$

より，問題文の18000円を導くことができる。

(3)　A が10から13に変わるだけで，p や年利はそのままであるから，**方針2**の考え方を用いれば，ほとんど計算はいらない。

第5問　標準　ベクトル　≪空間ベクトル≫

右図の三角錐 PABC において，点Mは辺 BC の中点であり，$\angle PAB=\angle PAC=\theta$（$0°<\theta<90°$）である。

(1)　点Mは辺 BC の中点であるから

$$\overrightarrow{AM}=\frac{\overrightarrow{AB}+\overrightarrow{AC}}{2}$$

$$=\frac{\boxed{1}}{\boxed{2}}\overrightarrow{AB}+\frac{\boxed{1}}{\boxed{2}}\overrightarrow{AC}\quad\to\frac{ア}{イ},\ \frac{ウ}{エ}$$

と表せる。また

$$\overrightarrow{AP}\cdot\overrightarrow{AB}=|\overrightarrow{AP}||\overrightarrow{AB}|\cos\angle PAB=|\overrightarrow{AP}||\overrightarrow{AB}|\cos\theta$$

$$\overrightarrow{AP}\cdot\overrightarrow{AC}=|\overrightarrow{AP}||\overrightarrow{AC}|\cos\angle PAC=|\overrightarrow{AP}||\overrightarrow{AC}|\cos\theta$$

であるから

$$\frac{\overrightarrow{AP}\cdot\overrightarrow{AB}}{|\overrightarrow{AP}||\overrightarrow{AB}|}=\frac{\overrightarrow{AP}\cdot\overrightarrow{AC}}{|\overrightarrow{AP}||\overrightarrow{AC}|}=\cos\theta\quad\boxed{①}\quad\to オ\quad\cdots\cdots①$$

である。

(2)　$\theta=45°$，$|\overrightarrow{AP}|=3\sqrt{2}$，$|\overrightarrow{AB}|=|\overrightarrow{PB}|=3$，$|\overrightarrow{AC}|=|\overrightarrow{PC}|=3$ のとき

$$\overrightarrow{AP}\cdot\overrightarrow{AB}=|\overrightarrow{AP}||\overrightarrow{AB}|\cos\theta=3\sqrt{2}\times3\times\cos45°=3\sqrt{2}\times3\times\frac{1}{\sqrt{2}}$$

$$=\boxed{9}\quad\to カ$$

であり，同様に $\overrightarrow{AP}\cdot\overrightarrow{AC}=9$ である。

さらに，直線 AM 上の点 D が $\angle APD=90°$ を満たしているとすると，$\overrightarrow{PA}\cdot\overrightarrow{PD}=0$ であり，$\overrightarrow{AD}=t\overrightarrow{AM}$（$t$ は実数）とおける。このとき

$$\overrightarrow{PD}=\overrightarrow{PA}+\overrightarrow{AD}=\overrightarrow{PA}+t\overrightarrow{AM}=\overrightarrow{PA}+t\left(\frac{1}{2}\overrightarrow{AB}+\frac{1}{2}\overrightarrow{AC}\right)$$

$$=-\overrightarrow{AP}+\frac{1}{2}t\overrightarrow{AB}+\frac{1}{2}t\overrightarrow{AC}$$

と表せるから

$$\overrightarrow{PA}\cdot\overrightarrow{PD}=-\overrightarrow{AP}\cdot\left(-\overrightarrow{AP}+\frac{1}{2}t\overrightarrow{AB}+\frac{1}{2}t\overrightarrow{AC}\right)$$

$$=|\overrightarrow{AP}|^2-\frac{1}{2}t\overrightarrow{AP}\cdot\overrightarrow{AB}-\frac{1}{2}t\overrightarrow{AP}\cdot\overrightarrow{AC}$$

$$=(3\sqrt{2})^2-\frac{1}{2}t\times9-\frac{1}{2}t\times9=18-9t=0$$

となり，$t=2$ がわかる。よって，$\overrightarrow{AD}=\boxed{2}\overrightarrow{AM}$ →キ である。

(3)　$\overrightarrow{AQ}=2\overrightarrow{AM}$ とおく。

(i)　$\overrightarrow{PA}$ と $\overrightarrow{PQ}$ が垂直のとき，$\overrightarrow{PA}\cdot\overrightarrow{PQ}=0$ である。$\overrightarrow{PQ}$ を $\overrightarrow{AB}$，$\overrightarrow{AC}$，$\overrightarrow{AP}$ を用いて表すと

$$\overrightarrow{PQ}=\overrightarrow{AQ}-\overrightarrow{AP}=2\overrightarrow{AM}-\overrightarrow{AP}=2\left(\frac{1}{2}\overrightarrow{AB}+\frac{1}{2}\overrightarrow{AC}\right)-\overrightarrow{AP}=\overrightarrow{AB}+\overrightarrow{AC}-\overrightarrow{AP}$$

となるから

$$\overrightarrow{PA}\cdot\overrightarrow{PQ}=-\overrightarrow{AP}\cdot\overrightarrow{PQ}=-\overrightarrow{AP}\cdot(\overrightarrow{AB}+\overrightarrow{AC}-\overrightarrow{AP})$$
$$=-\overrightarrow{AP}\cdot\overrightarrow{AB}-\overrightarrow{AP}\cdot\overrightarrow{AC}+\overrightarrow{AP}\cdot\overrightarrow{AP}=0$$

である。よって

$$\overrightarrow{AP}\cdot\overrightarrow{AB}+\overrightarrow{AP}\cdot\overrightarrow{AC}=\overrightarrow{AP}\cdot\overrightarrow{AP}$$ **⓪** →ク

が成り立つ。さらに，①より

$$\overrightarrow{AP}\cdot\overrightarrow{AB}=|\overrightarrow{AP}||\overrightarrow{AB}|\cos\theta,\quad \overrightarrow{AP}\cdot\overrightarrow{AC}=|\overrightarrow{AP}||\overrightarrow{AC}|\cos\theta$$

であるから

$$|\overrightarrow{AP}||\overrightarrow{AB}|\cos\theta+|\overrightarrow{AP}||\overrightarrow{AC}|\cos\theta=\overrightarrow{AP}\cdot\overrightarrow{AP}$$
$$|\overrightarrow{AP}|(|\overrightarrow{AB}|\cos\theta+|\overrightarrow{AC}|\cos\theta)=|\overrightarrow{AP}|^2$$

となり，$|\overrightarrow{AP}|\neq 0$ より

$$|\overrightarrow{AB}|\cos\theta+|\overrightarrow{AC}|\cos\theta=|\overrightarrow{AP}|$$ **③** →ケ

が成り立つ。

したがって，$\overrightarrow{PA}$ と $\overrightarrow{PQ}$ が垂直であれば，$|\overrightarrow{AB}|\cos\theta+|\overrightarrow{AC}|\cos\theta=|\overrightarrow{AP}|$ が成り立ち，これは逆も成り立つ。

(ii)　$k\overrightarrow{AP}\cdot\overrightarrow{AB}=\overrightarrow{AP}\cdot\overrightarrow{AC}$（$k$ は正の実数）が成り立つとする。このとき

$$k|\overrightarrow{AP}||\overrightarrow{AB}|\cos\theta=|\overrightarrow{AP}||\overrightarrow{AC}|\cos\theta,\quad |\overrightarrow{AP}|\neq 0,\quad \cos\theta\neq 0$$

より，$k|\overrightarrow{AB}|=|\overrightarrow{AC}|$ **⓪** →コ が成り立つ。

点Bから直線 AP に下ろした垂線と直線 AP との交点を B′ とし，点Cから直線 AP に下ろした垂線と直線 AP との交点を C′ とする（右図）。このとき

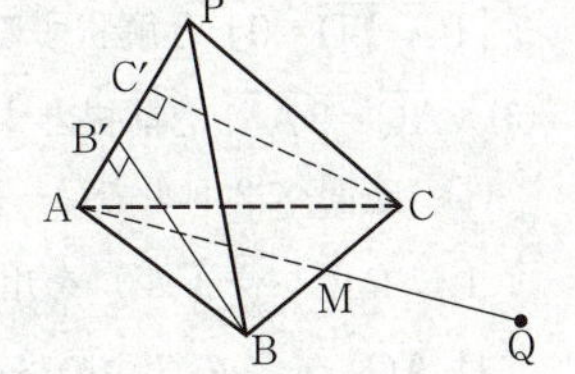

$$|\overrightarrow{AB'}|=|\overrightarrow{AB}|\cos\angle PAB=|\overrightarrow{AB}|\cos\theta$$
$$|\overrightarrow{AC'}|=|\overrightarrow{AC}|\cos\angle PAC=|\overrightarrow{AC}|\cos\theta$$

である。よって，(i)の結果と，条件 $k|\overrightarrow{AB}|=|\overrightarrow{AC}|$ より

$$\overrightarrow{PA}\perp\overrightarrow{PQ}\iff|\overrightarrow{AB}|\cos\theta+|\overrightarrow{AC}|\cos\theta=|\overrightarrow{AP}|\quad(|\overrightarrow{AB'}|+|\overrightarrow{AC'}|=|\overrightarrow{AP}|)$$
$$\iff(1+k)|\overrightarrow{AB}|\cos\theta=|\overrightarrow{AP}|$$
$$\iff(1+k)|\overrightarrow{AB'}|=|\overrightarrow{AP}|$$

が成り立つ。

$(1+k)|\overrightarrow{AB'}|=|\overrightarrow{AP}|$ は，B′ が線分 AP を $1:k$ に内分していることを表す。同時に，

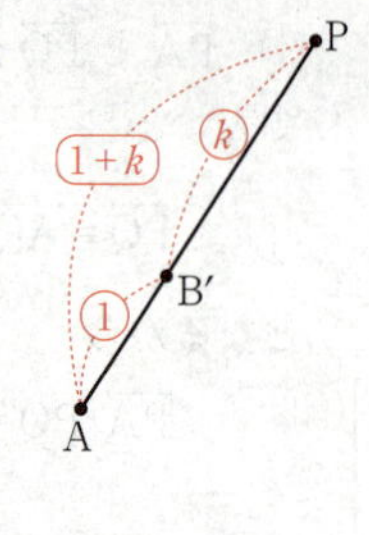

$|\overrightarrow{AB'}|+|\overrightarrow{AC'}|=|\overrightarrow{AP}|$ より，C′ が線分 AP を $k:1$ に内分していることを表す。よって，$\overrightarrow{PA}$ と $\overrightarrow{PQ}$ が垂直であることは

B′とC′が線分 AP をそれぞれ1：kとk：1に内分する点　④　→サ

であることと同値である。

特に $k=1$ のとき，B′ とC′ はともに AP の中点となり一致するから

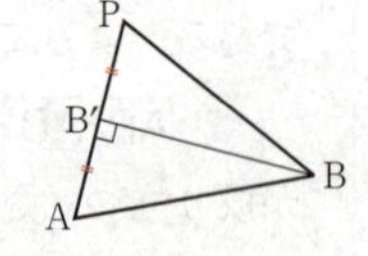

△PABと△PACがそれぞれBP＝BA，CP＝CAを満たす二等辺三角形　②　→シ

であることと同値である。

解説

⑴　$\overrightarrow{AM}=\overrightarrow{AB}+\overrightarrow{BM}=\overrightarrow{AB}+\frac{1}{2}\overrightarrow{BC}=\overrightarrow{AB}+\frac{1}{2}(\overrightarrow{AC}-\overrightarrow{AB})=\frac{1}{2}\overrightarrow{AB}+\frac{1}{2}\overrightarrow{AC}$ としてもよいが，中点の公式を使うと便利である。

> **ポイント　ベクトルの内積**
>
> $\vec{0}$ でない2つのベクトル $\vec{a}$，$\vec{b}$ のなす角を θ とするとき，$\vec{a}$ と $\vec{b}$ の内積 $\vec{a}\cdot\vec{b}$ は
>
> $\vec{a}\cdot\vec{b}=|\vec{a}||\vec{b}|\cos\theta$
>
> と定義される。$\vec{a}=\vec{0}$ または $\vec{b}=\vec{0}$ のときは $\vec{a}\cdot\vec{b}=0$ と定める。
>
> 公式 $\vec{a}\cdot\vec{a}=|\vec{a}|^2$ は特に重要である。

⑵　具体的な数値を与えられた計算問題である。ここでの数値（$\theta=45°$，$|\overrightarrow{AP}|=3\sqrt{2}$ など）は⑶とは無関係であることを明確に意識しよう。

「直線 AM 上の点 D」を「$\overrightarrow{AD}=t\overrightarrow{AM}$（$t$ は実数）」と表し，「$\angle APD=90°$」を「$\overrightarrow{PA}\cdot\overrightarrow{PD}=0$」と解釈することがポイントになる。

⑶　$\overrightarrow{AQ}=2\overrightarrow{AM}$ を前提とすることに注意する。

(i)　空間ベクトルでは，基本の3つのベクトル（始点を一致させたとき，同一平面上にないベクトル）を用意し（ここでは $\overrightarrow{AB}$，$\overrightarrow{AC}$，$\overrightarrow{AP}$），他のベクトル（ここでは $\overrightarrow{AQ}$）をこの3つのベクトルで表すことが基本となる。

(ii)　条件 $k\overrightarrow{AP}\cdot\overrightarrow{AB}=\overrightarrow{AP}\cdot\overrightarrow{AC}$（$k>0$）が追加される。

$|\overrightarrow{AB'}|=|\overrightarrow{AB}|\cos\theta$，$|\overrightarrow{AC'}|=|\overrightarrow{AC}|\cos\theta$ に気が付けば(i)の結果に結びつく。

$(1+k)|\overrightarrow{AB'}|=|\overrightarrow{AP}|$ の解釈には，〔解答〕の図を作るとよい。

最後の設問は，B′，C′ が AP の中点であることから，BP＝BA，CP＝CA が導かれるので，③の「△PAB と △PAC が合同」では条件不足である。

数学Ⅰ　本試験

問題番号(配点)	解答記号	正　解	配点	チェック
第1問(20)	アイ	−8	2	
	ウエ	−4	1	
	オ，カ	2，2	2	
	キ，ク	4，4	2	
	ケ，コ	7，3	3	
	サ	④	3	
	シ，ス，セ	3，6，9	2	
	ソ，タ，チ	1，5，7	2	
	ツ，テ	①，①	3	
第2問(30)	ア	⓪	3	
	イ	⑦	3	
	$\text{ウ}\sqrt{\text{エ}}-\text{オ}$	$3\sqrt{3}-4$	3	
	カ	④	2	
	キク	27	2	
	ケ	①	2	
	コ	②	2	
	$\dfrac{\text{サシ}\sqrt{\text{スセ}}}{\text{ソ}}$	$\dfrac{12\sqrt{10}}{5}$	3	
	$\dfrac{\text{タ}}{\text{チ}}$	$\dfrac{5}{6}$	2	
	$\text{ツ}\sqrt{\text{テト}}$	$6\sqrt{11}$	3	
	ナ	⑥	2	
	$\text{ニヌ}(\sqrt{\text{ネノ}}+\sqrt{\text{ハ}})$	$10(\sqrt{11}+\sqrt{2})$	3	

問題番号(配点)	解答記号	正　解	配点	チェック
第3問(20)	ア	③	1	
	イ	②	2	
	ウ	⑤	2	
	エ	①	2	
	オ	②	3	
	カ	②	3	
	キ	⑦	3	
	ク	⓪	2	
	ケ	②	2	
第4問(30)	ア，イウ	5，−9	3	
	エ	9	3	
	オ	5	3	
	カ	4	3	
	$\dfrac{\text{キ}}{\text{ク}}$	$\dfrac{8}{3}$	3	
	ケ，コ	4，3	3	
	サ，シ	4，3	3	
	ス	②	3	
	$\dfrac{\text{セ}\sqrt{\text{ソ}}}{\text{タチ}}$	$\dfrac{5\sqrt{3}}{57}$	3	
	ツ，テ	⓪，⓪	3	

（注）　全問必答。

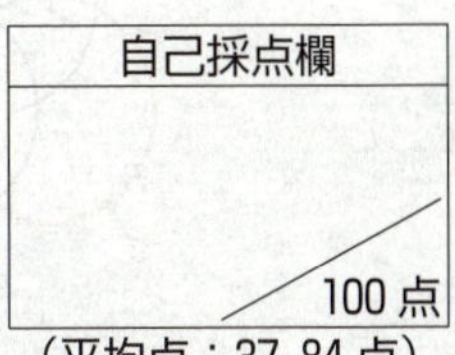

（平均点：37.84点）

第1問 ―― 数と式，集合と論理

〔1〕 ―― 「数学Ⅰ・数学A」第1問〔1〕に同じ (p. 3～4 参照)

〔2〕 標準 《集　合》

(1)　$A\cap\overline{C}$ は図4の斜線部分であり，$B\cap C$ は図5の斜線部分である。

$(A\cap\overline{C})\cup(B\cap C)$ はAと$A\cap\overline{C}$ と $B\cap C$ の和集合だから，④ →サ の斜線部分である。

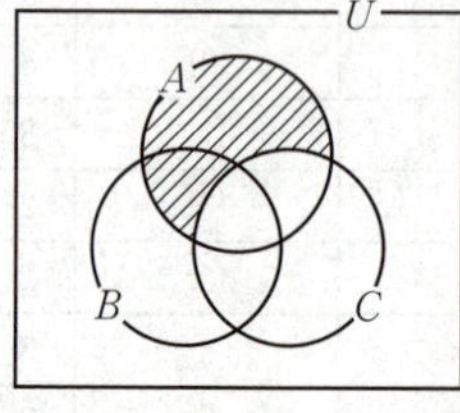

図　4

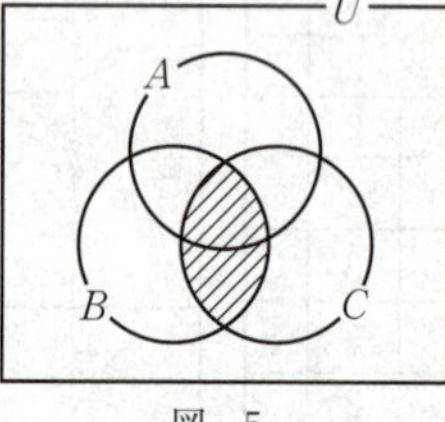

図　5

④
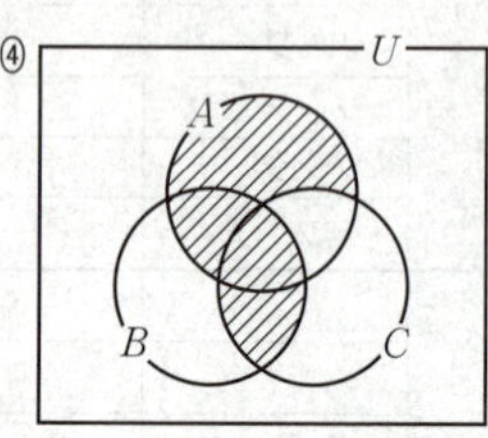

(2)　全体集合 U と，U の部分集合 A，B は図6のようになる

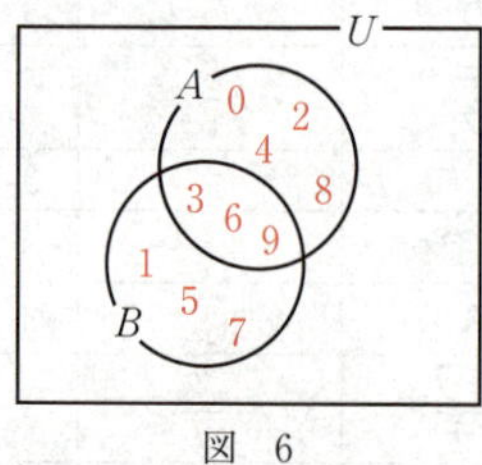

図　6

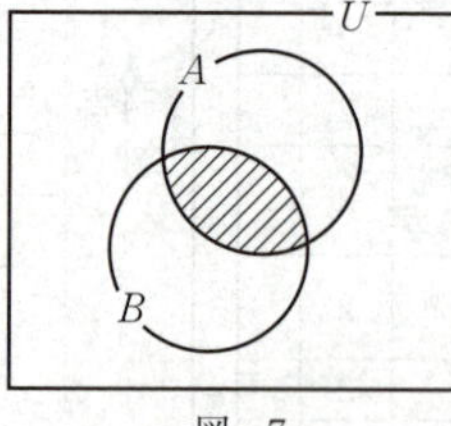

図　7

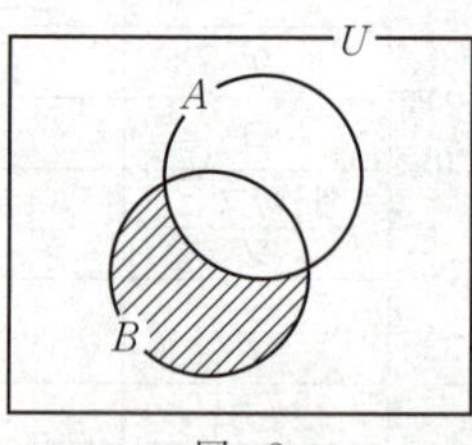

図　8

(i)　このとき，$A\cap B$ は図7の斜線部分だから

$A\cap B=\{$ 3 , 6 , 9 $\}$ →シ，ス，セ

$\overline{A}\cap B$ は図8の斜線部分だから

$\overline{A}\cap B=\{$ 1 , 5 , 7 $\}$ →ソ，タ，チ

(ii)

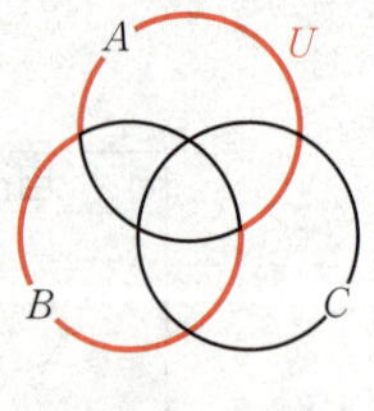

図　9

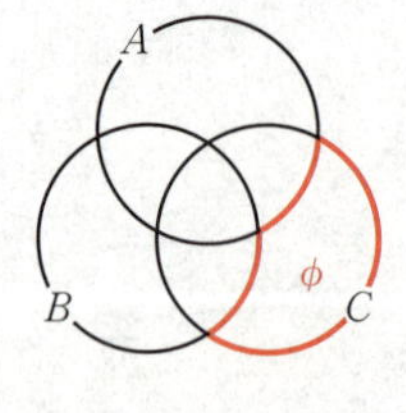

図　10

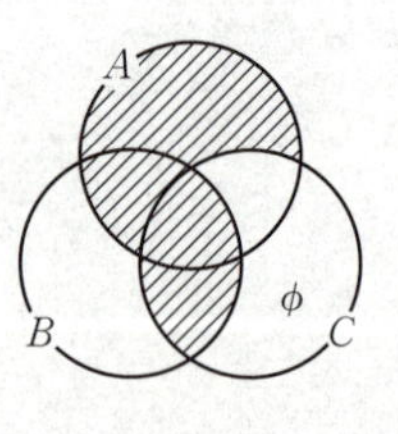

図　11

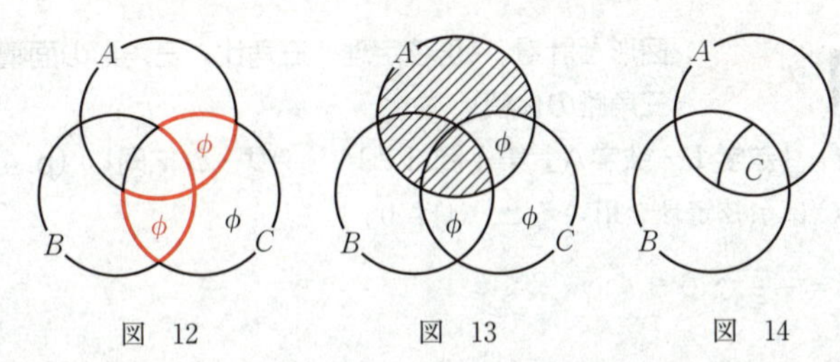

図 12　　図 13　　図 14

図 6 より，$A \cup B = U$ が成り立つので，図 9 の赤線の集合のみを考えればよいから，図 10 の赤線の集合は空集合であることがわかる。

また，$(A \cap \overline{C}) \cup (B \cap C)$ は，(1)の結果より，図 11 の斜線部分となるが，U の部分集合 C は $(A \cap \overline{C}) \cup (B \cap C) = A$ を満たすから，図 11 の斜線部分が集合 A と一致する場合を考えればよいので，図 12 の赤線の集合も空集合であることがわかる。

したがって，$(A \cap \overline{C}) \cup (B \cap C) = A$ は図 13 の斜線部分となるから，U の部分集合 A，B，C は，図 14 のように表すことができる。

このとき，次のことが成り立つ。

- $\overline{A} \cap B$ は図 15 の斜線部分だから，$\overline{A} \cap B$ のどの要素も C の要素ではない。

  ① →ツ

- $A \cap \overline{B}$ は図 16 の斜線部分だから，$A \cap \overline{B}$ のどの要素も C の要素ではない。

  ① →テ

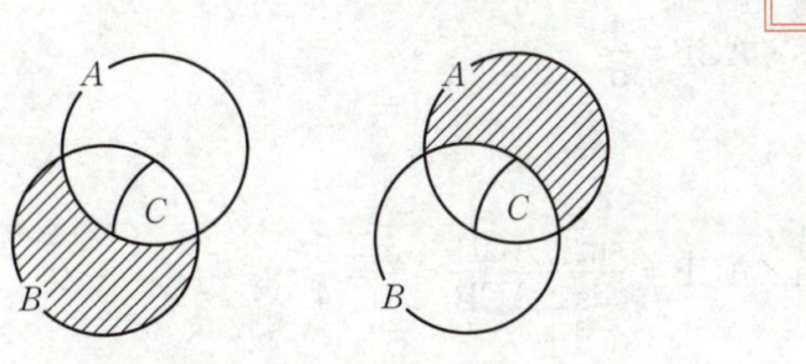

図 15　　図 16

第2問 やや難 図形と計量 《正弦定理，三角比，三角形の面積，余弦定理，三角錐の体積》

(1)(i)　ア・イ　「数学Ⅰ・数学A」第1問〔2〕(1)(i)サ・シに同じ（p. 4～6 参照）

(ii)　△ABC に余弦定理を用いると，(i)より，

$\cos\angle ACB = -\dfrac{4}{5}$ なので

$$6^2 = 5^2 + AC^2 - 2\cdot 5\cdot AC\cdot\left(-\frac{4}{5}\right)$$

$$AC^2 + 8AC - 11 = 0$$

解の公式より

$$AC = \frac{-4\pm\sqrt{4^2-1\cdot(-11)}}{1} = -4\pm\sqrt{27} = -4\pm 3\sqrt{3}$$

AC>0 なので

$$AC = \boxed{3}\sqrt{\boxed{3}} - \boxed{4}$$ →ウ，エ，オ

(iii)　カ～ク　「数学Ⅰ・数学A」第1問〔2〕(1)(ii)ス～ソに同じ（p. 4～6 参照）

(iv)　(i)より，$\sin\angle ACB = \dfrac{3}{5}$ であり，$\cos\angle ACB = \pm\dfrac{4}{5}$ である。点 C を，(iii)と同様に，△ABC の面積が最大となるようにとるとき，∠ACB は鋭角だから，
cos∠ACB>0 なので

$$\cos\angle ACB = \frac{4}{5}$$

このとき

$$\tan\angle ACB = \frac{\sin\angle ACB}{\cos\angle ACB} = \frac{\frac{3}{5}}{\frac{4}{5}} = \frac{3}{4}$$ $\boxed{①}$ →ケ

さらに，点 C を通り直線 AC に垂直な直線を引き，直線 AB との交点を E とする。

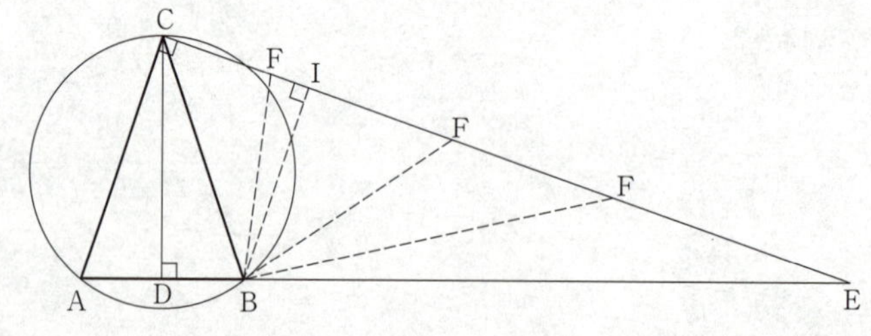

このとき

$$\angle BCE = \angle ACE - \angle ACB = 90° - \angle ACB$$

なので

$$\sin\angle BCE = \sin(90° - \angle ACB) = \cos\angle ACB = \frac{4}{5} \quad \boxed{②} \quad \to コ$$

点Fを線分CE上にとるとき，点Bから辺CEに下ろした垂線の足をＩとすると，BFの長さが最小となるのは，点Fが点Ｉと一致するときである。

ここで，△CBDに三平方の定理を用いると

$$CB = \sqrt{BD^2 + CD^2} = \sqrt{3^2 + 9^2} = 3\sqrt{10}$$

BFの長さの最小値はBIだから，直角三角形BCIにおいて

$$BI = CB \cdot \sin\angle BCE = 3\sqrt{10} \times \frac{4}{5} = \frac{\boxed{12}\sqrt{\boxed{10}}}{\boxed{5}} \quad \to \frac{サシ，スセ}{ソ}$$

(2) 「数学Ⅰ・数学A」第1問〔2〕(2)に同じ（p. 5～6参照）

第3問　標準　データの分析《ヒストグラム，箱ひげ図，データの相関》

(1)　ア　•52 個のデータの中央値は，52 個のデータを小さいものから順に並べたときの 26 番目と 27 番目の値の平均値である。

図 1 の小さい方から 26 番目と 27 番目の値が含まれる階級は 2200 以上 2600 未満。

よって，中央値が含まれる階級は **2200 以上 2600 未満　③　→ア** である。

イ〜エ　「数学Ⅰ・数学A」第 2 問〔1〕(1)ア〜ウに同じ（p. 7〜8 参照）

(2)　オ・カ　「数学Ⅰ・数学A」第 2 問〔1〕(2)エ・オに同じ（p. 7〜9 参照）

(3)(i)　キ　「数学Ⅰ・数学A」第 2 問〔1〕(3)カに同じ（p. 8〜9 参照）

(ii)　•x の平均値を $\overline{x}$，x' の平均値を $\overline{x'}$ とすると，$x_i'=\frac{1}{1000}x_i$ $(i=1,\ 2,\ \cdots,\ 19)$

より

$$\overline{x'}=\frac{1}{1000}\overline{x}$$

だから

$$x'-\overline{x'}=\frac{1}{1000}x-\frac{1}{1000}\overline{x}=\frac{1}{1000}(x-\overline{x})$$

分散は，偏差の 2 乗の平均値だから，x の分散を $s_x{}^2$，x' の分散を $s_{x'}{}^2$ とすれば

$$s_{x'}{}^2=\left(\frac{1}{1000}\right)^2 s_x{}^2=\left(\frac{1}{1000}\right)^2\times 348100=\frac{348100}{1000^2}$$

よって，x' の分散は $\frac{348100}{1000^2}$　⓪　**→ク** となる。

•y の平均値を $\overline{y}$，y' の平均値を $\overline{y'}$，y の分散を $s_y{}^2$，y' の分散を $s_{y'}{}^2$ とすると，

$y_i'=\frac{1}{1000}y_i$ $(i=1,\ 2,\ \cdots,\ 19)$ より，上と同様に

$$y'-\overline{y'}=\frac{1}{1000}(y-\overline{y})$$

$$s_{y'}{}^2=\left(\frac{1}{1000}\right)^2 s_y{}^2$$

が成り立つ。

共分散は，偏差の積の平均値だから，x と y の共分散を s_{xy}，x' と y' の共分散を $s_{x'y'}$ とすると

$$(x'-\overline{x'})(y'-\overline{y'})=\frac{1}{1000}(x-\overline{x})\cdot\frac{1}{1000}(y-\overline{y})=\left(\frac{1}{1000}\right)^2(x-\overline{x})(y-\overline{y})$$

より

$$s_{x'y'}=\left(\frac{1}{1000}\right)^2 s_{xy}$$

標準偏差は $\sqrt{(分散)}$ だから，x と y の相関係数を r_{xy}，x' と y' の相関係数を $r_{x'y'}$

とすれば

$$r_{x'y'}=\frac{s_{x'y'}}{\sqrt{{s_{x'}}^2}\sqrt{{s_{y'}}^2}}=\frac{\left(\frac{1}{1000}\right)^2 s_{xy}}{\sqrt{\left(\frac{1}{1000}\right)^2 {s_x}^2}\sqrt{\left(\frac{1}{1000}\right)^2 {s_y}^2}}$$

$$=\frac{\left(\frac{1}{1000}\right)^2 s_{xy}}{\frac{1}{1000}\sqrt{{s_x}^2}\cdot\frac{1}{1000}\sqrt{{s_y}^2}}=\frac{s_{xy}}{\sqrt{{s_x}^2}\sqrt{{s_y}^2}}=r_{xy}$$

よって，x' と y' の相関係数は，x と y の相関係数と等しい。 ② →ケ

第4問 ── 2次関数

〔1〕 標準 《x軸との位置関係，平行移動，絶対値を含む関数の最小値》

(1) $f(x)=(x-2)(x-8)+p$ を展開して平方完成すると

$$f(x)=x^2-10x+16+p=(x-5)^2-9+p$$

なので，2次関数 $y=f(x)$ のグラフの頂点の座標は

$$(\boxed{5},\ \boxed{-9}+p)$$ →ア，イウ

(2) 2次関数 $y=f(x)$ のグラフと x 軸との位置関係は，p の値によって次のように三つの場合に分けられる。$y=f(x)$ は下に凸の放物線だから

- 頂点の y 座標が正，すなわち，$-9+p>0$ より，$p>\boxed{9}$ →エ のとき，2次関数 $y=f(x)$ のグラフは x 軸と共有点をもたない。
- 頂点の y 座標が0，すなわち，$-9+p=0$ より，$p=9$ のとき，2次関数 $y=f(x)$ のグラフは x 軸と点 $(\boxed{5},\ 0)$ →オ で接する。
- 頂点の y 座標が負，すなわち，$-9+p<0$ より，$p<9$ のとき，2次関数 $y=f(x)$ のグラフは x 軸と異なる2点で交わる。

(3) 2次関数 $y=f(x)$ のグラフを x 軸方向に -3，y 軸方向に5だけ平行移動した放物線をグラフとする2次関数 $y=g(x)$ は

$$y-5=f(x+3)$$
$$=\{(x+3)-2\}\{(x+3)-8\}+p$$
$$y=(x+1)(x-5)+p+5=x^2-4x+p$$

よって　　$g(x)=x^2-\boxed{4}x+p$ →カ

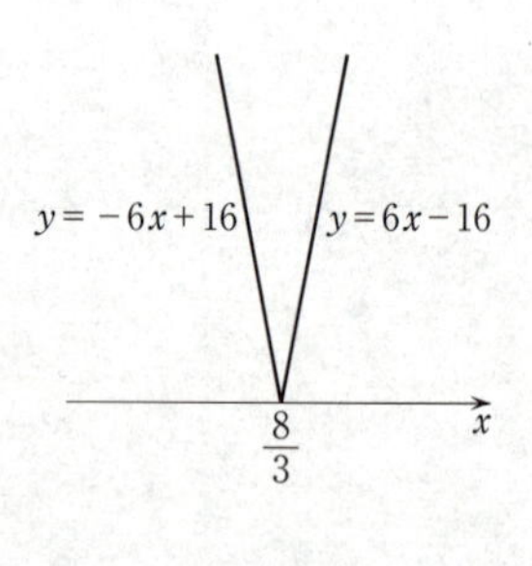

関数 $y=|f(x)-g(x)|$ は

$$y=|(x^2-10x+16+p)-(x^2-4x+p)|$$
$$=|-6x+16|$$

なので，関数 $y=|f(x)-g(x)|=|-6x+16|$ のグラフを考えることにより，関数 $y=|f(x)-g(x)|$ は $x=\dfrac{\boxed{8}}{\boxed{3}}$

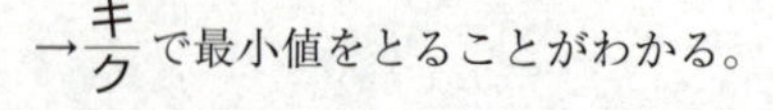

→$\dfrac{キ}{ク}$ で最小値をとることがわかる。

〔2〕 ── ケ～テ 「数学Ⅰ・数学A」第2問〔2〕キ～チに同じ（p. 9～11 参照）

数学Ⅰ・数学A　追試験

問題番号(配点)	解答記号	正解	配点	チェック
第1問 (30)	ア，イ	1，3	2	
	ウエ，オ	−1，4	2	
	カ，キ	7，3	3	
	クケ，コ	−8，4	3	
	$\frac{サ}{シ}$	$\frac{1}{4}$	2	
	ス	2	3	
	$\frac{セ}{ソ}$	$\frac{2}{3}$	3	
	タ，チ	1，3	3	
	$\frac{ツ}{テト}$，$\frac{ナ}{ニ}$	$\frac{9}{16}$，$\frac{5}{8}$	3	
	$\frac{ヌ}{ネ}$，$\frac{\sqrt{ノ}}{ハ}$	$\frac{5}{9}$，$\frac{\sqrt{5}}{3}$	3	
	ヒ，フ	②，⓪	3	

問題番号(配点)	解答記号	正解	配点	チェック
第2問 (30)	アイウ	−14	3	
	エ，オ	3，1	1	
	カ，キクケコ	4，1480	2	
	サシス	185	3	
	セ，ソ	③，④ (解答の順序は問わない)	4 (各2)	
	タ	②	2	
	チ，ツ	⓪，③	2	
	テ，ト	①，②	2	
	ナ	②	2	
	ニ	③	2	
	ヌ	⓪	3	
	ネ	②	2	
	ノ	③	2	

問題番号(配点)	解答記号	正　解	配点	チェック
第3問 (20)	ア	1	1	
	イウ	3	1	
	ウ	2	1	
	$\frac{\text{エ}}{\text{オ}}$	$\frac{3}{8}$	3	
	$\frac{\text{カ}}{\text{キ}}$	$\frac{1}{4}$	3	
	$\frac{\text{ク}}{\text{ケ}}$	$\frac{2}{3}$	2	
	コ	3	1	
	$\frac{\text{サシ}}{\text{スセソ}}$	$\frac{28}{729}$	2	
	$\frac{\text{タチ}}{\text{ツテトナ}}$	$\frac{32}{2187}$	3	
	$\frac{\text{ニ}}{\text{ヌ}}$	$\frac{3}{4}$	3	
第4問 (20)	アイ，ウエ	26，51	2	
	オ，カキ	6，−3	2	
	クケ，コサ	51，26	2	
	シ	4	2	
	ス	3	2	
	セ，ソ	7，4	3	
	タ，チ	0，2	3	
	ツテ，ト，ナニ	15，3，13	4	

問題番号(配点)	解答記号	正　解	配点	チェック
第5問 (20)	ア：イ	3：4	2	
	ウ	2	2	
	エ	7	3	
	オ	②	3	
	カキ：ク	15：8	2	
	ケコ：サ	20：3	2	
	$\frac{\text{シス}}{\text{セ}}$	$\frac{32}{9}$	3	
	ソ：タ	5：3	3	

（注）　第1問，第2問は必答。第3問～第5問のうちから2問選択。計4問を解答。

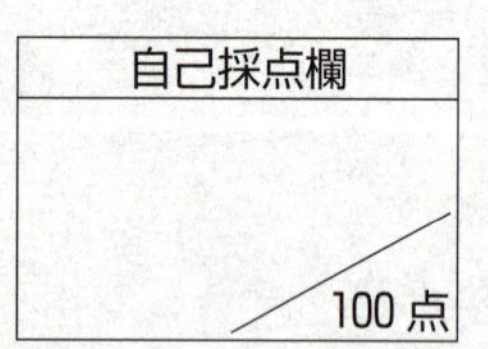

第1問 —— 数と式，図形と計量，2次関数

〔1〕 標準 《不等式》

(1) 不等式 $k-x<2x+1$ を解くと

$$3x>k-1 \quad \therefore \quad x>\frac{k-\boxed{1}}{\boxed{3}} \quad \cdots\cdots ③ \quad \to ア，イ$$

であり，不等式 $\sqrt{5}x<k-x$ を解くと

$$(\sqrt{5}+1)x<k$$

$\sqrt{5}+1>0$ なので

$$x<\frac{k}{\sqrt{5}+1}=\frac{k(\sqrt{5}-1)}{(\sqrt{5}+1)(\sqrt{5}-1)}=\frac{k(\sqrt{5}-1)}{4}$$

すなわち $\quad x<\dfrac{\boxed{-1}+\sqrt{5}}{\boxed{4}}k \quad \cdots\cdots ④ \quad \to$ ウエ，オ

これより，不等式①を満たす x が存在するための条件は，③，④より

$$\frac{k-1}{3}<\frac{-1+\sqrt{5}}{4}k$$

④ ③ x $\frac{k-1}{3}$ $\frac{-1+\sqrt{5}}{4}k$

であるから，この式を解くと

$$4(k-1)<3(-1+\sqrt{5})k \qquad (7-3\sqrt{5})k<4$$

$7-3\sqrt{5}=\sqrt{49}-\sqrt{45}>0$ なので

$$k<\frac{4}{7-3\sqrt{5}}=\frac{4(7+3\sqrt{5})}{(7-3\sqrt{5})(7+3\sqrt{5})}=\frac{4(7+3\sqrt{5})}{4}=7+3\sqrt{5}$$

よって，不等式①を満たす x が存在するような k の値の範囲は

$$k<\boxed{7}+\boxed{3}\sqrt{5} \quad \cdots\cdots ② \quad \to カ，キ$$

(2) $k<7+3\sqrt{5}$ ……②が成り立つとき，不等式①を満たす x の値の範囲は，③，④より

$$\frac{k-1}{3}<x<\frac{-1+\sqrt{5}}{4}k \quad \cdots\cdots (*)$$

なので，その範囲の幅は

$$\frac{-1+\sqrt{5}}{4}k-\frac{k-1}{3} \quad \cdots\cdots (**)$$

これより，不等式①を満たす x の値の範囲の幅が $\dfrac{\sqrt{5}}{3}$ より大きくなるための条件は

$$\frac{-1+\sqrt{5}}{4}k-\frac{k-1}{3}>\frac{\sqrt{5}}{3} \quad \cdots\cdots (***)$$

であるから，これを解くと

$$3(-1+\sqrt{5})k-4(k-1)>4\sqrt{5} \qquad (-7+3\sqrt{5})k>4(\sqrt{5}-1)$$

$-7+3\sqrt{5}=-\sqrt{49}+\sqrt{45}<0$ なので

$$k<\frac{4(\sqrt{5}-1)}{-7+3\sqrt{5}}=\frac{4(\sqrt{5}-1)(3\sqrt{5}+7)}{(3\sqrt{5}-7)(3\sqrt{5}+7)}=\frac{4(8+4\sqrt{5})}{-4}=-(8+4\sqrt{5})$$

よって，不等式①を満たす x の値の範囲の幅が $\frac{\sqrt{5}}{3}$ より大きくなるような k の値の範囲は

$k<\boxed{-8}-\boxed{4}\sqrt{5}$ →クケ，コ

解説

(1) 不等式①を満たす x が存在するための条件は，③と④の共通部分が存在することであるから，求める条件は $\frac{k-1}{3}<\frac{-1+\sqrt{5}}{4}k$ となる。

$\frac{k-1}{3}\geqq\frac{-1+\sqrt{5}}{4}k$ のときには③と④の共通部分は存在しない。

• $\frac{k-1}{3}=\frac{-1+\sqrt{5}}{4}k$ のとき　　• $\frac{k-1}{3}>\frac{-1+\sqrt{5}}{4}k$ のとき

④ ③ x
$\frac{k-1}{3}=\frac{-1+\sqrt{5}}{4}k$

④ ③ x
$\frac{-1+\sqrt{5}}{4}k$ $\frac{k-1}{3}$

(2) 「x の値の範囲の幅」をどのように定義するかは問題文で与えられているので，その定義に基づいて考えていけばよい。そうすると，不等式①を満たす x の値の範囲が，③，④から(＊)となることと，(＊)の範囲の幅が(＊＊)となることがわかるので，あとは不等式(＊＊＊)を解けば k の値の範囲が求まる。

［2］ 標準 《正弦定理，三角形の面積，余弦定理，2次関数の最大》

(1) $\sin\angle ABC=\frac{\sqrt{15}}{4}$ であるとき，$\sin^2\angle ABC+\cos^2\angle ABC=1$ より

$$\cos\angle ABC=\pm\sqrt{1-\sin^2\angle ABC}=\pm\sqrt{1-\left(\frac{\sqrt{15}}{4}\right)^2}=\pm\frac{\boxed{1}}{\boxed{4}} \quad \to サ，シ$$

(2)(i) $\sin\angle ABC=\frac{\sqrt{15}}{4}$，$\sin\angle ACB=\frac{\sqrt{15}}{8}$ のとき，△ABC に正弦定理を用いれば

$$\frac{AC}{\sin\angle ABC}=\frac{AB}{\sin\angle ACB} \qquad AC\cdot\sin\angle ACB=AB\cdot\sin\angle ABC$$

$$AC\cdot\frac{\sqrt{15}}{8}=AB\cdot\frac{\sqrt{15}}{4} \qquad \therefore\ AC=\boxed{2}AB \quad \to ス$$

(ii)　$\sin\angle ABC=\dfrac{\sqrt{15}}{4}$ であるとき，(1)より，$\cos\angle ABC=\dfrac{1}{4}$ または $\cos\angle ABC=-\dfrac{1}{4}$ なので，条件を満たす三角形は，次の二つである。

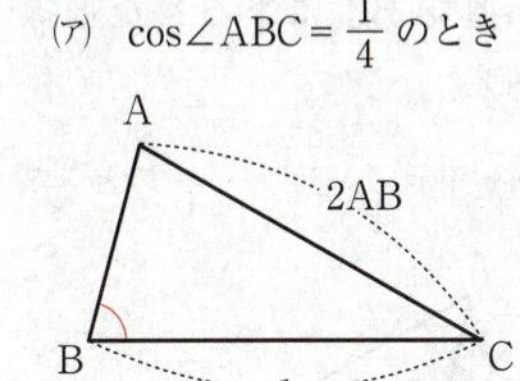

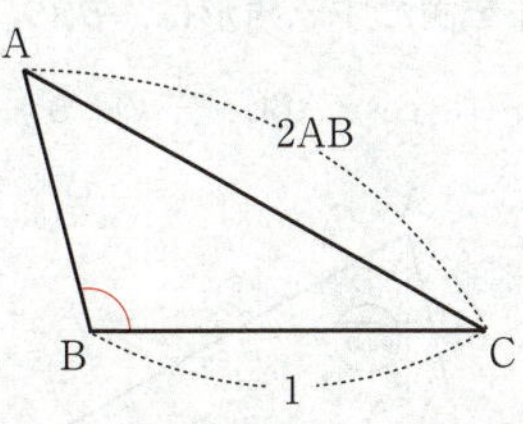

$\triangle ABC$ の面積は，(ア)，(イ)のどちらの場合も

$$(\triangle ABC\text{ の面積})=\frac{1}{2}\cdot AB\cdot BC\cdot\sin\angle ABC=\frac{1}{2}\cdot AB\cdot 1\cdot\frac{\sqrt{15}}{4}=\frac{\sqrt{15}}{8}AB$$

となるので，AB の長さが長い方が $\triangle ABC$ の面積は大きくなる。

(ア)　$\cos\angle ABC=\dfrac{1}{4}$ のとき

$\triangle ABC$ に余弦定理を用いて

$$AC^2=AB^2+BC^2-2\cdot AB\cdot BC\cdot\cos\angle ABC$$

$$(2AB)^2=AB^2+1^2-2\cdot AB\cdot 1\cdot\frac{1}{4}$$

$$6AB^2+AB-2=0 \qquad (2AB-1)(3AB+2)=0$$

$AB>0$ なので　　$AB=\dfrac{1}{2}$

(イ)　$\cos\angle ABC=-\dfrac{1}{4}$ のとき

$\triangle ABC$ に余弦定理を用いて

$$(2AB)^2=AB^2+1^2-2\cdot AB\cdot 1\cdot\left(-\frac{1}{4}\right)$$

$$6AB^2-AB-2=0 \qquad (2AB+1)(3AB-2)=0$$

$AB>0$ なので　　$AB=\dfrac{2}{3}$

よって，(ア)，(イ)より，AB の長さが長いのは，(イ) $\cos\angle ABC=-\dfrac{1}{4}$ のときの $AB=\dfrac{2}{3}$ であるから，面積が大きい方の $\triangle ABC$ においては

$$AB=\frac{2}{3}$$ →セ/ソ

別解　(2)(i)(ii)　$\sin\angle ABC=\dfrac{\sqrt{15}}{4}$，$\sin\angle ACB=\dfrac{\sqrt{15}}{8}$ であるので，(1)より

$$\cos\angle ABC=\frac{1}{4}\quad \text{または}\quad \cos\angle ABC=-\frac{1}{4}$$

であることも合わせて考慮すれば，点Aから直線BCに下ろした垂線の足をHとすると，条件を満たす三角形は，次の二つである。

(ア)　$\cos\angle ABC=\dfrac{1}{4}$ のとき　　　(イ)　$\cos\angle ABC=-\dfrac{1}{4}$ のとき

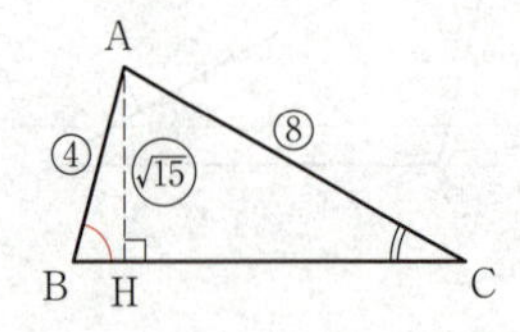

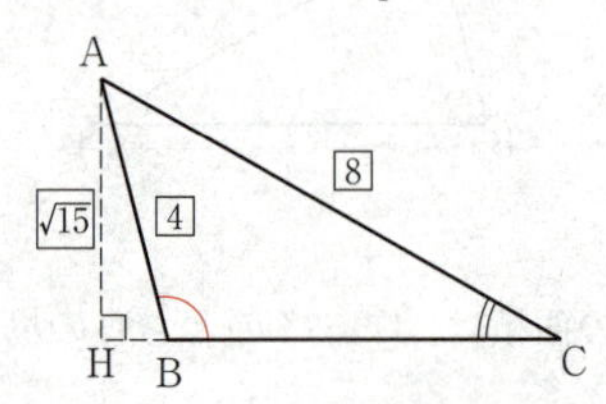

このとき，AB：AC＝4：8＝1：2なので

$$AC=2AB$$

また，BC＝1であることに注意すれば，(ア)と(イ)は右のようになるから，(ア)と(イ)の中で面積が大きい方の△ABCは，(イ) $\cos\angle ABC=-\dfrac{1}{4}$ のときである。

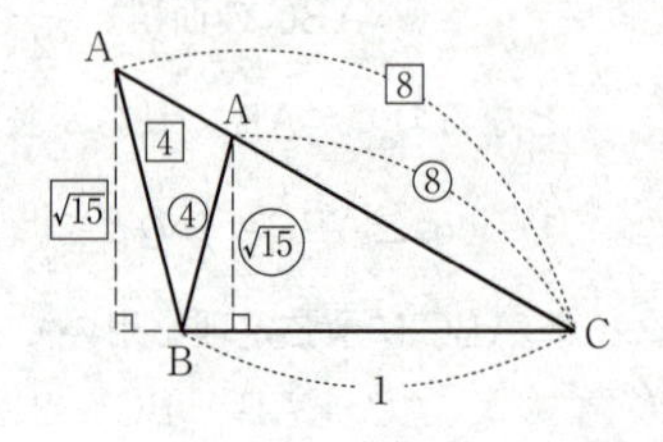

(以下，〔解答〕(2)(ii)(イ)に同じ)

(3)　△ABCに正弦定理を用いれば

$$\frac{AC}{\sin\angle ABC}=\frac{AB}{\sin\angle ACB}\qquad AC\cdot\sin\angle ACB=AB\cdot\sin\angle ABC$$

$\sin\angle ABC=2\sin\angle ACB$ より

$$AC\cdot\sin\angle ACB=AB\cdot 2\sin\angle ACB$$

$0°<\angle ACB<180°$ より，$\sin\angle ACB>0$ なので，両辺を $\sin\angle ACB$（$\neq 0$）で割って

$$AC=2AB$$

これより，△ABCに余弦定理を用いれば，BC＝1により

$$\cos\angle ABC=\frac{AB^2+BC^2-AC^2}{2AB\cdot BC}=\frac{AB^2+1^2-(2AB)^2}{2AB\cdot 1}$$

$$=\frac{\boxed{1}-\boxed{3}AB^2}{2AB}\quad\cdots\cdots①\quad \to\text{タ，チ}$$

△ABCの面積 S について調べるために，S^2 を考えて

$$S^2=\left(\frac{1}{2}\cdot AB\cdot BC\cdot\sin\angle ABC\right)^2=\frac{1}{4}\cdot AB^2\cdot BC^2\cdot\sin^2\angle ABC$$

$$=\frac{1}{4}\cdot AB^2\cdot 1^2\cdot(1-\cos^2\angle ABC)=\frac{1}{4}AB^2\left\{1-\left(\frac{1-3AB^2}{2AB}\right)^2\right\}$$

$$=\frac{1}{4}AB^2\left(1-\frac{1-6AB^2+9AB^4}{4AB^2}\right)=\frac{1}{4}AB^2\cdot\frac{4AB^2-(1-6AB^2+9AB^4)}{4AB^2}$$

$$=\frac{1}{16}(-9AB^4+10AB^2-1)$$

$AB^2=x$ とおくと

$$S^2=\frac{1}{16}(-9x^2+10x-1)=-\frac{\boxed{9}}{\boxed{16}}x^2+\frac{\boxed{5}}{\boxed{8}}x-\frac{1}{16}\ \rightarrow\ \frac{ツ}{テト},\ \frac{ナ}{ニ}$$

と表すことができる。したがって

$$S^2=-\frac{9}{16}\left(x^2-\frac{10}{9}x\right)-\frac{1}{16}=-\frac{9}{16}\left\{\left(x-\frac{5}{9}\right)^2-\frac{25}{81}\right\}-\frac{1}{16}=-\frac{9}{16}\left(x-\frac{5}{9}\right)^2+\frac{1}{9}$$

ここで，x（$=AB^2$）のとり得る値の範囲を考えると，三角形の成立条件より

$$|AC-AB|<BC<AC+AB$$

が成り立つ。$AC=2AB$，$BC=1$ なので

$$|2AB-AB|<1<2AB+AB$$

$$AB<1<3AB\quad(\because\quad AB>0)$$

$$AB<1\quad かつ\quad 1<3AB$$

すなわち　$\frac{1}{3}<AB<1$

これより　$\frac{1}{9}<AB^2<1$　　$\therefore\quad \frac{1}{9}<x<1$

なので，S^2 が最大となるのは，$x=\frac{\boxed{5}}{\boxed{9}}\rightarrow\frac{ヌ}{ネ}$ のときだから，$AB>0$ より

$$AB=\sqrt{x}=\sqrt{\frac{5}{9}}=\frac{\sqrt{5}}{3}$$

すなわち，$AB=\frac{\sqrt{\boxed{5}}}{\boxed{3}}\rightarrow\frac{ノ}{ハ}$ のときである。

$S>0$ より，このときに面積 S も最大となる。

また，面積 S が最大となる△ABC において，$AB=\frac{\sqrt{5}}{3}$ を①に代入すると

$$\cos\angle ABC=\frac{1-3\cdot\frac{5}{9}}{2\cdot\frac{\sqrt{5}}{3}}=-\frac{1}{\sqrt{5}}<0$$

なので，∠ABC は鈍角 ② →ヒ で，△ABC の残りの 2 角 ∠ACB，∠CAB は鋭角となるから，∠ACB は鋭角 ⓪ →フ である。

解説

(2)(i)　正弦の値から辺の関係式を求めたいので，正弦定理を用いる。

(ii)　$\sin\angle ABC=\frac{\sqrt{15}}{4}$ であるとき，(1)より，$\cos\angle ABC=\frac{1}{4}$ または $\cos\angle ABC=-\frac{1}{4}$ なので，$\cos\angle ABC=\frac{1}{4}>0$ のとき $\angle ABC$ は鋭角，$\cos\angle ABC=-\frac{1}{4}<0$ のとき $\angle ABC$ は鈍角であることがわかる。

〔別解〕では，条件 $\sin\angle ABC=\frac{\sqrt{15}}{4}$，$\sin\angle ACB=\frac{\sqrt{15}}{8}$，$\cos\angle ABC=\frac{1}{4}$ または $\cos\angle ABC=-\frac{1}{4}$ について三角比の定義から考えることにより，条件を満たす三角形を(ア)と(イ)の二つの場合に絞り込んだ。さらに，$BC=1$ に注目することで，面積が大きい方の $\triangle ABC$ は(イ) $\cos\angle ABC=-\frac{1}{4}$ のときであることがわかるので，$\triangle ABC$ に余弦定理を用いることで AB の長さが求まる。

(3)　問題文で「$\cos\angle ABC=\frac{\boxed{タ}-\boxed{チ}AB^2}{2AB}$」となっているので，$\triangle ABC$ に余弦定理を用いることを考えれば，$BC=1$ により

$$\cos\angle ABC=\frac{AB^2+BC^2-AC^2}{2AB\cdot BC}=\frac{AB^2+1-AC^2}{2AB}$$

となるから，AC を AB で表せばよいことがわかる。その際には，$\sin\angle ABC=2\sin\angle ACB$ を利用して(2)と同様に考えることになる。

$\triangle ABC$ の面積 S について調べるために，S^2 を考えると，$\sin^2\angle ABC$ が得られるので，$\sin^2\angle ABC=1-\cos^2\angle ABC$ と①を用いて S^2 を変形することで，AB^2 で表すことができる。

$x=AB^2$ のとり得る値の範囲を考えるために，三角形の成立条件を利用する。

> **ポイント**　三角形の成立条件
>
> 三角形の 2 辺の長さの和は，残りの 1 辺の長さより大きい。すなわち
>
> $BC+CA>AB,\ CA+AB>BC,\ AB+BC>CA$
>
> $\Longleftrightarrow |CA-AB|<BC<CA+AB$

面積 S が最大となる $\triangle ABC$ において，$AB=\frac{\sqrt{5}}{3}$ を①に代入すると，$\cos\angle ABC<0$ となるので，$\angle ABC>90°$ であることがわかる。$\triangle ABC$ の 3 つの内角の和は $180°$ だから，残りの 2 つの角 $\angle ACB$，$\angle CAB$ は，$\angle ACB<90°$，$\angle CAB<90°$ となる。

第2問 ── 2次関数，データの分析

〔1〕 やや難 《2次関数》

2次関数 $y=ax^2+bx+c$ ……① のグラフは，3点 (100, 1250)，(200, 450)，(300, 50) を通るので，それぞれ①に代入して

$$\begin{cases} 1250=10000a+100b+c & \cdots\cdots㋐ \\ 450=40000a+200b+c & \cdots\cdots㋑ \\ 50=90000a+300b+c & \cdots\cdots㋒ \end{cases}$$

㋐－㋑ より

$$800=-30000a-100b \qquad \therefore \quad 300a+b=-8 \quad \cdots\cdots㋓$$

㋑－㋒ より

$$400=-50000a-100b \qquad \therefore \quad 500a+b=-4 \quad \cdots\cdots㋔$$

㋔－㋓ より

$$200a=4 \qquad \therefore \quad a=\frac{1}{50}$$

このとき，$a=\frac{1}{50}$ を㋓に代入すれば

$$b=-300a-8=-300\cdot\frac{1}{50}-8=\boxed{-14} \quad \to アイウ$$

$a=\frac{1}{50}$，$b=-14$ を㋐に代入して

$$c=-10000a-100b+1250=-10000\cdot\frac{1}{50}-100\cdot(-14)+1250=2450$$

よって，①は　$y=\frac{1}{50}x^2-14x+2450$

1皿あたりの価格 x と売り上げ数 y の関係が①を満たしたときの，$100\leqq x\leqq 300$ での利益の最大値 M について考える。

1皿あたりの材料費は80円であり，材料費以外にかかる費用は5000円である。よって，$x-80$ と売り上げ数の積から，5000を引いたものが利益となるので

$$(利益)=(x-80)\times(売り上げ数)-5000=(x-80)\times y-5000$$

このとき，売り上げ数を①の右辺の2次式としたときの利益を $z_0(x)$ とすると

$$z_0(x)=(x-80)\times\left(\frac{1}{50}x^2-14x+2450\right)-5000$$

なので，展開した式を考えれば，利益は x の $\boxed{3}$ 次式 →エ となる。

一方で，売り上げ数として①の右辺の代わりに x の $\boxed{1}$ 次式 →オ を使えば，利益は x の2次式となる。

1次関数 $y=-4x+1160$　……②を考える。
売り上げ数を②の右辺としたときの利益 z は

$$z=(x-80)\times(-4x+1160)-5000$$
$$=-\boxed{4}\,x^2+\boxed{1480}\,x-97800$$ →カ，キクケコ

で与えられる。
z が最大となる x を p とおくと

$$z=-4x^2+1480x-97800=-4(x^2-370x)-97800$$
$$=-4\{(x-185)^2-185^2\}-97800=-4(x-185)^2+39100$$

なので，$p=\boxed{185}$ →サシス であり，z の最大値は39100である。
1次関数 $y=-8x+1968$　……③ を考える。
売り上げ数を③の右辺としたときの利益を $z_1(x)$ とすると

$$z_1(x)=(x-80)\times(-8x+1968)-5000$$

であり，利益 $z_1(x)$ は $x=163$ のときに最大となり，最大値は $z_1(163)=50112$ となる。
図3より，③のグラフは①のグラフより下の方にあるので，売り上げ数を少なく見積もることになるから，③は各 x について値が①より小さい。
したがって，$100\leqq x\leqq 300$ を満たすすべての x の値に対して

$$\frac{1}{50}x^2-14x+2450>-8x+1968$$

が成り立つ。
$100\leqq x\leqq 300$ のとき，$x-80>0$ なので，両辺に $x-80$ をかけて，5000を引くと

$$(x-80)\left(\frac{1}{50}x^2-14x+2450\right)-5000>(x-80)(-8x+1968)-5000$$

すなわち $z_0(x)>z_1(x)$ となるので，$x=163$ を代入すると

$$z_0(163)>z_1(163)=50112 \quad \cdots\cdots⑤$$

よって，$x=163$ とすれば，売り上げ数を①の右辺としたときの利益は少なくとも50112以上となるから，**③**は正しい。
同様に，図3より，②のグラフは①のグラフより下の方にあるので，売り上げ数を少なく見積もることになるから，②は各 x について値が①より小さい。
したがって，$100\leqq x\leqq 300$ を満たすすべての x の値に対して

$$\frac{1}{50}x^2-14x+2450>-4x+1160$$

が成り立つ。
$100\leqq x\leqq 300$ のとき，$x-80>0$ なので，両辺に $x-80$ をかけて，5000を引くと

$$(x-80)\left(\frac{1}{50}x^2-14x+2450\right)-5000>(x-80)(-4x+1160)-5000$$

より，売り上げ数を②の右辺としたときの利益 z を $z(x)$ とおくと $z_0(x)>z(x)$ と

なるので，$x=p$（$=185$）を代入すると

$$z_0(p)>z(p)=39100 \quad \cdots\cdots ⑥$$

よって，$x=p$とすれば，売り上げ数を①の右辺としたときの利益は少なくとも39100以上となるから，④は正しい。
また，利益の最大値Mは，売り上げ数を①の右辺としたときの利益の最大値だから，$100 \leqq x \leqq 300$を満たすすべてのxの値に対して

$$M \geqq z_0(x) \quad \cdots\cdots ⑦$$

が成り立つので，⑦に$x=p$（$=185$）を代入して，⑥を用いれば

$$M \geqq z_0(p)>39100 \quad \text{すなわち} \quad M>39100 \quad \cdots\cdots ⑧$$

よって，Mは39100より大きいから，⓪は正しくない。
同様に，⑦に$x=163$を代入して，⑤を用いれば

$$M \geqq z_0(163)>50112 \quad \text{すなわち} \quad M>50112 \quad \cdots\cdots ⑨$$

よって，Mは50112より大きいから，①は正しくない。
さらに，⑧＋⑨より

$$2M>39100+50112 \qquad \therefore \quad M>\frac{39100+50112}{2}$$

よって，Mは$\dfrac{39100+50112}{2}$より大きいから，②は正しくない。
また，⑦の右辺は3次式となるので，⑦の等号を成り立たせるxの値は求められない。
よって，$x=163$あるいは$x=p$（$=185$）のときに，売り上げ数を①の右辺としたときの利益は最大値Mをとるかどうかわからないから，⑤と⑥は正しいとはいえない。
以上より，売り上げ数を①の右辺としたときの利益の記述として，正しいものは
③ と **④** である。 →セ，ソ
1次関数$y=-6x+1860$ ……④ を考える。
$100 \leqq x \leqq 300$において，売り上げ数を④の右辺としたときの利益を$z_2(x)$とすると

$$z_2(x)=(x-80)\times(-6x+1860)-5000$$

であり，利益$z_2(x)$は$x=195$のときに最大となり，最大値は$z_2(195)=74350$となる。
図4より，④のグラフは①のグラフより上の方にあるので，売り上げ数を多く見積もることになるから，④は各xについて値が①より大きい。
したがって，$100 \leqq x \leqq 300$を満たすすべてのxの値に対して

$$\frac{1}{50}x^2-14x+2450<-6x+1860 \quad \cdots\cdots (*)$$

が成り立つ。
$100 \leqq x \leqq 300$のとき，$x-80>0$なので，両辺に$x-80$をかけて，5000を引くと

$$(x-80)\left(\frac{1}{50}x^2-14x+2450\right)-5000<(x-80)(-6x+1860)-5000$$

すなわち　$z_0(x)<z_2(x)$

また，$100 \leqq x \leqq 300$ において，利益 $z_2(x)$ の最大値は 74350 となるから

$$z_2(x) \leqq 74350$$

よって，$100 \leqq x \leqq 300$ を満たすすべての x の値に対して

$$z_0(x)<z_2(x) \leqq 74350 \quad \text{すなわち} \quad z_0(x)<74350 \quad \cdots\cdots(**)$$

が成り立つので，売り上げ数を①の右辺としたときの利益の最大値 M は 74350 より小さい。また，⑨より，M は 50112 より大きい。よって，M は 50112 より大きく 74350 より小さい。

以上より，売り上げ数を①の右辺としたときの利益の最大値 M についての記述として，正しいものは ② である。→タ

解説

(利益)$=(x-80)\times y-5000$ の売り上げ数 y を①の右辺の 2 次式とすると，(利益)$=(x-80)\times\left(\frac{1}{50}x^2-14x+2450\right)-5000$ となるので，実際に展開すれば，(利益)$=\frac{1}{50}x^3-\frac{78}{5}x^2+3570x-201000$ となって，利益は x の 3 次式となる。一方で，売り上げ数 y として①の右辺の代わりに，①の右辺よりも次数が 1 低い 1 次式を用いれば，(利益) の次数も 1 低い x の 2 次式となることが想像できる。実際に，x の 1 次式 $y=dx+e$ $(d \neq 0)$ を使えば，(利益)$=(x-80)\times(dx+e)-5000=dx^2-(80d-e)x-(80e+5000)$ $(d \neq 0)$ となるので，利益は x の 2 次式となる。

売り上げ数を①の右辺としたときの利益の記述として，選択肢⓪〜⑥のうちから正しいものを選ぶ設問 セ と ソ は，解答方針が立てづらいが，図 2 の前の会話文中「太郎：少なく見積もるということは，その関数のグラフは①のグラフより，下の方にあるということだね」，図 2 の後の問題文中「①の右辺の代わりに②の右辺を使うと，売り上げ数を少なく見積もることになる」，図 3 の前の会話文中「太郎：売り上げ数を少なく見積もった式は，各 x について値が①より小さければよいので」などを手掛かりにして考えていく。図 3 より，②のグラフと③のグラフが，①のグラフより下の方にあることがわかるから，売り上げ数を少なく見積もることになり，②と③はそれぞれ，各 x についての値が①より小さくなるので，$100 \leqq x \leqq 300$ を満たすすべての x の値に対して，$\frac{1}{50}x^2-14x+2450>-4x+1160$，$\frac{1}{50}x^2-14x+2450>-8x+1968$ が成り立つ。

図 4 において，$x=100$，300 のとき①のグラフと④のグラフが交わっているように見えるが，実際には交わっておらず，$x=100$，300 のときも$(*)$が成り立つ。$x=100$ のとき，①の売り上げ数 y は最初の表より 1250 であり，④の売り上げ数 y は $y=-6\cdot 100+1860=1260$ であるので，$(*)$が成り立つ。$x=300$ のとき，①の売り上

げ数 y は最初の表より 50 であり，④の売り上げ数 y は $y=-6\cdot300+1860=60$ であるので，（＊）が成り立つ。

売り上げ数を①の右辺としたときの利益 $z_0(x)=(x-80)\left(\frac{1}{50}x^2-14x+2450\right)-5000$ が $x=\alpha$ において最大値 M をとるとすると，$100\leqq x\leqq300$ を満たすすべての x の値に対して，（＊＊）が成り立つので，（＊＊）に $x=\alpha$ を代入すると，$M=z_0(\alpha)<74350$，すなわち，$M<74350$ となる。

〔2〕 標準 《平均値，分散》

(1) 賛成ならば1，反対ならば0と表すので，データの値の総和 $x_1+x_2+\cdots+x_n$ は，賛成の人の数だけ1を足した数になるから，**賛成の人の数** ⓪ →チ と一致し，

平均値 $\bar{x}=\dfrac{x_1+x_2+\cdots+x_n}{n}$ は

$$\bar{x}=\frac{x_1+x_2+\cdots+x_n}{n}=\frac{(\text{賛成の人の数})}{n}$$

となるから，**n 人中における賛成の人の割合** ③ →ツ と一致する。

(2) 0と1だけからなるデータの平均値と分散について考える。

$m=x_1+x_2+\cdots+x_n$ とおくと，平均値 $\bar{x}$ は

$$\bar{x}=\frac{x_1+x_2+\cdots+x_n}{n}=\frac{m}{n}=\frac{(1\text{の個数})}{n}$$

また，分散を s^2 で表すと

$$s^2=\frac{1}{n}\{(x_1-\bar{x})^2+(x_2-\bar{x})^2+\cdots+(x_n-\bar{x})^2\}$$

$$=\frac{1}{n}\left\{\left(x_1-\frac{m}{n}\right)^2+\left(x_2-\frac{m}{n}\right)^2+\cdots+\left(x_n-\frac{m}{n}\right)^2\right\}$$

ここで，0と1の個数に着目すると，$m=x_1+x_2+\cdots+x_n$ は1の個数と一致するから，x_1，x_2，…，x_n の中で，1であるものの個数は m 個，0であるものの個数は $(n-m)$ 個であるので

$$s^2=\frac{1}{n}\left\{m\left(1-\frac{m}{n}\right)^2+(n-m)\left(0-\frac{m}{n}\right)^2\right\}$$ ① →テ，② →ト

$$=\frac{1}{n}\left\{m\left(1-2\cdot\frac{m}{n}+\frac{m^2}{n^2}\right)+(n-m)\cdot\frac{m^2}{n^2}\right\}$$

$$=\frac{1}{n}\left\{\left(m-2\cdot\frac{m^2}{n}+\frac{m^3}{n^2}\right)+\left(\frac{m^2}{n}-\frac{m^3}{n^2}\right)\right\}$$

$$=\frac{1}{n}\left(m-\frac{m^2}{n}\right)=\frac{1}{n}\cdot\frac{mn-m^2}{n}=\frac{m(n-m)}{n^2}$$ ② →ナ

解説

(1)　n 人分のデータを0と1だけで表していることがポイントとなる。n 人分のデータ x_1, x_2, …, x_n はそれぞれ，0または1で表されるから，データの値の総和 $x_1+x_2+\cdots+x_n$ は1の個数と一致する。

(2)　0と1だけからなるデータを考えるので，$m=x_1+x_2+\cdots+x_n=$(1の個数) となるから，x_1, x_2, …, x_n のうち，1であるものが m 個，0であるものが $(n-m)$ 個であることに着目すると

$$s^2=\frac{1}{n}\left\{\left(x_1-\frac{m}{n}\right)^2+\left(x_2-\frac{m}{n}\right)^2+\cdots+\left(x_n-\frac{m}{n}\right)^2\right\}$$

$$=\frac{1}{n}\left\{\underbrace{\left(1-\frac{m}{n}\right)^2+\cdots+\left(1-\frac{m}{n}\right)^2}_{m\text{個}}+\underbrace{\left(0-\frac{m}{n}\right)^2+\cdots+\left(0-\frac{m}{n}\right)^2}_{(n-m)\text{個}}\right\}$$

$$=\frac{1}{n}\left\{m\times\left(1-\frac{m}{n}\right)^2+(n-m)\times\left(0-\frac{m}{n}\right)^2\right\}$$

となる。

〔3〕 易 《平均値，共分散，標準偏差，相関係数》

W' の x の平均値 $\overline{x}$ は

$$\overline{x}=\frac{1}{5}\{(-1)+(-1)+1+1+5a\}=a$$ ③ →ニ

W' の y の平均値 $\overline{y}$ は

$$\overline{y}=\frac{1}{5}\{(-1)+1+(-1)+1+5a\}=a$$

表1の計算表は以下のようになる。

表1　計算表

x	y	$x-\overline{x}$	$y-\overline{y}$	$(x-\overline{x})(y-\overline{y})$
-1	-1	$-1-a$	$-1-a$	$(a+1)^2=a^2+2a+1$
-1	1	$-1-a$	$1-a$	$(a+1)(a-1)=a^2-1$
1	-1	$1-a$	$-1-a$	$(a-1)(a+1)=a^2-1$
1	1	$1-a$	$1-a$	$(a-1)^2=a^2-2a+1$
$5a$	$5a$	$4a$	$4a$	$(4a)^2=16a^2$

これより，W' の x と y の共分散 s_{xy} は

$$s_{xy}=\frac{1}{5}\{(a+1)^2+(a+1)(a-1)+(a-1)(a+1)+(a-1)^2+(4a)^2\}$$

$$=\frac{20a^2}{5}=4a^2$$ ⓪ →ヌ

W' の x と y の標準偏差を，それぞれ s_x，s_y とすると

$$s_x=\sqrt{\frac{1}{5}\{(-1-a)^2+(-1-a)^2+(1-a)^2+(1-a)^2+(4a)^2\}}$$

$$=\sqrt{\frac{1}{5}(20a^2+4)}$$

$$s_y=\sqrt{\frac{1}{5}\{(-1-a)^2+(1-a)^2+(-1-a)^2+(1-a)^2+(4a)^2\}}$$

$$=\sqrt{\frac{1}{5}(20a^2+4)}$$

積 s_xs_y は

$$s_xs_y=\sqrt{\frac{1}{5}(20a^2+4)}\sqrt{\frac{1}{5}(20a^2+4)}=\sqrt{\left(\frac{1}{5}\right)^2(20a^2+4)^2}=\frac{1}{5}|20a^2+4|$$

$a^2\geqq 0$ より，$20a^2+4>0$ なので

$$s_xs_y=\frac{1}{5}(20a^2+4)=4a^2+\frac{4}{5}$$ ② →ネ

また，相関係数が 0.95 以上となるための必要十分条件は

$$\frac{s_{xy}}{s_xs_y}\geqq 0.95$$

より

$$s_{xy}\geqq 0.95s_xs_y \quad (\because \quad s_x>0,\ s_y>0)$$

なので

$$4a^2\geqq\frac{95}{100}\left(4a^2+\frac{4}{5}\right) \qquad a^2\geqq\frac{19}{20}\left(a^2+\frac{1}{5}\right)$$

$$a^2-\frac{19}{5}\geqq 0 \qquad \left(a+\sqrt{\frac{19}{5}}\right)\left(a-\sqrt{\frac{19}{5}}\right)\geqq 0$$

$$\therefore \quad a\leqq-\sqrt{\frac{19}{5}},\ \sqrt{\frac{19}{5}}\leqq a$$

これより，相関係数が 0.95 以上となるような a の値の範囲は

$$a\leqq-\frac{\sqrt{95}}{5},\ \frac{\sqrt{95}}{5}\leqq a$$ ③ →ノ

解説

誘導に従って解き進めていけば，問題となる部分は特に見当たらない。

ポイント　**平均値，標準偏差，共分散，相関係数**

変量 x，y の値の組として，n 組のデータが $(x_1,\ y_1)$，$(x_2,\ y_2)$，…，$(x_n,\ y_n)$ のように与えられているとする。

x，y の平均値をそれぞれ，$\overline{x}$，$\overline{y}$ とすると

$$\overline{x}=\frac{1}{n}(x_1+x_2+\cdots+x_n)$$

$$\overline{y}=\frac{1}{n}(y_1+y_2+\cdots+y_n)$$

x，y の標準偏差をそれぞれ，s_x，s_y とすると

$$s_x=\sqrt{\frac{1}{n}\{(x_1-\overline{x})^2+(x_2-\overline{x})^2+\cdots+(x_n-\overline{x})^2\}}$$

$$s_y=\sqrt{\frac{1}{n}\{(y_1-\overline{y})^2+(y_2-\overline{y})^2+\cdots+(y_n-\overline{y})^2\}}$$

x と y の共分散を s_{xy} とすると

$$s_{xy}=\frac{1}{n}\{(x_1-\overline{x})(y_1-\overline{y})+(x_2-\overline{x})(y_2-\overline{y})+\cdots+(x_n-\overline{x})(y_n-\overline{y})\}$$

x と y の相関係数を r とすると

$$r=\frac{s_{xy}}{s_x s_y}$$

第3問 標準 場合の数と確率 《場合の数，条件付き確率》

(1)(i) 硬貨を3回投げ終えたとき，条件（＊）を満たす点Pの移動の仕方のうち，点（3，3）に至る移動の仕方は，点O(0，0）から点（2，2）まで移動したのち，硬貨の表が出て，点（3，3）に移動する場合である。

点（2，2）に至る移動の仕方は1通り，硬貨の表が出るのは1通りだから，点（3，3）に至る移動の仕方は

$1\times1=$ 1 通り →ア

点（3，1）に至る移動の仕方は

(ア) 点O(0，0）から点（2，2）まで移動したのち，硬貨の裏が出て，点(3，1）に移動する。

(イ) 点O(0，0）から点（2，0）まで移動したのち，硬貨の表が出て，点（3，1）に移動する。

のいずれかである。

(ア) 点（2，2）に至る移動の仕方は1通り，硬貨の裏が出るのは1通りだから，このときの移動の仕方は

$1\times1=1$ 通り

(イ) 点（2，0)に至る移動の仕方は2通り，硬貨の表が出るのは1通りだから，このときの移動の仕方は

$2\times1=2$ 通り

(ア)・(イ)より，点（3，1）に至る移動の仕方は

$1+2=$ 3 通り →イ

点（3，−1）に至る移動の仕方は，点O(0，0）から点（2，0）まで移動したのち，硬貨の裏が出て，点（3，−1）に移動する場合である。

点（2，0）に至る移動の仕方は2通り，硬貨の裏が出るのは1通りだから，点（3，−1）に至る移動の仕方は

$2\times1=$ 2 通り →ウ

よって，点Pの移動の仕方が条件(＊)を満たすような硬貨の表裏の出方の総数は $1+3+2$ である。

したがって，点Pの移動の仕方が条件(＊)を満たす確率は

$$\frac{1+3+2}{2^3}$$

として求めることができる。

(ii) 硬貨を4回投げるとき，(i)と同様に図を用いて考える。

条件 $y_1\geqq0$ かつ $y_2\geqq0$ かつ $y_3\geqq0$ かつ $y_4\geqq0$ ……(＊2) を満たす点Pの移動の仕

方は図3のようになる。

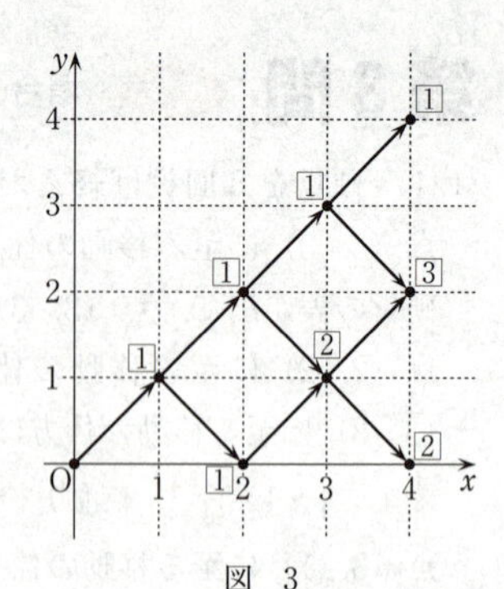

図 3

よって，点Pの移動の仕方が条件（＊2）を満たすような硬貨の表裏の出方の総数は

$1+3+2=6$ ……①

したがって，点Pの移動の仕方が条件（＊2）を満たす確率は

$\frac{6}{2^4}=\frac{3}{8}$ ……② →エ/オ

また，条件 $y_1 \geqq 0$ かつ $y_2 \geqq 0$ かつ $y_3=1$ かつ $y_4 \geqq 0$ ……（＊3）を満たす点Pの移動の仕方は図4のようになる。

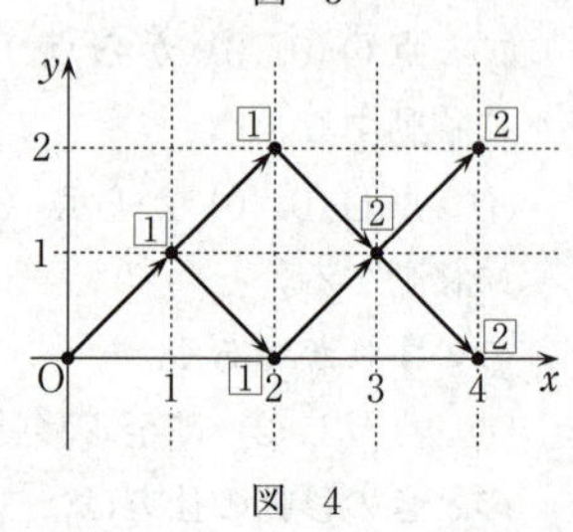

図 4

よって，点Pの移動の仕方が条件（＊3）を満たすような硬貨の表裏の出方の総数は

$2+2=4$ ……③

したがって，点Pの移動の仕方が条件（＊3）を満たす確率は

$\frac{4}{2^4}=\frac{1}{4}$ ……④ →カ/キ

さらに，$y_1 \geqq 0$ かつ $y_2 \geqq 0$ かつ $y_3 \geqq 0$ かつ $y_4 \geqq 0$ である事象を W，$y_3=1$ である事象を X とすると，②より

$$P(W)=\frac{3}{8}$$

であり，$W \cap X$ は $y_1 \geqq 0$ かつ $y_2 \geqq 0$ かつ $y_3=1$ かつ $y_4 \geqq 0$ である事象だから，④より

$$P(W \cap X)=\frac{1}{4}$$

したがって，$y_1 \geqq 0$ かつ $y_2 \geqq 0$ かつ $y_3 \geqq 0$ かつ $y_4 \geqq 0$ であったとき，$y_3=1$ である条件付き確率 $P_W(X)$ は

$$P_W(X)=\frac{P(W \cap X)}{P(W)}=\frac{\frac{1}{4}}{\frac{3}{8}}=\frac{2}{3}$$ →ク/ケ

(iii) 硬貨を4回投げ終えた時点で表が出た回数を s 回とおくと，裏が出た回数は $(4-s)$ 回なので，点Pの座標が $(4,\ 2)$ であるとき，$y_4=2$ より

$1 \cdot s+(-1) \cdot (4-s)=2$ $\quad \therefore \quad s=3$

よって，点 $(4,\ 2)$ に至る移動の仕方によらず表の出る回数は 3 回 →コ とな

り，裏の出る回数は $4-3=1$ 回となる。

(2)(i)　さいころを7回投げ終えた時点で3の倍数の目が出た回数を t 回とおくと，それ以外の目が出た回数は $(7-t)$ 回なので，点Qの座標が3であるとき

$$1\cdot t+(-1)\cdot(7-t)=3 \qquad \therefore \quad t=5$$

ここで，1個のさいころを投げるとき，3の倍数の目は3，6，それ以外の目は1，2，4，5なので，3の倍数の目が出る確率は $\frac{2}{6}=\frac{1}{3}$，それ以外の目が出る確率は $\frac{4}{6}=\frac{2}{3}$ となる。

よって，点Qの座標が3である確率は，3の倍数の目が5回，それ以外の目が $7-5=2$ 回出るので

$${}_7C_5\left(\frac{1}{3}\right)^5\left(\frac{2}{3}\right)^2={}_7C_2\left(\frac{1}{3}\right)^5\left(\frac{2}{3}\right)^2=21\cdot\frac{2^2}{3^7}=\frac{28}{729} \quad \to \frac{サシ}{スセソ}$$

(ii)　1個のさいころを繰り返し投げるとき，このさいころの目の出方に応じて，座標平面上を移動する点Rを考える。点Rは原点O(0，0)を出発点として，点Rの x 座標は，さいころを投げるごとに1だけ増加，点Rの y 座標は，さいころを投げるごとに，3の倍数の目が出たら1だけ増加し，それ以外の目が出たら1だけ減少するものとする。また，さいころを k 回投げ終えた時点での点Rの座標 (x, y) を (k, r_k) で表す。

点Qの座標と点Rの y 座標 r_k は一致するので，さいころを7回投げる間，点Qの座標がつねに0以上3以下であり，かつ7回投げ終えた時点で点Qの座標が3である確率を求めるためには，点Rの移動の仕方が条件 $0\leqq r_k\leqq 3$ $(k=1, 2, \cdots, 7)$ かつ $r_7=3$ ……(＊4) を満たす確率を求めればよい。条件(＊4)を満たす点Rの移動の仕方は図5のようになる。

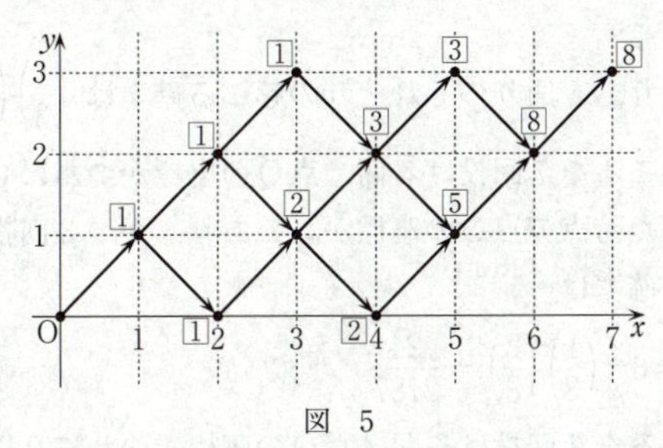

図　5

よって，点Rの移動の仕方が条件(＊4)を満たすようなさいころの目の出方の総数は8通りである。

(i)より，点Rの y 座標 r_k が $r_7=3$ であるのは，点 $(k, r_k)=(7, 3)$ に至る移動の仕方によらず，3の倍数の目が5回，それ以外の目が2回出るときであるので，8

通りのそれぞれの起こる確率は $\left(\frac{1}{3}\right)^5\left(\frac{2}{3}\right)^2$ である。

したがって，さいころを７回投げる間，点Ｑの座標がつねに０以上３以下であり，かつ７回投げ終えた時点で点Ｑの座標が３である確率は

$$8\times\left(\frac{1}{3}\right)^5\left(\frac{2}{3}\right)^2=\frac{32}{2187}\quad\cdots\cdots⑤\quad\rightarrow\frac{タチ}{ツテトナ}$$

(iii)　(ii)と同様に，点 $R(k,\ r_k)$ について考える。

点Ｑの座標と点Ｒの y 座標 r_k は一致するので，さいころを７回投げる間，点 $R(k,\ r_k)$ が $0\leqq r_k\leqq 3$（$k=1,\ 2,\ \cdots,\ 7$）かつ $r_7=3$ である事象を Y，$r_3=1$ である事象を Z とすると，⑤より

$$P(Y)=\frac{32}{2187}$$

$Y\cap Z$ は，$0\leqq r_k\leqq 3$（$k=1,\ 2,\ \cdots,\ 7$）かつ $r_7=3$ かつ $r_3=1$ である事象で，条件 $0\leqq r_k\leqq 3$（$k=1,\ 2,\ \cdots,\ 7$）かつ $r_7=3$ かつ $r_3=1$　……（＊５）を満たす点Ｒの移動の仕方は図６のようになる。

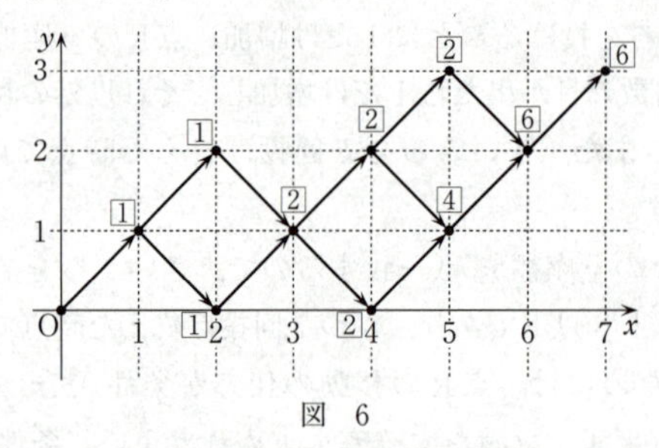

図　6

よって，点Ｒの移動の仕方が条件（＊５）を満たすようなさいころの目の出方の総数は６通りである。

(ii)と同様に，(i)より，６通りのそれぞれの起こる確率は $\left(\frac{1}{3}\right)^5\left(\frac{2}{3}\right)^2$ である。

したがって，さいころを７回投げる間，点Ｑの座標がつねに０以上３以下であり，かつ７回投げ終えた時点で点Ｑの座標が３であり，かつ３回投げ終えた時点で点Ｑの座標が１である確率は

$$P(Y\cap Z)=6\times\left(\frac{1}{3}\right)^5\left(\frac{2}{3}\right)^2=\frac{24}{2187}$$

以上より，さいころを７回投げる間，点Ｑの座標がつねに０以上３以下であり，かつ７回投げ終えた時点で点Ｑの座標が３であったとき，３回投げ終えた時点で点Ｑの座標が１である条件付き確率は

$$P_Y(Z)=\frac{P(Y\cap Z)}{P(Y)}=\frac{\frac{24}{2187}}{\frac{32}{2187}}=\frac{3}{4}\quad\rightarrow\frac{ニ}{ヌ}$$

解説

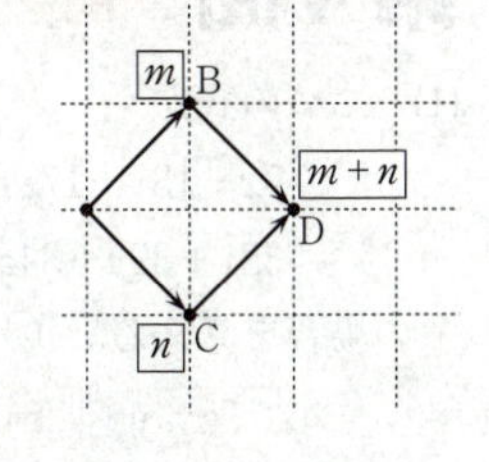

(1)(i) 例えば，右図において，点O(0, 0) から点Dまでの移動の仕方は

(あ) 点O(0, 0) から点Bまで移動したのち，硬貨の裏が出て，点Dに移動する。

(い) 点O(0, 0) から点Cまで移動したのち，硬貨の表が出て，点Dに移動する。

のいずれかである。

(あ) 点Bに至る移動の仕方を m 通りとすると，硬貨の裏が出るのは1通りだから，このときの移動の仕方は，$m\times1=m$ 通り。

(い) 点Cに至る移動の仕方を n 通りとすると，硬貨の表が出るのは1通りだから，このときの移動の仕方は，$n\times1=n$ 通り。

(あ)・(い)より，点Dに至る移動の仕方は，$(m+n)$ 通りとなる。

(ii) 点Pの x 座標は，硬貨の表裏の出方によらず，硬貨を投げるごとに1増加するだけだから，点Pの y 座標にだけ注目して考えればよい。

条件付き確率 $P_W(X)$ は，以下のように求めることもできる。

$y_1\geqq0$ かつ $y_2\geqq0$ かつ $y_3\geqq0$ かつ $y_4\geqq0$ を満たすような硬貨の表裏の出方の総数は，①より6通り。このうち，$y_1\geqq0$ かつ $y_2\geqq0$ かつ $y_3=1$ かつ $y_4\geqq0$ を満たすような硬貨の表裏の出方の総数は，③より4通り。

したがって，$y_1\geqq0$ かつ $y_2\geqq0$ かつ $y_3\geqq0$ かつ $y_4\geqq0$ であったとき，$y_3=1$ である条件付き確率 $P_W(X)$ は，$\dfrac{4}{6}=\dfrac{2}{3}$ となる。

(iii) (i)・(ii)と同様に，点Pが点 (4, 2) に至る移動の仕方を，図を用いて考えることもできる。

(2)(i) (ii)・(iii)と同様に，点Rが点 (7, 3) に至る移動の仕方を，図を用いて考えることもできる。

(ii) 点Qの座標がつねに0以上3以下であるようなさいころの目の出方を考えるのが厄介なので，(1)を利用して新たに点R$(k,\ r_k)$ を定義し，条件を満たす点R$(k,\ r_k)$ の移動の仕方を考える。

(iii) (ii)と同様に，条件を満たす点R$(k,\ r_k)$ の移動の仕方を考える。

条件付き確率 $P_Y(Z)$ は，以下のように求めることもできる。

$0\leqq r_k\leqq3$ $(k=1,\ 2,\ \cdots,\ 7)$ かつ $r_7=3$ を満たすようなさいころの目の出方の総数は8通り。このうち，$0\leqq r_k\leqq3$ $(k=1,\ 2,\ \cdots,\ 7)$ かつ $r_7=3$ かつ $r_3=1$ を満たすようなさいころの目の出方の総数は6通り。

したがって，$0\leqq r_k\leqq3$ $(k=1,\ 2,\ \cdots,\ 7)$ かつ $r_7=3$ であったとき，$r_3=1$ である条件付き確率 $P_Y(Z)$ は，$\dfrac{6}{8}=\dfrac{3}{4}$ となる。

第4問　やや難　整数の性質《不定方程式，余り》

(1)　二つの式が

$$7x+13y+17z=8 \quad \cdots\cdots①$$

$$35x+39y+34z=37 \quad \cdots\cdots②$$

の場合を考える。①，②から x を消去すると，①×5−②より

$$\boxed{26}y+\boxed{51}z=3 \quad \cdots\cdots③ \quad \to \text{アイ，ウエ}$$

を得る。③を y，z についての不定方程式とみる。不定方程式 $26y+51z=1$ を考えれば，$y=2$，$z=-1$ のとき，$26\cdot2+51\cdot(-1)=1$ が成り立つから，両辺を3倍して

$$26\cdot6+51\cdot(-3)=3 \quad \cdots\cdots⑬$$

③−⑬より

$$26(y-6)+51(z+3)=0$$

$$26(6-y)=51(z+3)$$

26と51は互いに素だから，③の整数解は

$$6-y=51k,\ z+3=26k$$

$$\therefore\ y=6-51k,\ z=26k-3 \quad (k：整数)$$

③の整数解のうち，y が正の整数で最小になるのは，$k=0$ のときで

$$y=\boxed{6},\ z=\boxed{-3} \quad \to \text{オ，カキ}$$

である。よって，③のすべての整数解は，k を整数として

$$y=6-\boxed{51}k,\ z=-3+\boxed{26}k \quad \to \text{クケ，コサ}$$

と表される。これらを①に代入して x を求めると

$$7x+13(6-51k)+17(-3+26k)=8$$

$$7x=221k-19 \qquad \therefore\ x=\frac{221k-19}{7}$$

$221=7\cdot31+4$，$-19=7\cdot(-3)+2$ に注意すれば

$$x=\frac{(7\cdot31+4)k+\{7\cdot(-3)+2\}}{7}=\frac{7(31k-3)+4k+2}{7}$$

$$=31k-3+\frac{\boxed{4}k+2}{7} \quad \to \text{シ}$$

となるので，x が整数となるのは，$\dfrac{4k+2}{7}$ が整数となるときである。

k を7で割ったときの余りを r（$r=0,\ 1,\ 2,\ \cdots,\ 6$）とすると

$$k=7l+r \quad (l：整数)$$

と表せるから

$$\frac{4k+2}{7}=\frac{4(7l+r)+2}{7}=\frac{7\cdot4l+4r+2}{7}$$

$7\cdot 4l$ は 7 の倍数であるから，$4r+2$ が 7 の倍数となるのは，$r=0,\ 1,\ 2,\ \cdots,\ 6$ を順に代入して調べれば

$r=3$

のときである。

よって，x が整数になるのは，k を 7 で割ったときの余りが 3 →ス のときである。

以上のことから，この場合は，二つの式をともに満たす整数 x，y，z が存在することがわかる。

(2) 二つの式が

$2x+5y+7z=a$ （a：整数） ……④

$3x+25y+21z=-1$ ……⑤

の場合を考える。⑤－④から

$x=-20y-14z-1-a$ ……⑥

を得る。また，⑤×2－④×3から

$35y+21z=-2-3a$ ……⑦

を得る。このとき，⑦は

$$7(5y+3z)=-2-3a \qquad \therefore \quad 5y+3z=\frac{-2-3a}{7} \quad \cdots\cdots⑭$$

⑦を満たす整数 y，z が存在するならば，⑭より，$\dfrac{-2-3a}{7}$ が整数，すなわち，$-2-3a$ が 7 の倍数となる。

逆に，$\dfrac{-2-3a}{7}$ が整数，すなわち，$-2-3a$ が 7 の倍数であれば，5 と 3 が互いに素なので，⑭より，⑦を満たす整数 y，z が存在する。

これより，⑦を満たす整数 y，z が存在するための必要十分条件は，$-2-3a$ が 7 の倍数であることである。

a を 7 で割ったときの余りで分類する。a を 7 で割ったときの余りを s（$s=0,\ 1,\ 2,\ \cdots,\ 6$）とすると

$a=7m+s$ （m：整数）

と表せるから

$-2-3a=-2-3(7m+s)=7\cdot(-3m)-3s-2$

a を 7 で割ったときの余り s と，$-2-3a$ を 7 で割ったときの余りの関係は，次の表のようになる。

a を7で割ったときの余り s	0	1	2	3	4	5	6
$-2-3a$ を7で割ったときの余り	5	2	6	3	0	4	1

よって，上の表より

aを $\boxed{7}$ →セ で割ったときの余りが $\boxed{4}$ →ソ である

ことは，⑦を満たす整数y，zが存在するための必要十分条件であることがわかる。

そのときの整数y，zを⑥に代入すると，aは整数より，xも整数になる。また，

そのときのx，y，zは④と⑤をともに満たす。

以上のことから，この場合は，aの値によって，二つの式をともに満たす整数x，y，zが存在する場合と存在しない場合があることがわかる。

(3)　二つの式が

$x+2y+bz=1$　(b：整数)　……⑧

$5x+6y+3z=5+b$　……⑨

の場合を考える。⑨－⑧×5から

$-4y+(3-5b)z=b$　……⑩

を得る。⑩の左辺のyの係数に着目することにより，bを4で割ったときの余りで分類して，-4と$3-5b$が互いに素であるかどうかを調べる。

(ア)　bを4で割ったときの余りが0のとき

$b=4n$ (n：整数) とおくと，⑩は

$-4y+(3-20n)z=4n$

ここで

$3-20n=2(1-10n)+1$

となるので，$1-10n$が整数より，$3-20n$は奇数だから，-4と$3-20n$は互いに素である。

よって，⑩を満たす整数y，zが存在する。

(イ)　bを4で割ったときの余りが1のとき

$b=4n+1$ (n：整数) とおくと，⑩は

$-4y+(-2-20n)z=4n+1$　……⑮

ここで

$-2-20n=2(-1-10n)$

となるので，$-1-10n$が整数より，$-2-20n$は偶数だから，$-4y$が偶数，$4n+1$が奇数であることに注意すれば，⑮の左辺は偶数，⑮の右辺は奇数となる。

よって，⑩を満たす整数y，zは存在しない。

(ウ)　bを4で割ったときの余りが2のとき

$b=4n+2$ (n：整数) とおくと，⑩は

$-4y+(-7-20n)z=4n+2$

ここで

$-7-20n=2(-4-10n)+1$

となるので，$-4-10n$ が整数より，$-7-20n$ は奇数だから，-4 と $-7-20n$ は互いに素である。

よって，⑩を満たす整数 y，z が存在する。

(エ) b を4で割ったときの余りが3のとき

$b=4n+3$（n：整数）とおくと，⑩は

$$-4y+(-12-20n)z=4n+3 \quad \cdots\cdots⑯$$

ここで

$$-12-20n=2(-6-10n)$$

となるので，$-6-10n$ が整数より，$-12-20n$ は偶数だから，$-4y$ が偶数，$4n+3$ が奇数であることに注意すれば，⑯の左辺は偶数，⑯の右辺は奇数となる。

よって，⑩を満たす整数 y，z は存在しない。

したがって，(ア)〜(エ)より

b を4で割ったときの余りが [0] →タ または [2] →チ である

ことは，⑩を満たす整数 y，z が存在するための必要十分条件であることがわかる。

そのときの整数 y，z を⑧に代入すると，x も整数になる。また，そのときの x，y，z は⑧と⑨をともに満たす。

以上のことから，この場合も，b の値によって，二つの式をともに満たす整数 x，y，z が存在する場合と存在しない場合があることがわかる。

(4) 二つの式が

$$x+3y+5z=1 \quad \cdots\cdots⑪$$

$$cx+3(c+5)y+10z=3 \quad (c\text{：整数}) \quad \cdots\cdots⑫$$

の場合を考える。これまでと同様に，⑪×c－⑫ から

$$-15y+(5c-10)z=c-3$$

$$-15y+5(c-2)z=c-3$$

$$5\{-3y+(c-2)z\}=c-3$$

$$-3y+(c-2)z=\frac{c-3}{5} \quad \cdots\cdots⑰$$

を得る。⑰を満たす整数 y，z が存在するならば，$\frac{c-3}{5}$ が整数，すなわち，$c-3$ が5の倍数でなければならないから

$$c-3=5p \quad (p\text{：整数})$$

すなわち

$$c=5p+3$$

とおく。このとき，⑰は

$$-3y+(5p+1)z=p \quad \cdots\cdots⑱$$

p を 3 で割ったときの余りで分類して，-3 と $5p+1$ が互いに素であるかどうかを調べる。

㈲　p を 3 で割ったときの余りが 0 のとき

$p=3q$（q：整数）とおくと，⑱は

$$-3y+(15q+1)z=3q$$

ここで，$15q+1$ は 3 で割ったときの余りが 1 だから，-3 と $15q+1$ は互いに素である。

よって，⑱を満たす整数 y，z が存在する。

㈹　p を 3 で割ったときの余りが 1 のとき

$p=3q+1$（q：整数）とおくと，⑱は

$$-3y+(15q+6)z=3q+1 \quad \cdots\cdots ⑲$$

ここで

$$15q+6=3(5q+2)$$

となるので，$5q+2$ が整数より，$15q+6$ は 3 の倍数だから，$-3y$ が 3 の倍数，$3q+1$ は 3 で割ったときの余りが 1 であることに注意すれば，⑲の左辺は 3 の倍数，⑲の右辺は 3 で割ったときの余りが 1 となる。

よって，⑱を満たす整数 y，z は存在しない。

㈳　p を 3 で割ったときの余りが 2 のとき

$p=3q+2$（q：整数）とおくと，⑱は

$$-3y+(15q+11)z=3q+2$$

ここで

$$15q+11=3(5q+3)+2$$

となるので，$5q+3$ が整数より，$15q+11$ は 3 で割ったときの余りが 2 だから，-3 と $15q+11$ は互いに素である。

よって，⑱を満たす整数 y，z が存在する。

したがって，㈲〜㈳より，⑰を満たす c は，$p=3q$ または $3q+2$ で，$c=5p+3$ に代入して

$$c=5\cdot 3q+3=15q+3 \quad \text{または} \quad c=5(3q+2)+3=15q+13$$

となるから

　　c を 15 で割ったときの余りが 3 または 13 である

ことは，⑰を満たす整数 y，z が存在するための必要十分条件であることがわかる。

そのときの整数 y，z を⑪に代入すると，x も整数となる。また，そのときの x，y，z は⑪と⑫をともに満たす。

以上のことにより

　　c を 15 →ツテ で割ったときの余りが 3 →ト または 13 →ナニ

である

ことは，⑪と⑫をともに満たす整数 x，y，z が存在するための必要十分条件であることがわかる。

解説

(1) $y=2$，$z=-1$ が不定方程式 $26y+51z=1$ を満たすことに気付かなければ，26 と 51 にユークリッドの互除法を用いることで求められる。実際には

$51=26\cdot 1+25$ より　$25=51-26\cdot 1$

$26=25\cdot 1+1$ より　$1=26-25\cdot 1$

すなわち

$$\begin{aligned}1&=26-25\cdot 1\\&=26-(51-26\cdot 1)\\&=26\cdot 2+51\cdot(-1)\end{aligned}$$

と変形することで，$y=2$，$z=-1$ を求めることができる。

③の整数解のうち，y が正の整数で最小となるような k の値は，k に適当な値を代入していくことで見つけることができるが，y が正の整数であることから，$(y=)\ 6-51k>0$ より，$k<\dfrac{2}{17}$ となるので，$k=0$，-1，-2，… を代入して見つけてもよい。

(2) 次のことを用いることで，⑦を満たす整数 y，z が存在することがわかる。

> **ポイント** 不定方程式 $ax+by=c$ の整数解の存在条件
> a，b が互いに素な整数，c が整数であるならば，$ax+by=c$ を満たす整数 x，y が存在する。

⑭において，5 と 3 が互いに素だから，$\dfrac{-2-3a}{7}$ が整数であれば，⑦を満たす整数 y，z が存在する。

$a=7m+s$ とおいて，$-2-3a=7\cdot(-3m)-3s-2$ を 7 で割ったときの余りを求める際，$s=0$，1 のときには $-2-3a=7\cdot(-3m-1)-3s+5$，$s=2$，3，4 のときには $-2-3a=7\cdot(-3m-2)-3s+12$，$s=5$，6 のときには $-2-3a=7\cdot(-3m-3)-3s+19$ の形に変形すると，余りが求まる。

a を 7 で割ったときの余り s と，$-2-3a$ を 7 で割ったときの余りの関係を表にまとめると，a を 7 で割ったときの余りが 4 のとき，$-2-3a$ は 7 の倍数となる。また，表より，すべての整数 a について，$-2-3a$ が 7 の倍数となるか，7 の倍数とならないか，を調べ上げたことになるから，$-2-3a$ が 7 の倍数となるならば，a は 7 で割ったときの余りが 4 である。したがって，a を 7 で割ったときの余りが 4 であることは，$-2-3a$ が 7 の倍数であるための必要十分条件であることがわかる。

⑶　⑩において，⑩の右辺 b が整数だから，-4 と $3-5b$ が互いに素であれば，〔解説〕⑵の **ポイント** より，⑩を満たす整数 y, z が存在する。

(ア)〜(エ)より，b を 4 で割ったときの余りが 0 または 2 のとき，⑩を満たす整数 y, z が存在する。また，(ア)〜(エ)より，すべての整数 b について，⑩を満たす整数 y, z が存在するか，存在しないか，を調べ上げたことになるから，⑩を満たす整数 y, z が存在するならば，b は 4 で割ったときの余りが 0 または 2 である。したがって，b を 4 で割ったときの余りが 0 または 2 であることは，⑩を満たす整数 y, z が存在するための必要十分条件であることがわかる。

⑷　⑵・⑶で考察したことと同様にすることで，⑪と⑫をともに満たす整数 x, y, z が存在するための c の必要十分条件を求める。

⑰を満たす整数 y, z が存在するならば，$c-3$ が 5 の倍数でなければならないから，$c-3=5p$ とおいた。逆に，$c-3$ が 5 の倍数（$c-3=5p$）のとき，-3 と $c-2$ が互いに素となるかどうかは，(オ)〜(キ)において調べている。

〔解説〕⑶と同様に考えれば，⑱において，p を 3 で割ったときの余りが 0 または 2 であることは，⑱を満たす整数 y, z が存在するための必要十分条件となるから，⑰を満たす c は，$c=5p+3$ に，$p=3q$ または $3q+2$ を代入したものとなる。

第5問 

図形の性質
《チェバの定理，内接円，メネラウスの定理，面積比》

(1) 点Qは辺ACを1：2に内分する点とする。

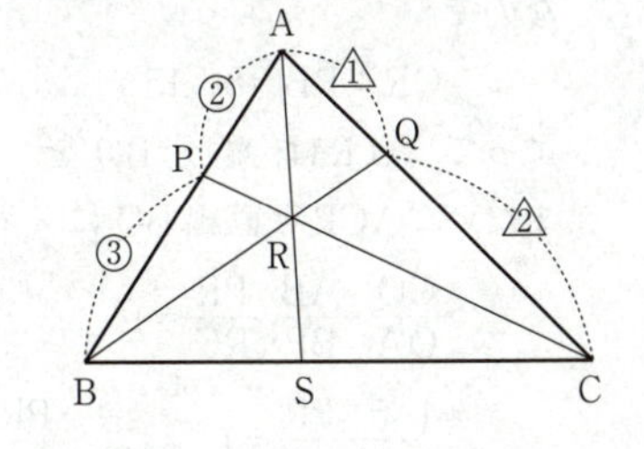

このとき，△ABCにチェバの定理を用いると

$$\frac{AP}{PB}\cdot\frac{BS}{SC}\cdot\frac{CQ}{QA}=1$$

$$\frac{2}{3}\cdot\frac{BS}{SC}\cdot\frac{2}{1}=1 \qquad \therefore \quad \frac{BS}{SC}=\frac{3}{4}$$

なので

$$BS:SC=3:4$$

よって，点Sは辺BCを 3 ： 4 →ア，イ に内分する点である。

AB=5とすると，AP：PB=2：3なので

$$AP=\frac{2}{5}AB=\frac{2}{5}\cdot 5=2$$

$$PB=\frac{3}{5}AB=\frac{3}{5}\cdot 5=3$$

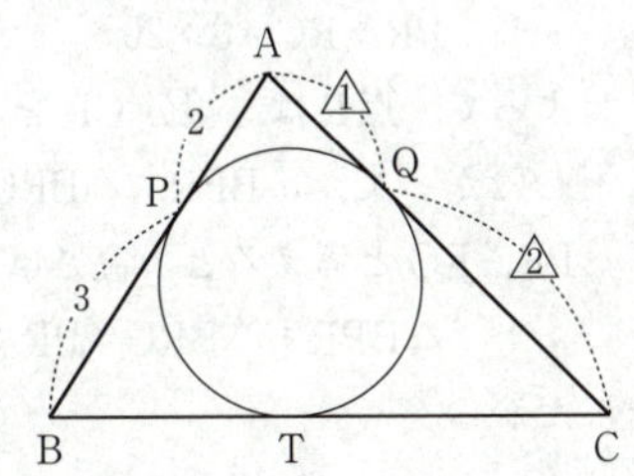

△ABCの内接円が辺AB，辺ACとそれぞれ点P，点Qで接しているとすると，点Aから接点P，Qまでの長さは等しいので

$$AQ=AP= \boxed{2} \quad \rightarrow ウ$$

AQ：QC=1：2だから

$$QC=2AQ=2\cdot 2=4$$

△ABCの内接円が辺BCと点Tで接しているとすると，点Bから接点P，Tまでの長さは等しく，点Cから接点T，Qまでの長さは等しいので

$$BT=PB=3,\ CT=QC=4$$

よって　　$BC=BT+CT=3+4=\boxed{7}$ →エ

であり，点Tは辺BCをBT：CT=3：4に内分する点であるから，点Tと点Sは一致する。

したがって，**点Sは△ABCの内接円と辺BCとの接点**であることがわかる。 ② →オ

(2) △BPRと△CQRの面積比について考察する。

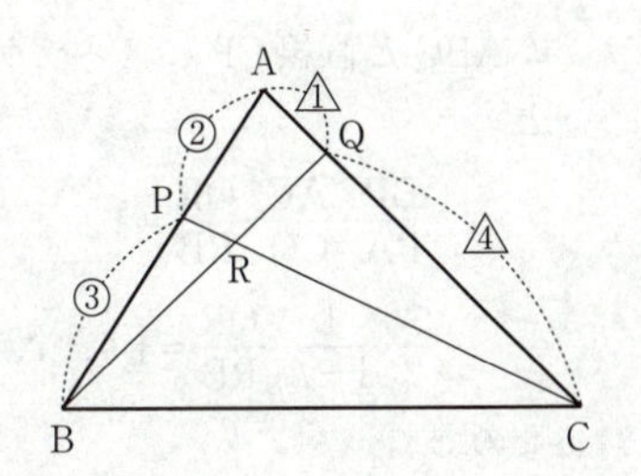

(i) 点Qは辺ACを1：4に内分する点とする。

このとき，△ABQと直線CPにメネラウスの定理を用いると

$$\frac{BP}{PA}\cdot\frac{AC}{CQ}\cdot\frac{QR}{RB}=1$$

$$\frac{3}{2}\cdot\frac{5}{4}\cdot\frac{QR}{RB}=1 \qquad \therefore \quad \frac{QR}{RB}=\frac{8}{15}$$

なので

$$QR : RB = 8 : 15$$

よって，点Rは，線分BQを 15 ： 8 →カキ，ク に内分する。

また，△ACPと直線BQにメネラウスの定理を用いると

$$\frac{CQ}{QA}\cdot\frac{AB}{BP}\cdot\frac{PR}{RC}=1$$

$$\frac{4}{1}\cdot\frac{5}{3}\cdot\frac{PR}{RC}=1 \qquad \therefore \quad \frac{PR}{RC}=\frac{3}{20}$$

なので

$$PR : RC = 3 : 20$$

よって，点Rは，線分CPを 20 ： 3 →ケコ，サ に内分する。

したがって，△BPR，△BRCの底辺をそれぞれPR，RCと考えると，高さは共通なので

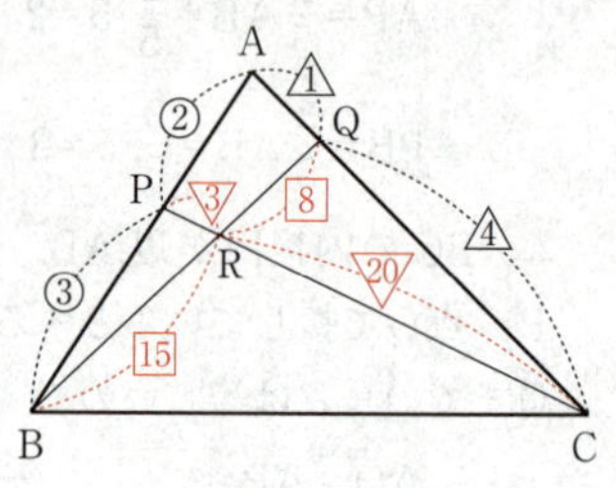

$$\triangle BPR : \triangle BRC = PR : RC = 3 : 20$$

だから

$$\triangle BPR = \frac{3}{20}\triangle BRC$$

同様に，△CQR，△CRBの底辺をそれぞれQR，RBと考えると，高さは共通なので

$$\triangle CQR : \triangle CRB = QR : RB = 8 : 15$$

だから

$$\triangle CQR = \frac{8}{15}\triangle CRB = \frac{8}{15}\triangle BRC$$

よって

$$\frac{\triangle CQR\text{の面積}}{\triangle BPR\text{の面積}}=\frac{\frac{8}{15}\triangle BRC}{\frac{3}{20}\triangle BRC}=\frac{32}{9} \quad \to \frac{シス}{セ}$$

(ii)　点Qは辺ACを $k : (1-k)$　$(0<k<1)$ に内分する点とする。

△ABQと直線CPにメネラウスの定理を用いると

$$\frac{BP}{PA}\cdot\frac{AC}{CQ}\cdot\frac{QR}{RB}=1$$

$$\frac{3}{2}\cdot\frac{1}{1-k}\cdot\frac{QR}{RB}=1 \qquad \therefore \quad \frac{QR}{RB}=\frac{2(1-k)}{3}$$

なので

$$\mathrm{QR}:\mathrm{RB}=2(1-k):3$$

また，△ACP と直線 BQ にメネラウスの定理を用いると

$$\frac{\mathrm{CQ}}{\mathrm{QA}}\cdot\frac{\mathrm{AB}}{\mathrm{BP}}\cdot\frac{\mathrm{PR}}{\mathrm{RC}}=1$$

$$\frac{1-k}{k}\cdot\frac{5}{3}\cdot\frac{\mathrm{PR}}{\mathrm{RC}}=1 \qquad \therefore\ \frac{\mathrm{PR}}{\mathrm{RC}}=\frac{3k}{5(1-k)}$$

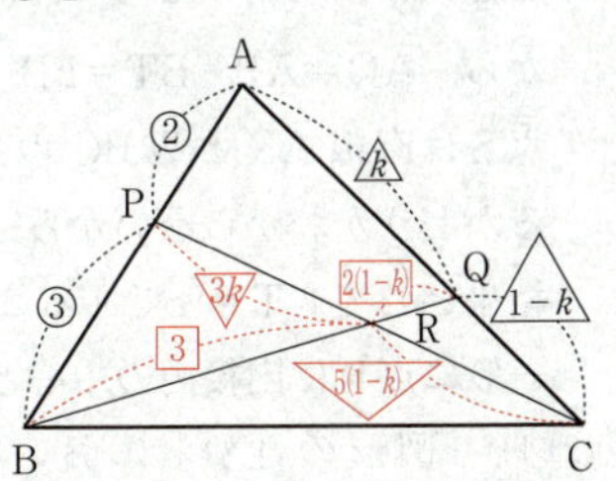

なので

$$\mathrm{PR}:\mathrm{RC}=3k:5(1-k)$$

したがって，△BPR，△BRC の底辺をそれぞれ PR，RC と考えると，高さは共通なので

$$\triangle\mathrm{BPR}:\triangle\mathrm{BRC}=\mathrm{PR}:\mathrm{RC}=3k:5(1-k)$$

だから

$$\triangle\mathrm{BPR}=\frac{3k}{5(1-k)}\triangle\mathrm{BRC}$$

同様に，△CQR，△CRB の底辺をそれぞれ QR，RB と考えると，高さは共通なので

$$\triangle\mathrm{CQR}:\triangle\mathrm{CRB}=\mathrm{QR}:\mathrm{RB}=2(1-k):3$$

だから

$$\triangle\mathrm{CQR}=\frac{2(1-k)}{3}\triangle\mathrm{CRB}=\frac{2(1-k)}{3}\triangle\mathrm{BRC}$$

よって

$$\frac{\triangle\mathrm{CQR}\text{の面積}}{\triangle\mathrm{BPR}\text{の面積}}=\frac{\dfrac{2(1-k)}{3}\triangle\mathrm{BRC}}{\dfrac{3k}{5(1-k)}\triangle\mathrm{BRC}}=\frac{10(1-k)^2}{9k}$$

なので，$\dfrac{\triangle\mathrm{CQR}\text{の面積}}{\triangle\mathrm{BPR}\text{の面積}}=\dfrac{1}{4}$ のとき

$$\frac{10(1-k)^2}{9k}=\frac{1}{4} \qquad 40(1-k)^2=9k$$

$$40k^2-89k+40=0 \qquad (8k-5)(5k-8)=0$$

$0<k<1$ より　$k=\dfrac{5}{8}$

以上より　$\mathrm{AQ}:\mathrm{QC}=k:(1-k)=\dfrac{5}{8}:\dfrac{3}{8}=5:3$

なので，点Qは辺 AC を 5 ： 3 →ソ，タ に内分する点である。

解説

(1)「図形の性質」において頻出であるチェバの定理を用いることで，BS：SC が求まる。

三角形と内接円がからむ問題では，円外の点から円に引いた接線の長さが等しいことを頻繁に利用するので，問題文「AQ＝［ウ］であることに注意すると」の誘導から，AQ＝AP，BT＝PB，CT＝QC となることに気付ける。
点Sは直線 AR と辺 BC の交点なので，Sが△ABC の内接円と辺 BC の接点となるかどうかわからないから，△ABC の内接円が辺 BC と接する点をTとしている。結果として，T＝S であることがわかる。また，勘違いしてしまいがちであるが，一般に点Rは内接円の中心とはならないことにも注意が必要である。

(2)(i)「図形の性質」において頻出であるメネラウスの定理を用いることで，QR：RB，PR：RC が求まる。

$\dfrac{\triangle \text{CQR の面積}}{\triangle \text{BPR の面積}}=\dfrac{\boxed{\text{シス}}}{\boxed{\text{セ}}}$ を求める際，△BPR と△CQR を，△BRC で表したが，△ABC で表すと計算量が増えるので注意する。

また，一般に成り立つ次の性質を用いることでも，計算を簡略化できる。

ポイント　1つの角が等しい2つの三角形の面積比

下図のような，1つの角が等しい2つの三角形 OVW と OXY において，
OV：OX＝a：x，OW：OY＝b：y であるとき

(三角形 OVW の面積)：(三角形 OXY の面積)＝ab：xy

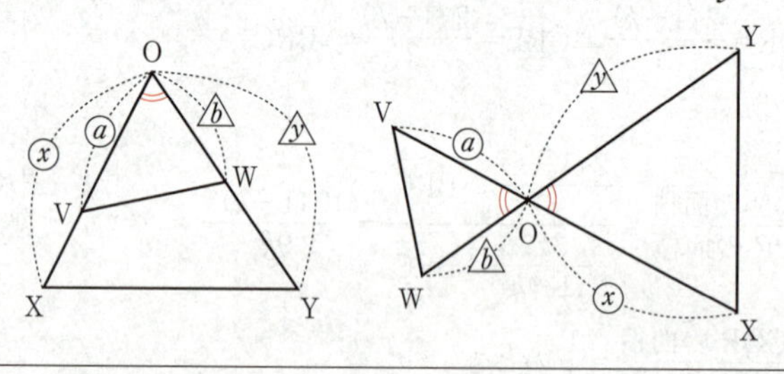

この性質を用いると，△BPR：△CQR＝(PR×RB)：(QR×RC)
＝(3×15)：(8×20)＝9：32 となる。

(ii)　(i)と同じ手順で解き進めるために，AQ：QC＝k：$(1-k)$　$(0<k<1)$ とおく。このとき，文字 k を用いて比を1文字だけで表すと煩雑にならずに済む。また，$0<k<1$ であることに注意する。

1つの角が等しい2つの三角形の面積比を用いると，△BPR：△CQR
＝(PR×RB)：(QR×RC)＝$(3k\times3)$：$\{2(1-k)\times5(1-k)\}$＝$9k$：$10(1-k)^2$ となる。

数学Ⅱ・数学B　追試験

問題番号(配点)	解答記号	正　解	配点	チェック
第1問 (30)	x^2-アx$+$イ	x^2-2x+3	2	
	ウ	③	1	
	エ	0	1	
	オ，カ	0，0	1	
	キ	③	2	
	クx^2+ケ$x+$コ	$3x^2+8x+7$	2	
	$(k-$サシ$)x+l-$スセ	$(k-10)x+l-21$	2	
	ソタ，チツ	10，21	2	
	テ$-\sqrt{ト}i$	$1-\sqrt{2}i$	1	
	$\frac{-ナ\pm\sqrt{ニ}i}{ヌ}$	$\frac{-4\pm\sqrt{5}i}{3}$	2	
	ネ	2	3	
	ノ.ハヒフ	2.566	3	
	ヘ	②	4	
	ホ	⑤	4	

問題番号(配点)	解答記号	正　解	配点	チェック
第2問 (30)	$\frac{ア}{イ}$	$\frac{9}{2}$	2	
	ウ，エオ，カキク	4，66，216	2	
	ケ	2	2	
	コサシ	200	2	
	ス	③	2	
	セ	④	3	
	ソ	②	3	
	タ	④	4	
	チ	1	1	
	$\frac{ツ}{テ}$	$\frac{1}{2}$	1	
	$\frac{ト}{ナ}$	$\frac{1}{3}$	1	
	ニ	1	1	
	ヌネ	-1	2	
	$\frac{ノ}{ハ}$	$\frac{1}{6}$	2	
	ヒフ	11	2	

問題番号(配点)	解答記号	正　解	配点	チェック
第3問(20)	ア	7	1	
	イ，ウ，エ	5，3，1	2	
	オ，カ，キ	3，5，7	1	
	ク	5	1	
	$\frac{ケコ}{8}$	$\frac{15}{8}$	2	
	$\frac{サシ}{8}$	$\frac{25}{8}$	1	
	ス	③	2	
	$\frac{セソ}{64}$	$\frac{11}{64}$	1	
	タ	①	1	
	チ	②	1	
	ツ，テ	④，⑦	2	
	ト，ナ	④，⑦	2	
	ニ，ヌ，ネ	①，⓪，①	3	
第4問(20)	アイn＋ウエ	$-3n+26$	2	
	オ	9	2	
	カ	①	1	
	キ	②	2	
	ク，ケ	⓪，⓪	2	
	コサ	10	1	
	シス	20	2	
	セ，ソタ	3，30	2	
	チツ，テ，トナ	20，3，20	2	
	ニ，ヌ	②，①	2	
	ネ	④	2	

問題番号(配点)	解答記号	正　解	配点	チェック
第5問(20)	ア，イ，ウ，エ	2，3，3，5	2	
	(オカ，キク，0)	(10，12，0)	1	
	ケ：コ	5：4	2	
	$\frac{サシ}{ス}$	$\frac{-1}{2}$	2	
	-7(セ$t-$ソ)	$-7(2t-5)$	2	
	$14(t^2-$タ$t+$チ$)$	$14(t^2-5t+7)$	2	
	ツ，テ	2，3	2	
	(ト，ナ，ニ)	(6，6，2)	2	
	ヌネ，ノハ，ヒフ	17，19，35	3	
	ヘ	④	2	

(注)　第1問，第2問は必答。第3問～第5問のうちから2問選択。計4問を解答。

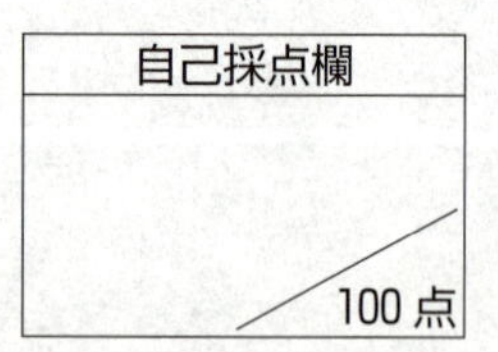

第1問 ── いろいろな式，指数・対数関数

〔1〕 標準 《高次方程式》

$P(x)$ を係数が実数である x の整式とし，方程式 $P(x)=0$ が虚数 $1+\sqrt{2}i$ を解にもつとする。

(1) $1\pm\sqrt{2}i$ を解とする x の2次方程式で x^2 の係数が1であるものは

$$\{x-(1+\sqrt{2}i)\}\{x-(1-\sqrt{2}i)\}=0$$

であり，左辺を展開すれば

$$x^2-\boxed{2}x+\boxed{3}=0 \quad \toア，イ$$

である。左辺の2次式を $S(x)$ とおく。すなわち，$S(x)=x^2-2x+3$ とする。

$P(x)$ を $S(x)$ で割ったときの商を $Q(x)$，余りを $R(x)$ とすると

$$P(x)=S(x)Q(x)+R(x) \quad \boxed{③} \quad \toウ$$

が成り立ち，$S(x)$ は2次式であるから，$R(x)$ は1次式あるいは定数で，実数 m，n を用いて，$R(x)=mx+n$ と表せる。

条件より，方程式 $P(x)=0$ は $1+\sqrt{2}i$ を解にもつから，$P(1+\sqrt{2}i)=0$ である。また，$S(1+\sqrt{2}i)=0$ であるので

$$P(1+\sqrt{2}i)=S(1+\sqrt{2}i)Q(1+\sqrt{2}i)+R(1+\sqrt{2}i)=0$$

より，$R(1+\sqrt{2}i)=\boxed{0}$ →エ である。$x=1+\sqrt{2}i$ を $R(x)=mx+n$ に代入することにより

$$R(1+\sqrt{2}i)=m(1+\sqrt{2}i)+n=(m+n)+\sqrt{2}mi=0$$

となり，m，n が実数であることから

$$m+n=0 \quad かつ \quad \sqrt{2}m=0$$

すなわち　$m=\boxed{0}$ →オ，$n=\boxed{0}$ →カ

であることがわかる。したがって，$R(x)=0$ $\boxed{③}$ →キ であることがわかるので

$$P(x)=S(x)Q(x)$$

が成り立ち

$$P(1-\sqrt{2}i)=S(1-\sqrt{2}i)Q(1-\sqrt{2}i)=0 \quad (\because \ S(1-\sqrt{2}i)=0)$$

より，$1-\sqrt{2}i$ も $P(x)=0$ の解である。

(2) $P(x)=3x^4+2x^3+kx+l$（k，l は実数）を $S(x)=x^2-2x+3$ で割ったときの商を $Q(x)$，余りを $R(x)$ とすると，実際に割り算を実行して

$$Q(x)=\boxed{3}x^2+\boxed{8}x+\boxed{7} \quad \toク，ケ，コ$$

$$R(x)=(k-\boxed{10})x+l-\boxed{21} \quad \toサシ，スセ$$

となる。$P(x)=0$ は $1+\sqrt{2}i$ を解にもつので，(1)の考察を用いると，$R(x)=0$ より

$$k-10=0 \quad かつ \quad l-21=0$$

すなわち　$k=\boxed{10}$，$l=\boxed{21}$　→ソタ，チツ

である。また，$P(x)=0$，すなわち $S(x)Q(x)=0$ の $1+\sqrt{2}i$ 以外の解は，$S(x)=0$ の解である

$$x=\boxed{1}-\sqrt{\boxed{2}}\,i \quad →テ，ト$$

および，$Q(x)=3x^2+8x+7=0$ の解である

$$x=\frac{-4\pm\sqrt{16-21}}{3}=\frac{-\boxed{4}\pm\sqrt{\boxed{5}}\,i}{\boxed{3}} \quad →\frac{ナ，ニ}{ヌ}$$

である。

解説

(1)　$1+\sqrt{2}i$ と $1-\sqrt{2}i$ を解にもつ x の2次方程式 $x^2+px+q=0$ を求めるには，解と係数の関係を用いて

$$-p=(1+\sqrt{2}i)+(1-\sqrt{2}i)=2 \qquad \therefore \quad p=-2$$

$$q=(1+\sqrt{2}i)(1-\sqrt{2}i)=1^2-(\sqrt{2}i)^2=1-(-2)=3$$

を求め，$x^2-2x+3=0$ としてもよい。

あるいは，$x=1\pm\sqrt{2}i$ とおいて，$x-1=\pm\sqrt{2}i$ と変形し，両辺を2乗して

$$(x-1)^2=(\pm\sqrt{2}i)^2 \qquad x^2-2x+1=-2 \qquad \therefore \quad x^2-2x+3=0$$

とすることもできる。

整式の除法については次のことが重要である。

> **ポイント　整式の除法**
>
> 整式 $A(x)$ を整式 $B(x)$ で割ったときの商を $Q(x)$，余りを $R(x)$ とするとき，等式
>
> $A(x)=B(x)Q(x)+R(x)$
>
> （ただし，$R(x)=0$ または（$R(x)$の次数）<（$B(x)$の次数））
>
> が成り立つ。$R(x)=0$ のとき，$A(x)$ は $B(x)$ で割り切れるという。

$R(1+\sqrt{2}i)=m(1+\sqrt{2}i)+n=0$ から m，n の値を求めるのに，〔解答〕では

$$a，b が実数のとき，a+bi=0 \Longleftrightarrow a=b=0$$

を用いたが，$1+\sqrt{2}i$ が虚数であるから，$m=0$，$n=0$ はすぐにわかる。なぜなら，$m\neq 0$ とすると，$1+\sqrt{2}i=-\dfrac{n}{m}$（実数）となり不合理であるから，$m=0$（背理法）である。このとき $n=0$ である。

(2)　$P(x)=3x^4+2x^3+kx+l$ を $S(x)=x^2-2x+3$ で割る計算は以下の通り。

$$
\begin{array}{rrrrrl}
 & 3x^2+8x & +\ 7 & & & \cdots\cdots 商\ Q(x) \\
x^2-2x+3\,\big) & 3x^4+2x^3 & + & kx+ & l & \\
 & 3x^4-6x^3+9x^2 & & & & \\ \hline
 & 8x^3-\ 9x^2+ & & kx+ & l & \\
 & 8x^3-16x^2+ & & 24x & & \\ \hline
 & & 7x^2+(k-24)\,x+ & & l & \\
 & & 7x^2- & 14x+ & 21 & \\ \hline
 & & & (k-10)\,x+(l-21) & & \cdots\cdots 余り\ R(x)
\end{array}
$$

〔2〕 標準 《常用対数の利用》

地区Aにおいては，最高気温が22℃，25℃，28℃であった日の商品Sの売り上げ本数が，それぞれ $N_1=285$，$N_2=368$，$N_3=475$ であった。

(1) $N_1=285$ に対して，$\log_{10}2.85=0.4548$ を用いると

$$\log_{10}N_1=\log_{10}285=\log_{10}(2.85\times10^2)=\log_{10}2.85+\log_{10}10^2$$
$$=0.4548+\boxed{2}\quad \to ネ$$
$$=2.4548$$

となり，この値の小数第4位を四捨五入したものである p_1 は

$$p_1=2.455$$

である。$N_2=368$ に対して，常用対数表を調べて $\log_{10}3.68=0.5658$ を得るから

$$\log_{10}N_2=\log_{10}368=\log_{10}(3.68\times10^2)=\log_{10}3.68+\log_{10}10^2$$
$$=0.5658+2=2.5658$$

となり，この値の小数第4位を四捨五入したものである p_2 は

$$p_2=\boxed{2}.\boxed{566}\quad \to ノ，ハヒフ$$

である。

$\log_{10}N_3=\log_{10}475$ の小数第4位を四捨五入したものである p_3 に対して

$$\frac{p_2-p_1}{25-22}=\frac{p_3-p_2}{28-25}\quad (=k とおく)$$

が成り立つのであるから，3点 $(22,\ p_1)$，$(25,\ p_2)$，$(28,\ p_3)$ は直線 $y=k(x-22)+p_1$ ……①上にある。

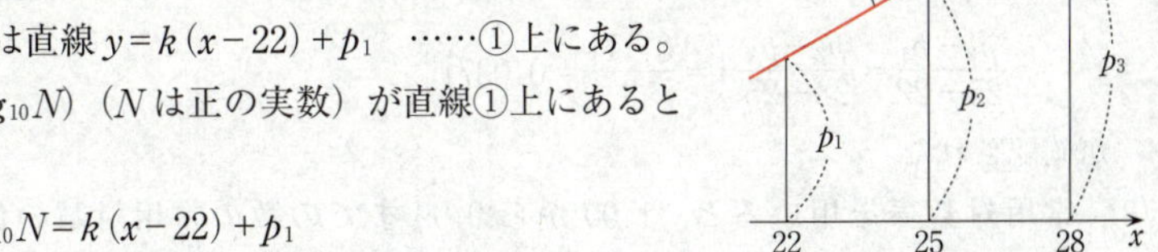

点 $(x,\ \log_{10}N)$（N は正の実数）が直線①上にあるとき

$$\log_{10}N=k(x-22)+p_1$$

が成り立つから，N を x で表すと

$$N=10^{k(x-22)+p_1}\quad \boxed{②}\quad \to ヘ\quad \cdots\cdots ②$$

となる。

(2)　$x=32$ のときに②を満たす N は

$$N=10^{k(32-22)+p_1}=10^{10k+p_1} \qquad \text{すなわち} \qquad \log_{10}N=10k+p_1$$

となる。

$$k=\frac{p_2-p_1}{25-22}=\frac{2.566-2.455}{3}=\frac{0.111}{3}=0.037$$

であるから

$$\log_{10}N=10\times 0.037+2.455=2.825=2+0.825$$

であり，常用対数表より

$$\log_{10}6.68=0.8248, \quad \log_{10}6.69=0.8254$$

であるから

$$\log_{10}6.68<0.825<\log_{10}6.69$$

$$2+\log_{10}6.68<2.825<2+\log_{10}6.69$$

すなわち

$$\log_{10}668<\log_{10}N<\log_{10}669$$

が成り立つ。よって，$668<N<669$ である。

ゆえに，N の値は **660 以上 670 未満**　**⑤**　→ホ の範囲に入ると考えられる。

解説

(1)　3 点 $(22,\ N_1)$，$(25,\ N_2)$，$(28,\ N_3)$ は一つの直線上にはないが，$\log_{10}N_1$，$\log_{10}N_2$，$\log_{10}N_3$ の値のそれぞれの小数第 4 位を四捨五入した p_1，p_2，p_3 に対しては，3 点 $(22,\ p_1)$，$(25,\ p_2)$，$(28,\ p_3)$ が一つの直線上にある。これで $(32,\ N)$ の N の値を予想することができる。

問題文を読むと，p_3 を計算する必要はないことがわかるが，計算してみると

$$\begin{aligned}\log_{10}N_3&=\log_{10}475=\log_{10}(4.75\times 10^2)\\&=\log_{10}4.75+\log_{10}10^2\\&=0.6767+2\\&=2.6767\end{aligned}$$

の小数第 4 位を四捨五入して，$p_3=2.677$ となる。

これで，$p_3-p_2=2.677-2.566=0.111$，$p_2-p_1=2.566-2.455=0.111$ から

$$\frac{p_2-p_1}{25-22}=\frac{p_3-p_2}{28-25}\left(=\frac{0.111}{3}=0.037\right)$$

が確認された。

(2)　常用対数表を用いると，1.00 から 9.99 までの数の常用対数の値（0.0000〜0.9996）を求められる。本設問では，常用対数の値から，もとの数（真数）を求めなければならない。

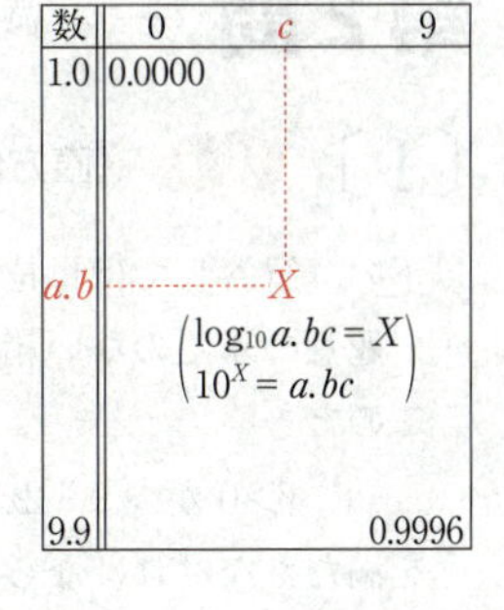

$$\log_{10}N = 2.825 = 2 + 0.825$$
$$= \log_{10}10^2 + \log_{10}\square$$
$$= \log_{10}(10^2 \times \square)$$

$\therefore \quad N = 10^2 \times \square$

の□の部分，すなわち常用対数の値が 0.825 となるもとの数を求めなければならない。常用対数表より

常用対数の値		もとの数
0.8248	⟶	6.68
0.825	⟶	□
0.8254	⟶	6.69

が調べられるから，$6.68 < \square < 6.69$，$668 < 10^2 \times \square < 669$ がわかる。つまり，$668 < N < 669$ である。これは，次のように考えてもよい。

$$N = 10^{2.825} = 10^{2+0.825} = 10^2 \times 10^{0.825}$$

とし，表から $10^{0.8248} = 6.68$，$10^{0.8254} = 6.69$ を得て

$$10^2 \times 6.68 < N < 10^2 \times 6.69 \qquad \therefore \quad 668 < N < 669$$

とする。

第２問 ―― 微分・積分

〔１〕 標準 《直方体の体積の最大値》

以下の〔解答〕では単位（cm）は省略する。

(1)　題意のふたのない箱は右図のようになる。

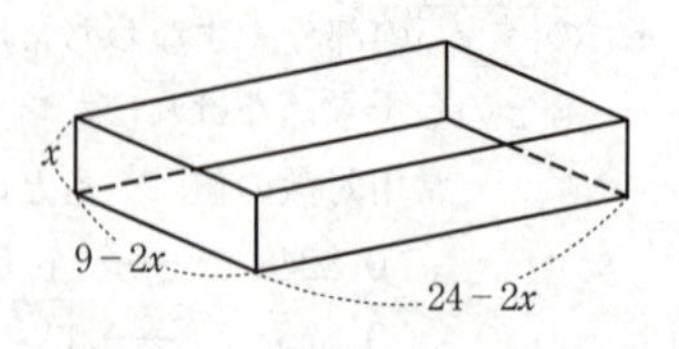

このとき

$$x>0 \text{ かつ } 9-2x>0 \text{ かつ } 24-2x>0$$

を満たさなければならないから

$$0<x<\frac{\boxed{9}}{\boxed{2}} \quad \to \frac{ア}{イ}$$

である。この箱の容積 V は

$$V=x(9-2x)(24-2x)=x(216-66x+4x^2)$$

$$=\boxed{4}x^3-\boxed{66}x^2+\boxed{216}x \quad \to ウ,\ エオ,\ カキク$$

である。

$$V'=\frac{dV}{dx}=12x^2-132x+216$$

$$=12(x^2-11x+18)=12(x-2)(x-9)$$

より，右の増減表を得る。よって，V は $x=\boxed{2}$ →ケ で最大値 $\boxed{200}$ →コサシ をとる。

x	(0)	$\cdots$	2	$\cdots$	$\left(\frac{9}{2}\right)$
V'		＋	0	－	
V		↗	200	↘	

(2)　題意のふたのある箱は右図のようになる。右図のように y をとると，この図から

$$x+y+x+y=24$$

であるから，$x+y=12$ で，これが問題の長方形（図２の右側の斜線部分の１つ）の横の長さとなる。

$\boxed{③}$ →ス

この箱の容積 W は

$$W=x(9-2x)y=x(9-2x)(12-x)$$

$$=x(9-2x)\times\frac{1}{2}(24-2x)=\frac{1}{2}x(9-2x)(24-2x)$$

$$=\frac{1}{2}V$$

となる。したがって，V が最大値をとるときの x の値を x_0 とするとき，W の最大値は V の最大値の $\frac{1}{2}$ 倍である。 $\boxed{④}$ →セ

また，W が最大値をとる x はただ一つあり，その値は x_0 と等しい。　②　→ソ

（注）　$x>0$ かつ $9-2x>0$ より $0<x<\dfrac{9}{2}$，このとき $y=12-x>0$ である。

(3)　縦の長さを a，横の長さを b とする長方形を用いて，(1)，(2)のように，ふたのない箱とふたのある箱を作るとき，その容積をそれぞれ V，W とすれば，$0<x<\dfrac{a}{2}$ かつ $0<x<\dfrac{b}{2}$ のもとで

$$V=x(a-2x)(b-2x)$$

$$W=x(a-2x)\left(\frac{1}{2}b-x\right)=\frac{1}{2}x(a-2x)(b-2x)=\frac{1}{2}V$$

となるので，「ふたのある箱の容積の最大値が，ふたのない箱の容積の最大値の $\dfrac{1}{2}$ 倍である」は，縦と横の長さに関係なくどのような長方形のときでも成り立つ。

　④　→タ

解説

(1)　教科書の例題などでよく見かける問題である。

x の3次関数である V を x で微分して，$0<x<\dfrac{9}{2}$ における増減表をつくる。

(2)　組立図を描いてみるとよいだろう。

$W(x)=\dfrac{1}{2}V(x)$ のとき，グラフを見ると右図のようになる。

(3)　縦，横の長さを文字で表して V，W を立式してみる。

〔解答〕の a，b は当然正であるが，a と b の大小についての条件はない。つまり，$a \geqq b$ でも $a<b$ でも $W=\dfrac{1}{2}V$ は成り立つということである。

右図の斜線部分を切り取ってふたのある箱を作っても容積は(2)と変わらず

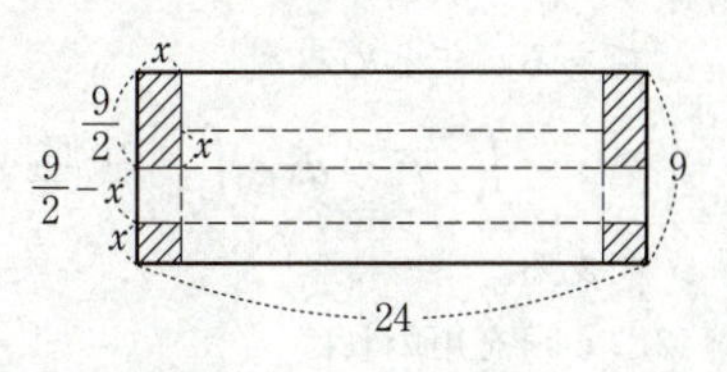

$$x\left(\frac{9}{2}-x\right)(24-2x)$$

$$=\frac{1}{2}x(9-2x)(24-2x)$$

である。切り取る部分の面積は違うが容積は同じなのである。

〔2〕 易 《定積分を利用する数列の和》

(1)　$\int_t^{t+1} 1dx = \Big[x\Big]_t^{t+1} = (t+1) - t = \boxed{1}$　→チ

$\int_t^{t+1} xdx = \left[\dfrac{x^2}{2}\right]_t^{t+1} = \dfrac{1}{2}\{(t+1)^2 - t^2\} = \dfrac{1}{2}(2t+1) = t + \dfrac{\boxed{1}}{\boxed{2}}$　→$\dfrac{ツ}{テ}$

$\int_t^{t+1} x^2dx = \left[\dfrac{x^3}{3}\right]_t^{t+1} = \dfrac{1}{3}\{(t+1)^3 - t^3\} = \dfrac{1}{3}(3t^2 + 3t + 1)$

$= t^2 + t + \dfrac{\boxed{1}}{\boxed{3}}$　→$\dfrac{ト}{ナ}$

これらを利用すると，l，m，n を定数として，$f(x) = lx^2 + mx + n$ とおくとき

$$\int_t^{t+1} f(x)\,dx = \int_t^{t+1} (lx^2 + mx + n)\,dx$$
$$= l\int_t^{t+1} x^2dx + m\int_t^{t+1} xdx + n\int_t^{t+1} 1dx$$
$$= l\left(t^2 + t + \frac{1}{3}\right) + m\left(t + \frac{1}{2}\right) + n \times 1$$
$$= lt^2 + (l+m)t + \frac{1}{3}l + \frac{1}{2}m + n$$

となるから，すべての実数 t に対して，$\int_t^{t+1} f(x)\,dx = t^2$ が成り立つための条件は

$$t^2 = lt^2 + (l+m)t + \frac{1}{3}l + \frac{1}{2}m + n$$

が t についての恒等式になることである。よって

$$l = 1 \quad かつ \quad l + m = 0 \quad かつ \quad \frac{1}{3}l + \frac{1}{2}m + n = 0$$

すなわち

$l = \boxed{1}$ →ニ，$m = \boxed{-1}$ →ヌネ，$n = \dfrac{\boxed{1}}{\boxed{6}}$ →$\dfrac{ノ}{ハ}$

である。まとめると

$$\int_t^{t+1} f(x)\,dx = \int_t^{t+1} \left(x^2 - x + \frac{1}{6}\right)dx = t^2 \quad \cdots\cdots(*)$$

である。

(2)　(＊)を用いれば

$$1^2 + 2^2 + \cdots + 10^2 = \int_1^2 f(x)\,dx + \int_2^3 f(x)\,dx + \cdots + \int_{10}^{11} f(x)\,dx$$
$$= \int_1^{\boxed{11}} f(x)\,dx \quad →ヒフ$$

が成り立つ。

解説

(1) $\int_t^{t+1}(lx^2+mx+n)\,dx$ の計算では次の性質を用いている。

ポイント 定積分の性質(1)

$$\int_a^b kf(x)\,dx=k\int_a^b f(x)\,dx \quad (k\text{ は定数})$$

$$\int_a^b \{f(x)\pm g(x)\}\,dx=\int_a^b f(x)\,dx\pm\int_a^b g(x)\,dx \quad (\text{複号同順})$$

(2) $\int_1^2 f(x)\,dx+\int_2^3 f(x)\,dx+\cdots+\int_{10}^{11} f(x)\,dx$ の計算では次の性質を用いている。

ポイント 定積分の性質(2)

$$\int_a^b f(x)\,dx=\int_a^c f(x)\,dx+\int_c^b f(x)\,dx \quad (c\text{ は任意})$$

$$\begin{aligned}\int_1^{n+1}\left(x^2-x+\frac{1}{6}\right)dx&=\left[\frac{x^3}{3}-\frac{x^2}{2}+\frac{1}{6}x\right]_1^{n+1}\\&=\frac{(n+1)^3}{3}-\frac{(n+1)^2}{2}+\frac{n+1}{6}-\left(\frac{1}{3}-\frac{1}{2}+\frac{1}{6}\right)\\&=\frac{1}{6}(n+1)\{2(n+1)^2-3(n+1)+1\}\\&=\frac{1}{6}(n+1)(2n^2+n)\end{aligned}$$

から公式 $1^2+2^2+\cdots+n^2=\frac{1}{6}n(n+1)(2n+1)$ が導かれる。

第3問  確率分布と統計的な推測 《平均，標準偏差，母平均の推定の応用》

問題の試行を1回行うとき，取り出した白のカードに書かれている数が a，赤のカードに書かれている数が b（$a=1,\ 2,\ 3,\ 4$；$b=1,\ 2,\ 3,\ 4$）である確率は $\frac{1}{4}\times\frac{1}{4}=\frac{1}{16}$ である。

確率変数 X，Y は

$a<b$ のとき　　$X=a$，$Y=b$

$a=b$ のとき　　$X=Y=a=b$

$a>b$ のとき　　$X=b$，$Y=a$

と定義されるから，X，Y の値は右表のようになる。

a \ b	1	2	3	4
1	1	1	1	1
2	1	2	2	2
3	1	2	3	3
4	1	2	3	4

X の値

a \ b	1	2	3	4
1	1	2	3	4
2	2	2	3	4
3	3	3	3	4
4	4	4	4	4

Y の値

(1)　X の値の表を見ると，$X=1$ となるのは

$$(a,\ b)=(1,\ 1),\ (1,\ 2),\ (1,\ 3),\ (1,\ 4),\ (2,\ 1),\ (3,\ 1),\ (4,\ 1)$$

の 7 →ア 通りある。よって

$$P(X=1)=7\times\frac{1}{16}=\frac{7}{16}$$

である。$X=2,\ 3,\ 4$ となるのは，$(a,\ b)$ がそれぞれ5，3，1通りであることから，X の確率分布は次表のようになる。

X	1	2	3	4	計
P	$\frac{7}{16}$	$\frac{5}{16}$	$\frac{3}{16}$	$\frac{1}{16}$	1

→イ，ウ，エ

Y の確率分布も同様に得られる。

Y	1	2	3	4	計
P	$\frac{1}{16}$	$\frac{3}{16}$	$\frac{5}{16}$	$\frac{7}{16}$	1

→オ，カ，キ

これらの確率分布を見ると，$P(X=1)=P(Y=4)$，$P(X=2)=P(Y=3)$，… が成り立っているので，確率変数 Z を

$$Z=5-X \quad \to ク$$

とすると，Z の確率分布と Y の確率分布は同じであることがわかる。

(2)　確率変数 X の平均（期待値）と標準偏差はそれぞれ

$$E(X)=1\times\frac{7}{16}+2\times\frac{5}{16}+3\times\frac{3}{16}+4\times\frac{1}{16}=\frac{7+10+9+4}{16}$$

$$=\frac{30}{16}=\frac{15}{8} \quad \to ケコ$$

$$\sigma(X)=\frac{\sqrt{55}}{8}$$

となる。このことと，(1)の考察から，確率変数 Y の平均は

$$E(Y)=E(Z)=E(5-X)=5-E(X)=5-\frac{15}{8}=\frac{\boxed{25}}{8}$$ →サシ

となり，標準偏差は

$$\sigma(Y)=\sigma(Z)=\sigma(5-X)=|-1|\sigma(X)=\boldsymbol{\sigma}(X)\quad \boxed{③}$$ →ス

となる。

(3) X の確率分布をもつ母集団から無作為に抽出した大きさ n の標本を確率変数 X_1, X_2, …, X_n とし，標本平均を $\overline{X}$ とする。Y の確率分布をもつ母集団を考え，Y_1, Y_2, …, Y_n および $\overline{Y}$ を同様に定める。

(i) 大きさ2の標本に対して $\overline{X}=2.50$ となる確率は，$\dfrac{X_1+X_2}{2}=2.50$ すなわち $X_1+X_2=5$ となる確率であるから，X の確率分布より

$$\begin{aligned}P(\overline{X}=2.50)&=P(X_1+X_2=5)\\&=P(X_1=1,\ X_2=4)+P(X_1=2,\ X_2=3)\\&\qquad+P(X_1=3,\ X_2=2)+P(X_1=4,\ X_2=1)\\&=\frac{7}{16}\times\frac{1}{16}+\frac{5}{16}\times\frac{3}{16}+\frac{3}{16}\times\frac{5}{16}+\frac{1}{16}\times\frac{7}{16}\\&=\frac{7+15+15+7}{16^2}=\frac{44}{16^2}\\&=\frac{11}{4\times16}=\frac{\boxed{11}}{64}\end{aligned}$$ →セソ

となり，同様にして

$$P(\overline{Y}=2.50)=P(Y_1+Y_2=5)=\frac{11}{64}$$

となる。したがって

$$P(\overline{Y}=2.50)=P(\overline{X}=2.50)\quad\boxed{①}$$ →タ

が成り立つことがわかる。

(ii) n が大きいとき，$\overline{X}$ は近似的に正規分布 $N(E(\overline{X}),\ \{\sigma(\overline{X})\}^2)$ に従い

$$\sigma(\overline{X})=\frac{\boldsymbol{\sigma}(X)}{\sqrt{n}}\quad\boxed{②}$$ →チ

である。$n=100$ は大きいので，$\overline{X}=2.95$ であったとすると，推定される母平均を m_X として，m_X の信頼度95％の信頼区間は

$$\overline{X}-1.96\times\frac{\sigma(X)}{\sqrt{100}}\leqq m_X\leqq\overline{X}+1.96\times\frac{\sigma(X)}{\sqrt{100}}$$

と表され，$\sigma(X)=\frac{\sqrt{55}}{8}$ を用いて

$$2.95-1.96\times\frac{\frac{\sqrt{55}}{8}}{10}\leqq m_X\leqq 2.95+1.96\times\frac{\frac{\sqrt{55}}{8}}{10}$$

となる。$\sqrt{55}=7.4$ として計算すると，$1.96\times\frac{\frac{\sqrt{55}}{8}}{10}=1.96\times\frac{7.4}{80}=0.1813$ であるので

$$2.95-0.1813\leqq m_X\leqq 2.95+0.1813 \qquad 2.7687\leqq m_X\leqq 3.1313$$

小数第4位を四捨五入して

$2.769\leqq m_X\leqq 3.131$ ④ →ツ，⑦ →テ ……①

となる。

$\overline{Y}=2.95$ であったとする。このとき，推定される母平均を m_Y とすると，$\overline{Y}=\overline{X}$，$\sigma(Y)=\sigma(X)$ であるから

$2.769\leqq m_Y\leqq 3.131$ ④ →ト，⑦ →ナ ……②

となる。

$E(X)=\frac{15}{8}=1.875$ は①の信頼区間に**含まれていない。** ① →ニ

$E(Y)=\frac{25}{8}=3.125$ は②の信頼区間に**含まれている。** ⓪ →ヌ

したがって，問題設定の基準により，**太郎さんの記憶については，正しくないと判断され，メモに書かれていた t_2 と t_{100} は「確率変数 Y」の平均値である。**

① →ネ

解説

(1) 〔解答〕のような表を作ると間違えずに速く計算できるであろう。

(2) 確率変数 X が右の表に示された分布に従うとするとき

X	x_1	x_2	…	x_n	計
P	p_1	p_2	…	p_n	1

ポイント 平均（期待値），分散，標準偏差

平均 $E(X)=x_1p_1+x_2p_2+\cdots+x_np_n$

分散 $V(X)=(x_1-m)^2p_1+(x_2-m)^2p_2+\cdots+(x_n-m)^2p_n \quad (m=E(X))$

$\quad =E(X^2)-\{E(X)\}^2$

標準偏差 $\sigma(X)=\sqrt{V(X)}$

と定義される。

本問の $\sigma(X)=\frac{\sqrt{55}}{8}$ は次のように計算される。

$$\sigma(X)=\sqrt{\left(1-\frac{15}{8}\right)^2\times\frac{7}{16}+\left(2-\frac{15}{8}\right)^2\times\frac{5}{16}+\left(3-\frac{15}{8}\right)^2\times\frac{3}{16}+\left(4-\frac{15}{8}\right)^2\times\frac{1}{16}}$$

$$=\sqrt{\frac{49}{64}\times\frac{7}{16}+\frac{1}{64}\times\frac{5}{16}+\frac{81}{64}\times\frac{3}{16}+\frac{289}{64}\times\frac{1}{16}}$$

$$=\frac{\sqrt{343+5+243+289}}{32}=\frac{\sqrt{880}}{32}$$

$$=\frac{4\sqrt{55}}{32}=\frac{\sqrt{55}}{8}$$

あるいは，右表を作り

X^2	1	4	9	16	計
P	$\frac{7}{16}$	$\frac{5}{16}$	$\frac{3}{16}$	$\frac{1}{16}$	1

$$E(X^2)=1\times\frac{7}{16}+4\times\frac{5}{16}+9\times\frac{3}{16}+16\times\frac{1}{16}$$

$$=\frac{7+20+27+16}{16}=\frac{70}{16}=\frac{35}{8}$$

を計算して

$$\sigma(X)=\sqrt{E(X^2)-\{E(X)\}^2}=\sqrt{\frac{35}{8}-\left(\frac{15}{8}\right)^2}=\sqrt{\frac{280-225}{8^2}}=\frac{\sqrt{55}}{8}$$

としてもよい。

> **ポイント　確率変数の変換**
> 確率変数 X，Y が，$Y=aX+b$（a，b は定数）を満たすとき
> $$E(Y)=aE(X)+b,\quad V(Y)=a^2V(X),\quad \sigma(Y)=|a|\sigma(X)$$

も重要である。

(3)　$\sigma(\overline{X})=\dfrac{\sigma(X)}{\sqrt{n}}$ を示すには

> **ポイント　独立な確率変数の分散**
> 確率変数 X と Y が独立であれば
> $$V(X+Y)=V(X)+V(Y)$$

であることも用いる。

X_1，X_2，…，X_n は互いに独立であるから

$$V(\overline{X})=V\left(\frac{X_1+X_2+\cdots+X_n}{n}\right)=V\left(\frac{X_1}{n}+\frac{X_2}{n}+\cdots+\frac{X_n}{n}\right)$$

$$=V\left(\frac{X_1}{n}\right)+V\left(\frac{X_2}{n}\right)+\cdots+V\left(\frac{X_n}{n}\right)$$

$$=\frac{1}{n^2}V(X_1)+\frac{1}{n^2}V(X_2)+\cdots+\frac{1}{n^2}V(X_n)$$

$$=\frac{1}{n^2}\{V(X_1)+V(X_2)+\cdots+V(X_n)\}$$

$$=\frac{1}{n^2}\times nV(X)=\frac{1}{n}V(X) \quad (\because \quad V(X_i)=V(X) \quad (i=1,\ 2,\ \cdots,\ n))$$

が成り立ち

$$\sigma(\overline{X})=\sqrt{V(\overline{X})}=\sqrt{\frac{V(X)}{n}}=\frac{\sqrt{V(X)}}{\sqrt{n}}=\frac{\sigma(X)}{\sqrt{n}}$$

となる。

母平均が m，母標準偏差が σ である母集団から抽出された大きさ n の無作為標本の標本平均 $\overline{X}$ は，n が大きいとき，近似的に正規分布 $N\left(m,\ \frac{\sigma^2}{n}\right)$ に従うから

$$Z=\frac{\overline{X}-m}{\frac{\sigma}{\sqrt{n}}}$$

とおくと，確率変数 Z は近似的に標準正規分布 $N(0,\ 1)$ に従う。正規分布表から

$$P(0\leqq Z\leqq 1.96)\fallingdotseq 0.475$$

よって

$$P(-1.96\leqq Z\leqq 1.96)\fallingdotseq 0.475\times 2=0.95$$

であるので，Z を書きかえて

$$P\left(-1.96\leqq \frac{\overline{X}-m}{\frac{\sigma}{\sqrt{n}}}\leqq 1.96\right)\fallingdotseq 0.95$$

となる。したがって，母平均 m に対する信頼度 95％の信頼区間は

$$m-1.96\times\frac{\sigma}{\sqrt{n}}\leqq \overline{X}\leqq m+1.96\times\frac{\sigma}{\sqrt{n}}$$

より

$$\overline{X}-1.96\times\frac{\sigma}{\sqrt{n}}\leqq m\leqq \overline{X}+1.96\times\frac{\sigma}{\sqrt{n}}$$

と表される。

ポイント　母平均の推定

標本の大きさ n が大きいとき，母平均 m に対する信頼度 95％の信頼区間は標本平均 $\overline{X}$ を用いて

$$\overline{X}-1.96\times\frac{\sigma}{\sqrt{n}}\leqq m\leqq \overline{X}+1.96\times\frac{\sigma}{\sqrt{n}}$$

と表される。母標準偏差 σ が不明のときには σ の代わりに標本標準偏差を用いてよい。

これは公式として覚えておくとよい。

第4問 標準 数列《等差数列，分数型の漸化式》

(1) 数列 $\{a_n\}$ は

$$a_1=23,\ a_{n+1}=a_n-3 \quad \text{すなわち} \quad a_{n+1}-a_n=-3 \quad (n=1,\ 2,\ 3,\ \cdots)$$

を満たすから，初項が23，公差が-3の等差数列である。よって

$$a_n=23+(n-1)\times(-3)=\boxed{-3}\,n+\boxed{26}$$ →アイ，ウエ

となり，$a_n<0$ を満たす最小の自然数 n は

$$a_n=-3n+26<0 \qquad n>\frac{26}{3}=8+\frac{2}{3}$$

より $\boxed{9}$ →オ である。

数列 $\{a_n\}$ は，$a_n>a_{n+1}$ $(n=1,\ 2,\ 3,\ \cdots)$ が成り立つので，**つねに減少する。**

$\boxed{①}$ →カ

また

$$S_n=\sum_{k=1}^{n}a_k=\frac{1}{2}n\{2\times23+(n-1)\times(-3)\}$$

$$=\frac{1}{2}n(-3n+49)=-\frac{3}{2}n\left(n-\frac{49}{3}\right)$$

であるから，数列 $\{S_n\}$ は，右図より，**増加することも減少することもある。** $\boxed{②}$ →キ

$n\geqq9$ のとき，$a_n=-3n+26\leqq-1$ であるから，**$a_n<0$ である。** $\boxed{⓪}$ →ク

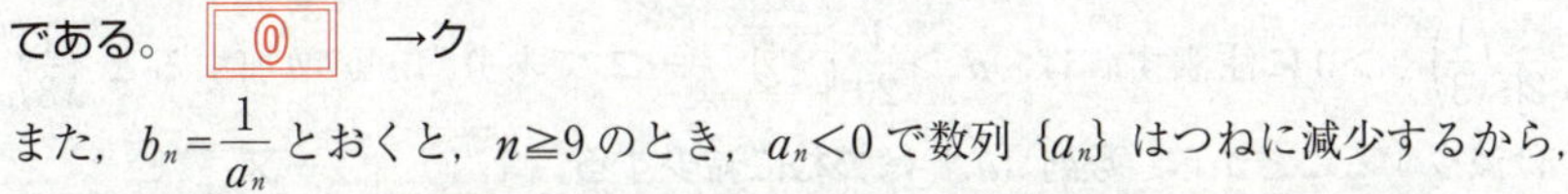

また，$b_n=\dfrac{1}{a_n}$ とおくと，$n\geqq9$ のとき，$a_n<0$ で数列 $\{a_n\}$ はつねに減少するから，

$$b_n-b_{n+1}=\frac{1}{a_n}-\frac{1}{a_{n+1}}=\frac{a_{n+1}-a_n}{a_na_{n+1}}<0$$ より，**$b_n<b_{n+1}$ である。** $\boxed{⓪}$ →ケ

(2) $\{c_n\}$：$c_1=30,\ c_{n+1}=\dfrac{50c_n-800}{c_n-10}$ $(n=1,\ 2,\ 3,\ \cdots)$，$c_n\neq20$ ……(＊)

$d_n=\dfrac{1}{c_n-20}$ $(n=1,\ 2,\ 3,\ \cdots)$ とおくと

$$d_1=\frac{1}{c_1-20}=\frac{1}{30-20}=\frac{1}{\boxed{10}}$$ →コサ

であり，また，$\dfrac{1}{d_n}=c_n-20$ より

$$c_n=\frac{1}{d_n}+\boxed{20}$$ →シス $(n=1,\ 2,\ 3,\ \cdots)$ ……①

が成り立つ。したがって，(＊)と①より

$$\frac{1}{d_{n+1}}=c_{n+1}-20=\frac{50c_n-800}{c_n-10}-20$$

$$=\frac{50\left(\frac{1}{d_n}+20\right)-800}{\left(\frac{1}{d_n}+20\right)-10}-20=\frac{\frac{50}{d_n}+200}{\frac{1}{d_n}+10}-20=\frac{\frac{30}{d_n}}{\frac{1}{d_n}+10}$$

と変形されるので，両辺の逆数をとって

$$d_{n+1}=\frac{\frac{1}{d_n}+10}{\frac{30}{d_n}}=\frac{1+10d_n}{30}=\frac{d_n}{\boxed{3}}+\frac{1}{\boxed{30}}$$ →セ，ソタ

が成り立つ。漸化式 $d_{n+1}=\frac{1}{3}d_n+\frac{1}{30}\ \left(d_1=\frac{1}{10}\right)$ は

$$d_{n+1}-\frac{1}{20}=\frac{1}{3}\left(d_n-\frac{1}{20}\right)$$

と変形できるから，数列 $\left\{d_n-\frac{1}{20}\right\}$ は，初項が $d_1-\frac{1}{20}=\frac{1}{10}-\frac{1}{20}=\frac{1}{20}$，公比が $\frac{1}{3}$ の等比数列であることがわかるので

$$d_n-\frac{1}{20}=\frac{1}{20}\times\left(\frac{1}{3}\right)^{n-1}$$

よって，数列 $\{d_n\}$ の一般項は

$$d_n=\frac{1}{\boxed{20}}\left(\frac{1}{\boxed{3}}\right)^{n-1}+\frac{1}{\boxed{20}}$$ →チツ，テ，トナ

である。

$\frac{1}{20}\left(\frac{1}{3}\right)^{n-1}>0$ に注意すれば，$d_n>\frac{1}{20}$ $\boxed{②}$ →ニ であり，n が増加すると $\left(\frac{1}{3}\right)^{n-1}$ は減少することから，数列 $\{d_n\}$ はつねに減少する。 $\boxed{①}$ →ヌ

$d_n>\frac{1}{20}$ で数列 $\{d_n\}$ はつねに減少するから，$0<\frac{1}{d_n}<20$ すなわち $20<\frac{1}{d_n}+20<40$ で，数列 $\left\{\frac{1}{d_n}\right\}$ はつねに増加する。よって，①により，$20<c_n<40$ で，数列 $\{c_n\}$ はつねに増加するから，O を原点とする座標平面上に $n=1$ から $n=10$ まで点 $(n,\ c_n)$ を図示すると $\boxed{④}$ →ネ となる。

解説

(1)　$a_{n+1}-a_n=d$（d は定数）は数列 $\{a_n\}$ が等差数列であることを表す。

ポイント　等差数列の一般項と初項から第 n 項までの和

数列 $\{a_n\}$ が公差 d の等差数列のとき

$$a_n=a_1+(n-1)d$$

$$S_n=a_1+a_2+\cdots+a_n=\frac{1}{2}n\{2a_1+(n-1)d\}=\frac{1}{2}n(a_1+a_n)$$

本問の数列 $\{a_n\}$ においては，$a_n>0$ のことも $a_n<0$ のこともあるから，関係

$$S_n-S_{n-1}=a_n \quad (n\geqq 2)$$

によれば，$S_n-S_{n-1}>0$ のことも $S_n-S_{n-1}<0$ のこともある。つまり，数列 $\{S_n\}$ は増加することも減少することもある。このように考えてもよい。

$b_n=\dfrac{1}{a_n}$ $(n\geqq 9)$ には注意しなければならない。$a_{n+1}<a_n<0$ より $|a_{n+1}|>|a_n|>0$ であるから，$\left|\dfrac{1}{a_{n+1}}\right|<\left|\dfrac{1}{a_n}\right|$ すなわち $|b_{n+1}|<|b_n|$ である。$b_n<0$ より $-b_{n+1}<-b_n$ すなわち $b_{n+1}>b_n$ である。$a_9=-1$，$a_{10}=-4$，$a_{11}=-7$ から $b_9=-1$，$b_{10}=-\dfrac{1}{4}$，$b_{11}=-\dfrac{1}{7}$ と具体化すると間違えないであろう。

(2)　分数型の漸化式が題材になっていて難しそうであるが，問題文の流れにのれば解ける。ただし

> **ポイント**　**隣接2項間の漸化式 $a_{n+1}=pa_n+q$ $(p\neq 1)$ の解法**
>
> $$\begin{array}{rl} & a_{n+1}=pa_n+q \\ -) & \alpha=p\alpha+q \\ \hline & a_{n+1}-\alpha=p(a_n-\alpha) \end{array}$$
>
> $\longrightarrow \alpha=\dfrac{q}{1-p}$ （a_{n+1}，a_n の両方を形式的に α とおく）
>
> $a_{n+1}-\alpha=p(a_n-\alpha)$ ……数列 $\{a_n-\alpha\}$ は初項 $a_1-\alpha$，公比 p の等比数列
>
> $a_n-\alpha=(a_1-\alpha)\times p^{n-1}$ ……α を移項して，$\alpha=\dfrac{q}{1-p}$ を代入すれば a_n が求まる

には習熟しておかなければならない。問題の数列 $\{d_n\}$ の満たす漸化式がこのタイプである。$d_{n+1}=\dfrac{1}{3}d_n+\dfrac{1}{30}$ で $d_{n+1}=d_n=\alpha$ とおくと，$\alpha=\dfrac{1}{3}\alpha+\dfrac{1}{30}$ となり，$\alpha=\dfrac{1}{20}$ を得て，$d_{n+1}-\dfrac{1}{20}=\dfrac{1}{3}\left(d_n-\dfrac{1}{20}\right)$ と変形できる。

$d_n=\dfrac{1}{20}\left(\dfrac{1}{3}\right)^{n-1}+\dfrac{1}{20}$ が求まると，$c_n=\dfrac{1}{d_n}+20$ より漸化式(＊)が解けたことになる。

実際

$$c_n=\frac{1}{\dfrac{1}{20}\left\{\left(\dfrac{1}{3}\right)^{n-1}+1\right\}}+20=\frac{20}{1+\left(\dfrac{1}{3}\right)^{n-1}}+\frac{20\left\{1+\left(\dfrac{1}{3}\right)^{n-1}\right\}}{1+\left(\dfrac{1}{3}\right)^{n-1}}$$

$$=\frac{20\left\{2+\left(\dfrac{1}{3}\right)^{n-1}\right\}}{1+\left(\dfrac{1}{3}\right)^{n-1}}=\frac{20(2\times 3^{n-1}+1)}{3^{n-1}+1}$$

となる。

(＊)において，$c_{n+1}=c_n=x$ とおくと，$x=\dfrac{50x-800}{x-10}$ すなわち $x^2-60x+800=0$ と

なり，$(x-20)(x-40)=0$ から，$x=20$，40 が求まる。よって，$c_{n+1}=20$ とすると $c_n=20$ であるが，$c_1 \neq 20$ なので，$c_{n+1} \neq 20$ である。問題文で「$c_n \neq 20$ となることを用いてよい」とあるのはそういうわけである。同様に $c_n \neq 40$ である。

この 20 と 40 を使って，(＊)を次のようにして解くことも多い。

$$c_{n+1}-20=\frac{50c_n-800}{c_n-10}-20=\frac{30c_n-600}{c_n-10}=\frac{30(c_n-20)}{c_n-10}$$

$$c_{n+1}-40=\frac{50c_n-800}{c_n-10}-40=\frac{10c_n-400}{c_n-10}=\frac{10(c_n-40)}{c_n-10}$$

この 2 式から

$$\frac{c_{n+1}-20}{c_{n+1}-40}=\frac{30(c_n-20)}{10(c_n-40)}=3\times\frac{c_n-20}{c_n-40}$$

を得るので，数列 $\left\{\dfrac{c_n-20}{c_n-40}\right\}$ は，初項が $\dfrac{c_1-20}{c_1-40}=\dfrac{10}{-10}=-1$，公比が 3 の等比数列であることがわかり，$\dfrac{c_n-20}{c_n-40}=(-1)\times 3^{n-1}$ となる。これを c_n について解くと

$$c_n-20=-3^{n-1}(c_n-40)$$

$$(3^{n-1}+1)c_n=40\times 3^{n-1}+20=20(2\times 3^{n-1}+1)$$

$$\therefore\ c_n=\frac{20(2\times 3^{n-1}+1)}{3^{n-1}+1}$$

となる。

第5問 標準 ベクトル《空間ベクトル，直線のベクトル方程式，軌跡》

座標空間内の点O，A，B，Dの座標を

$\mathrm{O}(0,\ 0,\ 0)$，$\mathrm{A}(0,\ -3,\ 5)$，$\mathrm{B}(2,\ 0,\ 4)$，$\mathrm{D}(7,\ 4,\ 5)$

とし，直線ABとxy平面との交点をCとする。

(1) 直線AB上の点Pについて，$\overrightarrow{\mathrm{OP}}$を実数$t$を用いて，$\overrightarrow{\mathrm{OP}}=\overrightarrow{\mathrm{OA}}+t\overrightarrow{\mathrm{AB}}$と表すとき，

$\overrightarrow{\mathrm{AB}}=\overrightarrow{\mathrm{OB}}-\overrightarrow{\mathrm{OA}}=(2,\ 0,\ 4)-(0,\ -3,\ 5)=(2,\ 3,\ -1)$ より

$$\begin{aligned}\overrightarrow{\mathrm{OP}}&=\overrightarrow{\mathrm{OA}}+t\overrightarrow{\mathrm{AB}}\\&=(0,\ -3,\ 5)+t(2,\ 3,\ -1)\\&=(2t,\ 3t-3,\ -t+5)\end{aligned}$$

となるので，点Pの座標は

$\mathrm{P}(\boxed{2}\,t,\ \boxed{3}\,t-\boxed{3},\ -t+\boxed{5})$ →ア，イ，ウ，エ

と表すことができる。点Pがxy平面上にあるとき，z座標が0であるから，$-t+5=0$より$t=5$である。$t=5$のときの点Pが点Cを表すから，点Cの座標は

$(2\times5,\ 3\times5-3,\ 0)$ より $\mathrm{C}(\boxed{10},\ \boxed{12},\ 0)$ →オカ，キク

である。このとき，$\overrightarrow{\mathrm{OC}}=\overrightarrow{\mathrm{OA}}+5\overrightarrow{\mathrm{AB}}$すなわち$\overrightarrow{\mathrm{AC}}=5\overrightarrow{\mathrm{AB}}$が成り立つから，点Cは線分ABを

$\boxed{5}:\boxed{4}$ →ケ，コ

に外分する。

(2) $\angle\mathrm{CPD}=120^\circ$のとき

$$\begin{aligned}\overrightarrow{\mathrm{PC}}\cdot\overrightarrow{\mathrm{PD}}&=|\overrightarrow{\mathrm{PC}}||\overrightarrow{\mathrm{PD}}|\cos\angle\mathrm{CPD}=|\overrightarrow{\mathrm{PC}}||\overrightarrow{\mathrm{PD}}|\cos120^\circ\\&=\frac{\boxed{-1}}{\boxed{2}}|\overrightarrow{\mathrm{PC}}||\overrightarrow{\mathrm{PD}}|\end{aligned}$$ →$\dfrac{\text{サシ}}{\text{ス}}$ ……①

が成り立つ。ここで，$\overrightarrow{\mathrm{PC}}$と$\overrightarrow{\mathrm{AB}}$が平行であることから，0でない実数$k$を用いて，$\overrightarrow{\mathrm{PC}}=k\overrightarrow{\mathrm{AB}}$と表すことができるので，①は

$$k\overrightarrow{\mathrm{AB}}\cdot\overrightarrow{\mathrm{PD}}=-\frac{1}{2}|k\overrightarrow{\mathrm{AB}}||\overrightarrow{\mathrm{PD}}|\quad(k\neq0)\quad\cdots\cdots②$$

と表すことができる。ここに

$$\overrightarrow{\mathrm{AB}}=(2,\ 3,\ -1)$$

$$\begin{aligned}\overrightarrow{\mathrm{PD}}&=\overrightarrow{\mathrm{OD}}-\overrightarrow{\mathrm{OP}}=(7,\ 4,\ 5)-(2t,\ 3t-3,\ -t+5)\\&=(7-2t,\ 7-3t,\ t)\quad\cdots\cdots③\end{aligned}$$

であることを用いれば

$$\overrightarrow{\mathrm{AB}}\cdot\overrightarrow{\mathrm{PD}}=2(7-2t)+3(7-3t)-t=-14t+35$$

$$= -7(\boxed{2}\,t - \boxed{5}) \quad \to セ，ソ$$

$$|\overrightarrow{PD}|^2 = \overrightarrow{PD}\cdot\overrightarrow{PD}$$
$$= (7-2t)^2 + (7-3t)^2 + t^2$$
$$= 14t^2 - 70t + 98$$
$$= 14(t^2 - \boxed{5}\,t + \boxed{7}) \quad \to タ，チ$$

と表される。したがって，②の両辺の２乗が等しくなるのは

$$k^2(\overrightarrow{AB}\cdot\overrightarrow{PD})^2 = \frac{1}{4}k^2|\overrightarrow{AB}|^2|\overrightarrow{PD}|^2 \quad (k \neq 0)$$

の両辺を k^2 で割って，分母を払い，$|\overrightarrow{AB}|^2 = 2^2 + 3^2 + (-1)^2 = 14$ を用いて

$$4\{-7(2t-5)\}^2 = 14\{14(t^2-5t+7)\}$$
$$4 \times 49(4t^2 - 20t + 25) = 14 \times 14(t^2 - 5t + 7)$$
$$3t^2 - 15t + 18 = 0 \qquad t^2 - 5t + 6 = 0 \qquad (t-2)(t-3) = 0$$

から

$$t = \boxed{2}，\boxed{3} \quad \to ツ，テ$$

のときである。

$t=2$ のとき，$\overrightarrow{OP} = (4,\ 3,\ 3)$ であるから，$\overrightarrow{PC} = \overrightarrow{OC} - \overrightarrow{OP} = (10,\ 12,\ 0) - (4,\ 3,\ 3) = (6,\ 9,\ -3)$，③より $\overrightarrow{PD} = (3,\ 1,\ 2)$ ゆえ

$$\overrightarrow{PC}\cdot\overrightarrow{PD} = 6\times3 + 9\times1 + (-3)\times2 = 21 > 0$$

となって，$\overrightarrow{PC}\cdot\overrightarrow{PD} < 0$（①）を満たさない。

$t=3$ のとき，$\overrightarrow{OP} = (6,\ 6,\ 2)$ であるから，$\overrightarrow{PC} = \overrightarrow{OC} - \overrightarrow{OP} = (10,\ 12,\ 0) - (6,\ 6,\ 2) = (4,\ 6,\ -2)$，③より $\overrightarrow{PD} = (1,\ -2,\ 3)$ ゆえ

$$\overrightarrow{PC}\cdot\overrightarrow{PD} = 4\times1 + 6\times(-2) + (-2)\times3 = -14 < 0$$

となるので，$\overrightarrow{PC}\cdot\overrightarrow{PD} < 0$（①）を満たす。

よって，求める点Pの座標は，$t=3$ のときで

$$P(\boxed{6},\ \boxed{6},\ \boxed{2}) \quad \to ト，ナ，ニ$$

である。

(3)　直線ABから点Aを除いた部分を点Pが動くとき，(1)より

$$\overrightarrow{OP} = (2t,\ 3t-3,\ -t+5) \quad (t \neq 0)$$

と表される。直線DPは xy 平面と交わり，この交点をQとすると，点Qが直線DP上にあることから，$\overrightarrow{OQ}$ は実数 s を用いて

$$\overrightarrow{OQ} = \overrightarrow{OD} + s\overrightarrow{DP} = (7,\ 4,\ 5) + s(2t-7,\ 3t-7,\ -t) \quad (③より)$$
$$= (7 + 2st - 7s,\ 4 + 3st - 7s,\ 5 - st) \quad (t \neq 0)$$

と表すことができる。点Qの z 座標は0であるから，$5-st=0$ $(t\neq0)$ より，$s=\dfrac{5}{t}$

であるので，$\overrightarrow{\mathrm{OQ}}$ は t を用いて

$$\overrightarrow{\mathrm{OQ}}=\left(7+10-\frac{35}{t},\ 4+15-\frac{35}{t},\ 0\right)=\left(17-\frac{35}{t},\ 19-\frac{35}{t},\ 0\right)$$

$$=(\boxed{17},\ \boxed{19},\ 0)-\frac{\boxed{35}}{t}(1,\ 1,\ 0)$$ →ヌネ，ノハ，ヒフ

と表すことができる。

ここで，$\dfrac{35}{t}$ は0以外のすべての実数値をとり得るので，点Qは，点 $(17,\ 19,\ 0)$ を通り，方向ベクトルが $(-1,\ -1,\ 0)$ の直線上を動く。ただし，点 $\mathrm{R}(17,\ 19,\ 0)$ は除かれる。

$$\begin{aligned}\overrightarrow{\mathrm{DR}}&=\overrightarrow{\mathrm{OR}}-\overrightarrow{\mathrm{OD}}=(17,\ 19,\ 0)-(7,\ 4,\ 5)\\&=(10,\ 15,\ -5)=5(2,\ 3,\ -1)\\&=5\overrightarrow{\mathrm{AB}}\end{aligned}$$

であるから，$\overrightarrow{\mathrm{DR}}$ は $\overrightarrow{\mathrm{AB}}$ $\boxed{④}$ →へ と平行である。

解説

(1) $\overrightarrow{\mathrm{OP}}=\overrightarrow{\mathrm{OA}}+t\overrightarrow{\mathrm{AB}}$ は直線のベクトル方程式である。点Pは，点Aを通り，方向ベクトルが $\overrightarrow{\mathrm{AB}}$ の直線上を動く。この直線ABと xy 平面との交点Cの座標を求めるには，「Pの z 座標が0」と考える。

$\overrightarrow{\mathrm{OC}}=\overrightarrow{\mathrm{OA}}+5\overrightarrow{\mathrm{AB}}$ は $\overrightarrow{\mathrm{OC}}-\overrightarrow{\mathrm{OA}}=5\overrightarrow{\mathrm{AB}}$ すなわち $\overrightarrow{\mathrm{AC}}=5\overrightarrow{\mathrm{AB}}$ と変形するとよい。内分ではなく「外分」であることに注意しよう。

(2) ①すなわち②を満たす点Pの座標を求めるのであるが，②の両辺を2乗した方程式を解くために，不適な解が含まれてしまう。

$\cos120^\circ=-\dfrac{1}{2}$，$\cos60^\circ=\dfrac{1}{2}$ はどちらも2乗すると $\dfrac{1}{4}$ である。つまり，$\angle\mathrm{CPD}=60^\circ$ の場合も解に含まれてしまうから，$t=2,\ 3$ の各場合を吟味しなければならない。問題文では「$\angle\mathrm{CPD}$ をそれぞれ調べることで」と書かれているが，〔解答〕では，①の両辺の正負に着目してみた。右のような作図をすれば，$t=3$ を簡単に選べるであろう。

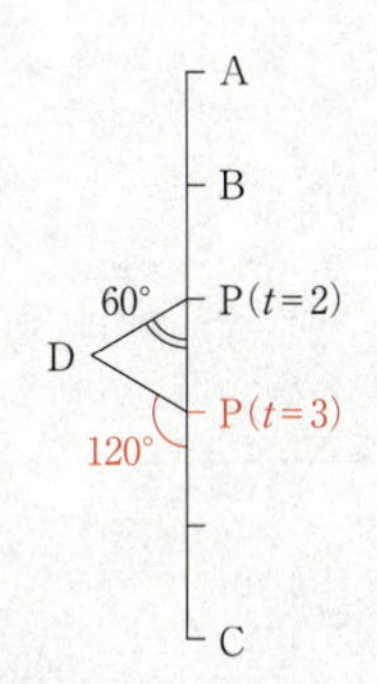

(3) 2点A，Dの z 座標はともに5であるから，直線DAは xy 平面に平行になり，xy 平面と交わることはない。よって，点Pの動く範囲から点Aを除外してある。本問の意味内容は次図を見ればわかりやすいであろう。

3点A，B，Dを含む平面は1つに定まるので，それを α とする。α と xy 平面の

交線が点Qの描く直線となる。ここで，点Dを通り，直線ABに平行な直線はAB上の点Pを通らないから，下図の点Rは除かれる。

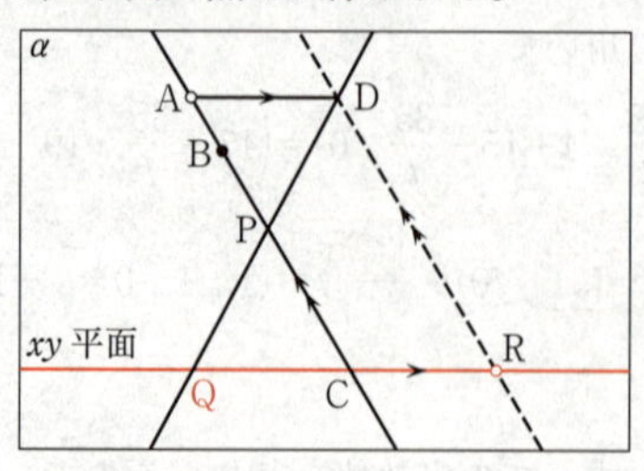

ちなみに，$\overrightarrow{AD}=\overrightarrow{OD}-\overrightarrow{OA}=(7,\ 4,\ 5)-(0,\ -3,\ 5)=(7,\ 7,\ 0)$ であるから

$$\begin{aligned}\overrightarrow{OR}&=\overrightarrow{OC}+\overrightarrow{CR}=\overrightarrow{OC}+\overrightarrow{AD}\\&=(10,\ 12,\ 0)+(7,\ 7,\ 0)\\&=(17,\ 19,\ 0)\end{aligned}$$

より

$$R(17,\ 19,\ 0)$$

である。

数学Ⅰ・数学Ａ　本試験

問題番号(配点)	解答記号	正解	配点	チェック
第1問(30)	アイ	−6	2	
	ウエ	38	2	
	オカ	−2	2	
	キク	18	2	
	ケ	2	2	
	コ.サシス	0.072	3	
	セ	②	3	
	$\frac{ソ}{タ}$	$\frac{2}{3}$	3	
	$\frac{チツ}{テ}$	$\frac{10}{3}$	2	
	ト≦AB≦ナ	4≦ AB ≦6	3	
	$\frac{ニヌ}{ネ}$, $\frac{ノ}{ハ}$	$\frac{-1}{3}$, $\frac{7}{3}$	3	
	ヒ	4	3	

問題番号(配点)	解答記号	正解	配点	チェック
第2問(30)	ア	3	2	
	イ	2	2	
	ウ	5	3	
	エ	9	2	
	オ	⑥	1	
	カ	①	2	
	キ, ク	③, ①	3	
	ケ, コ, サ	②, ②, ⓪	3	
	シ, ス	⓪, ③	2	
	セ	②	4	
	ソ.タチ	0.63	3	
	ツ	③	3	

問題番号(配点)	解答記号	正　解	配点	チェック
第3問(20)	ア	1	1	
	イ，ウ	1，2	1	
	エ	2	2	
	オ，カ	1，3	1	
	キク，ケコ	65，81	2	
	サ	8	2	
	シ	6	2	
	スセ	15	1	
	ソ，タ	3，8	2	
	チツ，テト	11，30	3	
	ナニ，ヌネ	44，53	3	
第4問(20)	ア，イウ	1，39	3	
	エオ	17	2	
	カキク	664	2	
	ケ，コ	8，5	2	
	サシス	125	3	
	セソタチツ	12207	3	
	テト	19	3	
	ナニヌネノ	95624	2	

問題番号(配点)	解答記号	正　解	配点	チェック
第5問(20)	ア，イ	1，2	2	
	ウ，エ，オ	2，①，③	2	
	カ，キ，ク	2，②，③	2	
	ケ	4	2	
	コ，サ	3，2	2	
	シス，セ	13，6	2	
	ソタ，チ	13，4	2	
	ツテ，トナ	44，15	3	
	ニ，ヌ	1，3	3	

(注)　第1問，第2問は必答。第3問～第5問のうちから2問選択。計4問を解答。

自己採点欄
100点

(平均点：37.96点)

第1問 ―― 数と式，図形と計量，２次関数

〔1〕 標準 《式の値，対称式》

(1)　$(a+b+c)^2$ を展開して

$$(a+b+c)^2=a^2+b^2+c^2+2ab+2bc+2ca$$
$$=a^2+b^2+c^2+2(ab+bc+ca)$$

①と②を用いると

$$1^2=13+2(ab+bc+ca)$$

$\therefore\quad ab+bc+ca=\boxed{-6}$　→アイ

であることがわかる。よって

$$(a-b)^2+(b-c)^2+(c-a)^2$$
$$=(a^2-2ab+b^2)+(b^2-2bc+c^2)+(c^2-2ca+a^2)$$
$$=2(a^2+b^2+c^2)-2(ab+bc+ca)$$
$$=2\cdot 13-2\cdot(-6)$$
$$=\boxed{38}$$　→ウエ

(2)　$a-b=2\sqrt{5}$ の場合に，$b-c=x$，$c-a=y$ とおくと

$x+y=(b-c)+(c-a)=-(a-b)=\boxed{-2}\sqrt{5}$　→オカ

また，(1)の計算から，$(a-b)^2+(b-c)^2+(c-a)^2=38$ なので

$(2\sqrt{5})^2+x^2+y^2=38\qquad\therefore\quad x^2+y^2=\boxed{18}$　→キク

が成り立つ。

これらより

$$(a-b)(b-c)(c-a)=2\sqrt{5}xy$$

ここで，$x^2+y^2=(x+y)^2-2xy$ より

$$18=(-2\sqrt{5})^2-2xy\qquad\therefore\quad xy=1$$

なので

$(a-b)(b-c)(c-a)=2\sqrt{5}\cdot 1=\boxed{2}\sqrt{5}$　→ケ

解説

3文字の対称式に関する問題である。比較的誘導が丁寧なので，誘導に従って落ち着いて計算をしていきたい。

(1)　$(a+b+c)^2=a^2+b^2+c^2+2ab+2bc+2ca$ は公式として頭に入れておいた方がよいが，覚えていなければ，$(a+b+c)^2=\{(a+b)+c\}^2=(a+b)^2+2(a+b)c+c^2$ としてから展開をするか，あるいは，$(a+b+c)^2=(a+b+c)(a+b+c)$ として分配法則によって展開してもよい。

(2)　与えられた誘導に従って，(1)の計算を利用すれば，x，y の対称式が得られる。$x+y=-2\sqrt{5}$，$x^2+y^2=18$ より，xy の値が求まるので，$(a-b)(b-c)(c-a)=2\sqrt{5}xy$ に代入すればよい。

〔2〕 標準 《正接の値》

図1において，定規で測ったAC，BCの長さをそれぞれ x，y とすると，$\theta=16°$ なので，三角比の表より

$$\frac{y}{x}=\tan\theta=\tan 16°=0.2867$$

実際に，キャンプ場の地点Aから点Cまでの水平方向の距離を考えると，図1の水平方向の縮尺が $\frac{1}{100000}$ なので

$$AC=100000x$$

また，実際に，山頂Bから点Cまでの鉛直方向の距離を考えると，図1の鉛直方向の縮尺が $\frac{1}{25000}$ なので

$$BC=25000y$$

よって，実際にキャンプ場の地点Aから山頂Bを見上げる角である∠BACを考えると

$$\tan\angle BAC=\frac{BC}{AC}=\frac{25000y}{100000x}=\frac{1}{4}\cdot\frac{y}{x}=\frac{1}{4}\times 0.2867$$

$$=0.071675\fallingdotseq \boxed{0}.\boxed{072}$$　→コ，サシス

三角比の表より，$\tan 4°=0.0699$，$\tan 5°=0.0875$ なので

$$\tan 4°<\tan\angle BAC<\tan 5° \qquad \therefore\quad 4°<\angle BAC<5°$$

したがって，∠BACの大きさは，**4° より大きく 5° より小さい。** ② →セ

解説

ある地点から山頂を見上げたときの仰角について考えさせる，日常の事象を題材とした問題。異なる縮尺で表された長さを考慮して正接の値を求めてから，三角比の表を利用して角の大きさを評価する必要があり，三角比についての正しい理解が要求される問題である。

問われている正接の値は，図1における正接の値ではなく，実際の距離における正接の値であることに注意する。図1において $\theta=16°$ だから，$\tan\theta=\frac{y}{x}=0.2867$ は図1における正接の値である。また，水平方向，鉛直方向の縮尺はそれぞれ，$\frac{1}{100000}$，

$\dfrac{1}{25000}$ より，AC にあたる実際の水平距離は $100000x$，BC にあたる実際の鉛直距離は $25000y$ なので，$\tan\angle\mathrm{BAC}=\dfrac{25000y}{100000x}$ が実際の距離における正接の値であり，求めるべき正接の値である。ここで，$\tan\angle\mathrm{BAC}$ の値は，空欄に合うように四捨五入する必要があるが，その指示は裏表紙の「解答上の注意」の 4 に記載されている。試験前に必ず読み，把握しておくべき事柄である。

〔3〕 やや難 《正弦定理，外接円，2次関数の最大値》

(1)　$\mathrm{AB}=5$，$\mathrm{AC}=4$ のとき，△ABC に正弦定理を用いると，△ABC の外接円の半径が 3 なので

$$\frac{4}{\sin\angle\mathrm{ABC}}=2\times3$$

$$\therefore\quad \sin\angle\mathrm{ABC}=\frac{\boxed{2}}{\boxed{3}}\quad\to\text{ソ，タ}$$

また，△ABD において

$$\mathrm{AD}=\mathrm{AB}\sin\angle\mathrm{ABC}=5\cdot\frac{2}{3}=\frac{\boxed{10}}{\boxed{3}}\quad\to\text{チツ，テ}$$

(2)　△ABC の各辺の長さは外接円の直径 6 以下であるから，AB，AC はともに 6 以下で

$$0<\mathrm{AB}\leqq6\quad\cdots\cdots①$$

$$0<\mathrm{AC}\leqq6\quad\cdots\cdots②$$

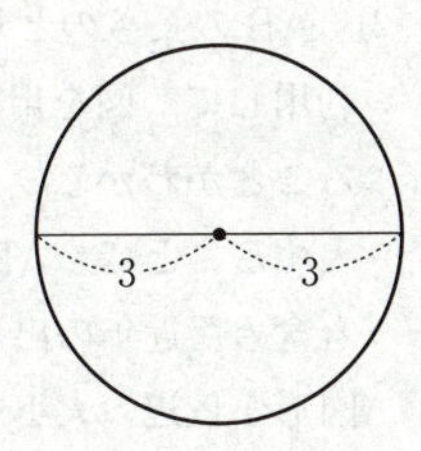

$2\mathrm{AB}+\mathrm{AC}=14$ より

$$\mathrm{AC}=14-2\mathrm{AB}\quad\cdots\cdots③$$

なので，③を②に代入して

$$0<14-2\mathrm{AB}\leqq6\qquad -14<-2\mathrm{AB}\leqq-8$$

$$\therefore\quad 7>\mathrm{AB}\geqq4$$

これと①を合わせれば，AB の長さのとり得る値の範囲は

$$\boxed{4}\leqq\mathrm{AB}\leqq\boxed{6}\quad\to\text{ト，ナ}$$

また，(1)と同様に，△ABD において

$$\mathrm{AD}=\mathrm{AB}\sin\angle\mathrm{ABC}$$

ここで，(1)と同様に，△ABC に正弦定理を用いれば

$$\frac{\mathrm{AC}}{\sin\angle\mathrm{ABC}}=2\times3\qquad\therefore\quad\sin\angle\mathrm{ABC}=\frac{\mathrm{AC}}{6}$$

だから

$$AD=AB\sin\angle ABC=AB\cdot\frac{AC}{6}=\frac{1}{6}AB\cdot AC$$

これに③を代入して

$$AD=\frac{1}{6}AB\cdot(14-2AB)$$

$$=\frac{\boxed{-1}}{\boxed{3}}AB^2+\frac{\boxed{7}}{\boxed{3}}AB \quad \to \frac{ニヌ}{ネ},\ \frac{ノ}{ハ}$$

と表せる。

この式を平方完成すれば

$$AD=-\frac{1}{3}\left(AB-\frac{7}{2}\right)^2+\frac{49}{12}\quad(4\leqq AB\leqq 6)$$

なので，AB＝4のとき，ADは最大となり，ADの長さの最大値は

$$AD=-\frac{1}{3}\cdot4^2+\frac{7}{3}\cdot4=\boxed{4}\quad\to ヒ$$

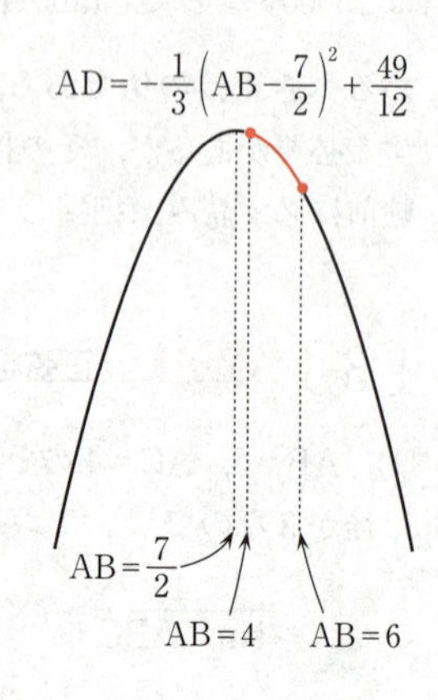

解説

外接円の半径が与えられた三角形に関する問題。(2)は「図形と計量」と「２次関数」との融合問題となっており，目新しい出題である。２辺AB，ACの長さの関係のみが与えられた問題であり，誘導がないため難しい。ABの長さのとり得る値の範囲は，直径の長さに着目できたかどうかがポイントになる。

(2)　ABの長さのとり得る値の範囲を求めるために，外接円の半径が３という条件を利用して，図を用いて考えると，△ABCの各辺の長さは外接円の直径６以下となることがわかる。したがって，$0<AB\leqq 6$ かつ $0<AC\leqq 6$ が成り立つから，③を代入することで，ABの長さのとり得る値の範囲 $4\leqq AB\leqq 6$ が求まる。センター試験も含めた近年の出題の傾向として，図形を正確に捉えられるかどうかを試したり，図形から辺の大小を判断させたりする問題が出題されている。今後もこういった問題が出題される可能性は十分にあるので，注意しておくべきだろう。

また，(1)と同様の計算を考えることで，△ABDにおける三角比から $AD=AB\sin\angle ABC$，△ABCにおける正弦定理から $\sin\angle ABC=\frac{AC}{6}$ が得られるので，２式から $\sin\angle ABC$ を消去し，③を代入することで，ADをABの２次関数として表した式が求まる。これに $4\leqq AB\leqq 6$ を合わせて考えれば，ADの長さの最大値が求まる。

第2問 ── 2次関数，集合と論理，データの分析

〔1〕 やや難 《二つの2次方程式の共通解，2次関数の平行移動，集合と命題》

(1) $p=4$，$q=-4$ のとき

①は $x^2+4x-4=0$ となるから，これを解くと，解の公式より

$$x=-2\pm\sqrt{8}=-2\pm2\sqrt{2}$$

②は $x^2-4x+4=0$ となるから，これを解くと

$$(x-2)^2=0 \qquad \therefore \quad x=2$$

①と②は共通の解をもたないから，①または②を満たす実数 x の個数 n は

$n=$ 3 →ア

また，$p=1$，$q=-2$ のとき

①は $x^2+x-2=0$ となるから，これを解くと

$$(x-1)(x+2)=0 \qquad \therefore \quad x=1,\ -2$$

②は $x^2-2x+1=0$ となるから，これを解くと

$$(x-1)^2=0 \qquad \therefore \quad x=1$$

①と②は共通の解 $x=1$ をもつから，①または②を満たす実数 x の個数 n は

$n=$ 2 →イ

(2) $p=-6$ のとき，$n=3$ になる場合を考えると，①，②は

$$x^2-6x+q=0$$
$$x^2+qx-6=0$$

これらをともに満たす実数 x があるとき，その実数 x を α とすると

$$\alpha^2-6\alpha+q=0 \quad \cdots\cdots①'$$
$$\alpha^2+q\alpha-6=0 \quad \cdots\cdots②'$$

が成り立つ。

②′－①′ より，α^2 を消去すれば

$$(q+6)\alpha-(q+6)=0 \qquad (q+6)(\alpha-1)=0$$

$$\therefore \quad q=-6 \quad \text{または} \quad \alpha=1$$

• $\alpha=1$ のとき，$\alpha=1$ を①′ に代入して

$$1^2-6\cdot1+q=0 \qquad \therefore \quad q=5$$

このとき，①は $x^2-6x+5=0$ となるから，これを解くと

$$(x-1)(x-5)=0 \qquad \therefore \quad x=1,\ 5$$

②は $x^2+5x-6=0$ となるから，これを解くと

$$(x-1)(x+6)=0 \qquad \therefore \quad x=1,\ -6$$

①と②は共通の解 $x=1$ をもつから，①または②を満たす実数 x の個数 n は，$n=3$ となって適する。

• $q=-6$ のとき，①，②はともに $x^2-6x-6=0$ となるから，$x=3\pm\sqrt{15}$ より，①または②を満たす実数 x の個数 n は，$n=2$ となるので，不適。

これ以外に $n=3$ となるのは，①，②のいずれか一方が重解をもち，もう一方が重解とは異なる二つの実数解をもつときである。

• ①が重解をもつとき，$x^2-6x+q=0$ の判別式を D_1 とすると，$D_1=0$ となるから

$$\frac{D_1}{4}=(-3)^2-q=0 \qquad \therefore \quad q=9$$

このとき，①は $x^2-6x+9=0$ となるから，これを解くと

$$(x-3)^2=0 \qquad \therefore \quad x=3$$

②は $x^2+9x-6=0$ となるから，これを解くと，解の公式より

$$x=\frac{-9\pm\sqrt{105}}{2}$$

①と②は共通の解をもたないから，①または②を満たす実数 x の個数 n は，$n=3$ となって適する。

• ②が重解をもつとき，$x^2+qx-6=0$ の判別式を D_2 とすると，$D_2=0$ となるから

$$D_2=q^2-4\cdot(-6)=q^2+24=0$$

これを満たす実数 q は存在しないので，②が重解をもつことはない。

以上より，$n=3$ となる q の値は

$q=$ **5**，**9** →ウ，エ

(3)　$p=-6$ に固定したまま，q の値だけを変化させる。

③を平方完成すると

$$y=x^2-6x+q=(x-3)^2+q-9$$

なので，③のグラフの頂点の座標は

$$(3,\ q-9)$$

q の値を1から増加させたとき，③のグラフの頂点の x 座標はつねに直線 $x=3$ 上にあり，頂点の y 座標の値 $q-9$ は単調に増加するから，③のグラフは上方向へ移動する。

よって，③のグラフの移動の様子を示すと **⑥** →オ となる。

④を平方完成すると

$$y=x^2+qx-6=\left(x+\frac{1}{2}q\right)^2-\frac{1}{4}q^2-6$$

なので，④のグラフの頂点の座標は

$$\left(-\frac{1}{2}q,\ -\frac{1}{4}q^2-6\right)$$

q の値を1から増加させたとき，④のグラフの頂点の x 座標の値 $-\dfrac{1}{2}q$ は単調に減少し，頂点の y 座標の値 $-\dfrac{1}{4}q^2-6$ も単調に減少するから，④のグラフは左下方向へ移動する。

よって，④のグラフの移動の様子を示すと ① →カ となる。

(4)　$5<q<9$ とする。

$q=5$ のとき，(2)の計算過程により，③と x 軸との共有点の x 座標は $x=1,\ 5$ であり，④と x 軸との共有点の x 座標は $x=1,\ -6$ であるから，③，④のグラフは図1のようになる。

$q=9$ のとき，(2)の計算過程により，③と x 軸との共有点の x 座標は $x=3$ であり，④と x 軸との共有点の x 座標は $x=\dfrac{-9\pm\sqrt{105}}{2}$ であるから，③，④のグラフは図3のようになる。

また，(3)の結果より，q の値を5から9まで増加させたとき，③のグラフは上方向へ移動し，④のグラフは左下方向へ移動することも合わせて考慮すると，$5<q<9$ のとき，③，④のグラフは図2のようになる。

集合 $A=\{x\,|\,x^2-6x+q<0\}$，$B=\{x\,|\,x^2+qx-6<0\}$ は図2の赤色部分のようになり，「$x\in A \Longrightarrow x\in B$」は偽，「$x\in B \Longrightarrow x\in A$」は偽だから，$x\in A$ は，$x\in B$ であるための必要条件でも十分条件でもない。 ③ →キ

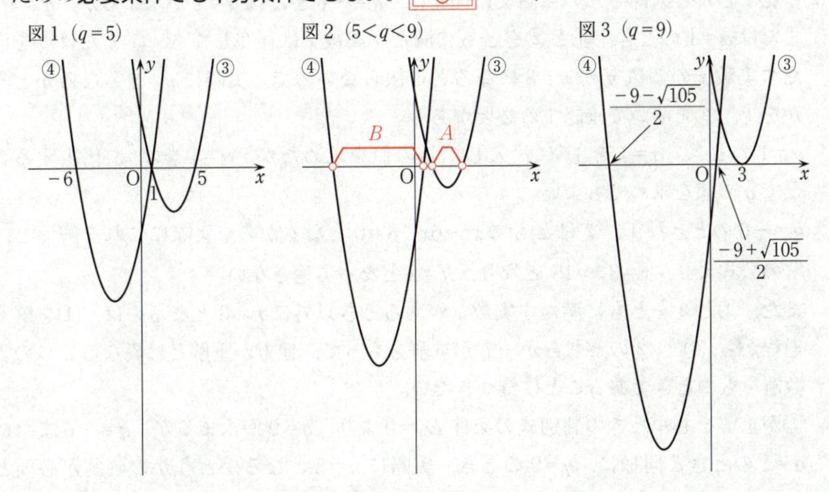

また，集合 $\overline{A}=\{x|x^2-6x+q\geqq 0\}$，$B$ は図4の赤色部分のようになり，「$x\in B\Longrightarrow x\in\overline{A}$」は真，「$x\in\overline{A}\Longrightarrow x\in B$」は偽だから，$x\in B$ は，$x\in\overline{A}$ であるための十分条件であるが，必要条件ではない。　①

→ク

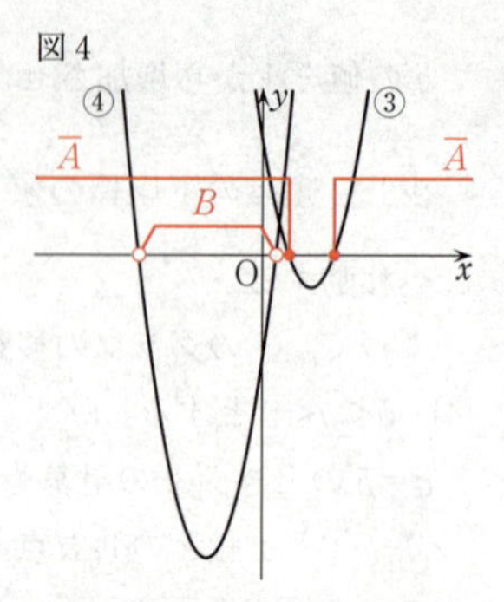

解説

二つの2次方程式の共通解に関する問題，2次関数のグラフが係数の値によってどのように移動するかを考察する平行移動に関する問題，二つの2次不等式の実数解の集合について必要条件と十分条件を考えさせる問題が含まれた，応用力を試される融合問題である。誘導が少ない上に，誘導であることに気づきにくい設定となっており，処理しなければならない分量も多い。高い思考力が要求される難しい問題であった。

(1)　①または②を満たす実数 x の個数 n を求めることから，判別式だけで処理しようとすると，①と②をともに満たす実数 x があった場合に，個数 n を正確に求めることができない。実際に①，②の解をそれぞれ求めて，共通の解があるかどうかも含めて考えなければならない。

(2)　花子さんと太郎さんの会話文に従えば，$q=-6$ または $\alpha=1$ が求まるが，$q=-6$ または $\alpha=1$ のとき，①と②をともに満たす実数 x は存在しても，①または②を満たす実数 x の個数 n が $n=3$ になるとは限らないので，実際に $n=3$ となるかどうかを①，②を解いて確認する必要がある。

$\alpha=1$ のとき，$\alpha=1$ を①′ に代入して q の値を求めたが，$\alpha=1$ を②′ に代入することで q の値を求めてもよい。

$q=-6$ のとき，①，②はともに $x^2-6x-6=0$ となるから，実際にこれを解くと，解の公式より，$x=3\pm\sqrt{15}$ となり，$n=2$ となって適さない。

また，①と②をともに満たす実数 x があるとき以外に $n=3$ となるのは，(1)を解く過程から，①，②のどちらか一方が重解をもって，他方が重解とは異なる二つの実数解をもつときであることに気づきたい。

①が重解をもつときの判別式の条件 $D_1=0$ より，$q=9$ が求まるが，$q=-6$ または $\alpha=1$ のときと同様に，$q=9$ のとき，実際に $n=3$ となるかどうかの確認が必要となる。

②が重解をもつときの判別式の条件 $D_2=0$ を満たす実数 q は存在しないので，②は重解をもつことはない。

(3)　③のグラフの頂点の座標が $(3,\ q-9)$ であることより，頂点の y 座標は q の1次関数 $y=q-9$ であり，q の値を1から増加させたとき，y の値は増加する。

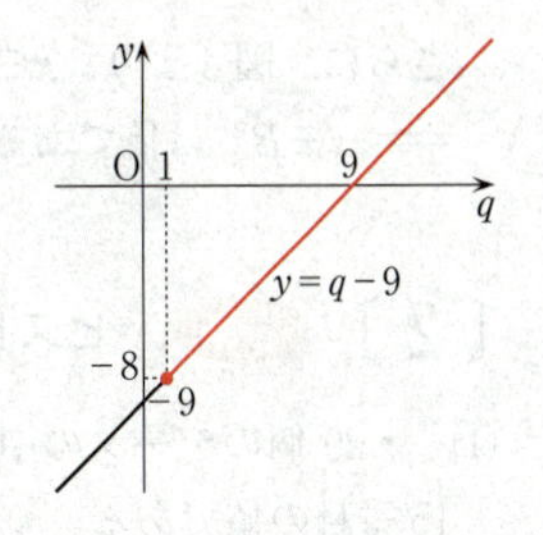

④のグラフの頂点の座標が $\left(-\frac{1}{2}q,\ -\frac{1}{4}q^2-6\right)$ であることより，頂点の x 座標は q の1次関数 $x=-\frac{1}{2}q$ であり，q の値を1から増加させたとき，x の値は減少する。

さらに，頂点の y 座標は q の2次関数 $y=-\frac{1}{4}q^2-6$ であり，q の値を1から増加させたとき，y の値は減少する。

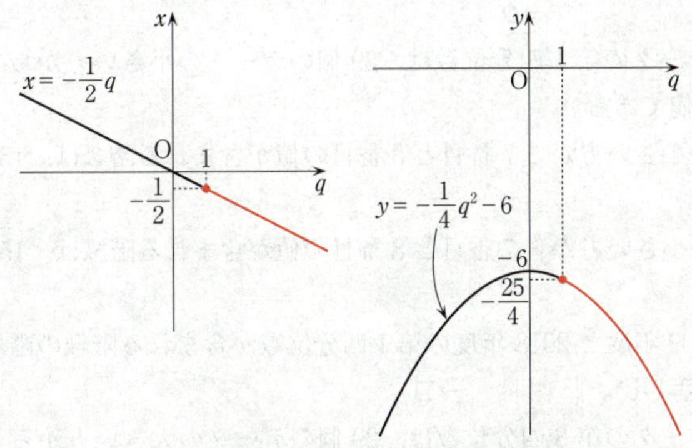

(4)　$q=5,\ 9$ のとき，(2)の計算過程で求めた①，②の解である x の値が，③，④と x 軸との共有点の x 座標として利用できるので，(3)の③，④のグラフの移動の様子も合わせて考えると，$5<q<9$ のとき，③，④のグラフが図2のようになることがわかる。図1（$q=5$）の状態から，q の値が5から9まで増加するとき，③のグラフは上方向へ移動し，④のグラフは左下方向へ移動することを考慮すれば，$x=1$ のときの y の値に着目することもできるが，$x=1$ のとき，③，④はともに $y=q-5$ となることに気づけると，$5<q<9$ のとき，$y=q-5>0$ となるから，図2の様子を理解するための手助けとなる。

③，④のグラフがどのようになるのかがわかれば，集合 A，B は，
$A=\{x \mid x^2-6x+q<0\}$，$B=\{x \mid x^2+qx-6<0\}$ であるから，③，④のグラフを用いることで，$x^2-6x+q<0$，$x^2+qx-6<0$ となる x の範囲がわかり，集合 A，B が図2の赤色部分のようになることもわかる。

図2より，2つの集合 A，B に共通部分はないので，「$x \in A \Longrightarrow x \in B$」と「$x \in B \Longrightarrow x \in A$」はともに偽である。

図4より，$x \in B$ であれば必ず $x \in \overline{A}$ となるので，「$x \in B \Longrightarrow x \in \overline{A}$」は真である。

さらに，図4より，$x \in \overline{A}$ であっても $x \in B$ とはならない x が存在するので，「$x \in \overline{A} \Longrightarrow x \in B$」は偽である。

〔2〕 標準 《ヒストグラム，箱ひげ図，データの相関》

(1)　• 29 個のデータの中央値は，29 個のデータを小さいものから順に並べたときの 15 番目の値である。

2009 年度の中央値が含まれる階級は，30 人以上 45 人未満。

2018 年度の中央値が含まれる階級は，30 人以上 45 人未満。

よって，2009 年度と 2018 年度の中央値が含まれる階級の階級値を比較すると，**両者は等しい。** ② →ケ

• 29 個のデータの第 1 四分位数は，29 個のデータの小さい方から 7 番目と 8 番目の値の平均値である。

2009 年度の小さい方から 7 番目と 8 番目の値が含まれる階級は，15 人以上 30 人未満。

2018 年度の小さい方から 7 番目と 8 番目の値が含まれる階級は，15 人以上 30 人未満。

よって，2009 年度と 2018 年度の第 1 四分位数が含まれる階級の階級値を比較すると，**両者は等しい。** ② →コ

• 29 個のデータの第 3 四分位数は，29 個のデータの大きい方から 7 番目と 8 番目の値の平均値である。

2009 年度の大きい方から 7 番目と 8 番目の値が含まれる階級は，60 人以上 75 人未満。

2018 年度の大きい方から 7 番目と 8 番目の値が含まれる階級は，45 人以上 60 人未満。

よって，2009 年度と 2018 年度の第 3 四分位数が含まれる階級の階級値を比較すると，**2018 年度の方が小さい。** ⓪ →サ

• 2009 年度の範囲は，最大値，最小値が含まれる階級がそれぞれ 165 人以上 180 人未満，15 人以上 30 人未満であることに注意すれば，$(165-30=)\,135$ より大きく，$(180-15=)\,165$ より小さい。

2018 年度の範囲は，最大値，最小値が含まれる階級がそれぞれ 120 人以上 135 人未満，0 人以上 15 人未満であることに注意すれば，$(120-15=)\,105$ より大きく，$(135-0=)\,135$ より小さい。

よって，2009 年度と 2018 年度の範囲を比較すると，**2018 年度の方が小さい。**
⓪ →シ

• 2009 年度の四分位範囲は，第 3 四分位数，第 1 四分位数が含まれる階級がそれぞれ 60 人以上 75 人未満，15 人以上 30 人未満であることに注意すれば，
$(60-30=)\,30$ より大きく，$(75-15=)\,60$ より小さい。
2018 年度の四分位範囲は，第 3 四分位数，第 1 四分位数が含まれる階級がそれぞれ 45 人以上 60 人未満，15 人以上 30 人未満であることに注意すれば，
$(45-30=)\,15$ より大きく，$(60-15=)\,45$ より小さい。
よって，2009 年度と 2018 年度の四分位範囲を比較すると，**これら二つのヒストグラムからだけでは両者の大小を判断できない。** ③ →ス

(2) 2009 年度について，「教育機関 1 機関あたりの学習者数」（横軸）と「教員 1 人あたりの学習者数」（縦軸）の散布図を求める。
⓪ 図 3 の箱ひげ図より，「教育機関 1 機関あたりの学習者数」の第 3 四分位数は 250 人未満である。散布図⓪の横軸に着目すると，大きい方から 7 番目と 8 番目の値は 250 人より大きい。よって，散布図として適さない。
① 図 3 の箱ひげ図より，「教育機関 1 機関あたりの学習者数」の最大値は 450 人より大きい。散布図①の横軸に着目すると，最大値は 450 人未満である。よって，散布図として適さない。
③ 図 3 の箱ひげ図より，「教育機関 1 機関あたりの学習者数」の第 1 四分位数は 100 人未満である。散布図③の横軸に着目すると，小さい方から 7 番目と 8 番目の値は 100 人より大きい。よって，散布図として適さない。
以上より，「教育機関 1 機関あたりの学習者数」（横軸）と「教員 1 人あたりの学習者数」（縦軸）の散布図は ② →セ である。

(3) S と T の相関係数を求めると

$$\frac{735.3}{39.3\times29.9}=\frac{73530}{393\times299}=\frac{24510}{131\times299}=\frac{24510}{39169}$$
$$=0.625\cdots\fallingdotseq \boxed{0}.\boxed{63}$$ →ソ，タチ

(4) (3)で求めた相関係数の値 0.63 から，2 つの変量 S，T の間にやや強い正の相関があることがわかるから，(3)で算出した 2009 年度の S（横軸）と T（縦軸）の散布図として適するのは，①あるいは③である。
表 1 の T の平均値 72.9 に注目する。散布図①の T の度数分布表は右のようになるから

階級	度数
20 以上～ 40 未満	1
40 ～ 60	4
60 ～ 80	4
80 ～100	7
100 ～120	9
120 ～140	2
140 ～160	2
計	29

$$(T\text{ の平均値})>\frac{1}{29}(20\times1+40\times4+60\times4+80\times7+100\times9+120\times2+140\times2)$$
$$=\frac{2400}{29}\fallingdotseq 82.8$$

したがって，散布図①の T の平均値は明らかに 72.9 より大きくなる。

よって，散布図①は適さない。

以上より，S（横軸）と T（縦軸）の散布図は ③ →ツ である。

解説

データの分析についての基本的な知識が習得できていれば，比較的解きやすい標準的な内容であったが，散布図を選択させる問題ではデータを注意深く見ていく必要がある。

29 個のデータを x_1，x_2，…，x_{29}（ただし，$x_1 \leqq x_2 \leqq \cdots \leqq x_{29}$）とすると，最小値は x_1，第1四分位数は $\dfrac{x_7+x_8}{2}$，中央値は x_{15}，第3四分位数は $\dfrac{x_{22}+x_{23}}{2}$，最大値は x_{29} となる。

また，範囲は「(最大値)－(最小値)」，四分位範囲は「(第3四分位数)－(第1四分位数)」で求められる。

(1)　各階級の真ん中の値を階級値という。 ケ ～ サ については，中央値，第1四分位数，第3四分位数が含まれる階級の階級値を比較するわけだから，それぞれの値が含まれる階級の階級値を求める必要はなく，それぞれの値がどの階級に含まれるかだけを考えればよい。

(2)　散布図⓪～③には，完全に重なっている点はないことに注意すること。図3の箱ひげ図において，最大値，最小値，第1四分位数，中央値，第3四分位数などの特徴のある値に注目して考えると，散布図⓪，①，③の中から，図3の箱ひげ図に矛盾する点を見つけることができる。結果として，図4のヒストグラムは使わずに解答することができてしまう。

また，「教育機関1機関あたりの学習者数」の中央値に注目することで，散布図③が適さないことを導き出すこともできる。実際には，図3の箱ひげ図において中央値は 150 人未満であるが，散布図③において横軸に着目すれば小さいものから順に並べたときの 15 番目の値は 150 人より大きいため，散布図③は適さない。

(3)　S と T の相関係数は $\dfrac{(S\text{ と }T\text{ の共分散})}{(S\text{ の標準偏差})\times(T\text{ の標準偏差})}$ で求められる。

また，相関係数の値は，空欄に合うように四捨五入する必要があるが，その指示は裏表紙の「解答上の注意」の4に記載されている。

(4)　散布図⓪～③には，完全に重なっている点はないことに注意すること。

相関係数には，次の性質がある。

• 相関係数の値が1に近いほど，2つの変量の正の相関関係は強く，散布図の点は右上がりの直線に沿って分布する傾向にある。

• 相関係数の値が－1に近いほど，2つの変量の負の相関関係は強く，散布図の点は右下がりの直線に沿って分布する傾向にある。

• 相関係数の値が0に近いほど，2つの変量の相関関係は弱く，散布図の点に直線的な相関関係はない傾向にある。
(3)で求めた相関係数の値が0.63であることを考えると，散布図⓪と②は，右上がりの直線に沿って分布しているとは言いがたいため，散布図として適するのは①あるいは③となる。
散布図①と③のどちらが散布図として適するかを決定するために，表1の数値を手がかりとすることになるが，散布図①と③から標準偏差と共分散の値を考えることは厳しいので，平均値を用いて考えることになる。
散布図①を見るだけでもTの平均値が72.9より大きいことがうかがえるが，散布図①のTの度数分布表を作ってTの平均値を考えると，明らかに72.9より大きくなることが確認できる。

第3問　やや難　場合の数と確率　《完全順列，条件付き確率》

(1)　(i)　A，Bの２人で交換会を開く場合，A，Bが持ち寄ったプレゼントをそれぞれa，bとして，プレゼントの受け取り方を樹形図で表すと，右のようになる。

```
A   B
a — b ×
b — a ○
```

プレゼントの受け取り方の総数は２通り，１回目の交換で交換会が終了するプレゼントの受け取り方は 1 →ア 通りある。

したがって，１回目の交換で交換会が終了する確率は

$$\frac{1}{2} \quad \to \frac{イ}{ウ}$$

である。

(ii)　A，B，Cの３人で交換会を開く場合，A，B，Cが持ち寄ったプレゼントをそれぞれa，b，cとして，プレゼントの受け取り方を樹形図で表すと，右のようになる。

```
A    B   C
a ＜ b — c ×
     c — b ×
b ＜ a — c ×
     c — a ○
c ＜ a — b ○
     b — a ×
```

プレゼントの受け取り方の総数は６通り，１回目の交換で交換会が終了するプレゼントの受け取り方は 2 →エ 通りある。

したがって，１回目の交換で交換会が終了する確率は

$$\frac{2}{6}=\frac{1}{3} \quad \to \frac{オ}{カ}$$

である。

(iii)　３人で交換会を開く場合，１回の交換で交換会が終了しない確率は，余事象の確率を考えれば，(ii)より

$$1-\frac{1}{3}=\frac{2}{3}$$

これより，４回の交換のいずれでも交換会が終了しない確率は

$$\left(\frac{2}{3}\right)^4=\frac{16}{81}$$

よって，４回以下の交換で交換会が終了する確率は，余事象の確率を考えて

$$1-\frac{16}{81}=\frac{65}{81} \quad \to \frac{キク}{ケコ}$$

である。

(2)　４人で交換会を開く場合，１回目の交換で交換会が終了しないプレゼントの受け取り方の総数を求めるために，自分の持参したプレゼントを受け取る人数によって場合分けをする。

• ４人のうち，ちょうど１人が自分の持参したプレゼントを受け取る場合

４人のうち，自分の持参したプレゼントを受け取る１人の選び方が ${}_4C_1$ 通り。

残りの３人は自分の持参したプレゼントを受け取らないから，プレゼントの受け取り方は，(1)の(ii)より，２通り。

よって，４人のうち，ちょうど１人が自分の持参したプレゼントを受け取る場合は

$${}_4C_1\times 2=4\times 2=\boxed{8}\ \rightarrow サ 通り$$

ある。

• ４人のうち，ちょうど２人が自分の持参したプレゼントを受け取る場合

４人のうち，自分の持参したプレゼントを受け取る２人の選び方が ${}_4C_2$ 通り。

残りの２人は自分の持参したプレゼントを受け取らないから，プレゼントの受け取り方は，(1)の(i)より，１通り。

よって，４人のうち，ちょうど２人が自分の持参したプレゼントを受け取る場合は

$${}_4C_2\times 1=\boxed{6}\ \rightarrow シ 通り$$

ある。

• ４人のうち，３人が自分の持参したプレゼントを受け取る場合

残りの１人も自分の持参したプレゼントを受け取ることになるから，４人全員が自分の持参したプレゼントを受け取る場合になり，プレゼントの受け取り方は

１通り

このように考えると，１回目のプレゼントの受け取り方のうち，１回目の交換で交換会が終了しない受け取り方の総数は

$$8+6+1=\boxed{15}\ \rightarrow スセ$$

である。

プレゼントの受け取り方の総数は4!通りだから，１回目の交換で交換会が終了する受け取り方の総数は

$$4!-15=24-15=9 \quad \cdots\cdots ①$$

したがって，１回目の交換で交換会が終了する確率は

$$\frac{9}{4!}=\frac{9}{24}=\frac{\boxed{3}}{\boxed{8}}\ \rightarrow \frac{ソ}{タ}$$

である。

(3)　５人で交換会を開く場合，１回目の交換で交換会が終了しないプレゼントの受け取り方の総数を求めるために，自分の持参したプレゼントを受け取る人数によって場合分けをする。

• ５人のうち，ちょうど１人が自分の持参したプレゼントを受け取る場合

５人のうち，自分の持参したプレゼントを受け取る１人の選び方が ${}_5C_1$ 通り。

残りの４人は自分の持参したプレゼントを受け取らないから，プレゼントの受け取り方は，(2)の①より，９通り。

よって，５人のうち，ちょうど１人が自分の持参したプレゼントを受け取る場合は

$${}_5C_1 \times 9 = 5 \times 9 = 45 \text{ 通り}$$

ある。

• 5人のうち，ちょうど2人が自分の持参したプレゼントを受け取る場合

5人のうち，自分の持参したプレゼントを受け取る2人の選び方が ${}_5C_2$ 通り。

残りの3人は自分の持参したプレゼントを受け取らないから，プレゼントの受け取り方は，(1)の(ii)より，2通り。

よって，5人のうち，ちょうど2人が自分の持参したプレゼントを受け取る場合は

$${}_5C_2 \times 2 = 10 \times 2 = 20 \text{ 通り}$$

ある。

• 5人のうち，ちょうど3人が自分の持参したプレゼントを受け取る場合

5人のうち，自分の持参したプレゼントを受け取る3人の選び方が ${}_5C_3$ 通り。

残りの2人は自分の持参したプレゼントを受け取らないから，プレゼントの受け取り方は，(1)の(i)より，1通り。

よって，5人のうち，ちょうど3人が自分の持参したプレゼントを受け取る場合は

$${}_5C_3 \times 1 = {}_5C_2 = 10 \text{ 通り}$$

ある。

• 5人のうち，4人が自分の持参したプレゼントを受け取る場合

残りの1人も自分の持参したプレゼントを受け取ることになるから，5人全員が自分の持参したプレゼントを受け取る場合になり，プレゼントの受け取り方は

1通り

このように考えると，1回目のプレゼントの受け取り方のうち，1回目の交換で交換会が終了しない受け取り方の総数は

$$45 + 20 + 10 + 1 = 76$$

である。

プレゼントの受け取り方の総数は5!通りだから，1回目の交換で交換会が終了する受け取り方の総数は

$$5! - 76 = 120 - 76 = 44 \quad \cdots\cdots ②$$

したがって，1回目の交換で交換会が終了する確率は

$$\frac{44}{5!} = \frac{44}{120} = \boxed{\frac{11}{30}} \quad \to \frac{\text{チツ}}{\text{テト}}$$

である。

(4)　A，B，C，D，Eの5人が交換会を開く。

1回目の交換でA，B，C，Dがそれぞれ自分以外の人の持参したプレゼントを受け取るのは

(ア)　A，B，C，Dがそれぞれ自分以外の人の持参したプレゼントを受け取り，E

が自分の持参したプレゼントを受け取る場合

(イ)　A，B，C，D，Eの５人全員が自分以外の人の持参したプレゼントを受け取る場合

のいずれかである。

(ア)となる場合は，(2)の①より，９通り，(イ)となる場合は，(3)の②より，44通りだから，１回目の交換でA，B，C，Dがそれぞれ自分以外の人の持参したプレゼントを受け取るプレゼントの受け取り方は

$$9+44=53 \text{ 通り}$$

１回目の交換でA，B，C，Dがそれぞれ自分以外の人の持参したプレゼントを受け取って，かつ，その回で交換会が終了するプレゼントの受け取り方は，(イ)となる場合だから

44通り

よって，求める条件付き確率は

$$\frac{\boxed{44}}{\boxed{53}} \rightarrow \frac{\text{ナニ}}{\text{ヌネ}}$$

である。

解説

プレゼント交換に関する確率の問題であり，完全順列（攪乱順列）とよばれる順列に関する考察を題材とした問題である。類題の経験があればそれほど難しくはないが，類題の経験がない場合でも，誘導に従っていけば考えやすい問題となっている。また，難関大学の入試問題で出題されるテーマであり，「数学B」の漸化式の知識が必要となるが，n 人でプレゼント交換会を開く場合に１回の交換で全員が自分以外の人の持参したプレゼントを受け取る受け取り方の総数を M_n とするとき，

$M_n=(n-1)(M_{n-1}+M_{n-2})$ $(n\geqq 3)$ が成り立つ。仮に，この知識まで持っていた場合には，(1)・(2)の結果から(3)の答えをすばやく求めることができる。

(1)　(i)・(ii)　プレゼントの受け取り方の総数は少ないため，樹形図を用いてすべてのプレゼントの受け取り方を書き出してしまった方が，速く正確に処理できる。

(iii)　事象「４回以下の交換で交換会が終了する」の余事象は，「４回の交換のすべてにおいて交換会が終了しない」となる。４回以下の交換で交換会が終了する確率を余事象の確率を考えずに求めると，１回目，２回目，３回目，４回目の交換で初めて交換会が終了する確率をそれぞれ求めることになり，手間がかかってしまう。

(2)　構想に基づいて求める意図を把握することで，(1)の結果を利用できることに気づきたい。

４人のうち３人が自分の持参したプレゼントを受け取る場合と，４人全員が自分の持参したプレゼントを受け取る場合は，結局のところ，同じことを考えていること

になるので注意すること。

(3)　(2)の構想と同様にして求めればよい。

(4)　１回目の交換でA，B，C，Dがそれぞれ自分以外の人の持参したプレゼントを受け取ったとき

(ア)　Eが自分の持参したプレゼントを受け取る場合

あるいは

(イ)　Eが自分以外の人の持参したプレゼントを受け取る場合

のどちらかとなる。

(ア)となる場合は，A，B，C，Dの４人が自分以外の人の持参したプレゼントを受け取る受け取り方の総数(2)の①が利用できる。

１回目の交換でA，B，C，Dがそれぞれ自分以外の人の持参したプレゼントを受け取って，かつ，その回で交換会が終了するプレゼントの受け取り方は，(イ)となる場合である。

第4問 やや難 整数の性質 《不定方程式》

(1) $5^4=625$ を $2^4=16$ で割ったときの商は 39，余りは 1 だから

$$5^4=2^4\cdot 39+1 \quad \cdots\cdots ③$$

すなわち，$5^4\cdot 1-2^4\cdot 39=1$ ……④ が成り立つ。

このことを用いると，不定方程式 $5^4x-2^4y=1$ ……① の整数解のうち，x が正の整数で最小になるのは

$x=$ 1 →ア，$y=$ 39 →イウ

であることがわかる。

また，①−④より

$$5^4(x-1)-2^4(y-39)=0 \quad すなわち \quad 5^4(x-1)=2^4(y-39)$$

5^4 と 2^4 は互いに素なので，k を整数として

$$x-1=2^4k,\ y-39=5^4k$$

と表されるから

$$x=16k+1,\ y=625k+39$$

よって，①の整数解のうち，x が 2 桁の正の整数で最小になるのは，$k=1$ のときで

$x=16\cdot 1+1=$ 17 →エオ

$y=625\cdot 1+39=$ 664 →カキク

である。

(2) 次に，625^2 を 5^5 で割ったときの余りと，2^5 で割ったときの余りについて考える。まず

$625^2=(5^4)^2=5^{8}$ →ケ

であり，また，$m=39$ とすると，③より

$$625^2=(5^4)^2=(2^4\cdot 39+1)^2=(2^4m+1)^2$$

$=(2^4m)^2+2\cdot 2^4m\cdot 1+1^2=2^8m^2+2^{5}m+1$ →コ

である。これらより

$$625^2=5^5\cdot 5^3 \quad \cdots\cdots ⑤$$

$$625^2=2^5(2^3m^2+m)+1 \quad \cdots\cdots ⑥$$

だから，625^2 を 5^5 で割ったときの余りは 0，2^5 で割ったときの余りは 1 であることがわかる。

(3) (2)の考察は，不定方程式 $5^5x-2^5y=1$ ……② の整数解を調べるために利用できる。

5^5x は 5^5 の倍数であり，②より

$$5^5x=2^5y+1 \quad \cdots\cdots⑦$$

なので，5^5x を 2^5 で割ったときの余りは1となる。

よって，(2)の⑤，⑥と⑦により

$$5^5x-625^2=5^5x-5^5\cdot5^3=5^5(x-5^3)$$

$$5^5x-625^2=(2^5y+1)-\{2^5(2^3m^2+m)+1\}=2^5(y-2^3m^2-m)$$

だから，5^5x-625^2 は 5^5 でも 2^5 でも割り切れる。

5^5 と 2^5 は互いに素なので，5^5x-625^2 は $5^5\cdot2^5$ の倍数であるから

$$5^5x-625^2=5^5\cdot2^5l \quad (l：整数)$$

とおける。この両辺を 5^5 で割れば

$$x-5^3=2^5l \quad すなわち \quad x=2^5l+5^3=32l+125$$

このことから，②の整数解のうち，x が3桁の正の整数で最小になるのは，$l=0$ のときで

$$x=32\cdot0+125=\boxed{125} \quad \rightarrow サシス$$

このとき，$x=125=5^3$ を②に代入すれば

$$5^5\cdot5^3-2^5y=1 \qquad 2^5y=5^5\cdot5^3-1$$

$$y=\frac{5^8-1}{2^5}=\frac{(5^4+1)(5^4-1)}{2^5}=\frac{(5^4+1)(5^2+1)(5^2-1)}{2^5}=\frac{626\cdot26\cdot24}{2^5}$$

$$=313\cdot13\cdot3=\boxed{12207} \quad \rightarrow セソタチツ$$

(4)　(1)〜(3)と同様にして，不定方程式 $11^5x-2^5y=1$ ……⑧ の整数解について調べる。

$11^4=14641$ を $2^4=16$ で割ったときの商は915，余りは1だから

$$11^4=2^4\cdot915+1 \quad \cdots\cdots⑨$$

が成り立つ。

次に，14641^2 を 11^5 で割ったときの余りと，2^5 で割ったときの余りについて考える。

まず

$$14641^2=(11^4)^2=11^8=11^5\cdot11^3 \quad \cdots\cdots⑩$$

であり，また，$n=915$ とすると，⑨より

$$14641^2=(11^4)^2=(2^4\cdot915+1)^2=(2^4n+1)^2=2^8n^2+2^5n+1$$

$$=2^5(2^3n^2+n)+1 \quad \cdots\cdots⑪$$

である。

これらより，14641^2 を 11^5 で割ったときの余りは0，2^5 で割ったときの余りは1であることがわかる。

さらに，11^5x は 11^5 の倍数であり，⑧より

$$11^5x = 2^5y + 1 \quad \cdots\cdots ⑫$$

なので，11^5x を 2^5 で割ったときの余りは1となる。

よって，⑩，⑪と⑫により

$$11^5x - 14641^2 = 11^5x - 11^5 \cdot 11^3 = 11^5(x - 11^3)$$

$$11^5x - 14641^2 = (2^5y + 1) - \{2^5(2^3n^2 + n) + 1\} = 2^5(y - 2^3n^2 - n)$$

だから，$11^5x - 14641^2$ は 11^5 でも 2^5 でも割り切れる。

11^5 と 2^5 は互いに素なので，$11^5x - 14641^2$ は $11^5 \cdot 2^5$ の倍数であるから

$$11^5x - 14641^2 = 11^5 \cdot 2^5 j \quad (j：整数)$$

とおける。この両辺を 11^5 で割れば

$$x - 11^3 = 2^5 j \quad すなわち \quad x = 2^5 j + 11^3 = 32j + 1331 \quad \cdots\cdots ⑬$$

このことから，⑧の整数解のうち，x が正の整数で最小になるのは，$1331 = 32 \cdot 41 + 19$ であることに注意すれば，$j = -41$ のときで

$$x = 32 \cdot (-41) + 1331 = \boxed{19} \quad →テト$$

このとき，$x = 19$ を⑧に代入すれば

$$11^5 \cdot 19 - 2^5y = 1 \qquad 2^5y = 11^5 \cdot 19 - 1 \qquad y = \frac{11^5 \cdot 19 - 1}{2^5}$$

ここで，⑬は $x = 19$，$j = -41$ のとき成り立つから

$$19 = 2^5 \cdot (-41) + 11^3$$

すなわち，$11^3 = 19 - 2^5 \cdot (-41) = 19 + 2^5 \cdot 41$ であるから

$$y = \frac{11^5 \cdot 19 - 1}{2^5} = \frac{11^3 \cdot 11^2 \cdot 19 - 1}{2^5} = \frac{(19 + 2^5 \cdot 41) \cdot 11^2 \cdot 19 - 1}{2^5}$$

$$= \frac{11^2 \cdot 19^2 + 2^5 \cdot 41 \cdot 11^2 \cdot 19 - 1}{2^5} = \frac{2^5 \cdot 41 \cdot 11^2 \cdot 19 + \{(11 \cdot 19)^2 - 1\}}{2^5}$$

$$= \frac{2^5 \cdot 41 \cdot 11^2 \cdot 19 + (11 \cdot 19 + 1)(11 \cdot 19 - 1)}{2^5}$$

$$= \frac{2^5 \cdot 41 \cdot 11^2 \cdot 19 + 210 \cdot 208}{2^5} = 41 \cdot 11^2 \cdot 19 + 105 \cdot 13$$

$$= 94259 + 1365 = \boxed{95624} \quad →ナニヌネノ$$

別解　ナ〜ノについて

このとき，$x = 19$ を⑧に代入すれば

$$11^5 \cdot 19 - 2^5y = 1 \qquad 2^5y = 11^5 \cdot 19 - 1 \qquad y = \frac{11^5 \cdot 19 - 1}{2^5}$$

ここで，⑨より，$11^4 = 2^4 \cdot 915 + 1$ なので

$$y = \frac{11^5 \cdot 19 - 1}{2^5} = \frac{11^4 \cdot 11 \cdot 19 - 1}{2^5} = \frac{(2^4 \cdot 915 + 1) \cdot 11 \cdot 19 - 1}{2^5}$$

$$=\frac{2^4\cdot 915\cdot 11\cdot 19+11\cdot 19-1}{2^5}=\frac{2^4\cdot 915\cdot 11\cdot 19+208}{2^5}$$

$$=\frac{915\cdot 11\cdot 19+13}{2}=\frac{191235+13}{2}=95624$$

解説

係数の値が大きい１次不定方程式の整数解を，係数の剰余などを利用することで求めさせる問題。誘導は与えられているが，その誘導に沿った計算の方針が立てづらく，計算も煩雑である。全体的に取り組みづらい問題であったと思われる。

(1)　不定方程式①の整数解のうち，x が２桁の正の整数で最小になるには，$x>9$ より，$(x=)\,16k+1>9$ すなわち $k>\frac{1}{2}$ なので，k は１以上の整数となるから，$k=1$ として $x=17$ を求める。

(2)　$625^2=2^{\boxed{ケ}}m^2+2^{\boxed{コ}}m+1$ は，$m=\boxed{イウ}$ とするので，(1)を利用させるための誘導となっている。$625^2=(5^4)^2$ なので，(1)の問題文にある「$5^4=625$ を 2^4 で割ったときの余りは１に等しい」を数式で表した③を用いることになる。

(3)　基本的には誘導に従えばよいが，誘導となる問題文の意図が読み取りづらく，計算力も要するため，戸惑った受験生が多かっただろう。

不定方程式②の整数解のうち，x が３桁の正の整数で最小になるには，$x>99$ より，$(x=)\,32l+125>99$ すなわち $l>-\frac{13}{16}$ なので，l は０以上の整数となるから，$l=0$ として $x=125$ を求める。

$y=\frac{5^8-1}{2^5}$ の分子を和と差の積の形に因数分解してから計算すると，計算が簡略化できるが，試験場でこのやり方が思いつかなければ，単純に計算するとよい。

(4)　(1)～(3)の流れを再現する思考力が必要であり，計算力も要求されるため，難しい。苦戦した受験生が多かったと思われる。

不定方程式⑧の整数解のうち，x が正の整数で最小になるには，1331 を 32 で割ったときの商と余りを考えて，$1331=32\cdot 41+19$ すなわち $19=32\cdot(-41)+1331$ に注意することで $x=19$ が求まる。$x>0$ より，$(x=)\,32j+1331>0$ すなわち $j>-\frac{1331}{32}=-41.59375$ なので，j は -41 以上の整数となるから，$j=-41$ として $x=19$ を求めてもよい。

$y=\frac{11^5\cdot 19-1}{2^5}$ を求める際，〔解答〕や〔別解〕のような上手な解法はなかなか試験中に思いつくものではないので，そのような場合には少々大変にはなるが，単純に計算するしかない。

第5問　やや難　図形の性質　《重心，メネラウスの定理，方べきの定理》

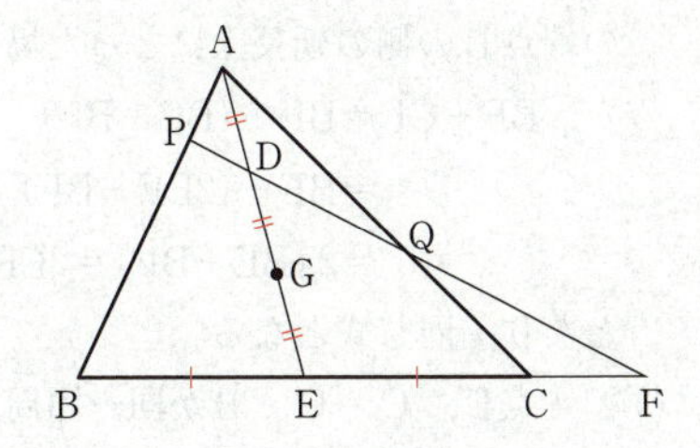

(1)　点Gは△ABCの重心なので

$$AG : GE = 2 : 1$$

点Dは線分AGの中点であるとすると

$$AD : DG = 1 : 1$$

なので

$$AD : DE = 1 : 2$$

このとき，△ABCの形状に関係なく

$$\frac{AD}{DE} = \frac{\boxed{1}}{\boxed{2}} \quad \to \frac{ア}{イ}$$

また，△ABEと直線PDにメネラウスの定理を用いれば，点Fの位置に関係なく

$$\frac{BP}{PA} \cdot \frac{AD}{DE} \cdot \frac{EF}{FB} = 1$$

$$\frac{BP}{AP} = \frac{DE}{AD} \cdot \frac{BF}{EF}$$

$$\frac{BP}{AP} = \boxed{2} \times \frac{BF}{EF} \left(\frac{\boxed{①}}{\boxed{③}} \right) \quad \to ウ, \ \frac{エ}{オ}$$

△AECと直線DQにメネラウスの定理を用いれば，点Fの位置に関係なく

$$\frac{CQ}{QA} \cdot \frac{AD}{DE} \cdot \frac{EF}{FC} = 1$$

$$\frac{CQ}{AQ} = \frac{DE}{AD} \cdot \frac{CF}{EF}$$

$$\frac{CQ}{AQ} = \boxed{2} \times \frac{CF}{EF} \left(\frac{\boxed{②}}{\boxed{③}} \right) \quad \to カ, \ \frac{キ}{ク}$$

これより

$$\frac{BP}{AP} + \frac{CQ}{AQ} = 2 \times \frac{BF}{EF} + 2 \times \frac{CF}{EF} = 2 \times \frac{BF + CF}{EF}$$

ここで，点Eは，直線AGと辺BCの交点より，辺BCの中点なので

$$BC = 2BE = 2EC$$

となるから

$$BF + CF = (BC + CF) + CF = (2EC + CF) + CF$$

$$= 2(EC + CF) = 2EF$$

したがって，つねに

$$\frac{BP}{AP} + \frac{CQ}{AQ} = 2 \times \frac{BF + CF}{EF} = 2 \times \frac{2EF}{EF} = \boxed{4} \quad \to ケ$$

（注）　ここでは，点Fを辺BCの端点Cの側の延長上にとったが，右図のように，点Fを辺BCの端点Bの側の延長上にとった場合も

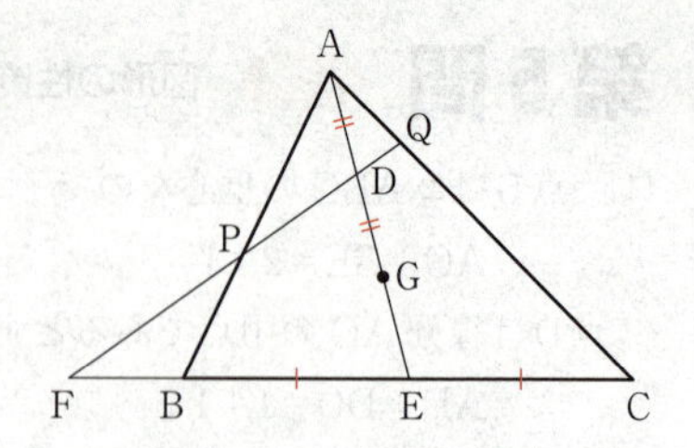

$$\mathrm{BF}+\mathrm{CF}=\mathrm{BF}+(\mathrm{BC}+\mathrm{BF})$$
$$=\mathrm{BF}+(2\mathrm{BE}+\mathrm{BF})$$
$$=2(\mathrm{BE}+\mathrm{BF})=2\mathrm{EF}$$

となり，同じ式となる。

(2)　4点B，C，Q，Pが同一円周上にあるように点Fをとると，点Fは辺BCの端点Cの側の延長上にある。

4点B，C，Q，Pが同一円周上にあるので，方べきの定理を用いると

$$\mathrm{AP}\cdot\mathrm{AB}=\mathrm{AQ}\cdot\mathrm{AC}$$

AB＝9，AC＝6より

$$\mathrm{AP}\cdot 9=\mathrm{AQ}\cdot 6$$

$$\therefore\quad \mathrm{AQ}=\frac{3}{2}\mathrm{AP}\quad\rightarrow\frac{コ}{サ}$$

であるから，AP＝x（$x>0$）とおくと

$$\mathrm{AQ}=\frac{3}{2}x$$

であり

$$\mathrm{BP}=\mathrm{AB}-\mathrm{AP}=9-x$$

$$\mathrm{CQ}=\mathrm{AC}-\mathrm{AQ}=6-\frac{3}{2}x$$

と表せる。

点Dは線分AGの中点なので，(1)の結果を用いれば，つねに$\dfrac{\mathrm{BP}}{\mathrm{AP}}+\dfrac{\mathrm{CQ}}{\mathrm{AQ}}=4$が成り立つから，代入すれば

$$\frac{9-x}{x}+\frac{6-\frac{3}{2}x}{\frac{3}{2}x}=4\qquad \frac{9-x}{x}+\frac{4-x}{x}=4$$

両辺をx倍して

$$(9-x)+(4-x)=4x\qquad\therefore\quad x=\frac{13}{6}$$

したがって

$$\mathrm{AP}=x=\frac{13}{6}\quad\rightarrow\frac{シス}{セ}$$

$$AQ=\frac{3}{2}x=\frac{3}{2}\cdot\frac{13}{6}=\frac{\boxed{13}}{\boxed{4}}\quad\rightarrow\frac{ソタ}{チ}$$

また

$$BP=9-x=9-\frac{13}{6}=\frac{41}{6}$$

$$CQ=6-\frac{3}{2}x=6-\frac{13}{4}=\frac{11}{4}$$

$CF=y$ $(y>0)$ とおくと，点Fは辺BCの端点Cの側の延長上にあるので

$$BF=BC+CF=8+y$$

となるから，△ABCと直線PQにメネラウスの定理を用いれば

$$\frac{AP}{PB}\cdot\frac{BF}{FC}\cdot\frac{CQ}{QA}=1$$

$$\frac{\frac{13}{6}}{\frac{41}{6}}\cdot\frac{8+y}{y}\cdot\frac{\frac{11}{4}}{\frac{13}{4}}=1\qquad\frac{13}{41}\cdot\frac{8+y}{y}\cdot\frac{11}{13}=1$$

両辺を $41y$ 倍して

$$11(8+y)=41y\qquad\therefore\quad y=\frac{44}{15}$$

よって

$$CF=y=\frac{\boxed{44}}{\boxed{15}}\quad\rightarrow\frac{ツテ}{トナ}$$

(3)　$\dfrac{AD}{DE}=k$ $(k>0)$ とおくと，(1)の計算過程と同様に考えることで，点Fの位置に関係なく

$$\frac{BP}{AP}=\frac{DE}{AD}\cdot\frac{BF}{EF}=\frac{1}{k}\times\frac{BF}{EF}$$

$$\frac{CQ}{AQ}=\frac{DE}{AD}\cdot\frac{CF}{EF}=\frac{1}{k}\times\frac{CF}{EF}$$

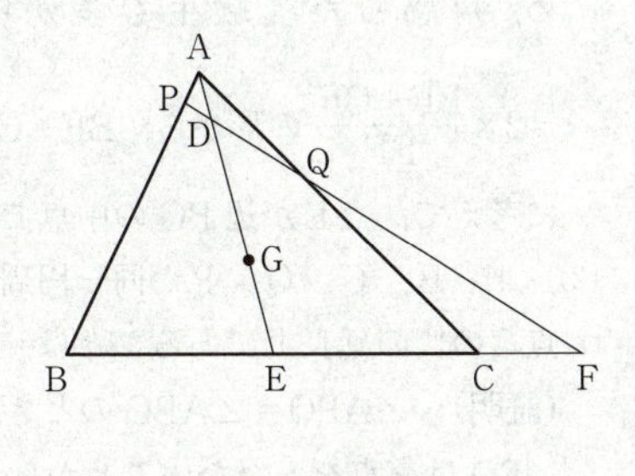

であり，つねに

$$\frac{BP}{AP}+\frac{CQ}{AQ}=\frac{1}{k}\times\frac{BF+CF}{EF}=\frac{1}{k}\times\frac{2EF}{EF}$$

$$=\frac{2}{k}$$

となる。

これより，△ABCの形状や点Fの位置に関係なく，つねに $\dfrac{BP}{AP}+\dfrac{CQ}{AQ}=10$ となるのは

$$\frac{2}{k}=10 \qquad \therefore \quad k=\frac{1}{5}$$

のときだから

$$\frac{\mathrm{AD}}{\mathrm{DE}}=k=\frac{1}{5}$$

すなわち　　AD：DE＝1：5

これと AG：GE＝2：1＝4：2 を合わせて考えれば

AD：DG＝1：3

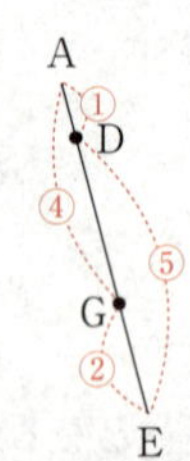

すなわち，$\frac{\mathrm{AD}}{\mathrm{DG}}=\frac{\boxed{1}}{\boxed{3}}$ →$\frac{\text{ニ}}{\text{ヌ}}$のときである。

解説

三角形の線分比と円に関する平面図形の問題。条件にあった図を描くことが難しく，誘導も少ないため，重心の性質，メネラウスの定理，方べきの定理を適切に使い分けられるかどうかが試される問題であった。

(1)　問題文「線分 AG 上で点Aとは異なる位置に点Dをとる」の～～部分を「直線」と読み違えてしまうと，点Dの位置をとり違えてしまうこともあるので，「線分」と「直線」の違いをしっかりと理解することも含めて，注意すべきである。

$\boxed{\text{ウ}}$～$\boxed{\text{ク}}$については，求めたい式が$\frac{\mathrm{BP}}{\mathrm{AP}}$，$\frac{\mathrm{CQ}}{\mathrm{AQ}}$であることから，メネラウスの定理を用いることを思いつく。「図形の性質」において，メネラウスの定理は頻出であるから，つねに頭の片隅に置いておかなければならない。

$\frac{\mathrm{BP}}{\mathrm{AP}}+\frac{\mathrm{CQ}}{\mathrm{AQ}}=\boxed{\text{ケ}}$ については，先の形を見据えながら式変形をする必要があるため，戸惑った受験生も多かったと思われる。この式の形と，$\frac{\mathrm{BP}}{\mathrm{AP}}+\frac{\mathrm{CQ}}{\mathrm{AQ}}=2\times\frac{\mathrm{BF}+\mathrm{CF}}{\mathrm{EF}}$ の形から，BF＋CF が EF となるような式変形ができないかを中心に考えて，点Eが辺 BC の中点であることを利用することに気づきたい。

(2)　4点B，C，Q，Pが同一円周上にあるように点Fをとると，点Fが辺 BC の端点Cの側の延長上にあることは，以下のように証明することができる。

（証明）　∠APQ＝∠ABC のとき，直線 BC と直線 PQ は平行であり，2直線 BC，PQ は交点をもたないことから

- ∠APQ＜∠ABC のとき，2直線 BC，PQ は辺 BC の端点Bの側の延長上で交わる。
- ∠APQ＞∠ABC のとき，2直線 BC，PQ は辺 BC の端点Cの側の延長上で交わる。

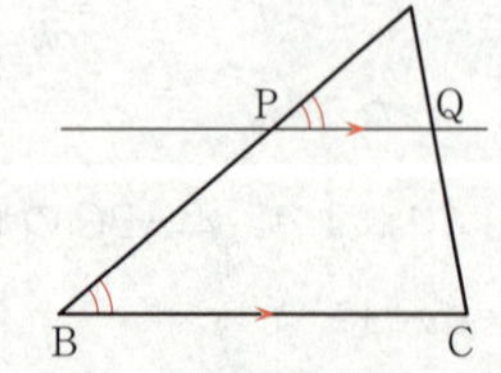

となることがわかる。

したがって，点Fが辺BCの端点Cの側の延長上にあることを示すためには，$\angle APQ > \angle ABC$ であることが示せればよい。

4点B，C，Q，Pは同一円周上にあるから，四角形BCQPの1つの内角と，その対角の外角は等しいので

$$\angle APQ = \angle BCQ \quad \cdots\cdots ①$$

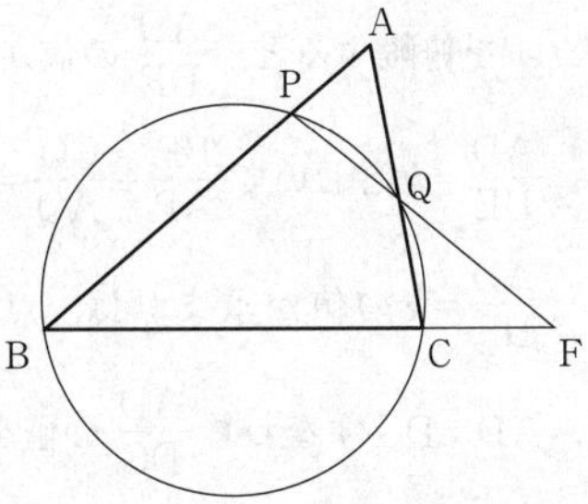

$\triangle ABC$ において，$AB=9$，$AC=6$ より，$AB > AC$ なので

$$\angle BCA > \angle ABC \quad \cdots\cdots ②$$

よって，①，②より

$$\angle APQ = \angle BCQ\,(=\angle BCA) > \angle ABC$$

$$\therefore \quad \angle APQ > \angle ABC$$

が成り立つ。 （証明終）

本問では，試験中に点Fが辺BCの端点Cの側の延長上にあることの証明まで考えている時間的な余裕はない。仮に点Fを辺BCの端点Bの側の延長上にとってしまった場合でも，方べきの定理と(1)の結果によってAP，AQ，BP，CQは求まるが，$CF=y$ とおくとき，$BF=CF-BC=y-8$ となるから，メネラウスの定理 $\dfrac{AP}{PB}\cdot\dfrac{BF}{FC}\cdot\dfrac{CQ}{QA}=1$ により，$CF=-\dfrac{44}{15}$ となって，CFが負の値になってしまう。その時点で点Fが辺BCの端点Cの側の延長上にある可能性を検討してほしい。

センター試験も含めた近年では，正確な図を描く力を試す出題が続いている。今後もこの流れは続くものと予想されるので，普段から問題を解く際に，正しい図を描く意識をもって問題演習に取り組むとよい。

$AQ=\dfrac{\boxed{コ}}{\boxed{サ}}AP$ については，APとAQの比がわかればよいので，三角形と円が関係する図を参考にして考えれば，方べきの定理を用いることは気づけるだろう。「図形の性質」においては，方べきの定理も頻出であるから，しっかりと使いこなせるようにしておきたい。

$AP=x$ とおいてAP，AQの長さを(1)の結果を用いて求める際，(1)では点Dが線分AGの中点であるとき，$\triangle ABC$ の形状と点Fの位置に関係なく，つねに $\dfrac{BP}{AP}+\dfrac{CQ}{AQ}=4$ が成り立つことが示せたので，(1)の結果を利用するためには，点Dが線分AGの中点であるかどうかを確認する必要がある。

$AP=x=\dfrac{13}{6}$ が求まれば，AQ，さらに，BP，CQが求まるので，CFの長さを求め

るためにメネラウスの定理を用いる。

(3)　(1)の考え方に注目できたかどうかで差がつく問題である。(1)と同様に，点Fを辺BCの端点Bの側の延長上にとった場合には，〔解答〕とすべて同じ式になる。

(1)を俯瞰すると，$\frac{AD}{DE}$ の値が求まることで $\frac{BP}{AP}+\frac{CQ}{AQ}$ の値が求まるわけだから，

$\frac{AD}{DE}=k$ とおいて $\frac{BP}{AP}+\frac{CQ}{AQ}=10$ となる k の値を求める。

$\frac{AD}{DE}=k$ の値が求まれば，点Gが△ABCの重心より，AG：GE＝2：1なので，

AD：DGすなわち $\frac{AD}{DG}$ の値を求めることができる。

数学Ⅱ・数学B　本試験

問題番号(配点)	解答記号	正解	配点	チェック
第1問 (30)	(ア，イ)	(2，5)	1	
	ウ	5	1	
	エ	③	2	
	オ	0	2	
	カ	⓪	2	
	$\frac{キ}{ク}$	$\frac{1}{2}$	1	
	ケ	①	2	
	$\frac{コ}{サ}$	$\frac{4}{3}$	2	
	シ	⑤	2	
	ス	2	2	
	セ	8	3	
	ソ	①	2	
	タ	①	1	
	チ	③	2	
	ツ	⓪	2	
	テ	②	3	

問題番号(配点)	解答記号	正解	配点	チェック
第2問 (30)	ア	①	2	
	イ	⓪	2	
	ウ	③	2	
	エ	②	2	
	オカ$\sqrt{キ}$	$-2\sqrt{2}$	2	
	ク	2	2	
	ケ，コ	①，④ (解答の順序は問わない)	6 (各3)	
	サ，シス	b，$2b$	2	
	セ，ソ	②，①	2	
	タ	②	2	
	$\frac{チツ}{テ}$，ト，ナニ，ヌ	$\frac{-1}{6}$，9，12，5	4	
	$\frac{ネ}{ノ}$	$\frac{5}{2}$	2	

問題番号(配点)	解答記号	正　解	配　点	チェック
第3問 (20)	0.アイ	0.25	2	
	ウエオ	100	2	
	カ	②	2	
	キ	②	3	
	ク	1	2	
	ケ，コ	4，2	2	
	サ	3	2	
	シス	11	2	
	セ	②	3	
第4問 (20)	ア	4	1	
	イ	8	1	
	ウ	7	1	
	エ	③	2	
	オ	④	2	
	a_n+カb_n+キ	a_n+2b_n+2	2	
	ク	1	2	
	ケ	⑦	2	
	コ	⑨	3	
	サ	4	2	
	シスセ	137	2	

問題番号(配点)	解答記号	正　解	配　点	チェック
第5問 (20)	$\frac{アイ}{ウ}$	$\frac{-2}{3}$	1	
	エ，オ	①，⓪	2	
	カ，キ	④，⓪	2	
	$\frac{ク}{ケ}$	$\frac{3}{5}$	2	
	$\frac{コ}{サt-シ}$	$\frac{3}{5t-3}$	2	
	ス	③	2	
	セ	⓪	2	
	ソ	6	2	
	タ	−	1	
	チ$\overrightarrow{OA}$+ツ$\overrightarrow{OB}$	$2\overrightarrow{OA}+3\overrightarrow{OB}$	1	
	$\frac{テ}{ト}$	$\frac{3}{4}$	3	

（注）第1問，第2問は必答。第3問～第5問のうちから2問選択。計4問を解答。

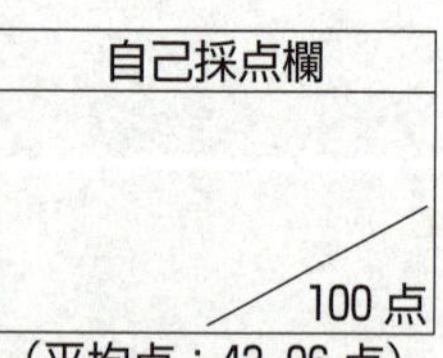

（平均点：43.06点）

第1問 ── 図形と方程式，指数・対数関数

〔1〕 標準 《不等式の表す領域，円と直線》

(1) 領域 D は，不等式

$$x^2+y^2-4x-10y+4\leqq 0$$

で表され，この不等式は

$$(x-2)^2+(y-5)^2\leqq 5^2$$

と変形されるから，領域 D は，中心が点（ 2 ， 5 ）→ア，イ，
半径が 5 →ウ の円の**周および内部** ③ →エ である。

(2) 右図において

$$\mathrm{A}(-8,\ 0),\ \mathrm{Q}(2,\ 5)$$

$$C: x^2+y^2-4x-10y+4=0 \quad \cdots\cdots①$$

である。

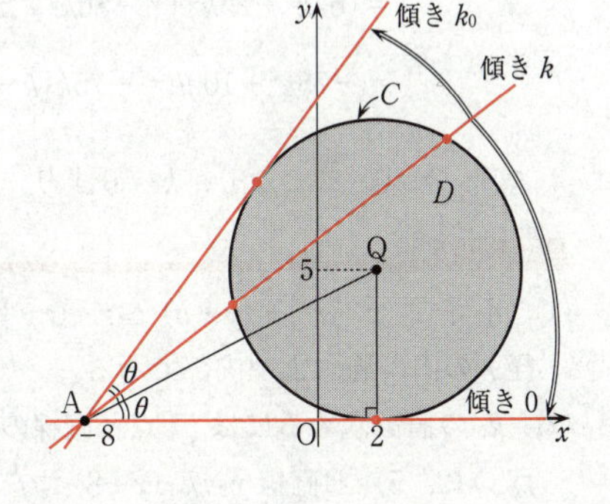

(i) 右図より，直線 $y=$ 0 →オ は点Aを通る C の接線の一つとなることがわかる。

(ii) 点Aを通り，傾きが k の直線 ℓ の方程式は

$$y=k(x+8)$$

と表せるから，これを①に代入して

$$x^2+\{k(x+8)\}^2-4x-10k(x+8)+4=0$$

すなわち

$$(k^2+1)x^2+2(8k^2-5k-2)x+(64k^2-80k+4)=0 \quad \cdots\cdots②$$

が得られる。この方程式が**重解をもつ** ⓪ →カ ときの k の値が接線の傾きとなる。

(iii) x 軸と直線AQのなす角を θ $\left(0<\theta\leqq\frac{\pi}{2}\right)$ とすると，上図より

$$\tan\theta=\frac{5-0}{2-(-8)}=\frac{5}{10}=\frac{1}{2} \quad \to \frac{キ}{ク}$$

であり，直線 $y=0$ と異なる接線の傾きは $\tan 2\theta$ ① →ケ と表すことができる。

(iv) 点Aを通る C の接線のうち，直線 $y=0$ と異なる接線の傾きを k_0 とするとき，(2)の(iii)の考え方を用いれば

$$k_0=\tan 2\theta=\frac{2\tan\theta}{1-\tan^2\theta} \quad (2倍角の公式)$$

$$=\frac{2\times\frac{1}{2}}{1-\left(\frac{1}{2}\right)^2}=\frac{1}{\frac{3}{4}}=\frac{\boxed{4}}{\boxed{3}}$$　→コ サ

であることがわかる。

直線 ℓ と領域 D が共有点をもつような k の値の範囲は，前ページの図より，

$0\leqq k\leqq k_0$　⑤　→シ である。

（注） (2)の(ii)の考え方を用いて k_0 を求めると次のようになる。

2次方程式②の判別式を D_1 とし，$D_1=0$ となるときの k の値を求める。

$$\frac{D_1}{4}=(8k^2-5k-2)^2-(k^2+1)(64k^2-80k+4)$$
$$=(64k^4+25k^2+4-80k^3+20k-32k^2)-(64k^4-80k^3+4k^2+64k^2-80k+4)$$
$$=-75k^2+100k=-75k\left(k-\frac{4}{3}\right)=0$$

より，$k=0,\ \frac{4}{3}$ となり，$k_0\neq0$ より，$k_0=\frac{4}{3}$ である。

解説

(1)　不等式 $(x-a)^2+(y-b)^2\leqq r^2$ $(r>0)$ の表す領域は，点 $(a,\ b)$ を中心とする半径 r の円の周および内部である。

(2)　k_0 の値を求めるには，「点と直線の距離の公式」を用いることもできる。

点Q $(2,\ 5)$ と直線 $y=k_0(x+8)$ すなわち $k_0x-y+8k_0=0$ の距離が半径の5に等しいと考えて

$$\frac{|k_0\times2-5+8k_0|}{\sqrt{{k_0}^2+(-1)^2}}=5$$

を解けばよい。分母を払って，両辺を5で割ると

$$|2k_0-1|=\sqrt{{k_0}^2+1}$$

両辺を平方して

$$4{k_0}^2-4k_0+1={k_0}^2+1\qquad3{k_0}^2-4k_0=0$$

$k_0\neq0$ より　　$k_0=\frac{4}{3}$

と求まる。（注）の方法より簡単である。身につけておくべき方法である。

なお，2次方程式②が実数解をもつ条件（$D_1\geqq0$）として，$0\leqq k\leqq k_0=\frac{4}{3}$ が求まる。

$$\frac{D_1}{4}=-75k\left(k-\frac{4}{3}\right)\geqq0\quad すなわち\quad k\left(k-\frac{4}{3}\right)\leqq0$$

より，$0\leqq k\leqq\frac{4}{3}$ である。

〔2〕 標準 《対数の大小》

(1)　$\log_3 9 =$ 2 →ス，$\log_9 3 = \frac{1}{2}$ である。

$2 > \frac{1}{2}$ より，$\log_3 9 > \log_9 3$ が成り立つ。

$\left(\frac{1}{4}\right)^{-\frac{3}{2}} = (2^{-2})^{-\frac{3}{2}} = 2^3 = 8$ より　　$\log_{\frac{1}{4}}$ 8 $= -\frac{3}{2}$　→セ

$8^{-\frac{2}{3}} = (2^3)^{-\frac{2}{3}} = 2^{-2} = \frac{1}{4}$ より　　$\log_8 \frac{1}{4} = -\frac{2}{3}$

である。$-\frac{3}{2} < -\frac{2}{3}$ より，$\log_{\frac{1}{4}} 8 < \log_8 \frac{1}{4}$ が成り立つ。

(2)　　$\log_a b = t$　……①

とおくとき

$\log_b a = \frac{1}{t}$　……②

であることを示す。ただし，$a>0$，$b>0$，$a \neq 1$，$b \neq 1$ である。

①により，$a^t = b$ ① →ソである。このことにより

$(a^t)^{\frac{1}{t}} = b^{\frac{1}{t}}$　すなわち　$a = b^{\frac{1}{t}}$ ① →タ

が得られ，$\log_b a = \frac{1}{t}$ すなわち②が成り立つ。

(3)　　$t > \frac{1}{t}$　$(t \neq 0)$　……③

を解くと

$-1 < t < 0$，$1 < t$

となる。このことを用いると，a の値を一つ定めたとき，不等式

$\log_a b > \log_b a = \frac{1}{\log_a b}$　……④

を満たす実数 b（$b>0$，$b \neq 1$）は

$-1 < \log_a b < 0$，$1 < \log_a b$

を満たす。これらを $-1 = \log_a a^{-1} = \log_a \frac{1}{a}$，$0 = \log_a 1$，$1 = \log_a a$ を用いて

$\log_a \frac{1}{a} < \log_a b < \log_a 1$，$\log_a a < \log_a b$

と書き換えておく。この不等式から，④を満たす b の値の範囲は，

$a>1$ のときは，$\frac{1}{a} < b < 1$，$a < b$ ③ →チであり，

$0<a<1$ のときは，$\dfrac{1}{a}>b>1$，$a>b$ すなわち $0<b<a$，$1<b<\dfrac{1}{a}$　**⓪**　→ツ である。

(4)　$p=\dfrac{12}{13}$，$q=\dfrac{12}{11}$ のとき，$p<1<q$ であり

$$\frac{1}{p}-q=\frac{13}{12}-\frac{12}{11}=\frac{13\times11-12^2}{12\times11}=\frac{143-144}{12\times11}<0$$

より　$\dfrac{1}{p}<q$　$\left(\dfrac{1}{q}<p<1\right)$

であるから，(3)の結果より（a を q，b を p とみて），$\log_p q<\log_q p$ が成り立つ。

$p=\dfrac{12}{13}$，$r=\dfrac{14}{13}$ のとき，$p<1<r$ であり

$$\frac{1}{p}-r=\frac{13}{12}-\frac{14}{13}=\frac{13^2-12\times14}{12\times13}=\frac{169-168}{12\times13}>0$$

より　$\dfrac{1}{p}>r$　(>1)

であるから，(3)の結果より（a を p，b を r とみて），$\log_p r>\log_r p$ が成り立つ。

したがって，$p=\dfrac{12}{13}$，$q=\dfrac{12}{11}$，$r=\dfrac{14}{13}$ のとき

$\log_p q<\log_q p$　かつ　$\log_p r>\log_r p$　**②**　→テ

である。

解説

(1)・(2)　底の変換公式 $\log_a b=\dfrac{\log_c b}{\log_c a}$（$a>0$，$b>0$，$c>0$，$a\neq1$，$c\neq1$）を用いれば

$$\log_9 3=\frac{\log_3 3}{\log_3 9}=\frac{1}{2}$$

$$\log_a b=\frac{\log_b b}{\log_b a}=\frac{1}{\log_b a}$$

がわかる。

(3)　不等式③ $t>\dfrac{1}{t}$（$t\neq0$）の解き方は問題文に書かれているが，右図のように，$y=t$ のグラフと $y=\dfrac{1}{t}$ のグラフを描くことによって，解が $-1<t<0$，$1<t$ であることは容易にわかる。

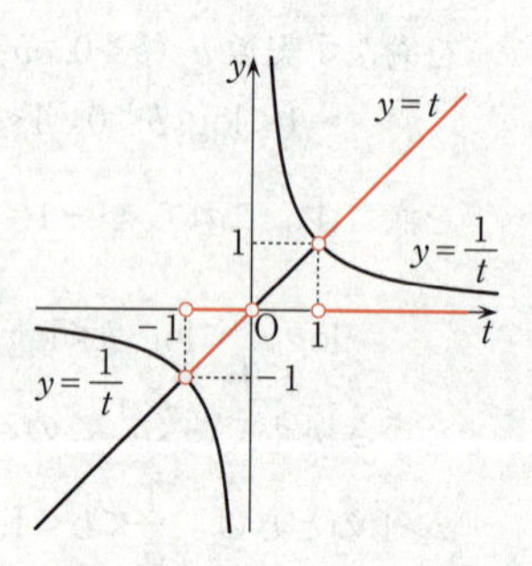

ポイント **対数関数の単調性**

対数関数 $y=\log_a x$ （$a>0$, $a\neq1$, $x>0$）は，$a>1$ のとき増加関数であり，$0<a<1$ のとき減少関数である。

したがって，$A>0$, $B>0$ として

$$\log_a A<\log_a B \iff \begin{cases} A<B & (a>1\text{ のとき}) \\ A>B & (0<a<1\text{ のとき}) \end{cases}$$

が成り立つ。重要性質である。

(4)　与えられた p, q は，$0<p<1<\dfrac{1}{p}<q$ を満たす。

$0<p<1$ であるから

$\dfrac{1}{p}<q$ より　　$\log_p\dfrac{1}{p}>\log_p q$　　$\therefore$　$-1>\log_p q$

$q>1$ であるから

$\dfrac{1}{p}<q$ より　　$\log_q\dfrac{1}{p}<\log_q q$　　$\therefore$　$-\log_q p<1$　すなわち　$\log_q p>-1$

以上から，$\log_p q<\log_q p$ を得る。$0<p<1<r<\dfrac{1}{p}$ についても同様である。

$\dfrac{1}{p}$ を考えるのは，(3)の結果に $\dfrac{1}{a}$ と b の比較があるからである。本問は(3)の結果から判断するのが本筋であるが，時間のないなかでは間違えやすい。慎重に処理したい。

第2問 —— 微分・積分

〔1〕 標準 《3次関数のグラフ，微分法の方程式への応用》

$f(x)=x^3-6ax+16$

(1) $a=0$ のとき，$f(x)=x^3+16$，$f'(x)=3x^2$ より

$f(0)=16>0$，$f'(x)\geqq 0$　（$x=0$ のときのみ $f'(x)=0$）

であるので，$y=f(x)$ のグラフは，y 切片が正，右上がりで，点 $(0,\ 16)$ における接線の傾きは 0 である。

よって，$a=0$ のときの $y=f(x)$ のグラフの概形は ① →ア である。

$a<0$ のとき，$f(x)=x^3-6ax+16$，$f'(x)=3x^2-6a$ より

$f(0)=16>0$，$f'(x)>0$

であるので，$y=f(x)$ のグラフは，y 切片が正，右上がりで，接線の傾きは常に正である。

よって，$a<0$ のときの $y=f(x)$ のグラフの概形は ⓪ →イ である。

(2) $a>0$ のとき

$$f'(x)=3x^2-6a=3(x^2-2a)$$
$$=3(x+\sqrt{2}a^{\frac{1}{2}})(x-\sqrt{2}a^{\frac{1}{2}})$$

であるから，$y=f(x)$ の増減表は右のようになる。

x	$\cdots$	$-\sqrt{2}a^{\frac{1}{2}}$	$\cdots$	$\sqrt{2}a^{\frac{1}{2}}$	$\cdots$
$f'(x)$	+	0	−	0	+
$f(x)$	↗	極大	↘	極小	↗

$$f(-\sqrt{2}a^{\frac{1}{2}})=(-\sqrt{2}a^{\frac{1}{2}})^3-6a(-\sqrt{2}a^{\frac{1}{2}})+16=-2\sqrt{2}a^{\frac{3}{2}}+6\sqrt{2}a^{\frac{3}{2}}+16$$
$$=4\sqrt{2}a^{\frac{3}{2}}+16\quad（極大値）$$
$$f(\sqrt{2}a^{\frac{1}{2}})=(\sqrt{2}a^{\frac{1}{2}})^3-6a(\sqrt{2}a^{\frac{1}{2}})+16=2\sqrt{2}a^{\frac{3}{2}}-6\sqrt{2}a^{\frac{3}{2}}+16$$
$$=-4\sqrt{2}a^{\frac{3}{2}}+16\quad（極小値）$$

に注意すると，曲線 $y=f(x)$ と直線 $y=p$ が3個の共有点をもつような p の値の範囲は，右図より

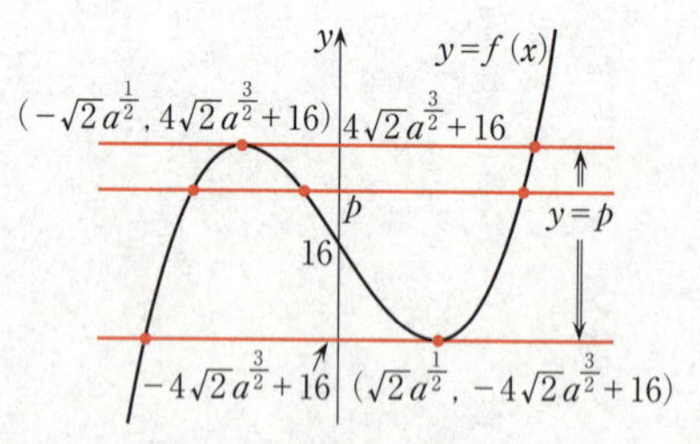

$$-4\sqrt{2}a^{\frac{3}{2}}+16<p<4\sqrt{2}a^{\frac{3}{2}}+16$$

③ $<p<$ ② →ウ，エ

である。

$p=-4\sqrt{2}a^{\frac{3}{2}}+16$ のとき，曲線 $y=f(x)$ と直線 $y=p$ は2個の共有点をもつ。それらの x 座標を q，r $(q<r)$ とすると，曲線 $y=f(x)$ と直線 $y=p$ が点 $(r,\ p)$ で接することになるから

$f(x)=p$　すなわち　$x^3-6ax+16=-4\sqrt{2}a^{\frac{3}{2}}+16$

$\therefore\quad x^3-6ax+4\sqrt{2}a^{\frac{3}{2}}=0$　……①

は重解 $x=r=\sqrt{2}a^{\frac{1}{2}}$ をもつ。

よって，①の左辺は $(x-\sqrt{2}a^{\frac{1}{2}})^2=x^2-2\sqrt{2}a^{\frac{1}{2}}x+2a$ を因数にもち

$(x-\sqrt{2}a^{\frac{1}{2}})^2(x+2\sqrt{2}a^{\frac{1}{2}})=0$

と因数分解される。

したがって，①の解は，$x=\sqrt{2}a^{\frac{1}{2}}$（重解），$-2\sqrt{2}a^{\frac{1}{2}}$ となり

$q=\boxed{-2}\sqrt{\boxed{2}}a^{\frac{1}{2}}$　→オカ，キ，$r=\sqrt{\boxed{2}}a^{\frac{1}{2}}$　→ク

と表せる。

（注）　3次方程式の解と係数の関係

$ax^3+bx^2+cx+d=0$ $(a\neq0)$ の解が α，β，γ であるとき

$$\alpha+\beta+\gamma=-\frac{b}{a},\ \alpha\beta+\beta\gamma+\gamma\alpha=\frac{c}{a},\ \alpha\beta\gamma=-\frac{d}{a}$$

が成り立つことを知っていれば，①の解が q，r（重解）であることから

$q+r+r=0$

が得られ，$q=-2r=-2\sqrt{2}a^{\frac{1}{2}}$ と求まる。

(3)　方程式 $f(x)=0$ の異なる実数解の個数すなわち曲線 $y=f(x)$ と x 軸との共有点の個数を n とするとき，(1)の $a<0$ のときの $y=f(x)$ のグラフの概形から，$a<0$ ならば $n=1$ である。

したがって，**「$a<0$ ならば $n=1$」**は正しく，「$a<0$ ならば $n=2$」は誤りである。

(2)で作った $y=f(x)$ のグラフの概形から，$a>0$ であっても $n=1$ や $n=2$ の場合がある（極小値は a の値によって負にも0にも正にもなる）から，「$a>0$ ならば $n=3$」，「$n=1$ ならば $a<0$」，「$n=2$ ならば $a<0$」も誤りである。

$n=3$ となるためには $a>0$ が必要であるから，**「$n=3$ ならば $a>0$」**は正しい。

したがって，⓪～⑤のうち正しいものは $\boxed{①}$ と $\boxed{④}$ →ケ，コである。

解説

(1)　$a=0$ のとき $f'(x)\geqq0$，$a<0$ のとき $f'(x)>0$，この情報だけでグラフは選べる。

(2)　$a>0$ のとき $f'(x)=0$ は異なる2つの実数解をもつから，増減表を作ることが基本となる。極大値の $4\sqrt{2}a^{\frac{3}{2}}+16$ はつねに正であるが，極小値の $-4\sqrt{2}a^{\frac{3}{2}}+16$ は

$0<a<2$ のとき正，$a=2$ のとき0，$a>2$ のとき負

となる。〔解答〕の図にはあえて x 軸を描いていない。

(3)　方程式 $f(x)=0$ の異なる実数解の個数 n は

$a<0$ のとき $n=1$，$a=0$ のとき $n=1$，$0<a<2$ のとき $n=1$，

$a=2$ のとき $n=2$，$a>2$ のとき $n=3$

となる。命題④の「$n=3$ ならば $a>0$」は正しい。「$n=3$ ならば $a>2$」は正しく，「$a>2$ ならば $a>0$」は正しいからである。命題④の逆「$a>0$ ならば $n=3$」は誤りである。

〔2〕 標準 《2曲線で囲まれた図形の面積》

$$C_1 : y=g(x)=x^3-3bx+3b^2$$
$$C_2 : y=h(x)=x^3-x^2+b^2 \quad (b>0)$$

C_1 と C_2 の交点の x 座標を α，β $(\alpha<\beta)$ とすると，方程式 $g(x)=h(x)$ すなわち $g(x)-h(x)=0$ が $x=\alpha$，β $(\alpha<\beta)$ を解にもつので

$$g(x)-h(x)=(x^3-3bx+3b^2)-(x^3-x^2+b^2)$$
$$=x^2-3bx+2b^2=(x-b)(x-2b)$$

より，$b>0$ に注意すれば $b<2b$ であるから

$\alpha=$ $\boxed{b}$，$\beta=$ $\boxed{2b}$ →サ，シス

である。

$\alpha\leqq x\leqq\beta$ すなわち $b\leqq x\leqq 2b$ の範囲で C_1 と C_2 で囲まれた図形の面積 S は，この範囲で $g(x)-h(x)\leqq 0$ となることから

$S=\displaystyle\int_\alpha^\beta\{h(x)-g(x)\}dx$ $\boxed{②}$ →セ

となり，$t>\beta$ に対して，$\beta\leqq x\leqq t$ の範囲で C_1 と C_2 および直線 $x=t$ で囲まれた図形の面積 T は，$\beta\leqq x$ すなわち $2b\leqq x$ のとき $g(x)-h(x)\geqq 0$ であることから

$T=\displaystyle\int_\beta^t\{g(x)-h(x)\}dx$ $\boxed{①}$ →ソ

となる。よって

$$S-T=\int_\alpha^\beta\{h(x)-g(x)\}dx-\int_\beta^t\{g(x)-h(x)\}dx$$
$$=\int_\alpha^\beta\{h(x)-g(x)\}dx+\int_\beta^t\{h(x)-g(x)\}dx$$

$=\displaystyle\int_\alpha^t\{h(x)-g(x)\}dx$ $\boxed{②}$ →タ

である。したがって

$$S-T=\int_b^t(-x^2+3bx-2b^2)\,dx=\left[-\frac{x^3}{3}+\frac{3}{2}bx^2-2b^2x\right]_b^t \quad (\alpha=b)$$
$$=-\frac{1}{3}(t^3-b^3)+\frac{3}{2}b(t^2-b^2)-2b^2(t-b)$$

$$= -\frac{1}{6}\{2(t^3-b^3)-9b(t^2-b^2)+12b^2(t-b)\}$$

$$= -\frac{1}{6}(2t^3-2b^3-9bt^2+9b^3+12b^2t-12b^3)$$

$$= \frac{\boxed{-1}}{\boxed{6}}(2t^3-\boxed{9}bt^2+\boxed{12}b^2t-\boxed{5}b^3) \rightarrow \frac{チツ}{テ}, ト, ナニ, ヌ$$

が得られる。

$S=T$ となる t の値は，$S-T=0$ すなわち $2t^3-9bt^2+12b^2t-5b^3=0$ を解いて得られる。

$t=b$ はこの方程式を満たすので，因数定理により，左辺は $t-b$ を因数にもつことがわかる。よって

$$(t-b)(2t^2-7bt+5b^2)=0 \qquad (t-b)(t-b)(2t-5b)=0$$

$t>b$ であるから

$$t=\frac{\boxed{5}}{\boxed{2}}b \quad \rightarrow \frac{ネ}{ノ}$$

が求める t の値である。

解説

$\alpha<\beta$ のとき，2次式 $(x-\alpha)(x-\beta)$ の正負について次のことが成り立つ。

$$(x-\alpha)(x-\beta)>0 \Longleftrightarrow x<\alpha,\ \beta<x$$

$$(x-\alpha)(x-\beta)<0 \Longleftrightarrow \alpha<x<\beta$$

C_1 と C_2 の上下関係を正しく捉えなければならない。〔解答〕の図は C_1 と C_2 の上下関係だけを表す概念図である。

$S-T$ の計算では，次の定積分の性質を想起する。

ポイント　定積分の性質

$$\int_a^a f(x)\,dx=0$$

$$\int_a^b f(x)\,dx=-\int_b^a f(x)\,dx$$

$$\int_a^b \{kf(x)+lg(x)\}\,dx=k\int_a^b f(x)\,dx+l\int_a^b g(x)\,dx \quad (k,\ l は定数)$$

$$\int_a^b f(x)\,dx=\int_a^c f(x)\,dx+\int_c^b f(x)\,dx$$

なお，$S-T=\int_\alpha^\beta\{h(x)-g(x)\}dx-\int_\beta^t\{g(x)-h(x)\}dx$ において，$t=\alpha$ とおくと，$S-T=0$ となる。よって，方程式 $S-T=0$ の解には $t=\alpha=b$ が含まれることがわかる。

第3問　標準　確率分布と統計的な推測　《二項分布，標本比率，正規分布，確率密度関数》

(1)　A地区で収穫されたジャガイモから1個を無作為に抽出したとき，そのジャガイモの重さが200gを超える確率は0.25であるから，400個を無作為に抽出したとき，そのうち，重さが200gを超えるジャガイモの個数を表す確率変数Zは，二項分布$B(400,\ 0.$ **25** $)$ →アイ に従う。

Zの平均（期待値）は，$400\times0.25=$ **100** →ウエオ である。

(2)　(1)の標本において，重さが200gを超えていたジャガイモの標本における比率を$R=\dfrac{Z}{400}$とするとき，Rの平均は

$$E(R)=\frac{1}{400}E(Z)=\frac{100}{400}=0.25$$

である。Rの分散が

$$V(R)=\frac{1}{400^2}V(Z)=\frac{400\times0.25\times(1-0.25)}{400^2}=\frac{75}{400^2}$$

であるから，Rの標準偏差は

$$\sigma(R)=\sqrt{V(R)}=\sqrt{\frac{75}{400^2}}=\frac{5\sqrt{3}}{400}=\frac{\sqrt{3}}{80}$$ **②** →カ

である。よって，Rは近似的に正規分布$N\left(0.25,\ \left(\dfrac{\sqrt{3}}{80}\right)^2\right)$に従うから，確率変数$Y=\dfrac{R-0.25}{\frac{\sqrt{3}}{80}}$は標準正規分布$N(0,\ 1)$に従う。

$$P(R\geqq x)=P\left(Y\geqq\frac{x-0.25}{\frac{\sqrt{3}}{80}}\right)=P(Y\geqq y_0)=0.0465\qquad\left(y_0=\frac{x-0.25}{\frac{\sqrt{3}}{80}}\right)$$

のとき，$0.5-0.0465=0.4535$より，正規分布表を調べると，$y_0=1.68$であることがわかるから

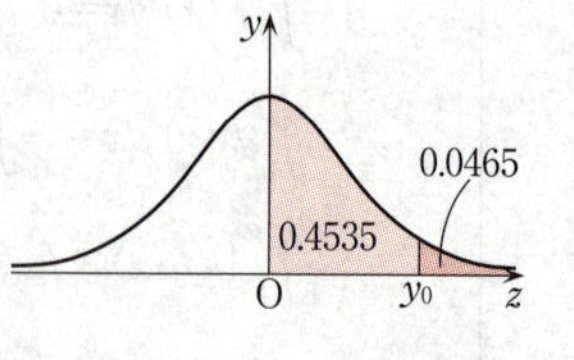

$$\frac{x-0.25}{\frac{\sqrt{3}}{80}}=1.68$$

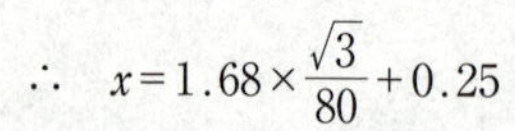

$$\therefore\quad x=1.68\times\frac{\sqrt{3}}{80}+0.25$$

が成り立ち，$\sqrt{3}=1.73$として計算すると，xの値は

$$x=0.28633\fallingdotseq0.286$$ **②** →キ

となる。

(3)　B地区で収穫され，出荷される予定のジャガイモ1個の重さを表す確率変数を

Xとするとき，Xは連続型確率変数であり，Xのとり得る値xの範囲は
$100 \leqq x \leqq 300$である。
Xの確率密度関数$f(x)$を，206個の無作為に抽出された標本のヒストグラム（重さの標本平均は180g）から，$f(x)=ax+b$（$100 \leqq x \leqq 300$）とおく。ただし，$100 \leqq x \leqq 300$の範囲で$f(x) \geqq 0$とする。

$P(100 \leqq X \leqq 300)=\boxed{1}$　→ク　であることから，$\int_{100}^{300} f(x)\,dx=1$であるので

$$\int_{100}^{300} f(x)\,dx=\int_{100}^{300}(ax+b)\,dx=\left[\frac{a}{2}x^2+bx\right]_{100}^{300}$$

$$=\frac{a}{2}(300^2-100^2)+b(300-100)$$

$$=\boxed{4}\cdot 10^4a+\boxed{2}\cdot 10^2b$$

$$=1$$　→ケ，コ　……①

である。
Xの平均（期待値）mは180であるから

$$m=\int_{100}^{300} xf(x)\,dx=\int_{100}^{300}(ax^2+bx)\,dx=\left[\frac{a}{3}x^3+\frac{b}{2}x^2\right]_{100}^{300}$$

$$=\frac{a}{3}(27\times 10^6-10^6)+\frac{b}{2}(9\times 10^4-10^4)$$

$$=\frac{26}{3}\cdot 10^6a+4\cdot 10^4b=180$$　……②

となる。$10^4a=A$，$10^2b=B$とおくと
①より　$4A+2B=1$　　∴　$24A+12B=6$
②より　$\frac{26}{3}\cdot 10^2A+4\cdot 10^2B=180$　　∴　$26A+12B=5.4$

となり，$A=-0.3$，$B=1.1$が求まる。よって，$a=-\frac{3}{10^5}$，$b=\frac{11}{10^3}$であるから

$$f(x)=-\boxed{3}\cdot 10^{-5}x+\boxed{11}\cdot 10^{-3}$$　→サ，シス　……③

が得られる。このとき，$f(x)$は減少関数で

$$f(300)=-3\times 10^{-5}\times 300+11\times 10^{-3}=-9\times 10^{-3}+11\times 10^{-3}$$
$$=2\times 10^{-3}>0$$

であるから，$100 \leqq x \leqq 300$の範囲で$f(x) \geqq 0$を満たしており，確かに確率密度関数として適当である。

B地区で収穫され，出荷される予定のすべてのジャガイモのうち，重さが200g以上のものの割合は

$$\int_{200}^{300} f(x)\,dx=\int_{200}^{300}(-3\cdot 10^{-5}x+11\cdot 10^{-3})\,dx$$

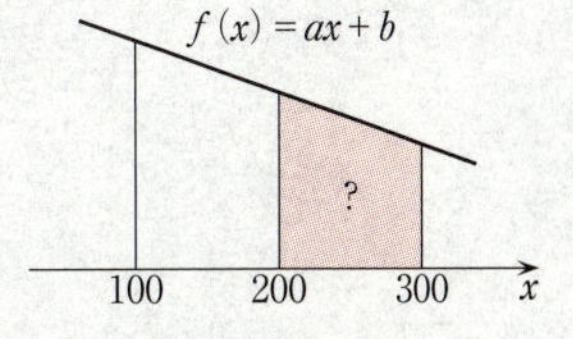

$$=\left[-3\cdot 10^{-5}\cdot\frac{x^2}{2}+11\cdot 10^{-3}x\right]_{200}^{300}$$

$$=-3\cdot 10^{-5}\cdot\frac{300^2-200^2}{2}+11\cdot 10^{-3}(300-200)$$

$$=-\frac{3}{2}\times 5\times 10^{-1}+11\times 10^{-1}$$

$$=\left(11-\frac{15}{2}\right)\times 10^{-1}=\frac{7}{20}=0.35$$

より，35％ ② →セ であると見積もることができる。

解説

(1)　1回の試行で事象 A の起こる確率が p であるとき，この試行を n 回行う反復試行において，A が起こる回数を表す確率変数 X は二項分布 $B(n,\ p)$ に従う。

ポイント　二項分布の平均，分散，標準偏差

確率変数 X が二項分布 $B(n,\ p)$ に従うとき，$q=1-p$ として

平均 $E(X)=np$

分散 $V(X)=npq$

標準偏差 $\sigma(X)=\sqrt{V(X)}=\sqrt{npq}$

(2)　確率変数の変換 $R=\dfrac{Z}{400}$ に対して，次のことが使われる。

ポイント　確率変数の変換

確率変数 X と Y の間に，$Y=aX+b$（$a,\ b$ は定数）なる関係があるとき

平均 $E(Y)=aE(X)+b$

分散 $V(Y)=a^2V(X)$

標準偏差 $\sigma(Y)=|a|\sigma(X)$

R は近似的に正規分布に従うから，正規分布表を使えるように確率変数を変換する。

ポイント　正規分布を標準正規分布へ

確率変数 X が正規分布 $N(m,\ \sigma^2)$ に従うとき，$Z=\dfrac{X-m}{\sigma}$ とおくと，

確率変数 Z は標準正規分布 $N(0,\ 1)$ に従うから正規分布表が使える。

(3)　久しぶりに確率密度関数が出題されたが，関数は１次関数で，難しくはない。

ポイント　確率密度関数

連続型確率変数 X のとり得る値 x の範囲が $\alpha \leqq x \leqq \beta$ で，$\alpha \leqq a \leqq b \leqq \beta$ に対し，確率 $P(a \leqq X \leqq b)$ が $\int_a^b f(x)\,dx$ で与えられるとき，$f(x)$ を X の確率密度関数という。ただし，$\alpha \leqq x \leqq \beta$ で $f(x) \geqq 0$，$\int_\alpha^\beta f(x)\,dx = 1$ とする。

このとき，平均，分散，標準偏差は次のように定義される。

平均 $E(X) = \int_\alpha^\beta xf(x)\,dx$

分散 $V(X) = \int_\alpha^\beta \{x - E(X)\}^2 f(x)\,dx$

標準偏差 $\sigma(X) = \sqrt{V(X)}$

本問の①は，定積分計算をしなくても，台形の面積公式を用いれば導くことができる。

$$\begin{aligned}\frac{1}{2}(300-100)\{f(100)+f(300)\} &= \frac{1}{2}\times 200\times\{(100a+b)+(300a+b)\}\\ &= 100(400a+2b)\\ &= 4\cdot 10^4 a + 2\cdot 10^2 b\end{aligned}$$

②を導くには定積分の計算が必要であるが，結果は問題文に書かれている。

セ の重さが 200 g 以上のものの割合も，台形の面積であるから，定積分計算を省くことが可能である。

$$\begin{aligned}\frac{1}{2}(300-200)\{f(200)+f(300)\} &= \frac{1}{2}\times 100\times\{(200a+b)+(300a+b)\}\\ &= 50(500a+2b)\\ &= 25\times 10^3 a + 10^2 b\\ &= 25\times 10^3\times\frac{-3}{10^5} + 10^2\times\frac{11}{10^3}\\ &= \frac{-75}{10^2} + \frac{110}{10^2}\\ &= \frac{35}{10^2} = 0.35\end{aligned}$$

したがって，本問は，確率密度関数の意味を理解していれば，定積分の計算はしなくてもすむのである。

第4問　やや難　数列《連立漸化式》

(1)　題意より，$a_1=2$ である。このとき歩行者は位置2にいる（歩行者は毎分1の速さ）から，$b_1=2$ である。

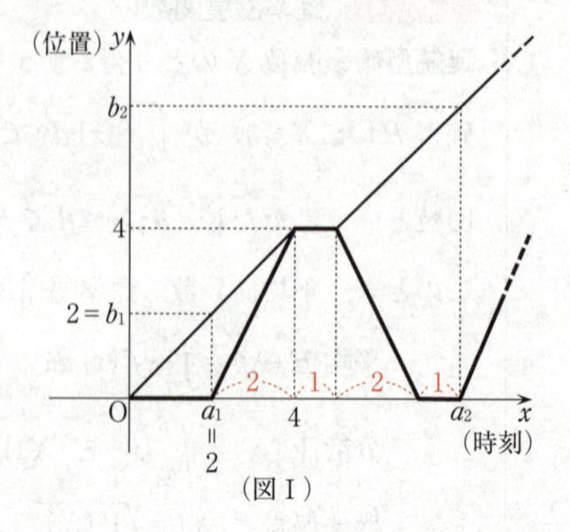

(図Ⅰ)

右図Ⅰで，2直線

$y=x$　（歩行者）

$y=2(x-2)$

（自転車，毎分2の速さ）

の交点が（4，4）であるから，自転車が最初に歩行者に追いつくときの時刻と位置を表す点の座標は（ 4 ，4）→ア である。

自転車は，時刻4から1分だけ停止し，2分かけて自宅に戻り，さらに1分だけ停止するので，$a_2=4+1+2+1=$ 8 →イ である。

歩行者は1分だけの停止なので，$a_2=8$ のとき，$b_2=8-1=$ 7 →ウ である。

右図Ⅱにおいて，点 $(a_n,\ b_n)$ を通り傾き1の直線の方程式は

$$y-b_n=x-a_n$$

であり，点 $(a_n,\ 0)$ を通り傾き2の直線の方程式は

$$y=2(x-a_n)$$

であるから，この2式より

$$x=a_n+b_n,\ y=2b_n$$

を得る。

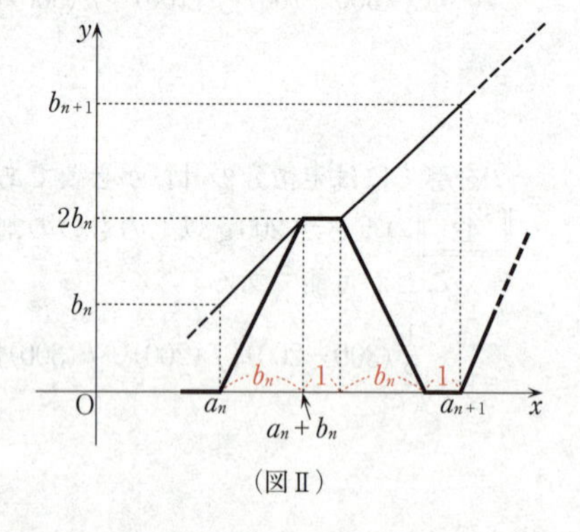

(図Ⅱ)

よって，n 回目に自宅を出発した自転車が次に歩行者に追いつくときの時刻と位置を表す点の座標は $(a_n+b_n,\ 2b_n)$ ③ ，④ →エ，オ と表せる。$(a_2,\ b_2)$ を求めたときと同様に考えれば

$a_{n+1}=(a_n+b_n)+1+b_n+1=a_n+$ 2 b_n+ 2 →カ，キ　……①

$b_{n+1}=2b_n+(b_n+1)=3b_n+$ 1 →ク　……②

が成り立つことがわかる。

漸化式②は

$$b_{n+1}+\frac{1}{2}=3\left(b_n+\frac{1}{2}\right)$$

と変形できる。

よって，数列 $\left\{b_n+\dfrac{1}{2}\right\}$ は，初項が $b_1+\dfrac{1}{2}=2+\dfrac{1}{2}=\dfrac{5}{2}$，公比が 3 の等比数列である。

したがって，$n=1$，2，3，… に対し

$$b_n+\frac{1}{2}=\frac{5}{2}\times 3^{n-1} \qquad \therefore\ b_n=\frac{5}{2}\cdot 3^{n-1}-\frac{1}{2} \quad \boxed{⑦} \quad \to ケ$$

である。この結果を①に代入すると

$$a_{n+1}=a_n+2\left(\frac{5}{2}\cdot 3^{n-1}-\frac{1}{2}\right)+2=a_n+5\cdot 3^{n-1}+1$$

すなわち

$$a_{n+1}-a_n=5\cdot 3^{n-1}+1$$

となる。$n=2$，3，4，… に対し，この式から順次

$$a_n-a_{n-1}=5\cdot 3^{n-2}+1$$
$$a_{n-1}-a_{n-2}=5\cdot 3^{n-3}+1$$
$$\vdots$$
$$a_3-a_2=5\cdot 3^1+1$$
$$a_2-a_1=5\cdot 3^0+1$$

が成り立つから，辺々加えて，$a_1=2$ を代入すれば

$$a_n-2=5(3^0+3^1+3^2+\cdots+3^{n-2})+(n-1)$$

$$\therefore\ a_n=5\times\frac{3^{n-1}-1}{3-1}+(n-1)+2$$

$$=\frac{5}{2}\cdot 3^{n-1}+n-\frac{3}{2} \quad \boxed{⑨} \quad \to コ$$

がわかる（これは $n=1$ のときも成り立つ）。

（注） 階差数列 $\{a_{n+1}-a_n\}$ の第 n 項が $5\cdot 3^{n-1}+1$ であるから，公式を用いて $n\geqq 2$ のとき

$$a_n=a_1+\sum_{k=1}^{n-1}(5\cdot 3^{k-1}+1)$$

$$=2+5\times\frac{3^{n-1}-1}{3-1}+(n-1)$$

$$=\frac{5}{2}\cdot 3^{n-1}+n-\frac{3}{2}$$

と計算してもよい。

(2) (1)より，自転車が歩行者に追いつく n 回目の点の座標は $(a_n+b_n,\ 2b_n)$ であり

$$a_n+b_n=\left(\frac{5}{2}\cdot 3^{n-1}+n-\frac{3}{2}\right)+\left(\frac{5}{2}\cdot 3^{n-1}-\frac{1}{2}\right)=5\cdot 3^{n-1}+n-2$$

$$2b_n=2\left(\frac{5}{2}\cdot 3^{n-1}-\frac{1}{2}\right)=5\cdot 3^{n-1}-1$$

である。歩行者が $y=300$ の位置に到着するまでの n の最大値は

$$y=2b_n=5\cdot3^{n-1}-1\leqq300 \quad \text{すなわち} \quad 3^{n-1}\leqq\frac{301}{5}=60+\frac{1}{5}$$

より，$n=4$ である。つまり，歩行者が $y=300$ の位置に到着するまでに，自転車が歩行者に追いつく回数は 4 →サ 回である。

4 回目に自転車が歩行者に追いつく時刻は

$$x=a_4+b_4=5\cdot3^{4-1}+4-2$$
$$=5\times27+2=137 \quad \text{→シスセ}$$

である。

解説

(1) 問題文が長いので焦るかもしれないが，落ち着いて読んで，題意を正しく捉えるよう心がけなければならない。また，問題文中に与えられた図の意味が理解できれば解答のための大きなヒントになるので，図を丁寧に見よう。

〔解答〕では，直線の方程式（太郎さんの考え）を利用して計算をしたが，花子さんの考えを利用することもできる。自転車が歩行者を追いかけるときに，間隔が 1 分間に 1 ずつ縮まっていくのだから

時刻 $a_1=2$ のとき，間隔は $b_1=2$，追いつくのに 2 分かかる。

時刻 a_n のとき，間隔は b_n，追いつくのに b_n 分かかる。

したがって，図を見ながら

$a_{n+1}=a_n+$（追いつくのに b_n 分）+（1 分停止）+（戻るのに b_n 分）+（1 分停止）

$\quad =a_n+b_n+1+b_n+1=a_n+2b_n+2$

$b_{n+1}=b_n+\{(a_{n+1}-a_n-1)$ 分間に歩行者が歩く距離$\}$

$\quad =b_n+2b_n+1=3b_n+1$

となり， ア ～ ク のすべてに答えられる。ただし，この方法はミスしやすいので，太郎さんの考えが無難であろう。

②は 2 項間の漸化式であるから，その解法に習熟していなければならない。

ポイント　隣接 2 項間の漸化式 $a_{n+1}=pa_n+q$ の解法

$a_{n+1}=pa_n+q$ （p，q は定数で $p\neq1$）

$\alpha=p\alpha+q \longrightarrow \alpha=\dfrac{q}{1-p}$ （a_{n+1}，a_n の両方を形式的に α とおく）

$a_{n+1}-\alpha=p(a_n-\alpha)$ …… 数列 $\{a_n-\alpha\}$ は，初項 $a_1-\alpha$，公比 p の等比数列

$a_n-\alpha=(a_1-\alpha)\times p^{n-1}$

$$\therefore \quad a_n=\frac{q}{1-p}+\left(a_1-\frac{q}{1-p}\right)\times p^{n-1}$$

①は，$a_{n+1}-a_n=2b_n+2$ となり，次の公式が使える。

ポイント **階差数列**

数列 $\{a_n\}$ の階差数列を $\{c_n\}$ とすると，$c_n=a_{n+1}-a_n$ であり

$$a_n=a_1+\sum_{k=1}^{n-1}c_k \quad (n\geqq 2)$$

この公式を用いると，次の計算をすればよいことがわかる。

$$a_n=a_1+\sum_{k=1}^{n-1}(2b_k+2)=a_1+2\sum_{k=1}^{n-1}b_k+2\sum_{k=1}^{n-1}1 \quad (n\geqq 2)$$

この結果は $n=1$ に対しても成り立つ。

(2)　自転車が歩行者に最初に追いつくのは $(a_1+2,\ 4)$ すなわち $(a_1+b_1,\ 2b_1)$ である。n 回目に追いつくのは $(a_n+b_n,\ 2b_n)$ である。歩行者が $y=300$ の位置に到着するまでに，$2b_n$ の n はいくつまで許されるかを考えればよい。

第5問　標準　ベクトル　《平面ベクトル》

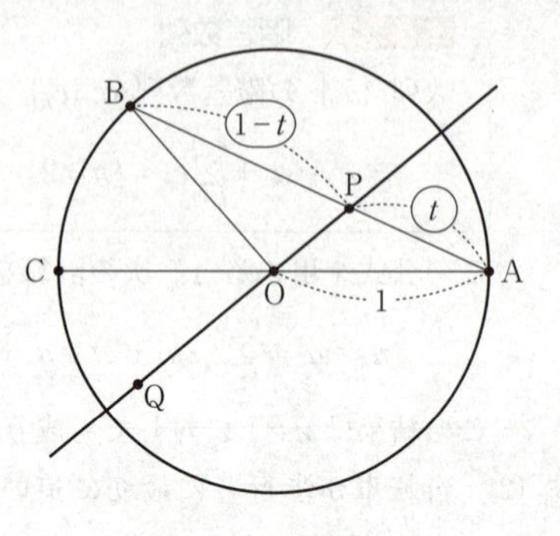

平面上の点Oを中心とする半径1の円周上に，3点A，B，Cがあり

$$\overrightarrow{OA}\cdot\overrightarrow{OB}=-\frac{2}{3}\quad\cdots\cdots ⓐ$$

$$\overrightarrow{OC}=-\overrightarrow{OA}\quad\cdots\cdots ⓑ$$

を満たす。線分 AB を $t:(1-t)$ $(0<t<1)$ に内分する点Pに対し，直線 OP 上に点Qをとる。図示すると右図のようになる。

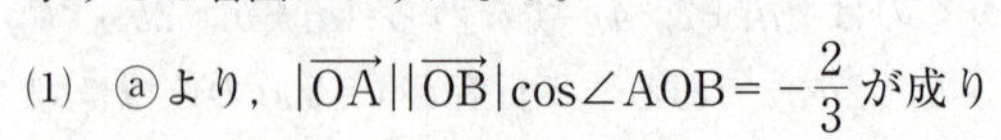

(1)　ⓐより，$|\overrightarrow{OA}||\overrightarrow{OB}|\cos\angle AOB=-\frac{2}{3}$ が成り立ち，$|\overrightarrow{OA}|=|\overrightarrow{OB}|=1$ であるから

$$\cos\angle AOB=\frac{\boxed{-2}}{\boxed{3}}\quad\to\frac{アイ}{ウ}$$

である。

また，実数 k を用いて，$\overrightarrow{OQ}=k\overrightarrow{OP}$ と表せるから

$$\overrightarrow{OQ}=k\overrightarrow{OP}=k\{(1-t)\overrightarrow{OA}+t\overrightarrow{OB}\}$$

$$=(k-kt)\overrightarrow{OA}+kt\overrightarrow{OB}\quad\boxed{①},\ \boxed{⓪}\quad\to エ，オ\quad\cdots\cdots ①$$

$$\overrightarrow{CQ}=\overrightarrow{OQ}-\overrightarrow{OC}$$

$$=\overrightarrow{OQ}-(-\overrightarrow{OA})\quad（ⓑより）$$

$$=\overrightarrow{OQ}+\overrightarrow{OA}$$

$$=(k-kt)\overrightarrow{OA}+kt\overrightarrow{OB}+\overrightarrow{OA}$$

$$=(k-kt+1)\overrightarrow{OA}+kt\overrightarrow{OB}\quad\boxed{④},\ \boxed{⓪}\quad\to カ，キ$$

となる。

$\overrightarrow{OA}$ と $\overrightarrow{OP}$ が垂直となるのは，$\overrightarrow{OA}\cdot\overrightarrow{OP}=0$ が成り立つときで

$$\overrightarrow{OA}\cdot\overrightarrow{OP}=\overrightarrow{OA}\cdot\{(1-t)\overrightarrow{OA}+t\overrightarrow{OB}\}$$

$$=(1-t)|\overrightarrow{OA}|^2+t\overrightarrow{OA}\cdot\overrightarrow{OB}$$

$$=(1-t)\times1^2+t\times\left(-\frac{2}{3}\right)\quad（|\overrightarrow{OA}|=1，ⓐより）$$

$$=1-\frac{5}{3}t=0$$

より，$t=\frac{\boxed{3}}{\boxed{5}}\to\frac{ク}{ケ}$ のときである。

(2) $\angle$OCQ が直角であることより，$\overrightarrow{OC}\cdot\overrightarrow{CQ}=0$ であるから

$$\overrightarrow{OC}\cdot\overrightarrow{CQ}=-\overrightarrow{OA}\cdot\{(k-kt+1)\overrightarrow{OA}+kt\overrightarrow{OB}\}\quad(ⓑと(1)より)$$
$$=-(k-kt+1)|\overrightarrow{OA}|^2-kt\overrightarrow{OA}\cdot\overrightarrow{OB}$$
$$=-k+kt-1-kt\left(-\frac{2}{3}\right)\quad(|\overrightarrow{OA}|=1,\ ⓐより)$$
$$=-k-1+\frac{5}{3}kt=0$$

すなわち，$\left(\frac{5}{3}t-1\right)k=1$ のときであり，$t\neq\frac{3}{5}$ としてあるから

$$k=\frac{1}{\frac{5}{3}t-1}=\frac{\boxed{3}}{\boxed{5}\,t-\boxed{3}}\quad\rightarrow\frac{コ}{サ,\ シ}\quad\cdots\cdots②$$

となることがわかる。この式より，$\overrightarrow{OQ}=k\overrightarrow{OP}$ を満たす k は

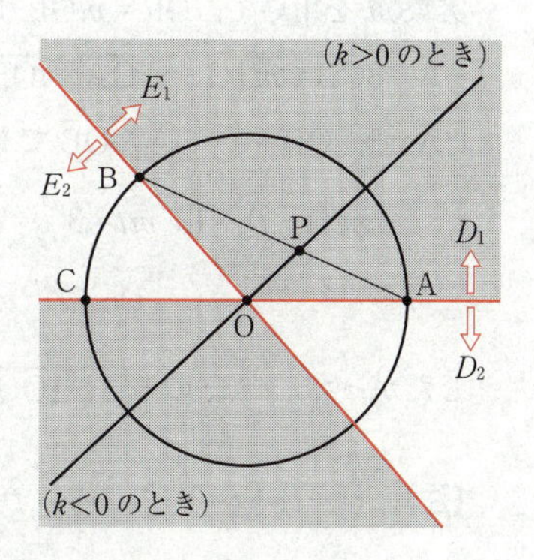

• $0<t<\frac{3}{5}$ のとき，$k<0$ となり，点Pと点Qは点Oに関して反対側であるので，点Qは右図の領域 D_2 に含まれ，かつ E_2 に含まれる。

③ →ス

• $\frac{3}{5}<t<1$ のとき，$k>0$ となり，点Pと点Qは点Oに関して同じ側であるので，点Qは右図の領域 D_1 に含まれ，かつ E_1 に含まれる。

⓪ →セ

(3) $t=\frac{1}{2}$ のとき，①より，$\overrightarrow{OQ}=k\left(\frac{1}{2}\overrightarrow{OA}+\frac{1}{2}\overrightarrow{OB}\right)$，②より，$k=-6$ であるから，

$$\overrightarrow{OQ}=-3(\overrightarrow{OA}+\overrightarrow{OB})\quad\cdots\cdots③$$

である。したがって

$$|\overrightarrow{OQ}|^2=\overrightarrow{OQ}\cdot\overrightarrow{OQ}$$
$$=(-3)^2\times(|\overrightarrow{OA}|^2+2\overrightarrow{OA}\cdot\overrightarrow{OB}+|\overrightarrow{OB}|^2)$$
$$=9\left\{1+2\left(-\frac{2}{3}\right)+1\right\}\quad(|\overrightarrow{OA}|=|\overrightarrow{OB}|=1,\ ⓐより)$$
$$=6$$

$|\overrightarrow{OQ}|\geqq 0$ より　$|\overrightarrow{OQ}|=\sqrt{\boxed{6}}$ →ソ

とわかる。

直線OAに関して，$t=\frac{1}{2}$ のときの点Qと対称な点をRとすると

$$\overrightarrow{CR}=\boxed{-}\ \overrightarrow{CQ}\quad\rightarrow タ$$

$$=-(\overrightarrow{OQ}-\overrightarrow{OC})=\overrightarrow{OC}-\overrightarrow{OQ}$$

$$=(-\overrightarrow{OA})-\{-3(\overrightarrow{OA}+\overrightarrow{OB})\}\quad (ⓑ，③より)$$

$$=\boxed{2}\ \overrightarrow{OA}+\boxed{3}\ \overrightarrow{OB}\quad\rightarrow チ，ツ$$

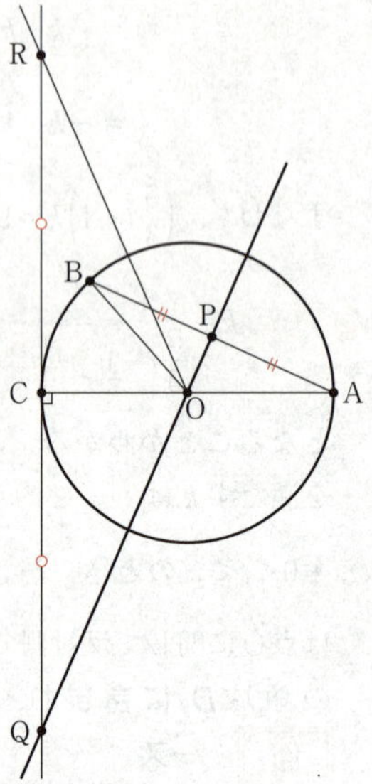

となる。このとき

$$\overrightarrow{OR}=\overrightarrow{OC}+\overrightarrow{CR}$$

$$=-\overrightarrow{OA}+(2\overrightarrow{OA}+3\overrightarrow{OB})\quad (ⓑより)$$

$$=\overrightarrow{OA}+3\overrightarrow{OB}$$

である。

$$\overrightarrow{OP}=(1-t)\overrightarrow{OA}+t\overrightarrow{OB}$$

に対し，3点O，P，Rが一直線上にあるとき，
実数 m を用いて，$\overrightarrow{OR}=m\overrightarrow{OP}$ すなわち
$\overrightarrow{OA}+3\overrightarrow{OB}=m\{(1-t)\overrightarrow{OA}+t\overrightarrow{OB}\}$ と表せ，
$\overrightarrow{OA}\neq\vec{0}$，$\overrightarrow{OB}\neq\vec{0}$，$\overrightarrow{OA}\not\parallel\overrightarrow{OB}$ であるから

$$m(1-t)=1,\ mt=3\qquad \therefore\quad m=4,\ t=\frac{3}{4}$$

を得る。

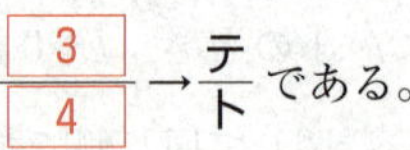

したがって，$t\neq\frac{1}{2}$ のとき，$|\overrightarrow{OQ}|=\sqrt{6}$ となる t の値は $\dfrac{\boxed{3}}{\boxed{4}}\rightarrow\dfrac{テ}{ト}$ である。

(注)　$(1-t):t=1:3$ より，$t=\frac{3}{4}$ と求めてもよい。

参考　$|\overrightarrow{OQ}|$ を t を用いて表して，$|\overrightarrow{OQ}|=\sqrt{6}$ を満たす t の値について考えると，太郎さんが言うように，たしかに計算が大変になる。実行してみると

$$|\overrightarrow{OQ}|^2=\overrightarrow{OQ}\cdot\overrightarrow{OQ}$$

$$=\{(k-kt)\overrightarrow{OA}+kt\overrightarrow{OB}\}\cdot\{(k-kt)\overrightarrow{OA}+kt\overrightarrow{OB}\}\quad (①より)$$

$$=(k-kt)^2|\overrightarrow{OA}|^2+2(k-kt)kt\overrightarrow{OA}\cdot\overrightarrow{OB}+(kt)^2|\overrightarrow{OB}|^2$$

$$=(k-kt)^2-\frac{4}{3}kt(k-kt)+k^2t^2\quad (|\overrightarrow{OA}|=|\overrightarrow{OB}|=1，ⓐより)$$

$$=k^2(1-t)^2-\frac{4}{3}k^2(t-t^2)+k^2t^2$$

$$=\frac{k^2}{3}\{3(1-t)^2-4(t-t^2)+3t^2\}$$

$$=\frac{k^2}{3}(10t^2-10t+3)$$

$|\overrightarrow{\mathrm{OQ}}|=\sqrt{6}$，$k=\dfrac{3}{5t-3}$ を代入して

$$6=\frac{1}{3}\times\left(\frac{3}{5t-3}\right)^2(10t^2-10t+3)$$
$$2(5t-3)^2=10t^2-10t+3$$
$$40t^2-50t+15=0$$
$$8t^2-10t+3=0$$
$$(2t-1)(4t-3)=0 \qquad \therefore \quad t=\frac{1}{2},\ \frac{3}{4}$$

のようになる。

解説

(1) $\cos\angle\mathrm{AOB}=-\dfrac{2}{3}\fallingdotseq-0.67$ をもとに，点Aに対する点Bの位置をなるべく正確に作図する。平面上のベクトルを扱う際には，すべてのベクトルを，特定の2つのベクトル（本問では $\overrightarrow{\mathrm{OA}}$ と $\overrightarrow{\mathrm{OB}}$）で表そうと意識することが大切である。

$\overrightarrow{\mathrm{OP}}=\overrightarrow{\mathrm{OA}}+t\overrightarrow{\mathrm{AB}}=\overrightarrow{\mathrm{OA}}+t(\overrightarrow{\mathrm{OB}}-\overrightarrow{\mathrm{OA}})=(1-t)\overrightarrow{\mathrm{OA}}+t\overrightarrow{\mathrm{OB}}$ については，結果をすぐに書けるようにしておくこと。また，$\overrightarrow{\mathrm{OA}}\perp\overrightarrow{\mathrm{OP}}$ のとき，$\overrightarrow{\mathrm{OA}}\cdot\overrightarrow{\mathrm{OP}}=0$ を想起できなければならない。

(2) $\angle\mathrm{OCQ}$ が直角であるから，$\overrightarrow{\mathrm{OC}}\cdot\overrightarrow{\mathrm{CQ}}=0$ を解く。

$\overrightarrow{\mathrm{OP}}=(1-t)\overrightarrow{\mathrm{OA}}+t\overrightarrow{\mathrm{OB}}$，$0<t<1$ のとき，点Pは D_1 に含まれ，かつ E_1 に含まれる。したがって，$\overrightarrow{\mathrm{OQ}}=k\overrightarrow{\mathrm{OP}}$ で $k>0$ ならば，点Qは D_1 に含まれ，かつ E_1 に含まれる。$k<0$ ならば，点Qは D_2 に含まれ，かつ E_2 に含まれる。図が描けていればわかりやすい。

(3) ベクトルの大きさに関しては，次のことが基本となる。

> **ポイント** ベクトル $\vec{a}$ の大きさ $|\vec{a}|$
>
> $|\vec{a}|^2=\vec{a}\cdot\vec{a}$

$$\begin{aligned}|m\vec{a}+n\vec{b}|^2&=(m\vec{a}+n\vec{b})\cdot(m\vec{a}+n\vec{b})\\&=(m\vec{a})\cdot(m\vec{a})+(m\vec{a})\cdot(n\vec{b})+(n\vec{b})\cdot(m\vec{a})+(n\vec{b})\cdot(n\vec{b})\\&=m^2|\vec{a}|^2+2mn\vec{a}\cdot\vec{b}+n^2|\vec{b}|^2\end{aligned}$$

の計算も，整式の展開

$$(ma+nb)^2=m^2a^2+2mnab+n^2b^2$$

と関連させて，すばやく計算できるようにしておかなければならない。

数学Ⅰ・数学A 追試験

問題番号(配点)	解答記号	正　解	配点	チェック
第1問 (30)	$\sqrt{ア}$，イ	$\sqrt{3}$，2	2	
	ウ	②	2	
	エ，オカ	6，11	2	
	キ	⑤	2	
	ク，ケ，コ	①，④，⑦	2	
	サシ	36	2	
	ス	⑤	2	
	セ	④	2	
	ソ	6	2	
	タ，チ	4，3	2	
	ツ	4	2	
	$\sqrt{テ}$	$\sqrt{2}$	2	
	ト	⑤	2	
	ナ	⑦	2	
	ニ	⑧	2	

問題番号(配点)	解答記号	正　解	配点	チェック
第2問 (30)	ア	4	2	
	イウ，エ	25，2	2	
	オカ	12	2	
	キク	10	2	
	ケコ，サ	15，2	4	
	シス，セソ，タチツ	−2，30，100	3	
	テ	⑥	1	
	ト	①	2	
	ナ	①	1	
	ニ，ヌ	①，⑤ (解答の順序は問わない)	2 (各1)	
	ネノ	57	2	
	ハ	3	1	
	ヒ	2	2	
	フ	②	2	
	ヘ，ホ	⓪，②	2	

問題番号(配点)	解答記号	正　解	配点	チェック
第３問(20)	ア	4	1	
	イウ	10	1	
	エ，オ	1，6	2	
	カ，キ	1，3	2	
	ク，ケ	1，3	2	
	コ	①	2	
	サ，シ	5，9	2	
	ス，セ	2，3	1	
	ソタ，チツ	13，18	2	
	テ	⓪	1	
	ト	⓪	2	
	ナニ，ヌネ	11，18	2	
第４問(20)	ア	3	2	
	イ	6	2	
	ウ	6	2	
	エ	2	2	
	オ，カ	4，5	3	
	キ	3	2	
	ク	5	3	
	ケコサ	191	4	

問題番号(配点)	解答記号	正　解	配点	チェック
第５問(20)	ア，イ	⓪，①（解答の順序は問わない）	2	
	ウ，エ	2，5	2	
	オ，カ	1，2	2	
	キ，ク	1，4	2	
	ケ，コ	6，5	3	
	サ，シ，ス，セ	4，5，9，5	3	
	ソ，$\sqrt{タチ}$，ツテ	2，$\sqrt{15}$，15	3	
	ト，$\sqrt{ナ}$，ニヌ	4，$\sqrt{6}$，15	3	

（注）　第１問，第２問は必答。第３問～第５問のうちから２問選択。計４問を解答。

自己採点欄
／100点

第1問 —— 数と式，図形と計量

〔1〕 易 《絶対値を含む方程式》

c を実数とし，x の方程式

$$|3x-3c+1|=(3-\sqrt{3})x-1 \quad \cdots\cdots ①$$

を考える。

(1) $x \geqq c-\dfrac{1}{3}$ のとき，$3x-3c+1 \geqq 0$ となるので，①は

$$3x-3c+1=(3-\sqrt{3})x-1 \quad \cdots\cdots ②$$

となる。②を満たす x は

$$\sqrt{3}x=3c-2$$

$$x=\sqrt{\boxed{3}}\,c-\frac{\boxed{2}\sqrt{3}}{3} \quad \to ア，イ \quad \cdots\cdots ③$$

となる。③が $x \geqq c-\dfrac{1}{3}$ を満たすような c の値の範囲は

$$\sqrt{3}c-\frac{2\sqrt{3}}{3} \geqq c-\frac{1}{3}$$

を解いて

$$(\sqrt{3}-1)c \geqq \frac{2\sqrt{3}-1}{3}$$

$\sqrt{3}-1>0$ より

$$c \geqq \frac{2\sqrt{3}-1}{3(\sqrt{3}-1)}=\frac{(2\sqrt{3}-1)(\sqrt{3}+1)}{3(\sqrt{3}-1)(\sqrt{3}+1)}=\frac{5+\sqrt{3}}{6} \quad \boxed{②} \quad \to ウ$$

である。

また，$x<c-\dfrac{1}{3}$ のとき，$3x-3c+1<0$ となるので，①は

$$-3x+3c-1=(3-\sqrt{3})x-1 \quad \cdots\cdots ④$$

となる。④を満たす x は

$$(6-\sqrt{3})x=3c$$

$$x=\frac{3c}{6-\sqrt{3}}=\frac{3(6+\sqrt{3})c}{(6-\sqrt{3})(6+\sqrt{3})}=\frac{\boxed{6}+\sqrt{3}}{\boxed{11}}c \quad \to エ，オカ \quad \cdots\cdots ⑤$$

となる。⑤が $x<c-\dfrac{1}{3}$ を満たすような c の値の範囲は

$$\frac{6+\sqrt{3}}{11}c<c-\frac{1}{3}$$

を解いて

$$\frac{5-\sqrt{3}}{11}c>\frac{1}{3}$$

$\frac{5-\sqrt{3}}{11}>0$ より

$$c>\frac{11}{3(5-\sqrt{3})}=\frac{11(5+\sqrt{3})}{3(5-\sqrt{3})(5+\sqrt{3})}=\frac{5+\sqrt{3}}{6}$$ ⑤ →キ

である。

(2)　(1)より，①の解について次のことがわかる。

$x \geqq c-\frac{1}{3}$ のとき，$c \geqq \frac{5+\sqrt{3}}{6}$ ならば解は③，$c<\frac{5+\sqrt{3}}{6}$ ならば解なし。

$x<c-\frac{1}{3}$ のとき，$c>\frac{5+\sqrt{3}}{6}$ ならば解は⑤，$c \leqq \frac{5+\sqrt{3}}{6}$ ならば解なし。

よって

$c>\frac{5+\sqrt{3}}{6}$ のとき，①の解は③と⑤
$c=\frac{5+\sqrt{3}}{6}$ のとき，①の解は③
$c<\frac{5+\sqrt{3}}{6}$ のとき，①の解はない
……(＊)

したがって

①が異なる二つの解をもつための必要十分条件は　$c>\frac{5+\sqrt{3}}{6}$　① →ク

①がただ一つの解をもつための必要十分条件は　$c=\frac{5+\sqrt{3}}{6}$　④ →ケ

①が解をもたないための必要十分条件は　$c<\frac{5+\sqrt{3}}{6}$　⑦ →コ

解説

(1)　絶対値を含む方程式を解く問題である。絶対値をつけたままで計算できるということはない。まずは，絶対値をはずしてから計算すること。

ポイント　絶対値のはずし方

$$|A|=\begin{cases} A & (A \geqq 0 \text{ のとき}) \\ -A & (A<0 \text{ のとき}) \end{cases}$$

$|3x-3c+1|$ の中身の $3x-3c+1$ に注目し，$3x-3c+1$ が 0 以上と 0 未満で場合分けをする。解 x を求めた後，それが条件を満たすような c の値の範囲を求める。

(2)　(1)で①を満たす x を c で表して，それを解とみなせる c の値の範囲も求めた。それをもとにして，(＊)のようなまとめ方をしておくとよい。

〔2〕 易 《三角比の図形への応用》

(1) はしご車が障害物に関係なくビルに近づくことができるのであれば，はしごの角度（はしごと水平面のなす角の大きさ）が75°のとき，はしごの先端Aの到達点は最高になる。

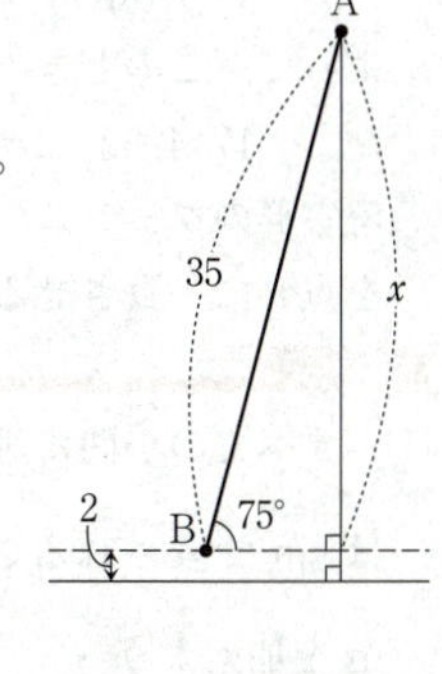

右図のようにxをおくと

$$\sin 75° = \frac{x}{35}$$

よって

$$x = 35\sin 75° = 35 \times 0.9659 = 33.8065$$

はしごの支点Bは地面から2mの高さにあるので

$$33.8065 + 2 = 35.8065$$

小数第1位を四捨五入すると，はしごの先端Aの最高到達点の高さは，地面から

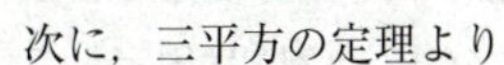

36 mである。→サシ

(2) (i) 直角三角形ABQにおいて

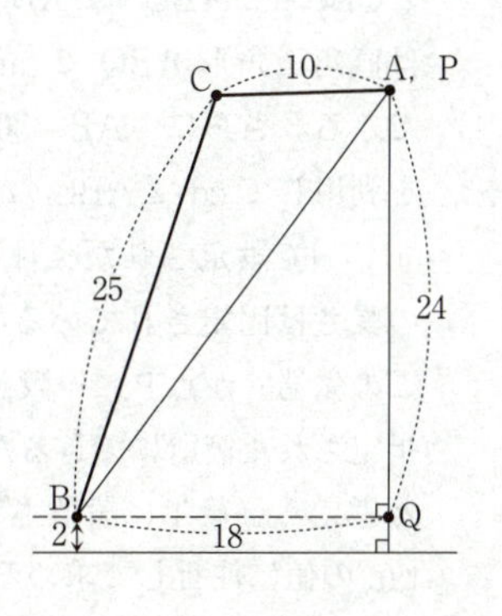

$$\tan\angle ABQ = \frac{24}{18} = \frac{4}{3} = 1.33\cdots$$

であるから，三角比の表より，$\angle ABQ \fallingdotseq 53°$と読み取れる。

次に，三平方の定理より

$$AB = \sqrt{18^2 + 24^2} = 6\sqrt{3^2 + 4^2} = 6 \times 5 = 30$$

よって，△ABCにおいて，余弦定理より

$$\cos\angle ABC = \frac{25^2 + 30^2 - 10^2}{2 \cdot 25 \cdot 30} = \frac{19}{20} = 0.95$$

であるから，三角比の表より，$\angle ABC \fallingdotseq 18°$と読み取れる。

したがって，はしごを点Cで屈折させ，はしごの先端Aが点Pに一致したとすると，∠QBCの大きさは53°＋18°＝71°で，およそ71°になる。 ⑤ →ス

(ii) (i)で∠QBCが71°のときにはしごの先端Aを点Pに一致させることができるとわかった。同じ条件下では，∠QBCの大きさを変えるとはしごの先端Aが点Pに一致しなくなる。そこで，∠QBC＝71°に固定し，指定された箇所にできるだけ高いフェンスを設置するならばどこまで高くできるかと考える。

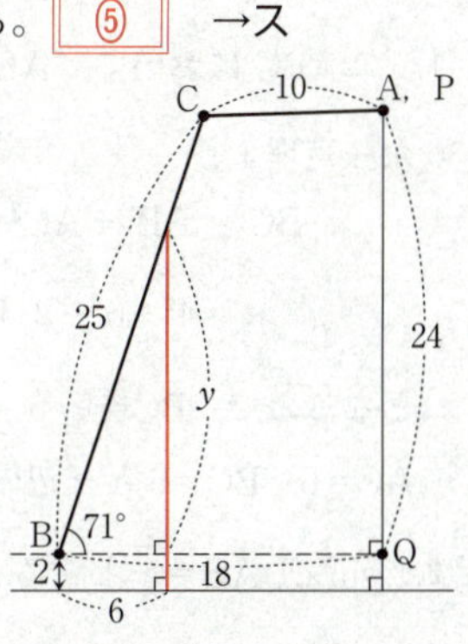

はしごの支点Bは地面から2mの高さにあるので，7m以上あるフェンスがはしごに接するときのフェンスの高さが$y+2$〔m〕であるとすると

$\tan 71^\circ = \dfrac{y}{6}$

$y = 6\tan 71^\circ = 6 \times 2.9042 = 17.4252$

よって，このときのフェンスの高さは

$17.4252 + 2 = 19.4252$

解答群のフェンスの高さのうち，はしごがフェンスに当たらずに，はしごの先端Aを点Pに一致させることができる最大のものは，**19m** である。 ④ →セ

解説

(1) すべての小問に対し，図を描いて考えること。はしごの長さと到達点との関わりは sin で表されることに注意して，$\sin 75^\circ = \dfrac{x}{35}$ より x の値を求める。忘れずに 2 m を加えよう。

(2) (i) 複数の図形が融合された図になっているので，∠QBC を求めるために，∠QBC＝∠ABQ＋∠ABC と分割して求めることを方針とした。∠ABQ の大きさは直角三角形 ABQ で tan∠ABQ の値がわかると，三角比の表から求めることができる。さらに，AB＝30 であることがわかれば，三角形 ABC において余弦定理を利用して cos∠ABC の値を求めることができ，三角比の表から∠ABC がわかる。

(ii) (i)で設定された条件下で∠QBC がおよそ 71° であるとわかった。AC と BC の長さは固定されているので，同じ条件下では，∠QBC の大きさを変えるとはしごの先端Aが点Pに一致しなくなってしまう。よって，∠QBC＝71° は固定して，指定された箇所にできるだけ高いフェンスを設置するならばどこまで高くできるかと考える。後半に設置された問題なので，難しい問題かと思いきや，(1)と同様に tan の値に注目して求める易しい問題である。

〔3〕 標準 《条件のもとで作る三角形の形状》

(1) △ABC において，AB＝4，AC＝6，$\cos\angle BAC = \dfrac{1}{3}$ とする。

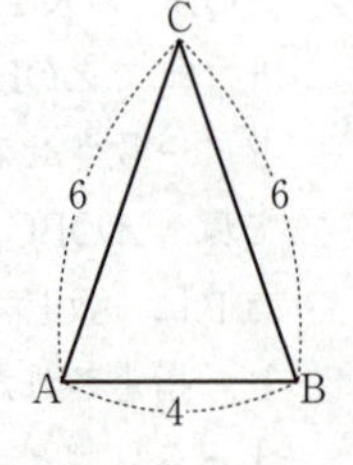

余弦定理より

$$BC^2 = AB^2 + AC^2 - 2AB \cdot AC\cos\angle BAC$$
$$= 4^2 + 6^2 - 2\cdot 4\cdot 6\cdot \frac{1}{3} = 36$$

となるので，BC＝ 6 →ソ であり，△ABC は AB＝4，AC＝6，BC＝6 と三辺の長さが確定するので，ただ一通りに決まる。

(2) $\sin\angle BAC = \dfrac{1}{3}$ とする。このとき，BC の長さのとり得る値の範囲を求める。

点Bから直線ACに垂線を下ろし，垂線と直線ACの交点を点Hとする。直角三角形ABHにおいて

$$\sin\angle \mathrm{BAH}=\frac{\mathrm{BH}}{\mathrm{AB}}$$

$$\mathrm{BH}=\mathrm{AB}\sin\angle \mathrm{BAH}=\mathrm{AB}\sin\angle \mathrm{BAC}=4\cdot\frac{1}{3}=\frac{4}{3}$$

以降，右の図を参考にして考える。

点Bと直線ACとの距離を考えると，BCの長さはBHの長さ以上の値がとれるから

$$\mathrm{BC}\geqq\frac{\boxed{4}}{\boxed{3}}\quad\rightarrow\frac{タ}{チ}$$

である。

$\mathrm{BC}=\frac{4}{3}$ のときに，点Cは点Hに一致し，△ABCは $\mathrm{AB}=4$，$\mathrm{BC}=\frac{4}{3}$，$\angle\mathrm{ACB}=90^\circ$ の直角三角形ただ一通りに決まる。

他に△ABCがただ一通りに決まるのは，点Hが線分ACの中点である場合であり，$\mathrm{BA}=\mathrm{BC}$ の二等辺三角形となる $\mathrm{BC}=\boxed{4}$ →ツ のときである。

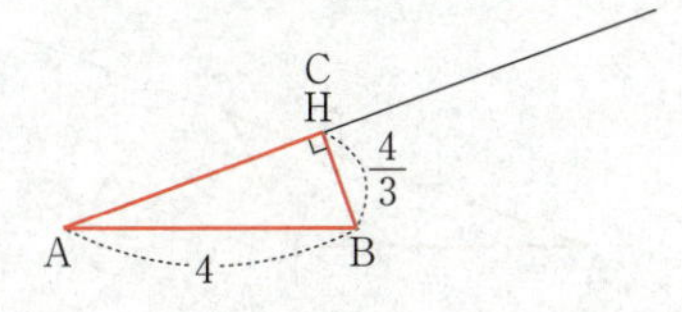
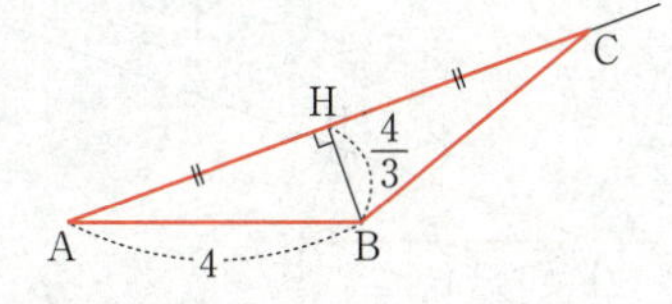

また，$\angle\mathrm{ABC}=90^\circ$ のとき，$\sin\angle\mathrm{BAC}=\frac{\mathrm{BC}}{\mathrm{AC}}=\frac{1}{3}$

より

$$\mathrm{AC}=3\mathrm{BC}$$

よって，$\mathrm{AB}^2+\mathrm{BC}^2=\mathrm{AC}^2$ より

$$4^2+\mathrm{BC}^2=9\mathrm{BC}^2\qquad \mathrm{BC}^2=2$$

$\mathrm{BC}>0$ より　$\mathrm{BC}=\sqrt{\boxed{2}}$ →テ

したがって，△ABCの形状について，次のことが成り立つ。

- $\frac{4}{3}<\mathrm{BC}<\sqrt{2}$ のとき，△ABCは**二通りに決まり，それらは鋭角三角形と鈍角三角形である。**

$\boxed{⑤}$ →ト

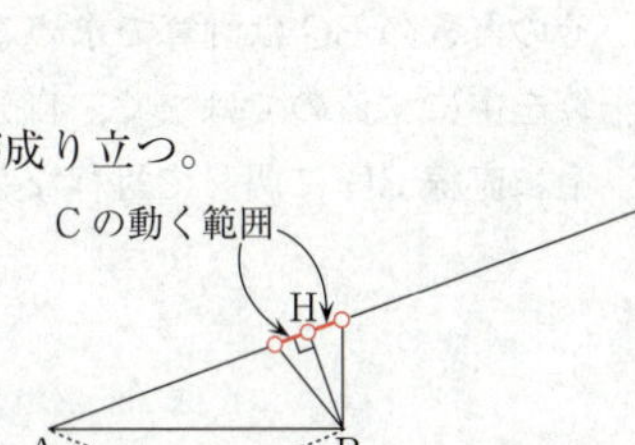

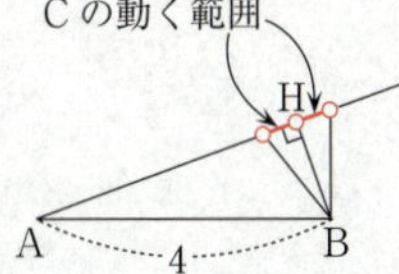

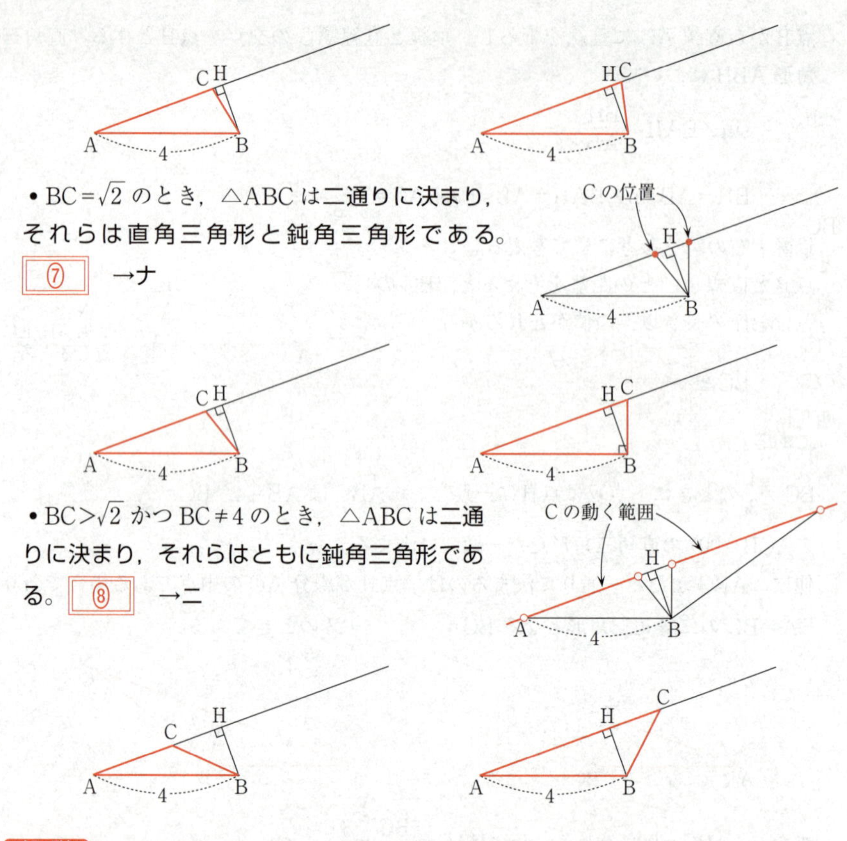

• BC＝$\sqrt{2}$ のとき，△ABC は二通りに決まり，それらは直角三角形と鈍角三角形である。 ⑦ →ナ

• BC＞$\sqrt{2}$ かつ BC≠4 のとき，△ABC は二通りに決まり，それらはともに鈍角三角形である。 ⑧ →ニ

解説

(1) AB，BC，CA の長さが一通りに決まるので，三角形はただ一通りに決まるといえる。

(2) 条件を満たす三角形が何通りできるのかを点Bと直線 AC の距離を考えることで考察する問題である。場合分けの境界に当たる条件を問題で誘導してくれている。そのときの BC は計算で求めることになるが，どのような三角形ができるかは，計算を主にするのではなく，自分で手を動かして図を描き考えてみること。直線 AH 上に直線 BH に関して対称な２点を置くというイメージをもつとよい。

第2問 ── 2次関数，データの分析

〔1〕 標準 《2次関数の最大値》

a を $5<a<10$ を満たす実数とする。長方形 ABCD を考え，$\mathrm{AB}=\mathrm{CD}=5$，$\mathrm{BC}=\mathrm{DA}=a$ とする。さらに $\mathrm{AP}=x$ とおく。点Pは辺 AB 上に点Bと異なるようにとることから，x は $0\leqq x<5$ を満たす値をとる。

条件を満たすように辺に点をとっていくと，長方形の内角の直角を含む直角二等辺三角形が作れる。直角を挟む辺の長さがわかれば，斜辺の長さはその $\sqrt{2}$ 倍である。このことから，各線分の長さを求めると，次のような図を得る。

四角形 QRST は長方形である。

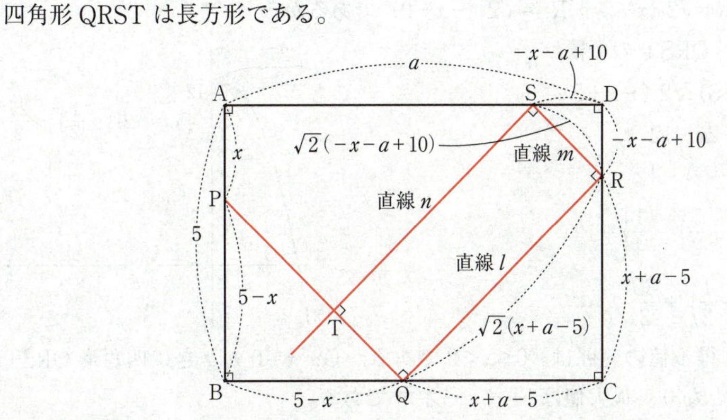

(1) $a=6$ のとき，$0\leqq x<5$ より，$x+a-5=x+1>0$ は成り立つので，l が頂点C，D以外の点で辺 CD と交わるための条件は

$$x+1<5$$

を満たすことであり，$x<4$ であるから，AP の値の範囲は

$$0\leqq \mathrm{AP}<\boxed{4} \quad \to ア$$

である。

このとき，$\mathrm{QR}=\sqrt{2}(x+1)$，$\mathrm{RS}=\sqrt{2}(-x+4)$ であるから

$$
\begin{aligned}
[\text{四角形 QRST の面積}] &= \sqrt{2}(x+1)\cdot\sqrt{2}(-x+4)\\
&= -2x^2+6x+8\\
&= -2(x^2-3x)+8\\
&= -2\left\{\left(x-\frac{3}{2}\right)^2-\frac{9}{4}\right\}+8\\
&= -2\left(x-\frac{3}{2}\right)^2+\frac{25}{2}
\end{aligned}
$$

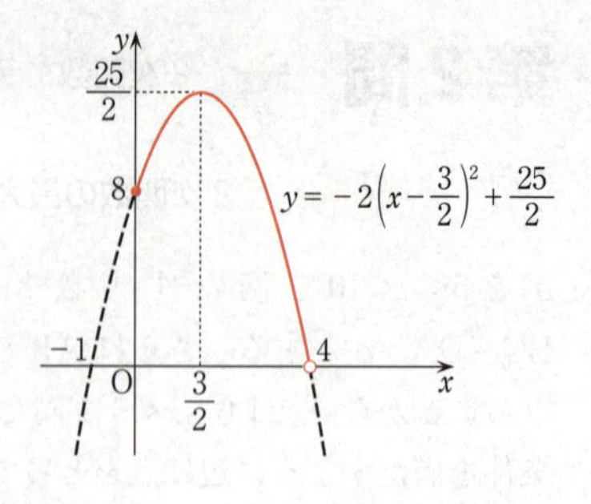

AP＝xのとり得る値の範囲は，$0 \leqq x < 4$であるから，$x=\frac{3}{2}$のときに四角形QRSTの面積は最大となり，最大値は $\frac{25}{2}$ →$\frac{\text{イウ}}{\text{エ}}$ である。

$a=8$のとき，$0 \leqq x < 5$より，$x+a-5=x+3>0$は成り立つので，lが頂点C，D以外の点で辺CDと交わるための条件は

$x+3<5$

を満たすことであり，$x<2$であるから，APの値の範囲は$0 \leqq \text{AP} < 2$である。

このとき，$\text{QR}=\sqrt{2}(x+3)$，$\text{RS}=\sqrt{2}(-x+2)$ であるから

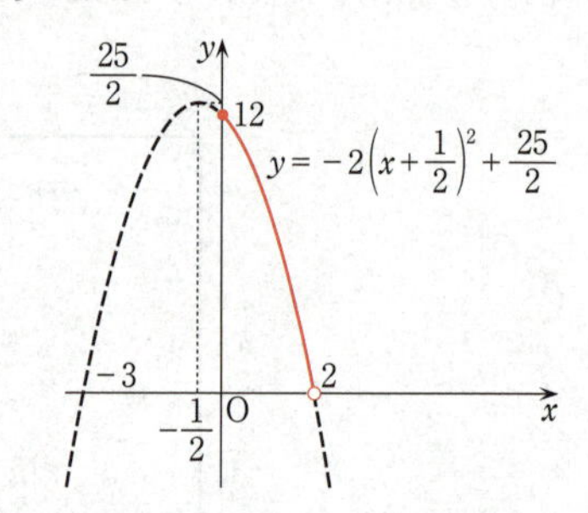

［四角形QRSTの面積］

$=\sqrt{2}(x+3)\cdot\sqrt{2}(-x+2)$

$=-2x^2-2x+12$

$=-2(x^2+x)+12$

$=-2\left\{\left(x+\frac{1}{2}\right)^2-\frac{1}{4}\right\}+12$

$=-2\left(x+\frac{1}{2}\right)^2+\frac{25}{2}$

AP＝xのとり得る値の範囲は，$0 \leqq x < 2$であるから，$x=0$のときに四角形QRSTの面積は最大となり，最大値は 12 →**オカ** である。

(2) $5<a<10$とすると，$0 \leqq x < 5$より，$x+a-5>0$は成り立つので，lが頂点C，D以外の点で辺CDと交わるための条件は

$x+a-5<5$

を満たすことであり，$x<10-a$であるから，APの値の範囲は

$0 \leqq \text{AP} <$ 10 $-a$ →**キク** ……①

である。

このとき，$\text{QR}=\sqrt{2}(x+a-5)$，$\text{RS}=\sqrt{2}(-x-a+10)$ であるから

［四角形QRSTの面積］

$=\sqrt{2}(x+a-5)\cdot\sqrt{2}(-x-a+10)$

$=-2(x+a-5)(x+a-10)$

$=-2\{x^2+(2a-15)x\}-2(a-5)(a-10)$

$=-2\left[\left\{x+\frac{1}{2}(2a-15)\right\}^2-\frac{1}{4}(2a-15)^2\right]-2(a-5)(a-10)$

$=-2\left\{x+\frac{1}{2}(2a-15)\right\}^2+\frac{1}{2}(2a-15)^2-2(a-5)(a-10)$

$$= -2\left\{x-\left(-a+\frac{15}{2}\right)\right\}^2+\frac{25}{2}$$

点Pが①を満たす範囲を動くとする。四角形QRSTの面積の最大値が $\frac{25}{2}$ となるための条件は，最大値をとるときの x の値つまり $x=-a+\frac{15}{2}$ が①を満たすことなので，$5<a<10$ である a について

$$0 \leqq -a+\frac{15}{2} < 10-a$$

が成り立つことである。これより

$$\begin{cases} 0 \leqq -a+\dfrac{15}{2} & \cdots\cdots② \\ -a+\dfrac{15}{2} < 10-a & \cdots\cdots③ \end{cases}$$

②より　　$a \leqq \frac{15}{2}$

③より　　a はすべての実数

よって，a の値の範囲は

$$5 < a \leqq \frac{15}{2} \quad \to \frac{ケコ}{サ}$$

である。

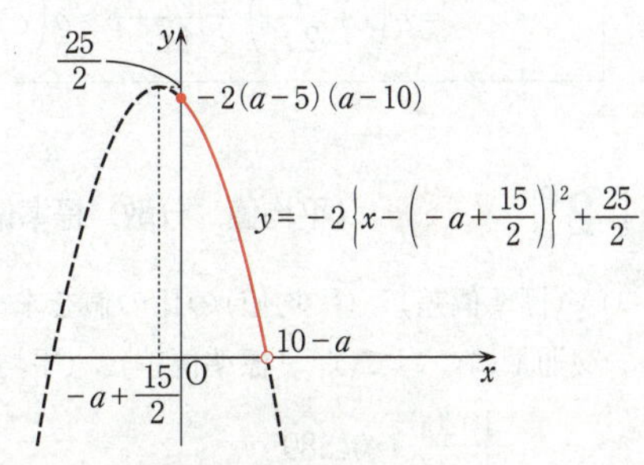

a が $\frac{15}{2}<a<10$ を満たすとき，

$-\frac{5}{2}<-a+\frac{15}{2}<0$ である。

Pが①を満たす範囲を動いたときの四角形QRSTの面積の最大値は

$$-2(a-5)(a-10) = -2a^2+30a-100 \quad \to シス，セソ，タチツ$$

である。

解説

(1)　条件をきちんと把握して正しく点をとること。長方形ABCDの隅に直角二等辺三角形が配置され，辺の比が $1:1:\sqrt{2}$ になることを利用する。同じ規則で点をとっているにすぎないように思うが，実際に $a=6$ のときと $a=8$ のときの長方形QRSTの面積の最大値の求め方が変わってくることに気づく。つまり，放物線の軸が定義域に入るか入らないかの違いが出てくることがわかる。(2)で一般的な場合について考察した際に

$$[\text{四角形QRSTの面積}] = \sqrt{2}(x+a-5)\cdot\sqrt{2}(-x-a+10)$$
$$= -2\left\{x-\left(-a+\frac{15}{2}\right)\right\}^2+\frac{25}{2}$$

となることから，仕組みがわかる。つまり，軸が $x=-a+\dfrac{15}{2}$ であるから，これが 0 以上か負の値かで最大値のとり方が変わってくるということである。

$a=6$ のときが，$-a+\dfrac{15}{2}=\dfrac{3}{2}\geqq 0$ となり最大値が $\dfrac{25}{2}$ となる場合，$a=8$ のときが，$-a+\dfrac{15}{2}=-\dfrac{1}{2}<0$ となり最大値が 12 となる場合の一例である。

(2)　(1)で考えたことの一般化である。(1)で具体的な操作はわかったので，ここでは a のまま長方形 QRST の面積を表せばよい。前半が(1)での $a=6$ の場合，後半が $a=8$ の場合に対応している。

平方完成の仕方をマスターし，変形できるようにしておくこと。

ポイント　**平方完成の仕方**

$$y=ax^2+bx+c\quad(a\neq 0)$$
$$=a\left(x^2+\frac{b}{a}x\right)+c=a\left\{\left(x+\frac{b}{2a}\right)^2-\frac{b^2}{4a^2}\right\}+c$$
$$=a\left(x+\frac{b}{2a}x\right)^2-\frac{b^2}{4a}+c=a\left(x+\frac{b}{2a}x\right)^2-\frac{b^2-4ac}{4a}$$

〔2〕 標準 《平均値，分散，標準偏差，相関係数，箱ひげ図，散布図など》

(1)　(標準偏差)：(平均値)の比の値を求める。

交通量については，(標準偏差)：(平均値)＝10200：17300 より，比の値は

$$\frac{10200}{17300}=0.589\cdots$$

である。小数第 3 位を四捨五入すると，0.59 となる。

速度については，(標準偏差)：(平均値)＝9.60：82.0 より，比の値は

$$\frac{9.60}{82.0}=0.117\cdots$$

である。小数第 3 位を四捨五入すると，0.12 となる。 **⑥** →テ

また，交通量と速度の相関係数は

$$\frac{(\text{共分散})}{(\text{交通量の標準偏差})(\text{速度の標準偏差})}=\frac{-63600}{10200\times 9.60}=-0.649\cdots$$

である。小数第 3 位を四捨五入すると，−0.65 となる。 **①** →ト

次に，2015 年の交通量のヒストグラムは

1．図 1 で交通量が 5000 に満たない地域は 4 地域である。解答群の⓪だけが 2 地域で，他は 4 地域である。よって，正解は①，②，③のいずれかである。

2．図1で交通量が5000以上10000未満の地域は17地域である。解答群の①，②，③のうち，①だけが17地域で，②，③は14地域である。

よって，正解は ① →ナ である。

また，表1および図1から読み取れることとして，正しいものを考えると

⓪　交通量が27500以上の地域で速度が75以上の地域は存在するから，正しくない。

①　交通量が10000未満のすべての地域の速度は70以上であるから，**正しい**。

②　速度が平均値（82.0）以上の地域に，交通量が平均値（17300）未満の地域は存在するから，正しくない。

③　速度が平均値（82.0）未満の地域に，交通量が平均値（17300）以上の地域は存在するから，正しくない。

④　交通量が27500以上の地域は，7地域より多く存在するから，正しくない。

⑤　速度が72.5未満の地域は，ちょうど11地域存在するから，**正しい**。

以上より，正しいものは ①，⑤ →ニ，ヌ である。

(2)　67地域について，2010年より2015年の速度が速くなった地域群をA群，遅くなった地域群をB群とする。

図2において，2010年の速度と2015年の速度の関係は次のようになる。

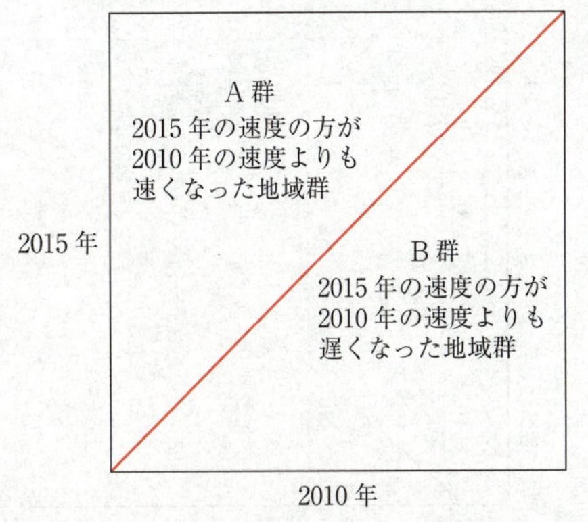

A群の地域数は多いので，地域数の少ないB群の地域数を数えると，10地域ある。2010年と2015年の速度に変化がなかった補助線上の地域はない。よって，A群の地域数は $67-10=57$ より 57 →ネノ である。

B群において，2010年より2015年の速度が5km/h以上遅くなった地域は次の領域にある地域である。

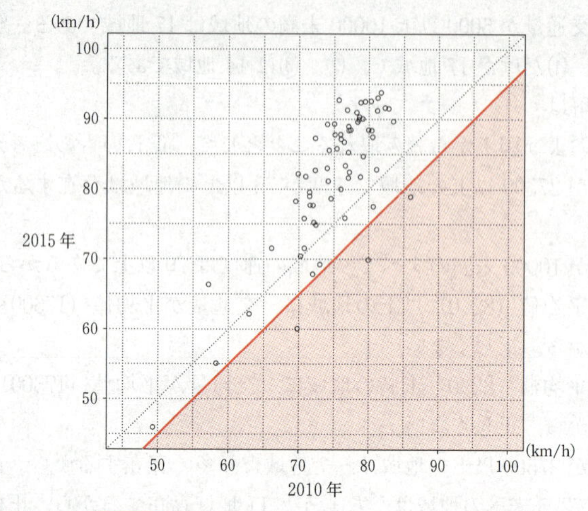

よって，その地域数は 3 →ハ である。

また，2010 年より 2015 年の速度が，10％以上遅くなった地域は次の領域にある地域である。

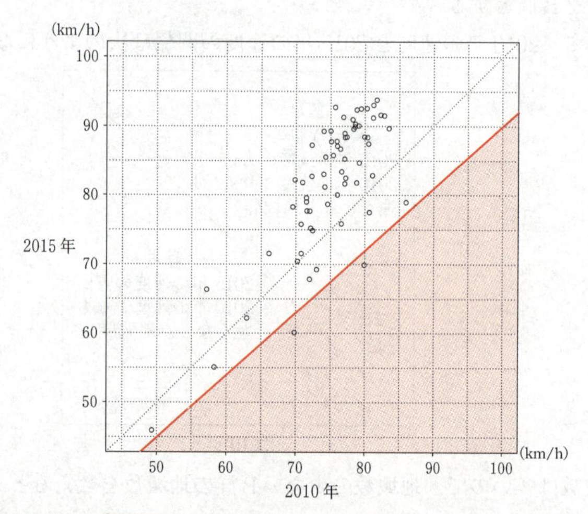

よって，その地域数は 2 →ヒ である。

A群の 2015 年の速度については，第１四分位数は 81.2，中央値は 86.7，第３四分位数は 89.7 であった。

(Ⅰ)，(Ⅱ)，(Ⅲ)はA群とB群の 2015 年の速度に関する記述である。

最初に，B群の速度についてデータを整理しておく。

B群には 2015 年の速度として，およそ

46，55，60，62，68，69，70，76，78，79

の10の地域がある。

中央値は $\frac{68+69}{2}=68.5$，第1四分位数は60，第3四分位数は76である。

(Ⅰ) A群の速度の範囲はおよそ67km/h～およそ94km/hの27km/h，B群の速度の範囲はおよそ46km/h～およそ79km/hの33km/hであるから，A群の速度の範囲は，B群の速度の範囲より小さい。よって，**正しい**。

(Ⅱ) A群の速度の第1四分位数は81.2，B群の速度の第3四分位数は76で，A群の速度の第1四分位数は，B群の速度の第3四分位数より大きい。よって，**誤り**。

(Ⅲ) A群の速度の四分位範囲は $89.7-81.2=8.5$，B群の速度の四分位範囲は $76-60=16$ で，A群の速度の四分位範囲は，B群の速度の四分位範囲より小さい。よって，**正しい**。

以上より，(Ⅰ)，(Ⅱ)，(Ⅲ)の正誤の組合せとして正しいものは ② →フ である。

(3) 速度と1kmあたりの走行時間（分）を考える。

（例） 速度55km/hのとき

60分 ⟷ 55km

$\frac{60}{55}$分 ⟷ 1km （両方を55で割った）

1．解答群の⓪，①，②，③の最小値がすべて異なることから，最小値を求めて正しいものを見つける方針を立てる。

2．速度が最大のとき，1kmあたりの走行時間は最小となる。

3．速度の最大値が93km/hであるから

60分 ⟷ 93km

$\frac{60}{93}$分 ⟷ 1km （両方を93で割った）

$\frac{60}{93}=0.645\cdots$ より，1kmあたりの走行時間の最小値は0.65分である。

これを満たすものは⓪である。

よって，2015年の速度を1kmあたりの走行時間に変換したデータの箱ひげ図は ⓪ →ヘ である。

1．解答群の走行時間1.0分の地域に注目する。

2．1.0分 ⟷ 1km

60分 ⟷ 60km

1kmあたりの走行時間が1.0分ということは時速60kmである。図4で速度が60km/hの地域の交通量は27000台だけである。解答群で，走行時間が1.0分の交通量が27000台だけなのは②である。

よって，2015年の交通量と1kmあたりの走行時間の散布図は ② →ホ である。

解説

(1) $a:b$ は分数に変換すると $\dfrac{a}{b}$ となることを知っておこう。これにより

(標準偏差)：(平均値)＝10200：17300から，比の値は $\dfrac{10200}{17300}=0.589\cdots$ であること

がわかる。$\dfrac{17300}{10200}=1.696\cdots$ とは違うのである。比の値の求め方がわからなくても，「交通量については0.59であり」をヒントにして正しく求めよう。

正しいヒストグラムを選択する問題では，解答群のうち他と比較して明らかに異なる箇所があるものに注目して，それが正しいかどうかを図1に戻って確認するという方針をとれば，要領よく正しいものを他からより分けることができる。

(2) 図2に条件に合った地域数を数えるための補助線を引いて数えればよい。また，(1)での図1，(2)での図2のような散布図を考察する際に，速度67km/h，68km/hのように判断しにくい場合がある。そもそも速度なので整数値ではないこともあるが，気にせずにおよその値で処理していくこと。その微妙な読み取り方の違いで解答が変わってくるような出題はされないので安心しよう。これは本問全体を通して言えることである。

四分位数についても確認し，求めることができるようにしておこう。

(3) この問題も解答群の中で違いが際立っているところに注目し，判断の根拠としよう。箱ひげ図の選択は，四分位数以前にそもそも最大値と最小値からして異なっているので，そこに注目するとよいだろう。散布図の選択についても，一個だけ離れたところにある点に注目しよう。いずれにしても，解答群の特徴に注目することがポイントである。

第3問 標準 場合の数と確率 《確率による得点に関する戦略の立て方》

2回目を投げるか投げないかを判断して，最終的には，さいころの目1，2，3，4，5，6またはその和を6で割った余りがAとなるので，$A=0,\ 1,\ 2,\ 3,\ 4,\ 5$である。

また，2回目を投げるときと投げないとき，それぞれの場合でAが確定し，いずれにしても，その後，さいころをもう1回投げるのである。よって，Aが大きくても最終的には得点なしになることはあるが，Aが大きいほど得点は大きくなり，得点なしの確率は小さくなる。

(1) 1回目に投げたさいころの目にかかわらず2回目を投げる場合を考える。

$A=4$となるのは出た目の合計を6で割った余りが4のときで，出た目の合計が 4 または 10 →ア，イウ の場合である。

1回目に出た目をa，2回目に出た目をbとおく。

さいころを2回投げたときの目の出方は，6^2通りあり，このうち

さいころの出た目の合計が4のとき　$(a,\ b)=(1,\ 3),\ (2,\ 2),\ (3,\ 1)$

さいころの出た目の合計が10のとき　$(a,\ b)=(4,\ 6),\ (5,\ 5),\ (6,\ 4)$

であるから，合計6通りある。

よって，$A=4$となる確率は

$$\frac{6}{6^2}=\frac{1}{6} \quad \to \frac{エ}{オ}$$

である。

また，$A=5$となるのは出た目の合計を6で割った余りが5のときで，出た目の合計が5または11の場合である。

さいころの出た目の合計が5のとき　$(a,\ b)=(1,\ 4),\ (2,\ 3),\ (3,\ 2),\ (4,\ 1)$

さいころの出た目の合計が11のとき　$(a,\ b)=(5,\ 6),\ (6,\ 5)$

であるから，合計6通りある。

よって，$A=5$となる確率は

$$\frac{6}{6^2}=\frac{1}{6}$$

である。

したがって，$A \geqq 4$となる確率は

$$\frac{1}{6}+\frac{1}{6}=\frac{1}{3} \quad \to \frac{カ}{キ}$$

である。

＜2回目を投げる場合の目の合計＞

1回目の目（横）、2回目の目（縦）

	1	2	3	4	5	6
1	2	3	4	5	6	7
2	3	4	5	6	7	8
3	4	5	6	7	8	9
4	5	6	7	8	9	10
5	6	7	8	9	10	11
6	7	8	9	10	11	12

＜2回目を投げる場合の A の値＞

1回目の目（横）、2回目の目（縦）

	1	2	3	4	5	6
1	2	3	4	5	0	1
2	3	4	5	0	1	2
3	4	5	0	1	2	3
4	5	0	1	2	3	4
5	0	1	2	3	4	5
6	1	2	3	4	5	0

＜2回目を投げる場合の A の値と確率＞

出た目の合計	2	3	4	5	6	7	8	9	10	11	12	計
A	2	3	4	5	0	1	2	3	4	5	0	
確　率	$\frac{1}{36}$	$\frac{2}{36}$	$\frac{3}{36}$	$\frac{4}{36}$	$\frac{5}{36}$	$\frac{6}{36}$	$\frac{5}{36}$	$\frac{4}{36}$	$\frac{3}{36}$	$\frac{2}{36}$	$\frac{1}{36}$	1

(2)　さいころを1回投げた時点で出た目を6で割った余りがある程度大きければ，2回目を投げない方が A が大きくなって，より多く得点する確率が増し，余りが小さければ，2回目を投げた方が A が大きくなって，より多く得点する確率が増す。花子さんは4点以上の景品が欲しいと思い，$A \geqq 4$ となる確率が最大となるような戦略を考えた。

例えば，さいころを1回投げたところ，出た目は5であったとする。この条件のもとでは，2回目を投げない場合は1回目に出た目5を6で割った余りを A とするので，$A=5$ であり，確実に $A \geqq 4$ となる。

2回目を投げると，2回目に出た目1，2，3，4，5，6に対して，出た目の合計はそれぞれ6，7，8，9，10，11で，合計を6で割った余り A はそれぞれ0，1，2，3，4，5であるから，$A \geqq 4$ となる確率は

$$\frac{2}{6}=\frac{1}{3} \quad \rightarrow \frac{ク}{ケ}$$

である。

よって，確実に，つまり確率1で $A \geqq 4$（実際は $A=5$）となることと比較すると，確率が下がる。したがって，さいころを1回投げたところ，出た目が5であったとすると，2回目を投げない方が $A \geqq 4$ となる確率は大きくなる。

1回目に出た目が5以外の場合も，このように2回目を投げない場合と投げる場合を比較してみる。

＜2回目を投げない場合のAの値と確率＞

1回目に出た目	1	2	3	4	5	6
A	1	2	3	4	5	0
確　率	$\frac{1}{6}$	$\frac{1}{6}$	$\frac{1}{6}$	$\frac{1}{6}$	$\frac{1}{6}$	$\frac{1}{6}$

＜1回目に出た目と$A \geqq 4$の確率＞

1回目に出た目	1	2	3	4	5	6
2回目を投げないときの$A \geqq 4$の確率	0	0	0	1	1	0
	∧	∧	∧	∨	∨	∧
2回目を投げたときの$A \geqq 4$の確率	$\frac{1}{3}$	$\frac{1}{3}$	$\frac{1}{3}$	$\frac{1}{3}$	$\frac{1}{3}$	$\frac{1}{3}$

これらの確率を比較して，花子さんは，1回目に投げたさいころの目を6で割った余りが3以下のときのみ，2回目を投げるという戦略を立てることになる。

①　→コ

表より，1回目に投げたさいころの目が5以外の場合も考えてみると，いずれの場合も2回目を投げたときに$A \geqq 4$となる確率は$\frac{1}{3}$である。このことから，花子さんの戦略のもとで$A \geqq 4$となる確率は

$$\frac{1}{6}\cdot\frac{1}{3}+\frac{1}{6}\cdot\frac{1}{3}+\frac{1}{6}\cdot\frac{1}{3}+\frac{1}{6}\cdot1+\frac{1}{6}\cdot1+\frac{1}{6}\cdot\frac{1}{3}=\frac{1}{6}\cdot\frac{1}{3}\cdot4+\frac{1}{6}\cdot1\cdot2$$

$$=\frac{5}{9}\quad\to\frac{サ}{シ}$$

であり，この確率は1回目に投げたさいころの目にかかわらず2回目を投げる場合の$A \geqq 4$となる確率$\frac{1}{3}$より大きくなる。

(3)　太郎さんは，どの景品でもよいからもらいたいと思い，得点なしとなる確率が最小となるような戦略を考えた。

例えば，さいころを1回投げたところ，出た目は3であったとする。この条件のもとでは，2回目を投げない場合，$A=3$となり，さいころをもう1回投げ，$\frac{2}{6}=\frac{1}{3}$の確率で出た目が3未満，つまり1，2の場合は得点を3とし，$\frac{4}{6}=\frac{2}{3}\to\frac{ス}{セ}$の確率で出た目が3以上，つまり3，4，5，6のときは得点なしとなる。

2回目を投げる場合は次のようになる。

＜２回目を投げる場合の A の値と得点なしとなる確率＞

２回目に出た目	1	2	3	4	5	6
１回目と２回目の合計	4	5	6	7	8	9
A	4	5	0	1	2	3
得点なしとなる確率	$\frac{3}{6}$	$\frac{2}{6}$	1	1	$\frac{5}{6}$	$\frac{4}{6}$

よって，さいころを１回投げたところ，出た目が３であったとき，２回目を投げる場合，得点なしとなる確率は

$$\frac{1}{6}\left(\frac{3}{6}+\frac{2}{6}+\frac{6}{6}+\frac{6}{6}+\frac{5}{6}+\frac{4}{6}\right)=\frac{26}{36}=\frac{13}{18}$$ →ソタ/チツ

$$\frac{13}{18}-\frac{2}{3}=\frac{1}{18}>0$$

よって，１回目に投げたさいころの目が３であったときは，**２回目を投げない方が得点なしとなる確率は小さい。** ⓪　→テ

１回目に投げたさいころの目が３以外の場合についても考える。

＜２回目を投げる場合の A の値＞

１回目の目

２回目の目	1	2	3	4	5	6
1	2	3	4	5	0	1
2	3	4	5	0	1	2
3	4	5	0	1	2	3
4	5	0	1	2	3	4
5	0	1	2	3	4	5
6	1	2	3	4	5	0

１回目に出た目	1	2	3	4	5	6
２回目を投げないときの得点なしの確率	1	$\frac{5}{6}$	$\frac{4}{6}$	$\frac{3}{6}$	$\frac{2}{6}$	1
	$\vee$	$\vee$	$\wedge$	$\wedge$	$\wedge$	$\vee$
２回目を投げるときの得点なしの確率	$\frac{13}{18}$	$\frac{13}{18}$	$\frac{13}{18}$	$\frac{13}{18}$	$\frac{13}{18}$	$\frac{13}{18}$

表より，１回目に投げたさいころの目を６で割った余りが**２以下**のときのみ，２回目を投げるという戦略を立てることになる。 ⓪　→ト

この戦略のもとで太郎さんが得点なしとなる確率を求める。

１回目に投げたさいころの目を６で割った余りが $\frac{3}{6}=\frac{1}{2}$ の確率で２以下のときに，

2回目を投げて得点なしになる確率は$\dfrac{13}{18}$である。また，1回目に投げたさいころの目を6で割った余りが3以上のときに，2回目を投げない場合は

1回目に投げたさいころの目が3のとき，$A=3$と決まった後にさいころをもう1回投げ，3，4，5，6の目が出る$\left(確率\dfrac{4}{6}\right)$ ⟶ 得点なし

1回目に投げたさいころの目が4のとき，$A=4$と決まった後にさいころをもう1回投げ，4，5，6の目が出る$\left(確率\dfrac{3}{6}\right)$ ⟶ 得点なし

1回目に投げたさいころの目が5のとき，$A=5$と決まった後にさいころをもう1回投げ，5，6の目が出る$\left(確率\dfrac{2}{6}\right)$ ⟶ 得点なし

よって，求める確率は

$$\frac{1}{2}\cdot\frac{13}{18}+\frac{1}{6}\left(\frac{4}{6}+\frac{3}{6}+\frac{2}{6}\right)=\frac{\boxed{11}}{\boxed{18}} \quad \to \frac{ナニ}{ヌネ}$$

この確率は，1回目に投げたさいころの目にかかわらず2回目を投げる場合における得点なしとなる確率より小さくなる。

解説

(1) 得点に応じた景品を一つもらえるということなので，特に好みがなければ高い得点になる確率が高くなるようにAをできる限り大きくしたいと考える。1回目に出た目が5のとき，そのまま2回目を投げずにいたら$A=5$となり，Aの最大値が得られるので，2回目を投げない。逆に1回目に出た目が6のとき，そのまま2回目を投げずにいたら$A=0$となり，Aの最小値を得ることになってしまうので，必ず2回目を投げる。

(2) 花子さんは$A\geqq 4$となる確率が最大となるような戦略を考えた。まず1回目に出た目が5である場合を考えるところで，考え方の手順を身につけよう。その後，5以外の場合についても考える。2回目を投げるとき，1回目に5以外の目が出ても，2回目に出た目との和を6で割ると，余りが0，1，2，3，4，5の場合があり，同じ結果を得る。1回目に出た目に対して，2回目を投げる場合と投げない場合とを考えて比較し，戦略を立てる。

(3) 太郎さんは，得点なしとなる確率が最小となるような戦略を考えた。まず1回目に出た目が3である場合を考えるところで，考え方の手順を身につけよう。その後3以外の場合についても考える。2回目を投げるとき，1回目に3以外の目が出ても，2回目に出た目との和を6で割ると，余りが0，1，2，3，4，5の場合があり，同じ結果を得る。1回目に出た目に対して，2回目を投げる場合と投げない場合とで得点なしとなる確率を比較しよう。

第4問　標準　整数の性質《倍数，約数，整数の表し方》

(1)　整数 k が $0 \leqq k < 5$ を満たすとする。$77k = 5 \times 15k + 2k = [5\text{の倍数}] + 2k$ に注意すると，$77k$ を 5 で割った余りが 1 となるのは，$2k$ を 5 で割った余りが 1 となるときであり，$2k$ に $k = 0,\ 1,\ \cdots,\ 4$ を代入すると

$$2k = \begin{cases} 0 & (k=0\text{のとき}) \\ 2 & (k=1\text{のとき}) \\ 4 & (k=2\text{のとき}) \\ 6 & (k=3\text{のとき}) \\ 8 & (k=4\text{のとき}) \end{cases}$$

このうち，$2k$ を 5 で割った余りが 1 となるのは，$2k = 6$ つまり $k =$ **3** →ア のときである。

(2)　三つの整数 $k,\ l,\ m$ が

$$0 \leqq k < 5,\ 0 \leqq l < 7,\ 0 \leqq m < 11$$

を満たすとする。このとき

$$\frac{k}{5} + \frac{l}{7} + \frac{m}{11} - \frac{1}{385} \quad \cdots\cdots ① \quad (385 = 5 \cdot 7 \cdot 11\text{である})$$

が整数となる $k,\ l,\ m$ を求める。

①の値が整数のとき，その値を n とすると

$$\frac{k}{5} + \frac{l}{7} + \frac{m}{11} - \frac{1}{385} = n$$

$$\frac{k}{5} + \frac{l}{7} + \frac{m}{11} = \frac{1}{385} + n \quad \cdots\cdots ②$$

となる。②の両辺に 385 を掛けると

$$77k + 55l + 35m = 1 + 385n \quad \cdots\cdots ③$$

となる。これより

$$77k = 5(-11l - 7m + 77n) + 1 = [5\text{の倍数}] + 1$$

となることから，$77k$ を 5 で割った余りは 1 なので，(1)より $k = 3$ である。

同様にして

$$55l = 7(-11k - 5m + 55n) + 1$$

であり，$55l = 7 \times 7l + 6l = [7\text{の倍数}] + 6l$ に注意すると，$55l$ を 7 で割った余りが 1 となるのは，$6l$ を 7 で割った余りが 1 となるときであり，$6l$ に $l = 0,\ 1,\ \cdots,\ 6$ を代入すると

$$6l=\begin{cases}0 & (l=0\text{ のとき})\\ 6 & (l=1\text{ のとき})\\ 12 & (l=2\text{ のとき})\\ 18 & (l=3\text{ のとき})\\ 24 & (l=4\text{ のとき})\\ 30 & (l=5\text{ のとき})\\ 36 & (l=6\text{ のとき})\end{cases}$$

このうち，7で割った余りが1となるのは，$6l=36$ つまり $l=$ 6 →イのときである。

また

$$35m=11(-7k-5l+35n)+1$$

であり，$35m=11\times3m+2m=[11\text{ の倍数}]+2m$ に注意すると，$35m$ を11で割った余りが1となるのは，$2m$ を11で割った余りが1となるときであり，$2m$ に $m=0,\ 1,\ \cdots,\ 10$ を代入すると

$$2m=\begin{cases}0 & (m=0\text{ のとき})\\ 2 & (m=1\text{ のとき})\\ 4 & (m=2\text{ のとき})\\ 6 & (m=3\text{ のとき})\\ 8 & (m=4\text{ のとき})\\ 10 & (m=5\text{ のとき})\\ 12 & (m=6\text{ のとき})\\ 14 & (m=7\text{ のとき})\\ 16 & (m=8\text{ のとき})\\ 18 & (m=9\text{ のとき})\\ 20 & (m=10\text{ のとき})\end{cases}$$

このうち，11で割った余りが1となるのは，$2m=12$ つまり $m=$ 6 →ウのときである。

なお，$k=3$，$l=6$，$m=6$ を③に代入すると，$n=2$ であることがわかる。

(3) 三つの整数 x，y，z が

$$0\leqq x<5,\ 0\leqq y<7,\ 0\leqq z<11$$

を満たすとする。$77\cdot3x+55\cdot6y+35\cdot6z$ を5，7，11で割った余りがそれぞれ2，4，5であるとする。このときの x，y，z を求める。

$77\cdot3x+55\cdot6y+35\cdot6z$ を5で割った余りについて考える。

$$77\cdot3x+55\cdot6y+35\cdot6z=(5\cdot46x+x)+5\cdot11\cdot6y+5\cdot7\cdot6z=[5\text{ の倍数}]+x$$

で，$0 \leqq x < 5$ のとき，$77\cdot 3x + 55\cdot 6y + 35\cdot 6z$ を 5 で割った余りが 2 であることから

$x =$ 2 →エ

となる。

同様にして，$77\cdot 3x + 55\cdot 6y + 35\cdot 6z$ を 7 で割った余りについて考える。

$$77\cdot 3x + 55\cdot 6y + 35\cdot 6z = 7\cdot 11\cdot 3x + (7\cdot 47y + y) + 7\cdot 5\cdot 6z = [7\text{の倍数}] + y$$

で，$0 \leqq y < 7$ のとき，$77\cdot 3x + 55\cdot 6y + 35\cdot 6z$ を 7 で割った余りが 4 であることから

$y =$ 4 →オ

となる。

また，$77\cdot 3x + 55\cdot 6y + 35\cdot 6z$を 11 で割った余りについて考える。

$$77\cdot 3x + 55\cdot 6y + 35\cdot 6z = 11\cdot 7\cdot 3x + 11\cdot 5\cdot 6y + (11\cdot 19z + z) = [11\text{の倍数}] + z$$

で，$0 \leqq z < 11$ のとき，$77\cdot 3x + 55\cdot 6y + 35\cdot 6z$ を 11 で割った余りが 5 であることから

$z =$ 5 →カ

となる。

x，y，z を上で求めた値として，整数 p を

$$p = 77\cdot 3\cdot 2 + 55\cdot 6\cdot 4 + 35\cdot 6\cdot 5$$

で定める。この p は 5，7，11 で割った余りがそれぞれ 2，4，5 である数なので，同じく，5，7，11 で割った余りがそれぞれ 2，4，5 である整数 M は，5，7，11 の最小公倍数が $5\cdot 7\cdot 11 = 385$ であることから，ある整数 r を用いて

$$M = p + 385r$$

と表すことができる。

(4)　整数 p を(3)で定めたもの，つまり $p = 77\cdot 3\cdot 2 + 55\cdot 6\cdot 4 + 35\cdot 6\cdot 5$（$= 462 + 1320 + 1050 = 2832$）とする。

p^a を 5 で割った余りが 1 となる正の整数 a のうち，最小のものを求める。

p は 5 で割ると 2 余る数である。

p^2 は 5 で割ると $2\cdot 2 = 4$ 余る数である。

p^3 は 5 で割ると $4\cdot 2 = 8 = 5\cdot 1 + 3$ より，3 余る数である。

p^4 は 5 で割ると $3\cdot 2 = 6 = 5\cdot 1 + 1$ より，1 余る数である。

よって，p^a を 5 で割った余りが 1 となる正の整数 a のうち，最小のものは $a = 4$ である。

次に，p^b を 7 で割った余りが 1 となる正の整数 b のうち，最小のものを求める。

p は 7 で割ると 4 余る数である。

p^2 は 7 で割ると $4\cdot 4 = 16 = 7\cdot 2 + 2$ より，2 余る数である。

p^3 は 7 で割ると $2\cdot 4 = 8 = 7\cdot 1 + 1$ より，1 余る数である。

よって，p^b を 7 で割った余りが 1 となる正の整数 b のうち，最小のものは

$b=$ 3 →キ

となる。

次に，p^c を 11 で割った余りが 1 となる正の整数 c のうち，最小のものを求める。

p は 11 で割ると 5 余る数である。

p^2 は 11 で割ると $5\cdot5=25=11\cdot2+3$ より，3 余る数である。

p^3 は 11 で割ると $3\cdot5=15=11\cdot1+4$ より，4 余る数である。

p^4 は 11 で割ると $4\cdot5=20=11\cdot1+9$ より，9 余る数である。

p^5 は 11 で割ると $9\cdot5=45=11\cdot4+1$ より，1 余る数である。

よって，p^c を 11 で割った余りが 1 となる正の整数 c のうち，最小のものは

$c=$ 5 →ク

である。

p^8 を 385 で割った余りを q とするときの q を求める。

p^a を 5 で割った余りが 1 となる正の整数 a のうち，最小のものは $a=4$ である。

p^b を 7 で割った余りが 1 となる正の整数 b のうち，最小のものは $b=3$ である。

p^c を 11 で割った余りが 1 となる正の整数 c のうち，最小のものは $c=5$ である。

これらのことより，p^8 を 5，7，11 で割った余りを求めて，それを利用して(3)と同様に考える。

$$\begin{aligned} p^8 &= (p^4)^2 \\ &= (5X+1)^2 \quad (X\text{ は整数}) \\ &= [5\text{ の倍数}]+1 \end{aligned}$$

よって，p^8 を 5 で割った余りは 1 である。

$$\begin{aligned} p^6 &= (p^3)^2 \\ &= (7Y+1)^2 \quad (Y\text{ は整数}) \\ &= [7\text{ の倍数}]+1 \end{aligned}$$

さらに

$$\begin{aligned} p^8 &= p^6\cdot p^2 \\ &= (7Y'+1)(7Y''+2) \quad (Y',\ Y''\text{ は整数}) \\ &= [7\text{ の倍数}]+2 \end{aligned}$$

よって，p^8 を 7 で割った余りは 2 である。

$$p^5=11Z+1 \quad (Z\text{ は整数})$$

さらに

$$\begin{aligned} p^8 &= p^5\cdot p^3 \\ &= (11Z+1)(11Z'+4) \quad (Z'\text{ は整数}) \end{aligned}$$

$= [11\text{の倍数}] + 4$

よって，p^8 を 11 で割った余りは 4 である。

(3)で考えたように

$$P = 77 \cdot 3 \cdot 1 + 55 \cdot 6 \cdot 2 + 35 \cdot 6 \cdot 4 = 231 + 660 + 840 = 1731$$

とすると，P を 5，7，11 で割った余りがそれぞれ 1，2，4 である。

さらに，5，7，11 で割った余りがそれぞれ 1，2，4 である整数 M' は，ある整数 r' を用いて $M' = P + 385r'$ と表すことができる。したがって，5，7，11 で割った余りがそれぞれ 1，2，4 である整数 p^8 は

$$\begin{aligned} p^8 &= 1731 + 385r' \\ &= (385 \cdot 4 + 191) + 385r' \\ &= 385(r' + 4) + 191 \end{aligned}$$

ゆえに，p^8 を 385 で割った余り q は　　$q =$ **191** →ケコサ

であることがわかる。

解説

(1)　整数 k が $0 \leqq k < 5$ を満たすとする。$77k = 5 \times 15k + 2k = [5\text{の倍数}] + 2k$ と表すことができる。$77k$ を 5 で割った余りが 1 となるのは，$2k$ を 5 で割った余りが 1 となることである。$2k$ のとる値 0，2，4，6，8 の中から 5 で割って 1 余る数を見つける。

(2)　(1)での操作と同じことを 7，11 に関しても繰り返せばよい。

(3)　誘導に従って解答していけばよい。きちんと記述するとなると，それなりに手間がかかるが，客観テストとして結果だけ求めればよいので，同じような作業を繰り返せばよい。

(4)　p は 5，7，11 で割った余りがそれぞれ 2，4，5 なので，次のように考える。

$$p = 5L + 2 \quad (L\text{ は整数})$$

と表せて

$$p^2 = (5L+2)(5L+2) = [5\text{の倍数}] + 4$$

$$p^3 = p^2 \cdot p = \{[5\text{の倍数}] + 4\}(5L+2) = [5\text{の倍数}] + 8$$

となるので，5 で割った余りについてだけ計算すればよい。

これも，きちんと記述すると面倒な計算に見えるが，実際の試験では余白などに計算すればよく，それほど時間のかかるものではない。

全体を通して，どのような誘導がなされているのかを意識して取り組むとよい。

第5問 標準 図形の性質 《方べきの定理，メネラウスの定理》

(1)　直線PTは3点Q，R，Tを通る円Oに接しないとする。このとき，直線PTは円Oと異なる2点で交わる。直線PTと円Oとの交点で点Tとは異なる点をT′とすると，方べきの定理より

$$\mathrm{PT}\cdot\mathrm{PT}'=\mathrm{PQ}\cdot\mathrm{PR}\quad \boxed{0},\ \boxed{1}\quad \to ア，イ$$

が成り立つ。

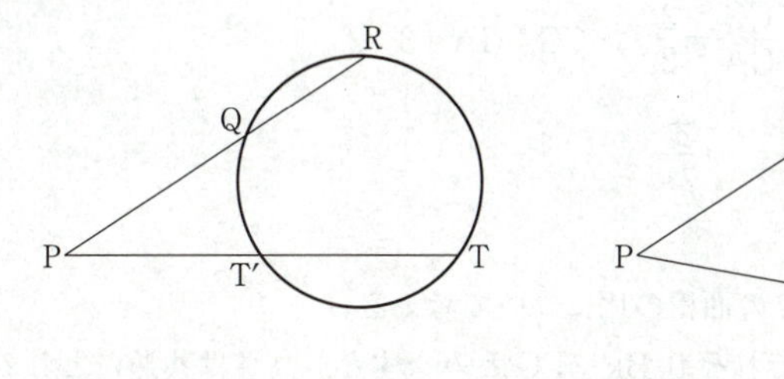

点Tと点T′が異なることにより，$\mathrm{PT}\neq\mathrm{PT}'$ であるから，$\mathrm{PT}\cdot\mathrm{PT}'\neq\mathrm{PT}^2$ となり，$\mathrm{PQ}\cdot\mathrm{PR}=\mathrm{PT}^2$ に矛盾するので，背理法により，直線PTは3点Q，R，Tを通る円に接するといえる。

(2)　△ABCにおいて，$\mathrm{AB}=\frac{1}{2}$，$\mathrm{BC}=\frac{3}{4}$，$\mathrm{AC}=1$ とする。このとき，∠ABCの二等分線と辺ACとの交点をDとすると

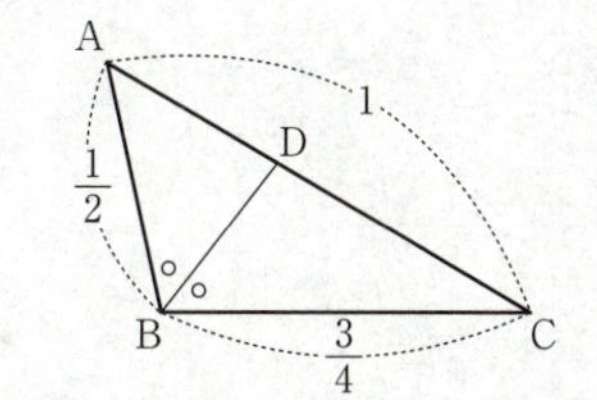

$$\mathrm{AD}:\mathrm{DC}=\mathrm{BA}:\mathrm{BC}=\frac{1}{2}:\frac{3}{4}=2:3$$

よって　$\mathrm{AD}=\frac{2}{5}\mathrm{AC}=\frac{2}{5}\cdot 1=\frac{\boxed{2}}{\boxed{5}}\quad \to \frac{ウ}{エ}$

である。

直線BC上に，点Cとは異なり，BC＝BEとなる点Eをとる。∠ABEの二等分線と線分AEとの交点をFとし，直線ACとの交点をGとすると，次図のようになる。

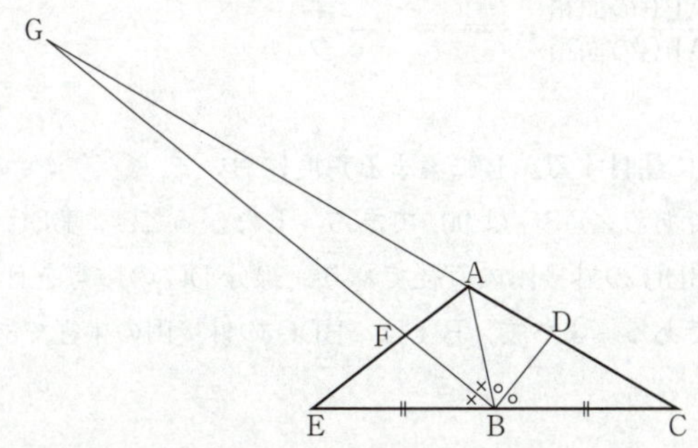

△ECA と直線 BG にメネラウスの定理を用いて

$$\frac{EB}{BC}\cdot\frac{CG}{GA}\cdot\frac{AF}{FE}=1$$

ここで，直線 BF は∠ABE の二等分線なので

$$AF:FE=BA:BE=BA:BC=\frac{1}{2}:\frac{3}{4}=2:3$$

であるから，EB：BC＝1：1 であることも合わせて

$$\frac{1}{1}\cdot\frac{CG}{GA}\cdot\frac{2}{3}=1 \qquad \frac{CG}{GA}=\frac{3}{2} \qquad CG:GA=3:2$$

よって　$\dfrac{AC}{AG}=\dfrac{\boxed{1}}{\boxed{2}}$　→$\dfrac{オ}{カ}$

である。

次に，△ABF と△AFG の面積の比について考える。

二つの三角形の底辺をそれぞれ BF，FG とみなすと，高さは共通にとれるので，底辺の長さの比 BF：FG が面積の比となる。

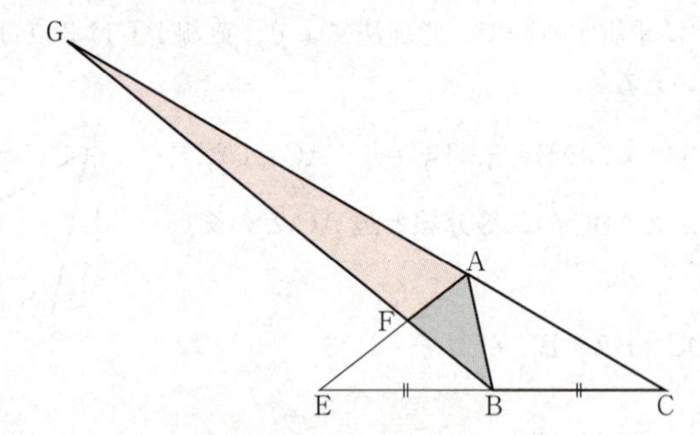

△GCB と直線 AE にメネラウスの定理を用いて

$$\frac{GA}{AC}\cdot\frac{CE}{EB}\cdot\frac{BF}{FG}=1 \qquad \frac{2}{1}\cdot\frac{2}{1}\cdot\frac{BF}{FG}=1$$

$$\frac{BF}{FG}=\frac{1}{4} \qquad BF:FG=1:4$$

よって　$\dfrac{\triangle ABF\text{の面積}}{\triangle AFG\text{の面積}}=\dfrac{\boxed{1}}{\boxed{4}}$　→$\dfrac{キ}{ク}$

である。

次図の△BDG に注目する。B に集まる角度において，○○××の和が 180° であるから○×の和である∠DBG は 90° である。したがって，△BDG は直角三角形で，線分 DG が△BDG の外接円の直径であり，線分 DG の中点を H とすると，点 H は外接円の中心である。よって，BH は△BDG の外接円の半径であり

$$BH=DH=\frac{1}{2}DG=\frac{1}{2}(AD+AG)=\frac{1}{2}(AD+2AC)$$

$$=\frac{1}{2}\left(\frac{2}{5}+2\cdot1\right)=\frac{\boxed{6}}{\boxed{5}}\quad\to ケ・コ$$

である。

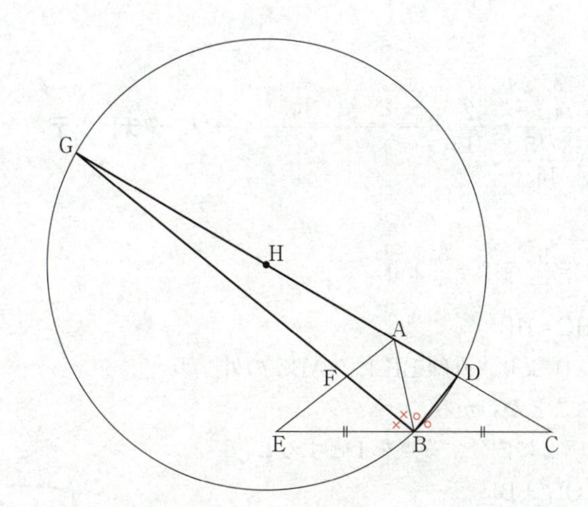

また

$$AH=AG-GH=AG-BH=2-\frac{6}{5}=\frac{\boxed{4}}{\boxed{5}}\quad\to サ・シ$$

$$CH=AH+AC=\frac{4}{5}+1=\frac{\boxed{9}}{\boxed{5}}\quad\to ス・セ$$

である。

△ABC の外心をOとする。△ABC の外接円Oの半径を求めるには正弦定理を用いる。△ABC の外接円Oの半径を R とおくと

$$\frac{BC}{\sin\angle BAC}=2R$$

と表せて　$R=\dfrac{BC}{2\sin\angle BAC}$

ここで　$BC=\dfrac{3}{4}$

△ABC において，余弦定理より

$$\cos\angle BAC=\frac{AB^2+AC^2-BC^2}{2AB\cdot AC}=\frac{\left(\frac{1}{2}\right)^2+1^2-\left(\frac{3}{4}\right)^2}{2\cdot\frac{1}{2}\cdot1}=\frac{11}{16}$$

相互関係 $\sin^2\angle BAC+\cos^2\angle BAC=1$ より

$$\sin^2\angle BAC = 1-\left(\frac{11}{16}\right)^2 = \frac{135}{16^2}$$

$\sin\angle BAC > 0$ より

$$\sin\angle BAC = \frac{3\sqrt{15}}{16}$$

よって

$$R = \frac{\frac{3}{4}}{2\cdot\frac{3\sqrt{15}}{16}} = \frac{2}{\sqrt{15}} = \frac{\boxed{2}\sqrt{\boxed{15}}}{\boxed{15}}$$ →ソ，タチ，ツテ

である。

$HA=\frac{4}{5}$，$HC=\frac{9}{5}$，$HB=\frac{6}{5}$ より

$$HA\cdot HC = HB^2$$

が成り立ち，(1)より，直線 BH は△ABC の外接円に接することがわかる。

線分 BH を 1：2 に内分する点を I とすると

$$IO^2 = OB^2 + BI^2$$
$$= \left(\frac{2\sqrt{15}}{15}\right)^2 + \left(\frac{1}{3}\cdot\frac{6}{5}\right)^2$$
$$= \frac{60}{15^2} + \frac{36}{15^2} = \frac{96}{15^2}$$

したがって

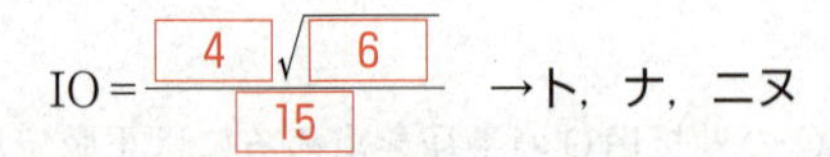

$$IO = \frac{\boxed{4}\sqrt{\boxed{6}}}{\boxed{15}}$$ →ト，ナ，ニヌ

であることがわかる。

解 説

(1)　方べきの定理に関連した問題であることはわかるであろう。本問はこの定理の逆を証明する問題である。

(2)　解答する際に，比がわからない線分があるので，それをメネラウスの定理から求めることになる。外接円の半径を求めるときは正弦定理を利用する。sin∠BAC の値がわからないので，余弦定理で cos∠BAC の値を求めることで繋げる。
(1)をなぜ証明したのかを常に意識しておくこと。途中，利用する機会はないが，最後に，(1)の定理をうまく使って IO の長さを求めよう。

数学Ⅱ・数学B　追試験

問題番号(配点)	解答記号	正解	配点	チェック
第1問(30)	アイ	13	2	
	(ウ, エオ)	(5, 12)	2	
	カ	0	2	
	$\frac{キク}{ケ}$	$\frac{-3}{2}$	2	
	$\frac{コ}{サ}$	$\frac{2}{3}$	1	
	シス	13	2	
	$\frac{セ}{ソ}$	$\frac{2}{3}$	2	
	$\frac{タチ}{ツ}$	$\frac{-3}{2}$	2	
	テ	⓪	2	
	ト, ナ	⑦, ④	2	
	ニ	⑧	2	
	ヌ	ⓐ	2	
	ネ	②	2	
	ノ	④	2	
	ハ	②	3	

問題番号(配点)	解答記号	正解	配点	チェック
第2問(30)	ア	0	2	
	イウ	12	2	
	エオ	−2	2	
	カ	5	2	
	キク	19	2	
	ケ	3	1	
	$\frac{コサ}{シ}$	$\frac{81}{2}$	4	
	スセ	$-a$	2	
	ソ	3	2	
	タ	3	1	
	チ	3	2	
	ツ	6	2	
	テト	−1	2	
	ナ, ニ	①, ③または③, ①	4	

問題番号(配点)	解答記号	正　解	配点	チェック
第3問 (20)	アイ	72	1	
	$\frac{ウ}{エオ}$	$\frac{1}{36}$	1	
	カ	②	1	
	キ	2	1	
	$\frac{\sqrt{クケ}}{コ}$	$\frac{\sqrt{70}}{6}$	2	
	$\frac{サ}{シ}$，ス	$\frac{1}{7}$，1	1	
	$\frac{セソ}{タチ}$	$\frac{38}{21}$	2	
	$\frac{ツ}{テ}$	$\frac{1}{7}$	2	
	$\frac{トナ}{ニヌ}$	$\frac{38}{21}$	1	
	ネ	②	2	
	ノ，ハ	⓪，⓪	2	
	ヒ	④	2	
	0.フヘホ	0.055	2	
第4問 (20)	ア	7	1	
	イn^2－ウ	$2n^2-1$	3	
	$\frac{エn^3+オn^2-カn}{キ}$	$\frac{2n^3+3n^2-2n}{3}$	3	
	ク	5	1	
	ケ	⑤	2	
	コ，サ	①，②	2	
	シ，ス	②，②	2	
	セ－ソ	$1-c$	2	
	タ	2	2	
	チ，ツ	⓪，①	2	

問題番号(配点)	解答記号	正　解	配点	チェック
第5問 (20)	B_2(−1, ア, イウ)	$B_2(-1, 1, 2a)$	2	
	C_3(−1, エ, オカ)	$C_3(-1, 0, 3a)$	2	
	キ	⑧	2	
	ク	③	2	
	$\frac{\sqrt{ケ}}{コ}$	$\frac{\sqrt{2}}{2}$	2	
	$\frac{サ}{シ}$	$\frac{3}{2}$	1	
	$\frac{ス}{セ}$	$\frac{1}{2}$	1	
	$\frac{ソ}{タ}$	$\frac{1}{3}$	2	
	チ	①	3	
	ツ，テ	①，⓪	3	

（注）第1問，第2問は必答。第3問～第5問のうちから2問選択。計4問を解答。

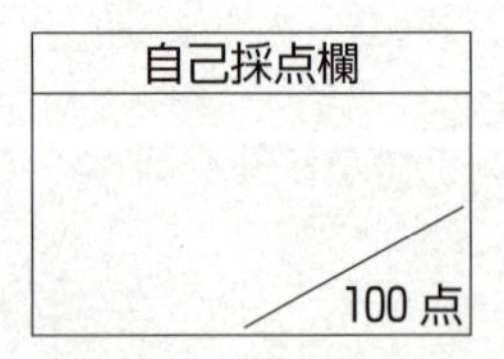

第1問 ── 図形と方程式，三角関数

〔1〕 標準 《不等式と領域》

(1) 直線 l_1：$3x+2y-39=0$ に $y=0$ を代入して

$$3x+2\cdot 0-39=0 \qquad 3x=39 \qquad x=13$$

よって，直線 l_1 と x 軸は，点（13，0）→アイ で交わる。

直線 l_2：$kx-y-5k+12=0$ を k について整理すると

$$(x-5)k+(-y+12)=0$$

これが，k に関しての恒等式であるための条件を求めて

$$\begin{cases} x-5=0 \\ -y+12=0 \end{cases}$$

これを解いて

$$\begin{cases} x=5 \\ y=12 \end{cases}$$

したがって，直線 l_2 は k の値に関係なく点（5，12）→ウ，エオ を通る。

直線 l_1：$3x+2y-39=0$ に $(x,\ y)=(5,\ 12)$ を代入すると

$$3\cdot 5+2\cdot 12-39=0$$

となり，成り立つので，直線 l_1 もこの点を通る。

(2) (1)より，l_1 は2点（13，0），（5，12）を通る直線であり，l_2：$y=k(x-5)+12$ は点（5，12）を通る傾き k の直線である。

よって，2直線 l_1，l_2 および x 軸によって囲まれた三角形ができないのは，「l_2 と x 軸が平行」または「l_2 と l_1 が一致する」ときである。

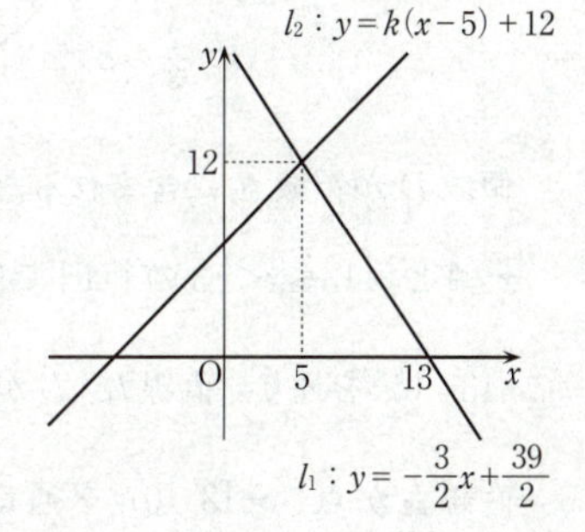

l_1 の傾きは $-\frac{3}{2}$ であるから，求める k の値は

$$k=0,\ \frac{-3}{2} \quad \rightarrow \text{カ，}\frac{\text{キク}}{\text{ケ}}$$

(3) 2直線 l_1，l_2 および x 軸によって囲まれた三角形ができる，つまり(2)より，$k\neq 0$，$k\neq -\frac{3}{2}$ のとき，この三角形の周および内部からなる領域を D とする。さらに，r を正の実数とし，不等式 $x^2+y^2\leqq r^2$ の表す領域を E とする。

直線 l_2 が点（-13，0）を通る場合を考える。このとき

$$k\cdot(-13)-0-5k+12=0$$

$$18k=12$$

より　$k=\frac{2}{3}$　→ $\frac{コ}{サ}$

である。

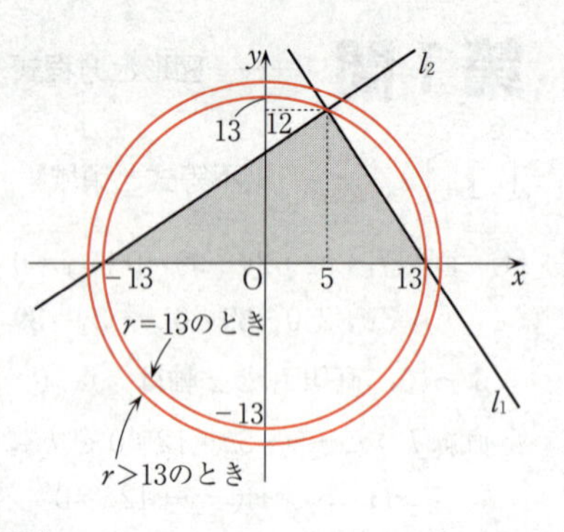

領域 D は図の網目部分であり，境界線を含む。また，円 $x^2+y^2=r^2$ の周および内部からなる領域が E であり，円の半径が13以上になれば条件を満たす。よって，領域 D が原点を中心とする半径 r の円の周および内部からなる領域 E に含まれるような r の値の範囲は

$r \geqq 13$　→シス

である。

次に，$r=13$ の場合を考える。

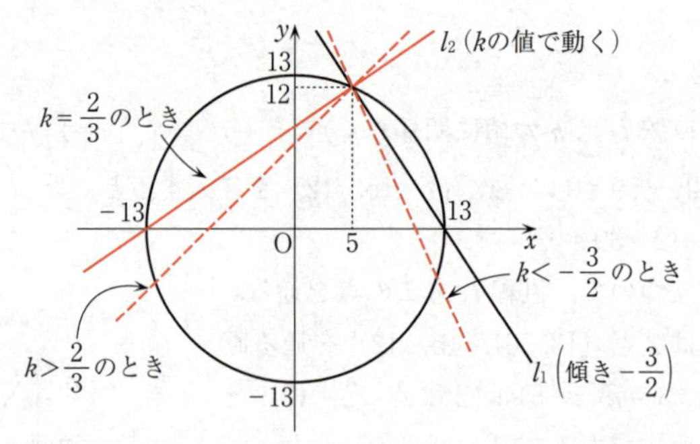

領域 D が領域 E に含まれるための条件は，点（5，12）を通る傾き k の直線 l_2 が x 軸と $-13 \leqq x < 13$ の範囲で交わることである $\left(k=-\frac{3}{2}\right.$ のとき，直線 l_2 は点（13，0）を通り，直線 l_1，l_2 が一致するので，領域 D はできないことに注意$\left.\right)$。

直線 l_2 が点（−13，0）を通るとき，$k=\frac{2}{3}$ で，点（13，0）を通るとき，$k=-\frac{3}{2}$ である。

よって，領域 D が領域 E に含まれるような k の値の範囲は

$k \geqq \frac{2}{3}$　または　$k<\frac{-3}{2}$　→ $\frac{セ}{ソ}$，$\frac{タチ}{ツ}$

である。

解説

(1)　直線 l_1 と x 軸（方程式 $y=0$）の交点の座標を求めるには，連立方程式を解けばよいので，直線 l_1 の方程式の y に0を代入すればよい。
直線 l_2 が k の値に関係なく通る点を求めるには，k について $ak+b=0$ の形に整理する。k の値にかかわらず成り立つための条件は $a=b=0$ が成り立つことである。

(2)　一般に，3直線で三角形ができないための条件は，3直線が1点で交わること，または少なくとも2直線が平行であることである。

(3)　前半は，領域 D が固定されており，領域 E の境界線の円の半径 r のとり得る値の範囲を求める問題である。後半は，$r=13$ と決まり領域 E が固定され，それに含まれるように三角形の領域 D を設定する問題である。k のとり得る値の範囲を求める問題で，不等号の下の等号が付いているかどうかは問題に記されておりわれてはいないが，$k=-\dfrac{3}{2}$ のときは直線 l_1，l_2 が一致して三角形ができないので等号は除く。

ポイント　2直線が平行／垂直になるための条件

［Ⅰ］$\begin{cases} y=m_1x+n_1 \\ y=m_2x+n_2 \end{cases}$

で表される2直線が平行になるための条件は $m_1=m_2$ であり，垂直になるための条件は $m_1m_2=-1$ である。

［Ⅱ］$\begin{cases} a_1x+b_1y+c_1=0 \\ a_2x+b_2y+c_2=0 \end{cases}$

で表される2直線が平行になるための条件は $a_1b_2-a_2b_1=0$ であり，垂直になるための条件は $a_1a_2+b_1b_2=0$ である。

上記のうち利用できる方を利用すること。特に y の係数に文字を含む場合は不用意に $y=$　の形にしないこと。変形の際に両辺を0で割ることはできないので，そのような場合には，y の係数で場合分けをするか［Ⅱ］を利用するとよい。

［2］ 易 《三角関数の相互関係，加法定理，2倍角の公式》

(1)　$-\dfrac{\pi}{2}<\theta<\dfrac{\pi}{2}$ の範囲で $\tan\theta=-\sqrt{3}$ を満たす θ を求めると

$\theta=-\dfrac{\pi}{3}$　⓪　→テ

$\theta=-\dfrac{\pi}{3}$ のとき　$\cos\theta=\dfrac{1}{2}$　⑦　→ト　$\sin\theta=-\dfrac{\sqrt{3}}{2}$　④　→ナ

一般に，$\tan\theta=k$ のとき，$1+\tan^2\theta=\dfrac{1}{\cos^2\theta}$ より

$$1+k^2=\frac{1}{\cos^2\theta} \qquad \cos^2\theta=\frac{1}{1+k^2}$$

$-\dfrac{\pi}{2}<\theta<\dfrac{\pi}{2}$ の範囲では $\cos\theta>0$ なので

$$\cos\theta=\frac{1}{\sqrt{1+k^2}}$$ ⑧ →ニ

よって　$\sin\theta=\cos\theta\tan\theta=\dfrac{k}{\sqrt{1+k^2}}$ ⓐ →ヌ

(2) $\dfrac{\sin 2\theta}{\cos\theta}=p$，$\dfrac{\sin\left(\theta+\frac{\pi}{7}\right)}{\cos\theta}=q$ とおく。

$$p=\frac{\sin 2\theta}{\cos\theta}=\frac{2\sin\theta\cos\theta}{\cos\theta}=2\sin\theta$$

$-\dfrac{\pi}{2}<\theta<\dfrac{\pi}{2}$ の範囲で θ を動かすとき，$-1<\sin\theta<1$ より

$$-2<2\sin\theta<2$$

よって，p のとり得る値の範囲は

$-2<p<2$ ② →ネ

であり

$$q=\frac{\sin\left(\theta+\frac{\pi}{7}\right)}{\cos\theta}=\frac{\sin\theta\cos\frac{\pi}{7}+\cos\theta\sin\frac{\pi}{7}}{\cos\theta}=\cos\frac{\pi}{7}\tan\theta+\sin\frac{\pi}{7}$$

ここで，$\sin\dfrac{\pi}{7}$，$\cos\dfrac{\pi}{7}$ は0より大きく1より小さい値で，花子さんが話しているように，$-\dfrac{\pi}{2}<\theta<\dfrac{\pi}{2}$ の範囲では，$\tan\theta$ のとり得る値の範囲は実数全体なので，q のとり得る値の範囲は**実数全体**である。 ④ →ノ

(3) α は $0\leqq\alpha<2\pi$ を満たすとし

$$\frac{\sin(\theta+\alpha)}{\cos\theta}=r$$

とおく。$\alpha=\dfrac{\pi}{7}$ の場合，r は(2)で定めた q と等しい。

α の値を一つ定め，$-\dfrac{\pi}{2}<\theta<\dfrac{\pi}{2}$ の範囲で θ のみを動かすとき，r のとり得る値の範囲を考える。

$$r=\frac{\sin(\theta+\alpha)}{\cos\theta}=\frac{\sin\theta\cos\alpha+\cos\theta\sin\alpha}{\cos\theta}=\cos\alpha\tan\theta+\sin\alpha$$

r のとり得る値の範囲が q のとり得る値の範囲である「実数全体」と異なるのは，

$\cos\alpha=0$ となる場合に当たるので，$0\leqq\alpha<2\pi$ の範囲で考えて，$\alpha=\frac{\pi}{2}$，$\frac{3}{2}\pi$ のときである。

よって，r のとり得る値の範囲が q のとり得る値の範囲と異なるような α（$0\leqq\alpha<2\pi$）は**ちょうど2個存在する**。 ② →ハ

このとき，r は「実数全体」とはならず，$\alpha=\frac{\pi}{2}$ のとき，$r=1$，$\alpha=\frac{3\pi}{2}$ のとき，$r=-1$ となる。

解説

(1)

ポイント　三角関数の相互関係

$$\begin{cases}\tan\theta=\dfrac{\sin\theta}{\cos\theta}\\ \sin^2\theta+\cos^2\theta=1\\ 1+\tan^2\theta=\dfrac{1}{\cos^2\theta}\end{cases}$$

これらをきちんと理解し覚えておくこと。$-\frac{\pi}{2}<\theta<\frac{\pi}{2}$ の範囲では $\cos\theta>0$ であることがわかり，$\sin\theta=\cos\theta\tan\theta$ より $\sin\theta$ の値を求めることができるが，$-\frac{\pi}{2}<\theta<\frac{\pi}{2}$ の範囲で $\tan\theta<0$ の値をとっているということは，$-\frac{\pi}{2}<\theta<0$ の範囲の角であることがわかる。$\sin\theta$，$\cos\theta$，$\tan\theta$ のうち2種類までがわかれば，残りの1種類を求めるためには $\tan\theta=\frac{\sin\theta}{\cos\theta}$ の関係式を利用する。

(2)　2倍角の公式，加法定理がテーマの問題である。$-\frac{\pi}{2}<\theta<\frac{\pi}{2}$ の範囲では $-1<\sin\theta<1$，$0<\cos\theta\leqq1$，$\tan\theta$ は実数全体の範囲の値をとることに注意する。

(3)　$\tan\theta$ のとり得る値の範囲が実数全体であるにもかかわらず，$r=\cos\alpha\tan\theta+\sin\alpha$ と表される r のとり得る値の範囲が，q のとり得る値の範囲と異なり，実数全体でないのは，$\cos\alpha=0$ となる場合であることに気づくこと。

第2問 標準 微分・積分 ≪曲線の平行移動，極大・極小，曲線で囲まれた図形の面積≫

(1) (i) $f(x)=x^3-kx$ より　$f'(x)=3x^2-k$

関数 $f(x)$ は $x=2$ で極値をとるとする。

このとき，$f'(2)=$ **0** →ア であるから

$3\cdot2^2-k=0$　　$k=$ **12** →イウ

となる。

このとき　$f(x)=x^3-12x$

$f'(x)=3x^2-12=3(x+2)(x-2)$

よって，$f'(x)=0$ のとき，$x=-2$, 2 となる。

$f(x)$ の増減は次のようになる。

x	$\cdots$	-2	$\cdots$	2	$\cdots$
$f'(x)$	$+$	0	$-$	0	$+$
$f(x)$	↗	16	↘	-16	↗

よって，$f(x)$ は $x=$ **−2** →エオ で極大値をとる。

曲線 $C:y=f(x)$ を x 軸方向に t だけ平行移動したものが曲線 $C_1:y=g(x)$ である。この $g(x)$ が $x=3$ で極大値をとるということは，曲線 C_1 は曲線 C を x 軸方向に $3-(-2)=5$ だけ平行移動したものということになり，$g(x)$ が $x=3$ で極大値をとるとき，$t=$ **5** →カ である。

(ii) $t=1$ とする。

$$\begin{cases} C:y=x^3-kx \\ C_1:y=(x-1)^3-k(x-1) \end{cases}$$

は2点で交わるとする。

y を消去して

$(x-1)^3-k(x-1)=x^3-kx$

$x^3-3x^2+3x-1-kx+k=x^3-kx$

$k=3x^2-3x+1$　……(＊)

一つの交点の x 座標は -2 であるとすると，$x=-2$ は(＊)を満たす x の値なので，代入して

$k=3\cdot(-2)^2-3\cdot(-2)+1=19$

$k=19$ を(＊)に代入すると

$3x^2-3x+1=19$　　$3(x^2-x-6)=0$

$3(x-3)(x+2)=0$　　$x=-2$, 3

となる。よって，曲線 C と C_1 は2点で交わり，一つの交点の x 座標は -2 であるとするとき，$k=$ 19 →キク であり，もう一方の交点の x 座標は 3 →ケ である。

そして，曲線 C，C_1 の方程式は

$$\begin{cases} C : y=x^3-19x \\ C_1 : y=(x-1)^3-19(x-1) \end{cases}$$

と定まる。

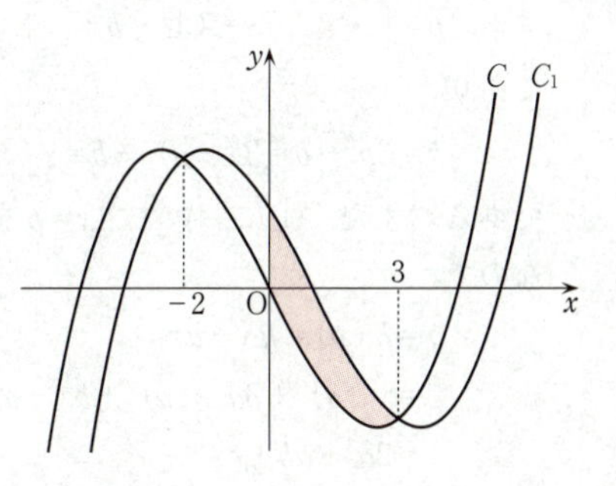

右のグラフのように，$-2<x<3$ の範囲では，C_1 のほうが C よりも上側にあるので，C と C_1 で囲まれた図形のうち，$x \geqq 0$ の範囲にある部分は図の網目部分のようになり，その面積は

$$\int_0^3 \left[\{(x-1)^3-19(x-1)\}-(x^3-19x)\right]dx$$

$$=\int_0^3 (-3x^2+3x+18)\,dx$$

$$=-3\int_0^3 (x^2-x-6)\,dx$$

$$=-3\left[\frac{1}{3}x^3-\frac{1}{2}x^2-6x\right]_0^3$$

$$=-3\left(9-\frac{9}{2}-18\right)$$

$$=-3\cdot\left(-\frac{27}{2}\right)$$

$$=\frac{\boxed{81}}{\boxed{2}} \quad \rightarrow \frac{\text{コサ}}{\text{シ}}$$

である。

(2) a，b，c を実数とし

$$h(x)=x^3+3ax^2+bx+c$$

とおく。また，座標平面上の曲線 $y=h(x)$ を C_2 とする。

(i) 曲線 C を平行移動して，C_2 と一致させることができるかどうかを考察する。

C を x 軸方向に p，y 軸方向に q だけ平行移動した曲線が C_2 と一致するとき

$$h(x)=(x-p)^3-k(x-p)+q \quad \cdots\cdots ①$$

である。これを展開，整理すると

$$h(x)=x^3-3px^2+(3p^2-k)x-p^3+kp+q$$

これと，$h(x)=x^3+3ax^2+bx+c$ の各項の係数がそれぞれ一致することにより

$$\begin{cases} x^2 \text{の係数} & -3p=3a \\ x \text{の係数} & 3p^2-k=b \\ \text{定数項} & -p^3+kp+q=c \end{cases}$$

よって

$p=\boxed{-a}$　→スセ，$b=\boxed{3}p^2-k$　→ソ

であり

$k=3p^2-b=3(-a)^2-b=\boxed{3}a^2-b$　→タ　……②

である。また，①において，$x=p$ を代入すると $h(p)=(p-p)^3-k(p-p)+q=q$ なので

$$\begin{aligned} q &= h(p)=h(-a) \\ &= (-a)^3+3a(-a)^2+b(-a)+c \\ &= 2a^3-ab+c \end{aligned}$$

となる。

逆に，k が $k=3a^2-b$　……② を満たすとき，曲線 C の方程式は

$C: y=x^3-(3a^2-b)x$

と表すことができ，C を x 軸方向に $-a$，y 軸方向に $h(-a)$ だけ平行移動したものは

$y-h(-a)=(x+a)^3-(3a^2-b)(x+a)$

である。これを展開，整理すると

$y=x^3+3ax^2+bx+c$

となるので，C_2 と一致することが確かめられる。

(ii)　$b=3a^2-3$ とする。②に代入すると

$k=3a^2-b=3a^2-(3a^2-3)=3$

である。よって，曲線 C_2 は，曲線

$y=x^3-\boxed{3}x$　→チ

を平行移動したものと一致する。

よって　　$f(x)=x^3-3x$

$f'(x)=3x^2-3=3(x+1)(x-1)$

$f'(x)=0$ のとき $x=-1, 1$ であるから，$f(x)=x^3-3x$ の増減は次のようになる。

x	$\cdots$	-1	$\cdots$	1	$\cdots$
$f'(x)$	$+$	0	$-$	0	$+$
$f(x)$	↗	2	↘	-2	↗

$f(x)$ は $x=-1$ のときに極大値 2 をとるが，$h(x)$ は $x=4$ のときに極大値 3 をとる。よって，C を x 軸方向に $4-(-1)=5$，y 軸方向に $3-2=1$ だけ平行移動した

ものが C_2 である。

$f(x)$ は $x=1$ のときに極小値 -2 をとるので，$h(x)$ は $x=1+5=$ 6 →ツ で極小値 $-2+1=$ −1 →テト をとることがわかる。

(iii) ((i)より，わかったこと)

曲線 $C: y=x^3-(3a^2-b)x$ → [x 軸方向に $-a$, y 軸方向に $2a^3-ab+c$ だけ平行移動]

→ 曲線 $C_2: y=x^3+3ax^2+bx+c$

⓪ 曲線 $y=x^3-x-5$ は，$(a, b, c)=(0, -1, -5)$ の場合に当たるので

$3a^2-b=3\cdot0^2-(-1)=1$

よって，曲線 $y=x^3-x$ を平行移動したものである。

① 曲線 $y=x^3+3x^2-2x-4$ は，$(a, b, c)=(1, -2, -4)$ の場合に当たるので

$3a^2-b=3\cdot1^2-(-2)=5$

よって，曲線 $y=x^3-5x$ を平行移動したものである。

② 曲線 $y=x^3-6x^2-x-4$ は，$(a, b, c)=(-2, -1, -4)$ の場合に当たるので

$3a^2-b=3(-2)^2-(-1)=13$

よって，曲線 $y=x^3-13x$ を平行移動したものである。

③ 曲線 $y=x^3-6x^2+7x-5$ は，$(a, b, c)=(-2, 7, -5)$ の場合に当たるので

$3a^2-b=3(-2)^2-7=5$

よって，曲線 $y=x^3-5x$ を平行移動したものである。

したがって，平行移動によって一致させることができる二つの異なる曲線は

① と ③ →ナ，ニ（解答の順序は問わない）である。

解説

一般に，曲線 $y=F(x)$ を x 軸方向に p，y 軸方向に q だけ平行移動した曲線の方程式は $y=F(x-p)+q$ で表すことができる。これを利用して，平行移動する前後の極大値，極小値を比較したり，二つの曲線が一致することを調べたりする問題である。

(1) (i) (1)では x 軸方向だけの平行移動について考える。極大値をとる x の値から曲線 C_1 は曲線 C をどのように平行移動したものかがわかる。

(ii) 曲線 $C: y=f(x)$ と，これを x 軸方向に t だけ平行移動した曲線 $C_1: y=g(x)$ で囲まれた図形のうち $x\geqq0$ の範囲にある部分の面積を求める問題である。連立方程式を解いて，交点の x 座標と，区間でどちらの曲線が上側にあるのか，$f(x)$，$g(x)$ の大小関係を求める。

(2) 二つの曲線が一致するか一致しないかの判定をする問題である。(1)では x 軸方向への平行移動のみであったが，(2)では y 軸方向への平行移動も加わる。

(i)　$C: y=x^3-kx$ を x 軸方向に p，y 軸方向に q だけ平行移動すると，曲線 $C_2: y=x^3+3ax^2+bx+c$ と一致するならば，$p=-a$，$b=3p^2-k$ となることから，$k=3a^2-b$ を得る。つまり，条件を満たす曲線 C の方程式が，$y=x^3-(3a^2-b)x$ であるということがわかる。

(iii)　(i)より得られた，曲線 $y=x^3-(3a^2-b)x$ を x 軸方向に $p=-a$，y 軸方向に $q=2a^3-ab+c$ だけ平行移動すると曲線 $y=x^3+3ax^2+bx+c$ に一致することを用いて，一つ一つチェックしていく。

第3問 標準 確率分布と統計的な推測 ≪二項分布，正規分布，標本平均≫

(1) 2個のさいころを同時に投げることを72回繰り返す試行を行い，2個とも1の目が出た回数を表す確率変数 X の分布を考えることとなった。2個とも1の目が出る確率は，$\left(\frac{1}{6}\right)^2=\frac{1}{36}$ であるから，72回試行を行うと，X は二項分布

$B\left(\boxed{72},\ \dfrac{\boxed{1}}{\boxed{36}}\right)$ →アイ，$\dfrac{ウ}{エオ}$ に従う。

このとき，$k=72$，$p=\frac{1}{36}$ とおくと，$X=r$ である確率は

$$P(X=r)={}_k\mathrm{C}_r p^r(1-p)^{k-r} \quad (r=0,\ 1,\ 2,\ \cdots,\ k) \quad \cdots\cdots①$$

である。 ② →カ

また，X の平均（期待値）は

$$E(X)=72\cdot\frac{1}{36}=\boxed{2} \quad \text{→キ}$$

標準偏差は

$$\sigma(X)=\sqrt{72\cdot\frac{1}{36}\left(1-\frac{1}{36}\right)}=\frac{\sqrt{\boxed{70}}}{\boxed{6}} \quad \text{→クケ，コ}$$

である。

(2) 21名全員の試行結果について，2個とも1の目が出た回数を調べたところ，次の表のような結果になった。

回数	0	1	2	3	4	計
人数	2	7	7	3	2	21

この表をもとに，確率変数 Y を考える。Y のとり得る値を0，1，2，3，4とし，各値の相対度数を確率とするということは，各回数の人数を計の21で割ればよいので，Y の確率分布を次の表のとおりとする。

Y	0	1	2	3	4	計
P	$\frac{2}{21}$	$\frac{1}{3}$	$\frac{1}{3}$	$\dfrac{\boxed{1}}{\boxed{7}}$ →$\dfrac{サ}{シ}$	$\frac{2}{21}$	$\boxed{1}$ →ス

このとき，Y の平均 $E(Y)$ は

$$E(Y)=0\times\frac{2}{21}+1\times\frac{7}{21}+2\times\frac{7}{21}+3\times\frac{3}{21}+4\times\frac{2}{21}=\frac{\boxed{38}}{\boxed{21}} \quad \text{→}\frac{セソ}{タチ}$$

である。分散 $V(Y)$ は

$$V(Y)=0^2\cdot\frac{2}{21}+1^2\cdot\frac{7}{21}+2^2\cdot\frac{7}{21}+3^2\cdot\frac{3}{21}+4^2\cdot\frac{2}{21}-\left(\frac{38}{21}\right)^2$$

$$=\frac{94}{21}-\left(\frac{38}{21}\right)^2=\frac{530}{21^2}$$

よって，標準偏差 $\sigma(Y)$ は

$$\sigma(Y)=\frac{\sqrt{530}}{21}$$

となる。

(3) 先生の提案は，$Z=r$ である確率を

$$P(Z=r)=\alpha\cdot\frac{2^r}{r!}\quad(r=0,\ 1,\ 2,\ 3,\ 4)$$

とすることである。(2)と同様に Z の確率分布の表を作成する。

$$P(Z=0)=\alpha\cdot\frac{2^0}{0!}=\alpha$$

$$P(Z=1)=\alpha\cdot\frac{2^1}{1!}=2\alpha$$

$$P(Z=2)=\alpha\cdot\frac{2^2}{2!}=2\alpha$$

$$P(Z=3)=\alpha\cdot\frac{2^3}{3!}=\frac{4}{3}\alpha$$

$$P(Z=4)=\alpha\cdot\frac{2^4}{4!}=\frac{2}{3}\alpha$$

であることから次の確率分布の表を得る。

Z	0	1	2	3	4	計
P	α	2α	2α	$\frac{4}{3}\alpha$	$\frac{2}{3}\alpha$	1

これより

$$\alpha+2\alpha+2\alpha+\frac{4}{3}\alpha+\frac{2}{3}\alpha=1$$

$$7\alpha=1$$

$$\alpha=\frac{1}{7}\quad\to ツ,テ$$

であることがわかる。

Z の平均 $E(Z)$ は

$$E(Z)=0\cdot\alpha+1\cdot2\alpha+2\cdot2\alpha+3\cdot\frac{4}{3}\alpha+4\cdot\frac{2}{3}\alpha=\frac{38}{3}\alpha=\frac{38}{21}$$

Z の分散 $V(Z)$ は

$$V(Z)=0^2\cdot\alpha+1^2\cdot2\alpha+2^2\cdot2\alpha+3^2\cdot\frac{4}{3}\alpha+4^2\cdot\frac{2}{3}\alpha-\left(\frac{38}{21}\right)^2$$

$$=\frac{98}{21}-\left(\frac{38}{21}\right)^2=\frac{614}{21^2}$$

よって

$$\sigma(Z)=\frac{\sqrt{614}}{21}$$

であり，$E(Z)=E(Y)$ が成り立つ。また，$Z=1$，$Z=2$ である確率が最大であり，かつ，それら二つの確率は等しい。これらのことから，太郎さんは Y の確率分布と Z の確率分布は似ていると判断し，提案されたこの Z の確率分布を利用することを考えた。

(4)　(3)で考えた確率変数 Z の確率分布をもつ母集団を考え，この母集団から無作為に抽出した大きさ n の標本を確率変数 W_1，W_2，…，W_n とし，標本平均を $\overline{W}=\frac{1}{n}(W_1+W_2+\cdots+W_n)$ とする。

$\overline{W}$ の平均を $E(\overline{W})=m$，標準偏差を $\sigma(\overline{W})=s$ とおくと

$$m=E(\overline{W})=E(Z)=\frac{38}{21}\quad\rightarrow\frac{トナ}{ニヌ}$$

$$s=\sigma(\overline{W})=\sigma(Z)\cdot\frac{1}{\sqrt{n}}\quad ②\quad\rightarrow ネ$$

標本の大きさ n が十分に大きいとき，$\overline{W}$ は近似的に正規分布 $N(m,\ s^2)$ に従う。

さらに

$$s^2=\left\{\sigma(Z)\cdot\frac{1}{\sqrt{n}}\right\}^2=\left(\frac{\sqrt{614}}{21}\right)^2\frac{1}{n}$$

よって，n が増加すると s^2 は小さくなる。 ⓪　→ノ

したがって，$\overline{W}$ の分布曲線と，m と $E(X)=2$ の大小関係 $m<E(X)$ に注意すれば，n が増加すると $P(\overline{W}\geqq 2)$ は小さくなることがわかる。 ⓪　→ハ

ここで，$U=\frac{\overline{W}-m}{s}$ ④ →ヒ とおくと，n が十分に大きいとき，確率変数 U は近似的に標準正規分布 $N(0,\ 1)$ に従う。このことを利用すると，$n=100$ のとき，標本の大きさは十分に大きいので，$P(\overline{W}\geqq 2)$ について，$\overline{W}\geqq 2$ より

$$\overline{W}-m\geqq 2-m$$

両辺を正の数 s で割ると

$$\frac{\overline{W}-m}{s}\geqq\frac{2-m}{s}\quad すなわち\quad U\geqq\frac{2-m}{s}$$

となり

$$P(\overline{W} \geqq 2) = P\left(U \geqq \frac{2-m}{s}\right)$$

と表せる。ここで

$$\frac{2-m}{s} = \frac{2-\frac{38}{21}}{\frac{\sqrt{614}}{21}\cdot\frac{1}{\sqrt{100}}} = \frac{210\left(2-\frac{38}{21}\right)}{\sqrt{614}} = \frac{40}{\sqrt{614}} = 40\times\frac{\sqrt{614}}{614} = 40\times 0.040$$
$$= 1.60$$

したがって，正規分布表より，$P(0 \leqq U < 1.60) = 0.4452$ なので

$$P(\overline{W} \geqq 2) = P(U \geqq 1.60) = 0.5 - 0.4452 = 0.0548 \fallingdotseq 0.\boxed{055}$$ →フヘホ

これらより，$\overline{W}$ の確率分布において $E(X)=2$ は極端に大きな値をとっていることがわかり，$E(X)$ と $E(\overline{W})$ は等しいとはみなせない。

解説

(1)　X が従う二項分布についての設問である。$X=r$ である確率，期待値，標準偏差を求める基本的な問題である。この分野の問題を解くことができない要因の一つとして，用語や関連する式などの基本事項をマスターできていないということがあげられる。用語と定義をきちんと理解して，求めることができるようにしておくこと。

ポイント　二項分布の平均，分散，標準偏差

X が二項分布 $B(n,\ p)$ に従うとき，確率変数 X の平均，分散，標準偏差は次のように求めることができる。

X の平均　　$E(X) = np$

X の分散　　$V(X) = npq$　$(q = 1-p)$

X の標準偏差　$\sigma(X) = \sqrt{npq}$

(2)　各回数の人数の分布の表から，確率変数 Y の確率分布の表への変換の方法をマスターしておくこと。合計の人数で各回数の人数を割れば，確率変数の相対度数としての確率が得られる。

確率変数 Y の平均 $E(Y)$，標準偏差 $\sigma(Y)$ の求め方を理解しておくこと。

ポイント　確率分布表と平均，分散，標準偏差

確率変数 Y	y_1	y_2	$\cdots$	y_n
確率 P	p_1	p_2	$\cdots$	p_n

ただし，$p_1+p_2+\cdots+p_n=1$

Y の平均　　$E(Y) = \sum_{k=1}^{n} y_k p_k$

Y の分散　　$V(Y) = \sum_{k=1}^{n}(y_k-\mu)^2 p_k = \sum_{k=1}^{n} y_k{}^2 p_k - \mu^2$　（μ は Y の平均）

Y の標準偏差　$\sigma(Y) = \sqrt{V(Y)}$

(3) (2)と同様にZの確率分布の表を作成することにより，αの値を求めればよい。以降，先生の提案を受け入れるということなので，指示に従っていけばよい。

(4)

ポイント **標本平均の平均，分散，標準偏差**

母平均μ，母分散σ^2の大きさNの母集団から，大きさnの標本W_1，W_2，…，W_nを無作為に抽出したとき，標本平均を$\overline{W}=\frac{1}{n}(W_1+W_2+\cdots+W_n)$とする。

$\overline{W}$の平均　$E(\overline{W})=\mu$

$\overline{W}$の分散　$V(\overline{W})=\frac{\sigma^2}{n}$

$\overline{W}$の標準偏差　$\sigma(\overline{W})=\frac{\sigma}{\sqrt{n}}$

ポイント **二項分布の正規分布による近似**

二項分布$B(n,\ p)$に従う確率変数Xは，nが大きいとき，近似的に正規分布$N(np,\ npq)$　$(q=1-p)$に従う。

ポイント **正規分布を標準正規分布へ**

確率変数Xが正規分布$N(m,\ \sigma^2)$に従うとき，$Z=\frac{X-m}{\sigma}$とおくと，確率変数Zは標準正規分布$N(0,\ 1)$に従う。

正規分布曲線をイメージしながら，どの領域の部分の確率を求めればよいのかを意識して解答しよう。

第4問　標準　数列　≪漸化式，階差数列，数列の和≫

(1)　$\begin{cases} a_1=1 \\ a_{n+1}=a_n+4n+2 \quad (n=1,\ 2,\ 3,\ \cdots) \end{cases}$

$n=1$ のとき

$$a_2=a_1+4\cdot1+2=1+4+2=\boxed{7} \quad \to ア$$

である。また

$$a_{n+1}-a_n=4n+2$$

より，数列 $\{a_n\}$ の階差数列の一般項は $4n+2$ であることがわかり，$n\geqq2$ のとき

$$\begin{aligned} a_n&=a_1+\sum_{k=1}^{n-1}(4k+2) \\ &=1+\frac{1}{2}(n-1)[(4\cdot1+2)+\{4(n-1)+2\}] \\ &=1+\frac{1}{2}(n-1)(4n+4) \\ &=2n^2-1 \end{aligned}$$

となる。

$n=1$ のとき

$$a_1=2\cdot1^2-1=1$$

となり，正しい値を示すので，これは $n=1$ のときにも成り立ち，まとめて

$$a_n=\boxed{2}n^2-\boxed{1} \quad (n=1,\ 2,\ 3,\ \cdots) \quad \to イ，ウ$$

であることがわかる。さらに

$$\begin{aligned} S_n&=\sum_{k=1}^{n}a_k \\ &=\sum_{k=1}^{n}(2k^2-1) \\ &=2\sum_{k=1}^{n}k^2-\sum_{k=1}^{n}1 \\ &=2\cdot\frac{1}{6}n(n+1)(2n+1)-n \\ &=\frac{n(n+1)(2n+1)-3n}{3} \\ &=\frac{\boxed{2}n^3+\boxed{3}n^2-\boxed{2}n}{\boxed{3}} \quad (n=1,\ 2,\ 3,\ \cdots) \quad \to エ，オ，カ，キ \end{aligned}$$

を得る。

(2)　$\begin{cases} b_1=1 \\ b_{n+1}=b_n+4n+2+2\cdot(-1)^n \quad (n=1,\ 2,\ 3,\ \cdots) \end{cases}$

$n=1$ のとき

$$b_2=b_1+4\cdot1+2+2\cdot(-1)^1=1+4+2-2=\boxed{5}\quad\to ク$$

である。また，すべての自然数 n に対して

$$a_{n+1}-b_{n+1}=(a_n+4n+2)-\{b_n+4n+2+2\cdot(-1)^n\}$$
$$=(a_n-b_n)-2\cdot(-1)^n$$

より，数列 $\{a_n-b_n\}$ の階差数列の一般項は $-2\cdot(-1)^n$ であることがわかり，$n\geqq2$ のとき

$$a_n-b_n=(a_1-b_1)+\sum_{k=1}^{n-1}\{-2\cdot(-1)^k\}$$
$$=-2\sum_{k=1}^{n-1}(-1)^k$$
$$=-2\cdot\frac{-1\cdot\{1-(-1)^{n-1}\}}{1-(-1)}$$

$\left(\sum_{k=1}^{n-1}(-1)^k\right.$ は，初項 -1，公比 -1，項数 $n-1$ の等比数列の和$\left.\right)$

$$=1-(-1)^{n-1}$$
$$=1+(-1)\cdot(-1)^{n-1}$$
$$=1+(-1)^n\quad\boxed{⑤}\quad\to ケ$$

(3) (2)の

$$a_n-b_n=1+(-1)^n$$

より，$n=2021$ のとき

$$a_{2021}-b_{2021}=1+(-1)^{2021}=1-1=0$$

となるので　$a_{2021}=b_{2021}$　$\boxed{①}$　→コ

$n=2022$ のとき

$$a_{2022}-b_{2022}=1+(-1)^{2022}=1+1=2>0$$

となるので　$a_{2022}>b_{2022}$　$\boxed{②}$　→サ

が成り立つことがわかる。

$$\begin{cases} n\text{ が偶数のとき，}a_n-b_n=2>0 \\ n\text{ が奇数のとき，}a_n-b_n=0 \end{cases}$$

よって

$$\begin{cases} n\text{ が偶数のとき，}a_n>b_n \\ n\text{ が奇数のとき，}a_n=b_n \end{cases}$$

したがって，$T_n=\sum_{k=1}^{n}b_k$ とおくと，$S_1=a_1$，$T_1=b_1$ より　　$S_1=T_1$

$S_2=a_1+a_2$，$T_2=b_1+b_2$ において，$a_1=b_1$ かつ $a_2>b_2$ より　　$S_2>T_2$

$S_3=a_1+a_2+a_3$，$T_3=b_1+b_2+b_3$ において，$a_1=b_1$，$a_2>b_2$，$a_3=b_3$ より

$S_3 > T_3$

これ以降も $a_n < b_n$ となるような n は存在せず，n が偶数，奇数のときで同じ規則性が続くので

$S_{2021} > T_{2021}$　②　→シ，$S_{2022} > T_{2022}$　②　→ス

が成り立つこともわかる。

(4)　$\begin{cases} c_1 = c \\ c_{n+1} = c_n + 4n + 2 + 2\cdot(-1)^n \quad (n = 1,\ 2,\ 3,\ \cdots) \end{cases}$

を満たす数列 $\{c_n\}$ を考える。

すべての自然数 n に対して

$$\begin{aligned} b_{n+1} - c_{n+1} &= \{b_n + 4n + 2 + 2\cdot(-1)^n\} - \{c_n + 4n + 2 + 2\cdot(-1)^n\} \\ &= b_n - c_n \end{aligned}$$

となる。

数列 $\{b_n - c_n\}$ は初項 $b_1 - c_1 = 1 - c$，公比 1 の等比数列なので

$$b_n - c_n = (1 - c)\cdot 1^{n-1} = 1 - c$$

（数列 $\{b_n - c_n\}$ は初項 $b_1 - c_1 = 1 - c$，公差 0 の等差数列とみてもよい）

よって，すべての自然数 n に対して

$b_n - c_n =$ 1 $-$ c　→セ，ソ

が成り立つ。

また

$$\begin{cases} a_n - b_n = 1 + (-1)^n \\ b_n - c_n = 1 - c \end{cases}$$

の辺々を加えて

$$a_n - c_n = 2 + (-1)^n - c$$

よって，$U_n = \sum_{k=1}^{n} c_k$ とおき，$S_4 = U_4$ が成り立つとき

$$a_1 + a_2 + a_3 + a_4 = c_1 + c_2 + c_3 + c_4$$

$$(a_1 - c_1) + (a_2 - c_2) + (a_3 - c_3) + (a_4 - c_4) = 0$$

$$\{2 + (-1)^1 - c\} + \{2 + (-1)^2 - c\} + \{2 + (-1)^3 - c\} + \{2 + (-1)^4 - c\} = 0$$

$$8 - 4c = 0$$

$c =$ 2　→タ

である。

このとき　$a_n - c_n = (-1)^n$

したがって　$\begin{cases} n \text{ が奇数のとき，} a_n - c_n = -1 \\ n \text{ が偶数のとき，} a_n - c_n = 1 \end{cases}$

よって

$$S_n-U_n=\sum_{k=1}^{n}a_k-\sum_{k=1}^{n}c_k=\sum_{k=1}^{n}(a_k-c_k)=\sum_{k=1}^{n}(-1)^k$$
$$=\frac{-1\cdot\{1-(-1)^n\}}{1-(-1)}=\frac{-1+(-1)^n}{2}$$
$$=\begin{cases} n\text{が偶数のとき，}\ 0 \\ n\text{が奇数のとき，}\ -1 \end{cases}$$

したがって

$$\begin{cases} n\text{が偶数のとき，}S_n=U_n \\ n\text{が奇数のとき，}S_n<U_n \end{cases}$$

となるので

$S_{2021}<U_{2021}$ ⓪ →チ，$S_{2022}=U_{2022}$ ① →ツ

も成り立つ。

解説

(1) 数列 $\{a_n\}$ の階差数列を考えることにより，数列 $\{a_n\}$ の一般項を求める。その際，客観テストでは確認する必要はないが，階差数列で求めることができる a_n は $n\geqq2$ の項であり，a_1 を求めることはできないので，条件 $n\geqq2$ をつけて式を立てて求めよう。その後，$n=1$ のときに成り立つかどうか確認するという手順をとる。

ポイント　等比数列の一般項と和

初項 a_1 が a，公比が r の等比数列 $\{a_n\}$ について，漸化式 $a_{n+1}=ra_n$ が成り立ち，一般項は $a_n=ar^{n-1}$ と表される。

初項 a_1 から第 n 項までの和 S_n は

$$S_n=\begin{cases} \dfrac{a(1-r^n)}{1-r} & (r\neq1\text{のとき}) \\ na & (r=1\text{のとき}) \end{cases}$$

ポイント　階差数列

数列 $\{a_n\}$ に対して

$$b_n=a_{n+1}-a_n\quad(n=1,\ 2,\ 3,\ \cdots)$$

で定められる数列 $\{b_n\}$ を数列 $\{a_n\}$ の階差数列という。このとき

$$a_n=a_1+\sum_{k=1}^{n-1}b_k\quad(n\geqq2)$$

$a_n=a_1+\displaystyle\sum_{k=1}^{n-1}(4k+2)$ は

$$a_n=a_1+\frac{1}{2}(\text{項数})(\text{初項}+\text{末項})$$

で計算したが，$\sum_{k=1}^{n} k=\frac{1}{2}n(n+1)$，$\sum_{k=1}^{n} 2=2n$ の n を $n-1$ に置き換えて

$$
\begin{aligned}
a_n &= a_1+4\sum_{k=1}^{n-1} k+2(n-1) \\
&= 1+4\cdot\frac{1}{2}(n-1)\{(n-1)+1\}+2(n-1) \\
&= 1+2n(n-1)+2(n-1) \\
&= 2n^2-1
\end{aligned}
$$

のように求めてもよい。

(2)　(1)と同じようにして，数列 $\{a_n-b_n\}$ の階差数列を考えることにより，数列 $\{a_n-b_n\}$ の一般項を求める。$a_1-b_1=1-1=0$ なので，解答群のうち $n=1$ を代入して0にならないものは正解ではない。

(3)　(2)で求めた数列 $\{a_n-b_n\}$ の一般項から a_n と b_n の大小関係を求める。n が偶数のときと奇数のときとで場合分けが必要なことがわかる。

(4)　数列 $\{b_n-c_n\}$ の漸化式を求めて，それをもとにして数列 $\{b_n-c_n\}$ の一般項を求める。

条件より，c の値を求めて，$a_n-c_n=(-1)^n$ を得る。

$$
\begin{cases}
n\text{ が奇数のとき，} a_n-c_n=-1 \\
n\text{ が偶数のとき，} a_n-c_n=1
\end{cases}
$$

が成り立つことがわかるので，$n=1,\ 2,\ 3,\ \cdots$ として和を求めていき，偶数番目まで加えると，$(-1)+1=0$ の組が何組かできることになり，和は0になる。奇数番目まで加えると和は $0+(-1)=-1$ となる。

第5問 標準 ベクトル ≪空間ベクトル，内積，ベクトルで調べる平面に関する2点の位置関係≫

(1) 四角形 $A_2OA_3B_2$ はひし形であるから

$$\overrightarrow{OB_2}=\overrightarrow{OA_2}+\overrightarrow{OA_3}=(0,\ 1,\ a)+(-1,\ 0,\ a)=(-1,\ 1,\ 2a)$$

よって，点 B_2 の座標は　$(-1,\ \boxed{1},\ \boxed{2a})$　→ア，イウ

である。また

$$\overrightarrow{OC_3}=\overrightarrow{OB_2}+\overrightarrow{B_2C_3}$$

と表されて

$\overrightarrow{B_2C_3}=\overrightarrow{OA_4}=(0,\ -1,\ a)$　（四角形 $A_3B_3C_3B_2$，$A_3OA_4B_3$ はともにひし形）

であるから

$$\overrightarrow{OC_3}=(-1,\ 1,\ 2a)+(0,\ -1,\ a)=(-1,\ 0,\ 3a)$$

よって，点 C_3 の座標は　$(-1,\ \boxed{0},\ \boxed{3a})$　→エ，オカ

である。また

$$\begin{cases}\overrightarrow{OA_1}=(1,\ 0,\ a)\\ \overrightarrow{OB_2}=(-1,\ 1,\ 2a)\end{cases}$$

であるから

$$\overrightarrow{OA_1}\cdot\overrightarrow{OB_2}=1\cdot(-1)+0\cdot1+a\cdot2a=2a^2-1 \quad \boxed{⑧} \quad →キ$$

$$\overrightarrow{OA_1}\cdot\overrightarrow{B_2C_3}=1\cdot0+0\cdot(-1)+a\cdot a=a^2 \quad \boxed{③} \quad →ク$$

(2) ひし形 $A_1OA_2B_1$ と $A_1B_1C_1B_4$ が合同であるとする。

対応する対角線 OB_1 と B_1B_4 の長さが等しいことから，ひし形 $A_1OA_2B_1$ において

$$\overrightarrow{OB_1}=\overrightarrow{OA_1}+\overrightarrow{OA_2}=(1,\ 0,\ a)+(0,\ 1,\ a)=(1,\ 1,\ 2a)$$

$$|\overrightarrow{OB_1}|=\sqrt{1^2+1^2+(2a)^2}=\sqrt{4a^2+2}$$

ひし形 $A_1B_1C_1B_4$ において，$\overrightarrow{OA_4}=(0,\ -1,\ a)$ であるから

$$\overrightarrow{B_1B_4}=\overrightarrow{OB_4}-\overrightarrow{OB_1}=\overrightarrow{OA_4}+\overrightarrow{OA_1}-\overrightarrow{OB_1}$$

$$=(0,\ -1,\ a)+(1,\ 0,\ a)-(1,\ 1,\ 2a)=(0,\ -2,\ 0)$$

$$|\overrightarrow{B_1B_4}|=2$$

よって

$$\sqrt{4a^2+2}=2 \qquad 4a^2+2=4$$

$$a^2=\frac{1}{2}$$

a は正の実数なので

$$a=\frac{1}{\sqrt{2}}=\frac{\sqrt{\boxed{2}}}{\boxed{2}}$$　→ケ，コ

であることがわかる。

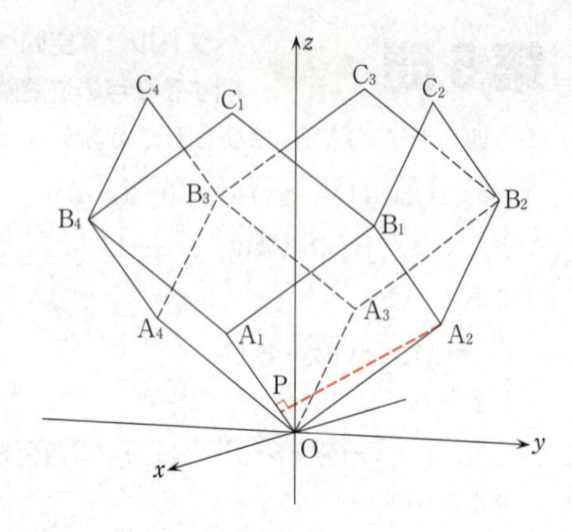

直線 OA_1 上に点Pを $\angle OPA_2$ が直角となるようにとる。

実数 s を用いて $\overrightarrow{OP}=s\overrightarrow{OA_1}$ と表せる。

$\overrightarrow{PA_2}$ と $\overrightarrow{OA_1}$ が垂直であることより

$$\overrightarrow{PA_2}\cdot\overrightarrow{OA_1}=0$$

$$(\overrightarrow{OA_2}-\overrightarrow{OP})\cdot\overrightarrow{OA_1}=0$$

$$(\overrightarrow{OA_2}-s\overrightarrow{OA_1})\cdot\overrightarrow{OA_1}=0$$

$$\overrightarrow{OA_1}\cdot\overrightarrow{OA_2}-s\overrightarrow{OA_1}\cdot\overrightarrow{OA_1}=0$$

ここで

$$\overrightarrow{OA_1}\cdot\overrightarrow{OA_1}=|\overrightarrow{OA_1}|^2=a^2+1=\left(\frac{1}{\sqrt{2}}\right)^2+1=\frac{3}{2}\quad\to\frac{サ}{シ}$$

$$\overrightarrow{OA_1}\cdot\overrightarrow{OA_2}=1\cdot0+0\cdot1+a^2=a^2=\left(\frac{1}{\sqrt{2}}\right)^2=\frac{1}{2}\quad\to\frac{ス}{セ}$$

であることにより

$$\frac{1}{2}-\frac{3}{2}s=0\qquad s=\frac{1}{3}\quad\to\frac{ソ}{タ}$$

であることがわかる。

(3)　実数 a および点Pを(2)のようにとる。つまり $a=\dfrac{\sqrt{2}}{2}$，$s=\dfrac{1}{3}$ とする。3点P，A_2，A_4 を通る平面を α とするとき，平面 α と2点 B_2，C_3 の位置関係を考察する。

対称性より，$\angle OPA_4$ も直角であるので，$\overrightarrow{PA_2}\perp\overrightarrow{OA_1}$ かつ $\overrightarrow{PA_4}\perp\overrightarrow{OA_1}$ より，$\overrightarrow{OA_1}$ と平面 α は垂直であることに注意する。

直線 B_2C_3 と平面 α の交点をQとする。点Qは直線 B_2C_3 上の点なので

$$\overrightarrow{B_2Q}=t\overrightarrow{B_2C_3}\quad(t\text{ は実数})$$

と表せて

$$\overrightarrow{OQ}=\overrightarrow{OB_2}+\overrightarrow{B_2Q}=\overrightarrow{OB_2}+t\overrightarrow{B_2C_3}\quad\cdots\cdots①$$

$\overrightarrow{OA_1}$ は平面 α と垂直なので，平面 α 上のベクトル $\overrightarrow{PQ}$ とも垂直であるから，$\overrightarrow{PQ}\perp\overrightarrow{OA_1}$ より

$$\overrightarrow{PQ}\cdot\overrightarrow{OA_1}=0\qquad(\overrightarrow{OQ}-\overrightarrow{OP})\cdot\overrightarrow{OA_1}=0$$

$$\overrightarrow{OQ}\cdot\overrightarrow{OA_1}-\overrightarrow{OP}\cdot\overrightarrow{OA_1}=0$$

$$(\overrightarrow{OB_2}+t\overrightarrow{B_2C_3})\cdot\overrightarrow{OA_1}-\frac{1}{3}\overrightarrow{OA_1}\cdot\overrightarrow{OA_1}=0$$

$$\overrightarrow{OA_1}\cdot\overrightarrow{OB_2}+t\overrightarrow{OA_1}\cdot\overrightarrow{B_2C_3}-\frac{1}{3}|\overrightarrow{OA_1}|^2=0$$

ここで，(1)，(2)で求めたものを代入して

$$(2a^2-1)+t\cdot a^2-\frac{1}{3}\cdot\frac{3}{2}=0$$

$a=\dfrac{1}{\sqrt{2}}$ なので

$$\frac{1}{2}t-\frac{1}{2}=0$$

$t=1$　**①**　→チ

このとき，①より

$$\overrightarrow{OQ}=\overrightarrow{OB_2}+\overrightarrow{B_2C_3}=\overrightarrow{OC_3}$$

したがって，点Qと点 C_3 は一致す

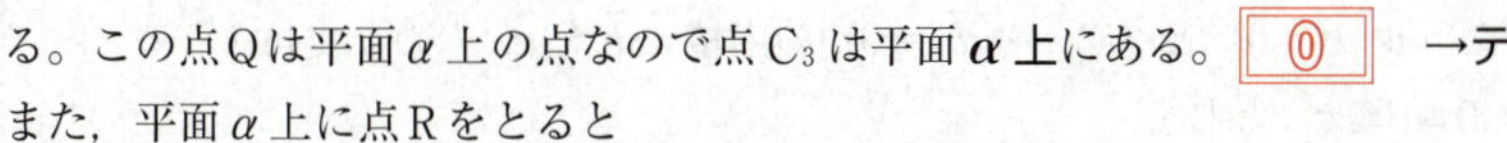

る。この点Qは平面 α 上の点なので点 C_3 は平面 $\boldsymbol{\alpha}$ **上**にある。　**⓪**　→テ

また，平面 α 上に点Rをとると

$$\overrightarrow{PR}=k\overrightarrow{PA_2}+l\overrightarrow{PA_4}\quad(k,\ l \text{は実数})$$

と表せて

$$\overrightarrow{OR}=\overrightarrow{OP}+\overrightarrow{PR}=\overrightarrow{OP}+k\overrightarrow{PA_2}+l\overrightarrow{PA_4}$$

ここで

$$\begin{cases}\overrightarrow{OP}=\dfrac{1}{3}\overrightarrow{OA_1}=\dfrac{1}{3}\left(1,\ 0,\ \dfrac{\sqrt{2}}{2}\right)\\[2mm] \overrightarrow{PA_2}=\overrightarrow{OA_2}-\overrightarrow{OP}=\left(-\dfrac{1}{3},\ 1,\ \dfrac{\sqrt{2}}{3}\right)\\[2mm] \overrightarrow{PA_4}=\overrightarrow{OA_4}-\overrightarrow{OP}=\left(-\dfrac{1}{3},\ -1,\ \dfrac{\sqrt{2}}{3}\right)\end{cases}$$

よって

$$\begin{aligned}\overrightarrow{OR}&=\frac{1}{3}\left(1,\ 0,\ \frac{\sqrt{2}}{2}\right)+k\left(-\frac{1}{3},\ 1,\ \frac{\sqrt{2}}{3}\right)+l\left(-\frac{1}{3},\ -1,\ \frac{\sqrt{2}}{3}\right)\\&=\frac{1}{3}\left(1-k-l,\ 3(k-l),\ \frac{\sqrt{2}}{2}+\sqrt{2}(k+l)\right)\\&=\frac{1}{6}\left(2(1-k-l),\ 6(k-l),\ \sqrt{2}(1+2k+2l)\right)\end{aligned}$$

点 B_2 の座標は $(-1,\ 1,\ \sqrt{2})$ であるが，平面 α 上の点で点 B_2 と x 座標，y 座標のそれぞれが一致する点を求める。

$$\begin{cases}\dfrac{1}{3}(1-k-l)=-1\\[2mm] k-l=1\end{cases}\qquad\begin{cases}k=\dfrac{5}{2}\\[2mm] l=\dfrac{3}{2}\end{cases}$$

このとき　$\overrightarrow{OR}=\left(-1,\ 1,\ \frac{3\sqrt{2}}{2}\right)$

となるので，平面 α 上に点 $\left(-1,\ 1,\ \frac{3\sqrt{2}}{2}\right)$ が存在する z 座標の大小関係で判断して，点 $B_2(-1,\ 1,\ \sqrt{2})$ は**Oを含む側**にある。 ① →ツ

解説

(1) 各面がひし形なので，対辺が平行で大きさが等しいことを利用する。点 B_2，C_3 の座標を求めるためには，原点を始点にして，それぞれ $\overrightarrow{OB_2}$，$\overrightarrow{OC_3}$ の成分を求めればよい。

成分が与えられているベクトルの内積を求めることができるようにしておくこと。

ポイント　内積の定義

ベクトル $\vec{a}(\neq\vec{0})$ とベクトル $\vec{b}(\neq\vec{0})$ の内積 $\vec{a}\cdot\vec{b}$ を $\vec{a}$，$\vec{b}$ のなす角を θ $(0\leqq\theta\leqq\pi)$ として

$$\vec{a}\cdot\vec{b}=|\vec{a}||\vec{b}|\cos\theta$$

と定める。$\vec{a}=\vec{0}$ または $\vec{b}=\vec{0}$ のときは $\vec{a}\cdot\vec{b}=0$ とする。

(2) ベクトルの問題で，ひし形 $A_1OA_2B_1$ と $A_1B_1C_1B_4$ が合同であるという条件をどのように捉えるか。本問では，誘導があって，対応する対角線の長さが等しいことから，a の値を求める。また，二つのベクトルが垂直であるという条件は，ベクトルの内積が0になることを利用しよう。

ポイント　内積と成分

$\vec{a}=(a_1,\ a_2,\ a_3)$，$\vec{b}=(b_1,\ b_2,\ b_3)$ のとき

$$\vec{a}\cdot\vec{b}=a_1b_1+a_2b_2+a_3b_3$$

ポイント　ベクトルの垂直

$\vec{a}=(a_1,\ a_2,\ a_3)(\neq\vec{0})$，$\vec{b}=(b_1,\ b_2,\ b_3)(\neq\vec{0})$ について

$$\vec{a}\perp\vec{b}\iff\vec{a}\cdot\vec{b}=0\iff a_1b_1+a_2b_2+a_3b_3=0$$

ポイント　内積とベクトルの大きさ

内積の定義より，$\vec{a}\cdot\vec{a}=|\vec{a}|^2$ が成り立つ。

(3) 誘導に従って，丁寧に解き進めていこう。

試験のときには，$\overrightarrow{OQ}=\overrightarrow{OC_3}$ が示せた時点で，図より，点 B_2 が原点を含む側にあることは明らかと判断して解答してもよいだろう。

数学Ⅰ・数学A

問題番号(配点)	解答記号	正 解	配点	チェック
第1問 (30)	(アx+イ)(x−ウ)	$(2x+5)(x-2)$	2	
	$\frac{-エ\pm\sqrt{オカ}}{キ}$	$\frac{-5\pm\sqrt{65}}{4}$	2	
	$\frac{ク+\sqrt{ケコ}}{サ}$	$\frac{5+\sqrt{65}}{2}$	2	
	シ	6	2	
	ス	3	2	
	$\frac{セ}{ソ}$	$\frac{4}{5}$	2	
	タチ	12	2	
	ツテ	12	2	
	ト	②	1	
	ナ	⓪	1	
	ニ	①	1	
	ヌ	③	3	
	ネ	②	2	
	ノ	②	2	
	ハ	⓪	2	
	ヒ	③	2	

問題番号(配点)	解答記号	正 解	配点	チェック
第2問 (30)	ア	②	3	
	$イウx+\frac{エオ}{5}$	$-2x+\frac{44}{5}$	3	
	カ.キク	2.00	2	
	ケ.コサ	2.20	3	
	シ.スセ	4.40	2	
	ソ	③	2	
	タとチ	①と③ (解答の順序は問わない)	4 (各2)	
	ツ	①	2	
	テ	④	3	
	ト	⑤	3	
	ナ	②	3	

問題番号(配点)	解答記号	正　解	配点	チェック
第3問(20)	$\frac{ア}{イ}$	$\frac{3}{8}$	2	
	$\frac{ウ}{エ}$	$\frac{4}{9}$	3	
	$\frac{オカ}{キク}$	$\frac{27}{59}$	3	
	$\frac{ケコ}{サシ}$	$\frac{32}{59}$	2	
	ス	③	3	
	$\frac{セソタ}{チツテ}$	$\frac{216}{715}$	4	
	ト	⑧	3	
第4問(20)	ア	2	1	
	イ	3	1	
	ウ，エ	3，5	3	
	オ	4	2	
	カ	4	2	
	キ	8	1	
	ク	1	2	
	ケ	4	2	
	コ	5	1	
	サ	③	2	
	シ	6	3	

問題番号(配点)	解答記号	正　解	配点	チェック
第5問(20)	$\frac{ア}{イ}$	$\frac{3}{2}$	2	
	$\frac{ウ\sqrt{エ}}{オ}$	$\frac{3\sqrt{5}}{2}$	2	
	$カ\sqrt{キ}$	$2\sqrt{5}$	2	
	$\sqrt{ク}r$	$\sqrt{5}r$	2	
	$ケ-r$	$5-r$	2	
	$\frac{コ}{サ}$	$\frac{5}{4}$	2	
	シ	1	2	
	$\sqrt{ス}$	$\sqrt{5}$	2	
	$\frac{セ}{ソ}$	$\frac{5}{2}$	2	
	タ	①	2	

（注）　第1問，第2問は必答。第3問～第5問のうちから2問選択。計4問を解答。

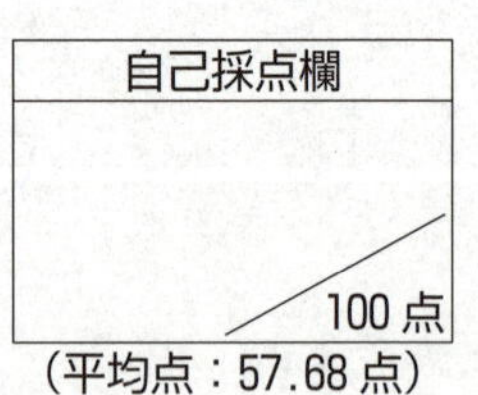
自己採点欄

100点

（平均点：57.68点）

第1問 —— 数と式，図形と計量

〔1〕 標準 《2次方程式，式の値》

(1) $c=1$ のとき，$2x^2+(4c-3)x+2c^2-c-11=0$ ……① に $c=1$ を代入すれば

$$2x^2+x-10=0$$

左辺を因数分解すると

$$(\boxed{2}\,x+\boxed{5})(x-\boxed{2}) \quad \to ア，イ，ウ$$

であるから，①の解は

$$x=-\frac{5}{2},\ 2$$

である。

(2) $c=2$ のとき，①に $c=2$ を代入すれば

$$2x^2+5x-5=0$$

解の公式を用いると，①の解は

$$x=\frac{-5\pm\sqrt{5^2-4\cdot2\cdot(-5)}}{2\cdot2}=\frac{-\boxed{5}\pm\sqrt{\boxed{65}}}{\boxed{4}} \quad \to エ，オカ，キ$$

であり，大きい方の解を α とすると

$$\alpha=\frac{-5+\sqrt{65}}{4}$$

だから

$$\frac{5}{\alpha}=\frac{5}{\frac{-5+\sqrt{65}}{4}}=\frac{20}{\sqrt{65}-5}=\frac{20(\sqrt{65}+5)}{(\sqrt{65}-5)(\sqrt{65}+5)}$$

$$=\frac{20(\sqrt{65}+5)}{40}=\frac{\boxed{5}+\sqrt{\boxed{65}}}{\boxed{2}} \quad \to ク，ケコ，サ$$

である。

また，$8=\sqrt{64}$，$9=\sqrt{81}$ より

$$8<\sqrt{65}<9 \qquad 13<5+\sqrt{65}<14 \qquad \frac{13}{2}<\frac{5+\sqrt{65}}{2}<7$$

だから

$$6<\frac{5}{\alpha}<7$$

よって，$m<\frac{5}{\alpha}<m+1$ を満たす整数 m は $\boxed{6}$ →シ である。

(3) 2次方程式①の解の公式の根号の中に着目すると，根号の中を D とすれば

$$D=(4c-3)^2-4\cdot 2\cdot(2c^2-c-11)=-16c+97$$

①が異なる二つの実数解をもつ条件は，$D>0$ であることなので

$$D=-16c+97>0 \qquad c<\frac{97}{16}=6.06\cdots$$

c は正の整数なので　　$c=1,\ 2,\ 3,\ 4,\ 5,\ 6$

さらに，①の解が有理数となるためには，D が平方数となればよいので，$c=1,\ 2,\ 3,\ 4,\ 5,\ 6$ のときの $D=-16c+97$ の値を計算すると

$$81\,(=9^2),\ 65,\ 49\,(=7^2),\ 33,\ 17,\ 1\,(=1^2)$$

よって，$D=-16c+97$ が平方数となるのは，$c=1,\ 3,\ 6$ のときだから，①の解が異なる二つの有理数であるような正の整数 c の個数は **3** →ス 個である。

解説

文字定数 c を含む２次方程式の解についての問題である。(3)の有理数をもつための条件を求めさせる問題は，個別試験においても出題されるやや発展的な問題である。太郎さんと花子さんの会話文が誘導となっているので，それを手がかりとして正しい方針を立てられるかどうかがポイントである。

(1)・(2)　計算間違いに気を付けさえすれば，特に問題となる部分はない。

(3)　①に解の公式を用いると，$x=\dfrac{-(4c-3)\pm\sqrt{(4c-3)^2-4\cdot 2\cdot(2c^2-c-11)}}{2\cdot 2}$

$=\dfrac{-4c+3\pm\sqrt{-16c+97}}{4}$ であるが，太郎さんと花子さんの会話文に従って，根号の中に着目して考える。根号の中が平方数となれば，①の解は有理数となることに気付きたい。

①が異なる二つの実数解をもつための条件は，根号の中の D が $D>0$ となることであるから，$D>0$ を考えることで正の整数 c の値を具体的に絞り込むことができる。そこから c の値が $c=1,\ 2,\ 3,\ 4,\ 5,\ 6$ のいずれかであることがわかるので，c の値を $D=-16c+97$ に代入して実際に計算することで，根号の中の $D=-16c+97$ が平方数となるかどうかを調べればよい。

〔2〕 やや難 《三角形の面積，辺と角の大小関係，外接円》

(1)　$0°<A<180°$ より，$\sin A>0$ なので，$\sin^2 A+\cos^2 A=1$ を用いて

$$\sin A=\sqrt{1-\cos^2 A}=\sqrt{1-\left(\frac{3}{5}\right)^2}=\frac{\boxed{4}}{\boxed{5}}$$ →セ，ソ

であり，△ABC の面積は

$$\frac{1}{2}\cdot \mathrm{CA}\cdot \mathrm{AB}\cdot \sin A=\frac{1}{2}bc\sin A=\frac{1}{2}\cdot 6\cdot 5\cdot \frac{4}{5}=\boxed{12}$$ →タチ

四角形 CHIA，ADEB は正方形より

$\mathrm{AI}=\mathrm{CA}=b$，$\mathrm{DA}=\mathrm{AB}=c$

であり

$$\angle \mathrm{DAI}=360°-\angle \mathrm{IAC}-\angle \mathrm{BAD}-\angle \mathrm{CAB}$$
$$=360°-90°-90°-A$$
$$=180°-A$$

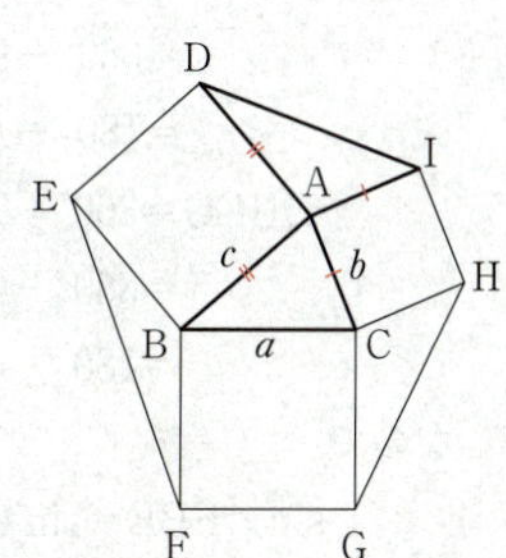

なので

$$\sin\angle \mathrm{DAI}=\sin(180°-A)=\sin A$$

よって，△AID の面積は

$$\frac{1}{2}\cdot \mathrm{AI}\cdot \mathrm{DA}\cdot \sin\angle \mathrm{DAI}=\frac{1}{2}bc\sin A=\boxed{12}$$ →ツテ

(2)　正方形 BFGC，CHIA，ADEB の面積をそれぞれ S_1，S_2，S_3 とすると

$S_1=\mathrm{BC}^2=a^2$，$S_2=\mathrm{CA}^2=b^2$，$S_3=\mathrm{AB}^2=c^2$

このとき

$$S_1-S_2-S_3=a^2-b^2-c^2=a^2-(b^2+c^2)$$

となる。

• $0°<A<90°$ のとき

$a^2<b^2+c^2$

なので，$S_1-S_2-S_3=a^2-(b^2+c^2)$ は負の値である。 ② →ト

• $A=90°$ のとき

$a^2=b^2+c^2$

なので，$S_1-S_2-S_3=a^2-(b^2+c^2)$ は 0 である。 ⓪ →ナ

• $90°<A<180°$ のとき

$a^2>b^2+c^2$

なので，$S_1-S_2-S_3=a^2-(b^2+c^2)$ は正の値である。 ① →ニ

(3)　△ABC の面積を T とすると

$$T=\frac{1}{2}bc\sin A=\frac{1}{2}ca\sin B=\frac{1}{2}ab\sin C$$

△AID の面積 T_1 は，(1)より

$$T_1=\frac{1}{2}bc\sin A=T$$

(1)と同様にして考えると，四角形 ADEB，BFGC，CHIA が正方形より

$$BE=AB=c,\ FB=BC=a$$
$$CG=BC=a,\ HC=CA=b$$

であり

$$\angle FBE=360°-\angle EBA-\angle CBF-\angle ABC$$
$$=360°-90°-90°-B$$
$$=180°-B$$
$$\angle HCG=360°-\angle GCB-\angle ACH-\angle BCA$$
$$=360°-90°-90°-C$$
$$=180°-C$$

なので

$$\sin\angle FBE=\sin(180°-B)=\sin B$$
$$\sin\angle HCG=\sin(180°-C)=\sin C$$

よって，△BEF，△CGH の面積 T_2，T_3 は

$$T_2=\frac{1}{2}\cdot BE\cdot FB\cdot\sin\angle FBE=\frac{1}{2}ca\sin B=T$$

$$T_3=\frac{1}{2}\cdot CG\cdot HC\cdot\sin\angle HCG=\frac{1}{2}ab\sin C=T$$

なので

$$T=T_1=T_2=T_3$$

したがって，a，b，c の値に関係なく，$T_1=T_2=T_3$ ③ **→ヌ である。**

(4) △ABC，△AID，△BEF，△CGH の外接円の半径をそれぞれ，R，R_1，R_2，R_3 とする。

$0°<A<90°$ のとき，$\angle DAI=180°-A$ より　　$\angle DAI>90°$

すなわち　　$\angle DAI>A$

△AID と△ABC は

$$AI=CA,\ DA=AB$$

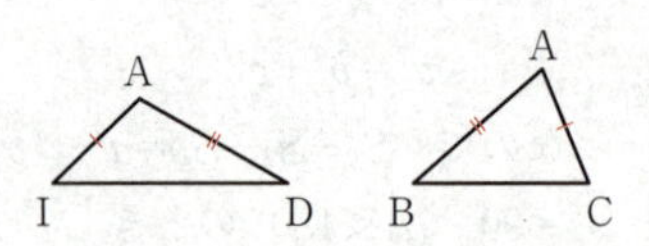

なので，$\angle DAI>A$ より

ID＞BC ② **→ネ** ……①

である。

△AID に正弦定理を用いると

$$2R_1=\frac{ID}{\sin\angle DAI}=\frac{ID}{\sin A}\qquad\therefore\ R_1=\frac{ID}{2\sin A}$$

△ABC に正弦定理を用いると

$$2R=\frac{\mathrm{BC}}{\sin A} \qquad \therefore \quad R=\frac{\mathrm{BC}}{2\sin A}$$

①の両辺を $2\sin A\,(>0)$ で割って

$$\frac{\mathrm{ID}}{2\sin A}>\frac{\mathrm{BC}}{2\sin A} \qquad \therefore \quad R_1>R \quad \cdots\cdots②$$

したがって

(△AIDの外接円の半径)＞(△ABCの外接円の半径)　②　→ノ

であるから，上の議論と同様にして考えれば

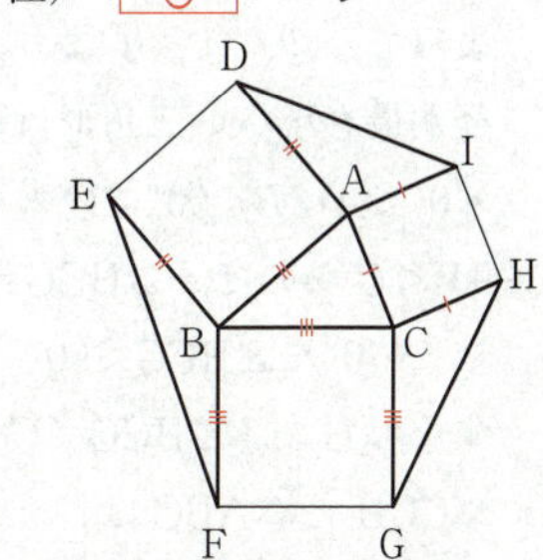

• $0°<A<B<C<90°$ のとき

$0°<B<90°$ なので，$\angle\mathrm{FBE}=180°-B$ より

$\angle\mathrm{FBE}>90°$

すなわち　$\angle\mathrm{FBE}>B$

△BEF と△ABC は

BE＝AB，FB＝BC

なので，$\angle\mathrm{FBE}>B$ より

EF＞CA　……③

である。

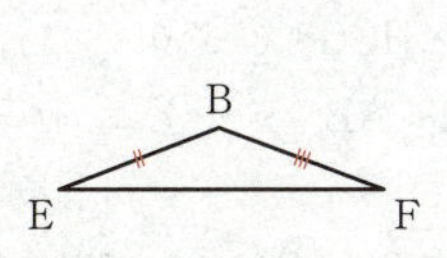

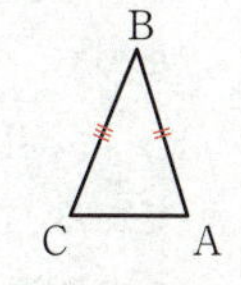

△BEF に正弦定理を用いると

$$2R_2=\frac{\mathrm{EF}}{\sin\angle\mathrm{FBE}}=\frac{\mathrm{EF}}{\sin B} \qquad \therefore \quad R_2=\frac{\mathrm{EF}}{2\sin B}$$

△ABC に正弦定理を用いると

$$2R=\frac{\mathrm{CA}}{\sin B} \qquad \therefore \quad R=\frac{\mathrm{CA}}{2\sin B}$$

$0°<B<180°$ より，$\sin B>0$ なので，③の両辺を $2\sin B\,(>0)$ で割って

$$\frac{\mathrm{EF}}{2\sin B}>\frac{\mathrm{CA}}{2\sin B} \qquad \therefore \quad R_2>R \quad \cdots\cdots④$$

$0°<C<90°$ なので，$\angle\mathrm{HCG}=180°-C$ より

$\angle\mathrm{HCG}>90°$

すなわち　$\angle\mathrm{HCG}>C$

△CGH と△ABC は

CG＝BC，HC＝CA

なので，$\angle\mathrm{HCG}>C$ より

GH＞AB　……⑤

である。

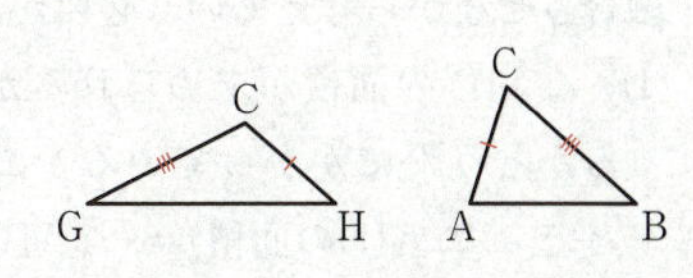

△CGH に正弦定理を用いると

$$2R_3=\frac{\mathrm{GH}}{\sin\angle\mathrm{HCG}}=\frac{\mathrm{GH}}{\sin C}\qquad \therefore\quad R_3=\frac{\mathrm{GH}}{2\sin C}$$

△ABCに正弦定理を用いると

$$2R=\frac{\mathrm{AB}}{\sin C}\qquad \therefore\quad R=\frac{\mathrm{AB}}{2\sin C}$$

$0°<C<180°$ より，$\sin C>0$ なので，⑤の両辺を $2\sin C\,(>0)$ で割って

$$\frac{\mathrm{GH}}{2\sin C}>\frac{\mathrm{AB}}{2\sin C}\qquad \therefore\quad R_3>R\quad \cdots\cdots⑥$$

よって，②，④，⑥より，△ABC，△AID，△BEF，△CGHのうち，外接円の半径が最も小さい三角形は△ABC　⓪　→ハ である。

• $0°<A<B<90°<C$ のとき

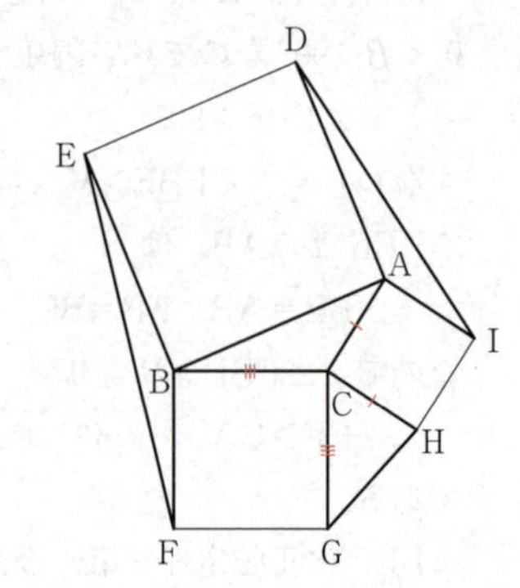

$90°<C$ なので，$\angle\mathrm{HCG}=180°-C$ より

$$0°<\angle\mathrm{HCG}<90°$$

すなわち　$\angle\mathrm{HCG}<C$

△CGHと△ABCは

$$\mathrm{CG}=\mathrm{BC},\ \mathrm{HC}=\mathrm{CA}$$

なので，$\angle\mathrm{HCG}<C$ より

$$\mathrm{GH}<\mathrm{AB}\quad \cdots\cdots⑦$$

である。

⑦の両辺を $2\sin C\,(>0)$ で割って

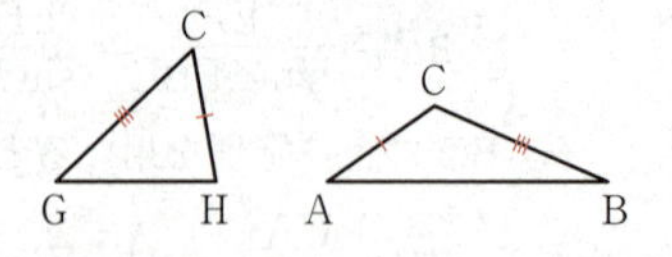

$$\frac{\mathrm{GH}}{2\sin C}<\frac{\mathrm{AB}}{2\sin C}\qquad \therefore\quad R_3<R\quad \cdots\cdots⑧$$

よって，②，④，⑧より，△ABC，△AID，△BEF，△CGHのうち，外接円の半径が最も小さい三角形は△CGH　③　→ヒ である。

解説

三角形の外側に，三角形の各辺を1辺とする3つの正方形と，正方形の間にできる3つの三角形を考え，それらの面積の大小関係や，外接円の半径の大小関係について考えさせる問題である。単純に式変形や計算をするだけでなく，辺と角の大小関係と融合させながら考えていく必要があり，思考力の問われる問題である。

(1)　△AIDの面積が求められるかどうかは，$\angle\mathrm{DAI}=180°-A$ となることに気付けるかどうかにかかっている。これがわかれば，$\sin(180°-\theta)=\sin\theta$ を利用することで，(△AIDの面積)＝(△ABCの面積)＝12であることが求まる。

(2)　$S_1-S_2-S_3=a^2-(b^2+c^2)$ であることはすぐにわかるので，問題文の $0°<A<90°$，$A=90°$，$90°<A<180°$ から，以下の〔ポイント〕を利用することに気付きたい。

ポイント 三角形の形状

△ABC において

$$A<90^\circ \Longleftrightarrow \cos A>0 \Longleftrightarrow a^2<b^2+c^2$$

$$A=90^\circ \Longleftrightarrow \cos A=0 \Longleftrightarrow a^2=b^2+c^2$$

$$A>90^\circ \Longleftrightarrow \cos A<0 \Longleftrightarrow a^2>b^2+c^2$$

上の〔ポイント〕は暗記してしまってもよいが，余弦定理を用いることで $\cos A=\dfrac{b^2+c^2-a^2}{2bc}$ となることを考えれば，その場で簡単に導き出すことができる。

(3) △ABC の面積を T とすると，(1)の結果より $T_1=T$ が成り立つので，(1)と同様にすることで，$T_2=T$，$T_3=T$ が示せることも予想がつくだろう。

(4) (1)において $\angle \mathrm{DAI}=180^\circ-A$ であることがわかっているので，$0^\circ<A<90^\circ$ のとき $\angle \mathrm{DAI}>90^\circ$ であり，$\angle \mathrm{DAI}>A$ であることがわかる。

△AID と△ABC は AI＝CA，DA＝AB なので，$\angle \mathrm{DAI}>A$ より，

ID＞BC ……①であるといえる。AI＝CA，DA＝AB が成り立たない場合には，$\angle \mathrm{DAI}>A$ であっても，ID＞BC とはいえない。

△AID，△ABC にそれぞれ正弦定理を用いると，$\sin\angle \mathrm{DAI}=\sin A$ より，

$R_1=\dfrac{\mathrm{ID}}{2\sin A}$，$R=\dfrac{\mathrm{BC}}{2\sin A}$ が求まるので，①を利用することで，$R_1>R$ ……②が求まる。

$0^\circ<A<B<C<90^\circ$ のとき，$0^\circ<B<90^\circ$，$0^\circ<C<90^\circ$ なので，$R_1>R$ ……②を求めたときの議論と同様にすることで，$R_2>R$ ……④，$R_3>R$ ……⑥が求まる。

②，④，⑥より，$R_1>R$，$R_2>R$，$R_3>R$ となるから，外接円の半径が最も小さい三角形は△ABC であることがわかる。結果的に，与えられた条件 $A<B<C$ は利用することのない条件となっている。

$0^\circ<A<B<90^\circ<C$ のとき，$0^\circ<A<90^\circ$，$0^\circ<B<90^\circ$ なので，$R_1>R$ ……②，$R_2>R$ ……④が成り立つ。この場合は $90^\circ<C$ であるが，$0^\circ<C<90^\circ$ のときと同じように考えていくことにより，$R_3<R$ ……⑧が導き出せる。②，④，⑧より，$R_1>R$，$R_2>R$，$R>R_3$ となるから，外接円の半径が最も小さい三角形は△CGH であることがわかる。ここでも，与えられた条件 $A<B$ は利用することのない条件である。

第2問 ―― 2次関数，データの分析

〔1〕 標準 《1次関数，2次関数》

(1)　1秒あたりの進む距離すなわち平均速度は，x と z を用いて

平均速度＝1秒あたりの進む距離

＝1秒あたりの歩数×1歩あたりの進む距離

$=z\times x=xz$〔m/秒〕　②　→ア

と表される。

これより，タイム と，ストライド，ピッチとの関係は

$$\text{タイム}=\frac{100\text{〔m〕}}{\text{平均速度〔m/秒〕}}=\frac{100}{xz}\quad\cdots\cdots①$$

と表されるので，xz が最大になるときにタイムが最もよくなる。

(2)　ストライドが0.05大きくなるとピッチが0.1小さくなるという関係があると考えて，ピッチがストライドの1次関数として表されると仮定したとき，そのグラフの傾きは，ストライド x が0.05大きくなると，ピッチ z が0.1小さくなることより

$$\frac{-0.1}{0.05}=-2$$

これより，グラフの z 軸上の切片を b とすると

$$z=-2x+b$$

とおけるから，表の2回目のデータより，$x=2.10$，$z=4.60$ を代入して

$$4.60=-2\times2.10+b\qquad\therefore\quad b=8.80=\frac{44}{5}$$

よって，ピッチ z はストライド x を用いて

$$z=\boxed{-2}\,x+\frac{\boxed{44}}{5}\quad\text{→イウ，エオ}\quad\cdots\cdots②$$

と表される。

②が太郎さんのストライドの最大値2.40とピッチの最大値4.80まで成り立つと仮定すると，ピッチ z の最大値が4.80より，$z\leqq4.80$ だから，②を代入して

$$-2x+\frac{44}{5}\leqq4.80\qquad-2x\leqq4.80-8.80\qquad\therefore\quad x\geqq2.00$$

ストライド x の最大値が2.40より，$x\leqq2.40$ だから，x の値の範囲は

$$\boxed{2}\,.\,\boxed{00}\leqq x\leqq2.40\quad\text{→カ，キク}$$

$y=xz$ とおく。②を $y=xz$ に代入すると

$$y=x\left(-2x+\frac{44}{5}\right)=-2x^2+\frac{44}{5}x=-2\left(x-\frac{11}{5}\right)^2+\frac{242}{25}$$

太郎さんのタイムが最もよくなるストライドとピッチを求めるためには，$2.00 \leqq x \leqq 2.40$ の範囲で y の値を最大にする x の値を見つければよい。

このとき，$x=\frac{11}{5}=2.2$ より，y の値が最大になるのは

$x=$ 2 . 20 →ケ，コサのときであり，y の値の最大値は $\frac{242}{25}$ である。

$y=-2\left(x-\frac{11}{5}\right)^2+\frac{242}{25}$

$x=2.00$　$x=2.40$

$x=2.20$

よって，太郎さんのタイムが最もよくなるのは，ストライド x が 2.20 のときであり，このとき，ピッチ z は，$x=2.20$ を②に代入して

$$z=-2\times 2.20+8.80=4.40 \quad \text{→シ，スセ}$$

である。

また，このときの太郎さんのタイムは，$y=xz$ の最大値が $\frac{242}{25}$ なので，①より

$$\text{タイム}=\frac{100}{xz}=\frac{100}{\frac{242}{25}}=100\div\frac{242}{25}=\frac{1250}{121}=10.330\cdots\fallingdotseq 10.33 \quad ③ \quad \text{→ソ}$$

である。

解説

陸上競技の短距離 100m 走において，タイムが最もよくなるストライドとピッチを，ストライドとピッチの間に成り立つ関係も考慮しながら考察していく，日常の事象を題材とした問題である。問題文で与えられた用語の定義や，その間に成り立つ関係を理解し，数式を立てられるかどうかがポイントとなる。

(1)　問題文に，ピッチ $z=$（１秒あたりの歩数），ストライド $x=$（１歩あたりの進む距離）であることが与えられているので，平均速度＝（１秒あたりの進む距離）であることと合わせて考えれば，平均速度＝xz と表されることがわかる。あるいは

$$\text{ストライド }x=\frac{100〔\text{m}〕}{100\text{mを走るのにかかった歩数}〔\text{歩}〕}$$

$$\text{ピッチ }z=\frac{100\text{mを走るのにかかった歩数}〔\text{歩}〕}{\text{タイム}〔\text{秒}〕}$$

であることを利用して

$$\text{平均速度}=1\text{秒あたりの進む距離}=\frac{100〔\text{m}〕}{\text{タイム}〔\text{秒}〕}$$

$$=\frac{100〔\text{m}〕}{100\text{mを走るのにかかった歩数}〔\text{歩}〕}\cdot\frac{100\text{mを走るのにかかった歩数}〔\text{歩}〕}{\text{タイム}〔\text{秒}〕}$$

$$=xz$$

と考えてもよい。

(2)　ピッチがストライドの１次関数として表されると仮定したとき，ストライドxが0.05大きくなるとピッチzが0.1小さくなることより，変化の割合は$\frac{-0.1}{0.05}=-2$で求められる。

〔解答〕では$z=-2x+b$とおき，表の２回目のデータ$x=2.10$，$z=4.60$を代入したが，１回目のデータ$x=2.05$，$z=4.70$，もしくは，３回目のデータ$x=2.15$，$z=4.50$を代入してbの値を求めてもよい。$z=-2x+\frac{44}{5}$　……②が求まれば，$x\leqq 2.40$，$z\leqq 4.80$を用いてxの値の範囲が求められる。

$y=xz$とおいてからは，問題文に丁寧な誘導がついているので，それに従っていけばyの値が最大になるxの値が求まる。このときのzの値は②を利用し，タイムは①がタイム$=\frac{100}{xz}=\frac{100}{y}$であることを利用する。

〔２〕 標準 《箱ひげ図，ヒストグラム，データの相関》

(1)　図１から読み取れることとして正しくないものを考えると

⓪　第１次産業の就業者数割合の四分位範囲は，2000年度までは，後の時点になるにしたがって減少している。よって，正しい。

①　第１次産業の就業者数割合について，左側のひげの長さと右側のひげの長さを比較すると，1990年度，2000年度，2005年度，2010年度において右側の方が長い。よって，**正しくない**。

②　第２次産業の就業者数割合の中央値は，1990年度以降，後の時点になるにしたがって減少している。よって，正しい。

③　第２次産業の就業者数割合の第１四分位数は，1975年度から1980年度，1985年度から1990年度では増加している。よって，**正しくない**。

④　第３次産業の就業者数割合の第３四分位数は，後の時点になるにしたがって増加している。よって，正しい。

⑤　第３次産業の就業者数割合の最小値は，後の時点になるにしたがって増加している。よって，正しい。

以上より，正しくないものは［①］と［③］→**タ，チ**（解答の順序は問わない）である。

(2)　• 1985年度におけるグラフについて考える。

図１の1985年度の第１次産業の就業者数割合の箱ひげ図より，最大値は25より大きく30より小さいから，1985年度におけるグラフとして適するのは，①あるいは

③である。

図1の1985年度の第3次産業の就業者数割合の箱ひげ図より，最小値は45だから，ヒストグラムの各階級の区間は，左側の数値を含み，右側の数値を含まないことに注意すると，①と③の2つのグラフのうち，最小値が45以上50未満の区間にあるのは①である。

よって，1985年度におけるグラフは ① →ツ である。

• 1995年度におけるグラフについて考える。

図1の1995年度の第1次産業の就業者数割合の箱ひげ図より，最大値は15より大きく20より小さいから，1995年度におけるグラフとして適するのは，②あるいは④である。

図1の1995年度の第3次産業の就業者数割合の箱ひげ図より，中央値は55より大きく60より小さい。

47個のデータの中央値は，47個のデータを小さいものから順に並べたときの24番目の値であるから，②と④の2つのグラフのうち，24番目の値である中央値が55以上60未満の区間にあるのは④である。

よって，1995年度におけるグラフは ④ →テ である。

(3) 1975年度を基準としたときの，2015年度の変化について考える。

(I) 都道府県別の第1次産業の就業者数割合と第2次産業の就業者数割合の間の相関を考えると，図2の左端の散布図は負の相関がみられるが，図3の左端の散布図は相関がみられない。よって，都道府県別の第1次産業の就業者数割合と第2次産業の就業者数割合の間の相関は，1975年度を基準にしたとき，2015年度は弱くなっているから，**誤り**。

(II) 都道府県別の第2次産業の就業者数割合と第3次産業の就業者数割合の間の相関を考えると，図2の中央の散布図は相関がみられないが，図3の中央の散布図は負の相関がみられる。よって，都道府県別の第2次産業の就業者数割合と第3次産業の就業者数割合の間の相関は，1975年度を基準にしたとき，2015年度は強くなっているから，**正しい**。

(III) 都道府県別の第3次産業の就業者数割合と第1次産業の就業者数割合の間の相関を考えると，図2の右端の散布図は負の相関がみられるが，図3の右端の散布図は相関がみられない。よって，都道府県別の第3次産業の就業者数割合と第1次産業の就業者数割合の間の相関は，1975年度を基準にしたとき，2015年度は弱くなっているから，**誤り**。

以上より，(I)，(II)，(III)の正誤の組合せとして正しいものは ⑤ →ト である。

(4)「各都道府県の，男性の就業者数と女性の就業者数を合計すると就業者数の全体となる」とあるので，都道府県別の，第1次産業の就業者数割合（横軸）と，女性の就業者数割合（縦軸）の散布図の各点は，都道府県別の，第1次産業の就業者数割合（横軸）と，男性の就業者数割合（縦軸）の散布図の各点を，縦軸の50％を通る横軸に平行な直線に関して対称移動させた位置にある。よって，都道府県別の，第1次産業の就業者数割合（横軸）と，女性の就業者数割合（縦軸）の散布図は，図4の散布図を上下逆さまにしたものとなるから，②　→ナ である。

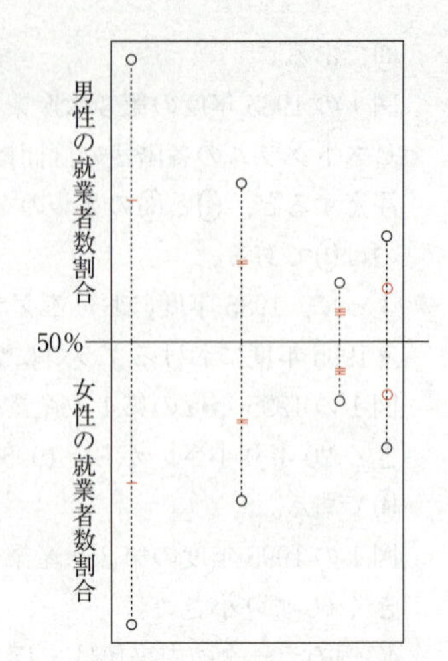

解説

(1)　箱ひげ図から読み取れることとして正しくないものを選ぶ問題である。

（四分位範囲）＝（第3四分位数）－（第1四分位数）で求めることができる。

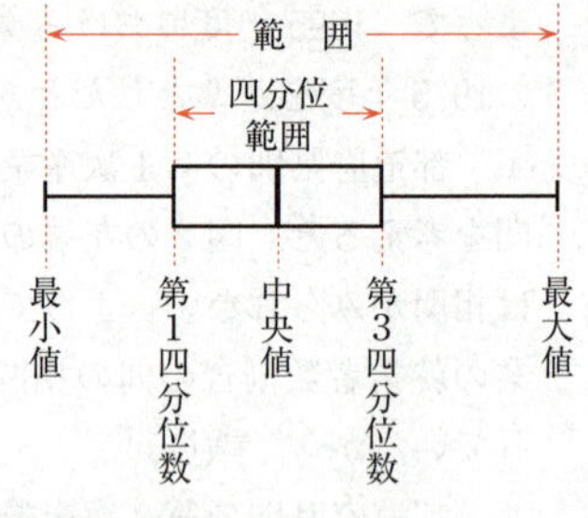

(2)　箱ひげ図に対応するグラフを選択肢の中から選ぶ問題である。まず最大値・最小値に着目し，それで判断できなければ四分位数に着目する。

図1の1985年度の第1次産業の就業者数割合の箱ひげ図の最大値に着目すると，1985年度におけるグラフとして適するのは，①あるいは③となる。さらに，図1の1985年度の第3次産業の就業者数割合の箱ひげ図の最小値は45だから，ヒストグラムの各階級の区間は，左側の数値を含み，右側の数値を含まないことに注意して，①と③の2つのグラフのうち，どちらが1985年度のグラフとして適するかを考えることになる。

図1の1995年度の第1次産業の就業者数割合の箱ひげ図の最大値に着目すると，1995年度におけるグラフとして適するのは，②あるいは④となる。さらに，図1の1995年度の第3次産業の就業者数割合の箱ひげ図の中央値に着目することで，②と④の2つのグラフのうち，どちらが1995年度のグラフとして適するかが判断できる。ここでは，47の都道府県別のデータを扱っているので，データの個数は47個であり，47個のデータを x_1，x_2，…，x_{47}（ただし，$x_1 \leqq x_2 \leqq \cdots \leqq x_{47}$）とすると，最小値は x_1，第1四分位数は x_{12}，中央値は x_{24}，第3四分位数は x_{36}，最大値は x_{47} となる。

(3) 散布図に関する記述の正誤の組合せとして正しいものを選択肢の中から選ぶ問題である。

- 相関係数の値が1に近いほど，2つの変量の正の相関関係は強く，散布図の点は右上がりの直線に沿って分布する傾向にある。
- 相関係数の値が−1に近いほど，2つの変量の負の相関関係は強く，散布図の点は右下がりの直線に沿って分布する傾向にある。
- 相関係数の値が0に近いほど，2つの変量の相関関係は弱く，散布図の点に直線的な相関関係はない傾向にある。

この問題で「相関が強くなった」とは，相関係数の絶対値が大きくなったことを意味するので，1975年度の散布図の点の分布を基準にしたとき，2015年度の散布図の点が，直線に沿って分布する傾向がなお一層みられるようになったかどうかにだけ注目すればよい。

(4) 都道府県別の，第1次産業の就業者数割合と，男性の就業者数割合の散布図から，都道府県別の，第1次産業の就業者数割合と，女性の就業者数割合の散布図を，選択肢の中から選ぶ問題である。

「各都道府県の，男性の就業者数と女性の就業者数を合計すると就業者数の全体となる」ということは，男性の就業者数割合と女性の就業者数割合の合計が100％になるということである。したがって，都道府県別の，第1次産業の就業者数割合（横軸）と，女性の就業者数割合（縦軸）の散布図の点は，図4の散布図を，上下逆さまにした位置に分布することがわかる。

第3問　標準　場合の数と確率　《条件付き確率》

(1)　(i)　箱Aにおいて，当たりくじを引く確率は $\frac{1}{2}$，はずれくじを引く確率は

$$1-\frac{1}{2}=\frac{1}{2}$$

3回中ちょうど1回当たるのは，1回目に当たる場合と，2回目に当たる場合と，3回目に当たる場合の ${}_3C_1=3$ 通りあり，いずれの確率も $\frac{1}{2}\cdot\left(\frac{1}{2}\right)^2$ である。

よって，箱Aにおいて，3回中ちょうど1回当たる確率は

$${}_3C_1\times\frac{1}{2}\cdot\left(\frac{1}{2}\right)^2=\frac{\boxed{3}}{\boxed{8}}$$ →ア，イ　……①

箱Bにおいて，当たりくじを引く確率は $\frac{1}{3}$，はずれくじを引く確率は

$$1-\frac{1}{3}=\frac{2}{3}$$

3回中ちょうど1回当たるのは，1回目に当たる場合と，2回目に当たる場合と，3回目に当たる場合の ${}_3C_1=3$ 通りあり，いずれの確率も $\frac{1}{3}\cdot\left(\frac{2}{3}\right)^2$ である。

よって，箱Bにおいて，3回中ちょうど1回当たる確率は

$${}_3C_1\times\frac{1}{3}\cdot\left(\frac{2}{3}\right)^2=\frac{\boxed{4}}{\boxed{9}}$$ →ウ，エ　……②

(ii)　箱Aが選ばれる事象を A，箱Bが選ばれる事象を B，3回中ちょうど1回当たる事象を W とすると，①，②より

$$P(A\cap W)=\frac{1}{2}\times\frac{3}{8},\quad P(B\cap W)=\frac{1}{2}\times\frac{4}{9}$$

これより

$$P(W)=P(A\cap W)+P(B\cap W)=\frac{1}{2}\times\frac{3}{8}+\frac{1}{2}\times\frac{4}{9}=\frac{1}{2}\left(\frac{3}{8}+\frac{4}{9}\right)$$

$$=\frac{1}{2}\times\frac{27+32}{8\times9}=\frac{1}{2}\times\frac{59}{8\times9}$$

であるから，3回中ちょうど1回当たったとき，選んだ箱がAである条件付き確率 $P_W(A)$ は

$$P_W(A)=\frac{P(W\cap A)}{P(W)}=\frac{P(A\cap W)}{P(W)}=\left(\frac{1}{2}\times\frac{3}{8}\right)\div\left(\frac{1}{2}\times\frac{59}{8\times9}\right)$$

$$=\frac{\boxed{27}}{\boxed{59}}$$ →オカ，キク

となる。

また，条件付き確率 $P_W(B)$ は

$$P_W(B)=\frac{P(W\cap B)}{P(W)}=\frac{P(B\cap W)}{P(W)}=\left(\frac{1}{2}\times\frac{4}{9}\right)\div\left(\frac{1}{2}\times\frac{59}{8\times 9}\right)$$

$$=\frac{\boxed{32}}{\boxed{59}}$$ →ケコ，サシ

となる。

(2) $P_W(A)$ と $P_W(B)$ について

$$P_W(A):P_W(B)=\frac{27}{59}:\frac{32}{59}=27:32$$

また，①の確率と②の確率について

$$(①の確率):(②の確率)=\frac{3}{8}:\frac{4}{9}=27:32$$

よって，$P_W(A)$ と $P_W(B)$ の比 $\boxed{③}$ →ス は，①の確率と②の確率の比に等しい。

(3) 箱Cにおいて，当たりくじを引く確率は $\frac{1}{4}$，はずれくじを引く確率は

$$1-\frac{1}{4}=\frac{3}{4}$$

よって，箱Cにおいて，3回中ちょうど1回当たる確率は，(1)(i)と同様に考えれば

$${}_3C_1\times\frac{1}{4}\cdot\left(\frac{3}{4}\right)^2=\frac{27}{64}\quad\cdots\cdots③$$

箱Aが選ばれる事象を A，箱Bが選ばれる事象を B，箱Cが選ばれる事象を C，3回中ちょうど1回当たる事象を W とすると，①，②，③より

$$P(A\cap W)=\frac{1}{3}\times\frac{3}{8},\ P(B\cap W)=\frac{1}{3}\times\frac{4}{9},\ P(C\cap W)=\frac{1}{3}\times\frac{27}{64}$$

これより

$$P(W)=P(A\cap W)+P(B\cap W)+P(C\cap W)=\frac{1}{3}\times\frac{3}{8}+\frac{1}{3}\times\frac{4}{9}+\frac{1}{3}\times\frac{27}{64}$$

$$=\frac{1}{3}\left(\frac{3}{8}+\frac{4}{9}+\frac{27}{64}\right)=\frac{1}{3}\times\frac{216+256+243}{9\times 64}=\frac{1}{3}\times\frac{715}{9\times 64}$$

であるから，3回中ちょうど1回当たったとき，選んだ箱がAである条件付き確率は

$$P_W(A)=\frac{P(W\cap A)}{P(W)}=\frac{P(A\cap W)}{P(W)}=\left(\frac{1}{3}\times\frac{3}{8}\right)\div\left(\frac{1}{3}\times\frac{715}{9\times 64}\right)$$

$$=\frac{\boxed{216}}{\boxed{715}}$$ →セソタ，チツテ

となる。

(4)　箱Ｄにおいて，当たりくじを引く確率は $\frac{1}{5}$，はずれくじを引く確率は

$$1-\frac{1}{5}=\frac{4}{5}$$

よって，箱Ｄにおいて，３回中ちょうど１回当たる確率は，(1)(i)と同様に考えれば

$${}_3C_1\times\left(\frac{1}{5}\right)\cdot\left(\frac{4}{5}\right)^2=\frac{48}{125}\quad\cdots\cdots④$$

箱Ａが選ばれる事象を A，箱Ｂが選ばれる事象を B，箱Ｃが選ばれる事象を C，箱Ｄが選ばれる事象を D，３回中ちょうど１回当たる事象を W とする。
箱が四つの場合でも，条件付き確率の比は各箱で３回中ちょうど１回当たりくじを引く確率の比になっていることを利用すると，①，②，③，④より

$$P_W(A):P_W(B):P_W(C):P_W(D)$$

$$=(①の確率):(②の確率):(③の確率):(④の確率)=\frac{3}{8}:\frac{4}{9}:\frac{27}{64}:\frac{48}{125}$$

$$=27000:32000:30375:27648$$

すなわち

$$P_W(B)>P_W(C)>P_W(D)>P_W(A)$$

であるから，条件付き確率を用いて，どの箱からくじを引いた可能性が高いかを考え，可能性が高い方から順に並べるとＢ，Ｃ，Ｄ，Ａ　⑧　→ト　となる。

参考1　$P_W(A):P_W(B):P_W(C):P_W(D)$

$$=(①の確率):(②の確率):(③の確率):(④の確率)=\frac{3}{8}:\frac{4}{9}:\frac{27}{64}:\frac{48}{125}$$

ここで，(3)の $P(W)$ の計算過程より

$$\frac{3}{8}:\frac{4}{9}:\frac{27}{64}=216:256:243$$

なので

$$\frac{4}{9}>\frac{27}{64}>\frac{3}{8}$$

また

$$\frac{27}{64}:\frac{48}{125}=\frac{9}{64}:\frac{16}{125}=1125:1024$$

$$\frac{3}{8}:\frac{48}{125}=\frac{1}{8}:\frac{16}{125}=125:128$$

なので

$$\frac{27}{64}>\frac{48}{125}>\frac{3}{8}$$

よって

$$\frac{4}{9}>\frac{27}{64}>\frac{48}{125}>\frac{3}{8}$$

すなわち

$$P_W(B)>P_W(C)>P_W(D)>P_W(A)$$

参考2 $P_W(A):P_W(B):P_W(C):P_W(D)$

$=$(①の確率)：(②の確率)：(③の確率)：(④の確率)$=\frac{3}{8}:\frac{4}{9}:\frac{27}{64}:\frac{48}{125}$

ここで

$$\frac{3}{8}=0.375,\ \frac{4}{9}=0.\dot{4},\ \frac{27}{64}=0.421875,\ \frac{48}{125}=0.384$$

なので

$$\frac{4}{9}>\frac{27}{64}>\frac{48}{125}>\frac{3}{8}$$

すなわち

$$P_W(B)>P_W(C)>P_W(D)>P_W(A)$$

解説

複数の箱からくじを引き，条件付き確率を用いて，どの箱からくじを引いた可能性が高いかを考える問題である。誘導が丁寧に与えられているため解きやすいと思われるが，前問までの計算過程と，比を上手に利用していかないと，計算量が多くなってしまい，時間を浪費してしまうことになりかねない。その点で差のつく問題であったといえるだろう。

(1) (i) 3回中ちょうど1回当たるのは，1回目，2回目，3回目のいずれかで当たる場合である。

(ii) 誘導が丁寧に与えられているので，誘導に従って，条件付き確率を求める。計算もそれほど面倒なものではないので，確実に正解したい問題である。

(2) 正解以外の選択肢⓪和，①2乗の和，②3乗の和，④積については，$P_W(A)=\frac{27}{59}$，$P_W(B)=\frac{32}{59}$，(①の確率)$=\frac{3}{8}$，(②の確率)$=\frac{4}{9}$の値を使って実際に計算してみれば，適さないことがすぐにわかる。

(3) 花子さんと太郎さんが事実(＊)について話している会話文の内容は，以下のことを表している。

$$P_W(A):P_W(B)=\frac{P(A\cap W)}{P(W)}:\frac{P(B\cap W)}{P(W)}=P(A\cap W):P(B\cap W)$$

$=\frac{1}{2}\times\frac{3}{8}:\frac{1}{2}\times\frac{4}{9}=\frac{1}{2}\times$(①の確率)$:\frac{1}{2}\times$(②の確率)

$=$(①の確率)：(②の確率)

これが理解できると，箱が三つの場合でも，箱が四つの場合でも，同様の結果が成り立つことがわかる。

(4)　３回中ちょうど１回当たったとき，条件付き確率を用いて，どの箱からくじを引いた可能性が高いかを考えるので，選んだ箱がA，B，C，Dである条件付き確率 $P_W(A)$，$P_W(B)$，$P_W(C)$，$P_W(D)$ の値の大きさを比較すればよい。その際，花子さんと太郎さんの会話文において，条件付き確率の比は各箱で３回中ちょうど１回当たりくじを引く確率の比になっていることが誘導として与えられているので，それを利用して，条件付き確率の値は計算せずにその大きさを比較する。

〔解答〕のように素直に①，②，③，④の確率の比を考えてもよいが，計算量を減らすためにも〔参考１〕のように工夫して考えたい。①，②，③の確率の比は，(3)の $P(W)$ の計算過程 $P(W)=\frac{1}{3}\times\frac{216+256+243}{9\times64}$ より，216：256：243であることがわかるので，①，②，③の確率の大きさの大小が求まる。あとは，③，④の確率の比と，①，④の確率の比を考えることで，①，②，③，④の確率の大きさの大小が求まる。また，〔参考２〕のように小数の値に直してから大小を比較するのも速く処理できてよい。

第4問　やや難　整数の性質　《不定方程式》

(1)　さいころを5回投げて，偶数の目がx回，奇数の目がy回出たとき，点P_0にある石を点P_1に移動させることができたとすると

$5x-3y=1,\ x+y=5$

なので，これを解けば

$x=2,\ y=3$

よって，さいころを5回投げて，偶数の目が 2 →ア 回，奇数の目が 3 →イ 回出れば，点P_0にある石を点P_1に移動させることができる。

このとき，$x=2,\ y=3$は，不定方程式$5x-3y=1$の整数解になっているので

$5\cdot2-3\cdot3=1$ ……ⓐ

が成り立つ。

(2)　ⓐの両辺を8倍して

$5\cdot16-3\cdot24=8$ ……ⓑ

$5x-3y=8$ ……① の辺々からⓑを引けば

$5(x-16)-3(y-24)=0\qquad 5(x-16)=3(y-24)$

5と3は互いに素だから，不定方程式①のすべての整数解$x,\ y$は，kを整数として

$x-16=3k,\ y-24=5k$

$\therefore\ x=16+3k$ ……②　　　$y=24+5k$ ……③

$=2\times8+$ 3 k →ウ　　　$=3\times8+$ 5 k →エ

と表される。

①の整数解$x,\ y$の中で，$0\leqq y<5$を満たすものは，③を$0\leqq y<5$に代入すれば

$0\leqq24+5k<5\qquad -24\leqq5k<-19$

$(-4.8=)-\dfrac{24}{5}\leqq k<-\dfrac{19}{5}\ (=-3.8)$

なので，$k=-4$のときであるから，②，③より

$x=16+3\cdot(-4)\qquad y=24+5\cdot(-4)$

$=$ 4 →オ　　　$=$ 4 →カ

である。

したがって，さいころを$x+y=4+4=$ 8 →キ 回投げて，偶数の目が4回，奇数の目が4回出れば，点P_0にある石を点P_8に移動させることができる。

(3)　(2)において，さいころを8回より少ない回数だけ投げて，点P_0にある石を点P_8に移動させることができないかを考える。

(＊)に注意すると，$8-15=-7$より，点P_0にある石を時計回りに7個先の点（反

時計回りに-7個先の点）に移動させれば，点P_8に移動させることができる。

これより，不定方程式$5x-3y=-7$　……④の0以上の整数解x，yの中で，$x+y<8$　……⑤を満たすものを求める。

④より　$3y=5x+7$

⑤より　$3x+3y<24$

よって，$3x+(5x+7)<24$より　$x<\dfrac{17}{8}$

$x=0$，1，2のときを考えると

• $x=0$のとき　$-3y=-7$　これを満たす0以上の整数yは存在しない。

• $x=1$のとき　$-3y=-12$　$y=4$

• $x=2$のとき　$-3y=-17$　これを満たす0以上の整数yは存在しない。

以上より　$x=1$，$y=4$

よって，偶数の目が 1 →ク 回，奇数の目が 4 →ケ 回出れば，さいころを投げる回数が$x+y=1+4=$ 5 →コ 回で，点P_0にある石を点P_8に移動させることができる。

(4)　⓪　点P_0にある石を反時計回りに10個先の点に移動させるか，または，$10-15=-5$より時計回りに5個先の点（反時計回りに-5個先の点）に移動させれば，点P_{10}に移動させることができる。

これより，不定方程式$5x-3y=10$または-5の0以上の整数解x，yを求めると

• $x=0$のとき　$-3y=10$，-5　これを満たす0以上の整数yは存在しない。

• $x=1$のとき　$-3y=5$，-10　これを満たす0以上の整数yは存在しない。

• $x=2$のとき　$-3y=0$，-15　$y=0$，5

$x+y=2+0=2$となる組$(x,\ y)$が見つかったので，$x+y<2$となる組$(x,\ y)$のみを考えればよいから，上記以外の組$(x,\ y)$は存在しない。

よって，点P_{10}の最小回数は$x+y=2+0=2$回である。

①　点P_0にある石を反時計回りに11個先の点に移動させるか，または，$11-15=-4$より時計回りに4個先の点（反時計回りに-4個先の点）に移動させれば，点P_{11}に移動させることができる。

これより，不定方程式$5x-3y=11$または-4の0以上の整数解x，yを求めると

• $x=0$のとき　$-3y=11$，-4　これを満たす0以上の整数yは存在しない。

• $x=1$のとき　$-3y=6$，-9　$y=3$

$x+y=1+3=4$となる組$(x,\ y)$が見つかったので，以下，$x+y<4$となる組$(x,\ y)$のみを考える。

• $x=2$のとき　$-3y=1$，-14　これを満たす0以上の整数yは存在しない。

• $x=3$のとき　$-3y=-4$，-19　これを満たす0以上の整数yは存在しない。

よって，点 P_{11} の最小回数は $x+y=1+3=4$ 回である。

② 点 P_0 にある石を反時計回りに 12 個先の点に移動させるか，または，$12-15=-3$ より時計回りに 3 個先の点（反時計回りに -3 個先の点）に移動させれば，点 P_{12} に移動させることができる。

これより，不定方程式 $5x-3y=12$ または -3 の 0 以上の整数解 x，y を求めると

- $x=0$ のとき　$-3y=12$，-3　$y=1$

$x+y=0+1=1$ となる組 $(x,\ y)$ が見つかったので，$x+y<1$ となる組 $(x,\ y)$ のみを考えればよいから，上記以外の組 $(x,\ y)$ は存在しない。

よって，点 P_{12} の最小回数は $x+y=0+1=1$ 回である。

③ 点 P_0 にある石を反時計回りに 13 個先の点に移動させるか，または，$13-15=-2$ より時計回りに 2 個先の点（反時計回りに -2 個先の点）に移動させれば，点 P_{13} に移動させることができる。

これより，不定方程式 $5x-3y=13$ または -2 の 0 以上の整数解 x，y を求めると

- $x=0$ のとき　$-3y=13$，-2　これを満たす 0 以上の整数 y は存在しない。
- $x=1$ のとき　$-3y=8$，-7　これを満たす 0 以上の整数 y は存在しない。
- $x=2$ のとき　$-3y=3$，-12　$y=4$

$x+y=2+4=6$ となる組 $(x,\ y)$ が見つかったので，以下，$x+y<6$ となる組 $(x,\ y)$ のみを考える。

- $x=3$ のとき　$-3y=-2$，-17　これを満たす 0 以上の整数 y は存在しない。
- $x=4$ のとき　$-3y=-7$，-22　これを満たす 0 以上の整数 y は存在しない。
- $x=5$ のとき　$-3y=-12$，-27　$y=4$，9 となるが，$x+y<6$ に反するので，不適。

よって，点 P_{13} の最小回数は $x+y=2+4=6$ 回である。

④ 点 P_0 にある石を反時計回りに 14 個先の点に移動させるか，または，$14-15=-1$ より時計回りに 1 個先の点（反時計回りに -1 個先の点）に移動させれば，点 P_{14} に移動させることができる。

これより，不定方程式 $5x-3y=14$ または -1 の 0 以上の整数解 x，y を求めると

- $x=0$ のとき　$-3y=14$，-1　これを満たす 0 以上の整数 y は存在しない。
- $x=1$ のとき　$-3y=9$，-6　$y=2$

$x+y=1+2=3$ となる組 $(x,\ y)$ が見つかったので，以下，$x+y<3$ となる組 $(x,\ y)$ のみを考える。

- $x=2$ のとき　$-3y=4$，-11　これを満たす 0 以上の整数 y は存在しない。

よって，点 P_{14} の最小回数は $x+y=1+2=3$ 回である。

以上より，最小回数が最も大きいのは点 P_{13} ［③］→サ であり，その最小回数は ［6］→シ 回である。

別解1　(3)　(＊)に注意すると，$15=5\cdot3$ より，偶数の目が3回出ると反時計回りに15個先の点に移動して元の点に戻る。また，$15=3\cdot5$ より，奇数の目が5回出ると時計回りに15個先の点（反時計回りに -15 個先の点）に移動して元の点に戻る。

これより，偶数の目の出る回数が3回少ないか，または，奇数の目の出る回数が5回少ないならば，同じ点に移動させることができるので，(2)において，偶数の目が4回，奇数の目が4回出れば，点 P_0 にある石を点 P_8 に移動させることができることより，偶数の目が出る回数を3回減らしたとしても，点 P_0 にある石を点 P_8 に移動させることができる。

よって，偶数の目が $4-3=1$ 回，奇数の目が4回出れば，さいころを投げる回数が $1+4=5$ 回で，点 P_0 にある石を点 P_8 に移動させることができる。

(4)　(3)と同様に(＊)に注意して考えれば，偶数の目が3回以上出る場合には，偶数の目の出る回数を3回ずつ減らしたとしても，同じ点に移動させることができるので，偶数の目の出る回数は0回，1回，2回のみを考えればよいことがわかる。同様に，奇数の目が5回以上出る場合には，奇数の目の出る回数を5回ずつ減らしたとしても，同じ点に移動させることができるので，奇数の目の出る回数は0回，1回，2回，3回，4回のみを考えればよいことがわかる。

これより，偶数の目が x 回（$0\leqq x\leqq 2$ である整数），奇数の目が y 回（$0\leqq y\leqq 4$ である整数）出たとき，点 P_0 にある石を移動させることができる点を表にまとめると，右のようになる。

x ＼ y	0	1	2	3	4
0	P_0	P_{12}	P_9	P_6	P_3
1	P_5	P_2	P_{14}	P_{11}	P_8
2	P_{10}	P_7	P_4	P_1	P_{13}

よって，各点 P_1，P_2，…，P_{14} の最小回数は，右の表の $x+y$ の値であることに注意すれば，点 P_1，P_2，…，P_{14} のうち，この最小回数が最も大きいのは点 P_{13} であり，その最小回数は $x+y=2+4=6$ 回である。

別解2　(4)　• さいころを1回投げて，点 P_0 にある石を移動させることができる点について考える。

さいころを1回投げるとき，偶数の目が出るか，あるいは，奇数の目が出るかのどちらかなので，点 P_5，P_{12} のどちらかに移動させることができる。

よって，点 P_5，P_{12} の最小回数は1回である。

• さいころを2回投げて，点 P_0 にある石を移動させることができる点について考える。

さいころを1回投げるとき，点 P_5，P_{12} のどちらかに移動させることができるから，点 P_5，P_{12} のそれぞれにおいて，さいころを2回目に投げるとき，偶数の目が出た場合と，奇数の目が出た場合を考えれば，点 P_{10}，P_2，P_9 のいずれかに移動させることができる。

よって，点 P_2，P_9，P_{10} の最小回数は2回である。

• さいころを3回投げて，点 P_0 にある石を移動させることができる点について考える。

さいころを2回投げるとき，点 P_{10}，P_2，P_9 のいずれかに移動させることができるから，点 P_{10}，P_2，P_9 のそれぞれにおいて，さいころを3回目に投げるとき，偶数の目が出た場合と，奇数の目が出た場合を考えれば，点 P_0，P_7，P_{14}，P_6 のいずれかに移動させることができる。

よって，点 P_6，P_7，P_{14} の最小回数は3回である。

• さいころを4回投げて，点 P_0 にある石を移動させることができる点について考える。

さいころを3回投げるとき，点 P_0，P_7，P_{14}，P_6 のいずれかに移動させることができるから，点 P_0，P_7，P_{14}，P_6 のそれぞれにおいて，さいころを4回目に投げるとき，偶数の目が出た場合と，奇数の目が出た場合を考えれば，点 P_5，P_{12}，P_4，P_{11}，P_3 のいずれかに移動させることができる。

よって，点 P_3，P_4，P_{11} の最小回数は4回である。

• さいころを5回投げて，点 P_0 にある石を移動させることができる点について考える。

さいころを4回投げるとき，点 P_5，P_{12}，P_4，P_{11}，P_3 のいずれかに移動させることができるから，点 P_5，P_{12}，P_4，P_{11}，P_3 のそれぞれにおいて，さいころを5回目に投げるとき，偶数の目が出た場合と，奇数の目が出た場合を考えれば，点 P_{10}，P_2，P_9，P_1，P_8，P_0 のいずれかに移動させることができる。

よって，点 P_1，P_8 の最小回数は5回である。

• さいころを6回投げて，点 P_0 にある石を移動させることができる点について考える。

さいころを5回投げるとき，点 P_{10}，P_2，P_9，P_1，P_8，P_0 のいずれかに移動させることができるから，点 P_{10}，P_2，P_9，P_1，P_8，P_0 のそれぞれにおいて，さいころを6回目に投げるとき，偶数の目が出た場合と，奇数の目が出た場合を考えれば，点 P_0，P_7，P_{14}，P_6，P_{13}，P_5，P_{12} のいずれかに移動させることができる。

よって，点 P_{13} の最小回数は6回である。

以上より，各点 P_1，P_2，…，P_{14} の最小回数は，右の表のようになるから，点 P_1，P_2，…，P_{14} のうち，この最小回数が最も大きいのは点 P_{13} であり，その最小回数は6回である。

最小回数	点
1	P_5　P_{12}
2	P_2　P_9　P_{10}
3	P_6　P_7　P_{14}
4	P_3　P_4　P_{11}
5	P_1　P_8
6	P_{13}

解説

円周上に並ぶ15個の点上を，さいころの目によって石を移動させるときに，移動させることができる点について，不定方程式の整数解を用いて考察させる問題である。与えられた１次不定方程式を解いていくだけでなく，１次不定方程式をどのように利用するかを考える必要があり，思考力の問われる問題である。

⑴　さいころを５回投げる場合を考えるから，偶数の目が x 回，奇数の目が $(5-x)$ 回出たとき，点 P_0 にある石を点 P_1 に移動させることができたとして，$5x-3(5-x)=1$ と立式することから x の値を求めてもよい。

⑵　⑴の結果から，ⓐが成り立つので，ⓐの両辺を８倍した式ⓑをつくることで①－ⓑを考えれば，不定方程式①のすべての整数解 x，y を求めることができる。
①の整数解 x，y の中で，$0\leqq y<5$ を満たすものは，③を $0\leqq y<5$ に代入することで，$0\leqq y<5$ を満たすときの k の値が $k=-4$ と求まるので，$k=-4$ を②，③に代入すればよい。あるいは，$y=24+5k$　……③の k に具体的な値を代入しながら，$0\leqq y<5$ を満たす k の値を探すことで $k=-4$ を見つけ出す方法も考えられる。

⑶　〔解答〕では，(＊)に注意することで，点 P_0 にある石を反時計回りに -7 個先の点に移動させれば，点 P_8 に移動させることができることを考えた。なぜなら，(＊)より，偶数の目が３回出ると反時計回りに15個先の点に移動して元の点に戻り，奇数の目が５回出ると反時計回りに -15 個先の点に移動して元の点に戻るので，点 P_0 にある石を反時計回りに -7 個先の点に移動させることだけを考えればよいことがわかるからである。
⑵と同様に，不定方程式 $5x-3y=-7$ のすべての整数解 x，y を求めてから，条件に適する０以上の整数 x，y を選んでもよいが，ここでは整数 x，y が０以上の整数であることと，$x+y<8$ であることを考えれば，$5x-3y=-7$ に０以上の整数 x，y の値を順に代入していく方が単純に速く処理できるだろう。
〔別解１〕では，(＊)より，偶数の目が３回出ると反時計回りに15個先の点に移動して元の点に戻り，奇数の目が５回出ると反時計回りに -15 個先の点に移動して元の点に戻るので，偶数の目の出た回数を３回減らすか，または，奇数の目の出た回数を５回減らしたとしても，同じ点に移動させることができることを利用して，偶数の目が１回，奇数の目が４回出ればよいことを求めている。

⑷　〔解答〕では，⑶と同様に(＊)に注意することで，反時計回りに移動する場合と，時計回りに移動する場合を考え，不定方程式に０以上の整数 x，y の値を順に代入する方法で最小回数を求めている。〔別解１〕のような解法を試験中に思いつくことが難しければ，〔解答〕のように整数解 x，y を調べ上げることから正解を導くことも大切である。ちなみに，〔解答〕は［サ］の解答群に従うことで，最小回数が最も大きいのは点 P_{13} であるとしたが，実際には点 P_{10}，P_{11}，P_{12}，P_{13}，P_{14} の最

小回数を調べただけなので，点 P_1，P_2，…，P_{14} のうち，最小回数が最も大きい点が P_{13} であるといえたわけではない。

〔別解1〕では，(3)と同様に考えることで，偶数の目の出た回数を3回減らすか，または，奇数の目の出た回数を5回減らしたとしても，同じ点に移動させることができることがわかるから，偶数の目の出る回数は0回～2回を考えればよく，奇数の目の出る回数は0回～4回を考えればよいことがわかる。点 P_0 にある石を移動させることができる点をまとめた表から，各点の最小回数は x と y の和 $x+y$ に等しいことに注意することで，点 P_1，P_2，…，P_{14} のうち，最小回数が最も大きいのは点 P_{13} であることがわかる。

〔別解2〕は，さいころを投げる回数から，点 P_0 にある石を移動させることができる点をすべて調べ上げる解法である。円周上に並ぶ15個の点 P_0，P_1，…，P_{14} を描いて考えなくとも，点Pの添え字に着目して，偶数の目が出る場合は添え字を $+5$，奇数の目が出る場合は添え字を -3 をすることで，移動させることができる点を求めることができる。ただし，添え字が15以上になった場合には -15 をし，添え字が負の数になった場合には $+15$ をする必要がある。実際に手を動かしてみると想像するよりも時間と手間がかからずに済む。この解法も単純に処理できてよい。

第5問 やや難 図形の性質 《角の二等分線と辺の比，方べきの定理》

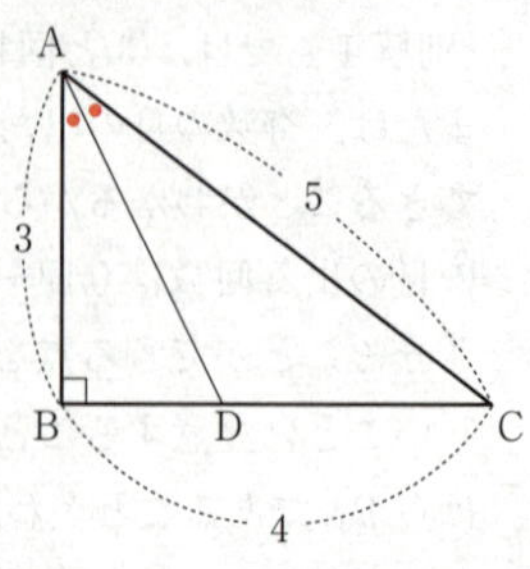

線分 AD は∠BAC の二等分線なので

$$BD : DC = AB : AC = 3 : 5$$

であるから

$$BD = \frac{3}{3+5}BC = \frac{3}{8}\cdot 4 = \frac{\boxed{3}}{\boxed{2}} \quad \rightarrow ア，イ$$

△ABC において

$$AC^2 = AB^2 + BC^2$$

が成り立つので，三平方の定理の逆より，∠B＝90°である。

直角三角形 ABD に三平方の定理を用いて

$$AD^2 = AB^2 + BD^2 = 3^2 + \left(\frac{3}{2}\right)^2 = \frac{45}{4}$$

AD＞0 より

$$AD = \sqrt{\frac{45}{4}} = \frac{\boxed{3}\sqrt{\boxed{5}}}{\boxed{2}} \quad \rightarrow ウ，エ，オ$$

また，∠B＝90°なので，円周角の定理の逆より，△ABC の外接円 O の直径は AC である。

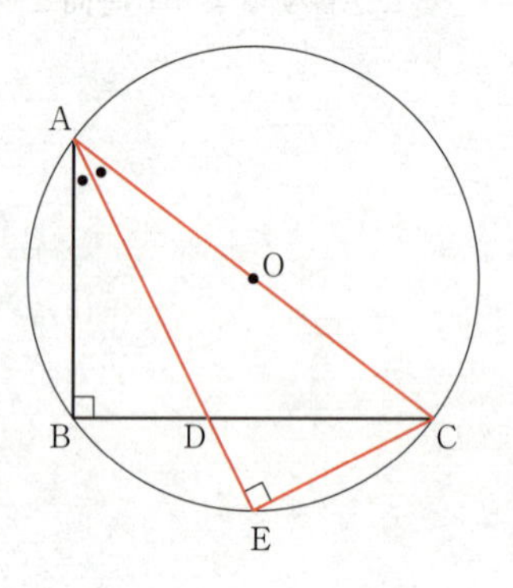

円周角の定理より

$$\angle AEC = 90°$$

なので，△AEC に着目すると，△AEC と△ABD において，∠CAE＝∠DAB，∠AEC＝∠ABD＝90° より，△AEC∽△ABD であるから

$$AE : AB = AC : AD$$

$$AE : 3 = 5 : \frac{3\sqrt{5}}{2} \qquad \frac{3\sqrt{5}}{2}AE = 15$$

$$\therefore \quad AE = 15 \times \frac{2}{3\sqrt{5}} = \boxed{2}\sqrt{\boxed{5}} \quad \rightarrow カ，キ$$

円 P は△ABC の 2 辺 AB，AC の両方に接するので，円 P の中心 P は∠BAC の二等分線 AE 上にある。

円 P と辺 AB との接点を H とすると

$$\angle AHP = 90°,\ HP = r$$

HP∥BD より

$$AP : AD = HP : BD$$

$$AP : \frac{3\sqrt{5}}{2} = r : \frac{3}{2} \qquad \frac{3}{2}AP = \frac{3\sqrt{5}}{2}r$$

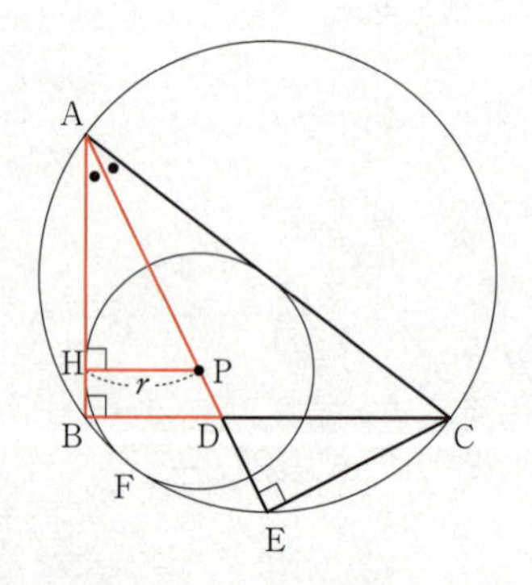

∴　$AP=\sqrt{\boxed{5}}\,r$　→ク

円Pは△ABCの外接円Oに内接するので，円Pと外接円Oとの接点Fと，円Pの中心Pを結ぶ直線PFは，外接円Oの中心Oを通る。

これより，FGは外接円Oの直径なので

$FG=AC=5$

であり

$PG=FG-FP=\boxed{5}-r$　→ケ

と表せる。

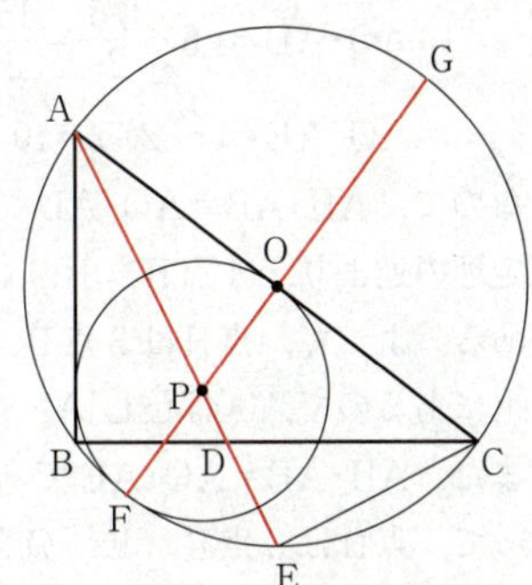

したがって，方べきの定理より

$AP\cdot PE=FP\cdot PG$

$AP\cdot(AE-AP)=FP\cdot PG$

$\sqrt{5}r(2\sqrt{5}-\sqrt{5}r)=r(5-r)$

$4r^2-5r=0$　　$r(4r-5)=0$

$r>0$ なので　　$r=\dfrac{\boxed{5}}{\boxed{4}}$　→コ，サ

内接円Qの半径を r' とすると，（△ABCの面積）$=\dfrac{1}{2}r'(AB+BC+CA)$ が成り立つので

$\dfrac{1}{2}\cdot3\cdot4=\dfrac{1}{2}r'(3+4+5)$　　∴　$r'=1$

よって，内接円Qの半径は $\boxed{1}$　→シ

内接円Qの中心Qは，△ABCの内心なので，∠BACの二等分線AD上にある。

内接円Qと辺ABとの接点をJとすると

$\angle AJQ=90°$，$JQ=r'=1$

なので，JQ∥BDより

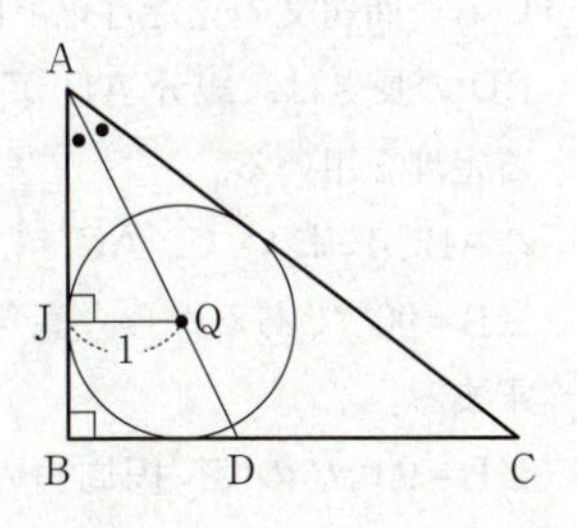

$AQ:AD=JQ:BD$

$AQ:\dfrac{3\sqrt{5}}{2}=1:\dfrac{3}{2}$　　$\dfrac{3}{2}AQ=\dfrac{3\sqrt{5}}{2}$

∴　$AQ=\sqrt{\boxed{5}}$　→ス

である。

また，点Aから円Pに引いた2接線の長さが等しいことより

$AH=AO=\dfrac{AC}{2}=\dfrac{\boxed{5}}{\boxed{2}}$　→セ，ソ

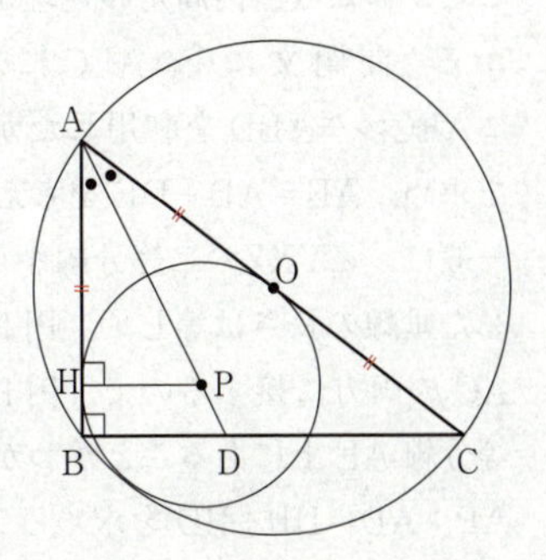

である。このとき

$$\mathrm{AH}\cdot\mathrm{AB}=\frac{5}{2}\cdot 3=\frac{15}{2}$$

$$\mathrm{AQ}\cdot\mathrm{AD}=\sqrt{5}\cdot\frac{3\sqrt{5}}{2}=\frac{15}{2}$$

$$\mathrm{AQ}\cdot\mathrm{AE}=\sqrt{5}\cdot 2\sqrt{5}=10$$

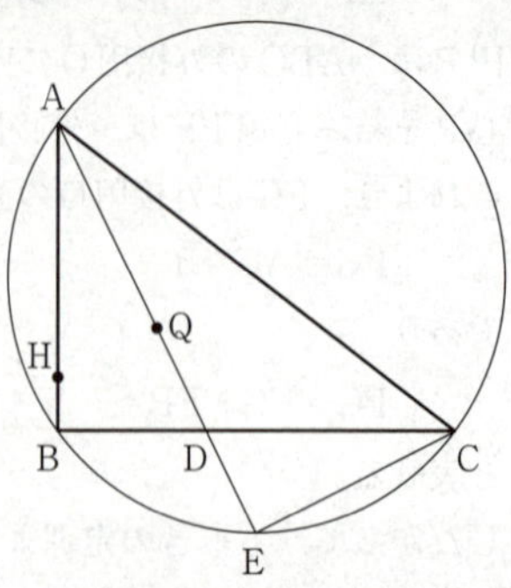

なので，AH・AB＝AQ・AD であるから，方べきの定理の逆より，4点H，B，Q，Dは同一円周上にある。よって，点Hは3点B，D，Qを通る円の周上にあるので，(a)は**正しい**。

また，AH・AB≠AQ・AE であるから，4点H，B，Q，Eは同一円周上にない。よって，点Hは3点B，E，Qを通る円の周上にないので，(b)は**誤り**。

以上より，点Hに関する(a)，(b)の正誤の組合せとして正しいものは ① →タ である。

解説

直角三角形の外接円，外接円に内接する円，内接円に関する問題。問題では図が与えられていないため，正確な図を描くだけでも難しい。また，3つの円を考えていくので，設問に合わせた図を何回か描き直す必要があり，時間もかかる。誘導も丁寧に与えられていないので，行間を思考しながら埋めていかなければならず，平面図形において成り立つ図形的な性質を理解していないと解き進められない問題も出題されている。問題文の見た目以上に時間のかかる，難易度の高い問題である。

BD の長さは，線分 AD が∠BAC の二等分線なので，角の二等分線と辺の比に関する定理を用いる。

△ABC において，$\mathrm{AC}^2=\mathrm{AB}^2+\mathrm{BC}^2$ が成り立つので，三平方の定理の逆より，∠B＝90° であるから，直角三角形 ABD に三平方の定理を用いれば，AD の長さが求まる。

∠B＝90° なので，円周角の定理の逆より，△ABC の外接円Oの直径は AC であることがわかり，円周角の定理より，△AEC においても∠AEC＝90° であることがわかる。問題文に「△AEC に着目する」という誘導が与えられているので，△AEC∽△ABD を利用したが，方べきの定理を用いて AD・DE＝BD・DC から DE を求め，AE＝AD＋DE を考えることで AE の長さを求めることもできる。

一般に，∠YXZの二等分線から，2辺 XY，XZ へ下ろした垂線の長さは等しい。円Pが△ABC の2辺 AB と AC の両方に接するので，円Pの中心Pは∠BAC の二等分線 AE 上にあることがわかる。この理解がないと，AP：AD＝HP：BD を求めることは難しい。

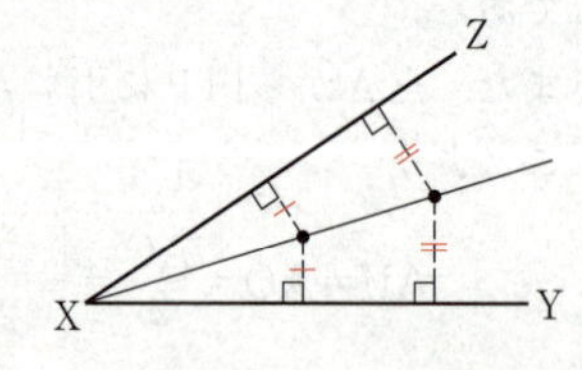

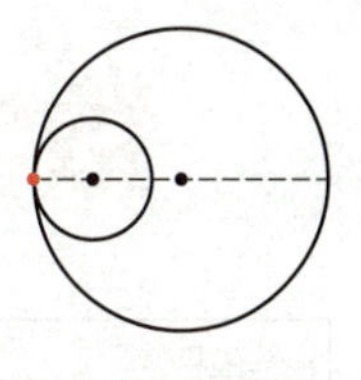

一般に，内接する２円の接点と，２円の中心は一直線上にある。
円Ｐは△ABCの外接円Ｏに内接するので，直線PFは外接円Ｏの中心Ｏを通る。この理解がないと，$FG=5$ を求めることは難しい。
AP，PGの長さが求まれば，方べきの定理を用いることは問題文の誘導として与えられているので，ここまでに求めてきた線分の長さも考慮に入れることで，$AP \cdot PE = FP \cdot PG$ から r を求めることに気付けるだろう。

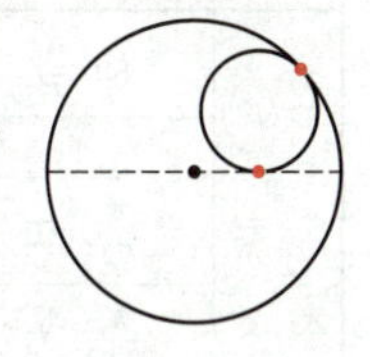

一般に，内接する２円において，内側の円が外側の円の直径にも接するとき，その接点は外側の円の中心とは限らない。この問題では，結果として $r=\frac{5}{4}$ が求まるので，円Ｐが外接円Ｏの中心Ｏにおいて外接円Ｏの直径ACと接していることがわかる。

内接円Ｑの半径は，$(\triangle ABC\text{の面積})=\frac{1}{2}r'(AB+BC+CA)$ を利用して求めた。円外の点から円に引いた２接線の長さが等しいことを利用して，半径 r' を求めることもできる。

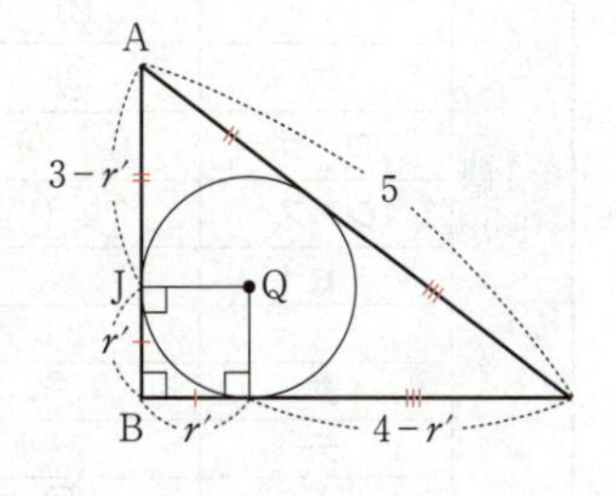

AQを求める際に，$AQ : AD = JQ : BD$ を利用したが，$AJ = AB - JB = 3 - r' = 2$，$JQ = r' = 1$ であることがわかれば，△AJQに三平方の定理を用いてもよい。
AHを求める際に，点Ａから円Ｐに引いた２接線の長さが等しいことを利用したが，$HP=r$，$AP=\sqrt{5}r$ なので，△AHPに三平方の定理を用いる解法も思い付きやすい。
点Ｈに関する(a)，(b)の正誤を判断する問題は，これまでに得られた結果を念頭において考える。ここまでの設問でAH，AQ，AD，AEの長さは求まっているので，方べきの定理の逆を用いることに気付きたい。

> **ポイント** 方べきの定理の逆
>
> ２つの線分VWとXY，または，VWの延長とXYの延長どうしが点Ｚで交わっているとき
>
> $ZV \cdot ZW = ZX \cdot ZY$
>
> が成り立つならば，４点Ｖ，Ｗ，Ｘ，Ｙは同一円周上にある。

$AH \cdot AB$，$AQ \cdot AD$，$AQ \cdot AE$ の値を計算することで，$AH \cdot AB = AQ \cdot AD$ が成り立つことがわかるから，方べきの定理の逆より，４点Ｈ，Ｂ，Ｄ，Ｑは同一円周上にあることがわかる。また，$AH \cdot AB \neq AQ \cdot AE$ であるから，方べきの定理の対偶を考えることで，４点Ｈ，Ｂ，Ｅ，Ｑは同一円周上にないことがわかる。

数学Ⅱ・数学B

問題番号（配点）	解答記号	正　解	配点	チェック
第１問（30）	$\sin\frac{\pi}{ア}$	$\sin\frac{\pi}{3}$	2	
	イ	2	2	
	$\frac{\pi}{ウ}$，エ	$\frac{\pi}{6}$，2	2	
	$\frac{\pi}{オ}$，カ	$\frac{\pi}{2}$，1	1	
	キ	⑨	2	
	ク	①	1	
	ケ	③	1	
	コ，サ	①，⑨	2	
	シ，ス	②，①	2	
	セ	1	1	
	ソ	0	1	
	タ	0	1	
	チ	1	1	
	$\log_2(\sqrt{ツ}-テ)$	$\log_2(\sqrt{5}-2)$	2	
	ト	⓪	1	
	ナ	③	1	
	ニ	1	2	
	ヌ	2	2	
	ネ	①	3	

問題番号（配点）	解答記号	正　解	配点	チェック
第２問（30）	ア	3	1	
	イx＋ウ	$2x+3$	2	
	エ	④	2	
	オ	c	1	
	カx＋キ	$bx+c$	2	
	$\frac{クケ}{コ}$	$\frac{-c}{b}$	1	
	$\frac{ac^{サ}}{シb^{ス}}$	$\frac{ac^3}{3b^3}$	4	
	セ	⓪	3	
	ソ	5	1	
	タx＋チ	$3x+5$	2	
	ツ	d	1	
	テx＋ト	$cx+d$	2	
	ナ	②	3	
	$\frac{ニヌ}{ネ}$，ノ	$\frac{-b}{a}$，0	2	
	$\frac{ハヒフ}{ヘホ}$	$\frac{-2b}{3a}$	3	

問題番号(配点)	解答記号	正解	配点	チェック
第３問(20)	ア	③	2	
	イウ	50	2	
	エ	5	2	
	オ	①	2	
	カ	②	1	
	キクケ	408	2	
	コサ.シ	58.8	2	
	ス	③	2	
	セ	③	1	
	ソ，タ	②，④（解答の順序は問わない）	4（各２）	
第４問(20)	ア$+(n-1)p$	$3+(n-1)p$	1	
	イr^{n-1}	$3r^{n-1}$	1	
	ウ$a_{n+1}=r(a_n+$エ$)$	$2a_{n+1}=r(a_n+3)$	2	
	オ，カ，キ	2，6，6	2	
	ク	3	2	
	$\frac{ケ}{コ}n(n+サ)$	$\frac{3}{2}n(n+1)$	2	
	シ，ス	3，1	2	
	$\frac{セa_{n+1}}{a_n+ソ}c_n$	$\frac{4a_{n+1}}{a_n+3}c_n$	2	
	タ	②	2	
	$\frac{チ}{q}(d_n+u)$	$\frac{2}{q}(d_n+u)$	2	
	$q>$ツ	$q>2$	1	
	$u=$テ	$u=0$	1	

問題番号(配点)	解答記号	正解	配点	チェック
第５問(20)	アイ	36	2	
	ウ	a	2	
	エ－オ	$a-1$	3	
	$\frac{カ+\sqrt{キ}}{ク}$	$\frac{3+\sqrt{5}}{2}$	2	
	$\frac{ケ-\sqrt{コ}}{サ}$	$\frac{1-\sqrt{5}}{4}$	3	
	シ	⑨	3	
	ス	⓪	3	
	セ	⓪	2	

（注）第１問，第２問は必答。第３問～第５問のうちから２問選択。計４問を解答。

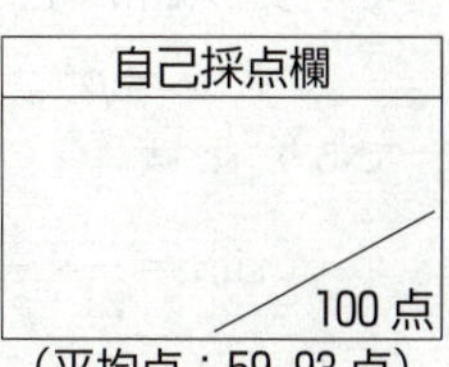

（平均点：59.93点）

第1問 ―― 三角関数，指数関数，いろいろな式

〔1〕 標準 《三角関数の最大値》

(1)　関数 $y=\sin\theta+\sqrt{3}\cos\theta\ \left(0\leqq\theta\leqq\dfrac{\pi}{2}\right)$ ……Ⓐ の最大値を求める。

$\sin\dfrac{\pi}{\boxed{3}}=\dfrac{\sqrt{3}}{2}$　→ア，$\cos\dfrac{\pi}{3}=\dfrac{1}{2}$

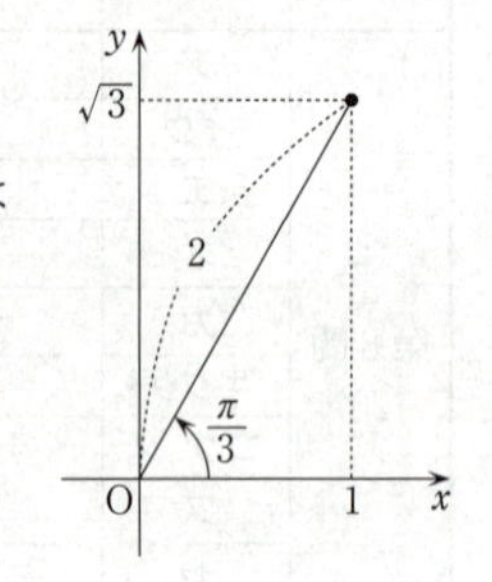

であるから，Ⓐの右辺に対する三角関数の合成により，Ⓐは

$y=\boxed{2}\sin\left(\theta+\dfrac{\pi}{3}\right)$　→イ

と変形できる。$0\leqq\theta\leqq\dfrac{\pi}{2}$ より，$\dfrac{\pi}{3}\leqq\theta+\dfrac{\pi}{3}\leqq\dfrac{5}{6}\pi$ であるから，

y は

$\theta+\dfrac{\pi}{3}=\dfrac{\pi}{2}$　すなわち　$\theta=\dfrac{\pi}{\boxed{6}}$　→ウ

で最大値 $\boxed{2}$ →エ をとる。

(2)　関数 $y=\sin\theta+p\cos\theta\ \left(0\leqq\theta\leqq\dfrac{\pi}{2}\right)$ ……Ⓑ の最大値を求める。

(i)　$p=0$ のとき，Ⓑは

$y=\sin\theta\quad\left(0\leqq\theta\leqq\dfrac{\pi}{2}\right)$

であるから，y は $\theta=\dfrac{\pi}{\boxed{2}}$ →オ で最大値 $\boxed{1}$ →カ をとる。

(ii)　$p>0$ のとき，加法定理

$\cos(\theta-\alpha)=\cos\theta\cos\alpha+\sin\theta\sin\alpha$

を用いると

$r\cos(\theta-\alpha)=(r\sin\alpha)\sin\theta+(r\cos\alpha)\cos\theta$　（r は正の定数）

が成り立つから，Ⓑは

$y=\sin\theta+p\cos\theta=r\cos(\theta-\alpha)$

と表すことができる。

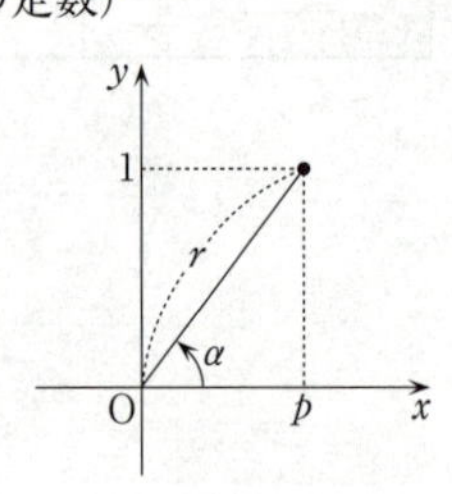

ただし，$r\sin\alpha=1$，$r\cos\alpha=p$ であるから，右図より

$r=\sqrt{1+p^2}$　$\boxed{⑨}$ →キ

であり，α は

$\sin\alpha=\dfrac{1}{\sqrt{1+p^2}}$　$\boxed{①}$ →ク，$\cos\alpha=\dfrac{p}{\sqrt{1+p^2}}$　$\boxed{③}$ →ケ，$0<\alpha<\dfrac{\pi}{2}$

を満たすものとする。

このとき，y は，$\theta-\alpha=0$ すなわち $\theta=\boldsymbol{\alpha}$ [①] **→コ** で最大値 $r=\sqrt{1+p^2}$ [⑨] **→サ** をとる。

(iii) $p<0$ のとき，$0\leqq\theta\leqq\dfrac{\pi}{2}$ より

$$0\leqq\sin\theta\leqq1,\ 0\leqq\cos\theta\leqq1,\ p\leqq p\cos\theta\leqq0$$

であるから，Ⓑの右辺に対して，不等式

$$p\leqq\sin\theta+p\cos\theta\leqq1$$

が成り立つ。すなわち，$p\leqq y\leqq1$ であり，$\theta=\dfrac{\pi}{2}$ のとき，確かに $y=1$ となるから，

y は $\theta=\dfrac{\pi}{2}$ [②] **→シ** で最大値 1 [①] **→ス** をとる。

解説

(1) 三角関数の合成については，次の［Ⅰ］がよく使われるが，［Ⅱ］の形もある。いずれも加法定理から導ける。

> **ポイント** 三角関数の合成
>
> ［Ⅰ］ $a\sin\theta+b\cos\theta=\sqrt{a^2+b^2}\sin(\theta+\alpha)$
>
> $\left(\text{ただし，} \cos\alpha=\dfrac{a}{\sqrt{a^2+b^2}},\ \sin\alpha=\dfrac{b}{\sqrt{a^2+b^2}}\right)$
>
> ［Ⅱ］ $a\sin\theta+b\cos\theta=\sqrt{a^2+b^2}\cos(\theta-\beta)$
>
> $\left(\text{ただし，} \sin\beta=\dfrac{a}{\sqrt{a^2+b^2}},\ \cos\beta=\dfrac{b}{\sqrt{a^2+b^2}}\right)$

(2) (i)は容易である。(ii)は，上の［Ⅱ］を知っていればよいが，［Ⅰ］の作り方を理解していれば対応できるであろう。

$0\leqq\theta\leqq\dfrac{\pi}{2}$，$0<\alpha<\dfrac{\pi}{2}$ より，$-\dfrac{\pi}{2}<\theta-\alpha<\dfrac{\pi}{2}$ であるので，$\cos(\theta-\alpha)=1$ となるのは $\theta-\alpha=0$ のときだけである。

(iii) $y=\sin\theta+p\cos\theta\leqq1$ であるからといって，y の最大値が 1 であるとはかぎらない。例えば，$0\leqq\theta\leqq\dfrac{\pi}{2}$ のとき，$0\leqq\sin\theta\leqq1$，$0\leqq\cos\theta\leqq1$ から

$$0\leqq\sin\theta+\cos\theta\leqq2$$

は導けるが，この不等式の等号を成り立たせる θ は存在しない。

したがって，$\sin\theta+p\cos\theta\leqq1$ の等号を成り立たせる θ が $0\leqq\theta\leqq\dfrac{\pi}{2}$ の範囲に存在することを確認する必要がある。

〔2〕 標準 《指数関数の性質》

$$f(x)=\frac{2^x+2^{-x}}{2},\quad g(x)=\frac{2^x-2^{-x}}{2}$$

(1)　$f(0)=\frac{2^0+2^0}{2}=\frac{1+1}{2}=\boxed{1}$　→セ

$g(0)=\frac{2^0-2^0}{2}=\frac{1-1}{2}=\boxed{0}$　→ソ

である。$2^x>0$，$2^{-x}>0$ であるので，相加平均と相乗平均の関係から

$$f(x)=\frac{2^x+2^{-x}}{2}\geqq\sqrt{2^x\times2^{-x}}=\sqrt{2^0}=1$$

が成り立ち，等号は，$2^x=2^{-x}$ が成り立つとき，すなわち $x=0$ のときに成り立つから，$f(x)$ は $x=\boxed{0}$ →タ で最小値 $\boxed{1}$ →チ をとる。

$2^{-x}=\frac{1}{2^x}$ に注意して，$g(x)=\frac{2^x-2^{-x}}{2}=-2$ となる 2^x の値を求めると

$2^x-\frac{1}{2^x}=-4$　　$(2^x)^2+4(2^x)-1=0$

$2^x=X$ とおくと　　$X^2+4X-1=0$

$X>0$ より　　$X=-2+\sqrt{4+1}=-2+\sqrt{5}$

よって　　$2^x=-2+\sqrt{5}$

である。したがって，$g(x)=-2$ となる x の値は

$x=\log_2(\sqrt{\boxed{5}}-\boxed{2})$　→ツ，テ

である。

(2)　$f(-x)=\frac{2^{-x}+2^x}{2}=f(x)$　$\boxed{⓪}$　→ト

$g(-x)=\frac{2^{-x}-2^x}{2}=-\frac{2^x-2^{-x}}{2}=-g(x)$　$\boxed{③}$　→ナ

$\{f(x)\}^2-\{g(x)\}^2=\{f(x)+g(x)\}\{f(x)-g(x)\}$

$=2^x\times2^{-x}=2^0=\boxed{1}$　→ニ

$g(2x)=\frac{2^{2x}-2^{-2x}}{2}=\frac{(2^x)^2-(2^{-x})^2}{2}=\frac{(2^x+2^{-x})(2^x-2^{-x})}{2}$

$=\frac{2f(x)\times2g(x)}{2}=\boxed{2}f(x)g(x)$　→ヌ

(3)　$f(\alpha-\beta)=f(\alpha)g(\beta)+g(\alpha)f(\beta)$　……(A)

$f(\alpha+\beta)=f(\alpha)f(\beta)+g(\alpha)g(\beta)$　……(B)

$g(\alpha-\beta)=f(\alpha)f(\beta)+g(\alpha)g(\beta)$　……(C)

$g(\alpha+\beta)=f(\alpha)g(\beta)-g(\alpha)f(\beta)$　……(D)

$\beta=0$ とおいてみる。

(A)は，$f(\alpha)=f(\alpha)g(0)+g(\alpha)f(0)$ となるが，(1)より，$f(0)=1$，$g(0)=0$ であるから，$f(\alpha)=g(\alpha)$ となり，これは $\alpha=0$ のとき成り立たない。よって，(A)はつねに成り立つ式ではない。

(C)も，$g(\alpha)=f(\alpha)f(0)+g(\alpha)g(0)=f(\alpha)$ となる。よって，(C)はつねに成り立つ式ではない。

(D)は，$g(\alpha)=f(\alpha)g(0)-g(\alpha)f(0)=-g(\alpha)$ すなわち $g(\alpha)=0$ となる。

$g(1)=\dfrac{2-\dfrac{1}{2}}{2}=\dfrac{3}{4}\neq 0$ であるから，これは $\alpha=1$ のとき成り立たない。よって，(D)はつねに成り立つ式ではない。

(B)については

$$f(\alpha)f(\beta)+g(\alpha)g(\beta)=\frac{2^{\alpha}+2^{-\alpha}}{2}\times\frac{2^{\beta}+2^{-\beta}}{2}+\frac{2^{\alpha}-2^{-\alpha}}{2}\times\frac{2^{\beta}-2^{-\beta}}{2}$$

$$=\frac{2^{\alpha+\beta}+2^{\alpha-\beta}+2^{-\alpha+\beta}+2^{-\alpha-\beta}}{4}+\frac{2^{\alpha+\beta}-2^{\alpha-\beta}-2^{-\alpha+\beta}+2^{-\alpha-\beta}}{4}$$

$$=\frac{2^{\alpha+\beta}+2^{-\alpha-\beta}}{2}=f(\alpha+\beta)$$

となり，つねに成り立つ。

したがって，(B)　①　→ネ　以外の三つは成り立たない。

解説

(1)　2数 a，b $(a>0,\ b>0)$ の相加平均 $\dfrac{a+b}{2}$，相乗平均 $\sqrt{ab}$ の間には，つねに次の不等式が成り立つ。

> **ポイント**　相加平均と相乗平均の関係
>
> $a>0$，$b>0$ のとき
>
> $\dfrac{a+b}{2}\geqq\sqrt{ab}$　（$a=b$ のとき等号成立）

また，3数 a，b，c $(a>0,\ b>0,\ c>0)$ に対しては

$$\frac{a+b+c}{3}\geqq\sqrt[3]{abc}\quad(a=b=c\text{ のとき等号成立})$$

が成り立つので記憶しておこう。

$g(x)=-2$ は指数方程式になる。まず 2^x の値を求める。$2^x=X$ と置き換えるとよい。

(2)　$\{f(x)\}^2-\{g(x)\}^2$ に $f(x)=\dfrac{2^x+2^{-x}}{2}$, $g(x)=\dfrac{2^x-2^{-x}}{2}$ を代入した場合は，$2^x\times2^{-x}=2^0=1$ に注意して

$$\left(\frac{2^x+2^{-x}}{2}\right)^2-\left(\frac{2^x-2^{-x}}{2}\right)^2=\frac{2^{2x}+2+2^{-2x}}{4}-\frac{2^{2x}-2+2^{-2x}}{4}=\frac{2+2}{4}=1$$

となる。また

$$f(x)g(x)=\frac{2^x+2^{-x}}{2}\times\frac{2^x-2^{-x}}{2}=\frac{(2^x)^2-(2^{-x})^2}{4}=\frac{1}{2}\times\frac{2^{2x}-2^{-2x}}{2}=\frac{1}{2}g(2x)$$

と計算して $g(2x)=2f(x)g(x)$ を導いてもよい。

(3)　本問は，式(A)～(D)のなかに，「つねに成り立つ式」があるかどうかを調べる問題である。$f(x)$ も $g(x)$ も実数全体で定義されているので，「つねに成り立つ式」では，α, β にどんな実数を代入しても成り立つはずである。式が成り立たないような実数が少なくとも一つ見つかれば，その式は「つねに成り立つ式」ではないと判定できる。

花子さんの「β に何か具体的な値を代入して調べてみたら」をヒントにして，〔解答〕では $\beta=0$ とおいてみたが，$\alpha=\beta$ とおいてもできる。

(A)は，$f(0)=2f(\alpha)g(\alpha)$ となるが，(1)より，$f(0)=1$ で，(2)より，$2f(\alpha)g(\alpha)=g(2\alpha)$ であるから，$g(2\alpha)=1$ となる。

(C)は，$g(0)=\{f(\alpha)\}^2+\{g(\alpha)\}^2$ となるが，(1)より，$g(0)=0$，したがって，$f(\alpha)=g(\alpha)=0$ となる。

(D)は，$g(2\alpha)=f(\alpha)g(\alpha)-g(\alpha)f(\alpha)=0$ となる。

いずれも $g(x)$ が定数関数となって，矛盾が生じてしまう。

第２問　標準　微分・積分《接線，面積，３次関数のグラフ》

(1)　　$y=3x^2+2x+3$　……①

　　　$y=2x^2+2x+3$　……②

①，②はいずれも $x=0$ のとき $y=3$ であるから，①，②の２次関数のグラフと y 軸との交点の y 座標はいずれも [3] →ア である。

①，②よりそれぞれ $y'=6x+2$，$y'=4x+2$ が得られ，いずれも $x=0$ のとき $y'=2$ であるから，①，②の２次関数のグラフと y 軸との交点における接線の方程式はいずれも $y=$ [2] $x+$ [3] →イ，ウ である。

問題の⓪～⑤の２次関数のグラフのうち，y 軸との交点における接線の方程式が $y=2x+3$（点 (0, 3) を通り，傾きが２の直線）となるものは [④] →エ である。なぜなら，点 (0, 3) を通るものは，③，④，⑤で，それぞれ $y'=4x-2$，$y'=-2x+2$，$y'=-2x-2$ であるから，$x=0$ のとき $y'=2$ となるものは，④のみである。

曲線 $y=ax^2+bx+c$（a，b，c は０でない実数）上の点 (0, [c]) →オ における接線 ℓ の方程式は，$y'=2ax+b$（$x=0$ のとき $y'=b$）より

$$y-c=b(x-0)\qquad \therefore\ y=\boxed{b}\,x+\boxed{c}$$ →カ，キ

である。

接線 ℓ と x 軸との交点の x 座標は，$0=bx+c$ より，$\dfrac{\boxed{-c}}{\boxed{b}}$ →クケ，コ である。

a，b，c が正の実数であるとき，曲線 $y=ax^2+bx+c$ と接線 ℓ および直線 $x=-\dfrac{c}{b}$（<0）で囲まれた図形の面積 S は，右図より

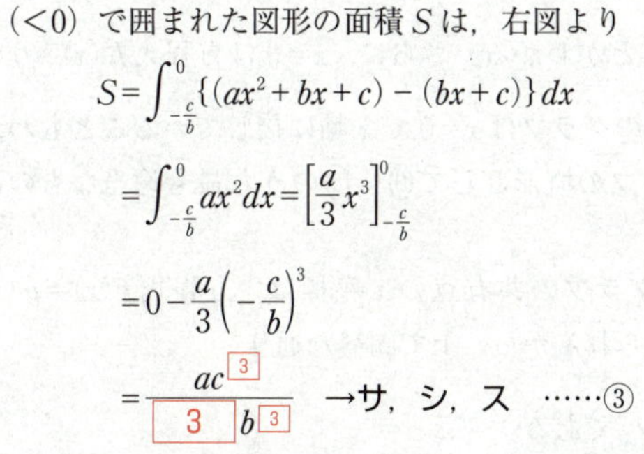

$$S=\int_{-\frac{c}{b}}^{0}\{(ax^2+bx+c)-(bx+c)\}\,dx$$

$$=\int_{-\frac{c}{b}}^{0}ax^2\,dx=\left[\frac{a}{3}x^3\right]_{-\frac{c}{b}}^{0}$$

$$=0-\frac{a}{3}\left(-\frac{c}{b}\right)^3$$

$$=\frac{ac^{\boxed{3}}}{\boxed{3}\,b^{\boxed{3}}}$$ →サ，シ，ス　……③

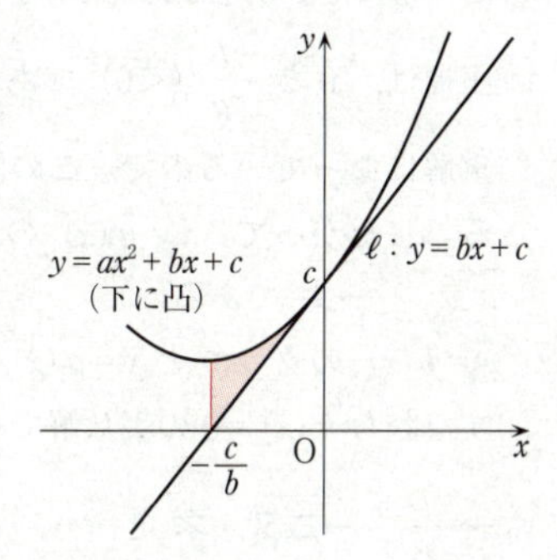

である。

③において，$a=1$ とすると，$S=\dfrac{c^3}{3b^3}$ であり，S の値が一定となるように正の実数 b，c の値を変化させるとき，b と c の関係を表す式は

$c^3=3Sb^3$　より　$c=\sqrt[3]{3S}\,b$

となり，$\sqrt[3]{3S}$ は正の定数であるから，このグラフは，原点を通り正の傾きをもつ直線の $b>0$，$c>0$ の部分である。

よって，問題のグラフの概形⓪～⑤のうち，最も適当なものは ⓪ →セ である。

(2)　$y=4x^3+2x^2+3x+5$　……④

$y=-2x^3+7x^2+3x+5$　……⑤

$y=5x^3-x^2+3x+5$　……⑥

④，⑤，⑥はいずれも $x=0$ のとき $y=5$ であるから，④，⑤，⑥の3次関数のグラフと y 軸との交点の y 座標は 5 →ソ である。

④，⑤，⑥よりそれぞれ $y'=12x^2+4x+3$，$y'=-6x^2+14x+3$，$y'=15x^2-2x+3$ が得られ，いずれも $x=0$ のとき $y'=3$ であるから，④，⑤，⑥の3次関数のグラフと y 軸との交点における接線の方程式は $y=$ 3 $x+$ 5 →タ，チ である。

曲線 $y=ax^3+bx^2+cx+d$（a，b，c，d は0でない実数）上の点（0，d）→ツにおける接線の方程式は，$y'=3ax^2+2bx+c$（$x=0$ のとき $y'=c$）より

$y-d=c(x-0)$　　∴　$y=$ c $x+$ d →テ，ト

である。

次に，$f(x)=ax^3+bx^2+cx+d$，$g(x)=cx+d$ に対し

$h(x)=f(x)-g(x)=ax^3+bx^2$

を考える。a，b，c，d が正の実数であるとき，これは

$$y=h(x)=ax^2\left(x+\frac{b}{a}\right)$$

と変形でき，方程式 $h(x)=0$ を解くことで，この関数のグラフと x 軸との交点の x 座標は，0と $-\frac{b}{a}$（<0）であることがわかる。さらに，$x=0$ は方程式 $h(x)=0$ の重解になっているので，この関数のグラフは $x=0$ で x 軸に接していることもわかる。したがって，$y=h(x)$ のグラフの概形として⓪～⑤のうち最も適当なものは ② →ナ である。

$y=f(x)$ のグラフと $y=g(x)$ のグラフの共有点の x 座標は，方程式 $f(x)=g(x)$ すなわち $h(x)=0$ の実数解で与えられるから，上で調べた通り

$\dfrac{-b}{a}$ →ニヌ，ネ と 0 →ノ である。

$-\frac{b}{a}<x<0$ を満たす x に対して，$|f(x)-g(x)|=|h(x)|$ の値が最大となる x の値は，次図より，$h'(x)=0$ $\left(-\frac{b}{a}<x<0\right)$ の解である。それは

$$h'(x)=3ax^2+2bx=x(3ax+2b)=0$$

より

$$x=\frac{\boxed{-2b}}{\boxed{3a}}$$ →ハヒフ，ヘホ

である（$x=0$ は不適）。

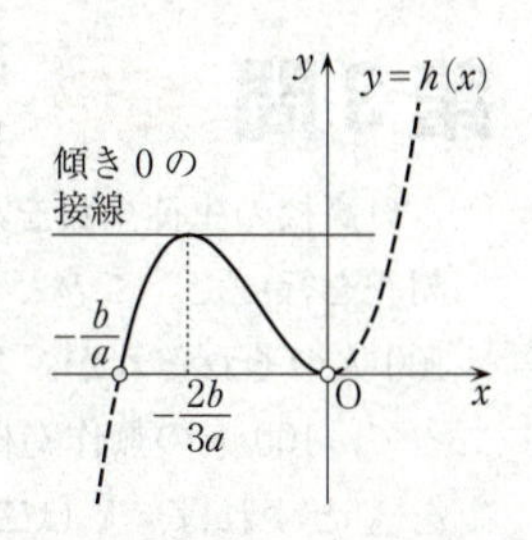

解説

(1) 関数 $y=f(x)$ のグラフと y 軸との交点の y 座標（y 切片という）は $f(0)$ である。

> **ポイント　接線の方程式**
>
> 関数 $y=f(x)$ のグラフ上の点 $(a,\ f(a))$ における接線の方程式は
>
> $$y-f(a)=f'(a)(x-a)$$

⓪～⑤の２次関数のグラフから正しいものを一つ選ぶ問題は，その次の一般的な問題を先に解く方が時間の節約になる。

関数 $y=f(x)$ のグラフと x 軸との交点の x 座標（x 切片という）は，方程式 $f(x)=0$ の解で与えられる。

面積 S の計算では，図を描くことが第一歩である。$a>0$ であるから，２次関数のグラフは下に凸になる。定積分の計算は容易である。

A，B が実数ならば，$A^3=B^3 \Longleftrightarrow A=B$ である。これは，

$A^3-B^3=(A-B)(A^2+AB+B^2)=(A-B)\left\{\left(A+\dfrac{1}{2}B\right)^2+\dfrac{3}{4}B^2\right\}$ からわかる。

(2) 曲線 $y=ax^3+bx^2+cx+d$ 上の点 $(0,\ d)$ における接線の方程式が

$$y=cx+d$$

となることは，(1)の経験から，計算なしに求まるであろう。

$h(x)=ax^3+bx^2$ $(a>0,\ b>0)$ のグラフは，y 切片が $h(0)=0$，x 切片は，$h(x)=ax^3+bx^2=0$ より $x=0,\ -\dfrac{b}{a}$ (<0) であるから，$y=h(x)$ のグラフの概形は，①と②にしぼられる。$h'(x)=3ax^2+2bx=0$ を解くと，$x=0,\ -\dfrac{2b}{3a}$ (<0) となり，$x=0$ で極値をもつことがわかる。このことから②であるとすることもできる。

$|f(x)-g(x)|=|h(x)|$ の値が最大となる x の値を求める問題では，グラフ②を見て考える。

第３問　標準　確率分布と統計的な推測 《二項分布，正規分布，母平均の推定》

(1)　Q高校の生徒全員を対象に100人の生徒を無作為に抽出して，読書時間に関する調査を行った。このとき，全く読書をしなかった生徒の母比率を0.5とするから，100人のそれぞれが，全く読書をしなかった生徒である確率は0.5である。したがって，100人の無作為標本のうちで全く読書をしなかった生徒の数を表す確率変数を X とすれば，X は二項分布 $B(100,\ 0.5)$ に従う。 **③** →ア

X の平均（期待値）$E(X)$，標準偏差 $\sigma(X)$ は

$$E(X)=100\times0.5=\boxed{50}\quad\rightarrow イウ$$

$$\sigma(X)=\sqrt{100\times0.5\times(1-0.5)}=\sqrt{25}=\boxed{5}\quad\rightarrow エ$$

である。

(2)　全く読書をしなかった生徒の母比率を0.5とする。標本の大きさ100は十分大きいので，(1)より，確率変数 X は近似的に正規分布 $N(50,\ 5^2)$ に従うから，$Z=\dfrac{X-50}{5}$ とおくと，確率変数 Z は標準正規分布 $N(0,\ 1)$ に従う。したがって，全く読書をしなかった生徒が36人以下となる確率 p_5 は

$$p_5=P(X\leqq36)=P\left(Z\leqq\frac{36-50}{5}\right)=P(Z\leqq-2.8)=P(Z\geqq2.8)$$

$$=P(Z\geqq0)-P(0\leqq Z\leqq2.8)=0.5-0.4974\quad（正規分布表より）$$

$$=0.0026\fallingdotseq\mathbf{0.003}\quad\boxed{①}\quad\rightarrow オ$$

である。

全く読書をしなかった生徒の母比率を0.4とする。X は $B(100,\ 0.4)$ に従うから，$E(X)=100\times0.4=40$，$\sigma(X)=\sqrt{100\times0.4\times(1-0.4)}=\sqrt{24}=2\sqrt{6}$ より，X は正規分布 $N(40,\ (2\sqrt{6})^2)$ に従うと考えられ，$Z=\dfrac{X-40}{2\sqrt{6}}$ とおくと，Z は $N(0,\ 1)$ に従う。したがって，全く読書をしなかった生徒が36人以下となる確率 p_4 は

$$p_4=P(X\leqq36)=P\left(Z\leqq\frac{36-40}{2\sqrt{6}}\right)=P\left(Z\leqq-\sqrt{\frac{2}{3}}\right)=P\left(Z\geqq\sqrt{\frac{2}{3}}\right)$$

となる。$p_5=P(Z\geqq2.8)$ であったから，

$\sqrt{\dfrac{2}{3}}<2.8$ に注意すると，正規分布表より $\boldsymbol{p_4>p_5}$

がわかる。 **②** →カ

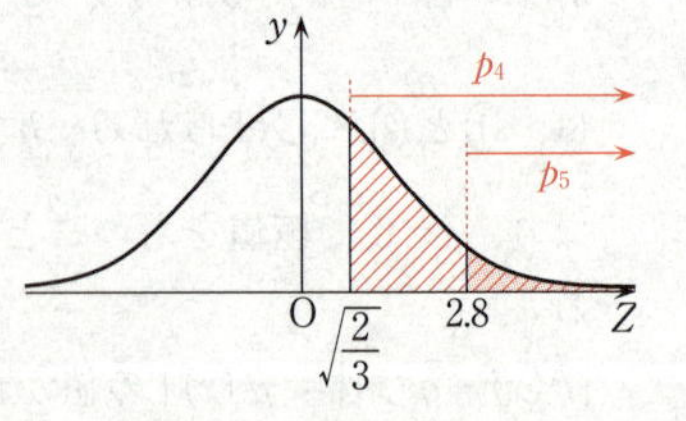

(3)　1週間の読書時間の母平均 m に対する信頼度95％の信頼区間 $C_1\leqq m\leqq C_2$ を求める。

標本の大きさ100は十分大きく，母標準偏差が150であるから，標本平均を $\overline{Y}$ とおくと，$\overline{Y}$ は近似的に正規分布 $N\left(m,\ \dfrac{150^2}{100}\right)$ に従う。

よって，確率変数 $Z=\dfrac{\overline{Y}-m}{\sqrt{\dfrac{150^2}{100}}}=\dfrac{\overline{Y}-m}{\dfrac{150}{10}}=\dfrac{\overline{Y}-m}{15}$ は近似的に標準正規分布 $N(0,\ 1)$ に従う。正規分布表より

$$P(|Z|\leqq 1.96)\fallingdotseq 0.95 \quad (P(0\leqq Z\leqq 1.96)=0.4750)$$

であるから

$$P\left(-1.96\leqq\frac{\overline{Y}-m}{15}\leqq 1.96\right)\fallingdotseq 0.95$$

が成り立つ。この式より，$C_1\leqq m\leqq C_2$ は

$$\overline{Y}-15\times 1.96\leqq m\leqq\overline{Y}+15\times 1.96$$

となり，$\overline{Y}=204$ であるから，$204-15\times 1.96\leqq m\leqq 204+15\times 1.96$　すなわち

$$C_1=204-15\times 1.96,\ C_2=204+15\times 1.96$$

である。よって

$C_1+C_2=$ 408　→キクケ

$C_2-C_1=2\times 15\times 1.96=$ 58 . 8　→コサ，シ

であることがわかる。

また，母平均 m と C_1，C_2 については，95％の確率で $C_1\leqq m\leqq C_2$ となるとしかいえないので，**$C_1\leqq m$ も $m\leqq C_2$ も成り立つとは限らない。** ③　→ス

(4)　校長も図書委員会も独立に同じ調査をしたが，それぞれが無作為に100人を選んでいるので，全く読書をしなかった生徒の数（校長の調査では36，図書委員会の調査では n）の**大小はわからない。** ③　→セ

(5)　図書委員会が行った調査結果による母平均 m に対する信頼度95％の信頼区間 $D_1\leqq m\leqq D_2$ と(3)の $C_1\leqq m\leqq C_2$ について，いずれも標本数は100，母標準偏差は150であるから，どちらの標本平均も $N\left(m,\ \dfrac{150^2}{100}\right)$ に従う。よって，(3)より，$C_2-C_1=D_2-D_1=2\times 15\times 1.96$ であるから，**$C_2-C_1=D_2-D_1$ が必ず成り立つ。** ただし，図書委員会が行った調査結果による標本平均は不明であるので，C_1 と D_1，D_2 の大小，C_2 と D_1，D_2 の大小は確定しない。よって，**$D_2<C_1$ または $C_2<D_1$ となる場合もある。** ②，④　→ソ，タ（解答の順序は問わない）

解説

(1)　1回の試行で事象 E の起こる確率が p であるとき，この試行を n 回行う反復試行において，E が起こる回数を X とすれば，確率変数 X は二項分布 $B(n,\ p)$ に従う。

本問では，1回の試行を1人の生徒を抽出することに，事象 E を「全く読書をしなかった」ことに，n 回行う反復試行を100人の無作為抽出に対応させればよい。

ポイント　二項分布の平均，分散，標準偏差

確率変数 X が二項分布 $B(n,\ p)$ に従うとき

平均 $E(X)=np$　　分散 $V(X)=np(1-p)$

標準偏差 $\sigma(X)=\sqrt{V(X)}=\sqrt{np(1-p)}$

(2)　二項分布を正規分布で近似して，正規分布表の利用を考える。

ポイント　二項分布の正規分布による近似

二項分布 $B(n,\ p)$ に従う確率変数 X は，n が大きいとき，近似的に

正規分布 $N(np,\ npq)$

に従う。ただし，$q=1-p$ とする。

正規分布表を使うために，確率変数を変換する。

ポイント　標準正規分布

確率変数 X が正規分布 $N(m,\ \sigma^2)$ に従うとき，$Z=\dfrac{X-m}{\sigma}$ とおくと，確率変数 Z は標準正規分布 $N(0,\ 1)$ に従う。

$P(Z\leqq-2.8)$ の計算は，正規分布曲線を思い浮かべながら進めるとよい。

(3)　〔解答〕では，母平均 m，母標準偏差 σ の母集団から大きさ n の無作為標本を抽出するとき，標本平均 $\overline{Y}$ は，n が大きいとき，近似的に正規分布 $N\left(m,\ \dfrac{\sigma^2}{n}\right)$ に従うとみなせることを用いて $C_1\leqq m\leqq C_2$ を求めているが，次のことを知っていればすぐに結果はわかる。

ポイント　母平均の推定

母集団が標準偏差 σ の正規分布をなすとき，この母集団から抽出した大きさ n の標本平均を $\overline{Y}$ とすると，母平均 m に対する信頼度 95％の信頼区間は

$$\overline{Y}-1.96\times\frac{\sigma}{\sqrt{n}}\leqq m\leqq\overline{Y}+1.96\times\frac{\sigma}{\sqrt{n}}$$
（n は十分大きいとする。σ は標本標準偏差で代用できる）

「信頼度 95％」の意味は，仮に無作為抽出を 100 回実施し，100 個の信頼区間を作ったとしたとき，95 個程度の信頼区間が m を含む，ということで，すべてが必ず成り立つというわけではない。

(4)　本問はミスできない。

(5)　母平均に対する信頼区間は，標本平均，標本の大きさ，母標準偏差（あるいは標本標準偏差）の 3 要素で決まる。

第４問 標準 数列《等差数列，等比数列，漸化式》

$$a_nb_{n+1}-2a_{n+1}b_n+3b_{n+1}=0 \quad (n=1,\ 2,\ 3,\ \cdots) \quad \cdots\cdots①$$

(1) 数列 $\{a_n\}$ は，初項３，公差 p $(\neq 0)$ の等差数列であるから

$$a_n=\boxed{3}+(n-1)p \quad \to ア \quad \cdots\cdots②$$

$$a_{n+1}=3+np \quad \cdots\cdots③$$

数列 $\{b_n\}$ は，初項３，公比 r $(\neq 0)$ の等比数列であるから

$$b_n=\boxed{3}\,r^{n-1} \quad \to イ$$

と表される。$r\neq 0$ により，すべての自然数 n について，$b_n\neq 0$ となる。①の両辺を b_n で割ることにより

$$\frac{a_nb_{n+1}}{b_n}-2a_{n+1}+\frac{3b_{n+1}}{b_n}=0$$

$\dfrac{b_{n+1}}{b_n}=r$ であるから　　$ra_n-2a_{n+1}+3r=0$

$$\therefore \quad \boxed{2}\,a_{n+1}=r(a_n+\boxed{3}) \quad \to ウ，エ \quad \cdots\cdots④$$

が成り立つことがわかる。④に②と③を代入すると

$$2(3+np)=r\{3+(n-1)p+3\}$$

$$6+2pn=6r+rpn-rp$$

$$\therefore \quad (r-\boxed{2})pn=r(p-\boxed{6})+\boxed{6} \quad \to オ，カ，キ \quad \cdots\cdots⑤$$

となる。⑤がすべての n で成り立つことおよび $p\neq 0$ により，$r-2=0$ すなわち $r=2$ を得る。さらに，このことから

$$0=2(p-6)+6$$

$$\therefore \quad p=\boxed{3} \quad \to ク$$

を得る。

以上から，すべての自然数 n について，a_n と b_n が正であることもわかる。

(2) $p=3$，$r=2$ であることから，$\{a_n\}$，$\{b_n\}$ の初項から第 n 項までの和は，それぞれ次の式で与えられる。

$$\sum_{k=1}^{n}a_k=\sum_{k=1}^{n}\{3+(k-1)\times 3\}=\sum_{k=1}^{n}3k=3\sum_{k=1}^{n}k=3\times\frac{1}{2}n(n+1)$$

$$=\frac{\boxed{3}}{\boxed{2}}n(n+\boxed{1}) \quad \to ケ，コ，サ$$

$$\sum_{k=1}^{n}b_k=\sum_{k=1}^{n}3\times 2^{k-1}=3\sum_{k=1}^{n}2^{k-1}=3(1+2+2^2+\cdots+2^{n-1})$$

$$=3\times\frac{2^n-1}{2-1}=\boxed{3}(2^n-\boxed{1}) \quad \to シ，ス$$

(3)　$a_n c_{n+1} - 4a_{n+1}c_n + 3c_{n+1} = 0$　$(n=1,\ 2,\ 3,\ \cdots)$　……⑥

⑥を変形して

$$(a_n+3)\,c_{n+1} = 4a_{n+1}c_n$$

a_n が正であることから，$a_n+3 \neq 0$ なので

$$c_{n+1} = \frac{\boxed{4}\,a_{n+1}}{a_n + \boxed{3}}\,c_n$$　→セ，ソ

を得る。さらに，$p=3$ であることから，$a_{n+1} = a_n + 3$ であるので

$$c_{n+1} = 4c_n \quad (c_1 = 3)$$

となり，数列 $\{c_n\}$ は公比が１より大きい等比数列である。 ② 　→タ

(4)　$d_n b_{n+1} - q d_{n+1} b_n + u b_{n+1} = 0$　$(n=1,\ 2,\ 3,\ \cdots)$　……⑦

において，q，u は定数で，$q \neq 0$ であり，$d_1 = 3$ である。

$r=2$ であることから，$b_{n+1} = 2b_n$ であるので，⑦は

$$2b_n d_n - q b_n d_{n+1} + 2u b_n = 0$$

となり，$b_n > 0$ であるので，両辺を b_n で割って

$$2d_n - q d_{n+1} + 2u = 0$$

$q \neq 0$ より

$$d_{n+1} = \frac{\boxed{2}}{q}(d_n + u)$$　→チ

を得る。

数列 $\{d_n\}$ が，公比 $s\ (0<s<1)$ の等比数列のとき，$d_{n+1} = s d_n$ $(d_1 = 3)$ であるから，上の式に代入して

$$s d_n = \frac{2}{q}(d_n + u)$$

$$\therefore \quad \left(s - \frac{2}{q}\right) d_n = \frac{2}{q} u$$

となる。$s - \dfrac{2}{q}$，$\dfrac{2}{q}u$ は定数であり，$\{d_n\}$ は $d_1 > d_2 > d_3 > \cdots$ となる等比数列であるので，この式が成り立つのは，$s - \dfrac{2}{q} = 0$ かつ $\dfrac{2}{q}u = 0$ すなわち $s = \dfrac{2}{q}$ $(0<s<1$ より $q>2)$ かつ $u=0$ のときである。逆に，$q>2$ かつ $u=0$ であれば，$\{d_n\}$ は公比が０より大きく１より小さい等比数列となる。

したがって，数列 $\{d_n\}$ が，公比が０より大きく１より小さい等比数列となるための必要十分条件は，$q > \boxed{2}$ →ツ かつ $u = \boxed{0}$ →テ である。

解説

(1) 等差数列，等比数列について，それぞれの一般項と，それらの初項から第 n 項までの和についてまとめておく。

ポイント　等差数列

初項が a，公差が d の等差数列 $\{a_n\}$ $(a_1=a)$ について，

漸化式 $a_{n+1}=a_n+d$ が成り立ち，一般項は $a_n=a+(n-1)d$ と表される。

初項から第 n 項までの和 S_n は

$$S_n=a_1+a_2+\cdots+a_n=\frac{1}{2}n\{2a+(n-1)d\}=\frac{1}{2}n(a_1+a_n)$$

ポイント　等比数列

初項が b，公比が r の等比数列 $\{b_n\}$ $(b_1=b)$ について，

漸化式 $b_{n+1}=rb_n$ が成り立ち，一般項は $b_n=br^{n-1}$ と表される。

初項から第 n 項までの和 T_n は

$$T_n=b_1+b_2+\cdots b_n=\begin{cases}\dfrac{b(1-r^n)}{1-r}=\dfrac{b(r^n-1)}{r-1} & (r\neq 1)\\ nb & (r=1)\end{cases}$$

⑤の $(r-2)pn=r(p-6)+6$ は自然数 n についての恒等式であるから

$$(r-2)p=0 \quad かつ \quad r(p-6)+6=0$$

が成り立つ。

(2) $\sum_{k=1}^{n}a_k=a_1+a_2+\cdots+a_n$ は，〔ポイント〕にある和の公式を用いて

$$\frac{1}{2}n\{2\times3+(n-1)\times3\}=\frac{3}{2}n(n+1) \quad (\{a_n\}\ は初項が3，公差が3)$$

と計算できる。〔解答〕では Σ の性質を用いた。

(3) 問題文の指示に従えばよい。$p=3$ であることは，$a_{n+1}=a_n+3$ を表しているが，$a_n=3n$ であるので，$a_{n+1}=3(n+1)$ として代入してもよい。

(4) $r=2$ であることは，$b_{n+1}=2b_n$ を表しているが，$b_n=3\times2^{n-1}$ であるから，$b_{n+1}=3\times2^n$ として代入してもよい（計算ミスには気をつけたい）。

最後の必要十分条件を求める部分は，〔解答〕では，手順通りにまず必要条件を求めて，それが十分条件になることを確かめた。しかし，本問では十分条件 $q>2$，$u=0$ がわかりやすく，空所補充形式の問題であるから，手早く解答できるであろう。$u\neq0$ でも $\{d_n\}$ が等比数列になることはあるので注意しよう。$q=4$，$u=3$ とすると $d_1=3$，$d_2=3$，$d_3=3$，…となり，公比1の等比数列である。

第5問　標準　ベクトル　《内積，空間のベクトル》

(1)　1辺の長さが1の正五角形 $OA_1B_1C_1A_2$ において，対角線の長さを a とする（右図）。

正五角形の1つの内角の大きさは $\dfrac{180^\circ\times 3}{5}=108^\circ$ であり，$\triangle A_1B_1C_1$ は $A_1B_1=C_1B_1=1$ の二等辺三角形であるから

$$\angle A_1C_1B_1=\frac{180^\circ-108^\circ}{2}=\boxed{36}^\circ \quad \to アイ,$$

$$\angle C_1A_1A_2=108^\circ-36^\circ\times 2=36^\circ$$

となることから，$\overrightarrow{A_1A_2}$ と $\overrightarrow{B_1C_1}$ は平行である。ゆえに

$$\overrightarrow{A_1A_2}=\boxed{a}\,\overrightarrow{B_1C_1} \quad \to ウ$$

であるから

$$\overrightarrow{B_1C_1}=\frac{1}{a}\overrightarrow{A_1A_2}=\frac{1}{a}(\overrightarrow{OA_2}-\overrightarrow{OA_1})$$

また，$\overrightarrow{OA_1}$ と $\overrightarrow{A_2B_1}$ は平行で，さらに，$\overrightarrow{OA_2}$ と $\overrightarrow{A_1C_1}$ も平行であることから

$$\overrightarrow{B_1C_1}=\overrightarrow{B_1A_2}+\overrightarrow{A_2O}+\overrightarrow{OA_1}+\overrightarrow{A_1C_1}=-a\overrightarrow{OA_1}-\overrightarrow{OA_2}+\overrightarrow{OA_1}+a\overrightarrow{OA_2}$$

$$=(a-1)\overrightarrow{OA_2}-(a-1)\overrightarrow{OA_1}=(\boxed{a}-\boxed{1})(\overrightarrow{OA_2}-\overrightarrow{OA_1}) \quad \to エ，オ$$

となる。したがって，$\dfrac{1}{a}=a-1$ が成り立つ。

分母を払って整理すると，$a^2-a-1=0$ となるから

$$a=\frac{1\pm\sqrt{1+4}}{2}=\frac{1\pm\sqrt{5}}{2}$$

$a>0$ より，$a=\dfrac{1+\sqrt{5}}{2}$ を得る。

(2)　1辺の長さが1の正十二面体（右図）において，面 $OA_1B_1C_1A_2$ に着目する。$\overrightarrow{OA_1}$ と $\overrightarrow{A_2B_1}$ が平行であることから

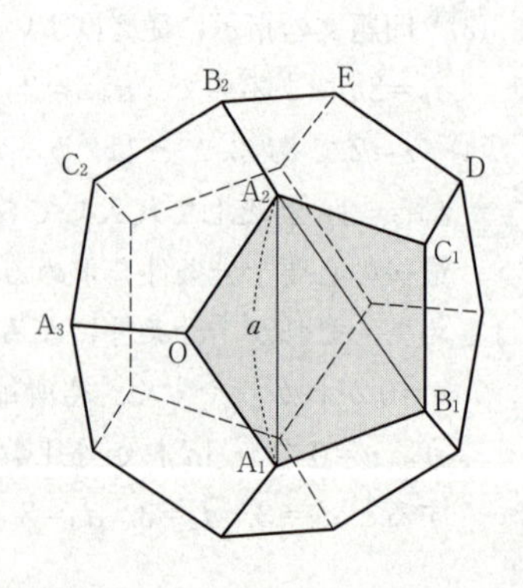

$$\overrightarrow{OB_1}=\overrightarrow{OA_2}+\overrightarrow{A_2B_1}=\overrightarrow{OA_2}+a\overrightarrow{OA_1}$$

である。また

$$|\overrightarrow{OA_2}-\overrightarrow{OA_1}|^2=|\overrightarrow{A_1A_2}|^2=a^2$$

$$=\left(\frac{1+\sqrt{5}}{2}\right)^2=\frac{1+2\sqrt{5}+5}{4}$$

$$=\frac{\boxed{3}+\sqrt{\boxed{5}}}{\boxed{2}} \quad \to カ，キ，ク$$

に注意すると

$$|\overrightarrow{\mathrm{OA_2}}-\overrightarrow{\mathrm{OA_1}}|^2=(\overrightarrow{\mathrm{OA_2}}-\overrightarrow{\mathrm{OA_1}})\cdot(\overrightarrow{\mathrm{OA_2}}-\overrightarrow{\mathrm{OA_1}})=|\overrightarrow{\mathrm{OA_2}}|^2-2\overrightarrow{\mathrm{OA_1}}\cdot\overrightarrow{\mathrm{OA_2}}+|\overrightarrow{\mathrm{OA_1}}|^2$$
$$=1^2-2\overrightarrow{\mathrm{OA_1}}\cdot\overrightarrow{\mathrm{OA_2}}+1^2=2(1-\overrightarrow{\mathrm{OA_1}}\cdot\overrightarrow{\mathrm{OA_2}})$$

より，$2(1-\overrightarrow{\mathrm{OA_1}}\cdot\overrightarrow{\mathrm{OA_2}})=\dfrac{3+\sqrt{5}}{2}$ が成り立ち

$$\overrightarrow{\mathrm{OA_1}}\cdot\overrightarrow{\mathrm{OA_2}}=1-\frac{3+\sqrt{5}}{4}=\frac{\boxed{1}-\sqrt{\boxed{5}}}{\boxed{4}}$$ →ケ，コ，サ

を得る。

次に，面 $\mathrm{OA_2B_2C_2A_3}$（右図）に着目すると

$$\overrightarrow{\mathrm{OB_2}}=\overrightarrow{\mathrm{OA_3}}+\overrightarrow{\mathrm{A_3B_2}}=\overrightarrow{\mathrm{OA_3}}+a\overrightarrow{\mathrm{OA_2}}$$

である。さらに，図の対称性により

$$\overrightarrow{\mathrm{OA_2}}\cdot\overrightarrow{\mathrm{OA_3}}=\overrightarrow{\mathrm{OA_3}}\cdot\overrightarrow{\mathrm{OA_1}}=\overrightarrow{\mathrm{OA_1}}\cdot\overrightarrow{\mathrm{OA_2}}=\frac{1-\sqrt{5}}{4}$$

が成り立つことがわかる。ゆえに

$$\overrightarrow{\mathrm{OA_1}}\cdot\overrightarrow{\mathrm{OB_2}}=\overrightarrow{\mathrm{OA_1}}\cdot(\overrightarrow{\mathrm{OA_3}}+a\overrightarrow{\mathrm{OA_2}})$$
$$=\overrightarrow{\mathrm{OA_1}}\cdot\overrightarrow{\mathrm{OA_3}}+a\overrightarrow{\mathrm{OA_1}}\cdot\overrightarrow{\mathrm{OA_2}}$$
$$=\frac{1-\sqrt{5}}{4}+\frac{1+\sqrt{5}}{2}\times\frac{1-\sqrt{5}}{4}$$
$$=\frac{1-\sqrt{5}}{4}+\frac{1-5}{8}=\frac{-1-\sqrt{5}}{4}\quad \boxed{⑨}$$ →シ

$$\overrightarrow{\mathrm{OB_1}}\cdot\overrightarrow{\mathrm{OB_2}}=(\overrightarrow{\mathrm{OA_2}}+a\overrightarrow{\mathrm{OA_1}})\cdot(\overrightarrow{\mathrm{OA_3}}+a\overrightarrow{\mathrm{OA_2}})$$
$$=\overrightarrow{\mathrm{OA_2}}\cdot\overrightarrow{\mathrm{OA_3}}+a|\overrightarrow{\mathrm{OA_2}}|^2+a\overrightarrow{\mathrm{OA_1}}\cdot\overrightarrow{\mathrm{OA_3}}+a^2\overrightarrow{\mathrm{OA_1}}\cdot\overrightarrow{\mathrm{OA_2}}$$
$$=\frac{1-\sqrt{5}}{4}+\frac{1+\sqrt{5}}{2}\times1^2+\frac{1+\sqrt{5}}{2}\times\frac{1-\sqrt{5}}{4}+\frac{3+\sqrt{5}}{2}\times\frac{1-\sqrt{5}}{4}$$
$$=\frac{1-\sqrt{5}}{4}+\frac{1+\sqrt{5}}{2}+\frac{1-5}{8}+\frac{-2-2\sqrt{5}}{8}$$
$$=\frac{3+\sqrt{5}}{4}-\frac{1}{2}+\frac{-1-\sqrt{5}}{4}=0\quad \boxed{⓪}$$ →ス

である。これは，$\angle\mathrm{B_1OB_2}=90^\circ$ であることを意味している。

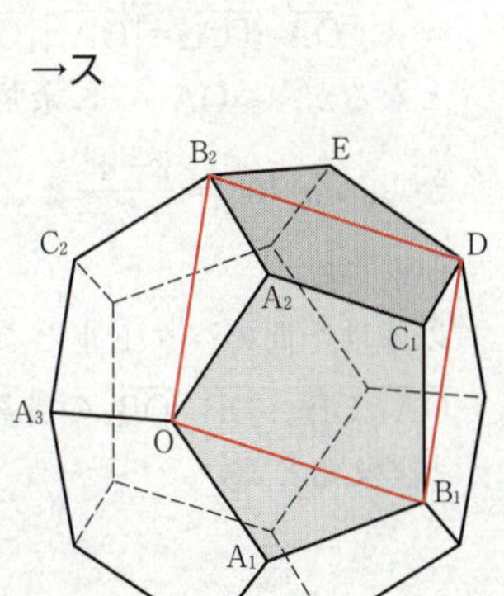

最後に，面 $\mathrm{A_2C_1DEB_2}$（右図）に着目する。

$$\overrightarrow{\mathrm{B_2D}}=a\overrightarrow{\mathrm{A_2C_1}}=\overrightarrow{\mathrm{OB_1}}$$

であることに注意すると，4 点 O，$\mathrm{B_1}$，D，$\mathrm{B_2}$ は同一平面上にあり，$\mathrm{OB_1}=\mathrm{OB_2}$，$\angle\mathrm{B_1OB_2}=90^\circ$ であることから，四角形 $\mathrm{OB_1DB_2}$ は**正方形であることがわかる。** $\boxed{⓪}$ →セ

解説

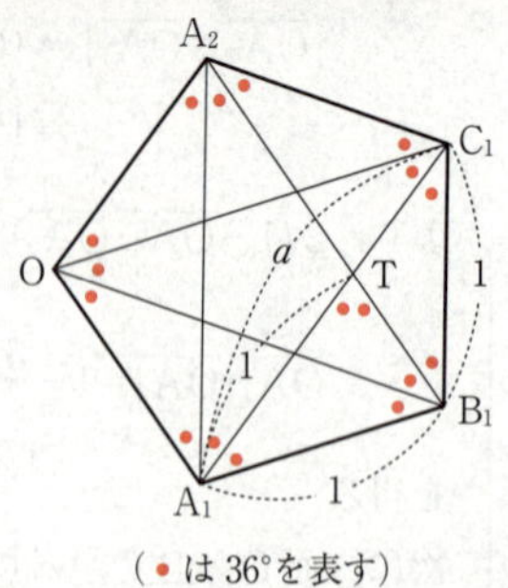

（● は36°を表す）

(1) 問題文では，$\overrightarrow{B_1C_1}=\dfrac{1}{a}\overrightarrow{A_1A_2}$ かつ

$\overrightarrow{B_1C_1}=(a-1)\overrightarrow{A_1A_2}$ より，$\dfrac{1}{a}=a-1$ が導かれている。

このことは，右図を見るとわかりやすい。

$\triangle B_1C_1A_1 \backsim \triangle TB_1C_1$ より，$TC_1=\dfrac{1}{a}$ がわかり，

$\triangle A_1B_1T$ が $A_1B_1=A_1T=1$ の二等辺三角形であることより，$TC_1=a-1$ がわかる。よって，$\dfrac{1}{a}=a-1$，

$a=\dfrac{1+\sqrt{5}}{2}$ である。この値から $\cos 36^\circ$ や $\sin 36^\circ$ の値を知ることができる。

なお，問題文で，$\overrightarrow{B_1C_1}=\overrightarrow{B_1A_2}+\overrightarrow{A_2O}+\overrightarrow{OA_1}+\overrightarrow{A_1C_1}$ としてあるのは，$\overrightarrow{B_1C_1}$ を $\overrightarrow{OA_1}$ と $\overrightarrow{OA_2}$ だけで表そうとしているからで，$\overrightarrow{B_1A_2}=a\overrightarrow{A_1O}=-a\overrightarrow{OA_1}$ などとなる。

(2) ここでは内積の計算がポイントになる。

> **ポイント　内積の基本性質**
>
> ベクトルの大きさと内積の関係 $|\vec{a}|^2=\vec{a}\cdot\vec{a}$ は重要である。
>
> 計算規則として次のことが成り立つので，整式の展開計算と同様の計算ができる。
>
> $\vec{a}\cdot\vec{b}=\vec{b}\cdot\vec{a}$　（交換法則）
>
> $\vec{a}\cdot(\vec{b}+\vec{c})=\vec{a}\cdot\vec{b}+\vec{a}\cdot\vec{c}$　（分配法則）
>
> $(m\vec{a})\cdot\vec{b}=\vec{a}\cdot(m\vec{b})=m(\vec{a}\cdot\vec{b})$　（m は実数）
>
> また，$\vec{a}\cdot\vec{b}=0$，$\vec{a}\neq\vec{0}$，$\vec{b}\neq\vec{0}$ のとき $\vec{a}\perp\vec{b}$ である。

$\overrightarrow{OA_1}\cdot\overrightarrow{OA_2}$ の値は，図形的定義に従って求めることもできる。

$$\overrightarrow{OA_1}\cdot\overrightarrow{OA_2}=|\overrightarrow{OA_1}||\overrightarrow{OA_2}|\cos\angle A_2OA_1=1\times1\times\cos 108^\circ$$

となるが，$\triangle OA_1A_2$ に余弦定理を用いて，$a^2=1^2+1^2-2\times1\times1\times\cos 108^\circ$ であるから，$\cos 108^\circ=\dfrac{2-a^2}{2}$ となるので，$\overrightarrow{OA_1}\cdot\overrightarrow{OA_2}=\dfrac{2-a^2}{2}=\dfrac{1}{2}\left\{2-\left(\dfrac{1+\sqrt{5}}{2}\right)^2\right\}=\dfrac{1-\sqrt{5}}{4}$ が求まる。

以降は空間のベクトルとなるが，図形の対称性を考慮することが大切である。$\overrightarrow{OA_1}\cdot\overrightarrow{OB_2}$，$\overrightarrow{OB_1}\cdot\overrightarrow{OB_2}$ の計算では，ベクトルをすべて $\overrightarrow{OA_1}$，$\overrightarrow{OA_2}$，$\overrightarrow{OA_3}$ で表そうと考えるとよい。

数学Ⅰ・数学A

問題番号（配点）	解答記号	正　解	配点	チェック
第１問（30）	アイ，ウエ	−2，−1 又は −1，−2	3	
	オ	8	3	
	カ	3	4	
	キ	8	2	
	クケ	90	2	
	コ	4	2	
	サ	4	2	
	シ	①	2	
	ス	①	1	
	セ	⓪	1	
	ソ	⓪	2	
	タ	③	2	
	$\frac{チ}{ツ}$	$\frac{4}{5}$	2	
	テ	5	2	

問題番号（配点）	解答記号	正　解	配点	チェック
第２問（30）	アイウ−x	400−x	3	
	エオカ，キ	560，7	3	
	クケコ	280	3	
	サシスセ	8400	3	
	ソタチ	250	3	
	ツ	⑤	4	
	テ	③	3	
	トナニ	240	2	
	ヌ，ネ	③，⓪	2	
	ノ	⑥	2	
	ハ	③	2	

問題番号(配点)	解答記号	正　解	配点	チェック
第３問(20)	$\frac{アイ}{ウエ}$	$\frac{11}{12}$	2	
	$\frac{オカ}{キク}$	$\frac{17}{24}$	2	
	$\frac{ケ}{コサ}$	$\frac{9}{17}$	3	
	$\frac{シ}{ス}$	$\frac{1}{3}$	3	
	$\frac{セ}{ソ}$	$\frac{1}{2}$	3	
	$\frac{タチ}{ツテ}$	$\frac{17}{36}$	3	
	$\frac{トナ}{ニヌ}$	$\frac{12}{17}$	4	
第４問(20)	ア，イ，ウ，エ	3，2，1，0	3	
	オ	3	3	
	カ	8	3	
	キ	4	3	
	クケ，コ，サ，シ	12，8，4，0	4	
	ス	3	2	
	セソタ	448	2	

問題番号(配点)	解答記号	正　解	配点	チェック
第５問(20)	ア	⑤	2	
	イ，ウ，エ	②，⑥，⑦	2	
	オ	①	1	
	カ	②	2	
	キ	2	1	
	$ク\sqrt{ケコ}$	$2\sqrt{15}$	2	
	サシ	15	3	
	$ス\sqrt{セソ}$	$3\sqrt{15}$	2	
	$\frac{タ}{チ}$	$\frac{4}{5}$	2	
	$\frac{ツ}{テ}$	$\frac{5}{3}$	3	

（注） 第１問，第２問は必答。第３問～第５問のうちから２問選択。計４問を解答。

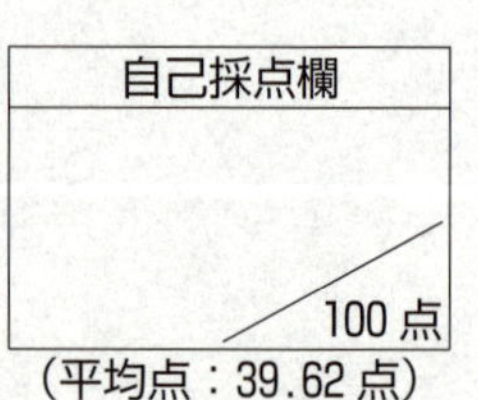

（平均点：39.62点）

第１問 ── 数と式，図形と計量

〔１〕 標準 《絶対値を含む不等式で定められる集合》

$|ax-b-7|<3$ ……①

(1)　$a=-3$，$b=-2$ のとき，①を解くと

$$|-3x-(-2)-7|<3 \qquad |-3x-5|<3 \qquad \left|x+\frac{5}{3}\right|<1$$

$$-1<x+\frac{5}{3}<1 \qquad -\frac{8}{3}<x<-\frac{2}{3}$$

したがって

$$P=\{x\,|\,x\text{ は整数，}x\text{ は①を満たす}\}$$
$$=\left\{x\,\middle|\,x\text{ は整数，}-\frac{8}{3}<x<-\frac{2}{3}\right\}$$
$$=\{\boxed{-2},\ \boxed{-1}\}$$ →アイ，ウエ

となる（解答の順序は問わない）。

(2)　(i)　$a=\dfrac{1}{\sqrt{2}}$，$b=1$ のとき，①を解くと

$$\left|\frac{1}{\sqrt{2}}x-1-7\right|<3 \qquad |x-8\sqrt{2}|<3\sqrt{2}$$

$$-3\sqrt{2}<x-8\sqrt{2}<3\sqrt{2} \qquad 5\sqrt{2}<x<11\sqrt{2}$$

である。ここで

$$\sqrt{49}<5\sqrt{2}=\sqrt{50}<\sqrt{64} \quad \text{より} \quad 7<5\sqrt{2}<8$$

であり，また

$$\sqrt{225}<11\sqrt{2}=\sqrt{242}<\sqrt{256} \quad \text{より} \quad 15<11\sqrt{2}<16$$

であることに注意すると，①を満たす整数は全部で

8，9，10，11，12，13，14，15

の $\boxed{8}$ 個である。 →オ

(ii)　$a=\dfrac{1}{\sqrt{2}}$ のとき，①を解くと

$$\left|\frac{1}{\sqrt{2}}x-b-7\right|<3 \qquad |x-(b+7)\sqrt{2}|<3\sqrt{2}$$

$$-3\sqrt{2}<x-(b+7)\sqrt{2}<3\sqrt{2} \qquad (b+4)\sqrt{2}<x<(b+10)\sqrt{2}$$

これより，正の整数 b が２のとき，①を満たす整数は $6\sqrt{2}<x<12\sqrt{2}$ を満たす整数である。

ここで

$$\sqrt{64}<6\sqrt{2}=\sqrt{72}<\sqrt{81}\quad より\quad 8<6\sqrt{2}<9$$

であり，また

$$\sqrt{256}<12\sqrt{2}=\sqrt{288}<\sqrt{289}\quad より\quad 16<12\sqrt{2}<17$$

であることに注意すると，①を満たす整数は全部で

9, 10, 11, 12, 13, 14, 15, 16

の８個である。

次に，正の整数 b が３のとき，①を満たす整数は $7\sqrt{2}<x<13\sqrt{2}$ を満たす整数である。

ここで

$$\sqrt{81}<7\sqrt{2}=\sqrt{98}<\sqrt{100}\quad より\quad 9<7\sqrt{2}<10$$

であり，また

$$\sqrt{324}<13\sqrt{2}=\sqrt{338}<\sqrt{361}\quad より\quad 18<13\sqrt{2}<19$$

であることに注意すると，①を満たす整数は全部で

10, 11, 12, 13, 14, 15, 16, 17, 18

の９個である。

したがって，求める最小の正の整数 b は

$b=$ 3 →力

である。

解説

(1)　絶対値記号を含む不等式を満たす整数を求める問題である。P は集合として定義されているが，実質は不等式を満たす整数を考えるだけの問題で，集合がメインテーマとなっているわけではない。「整数」という文言を見落とさないように注意したい。なお，〔解答〕では，絶対値についての性質

$$|ab|=|a||b|,\quad \left|\frac{a}{b}\right|=\frac{|a|}{|b|}\quad (b\neq 0)$$

を用いて

$$|-3x-5|=\left|-3\left(x+\frac{5}{3}\right)\right|=|-3|\left|x+\frac{5}{3}\right|=3\left|x+\frac{5}{3}\right|$$

と考えて処理した。

また，絶対値を含む不等式を考える際には，絶対値が距離という図形的な意味をもっていることに注目すると，見通しよく処理できることがある。具体的には，$|z-w|$ が数直線上で z，w が表す２点間の距離を意味しており，$\left|x+\frac{5}{3}\right|<1$ を解く際，$\left|x-\left(-\frac{5}{3}\right)\right|<1$ とみて，x が表す点の $-\frac{5}{3}$ が表す点からの距離が１未満であるような x の値の範囲を考えれば

$$-\frac{5}{3}-1<x<-\frac{5}{3}+1 \quad すなわち \quad -\frac{8}{3}<x<-\frac{2}{3}$$

と解くことができる。

(2) $\sqrt{2}$ を含む値の評価をする問題である。$\sqrt{2}$ を含む値を連続する整数で挟むことが要求される。

(i)で①を解くと，$5\sqrt{2}<x<11\sqrt{2}$ が得られるが，ここで，$1<\sqrt{2}<2$ であるから，$5<5\sqrt{2}<10$，$11<11\sqrt{2}<22$ より，$5<x<22$ とし，①を満たす整数が $21-5=16$ 個とするのは正しくない。$5\sqrt{2}<x<11\sqrt{2}$ を満たす x は $5<x<22$ を満たすが，$5\sqrt{2}<x<11\sqrt{2}$ を満たす x のとり得る値の範囲が $5<x<22$ というわけではないことに注意しよう。

もっとわかりやすく説明すると，$5\sqrt{2}<x<11\sqrt{2}$ を満たす整数 x を考えることは，$5\sqrt{2}$ と $11\sqrt{2}$ を近似する整数を調べることに帰着されるが，$1<\sqrt{2}<2$ だから $5<5\sqrt{2}<10$ であるという不等式を考えても，この不等式自体は誤りではないが，これでは $5\sqrt{2}$ を近似する整数が把握できない。$1<\sqrt{2}<2$ という不等式自体が“大雑把な評価”であるので，それを５倍すると誤差も５倍されるので，精密性が失われる。精密に評価するには，$\sqrt{2}$ だけを評価するのではなく，$5\sqrt{2}$ 自体を評価しなければならず

$$5\sqrt{2}=\sqrt{5^2\cdot 2}=\sqrt{50}$$

として，根号内の 50 を平方数（整数の２乗）で挟むことを考えることで，$7^2<50<8^2$ より $7<5\sqrt{2}<8$ が得られるわけである。

(ii)は，条件を満たす正の整数 b のうち最小のものを求める問題であり，$b=1$ のときは(i)で計算しているので，$b=2$，$b=3$，… と小さい順に試していくことになる。あらかじめ，$16^2=256$，$17^2=289$，$18^2=324$，$19^2=361$ を確認しておくと考えやすい。

〔２〕 標準 《外接円の半径が最小となる三角形》

(1) △ABP に正弦定理を適用すると

$$\frac{AB}{\sin\angle APB}=2R \quad すなわち \quad 2R=\frac{\boxed{8}}{\sin\angle APB} \quad →キ$$

を得る。

よって，R が最小となるのは $\sin\angle APB$ が最大になるとき，つまり

$$\angle APB=\boxed{90}^\circ \quad →クケ$$

のときである。

このとき

$$R=\frac{8}{2\sin 90^\circ}=\boxed{4}\quad \to コ$$

である。

(2)　円Cの半径が $\frac{8}{2}=4$ であるから

　　直線 ℓ が円Cと共有点をもつ $\iff h\leqq \boxed{4}$ 　→サ

　　直線 ℓ が円Cと共有点をもたない $\iff h>4$

である。

R が最小となるのは $\sin\angle APB$ が最大になるときであり，点Pを直線 ℓ 上にとるという制約のもとで考えることになる。

(i)　$h\leqq 4$ のとき，直線 ℓ が円Cと共有点をもち，$h<4$ のとき，直線 ℓ と円Cの２交点がPと一致するときに∠APBは90°となり，直線 ℓ と円Cの２交点以外の位置にPがあるとき，∠APBは90°ではない。具体的には，直線 ℓ 上の点のうち円の内部にある点とPが一致するとき∠APBは鈍角になり，直線 ℓ 上の点のうち円の外部にある点とPが一致するとき∠APBは鋭角になる。

したがって，R が最小となる△ABPは

　　直角三角形　$\boxed{①}$　→シ

である。

また，$h=4$ のとき，直線 ℓ と円Cは接する。直線 ℓ と円Cの接点がPと一致するときに∠APBは90°となり，直線 ℓ 上の点のうち円の外部にある点とPが一致するとき∠APBは鋭角になる。

したがって，R が最小となる△ABPは直角二等辺三角形である。

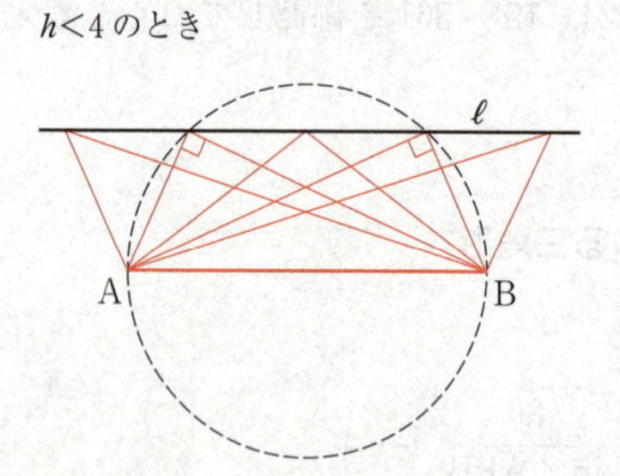

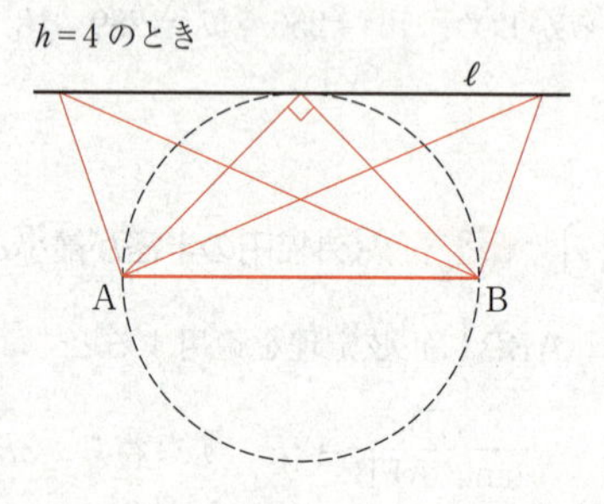

(ii)　$h>4$ のとき，直線 ℓ は円Cと共有点をもたない。

$h>4$ のとき

円周角の定理より

$\angle \mathrm{AP_3B}=\angle \mathrm{AP_2B}$　①　→ス

である。

また，$\angle \mathrm{AP_3B}<\angle \mathrm{AP_1B}<90^\circ$ より

$\sin\angle \mathrm{AP_3B}<\sin\angle \mathrm{AP_1B}$　⓪　→セ

である。

このとき

（$\triangle \mathrm{ABP_1}$ の外接円の半径）＜（$\triangle \mathrm{ABP_2}$ の外接円の半径）

⓪　→ソ

であり，R が最小となるのは，PがP$_1$のときであり，そのとき，$\triangle$ABPは

二等辺三角形　③　→タ

である。

(3)　$h=8$ のとき，$\triangle$ABPの外接円の半径 R が最小であるのは，PがP$_1$と一致するときである。

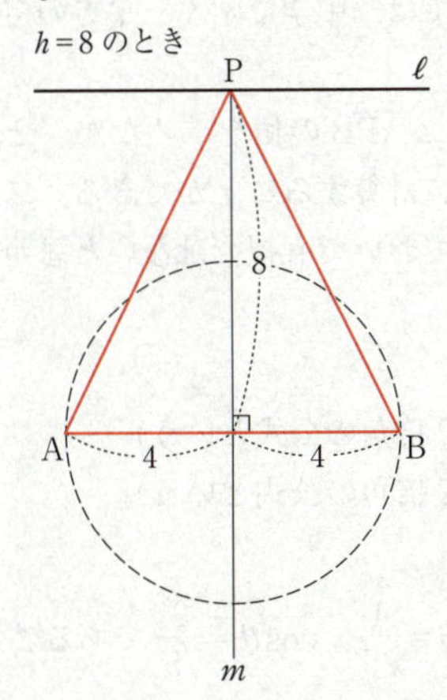

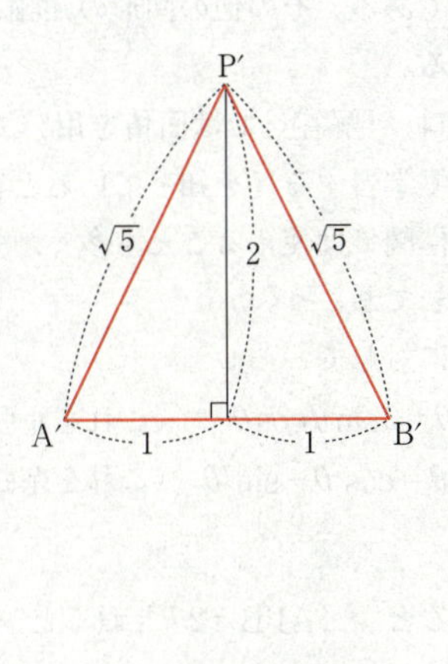

このとき，二等辺三角形ABPと相似である二等辺三角形A′B′P′を考えると，$\triangle$A′P′B′の面積に着目することで

$$\frac{1}{2}\cdot(\sqrt{5})\cdot(\sqrt{5})\cdot\sin\angle \mathrm{A'P'B'}=\frac{1}{2}\cdot 2\cdot 2$$

より

$$\sin\angle \mathrm{A'P'B'}=\frac{4}{5}$$

$\angle\mathrm{APB}=\angle\mathrm{A'P'B'}$ より

$$\sin\angle\mathrm{APB}=\frac{\boxed{4}}{\boxed{5}}$$ →チ，ツ

である。また

$$R=\frac{8}{2\sin\angle\mathrm{APB}}=\boxed{5}$$ →テ

である。

解説

２頂点が固定された三角形において，もう一つの頂点をどうとるかによって変化する三角形の外接円の半径 R が最小になるときを考える問題である。この主題自体は有名なものであり，結論を知っている人もいるかもしれないが，本問は誘導が丁寧についているので，初見であったとしてもじっくり文章を読み進めていけば，それほど難しくはないと思われる。ただ，補助線や補助点がたくさん登場し，(2)の(ii)では文章から自分で図を描くことが要求されるので，「流れに乗って議論についていけるか」が重要なポイントになる。

本問で用いる図形と計量の知識としては，正弦定理と三角形の面積の公式を知っていれば十分である。その他の図形の知識としては，中学で学ぶ三平方の定理と円周角の定理である。

最後の(3)は，〔解答〕では面積を用いて $\sin\angle\mathrm{APB}$ の値を求めたが，２倍角の公式（「数学Ⅱ」で学習する）を知っていると容易に計算することができる。二等辺三角形が関連する構図では使えることも多く，知っておいても損ではないと思われるので，ここで解説しておこう。

任意の角 θ に対して

$\sin 2\theta=2\sin\theta\cos\theta$　（これを正弦の２倍角の公式という）

$\cos 2\theta=\cos^2\theta-\sin^2\theta$　（これを余弦の２倍角の公式という）

が成り立つ。

これを用いると，$\angle\mathrm{APB}=2\theta$ とおくと，$\sin\theta=\frac{1}{\sqrt{5}}$，$\cos\theta=\frac{2}{\sqrt{5}}$ であることから

$$\sin\angle\mathrm{APB}=\sin 2\theta=2\sin\theta\cos\theta=2\cdot\frac{1}{\sqrt{5}}\cdot\frac{2}{\sqrt{5}}=\frac{4}{5}$$

と求めることができる。

第2問 ── 1次関数，2次関数，データの分析

〔1〕 標準 《1次関数，2次関数》

(1)　1皿あたりの価格を x 円とし，売り上げ数を d 皿とすると，d が x の1次関数であるという仮定から，定数 a，b を用いて

$d=ax+b$

と表せる。$x=200$ のとき $d=200$，$x=250$ のとき $d=150$，$x=300$ のとき $d=100$ より，$a=-1$，$b=400$ である。したがって，売り上げ数は

$\boxed{400}-x$　→アイウ　……①

と表される。

(2)　$y=$（売り上げ金額）$-$（必要な経費）

$=$（1皿あたりの価格）$\times$（売り上げ数）

$-\{$（たこ焼き用器具の賃貸料）$+$（材料費）$\}$

$=$（1皿あたりの価格）$\times$（売り上げ数）

$-\{$（たこ焼き用器具の賃貸料）$+$（1皿あたりの材料費）$\times$（売り上げ数）$\}$

$=x\times(400-x)-\{6000+160\times(400-x)\}$

$=-x^2+560x-70000$

$=-x^2+\boxed{560}x-\boxed{7}\times10000$　→エオカ，キ　……②

である。

(3)　$-x^2+560x-70000=-(x-280)^2+8400$

より，利益 y は

$x=\boxed{280}$ 円　→クケコ

のときに最大となる。このとき，売り上げ数は $400-280=120$ 皿であり，利益は

$\boxed{8400}$ 円　→サシスセ

である。

(4)　$-(x-280)^2+8400\geqq7500$ を解くと

$(x-280)^2\leqq900$　　$-30\leqq x-280\leqq30$　　$250\leqq x\leqq310$

したがって，利益 y が $y\geqq7500$ を満たすもとで，x の最小値は

$x=\boxed{250}$ 円　→ソタチ

となる。

解説

文化祭でたこ焼き店を出店するという現実生活設定の問題であるが，数学的に定式化すると，1次関数，2次関数の問題に帰着される。変量の設定は問題文に書かれて

いる通りであるので，文章通りに式を立てていけばよい。情報が整理しきれず，一度に文字式による立式が困難なようであれば，〔解答〕のように日本語を含む数式を用いて考えていけばよい。すべて問題文に書かれている内容から立式できる。(3)・(4)では，(2)で定式化した式②に基づいて考えればよい。

〔２〕 標準 《散布図，ヒストグラム，平均値，分散》

(1)　図１の散布図に関して考える。

(Ⅰ)の内容について。黒丸の縦軸の目盛りと白丸の縦軸の目盛りをみて，小学生数の四分位範囲は外国人数の四分位範囲より小さいと判断できるので，**誤り**である。

(Ⅱ)の内容について。横軸の目盛りをみると，旅券取得者数の範囲は

約 $530-135=395$

であるのに対し，白丸の縦軸の目盛りをみると，外国人数の範囲は

約 $240-30=210$

であるから，旅券取得者数の範囲は外国人数の範囲より大きいと判断できるので，**正しい**。

(Ⅲ)の内容について。黒丸の分布の仕方と比べて，白丸の分布の仕方には右上がりの傾向がみられるので，旅券取得者数と小学生数の相関係数は，旅券取得者数と外国人数の相関係数より小さいと判断できるので，**誤り**である。

したがって，(Ⅰ)，(Ⅱ)，(Ⅲ)の正誤の組合せとして正しいものは ⑤ →ツ である。

(2)　仮定のもとで，x の平均値 $\bar{x}$ は

$$\bar{x}=\frac{1}{n}(x_1f_1+x_2f_2+x_3f_3+x_4f_4+\cdots+x_kf_k)$$

$$=\frac{1}{n}[x_1f_1+(x_1+h)f_2+(x_1+2h)f_3+(x_1+3h)f_4+\cdots+\{x_1+(k-1)h\}f_k]$$

$$=\frac{1}{n}[x_1(f_1+f_2+f_3+f_4+\cdots+f_k)+h\{f_2+2f_3+3f_4+\cdots+(k-1)f_k\}]$$

$$=\frac{1}{n}\cdot x_1\cdot n+\frac{h}{n}\{f_2+2f_3+3f_4+\cdots+(k-1)f_k\}$$

$$=x_1+\frac{h}{n}\{f_2+2f_3+3f_4+\cdots+(k-1)f_k\}$$ ③ →テ

と変形できる。

図２および問題の仮定から，次の度数分布表を得る。

階級値	100	200	300	400	500	計
度数	4	25	14	3	1	47

テの式で，$x_1=100$，$h=100$，$n=47$，$k=5$，$f_2=25$，$f_3=14$，$f_4=3$，$f_5=1$として

$$\bar{x}=100+\frac{100}{47}(25+2\cdot14+3\cdot3+4\cdot1)$$
$$=100\left(1+\frac{66}{47}\right)=100\times\frac{113}{47}=240.4\cdots$$

であり，この小数第1位を四捨五入すると

240 →トナニ

である。

(3) 仮定のもとで，xの分散s^2は

$$s^2=\frac{1}{n}\left\{\left(x_1-\bar{x}\right)^2f_1+\left(x_2-\bar{x}\right)^2f_2+\cdots+\left(x_k-\bar{x}\right)^2f_k\right\}$$
$$=\frac{1}{n}\left[\left\{x_1{}^2-2x_1\bar{x}+\left(\bar{x}\right)^2\right\}f_1+\left\{x_2{}^2-2x_2\bar{x}+\left(\bar{x}\right)^2\right\}f_2+\cdots+\left\{x_k{}^2-2x_k\bar{x}+\left(\bar{x}\right)^2\right\}f_k\right]$$
$$=\frac{1}{n}\left\{(x_1{}^2f_1+x_2{}^2f_2+\cdots+x_k{}^2f_k)-2\bar{x}(x_1f_1+x_2f_2+\cdots+x_kf_k)\right.$$
$$\left.+\left(\bar{x}\right)^2\times(f_1+f_2+\cdots+f_k)\right\}$$
$$=\frac{1}{n}\left\{(x_1{}^2f_1+x_2{}^2f_2+\cdots+x_k{}^2f_k)-2\bar{x}\times n\bar{x}+\left(\bar{x}\right)^2\times n\right\}$$

③ →ヌ，⓪ →ネ

と変形できる。

これより

$$s^2=\frac{1}{n}(x_1{}^2f_1+x_2{}^2f_2+\cdots+x_k{}^2f_k)-\left(\bar{x}\right)^2$$ ⑥ →ノ ……①

である。

図3のヒストグラムについて，(2)で得た$\bar{x}=240$と式①を用いると，$x_1=100$，$x_2=200$，$x_3=300$，$x_4=400$，$x_5=500$，$n=47$，$k=5$，$f_1=4$，$f_2=25$，$f_3=14$，$f_4=3$，$f_5=1$として，分散s^2は

$$s^2=\frac{1}{47}(100^2\times4+200^2\times25+300^2\times14+400^2\times3+500^2\times1)-240^2$$
$$=\frac{100^2}{47}(4+100+126+48+25)-240^2$$
$$=\frac{100^2}{47}\times303-240^2=\frac{322800}{47}\fallingdotseq6868$$

であり，この値に最も近い選択肢は

6900 ③ →ハ

である。

解説

データの分析では，得られたデータを一見して特徴がわかるように視覚的に整理したり，１つの値に代表させて特徴を代表値として抽出することを行う。視覚的な整理の方法として，ヒストグラム，箱ひげ図，散布図などがある。

⑴　図をみて，特徴的な値を読み取る設問である。記述(Ⅰ)，(Ⅱ)は一つの変量に関する四分位範囲（＝第３四分位数－第１四分位数）や範囲（＝最大値－最小値）について考える問題である。(Ⅰ)では散布図を一方の軸の目盛りに注目して箱ひげ図のような見方をすることで，第３四分位数と第１四分位数を正確に求めなくても判断できるであろう。(Ⅲ)は二つの変量間の相関を読み取る問題であり，散布図で点の分布傾向を読み取れば判断できる。具体的に計算するべき設問なのか，定性的に判断する問題なのかを適切に判断し，なるべく時間をかけずに対処したい。

⑵・⑶　定量的な議論の問題である。「ヒストグラムに関して，各階級に含まれるデータの値がすべてその階級値に等しい」という仮定のもと，⑵は平均値に関する公式を導き，それを用いて具体的に計算する問題，⑶は分散に関する公式を導き，それを用いて具体的に計算する問題である。公式の導出部分は定義と仮定をもとに，誘導にしたがって式変形を進めていけば自然に答えにたどり着く。⑶は分散に関する有名な公式 $s^2=\overline{(x^2)}-(\overline{x})^2$ を度数分布で考えた題材であり，この公式の証明を経験したことがあれば解きやすかったであろう。

第３問 やや難 場合の数と確率 《条件付き確率》

(1) (i) 余事象が「箱の中の２個の球がともに白球である」ことに着目すると，求める確率は

$$1-\frac{1}{3}\times\frac{1}{4}=\frac{11}{12} \quad \to アイ，ウエ$$

である。

(ii) それぞれの袋から取り出される球の色によって分けて考えると，次の表の４通りある。

	Aの袋から取り出される球	Bの袋から取り出される球	箱から赤球が取り出される確率
(Ⅰ)	赤球	赤球	$\frac{2}{3}\times\frac{3}{4}\times1=\frac{1}{2}$
(Ⅱ)	赤球	白球	$\frac{2}{3}\times\frac{1}{4}\times\frac{1}{2}=\frac{1}{12}$
(Ⅲ)	白球	赤球	$\frac{1}{3}\times\frac{3}{4}\times\frac{1}{2}=\frac{1}{8}$
(Ⅳ)	白球	白球	0

したがって，取り出した球が赤球である確率は

$$\frac{1}{2}+\frac{1}{12}+\frac{1}{8}+0=\frac{17}{24} \quad \to オカ，キク$$

である。

また，Bの袋からの赤球を箱から取り出す確率は，(Ⅰ)，(Ⅲ)の場合でBの袋由来の赤球に着目して

$$\frac{2}{3}\times\frac{3}{4}\times\frac{1}{{}_2C_1}+\frac{1}{3}\times\frac{3}{4}\times\frac{1}{{}_2C_1}=\frac{1}{4}+\frac{1}{8}=\frac{3}{8}$$

であるから，取り出した球が赤球であったときに，それがBの袋に入っていたものである条件付き確率は

$$\frac{\frac{3}{8}}{\frac{17}{24}}=\frac{9}{17} \quad \to ケ，コサ$$

である。

(2) (i) Aの袋とBの袋にはともに白球が１個しか入っていないことに注意すると，箱の中の４個の球のうち，ちょうど２個が赤球となる場合は，Aの袋，Bの袋からともに赤球と白球を１個ずつ取り出す場合しかない。したがって，その確率は

$$\frac{2}{{}_3C_2}\times\frac{3}{{}_4C_2}=\frac{1}{3} \quad \to シ，ス$$

である。

また，箱の中の４個の球のうち，ちょうど３個が赤球となる場合は，白球１個をAかBのどちらの袋から取り出すかで分けて考えると，その確率は

$$\frac{2}{{}_3C_2}\times\frac{3}{{}_4C_2}+\frac{1}{{}_3C_2}\times\frac{3}{{}_4C_2}=\frac{1}{3}+\frac{1}{6}=\frac{\boxed{1}}{\boxed{2}}$$ →セ，ソ

である。

(ii)　箱の中の４個の球がすべて赤球となる確率は

$$\frac{1}{{}_3C_2}\times\frac{3}{{}_4C_2}=\frac{1}{6}$$

である。したがって，箱の中をよくかき混ぜてから球を２個同時に取り出すとき，どちらの球も赤球である確率は，箱の中の赤球の個数で分けて考えると

$$\frac{1}{3}\times\frac{1}{{}_4C_2}+\frac{1}{2}\times\frac{3}{{}_4C_2}+\frac{1}{6}\times1=\frac{1}{18}+\frac{1}{4}+\frac{1}{6}=\frac{\boxed{17}}{\boxed{36}}$$ →タチ，ツテ

である。

また，箱からAの袋由来の赤球とBの袋由来の赤球を１個ずつ取り出す確率は

$$\frac{1}{3}\times\frac{1}{{}_4C_2}+\frac{1}{2}\times\frac{2}{{}_4C_2}+\frac{1}{6}\times\frac{4}{{}_4C_2}=\frac{1}{18}+\frac{1}{6}+\frac{1}{9}=\frac{1}{3}$$

であるから，取り出した２個の球がどちらも赤球であったときに，それらのうちの１個のみがBの袋に入っていたものである条件付き確率は

$$\frac{\frac{1}{3}}{\frac{17}{36}}=\frac{\boxed{12}}{\boxed{17}}$$ →トナ，ニヌ

である。

解説

２段階の操作を組み合わせて事象を考える確率の問題が扱われている。(1)と(2)では取り出す球の個数が異なるだけで，考えている問題意識は同じである。A，Bどちらの袋にも白球が１個しか入っていないおかげで，若干数えやすくなっている。条件付き確率の設問では，箱から取り出された球がどちらの袋由来の球であるかを考えるという「時系列を逆転させる条件付き確率」，いわゆる「原因の確率」が問われている。

(1)(ii)では，「取り出した球が赤球であったときに，それがBの袋に入っていたものである条件付き確率」が問われているが，これは

$$\frac{P(\text{箱からBの袋由来の赤球を取り出す})}{P(\text{箱から赤球を取り出す})}$$

を計算することになる。また，(2)(ii)では，「取り出した２個の球がどちらも赤球であったときに，それらのうちの１個のみがBの袋に入っていたものである条件付き確率」が問われているが，これは

$$\frac{P(\text{箱からAの袋由来の赤球とBの袋由来の赤球を1個ずつ取り出す})}{P(\text{箱から赤球を2個取り出す})}$$

を計算することになる。ともに分母は直前の設問で求めているが，そこでは球の色にしか注目していないため，分子を計算する際には，球の色だけでなく，その球がどちらの袋に入っていたものなのかという由来まで考えなければならないところが本問の難しさである。

(1)(ii)の〔解答〕での「Bの袋からの赤球を箱から取り出す確率は，(I)，(III)の場合でBの袋由来の赤球に着目して，$\frac{2}{3}\times\frac{3}{4}\times\frac{1}{{}_2C_1}+\frac{1}{3}\times\frac{3}{4}\times\frac{1}{{}_2C_1}=\frac{1}{4}+\frac{1}{8}=\frac{3}{8}$」とした部分の $\frac{1}{{}_2C_1}$ という確率が，Bの袋由来であることを考えている計算に対応している。また，(2)(ii)の〔解答〕での「箱からAの袋由来の赤球とBの袋由来の赤球を1個ずつ取り出す確率は，$\frac{1}{3}\times\frac{1}{{}_4C_2}+\frac{1}{2}\times\frac{2}{{}_4C_2}+\frac{1}{6}\times\frac{4}{{}_4C_2}=\frac{1}{3}$」とした部分の $\frac{1}{{}_4C_2}$，$\frac{2}{{}_4C_2}$，$\frac{4}{{}_4C_2}$ という確率が，由来する袋を考えている計算に対応している。

第４問　やや難　整数の性質《平方数の和》

$$a^2+b^2+c^2+d^2=m,\ a \geqq b \geqq c \geqq d \geqq 0 \quad \cdots\cdots ①$$

(1)　$m=14$ のとき，①は

$$a^2+b^2+c^2+d^2=14,\ a \geqq b \geqq c \geqq d \geqq 0$$

であり，$4^2=16>14$ であることに注意すると，①を満たす整数 a，b，c，d の組 $(a,\ b,\ c,\ d)$ は

$$(a,\ b,\ c,\ d)=(\boxed{3},\ \boxed{2},\ \boxed{1},\ \boxed{0}) \quad \to ア，イ，ウ，エ$$

のただ一つである。

また，$m=28$ のとき，①は

$$a^2+b^2+c^2+d^2=28,\ a \geqq b \geqq c \geqq d \geqq 0$$

であり，$6^2=36>28$ であることに注意すると，①を満たす整数 a，b，c，d の組 $(a,\ b,\ c,\ d)$ は

$$(a,\ b,\ c,\ d)=(5,\ 1,\ 1,\ 1),\ (4,\ 2,\ 2,\ 2),\ (3,\ 3,\ 3,\ 1)$$

の $\boxed{3}$ 個である。　→オ

(2)　a が奇数のとき，n を整数として $a=2n+1$ と表すことにすると

$$a^2-1=(a+1)(a-1)=(2n+2)2n=4n(n+1)$$

であり，正の整数 h のうち，すべての n に対する $4n(n+1)$ の値を割り切る最大のものは

$$h=\boxed{8} \quad \to カ$$

である。実際，$n(n+1)$ は偶数であるから，$4n(n+1)$ は８の倍数であり，$n=1$ のときに $4n(n+1)$ は８の倍数のうち正で最小の値である８をとる。

(3)　(2)により，a，b，c，d のうち，偶数であるものの個数と，$a^2+b^2+c^2+d^2$ を８で割った余りとしてとり得る値の対応は次の表のようになる。

a，b，c，d のうち，偶数であるものの個数	$a^2+b^2+c^2+d^2$ を８で割った余りとしてとり得る値
0	4
1	3，7
2	2，6
3	1，5
4	0，4

これより，$a^2+b^2+c^2+d^2$ が８の倍数ならば，整数 a，b，c，d のうち，偶数であるものの個数は $\boxed{4}$ 個である。　→キ

(4)　$m=224=8\times 28$ のとき，①は

$a^2+b^2+c^2+d^2=224,\ a \geqq b \geqq c \geqq d \geqq 0$

であり，(3)を用いて，これを満たす $a,\ b,\ c,\ d$ はすべて偶数でなければならないことに注意すると

$a=2a_1,\ b=2b_1,\ c=2c_1,\ d=2d_1$

（$a_1,\ b_1,\ c_1,\ d_1$ は $a_1 \geqq b_1 \geqq c_1 \geqq d_1 \geqq 0$ を満たす整数）

とおけ，①は

$a_1{}^2+b_1{}^2+c_1{}^2+d_1{}^2=56=8\times 7$

となる。再び(3)を用いて，これを満たす $a_1,\ b_1,\ c_1,\ d_1$ はすべて偶数でなければならないことに注意すると

$a_1=2a_2,\ b_1=2b_2,\ c_1=2c_2,\ d_1=2d_2$

（$a_2,\ b_2,\ c_2,\ d_2$ は $a_2 \geqq b_2 \geqq c_2 \geqq d_2 \geqq 0$ を満たす整数）

とおけ

$a_2{}^2+b_2{}^2+c_2{}^2+d_2{}^2=14$

を考えることに帰着されるが，これは(1)ですでに考えており

$(a_2,\ b_2,\ c_2,\ d_2)=(3,\ 2,\ 1,\ 0)$

のみであるから，$m=224$ のとき，①を満たす整数 $a,\ b,\ c,\ d$ の組（$a,\ b,\ c,\ d$）は

$(a,\ b,\ c,\ d)=(4a_2,\ 4b_2,\ 4c_2,\ 4d_2)$

$=(\boxed{12},\ \boxed{8},\ \boxed{4},\ \boxed{0})$ →クケ，コ，サ，シ

のただ一つであることがわかる。

(5) $896=2^7\times 7$ より，7の倍数で896の約数である正の整数は

$7,\ 2\times 7,\ 2^2\times 7,\ 2^3\times 7,\ 2^4\times 7,\ 2^5\times 7,\ 2^6\times 7,\ 2^7\times 7$ ……(＊)

の8個あり，これらを m の値としたときの①を満たす整数 $a,\ b,\ c,\ d$ の組（$a,\ b,\ c,\ d$）の個数が3個であるようなものの個数を考える。

ここで，(＊)のうち，$2^3\times 7,\ 2^4\times 7,\ 2^5\times 7,\ 2^6\times 7,\ 2^7\times 7$ は8の倍数であるから，(3)を（必要があれば繰り返し）用いることで

$a^2+b^2+c^2+d^2=2^3\times 7$ は $a^2+b^2+c^2+d^2=2^1\times 7$ へ

$a^2+b^2+c^2+d^2=2^4\times 7$ は $a^2+b^2+c^2+d^2=2^2\times 7$ へ

$a^2+b^2+c^2+d^2=2^5\times 7$ は $a^2+b^2+c^2+d^2=2^1\times 7$ へ

$a^2+b^2+c^2+d^2=2^6\times 7$ は $a^2+b^2+c^2+d^2=2^2\times 7$ へ

$a^2+b^2+c^2+d^2=2^7\times 7$ は $a^2+b^2+c^2+d^2=2^1\times 7$ へ

と帰着されることがわかる。

また，$a^2+b^2+c^2+d^2=7,\ a \geqq b \geqq c \geqq d \geqq 0$ を満たす整数 $a,\ b,\ c,\ d$ の組（$a,\ b,\ c,\ d$）は

$(a,\ b,\ c,\ d)=(2,\ 1,\ 1,\ 1)$

の1個だけであり，$a^2+b^2+c^2+d^2=2\times7$，$a\geqq b\geqq c\geqq d\geqq0$ を満たす整数 a，b，c，d の組 $(a,\ b,\ c,\ d)$ は，(1)より1個だけであり，$a^2+b^2+c^2+d^2=2^2\times7$，$a\geqq b\geqq c\geqq d\geqq0$ を満たす整数 a，b，c，d の組 $(a,\ b,\ c,\ d)$ は，(1)より3個のみであるから，(＊)を m の値としたときの①を満たす整数 a，b，c，d の組 $(a,\ b,\ c,\ d)$ の個数が3個であるようなものは

$$m=2^2\times7,\ 2^4\times7,\ 2^6\times7$$

の [3] →ス 個であり，そのうち最大のものは

$$m=2^6\times7=\boxed{448}$$ →セソタ

である。

解説

正の整数を4つの平方数（整数の2乗）の和で表す題材を扱った問題である。なお，このテーマは歴史的にもラグランジュ，ガウス，ヤコビなどの数学者が取り組んできた有名なものである。大学入学共通テストの問題作成方針で「教科書等では扱われていない数学の定理等を既知の知識等を活用しながら導くことのできるような題材等」を取り扱うという方向性を体現したものと考えられる。具体的には「降下法」と呼ばれる考え方を誘導を通して活用することが本問のメインテーマとなっている。

(1)　具体的に m の値が14と28のときに整数解 $(a,\ b,\ c,\ d)$ を考える問題である。平方数が0以上の値であることに着目し，大小関係で絞り込んで候補をチェックしていくことで漏れなく調べることができる。実は，ここで求めた整数解は(4)・(5)で活かされる。

(2)・(3)　平方数を8で割った剰余についての設問である。平方数の剰余については，3や4で割ったときの剰余がよく扱われるが，本問では8で割った剰余に関する議論が要求された。「連続する2つの整数の積が偶数になる」ことなど，誘導が丁寧につけられており，その議論に乗ることができれば難しくはないだろうが，整数問題の考え方に不慣れだと難しく感じるかもしれない。

(4)・(5)　いわゆる「降下法」と呼ばれる整数の議論で現れる特有の考え方を具体的な形で理解し，問題の中でその発想を活かせるかが問われている。扱っているテーマとしてはかなり高級なものである。さらに，(1)からの小問がすべて(5)の解決に使われる流れになっており，構想や見通しを立てることなど，思考力および判断力が要求される問題である。解けなかった人もぜひ最後の設問まで理解しておいてもらいたい。

(3)では「m が8の倍数のとき，①を満たす整数 a，b，c，d はすべて偶数である」ということを議論した。すると，m が8の倍数のとき，$m=2^MN$（M は3以上の整数，N は正の奇数）とおき，①を満たす整数 a，b，c，d を $a=2a_1$，$b=2b_1$，$c=2c_1$，$d=2d_1$ と整数 a_1，b_1，c_1，d_1 を用いて表すことで，①は

$$2^2({a_1}^2+{b_1}^2+{c_1}^2+{d_1}^2)=2^M N$$

すなわち

$${a_1}^2+{b_1}^2+{c_1}^2+{d_1}^2=2^{M-2}N$$

を考えることに帰着される。つまり，$a^2+b^2+c^2+d^2=m$ の整数解を求める問題が $a^2+b^2+c^2+d^2=\frac{m}{4}$ の整数解を求める問題に帰着されるわけであり，右辺の値を小さくできることで整数解が求めやすくなるのである。ここで，仮に $M-2\geqq3$ であれば，いま行った議論を再びもち出すことで，さらに右辺の値を小さくできる。これは右辺が８の倍数でなくなるまで繰り返し行うことができ，右辺の値や整数解が段階的に小さくなることから，このようなアプローチは「降下法」と呼ばれている。この考え方を具体的に $m=224=2^5\times7$ のときにみるのが(4)であった。２回降下が実行され，その結果，(1)での $m=14$ の場合に帰着されたわけである。(5)では，７の倍数で896の約数である正の整数を m の値として考えた不定方程式①が，(1)での $m=14$，28の場合に帰着されるという大団円を迎える問題であった。

第5問　やや難　図形の性質　《作図の手順》

(1)　円Oが点Sを通り，半直線ZXと半直線ZYの両方に接する円であることを示すには，点Oが∠XZYの二等分線ℓ上にあること，OHとZXが垂直であることを踏まえると，OH＝OS　⑤　→ア　が成り立つことを示せばよい。

上の構想に基づいて，手順で作図した円Oが求める円であることを説明しよう（下図では，円Cと直線ZSとの2つの交点のうち，Zに近い側をGとしているが，Zから遠い側をGとしても同様の議論ができる）。

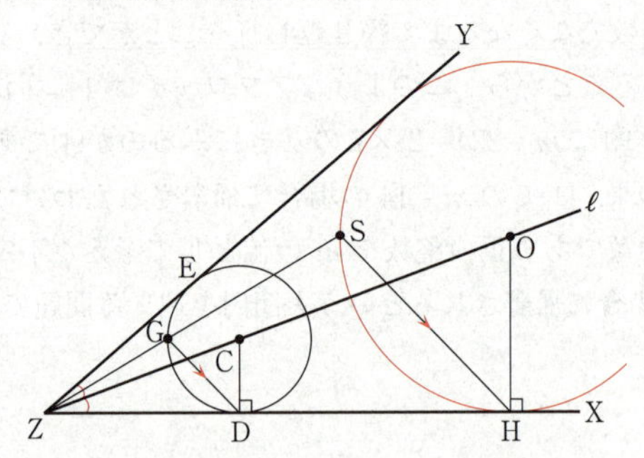

作図の手順より，△ZDGと△ZHSが相似であるので

DG：HS＝ZD：ZH　②　→イ，⑥　→ウ，⑦　→エ

であり，△ZDCと△ZHOが相似であるので

DC：HO＝ZD：ZH　①　→オ

であるから

DG：HS＝DC：HO

となる。

ここで，3点S，O，Hが一直線上にない場合は

∠CDG＝∠OHS　②　→カ

であるので，△CDGと△OHSとの関係に着目すると，CD＝CGよりOH＝OSであることがわかる。

なお，3点S，O，Hが一直線上にある場合は

DG＝ 2 DC　→キ

となり，DG：HS＝DC：HOよりOH＝OSであることがわかる。

(2)　点Sが∠XZYの二等分線ℓ上にある場合を考える。このとき，2円O_1，O_2は点Sで外接する。

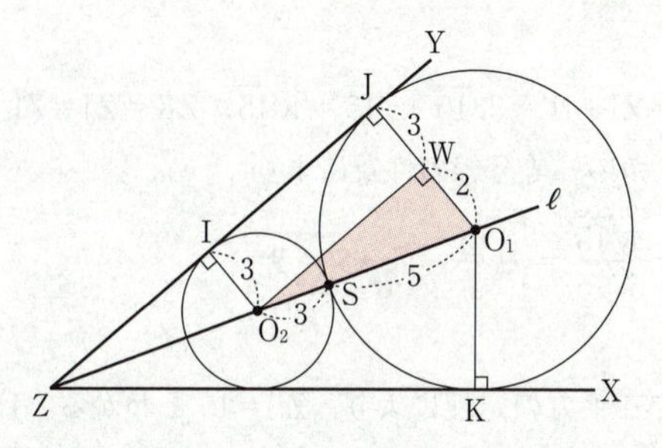

点 O_2 を通り IJ と平行な直線と JO_1 との交点を上図のようにWとすると，四角形 IO_2WJ は長方形であり，$\triangle O_1WO_2$ は直角三角形である。

$IO_2=JW=3$，$JO_1=5$ より，$WO_1=2$ であり，$O_1O_2=3+5=8$ である。直角三角形 O_1WO_2 で三平方の定理より

$$O_2W^2=O_1O_2{}^2-O_1W^2=8^2-2^2=2^2\cdot 15$$

より　　$O_2W=2\sqrt{15}$

四角形 IO_2WJ は長方形であるから

$$IJ=O_2W=\boxed{2}\sqrt{\boxed{15}}$$ →ク，ケコ

である。

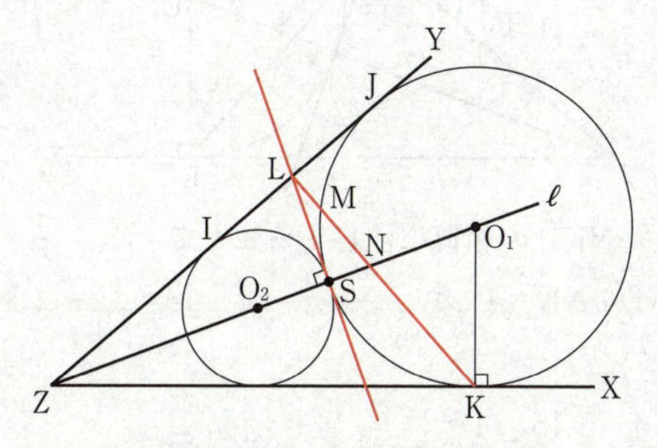

Lから円 O_2 に引いた接線の長さとして LI＝LS がわかり，Lから円 O_1 に引いた接線の長さとして LJ＝LS がわかるので

$$LI=LS=LJ=\frac{IJ}{2}=\sqrt{15}$$

である。円 O_1 に関して，方べきの定理により

$$LM\cdot LK=LS^2=(\sqrt{15})^2=\boxed{15}$$ →サシ

である。

また，$\triangle ZIO_2$ と $\triangle O_2WO_1$ が相似であることに着目することで

$$ZI:O_2W=IO_2:WO_1$$

より

$$ZI=O_2W\times\frac{IO_2}{WO_1}=2\sqrt{15}\times\frac{3}{2}=\boxed{3}\sqrt{\boxed{15}}$$ →ス，セソ

がわかる。

これより，$ZL=ZI+IL=3\sqrt{15}+\sqrt{15}=4\sqrt{15}$，$ZK=ZJ=ZL+LJ=4\sqrt{15}+\sqrt{15}=5\sqrt{15}$ であるから，角の二等分線の性質により

$$\frac{LN}{NK}=\frac{ZL}{ZK}=\frac{4\sqrt{15}}{5\sqrt{15}}=\frac{\boxed{4}}{\boxed{5}}$$　→タ，チ

である。

直角三角形LZSで三平方の定理により，$ZS=15$ とわかる。JKと ℓ との交点をPとすると，2つの直角三角形LZSとJZPの相似に注目することで，

$ZP=15\times\frac{5\sqrt{15}}{4\sqrt{15}}=\frac{75}{4}$ であるので

$$SP=ZP-ZS=\frac{15}{4}$$

である。

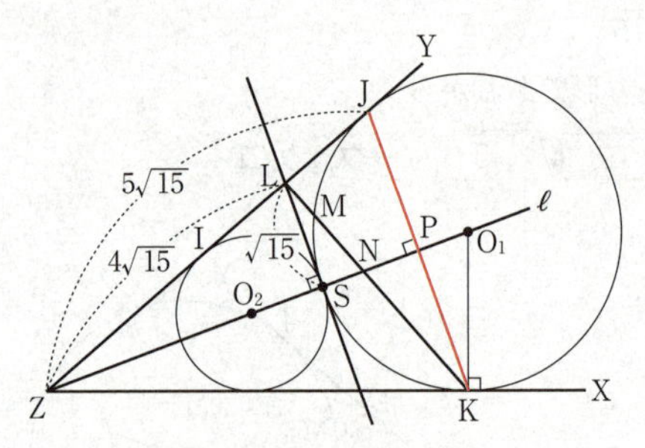

さらに，△NLSと△NKPの相似に注目することで

$$SN:PN=NL:NK=4:5$$

がわかるので

$$SN=SP\times\frac{4}{4+5}=\frac{15}{4}\times\frac{4}{9}=\frac{\boxed{5}}{\boxed{3}}$$　→ツ，テ

である。

解説

(1)では作図の手順とそれが正しいことについて，構想に基づく説明を考える問題である。**イ〜カ**は選択肢から選んで答えるので，判断に迷ったときには，自分の候補が選択肢に入っているかどうかを確認することで可能性を絞り込むこともできる。時間的な余裕の少ない試験であることを踏まえると，このようなテクニックも必要であれば活用していきたい。

また，第1問〔2〕と同様に，文章を読んで自分で図を描いて考えていかなければならない。普段から図を描く訓練もしておかなければならないだろう。与えられた図を見て解いているだけでは対応できないかもしれない。(2)でも自分で図を描くことが

要求される。「点Sが二等分線 ℓ 上にある」などの設定をきちんと把握し，正しく図を描かなくてはならない。共通接線の長さについての問題，方べきの定理を用いる問題，角の二等分線の性質を用いる問題，三角形の相似を利用する問題など出題内容の幅は広く，たくさんの点や線が登場する図の中から必要な構図を見抜く力が要求される問題である。

数学Ⅱ・数学B

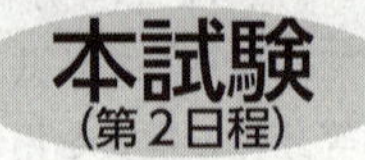

問題番号(配点)	解答記号	正　解	配点	チェック
第１問(30)	ア	1	1	
	イ$\log_{10}2$＋ウ	$-\log_{10}2+1$	2	
	エ$\log_{10}2+\log_{10}3$＋オ	$-\log_{10}2+\log_{10}3+1$	2	
	カキ	23	2	
	クケ	24	2	
	$\log_{10}$コ	$\log_{10}3$	2	
	サ	3	2	
	シ	2	1	
	ス	4	1	
	セ	⑦	2	
	ソ	④	2	
	タ	0	1	
	$\frac{\sqrt{チ}}{ツ}$	$\frac{\sqrt{2}}{2}$	1	
	$\sqrt{テ}\sin\left(\alpha+\frac{\pi}{ト}\right)$	$\sqrt{2}\sin\left(\alpha+\frac{\pi}{4}\right)$	1	
	ナニ	11	2	
	ヌネ	19	1	
	$\frac{ノハ}{ヒ}$	$\frac{-1}{2}$	2	
	$\frac{フ}{ヘ}\pi$	$\frac{2}{3}\pi$	1	
	ホ	⓪	2	

問題番号(配点)	解答記号	正　解	配点	チェック
第２問(30)	ア	2	2	
	イ	2	2	
	ウ	0	1	
	エ	①	2	
	オ，カ	①，③	2	
	キ	2	2	
	ク	a	2	
	ケ	0	1	
	コ*	2	3	
	サ	1	3	
	シス	$-c$	2	
	セ	c	2	
	ソ，タ，チ，ツ	−，3，3，6	3	
	テ	2	3	

問題番号（配点）	解答記号	正　解	配点	チェック
第３問（20）	アイ	45	2	
	ウエ	15	2	
	オカ	47	2	
	$\frac{キ}{ク}$	$\frac{a}{5}$	1	
	$\frac{ケ\sqrt{コサ}}{シ}$	$\frac{3\sqrt{11}}{8}$	3	
	ス	①	2	
	セ	4	2	
	ソタチ.ツテ	112.16	1	
	トナニ.ヌネ	127.84	1	
	ノ	②	2	
	ハ.ヒ	1.5	2	
第４問（20）	ア	4	1	
	$イ\cdot ウ^{n-1}$	$4\cdot 5^{n-1}$	2	
	$\frac{エ}{オカ}$	$\frac{5}{16}$	2	
	キ	5	1	
	ク	4	2	
	ケ，コ	1，1	3	
	サシ	15	2	
	ス，セ	1，2	3	
	ソタ	41	2	
	チツテ	153	2	

問題番号（配点）	解答記号	正　解	配点	チェック
第５問（20）	ア	5	2	
	$\frac{イ}{ウエ}$	$\frac{9}{10}$	2	
	$\frac{オ}{カ}$，$\frac{キ}{ク}$	$\frac{2}{5}$，$\frac{1}{2}$	2	
	ケ	4	2	
	コ，$\sqrt{サ}$	3，$\sqrt{7}$	2	
	シ	−	2	
	$\frac{ス}{セ}$	$\frac{1}{3}$	3	
	$\frac{ソ}{タチ}$	$\frac{7}{12}$	3	
	ツ	①	2	

（注）第１問，第２問は必答。第３問～第５問のうちから２問選択。計４問を解答。

＊第２問コで b と解答した場合、第２問キで２と解答しているときにのみ３点を与える。

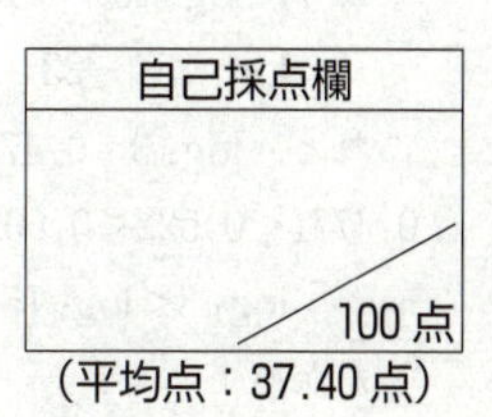

（平均点：37.40点）

第１問 ―― 対数関数，三角関数

〔１〕 標準 《桁数と最高位の数字》

(1)　$\log_{10}10=\boxed{1}$　→ア

$\log_{10}5$，$\log_{10}15$ をそれぞれ $\log_{10}2$ と $\log_{10}3$ を用いて表すと

$$\log_{10}5=\log_{10}\frac{10}{2}=\log_{10}10-\log_{10}2=\boxed{-}\log_{10}2+\boxed{1}\quad→イ，ウ\quad\cdots\cdots①$$

$$\log_{10}15=\log_{10}(3\cdot5)=\log_{10}3+\log_{10}5$$

ここで，①を用いると

$$\begin{aligned}\log_{10}15&=\log_{10}3+(-\log_{10}2+1)\\&=\boxed{-}\log_{10}2+\log_{10}3+\boxed{1}\quad→エ，オ\quad\cdots\cdots②\end{aligned}$$

(2)　$\log_{10}15^{20}=20\log_{10}15$

と表されるから，②を用いると

$$\begin{aligned}\log_{10}15^{20}&=20(-\log_{10}2+\log_{10}3+1)\\&=20(-0.3010+0.4771+1)\\&=20\times1.1761\\&=23.522\quad\cdots\cdots③\end{aligned}$$

よって，$\log_{10}15^{20}$ は

$$\boxed{23}<\log_{10}15^{20}<23+1\quad→カキ$$

を満たす。

$$23<\log_{10}15^{20}<24$$

ここで，$23=23\cdot1=23\log_{10}10=\log_{10}10^{23}$，同様にして，$24=\log_{10}10^{24}$ であるから

$$\log_{10}10^{23}<\log_{10}15^{20}<\log_{10}10^{24}$$

底が 10 で，1 より大きいので，真数を比較すると

$$10^{23}<15^{20}<10^{24}$$

したがって，15^{20} は $\boxed{24}$ 桁の数である。 →クケ

次に，$N\cdot10^{23}<15^{20}<(N+1)\cdot10^{23}$ を満たすような正の整数 N に着目することで 15^{20} の最高位の数字を求める。

③より，$\log_{10}15^{20}$ の整数部分は 23 なので，小数部分は

$$\log_{10}15^{20}-23=23.522-23=0.522$$

これと，$\log_{10}3=0.4771$，$\log_{10}4=\log_{10}2^2=2\log_{10}2=2\times0.3010=0.6020$ の各数で，$0.4771<0.522<0.6020$ が成り立つから

$$\log_{10}3<\log_{10}15^{20}-23<\log_{10}4$$

したがって

$$\log_{10} \boxed{3} < \log_{10}15^{20} - 23 < \log_{10}(3+1) \quad \to コ$$

$$23 + \log_{10}3 < \log_{10}15^{20} < 23 + \log_{10}4$$

$$\log_{10}10^{23} + \log_{10}3 < \log_{10}15^{20} < \log_{10}10^{23} + \log_{10}4$$

$$\log_{10}(3\times10^{23}) < \log_{10}15^{20} < \log_{10}(4\times10^{23})$$

底が10で，1より大きいので，真数を比較すると

$$3\times10^{23} < 15^{20} < 4\times10^{23}$$

よって，15^{20} の最高位の数字は $\boxed{3}$ である。→サ

解説

(1)は対数の基本的な計算問題である。この計算結果は(2)の計算過程で利用することになる。(2)は 15^{20} の桁数と最高位の数字を求める典型的な問題であるが，このような問題は各人，普段解答している自分自身のスタイルがあると思われるので，かえって誘導に従うことが面倒に感じることもあるだろう。誘導に乗りつつも，自分の解法にも対応づけながら，解答につなげていくことが肝要である。ぜひ，完答しておきたい問題の一つである。

〔2〕 標準 《三角関数に関わる図形についての命題》

(1) **考察1**　△PQR が正三角形である場合を考える。

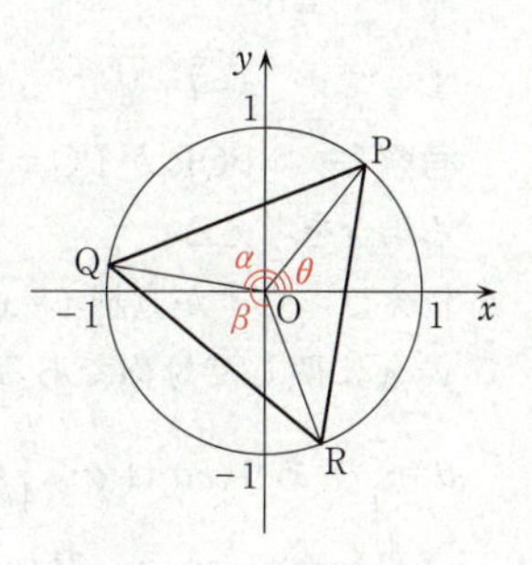

△PQR が正三角形のとき，$\angle PRQ = \frac{\pi}{3}$ である。中心角は円周角の2倍であるという関係があるので

$$\angle POQ = \frac{2}{3}\pi$$

同様にして，$\angle QPR = \frac{\pi}{3}$ であるから

$$\angle QOR = \frac{2}{3}\pi$$

したがって

$$\alpha = \theta + \frac{\boxed{2}}{3}\pi \quad \to シ,\quad \beta = \theta + \frac{\boxed{4}}{3}\pi \quad \to ス$$

であり，加法定理により

$$\cos\alpha = \cos\left(\theta + \frac{2}{3}\pi\right) = \cos\theta\cos\frac{2}{3}\pi - \sin\theta\sin\frac{2}{3}\pi$$

$$= -\frac{\sqrt{3}}{2}\sin\theta - \frac{1}{2}\cos\theta \quad \boxed{⑦} \quad \to セ$$

$$\sin\alpha = \sin\left(\theta + \frac{2}{3}\pi\right) = \sin\theta\cos\frac{2}{3}\pi + \cos\theta\sin\frac{2}{3}\pi$$

$$= -\frac{1}{2}\sin\theta + \frac{\sqrt{3}}{2}\cos\theta$$　④　→ソ

同様にして

$$\cos\beta = \cos\left(\theta + \frac{4}{3}\pi\right) = \cos\theta\cos\frac{4}{3}\pi - \sin\theta\sin\frac{4}{3}\pi$$

$$= \frac{\sqrt{3}}{2}\sin\theta - \frac{1}{2}\cos\theta$$

$$\sin\beta = \sin\left(\theta + \frac{4}{3}\pi\right) = \sin\theta\cos\frac{4}{3}\pi + \cos\theta\sin\frac{4}{3}\pi$$

$$= -\frac{1}{2}\sin\theta - \frac{\sqrt{3}}{2}\cos\theta$$

これらのことから

$$s = \cos\theta + \cos\alpha + \cos\beta$$

$$= \cos\theta + \left(-\frac{\sqrt{3}}{2}\sin\theta - \frac{1}{2}\cos\theta\right) + \left(\frac{\sqrt{3}}{2}\sin\theta - \frac{1}{2}\cos\theta\right)$$

$$= 0$$

$$t = \sin\theta + \sin\alpha + \sin\beta$$

$$= \sin\theta + \left(-\frac{1}{2}\sin\theta + \frac{\sqrt{3}}{2}\cos\theta\right) + \left(-\frac{1}{2}\sin\theta - \frac{\sqrt{3}}{2}\cos\theta\right)$$

$$= 0$$

よって　$s = t =$　0　→タ

考察２　△PQR が PQ＝PR となる二等辺三角形である場合を考える。

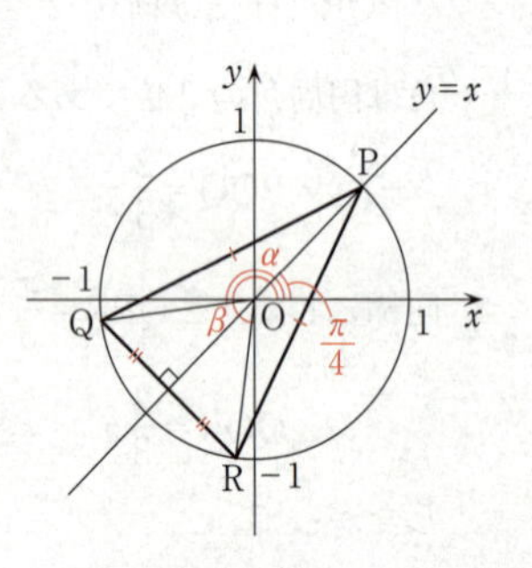

例えば，点 P が直線 $y=x$ 上にあり，点 Q，R が直線 $y=x$ に関して対称である場合を考える。このとき，$\theta = \frac{\pi}{4}$ であり，α は $\alpha < \frac{5}{4}\pi$，β は $\frac{5}{4}\pi < \beta$ を満たす。

点 Q$(\cos\alpha,\ \sin\alpha)$，R$(\cos\beta,\ \sin\beta)$ が直線 $y=x$ に関して対称であるから

$$\sin\beta = \cos\alpha,\quad \cos\beta = \sin\alpha$$

が成り立つ。よって

$$s = \cos\theta + \cos\alpha + \cos\beta = \cos\frac{\pi}{4} + \cos\alpha + \sin\alpha$$

$$= \frac{\sqrt{2}}{2} + \sin\alpha + \cos\alpha$$

$$t = \sin\theta + \sin\alpha + \sin\beta = \sin\frac{\pi}{4} + \sin\alpha + \cos\alpha$$

$$=\frac{\sqrt{2}}{2}+\sin\alpha+\cos\alpha$$

したがって

$$s=t=\frac{\sqrt{\boxed{2}}}{\boxed{2}}+\sin\alpha+\cos\alpha \quad \text{→チ，ツ}$$

ここで，三角関数の合成により

$$\sin\alpha+\cos\alpha=\sqrt{2}\left\{(\sin\alpha)\frac{1}{\sqrt{2}}+(\cos\alpha)\frac{1}{\sqrt{2}}\right\}$$

$$=\sqrt{2}\left(\sin\alpha\cos\frac{\pi}{4}+\cos\alpha\sin\frac{\pi}{4}\right)$$

$$=\sqrt{\boxed{2}}\sin\left(\alpha+\frac{\pi}{\boxed{4}}\right) \quad \text{→テ，ト}$$

である。$s=t=0$ となる α，β を求める。

$$s=t=\frac{\sqrt{2}}{2}+\sin\alpha+\cos\alpha$$

$$=\frac{\sqrt{2}}{2}+\sqrt{2}\sin\left(\alpha+\frac{\pi}{4}\right)$$

$s=t=0$ のとき

$$\sin\left(\alpha+\frac{\pi}{4}\right)=-\frac{1}{2}$$

$0<\alpha<\frac{5}{4}\pi$ より，$\frac{\pi}{4}<\alpha+\frac{\pi}{4}<\frac{3}{2}\pi$ であるから　　$\alpha+\frac{\pi}{4}=\frac{7}{6}\pi$

よって　　$\alpha=\frac{\boxed{11}}{12}\pi$　→ナニ

α，β が $\alpha<\frac{5}{4}\pi<\beta$ を満たし，点Q，Rが直線 $y=x$ に関して対称であるので

$$\frac{\alpha+\beta}{2}=\frac{5}{4}\pi$$

よって

$$\beta=\frac{5}{2}\pi-\alpha=\frac{5}{2}\pi-\frac{11}{12}\pi=\frac{\boxed{19}}{12}\pi \quad \text{→ヌネ}$$

このとき，$s=t=0$ である。

(2)　**考察３**　$s=t=0$ の場合を考える。

$$\begin{cases}\cos\theta+\cos\alpha+\cos\beta=0\\ \sin\theta+\sin\alpha+\sin\beta=0\end{cases} \quad \cdots\cdots①$$

$$\begin{cases}\cos\theta=-\cos\alpha-\cos\beta\\ \sin\theta=-\sin\alpha-\sin\beta\end{cases}$$

これらを $\sin^2\theta+\cos^2\theta=1$ に代入すると

$$(-\sin\alpha-\sin\beta)^2+(-\cos\alpha-\cos\beta)^2=1$$

$$(\sin^2\alpha+2\sin\alpha\sin\beta+\sin^2\beta)+(\cos^2\alpha+2\cos\alpha\cos\beta+\cos^2\beta)=1$$

$$2+2(\cos\alpha\cos\beta+\sin\alpha\sin\beta)=1$$

$$\cos\alpha\cos\beta+\sin\alpha\sin\beta=\frac{\boxed{-1}}{\boxed{2}}$$ →ノハ，ヒ

$$\cos(\beta-\alpha)=-\frac{1}{2}\quad\cdots\cdots②$$

同様にして，①より

$$\begin{cases}\cos\beta=-\cos\theta-\cos\alpha\\ \sin\beta=-\sin\theta-\sin\alpha\end{cases}$$

これらを $\sin^2\beta+\cos^2\beta=1$ に代入すると

$$(-\sin\theta-\sin\alpha)^2+(-\cos\theta-\cos\alpha)^2=1$$

$$(\sin^2\theta+2\sin\theta\sin\alpha+\sin^2\alpha)+(\cos^2\theta+2\cos\theta\cos\alpha+\cos^2\alpha)=1$$

$$2+2(\cos\theta\cos\alpha+\sin\theta\sin\alpha)=1$$

$$\cos\theta\cos\alpha+\sin\theta\sin\alpha=-\frac{1}{2}$$

$$\cos(\alpha-\theta)=-\frac{1}{2}\quad\cdots\cdots③$$

$0\leqq\theta<\alpha<\beta<2\pi$ より，$\alpha-\theta$，$\beta-\alpha$ はそれぞれ $0<\alpha-\theta<2\pi$，$0<\beta-\alpha<2\pi$ を満たす角度である。よって，②，③を満たす $\alpha-\theta$，$\beta-\alpha$ はともに $\frac{2}{3}\pi$ または $\frac{4}{3}\pi$ である。

ここで，少なくとも一方が $\frac{4}{3}\pi$ であるとすると

$$(\alpha-\theta)+(\beta-\alpha)\geqq 2\pi$$

$$\beta-\theta\geqq 2\pi$$

となり，$0\leqq\theta<\alpha<\beta<2\pi$ である条件を満たさなくなるので

$$\beta-\alpha=\alpha-\theta=\frac{\boxed{2}}{\boxed{3}}\pi$$ →フ，ヘ

(3)　考察1でわかったこと：△PQR が正三角形ならば　　$s=t=0$

考察2でわかったこと：△PQR が PQ＝PR となる二等辺三角形 $\left(特に\ \theta=\frac{\pi}{4}\right)$ のとき，$\alpha=\frac{11}{12}\pi$，$\beta=\frac{19}{12}\pi$ ならば　　$s=t=0$

考察3でわかったこと：$s=t=0$ ならば　　$\beta-\alpha=\alpha-\theta=\frac{2}{3}\pi$

さらに補足する。

考察２について

$\theta=\frac{\pi}{4}$，$\alpha=\frac{11}{12}\pi$ より　　$\angle\mathrm{POQ}=\alpha-\theta=\frac{11}{12}\pi-\frac{\pi}{4}=\frac{2}{3}\pi$

円周角は中心角の $\frac{1}{2}$ 倍であるという関係があるので　　$\angle\mathrm{PRQ}=\frac{\pi}{3}$

$\beta=\frac{19}{12}\pi$ より　　$\angle\mathrm{QOR}=\beta-\alpha=\frac{19}{12}\pi-\frac{11}{12}\pi=\frac{2}{3}\pi$

同様にして，$\angle\mathrm{QPR}=\frac{\pi}{3}$ である。残りの内角も $\frac{\pi}{3}$ となり，$\theta=\frac{\pi}{4}$，$\alpha=\frac{11}{12}\pi$，$\beta=\frac{19}{12}\pi$ であるときの PQ＝PR である二等辺三角形 PQR は正三角形であることがわかる。

考察３について

$\beta-\alpha=\alpha-\theta=\frac{2}{3}\pi$ から続ける。

$\beta-\alpha=\frac{2}{3}\pi$ より　　$\angle\mathrm{QOR}=\frac{2}{3}\pi$

円周角は中心角の $\frac{1}{2}$ 倍であるという関係があるので　　$\angle\mathrm{QPR}=\frac{\pi}{3}$

$\alpha-\theta=\frac{2}{3}\pi$ より　　$\angle\mathrm{POQ}=\frac{2}{3}\pi$

同様にして，$\angle\mathrm{PRQ}=\frac{\pi}{3}$ である。残りの内角も $\frac{\pi}{3}$ となり，△PQR は正三角形であることがわかる。

⓪，①，②，③の真偽を判断する観点から，各考察を再度，整理すると次のようになる。

考察１：△PQR が正三角形ならば　　$s=t=0$

考察２：△PQR が PQ＝PR となる二等辺三角形で，$\theta=\frac{\pi}{4}$，$\alpha=\frac{11}{12}\pi$，$\beta=\frac{19}{12}\pi$

（このとき△PQR は正三角形である）ならば　　$s=t=0$

（考察１の θ，α，β についての一つの例である）

考察３：$s=t=0$ ならば△PQR は正三角形である。

したがって，⓪～③のうち正しいものは　⓪　である。→ホ

解説

三角形の形状と定義された式の値との関係について考察する問題である。図形に対する条件は二等辺三角形，正三角形であることで，問題なく把握できる基本的なものであるから，三角関数の加法定理，合成などの計算処理が中心のテーマとなる。

考察１，２，３についてはそれぞれ仮定と結論を明確にして考えることが肝心である。**考察１**では加法定理を用いた計算から s，t それぞれの値を求めることになる。

考察２では三角関数の合成により式を整理し，α，β の値がいくらのときに $s=t=0$ であるのかを求める。$\theta=\frac{\pi}{4}$ のときは，α と β を，$\alpha=\frac{11}{12}\pi$，$\beta=\frac{19}{12}\pi$ と定めると，$s=t=0$ となることがわかる。この条件では，二等辺三角形 PQR は特に正三角形であることを確認しておくこと。

考察３では $s=t=0$ を仮定して，そのときの三角形の形状を求める。式の展開，三角関数の相互関係，加法定理を用いて計算，整理をしていく。

これらの考察から得られたことを正確に読み解いて，(3)を答えよう。

第2問 —— 微分・積分

〔1〕 標準 《2次関数の増減と極大・極小》

(1) $a=1$ のとき　　$f(x)=(x-1)(x-2)$

$$F(x)=\int_0^x f(t)\,dt$$

の両辺を x で微分すると

$$F'(x)=f(x)\quad つまり\quad F'(x)=(x-1)(x-2)$$

となるので，$F'(x)=0$ となるのは $x=1,\ 2$ のときであり，$F(x)$ の増減は次のようになる。

x	$\cdots$	1	$\cdots$	2	$\cdots$
$F'(x)\,(f(x))$	+	0	−	0	+
$F(x)$	↗	極大	↘	極小	↗

したがって，$F(x)$ は $x=$ 2 で極小になる。→ア

(2)　　$F(x)=\int_0^x f(t)\,dt$

の両辺を x で微分すると

$$F'(x)=f(x)\quad つまり\quad F'(x)=(x-a)(x-2)$$

$F(x)$ がつねに増加するための条件は，すべての実数 x に対して，$F'(x)$ つまり $f(x)$ がつねに0以上であることである。それは，右のグラフのように，$f(x)=(x-a)(x-2)$ において，$a=$ 2 →イ のときの，$f(x)=(x-2)^2$ となることである。

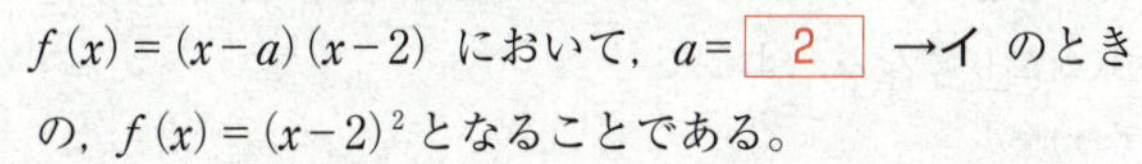
さらに，$F(0)=\int_0^0 f(t)\,dt$ となり，上端と下端の値が一致することから

$$F(0)=\boxed{0}\quad →ウ$$

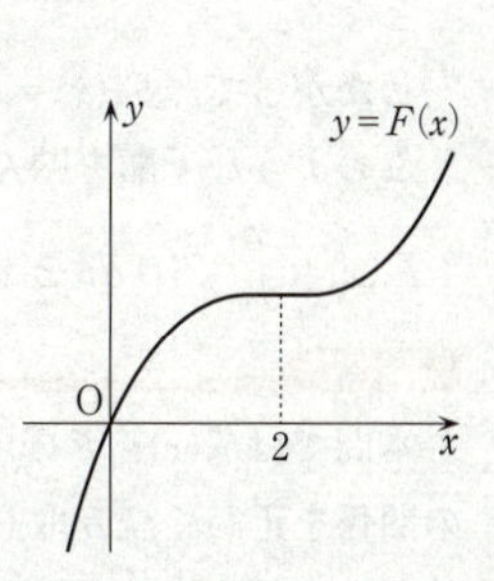

これは $y=F(x)$ のグラフが原点 $(0,\ 0)$ を通ることを示す。よって，$y=F(x)$ のグラフは，原点 $(0,\ 0)$ を通り，単調に増加することになるので，右のグラフのようになり，$a=2$ のとき，$F(2)$ の値は正となる。 ① →エ

(3) $a>2$ とする。

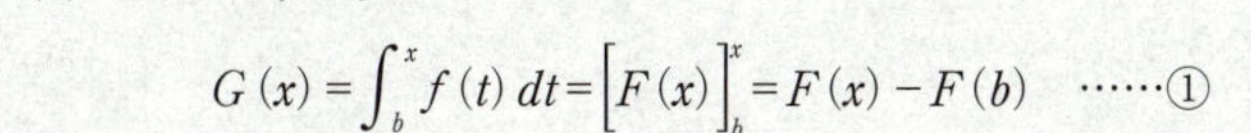
$$G(x)=\int_b^x f(t)\,dt=\Big[F(x)\Big]_b^x=F(x)-F(b)\quad\cdots\cdots①$$

よって，$y=G(x)$ のグラフは，$y=F(x)$ のグラフを y 軸 ① →オ 方向に $-F(b)$ ③ →カ だけ平行移動したものと一致する。

$$G'(x)=\{F(x)-F(b)\}'=F'(x)$$

となるので，$F'(x)=(x-a)(x-2)$ において，$F'(x)=0$ となるのは $x=2$，a のときであり，$a>2$ より，$G(x)$ の増減は次のようになる。

x	$\cdots$	2	$\cdots$	a	$\cdots$
$G'(x)$	$+$	0	$-$	0	$+$
$G(x)$	↗	極大	↘	極小	↗

したがって，$G(x)$ は $x=$ 2 で極大になり，$x=$ a で極小になる。

→キ，ク

$G(b)$ の値を求めるには，①の定積分 $G(x)$ において $x=b$ とし，上端と下端の値を一致させればよいから

$$G(b)=F(b)-F(b)=\boxed{0}$$ →ケ

となる。

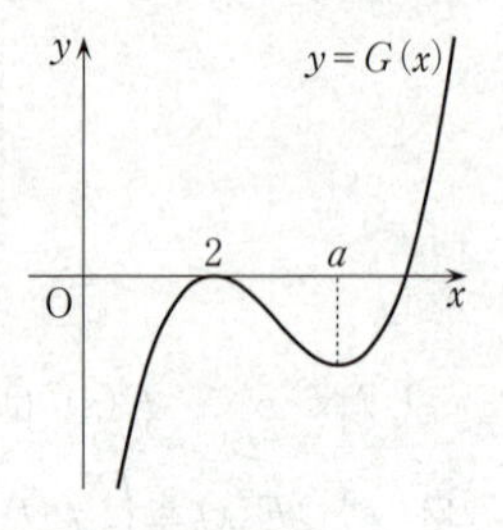

$b=2$ のとき，上の $G(x)$ の増減表で極大値は $G(2)=0$ なので，曲線 $y=G(x)$ と x 軸との共有点の個数は 2 個である。→コ

参考　$F(x)=\int_0^x f(t)\,dt$ において，$f(t)$ の不定積分の一つを $P(t)$ とおくと

$$F(x)=\Big[P(t)\Big]_0^x=P(x)-P(0)$$

両辺を x で微分する。$f(t)$ の不定積分の一つを $P(t)$ と定義しているので，t と x の違いがあるだけで，$P(x)$ を x で微分した $P'(x)$ は $f(x)$ に戻る。$P(0)$ は定数なので，定数を x で微分すると0になる。よって

$$F'(x)=f(x)-0=f(x)$$

となる。

したがって，$F'(x)=(x-a)(x-2)$ となる。

このような手順を踏んでもよいが，このプロセスが理解できていたら，スマートに $F(x)=\int_0^x f(t)\,dt$ を x で微分したいところである。

解説

本問では $f(x)$，$F(x)$，$G(x)$ といろいろな関数を扱うことになるので，それぞれの関係を正しく読み取り，上手に誘導に乗って解き進めていこう。問題を通して，計算だけに頼るのではなく，グラフを描くこともうまく織り交ぜながら確認していくとスムーズな流れで解答できる。

(1)・(2)　$F(x)=\int_0^x f(t)\,dt$ より，$F'(x)=f(x)$ の関係を得る。$f(x)=(x-a)(x-2)$ とわかっているので，$F'(x)$ の符号をみることで $F(x)$ の増減がわかる。

(3)　$G(x)=\int_b^x f(t)\,dt$ より，$G(x)=F(x)-F(b)$ の関係を得る。$F(b)$ が定数であることから，両辺を x で微分して $G'(x)=F'(x)$ となる。

〔2〕 標準 《絶対値を含む関数のグラフと図形の面積》

$$|x|=\begin{cases} x & (x\geqq 0 \text{ のとき}) \\ -x & (x<0 \text{ のとき}) \end{cases}$$

であるから

$$g(x)=\begin{cases} x(x+1) & (x\geqq 0 \text{ のとき}) \\ -x(x+1) & (x<0 \text{ のとき}) \end{cases}$$

曲線 $y=g(x)$ は右図のようになる。

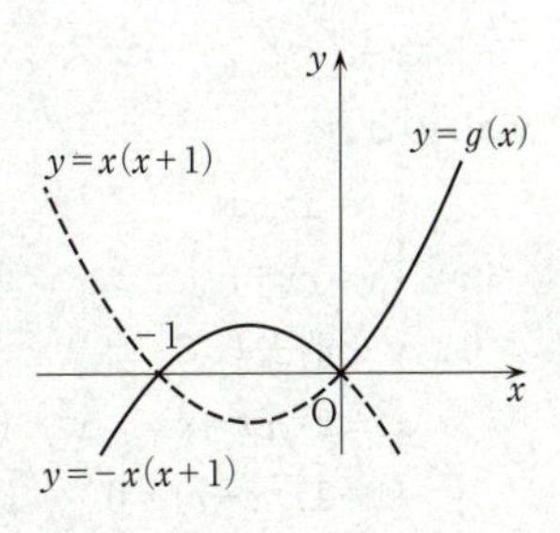

点P$(-1,\ 0)$ は曲線 $y=g(x)$ 上の点である。$g(x)$ は $x=-1$ のとき，$x<0$ の場合にあたるので

$$g(x)=-x(x+1)=-x^2-x$$

であるから，このとき

$$g'(x)=-2x-1$$

よって　　$g'(-1)=-2(-1)-1=$ 1 　→サ

したがって，曲線 $y=g(x)$ 上の点Pにおける接線の傾きは1であり，その接線の方程式は

$$y-0=1\{x-(-1)\} \text{　より　} y=x+1$$

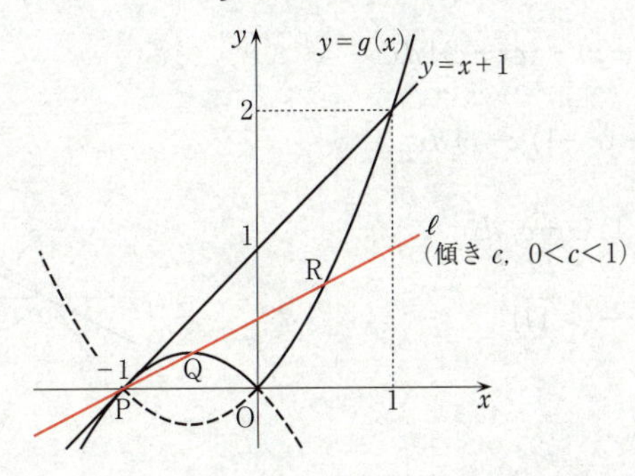

グラフより，$0<c<1$ のとき，曲線 $y=g(x)$ と直線 ℓ は3点で交わる。

直線 ℓ の方程式は

$$y-0=c\{x-(-1)\} \quad より \quad y=cx+c$$

曲線 $y=g(x)$ と直線 ℓ の共有点の x 座標を求める。

$x<0$ のとき

$$\begin{cases} y=-x^2-x \\ y=cx+c \end{cases}$$

より，y を消去して

$$cx+c=-x^2-x \qquad x^2+(c+1)x+c=0$$

$$(x+c)(x+1)=0 \qquad x=-c,\ -1$$

$x=-1$ は点Pの x 座標であるから，求める点Qの x 座標は

$$x=\boxed{-c} \quad \text{→シス}$$

$x\geqq 0$ のとき

$$\begin{cases} y=x^2+x \\ y=cx+c \end{cases}$$

より，y を消去して

$$x^2+x=cx+c \qquad x^2+(-c+1)x-c=0$$

$$(x+1)(x-c)=0 \qquad x=-1,\ c$$

$x=-1$ は点Pの x 座標であるから，求める点Rの x 座標は

$$x=\boxed{c} \quad \text{→セ}$$

また，$0<c<1$ のとき，線分PQと曲線 $y=g(x)$ で囲まれた図形（下図の赤色の網かけ部分）の面積を S とし，線分QRと曲線 $y=g(x)$ で囲まれた図形（下図の灰色の網かけ部分）の面積を T とすると

$$S=\int_{-1}^{-c}\{(-x^2-x)-(cx+c)\}dx$$

$$=-\int_{-1}^{-c}\{x^2+(c+1)x+c\}dx$$

$$=-\int_{-1}^{-c}(x+1)(x+c)\,dx$$

$$=-\frac{-1}{6}\{-c-(-1)\}^3$$

$$=\frac{1}{6}(-c+1)^3$$

$$=\frac{\boxed{-}c^3+\boxed{3}c^2-\boxed{3}c+1}{\boxed{6}} \quad \text{→ソ，タ，チ，ツ}$$

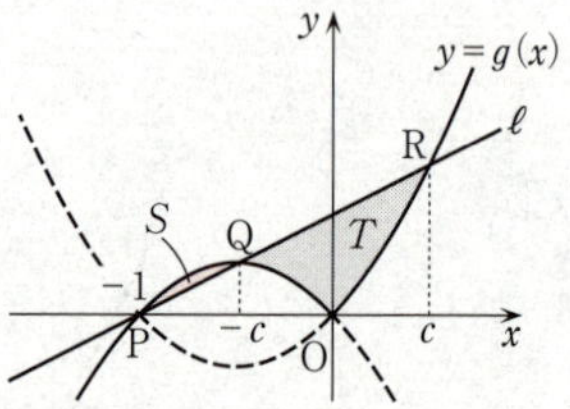

$$T=\int_{-c}^{0}\{(cx+c)-(-x^2-x)\}dx+\int_{0}^{c}\{(cx+c)-(x^2+x)\}dx$$

$$=\int_{-c}^{c}(cx+c)\,dx+\int_{-c}^{0}(x^2+x)\,dx-\int_{0}^{c}(x^2+x)\,dx$$

$$=\left[\frac{1}{2}cx^2+cx\right]_{-c}^{c}+\left[\frac{1}{3}x^3+\frac{1}{2}x^2\right]_{-c}^{0}-\left[\frac{1}{3}x^3+\frac{1}{2}x^2\right]_{0}^{c}$$

$$=2c^2-\frac{1}{3}(-c)^3-\frac{1}{2}(-c)^2-\frac{1}{3}c^3-\frac{1}{2}c^2$$

$$=c^{\boxed{2}}$$ →テ

参考　T の求め方

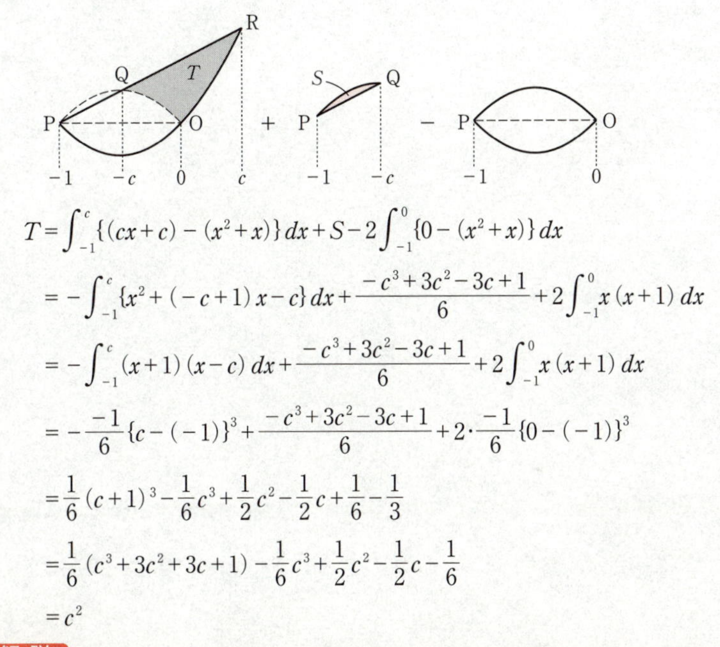

$$T=\int_{-1}^{c}\{(cx+c)-(x^2+x)\}dx+S-2\int_{-1}^{0}\{0-(x^2+x)\}dx$$

$$=-\int_{-1}^{c}\{x^2+(-c+1)x-c\}dx+\frac{-c^3+3c^2-3c+1}{6}+2\int_{-1}^{0}x(x+1)\,dx$$

$$=-\int_{-1}^{c}(x+1)(x-c)\,dx+\frac{-c^3+3c^2-3c+1}{6}+2\int_{-1}^{0}x(x+1)\,dx$$

$$=-\frac{-1}{6}\{c-(-1)\}^3+\frac{-c^3+3c^2-3c+1}{6}+2\cdot\frac{-1}{6}\{0-(-1)\}^3$$

$$=\frac{1}{6}(c+1)^3-\frac{1}{6}c^3+\frac{1}{2}c^2-\frac{1}{2}c+\frac{1}{6}-\frac{1}{3}$$

$$=\frac{1}{6}(c^3+3c^2+3c+1)-\frac{1}{6}c^3+\frac{1}{2}c^2-\frac{1}{2}c-\frac{1}{6}$$

$$=c^2$$

解説

$g(x)$ は絶対値を含む関数である。場合分けをして正しくグラフを描こう。計算だけでは曲線 $y=g(x)$ と直線 ℓ が3点で交わる状況が正しく把握できない。基準となる点Pでの接線を描き，3点で交わる仕組みを読み取ろう。図形の面積 S，T は容易に求めることができる。面積を求める段階では

$$\int_{\alpha}^{\beta}(x-\alpha)(x-\beta)\,dx=-\frac{1}{6}(\beta-\alpha)^3$$

の公式を使うことで計算の過程をかなり省略できるので，積極的に利用すること。〔解答〕の T を求めるところでは，定積分の計算だけで処理したが，点Q，Rから x 軸に垂線を下ろし，台形の面積から余分な部分の面積を除いてもよい。三角形，台形

の面積など基本的な図形に関するものは定積分の計算から求めようとせず，各図形の面積の公式を利用してもよい。

また，〔参考〕のように，公式である $\int_{\alpha}^{\beta}(x-\alpha)(x-\beta)\,dx=-\frac{1}{6}(\beta-\alpha)^3$ だけをつなげて用いて計算することもできる。説明のために行数が多くなっているが，実際の計算では暗算で処理できるところもあるので簡単である。

第３問　標準　確率分布と統計的な推測　《二項分布，正規分布》

(1)　すべての留学生が三つのコースのうち，いずれか一つのコースのみに登録することになっているので，留学生全体における上級コースに登録した留学生の割合は

$100-20-35=\boxed{45}$〔%〕　→アイ

留学生の人数を N 人とすると

初級コースで１週間に10時間の日本語の授業を受講する留学生の人数は $0.20N$ 人，
中級コースで１週間に８時間の日本語の授業を受講する留学生の人数は $0.35N$ 人，
上級コースで１週間に６時間の日本語の授業を受講する留学生の人数は $0.45N$ 人
であるから，１週間に受講する日本語学習コースの授業の時間数を表す確率変数 X の平均（期待値）は

$$\frac{10\times0.20N+8\times0.35N+6\times0.45N}{N}=\frac{\boxed{15}}{2}$$　→ウエ

X の分散は

$$\frac{\left(10-\frac{15}{2}\right)^2\times0.20N+\left(8-\frac{15}{2}\right)^2\times0.35N+\left(6-\frac{15}{2}\right)^2\times0.45N}{N}=\frac{\boxed{47}}{20}$$　→オカ

次に，留学生全体を母集団とし，a 人を無作為に抽出したとき，初級コースに登録した人数を表す確率変数を Y とすると，Y は二項分布に従い，Y の平均 $E(Y)$ は

$$E(Y)=a\times0.20=\frac{\boxed{a}}{\boxed{5}}$$　→キ，ク

Y の標準偏差 $\sigma(Y)$ は

$$\sigma(Y)=\sqrt{a\cdot\frac{20}{100}\cdot\frac{80}{100}}=\frac{40}{100}\sqrt{a}$$

また，上級コースに登録した人数を表す確率変数を Z とすると，Z は二項分布に従い，Z の標準偏差 $\sigma(Z)$ は

$$\sigma(Z)=\sqrt{a\cdot\frac{45}{100}\cdot\frac{55}{100}}=\frac{15\sqrt{11}}{100}\sqrt{a}$$

したがって

$$\frac{\sigma(Z)}{\sigma(Y)}=\frac{\frac{15\sqrt{11}}{100}\sqrt{a}}{\frac{40}{100}\sqrt{a}}=\frac{15\sqrt{11}}{40}=\frac{\boxed{3}\sqrt{\boxed{11}}}{\boxed{8}}$$　→ケ，コサ，シ

ここで，$a=100$ としたとき，$a=100$ は十分大きいので，Y は近似的に正規分布 $N(E(Y),\ \sigma(Y))$ に従い

$$E(Y)=\frac{100}{5}=20,\quad \sigma(Y)=\frac{40}{100}\sqrt{100}=4$$

であるから

$$W=\frac{Y-20}{4}$$

とすると，W は平均 0，標準偏差 1 の正規分布 $N(0,\ 1)$ に従う。

$Y \geqq 28$ のとき，$W \geqq \dfrac{28-20}{4}$ つまり，$W \geqq 2$ なので，求める確率 p は

$$p=P(W \geqq 2.0)=P(W \geqq 0)-P(0 \leqq W \leqq 2.0)=0.5-0.4772$$
$$=0.0228$$

ゆえに，p の近似値について最も適当なものは選択肢の中では 0.023 ① →ス
である。

(2) 母平均 m，母分散 $\sigma^2=640$ の母集団から大きさ 40 の無作為標本を復元抽出するとき，標本平均の標準偏差は

$$\frac{\sqrt{640}}{\sqrt{40}}=\sqrt{16}=\boxed{4} \quad \to セ$$

標本平均が近似的に正規分布 $N\left(120,\ \dfrac{640}{40}\right)$ つまり $N(120,\ 16)$ に従うとして，母平均 m に対する信頼度 95％の信頼区間は

$$120-1.96\times\frac{\sqrt{640}}{\sqrt{40}} \leqq m \leqq 120+1.96\times\frac{\sqrt{640}}{\sqrt{40}}$$

$$120-1.96\times 4 \leqq m \leqq 120+1.96\times 4$$

$$112.16 \leqq m \leqq 127.84$$

よって

$$C_1=\boxed{112}.\boxed{16} \quad \to ソタチ，ツテ$$

$$C_2=\boxed{127}.\boxed{84} \quad \to トナニ，ヌネ$$

(3) (2)での母平均 m に対する信頼度 95％の信頼区間

$$120-1.96\times\frac{\sqrt{640}}{\sqrt{40}} \leqq m \leqq 120+1.96\times\frac{\sqrt{640}}{\sqrt{40}}$$

において，$\sqrt{40}$ のところを $\sqrt{50}$ に置き換えると

$$120-1.96\times\frac{\sqrt{640}}{\sqrt{50}} \leqq m \leqq 120+1.96\times\frac{\sqrt{640}}{\sqrt{50}}$$

となり，$\dfrac{\sqrt{640}}{\sqrt{40}}>\dfrac{\sqrt{640}}{\sqrt{50}}$ であるから

$$120-1.96\times\frac{\sqrt{640}}{\sqrt{50}}>120-1.96\times\frac{\sqrt{640}}{\sqrt{40}}$$

$$120+1.96\times\frac{\sqrt{640}}{\sqrt{50}}<120+1.96\times\frac{\sqrt{640}}{\sqrt{40}}$$

となり，$D_1 > C_1$ かつ $D_2 < C_2$ が成り立つ。 ② →ノ

また

$$D_2 - D_1 = \left(120 + 1.96 \times \frac{\sqrt{640}}{\sqrt{50}}\right) - \left(120 - 1.96 \times \frac{\sqrt{640}}{\sqrt{50}}\right) = 1.96 \times 2 \times \frac{\sqrt{640}}{\sqrt{50}}$$

$D_2 - D_1 = E_2 - E_1$ のとき

$$1.96 \times 2 \times \frac{\sqrt{640}}{\sqrt{50}} = 1.96 \times 2 \times \frac{\sqrt{960}}{\sqrt{50x}}$$

$$x = \frac{960}{640} = 1.5$$

よって，標本の大きさを50の 1 . 5 倍にする必要がある。 →ハ，ヒ

解説

問われている事項はすべて教科書で扱われている基本的な公式，考え方で解答できてしまうレベルである。面倒な計算にならないようにするための配慮として，$\sqrt{\quad}$ の中の数も処理しやすいように値が調整されており，比較的楽に解答を得ることができる。解答したあとで，よく理解できなかった箇所に関してはしっかり復習しておこう。

「数学Ｂ」の「確率分布と統計的な推測」は学校の授業では扱われない場合が多い。よって，本問を選択し解答する多くの受験生は自学自習しており，他の分野と比べて理解が浅く，対策が手薄になっている傾向がある。そのような場合，実際には標準レベルの問題なのに，難しめに感じるかもしれない。対策としては，まず，教科書を丁寧に読んで，用語，公式，考え方を理解すること。基本事項を正しく覚えて理解を深めておくことが，特にこの分野で肝心なことである。一番丁寧に説明がついているものは有名な参考書ではなく，意外に思うかもしれないが教科書である。内容の理解に努める際にはぜひ教科書を利用してほしい。用いる公式，考え方は限られているので，一つ一つを正しく理解すること。ただし，教科書は授業で使用されることが前提なので，例題を除く練習問題の解説が略されている。そこが教科書を自学自習で用いる際の唯一のネックであるから，それを補うために詳しい解答が付属している教科書傍用問題集で問題演習をしよう。

第４問 ―― 数　列

〔1〕 標準 《数列の和と一般項との関係，等比数列の和》

$S_n=5^n-1$ ……① が数列 $\{a_n\}$ の初項から第 n 項までの和であるとすると，$n=1$ のときに S_1 は初項を表すので

$$a_1=S_1=5^1-1=5-1=\boxed{4}\quad \to ア$$

また，①は $n=1,\ 2,\ 3,\ \cdots$ で成り立つことから，$S_{n-1}=5^{n-1}-1$ ……②は，$n=2,\ 3,\ 4,\ \cdots$ で成り立ち，①，②の辺々を引くと

$$S_n-S_{n-1}=(5^n-1)-(5^{n-1}-1)=5^n-5^{n-1}$$
$$=(5-1)5^{n-1}=4\cdot5^{n-1}$$

が①と②の共通の n の値の範囲である $n=2,\ 3,\ 4,\ \cdots$ で成り立つ。

よって，$n\geqq2$ のとき

$$a_n=S_n-S_{n-1}=\boxed{4}\cdot\boxed{5}^{n-1}\quad \to イ，ウ$$

これは，$n=1$ のときに $a_1=4\cdot5^{1-1}=4\cdot5^0=4\cdot1=4$ となり，アで求めた値 4 に一致するので，$n=1$ のときにも成り立つ。

したがって　$a_n=4\cdot5^{n-1}\quad (n=1,\ 2,\ 3,\ \cdots)$

このとき　$\dfrac{1}{a_n}=\dfrac{1}{4\cdot5^{n-1}}=\dfrac{1}{4}\left(\dfrac{1}{5}\right)^{n-1}$

よって

$$\sum_{k=1}^{n}\frac{1}{a_k}=\left(\text{初項}\ \frac{1}{4}，\text{公比}\ \frac{1}{5}，\text{項数}\ n\ \text{の等比数列の和}\right)$$
$$=\frac{\frac{1}{4}\left\{1-\left(\frac{1}{5}\right)^n\right\}}{1-\frac{1}{5}}=\frac{5}{16}\{1-(5^{-1})^n\}$$
$$=\frac{\boxed{5}}{\boxed{16}}(1-\boxed{5}^{-n})\quad \to エ，オカ，キ$$

解説

前半は，数列の和から数列の一般項を読み解く問題である。n の値を 1 だけずらして辺々を引き，S_n-S_{n-1} より a_n を導き出すところがポイントになる。n の値を操作した際には，取り得る n の値も考えておくこと。後半は等比数列の和を求める問題である。いずれも基本的な内容の問題である。

〔２〕 やや難 **《部屋に畳を敷き詰める方法の総数》**

(1) $(3n+1)$ 枚のタイルを用いた T_n 内の配置の総数を t_n とすると，$n=1$ のときは次のようになる。

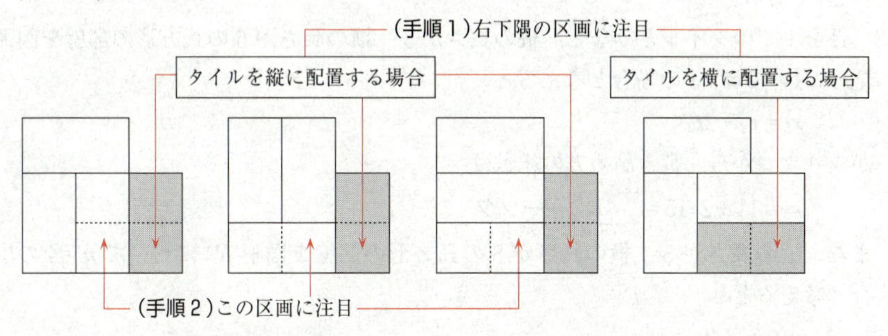

よって　$t_1=$ 4 →ク

• 太郎さんが T_n 内の配置について，右下隅のタイルに注目して描いた図

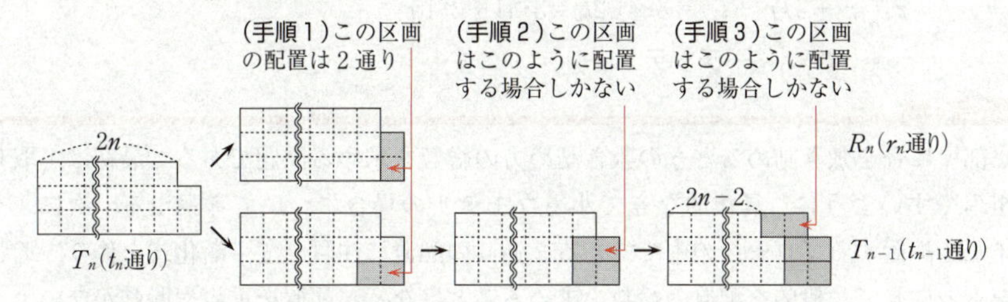

よって，２以上の自然数 n に対して

$t_n=r_n+t_{n-1}$

したがって，$t_n=Ar_n+Bt_{n-1}$ が成り立つときに，$A=$ 1 →ケ，$B=$ 1 →コ

である。

以上から　$t_2=r_2+t_1=11+4=$ 15 →サシ

であることがわかる。

• 太郎さんが R_n 内の配置について，右下隅のタイルに注目して描いた図

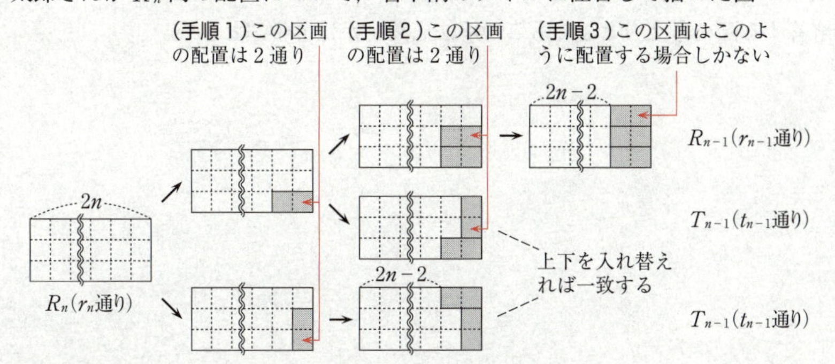

よって，2以上の自然数 n に対して

$$r_n = r_{n-1} + 2t_{n-1}$$

したがって，$r_n = Cr_{n-1} + Dt_{n-1}$ が成り立つときに，$C=$ 1 →ス，$D=$ 2 →セ である。

(2)　畳を(1)でのタイルとみなし，縦の長さが3，横の長さが6の長方形の部屋を図形 R_n において $n=3$ の場合と考えると

$$r_3 = r_2 + 2t_2$$

が成り立つから，敷き詰め方の総数は

$$r_3 = 11 + 2\cdot 15 = \boxed{41}$$ →ソタ

また，縦の長さが3，横の長さが8の長方形の部屋を図形 R_n において $n=4$ の場合と考えると

$$r_4 = r_3 + 2t_3$$

が成り立つから，敷き詰め方の総数は

$$r_4 = r_3 + 2(r_3 + t_2) = 3r_3 + 2t_2 = 3\cdot 41 + 2\cdot 15$$

$$= \boxed{153}$$ →チツテ

解説

部屋に畳を敷き詰めるときの敷き詰め方の総数を求める問題である。最初は，取り組みやすいように，具体的な n で小さなモデルの場合について考察する。次に，タイルを配置するプロセスの中でできる2通りの配置に注目して，漸化式を作り，それをもとにして一般的な配置の総数を求めることになる。配置を重複や漏れがないように求める工夫として，一つの区画に注目すること。そこをタイルを縦，横のどちらにして埋めるのかを考えて，順に場合分けしていく。決して思いついたものからかき出したりしないようにしよう。

漸化式から一般項を求める問題も多いが，本問はその類いの問題ではないことに注意しよう。一般項がわからないままに，帰納的に求めていく。推移を考察する段階では，漏れがないように，また重複がないように自分で考えなければならないところが，本問ではその目の付け所をすべて誘導で教えてくれているので助かる。記述式の問題を解答する際の考え方としてもこの解法を追いかけて学ぶとよい。

第５問  ベクトル《空間における点の位置の考察》

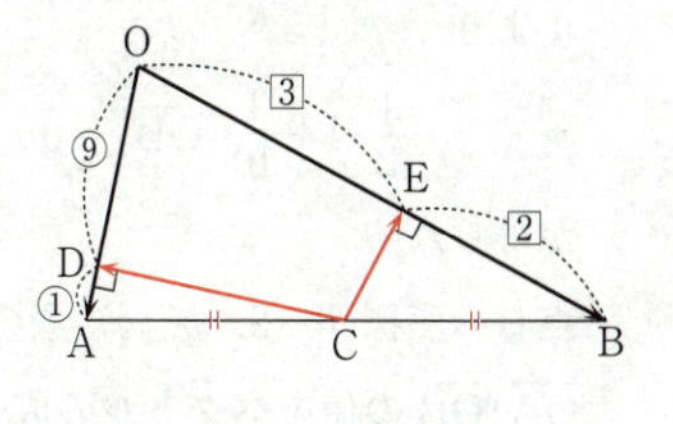

(1)　点Aの座標が $(-1,\ 2,\ 0)$ なので

$$\overrightarrow{OA}=(-1,\ 2,\ 0)$$

したがって

$$|\overrightarrow{OA}|^2=(-1)^2+2^2+0^2$$
$$=\boxed{5}\quad \to ア\quad \cdots\cdots(*)$$

点Dは線分OAを９：１に内分する点なので

$$\overrightarrow{OD}=\frac{\boxed{9}}{\boxed{10}}\overrightarrow{OA}\quad \to イ，ウエ$$

また，点Cは線分ABの中点なので

$$\overrightarrow{OC}=\frac{\overrightarrow{OA}+\overrightarrow{OB}}{2}$$

よって

$$\overrightarrow{CD}=\overrightarrow{OD}-\overrightarrow{OC}=\frac{9}{10}\overrightarrow{OA}-\frac{\overrightarrow{OA}+\overrightarrow{OB}}{2}$$
$$=\frac{\boxed{2}}{\boxed{5}}\overrightarrow{OA}-\frac{\boxed{1}}{\boxed{2}}\overrightarrow{OB}\quad \to オ，カ，キ，ク$$

と表される。これを用いることにより，$\overrightarrow{OA}\perp\overrightarrow{CD}$ から

$$\overrightarrow{OA}\cdot\overrightarrow{CD}=0\qquad \overrightarrow{OA}\cdot\left(\frac{2}{5}\overrightarrow{OA}-\frac{1}{2}\overrightarrow{OB}\right)=0$$
$$\frac{2}{5}|\overrightarrow{OA}|^2-\frac{1}{2}\overrightarrow{OA}\cdot\overrightarrow{OB}=0$$

(＊)より

$$\frac{2}{5}\cdot 5-\frac{1}{2}\overrightarrow{OA}\cdot\overrightarrow{OB}=0\qquad \overrightarrow{OA}\cdot\overrightarrow{OB}=\boxed{4}\quad \to ケ\quad \cdots\cdots①$$

同様にして，$\overrightarrow{CE}$ を $\overrightarrow{OA}$，$\overrightarrow{OB}$ を用いて表す。

点Eは線分OBを３：２に内分する点なので　$\overrightarrow{OE}=\frac{3}{5}\overrightarrow{OB}$

よって

$$\overrightarrow{CE}=\overrightarrow{OE}-\overrightarrow{OC}=\frac{3}{5}\overrightarrow{OB}-\frac{\overrightarrow{OA}+\overrightarrow{OB}}{2}$$
$$=-\frac{1}{2}\overrightarrow{OA}+\frac{1}{10}\overrightarrow{OB}$$

と表される。これを用いることにより，$\overrightarrow{OB}\perp\overrightarrow{CE}$ から

$$\overrightarrow{OB}\cdot\overrightarrow{CE}=0\qquad \overrightarrow{OB}\cdot\left(-\frac{1}{2}\overrightarrow{OA}+\frac{1}{10}\overrightarrow{OB}\right)=0$$

$$-\frac{1}{2}\overrightarrow{OA}\cdot\overrightarrow{OB}+\frac{1}{10}|\overrightarrow{OB}|^2=0$$

①より

$$-\frac{1}{2}\cdot 4+\frac{1}{10}|\overrightarrow{OB}|^2=0 \qquad |\overrightarrow{OB}|^2=20 \quad \cdots\cdots②$$

が得られる。

点Bの座標が $(2,\ p,\ q)$ なので　　$\overrightarrow{OB}=(2,\ p,\ q)$

$\overrightarrow{OA}\cdot\overrightarrow{OB}$ の値をベクトルの成分で求めると

$$\overrightarrow{OA}\cdot\overrightarrow{OB}=(-1)\cdot 2+2\cdot p+0\cdot q=2p-2$$

となり，①より　　$2p-2=4$　　$p=3$

また，$|\overrightarrow{OB}|^2=2^2+p^2+q^2=p^2+q^2+4$ であるから，②より

$$p^2+q^2+4=20 \qquad p^2+q^2=16$$

これに，$p=3$ を代入すると　　$q^2=7$

$q>0$ であるから　　$q=\sqrt{7}$

したがって，Bの座標は　　$(2,\ \boxed{3},\ \sqrt{\boxed{7}})$　→コ，サ

(2)　点Hが α 上にあることから，実数 s，t を用いて

$$\overrightarrow{OH}=s\overrightarrow{OA}+t\overrightarrow{OB}$$

と表される。よって

$$\overrightarrow{GH}=\overrightarrow{OH}-\overrightarrow{OG}=(s\overrightarrow{OA}+t\overrightarrow{OB})-\overrightarrow{OG}$$

$$=\boxed{-}\overrightarrow{OG}+s\overrightarrow{OA}+t\overrightarrow{OB} \quad →シ$$

これと，$\overrightarrow{GH}\perp\overrightarrow{OA}$ および $\overrightarrow{GH}\perp\overrightarrow{OB}$ が成り立つことから

$$\begin{cases}\overrightarrow{GH}\cdot\overrightarrow{OA}=0\\ \overrightarrow{GH}\cdot\overrightarrow{OB}=0\end{cases}$$

$$\begin{cases}(-\overrightarrow{OG}+s\overrightarrow{OA}+t\overrightarrow{OB})\cdot\overrightarrow{OA}=0\\ (-\overrightarrow{OG}+s\overrightarrow{OA}+t\overrightarrow{OB})\cdot\overrightarrow{OB}=0\end{cases}$$

$$\begin{cases}-\overrightarrow{OA}\cdot\overrightarrow{OG}+s|\overrightarrow{OA}|^2+t\overrightarrow{OA}\cdot\overrightarrow{OB}=0\\ -\overrightarrow{OB}\cdot\overrightarrow{OG}+s\overrightarrow{OA}\cdot\overrightarrow{OB}+t|\overrightarrow{OB}|^2=0\end{cases} \quad \cdots\cdots③$$

ここで，点Gの座標が $(4,\ 4,\ -\sqrt{7})$ なので，$\overrightarrow{OG}=(4,\ 4,\ -\sqrt{7})$ であるから

$$\begin{cases}\overrightarrow{OA}\cdot\overrightarrow{OG}=-1\cdot 4+2\cdot 4+0\cdot(-\sqrt{7})=4\\ \overrightarrow{OB}\cdot\overrightarrow{OG}=2\cdot 4+3\cdot 4+\sqrt{7}\cdot(-\sqrt{7})=13\end{cases}$$

よって，③より

$$\begin{cases}-4+5s+4t=0\\ -13+4s+20t=0\end{cases}$$

これを解いて

$$s=\frac{\boxed{1}}{\boxed{3}}$$ →ス，セ

$$t=\frac{\boxed{7}}{\boxed{12}}$$ →ソ，タチ

となるので

$$\overrightarrow{\mathrm{OH}}=\frac{1}{3}\overrightarrow{\mathrm{OA}}+\frac{7}{12}\overrightarrow{\mathrm{OB}}=\frac{4\overrightarrow{\mathrm{OA}}+7\overrightarrow{\mathrm{OB}}}{12}$$

$$=\frac{11}{12}\cdot\frac{4\overrightarrow{\mathrm{OA}}+7\overrightarrow{\mathrm{OB}}}{7+4}$$

ここで，$\overrightarrow{\mathrm{OF}}=\dfrac{4\overrightarrow{\mathrm{OA}}+7\overrightarrow{\mathrm{OB}}}{7+4}$ とおくとき，点Fは線分ABを7：4に内分する点であり

$$\overrightarrow{\mathrm{OH}}=\frac{11}{12}\overrightarrow{\mathrm{OF}}$$

と表されて，点Hは線分OFを11：1に内分する点であり，右のような図を得る。

よって，Hは三角形OBCの内部の点 $\boxed{①}$ →ツ である。

解説

選択問題3題の中では最も典型的で完答しやすい問題であろう。まずは条件を図にしてみよう。(1)・(2)の誘導も自然でマークしやすい。(2)で「α 上に点Hを $\overrightarrow{\mathrm{GH}}\perp\overrightarrow{\mathrm{OA}}$ と $\overrightarrow{\mathrm{GH}}\perp\overrightarrow{\mathrm{OB}}$ が成り立つようにとる」とあるが，これは $\overrightarrow{\mathrm{GH}}\perp$ 平面OABとなるための条件であるから，「点Gから平面 α 上に垂線を下ろし，垂線と平面 α の交点を点Hとする」などという表現で点Hを定義する場合もある。仮にそのような条件の与えられ方をしても，それを $\overrightarrow{\mathrm{GH}}\perp\overrightarrow{\mathrm{OA}}$ かつ $\overrightarrow{\mathrm{GH}}\perp\overrightarrow{\mathrm{OB}}$ と置き換えて解答を進めることができるようにしておこう。

ツについては，点Hは三角形OAB内の点であることはわかるが，その選択肢がない。候補は⓪・①に絞られるので，どちらを選択するかを考える。$\overrightarrow{\mathrm{OF}}=\dfrac{4\overrightarrow{\mathrm{OA}}+7\overrightarrow{\mathrm{OB}}}{7+4}$ とおくとき，点Fは線分ABを7：4に内分する点であることと，さらに $\overrightarrow{\mathrm{OH}}=\dfrac{11}{12}\overrightarrow{\mathrm{OF}}$ と表されることにより，点Hは線分OFを11：1に内分する点であることから，点Hの位置が定まる。わかったことを図示し，解き進めていくとよい。

第2回 試行調査：数学Ⅰ・数学A

問題番号(配点)	解答記号	正 解	配 点	チェック
第1問 (25)	(あ)	(次ページを参照)	5	
	ア，イ	①，④ (解答の順序は問わない)	3	
	ウ	①	2	
	エ	③	2	
	オ	①	2	
	(い)	(次ページを参照)	5	
	カ	①	2	
	キ	⑤	2	
	ク	⑤	2	
第2問 (35)	$ア\sqrt{イウ}$	$2\sqrt{57}$	2	
	$エ\sqrt{オ}$	$8\sqrt{3}$	2	
	カキク	⓪ ①，④ ②，③ (それぞれマークして正解)	4	
	(う)	(次ページを参照)	5	
	$\frac{ケコ\pm サ\sqrt{シ}}{ス}$	$\frac{30\pm 6\sqrt{5}}{5}$	3	
	セ	⑧	2	
	ソ	⑥	2	
	タ	①	3	
	チ	③	3	
	ツ	②	3	
	テ	④	3	
	ト	③	3	

(注) 第1問，第2問は必答。第3問～第5問のうちから2問選択。計4問を解答。

問題番号(配点)	解答記号	正 解	配 点	チェック
第3問 (20)	$\frac{ア}{イウ}$	$\frac{1}{20}$	2	
	$\frac{エ}{オカ}$	$\frac{3}{40}$	2	
	$\frac{キ}{ク}$	$\frac{2}{3}$	2	
	ケ	4	1	
	$\frac{コ}{サシ}$	$\frac{2}{27}$	2	
	$\frac{ス}{セソ}$	$\frac{1}{15}$	3	
	$\frac{タ}{チツ}$	$\frac{4}{51}$	4	
	テ	①	4	
第4問 (20)	ア，イ	1，5	1	
	ウ	7	1	
	エ	1	1	
	オ，カ	①，④	2	
	キ，ク	4，4	2	
	$x=ケコ+サn$	$x=-4+8n$	2	
	$-シn$	$-3n$	2	
	ス	①，② (2つマークして正解)	2	
	セ通り	7通り	2	
	ソタ	13	2	
	チツテト	4033	3	
第5問 (20)	ア，イ	⓪，⑦ (解答の順序は問わない)	3	
	ウ	⑤	2	
	エ，オ	②，③ (解答の順序は問わない)	2	
	カ	③	2	
	キ	④	3	
	ク	③	4	
	ケ	⑥	4	

★ (あ) 《正答例》 $\{1\} \subset A$

《留意点》

- 正答例とは異なる記述であっても題意を満たしているものは正答とする。

(い) 《正答例》 $26 \leqq x \leqq \dfrac{18}{\tan 33^\circ}$

《留意点》

- 「≦」を「<」と記述しているものは誤答とする。
- 33°の三角比を用いずに記述しているものは誤答とする。
- 正答例とは異なる記述であっても題意を満たしているものは正答とする。

(う) 《正答例1》 時刻によらず，$S_1 = S_2 = S_3$ である。

《正答例2》 移動を開始してからの時間を t とおくとき，移動の間におけるすべての t について $S_1 = S_2 = S_3$ である。

《留意点》

- 時刻によって面積の大小関係が変化しないことについて言及していないものは誤答とする。
- S_1 と S_2 と S_3 の値が等しいことについて言及していないものは誤答とする。
- 移動を開始してからの時間を表す文字を説明せずに用いているものは誤答とする。
- 前後の文脈により正しいと判断できる書き間違いは基本的に許容するが，正誤の判断に影響するような誤字・脱字は誤答とする。

(注) 記述式問題については，導入が見送られることになりました。本書では，出題内容や場面設定の参考としてそのまま掲載しています（該当の問題には★印を付けています)。

● 正解および配点は，大学入試センターから公表されたものをそのまま掲載しています。

※ 2018年11月の試行調査の受検者のうち，3年生の平均点を示しています（記述式を除く85点を満点とした平均点)。

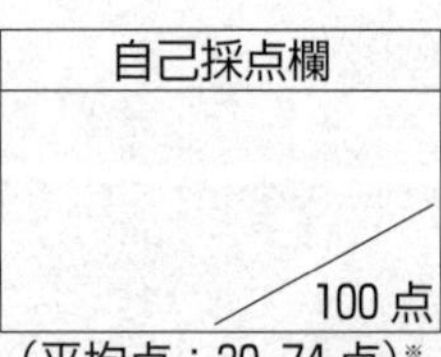

（平均点：30.74点）※

第1問 ── 集合，命題，2次関数，2次方程式，2次不等式，三角比，正弦定理

〔1〕 標準 《集合，命題》

★(1) 1のみを要素にもつ集合は $\{1\}$ で表される。

よって，「1のみを要素にもつ集合は集合 A の部分集合である」という命題を，記号を用いて表すと

$\{1\} \subset A$ →(あ)

となる。

(2) 条件 p，q を

$p : x \in B,\ y \in B \qquad q : x+y \in B$

とする。

⓪ $y=0$ は有理数であるので，$x=\sqrt{2}$，$y=0$ は p を満たさない。よって，反例とならない。

① $x=3-\sqrt{3}$，$y=\sqrt{3}-1$ は無理数であり，$x+y=2$ は有理数であるので，p を満たすが，q を満たさない。よって，反例となる。

② $x=\sqrt{3}+1$，$y=\sqrt{2}-1$ は無理数であり，$x+y=\sqrt{2}+\sqrt{3}$ は無理数であるので，p を満たし，q も満たす。よって，反例とならない。

③ $x=\sqrt{4}=2$，$y=-\sqrt{4}=-2$ は有理数であるので，$x=\sqrt{4}$，$y=-\sqrt{4}$ は p を満たさない。よって，反例とならない。

④ $x=\sqrt{8}=2\sqrt{2}$，$y=1-2\sqrt{2}$ は無理数であり，$x+y=1$ は有理数であるので，p を満たすが，q を満たさない。よって，反例となる。

⑤ $x=\sqrt{2}-2$，$y=\sqrt{2}+2$ は無理数であり，$x+y=2\sqrt{2}$ は無理数であるので，p を満たし，q も満たす。よって，反例とならない。

以上より，命題「$x \in B$，$y \in B$ ならば，$x+y \in B$ である」が偽であることを示すための反例となる x，y の組は **①，④** →ア，イ である。

解説

(1)は集合についての命題を，記号を用いて表す問題であり，(2)は命題 $p \Longrightarrow q$ が偽であることを示すための反例を，選択肢の中から選ぶ問題である。普段から教科書に載っている用語や記号について，しっかりと確認し，慣れていないと，悩んでしまう部分があったのではないかと思われる。

★(1) 1のみを要素にもつ集合を $\{1\}$ と表すことに慣れていなければ，$C=\{x \mid x=1\}$ とおいて，$C \subset A$ と解答することも考えられる。

(2) 命題 $p \Longrightarrow q$ が偽であることを示すためには，仮定 p を満たすが，結論 q を満たさないような例を1つ挙げればよい。このような例を反例という。この問題では，

命題「$x \in B$, $y \in B$ ならば，$x+y \in B$ である」が偽であることを示すための反例となる x, y の組を選びたいので，「x, y はともに無理数であるが，$x+y$ は無理数でない」すなわち「x, y はともに無理数であるが，$x+y$ は有理数である」ような x, y の組を選べればよい。

〔2〕 易 《2次関数，2次方程式，2次不等式》

(1)　図1の放物線は，x 軸の負の部分と2点で交わっている。よって，図1の放物線を表示させる a, p, q の値に対して，方程式 $f(x)=0$ の解について正しく記述したものは

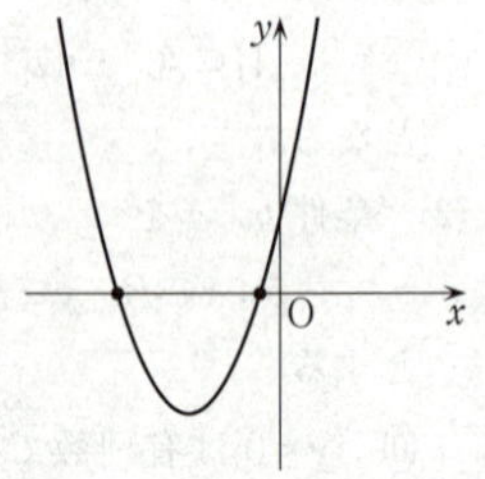

方程式 $f(x)=0$ は異なる二つの負の解をもつ。

①　→ウ

である。

(2)　関数 $y=a(x-p)^2+q$ のグラフは，図1より，下に凸なので $a>0$ であり，頂点は第3象限にあるから

(頂点の x 座標) $=p<0$,　(頂点の y 座標) $=q<0$

である。

不等式 $f(x)>0$ の解がすべての実数となるための条件は

$a \geqq 0$　かつ　(頂点の y 座標) $=q>0$

であるから，図1の状態から a の値は変えず，q の値だけを変化させればよい。

よって，「不等式 $f(x)>0$ の解がすべての実数となること」が起こり得る操作は**操作Qだけである。**　③　→エ

不等式 $f(x)>0$ の解がないための条件は

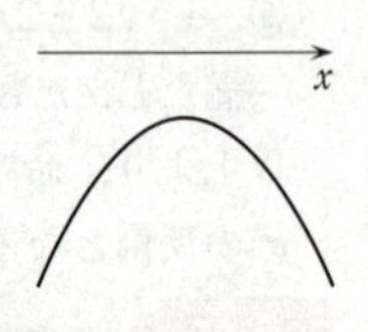

$a \leqq 0$　かつ　(頂点の y 座標) $=q \leqq 0$

であるから，図1の状態から q の値は変えず，a の値だけを変化させればよい。

よって，「不等式 $f(x)>0$ の解がないこと」が起こり得る操作は**操作Aだけである。**　①　→オ

解説

2次方程式 $f(x)=0$ の実数解と2次不等式 $f(x)>0$ の解を，$y=f(x)$ のグラフと x 軸との位置関係から考えさせる問題である。問われていることは頻出の内容なので，特に難しい部分は見当たらない。

(1)　方程式 $f(x)=0$ の実数解 x は，$y=f(x)$ のグラフと x 軸の共有点の x 座標と一致する。

(2) 不等式$f(x)>0$の解がすべての実数となるための条件は，$a\geqq 0$，$q>0$であるから，pの値については，図１の状態から変化があってもなくてもどちらでもよいが，$a\geqq 0$，$q>0$となり得る操作は操作Ｑだけである。

不等式$f(x)>0$の解がないための条件は，$a\leqq 0$，$q\leqq 0$であるから，pの値については，図１の状態から変化があってもなくてもどちらでもよいが，$a\leqq 0$，$q\leqq 0$となり得る操作は操作Ａだけである。

★〔３〕 標準 《三角比》

階段の傾斜をちょうど33°とするとき，踏面をx〔cm〕とすると，蹴上げは$x\tan 33°$〔cm〕だから，蹴上げを18cm以下にするためには

$$x\tan 33°\leqq 18$$

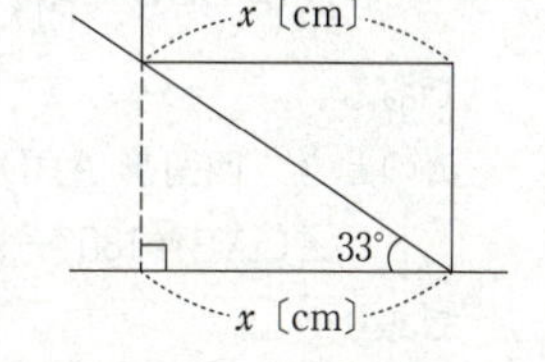

$\tan 33°>0$より　　$x\leqq \dfrac{18}{\tan 33°}$

踏面は26cm以上だから　　$26\leqq x\leqq \dfrac{18}{\tan 33°}$

よって，xのとり得る値の範囲を求めるための不等式を，33°の三角比とxを用いて表すと

$$26\leqq x\leqq \frac{18}{\tan 33°} \quad \to (い)$$

解説

三角比を用いて，建築基準法を満たす踏面の範囲を求めさせる問題である。問題文に33°の三角比とxを用いることは書かれているので，$\sin 33°$，$\cos 33°$，$\tan 33°$のいずれかを用いるが，踏面xと蹴上げが18cm以下という条件が生かせる$\tan 33°$を利用する。

高等学校の階段では，蹴上げが18cm以下，踏面が26cm以上となっているので，$x\geqq 26$の条件が付加されることに注意が必要である。

〔４〕 易 《正弦定理》

(1) 点Ａを含む弧BC上に点A′をとると，円周角の定理より

$$\angle \mathrm{CAB}=\angle \mathrm{CA'B}$$

が成り立つ。

特に，直線BOと円Oとの交点のうち点Bと異なる点 ① →カ を点A′とし，三角形A′BCに対して$C=90°$の場合の考察の結果を利用すれば

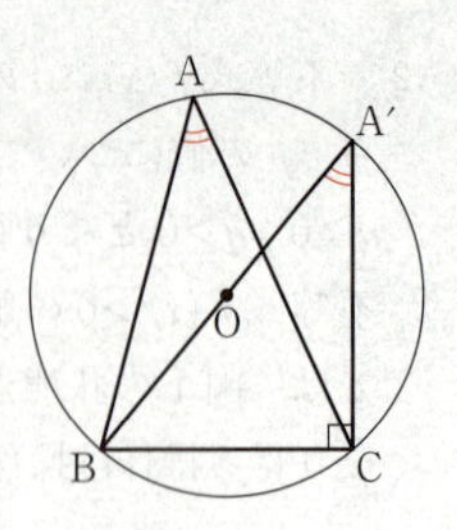

$$\sin A=\sin\angle\mathrm{CAB}=\sin\angle\mathrm{CA'B}=\sin A'=\frac{\mathrm{BC}}{\mathrm{A'B}}=\frac{a}{2R}$$

であるから

$$\frac{a}{\sin A}=2R$$

が成り立つことを証明できる。

$\dfrac{b}{\sin B}=2R$，$\dfrac{c}{\sin C}=2R$ についても同様に証明できる。

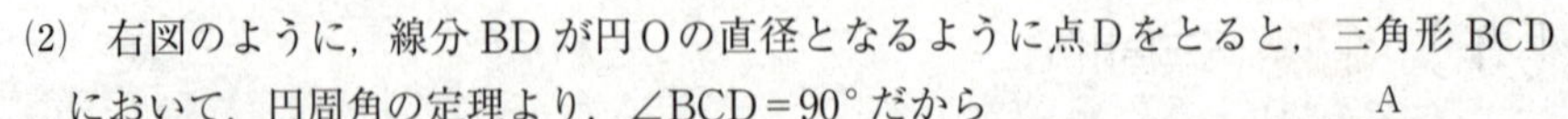

(2)　右図のように，線分BDが円Oの直径となるように点Dをとると，三角形BCDにおいて，円周角の定理より，$\angle\mathrm{BCD}=90^\circ$ だから

$$\sin\angle\mathrm{BDC}=\frac{\mathrm{BC}}{\mathrm{BD}}=\frac{a}{2R}$$　⑤ →キ

である。

このとき，四角形ABDCは円Oに内接するから

$\angle\mathrm{CAB}=180^\circ-\angle\mathrm{BDC}$　⑤ →ク

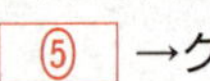

であり

$$\sin\angle\mathrm{CAB}=\sin(180^\circ-\angle\mathrm{BDC})=\sin\angle\mathrm{BDC}$$

となることを用いる。

したがって

$$\sin A=\sin\angle\mathrm{CAB}=\sin\angle\mathrm{BDC}=\frac{a}{2R}$$

であるから

$$\frac{a}{\sin A}=2R$$

が成り立つことが証明できる。

解説

正弦定理の証明問題である。教科書で一度は目にしたことがあるだろう。証明方法を覚えていなかったとしても，誘導が丁寧に与えられているので，その場で考えれば正解が導き出せるようになっている。

(1)　問題文に「直角三角形の場合に（＊）の関係が成り立つことをもとにして」とあり，太郎さんの証明の構想においても「特に，［カ］を点A′とし，三角形A′BCに対して $C=90^\circ$ の場合の考察の結果を利用すれば」と書かれているので，［カ］に当てはまる最も適当なものとして①を選ぶことは難しくないはずである。

(2)　円周角の定理より，$\angle\mathrm{BCD}=90^\circ$ となることに気付けるかどうかがポイントとなる。このことに気付けさえすれば，特に難しい部分はないだろう。

第2問 ── 余弦定理，三角形の面積，データの相関，共分散，相関係数

〔1〕 標準 《余弦定理，三角形の面積》

(1) 図1の直角三角形ABCは，$\angle ABC=30°$，$\angle CAB=60°$，$\angle ACB=90°$ なので，$CA:BC:AB=1:\sqrt{3}:2$ であるから，$AB=20$ より

$$CA=10,\quad BC=10\sqrt{3}$$

点Pは毎秒1の速さで移動するから，$CA=10$ より，10秒後に点Cの位置に到達するので，点Q，Rもそれぞれ点A，Bの位置に10秒後に到達する。

これより

点Qの移動する速さは，$\dfrac{AB}{10}=\dfrac{20}{10}=2$ より，毎秒2

点Rの移動する速さは，$\dfrac{BC}{10}=\dfrac{10\sqrt{3}}{10}=\sqrt{3}$ より，毎秒 $\sqrt{3}$

となる。

したがって，移動を開始してから t 秒後（$0\leqq t\leqq 10$）の点P，Q，Rは，それぞれ辺AC，BA，CB上の $AP=t$，$BQ=2t$，$CR=\sqrt{3}t$ の位置にある。

(i) 移動を開始してから2秒後の点P，Qは，$t=2$ より

$$AP=2,\quad BQ=4$$

の位置にあるから，三角形APQに余弦定理を用いて

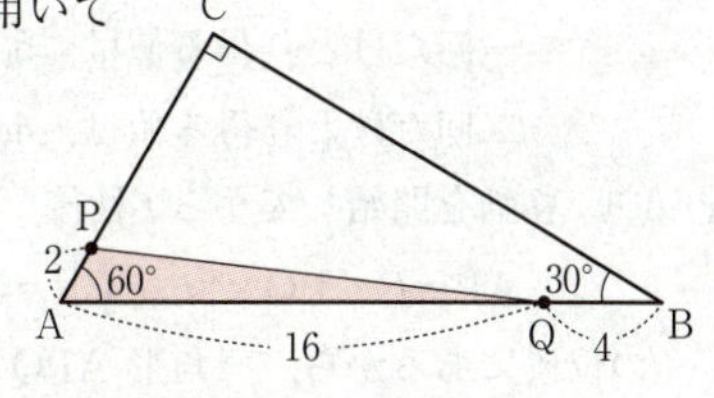

$$\begin{aligned}PQ^2&=AP^2+AQ^2-2\cdot AP\cdot AQ\cdot\cos 60°\\&=2^2+16^2-2\cdot 2\cdot 16\cdot\frac{1}{2}\\&=2^2(1+8^2-8)\\&=2^2\cdot 57\end{aligned}$$

$PQ\geqq 0$ なので，各点が移動を開始してから2秒後の線分PQの長さは

$$PQ=\sqrt{2^2\cdot 57}=\boxed{2}\sqrt{\boxed{57}}$$ →ア，イウ

また，三角形APQの面積 S は

$$\begin{aligned}S&=\frac{1}{2}\cdot AP\cdot AQ\cdot\sin 60°=\frac{1}{2}\cdot 2\cdot 16\cdot\frac{\sqrt{3}}{2}\\&=\boxed{8}\sqrt{\boxed{3}}\end{aligned}$$ →エ，オ

(ii) 移動を開始してから t 秒後（$0\leqq t\leqq 10$）の点P，Rは

$$AP=t,\quad CR=\sqrt{3}t$$

の位置にあるから，∠ACB＝90°より，三角形CPRに三平方の定理を用いて

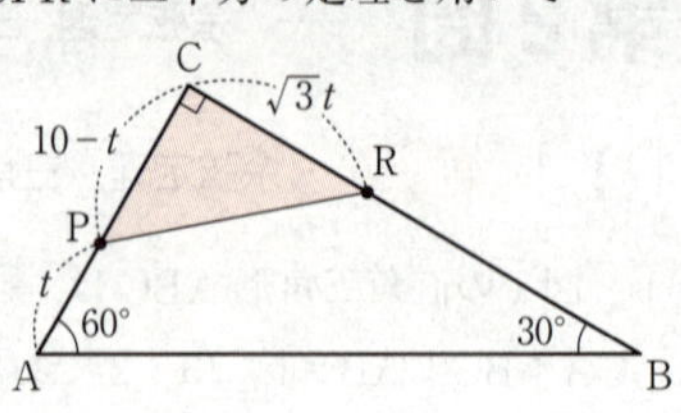

$$\mathrm{PR}^2=\mathrm{CP}^2+\mathrm{CR}^2$$
$$=(10-t)^2+(\sqrt{3}t)^2$$
$$=4t^2-20t+100$$
$$=4\left(t-\frac{5}{2}\right)^2+75 \quad (0\leqq t\leqq 10)$$

$\mathrm{PR}\geqq 0$ より，$\mathrm{PR}=\sqrt{\mathrm{PR}^2}$ であり，⓪～④の値は

⓪　$5\sqrt{2}=\sqrt{5^2\cdot 2}=\sqrt{50}$　　①　$5\sqrt{3}=\sqrt{5^2\cdot 3}=\sqrt{75}$

②　$4\sqrt{5}=\sqrt{4^2\cdot 5}=\sqrt{80}$　　③　$10=\sqrt{10^2}=\sqrt{100}$

④　$10\sqrt{3}=\sqrt{10^2\cdot 3}=\sqrt{300}$

だから，$\mathrm{PR}^2=4\left(t-\frac{5}{2}\right)^2+75$ $(0\leqq t\leqq 10)$ のグラフを利用し，PR^2 の値に着目すれば

$\mathrm{PR}^2=50$ は，とり得ない値

$\mathrm{PR}^2=75$ は，一回だけとり得る値

$\mathrm{PR}^2=80$ は，二回だけとり得る値

$\mathrm{PR}^2=100$ は，二回だけとり得る値

$\mathrm{PR}^2=300$ は，一回だけとり得る値

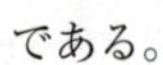
である。

よって，各点が移動する間の線分PRの長さとして

とり得ない値は，$5\sqrt{2}$　**⓪**　→カ

一回だけとり得る値は，$5\sqrt{3}$，$10\sqrt{3}$　**①，④**　→キ

二回だけとり得る値は，$4\sqrt{5}$，10　**②，③**　→ク

★ (iii)　移動を開始してから t 秒後 $(0\leqq t\leqq 10)$ の点P，Q，Rは

$\mathrm{AP}=t,\quad \mathrm{BQ}=2t,\quad \mathrm{CR}=\sqrt{3}t$

の位置にあるから，三角形APQの面積 S_1 は

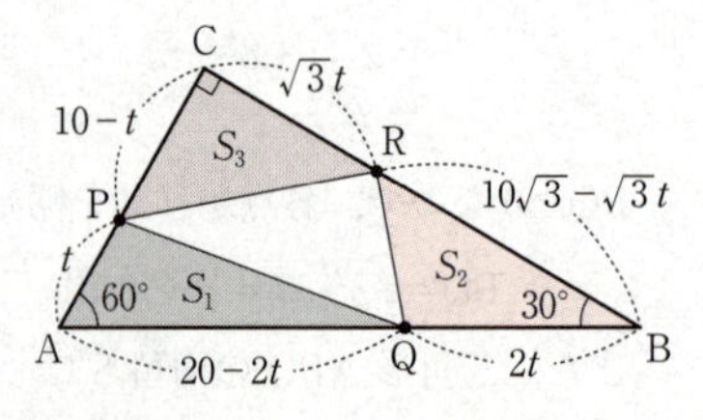

$$S_1=\frac{1}{2}\cdot\mathrm{AP}\cdot\mathrm{AQ}\cdot\sin 60°$$
$$=\frac{1}{2}\cdot t\cdot(20-2t)\cdot\frac{\sqrt{3}}{2}$$
$$=\frac{1}{2}\cdot t\cdot 2(10-t)\cdot\frac{\sqrt{3}}{2}=\frac{\sqrt{3}}{2}t(10-t)$$

三角形BQRの面積 S_2 は

$$S_2=\frac{1}{2}\cdot\mathrm{BQ}\cdot\mathrm{BR}\cdot\sin 30°=\frac{1}{2}\cdot 2t\cdot(10\sqrt{3}-\sqrt{3}t)\cdot\frac{1}{2}$$
$$=\frac{1}{2}\cdot 2t\cdot\sqrt{3}(10-t)\cdot\frac{1}{2}=\frac{\sqrt{3}}{2}t(10-t)$$

三角形CRPの面積S_3は，$\angle ACB=90°$より

$$S_3=\frac{1}{2}\cdot CR\cdot CP=\frac{1}{2}\cdot\sqrt{3}t\cdot(10-t)=\frac{\sqrt{3}}{2}t(10-t)$$

よって，**時刻によらず，$S_1=S_2=S_3$である。**→(う)

(2) 点Pは毎秒1の速さで移動するから，CA＝12より，12秒後に点Cの位置に到達するので，点Q，Rもそれぞれ点A，Bの位置に12秒後に到達する。

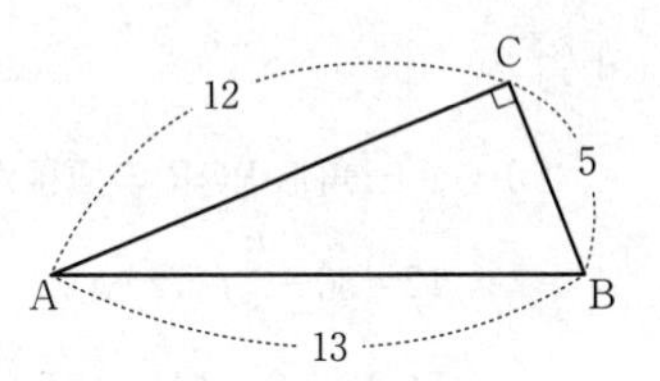

これより

点Qの移動する速さは，$\frac{AB}{12}=\frac{13}{12}$より，毎秒$\frac{13}{12}$

点Rの移動する速さは，$\frac{BC}{12}=\frac{5}{12}$より，毎秒$\frac{5}{12}$

となる。

したがって，移動を開始してからt秒後（$0\leqq t\leqq 12$）の点P，Q，Rは，それぞれ辺AC，BA，CB上の$AP=t$，$BQ=\frac{13}{12}t$，$CR=\frac{5}{12}t$の位置にある。

三角形APQの面積をT_1とすると，直角三角形ABCにおいて

$$\sin\angle CAB=\frac{BC}{AB}=\frac{5}{13}$$

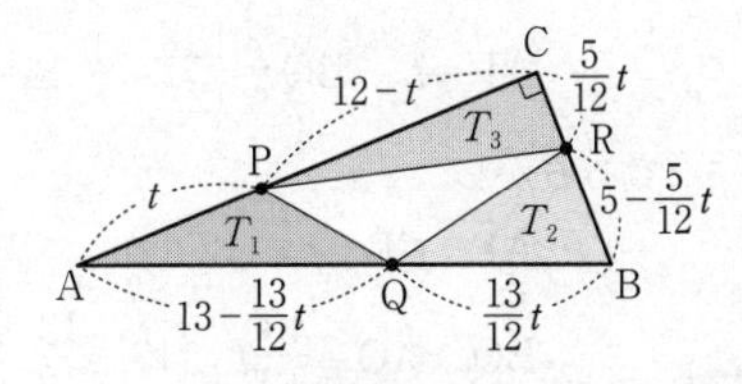

より

$$T_1=\frac{1}{2}\cdot AP\cdot AQ\cdot\sin\angle CAB$$
$$=\frac{1}{2}\cdot t\cdot\left(13-\frac{13}{12}t\right)\cdot\frac{5}{13}$$
$$=\frac{1}{2}\cdot t\cdot\frac{13}{12}(12-t)\cdot\frac{5}{13}=\frac{5}{24}t(12-t)$$

三角形BQRの面積をT_2とすると，直角三角形ABCにおいて

$$\sin\angle ABC=\frac{CA}{AB}=\frac{12}{13}$$

より

$$T_2=\frac{1}{2}\cdot BQ\cdot BR\cdot\sin\angle ABC=\frac{1}{2}\cdot\frac{13}{12}t\cdot\left(5-\frac{5}{12}t\right)\cdot\frac{12}{13}$$
$$=\frac{1}{2}\cdot\frac{13}{12}t\cdot\frac{5}{12}(12-t)\cdot\frac{12}{13}=\frac{5}{24}t(12-t)$$

三角形CRPの面積をT_3とすると，$\angle ACB=90°$より

$$T_3=\frac{1}{2}\cdot CR\cdot CP=\frac{1}{2}\cdot\frac{5}{12}t\cdot(12-t)=\frac{5}{24}t(12-t)$$

また，三角形ABCの面積をT_0とすると

$$T_0=\frac{1}{2}\cdot\mathrm{BC}\cdot\mathrm{CA}=\frac{1}{2}\cdot5\cdot12=30$$

三角形PQRの面積は

$$(\text{三角形PQRの面積})=T_0-(T_1+T_2+T_3)$$
$$=30-3\times\frac{5}{24}t(12-t)=30-\frac{5}{8}t(12-t)$$

だから，三角形PQRの面積が12のとき

$$12=30-\frac{5}{8}t(12-t)\qquad \frac{5}{8}t(12-t)=18$$

$$5t(12-t)=144\qquad 5t^2-60t+144=0$$

$$t=\frac{-(-30)\pm\sqrt{(-30)^2-5\cdot144}}{5}=\frac{30\pm\sqrt{180}}{5}$$

$$=\frac{30\pm6\sqrt{5}}{5}$$ （これらは $0\leqq t\leqq12$ を満たす）

よって，三角形PQRの面積が12となるのは，各点が移動を開始してから

$$\frac{\boxed{30}\pm\boxed{6}\sqrt{\boxed{5}}}{\boxed{5}}$$ 秒後 →ケコ，サ，シ，ス

別解 (2) 移動を開始してから t 秒後 $(0\leqq t\leqq12)$ の点P，Q，Rは

$$\mathrm{AP}=t,\quad \mathrm{BQ}=\frac{13}{12}t,\quad \mathrm{CR}=\frac{5}{12}t$$

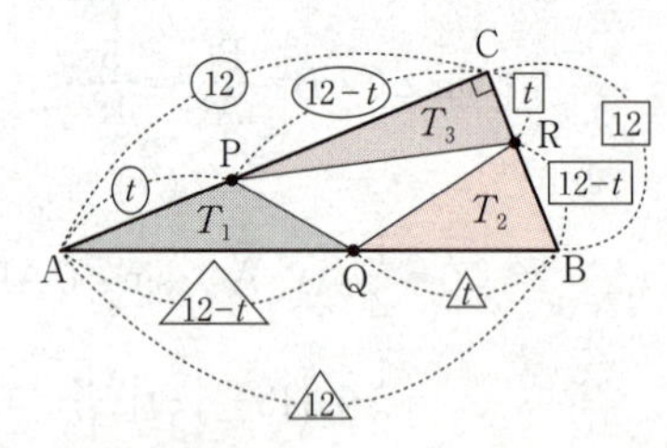

であるから

$$\mathrm{AP}:\mathrm{CP}=t:(12-t)$$

$$\mathrm{BQ}:\mathrm{AQ}=\frac{13}{12}t:\left(13-\frac{13}{12}t\right)$$
$$=\frac{13}{12}t:\frac{13}{12}(12-t)$$
$$=t:(12-t)$$

$$\mathrm{CR}:\mathrm{BR}=\frac{5}{12}t:\left(5-\frac{5}{12}t\right)=\frac{5}{12}t:\frac{5}{12}(12-t)$$
$$=t:(12-t)$$

これより，三角形ABC，三角形APQ，三角形BQR，三角形CRPの面積をそれぞれ，T_0，T_1，T_2，T_3 とすれば

$$T_1:T_0=\mathrm{AP}\cdot\mathrm{AQ}:\mathrm{AC}\cdot\mathrm{AB}=t\cdot(12-t):12\cdot12$$

すなわち　$T_1=\dfrac{t(12-t)}{144}T_0$

$$T_2:T_0=\mathrm{BQ}\cdot\mathrm{BR}:\mathrm{BA}\cdot\mathrm{BC}=t\cdot(12-t):12\cdot12$$

すなわち　$T_2=\dfrac{t(12-t)}{144}T_0$

$T_3 : T_0 = \mathrm{CR} \cdot \mathrm{CP} : \mathrm{CB} \cdot \mathrm{CA} = t \cdot (12-t) : 12 \cdot 12$

すなわち　$T_3 = \dfrac{t(12-t)}{144} T_0$

ここで，三角形ABCの面積 T_0 は

$T_0 = \dfrac{1}{2} \cdot \mathrm{BC} \cdot \mathrm{CA} = \dfrac{1}{2} \cdot 5 \cdot 12 = 30$

であり，三角形PQRの面積は

$$(\text{三角形PQRの面積}) = T_0 - (T_1 + T_2 + T_3) = T_0 - 3 \times \frac{t(12-t)}{144} T_0$$

$$= 30 - 3 \times \frac{t(12-t)}{144} \times 30 = 30 - \frac{5}{8} t(12-t)$$

（以下，〔解答〕に同じ）

解説

直角三角形の辺上を移動する3点が，ある規則に従って移動するときの，線分の長さや，三角形の面積を求める問題である。

(1) (i)　3点P，Q，Rの規則より，点Qは毎秒2の速さで辺BA上を移動し，点Rは毎秒 $\sqrt{3}$ の速さで辺CB上を移動することがわかるかどうかがポイントになる。これがわかれば，三角形APQに余弦定理と面積の公式を用いることに気付くのは容易である。

(ii)　$\mathrm{PR} = \sqrt{\mathrm{PR}^2}$ と，⓪ $\sqrt{50}$，① $\sqrt{75}$，② $\sqrt{80}$，③ $\sqrt{100}$，④ $\sqrt{300}$ より，$\mathrm{PR}^2 = 50$，75，80，100，300となる t の値がそれぞれ何個ずつ存在するのかを，

$\mathrm{PR}^2 = 4\left(t - \dfrac{5}{2}\right)^2 + 75$ $(0 \leqq t \leqq 10)$ のグラフから読み取る。

★ (iii)　三角形の面積の公式を用いて S_1，S_2，S_3 を求めることで，時刻によらず，$S_1 = S_2 = S_3$ となっていることを示す。

(2)　(1)と同様に，3点P，Q，Rの規則より，点Qは毎秒 $\dfrac{13}{12}$ の速さで辺BA上を移動し，点Rは毎秒 $\dfrac{5}{12}$ の速さで辺CB上を移動することがわかる。また，〔別解〕では，一般に成り立つ以下の性質を用いている。

ポイント　1つの角が等しい2つの三角形の面積比

右図のような，1つの角が等しい2つの三角形OVWとOXYにおいて，$\mathrm{OV} : \mathrm{OX} = a : x$，$\mathrm{OW} : \mathrm{OY} = b : y$ であるとき

(三角形OVWの面積)：(三角形OXYの面積)

$= ab : xy$

が成り立つ。

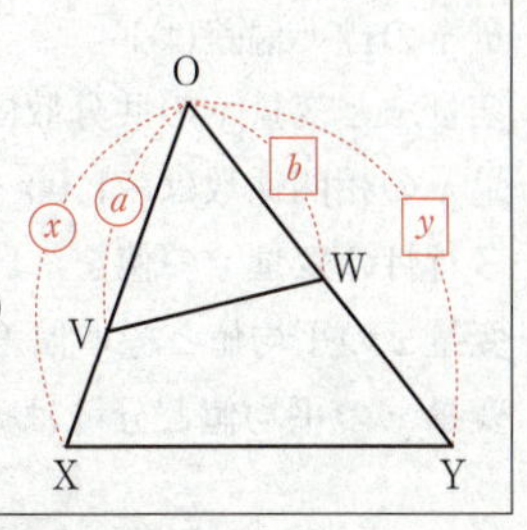

最後に $t=\dfrac{30\pm 6\sqrt{5}}{5}$ が $0\leqq t\leqq 12$ を満たすかどうかを調べなければならないが，

$2<\sqrt{5}<3$ より

$$12<6\sqrt{5}<18 \qquad 42<30+6\sqrt{5}<48$$

$$\therefore \quad (8.4=)\ \frac{42}{5}<\frac{30+6\sqrt{5}}{5}<\frac{48}{5}\ (=9.6)$$

$$-18<-6\sqrt{5}<-12 \qquad 12<30-6\sqrt{5}<18$$

$$\therefore \quad (2.4=)\ \frac{12}{5}<\frac{30-6\sqrt{5}}{5}<\frac{18}{5}\ (=3.6)$$

となって，$0\leqq t\leqq 12$ を満たすことがわかる。

〔2〕 標準 《データの相関，共分散，相関係数》

(1)　変量 x の平均値は　$\dfrac{1+2}{2}=1.50$　⑧　→セ

変量 x の分散は　$\dfrac{(1-1.5)^2+(2-1.5)^2}{2}=\dfrac{0.5^2+0.5^2}{2}=\dfrac{0.5^2\times 2}{2}=0.5^2$

なので，変量 x の標準偏差は　$\sqrt{0.5^2}=0.50$　⑥　→ソ

変量 y の平均値は　$\dfrac{2+1}{2}=1.50$

変量 y の分散は　$\dfrac{(2-1.5)^2+(1-1.5)^2}{2}=\dfrac{0.5^2+0.5^2}{2}=0.5^2$

なので，変量 y の標準偏差は　$\sqrt{0.5^2}=0.50$

変量 x と変量 y の共分散は

$$\frac{(1-1.5)(2-1.5)+(2-1.5)(1-1.5)}{2}=\frac{-0.5^2-0.5^2}{2}=\frac{-0.5^2\times 2}{2}=-0.5^2$$

なので，変量 x と変量 y の相関係数は　$\dfrac{-0.5^2}{0.5\times 0.5}=-1.00$　①　→タ

(2)　3行目の変量 y の値を0に変えたときの相関係数の値を求める。

変量 x の平均値と標準偏差はそれぞれ，(1)より，1.5，0.5

変量 y の平均値と分散はそれぞれ，(1)と同様にして求めれば，1，1なので，変量 y の標準偏差は1

変量 x と変量 y の共分散は，(1)と同様にして求めれば，-0.5 なので，変量 x と変量 y の相関係数は -1.00

3行目の変量 y の値を -1 に変えたときの相関係数の値を求める。

変量 x の平均値と標準偏差はそれぞれ，(1)より，1.5，0.5

変量 y の平均値と分散はそれぞれ，(1)と同様にして求めれば，0.5，1.5^2 なので，

変量yの標準偏差は1.5

変量xと変量yの共分散は，(1)と同様にして求めれば，-0.5×1.5なので，変量xと変量yの相関係数は-1.00

今度は，3行目の変量yの値を2に変えたときを考える。

変量xの平均値と標準偏差はそれぞれ，(1)より，1.5，0.5

変量yの平均値と分散はそれぞれ，(1)と同様にして求めれば，2，0なので，変量yの標準偏差は0

変量xと変量yの共分散は，(1)と同様にして求めれば，0

変量xと変量yの値の組を変更して，$(x, y)=(1, 2)$，$(2, 2)$としたときには相関係数が計算できなかった。その理由として最も適当なものを選ぶ。

⓪ (1)において$(x, y)=(1, 2)$，$(2, 1)$としたとき，相関係数は計算できるので，値の組の個数が2個しかないからというのは理由として適さない。

① 3行目の変量yの値を0に変えたとき，変量xの平均値は1.5，変量yの平均値は1となり，両者の値は異なるが，相関係数は計算できるので，変量xの平均値と変量yの平均値が異なるからというのは理由として適さない。

② 3行目の変量yの値を0に変えたとき，変量xの標準偏差の値は0.5，変量yの標準偏差の値は1となり，両者の値は異なるが，相関係数は計算できるので，変量xの標準偏差の値と変量yの標準偏差の値が異なるからというのは理由として適さない。

③ $(x, y)=(1, 2)$，$(2, 2)$としたとき，変量yの標準偏差の値は0となるから，相関係数を求める式において変量xと変量yの共分散を0で割ることになる。このため，相関係数は計算できないので，**変量yの標準偏差の値が0であるから**というのは理由として適する。

よって，理由として最も適当なものは ③ →**チ** である。

(3) 3行目の変量yの値を3に変えたときの相関係数の値を求める。

変量xの平均値と標準偏差はそれぞれ，(1)より，1.5，0.5

変量yの平均値と分散はそれぞれ，(1)と同様にして求めれば，2.5，0.5^2なので，変量yの標準偏差は0.5

変量xと変量yの共分散は，(1)と同様にして求めれば，0.5^2なので，変量xと変量yの相関係数は1.00

3行目の変量yの値を4に変えたときの相関係数の値を求める。

変量xの平均値と標準偏差はそれぞれ，(1)より，1.5，0.5

変量yの平均値と分散はそれぞれ，(1)と同様にして求めれば，3，1なので，変量yの標準偏差は1

変量xと変量yの共分散は，(1)と同様にして求めれば，0.5なので，変量xと変量

y の相関係数は 1.00

3行目の変量 y の値を5に変えたときの相関係数の値を求める。

変量 x の平均値と標準偏差はそれぞれ，(1)より，1.5，0.5

変量 y の平均値と分散はそれぞれ，(1)と同様にして求めれば，3.5，1.5^2 なので，

変量 y の標準偏差は 1.5

変量 x と変量 y の共分散は，(1)と同様にして求めれば，$0.5 \cdot 1.5$ なので，変量 x と

変量 y の相関係数は 1.00

次に値の組の個数を3とする。

$(x,\ y)=(1,\ 1)$，$(2,\ 2)$，$(3,\ 3)$ とするときの相関係数の値を求める。

変量 x の平均値は　$\dfrac{1+2+3}{3}=2$

変量 x の分散は　$\dfrac{(1-2)^2+(2-2)^2+(3-2)^2}{3}=\dfrac{2}{3}$

なので，変量 x の標準偏差は $\sqrt{\dfrac{2}{3}}$

変量 x と変量 y は同じ値だから，変量 y の平均値と分散と標準偏差はそれぞれ，

2，$\dfrac{2}{3}$，$\sqrt{\dfrac{2}{3}}$

変量 x と変量 y の共分散は　$\dfrac{(1-2)(1-2)+(2-2)(2-2)+(3-2)(3-2)}{3}=\dfrac{2}{3}$

なので，変量 x と変量 y の相関係数は　$\dfrac{\dfrac{2}{3}}{\sqrt{\dfrac{2}{3}}\times\sqrt{\dfrac{2}{3}}}=1.00$

$(x,\ y)=(1,\ 1)$，$(2,\ 2)$，$(3,\ 1)$ とするときの相関係数の値を求める。

変量 x の平均値と分散はそれぞれ，上と同様にして求めれば，2，$\dfrac{2}{3}$ なので，変量

x の標準偏差は $\sqrt{\dfrac{2}{3}}$

変量 y の平均値と分散はそれぞれ，上と同様にして求めれば，$\dfrac{4}{3}$，$\dfrac{2}{9}$ なので，変量

y の標準偏差は $\sqrt{\dfrac{2}{9}}$

変量 x と変量 y の共分散は，上と同様にして求めれば，0なので，変量 x と変量 y

の相関係数は 0.00

$(x,\ y)=(1,\ 1)$，$(2,\ 2)$，$(2,\ 2)$ とするときの相関係数の値を求める。

変量 x の平均値と分散はそれぞれ，上と同様にして求めれば，$\dfrac{5}{3}$，$\dfrac{2}{9}$ なので，変量

xの標準偏差は$\sqrt{\dfrac{2}{9}}$

変量xと変量yは同じ値だから，変量yの平均値と分散と標準偏差はそれぞれ，$\dfrac{5}{3}$，$\dfrac{2}{9}$，$\sqrt{\dfrac{2}{9}}$

変量xと変量yの共分散は，上と同様にして求めれば，$\dfrac{2}{9}$なので，変量xと変量yの相関係数は1.00

値の組の個数を100にして，1個だけ$(x,\ y)=(1,\ 1)$で，99個は$(x,\ y)=(2,\ 2)$としたときの相関係数の値を求める。

変量xの平均値は　$\dfrac{1+2+\cdots+2}{100}=\dfrac{1+2\times99}{100}=\dfrac{199}{100}=1.99$

変量xの分散は

$$\frac{(1-1.99)^2+(2-1.99)^2+\cdots+(2-1.99)^2}{100}=\frac{0.99^2+0.01^2+\cdots+0.01^2}{100}$$

$$=\frac{0.99^2+0.01^2\times99}{100}=\frac{0.99^2+0.01\times0.99}{100}=\frac{0.99(0.99+0.01)}{100}$$

$$=\frac{0.99}{100}=0.0099$$

なので，変量xの標準偏差は$\sqrt{0.0099}$

変量xと変量yは同じ値だから，変量yの平均値と分散と標準偏差はそれぞれ，1.99，0.0099，$\sqrt{0.0099}$

変量xと変量yの共分散は

$$\frac{(1-1.99)(1-1.99)+(2-1.99)(2-1.99)+\cdots+(2-1.99)(2-1.99)}{100}$$

$$=\frac{0.99^2+0.01^2+\cdots+0.01^2}{100}=\frac{0.99^2+0.01^2\times99}{100}=0.0099$$

なので，変量xと変量yの相関係数は　$\dfrac{0.0099}{\sqrt{0.0099}\times\sqrt{0.0099}}=1.00$

相関係数の値についての記述として誤っているものを選ぶ。

⓪　$(x,\ y)=(x_1,\ y_1)$，$(x_2,\ y_2)$としたとき，標準偏差はデータの散らばりの度合いを表す量だから，$x_1=x_2$であると変量xの標準偏差は0となり，$y_1=y_2$であると変量yの標準偏差は0となってしまうため，相関係数は計算できない。したがって，$x_1\neq x_2$かつ$y_1\neq y_2$である場合を考えると，散布図において2点$(x_1,\ y_1)$，$(x_2,\ y_2)$を通る直線はただ一つ存在し，この直線の傾きは正か負のどちらかとなるから，相関係数の値が0になることはない。よって，値の組の個数が2のときには相関係数の値が0.00になることはないので，正しい。

① 例えば，$(x,\ y)=(1,\ 2)$，$(2,\ 1)$，$(2,\ 1)$ としたとき，変量 x の平均値と分散はそれぞれ，上と同様にして求めれば，$\frac{5}{3}$，$\frac{2}{9}$ なので，変量 x の標準偏差は $\sqrt{\frac{2}{9}}$

変量 y の平均値と分散はそれぞれ，上と同様にして求めれば，$\frac{4}{3}$，$\frac{2}{9}$ なので，変量 y の標準偏差は $\sqrt{\frac{2}{9}}$

変量 x と変量 y の共分散は，上と同様にして求めれば，$-\frac{2}{9}$ なので，変量 x と変量 y の相関係数は -1

よって，値の組の個数が3のときには相関係数の値が -1.00 となることがあるので，正しい。

② 例えば，$(x,\ y)=(1,\ 1)$，$(1,\ 1)$，$(2,\ 2)$，$(2,\ 2)$ としたとき，変量 x の平均値は

$$\frac{1+1+2+2}{4}=1.5$$

変量 x の分散は

$$\frac{(1-1.5)^2+(1-1.5)^2+(2-1.5)^2+(2-1.5)^2}{4}=\frac{0.5^2+0.5^2+0.5^2+0.5^2}{4}$$

$$=\frac{0.5^2\times4}{4}=0.5^2$$

なので，変量 x の標準偏差は　$\sqrt{0.5^2}=0.5$

変量 x と変量 y は同じ値だから，変量 y の平均値と分散と標準偏差はそれぞれ，1.5，0.5^2，0.5

変量 x と変量 y の共分散は

$$\frac{(1-1.5)(1-1.5)+(1-1.5)(1-1.5)+(2-1.5)(2-1.5)+(2-1.5)(2-1.5)}{4}$$

$$=\frac{0.5^2+0.5^2+0.5^2+0.5^2}{4}=\frac{0.5^2\times4}{4}=0.5^2$$

なので，変量 x と変量 y の相関係数は　$\frac{0.5^2}{0.5\times0.5}=1$

よって，値の組の個数が4のときには相関係数の値が 1.00 となることがあるので，誤りである。

③ 変量 x の平均値は　$\frac{1+2+\cdots+2}{50}=\frac{1+2\times49}{50}=\frac{99}{50}=1.98$

変量 x の分散は

$$\frac{(1-1.98)^2+(2-1.98)^2+\cdots+(2-1.98)^2}{50}=\frac{0.98^2+0.02^2+\cdots+0.02^2}{50}$$

$$=\frac{0.98^2+0.02^2\times49}{50}=\frac{0.98^2+0.02\times0.98}{50}=\frac{0.98(0.98+0.02)}{50}=\frac{0.98}{50}$$

$=0.0196$

なので，変量 x の標準偏差は $\sqrt{0.0196}$

変量 y の平均値は　$\frac{1+0+\cdots+0}{50}=\frac{1}{50}=0.02$

変量 y の分散は

$$\frac{(1-0.02)^2+(0-0.02)^2+\cdots+(0-0.02)^2}{50}=\frac{0.98^2+0.02^2+\cdots+0.02^2}{50}$$

$$=\frac{0.98^2+0.02^2\times49}{50}=0.0196$$

なので，変量 y の標準偏差は $\sqrt{0.0196}$

変量 x と変量 y の共分散は

$$\frac{(1-1.98)(1-0.02)+(2-1.98)(0-0.02)+\cdots+(2-1.98)(0-0.02)}{50}$$

$$=\frac{-0.98^2-0.02^2-\cdots-0.02^2}{50}=\frac{-(0.98^2+0.02^2\times49)}{50}=-0.0196$$

なので，変量 x と変量 y の相関係数は　$\frac{-0.0196}{\sqrt{0.0196}\times\sqrt{0.0196}}=-1$

よって，値の組の個数が 50 であり，1 個の値の組が $(x,\ y)=(1,\ 1)$，残りの 49 個の値の組が $(x,\ y)=(2,\ 0)$ のときは相関係数の値は -1.00 であるので，正しい。

④　変量 x の平均値は　$\frac{1+\cdots+1+2+\cdots+2}{100}=\frac{1\times50+2\times50}{100}=\frac{150}{100}=1.5$

変量 x の分散は

$$\frac{(1-1.5)^2+\cdots+(1-1.5)^2+(2-1.5)^2+\cdots+(2-1.5)^2}{100}$$

$$=\frac{0.5^2+\cdots+0.5^2+0.5^2+\cdots+0.5^2}{100}=\frac{0.5^2\times100}{100}=0.5^2$$

なので，変量 x の標準偏差は　$\sqrt{0.5^2}=0.5$

変量 x と変量 y は同じ値だから，変量 y の平均値と分散と標準偏差はそれぞれ，1.5，0.5^2，0.5

変量 x と変量 y の共分散は

$$\frac{(1-1.5)(1-1.5)+\cdots+(1-1.5)(1-1.5)+(2-1.5)(2-1.5)+\cdots+(2-1.5)(2-1.5)}{100}$$

$$=\frac{0.5^2+\cdots+0.5^2+0.5^2+\cdots+0.5^2}{100}=\frac{0.5^2\times100}{100}=0.5^2$$

なので，変量 x と変量 y の相関係数は $\dfrac{0.5^2}{0.5\times0.5}=1$

よって，値の組の個数が100であり，50個の値の組が $(x,\ y)=(1,\ 1)$，残りの50個の値の組が $(x,\ y)=(2,\ 2)$ のときは相関係数の値は1.00であるので，正しい。

以上より，相関係数の値についての記述として誤っているものは ② →ツ である。

(4)　値の組の個数が2のときは，相関係数の値は1.00か$-$1.00，または計算できない場合の3通りしかない。

値の組を散布図に表したとき，相関係数の値はあくまで散布図の点が**直線に沿って分布する**程度を表していて ④ →テ，値の組の個数が2の場合に，花子さんが言った3通りに限られるのは**平面上の異なる2点は必ずある直線上にある**からである ③ →ト。

解説

与えられた二つの変量の平均値，標準偏差，相関係数の値を求めさせることで，相関係数について考察させる問題である。

(1)　平均値，標準偏差，相関係数を定義に従って求めていけばよい。

(2)　⓪は(1)の結果から理由として適さないことがわかり，①と②は3行目の変量 y の値を0に変えた場合の平均値，標準偏差，相関係数を計算することで理由として適さないことがわかる。

(3)　⓪　$(\text{変量}\,x\,\text{と変量}\,y\,\text{の相関係数})=\dfrac{\text{変量}\,x\,\text{と変量}\,y\,\text{の共分散}}{(\text{変量}\,x\,\text{の標準偏差})\times(\text{変量}\,y\,\text{の標準偏差})}$

だから，$(x,\ y)=(x_1,\ y_1)$，$(x_2,\ y_2)$ において，$x_1=x_2$ または $y_1=y_2$ のとき，変量 x の標準偏差または変量 y の標準偏差は0となってしまい，相関係数の値は計算できない。したがって，ここでは $x_1\neq x_2$ かつ $y_1\neq y_2$ のときを考えている。

相関係数の値が0となるのは，散布図の点に直線的な相関関係がないときであり，相関係数の値が1に近いとき，散布図の点は右上がりの直線に沿って分布する傾向が強く，相関係数の値が-1に近いとき，散布図の点は右下がりの直線に沿って分布する傾向が強くなる。

散布図において，2点 $(x_1,\ y_1)$，$(x_2,\ y_2)$ $(x_1\neq x_2$ かつ $y_1\neq y_2)$ を通る直線を考えると，相関係数の値が0にならないだけでなく，この直線の傾きは，$x_1\neq x_2$ かつ $y_1\neq y_2$ より，正か負のどちらかになるから，この直線の傾きが正のときには相関係数の値は1，この直線の傾きが負のときには相関係数の値は-1であることまでわかってしまう。

①　(3)にむけた会話文の中で，まったく同じ値の組が含まれていても相関係数の値は計算できることがあると書かれているので，相関係数の値が-1となった(1)の $(x,\ y)=(1,\ 2)$，$(2,\ 1)$ を利用することを考えて，$(x,\ y)=(1,\ 2)$，$(2,\ 1)$，

(2, 1) を例に選んでいる。

② ここでは，$(x, y)=(1, 1)$，$(1, 1)$，$(2, 2)$，$(2, 2)$ を例に選んだが，$(x, y)=(1, 1)$，$(1, 1)$，$(-1, -1)$，$(-1, -1)$ も非常に計算しやすい。ちなみに，このとき，変量 x，変量 y はともに平均値と標準偏差がそれぞれ0と1，変量 x と変量 y の共分散は1，変量 x と変量 y の相関係数は1となる。

(4) 値の組の個数が2のときは，相関係数の値は1.00か−1.00，または計算できない場合の3通りしかないことは，〔解説〕(3)の⓪のように散布図で考えて示すこともできるが，計算で以下のように示すこともできる。

$(x, y)=(x_1, y_1)$，(x_2, y_2) としたとき，変量 x の平均値は $\dfrac{x_1+x_2}{2}$

変量 x の分散は $\dfrac{\left(x_1-\dfrac{x_1+x_2}{2}\right)^2+\left(x_2-\dfrac{x_1+x_2}{2}\right)^2}{2}=\dfrac{(x_1-x_2)^2}{4}$

なので，変量 x の標準偏差は $\sqrt{\dfrac{(x_1-x_2)^2}{4}}=\dfrac{|x_1-x_2|}{2}$

同様にして，変量 y の平均値と分散と標準偏差はそれぞれ，$\dfrac{y_1+y_2}{2}$，$\dfrac{(y_1-y_2)^2}{4}$，$\dfrac{|y_1-y_2|}{2}$

ここで，$x_1=x_2$ または $y_1=y_2$ のとき，変量 x の標準偏差または変量 y の標準偏差は0となるので，相関係数の値は計算できない。

$x_1 \neq x_2$ かつ $y_1 \neq y_2$ のとき，変量 x と変量 y の共分散は

$$\frac{\left(x_1-\dfrac{x_1+x_2}{2}\right)\left(y_1-\dfrac{y_1+y_2}{2}\right)+\left(x_2-\dfrac{x_1+x_2}{2}\right)\left(y_2-\dfrac{y_1+y_2}{2}\right)}{2}=\frac{(x_1-x_2)(y_1-y_2)}{4}$$

なので，変量 x と変量 y の相関係数は

$$\frac{\dfrac{(x_1-x_2)(y_1-y_2)}{4}}{\dfrac{|x_1-x_2|}{2}\times\dfrac{|y_1-y_2|}{2}}=\frac{(x_1-x_2)(y_1-y_2)}{|(x_1-x_2)(y_1-y_2)|}=\frac{(x_1-x_2)(y_1-y_2)}{\pm(x_1-x_2)(y_1-y_2)}=\pm 1$$

よって，値の組の個数が2のときは，相関係数の値は1.00か−1.00，または計算できない場合の3通りしかない。

また，(4)は，この問題で相関係数について考察してきたことの結論が述べられており，(1)〜(3)の結果をふまえずとも，［テ］，［ト］に当てはまる選択肢が選べてしまうような内容となっているため，出題者の意図とは逆行するが，(4)を読んでから(3)を解いた方が，(3)の正解を選びやすくなっている。

第３問 やや難 《条件付き確率》

(1)　箱Ａには当たりくじが10本入っていて，箱Ｂには当たりくじが５本入っている場合を考える。

１番目の人がくじを引いた箱が箱Ａであったという条件の下で，当たりくじを引く条件付き確率 $P_A(W)$ は

$$P_A(W)=\frac{10}{100}=\frac{1}{10}$$

なので，１番目の人が引いた箱が箱Ａで，かつ当たりくじを引く確率は

$$P(A\cap W)=P(A)\cdot P_A(W)=\frac{1}{2}\cdot\frac{1}{10}=\frac{\boxed{1}}{\boxed{20}}\quad \to ア，イウ$$

である。

一方で，１番目の人が当たりくじを引く事象 W は，箱Ａから当たりくじを引くか箱Ｂから当たりくじを引くかのいずれかであるので，その確率は

$$P(W)=P(A\cap W)+P(B\cap W)$$

ここで，１番目の人がくじを引いた箱が箱Ｂであったという条件の下で，当たりくじを引く条件付き確率 $P_B(W)$ は

$$P_B(W)=\frac{5}{100}=\frac{1}{20}$$

なので，１番目の人が引いた箱が箱Ｂで，かつ当たりくじを引く確率は

$$P(B\cap W)=P(B)\cdot P_B(W)=\frac{1}{2}\cdot\frac{1}{20}=\frac{1}{40}$$

である。したがって

$$P(W)=P(A\cap W)+P(B\cap W)=\frac{1}{20}+\frac{1}{40}=\frac{\boxed{3}}{\boxed{40}}\quad \to エ，オカ$$

である。

よって，１番目の人が当たりくじを引いたという条件の下で，その箱が箱Ａであるという条件付き確率 $P_W(A)$ は

$$P_W(A)=\frac{P(A\cap W)}{P(W)}=\frac{\frac{1}{20}}{\frac{3}{40}}=\frac{1}{20}\div\frac{3}{40}=\frac{\boxed{2}}{\boxed{3}}\quad \to キ，ク$$

と求められる。

また，１番目の人が当たりくじを引いた後，同じ箱から２番目の人がくじを引くとき，そのくじが当たりくじであるのは

(i)　１番目の人が当たりくじを引いた後，その箱が箱Ａであるとき，箱Ａから２番目の人が当たりくじを引く。

(ii) 1番目の人が当たりくじを引いた後，その箱が箱Bであるとき，箱Bから2番目の人が当たりくじを引く。

のいずれかだから，(i)，(ii)の確率をそれぞれ求めると

(i) 1番目の人が当たりくじを引いた後，その箱が箱Aであるときの確率は

$$P_W(A)=\frac{2}{3}$$

箱Aから2番目の人が当たりくじを引く確率は，引いたくじはもとに戻さないことに注意して

$$\frac{9}{99}$$

したがって，このときの確率は

$$P_W(A)\times\frac{9}{99}=\frac{2}{3}\times\frac{9}{99}=\frac{18}{3\cdot 99}$$

(ii) 1番目の人が当たりくじを引いた後，その箱が箱Bであるときの確率は

$$P_W(B)=\frac{P(B\cap W)}{P(W)}=\frac{\frac{1}{40}}{\frac{3}{40}}=\frac{1}{40}\div\frac{3}{40}=\frac{1}{3}$$

箱Bから2番目の人が当たりくじを引く確率は，引いたくじはもとに戻さないことに注意して

$$\frac{4}{99}$$

したがって，このときの確率は

$$P_W(B)\times\frac{4}{99}=\frac{1}{3}\times\frac{4}{99}=\frac{4}{3\cdot 99}$$

よって，1番目の人が当たりくじを引いた後，同じ箱から2番目の人がくじを引くとき，そのくじが当たりくじである確率は，(i)，(ii)より

$$P_W(A)\times\frac{9}{99}+P_W(B)\times\frac{\boxed{4}}{99}=\frac{18}{3\cdot 99}+\frac{4}{3\cdot 99}=\frac{22}{3\cdot 99}$$

$$=\frac{\boxed{2}}{\boxed{27}}$$ →ケ，コ，サシ ……①

それに対して，1番目の人が当たりくじを引いた後，異なる箱から2番目の人がくじを引くとき，そのくじが当たりくじであるのは

(iii) 1番目の人が当たりくじを引いた後，その箱が箱Aであるとき，箱Bから2番目の人が当たりくじを引く。

(iv) 1番目の人が当たりくじを引いた後，その箱が箱Bであるとき，箱Aから2番目の人が当たりくじを引く。

のいずれかだから，(iii)，(iv)の確率をそれぞれ求めると

(iii)　１番目の人が当たりくじを引いた後，その箱が箱Ａであるときの確率は

$$P_W(A)=\frac{2}{3}$$

箱Ｂから２番目の人が当たりくじを引く確率は

$$\frac{5}{100}$$

したがって，このときの確率は

$$P_W(A)\times\frac{5}{100}=\frac{2}{3}\times\frac{5}{100}=\frac{1}{30}$$

(iv)　１番目の人が当たりくじを引いた後，その箱が箱Ｂであるときの確率は

$$P_W(B)=\frac{1}{3}$$

箱Ａから２番目の人が当たりくじを引く確率は

$$\frac{10}{100}$$

したがって，このときの確率は

$$P_W(B)\times\frac{10}{100}=\frac{1}{3}\times\frac{10}{100}=\frac{1}{30}$$

よって，１番目の人が当たりくじを引いた後，異なる箱から２番目の人がくじを引くとき，そのくじが当たりくじである確率は，(iii)，(iv)より

$$P_W(A)\times\frac{5}{100}+P_W(B)\times\frac{10}{100}=\frac{1}{30}+\frac{1}{30}=\frac{1}{15}$$　→ス，セソ　……②

(2)　今度は箱Ａには当たりくじが 10 本入っていて，箱Ｂには当たりくじが７本入っている場合を考える。

１番目の人がくじを引いた箱が箱Ａであったという条件の下で，当たりくじを引く条件付き確率 $P_A(W)$ は

$$P_A(W)=\frac{10}{100}=\frac{1}{10}$$

なので，１番目の人が引いた箱が箱Ａで，かつ当たりくじを引く確率は

$$P(A\cap W)=P(A)\cdot P_A(W)=\frac{1}{2}\cdot\frac{1}{10}=\frac{1}{20}$$

また，１番目の人がくじを引いた箱が箱Ｂであったという条件の下で，当たりくじを引く条件付き確率 $P_B(W)$ は

$$P_B(W)=\frac{7}{100}$$

なので，１番目の人が引いた箱が箱Ｂで，かつ当たりくじを引く確率は

$$P(B\cap W)=P(B)\cdot P_B(W)=\frac{1}{2}\cdot\frac{7}{100}=\frac{7}{200}$$

一方で，１番目の人が当たりくじを引く事象 W は，箱Aから当たりくじを引くか，箱Bから当たりくじを引くかのいずれかであるので，その確率は

$$P(W)=P(A\cap W)+P(B\cap W)=\frac{1}{20}+\frac{7}{200}=\frac{17}{200}$$

よって，１番目の人が当たりくじを引いたという条件の下で，その箱が箱Aであるという条件付き確率 $P_W(A)$ は

$$P_W(A)=\frac{P(A\cap W)}{P(W)}=\frac{\frac{1}{20}}{\frac{17}{200}}=\frac{1}{20}\div\frac{17}{200}=\frac{10}{17}\quad\cdots\cdots③$$

また，１番目の人が当たりくじを引いたという条件の下で，その箱が箱Bであるという条件付き確率 $P_W(B)$ は

$$P_W(B)=\frac{P(B\cap W)}{P(W)}=\frac{\frac{7}{200}}{\frac{17}{200}}=\frac{7}{200}\div\frac{17}{200}=\frac{7}{17}\quad\cdots\cdots④$$

以上より，１番目の人が当たりくじを引いた後，同じ箱から２番目の人がくじを引くとき，そのくじが当たりくじであるのは

- １番目の人が当たりくじを引いた後，その箱が箱Aであるとき，箱Aから２番目の人が当たりくじを引く。
- １番目の人が当たりくじを引いた後，その箱が箱Bであるとき，箱Bから２番目の人が当たりくじを引く。

のいずれかだから，(1)の(i)・(ii)と同様に考えれば，その確率は

$$P_W(A)\times\frac{9}{99}+P_W(B)\times\frac{6}{99}=\frac{10}{17}\times\frac{9}{99}+\frac{7}{17}\times\frac{6}{99}$$

$$=\frac{132}{17\cdot 99}=\frac{\boxed{4}}{\boxed{51}}$$ →タ，チツ ……⑤

それに対して，１番目の人が当たりくじを引いた後，異なる箱から２番目の人がくじを引くとき，そのくじが当たりくじであるのは

- １番目の人が当たりくじを引いた後，その箱が箱Aであるとき，箱Bから２番目の人が当たりくじを引く。
- １番目の人が当たりくじを引いた後，その箱が箱Bであるとき，箱Aから２番目の人が当たりくじを引く。

のいずれかだから，(1)の(iii)・(iv)と同様に考えれば，その確率は

$$P_W(A)\times\frac{7}{100}+P_W(B)\times\frac{10}{100}=\frac{10}{17}\times\frac{7}{100}+\frac{7}{17}\times\frac{10}{100}=\frac{140}{17\cdot 100}=\frac{7}{85}\quad\cdots\cdots⑥$$

(3)　箱Ａに当たりくじが10本入っている場合，１番目の人が当たりくじを引いたとき，２番目の人が当たりくじを引く確率を大きくするためには，１番目の人が引いた箱と同じ箱，異なる箱のどちらを選ぶべきかを考察する。

(1)より，箱Ａには当たりくじが10本入っていて，箱Ｂには当たりくじが５本入っている場合，１番目の人が当たりくじを引いたとき，２番目の人が１番目の人が引いた箱と同じ箱から当たりくじを引く確率①と，２番目の人が１番目の人が引いた箱と異なる箱から当たりくじを引く確率②を大小比較すると，$\frac{2}{27}=\frac{10}{135}>\frac{9}{135}=\frac{1}{15}$

だから，１番目の人が引いた箱と同じ箱を選ぶ方が，２番目の人が当たりくじを引く確率は大きくなる。

(2)より，箱Ａには当たりくじが10本入っていて，箱Ｂには当たりくじが７本入っている場合，１番目の人が当たりくじを引いたとき，２番目の人が１番目の人が引いた箱と同じ箱から当たりくじを引く確率⑤と，２番目の人が１番目の人が引いた箱と異なる箱から当たりくじを引く確率⑥を大小比較すると，$\frac{4}{51}=\frac{20}{255}<\frac{21}{255}=\frac{7}{85}$

だから，１番目の人が引いた箱と異なる箱を選ぶ方が，２番目の人が当たりくじを引く確率は大きくなる。

したがって，箱Ａには当たりくじが10本入っていて，箱Ｂには当たりくじが６本入っている場合を考える。

１番目の人がくじを引いた箱が箱Ａであったという条件の下で，当たりくじを引く条件付き確率 $P_A(W)$ は

$$P_A(W)=\frac{10}{100}=\frac{1}{10}$$

なので，１番目の人が引いた箱が箱Ａで，かつ当たりくじを引く確率は

$$P(A\cap W)=P(A)\cdot P_A(W)=\frac{1}{2}\cdot\frac{1}{10}=\frac{1}{20}$$

また，１番目の人がくじを引いた箱が箱Ｂであったという条件の下で，当たりくじを引く条件付き確率 $P_B(W)$ は

$$P_B(W)=\frac{6}{100}=\frac{3}{50}$$

なので，１番目の人が引いた箱が箱Ｂで，かつ当たりくじを引く確率は

$$P(B\cap W)=P(B)\cdot P_B(W)=\frac{1}{2}\cdot\frac{3}{50}=\frac{3}{100}$$

一方で，１番目の人が当たりくじを引く事象 W は，箱Ａから当たりくじを引くか，箱Ｂから当たりくじを引くかのいずれかであるので，その確率は

$$P(W)=P(A\cap W)+P(B\cap W)=\frac{1}{20}+\frac{3}{100}=\frac{2}{25}$$

よって，1番目の人が当たりくじを引いたという条件の下で，その箱が箱Aであるという条件付き確率 $P_W(A)$ は

$$P_W(A)=\frac{P(A\cap W)}{P(W)}=\frac{\frac{1}{20}}{\frac{2}{25}}=\frac{1}{20}\div\frac{2}{25}=\frac{5}{8}$$

また，1番目の人が当たりくじを引いたという条件の下で，その箱が箱Bであるという条件付き確率 $P_W(B)$ は

$$P_W(B)=\frac{P(B\cap W)}{P(W)}=\frac{\frac{3}{100}}{\frac{2}{25}}=\frac{3}{100}\div\frac{2}{25}=\frac{3}{8}$$

以上より，1番目の人が当たりくじを引いた後，同じ箱から2番目の人がくじを引くとき，そのくじが当たりくじであるのは

- 1番目の人が当たりくじを引いた後，その箱が箱Aであるとき，箱Aから2番目の人が当たりくじを引く。
- 1番目の人が当たりくじを引いた後，その箱が箱Bであるとき，箱Bから2番目の人が当たりくじを引く。

のいずれかだから，(1)の(i)・(ii)と同様に考えれば，その確率は

$$P_W(A)\times\frac{9}{99}+P_W(B)\times\frac{5}{99}=\frac{5}{8}\times\frac{9}{99}+\frac{3}{8}\times\frac{5}{99}=\frac{60}{8\cdot 99}=\frac{5}{66}\quad\cdots\cdots⑦$$

それに対して，1番目の人が当たりくじを引いた後，異なる箱から2番目の人がくじを引くとき，そのくじが当たりくじであるのは

- 1番目の人が当たりくじを引いた後，その箱が箱Aであるとき，箱Bから2番目の人が当たりくじを引く。
- 1番目の人が当たりくじを引いた後，その箱が箱Bであるとき，箱Aから2番目の人が当たりくじを引く。

のいずれかだから，(1)の(iii)・(iv)と同様に考えれば，その確率は

$$P_W(A)\times\frac{6}{100}+P_W(B)\times\frac{10}{100}=\frac{5}{8}\times\frac{6}{100}+\frac{3}{8}\times\frac{10}{100}=\frac{60}{8\cdot 100}=\frac{3}{40}\quad\cdots\cdots⑧$$

これより，1番目の人が当たりくじを引いたとき，2番目の人が1番目の人が引いた箱と同じ箱から当たりくじを引く確率⑦と，2番目の人が1番目の人が引いた箱と異なる箱から当たりくじを引く確率⑧を大小比較すると，$\frac{5}{66}=\frac{100}{1320}>\frac{99}{1320}=\frac{3}{40}$ だから，1番目の人が引いた箱と同じ箱を選ぶ方が，2番目の人が当たりくじを引く確率は大きくなる。

よって，箱Bに入っている当たりくじの本数が4本，5本，6本，7本のそれぞれの場合において選ぶべき箱の組み合わせとして正しいものは ① →テ である。

解説

1番目の人が一方の箱からくじを1本引いたところ，当たりくじであったとするとき，2番目の人が当たりくじを引く確率を大きくするためには，1番目の人が引いた箱と同じ箱，異なる箱のどちらを選ぶべきかを考察する問題である。

普段から確率の問題に取り組む際に，求めたい確率が何であるかをしっかりと考えたり，記号の表す意味についてよく考えたりしていないと，何を求めてよいかわからなくなってしまったであろう。

(1)　丁寧な誘導が与えられているので，それに従って確率を求めていけばよい。その際，2番目の人がくじを引くとき，1番目の人が引いたくじはもとに戻さないことに注意する必要がある。

(2)　(2)にむけた会話文「花子：やっぱり1番目の人が当たりくじを引いた場合は，同じ箱から引いた方が当たりくじを引く確率が大きいよ」は，(確率①) $=\frac{2}{27}>\frac{1}{15}=$ (確率②) であることを意味している。

(2)は，(1)と同様に考えて，箱Aに当たりくじが10本入っていて，箱Bに当たりくじが7本入っている場合の確率を求めればよい。

(3)　(3)にむけた会話文「太郎：今度は異なる箱から引く方が当たりくじを引く確率が大きくなったね」は，(確率⑤) $=\frac{4}{51}<\frac{7}{85}=$ (確率⑥) であることを意味している。

また，「花子：最初に当たりくじを引いた箱の方が箱Aである確率が大きいのに不思議だね」は，(確率③) $=P_W(A)=\frac{10}{17}>\frac{7}{17}=P_W(B)=$ (確率④) であることを意味している。

(1)の結果から，箱Bに入っている当たりくじの本数が5本の場合，1番目の人が引いた箱と同じ箱を選ぶべきであり，(2)の結果から，箱Bに入っている当たりくじの本数が7本の場合，1番目の人が引いた箱と異なる箱を選ぶべきであることがわかるので，選ぶべき箱の組み合わせとして正しい選択肢は❶，❷のどちらかになる。したがって，箱Bに入っている当たりくじの本数が6本の場合を考えることになる。正解を選ぶ上では，箱Bに入っている当たりくじの本数が4本の場合を考える必要はないが，実際に求めてみると，(1)と同様に考えれば

$$P_A(W)=\frac{10}{100}=\frac{1}{10},\quad P(A\cap W)=\frac{1}{2}\cdot\frac{1}{10}=\frac{1}{20}$$

$$P_B(W)=\frac{4}{100}=\frac{1}{25},\quad P(B\cap W)=\frac{1}{2}\cdot\frac{1}{25}=\frac{1}{50}$$

$$P(W)=\frac{1}{20}+\frac{1}{50}=\frac{7}{100}$$

$$P_W(A)=\frac{1}{20}\div\frac{7}{100}=\frac{5}{7},\quad P_W(B)=\frac{1}{50}\div\frac{7}{100}=\frac{2}{7}$$

となり，1番目の人が引いた箱と同じ箱から2番目の人が当たりくじを引く確率は

$$P_W(A)\times\frac{9}{99}+P_W(B)\times\frac{3}{99}=\frac{5}{7}\times\frac{9}{99}+\frac{2}{7}\times\frac{3}{99}=\frac{51}{7\cdot 99}=\frac{17}{231}$$

1番目の人が引いた箱と異なる箱から2番目の人が当たりくじを引く確率は

$$P_W(A)\times\frac{4}{100}+P_W(B)\times\frac{10}{100}=\frac{5}{7}\times\frac{4}{100}+\frac{2}{7}\times\frac{10}{100}=\frac{40}{7\cdot 100}=\frac{2}{35}$$

となるから，$\frac{17}{231}=\frac{85}{1155}>\frac{66}{1155}=\frac{2}{35}$ より，1番目の人が引いた箱と同じ箱を選ぶべきであることがわかる。

第４問　やや難　《不定方程式》

(1)　天秤ばかりの皿ＡにM〔g〕（M：自然数）の物体Ｘと８gの分銅１個をのせ，皿Ｂに３gの分銅５個をのせると天秤ばかりは釣り合う。このとき，皿Ａ，Ｂにのせているものの質量を比較すると

$$M+8\times \boxed{1} = 3\times \boxed{5} \quad \to ア，イ$$

が成り立ち，この式を解けば

$$M=3\times5-8\times1=\boxed{7} \quad \to ウ$$

である。上の式は

$$3\times5+8\times(-1)=M$$

と変形することができ，$x=5$，$y=-1$ は，方程式 $3x+8y=M$ の整数解の一つである。

(2)　$M=1$ のとき

$$M+8\times1=3\times3 \quad \cdots\cdots ①$$

が成り立つから，皿Ａに物体Ｘと８gの分銅 $\boxed{1}$ →エ 個をのせ，皿Ｂに３gの分銅３個をのせると釣り合う。

①は $1+8\times1=3\times3$ なので，両辺にMをかけると

$$M+8\times M=3\times3M$$

よって，Mがどのような自然数であっても，皿Ａに物体Ｘと８gの分銅 M $\boxed{①}$ →オ 個をのせ，皿Ｂに３gの分銅 $3M$ $\boxed{④}$ →カ 個をのせることで釣り合うことになる。

(3)　$M=20$ のとき，皿Ａに物体Ｘと３gの分銅 p 個を，皿Ｂに８gの分銅 q 個をのせたところ，天秤ばかりが釣り合ったとする。このとき

$$20+3\times p=8\times q \quad \cdots\cdots ②$$

が成り立つから，自然数 p に $p=1, 2, 3, \cdots$ の順に値を代入して，②を満たす自然数の組 (p, q) を調べていけば，このような自然数の組 (p, q) のうちで，p の値が最小であるものは

$$p=\boxed{4} \quad \to キ，\quad q=\boxed{4} \quad \to ク$$

である。

$p=4$，$q=4$ のとき，②より　$20+3\times4=8\times4$

すなわち　$3\times(-4)+8\times4=20$　$\cdots\cdots$③

が成り立つから，方程式 $3x+8y=20$ $\cdots\cdots$④ から③の辺々をそれぞれ引いて

$$3(x+4)+8(y-4)=0 \qquad \therefore \quad -3(x+4)=8(y-4)$$

３と８は互いに素なので，整数 n を用いて

$$x+4=8n, \quad y-4=-3n$$

と表せるから，④のすべての整数解は，整数 n を用いて

$x=$ -4 $+$ 8 n →ケコ，サ，　$y=4-$ 3 n →シ

と表すことができる。

(4) $M=7$ とする。3gと8gの分銅を，他の質量の分銅の組み合わせに変えると，分銅をどのようにのせても天秤ばかりが釣り合わない場合がある。この場合の分銅の質量の組み合わせを選ぶ。

⓪ 3gの分銅 x 個と14gの分銅 y 個をのせて天秤ばかりが釣り合うためには

$$3x+14y=7$$

を満たす整数 x，y が存在すればよい。

$x=7$，$y=-1$ のとき，$3\cdot7+14\cdot(-1)=7$ が成り立つから

$$3\cdot7=7+14\cdot1$$

と変形できる。

よって，一方の皿に3gの分銅7個をのせ，もう一方の皿に7gの物体Xと14gの分銅1個をのせると天秤ばかりは釣り合う。

① 3gの分銅 x 個と21gの分銅 y 個をのせて天秤ばかりが釣り合うためには

$$3x+21y=7$$

を満たす整数 x，y が存在すればよい。$3x+21y=7$ を変形すると

$$3(x+7y)=7$$

x，y が整数のとき，左辺は3の倍数，右辺は7となるから，$3x+21y=7$ を満たす整数 x，y は存在しない。

よって，分銅をどのようにのせても天秤ばかりは釣り合わない。

② 8gの分銅 x 個と14gの分銅 y 個をのせて天秤ばかりが釣り合うためには

$$8x+14y=7$$

を満たす整数 x，y が存在すればよい。$8x+14y=7$ を変形すると

$$2(4x+7y)=7$$

x，y が整数のとき，左辺は2の倍数，右辺は7となるから，$8x+14y=7$ を満たす整数 x，y は存在しない。

よって，分銅をどのようにのせても天秤ばかりは釣り合わない。

③ 8gの分銅 x 個と21gの分銅 y 個をのせて天秤ばかりが釣り合うためには

$$8x+21y=7$$

を満たす整数 x，y が存在すればよい。

8と21にユークリッドの互除法を用いると

$$8\cdot8+21\cdot(-3)=1$$

が成り立つから，両辺を7倍すれば

$$8\cdot56+21\cdot(-21)=7 \quad すなわち \quad 8\cdot56=7+21\cdot21$$

と変形できる。

よって，一方の皿に8gの分銅56個をのせ，もう一方の皿に7gの物体Xと21gの分銅21個をのせると天秤ばかりは釣り合う。

以上より，分銅をどのようにのせても天秤ばかりが釣り合わない場合の分銅の質量の組み合わせは ①，② →ス である。

(5) 皿Aには物体Xのみをのせ，皿Bには3gの分銅x個と8gの分銅y個のみをのせて，天秤ばかりが釣り合うためには

$$M=3x+8y$$

を満たす0以上の整数x，yが存在すればよい。

xを0以上の整数とするとき

(i) $y=0$のとき

$M=3x+8\times0=3x$ $(x=0,\ 1,\ 2,\ \cdots)$ は0以上であって，$M=3x$より，3の倍数である。

(ii) $y=1$のとき

$M=3x+8\times1=3x+8$ $(x=0,\ 1,\ 2,\ \cdots)$ は8以上であって，$M=3x+(3\cdot2+2)=3(x+2)+2$より，3で割ると2余る整数である。

(iii) $y=2$のとき

$M=3x+8\times2=3x+16$ $(x=0,\ 1,\ 2,\ \cdots)$ は16以上であって，$M=3x+(3\cdot5+1)=3(x+5)+1$より，3で割ると1余る整数である。

よって，3gの分銅x個と8gの分銅y個を皿BにのせることではMの値を量ることができない場合，このような自然数Mの値は

$$M=1,\ 2,\ 4,\ 5,\ 7,\ 10,\ 13$$

の 7 →セ 通りあり，そのうち最も大きい値は 13 →ソタ である。

このような考え方で，0以上の整数x，yを用いて$3x+2018y$と表すことができないような自然数の最大値を求める。

$N=3x+2018y$ (N：自然数) とおけば，xを0以上の整数とするとき

(iv) $y=0$のとき

$N=3x+2018\times0=3x$ $(x=0,\ 1,\ 2,\ \cdots)$ は0以上であって，$N=3x$より，3の倍数である。

(v) $y=1$のとき

$N=3x+2018\times1=3x+2018$ $(x=0,\ 1,\ 2,\ \cdots)$ は2018以上であって，

$N=3x+(3\cdot672+2)=3(x+672)+2$より，3で割ると2余る整数である。

(vi) $y=2$のとき

$N=3x+2018\times2=3x+4036$ $(x=0,\ 1,\ 2,\ \cdots)$ は4036以上であって，

$N=3x+(3\cdot1345+1)=3(x+1345)+1$より，3で割ると1余る整数である。

4033 より大きな M の値は，(iv)，(v)，(vi)のいずれかに当てはまることから，0 以上の整数 x，y を用いて $N=3x+2018y$ と表すことができる。

よって，0 以上の整数 x，y を用いて $3x+2018y$ と表すことができないような自然数の最大値は 4033 →チツテト である。

解説

ある物体の質量を天秤ばかりと分銅を用いて量るときに，使用する分銅の個数や質量，量ることのできない質量などについて，1 次不定方程式を解くことから考察させる問題である。(5)は 2 次試験で見かけるような問題であり，丁寧な誘導はついているものの，こういった問題に触れた経験がないと，なかなか難しいと思われる。

(1)　誘導に従って解いていけば，特に難しい部分は見当たらない。

(2)　$M=1$ のとき，①が成り立つから，①の両辺を M 倍することで，M がどのような自然数であっても，皿 A に物体 X と 8 g の分銅 M 個，皿 B に 3 g の分銅 $3M$ 個をのせることで天秤ばかりが釣り合うことがわかる。

(3)　②を満たすような自然数の組（p，q）のうちで，p の値が最小であるものを求めたいので，p に 1 から順に値を代入していくことで（p，q）=(4，4）を求めた。この方法で自然数の組（p，q）を見つけづらい場合には，②のすべての整数解を求めてから，自然数 p の値が最小となるものを選ぶこともできる。

方程式④のすべての整数解を求める際には，$x=$ ケコ $+$ サ n，$y=4-$ シ n の形に合うように，$x+4=8n$，$y-4=-3n$ と表した。$x+4=-8n$，$y-4=3n$ と表した場合には，空欄の形に合わせるために n に（$-n$）を代入することになる。

(4)　a〔g〕の分銅 x 個と b〔g〕の分銅 y 個をのせて天秤ばかりが釣り合うためには，$ax+by=7$ を満たす整数 x，y が存在すればよい。仮に，x，y が負の整数となった場合には，移項することで，天秤ばかりが釣り合う分銅の個数 x，y が求まることになる。

⓪　$x=7$，$y=-1$ が $3x+14y=7$ を満たすことに気付かなければ，3 と 14 にユークリッドの互除法を用いることで

$$14=3\cdot4+2 \qquad \therefore\ 2=14-3\cdot4$$
$$3=2\cdot1+1 \qquad \therefore\ 1=3-2\cdot1$$

すなわち

$$\begin{aligned}1&=3-2\cdot1\\&=3-(14-3\cdot4)\cdot1\\&=3\cdot5+14\cdot(-1)\end{aligned}$$

と変形できるから，両辺を 7 倍して

$$7=3\cdot35+14\cdot(-7)$$

とすることで，$x=35$，$y=-7$ を求めることができる。

③　8と21にユークリッドの互除法を用いると

$21=8\cdot2+5$　　$\therefore$　$5=21-8\cdot2$

$8=5\cdot1+3$　　$\therefore$　$3=8-5\cdot1$

$5=3\cdot1+2$　　$\therefore$　$2=5-3\cdot1$

$3=2\cdot1+1$　　$\therefore$　$1=3-2\cdot1$

すなわち

$$\begin{aligned}1&=3-2\cdot1\\&=3-(5-3\cdot1)\cdot1\\&=3\cdot2+5\cdot(-1)\\&=(8-5\cdot1)\cdot2+5\cdot(-1)\\&=8\cdot2+5\cdot(-3)\\&=8\cdot2+(21-8\cdot2)\cdot(-3)\\&=8\cdot8+21\cdot(-3)\end{aligned}$$

が成り立つ。また，ユークリッドの互除法を用いずに，x，yに順に値を代入することで，$8x+21y=7$を満たす整数x，yを求めることもできる。この方法であれば，$x=-7$，$y=3$などが見つけやすい。

(5)　皿Aには物体Xのみをのせ，皿Bには3gの分銅x個と8gの分銅y個のみをのせるので，天秤ばかりが釣り合うためには，(4)とは違って，$M=3x+8y$を満たす0以上の整数x，yが存在すればよいことになる。

0以上の整数x，yを用いて$M=3x+8y$と表すことができないような自然数Mは，(i)，(ii)，(iii)より，以下のように値を書き出すとわかりやすい。□で囲んだ数が$M=3x+8y$の形に表すことができない自然数である。

(iii)　$\boxed{1}$，$\boxed{4}$，$\boxed{7}$，$\boxed{10}$，$\boxed{13}$，16，19，22，…

(ii)　$\boxed{2}$，$\boxed{5}$，8，11，14，17，20，23，…

(i)　3，6，9，12，15，18，21，24，…

13より大きなMの値は，(i)，(ii)，(iii)のいずれかに当てはまることがわかる。

同様に，0以上の整数x，yを用いて$N=3x+2018y$と表すことができないような自然数Nは，(iv)，(v)，(vi)より，以下のように値を書き出すとわかりやすい。□で囲んだ数が$N=3x+2018y$の形に表すことができない自然数である。

(vi)　$\boxed{1}$，$\boxed{4}$，…，$\boxed{2011}$，$\boxed{2014}$，$\boxed{2017}$，$\boxed{2020}$，…，$\boxed{4030}$，$\boxed{4033}$，4036，…

(v)　$\boxed{2}$，$\boxed{5}$，…，$\boxed{2012}$，$\boxed{2015}$，2018，2021，…，4031，4034，4037，…

(iv)　3，6，…，2013，2016，2019，2022，…，4032，4035，4038，…

4033より大きなMの値は，(iv)，(v)，(vi)のいずれかに当てはまることから，$N=3x+2018y$と表すことができないような自然数の最大値は4033であることがわかる。

第５問 やや難 《合同，円周角の定理，三角形の３辺の大小関係》

(1) **問題１**は次のような構想をもとにして証明できる。

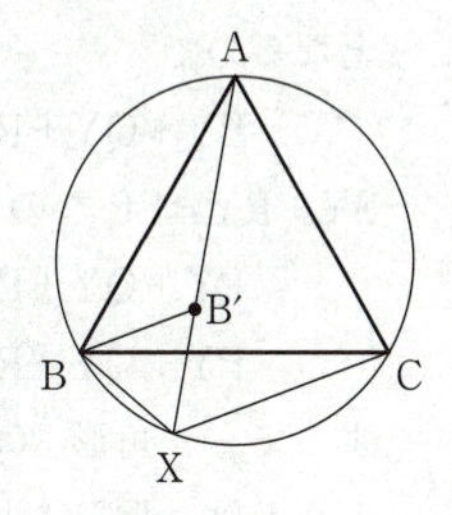

線分 AX 上に BX＝B′X となる点 B′ をとり，B と B′ を結ぶ。

AX＝AB′＋B′X なので，AX＝BX＋CX を示すには，BX＝B′X より，AB′＝CX を示せばよく，AB′＝CX を示すには，二つの三角形**△ABB′** と **△CBX** ⓪，⑦ →ア，イ が合同であることを示せばよい。

以下，△ABB′≡△CBX を示す。

△ABC は正三角形なので　　AB＝CB　……①

弧 AB に対して円周角の定理を用いれば，△ABC が正三角形であることより

$\angle \mathrm{BXB'}=\angle \mathrm{BCA}=60^\circ$

これと，BX＝B′X より，△XB′B は正三角形であるから　　BB′＝BX　……②

また，△XB′B が正三角形であることより，$\angle \mathrm{B'BX}=60^\circ$ なので

$(60^\circ=)\angle \mathrm{ABC}=\angle \mathrm{B'BX}$

だから

$$\begin{aligned}\angle \mathrm{ABB'}&=\angle \mathrm{ABC}-\angle \mathrm{B'BC}=\angle \mathrm{B'BX}-\angle \mathrm{B'BC}\\&=\angle \mathrm{CBX}\quad \cdots\cdots③\end{aligned}$$

よって，①，②，③より，△ABB′ と△CBX は，２辺とその間の角が等しいから

△ABB′≡△CBX

が成り立つ。　　　　(証明終)

(2) (i) 右図の三角形 PQR を考える。ただし，辺 QR を最も長い辺とする。辺 PQ に関して点 R とは反対側に点 S をとって，正三角形 PSQ をかき，その外接円をかく。

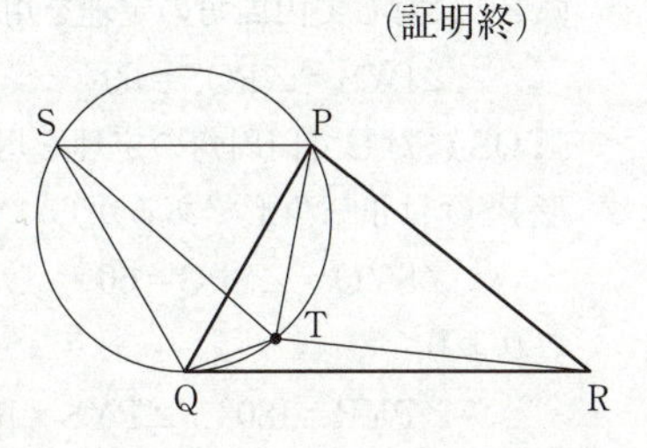

正三角形 PSQ の外接円の弧 PQ 上に点 T をとると，**問題１**より，PT と QT の長さの和は線分 **ST** ⑤ →ウ の長さに置き換えられるから

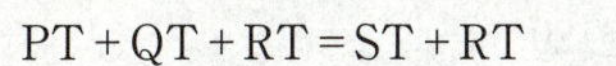

PT＋QT＋RT＝ST＋RT

(ii)・(iii) 点 Y が弧 PQ 上にあるとき，(i)の結果より

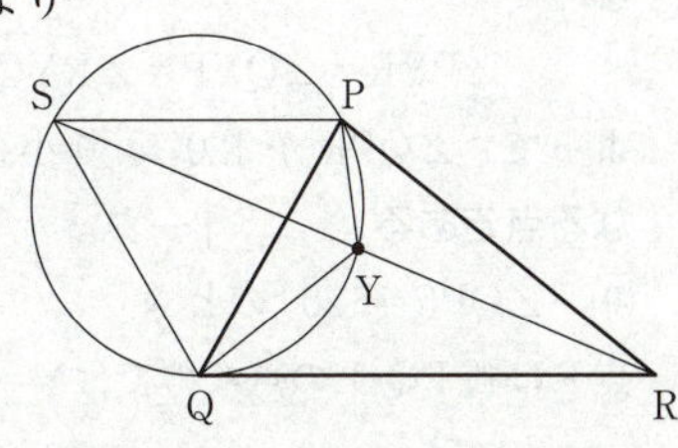

PY＋QY＋RY＝SY＋RY

SY＋RY≧SR なので

PY＋QY＋RY＝SY＋RY≧SR

SY＋RY＝SR となるとき

PY＋QY＋RY＝SR

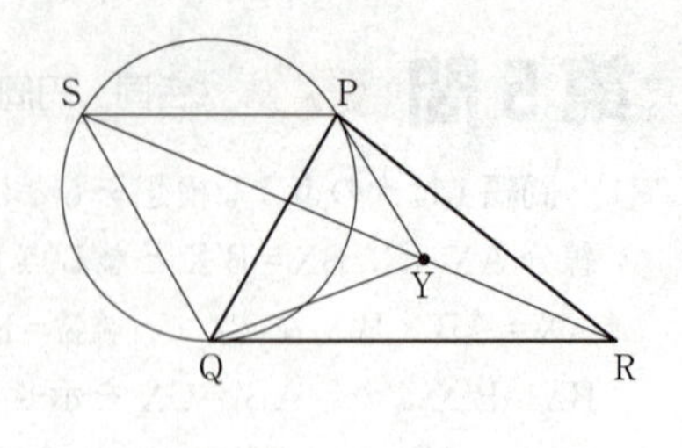

また，点Yが弧PQ上にないとき，**定理**より

$$PY+QY>SY$$

となるので

$$PY+QY+RY>SY+RY$$

$SY+RY \geqq SR$ なので

$$PY+QY+RY>SY+RY \geqq SR$$

$$\therefore\quad PY+QY+RY>SR$$

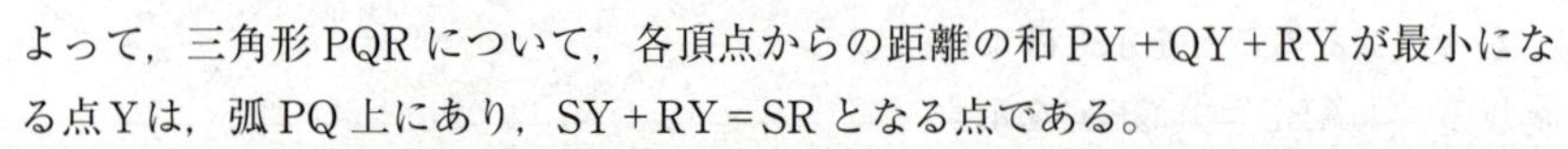

よって，三角形PQRについて，各頂点からの距離の和 $PY+QY+RY$ が最小になる点Yは，弧PQ上にあり，$SY+RY=SR$ となる点である。

したがって，**定理**と**問題1**で証明したことを使うと，**問題2**の点Yは，点Rと点S ②，③ →エ，オを通る直線と弧PQ ③ →カとの交点になることが示せる。

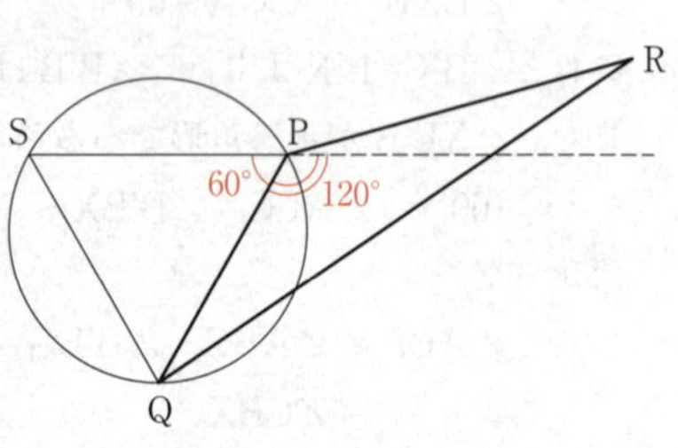

(iv)　三角形PSQは正三角形であるから，

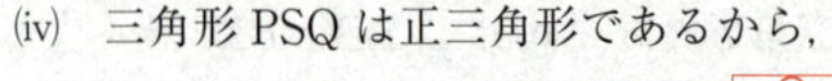

$\angle SPQ=60^\circ$ なので，$\angle QPR$ が120° ④ →キより大きいときは，点Rと点Sを通る直線と弧PQが交わらない。

(v)　(Ⅰ)　$\angle QPR<120^\circ$ のとき

(i)〜(iv)の結果より，三角形PQRについて，各頂点からの距離の和 $PY+QY+RY$ が最小になる点Yは，点Rと点Sを通る直線と弧PQとの交点である。

弧SPに対して円周角の定理を用いれば，三角形PSQは正三角形であるから

$$\angle PYS=\angle PQS=60^\circ$$

弧QSに対して円周角の定理を用いれば，三角形PSQは正三角形であるから

$$\angle SYQ=\angle SPQ=60^\circ$$

これより

$$\angle PYR=180^\circ-\angle PYS=180^\circ-60^\circ=120^\circ$$

$$\angle QYP=\angle PYS+\angle SYQ=60^\circ+60^\circ=120^\circ$$

$$\angle RYQ=180^\circ-\angle SYQ=180^\circ-60^\circ=120^\circ$$

なので

$$\angle PYR=\angle QYP=\angle RYQ\ (=120^\circ)$$

よって，$\angle QPR$ が120°より小さいときの**点Yは，∠PYR＝∠QYP＝∠RYQとなる点である。** ③ →ク

(Ⅱ)　$\angle QPR=120^\circ$ のとき

点Pは弧PQ上の点なので，$Y=P$ であるときも，**問題1**より

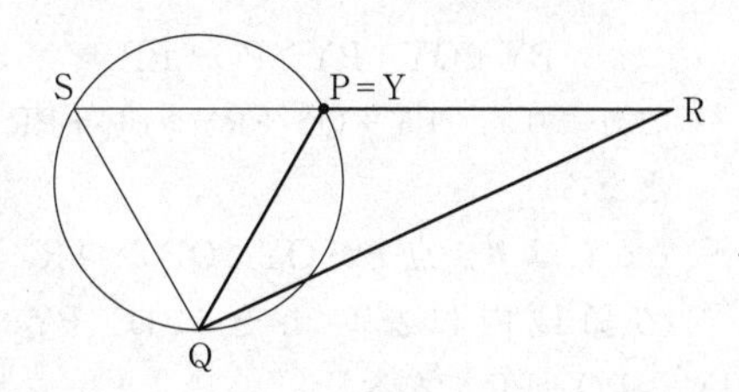

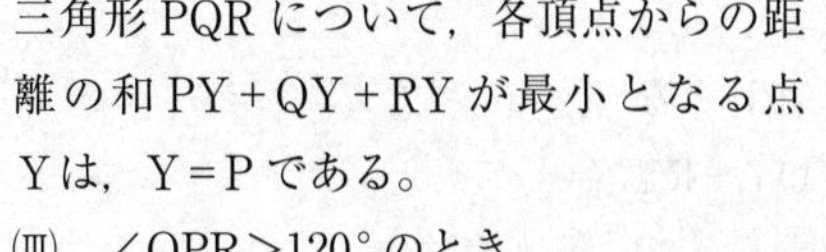

$$SY = PY + QY$$

が成り立つから，(i)～(iii)と同様にすれば，三角形 PQR について，各頂点からの距離の和 $PY + QY + RY$ が最小となる点 Y は，$Y = P$ である。

(Ⅲ) $\angle QPR > 120°$ のとき

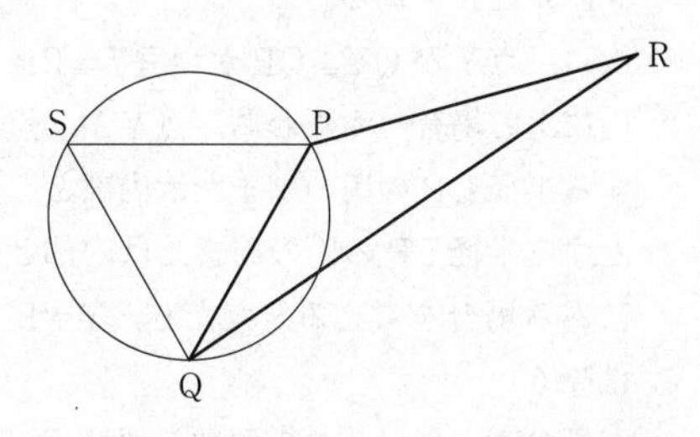

$Y = P$ ならば

$$PY + QY + RY = PP + QP + RP$$
$$= QP + RP$$

$$\therefore \quad PY + QY + RY = PQ + PR$$

となる。

以下，$Y \neq P$ ならば

$$PY + QY + RY > PQ + PR$$

となることを示す。

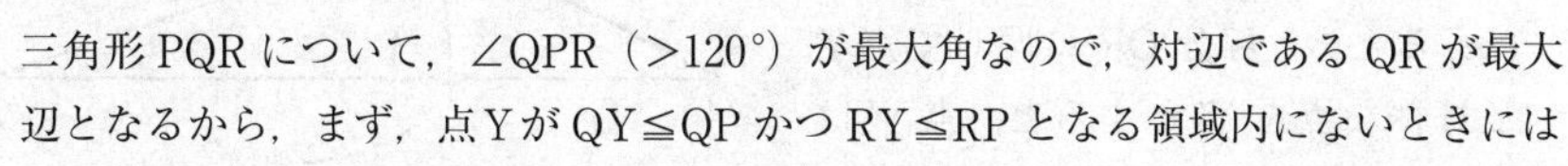

三角形 PQR について，$\angle QPR$（$>120°$）が最大角なので，対辺である QR が最大辺となるから，まず，点 Y が $QY \leqq QP$ かつ $RY \leqq RP$ となる領域内にないときには

$$PY + QY + RY > PQ + PR$$

であることを示す。

(ア) $QY > QP$ のとき

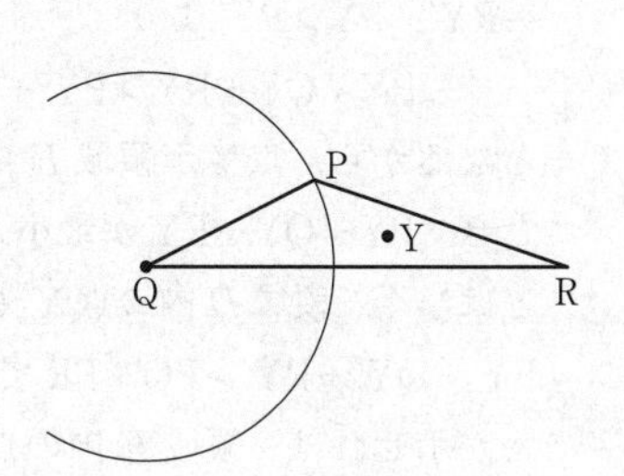

$$PY + QY + RY > PY + QP + RY$$
$$= (PY + RY) + QP$$

$PY + RY \geqq PR$（等号は Y が線分 PR 上にあるとき成立）なので

$$PY + QY + RY > (PY + RY) + QP$$
$$\geqq PR + QP$$

$$\therefore \quad PY + QY + RY > PR + QP$$

これより　$PY + QY + RY > PQ + PR$

となる。

(イ) $RY > RP$ のとき

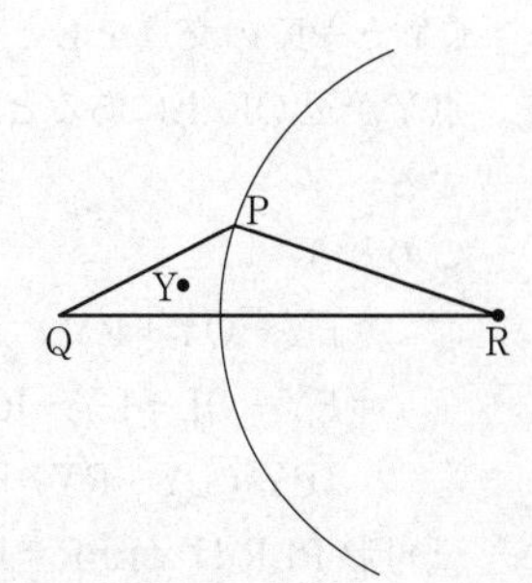

$$PY + QY + RY > PY + QY + RP$$
$$= (PY + QY) + RP$$

$PY + QY \geqq PQ$（等号は Y が線分 PQ 上にあるとき成立）なので

$$PY + QY + RY > (PY + QY) + RP$$
$$\geqq PQ + RP$$

∴　PY＋QY＋RY＞PQ＋RP

これより　　PY＋QY＋RY＞PQ＋PR

となる。

(ア), (イ)より，点Yが QY≦QP かつ RY≦RP となる領域内にないときには，PY＋QY＋RY＞PQ＋PR である。

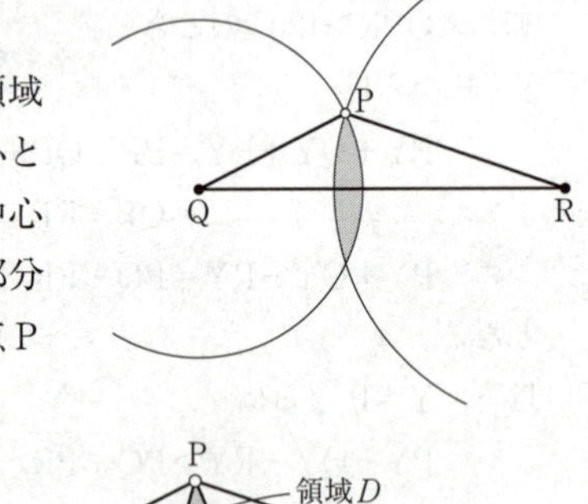

次に，点Yが QY≦QP かつ RY≦RP となる領域内にある場合，すなわち，点Yが，点Qを中心とする半径 QP の円の周または内部と，点Rを中心とする半径 RP の円の周または内部との共通部分にある場合を考える（ただし，Y≠P より，点Pは除く）。

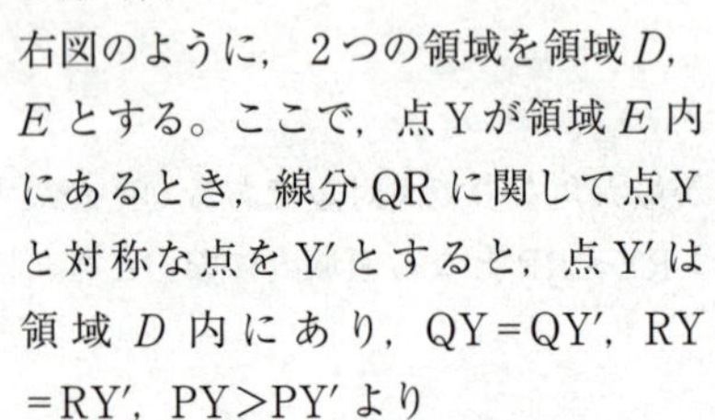

右図のように，２つの領域を領域 *D*，*E* とする。ここで，点Yが領域 *E* 内にあるとき，線分 QR に関して点Yと対称な点を Y′ とすると，点 Y′ は領域 *D* 内にあり，QY＝QY′，RY＝RY′，PY＞PY′ より

PY＋QY＋RY＞PY′＋QY′＋RY′

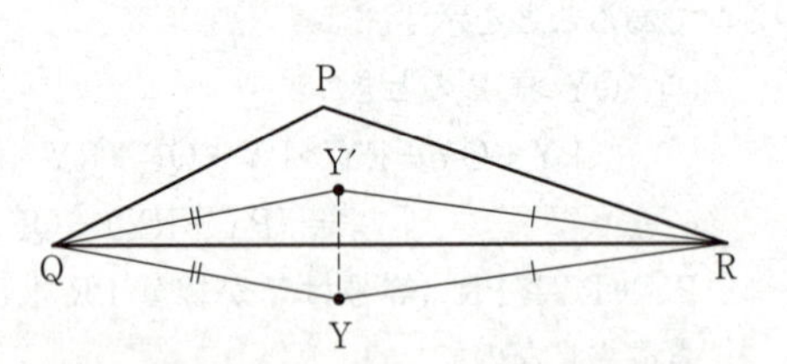

となるから，点Yが領域 *E* 内にあるとき，PY＋QY＋RY が最小となることはなく，領域 *D* 内の点 Y′ に対して PY′＋QY′＋RY′＞PQ＋PR であることが示せれば，領域 *E* 内の点Yに対して PY＋QY＋RY＞PQ＋PR が示せたことになる。

したがって，点Yが領域 *D* 内にある場合を考えればよい。（※）

点Yが領域 *D* 内にあるとき，∠RPK＝120° となるように点Kを辺 QR 上にとり，QY と PK の交点をLとする。ただし，点Yが辺 QR 上にあるときは L＝K とする。

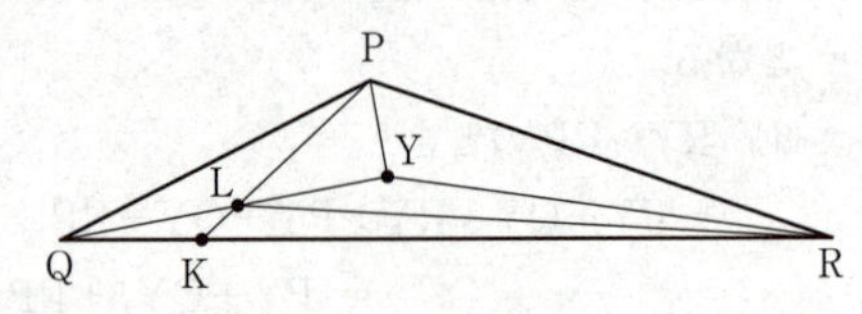

このとき

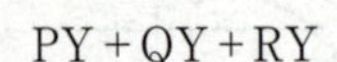

PY＋QY＋RY

＝PY＋QL＋LY＋RY

＝(PY＋LY＋RY)＋QL

三角形 PLR は∠LPR＝120° なので，(Ⅱ)の結果より，三角形 PLR について，各頂

点からの距離の和 $PY+LY+RY$ が最小になる点Yは，$Y=P$ であるから

$$PY+LY+RY>PL+PR$$

となるので

$$\begin{aligned}PY+QY+RY&=(PY+LY+RY)+QL\\&>(PL+PR)+QL\\&=(QL+PL)+PR\end{aligned}$$

三角形 PQL において，$QL+PL>PQ$ なので

$$\begin{aligned}PY+QY+RY&>(QL+PL)+PR\\&>PQ+PR\end{aligned}$$

$$\therefore\quad PY+QY+RY>PQ+PR$$

これより，点Yが領域 D 内にあるとき

$$PY+QY+RY>PQ+PR$$

となる。よって，$Y\neq P$ ならば

$$PY+QY+RY>PQ+PR$$

となることが示せた。

以上より，三角形 PQR について，各頂点からの距離の和 $PY+QY+RY$ が最小になる点Yは，$Y=P$ である。

したがって，$\angle QPR$ が $120°$ より大きいときの**点Yは，三角形 PQR の三つの辺のうち，最も長い辺を除く二つの辺の交点である。** ⑥ →ケ

別解 (2) (v) (Ⅲ)の（※）印以下は次のように考えてもよい。

点Yが領域 D 内にあるとき，三角形 PQY を，点Pを中心に時計回りに $60°$ 回転させる。そのとき，点Qの移動した点は点Sであり，点Yの移動した点を Y'' とする。また，直線 PR と線分 SY'' の交点をMとする。

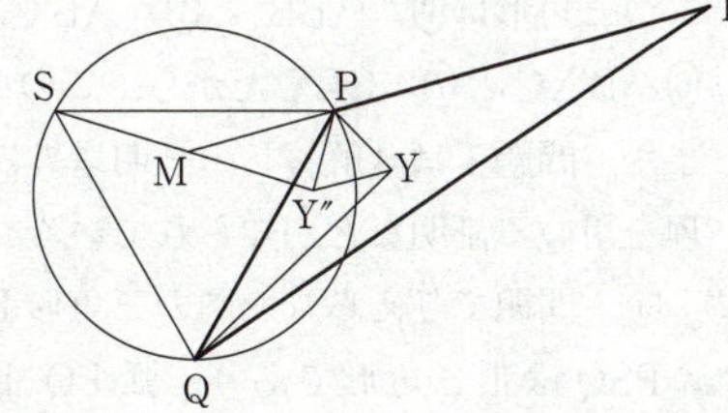

このとき，$PQ=PS$ なので

$$PQ+PR=PS+PR$$

三角形 PSM において，$PS<SM+MP$ なので

$$\begin{aligned}PQ+PR&=PS+PR\\&<(SM+MP)+PR\\&=SM+(MP+PR)\\&=SM+MR\end{aligned}$$

三角形 RMY'' において，$MR<MY''+Y''R$ なので

$$\begin{aligned}PQ+PR&<SM+MR\\&<SM+(MY''+Y''R)\\&=(SM+MY'')+Y''R\end{aligned}$$

$=SY''+Y''R$

$Y''R \leqq Y''Y+YR$（等号はYが線分 $Y''R$ 上にあるとき成立）なので

$$PQ+PR<SY''+Y''R$$
$$\leqq SY''+(Y''Y+YR)$$

$PY=PY''$，$\angle Y''PY=60°$ より，三角形 $PY''Y$ は正三角形であるから

$$Y''Y=PY$$

また，$QY=SY''$ なので

$$PQ+PR<SY''+Y''Y+YR$$
$$=QY+PY+YR$$
$$\therefore \quad PQ+PR<QY+PY+YR$$

これより，点Yが領域 D 内にあるとき

$$PY+QY+RY>PQ+PR$$

となる。

（以下，〔解答〕に同じ）

解 説

三角形の各頂点からの距離の和が最小になる点について考察させる問題である。この点はフェルマー点やシュタイナー点とよばれており，２次試験で時折出題されるテーマである。

(1)　$AX=BX+CX$ を示すには，$AX=AB'+B'X$，$BX=B'X$ より，$AX=AB'+B'X=AB'+BX$ だから，$AB'=CX$ を示せばよいことがわかる。

$AB'=CX$ を示すために，線分 AB' を１辺にもつ三角形と，線分 CX を１辺にもつ三角形が合同であることを示すことになるが，選択肢の中で，線分 AB' を１辺にもつ三角形は⓪△ABB' と①△$AB'C$，線分 CX を１辺にもつ三角形は③△AXC と⑥△$B'XC$ と⑦△CBX だから，この中から一つずつ三角形を選ぶことになる。

また，**問題１**は〔解答〕の証明以外にも，トレミーの定理を用いる証明や，正弦定理を用いる証明などが知られている。

(2)　(i)　問題で与えられた図の三角形PQRは，鋭角三角形である。

△PSQは正三角形であり，弧PQ上に点Tをとるので，**問題１**が利用できて，$PT+QT=ST$ が成り立つ。

(ii)・(iii)　点Yが弧PQ上にある場合と，弧PQ上にない場合で，場合分けをしている。

点Yが弧PQ上にあるとき，(i)の結果より，$PY+QY+RY=SY+RY$ となり，$SY+RY \geqq SR$ が成り立つので，$PY+QY+RY \geqq SR$ となる。$SY+RY=SR$ となるとき，$PY+QY+RY=SR$ が成り立つ。

点Yが弧PQ上にないとき，**定理**より，$PY+QY>SY$ となるので，$PY+QY+RY$

$>$SY$+$RYとなる。SY$+$RY$\geqq$SRが成り立つので，PY$+$QY$+$RY$>$SY$+$RY$\geqq$SR，すなわち，PY$+$QY$+$RY$>$SRとなるから，SY$+$RY$=$SRとなるときでも，PY$+$QY$+$RY$>$SRである。

(iv) 点Rの位置を変化させることで，∠QPRの角度を変化させていけば，∠SPQ$=60°$より，∠QPRが$120°$より大きいときは，点Rと点Sを通る直線と弧PQが交わらないことがわかる。

(v) 三角形PQRについて，各頂点からの距離の和PY$+$QY$+$RYが最小になる点Yは，∠QPRが$120°$より小さいときは，∠PYR$=$∠QYP$=$∠RYQ$=120°$となる点であり，∠QPRが$120°$より大きいときは，三角形PQRの三つの辺のうち，最も長い辺QRを除く二つの辺PQ，RPの交点Pであることは，このテーマにおいてよく知られた結果である。

しかし，∠QPR$>120°$の場合を厳密に証明することは難しいため，試験本番では，点Rの位置を変化させていくことで，点Yの位置がどのように変化していくかをみて，Y$=$Pとなることを予想して解答することになるだろう。

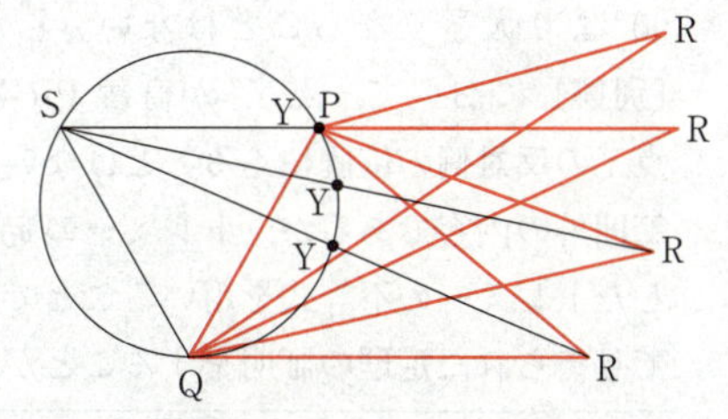

(Ⅰ) 4点P，S，Q，Yが同一円周上にある場合を考えるので，円周角の定理を用いることに気付けるとよい。

(Ⅱ) (i)〜(iii)と同様の証明をすることで，PY$+$QY$+$RYが最小になる点Yは，Y$=$Pであることが示せる。

この問題の中で，∠QPR$=120°$であるときの点Yがどのような位置にあるかは問われていないが，この結果を(Ⅲ)の中で利用している。

(Ⅲ) 結果として

Y$=$Pならば，PY$+$QY$+$RY$=$PQ$+$PR

Y$\neq$Pならば，PY$+$QY$+$RY$>$PQ$+$PR

となることが示せるので，PY$+$QY$+$RYが最小となる点Yは，Y$=$Pである。

Y$\neq$Pであるときの証明の大まかな流れは，まず，三角形PQRの内部と周の一部である領域D内に点Yがないときには，PY$+$QY$+$RY$>$PQ$+$PRであることを示し，次に，点Yが領域D内にあるときには，〔解答〕では(Ⅱ)の結果を利用し，〔別解〕では三角形PQYを，点Pを中心に時計回りに$60°$回転させた三角形PSY″を考えることで，PY$+$QY$+$RY$>$PQ$+$PRを示した。

また，〔解答〕と〔別解〕の中で，以下のような三角形の辺の長さの関係式（三角不等式）を多用している。

ポイント　**三角形の3辺の大小関係**

三角形の2辺の長さの和は，残りの1辺の長さより大きい。

〔別解〕で，三角形PQYを，点Pを中心に時計回りに60°回転させた三角形PSY″を考えたが，この手法はこのテーマのときによく使われる証明方法である。(1)において，点B′をBX＝B′Xとなる点としてとったが，点B′は三角形BXCを点Bを中心に反時計回りに60°回転させたときの三角形を三角形BB′Aとしたと考えることもできるのである。

点Yが領域D内にあるとき，点Rを中心とする半径RPの円周上の点Pにおける接線を考えると，線分RPと接線が直交することより，∠RPYが90°より大きくなることはない。したがって，〔別解〕において，点Y″が直線PRに関して，点Yの反対側の位置にくることはない。

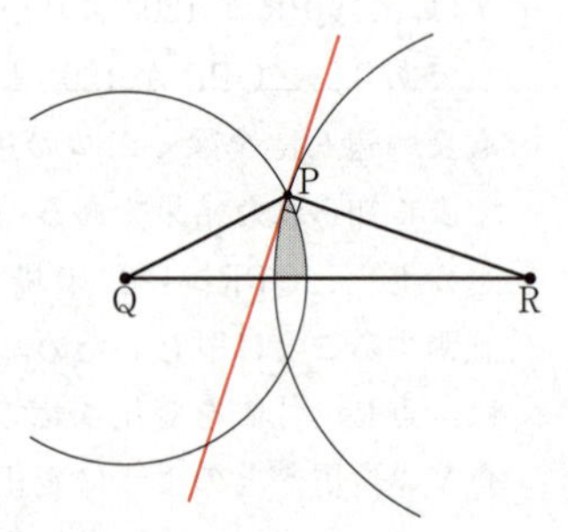

範囲外の内容であるが，トレミーの定理を一般化したトレミーの不等式を用いることで，問題の中で与えられた**定理**の証明をすることができる。

ポイント　**トレミーの不等式**

四角形FGHIに対して

$$\mathrm{FG}\cdot\mathrm{HI}+\mathrm{FI}\cdot\mathrm{GH}\geqq\mathrm{FH}\cdot\mathrm{GI}$$

が成り立つ。等号が成り立つのは，四角形FGHIが円に内接する四角形となるときである。

トレミーの不等式において，等号が成立するとき，トレミーの定理と一致する。

定理の正三角形ABCと，正三角形ABCの外接円の弧BC上にない点Xにトレミーの不等式を適用すると

$$\mathrm{AB}\cdot\mathrm{XC}+\mathrm{AC}\cdot\mathrm{BX}>\mathrm{AX}\cdot\mathrm{BC}$$

が成り立ち，AB＝BC＝CAより，両辺をAB（＝BC＝CA＞0）で割れば

$$\mathrm{XC}+\mathrm{BX}>\mathrm{AX}$$

すなわち，AX＜BX＋CXが成り立つ。

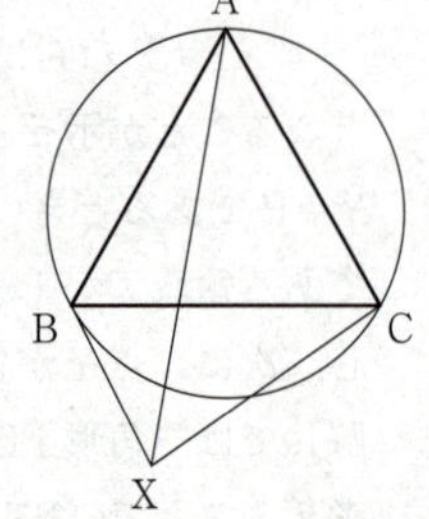

第２回 試行調査：数学Ⅱ・数学Ｂ

問題番号(配点)	解答記号	正 解	配 点	チェック
第１問(30)	ア，イ	①，⓪	1	
	ウ，エ	⓪，④	2	
	オ	②	3	
	カ	2	1	
	$(x+$キ$)(x-$ク$)$	$(x+1)(x-3)$	2	
	$f(x)=\frac{ケコ}{サ}x^3+シx^2+スx+セ$	$f(x)=\frac{-2}{3}x^3+2x^2+6x+2$	3	
	ソ	2	2	
	タ	⑦	3	
	チ	①	1	
	ツ	⑤	1	
	テ	②	2	
	ト	①	3	
	ナ	②	3	
	ニ	②，③，④，⑤ (4つマークして正解)	3	

問題番号(配点)	解答記号	正 解	配 点	チェック
第２問(30)	ア	⓪	1	
	イ	②	1	
	ウ，エ	①，③ (解答の順序は問わない)	2	
	オカキ	575	3	
	$\frac{ク}{ケ}$，$\frac{コ}{サ}$	$\frac{9}{4}$，$\frac{7}{2}$	2	
	シスセ	500	2	
	ソ	4	3	
	タ，チ	3，3	2	
	ツテ	18	3	
	ト	①	2	
	ナ	⓪	3	
	ニ	①，④，⑤ (3つマークして正解)	3	
	ヌ	③	3	

問題番号(配点)	解答記号	正解	配点	チェック
第3問 (20)	アイウ	200	1	
	0.エ	0.5	1	
	0.オカキ	0.025	2	
	クケ	24	2	
	$\frac{\sigma}{\text{コサ}}$	$\frac{\sigma}{20}$	2	
	0.シスセソ	0.0013	3	
	タ	④	3	
	チ	④	3	
	ツ	④	3	
第4問 (20)	ア	4	1	
	a_n=イ・ウ$^{n-1}$+エ	$a_n=2\cdot3^{n-1}+4$	2	
	オ	6	1	
	p_{n+1}=カp_n−キ	$p_{n+1}=3p_n-8$	2	
	p_n=ク・ケ$^{n-1}$+コ	$p_n=2\cdot3^{n-1}+4$	2	
	サ，シ	③，⓪	2	
	スセ，ソ	−4，1	3	
	b_n=タ$^{n-1}$+チn−ツ	$b_n=3^{n-1}+4n-1$	3	
	c_n=テ・ト$^{n-1}$+ナn^2+ニn+ヌ	$c_n=2\cdot3^{n-1}+2n^2+4n+8$	4	

問題番号(配点)	解答記号	正解	配点	チェック
第5問 (20)	$\frac{\text{ア}}{\text{イ}}$	$\frac{1}{2}$	1	
	$\frac{\text{ウ}}{\text{エ}}$	$\frac{1}{2}$	1	
	$k=\frac{\text{オ}}{\text{カ}}$	$k=\frac{2}{3}$	2	
	$\vec{d}=\frac{\text{キ}}{\text{ク}}\vec{a}+\frac{\text{ケ}}{\text{コ}}\vec{b}-\vec{c}$	$\vec{d}=\frac{2}{3}\vec{a}+\frac{2}{3}\vec{b}-\vec{c}$	3	
	$\frac{\text{サ}}{\text{シ}}$	$\frac{1}{2}$	2	
	$\frac{\text{スセ}}{\text{ソ}}$	$\frac{-1}{3}$	3	
	タ	①	4	
	α=チツ°	$\alpha=90°$	2	
	テ	①	2	

（注）第1問，第2問は必答。第3問～第5問のうちから2問選択。計4問を解答。

● 正解および配点は，大学入試センターから公表されたものをそのまま掲載しています。

※ 2018年11月の試行調査の受検者のうち，3年生の平均点を示しています。

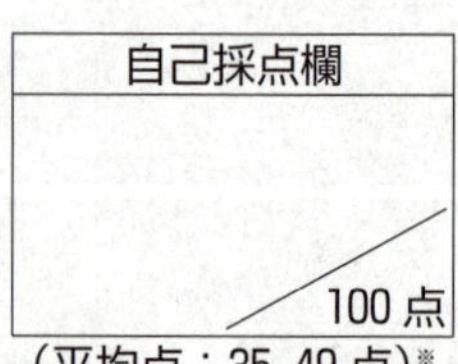

（平均点：35.49点）※

第1問 ―― 三角関数，微・積分法，指数・対数関数

〔1〕 易 《三角関数のグラフ》

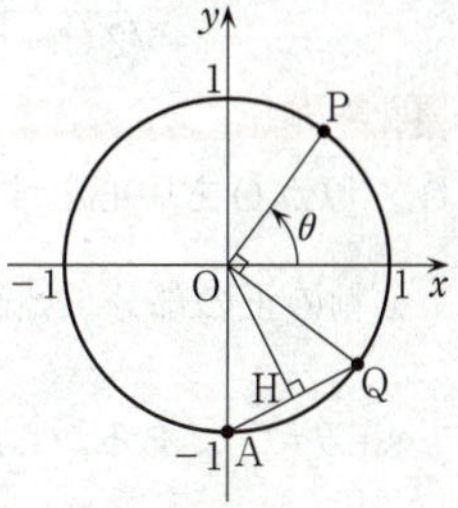

(1) 右図より，P，Qの座標は

$P(\cos\theta,\ \sin\theta)$ ① ， ⓪ →ア，イ

$Q\left(\cos\left(\theta-\dfrac{\pi}{2}\right),\ \sin\left(\theta-\dfrac{\pi}{2}\right)\right)$

であり

$\cos\left(\theta-\dfrac{\pi}{2}\right)=\cos\left(\dfrac{\pi}{2}-\theta\right)=\sin\theta$ ⓪ →ウ

$\sin\left(\theta-\dfrac{\pi}{2}\right)=-\sin\left(\dfrac{\pi}{2}-\theta\right)=-\cos\theta$ ④ →エ

(Pのy座標)>0
(Qのx座標)>0
$0<\theta<\pi$，$\angle POQ=\dfrac{\pi}{2}$

(2) $0<\theta<\pi$ であるから，$\angle AOQ=\left(\dfrac{\pi}{2}+\theta\right)-\dfrac{\pi}{2}=\theta$ である。OA＝OQの二等辺三角形AOQの頂点Oから辺AQに垂線OHを下ろすと，Hは辺AQの中点であり，$\angle AOH=\dfrac{1}{2}\angle AOQ=\dfrac{\theta}{2}$ であるので

$$AQ=2AH=2OA\sin\angle AOH=2\times1\times\sin\frac{\theta}{2}\quad(0<\theta<\pi)$$

である。よって，線分AQの長さℓはθの関数として$\ell=2\sin\dfrac{\theta}{2}$ $(0<\theta<\pi)$ と表される。関数ℓのグラフは，$\ell=\sin\theta$のグラフをθ軸方向に2倍$\left(\text{周期が}\dfrac{2\pi}{\frac{1}{2}}=4\pi\right)$，$\ell$軸方向に2倍だけ拡大したグラフの$0<\theta<\pi$の部分であるから，最も適当なグラフは ② →オ である。

(注) AQの長さℓは次のように求めてもよい。
△AOQに余弦定理を用いると

$$AQ^2=OA^2+OQ^2-2\times OA\times OQ\cos\angle AOQ=1^2+1^2-2\times1\times1\times\cos\theta$$
$$=2(1-\cos\theta)$$

となり，半角の公式より，$1-\cos\theta=2\sin^2\dfrac{\theta}{2}$ であるから

$$AQ^2=4\sin^2\frac{\theta}{2}$$

$0<\theta<\pi$ より $\sin\dfrac{\theta}{2}>0$ であるから　$AQ=2\sin\dfrac{\theta}{2}$

また，2点 A(0, −1)，Q$(\sin\theta,\ -\cos\theta)$ の距離として求めることもできる。

$$AQ=\sqrt{(\sin\theta-0)^2+(-\cos\theta+1)^2}=\sqrt{\sin^2\theta+\cos^2\theta-2\cos\theta+1}$$
$$=\sqrt{2(1-\cos\theta)}$$ （以下，省略）

解 説

(1)　原点Oを中心とする半径 $r\,(>0)$ の円周上の点 P$(x,\ y)$ に対して，動径 OP が x 軸の正の部分（始線）となす角（動径 OP の表す角）を θ とするとき，$\cos\theta=\dfrac{x}{r}$，$\sin\theta=\dfrac{y}{r}$ であるから，Pの座標は $(r\cos\theta,\ r\sin\theta)$ と表せる。

> **ポイント　単位円周上の点の座標**
> 原点Oを中心とする半径1の円（単位円）の周上の点の座標は，その点とOを結ぶ動径の表す角を θ とすれば，$(\cos\theta,\ \sin\theta)$ と表せる。

Qの座標は $\left(\cos\left(\theta-\dfrac{\pi}{2}\right),\ \sin\left(\theta-\dfrac{\pi}{2}\right)\right)$ となるが，三角関数の次の性質を用いて，簡単な表し方にする。

$$\sin(-\theta)=-\sin\theta,\quad \cos(-\theta)=\cos\theta$$
$$\sin\left(\frac{\pi}{2}-\theta\right)=\cos\theta,\quad \cos\left(\frac{\pi}{2}-\theta\right)=\sin\theta$$

(2)　線分 AQ の長さ ℓ を求めるには，（注）のようにしてもよいが，その際には半角の公式 $\sin^2\dfrac{\theta}{2}=\dfrac{1-\cos\theta}{2}$ を用いなければならない。〔解答〕のように図形的に考えると簡単である。

また，正弦曲線（サインカーブ）の概形はいつでも描けるようにしておきたい。

> **ポイント　正弦曲線**
>
> 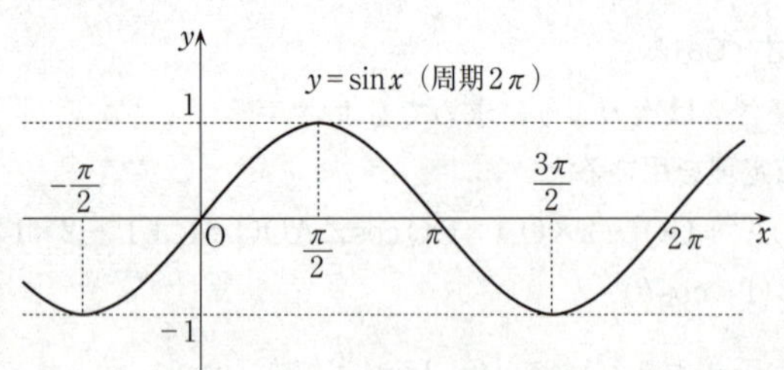
>
>
> $y=a\sin px$ のグラフは，$y=\sin x$ のグラフを x 軸方向に $\dfrac{1}{|p|}$ 倍，y 軸方向に $|a|$ 倍したもので，関数 $y=a\sin px$ の周期は $\dfrac{2\pi}{|p|}$ となる。

〔2〕 易 《3次関数の決定，定積分と面積》

(1) $f(x)$ は3次関数であるから，その導関数 $f'(x)$ は [2] →カ 次関数である。
$f(x)$ が $x=-1$ と $x=3$ で極値をもつことから，$f'(-1)=f'(3)=0$ であるので，
$f'(x)$ は $\{x-(-1)\}$ と $(x-3)$ を因数にもつ。すなわち，$f'(x)$ は

$(x+$ [1] $)(x-$ [3] $)$ →キ，ク

で割り切れる。

(2) (1)より，定数 a を用いて

$$f'(x)=a(x+1)(x-3)=a(x^2-2x-3)$$

とおけるから，積分して $f(x)$ を求めると，積分定数を C として

$$f(x)=a\left(\frac{x^3}{3}-x^2-3x\right)+C$$

となる。$x=-1$ で極小値 $-\frac{4}{3}$ をとることから，$f(-1)=-\frac{4}{3}$，また，曲線 $y=f(x)$ が点 $(0,\ 2)$ を通ることから，$f(0)=2$ である。よって

$$\begin{cases} f(-1)=a\left(-\frac{1}{3}-1+3\right)+C=-\frac{4}{3} \\ f(0)=C=2 \end{cases}$$

より，$C=2$，$a=-2$ が求まる。したがって

$$f(x)=-2\left(\frac{x^3}{3}-x^2-3x\right)+2$$

$$=\frac{\boxed{-2}}{\boxed{3}}x^3+\boxed{2}x^2+\boxed{6}x+\boxed{2}$$ →ケコ，サ，シ，ス，セ

である。

(3) (2)より，$f'(x)=-2(x+1)(x-3)$ であるので，$f(x)$ の増減表は右のようになる。

x	$\cdots$	-1	$\cdots$	3	$\cdots$
$f'(x)$	$-$	0	$+$	0	$-$
$f(x)$	↘	$-\frac{4}{3}$	↗	20	↘

条件 $f(0)=2$ に注意して $y=f(x)$ のグラフを描けば次図のようになる。このグラフから，方程式 $f(x)=0$ は，三つの実数解をもち，そのうち負の解は [2] →ソ 個であることがわかる。

$f(x)=0$ の解を a，b，c $(a<b<c)$ とし，曲線 $y=f(x)$ の $a\leqq x\leqq b$ の部分と x 軸とで囲まれた図形の面積を S，曲線 $y=f(x)$ の $b\leqq x\leqq c$ の部分と x 軸とで囲まれた図形の面積を T とすると

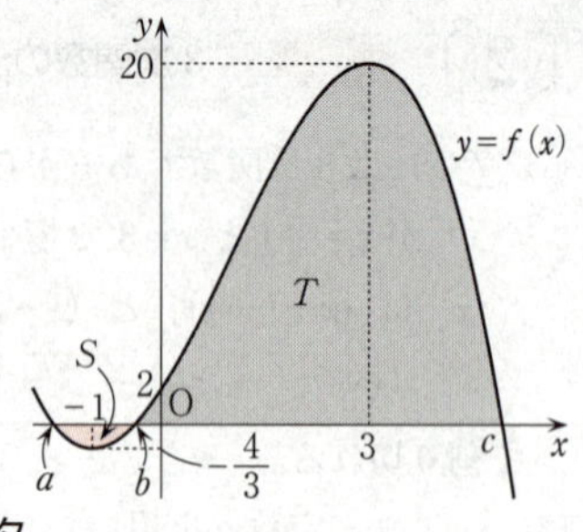

$$S=\int_a^b\{-f(x)\}\,dx=-\int_a^b f(x)\,dx$$

$$T=\int_b^c f(x)\,dx$$

であり

$$\int_a^c f(x)\,dx=\int_a^b f(x)\,dx+\int_b^c f(x)\,dx$$

であるから

$$\int_a^c f(x)\,dx=(-S)+T=-S+T$$  ⑦ →タ

解説

(1)　与えられた条件を式で表すと

「$x=-1$ で極小値 $-\frac{4}{3}$ をとる」は　　$f'(-1)=0,\quad f(-1)=-\frac{4}{3}$

「$x=3$ で極大値をとる」は　　$f'(3)=0$

「点 (0, 2) を通る」は　　$f(0)=2$

となる。

方程式 $g(x)=0$ が $x=\alpha,\ \beta$ を解にもてば，$g(x)=(x-\alpha)(x-\beta)h(x)$ と書ける。$g(x)$ は $(x-\alpha)(x-\beta)$ で割り切れることになる。

(2)　$a\leqq x\leqq b$ で $f(x)\leqq 0$，$b\leqq x\leqq c$ で $f(x)\geqq 0$ であるから，S と T を合わせた面積は

$$S+T=\int_a^c|f(x)|\,dx=\int_a^b|f(x)|\,dx+\int_b^c|f(x)|\,dx$$

$$=\int_a^b\{-f(x)\}\,dx+\int_b^c f(x)\,dx=-\int_a^b f(x)\,dx+\int_b^c f(x)\,dx$$

となる。

ポイント　定積分の性質

$$\int_\alpha^\beta f(x)\,dx=\int_\alpha^\gamma f(x)\,dx+\int_\gamma^\beta f(x)\,dx \quad (\gamma\text{ は任意})$$

これは，$F'(x)=f(x)$ とおいてみると，次のように示せる。

$$(\text{右辺})=\Big[F(x)\Big]_\alpha^\gamma+\Big[F(x)\Big]_\gamma^\beta=\{F(\gamma)-F(\alpha)\}+\{F(\beta)-F(\gamma)\}$$

$$=F(\beta)-F(\alpha)$$

となって（左辺）と等しくなる。これは γ の値に無関係に成り立つ。

〔3〕 やや難 《常用対数の性質》

(1) $\log_{10}2=0.3010$ は $10^{0.3010}=2$ ① →チ と表される。

したがって，$2^{\frac{1}{0.3010}}=10$ ⑤ →ツ である。

(2) (i) 対数ものさしAにおいて，3の目盛りと4の目盛りの間隔は

$$\log_{10}4-\log_{10}3=\log_{10}\frac{4}{3}$$

であり，1の目盛りと2の目盛りの間隔は

$$\log_{10}2-\log_{10}1=\log_{10}2$$

である。

$$\log_{10}\frac{4}{3}<\log_{10}2 \quad \left(\text{底の 10 は 1 より大，}\frac{4}{3}<2\text{ より}\right)$$

であるから，前者は後者**より小さい**。② →テ

(ii) 対数ものさしAの2の目盛りと a の目盛りの間隔は，$\log_{10}a-\log_{10}2=\log_{10}\frac{a}{2}$ であり，対数ものさしBの1の目盛りと b の目盛りの間隔は，$\log_{10}b-\log_{10}1=\log_{10}b$ である。与えられた条件は，これらの間隔が等しいことを表しているので

$$\log_{10}\frac{a}{2}=\log_{10}b \quad \text{すなわち} \quad a=2b$$ ① →ト

がいつでも成り立つ。

(iii) 対数ものさしAの1の目盛りと d の目盛りの間隔は，$\log_{10}d-\log_{10}1=\log_{10}d$ であり，ものさしCの0の目盛りと c の目盛りの間隔は $c\log_{10}2$ である。与えられた条件は，これらの間隔が等しいことを表しているので，$\log_{10}d=c\log_{10}2$ より

$$\log_{10}d=\log_{10}2^c \quad \text{すなわち} \quad d=2^c$$ ② →ナ

がいつでも成り立つ。

(iv) 対数ものさしAと対数ものさしBの目盛りを一度だけ合わせるか，対数ものさしAとものさしCの目盛りを一度だけ合わせることにするとき，適切な箇所の目盛りを読み取るだけで実行できる計算は，(ii)，(iii)より，かけ算や割り算および累乗の計算のみである。したがって，⓪の $17+9$，①の $23-15$ は実行できない。

② $13\times4=x$ とすると，$\log_{10}(13\times4)=\log_{10}x$ が成り立ち，変形すると，$\log_{10}13+\log_{10}4=\log_{10}x$ となるから，$\log_{10}13-\log_{10}1=\log_{10}x-\log_{10}4$ より，下図のように目盛りを合わせて x を読めばよい。

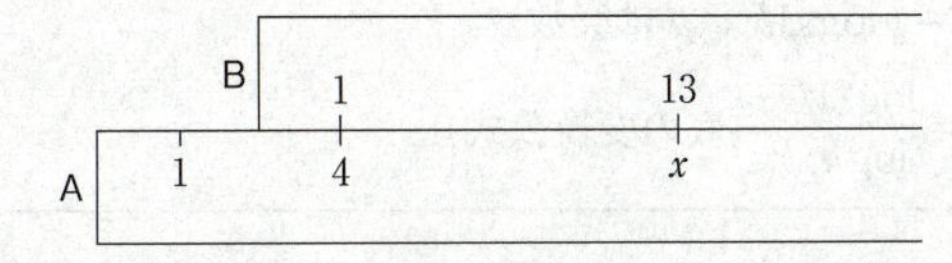

③　$63\div 9=y$ とすると，$\log_{10}\dfrac{63}{9}=\log_{10}y$ が成り立ち，変形すると，$\log_{10}63-\log_{10}9=\log_{10}y$ となるから，$\log_{10}63-\log_{10}9=\log_{10}y-\log_{10}1$ より，下図のように目盛りを合わせて y を読めばよい。

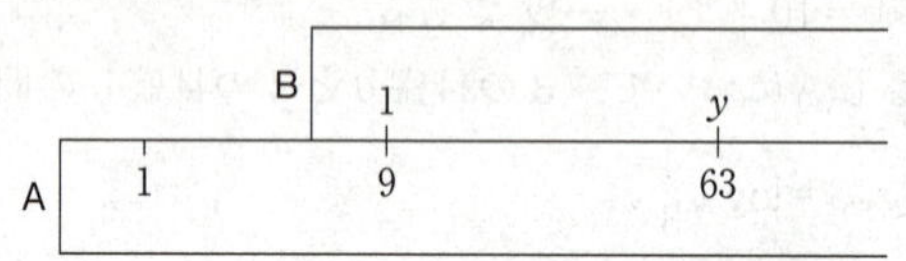

④　$2^4=z$ とすると，$\log_{10}2^4=\log_{10}z$ が成り立ち，変形すると，$4\log_{10}2=\log_{10}z-\log_{10}1$ となるから，下図のように目盛りを合わせて z を読めばよい。

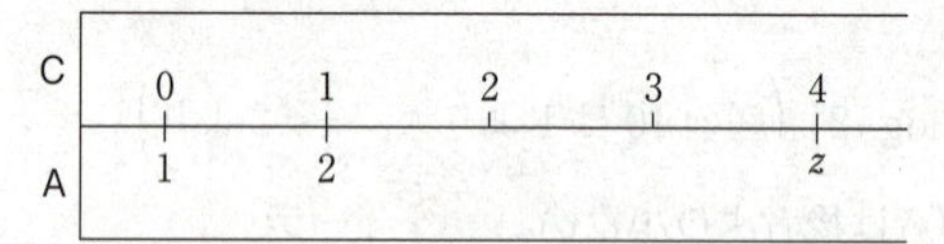

⑤　$\log_2 64=w$ とすると，$\dfrac{\log_{10}64}{\log_{10}2}=w$ となるから，分母を払って整理すると，$\log_{10}64-\log_{10}1=w\log_{10}2$ となるから，下図のように目盛りを合わせて w を読めばよい。

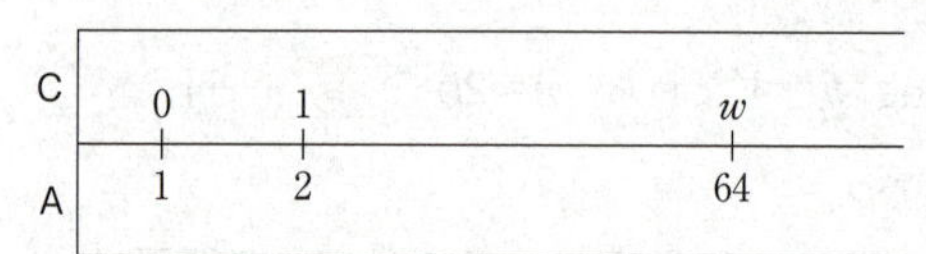

したがって，適切な箇所の目盛りを読み取るだけで実行できるものは ②，③，④，⑤ →ニ である。

解 説

(1)　$a^m=M$ ($a>0$，$a\neq 1$) であるような m を，a を底とする M の対数といい，$m=\log_a M$ と表す。このとき，M を対数 m の真数という。$M>0$ である。

(2)　次のことは必須である。

ポイント　対数の性質

$a>0$，$a\neq 1$，$b>0$，$b\neq 1$，$M>0$，$N>0$ とする。

$$\log_a a=1,\quad \log_a 1=0$$

$$\log_a MN=\log_a M+\log_a N,\quad \log_a\frac{M}{N}=\log_a M-\log_a N$$

$$\log_a M^p=p\log_a M\quad (p\text{ は実数})$$

$$\log_a M=\frac{\log_b M}{\log_b a}\quad (\text{底の変換公式})$$

(i) 対数の大小については，底に注意する。

$a>1$ のとき　　$\log_a M>\log_a N \Longleftrightarrow M>N$

$0<a<1$ のとき　　$\log_a M>\log_a N \Longleftrightarrow M<N$

(ii) 対数ものさしA，Bは目盛りの間隔が次第に狭くなっている。

下図のように，対数ものさしA，Bの目盛りを合わせると

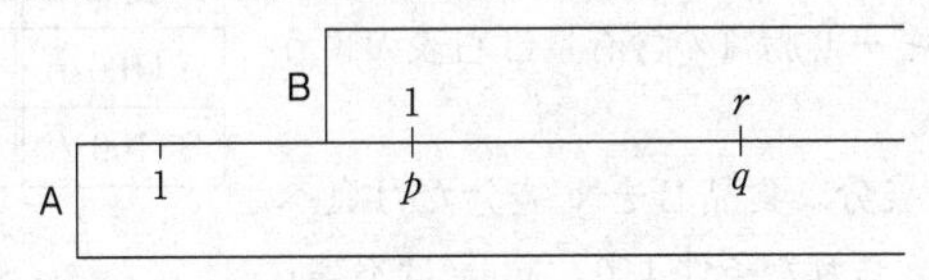

$$\log_{10}q-\log_{10}p=\log_{10}r-\log_{10}1 \qquad \log_{10}\frac{q}{p}=\log_{10}r$$

すなわち　$\dfrac{q}{p}=r$　あるいは　$q=pr$

が成り立つ。よって，p，q，r のうち2つに数値を与えれば，残りの1つの値は，目盛りを読むことによって得られることになる。したがって，(iv)の②，③の計算は可能である。

(iii) ものさしCの目盛りの間隔は一定（$\log_{10}2$）である。

右図のように，対数ものさしAとものさしCの目盛りを合わせると

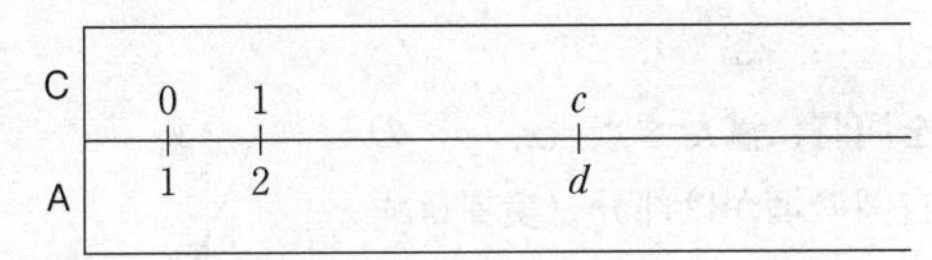

$$\log_{10}d=c\log_{10}2 \qquad \log_{10}d=\log_{10}2^c$$

すなわち　$d=2^c$　あるいは　$c=\log_2 d$

が成り立つ。よって，2の累乗，2を底とする対数の値は求めることができる。(iv)の④，⑤の計算は可能である。

(iv) 「すべて選ぶ」問題であるだけに，理解が不十分であると正解できない。限られた時間では難しいかもしれない。

第2問 —— 図形と方程式

〔1〕 標準 《線形計画法》

(1) 100gずつ袋詰めされている食品AとBの1袋あたりのエネルギーと脂質の含有量は右表のようになる。

食品	エネルギー	脂質
A (100g)	200kcal	4g
B (100g)	300kcal	2g

(i) 食品Aを x 袋分，食品Bを y 袋分だけ食べるとすると，与えられた条件より，x，y は不等式

$200x+300y\leqq 1500$ ⓪ →ア （エネルギーは1500kcal以下） ……①

$4x+2y\leqq 16$ ② →イ （脂質は16g以下） ……②

$x\geqq 0$，$y\geqq 0$ （一方のみを食べる場合もある） ……③

を満たさなければならない。

(ii) 不等式①は両辺を100で割り，②は両辺を2で割り，改めて①～③を書き出すと

$2x+3y\leqq 15$ ……①

$2x+y\leqq 8$ ……②

$x\geqq 0$，$y\geqq 0$ ……③

となり，これらを同時に満たす点 $(x,\ y)$ の存在する範囲は右図の網かけ部分（境界はすべて含む）となる。右図より，点 $(0,\ 5)$，$(3,\ 2)$ は網かけ部分に含まれるので，これらは①も②も満たす。点 $(5,\ 0)$，$(4,\ 1)$ は①を満たすが，②を満たさない。したがって，⓪，②は誤りで，正しいものは ①，③ →ウ，エである。

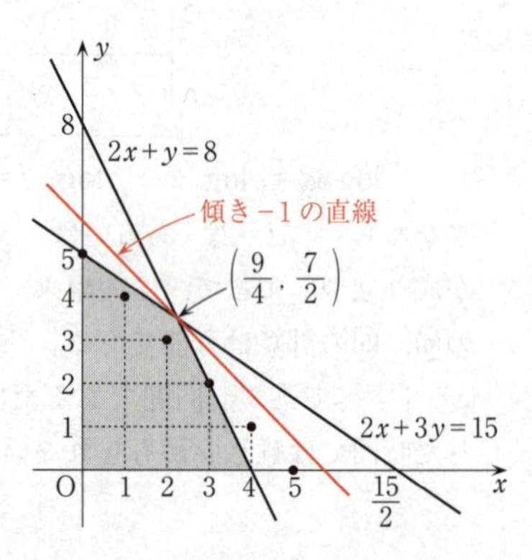

(iii) 2直線

$$\begin{cases}2x+3y=15\\2x+y=8\end{cases}$$

の交点の座標は，この連立方程式を解いて，$(x,\ y)=\left(\dfrac{9}{4},\ \dfrac{7}{2}\right)$ である。

食べる量の合計は $100x+100y=100(x+y)$〔g〕であるから，食べる量の合計が最大となるのは，$x+y$ が最大となるときである。

$x+y=k$ すなわち $y=-x+k$ とおくと，これは傾き -1 の直線を表す。2直線 $2x+3y=15$，$2x+y=8$ の傾きはそれぞれ $-\dfrac{2}{3}$，-2 であるから，直線 $x+y=k$ が，

先に求めた交点を通るとき，すなわち$x=\frac{9}{4}$，$y=\frac{7}{2}$のとき，y切片のkは最大となる。

よって，x，yのとり得る値が実数の場合，食べる量の合計の最大値は

$$100\left(\frac{9}{4}+\frac{7}{2}\right)=100\times\frac{23}{4}=\boxed{575}\ \mathrm{g}$$ →オカキ

である。このときの$(x,\ y)$の組は

$$(x,\ y)=\left(\frac{\boxed{9}}{\boxed{4}},\ \frac{\boxed{7}}{\boxed{2}}\right)$$ →ク，ケ，コ，サ

である。

x，yのとり得る値が整数の場合は，$(x,\ y)=(0,\ 5)$，$(1,\ 4)$，$(2,\ 3)$，$(3,\ 2)$のとき$x+y$が最大となることが上図よりわかり，最大値は5である。よって，食べる量の最大値は$100\times5=\boxed{500}$ →シスセ gであり，このときの$(x,\ y)$の組は$\boxed{4}$ →ソ 通りある。

(2) (1)と同様に考えれば

$100(x+y)\geqq600$　すなわち　$x+y\geqq6$　……④

$200x+300y\leqq1500$　すなわち　$2x+3y\leqq15$　……⑤

$x\geqq0,\ y\geqq0$　……⑥

の条件のもとで，$4x+2y$の最小値を求めることになる。ただし，x，yは整数である。

2直線$x+y=6$，$2x+3y=15$の交点の座標は$(3,\ 3)$であり，④～⑥を同時に満たす点$(x,\ y)$の存在する範囲は右図の網かけ部分（境界はすべて含む）となる。

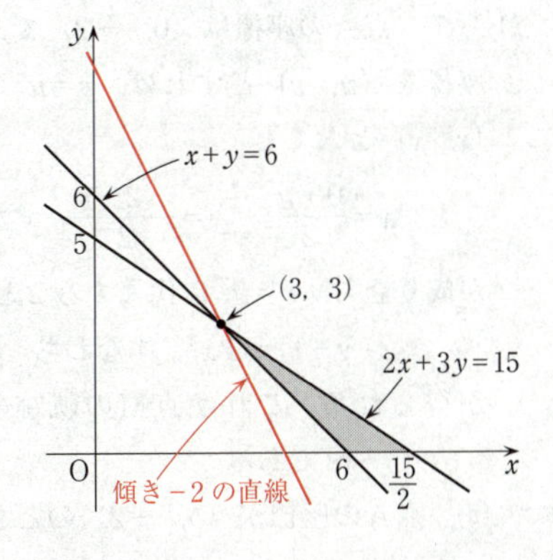

$4x+2y=\ell$すなわち$y=-2x+\frac{\ell}{2}$とおくと，

この直線が点$(3,\ 3)$を通るときy切片$\frac{\ell}{2}$が最小となることがわかる。つまり，このときℓは最小である。このときのx，yは整数であるので条件を満たす。

したがって，Aを$\boxed{3}$ →タ 袋，Bを$\boxed{3}$ →チ 袋食べるとき，脂質を最も少なくできる。そのときの脂質は，$4\times3+2\times3=\boxed{18}$ →ツテ gである。

解説

(1) (i)　文章で表された条件を式で表現する。食品ごとのエネルギーと脂質の含有量を表にまとめておくとよい。

(ii)　$(x,\ y)=(0,\ 5)$ 以下各組を式①，②に代入してチェックしてもよいが，後のことを考えれば，ここで不等式①～③を同時に満たす点の存在範囲（領域）を図示しておきたい。

(iii)　食べる量の合計は $100(x+y)$〔g〕となるが，この x，y は，点 $(x,\ y)$ として，(ii)で描いた領域に含まれていなければ意味がない。点 $(x_0,\ y_0)$ が領域に含まれていれば，$100(x_0+y_0)$〔g〕が食べる量の合計になる。領域内の各点に対していちいち $x+y$ の値を調べていては大変であるし，説得性もない。そこで，直線 $x+y=k$ を考える。k の値はこの直線の y 切片となって現れるから，図の上で，傾き -1 の直線を，領域を通過するように（x，y が意味をもつように）動かしてみれば，y 切片が最も大きくなるのは，交点 $\left(\dfrac{9}{4},\ \dfrac{7}{2}\right)$ を通るときであることがわかる。ただし，x，y がともに整数であるときは，x，y がともに整数である点（格子点）を通過するように，直線を動かさなければならない。

(2)　(1)とほとんど同じ問題である。領域を正しく図示することが大切である。

〔2〕 標準 《軌跡の方程式》

(1) (i)　点Aの座標は $(0,\ -2)$ である。点Pは放物線 $y=x^2$ 上を動くから，点Pの座標を $(u,\ v)$ とすれば，$v=u^2$ の関係が成り立つ。線分 AP の中点Mの座標を $(x,\ y)$ とおくと

$$x=\frac{0+u}{2},\quad y=\frac{-2+v}{2}\quad \text{すなわち}\quad u=2x,\quad v=2(y+1)$$

が成り立ち，$v=u^2$ に代入することで

$$2(y+1)=2^2x^2\quad \text{すなわち}\quad y=2x^2-1$$

が得られる。これが点Mの軌跡の方程式であるから，正しいものは $y=2x^2-1$ ① →ト である。

(ii)　点Aの座標が $(p,\ -2)$ のとき，(i)の点Mの座標が

$$x=\frac{p+u}{2},\quad y=\frac{-2+v}{2}\quad \text{すなわち}\quad u=2\left(x-\frac{p}{2}\right),\quad v=2(y+1)$$

となるから，$v=u^2$ を用いて，点Mの軌跡の方程式は

$$2(y+1)=2^2\left(x-\frac{p}{2}\right)^2\quad \text{すなわち}\quad y=2\left(x-\frac{p}{2}\right)^2-1$$

となる。このグラフは $y=2x^2-1$ のグラフを x 軸方向に $\frac{1}{2}p$ ⓪ →ナ だけ平行

移動したものである。

(iii) 点Aの座標が $(p,\ q)$ のとき，(i)の点Mの座標が

$$x=\frac{p+u}{2},\quad y=\frac{q+v}{2}\quad \text{すなわち}\quad u=2\left(x-\frac{p}{2}\right),\quad v=2\left(y-\frac{q}{2}\right)$$

となるから，点Mの軌跡の方程式は，$v=u^2$ より

$$2\left(y-\frac{q}{2}\right)=2^2\left(x-\frac{p}{2}\right)^2\quad \text{すなわち}\quad y=2\left(x-\frac{p}{2}\right)^2+\frac{q}{2}=2x^2-2px+\frac{p^2+q}{2}$$

である。この放物線と放物線 $y=x^2$ の共有点の個数は，両式から y を消去してできる2次方程式

$$2x^2-2px+\frac{p^2+q}{2}=x^2\quad \text{すなわち}\quad x^2-2px+\frac{p^2+q}{2}=0$$

の異なる実数解の個数に等しい。この2次方程式の判別式を D とおけば

$$\frac{D}{4}=(-p)^2-\frac{p^2+q}{2}=\frac{p^2-q}{2}$$

であるから，$q=0$ のとき，$D=2p^2$ である。このとき

$p=0$ ならば $D=0$ で，実数解は1個（重解）だから共有点は1個

$p\neq 0$ ならば $D>0$ で，異なる2つの実数解をもつから共有点は2個

である。ゆえに，⓪，②は誤りで，①は正しい。

次に，$q<p^2$ のとき，$D>0$ であるから，2次方程式は異なる2つの実数解をもつ。よって，共有点は2個である。③は誤りである。

$q=p^2$ のとき，$D=0$ であるから，2次方程式は実数解を1つ（重解）もつので，共有点は1個である。④は正しい。

$q>p^2$ のとき，$D<0$ であるから，2次方程式は実数解をもたない。よって，共有点は0個である。⑤は正しい。

以上から，正しいものは ①，④，⑤ →ニ である。

(2) 点 $C_0(c,\ d)$ を中心とする半径 $r\ (>0)$ の円 C'：$(x-c)^2+(y-d)^2=r^2$ と定点 $A'(a,\ b)$ を考える。C' を動く点 Q′ の座標を $(u,\ v)$，A′Q′ の中点 M′ の座標を $(x,\ y)$ とすれば

$$x=\frac{a+u}{2},\quad y=\frac{b+v}{2}\quad \text{すなわち}\quad u=2\left(x-\frac{a}{2}\right),\quad v=2\left(y-\frac{b}{2}\right)$$

と表され，u，v は $(u-c)^2+(v-d)^2=r^2$ を満たすから

$$\left\{2\left(x-\frac{a+c}{2}\right)\right\}^2+\left\{2\left(y-\frac{b+d}{2}\right)\right\}^2=r^2$$

すなわち $$\left(x-\frac{a+c}{2}\right)^2+\left(y-\frac{b+d}{2}\right)^2=\left(\frac{r}{2}\right)^2$$

となる。これが点 M′ の軌跡の方程式である。つまり，点 M′ の軌跡は中心が

$\left(\dfrac{a+c}{2},\ \dfrac{b+d}{2}\right)$，半径が $\dfrac{r}{2}$ の円である。これは，次のことを意味している。

「ある円上を動く点と定点の中点の軌跡は，ある円の半径の $\dfrac{1}{2}$ を半径とし，

ある円の中心と定点の中点を中心とする円になる」　……(＊)

このことより，円 C の半径は4である（問題文の図中の5つの円の半径はすべて2であるから）。よって，選択肢は③と⑦だけ調べればよい。

③の円の中心は $(0,\ 0)$ であるから，軌跡の円の中心は，Oに対して $(0,\ 0)$，

A_1 に対して $\left(-\dfrac{9}{2},\ 0\right)$，$A_2$ に対して $\left(-\dfrac{5}{2},\ -\dfrac{5}{2}\right)$，$A_3$ に対して $\left(\dfrac{5}{2},\ -\dfrac{5}{2}\right)$，

A_4 に対して $\left(\dfrac{9}{2},\ 0\right)$ となり，5つの円の中心に一致している。

⑦の円の中心は $(0,\ -1)$ であるが，軌跡の円の中心は，Oに対して $\left(0,\ -\dfrac{1}{2}\right)$ となる。しかし，この点を中心にもつ円は図中の5つの円のなかにないので，⑦は不適である。

したがって，円 C の方程式として最も適当なものは ③ →ヌ である。

別解 (2)　選択肢⓪〜⑦のそれぞれについて，C 上に任意の点Qをとり，点Qと点 $O(0,\ 0)$ との中点を通る円が，図中の5つの円のなかにあるかどうかを調べる。

⓪　$Q(1,\ 0)$ とすると，OQの中点 $\left(\dfrac{1}{2},\ 0\right)$ を通る円はない。

①　$Q(\sqrt{2},\ 0)$ とすると，OQの中点 $\left(\dfrac{\sqrt{2}}{2},\ 0\right)$ を通る円はない。

②　$Q(2,\ 0)$ とすると，OQの中点 $(1,\ 0)$ を通る円はない。

③　$Q(4,\ 0)$ とすると，OQの中点 $(2,\ 0)$ を通る円はある。

④　$Q(1,\ -1)$ とすると，OQの中点 $\left(\dfrac{1}{2},\ -\dfrac{1}{2}\right)$ を通る円はない。

⑤　$Q(\sqrt{2},\ -1)$ とすると，OQの中点 $\left(\dfrac{\sqrt{2}}{2},\ -\dfrac{1}{2}\right)$ を通る円はない。

⑥　$Q(2,\ -1)$ とすると，OQの中点 $\left(1,\ -\dfrac{1}{2}\right)$ を通る円はない。

⑦　$Q(4,\ -1)$ とすると，OQの中点 $\left(2,\ -\dfrac{1}{2}\right)$ を通る円はない。

よって，⓪〜②および④〜⑦は不適である。そこで，③について調べてみる。

$C：x^2+y^2=16$ 上の点Qの座標を $(u,\ v)$ とおき，点Qと定点 $A(a,\ b)$ との中点Mの座標を $(x,\ y)$ とすれば

$$u^2+v^2=16,\quad x=\frac{u+a}{2},\quad y=\frac{v+b}{2}$$

が成り立ち，u，v を消去することによって

$$2^2\left(x-\frac{a}{2}\right)^2+2^2\left(y-\frac{b}{2}\right)^2=16 \quad \text{すなわち} \quad \left(x-\frac{a}{2}\right)^2+\left(y-\frac{b}{2}\right)^2=2^2$$

を得る。A$(a,\ b)$ をO$(0,\ 0)$，$A_1(-9,\ 0)$，$A_2(-5,\ 5)$，$A_3(5,\ -5)$，$A_4(9,\ 0)$ に置き換えれば，図の5つの円がすべて得られる。

以上のことから，円 C の方程式として最も適当なものは③である。

解説

(1) (i) 点Mの軌跡の方程式を求めるには，点Mの座標を $(x,\ y)$ とおいて，x と y の関係式を求めればよい。動点Pの座標を $(u,\ v)$ とおいてみると，点Aに対して，線分APの中点がMであることから，u，v は x，y を用いて表せる。Pは放物線 $y=x^2$ 上にあるので，u と v の間には $v=u^2$ の関係がある。これで x と y の関係が求まる。これは定型的な解法である。

点M$(x,\ y)$ の満たすべき方程式はこれで求められるが，一般に，条件 E を満たす点の軌跡が図形 F であることをいうには

〈1〉条件 E を満たす点は図形 F 上にある（必要条件）

〈2〉図形 F 上の点はすべて条件 E を満たす（十分条件）

の2点を示す必要がある。本問は記述式の問題ではないので，〔解答〕では〈1〉だけ示してある。

(ii) $y=f(x)$ のグラフの平行移動については次のことをおさえておく。

> **ポイント** $y=f(x)$ のグラフの平行移動
>
> 関数 $y=f(x)$ のグラフを x 軸方向に p，y 軸方向に q だけ平行移動したグラフを表す方程式は
>
> $y-q=f(x-p)$ すなわち $y=f(x-p)+q$
>
> となる（x を $x-p$ で，y を $y-q$ で置き換えればよい）。

(iii) $y=f(x)$ のグラフと $y=g(x)$ のグラフの共有点の x 座標は，方程式

$f(x)=g(x)$ すなわち $f(x)-g(x)=0$

の実数解で与えられる。この方程式が2次方程式の場合，判別式を D とすると

$D>0$ ならば異なる2つの実数解をもつから，共有点は2個

$D=0$ ならば1つの実数解（重解）をもつから，共有点は1個

$D<0$ ならば実数解をもたないから，共有点は0個

と分類できる。

⑵〔解答〕において，計算で求めた内容（＊）は，下図より簡単に導き出せる。

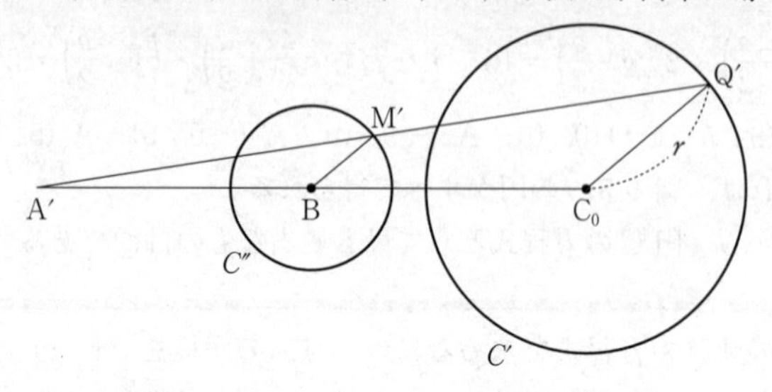

線分 $A'C_0$ の中点をＢとする。

$A'B=\dfrac{1}{2}A'C_0$，$A'M'=\dfrac{1}{2}A'Q'$ より　　$BM' /\!/ C_0Q'$

よって　　$BM'=\dfrac{1}{2}C_0Q'=\dfrac{1}{2}r$

つまり，点Q′ を円 C' 上のどこにとっても，それに応じて BM′ はつねに $\dfrac{1}{2}r$ となるから，点M′ は点Ｂを中心とする半径 $\dfrac{1}{2}r$ の円（C''）上にある（必要条件）。

逆に，円 C'' 上の任意の点 M′ に対し，$2A'M'=A'Q'$ となる点 Q′ は $C_0Q'=r$ の円 C' 上にある（十分条件）。

これで（＊）が示せた。（＊）に気付けば，選択肢はすぐに③と⑦に絞れる。

〔別解〕のように⓪～⑦を逐次チェックしても，説明を書く必要はないので，そう時間はかからないだろう。

第3問 標準 《二項分布，正規分布，母平均の推定》

(1) P大学生のうち全く読書をしない学生の母比率が50％すなわち0.5であるとき，標本400人のうち全く読書をしない学生の人数 T は二項分布 $B(400,\ 0.5)$ に従う。

よって，T の平均は $E(T)=400\times0.5=$ 200 →アイウ人であり，分散は $V(T)=400\times0.5\times(1-0.5)=100$ である。

また，標本の大きさ400は十分に大きいので，標本のうち全く読書をしない学生の比率 $\dfrac{T}{400}$ の分布は，平均 $E\left(\dfrac{T}{400}\right)=\dfrac{1}{400}E(T)=\dfrac{200}{400}=\dfrac{1}{2}=0.$ 5 →エ，分散 $V\left(\dfrac{T}{400}\right)=\dfrac{1}{400^2}V(T)=\dfrac{100}{400^2}=\dfrac{1}{1600}$，標準偏差 $\sigma\left(\dfrac{T}{400}\right)=\sqrt{V\left(\dfrac{T}{400}\right)}=\sqrt{\dfrac{1}{1600}}=\dfrac{1}{40}$ $=0.$ 025 →オカキの正規分布 $N(0.5,\ 0.025^2)$ で近似できる。

(2) P大学生の読書時間は，母平均が24分であるとし，母標準偏差を σ 分とおく。

(i) 標本の大きさ400は十分に大きいので，読書時間の標本平均 $\overline{X}$ の分布は，平均（期待値） 24 →クケ分，標準偏差 $\dfrac{\sigma}{\sqrt{400}}=\dfrac{\sigma}{20}$ →コサ分の正規分布 $N\left(24,\ \left(\dfrac{\sigma}{20}\right)^2\right)$ で近似できる。

(ii) $\sigma=40$ として，読書時間の標本平均 $\overline{X}$ が30分以上となる確率 $P(\overline{X}\geqq30)$ を求める。確率変数 $\overline{X}$ を $Z=\dfrac{\overline{X}-24}{2}$ $\left(\dfrac{\sigma}{20}=\dfrac{40}{20}=2\right)$ に変換すれば，Z は標準正規分布 $N(0,\ 1)$ に従う。よって

$$P(\overline{X}\geqq30)=P(Z\geqq3)=P(Z\geqq0)-P(0\leqq Z\leqq3)$$
$$=0.5-0.4987=0.\boxed{0013}$$ →シスセソ （正規分布表より）

である。

また，選択肢⓪～⑤のうち，確率がおよそ0.1587となるのは，④以外ではない。⓪，①については，P大学の全学生の読書時間の分布がわかっていないので，確率を求めることはできない。②，③については，P大学の全学生の読書時間の平均，すなわち母平均を24分と仮定しているので，26分以上となる確率は0，64分以下となる確率は1である。⑤は，母平均が24分，標本平均が30分以上となる確率が0.0013であることを考えると，64分以下の確率は0.5より大きいはずで0.1587はあり得ない。

そこで，④を確認すると

$$P(\overline{X}\geqq26)=P(Z\geqq1)=P(Z\geqq0)-P(0\leqq Z\leqq1)$$
$$=0.5-0.3413=0.1587$$

となるから，当てはまる最も適当なものは ④ →タ である。

(3) (i) P大学生の読書時間の母標準偏差を σ とし，標本平均を $\overline{X}$ とするとき，P大学生の読書時間の母平均 m に対する信頼度 95 % の信頼区間 $A \leqq m \leqq B$ を求める。

標本平均 $\overline{X}$ は，標本の大きさ 400 が十分に大きいので，近似的に正規分布 $N\left(m,\ \frac{\sigma^2}{400}\right)$ に従う。すなわち，$Z=\dfrac{\overline{X}-m}{\frac{\sigma}{20}}$ は，近似的に標準正規分布 $N(0,\ 1)$ に従う。

正規分布表より

$$P(0 \leqq Z \leqq 1.96)=0.4750=\frac{0.95}{2} \quad \text{すなわち} \quad P(|Z| \leqq 1.96)=0.95$$

であるから，求める $A \leqq m \leqq B$ は $\left|\dfrac{\overline{X}-m}{\frac{\sigma}{20}}\right| \leqq 1.96$ を変形して

$$\overline{X}-1.96\times\frac{\sigma}{20} \leqq m \leqq \overline{X}+1.96\times\frac{\sigma}{20}$$

となる。

よって　$A=\overline{X}-1.96\times\dfrac{\sigma}{20}$　④ →チ

(ii) 母平均 m に対する信頼度 95 % の信頼区間 $A \leqq m \leqq B$ とは，無作為抽出を繰り返し，その都度得られる標本平均 $\overline{X}$ に対して区間 $A \leqq m \leqq B$ を作ると，100 回中 95 回程度は，それが正しい不等式になることを意味している。したがって，最も適当なものは ④ →ツ である。

解説

(1) 400 人の学生から 1 人を無作為に選んだとき，その学生が，全く読書をしない学生である確率が $\frac{1}{2}$ である。ゆえに，400 人のうち全く読書をしない学生の人数 T は，二項分布 $B\left(400,\ \frac{1}{2}\right)$ に従う。

> **ポイント　二項分布の平均・分散・標準偏差**
>
> 確率変数 X が二項分布 $B(n,\ p)$ に従うとき
>
> 平均 $E(X)=np$
>
> 分散 $V(X)=npq \quad (p+q=1)$
>
> 標準偏差 $\sigma(X)=\sqrt{V(X)}=\sqrt{npq}$

また，二項分布は，n が大きいとき，正規分布で近似できる。

ポイント **二項分布と正規分布**

二項分布 $B(n,\ p)$ に従う確率変数 X は，n が大きいとき，近似的に

正規分布 $N(np,\ npq)$　$(p+q=1)$

に従う。

(2) 大きな標本の無作為抽出を何度も繰り返し，その標本平均 $\overline{X}$ を集めると，$\overline{X}$ は近似的に正規分布に従う。

ポイント **標本平均の分布**

母平均が m，母標準偏差が σ の母集団から大きさ n の標本を無作為抽出するとき，n が大きいならば，標本平均 $\overline{X}$ は，近似的に

正規分布 $N\left(m,\ \dfrac{\sigma^2}{n}\right)$

に従う。

(ii)の選択肢⓪～⑤から1つ選ぶ問題で，正規分布表を見ながら

$$0.1587=0.5-0.3413$$
$$=\begin{cases} P(Z\geqq 0)-P(0\leqq Z\leqq 1.00)=P(Z\geqq 1)=P(\overline{X}\geqq 26) \\ P(Z\leqq 0)-P(-1.00\leqq Z\leqq 0)=P(Z\leqq -1)=P(\overline{X}\leqq 22) \end{cases}$$

とすると，④が $P(\overline{X}\geqq 26)$ であるので正解が得られる。しかし，$0.1587=0.5-0.3413$ とするところに必然性はないので，いつでも使える解法ではない。

(3) 次のことを覚えておくとよい。

ポイント **母平均の推定**

標本の大きさ n が大きいとき，母平均 m に対する信頼度 95％の信頼区間は

$$\overline{X}-1.96\times\frac{\sigma}{\sqrt{n}}\leqq m\leqq \overline{X}+1.96\times\frac{\sigma}{\sqrt{n}}\quad\left(\begin{array}{l}\overline{X}\text{ は標本平均}\\ \sigma\text{ は母標準偏差}\end{array}\right)$$

母標準偏差は標本標準偏差で代用できる。

信頼区間の意味は正確に覚えておかなければならない。

第４問 標準 《２項間の漸化式》

(1) (i) $a_1=6,\ a_{n+1}=3a_n-8\quad(n=1,\ 2,\ 3,\ \cdots)$ ……Ⓐ

$a_{n+1}-k=3(a_n-k)$ は，$a_{n+1}=3a_n-2k$ と変形され，これがⒶに一致しなければならないから，$2k=8$ すなわち $k=$ [4] →ア である。

(ii) 漸化式 $a_{n+1}-4=3(a_n-4)$ は，数列 $\{a_n-4\}$ が公比を３とする等比数列であることを表し，初項が $a_1-4=6-4=2$（Ⓐより）であるので

$$a_n-4=2\times3^{n-1}\qquad \therefore\quad a_n=\boxed{2}\cdot\boxed{3}^{n-1}+\boxed{4}$$ →イ，ウ，エ

である。

(2) (i) $b_1=4,\ b_{n+1}=3b_n-8n+6\quad(n=1,\ 2,\ 3,\ \cdots)$ ……Ⓑ

数列 $\{b_n\}$ の階差数列 $\{p_n\}$ を，$p_n=b_{n+1}-b_n\ (n=1,\ 2,\ 3,\ \cdots)$ と定めると

$$p_1=b_2-b_1=(3b_1-8\times1+6)-b_1\quad(Ⓑより)$$
$$=2b_1-2=2\times4-2\quad(Ⓑより)$$
$$=\boxed{6}$$ →オ

である。

(ii) Ⓑより

$$b_{n+2}=3b_{n+1}-8(n+1)+6$$
$$b_{n+1}=3b_n-8n+6$$

となるから，辺々引くと

$$b_{n+2}-b_{n+1}=3(b_{n+1}-b_n)-8$$

すなわち

$$p_{n+1}=\boxed{3}p_n-\boxed{8}$$ →カ，キ

となる。

(iii) $p_1=6,\ p_{n+1}=3p_n-8$ は(1)の数列 $\{a_n\}$ の漸化式と全く同一であるから

$$p_n=a_n=\boxed{2}\cdot\boxed{3}^{n-1}+\boxed{4}$$ →ク，ケ，コ

である。

(3) (i) 漸化式Ⓑを，ある数列 $\{q_n\}$ を用いて，$q_{n+1}=3q_n$ と変形する。それには，Ⓑの n の１次式の部分を一般化して

$$q_n=b_n+sn+t\quad(s,\ t\text{は定数})$$

とおくと

$$q_{n+1}=b_{n+1}+s(n+1)+t$$

となるから，$q_{n+1}=3q_n$ は

$$b_{n+1}+s(n+1)+t=3(b_n+sn+t)$$ [③] →サ，[⓪] →シ

と表せる。

(ii) 上の式を変形すれば

$$b_{n+1}=3b_n+2sn+2t-s$$

となり，これがⒷと一致するようにすれば

$$2s=-8,\quad 2t-s=6$$

を得るから，$s=$ [−4] →スセ，$t=$ [1] →ソ である。

(4) 漸化式Ⓑを(2)の方法で解くと，次のようになる。

$n\geqq2$ のとき

$$b_n=b_1+\sum_{k=1}^{n-1}p_k=4+\sum_{k=1}^{n-1}(2\times3^{k-1}+4)=4+2\sum_{k=1}^{n-1}3^{k-1}+\sum_{k=1}^{n-1}4$$

$$=4+2\times\frac{3^{n-1}-1}{3-1}+4(n-1)$$

$$=3^{n-1}+4n-1$$

これは，$b_1=4$ も成立させるから，$n=1,\ 2,\ 3,\ \cdots$ に対して

$b_n=$ [3]$^{n-1}+$ [4]$n-$ [1] →タ，チ，ツ

である。

漸化式Ⓑを(3)の方法で解くと，次のようになる。

数列 $\{q_n\}$ は，初項が $q_1=b_1+s+t=4-4+1=1$，公比が３の等比数列であるから，$q_n=1\times3^{n-1}=3^{n-1}$ である。$q_n=b_n+sn+t=b_n-4n+1$ であったから

$$b_n=q_n+4n-1=3^{n-1}+4n-1$$

である。

(5) $c_1=16,\ c_{n+1}=3c_n-4n^2-4n-10\quad(n=1,\ 2,\ 3,\ \cdots)$ ……Ⓒ

(3)の方法を用いることにする。$r_n=c_n+kn^2+\ell n+m$ とおいて，$r_{n+1}=3r_n$ となるような定数 $k,\ \ell,\ m$ を求めたい。

$$c_{n+1}+k(n+1)^2+\ell(n+1)+m=3(c_n+kn^2+\ell n+m)$$

変形して　$c_{n+1}=3c_n+2kn^2+(2\ell-2k)n+2m-k-\ell$

これがⒸと一致するためには

$$2k=-4,\quad 2\ell-2k=-4,\quad 2m-k-\ell=-10$$

が成り立てばよいので，$k=-2,\ \ell=-4,\ m=-8$ が得られる。

よって，数列 $\{c_n-2n^2-4n-8\}$ は公比が３の等比数列である。この数列の初項は $c_1-2\times1^2-4\times1-8=16-2-4-8=2$（Ⓒより）であるから，数列 $\{c_n\}$ の一般項は，次のようになる。

$$c_n-2n^2-4n-8=2\times3^{n-1}$$

∴ $c_n=$ [2]$\cdot$[3]$^{n-1}+$ [2]n^2+ [4]$n+$ [8] →テ，ト，ナ，ニ，ヌ

解説

(1)　教科書で学習する基本形である。

ポイント　２項間の漸化式 $a_{n+1}=pa_n+q$（$pq\neq 0$，$p\neq 1$）の解法

$$a_{n+1}=pa_n+q$$
$$-)\quad \alpha=p\alpha+q \quad \cdots\to \alpha=\frac{q}{1-p}$$
$$a_{n+1}-\alpha=p(a_n-\alpha) \quad \cdots\to$$ 数列 $\{a_n-\alpha\}$ は公比が p の等比数列

$\therefore\quad a_n-\alpha=(a_1-\alpha)\times p^{n-1}$　すなわち　$a_n=\alpha+(a_1-\alpha)p^{n-1}$

(2)　階差数列の一般項からもとの数列 $\{a_n\}$ の一般項を得るには，等式

$$a_n=a_1+(a_2-a_1)+(a_3-a_2)+\cdots+(a_n-a_{n-1})\quad (n\geqq 2)$$

を利用する。階差数列 $\{a_{n+1}-a_n\}$ の初項 (a_2-a_1) から，第 $(n-1)$ 項 (a_n-a_{n-1}) までの和に a_1 を加えたものが a_n となる。

(3)　「等比化」とよばれる解法である。この方法は身に付けておきたい。

(4)　(2)の方法，(3)の方法をどちらも〔解答〕に載せておいた。(3)の方法の方が簡単である。

(5)　ここでも(2)の方法と(3)の方法が考えられるが，〔解答〕では(3)の方法を用いた。(2)の方法を用いた場合はかなり面倒になるだろう。

第5問 やや難 《空間ベクトル》

(1) 右図において，$\overrightarrow{OA}=\vec{a}$，$\overrightarrow{OB}=\vec{b}$，$\overrightarrow{OC}=\vec{c}$，$\overrightarrow{OD}=\vec{d}$ とおく。

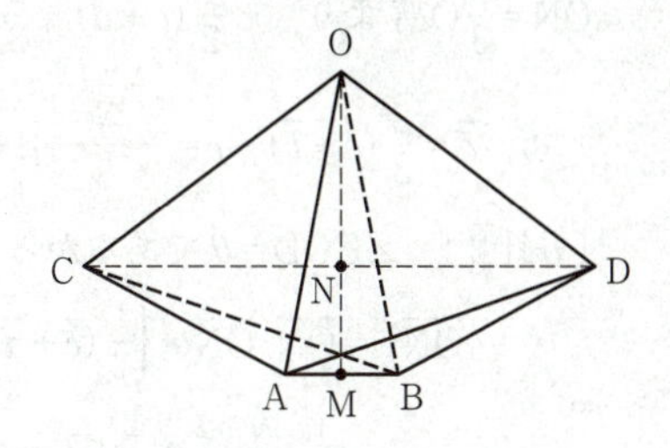

(i) 点Mは線分ABの中点であるから

$$\overrightarrow{OM}=\frac{\overrightarrow{OA}+\overrightarrow{OB}}{2}=\frac{\boxed{1}}{\boxed{2}}(\vec{a}+\vec{b}) \quad \to ア，イ$$

であり，点Nは線分CDの中点であるから

$$\overrightarrow{ON}=\frac{\overrightarrow{OC}+\overrightarrow{OD}}{2}=\frac{1}{2}(\vec{c}+\vec{d})$$

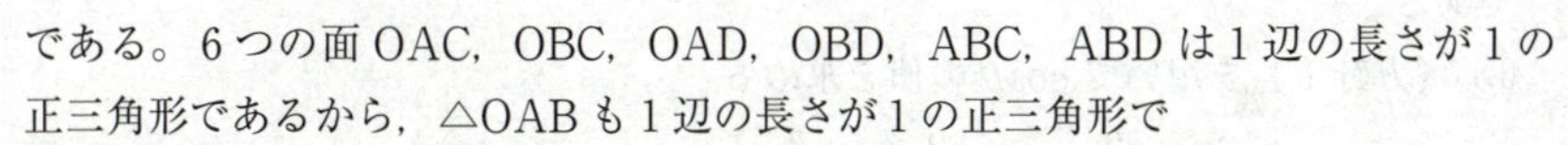

である。6つの面OAC，OBC，OAD，OBD，ABC，ABDは1辺の長さが1の正三角形であるから，△OABも1辺の長さが1の正三角形で

$$\vec{a}\cdot\vec{b}=\overrightarrow{OA}\cdot\overrightarrow{OB}=|\overrightarrow{OA}||\overrightarrow{OB}|\cos\angle AOB=1\times1\times\cos60^\circ=\frac{1}{2}$$

である。$\vec{a}\cdot\vec{c}$，$\vec{a}\cdot\vec{d}$，$\vec{b}\cdot\vec{c}$，$\vec{b}\cdot\vec{d}$ も同様であるので

$$\vec{a}\cdot\vec{b}=\vec{a}\cdot\vec{c}=\vec{a}\cdot\vec{d}=\vec{b}\cdot\vec{c}=\vec{b}\cdot\vec{d}=\frac{\boxed{1}}{\boxed{2}} \quad \to ウ，エ$$

となる。

(ii)
$$\overrightarrow{OA}\cdot\overrightarrow{CN}=\overrightarrow{OA}\cdot(\overrightarrow{ON}-\overrightarrow{OC})=\vec{a}\cdot\left\{\frac{1}{2}(\vec{c}+\vec{d})-\vec{c}\right\}=\vec{a}\cdot\left(-\frac{1}{2}\vec{c}+\frac{1}{2}\vec{d}\right)$$
$$=-\frac{1}{2}\vec{a}\cdot\vec{c}+\frac{1}{2}\vec{a}\cdot\vec{d}=-\frac{1}{2}\times\frac{1}{2}+\frac{1}{2}\times\frac{1}{2}=0 \quad \left(\vec{a}\cdot\vec{c}=\vec{a}\cdot\vec{d}=\frac{1}{2}より\right)$$

である。3点O，N，Mは同一直線上にあるから，$\overrightarrow{ON}=k\overrightarrow{OM}$（$k$ は実数）とおけるので，$\overrightarrow{CN}=\overrightarrow{ON}-\overrightarrow{OC}=k\overrightarrow{OM}-\overrightarrow{OC}=k\times\frac{1}{2}(\vec{a}+\vec{b})-\vec{c}$ と表される。これを，$\overrightarrow{OA}\cdot\overrightarrow{CN}=0$ に代入すると

$$\vec{a}\cdot\left\{\frac{k}{2}(\vec{a}+\vec{b})-\vec{c}\right\}=0 \qquad \frac{k}{2}\vec{a}\cdot\vec{a}+\frac{k}{2}\vec{a}\cdot\vec{b}-\vec{a}\cdot\vec{c}=0$$

となり，$\vec{a}\cdot\vec{a}=|\vec{a}|^2=1$，$\vec{a}\cdot\vec{b}=\vec{a}\cdot\vec{c}=\frac{1}{2}$ より

$$\frac{k}{2}\times1+\frac{k}{2}\times\frac{1}{2}-\frac{1}{2}=0 \qquad \therefore\ k=\frac{\boxed{2}}{\boxed{3}} \quad \to オ，カ$$

である。つまり，$\overrightarrow{ON}=\frac{2}{3}\overrightarrow{OM}$ である。

(iii)〔方針１〕$\vec{d}$ を $\vec{a}$, $\vec{b}$, $\vec{c}$ を用いて表すと，次のようになる。

$\overrightarrow{ON}=\frac{2}{3}\overrightarrow{OM}$ より　　$\frac{1}{2}(\vec{c}+\vec{d})=\frac{2}{3}\times\frac{1}{2}(\vec{a}+\vec{b})$

$$\therefore\quad \vec{d}=\frac{2}{3}(\vec{a}+\vec{b})-\vec{c}=\frac{\boxed{2}}{\boxed{3}}\vec{a}+\frac{\boxed{2}}{\boxed{3}}\vec{b}-\vec{c}$$ →キ，ク，ケ，コ

〔方針２〕$\angle COD=\theta$ であるから

$$|\overrightarrow{ON}|^2=\overrightarrow{ON}\cdot\overrightarrow{ON}=\left\{\frac{1}{2}(\vec{c}+\vec{d})\right\}\cdot\left\{\frac{1}{2}(\vec{c}+\vec{d})\right\}=\frac{1}{4}(|\vec{c}|^2+2\vec{c}\cdot\vec{d}+|\vec{d}|^2)$$

$$=\frac{1}{4}(|\vec{c}|^2+2|\vec{c}||\vec{d}|\cos\theta+|\vec{d}|^2)=\frac{1}{4}(1^2+2\times1\times1\times\cos\theta+1^2)$$

$$=\frac{\boxed{1}}{\boxed{2}}+\frac{1}{2}\cos\theta$$ →サ，シ

である。

(iv)〔方針１〕を用いて $\cos\theta$ の値を求める。

$$\vec{c}\cdot\vec{d}=\vec{c}\cdot\left(\frac{2}{3}\vec{a}+\frac{2}{3}\vec{b}-\vec{c}\right)=\frac{2}{3}\vec{a}\cdot\vec{c}+\frac{2}{3}\vec{b}\cdot\vec{c}-|\vec{c}|^2$$

$$=\frac{2}{3}\times\frac{1}{2}+\frac{2}{3}\times\frac{1}{2}-1^2=-\frac{1}{3}$$

であり，$\vec{c}\cdot\vec{d}=|\vec{c}||\vec{d}|\cos\theta=1\times1\times\cos\theta=\cos\theta$ であるから

$$\cos\theta=\frac{\boxed{-1}}{\boxed{3}}$$ →スセ，ソ

である。

〔方針２〕を用いて $\cos\theta$ の値を求める。

$\overrightarrow{OM}$ と $\overrightarrow{ON}$ のなす角は $0°$ であるから，$\overrightarrow{OM}\cdot\overrightarrow{ON}=|\overrightarrow{OM}||\overrightarrow{ON}|$ が成り立つ。

$$\overrightarrow{OM}\cdot\overrightarrow{ON}=\left\{\frac{1}{2}(\vec{a}+\vec{b})\right\}\cdot\left\{\frac{1}{2}(\vec{c}+\vec{d})\right\}=\frac{1}{4}(\vec{a}\cdot\vec{c}+\vec{a}\cdot\vec{d}+\vec{b}\cdot\vec{c}+\vec{b}\cdot\vec{d})$$

$$=\frac{1}{4}\left(\frac{1}{2}+\frac{1}{2}+\frac{1}{2}+\frac{1}{2}\right)=\frac{1}{2}$$

$$|\overrightarrow{OM}|^2=\overrightarrow{OM}\cdot\overrightarrow{OM}=\left\{\frac{1}{2}(\vec{a}+\vec{b})\right\}\cdot\left\{\frac{1}{2}(\vec{a}+\vec{b})\right\}=\frac{1}{4}(|\vec{a}|^2+2\vec{a}\cdot\vec{b}+|\vec{b}|^2)$$

$$=\frac{1}{4}\left(1^2+2\times\frac{1}{2}+1^2\right)=\frac{3}{4}$$

これらを，$(\overrightarrow{OM}\cdot\overrightarrow{ON})^2=|\overrightarrow{OM}|^2|\overrightarrow{ON}|^2$ に代入すると

$\left(\frac{1}{2}\right)^2=\frac{3}{4}|\overrightarrow{ON}|^2$　すなわち　$|\overrightarrow{ON}|^2=\frac{1}{3}$

となる。これを，上で求めた $|\overrightarrow{ON}|^2=\frac{1}{2}+\frac{1}{2}\cos\theta$ に代入すると

$\frac{1}{3}=\frac{1}{2}+\frac{1}{2}\cos\theta$ より　　$\cos\theta=-\frac{1}{3}$

となる。

(2) 右図において，4つの面 OAC，OBC，OAD，OBD は1辺の長さが1の正三角形である。面 ABC，ABD は合同な二等辺三角形である（AC＝BC＝AD＝BD）。

$\angle \mathrm{AOB}=\alpha$，$\angle \mathrm{COD}=\beta$ $(\alpha>0,\ \beta>0)$

とする。

線分 AB の中点 M′ と線分 CD の中点 N′ および点Oは一直線上にある。

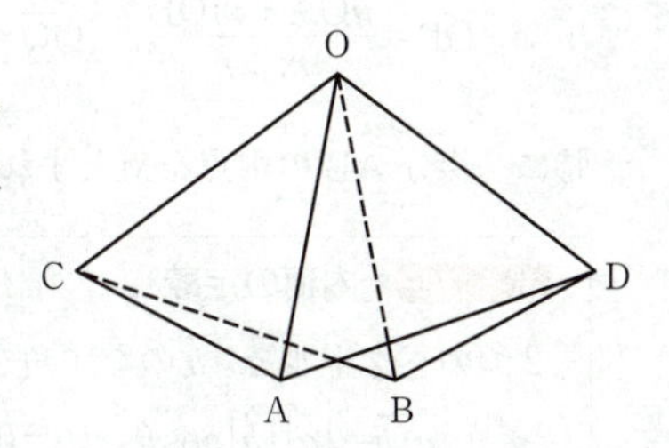

(i) $\overrightarrow{\mathrm{OM'}}=\frac{1}{2}(\vec{a}+\vec{b})$，$\overrightarrow{\mathrm{ON'}}=\frac{1}{2}(\vec{c}+\vec{d})$ であるから，〔方針2〕と同様に考えて

$$|\overrightarrow{\mathrm{OM'}}|^2=\overrightarrow{\mathrm{OM'}}\cdot\overrightarrow{\mathrm{OM'}}=\left\{\frac{1}{2}(\vec{a}+\vec{b})\right\}\cdot\left\{\frac{1}{2}(\vec{a}+\vec{b})\right\}=\frac{1}{4}(|\vec{a}|^2+2\vec{a}\cdot\vec{b}+|\vec{b}|^2)$$

$$=\frac{1}{4}(1^2+2\times1\times1\times\cos\alpha+1^2)=\frac{1}{2}(1+\cos\alpha)$$

同様に，$|\overrightarrow{\mathrm{ON'}}|^2=\frac{1}{2}(1+\cos\beta)$ が得られる。

$\overrightarrow{\mathrm{OM'}}\cdot\overrightarrow{\mathrm{ON'}}=|\overrightarrow{\mathrm{OM'}}||\overrightarrow{\mathrm{ON'}}|$ であるから

$$(\overrightarrow{\mathrm{OM'}}\cdot\overrightarrow{\mathrm{ON'}})^2=|\overrightarrow{\mathrm{OM'}}|^2|\overrightarrow{\mathrm{ON'}}|^2=\frac{1}{2}(1+\cos\alpha)\times\frac{1}{2}(1+\cos\beta)$$

$$=\frac{1}{4}(1+\cos\alpha)(1+\cos\beta)$$

であり，$\overrightarrow{\mathrm{OM'}}\cdot\overrightarrow{\mathrm{ON'}}=\left\{\frac{1}{2}(\vec{a}+\vec{b})\right\}\cdot\left\{\frac{1}{2}(\vec{c}+\vec{d})\right\}=\overrightarrow{\mathrm{OM}}\cdot\overrightarrow{\mathrm{ON}}=\frac{1}{2}$ であるから

$$\left(\frac{1}{2}\right)^2=\frac{1}{4}(1+\cos\alpha)(1+\cos\beta)$$

すなわち　　**$(1+\cos\alpha)(1+\cos\beta)=1$**　①　→タ

が成り立つ。

(ii) $\alpha=\beta$ のとき，$(1+\cos\alpha)(1+\cos\beta)=1$ から β を消去すると

$(1+\cos\alpha)^2=1$　　$1+2\cos\alpha+\cos^2\alpha=1$

$\cos\alpha(\cos\alpha+2)=0$

となり，$\cos\alpha+2>0$ より，$\cos\alpha=0$ を得る。

$0°<\alpha<180°$ より，$\alpha=$ 90 °→チツ である。

また，$\alpha=\beta$ のとき，$|\overrightarrow{\mathrm{OM'}}|^2=|\overrightarrow{\mathrm{ON'}}|^2$ より OM′＝ON′ であるから，線分 AB と線分 CD は同一平面上にあることになる。つまり，点Dは**平面 ABC 上**にある。

①　→テ

解説

(1)　(i)　線分 AB を $m:n$ に内分する点を P，外分する点を Q とすると

$$\overrightarrow{OP}=\frac{n\overrightarrow{OA}+m\overrightarrow{OB}}{m+n},\quad \overrightarrow{OQ}=\frac{-n\overrightarrow{OA}+m\overrightarrow{OB}}{m-n}$$

特に，線分 AB の中点を M とすれば，$\overrightarrow{OM}=\dfrac{\overrightarrow{OA}+\overrightarrow{OB}}{2}$　$(m=n=1)$ となる。

ポイント　内積の定義

２つのベクトル $\vec{a}$，$\vec{b}$ のなす角を θ とするとき，内積 $\vec{a}\cdot\vec{b}$ は

$$\vec{a}\cdot\vec{b}=|\vec{a}||\vec{b}|\cos\theta\quad(\theta=0^\circ \text{ のときは } \vec{a}\cdot\vec{b}=|\vec{a}||\vec{b}| \text{ となる})$$

と定義される。ただし，$\vec{a}=\vec{0}$ または $\vec{b}=\vec{0}$ のときは $\vec{a}\cdot\vec{b}=0$ とする。

(ii)　$\vec{a}\neq\vec{0}$，$\vec{b}\neq\vec{0}$ のとき，「２つのベクトル $\vec{a}$，$\vec{b}$ が平行であること」は，「$\vec{b}=k\vec{a}$ を満たす実数 k が存在すること」と同値である。特に，O，M，N が同一直線上にあるときは

$$\overrightarrow{ON}=k\overrightarrow{OM}\quad(\overrightarrow{OM}\parallel\overrightarrow{ON}\ \text{かつ}\ \text{点 O を共有})$$

と表せる。

ポイント　内積の基本性質

$\vec{a}\cdot\vec{b}=\vec{b}\cdot\vec{a}$　（交換法則）

$(\vec{a}+\vec{b})\cdot\vec{c}=\vec{a}\cdot\vec{c}+\vec{b}\cdot\vec{c}$，　$\vec{a}(\vec{b}+\vec{c})=\vec{a}\cdot\vec{b}+\vec{a}\cdot\vec{c}$　（分配法則）

$(k\vec{a})\cdot\vec{b}=\vec{a}\cdot(k\vec{b})=k(\vec{a}\cdot\vec{b})$　（k は実数）

$\vec{a}\cdot\vec{a}=|\vec{a}|^2$　（重要）

(iii)　〔方針１〕の $\vec{d}$ を $\vec{a}$，$\vec{b}$，$\vec{c}$ を用いて表す部分は，$\overrightarrow{ON}=\dfrac{2}{3}\overrightarrow{OM}$ を〔解答〕のように用いる。

$$\vec{d}=\overrightarrow{OD}=\overrightarrow{OC}+\overrightarrow{CD}=\overrightarrow{OC}+2\overrightarrow{CN}=\overrightarrow{OC}+2(\overrightarrow{ON}-\overrightarrow{OC})$$

$$=-\overrightarrow{OC}+2\times\frac{2}{3}\overrightarrow{OM}=-\vec{c}+\frac{4}{3}\times\frac{1}{2}(\vec{a}+\vec{b})=\frac{2}{3}\vec{a}+\frac{2}{3}\vec{b}-\vec{c}$$

としてもよいが，やや迂遠である。

〔方針２〕の $|\overrightarrow{ON}|^2$ は，$\vec{c}\cdot\vec{d}=|\vec{c}||\vec{d}|\cos\theta=\cos\theta$ を念頭におく。

(iv)　(2)の設問を読むと，ここでは〔方針２〕に従って解きたいところである。

(2)　〔解答〕では線分 AB，CD の中点を M′，N′ とおいているが，(1)では，条件 AB＝1 が使われていないので，ここでも，線分 AB の中点を M，線分 CD の中点を N としても差し支えない。

第1回 試行調査：数学Ⅰ・数学A

問題番号	解答記号	正解	チェック
第1問	ア	③	
	イ	②	
	ウ	①	
	エ	⑤	
	(あ)	(次ページを参照)	
	オ	⓪	
	カ	③	
	キ	④	
	ク	②	
	ケ	③	
	$\sqrt{コ}R$	$\sqrt{3}R$	
	サ，シ	⑤，①	
	ス，セ	③，⑤	
	(い)	(次ページを参照)	
	ソ	②	
第2問	ア	①	
	イ	⑤	
	ウ	⑥	
	エオカキ	1250	
	クケコサ	1300	
	シ	④	
	(う)	(次ページを参照)	
	ス	⑧	
	セ	②，③ (2つマークして正解)	
	ソ	④	

(注) 第1問，第2問は必答。第3問～第5問のうちから2問選択。計4問を解答。

問題番号	解答記号	正解	チェック
第3問	$\frac{アイ}{ウエ}$	$\frac{12}{13}$	
	$\frac{オカ}{キク}$	$\frac{11}{13}$	
	$\frac{ケ}{コサ}$	$\frac{1}{22}$	
	$\frac{シス}{セソ}$	$\frac{19}{26}$	
	タチツテ	1440	
	トナニ	960	
	ヌ	③	
第4問	ア	③	
	イ	③	
	ウ	⓪	
	エ，オ	②，③ (解答の順序は問わない)	
	カ	①	
	キ	①，② (2つマークして正解)	
	ク	⓪	
第5問	ア	2	
	イ列目	5列目	
	ウ	③	
	エ	⓪	
	オカ列目	27列目	
	キ	7	
	ク	7	
	ケコ行目	28行目	
	サ	①，②，④，⑤ (4つマークして正解)	

自己採点欄

● 設問ごとの配点は非公表。

★　(あ)　《正答の条件》

次の(a)と(b)の両方について正しく記述している。

(a)　頂点の y 座標 $-\dfrac{b^2-4ac}{4a}<0$ であること。

(b)　(a)の根拠として，$a>0$ かつ $c<0$ であること。

《正答例1》　$a>0$，$c<0$ であることにより，頂点の y 座標について，つねに $-\dfrac{b^2-4ac}{4a}<0$ となるから。

《正答例2》　a は正で，c は負なので，頂点の y 座標 $-\dfrac{b^2}{4a}+c<0$ となるから第1象限，第2象限には移動しない。

《正答例3》　グラフが下に凸なので $a>0$，y 切片が負なので $c<0$。よって $-4ac>0$ となるので，$b^2-4ac>0$ である。

したがって，頂点の y 座標 $-\dfrac{b^2-4ac}{4a}<0$ となる。

※　頂点の y 座標に関する不等式を使っていないものは不可とする。

(い)　《正答の条件》

②，③の両方について，次のように正しく記述している。

②について，$\mathrm{BC}\cos(180°-B)$ またはそれと同値な式。

③について，AH－BH またはそれと同値な式。

《正答例1》　AH＝＿＿＿＿＿＿＿＿①

BH＝ $\mathrm{BC}\cos(180°-B)$ ②

AB＝ AH－BH ③

《正答例2》　AH＝＿＿＿＿＿＿＿＿①

BH＝ $-\mathrm{BC}\cos B$ ②

AB＝ －BH＋AH ③

※　①については，修正の必要がないと判断したことが読み取れるものは可とする。

(う)　《正答の条件》

「直線」という単語を用いて，次の(a)と(b)の両方について正しく記述している。

(a)　用いる直線が各県を表す点と原点を通ること。

(b)　(a)の直線の傾きが最も大きい点を選ぶこと。

《正答例1》　各県を表す点のうち，その点と原点を通る直線の傾きが最も大きい点を選ぶ。

《正答例2》　各県を表す点と原点を通る直線のうち，x 軸とのなす角が最も大きい点を選ぶ。

《正答例3》　各点と（0，0）を通る直線のうち，直線の上側に他の点がないような点を探す。

※「傾きが急」のように，数学の表現として正確でない記述は不可とする。

（注）記述式問題については，導入が見送られることになりました。本書では，出題内容や場面設定の参考としてそのまま掲載しています（該当の問題には★印を付けています）。

第1問 ―― 2次関数，三角比，正弦定理，命題

〔1〕 標準 《2次関数》

(1) 2次関数 $y=ax^2+bx+c$ ……① のグラフは下に凸だから

$a>0$ ……②

①のグラフの y 切片は正だから

$c>0$ ……③

①を平方完成すると

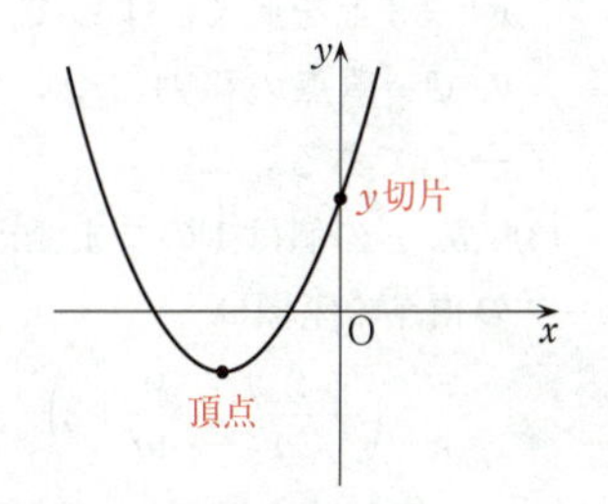

$$y=a\left(x^2+\frac{b}{a}x\right)+c=a\left\{\left(x+\frac{b}{2a}\right)^2-\frac{b^2}{4a^2}\right\}+c$$

$$=a\left(x+\frac{b}{2a}\right)^2-\frac{b^2}{4a}+c=a\left(x+\frac{b}{2a}\right)^2-\frac{b^2-4ac}{4a}$$

だから，①のグラフの頂点の座標は $\left(-\dfrac{b}{2a},\ -\dfrac{b^2-4ac}{4a}\right)$ ……(＊)

頂点が第3象限にあることより，(頂点の x 座標)<0，(頂点の y 座標)<0 となるから

$$-\frac{b}{2a}<0 \quad ……④, \qquad -\frac{b^2-4ac}{4a}<0 \quad ……⑤$$

②より $a>0$ なので，④の両辺を $-2a$ (<0) 倍して

$b>0$ ……⑥

⑤の両辺を $-4a$ (<0) 倍して

$b^2-4ac>0$ ……⑦

②，③，⑥より，$a>0$，$b>0$，$c>0$ となるから，これらを満たす a，b，c の値の組合せとして適当なものは，⓪あるいは③である。

⓪は $a=2$，$b=1$，$c=3$ なので，これらを⑦の左辺に代入すると

(⑦の左辺)$=1^2-4\cdot2\cdot3=-23<0$

となるので，⑦を満たさない。

③は $a=\dfrac{1}{2}$，$b=3$，$c=3$ なので，これらを⑦の左辺に代入すると

(⑦の左辺)$=3^2-4\cdot\dfrac{1}{2}\cdot3=3>0$

となるので，⑦を満たす。

よって，a，b，c の値の組合せとして最も適当なものは ③ →ア である。

(2) a，b の値は(1)のまま変えないので，$a=\dfrac{1}{2}$，$b=3$だから，(＊) より，①のグラフの頂点の座標は

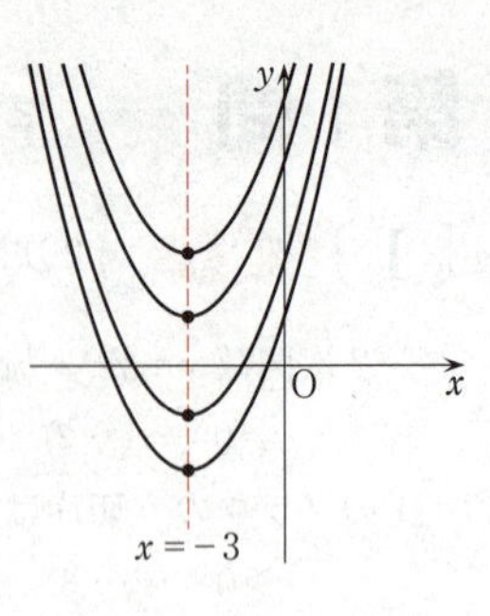

$\left(-3,\ c-\dfrac{9}{2}\right)$

c の値だけを変化させたとき

$$(\text{頂点の}\ x\ \text{座標})=-3,\ (\text{頂点の}\ y\ \text{座標})=c-\frac{9}{2}$$

より，頂点の y 座標の値は単調に増加し，頂点は直線 $x=-3$ 上を動く。よって，頂点は **y 軸方向に移動する**ので，頂点の移動について正しく述べたものは ② →イ である。

(3)　b，c の値は(1)のまま変えないので，$b=3$，$c=3$ だから，(＊) より，①のグラフの頂点の座標は

$\left(-\dfrac{3}{2a},\ -\dfrac{9}{4a}+3\right)$

a の値だけをグラフが下に凸の状態を維持するように変化させたとき，$a>0$ であり，$a=\dfrac{b^2}{4c}=\dfrac{3^2}{4\cdot 3}=\dfrac{3}{4}$ のときは，①のグラフの頂点の座標は $(-2,\ 0)$ となるから，①のグラフの頂点は **x 軸上**にある。① →ウ

$a\neq\dfrac{b^2}{4c}=\dfrac{3}{4}$，すなわち，$0<a<\dfrac{3}{4}$，$\dfrac{3}{4}<a$ のときは

$$(\text{頂点の}\ x\ \text{座標})=-\frac{3}{2a}\ (<0),\ (\text{頂点の}\ y\ \text{座標})=-\frac{9}{4a}+3$$

より，頂点の x 座標は常に負の値をとり，頂点の y 座標は正の値も負の値もとるから，①のグラフの頂点は**第2象限と第3象限**を移動する。⑤ →エ

★(4)　①のグラフは下に凸だから　　$a>0$

①のグラフの y 切片は負だから　　$c<0$

①のグラフの頂点の座標は　　$\left(-\dfrac{b}{2a},\ -\dfrac{b^2-4ac}{4a}\right)$

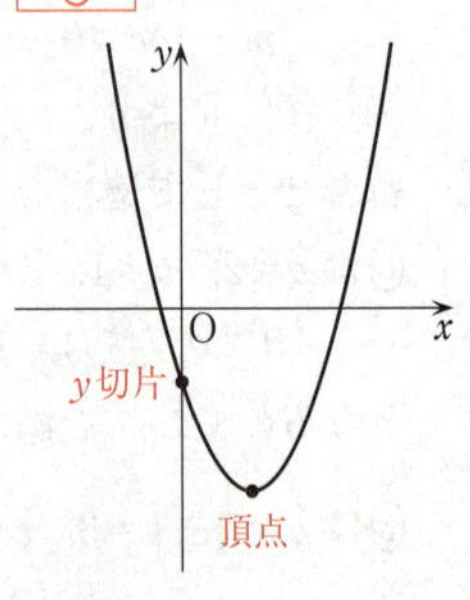

a，c の値を $a>0$，$c<0$ のまま変えずに，b の値だけを変化させるとき，

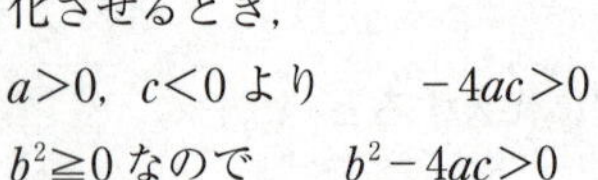

$a>0$，$c<0$ より　　$-4ac>0$

$b^2\geqq 0$ なので　　$b^2-4ac>0$

両辺を $-4a$ (<0) で割れば　　$-\dfrac{b^2-4ac}{4a}<0$

したがって　　$(\text{頂点の}\ y\ \text{座標})=-\dfrac{b^2-4ac}{4a}<0$

よって，**a，c の値を $a>0$，$c<0$ のまま変えずに，b の値だけを変化させても，(頂点の y 座標) $=-\dfrac{b^2-4ac}{4a}<0$ であるから，頂点は第1象限および第2象限には移動しない。** →(あ)

解説

2次関数 $y=ax^2+bx+c$ ……① のグラフの座標平面上の位置から，a，b，c の値として最も適当なものを選んだり，①の a，b，c の値の変化に応じて，①のグラフが座標平面上のどの位置にくるかを考えさせたりする問題である。

(1) ①のグラフが下に凸であること，y 切片が正であること，頂点が第3象限にあることより，a，b，c の条件②，③，⑥，⑦が得られる。

②，③，⑥，⑦だけでは，具体的な a，b，c の値が決定できないので，②，③，⑥より，a，b，c の値の組合せとして適当なものの候補として⓪と③だけを残し，⓪と③の a，b，c の値の組合せが⑦を満たすかどうかを⑦に代入して調べる。

(2) a と b の値は(1)のまま変えないので，$a=\frac{1}{2}$，$b=3$ であるから，(＊)に代入すれば①のグラフの頂点の座標は求まる。

①のグラフの頂点の座標が $\left(-3,\ c-\frac{9}{2}\right)$ であることより，c の値を変化させても頂点の x 座標は常に $x=-3$ の値をとる。さらに，頂点の y 座標は c を変数とする c の1次関数 $y=c-\frac{9}{2}$ であり，グラフは右上がりの直線となるから，c の値の増加にともない y の値も増加する。したがって，頂点は直線 $x=-3$ 上を動く。

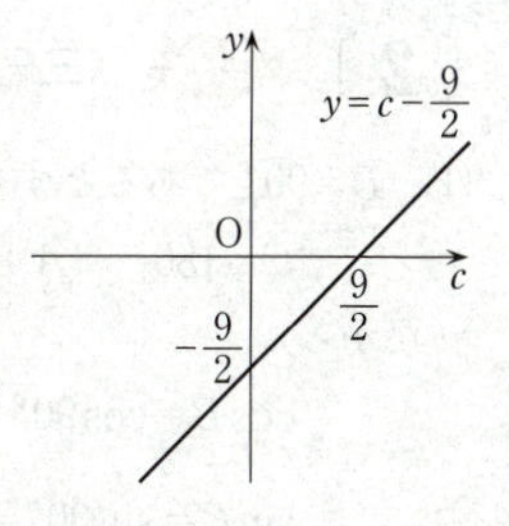

(3) b と c の値は(1)のまま変えないので，$b=3$，$c=3$ であるから，(＊)に代入すれば①のグラフの頂点の座標は求まる。

$a=\frac{b^2}{4c}$ のときは，$b=3$，$c=3$ なので，$a=\frac{b^2}{4c}=\frac{3}{4}$ の値を求めることで，①のグラフの頂点の座標（-2，0）を求め，頂点が x 軸上にあることを導き出してもよいが，$a=\frac{b^2}{4c}$ は変形すると $b^2-4ac=0$ となるので，(①の判別式)$=0$ であることを表すから，そこから頂点が x 軸上にあることを導き出すこともできる。

$a\neq\frac{b^2}{4c}$ のとき，頂点の x 座標 $x=-\frac{3}{2a}$ は，$a>0$ より，常に負の値をとる。頂点の y 座標 $y=-\frac{9}{4a}+3$ は，$a=\frac{b^2}{4c}=\frac{3}{4}$ のときの議論で，$a=\frac{3}{4}$ のとき $y=-\frac{9}{4a}+3=0$ となることはわかっているので，それを考慮すれば，$a>\frac{3}{4}$ のときは $y=-\frac{9}{4a}+3>0$，$0<a<\frac{3}{4}$ のときは $y=-\frac{9}{4a}+3<0$ となることがわかる。

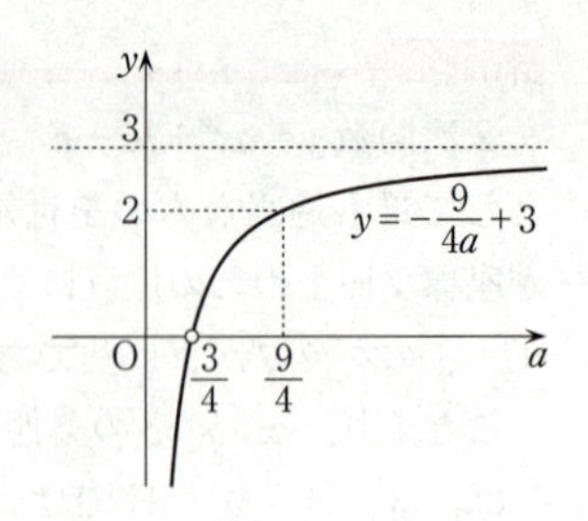

また，$y=-\frac{9}{4a}+3$ は，反比例の曲線 $y=-\frac{9}{4a}=\frac{-\frac{9}{4}}{a}$ を y 軸方向に3だけ平行移動した曲線と考えて，右のようなグラフを利用して y のとりうる値の範囲を求めてもよい。

したがって，頂点は第2象限と第3象限を移動することがわかる。

★(4) ①のグラフが下に凸であること，y 切片が負であることより，$a>0$，$c<0$ の条件が得られる。a，c の値はこのまま変えないので，$a>0$，$c<0$ であり，b の値は変化させたとしても常に $b^2 \geqq 0$ が成り立つ。

［2］ 標準 《三角比，正弦定理，命題》

(1) $B=90°$ であるとすると

$$C=180°-(A+B)=180°-(60°+90°)=180°-150°=30°$$

だから

$$\cos B=\cos 90°=0$$ ⓪ →オ

$$\sin C=\sin 30°=\frac{1}{2}$$ ③ →カ

したがって，この場合の X の値を計算すると

$$X=4\cos^2 B+4\sin^2 C-4\sqrt{3}\cos B\sin C$$
$$=4\cdot 0^2+4\cdot\left(\frac{1}{2}\right)^2-4\sqrt{3}\cdot 0\cdot\frac{1}{2}=1$$

になる。

(2) $B=13°$ にすると，数学の教科書の三角比の表より，$\cos B=0.9744$ であり

$$C=180°-(A+B)=180°-(60°+13°)=180°-73°=107°$$

だから，$\sin(180°-\theta)=\sin\theta$ ④ →キ という関係を利用すれば

$$\sin C=\sin 107°=\sin(180°-73°)=\sin 73°$$

ここで，$0<\sin 73°<1$ より，⓪，①，③は不適。よって

$$\sin C=\sin 73°=0.9563$$ ② →ク

だとわかる。

(注) この場合の X の値を，$\sqrt{3}=1.732$ として電卓を使って計算すると

$$X=4\cos^2 B+4\sin^2 C-4\sqrt{3}\cos B\sin C$$
$$=4\times(0.9744)^2+4\times(0.9563)^2-4\times 1.732\times 0.9744\times 0.9563$$
$$=3.79782144+3.65803876-6.45564009216$$

$=1.00022010784$

小数第4位を四捨五入すると

$X=1.000$

(3) 下線部(a)において，$A=60^\circ$，$B=13^\circ$ のときの $\cos B$，$\sin C$ の値は，三角比の表から求めているので近似値である。また，X の値を計算する際，$\sqrt{3}=1.732$ としているが，これも近似値であり，X の値も小数第4位を四捨五入している。したがって，$A=60^\circ$，$B=13^\circ$ のときに，X の近似値が1となることがわかっただけで，$X=1$ となることが証明できたわけではない。

また，下線部(b)において，(1)より $A=60^\circ$，$B=90^\circ$ のときに $X=1$ となることが証明できたが，B が 90° 以外の角度のときにも $X=1$ となるかどうかはわからないので，「$A=60^\circ$ ならば $X=1$」という命題が真であると証明できたことにはならない。

よって，太郎さんが言った下線部(a)，(b)について，**下線部(a)，(b)ともに誤りである**から，その正誤の組合せとして正しいものは ③ →ケ である。

(4) △ABCの外接円の半径を R とすると，$A=60^\circ$ だから，△ABCに正弦定理を用いて

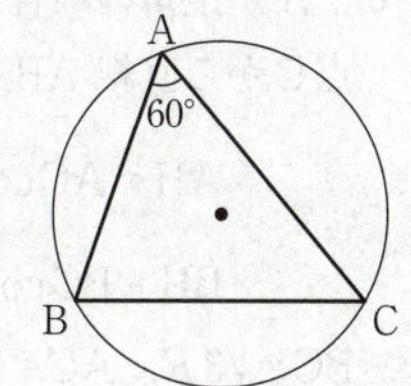

$$\frac{\mathrm{BC}}{\sin A}=2R$$

$$\therefore\quad \mathrm{BC}=2R\cdot\sin 60^\circ=2R\cdot\frac{\sqrt{3}}{2}$$

$$=\sqrt{3}\,R \quad \text{→コ}$$

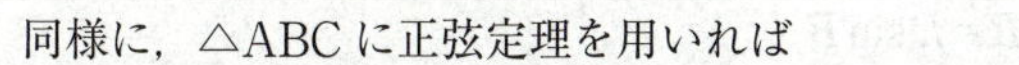

同様に，△ABCに正弦定理を用いれば

$$\frac{\mathrm{AB}}{\sin C}=2R,\quad \frac{\mathrm{AC}}{\sin B}=2R$$

$\therefore$ $\mathrm{AB}=$ **$2R\sin C$** ⑤ →サ，$\mathrm{AC}=$ **$2R\sin B$** ① →シ

(5) まず，B が鋭角の場合を考える。

点Cから直線ABに垂線CHを引くと

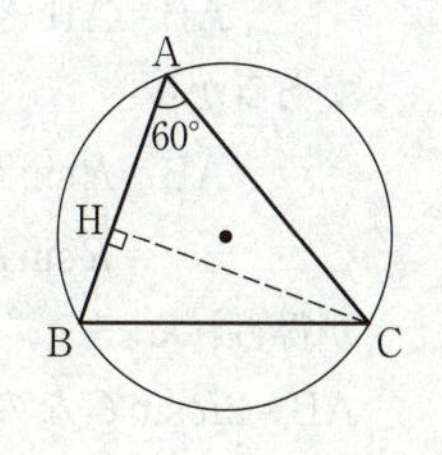

$$\mathrm{AH}=\underline{\mathrm{AC}\cos 60^\circ}_{①}=\mathrm{AC}\cdot\frac{1}{2}=\frac{1}{2}\mathrm{AC}$$

$$\mathrm{BH}=\underline{\mathrm{BC}\cos B}_{②}$$

$\mathrm{BC}=\sqrt{3}R$，$\mathrm{AC}=2R\sin B$ なので

$$\mathrm{AH}=\frac{1}{2}\mathrm{AC}=\frac{1}{2}\cdot 2R\sin B=R\sin B$$

$$\mathrm{BH}=\mathrm{BC}\cos B=\sqrt{3}\,R\cos B$$

ABをAH，BHを用いて表すと

$$\mathrm{AB}=\underline{\mathrm{AH}+\mathrm{BH}}_{③}$$

であるから

$\underline{AB=R\sin B+\sqrt{3}R\cos B}_{④}$ （ ③ $\sin B+$ ⑤ $\cos B$）→ス，セ

が得られる。

$AB=2R\sin C$ なので，④の式とあわせると

$$2R\sin C=R\sin B+\sqrt{3}R\cos B$$

両辺を R（>0）で割って

$$2\sin C=\sin B+\sqrt{3}\cos B$$

よって，この式を X の式に代入すれば

$$\begin{aligned}X&=4\cos^2 B+4\sin^2 C-4\sqrt{3}\cos B\sin C\\&=4\cos^2 B+(2\sin C)^2-2\sqrt{3}\cos B\cdot 2\sin C\\&=4\cos^2 B+(\sin B+\sqrt{3}\cos B)^2-2\sqrt{3}\cos B(\sin B+\sqrt{3}\cos B)\\&=4\cos^2 B+(\sin^2 B+2\sqrt{3}\cos B\sin B+3\cos^2 B)-2\sqrt{3}\cos B\sin B-6\cos^2 B\\&=\cos^2 B+\sin^2 B=1\end{aligned}$$

となることが証明できる。

★(6) B が鈍角の場合を考える。

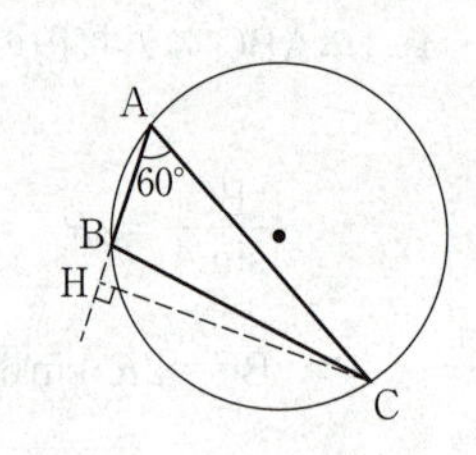

点Cから直線ABに垂線CHを引くと

$$AH=AC\cos 60°=AC\cdot\frac{1}{2}=\frac{1}{2}AC$$

$$BH=BC\cos(180°-B)=BC(-\cos B)=-BC\cos B$$

$BC=\sqrt{3}R$，$AC=2R\sin B$ なので

$$AH=\frac{1}{2}AC=\frac{1}{2}\cdot 2R\sin B=R\sin B$$

$$BH=-BC\cos B=-\sqrt{3}R\cos B$$

ABをAH，BHを用いて表すと

$$AB=AH-BH$$

であるから

$$\begin{aligned}AB&=R\sin B-(-\sqrt{3}R\cos B)\\&=R\sin B+\sqrt{3}R\cos B\end{aligned}$$

が得られる。

$AB=2R\sin C$ なので，以下，B が鋭角の場合と同様の式変形をすれば，$X=1$ となることが証明できる。

よって，下線部(c)について，B が鈍角のときには下線部①～③の式のうち修正が必要なものは，②と③であり，修正した式は

$BH=\underline{BC\cos(180°-B)}_{②}$　　$AB=\underline{AH-BH}_{③}$ →(い)

である。

(7) 条件 q は

「q：$4\cos^2 B+4\sin^2 C-4\sqrt{3}\cos B\sin C=1 \iff X=1$」

であるから，(4)～(6)の議論より，$p \Longrightarrow q$ は真である。

また，$A=120°$，$B=30°$ のとき

$$C=180°-(A+B)=180°-(120°+30°)=180°-150°=30°$$

より

$$\cos B=\cos 30°=\frac{\sqrt{3}}{2}$$

$$\sin C=\sin 30°=\frac{1}{2}$$

だから

$$X=4\cos^2 B+4\sin^2 C-4\sqrt{3}\cos B\sin C$$
$$=4\cdot\left(\frac{\sqrt{3}}{2}\right)^2+4\cdot\left(\frac{1}{2}\right)^2-4\sqrt{3}\cdot\frac{\sqrt{3}}{2}\cdot\frac{1}{2}=1$$

したがって，$q \Longrightarrow p$ は偽（反例：$A=120°$，$B=30°$）である。

よって，これまでの太郎さんと花子さんが行った考察をもとに，正しいと判断できるものは

p は q であるための十分条件であるが，必要条件でない。 ② →ソ

である。

解説

図形と計量についての問題だけでなく，命題についての理解も問われる問題となっている。

(2) $\sin C=\sin 107°$ なので，0° から 90° までの角度で表す形に変形することを中心に考えていけば，キ の解答群も考慮に入れると，$\sin(180°-\theta)=\sin\theta$ が選択できる。

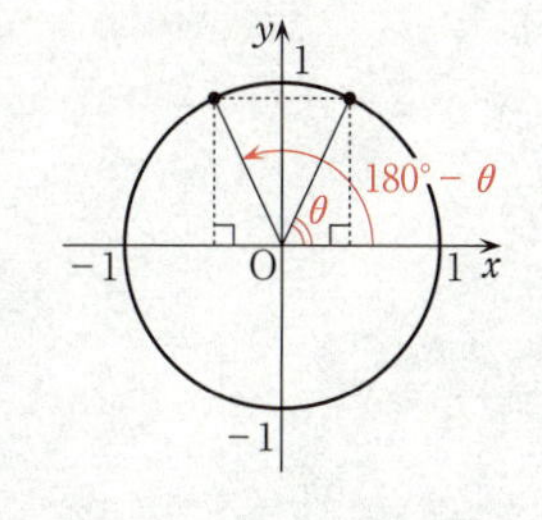

また，問題文では，「教科書の三角比の表から」となっているが，問題には三角比の表が掲載されていないので，$\sin C$ の値として最も適当なものを選ぶことになる。

$0 \leqq \sin 73° \leqq 1$ であることがわかっていれば，ク の解答群の中から②を選択することはたやすい。

(3) 数学の教科書の三角比の表は，小数第５位を四捨五入して小数第４位までを示したものとなっている。

(5) 問題文に，$\mathrm{AB}=2R\sin C$ を用いることが誘導として与えられているので，$\mathrm{AB}=2R\sin C$ だけでなく，$\mathrm{BC}=\sqrt{3}R$，$\mathrm{AC}=2R\sin B$ もあわせて利用することを考える。

★(6)　B が鈍角の場合に，修正が必要となる可能性のある式は①～③だけなので，証明のそれ以外の部分に関しては，鋭角の場合と同じであることを認識しておく必要がある。教科書内の定理の証明においても，鋭角と鈍角の場合を分けて証明することは多々あるので，普段から鋭角の場合の証明だけを理解して満足するのではなく，鋭角と鈍角の場合をそれぞれどのように証明するか理解していないと，本問に解答することは難しいかもしれない。

(7)　(4)～(6)より，$p \Longrightarrow q$ が真であることはわかる。$q \Longrightarrow p$ の真偽については，$A=120°$，$B=30°$ の場合に $X=1$ となることが，$q \Longrightarrow p$ の反例となっていることに気付けるかどうかがポイントになる。$A=120°$，$B=30°$（，$C=30°$）は「$q : X=1$」を満たすが，「$p : A=60°$」を満たさないので，$q \Longrightarrow p$ は偽であり，$A=120°$，$B=30°$ はその反例となる。

第２問 ―― １次関数，２次関数，データの相関，箱ひげ図

〔１〕 標準 《１次関数，２次関数》

(1) 販売数は，Ｔシャツ１枚の価格に対し，それ以上の金額を回答した生徒の累積人数なので，表１のＴシャツ１枚の価格と**累積人数** ① →ア の値の組を (x, y) として座標平面上に表すと，その４点が直線に沿って分布しているように見えたので，この直線を，Ｔシャツ１枚の価格 x と販売数 y の関係を表すグラフとみなすことにした。

このとき，y は x の**１次関数** ⑤ →イ であるので，$y=ax+b$ $(a\neq 0)$ と表せるから，売上額を $S(x)$ とおくと，(売上額)＝(Ｔシャツ１枚の価格)×(販売数) より

$$S(x)=x\times y=x\times(ax+b)=ax^2+bx \quad (a\neq 0)$$

すなわち，$S(x)$ は x の**２次関数** ⑥ →ウ である。

(2) 表１を用いて座標平面上にとった４点のうち x の値が最小の点 (500，200) と最大の点 (2000，50) を通る直線の方程式を求めると，(500，200)，(2000，50) を $y=ax+b$ に代入して

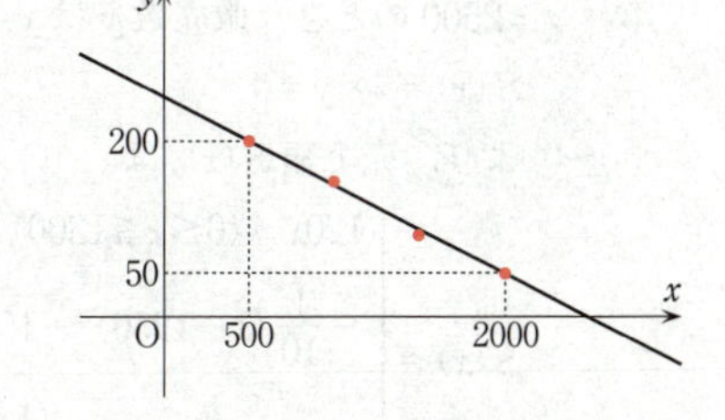

$$500a+b=200 \quad \cdots\cdots①$$
$$2000a+b=50 \quad \cdots\cdots②$$

②－①より

$$1500a=-150 \qquad \therefore \quad a=-\frac{1}{10}$$

これを①に代入すれば　　$b=250$

すなわち　　$y=-\dfrac{1}{10}x+250 \quad \cdots\cdots③$

これより，売上額 $S(x)$ は

$$S(x)=x\times y=x\times\left(-\frac{1}{10}x+250\right)$$
$$=-\frac{1}{10}x^2+250x$$
$$=-\frac{1}{10}(x-1250)^2+156250 \quad \cdots\cdots④$$

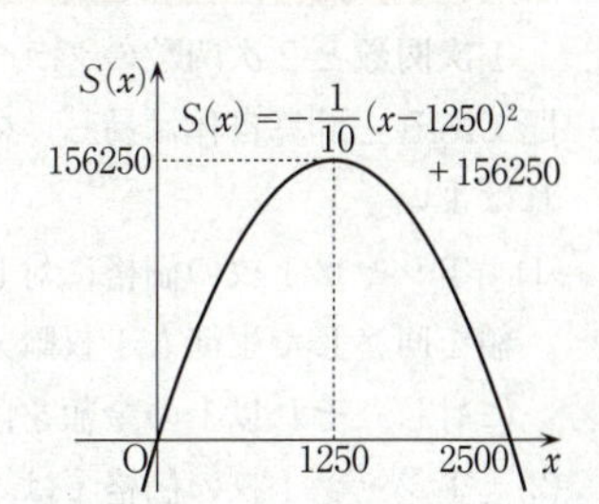

なので，$x=1250$ のとき，$S(x)$ は最大となる（この x は，50の倍数の金額となっている）。

よって，売上額 $S(x)$ が最大になる x の値は 1250 →エオカキ である。

(3)　製作費用は400円×120枚＝48000円 で一定なので，（利益）＝（売上額）－（製作費用）より，利益を最大にするためには，売上額 $S(x)$ を最大にすればよい。

業者に120枚を依頼するので，販売数 y は $0 \leqq y \leqq 120$ であるから，$y=120$ のときのＴシャツ１枚の価格 x を求めると，③より

$$120=-\frac{1}{10}x+250 \qquad \therefore \quad x=1300$$

(a)　$0 \leqq x \leqq 1300$ のとき，製作した120枚すべてが売れるので，販売数 y は $y=120$ だから，$S(x)$ は

$$S(x)=x \times y=x \times 120=120x$$

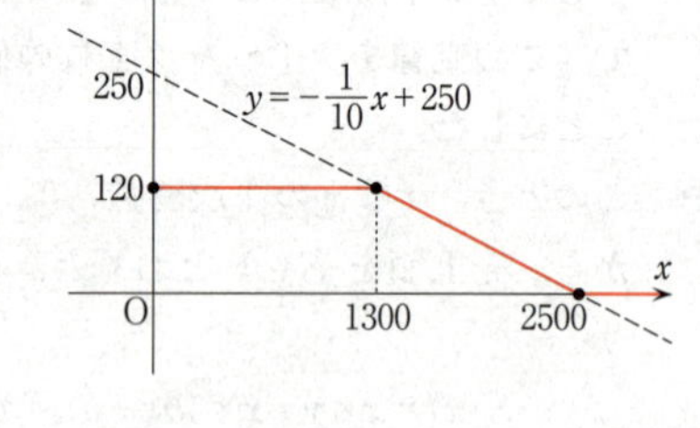

(b)　$1300 \leqq x \leqq 2500$ のとき，販売数 y は $y=-\frac{1}{10}x+250$ だから，$S(x)$ は④より

$$S(x)=x \times y=-\frac{1}{10}(x-1250)^2+156250$$

(c)　$x \geqq 2500$ のとき，販売数 y は $y=0$ だから，$S(x)$ は

$$S(x)=x \times y=0$$

(a)〜(c)より，売上額 $S(x)$ は

$$S(x)=\begin{cases} 120x & (0 \leqq x \leqq 1300) \\ -\frac{1}{10}(x-1250)^2+156250 & (1300 \leqq x \leqq 2500) \\ 0 & (x \geqq 2500) \end{cases}$$

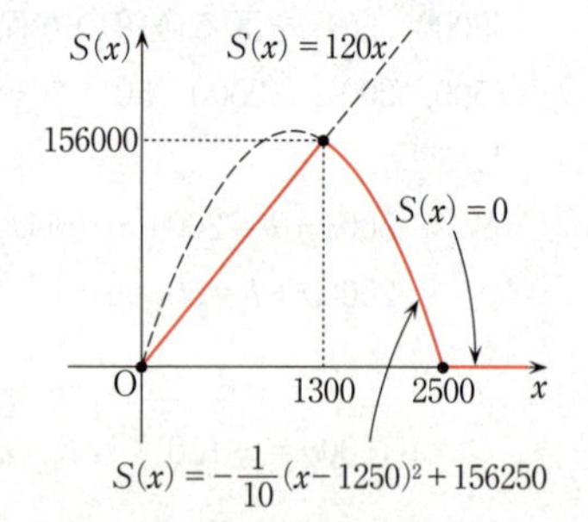

となるので，$x=1300$ のとき，$S(x)$ は最大となる（この x は，50の倍数の金額となっている）。

よって，利益が最大になるＴシャツ１枚の価格は **1300** →**クケコサ** 円である。

解説

１次関数と２次関数のグラフを用いて，売上額や利益を最大にすることを考える問題である。計算自体は易しいので，問われていることが何であるかを読み間違えなければよい。

(1)　Ｔシャツ１枚の価格に対し，その金額を回答した生徒だけでなく，それ以上の金額を回答した生徒も１枚購入すると考えているので，販売数はＴシャツ１枚の価格に対し，それ以上の金額を回答した生徒の累積人数である。

(2)　Ｔシャツ１枚の価格 x は，価格決定の手順(iii)より，50の倍数の金額としている。この問題では，売上額 $S(x)$ が最大となる x の値は $x=1250$ であり，50の倍数であったために特に問題とはならなかったが，x の２次関数 $S(x)$ のグラフの頂点の

x 座標が 50 の倍数でなかった場合には，頂点の x 座標に最も近い 50 の倍数の値を答えとして選ぶことになる。

(3) Ｔシャツ１枚当たりの製作費用が 400 円なので，業者に 120 枚を依頼するとき，製作費用の総額は変化せず一定だから，利益を最大にするためには，売上額 $S(x)$ を最大にすればよいことがわかる。
業者に 120 枚を依頼するので，販売数 y が 120 より大きくなることはないから，$0\leqq y\leqq 120$ となる。したがって，(2)とは異なり，販売数 y にとりうる値の範囲が付加された問題ということになる。③のグラフを参考にして考えれば，販売数 y は，

(a) $0\leqq x\leqq 1300$ のとき $y=120$，(b) $1300\leqq x\leqq 2500$ のとき $y=-\dfrac{1}{10}x+250$，

(c) $x\geqq 2500$ のとき $y=0$，のように変化することがわかるので，これに応じて x の値で(a)～(c)に場合分けすることになる。

〔２〕 標準 《データの相関，箱ひげ図》

(1) 観光客数と消費総額の間には強い正の相関があることが読み取れるので，相関係数は１に近い値となる。よって，図１の観光客数と消費総額の間の相関係数に最も近い値は 0.83 ④ →シ である。

★(2) 消費額単価は，消費総額 y を観光客数 x で割ればよいから，$\dfrac{\text{消費総額}}{\text{観光客数}}=\dfrac{y}{x}$，すなわち，各県を表す点 $(x,\ y)$ と原点を通る直線の傾きに等しい。よって，図１の散布図から消費額単価が最も高い県を表す点 $(x,\ y)$ を特定するためには，**各点と原点を結んだときの直線の傾きが最も大きい点 $(x,\ y)$ を選べばよい。**→(う)

(3) (2)より，各県を表す点 $(x,\ y)$ と原点を通る直線の中で，直線の傾きが最も大きい点 $(x,\ y)$ を選べばよいから，消費額単価が最も高い県を表す点は ⑧ →ス である。

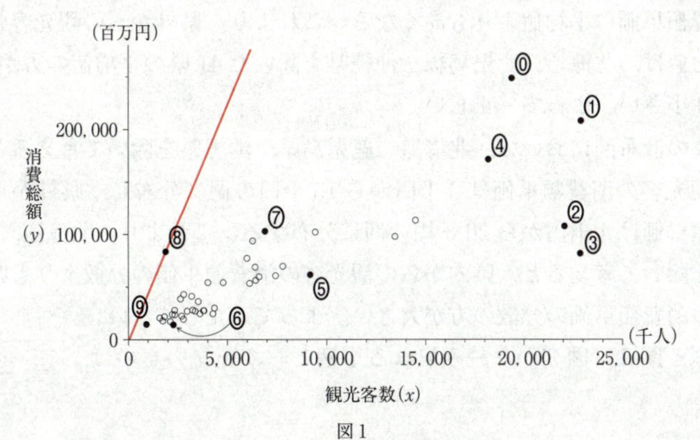

図１

(4)　⓪　図２の上の観光客数についての箱ひげ図では，それぞれの県の県内からの観光客数と県外からの観光客数を比較することはできない。よって，正しいか正しくないかを読み取ることができない。

①　図２の下の消費総額についての箱ひげ図では，それぞれの県の県内からの観光客の消費総額と県外からの観光客の消費総額を比較することはできない。よって，正しいか正しくないかを読み取ることができない。

②　図３の散布図において，点（2，2）と点（10，10）を通る傾き１の直線を引くと，直線よりも上の領域に分布する点は，県外からの観光客の消費額単価の方が県内からの観光客の消費額単価より高く，44 県の４分の３以上の県が含まれている。これより，44 県の４分３以上の県では，県外からの観光客の消費額単価の方が県内からの観光客の消費額単価より高い。よって，正しい。

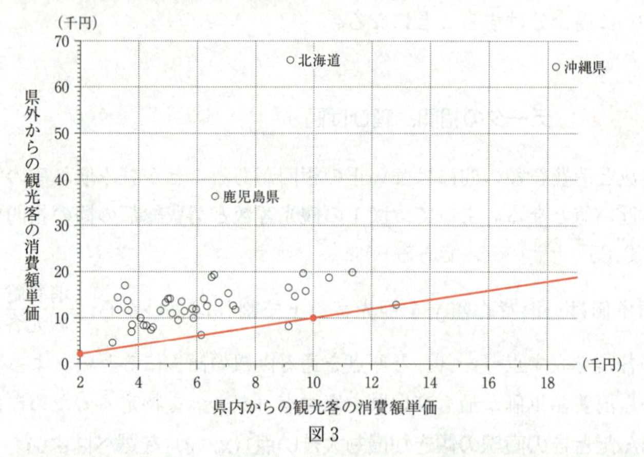

図３

③　図３の散布図において，北海道，鹿児島県，沖縄県の県外からの観光客の消費額単価は，北海道，鹿児島県，沖縄県を除いた 41 県の県外からの観光客の消費額単価よりも高いから，北海道，鹿児島県，沖縄県を除いた 41 県の県外からの観光客の消費額単価の平均値よりも高くなる。これより，県外からの観光客の消費額単価の平均値は，北海道，鹿児島線，沖縄県を除いた 41 県の平均値の方が 44 県の平均値より小さい。よって，正しい。

④　図３の散布図において，北海道，鹿児島県，沖縄県を除いて考えるとき，県内からの観光客の消費額単価は３千円から 13 千円の間に分布し，県外からの観光客の消費額単価は４千円から 20 千円の間に分布する。これより，北海道，鹿児島県，沖縄県を除いて考えると，県内からの観光客の消費額単価の分散よりも県外からの観光客の消費額単価の分散の方が大きい。よって，正しくない。

以上より，図２，図３から読み取れる事柄として正しいものは，②，③ →セ である。

(5) ⓪ 44県のうち，行祭事・イベントの開催数が30回以下の県が23県あるので，開催数の中央値は30回以下である。一方，開催数が30回以上の県が半数の22県あり，そのうち7県は60回から150回の間に分布しているので，開催数の平均値は30回より大きい。よって，正しくない。

① 行祭事・イベントの開催数が80回未満の県では，開催数が増えると県外からの観光客数が増える傾向がある。開催数が80回以上になると，開催数が60回から79回である県に比べて県外からの観光客数は減るが，開催数が80回以上の県だけで見ると開催数が増えると県外からの観光客数が増える傾向がある。よって，正しいとは言えない。

② 県外からの観光客数が多い県は，行祭事・イベントを多く開催している傾向にあるが，県外からの観光客数が多い上位5県の行祭事・イベントの開催数は必ずしも多いわけではない。したがって，県外からの観光客数を増やすには行祭事・イベントの開催数を増やせばよいとは断定できない。よって，正しいとは言えない。

③ 行祭事・イベントの開催数が最も多い県の，行祭事・イベントの開催数は140回より多く150回より少なく，県外からの観光客数は6000千人より多く6500千人より少ない。行祭事・イベントの開催一回当たりの県外からの観光客数は，(県外からの観光客数)÷(行祭事・イベントの開催数) で求めればよいから，行祭事・イベントの開催数が最も多い県では，行祭事・イベントの開催一回当たりの県外からの観光客数は6,000千人を超えない。よって，正しくない。

④ 県外からの観光客数が多い県ほど，行祭事・イベントを多く開催している傾向があることは，図4から読み取れる。よって，正しい。

以上より，図4から読み取れることとして最も適切な記述は ④ →ソ である。

解説

(1) 図1の散布図から，観光客数xが増えると消費総額yも増える強い傾向がみられるので，相関係数は1に近い値となる。

★(2) 問題文に，「「直線」という単語を用いて」という指示があるので，「直線」を利用することから考えれば，(消費額単価)$=\dfrac{\text{消費総額}}{\text{観光客数}}=\dfrac{y}{x}$であることに気付けるだろう。

(3) 原点と⓪～⑦，⑨のそれぞれの点を通る直線の傾きは，原点と⑧の点を通る直線の傾きよりも小さい。

(4) ⓪ 箱ひげ図では，各県が箱ひげ図のどの部分に含まれているかはわからないので，各県の県内からの観光客数と県外からの観光客数を比較することはできない。

① 箱ひげ図では，各県が箱ひげ図のどの部分に含まれているかはわからないので，各県の県内からの観光客の消費総額と県外からの観光客の消費総額を比較することはできない。

② 点 (2, 2) と点 (10, 10) を通る傾き1の直線上の点は，横軸の県内からの観光客の消費額単価の値と，縦軸の県外からの観光客の消費額単価の値が等しい。したがって，この直線よりも上の領域に分布する点は，横軸の県内からの観光客の消費額単価の値よりも，縦軸の県外からの観光客の消費額単価の値の方が大きいことがわかる。

③ 北海道，鹿児島県，沖縄県の県外からの観光客の消費額単価は，北海道，鹿児島県，沖縄県を除いた41県の県外からの観光客の消費額単価よりも高い。また，北海道，鹿児島県，沖縄県を除いた41県の県外からの観光客の消費額単価の平均値は，北海道，鹿児島県，沖縄県を除いた41県の県外からの観光客の消費額単価の最大値よりも大きくなることはない。したがって，北海道，鹿児島県，沖縄県を除いた41県の県外からの観光客の消費額単価の平均値よりも，44県の県外からの観光客の消費額単価の平均値の方が高いことがわかる。

④ 分散は，データの散らばりの度合いを表す量である。縦軸と横軸では目盛りの縮尺が異なるので，点の分布の散らばり具合を見るだけでは不十分であることに注意しなければならない。

(5) ⓪ 行祭事・イベントの開催数と県の数の関係は下表のようになる。

行祭事・イベントの開催数(回)	0～	10～	20～	30～	40～	50～	60～	70～	80～	90～	100～	110～	120～	130～	140～
県の数	5	5	12	8	6	1	1	2	1	0	1	1	0	0	1

これより，開催数の平均値は

$$(\text{平均値}) \geqq \frac{1}{44}(0\times5+10\times5+20\times12+30\times8+40\times6+50\times1+60\times1$$
$$+70\times2+80\times1+100\times1+110\times1+140\times1)$$
$$=\frac{1450}{44}=32.9\cdots\text{回}$$

となる。

② 県外からの観光客数が多い上位5県の行祭事・イベントの開催数は，必ずしも多くはない。したがって，県外からの観光客数を増やすには行祭事・イベントの開催数を増やせばよいとは断言できない。

④ それほど強い傾向ではないが，県外からの観光客数が多い県ほど，行祭事・イベントを多く開催している傾向があるといえる。

第３問 易 《確　率》

(1) すべての道路に渋滞中の表示がない場合，Ａ地点の分岐において運転手が①の道路を選択する確率は，④の道路を選択する事象の余事象の確率を用いて

$1-\frac{1}{13}=\frac{12}{13}$ →アイ，ウエ ……㋐

(2) すべての道路に渋滞中の表示がない場合，Ｃ地点の分岐において運転手が⑦の道路を選択する確率は

$\frac{126}{1008}=\frac{1}{8}$ ……㋑

Ｃ地点の分岐において運転手が②の道路を選択する確率は，⑦の道路を選択する事象の余事象の確率を用いて

$1-\frac{1}{8}=\frac{7}{8}$ ……㋒

Ｅ地点の分岐において運転手が⑤の道路を選択する確率と⑥の道路を選択する確率は，ともに

$\frac{248}{496}=\frac{1}{2}$ ……㋓

Ａ地点からＢ地点に向かう車がＤ地点を通過するのは

(a) Ａ $\xrightarrow{①}$ Ｃ $\xrightarrow{②}$ Ｄ $\xrightarrow{③}$ Ｂ

(b) Ａ $\xrightarrow{④}$ Ｅ $\xrightarrow{⑤}$ Ｄ $\xrightarrow{③}$ Ｂ

のいずれかの場合で，これらは互いに排反である。(a)，(b)のときの確率をそれぞれ求めると

(a) ㋐，㋒より　$\frac{12}{13}\times\frac{7}{8}=\frac{21}{26}$

(b) ④の道路を選択する確率が $\frac{1}{13}$ であるのと，㋓より　$\frac{1}{13}\times\frac{1}{2}=\frac{1}{26}$

よって，(a)，(b)より，Ａ地点からＢ地点に向かう車がＤ地点を通過する確率は

$\frac{21}{26}+\frac{1}{26}=\frac{11}{13}$ →オカ，キク

(3) すべての道路に渋滞中の表示がない場合，Ａ地点からＢ地点に向かう車がＤ地点を通過する確率は，(2)より

$\frac{11}{13}$

Ａ地点からＢ地点に向かう車でＤ地点とＥ地点を通過する確率は，(2)の(b)より

$\frac{1}{26}$

よって，A地点からB地点に向かう車でD地点を通過した車が，E地点を通過していた確率は

$$\frac{\frac{1}{26}}{\frac{11}{13}}=\frac{1}{26}\div\frac{11}{13}=\boxed{\frac{1}{22}}\ \text{→ケ，コサ}$$

(4)　①の道路にのみ渋滞中の表示がある場合，A地点の分岐において運転手が①の道路を選択する確率は，㋐$\times\frac{2}{3}$より

$$\frac{12}{13}\times\frac{2}{3}=\frac{8}{13}\quad\cdots\cdots㋔$$

A地点の分岐において運転手が④の道路を選択する確率は，①の道路を選択する事象の余事象の確率を用いて

$$1-\frac{8}{13}=\frac{5}{13}\quad\cdots\cdots㋕$$

A地点からB地点に向かう車がD地点を通過するのは

(c)　$\boxed{A}\xrightarrow{\text{渋滞①}}\boxed{C}\xrightarrow{②}\boxed{D}\xrightarrow{③}\boxed{B}$

(d)　$\boxed{A}\xrightarrow{④}\boxed{E}\xrightarrow{⑤}\boxed{D}\xrightarrow{③}\boxed{B}$

のいずれかの場合で，これらは互いに排反である。(c)，(d)のときの確率をそれぞれ求めると

(c)　㋔，㋒より　$\frac{8}{13}\times\frac{7}{8}=\frac{7}{13}$

(d)　㋕，㋓より　$\frac{5}{13}\times\frac{1}{2}=\frac{5}{26}$

よって，(c)，(d)より，A地点からB地点に向かう車がD地点を通過する確率は

$$\frac{7}{13}+\frac{5}{26}=\boxed{\frac{19}{26}}\ \text{→シス，セソ}$$

(5)　すべての道路に渋滞中の表示がない場合，①を通過する台数は，㋐より

$$1560\times\frac{12}{13}=\boxed{1440}\ \text{台 →タチツテ}$$

となる。

よって，①の通過台数を1000台以下にするには，①に渋滞中の表示を出す必要がある。

①に渋滞中の表示を出した場合，①の通過台数は，㋔より

$$1560\times\frac{8}{13}=\boxed{960}\ \text{台 →トナニ}$$

となる。

(6) ⓪～③のいずれの場合も，①に渋滞中の表示が出ているので

①の通過台数は，(5)より　960 台

④の通過台数は　$1560-960=600$ 台

まず，①を 960 台が通過する中で，⑦に渋滞中の表示が出ているとき

・⑦の通過台数は，㋑$\times\dfrac{2}{3}$ より　$960\times\left(\dfrac{1}{8}\times\dfrac{2}{3}\right)=80$ 台

・②の通過台数は　$960-80=880$ 台

②に渋滞中の表示が出ているとき

・②の通過台数は，㋒$\times\dfrac{2}{3}$ より　$960\times\left(\dfrac{7}{8}\times\dfrac{2}{3}\right)=560$ 台

・⑦の通過台数は　$960-560=400$ 台

次に，④を 600 台が通過する中で，⑤に渋滞中の表示が出ているとき

・⑤の通過台数は，㋓$\times\dfrac{2}{3}$ より　$600\times\left(\dfrac{1}{2}\times\dfrac{2}{3}\right)=200$ 台

・⑥の通過台数は　$600-200=400$ 台

⑥に渋滞中の表示が出ているとき

・⑥の通過台数は，㋓$\times\dfrac{2}{3}$ より　$600\times\left(\dfrac{1}{2}\times\dfrac{2}{3}\right)=200$ 台

・⑤の通過台数は　$600-200=400$ 台

これより，⓪～③のそれぞれの場合の，③の通過台数は

⓪　$880+200=1080$ 台

①　$880+400=1280$ 台

②　$560+200=760$ 台

③　$560+400=960$ 台

となるので，⓪と①の場合は，③の通過台数が 1000 台を超えてしまい，適さない。
②と③はどちらの場合も，①の通過台数は 960 台，②の通過台数は 560 台であるから，①，②，③をそれぞれ通過する台数の合計が最大となるのは，③である。

よって，各道路の通過台数が 1000 台を超えない範囲で，①，②，③をそれぞれ通過する台数の合計を最大にするには，渋滞中の表示を ③ →ヌ のようにすればよい。

解説

選択の割合を確率とみなすことで，各分岐点を通過する確率を求め，最も効率が上がる通過台数となるように渋滞中の表示を出すことを考える問題である。確率と通過台数の計算自体は，とても簡単なものとなっているので，題意をしっかりと把握しさえすれば，手が止まることなく解き進められるだろう。

(1) 問題文に④の道路を選択する確率が $\dfrac{1}{13}$ と与えられているので，これを利用し，

余事象の確率を用いて，①の道路を選択する確率を求めた。

(2)　表1で②と⑦の道路を選択する割合を比べてみると，⑦の割合 $\dfrac{126}{1008}$ の方が，②の割合 $\dfrac{882}{1008}$ よりも小さいから，まず⑦の道路を選択する確率を求め，それを利用して余事象の確率を用いることで，②の道路を選択する確率を求めた。

また，A地点からB地点に向かう車がD地点を通過するのは，(a)C地点を経由するか，(b)E地点を経由するか，のいずれかである。

(3)　問題文に「条件付き確率」と明記されていないが，求める確率が条件付き確率であることに気付けるかどうかがポイントとなる。

(4)　渋滞中の表示がある場合の確率は，渋滞中の表示がない場合の確率の $\dfrac{2}{3}$ 倍になる。また，分岐点において一方の道路に渋滞中の表示がある場合，渋滞中の表示がないもう一方の道路を選択する確率にも変化が生じることに注意が必要である。実際には，渋滞中の表示がない場合，①の道路を選択する確率が $\dfrac{12}{13}$，④の道路を選択する確率が $\dfrac{1}{13}$ であるのに対して，①の道路にのみ渋滞中の表示がある場合，①の道路を選択する確率が $\dfrac{8}{13}$，④の道路を選択する確率が $\dfrac{5}{13}$ となる。

(5)　(1)～(4)では選択の割合を確率とみなしたので，それぞれの道路に進む車の台数の割合は，(1)～(4)で求めた確率がそのまま利用できる。

(6)　選択肢⓪～③の中で違いがある点は，C地点の分岐において②と⑦の道路のどちらかに渋滞中の表示がある点と，E地点の分岐において⑤と⑥の道路のどちらかに渋滞中の表示がある点だから，それぞれの場合における各道路の通過台数を求めることで，①，②，③をそれぞれ通過する台数の合計を最大にする場合が⓪～③のいずれであるかを調べた。

ちなみに，⓪～③の通過台数をすべて書き出すと，以下のようになる。

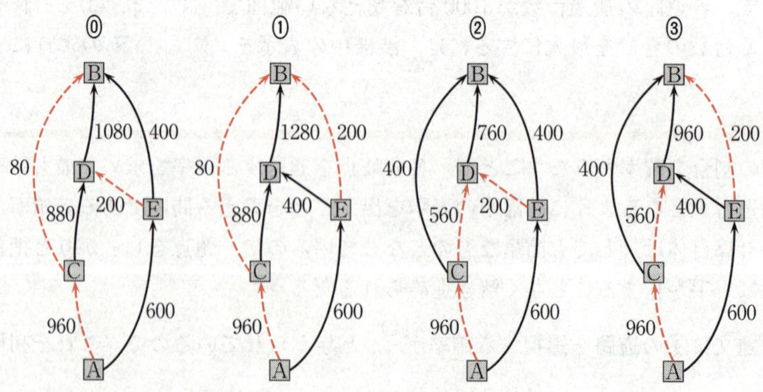

第4問 やや難 《中点連結定理，命題，直線と平面の位置関係》

(1) (i)・(ii) △ACD において，点 F，G はそれぞれ辺 AC，DA の中点であるから，中点連結定理により

$$FG=\frac{1}{2}CD$$

△CBA，△BCD，△DABにおいても同様にすれば

$$HF=\frac{1}{2}BA,\ HJ=\frac{1}{2}CD,\ GJ=\frac{1}{2}AB$$

正四面体 ABCD はすべての辺の長さが等しいことより

$$FG=HF=HJ=GJ$$

よって，**中点連結定理** ③ →ア により，四角形 FHJG の各辺の長さはいずれも正四面体 ABCD の1辺の長さの $\frac{1}{2}$ ③ →イ 倍であるから，4辺の長さが等しくなる。

(2) (i) 条件 p，q を

p：四角形において，4辺の長さが等しい

q：正方形である

とすると，$p \Longrightarrow q$ は偽（反例：正方形ではないひし形），$q \Longrightarrow p$ は真なので，p は q であるための必要条件であるが十分条件でない。

よって，四角形において，4辺の長さが等しいことは正方形であるための**必要条件であるが十分条件でない。** ⓪ →ウ

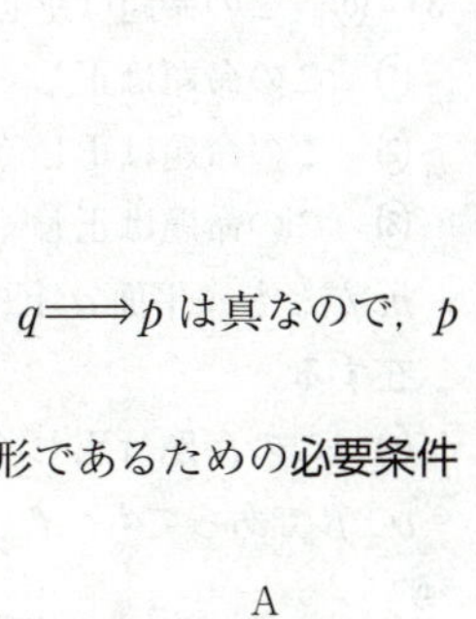

さらに，対角線 FJ と GH の長さが等しいことがいえれば，四角形 FHJG が正方形であることの証明となるので，△FJC と△GHD が合同であることを示したい。

しかし，この二つの三角形が合同であることの証明は難しいので，別の三角形の組に着目する。

(ii) 点 F，点 G はそれぞれ AC，AD の中点なので，二つの三角形**△AJC** ② と**△AHD** ③ →エ，オ に着目する。

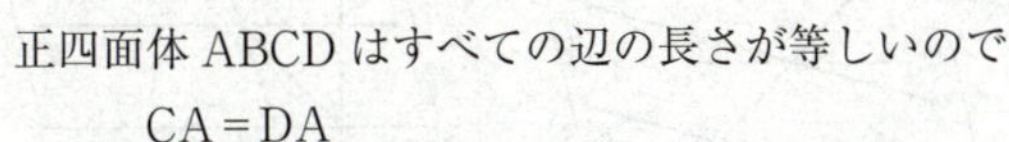

正四面体 ABCD はすべての辺の長さが等しいので

$$CA=DA$$

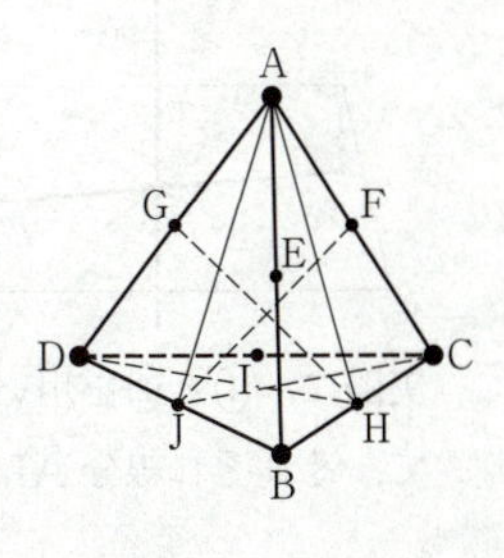

正四面体 ABCD の各面は合同な正三角形であり，点 F，点 G はそれぞれ AC，AD の中点なので，合同な正三角形の頂点から対辺の中点へ下ろした中線の長さは等しいことから

AJ = AH，JC = HD

よって，△AJC と△AHD は3辺の長さがそれぞれ等しいので合同である。

(iii)　このとき，AJ，AH，JC，HD は合同な正三角形の中線なので，すべて長さは等しいから

AJ = AH = JC = HD

も成り立つ。

したがって，△AJC と△AHD はそれぞれ，AJ = JC，AH = HD である**二等辺三角形** ① **→カ** で，F と G はそれぞれ AC，AD の中点なので，合同な二等辺三角形の頂点から底辺の中点へ下ろした線分の長さは等しいことから

FJ = GH

である。

よって，四角形 FHJG は，4辺の長さが等しく対角線の長さが等しいので正方形である。

(3)　⓪　この命題は正しいが，下線部(a)から下線部(b)を導く過程で用いることはない。

①　この命題は正しく，下線部(a)から下線部(b)を導く過程で用いる。

②　この命題は正しく，下線部(a)から下線部(b)を導く過程で用いる。

③　この命題は正しくない。平面 α 上にある直線 ℓ，m が平行であるとき，直線 ℓ，m がともに平面 α 上にない直線 n に垂直であっても，$\alpha \perp n$ とはならない場合が存在する。

④　この命題は正しくない。平面 α 上に直線 ℓ，平面 β 上に直線 m があるとき，$\alpha \perp \beta$ であっても，$\ell \perp m$ とはならない場合が存在する。

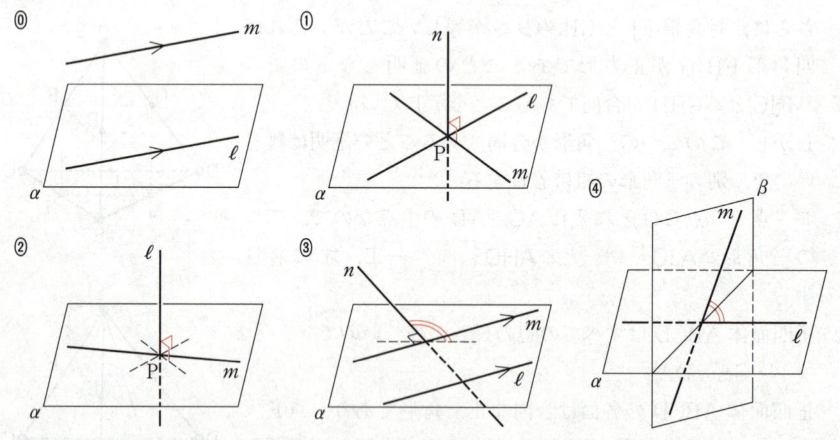

実際に，①と②を用いて下線部(a)から下線部(b)を導くと，△ACD，△BCD において，それぞれ線分 AI，線分 BI は正三角形の中線なので，底辺 CD と垂直である。

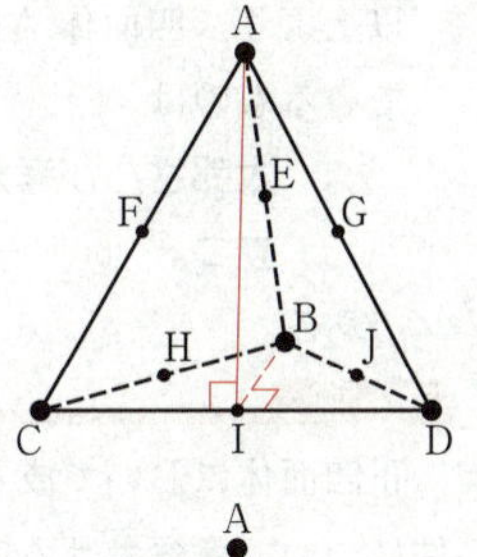

まず，命題①において，平面 α を平面 ABI，直線 ℓ を線分 AI，直線 m を線分 BI，点Pを点I，直線 n を辺 CD として考えれば，(辺 CD)⊥(線分 AI)，(辺 CD)⊥(線分 BI) なので

(平面 ABI)⊥(辺 CD)

である。

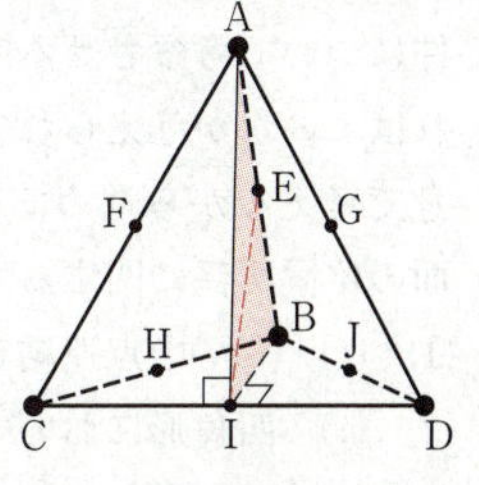

次に命題②において，平面 α を平面 ABI，直線 ℓ を辺 CD，点Pを点Iとして考えれば，(平面 ABI)⊥(辺 CD) なので，平面 ABI 上の点Iを通る線分 EI に対して

(辺 CD)⊥(線分 EI)

である。

以上より，下線部(a)から下線部(b)を導く過程で用いる性質として正しいものは，①，② →キ である。

(4) **太郎さんが考えた条件**：AC＝AD，BC＝BD が成り立つときを考える。

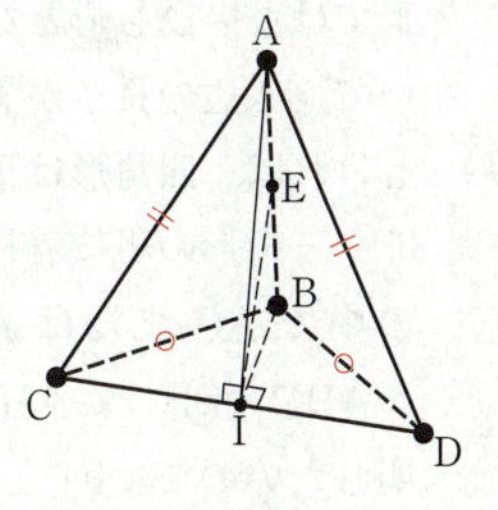

AC＝AD より，△ACD は二等辺三角形であり，点Iは底辺 CD の中点なので

(線分 AI)⊥(辺 CD)

BC＝BD より，△BCD は二等辺三角形であり，点Iは底辺 CD の中点なので

(線分 BI)⊥(辺 CD)

よって，(線分 AI)⊥(辺 CD)，(線分 BI)⊥(辺 CD) なので，(3)の議論により

(線分 EI)⊥(辺 CD)

が成り立つ。

花子さんが考えた条件：BC＝AD，AC＝BD が成り立つときを考える。

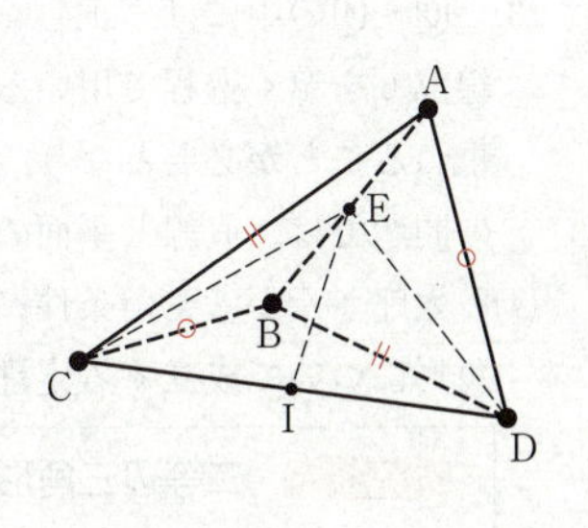

△ABC と△BAD において，BC＝AD，AC＝BD，AB が共通より，3辺の長さがそれぞれ等しいので

△ABC≡△BAD

△ABC と△BAD は合同であり，点Eは AB の中点なので

EC＝ED

△ECD は EC＝ED である二等辺三角形であり，点Iは底辺 CD の中点なので

(線分 EI)⊥(辺 CD)

が成り立つ。

以上より，四面体 ABCD において，下線部(b)が成り立つ条件について正しく述べているものは

太郎さんが考えた条件，花子さんが考えた条件のどちらにおいても常に成り立つ。 ⓪ →ク

である。

解説

正四面体において成り立つ性質について証明し，さらに一般の四面体に拡張した条件について考察させる問題となっている。この問題では，具体的に何を証明・検討すればよいかが与えられていないため，証明・検討の道筋についても，ある程度自分自身で考えながら進めていかなければならず，難しい。また，「空間図形」の直線と平面の位置関係に関する知識が問われる問題も含まれている。

(1)　(i)・(ii)　中点連結定理を用いることに気付ければよい。

(2)　(i)　四角形において，４辺の長さが等しい場合でも，正方形ではないひし形となる場合が存在する。また，四角形において，４辺の長さが等しく，さらに２つの対角線の長さが等しければ，四角形は正方形であるといえる。

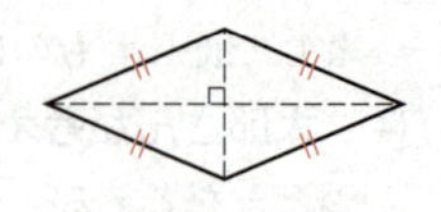

(ii)　三角形の組に着目するので，対比できる関係にある三角形の組を選ぶ。選択肢の中で AC または AD を辺とする合同な三角形の組として，△AJC（②）と△AHD（③），△AHC（④）と△AJD（⑤）の組が考えられるが，FJ＝GH を証明したいので，FJ と GH が絡められるものでなければならないことを考慮に入れると，△AJC（②）と△AHD（③）の組に着目することがわかる。

(iii)　(ii)において，二つの三角形△AJC と△AHD の組に着目することがわかっていれば，特に悩むことなく進められるはずである。

(3)　⓪～④の中には，正しくない命題が含まれ，また正しい命題でも下線部(a)から下線部(b)を導く過程で用いる性質として正しくない命題が含まれているので，吟味を重ねることが必要となり，悩ましい上に時間もかかる問題となっている。特に，この問題では，直線と平面の位置関係に関する知識が必要となる。

(4)　太郎さんが考えた条件においても，花子さんが考えた条件においても，二等辺三角形について成立する定理を用いることがポイントとなる。

ポイント　二等辺三角形

二等辺三角形の頂点から底辺に引いた中線は，底辺を垂直に２等分する。

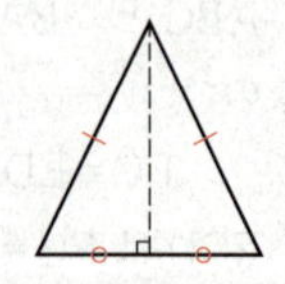

太郎さんが考えた条件においては，(3)における議論を用いればよいことに気付ければよいが，花子さんが考えた条件においては，証明について自分自身で考えていかなければならないので，なかなか難しかったのではなかろうか。

第5問 やや難 《剰余，1次不定方程式》

(1) $n=8$ のとき，図3において，上から6行目，左から3列目のAには，$6\times3=18$ を8で割った余りである2が書かれている。

よって，図3の方盤のAに当てはまる数は 2 →ア である。

また，図3において，上から5行目には

$5\cdot1=5,\quad 5\cdot2=10,\quad 5\cdot3=15,\quad 5\cdot4=20,\quad 5\cdot5=25,\quad 5\cdot6=30,\quad 5\cdot7=35$

をそれぞれ8で割った余りである

5，2，7，4，1，6，3

が左から順に書かれている。

よって，図3の方盤の上から5行目に並ぶ数のうち，1が書かれているのは左から 5 →イ 列目である。

(2) 方盤のいずれのマスにも0が現れないための，n に関する必要十分条件は，n が素数であることと予想されるので

「方盤のいずれのマスにも0が現れない $\Longleftrightarrow$ n が素数である」 ……①

を示す。

n が素数であるとき，n は1から $(n-1)$ までの整数とそれぞれ互いに素だから，k, ℓ を整数として，方盤の上から k 行目 $(1\leqq k\leqq n-1)$，左から ℓ 列目 $(1\leqq \ell\leqq n-1)$ を考えたとき，1以上 $(n-1)$ 以下のすべての整数 k, ℓ に対して，積 $k\ell$ は n で割り切れない。

これより，方盤のいずれのマスにも0が現れない。

したがって

「n が素数である $\Longrightarrow$ 方盤のいずれのマスにも0が現れない」 ……②

が成り立つ。

n が素数でないとき，n は $n\geqq3$ の整数であるから，2以上 $(n-1)$ 以下のある整数 p, q を用いて

$n=pq$

と表せる。

これより，方盤の上から p 行目，左から q 列目のマスには0が現れる。

したがって

「n が素数でない $\Longrightarrow$ 方盤のいずれかのマスには0が現れる」 ……③

が成り立つ。

以上より，②，③が成り立つので，転換法により②，③の逆も成り立つから，①が成り立つ。

よって，方盤のいずれのマスにも0が現れないための，n に関する必要十分条件は，

n が素数であることである。 ③ →ウ

(3) $n=56$ のとき，方盤の上から 27 行目に並ぶ数のうち，1 は左から何列目にあるかを考える。

(i) 方盤の上から 27 行目，左から ℓ 列目（$1\leqq\ell\leqq55$）の数が 1 であるとすると，27ℓ は 56 で割った余りが 1 だから，整数 m を用いて

$$27\ell=56m+1 \quad すなわち \quad 27\ell-56m=1 \quad \cdots\cdots ④$$

と表せる。

よって，ℓ を求めるためには，**1 次不定方程式 $27\ell-56m=1$ の整数解のうち，$1\leqq\ell\leqq55$ を満たすものを求める**とよい。 ⓪ →エ

(ii) 27 と 56 にユークリッドの互除法を用いると

$$27\cdot27-56\cdot13=1 \quad \cdots\cdots ⑤$$

が成り立つから，④－⑤より

$$27(\ell-27)-56(m-13)=0$$

$$27(\ell-27)=56(m-13)$$

27 と 56 は互いに素だから，④の整数解は，整数 t を用いて

$$\ell-27=56t,\quad m-13=27t \quad すなわち \quad \ell=56t+27,\quad m=27t+13$$

と表せる。

1 次不定方程式④の整数解のうち，$1\leqq\ell\leqq55$ を満たすのは，$t=0$ のときで

$$\ell=56\cdot0+27=27$$

よって，方盤の上から 27 行目に並ぶ数のうち，1 は左から 27 →オカ 列目にある。

(4) $n=56$ のとき，方盤の各行にそれぞれ何個の 0 があるか考える。

(i) 方盤の上から 24 行目には 0 が何個あるか考える。

左から ℓ 列目（$1\leqq\ell\leqq55$）が 0 であるための必要十分条件は，24ℓ が 56 の倍数であることだから，整数 m を用いて

$$24\ell=56m \quad すなわち \quad 3\ell=7m$$

と表せる。

3 と 7 は互いに素だから，ℓ は 7 の倍数となる。

よって，左から ℓ 列目が 0 であるための必要十分条件は，24ℓ が 56 の倍数であること，すなわち，ℓ が 7 →キ の倍数であることである。

したがって，$1\leqq\ell\leqq55$ を満たす整数 ℓ は

$$\ell=7,\ 14,\ 21,\ \cdots,\ 49$$

の 7 個あるので，上から 24 行目には 0 が 7 →ク 個ある。

(ii) 方盤の上から k 行目（$1\leqq k\leqq55$），左から ℓ 列目（$1\leqq\ell\leqq55$）が 0 であるための必要十分条件は，$k\ell$ が 56 の倍数であることだから，整数 m を用いて

$k\ell=56m$ すなわち $k\ell=2^3\cdot7m$ ……⑥

と表せる。

$1\leqq\ell\leqq55$ を満たす整数 ℓ の個数が最も多くなるような k は，$1\leqq k\leqq55$ で⑥を満たす最大の k を考えて

$k=2^2\cdot7=28$

であり，このとき⑥は

$28\ell=56m$ すなわち $\ell=2m$

となるから，$1\leqq\ell\leqq55$ を満たす整数 ℓ は

$\ell=2, 4, 6, \cdots, 54$

の 27 個ある。

よって，上から 1 行目から 55 行目までのうち，0 の個数が最も多いのは上から 28 →ケコ 行目である。

(5) $n=56$ のときの方盤について考える。

⓪ 方盤の上から 5 行目，左から ℓ 列目（$1\leqq\ell\leqq55$）に 0 があるとすると，5ℓ は 56 の倍数であるから，整数 m を用いて

$5\ell=56m$

と表せる。

5 と 56 は互いに素だから，ℓ は 56 の倍数となるが，$1\leqq\ell\leqq55$ を満たす整数 ℓ は存在しない。

よって，正しくない。

① 方盤の上から 6 行目，左から ℓ 列目（$1\leqq\ell\leqq55$）に 0 があるとすると，6ℓ は 56 の倍数であるから，整数 m を用いて

$6\ell=56m$ すなわち $3\ell=28m$

と表せる。

3 と 28 は互いに素だから，ℓ は 28 の倍数となり，$1\leqq\ell\leqq55$ を満たす整数 ℓ は

$\ell=28$

の 1 個ある。

よって，上から 6 行目，左から 28 列目には 0 があるから，正しい。

② 方盤の上から 9 行目，左から ℓ 列目（$1\leqq\ell\leqq55$）に 1 があるとすると，9ℓ は 56 で割った余りが 1 だから，整数 m を用いて

$9\ell=56m+1$ すなわち $9\ell-56m=1$ ……⑦

と表せる。

9 と 56 にユークリッドの互除法を用いると

$9\cdot25-56\cdot4=1$ ……⑧

が成り立つから，⑦−⑧より

$9(\ell-25)-56(m-4)=0$

$9(\ell-25)=56(m-4)$

9と56は互いに素だから，⑦の整数解は，整数 t を用いて

$\ell-25=56t,\quad m-4=9t$　すなわち　$\ell=56t+25,\quad m=9t+4$

と表せる。

1次不定方程式⑦の整数解のうち，$1 \leqq \ell \leqq 55$ を満たすのは，$t=0$ のときで

$\ell=56\cdot 0+25=25$

の1個である。

よって，上から9行目，左から25列目には1があるから，正しい。

③　方盤の上から10行目，左から ℓ 列目（$1 \leqq \ell \leqq 55$）に1があるとすると，10ℓ は56で割った余りが1だから，整数 m を用いて

$10\ell=56m+1$　すなわち　$2(5\ell-28m)=1$　……⑨

と表せる。

⑨の左辺は偶数，⑨の右辺は奇数となるから，⑨を満たす整数 ℓ，m は存在しない。

よって，正しくない。

④　方盤の上から15行目，左から ℓ 列目（$1 \leqq \ell \leqq 55$）に7があるとすると，15ℓ は56で割った余りが7だから，整数 m を用いて

$15\ell=56m+7$　すなわち　$15\ell-56m=7$　……⑩

と表せる。

15と56にユークリッドの互除法を用いると

$15\cdot 15-56\cdot 4=1$

が成り立つから，両辺を7倍して

$15\cdot 105-56\cdot 28=7$　……⑪

⑩－⑪より

$15(\ell-105)-56(m-28)=0$

$15(\ell-105)=56(m-28)$

15と56は互いに素だから，⑩の整数解は，整数 t を用いて

$\ell-105=56t,\quad m-28=15t$　すなわち　$\ell=56t+105,\quad m=15t+28$

と表せる。

1次不定方程式⑩の整数解のうち，$1 \leqq \ell \leqq 55$ を満たすのは，$t=-1$ のときで

$\ell=56\cdot(-1)+105=49$

の1個ある。

よって，上から15行目，左から49列目には7があるから，正しい。

⑤　方盤の上から21行目，左から ℓ 列目（$1 \leqq \ell \leqq 55$）に7があるとすると，21ℓ は56で割った余りが7だから，整数 m を用いて

$21\ell = 56m + 7$

すなわち　$3\ell - 8m = 1$　……⑫

と表せる。

3と8にユークリッドの互除法を用いると

$3 \cdot 3 - 8 \cdot 1 = 1$　……⑬

が成り立つから，⑫−⑬より

$3(\ell - 3) - 8(m - 1) = 0$

$3(\ell - 3) = 8(m - 1)$

3と8は互いに素だから，⑫の整数解は，整数tを用いて

$\ell - 3 = 8t,\quad m - 1 = 3t$

すなわち　$\ell = 8t + 3,\quad m = 3t + 1$

と表せる。

1次不定方程式⑫の整数解のうち，$1 \leqq \ell \leqq 55$を満たすのは，$t = 0,\ 1,\ 2,\ \cdots,\ 6$のときで

$\ell = 8 \cdot 0 + 3,\ 8 \cdot 1 + 3,\ 8 \cdot 2 + 3,\ \cdots,\ 8 \cdot 6 + 3$

$= 3,\ 11,\ 19,\ \cdots,\ 51$

の7個ある。

よって，上から21行目，左から3列目，11列目，19列目，…，51列目には7があるから，正しい。

以上より，$n = 56$のときの方盤について，正しいものは，①，②，④，⑤ →サである。

解説

ルールに従って剰余を書き込んだ方盤において，1次不定方程式を利用することで，どの数字がどのマスにあるかや，記入されている数字の個数を求めさせる問題である。何を根拠に解答していくべきなのかがわかりづらく，なんとなく解き進めてしまうと，なかなか正解にはたどり着かないだろう。

(2)　方盤のいずれのマスにも0が現れないための，nに関する必要十分条件を，［ウ］の選択肢を考慮しながら調べると，「③ nが素数であること。」以外は求める条件として不適であることがわかる。

まず，$n = 4$のときの図2から，「④ nが素数ではないこと。」が求める条件として適さないことがわかる。

「③ nが素数であること。」との重複を避けるために，nに素数でない奇数を選ぶと，$n = 9$のとき，方盤の上から3行目，左から3列目に0が現れるから，「⓪ nが奇数であること。」が求める条件として適さないことがわかる。

「③ nが素数であること。」との重複を避けるために，nに素数でなく4で割って

3余る整数を選ぶと，$n=15$ のとき，方盤の上から3行目，左から5列目に0が現れるから，「① n が4で割って3余る整数であること。」が求める条件として適さないことがわかる。

「③ n が素数であること。」との重複を避けるために，n に素数でなく2の倍数でも5の倍数でもない整数を選ぶと，$n=9$ のとき，上の議論と同様にして，「② n が2の倍数でも5の倍数でもない整数であること。」が求める条件として適さないことがわかる。

また，$n-1$ と n にユークリッドの互除法を用いると，$n=(n-1)\cdot 1+1$ より，$n-1$ と n は互いに素であり，これは常に成り立つから，「⑤ $n-1$ と n が互いに素であること。」が求める条件として適さないことがわかる。

以上より，方盤のいずれのマスにも0が現れないための，n に関する必要十分条件は，「③ n が素数であること。」と予想される。

①が成り立つことを示す際に利用した転換法は，円周角の定理の逆を証明する際に用いられる証明法である。転換法が理解しづらければ，③の対偶「方盤のいずれのマスにも0が現れない $\Longrightarrow$ n が素数である」が②の逆と一致するから，①が成り立つと考えてもよい。

(3)　(ii)　27と56にユークリッドの互除法を用いると

$56=27\cdot 2+2 \qquad \therefore \quad 2=56-27\cdot 2$

$27=2\cdot 13+1 \qquad \therefore \quad 1=27-2\cdot 13$

すなわち

$$\begin{aligned}1&=27-2\cdot 13\\&=27-(56-27\cdot 2)\cdot 13\\&=27\cdot 27-56\cdot 13\end{aligned}$$

と変形できるから，⑤が成り立つ。

(4)　(i)　方盤の上から24行目に0が何個あるかを求めるためには，$24\ell=56m$ $(1\leqq\ell\leqq 55)$ を満たす整数 ℓ の個数が求まればよい。

(ii)　方盤の上から1行目から55行目までのうち，0の個数が最も多い行を求めるためには，⑥と $1\leqq\ell\leqq 55$ を満たす整数 ℓ の個数が最大となるような k が求まればよい。(4)の(i)と同様の考え方をして ℓ の個数を考えるわけだから，$56=2^3\cdot 7$ より，ℓ が2の倍数となるとき，ℓ の個数が最大となることがわかるので，$k=2^2\cdot 7$ となる。

(5)　②　9と56にユークリッドの互除法を用いると

$56=9\cdot 6+2 \qquad \therefore \quad 2=56-9\cdot 6$

$9=2\cdot 4+1 \qquad \therefore \quad 1=9-2\cdot 4$

すなわち

$$
\begin{aligned}
1&=9-2\cdot4\\
&=9-(56-9\cdot6)\cdot4\\
&=9\cdot25-56\cdot4
\end{aligned}
$$

と変形できるから，⑧が成り立つ。

④　15と56にユークリッドの互除法を用いると

$56=15\cdot3+11$　　$\therefore\ 11=56-15\cdot3$

$15=11\cdot1+4$　　$\therefore\ 4=15-11\cdot1$

$11=4\cdot2+3$　　$\therefore\ 3=11-4\cdot2$

$4=3\cdot1+1$　　$\therefore\ 1=4-3\cdot1$

すなわち

$$
\begin{aligned}
1&=4-3\cdot1\\
&=4-(11-4\cdot2)\cdot1\\
&=4\cdot3-11\\
&=(15-11\cdot1)\cdot3-11\\
&=15\cdot3-11\cdot4\\
&=15\cdot3-(56-15\cdot3)\cdot4\\
&=15\cdot15-56\cdot4
\end{aligned}
$$

と変形できるから，両辺を7倍することで⑪が得られる。

⑤　3と8にユークリッドの互除法を用いると

$8=3\cdot2+2$　　$\therefore\ 2=8-3\cdot2$

$3=2\cdot1+1$　　$\therefore\ 1=3-2\cdot1$

すなわち

$$
\begin{aligned}
1&=3-2\cdot1\\
&=3-(8-3\cdot2)\cdot1\\
&=3\cdot3-8\cdot1
\end{aligned}
$$

と変形できるから，⑬が成り立つ。

第１回 試行調査：数学Ⅱ・数学Ｂ

問題番号	解答記号	正 解	チェック
第１問	$-ア\sqrt{イ}$	$-5\sqrt{2}$	
	$\frac{a^2-ウエ}{オ}$	$\frac{a^2-25}{2}$	
	カ	⓪	
	キ	①	
	ク	③	
	ケ	④	
	コ	⑥	
	サ	①，⑤，⑥（３つマークして正解）	
	シ	②	
	ス	9	
第２問	$(x+ア)(x-イ)^{ウ}$	$(x+1)(x-2)^2$	
	$S(a)=$エ	$S(a)=0$	
	$a=$オカ	$a=-1$	
	キ，ク	0，2	
	ケ	⓪	
	コ	⓪	
	サシ	②	
	シ	①	
	ス	①，④（２つマークして正解）	

（注）第１問，第２問は必答。第３問～第５問のうちから２問選択。計４問を解答。

問題番号	解答記号	正 解	チェック
第３問	$a_1=$ア	$a_1=5$	
	$\frac{イ}{ウ}a_n+エ$	$\frac{1}{2}a_n+5$	
	$d=$オカ	$d=10$	
	$\frac{キ}{ク}$	$\frac{1}{2}$	
	$\frac{ケ}{コ}$	$\frac{1}{2}$	
	$サシ-ス\left(\frac{セ}{ソ}\right)^{n-1}$	$10-5\left(\frac{1}{2}\right)^{n-1}$	
	タ	②，③（２つマークして正解）	
	$\frac{チ}{ツ}$	$\frac{1}{3}$	
	$k=$テ	$k=3$	
	ト	③	
第４問	$\vec{a}\cdot\vec{b}=ア$	$\vec{a}\cdot\vec{b}=1$	
	$\overrightarrow{OA}\cdot\overrightarrow{BC}=イ$	$\overrightarrow{OA}\cdot\overrightarrow{BC}=0$	
	ウ	①	
	エ	②	
	オ，カ	⓪，③	
	キ	①	
	ク	⓪	
第５問	0.アイウ	0.819	
	0.エオカ	0.001	
	キ	②	
	$m_Y=$クケコ	$m_Y=218$	
	サ	①	
	シ	③	
	ス	②	
	セ	4	
	ソタ.チ	67.3	

自己採点欄

● 設問ごとの配点は非公表。

第1問 —— 図形と方程式，指数・対数関数，三角関数，式と証明

〔1〕 標準 《円と直線》

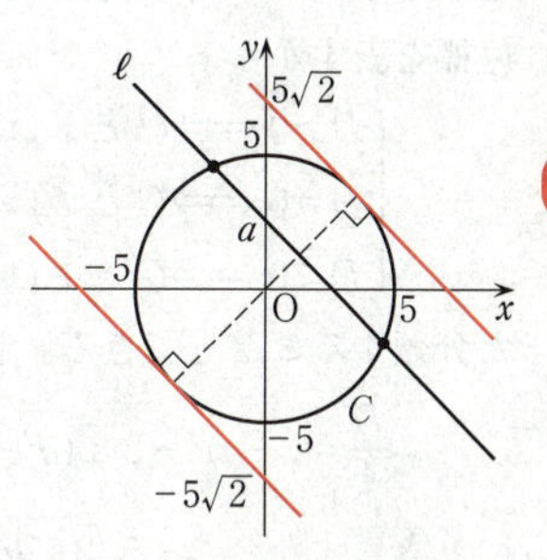

原点を中心とする半径5の円 C と，直線 ℓ：$x+y-a=0$ が異なる2点で交わるための条件は

(円 C の中心と ℓ の距離)<(円 C の半径)

が成り立つことであるから，点と直線の距離の公式を用いて

$\frac{|-a|}{\sqrt{1^2+1^2}}<5$　すなわち

$-\boxed{5}\sqrt{\boxed{2}}<a<5\sqrt{2}$ →ア，イ　……①

である。①の条件を満たすとき，C と ℓ の交点の一つを $\mathrm{P}(s,\ t)$ とすれば，Pは C 上にあるから，C の方程式 $x^2+y^2=5^2$ を満たし，同時に ℓ 上にもあるから，ℓ の方程式 $x+y=a$ も満たす。よって，次の2式を得る。

$$\begin{cases} s^2+t^2=5^2 \quad \text{すなわち} \quad (s+t)^2-2st=25 \\ s+t=a \end{cases}$$

2番目の式を1番目の式に代入すれば

$$a^2-2st=25 \qquad \therefore \quad st=\frac{a^2-\boxed{25}}{\boxed{2}} \quad (-5\sqrt{2}<a<5\sqrt{2})$$ →ウエ，オ

である。

解説

円の半径が r，円の中心と直線の距離が d のとき

$$\begin{cases} d<r \Longleftrightarrow \text{円と直線は異なる2点で交わる} \\ d=r \Longleftrightarrow \text{円と直線は接する} \\ d>r \Longleftrightarrow \text{円と直線は共有点をもたない} \end{cases}$$

と分類できる。d を求めるには次の公式を用いるとよい。

> **ポイント　点と直線の距離の公式**
>
> 点 $(x_0,\ y_0)$ から直線 $ax+by+c=0$ へ下ろした垂線の長さ d は
>
> $$d=\frac{|ax_0+by_0+c|}{\sqrt{a^2+b^2}}$$
>
> と表される。これを点 $(x_0,\ y_0)$ と直線 $ax+by+c=0$ の距離という。

本問の場合，C と ℓ が接するような図を描いてみれば，原点Oと，ℓ の x 切片および y 切片の3点を頂点とする直角二等辺三角形が見つかるので，その辺の長さの比を用

いて，C と ℓ が接するときの a の値（y 切片）を簡単に知ることができる。
また，本問の C と ℓ の方程式，$C: x^2+y^2=5^2$，$\ell: x+y=a$ から y を消去すると

$$x^2+(a-x)^2=5^2 \quad \text{すなわち} \quad 2x^2-2ax+a^2-25=0 \quad \cdots\cdots(*)$$

となるが，この2次方程式（判別式を D とする）の実数解が，C と ℓ の共有点の x 座標を表すから

$$\begin{cases} D>0 \Longleftrightarrow C \text{と} \ell \text{は異なる2点で交わる} \\ D=0 \Longleftrightarrow C \text{と} \ell \text{は接する} \\ D<0 \Longleftrightarrow C \text{と} \ell \text{は共有点をもたない} \end{cases}$$

と分類することもできる。

$$\frac{D}{4}=(-a)^2-2\times(a^2-25)=-a^2+50>0 \qquad a^2<50=(5\sqrt{2})^2$$

のとき，すなわち $-5\sqrt{2}<a<5\sqrt{2}$ のとき C と ℓ は異なる2点で交わる。
また，$x+y=a$ より，$y=a-x$ であるから

$$xy=x(a-x)=-x^2+ax=\frac{a^2-25}{2} \quad ((*)\text{の両辺を2で割って整理した})$$

となり，$\mathrm{P}(s,\ t)$ は交点であるから，$st=\dfrac{a^2-25}{2}$ となる。

〔2〕 標準 《指数・対数方程式》

a を1でない正の実数とする。

(i)　$\sqrt[4]{a^3}\times a^{\frac{2}{3}}=a^2$ を変形して

$$a^{\frac{3}{4}}\times a^{\frac{2}{3}}=a^2 \qquad a^{\frac{3}{4}+\frac{2}{3}}=a^2 \qquad a^{\frac{17}{12}}=a^2$$

両辺を12乗すると

$$(a^{\frac{17}{12}})^{12}=(a^2)^{12} \qquad a^{17}=a^{24} \qquad a^{24}-a^{17}=0$$

$$a^{17}(a^7-1)=0$$

a は1でない正の実数であるから，$a^{17}\neq 0$ かつ $a^7-1\neq 0$ であるので，**式を満たす a の値は存在しない。** ⓪ →カ

(ii)　$\dfrac{(2a)^6}{(4a)^2}=\dfrac{a^3}{2}$ より

$$\frac{64a^6}{16a^2}=\frac{a^3}{2} \qquad 4a^4=\frac{a^3}{2} \qquad 8a^4-a^3=0$$

$$a^3(8a-1)=0$$

a は1でない正の実数であるから，$a=\dfrac{1}{8}$ のみが式を満たし，**式を満たす a の値はちょうど一つである。** ① →キ

(iii) $4(\log_2 a - \log_4 a) = \log_{\sqrt{2}} a$ において

$$\log_4 a = \frac{\log_2 a}{\log_2 4} = \frac{\log_2 a}{2},\quad \log_{\sqrt{2}} a = \frac{\log_2 a}{\log_2 \sqrt{2}} = \frac{\log_2 a}{\frac{1}{2}} = 2\log_2 a \quad \text{（底の変換公式）}$$

であるから

$$\text{（与式の左辺）} = 4\left(\log_2 a - \frac{\log_2 a}{2}\right) = 2\log_2 a$$

$$\text{（与式の右辺）} = 2\log_2 a$$

となる。これは，**どのようなaの値を代入しても成り立つ式である。** ③ →ク

解説

a を実数，m，n を正の整数とし，次のように定める。

$$a^0 = 1,\quad a^{-n} = \frac{1}{a^n} \quad (a \neq 0)$$

$$a^{\frac{m}{n}} = \sqrt[n]{a^m},\quad a^{-\frac{m}{n}} = \frac{1}{\sqrt[n]{a^m}} \quad (a > 0)$$

ポイント　指数法則

$a>0$，$b>0$ とし，r，s を任意の実数とするとき

$$a^r \times a^s = a^{r+s},\quad (a^r)^s = a^{rs},\quad (ab)^r = a^r b^r$$

が成り立つ。よって，次のことが成り立つ。

$$a^r \div a^s = \frac{a^r}{a^s} = a^r \times a^{-s} = a^{r-s},\quad \left(\frac{a}{b}\right)^r = (ab^{-1})^r = a^r b^{-r} = \frac{a^r}{b^r}$$

$a>0$，$a \neq 1$ のとき，$a^m = M \Longleftrightarrow m = \log_a M$（指数 m を a を底とする M の対数といい，M を対数 m の真数という）より，次の基本性質を得る。

ポイント　対数の基本性質

$a>0$，$a \neq 1$，$b>0$，$b \neq 1$，$M>0$，$N>0$ とし，r を実数とする。

$$\log_a a = 1,\quad \log_a 1 = 0$$

$$\log_a MN = \log_a M + \log_a N,\quad \log_a \frac{M}{N} = \log_a M - \log_a N$$

$$\log_a M^r = r\log_a M$$

$$\log_a M = \frac{\log_b M}{\log_b a} \quad \text{（底の変換公式）}$$

〔3〕 標準 《三角関数のグラフ》

(1) (i) $y=\sin 2x$ $\left(周期は \dfrac{2\pi}{2}=\pi\right)$ のグラフは，$y=\sin x$（周期 2π）のグラフを x 軸方向に $\dfrac{1}{2}$ 倍したものであるから，当てはまるグラフは ④ →ケ である。

(ii) $y=\sin\left(x+\dfrac{3}{2}\pi\right)=\sin\left(x-\dfrac{\pi}{2}+2\pi\right)=\sin\left(x-\dfrac{\pi}{2}\right)$ のグラフは，$y=\sin x$ のグラフを x 軸方向に $\dfrac{\pi}{2}$ だけ平行移動したものであるから，当てはまるグラフは ⑥ →コ である。

(2) 与えられたグラフから，ある三角関数の周期は π であるから，$y=2\sin 2x$ または $y=2\cos 2x$ のグラフを x 軸方向に平行移動したものである。したがって，③と⑦は除外できる。また，y 軸との交点の y 座標が -2 であることから，⓪ $(y=2)$，② $(y=0)$，④ $(y=0)$ も除外できる。よって，①，⑤，⑥を調べればよい。

与えられたグラフは，$y=2\sin 2x$ のグラフを x 軸方向に $\dfrac{\pi}{4}$ だけ平行移動したものであり，また，$y=2\cos 2x$ のグラフを x 軸方向に $\dfrac{\pi}{2}$ または $-\dfrac{\pi}{2}$ だけ平行移動したものでもある。

① $y=2\sin\left(2x-\dfrac{\pi}{2}\right)=2\sin 2\left(x-\dfrac{\pi}{4}\right)$

⑤ $y=2\cos 2\left(x-\dfrac{\pi}{2}\right)$

⑥ $y=2\cos 2\left(x+\dfrac{\pi}{2}\right)$

であるから，これらのグラフは，与えられたグラフになる。よって，関数の式として正しいものは ①，⑤，⑥ →サ である。

解説

(1)・(2) $y=A\sin kx$ $(A\neq 0,\ k>0)$ のグラフは，$y=\sin x$（周期は 2π）のグラフを x 軸方向に $\dfrac{1}{k}$ 倍にして，y 軸方向に A 倍（$A<0$ のときは，x 軸に関して対称に移動してから $|A|$ 倍）することで得られる。周期は $\dfrac{2\pi}{k}$ となる。

$y=A\sin k(x-p)$ のグラフは，$y=A\sin kx$ のグラフを x 軸方向に p だけ平行移動して得られる。さらに，y 軸方向に q だけ平行移動すると，式は $y=A\sin k(x-p)+q$ となる。$y=\sin\left(x+\dfrac{3}{2}\pi\right)$ のグラフは，$y=\sin x$ のグラフを x 軸方向に $-\dfrac{3}{2}\pi$ だ

け平行移動したものである。これは，〔解答〕にあるように，$y=\sin\left(x-\frac{\pi}{2}\right)$ のグラフと同じである。

$\theta+2n\pi$，$-\theta$，$\pi-\theta$，$\frac{\pi}{2}-\theta$ それぞれの三角関数と，θ の三角関数の関係をまとめておく。

ポイント 三角関数の性質 （n を整数とする）

$$\begin{cases}\sin(\theta+2n\pi)=\sin\theta\\ \cos(\theta+2n\pi)=\cos\theta\\ \tan(\theta+2n\pi)=\tan\theta\end{cases} \qquad \begin{cases}\sin(-\theta)=-\sin\theta\\ \cos(-\theta)=\cos\theta\\ \tan(-\theta)=-\tan\theta\end{cases}$$

$$\begin{cases}\sin(\pi-\theta)=\sin\theta\\ \cos(\pi-\theta)=-\cos\theta\\ \tan(\pi-\theta)=-\tan\theta\end{cases} \qquad \begin{cases}\sin\left(\frac{\pi}{2}-\theta\right)=\cos\theta\\ \cos\left(\frac{\pi}{2}-\theta\right)=\sin\theta\\ \tan\left(\frac{\pi}{2}-\theta\right)=\frac{1}{\tan\theta}\end{cases}$$

$\sin(\theta+\pi)=-\sin\theta$，$\sin\left(\theta+\frac{\pi}{2}\right)=\cos\theta$ などについては，〔ポイント〕で，θ を $-\theta$ に置き換えると導くことができる。加法定理から導いてもよいが，式変形の見通しを得るためにも，〔ポイント〕は覚えておきたい。

〔4〕 易 《相加平均と相乗平均の関係》

(1) 以下，x，y は正の実数である。

【解答A】の不等式①において，等号が成り立つのは

$$x=\frac{1}{y} \quad \text{すなわち} \quad xy=1$$

のときであり，不等式②において，等号が成り立つのは

$$y=\frac{4}{x} \quad \text{すなわち} \quad xy=4$$

のときである。よって，不等式①，②の等号を同時に成り立たせる x，y は存在しない。したがって，①，②の辺々（いずれも正）をかけて作られた不等式

$$\left(x+\frac{1}{y}\right)\left(y+\frac{4}{x}\right)\geqq 2\sqrt{\frac{x}{y}}\cdot 4\sqrt{\frac{y}{x}}=8 \quad \cdots\cdots ③$$

自体は正しいが，この不等式の等号を成り立たせる x，y は存在しない。

よって，$x+\frac{1}{y}=2\sqrt{\frac{x}{y}}$ かつ $y+\frac{4}{x}=4\sqrt{\frac{y}{x}}$ を満たす x，y の値がない。 ② →シ

(2) 【解答B】の不等式

$$xy+\frac{4}{xy} \geqq 2\sqrt{xy \cdot \frac{4}{xy}}=4$$

において，等号が成り立つのは，$xy=\frac{4}{xy}$ すなわち $(xy)^2=4$ $(x>0,\ y>0)$ のときである。$x=1$，$y=2$ はこれを満たすから，この不等式の等号は成り立つ。よって

$$\left(x+\frac{1}{y}\right)\left(y+\frac{4}{x}\right)=xy+\frac{4}{xy}+5 \geqq 4+5=9$$

より，正しい最小値は 9 →ス である。

解 説

(1) 2つの正の実数 a，b に対して，$\frac{a+b}{2}$，$\sqrt{ab}$ をそれぞれ a，b の相加平均，相乗平均という。

$\sqrt{a}$，$\sqrt{b}$ は実数であるので，$\sqrt{a}-\sqrt{b}$ は実数であり，実数の平方は0以上であるから

$$(\sqrt{a}-\sqrt{b})^2 \geqq 0 \quad \text{すなわち} \quad a+b \geqq 2\sqrt{ab}$$

である。この不等式は常に（a，b が正の実数であれば）成り立つ。ただし，等号が成り立つ a，b が存在するかどうかは別問題である。

> **ポイント　相加平均と相乗平均の関係**
>
> $a>0$，$b>0$ のとき，次の不等式が常に成り立つ。
>
> $$\frac{a+b}{2} \geqq \sqrt{ab} \quad (a+b \geqq 2\sqrt{ab}\ \text{の形でもよく使われる})$$
>
> 等号は $a=b$ のとき成り立つ。

$A \geqq B \iff (A>B$ または $A=B)$ であるから，不等式③自体は正しい。

(2) 【解答B】は，$xy=\frac{4}{xy}$ $(x>0,\ y>0)$ を満たす x，y が存在するから正しいことになる。この場合 x，y の値は無数にあるが，1組でもあればよいので，〔解答〕では，$x=1$，$y=2$ を例示しておいた。

また，$A \geqq 9 \Longrightarrow A \geqq 8$ は正しい命題である。

第2問  《定積分で表された関数と被積分関数のグラフ》

(1) $S(x)$ は3次関数であり，$y=S(x)$ のグラフは点 $(-1,\ 0)$ を通り，かつ点 $(2,\ 0)$ で x 軸に接しているから，3次方程式 $S(x)=0$ は，$x=-1,\ 2$ を解にもち，そのうち $x=2$ は重解になる。よって，A を定数とすれば，$S(x)$ は

$$S(x)=A(x+1)(x-2)^2$$

と表せる。また，$y=S(x)$ のグラフは点 $(0,\ 4)$ を通るので，$S(0)=4$ すなわち

$$A(0+1)(0-2)^2=4 \qquad \therefore \quad A=1$$

である。したがって

$$S(x)=(x+\boxed{1})(x-\boxed{2})^{\boxed{2}}$$ →ア，イ，ウ

である。

関数 $f(x)$ に対し，$S(x)=\int_a^x f(t)\,dt$（a は定数）とおかれているから，$S(a)=\boxed{0}$ →エ である。よって，$S(a)=(a+1)(a-2)^2=0$ が成り立ち，a が負の定数のとき，$a=\boxed{-1}$ →オカ である。

$y=S(x)$ のグラフを見ると，関数 $S(x)$ は $x=\boxed{0}$ →キ を境に増加から減少に移り，$x=\boxed{2}$ →ク を境に減少から増加に移っている。このことと，$S(0)=4$，$S(2)=0$ から，$S(x)$ の増減は右表のようになる。

x	$\cdots$	0	$\cdots$	2	$\cdots$
$S'(x)$	+	0	−	0	+
$S(x)$	↗	4	↘	0	↗

いま，$S(x)=\int_a^x f(t)\,dt$ より　$S'(x)=f(x)$

であるから，$f(0)=S'(0)=0$，$f(2)=S'(2)=0$，$0<x<2$ のとき $f(x)=S'(x)<0$ である。したがって，関数 $f(x)$ について，$x=0$ のとき **$f(x)$ の値は0** ⓪ →ケ であり，$x=2$ のとき **$f(x)$ の値は0** ⓪ →コ である。また，$0<x<2$ の範囲では **$f(x)$ の値は負** ② →サ である。

$S(x)$ は3次関数であるから，$S'(x)=f(x)$ は2次関数であり，x の値の増加にともなって $f(x)$ の値は正→0→負→0→正と変化するから，$y=f(x)$ のグラフは下に凸である。したがって，$y=f(x)$ のグラフの概形として最も適当なものは ① →シ である。

(2) $S(x)=\int_0^x f(t)\,dt$ より $S'(x)=f(x)$，$S(0)=0$ である。選択肢⓪～④の左側のグラフはすべて $S(0)=0$（原点を通る）を満たしているから，⓪～④のそれぞれについて，右側の $y=f(x)$（$=S'(x)$）のグラフをもとに増減表を作ってみる。その際，$y=f(x)$ のグラフと x 軸の共有点の x 座標を t，t_1，t_2，t_3 で表す。

⓪

x	$\cdots$	t	$\cdots$
$S'(x)$	$-$	0	$+$
$S(x)$	↘	$S(t)$	↗

$(0<t<1)$

①

x	$\cdots$	t	$\cdots$
$S'(x)$	$+$	0	$-$
$S(x)$	↗	$S(t)$	↘

$(t<0)$

②

x	$\cdots$
$S'(x)$	$+$
$S(x)$	↗

$\left(\begin{array}{l} S'(x)=f(x) \text{ が正の値 } m \text{ をとるから,} \\ y=S(x) \text{ のグラフは，傾き } m \text{ の直線になる。} \end{array}\right)$

③

x	$\cdots$	t	$\cdots$
$S'(x)$	$+$	0	$+$
$S(x)$	↗	$S(t)$	↗

$(0<t<1)$

④

x	$\cdots$	t_1	$\cdots$	t_2	$\cdots$	t_3	$\cdots$
$S'(x)$	$+$	0	$-$	0	$+$	0	$-$
$S(x)$	↗	$S(t_1)$	↘	$S(t_2)$	↗	$S(t_3)$	↘

$(t_1<0<t_2<t_3<1)$

①については，$S(x)$ は $x=t$ $(t<0)$ で極大になるが，左側の $y=S(x)$ の図では，極大となる x の値が正であるから矛盾する。

④については，$x<t_1$ のとき $S'(x)>0$ であるから，このとき $S(x)$ は増加のはずであるが，$y=S(x)$ の図では $x<t_1$ で減少しているから矛盾する。

他の⓪，②，③については矛盾点はない。

したがって，矛盾するものは ①，④ →ス である。

解説

(1)　3次関数 $y=ax^3+bx^2+cx+d$ $(a\neq0)$ のグラフが x 軸上の異なる3点 $(\alpha,\ 0)$，$(\beta,\ 0)$，$(\gamma,\ 0)$ を通るとき，この式の右辺は $y=a(x-\alpha)(x-\beta)(x-\gamma)$ と因数分解される。$\alpha\neq\beta=\gamma$ のときには，$(\beta,\ 0)$ は接点となり，$y=a(x-\alpha)(x-\beta)^2$ と因数分解される。

上端と下端の等しい定積分の値は0である。つまり　$\displaystyle\int_a^a f(t)\,dt=0$

$F'(x)=f(x)$ とおくと，$\displaystyle\int_a^x f(t)\,dt=\Big[F(t)\Big]_a^x=F(x)-F(a)$ であるから

$$\frac{d}{dx}\int_a^x f(t)\,dt=\frac{d}{dx}\{F(x)-F(a)\}=F'(x)-F'(a)$$
$$=f(x)\quad(F(a)\text{ は定数であるから，}F'(a)=0)$$

> **ポイント**　**定積分で表された関数の微分**
>
> $$\frac{d}{dx}\int_a^x f(t)\,dt=f(x)$$

(2)　$S'(x)=f(x)$ であることをしっかり頭に入れて，$f(x)$ すなわち $S'(x)$ の正，0，負に着目する。$f(x)$ が正になる範囲で $S(x)$ は増加，負になる範囲で減少となる。このことが理解できていれば，増減表を作るまでもないだろう。

第3問 やや難 《2項間の漸化式》

(1) 薬Dを $T=12$ 時間ごとに1錠ずつ服用したとき，自然数 n に対して，a_n は n 回目の服用直後の血中濃度を表す。血中濃度は第 n 回目の服用直後から時間の経過に応じて減少しており，第 $(n+1)$ 回目の服用直前までには T 時間経過しているから，血中濃度は $\frac{1}{2}a_n$ となっている。ここで第 $(n+1)$ 回目の服用が行われるから血中濃度は P だけ上昇する。したがって

$$a_1=P,\quad a_{n+1}=\frac{1}{2}a_n+P\quad (n=1,\ 2,\ 3,\ \cdots)$$

となる。$P=5$ を代入して，数列 $\{a_n\}$ の初項と漸化式は次のようになる。

$$a_1=\boxed{5},\quad a_{n+1}=\frac{\boxed{1}}{\boxed{2}}a_n+\boxed{5}\quad (n=1,\ 2,\ 3,\ \cdots)\quad \cdots\cdots(*)$$

→ア，イ，ウ，エ

【考え方1】では，数列 $\{a_n-d\}$ が等比数列になるように$(*)$を変形するのであるから，公比を r とすれば

$a_{n+1}-d=r(a_n-d)$　すなわち　$a_{n+1}=ra_n+(1-r)d$

が$(*)$と一致するように d と r を定めればよい。

このとき，$r=\frac{1}{2}$ であり，$(1-r)d=5$ より，$d=10$ であるから，$d=\boxed{10}$ →オカ

に対して，数列 $\{a_n-d\}$ が公比 $\frac{\boxed{1}}{\boxed{2}}$ →キ，ク の等比数列になる。

【考え方2】では，階差数列 $\{a_{n+1}-a_n\}$ が等比数列になることを利用する。$(*)$より

$$a_{n+2}=\frac{1}{2}a_{n+1}+5$$

$$a_{n+1}=\frac{1}{2}a_n+5$$

が成り立つから，辺々引くと

$$a_{n+2}-a_{n+1}=\frac{1}{2}(a_{n+1}-a_n)$$

となる。よって，数列 $\{a_{n+1}-a_n\}$ は公比が $\frac{\boxed{1}}{\boxed{2}}$ →ケ，コ の等比数列となる。

【考え方1】の方法で数列 $\{a_n\}$ の一般項を求める。初項 a_1-10，公比 $\frac{1}{2}$ の等比数列 $\{a_n-10\}$ の第 n 項は，$a_n-10=(a_1-10)\times\left(\frac{1}{2}\right)^{n-1}$ であるから，$a_1=5$ を代入し

て

$$a_n = \boxed{10} - \boxed{5}\left(\frac{\boxed{1}}{\boxed{2}}\right)^{n-1} \quad (n=1,\ 2,\ 3,\ \cdots)$$ →サシ，ス，セ，ソ

である。

【考え方2】の方法で数列 $\{a_n\}$ の一般項を求める。数列 $\{a_{n+1}-a_n\}$ は初項が (a_2-a_1)，公比が $\frac{1}{2}$ の等比数列であるから

$$a_{n+1}-a_n=(a_2-a_1)\times\left(\frac{1}{2}\right)^{n-1}$$

となり，(＊)より，$a_2-a_1=\frac{1}{2}a_1+5-a_1=5-\frac{1}{2}a_1=5-\frac{5}{2}=\frac{5}{2}$ であるから

$$a_{n+1}-a_n=\frac{5}{2}\times\left(\frac{1}{2}\right)^{n-1}=5\times\left(\frac{1}{2}\right)^n$$

となる。したがって，$n\geqq 2$ のとき

$$a_n=a_1+\sum_{k=1}^{n-1}(a_{k+1}-a_k)=5+\sum_{k=1}^{n-1}\left\{5\times\left(\frac{1}{2}\right)^k\right\}=5+5\sum_{k=1}^{n-1}\left(\frac{1}{2}\right)^k$$

$$=5+5\times\frac{\frac{1}{2}\left\{1-\left(\frac{1}{2}\right)^{n-1}\right\}}{1-\frac{1}{2}}=5+5\left\{1-\left(\frac{1}{2}\right)^{n-1}\right\}=10-5\left(\frac{1}{2}\right)^{n-1}$$

であり，これは $a_1=5$ を満たすから，$n=1,\ 2,\ 3,\ \cdots$ に対して $a_n=10-5\left(\frac{1}{2}\right)^{n-1}$ である。

(2) 薬Dの服用について，適切な効果が得られる血中濃度の最小値が M，副作用を起こさない血中濃度の最大値が L であり，いま，$M=2$，$L=40$ である。

$n=1,\ 2,\ 3,\ \cdots$ に対して $\left(\frac{1}{2}\right)^{n-1}>0$ であるから

$$a_n=10-5\left(\frac{1}{2}\right)^{n-1}<10<40=L$$

となり，血中濃度 a_n が L を超えることはない。よって，選択肢の⓪，①は誤りであり，②は正しい。また

$$a_n-P=\left\{10-5\left(\frac{1}{2}\right)^{n-1}\right\}-5=5\left\{1-\left(\frac{1}{2}\right)^{n-1}\right\}$$ （第 n 回目の服用直前の血中濃度）

より，$a_1-P=0$，$n\geqq 2$ のとき $\left(\frac{1}{2}\right)^{n-1}\leqq\frac{1}{2}$ より，$a_n-P\geqq\frac{5}{2}>2=M$ であるので，1回目の服用の後は，a_n-P が M を下回ることはない。よって，③は正しいが，④，⑤は誤りである。したがって，正しいものは $\boxed{②，③}$ →タ である。

(3) 薬Dの血中濃度は24時間経過すると $\left(\frac{1}{2}\right)^2=\frac{1}{4}$ 倍になるから，24時間ごとに1錠ずつ服用するとき，n 回目の服用直後の血中濃度 b_n については，(1)と同様に考えて

$$b_1=5,\quad b_{n+1}=\frac{1}{4}b_n+5$$

が成り立つ。これを【考え方1】で変形すると

$$b_{n+1}-\frac{20}{3}=\frac{1}{4}\left(b_n-\frac{20}{3}\right)$$

となる。数列 $\left\{b_n-\frac{20}{3}\right\}$ は，初項が $b_1-\frac{20}{3}=5-\frac{20}{3}=-\frac{5}{3}$，公比が $\frac{1}{4}$ の等比数列であるから

$$b_n-\frac{20}{3}=-\frac{5}{3}\left(\frac{1}{4}\right)^{n-1}\qquad\therefore\quad b_n=\frac{20}{3}-\frac{5}{3}\left(\frac{1}{4}\right)^{n-1}\quad(n=1,\ 2,\ 3,\ \cdots)$$

である。したがって

$$\frac{b_{n+1}-P}{a_{2n+1}-P}=\frac{\left\{\frac{20}{3}-\frac{5}{3}\left(\frac{1}{4}\right)^n\right\}-5}{\left\{10-5\left(\frac{1}{2}\right)^{2n}\right\}-5}\quad(P=5)$$

$$=\frac{\frac{5}{3}\left\{1-\left(\frac{1}{2}\right)^{2n}\right\}}{5\left\{1-\left(\frac{1}{2}\right)^{2n}\right\}}=\frac{1}{3}\ \to チ,\ ツ$$

となる。

(4) 薬Dを24時間ごとに k 錠ずつ服用する場合，最初の服用直後の血中濃度は $kP=5k$ となるから，このとき，n 回目の服用直後の血中濃度を c_n とすれば

$$c_1=5k,\quad c_{n+1}=\frac{1}{4}c_n+5k\quad(n=1,\ 2,\ 3,\ \cdots)$$

が成り立ち，変形して

$$c_{n+1}-\frac{20k}{3}=\frac{1}{4}\left(c_n-\frac{20k}{3}\right)$$

となる。$c_1-\frac{20k}{3}=5k-\frac{20k}{3}=-\frac{5k}{3}$ であるから

$$c_n-\frac{20k}{3}=-\frac{5k}{3}\left(\frac{1}{4}\right)^{n-1}\qquad すなわち\quad c_n=\frac{20k}{3}-\frac{5k}{3}\left(\frac{1}{4}\right)^{n-1}$$

である。このとき

$$\frac{c_{n+1}-kP}{a_{2n+1}-P}=\frac{\frac{5k}{3}\left\{1-\left(\frac{1}{2}\right)^{2n}\right\}}{5\left\{1-\left(\frac{1}{2}\right)^{2n}\right\}}=\frac{k}{3}\quad(P=5)$$

であるから，薬Dを12時間ごとに1錠ずつ服用した場合と24時間ごとにk錠ずつ服用した場合の血中濃度を比較して，最初の服用から$24n$時間経過後の各服用直前の血中濃度が等しくなるのは，$\dfrac{k}{3}=1$ すなわち $k=$ 3 →テ のときである。

また，24時間ごとの服用量を3錠にするとき，$n=1, 2, 3, \cdots$ に対して $\left(\dfrac{1}{4}\right)^{n-1}>0$ より

$$c_n=\frac{20\times3}{3}-\frac{5\times3}{3}\left(\frac{1}{4}\right)^{n-1}=20-5\left(\frac{1}{4}\right)^{n-1}<20<40=L$$

であるから，**どれだけ継続して服用しても血中濃度がLを超えることはない。**

③ →ト

解説

(1) 2項間の漸化式 $a_{n+1}=pa_n+q$ $(pq\neq0,\ p\neq1)$ を解くには，【考え方1】，【考え方2】のほかに，一般項を類推して数学的帰納法を用いて証明する，という方法もあるが，一般には，次の【考え方1】が最も簡単である。

ポイント　2項間の漸化式 $a_{n+1}=pa_n+q$ $(pq\neq0,\ p\neq1)$ の解法

$a_{n+1}=a_n=\alpha$ とおくと，$\alpha=p\alpha+q$ すなわち $\alpha=\dfrac{q}{1-p}$ となるが，このとき

$$a_{n+1}=pa_n+q \Longleftrightarrow a_{n+1}-\alpha=p(a_n-\alpha)$$

が成り立っている。これは，数列 $\{a_n-\alpha\}$ が，初項 $a_1-\alpha$，公比 p の等比数列であることを表しているので

$$a_n-\alpha=(a_1-\alpha)p^{n-1} \quad すなわち \quad a_n=\alpha+(a_1-\alpha)p^{n-1} \quad \left(\alpha=\frac{q}{1-p}\right)$$

となる（$a_{n+1}=a_n=\alpha$ とおくのは，あくまで形式的である）。

〔解答〕の(3)，(4)の数列 $\{b_n\}$，$\{c_n\}$ については，いずれもこの方法を用いて一般項を求めてある。(1)では，【考え方2】の方法を用いて一般項 a_n を求める計算も〔解答〕に記しておいた。

$$a_n=a_1+(a_2-a_1)+(a_3-a_2)+\cdots+(a_n-a_{n-1}) \quad (n\geqq2)$$

であるから，$n\geqq2$ のとき

$$a_n=a_1+\{階差数列の初項から第(n-1)項までの和\}=a_1+\sum_{k=1}^{n-1}(a_{k+1}-a_k)$$

である。最後に $n=1$ のときも成り立つことを確認する。

(2) 問題文の(1)の図（ギザギザのグラフ）において，$a_1=5$，$a_2=\dfrac{15}{2}$，$a_3=\dfrac{35}{4}$，$\cdots$ である。2回目の最小値は $a_2-5=\dfrac{5}{2}$，3回目の最小値は $a_3-5=\dfrac{15}{4}$，$\cdots$ である。

1回目の服用の後では，血中濃度が $M=2$ を下回ることはないようである。

$a_1<a_2<a_3<\cdots$ となっているから，$L=40$ を超えてしまうことがあるかもしれない。

〔解答〕のように不等式を用いると明確になる。

(3) 薬Dを12時間ごとに服用する場合(ア)と，24時間ごとに服用する場合(イ)において，$24n$ 時間経過後の服用直前の血中濃度は次図のようになる。

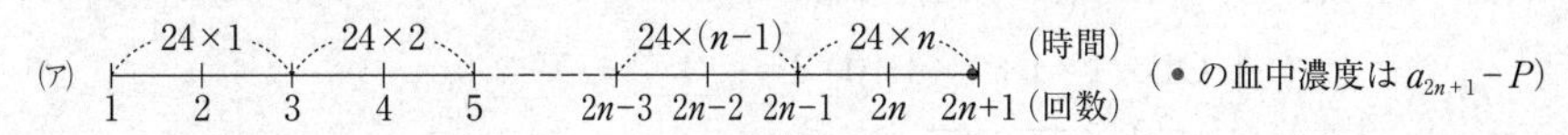

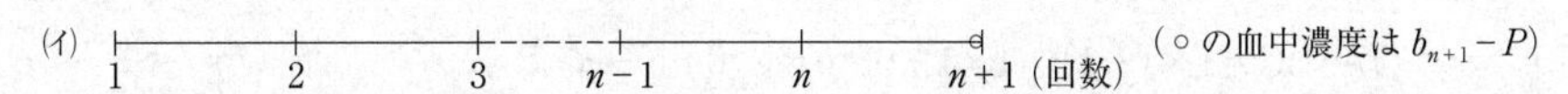

(4) 数列 $\{c_n\}$ の一般項を求める計算（2項間の漸化式の解法）について，〔解答〕では簡単に書いてあるが，$\{a_n\}$ や $\{b_n\}$ の場合と全く同様である。

$\{b_n\}$ と $\{c_n\}$ を比較して k の影響を観察すれば，計算は省略できるだろう。

第４問　標準　《空間ベクトル》

四面体 OABC において，$\overrightarrow{OA}=\vec{a}$，$\overrightarrow{OB}=\vec{b}$，$\overrightarrow{OC}=\vec{c}$ とおく。

(1)　O(0, 0, 0)，A(1, 1, 0)，B(1, 0, 1)，C(0, 1, 1) のとき，

$\overrightarrow{OA}=(1,\ 1,\ 0)$，$\overrightarrow{OB}=(1,\ 0,\ 1)$ であるから

$$\vec{a}\cdot\vec{b}=\overrightarrow{OA}\cdot\overrightarrow{OB}=1\times1+1\times0+0\times1=\boxed{1}\ \rightarrow ア$$

となる。$\overrightarrow{OA}\neq\vec{0}$，$\overrightarrow{BC}=\overrightarrow{OC}-\overrightarrow{OB}=(0,\ 1,\ 1)-(1,\ 0,\ 1)=(-1,\ 1,\ 0)\neq\vec{0}$ であることに注意すると

$$\overrightarrow{OA}\cdot\overrightarrow{BC}=1\times(-1)+1\times1+0\times0=\boxed{0}\ \rightarrow イ$$

により OA⊥BC である。

(2)　四面体 OABC については，$\overrightarrow{OA}\neq\vec{0}$，$\overrightarrow{OB}\neq\vec{0}$ であるから，OA⊥BC となるための必要十分条件は

$$\overrightarrow{OA}\cdot\overrightarrow{BC}=0\Longleftrightarrow\vec{a}\cdot(\vec{c}-\vec{b})=0\Longleftrightarrow\vec{a}\cdot\vec{c}-\vec{a}\cdot\vec{b}=0$$

$$\Longleftrightarrow\vec{a}\cdot\vec{b}=\vec{a}\cdot\vec{c}\ \boxed{①}\ \rightarrow ウ$$

である。

(3)　OA⊥BC であることは，(2)より，$\vec{a}\cdot\vec{b}=\vec{a}\cdot\vec{c}$ と同値であるが，

$\vec{a}\cdot\vec{b}=|\overrightarrow{OA}||\overrightarrow{OB}|\cos\angle AOB$，$\vec{a}\cdot\vec{c}=|\overrightarrow{OA}||\overrightarrow{OC}|\cos\angle AOC$ であるから，これは

$$|\overrightarrow{OA}||\overrightarrow{OB}|\cos\angle AOB=|\overrightarrow{OA}||\overrightarrow{OC}|\cos\angle AOC$$

$$\therefore\quad|\overrightarrow{OB}|\cos\angle AOB=|\overrightarrow{OC}|\cos\angle AOC\quad(|\overrightarrow{OA}|\neq0\ より)$$

と同値となる。これは，$|\overrightarrow{OB}|=|\overrightarrow{OC}|$ かつ $\cos\angle AOB=\cos\angle AOC$，すなわち，**OB＝OC かつ∠AOB＝∠AOC** $\boxed{②}$ →エ ならば常に成り立つ。つまり，このとき常に OA⊥BC である。

(4)　OC＝OB＝AB＝AC を満たす四面体 OABC について，OA⊥BC が成り立つことを証明する。

【証明】　線分 OA の中点を D とすると

$$\overrightarrow{BD}=\frac{1}{2}(\overrightarrow{BA}+\overrightarrow{BO}),\quad\overrightarrow{OA}=\overrightarrow{BA}-\overrightarrow{BO}$$

$$\boxed{⓪}\ \rightarrow オ,\quad\boxed{③}\ \rightarrow カ$$

$$\overrightarrow{BD}\cdot\overrightarrow{OA}=\frac{1}{2}(\overrightarrow{BA}+\overrightarrow{BO})\cdot(\overrightarrow{BA}-\overrightarrow{BO})$$

$$=\frac{1}{2}(\overrightarrow{BA}\cdot\overrightarrow{BA}-\overrightarrow{BA}\cdot\overrightarrow{BO}+\overrightarrow{BO}\cdot\overrightarrow{BA}-\overrightarrow{BO}\cdot\overrightarrow{BO})$$

$$=\frac{1}{2}(|\overrightarrow{BA}|^2-|\overrightarrow{BO}|^2)$$

である。また，条件 OB＝AB すなわち $|\overrightarrow{BO}|=|\overrightarrow{BA}|$ により，$\overrightarrow{OA}\cdot\overrightarrow{BD}=0$ である。
同様に

$$\overrightarrow{CD}=\frac{1}{2}(\overrightarrow{CA}+\overrightarrow{CO}),\quad \overrightarrow{OA}=\overrightarrow{CA}-\overrightarrow{CO}$$

$$\overrightarrow{CD}\cdot\overrightarrow{OA}=\frac{1}{2}(\overrightarrow{CA}+\overrightarrow{CO})\cdot(\overrightarrow{CA}-\overrightarrow{CO})=\frac{1}{2}(|\overrightarrow{CA}|^2-|\overrightarrow{CO}|^2)$$

である。また，条件 OC＝AC すなわち **$|\overrightarrow{CO}|=|\overrightarrow{CA}|$** ① →**キ** により，
$\overrightarrow{OA}\cdot\overrightarrow{CD}=0$ である。

このことから，$\overrightarrow{OA}\neq\vec{0}$，$\overrightarrow{BC}\neq\vec{0}$ であることに注意すると

$$\overrightarrow{OA}\cdot\overrightarrow{BC}=\overrightarrow{OA}\cdot(\overrightarrow{DC}-\overrightarrow{DB})=\overrightarrow{OA}\cdot(\overrightarrow{BD}-\overrightarrow{CD})=\overrightarrow{OA}\cdot\overrightarrow{BD}-\overrightarrow{OA}\cdot\overrightarrow{CD}=0-0=0$$

により，OA⊥BC である。

(5) (4)の証明は，条件 OC＝OB＝AB＝AC のうち，OB＝AB と OC＝AC を用いているが，OB＝OC は用いていない。このことに注意すると，OA⊥BC が成り立つ四面体は

OC＝AC かつ OB＝AB かつ OB≠OC であるような四面体 OABC ⓪ →**ク**

解説

(1) 成分で表示されたベクトルの内積は次のように計算される。

> **ポイント　内積と成分**
>
> $\vec{a}=(a_1,\ a_2,\ a_3)$，$\vec{b}=(b_1,\ b_2,\ b_3)$ のとき
>
> $$\vec{a}\cdot\vec{b}=a_1\times b_1+a_2\times b_2+a_3\times b_3$$

また，内積の図形への応用として，次のことは特に重要である。

> **ポイント　ベクトルの垂直条件**
>
> $\overrightarrow{AB}\neq\vec{0}$，$\overrightarrow{CD}\neq\vec{0}$ のとき
>
> $$AB\perp CD \Longleftrightarrow \overrightarrow{AB}\cdot\overrightarrow{CD}=0$$

本問の四面体 OABC は，OA＝OB＝OC＝AB＝BC＝CA＝$\sqrt{2}$ であるから，正四面体である。正四面体では OA⊥BC が成り立っていることがわかった。

(2)　内積の基本性質をまとめておく。

> **ポイント　内積の基本性質**
>
> $\vec{a}\cdot\vec{b}=\vec{b}\cdot\vec{a}$　（交換法則）
>
> $(\vec{a}+\vec{b})\cdot\vec{c}=\vec{a}\cdot\vec{c}+\vec{b}\cdot\vec{c}$,　$\vec{a}\cdot(\vec{b}+\vec{c})=\vec{a}\cdot\vec{b}+\vec{a}\cdot\vec{c}$　（分配法則）
>
> $(k\vec{a})\cdot\vec{b}=\vec{a}\cdot(k\vec{b})=k(\vec{a}\cdot\vec{b})$　（k は実数）
>
> $\vec{a}\cdot\vec{a}=|\vec{a}|^2$　（重要）

(3)　内積の図形的定義を確認しておく。

> **ポイント　内積の定義**
>
> 2つのベクトル $\vec{a}$, $\vec{b}$ のなす角を θ とするとき，内積 $\vec{a}\cdot\vec{b}$ を
>
> $\vec{a}\cdot\vec{b}=|\vec{a}||\vec{b}|\cos\theta$　（$\vec{b}=\vec{a}$ のとき $\theta=0$ となって $\vec{a}\cdot\vec{a}=|\vec{a}|^2$）
>
> と定義する。ただし，$\vec{a}=\vec{0}$ または $\vec{b}=\vec{0}$ のときは $\vec{a}\cdot\vec{b}=0$ とする。

四面体OABCにおいて，OA⊥BCとなるための必要十分条件が

$$|\overrightarrow{OB}|\cos\angle AOB=|\overrightarrow{OC}|\cos\angle AOC \quad \cdots\cdots(*)$$

と求められた。（選択肢②）⟹（＊）はたしかに成り立つが，（＊）⟹②は正しくない。②以外にも，たとえば(5)の選択肢⓪でも（＊）が成り立つからである。

(4)　OA⊥BCが成り立つことを証明するのであるから，$\overrightarrow{OA}\cdot\overrightarrow{BC}=0$ を示すことが目標となる。問題文の【証明】の最後を見ると，$\overrightarrow{BC}=\overrightarrow{BD}-\overrightarrow{CD}$ と分解してあるが，これは $\overrightarrow{OA}\cdot\overrightarrow{BD}=0$, $\overrightarrow{OA}\cdot\overrightarrow{CD}=0$ を用いるためである。つまり，OA⊥BDかつOA⊥CDであればよいのだから，直線OA上に点Eを，OA⊥BEかつOA⊥CEとなるようにとればOA⊥BCとなる。条件OB＝AB，OC＝ACのもとでは，EはDと一致するのである。よって，OA⊥BCとなるための条件はもっと一般化できそうである。

(5)　ここでは，条件OB＝OCが(4)の証明に使われなかったことに気付かなければならない。△OABがOB＝ABの二等辺三角形，△OACがOC＝ACの二等辺三角形であれば，それらの大きさは異なっていてもOA⊥BCとなるのである。

右図のように，直線OAを平面 α に垂直になるように置けば，α 上の任意の線分BC（ただし，OAと α の交点Eを通らないようにする）に対して，四面体OABCは，OA⊥BCの成り立つ四面体である。

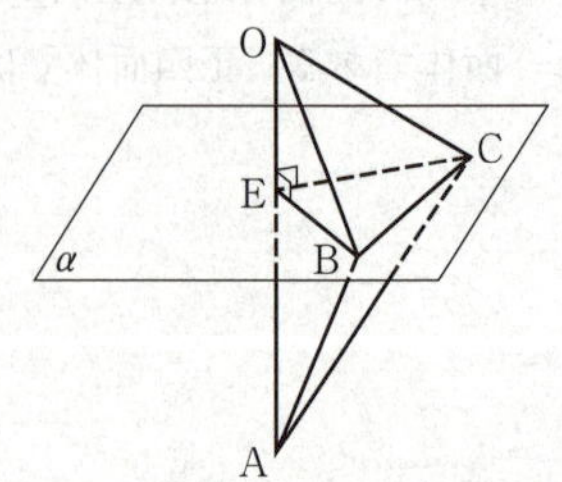

第５問 標準 《正規分布，母平均の推定，信頼区間の幅》

(1) ポップコーン１袋の内容量を表す確率変数 X は，平均 104 g，標準偏差 2 g の正規分布 $N(104,\ 2^2)$ に従うから，確率変数 $Z=\dfrac{X-104}{2}$ は標準正規分布 $N(0,\ 1)$ に従う。したがって

$$\begin{aligned} P(100\leqq X\leqq 106) &= P(-2\leqq Z\leqq 1)=P(-2\leqq Z\leqq 0)+P(0\leqq Z\leqq 1)\\ &= P(0\leqq Z\leqq 2)+P(0\leqq Z\leqq 1)\\ &= 0.4772+0.3413 \quad (\text{正規分布表より})\\ &= 0.8185 \end{aligned}$$

$$\begin{aligned} P(X\leqq 98) &= P(Z\leqq -3)=P(Z\geqq 3)=P(Z\geqq 0)-P(0\leqq Z\leqq 3)\\ &= 0.5-0.4987 \quad (\text{正規分布表より})\\ &= 0.0013 \end{aligned}$$

より，X が 100 g 以上 106 g 以下となる確率は 0. 819 →アイウ であり，X が 98 g 以下となる確率は 0. 001 →エオカ である。

コインを n 枚同時に投げたとき，すべて表が出る確率は $\left(\dfrac{1}{2}\right)^n=\dfrac{1}{2^n}$ である。これが，X が 98 g 以下となる確率 $0.001=\dfrac{1}{1000}$ に近いとすれば，$2^9=512$，$2^{10}=1024$ より，$n=10$ ② →キ である。

ポップコーン２袋のそれぞれの内容量を表す確率変数を X_1，X_2 とする。袋は１袋あたり 5g であるから，ポップコーン２袋分の重さを表す確率変数 Y は

$$Y=(X_1+5)+(X_2+5)=X_1+X_2+10$$

と表され，X_1，X_2 はともに正規分布 $N(104,\ 2^2)$ に従うとしてよい。このとき，Y の平均 m_Y は

$$\begin{aligned} m_Y &= E(Y)=E(X_1+X_2+10)=E(X_1)+E(X_2)+10\\ &= 104+104+10= 218 \end{aligned}$$ →クケコ

である。また，X の標準偏差は 2g であるから，X の分散は 2^2 すなわち $V(X)=V(X_1)=V(X_2)=2^2=4$ である。X_1，X_2 は互いに独立であるから

$$V(Y)=V(X_1+X_2+10)=V(X_1)+V(X_2)=4+4=8$$

である。よって，Y の標準偏差 σ は，$\sigma=\sqrt{V(Y)}=\sqrt{8}=2\sqrt{2}$ である。したがって，選択肢⓪〜⑤のうち，⓪，③，④，⑤は誤りである。

Y は $N(m_Y,\ \sigma^2)$ $(m_Y=218,\ \sigma=2\sqrt{2})$ に従うから，$m_Y-\sigma\leqq Y\leqq m_Y+\sigma$ となる確率 p_Y は，$Z_Y=\dfrac{Y-m_Y}{\sigma}$ とおけば，$-1\leqq Z_Y\leqq 1$ となる確率に等しい。

X について，$102\leqq X\leqq 106$ となる確率 p_X は，(1)より，$Z=\dfrac{X-104}{2}$ とおけば，

$-1 \leqq Z \leqq 1$ となる確率に等しい。

Z_Y, Z ともに $N(0,\ 1)$ に従うから，$-1 \leqq Z_Y \leqq 1$ となる確率と $-1 \leqq Z \leqq 1$ となる確率は等しいので，$p_Y = p_X$ である。よって，正しいものは ① →サ である。

(2)　ポップコーン1袋の内容量の母平均 m を，100袋の標本平均104g，標本の標準偏差2gをもとに，信頼度95％で推定する。

標本の大きさを n，母標準偏差を s とすれば，標本平均 $\overline{X}$ は，n が大きいとき，近似的に正規分布 $N\left(m,\ \dfrac{s^2}{n}\right)$ に従うから，このとき $Z = \dfrac{\overline{X} - m}{\dfrac{s}{\sqrt{n}}}$ は標準正規分布 $N(0,\ 1)$ に従う。

$P(0 \leqq Z \leqq \alpha) = \dfrac{0.95}{2} = 0.4750$ となる α に対し，$P(|Z| \leqq \alpha) = 0.95$ であるから

$$\left|\frac{\overline{X} - m}{\dfrac{s}{\sqrt{n}}}\right| \leqq \alpha \Longleftrightarrow \overline{X} - \alpha \times \frac{s}{\sqrt{n}} \leqq m \leqq \overline{X} + \alpha \times \frac{s}{\sqrt{n}} \quad \cdots\cdots ①$$

となる。これが，m の信頼度95％の信頼区間である。n が大きいとき，母標準偏差の値の代わりに標本標準偏差の値を用いてもよいから，上式で $s=2$ とし，$n=100$，$\overline{X}=104$ を代入し，さらに正規分布表より $\alpha = 1.96$ を得て

$$104 - 1.96 \times \frac{2}{10} \leqq m \leqq 104 + 1.96 \times \frac{2}{10}, \quad 1.96 \times \frac{2}{10} = 0.392$$

$$\therefore \quad 103.608 \leqq m \leqq 104.392$$

と計算される。小数第2位を四捨五入して，**$103.6 \leqq m \leqq 104.4$** ③ →シ である。

信頼度を99％にするときの信頼区間は①の α を，次の β で置き換えたものになる。

$$P(0 \leqq Z \leqq \beta) = \frac{0.99}{2} = 0.495 \quad \text{すなわち} \quad P(|Z| \leqq \beta) = 0.99$$

を満たす β は，正規分布表より $\beta = 2.58$ で，$\beta > \alpha$ である。したがって，①より

$$\overline{X} - \beta \times \frac{s}{\sqrt{n}} < \overline{X} - \alpha \times \frac{s}{\sqrt{n}} \leqq m \leqq \overline{X} + \alpha \times \frac{s}{\sqrt{n}} < \overline{X} + \beta \times \frac{s}{\sqrt{n}}$$

となるから，信頼度99％の信頼区間は，**信頼度95％の信頼区間より広い範囲になる。** ② →ス

母平均 m に対する信頼度 D％の信頼区間 $A \leqq m \leqq B$ の幅 $B-A$ は，$P(|Z| \leqq \gamma) = \dfrac{D}{100}$ を満たす γ に対して，標本の大きさを n' とすると

$$\overline{X} - \gamma \times \frac{s}{\sqrt{n'}} \leqq m \leqq \overline{X} + \gamma \times \frac{s}{\sqrt{n'}} \quad \text{より} \quad B - A = 2\gamma \times \frac{s}{\sqrt{n'}}$$

となる。標本の大きさか信頼度のいずれか一方を変えて，$2\gamma\times\dfrac{s}{\sqrt{n'}}$ を，①のとき

の幅 $2\alpha\times\dfrac{s}{\sqrt{n}}$ の半分にするには，$\sqrt{n'}=2\sqrt{n}$ とするか $\gamma=\dfrac{\alpha}{2}$ とするかである。

$\sqrt{n'}=2\sqrt{n}$ は $n'=4n$ であるから，標本の大きさを 4 →セ 倍にすることであり，

$\gamma=\dfrac{\alpha}{2}=\dfrac{1.96}{2}=0.98$ のとき

$$P(|Z|\leqq 0.98)=2P(0\leqq Z\leqq 0.98)=2\times 0.3365=0.6730$$

であるから，信頼度を 67 . 3 →ソタ，チ %にすることである。

解説

(1) 正規分布表を用いるために，確率変数を変換する。

ポイント 標準正規分布

確率変数 X が正規分布 $N(m,\ \sigma^2)$ に従うとき

$$確率変数\ Z=\frac{X-m}{\sigma}$$

は標準正規分布 $N(0,\ 1)$ に従う。

確率変数を変換したときや，確率変数の和・積などの平均・分散についてまとめておく。

ポイント $aX+b$ や $X+Y$ の平均・分散

確率変数 X に対して，$Y=aX+b$（a，b は定数）と変換すると

平均 $E(Y)=aE(X)+b$

分散 $V(Y)=a^2V(X)$， 標準偏差 $\sigma(Y)=|a|\sigma(X)$

2つの確率変数 X，Y に対して

平均 $E(aX+bY)=aE(X)+bE(Y)$ （a，b は定数）

X，Y が互いに独立ならば

平均 $E(XY)=E(X)E(Y)$

分散 $V(aX+bY)=a^2V(X)+b^2V(Y)$ （a，b は定数）

(2) 標本平均の分布については次のことが重要である。

ポイント 標本平均の分布

母平均 m，母標準偏差 σ の母集団から大きさ n の標本を無作為に抽出するとき，標本平均 $\overline{X}$ は，n が大きいとき，近似的に

正規分布 $N\left(m,\ \left(\dfrac{\sigma}{\sqrt{n}}\right)^2\right)$ （標本平均をたくさんとればそれらは正規分布をなす。）

に従うとみなせる。

よって，このとき，$Z=\dfrac{\overline{X}-m}{\dfrac{\sigma}{\sqrt{n}}}$ は標準正規分布 $N(0,\ 1)$ に従う。

このことから，〔解答〕のようにして

95％の信頼区間　$\overline{X}-1.96\times\dfrac{\sigma}{\sqrt{n}}\leqq m\leqq\overline{X}+1.96\times\dfrac{\sigma}{\sqrt{n}}$

99％の信頼区間　$\overline{X}-2.58\times\dfrac{\sigma}{\sqrt{n}}\leqq m\leqq\overline{X}+2.58\times\dfrac{\sigma}{\sqrt{n}}$

が得られる。σ は標本標準偏差で代用できる。これらを公式として覚えておくとよい。

99％の信頼区間の方が95％の信頼区間より広くなるのは当然であろう（的を大きくすれば当たりやすくなる）。

2025年版

共通テスト

過去問研究

数学

Ⅰ、A / Ⅱ、B、C

問題編

矢印の方向に引くと
本体から取り外せます ▶
ゆっくり丁寧に取り外しましょう

問題編

数学Ⅰ，A ／ 数学Ⅱ，B，C（各1回　計2回分）

●新課程試作問題※1

数学Ⅰ・A ／ 数学Ⅱ・B（各9回　計18回分）＋数学Ⅰ（2回分）

● 2024年度　本試験　　付録：数学Ⅰ
● 2023年度　本試験　　付録：数学Ⅰ
● 2023年度　追試験
● 2022年度　本試験
● 2022年度　追試験
● 2021年度　本試験（第1日程）※2
● 2021年度　本試験（第2日程）※2
● 第2回試行調査※3
● 第1回試行調査※3

◎ マークシート解答用紙（2回分）

本書に付属のマークシートは編集部で作成したものです。実際の試験とは異なる場合がありますが，ご了承ください。

※1　新課程試作問題は，2025年度からの試験の問題作成の方向性を示すものとして，2022年11月9日に大学入試センターから公表された問題です。

※2　2021年度の共通テストは，新型コロナウイルス感染症の影響に伴う学業の遅れに対応する選択肢を確保するため，本試験が以下の2日程で実施されました。
第1日程：2021年1月16日(土)および17日(日)
第2日程：2021年1月30日(土)および31日(日)

※3　試行調査はセンター試験から共通テストに移行するに先立って実施されました。
第2回試行調査（2018年度），第1回試行調査（2017年度）
なお，記述式の出題は見送りとなりましたが，試行調査で出題された記述問題は参考として掲載しています。

共通テスト　解答上の注意〔数学Ⅰ・A／数学Ⅰ〕

1　解答は，解答用紙の問題番号に対応した解答欄にマークしなさい。

2　問題の文中の［ア］，［イウ］などには，符号(－，±)又は数字(0～9)が入ります。ア，イ，ウ，…の一つ一つは，これらのいずれか一つに対応します。それらを解答用紙のア，イ，ウ，…で示された解答欄にマークして答えなさい。

例　［アイウ］に －83 と答えたいとき

ア	● ± 0 1 2 3 4 5 6 7 8 9
イ	－ ± 0 1 2 3 4 5 6 7 ● 9
ウ	－ ± 0 1 2 ● 4 5 6 7 8 9

3　分数形で解答する場合，分数の符号は分子につけ，分母につけてはいけません。

例えば，$\dfrac{\boxed{エオ}}{\boxed{カ}}$ に $-\dfrac{4}{5}$ と答えたいときは，$\dfrac{-4}{5}$ として答えなさい。

また，それ以上約分できない形で答えなさい。

例えば，$\dfrac{3}{4}$ と答えるところを，$\dfrac{6}{8}$ のように答えてはいけません。

4　小数の形で解答する場合，指定された桁数の一つ下の桁を四捨五入して答えなさい。また，必要に応じて，指定された桁まで⓪にマークしなさい。

例えば，［キ］．［クケ］に 2.5 と答えたいときは，2.50 として答えなさい。

5　根号を含む形で解答する場合，根号の中に現れる自然数が最小となる形で答えなさい。

例えば，$\boxed{コ}\sqrt{\boxed{サ}}$ に $4\sqrt{2}$ と答えるところを，$2\sqrt{8}$ のように答えてはいけません。

6　根号を含む分数形で解答する場合，例えば $\dfrac{\boxed{シ}+\boxed{ス}\sqrt{\boxed{セ}}}{\boxed{ソ}}$ に $\dfrac{3+2\sqrt{2}}{2}$ と答えるところを，$\dfrac{6+4\sqrt{2}}{4}$ や $\dfrac{6+2\sqrt{8}}{4}$ のように答えてはいけません。

7　問題の文中の二重四角で表記された［［タ］］などには，選択肢から一つを選んで，答えなさい。

8　同一の問題文中に［チツ］，［［テ］］などが2度以上現れる場合，原則として，2度目以降は，［チツ］，［［テ］］のように細字で表記します。

共通テスト　解答上の注意〔数学Ⅱ・B〕

1　解答は，解答用紙の問題番号に対応した解答欄にマークしなさい。

2　問題の文中の［ア］，［イウ］などには，符号(−)，数字(0～9)，又は文字(a～d)が入ります。ア，イ，ウ，…の一つ一つは，これらのいずれか一つに対応します。それらを解答用紙のア，イ，ウ，…で示された解答欄にマークして答えなさい。

例　［アイウ］に $-8a$ と答えたいとき

ア	●	⓪	①	②	③	④	⑤	⑥	⑦	⑧	⑨	ⓐ	ⓑ	ⓒ	ⓓ
イ	⊖	⓪	①	②	③	④	⑤	⑥	⑦	●	⑨	ⓐ	ⓑ	ⓒ	ⓓ
ウ	⊖	⓪	①	②	③	④	⑤	⑥	⑦	⑧	⑨	●	ⓑ	ⓒ	ⓓ

3　数と文字の積の形で解答する場合，数を文字の前にして答えなさい。

例えば，$3a$ と答えるところを，$a3$ と答えてはいけません。

4　分数形で解答する場合，分数の符号は分子につけ，分母につけてはいけません。

例えば，$\dfrac{\boxed{\text{エオ}}}{\boxed{\text{カ}}}$ に $-\dfrac{4}{5}$ と答えたいときは，$\dfrac{-4}{5}$ として答えなさい。

また，それ以上約分できない形で答えなさい。

例えば，$\dfrac{3}{4}$，$\dfrac{2a+1}{3}$ と答えるところを，$\dfrac{6}{8}$，$\dfrac{4a+2}{6}$ のように答えてはいけません。

5　小数の形で解答する場合，指定された桁数の一つ下の桁を四捨五入して答えなさい。また，必要に応じて，指定された桁まで⓪にマークしなさい。

例えば，［キ］.［クケ］に2.5と答えたいときは，2.50として答えなさい。

6　根号を含む形で解答する場合，根号の中に現れる自然数が最小となる形で答えなさい。

例えば，$4\sqrt{2}$，$\dfrac{\sqrt{13}}{2}$，$6\sqrt{2a}$ と答えるところを，$2\sqrt{8}$，$\dfrac{\sqrt{52}}{4}$，$3\sqrt{8a}$ のように答えてはいけません。

7　問題の文中の二重四角で表記された［［コ］］などには，選択肢から一つを選んで，答えなさい。

8　同一の問題文中に［サシ］，［［ス］］などが2度以上現れる場合，原則として，2度目以降は，［サシ］，［［ス］］のように細字で表記します。

新課程
試　作

共通テスト

新課程試作問題

数学Ⅰ，数学A：
解答時間 70分
配点 100点

数学Ⅱ，数学B，数学C：
解答時間 70分
配点 100点

数学Ⅰ，数学A

問題	選択方法
第 1 問	必答
第 2 問	必答
第 3 問	必答
第 4 問	必答

※本試作問題は，2025 年度大学入学共通テストの出題科目『数学Ⅰ，数学A』について具体的なイメージの共有のために作成・公表されたものです。

第１問 (配点　30)

〔１〕cを正の整数とする。xの２次方程式

$$2x^2 + (4c-3)x + 2c^2 - c - 11 = 0 \quad \cdots\cdots ①$$

について考える。

⑴　$c = 1$のとき，①の左辺を因数分解すると

$$\left(\boxed{\text{ア}}\,x + \boxed{\text{イ}}\right)\left(x - \boxed{\text{ウ}}\right)$$

であるから，①の解は

$$x = -\frac{\boxed{\text{イ}}}{\boxed{\text{ア}}}, \quad \boxed{\text{ウ}}$$

である。

⑵　$c = 2$のとき，①の解は

$$x = \frac{-\boxed{\text{エ}} \pm \sqrt{\boxed{\text{オカ}}}}{\boxed{\text{キ}}}$$

であり，大きい方の解をαとすると

$$\frac{5}{\alpha} = \frac{\boxed{\text{ク}} + \sqrt{\boxed{\text{ケコ}}}}{\boxed{\text{サ}}}$$

である。また，$m < \dfrac{5}{\alpha} < m+1$を満たす整数$m$は$\boxed{\text{シ}}$である。

(3)　太郎さんと花子さんは，①の解について考察している。

太郎：①の解は c の値によって，ともに有理数である場合もあれば，ともに無理数である場合もあるね。c がどのような値のときに，解は有理数になるのかな。

花子：2次方程式の解の公式の根号の中に着目すればいいんじゃないかな。

①の解が異なる二つの有理数であるような正の整数 c の個数は［ス］個である。

〔2〕右の図のように，△ABCの外側に辺AB，BC，CAをそれぞれ1辺とする正方形ADEB，BFGC，CHIAをかき，2点EとF，GとH，IとDをそれぞれ線分で結んだ図形を考える。以下において

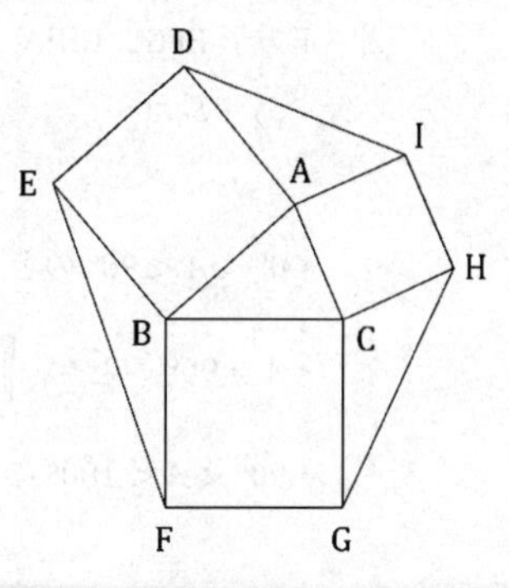

参考図

$\mathrm{BC} = a,\ \mathrm{CA} = b,\ \mathrm{AB} = c$

$\angle\mathrm{CAB} = A,\ \angle\mathrm{ABC} = B,\ \angle\mathrm{BCA} = C$

とする。

(1)　$b = 6$，$c = 5$，$\cos A = \dfrac{3}{5}$ のとき，$\sin A = \dfrac{\boxed{セ}}{\boxed{ソ}}$ であり，

△ABCの面積は $\boxed{タチ}$，△AID の面積は $\boxed{ツテ}$ である。

(2)　正方形 BFGC, CHIA, ADEB の面積をそれぞれ S_1, S_2, S_3 とする。このとき，$S_1 - S_2 - S_3$ は

- $0° < A < 90°$ のとき，［ト］。
- $A = 90°$ のとき，［ナ］。
- $90° < A < 180°$ のとき，［ニ］。

［ト］～［ニ］の解答群（同じものを繰り返し選んでもよい。）

⓪　0 である
①　正の値である
②　負の値である
③　正の値も負の値もとる

(3)　△AID，△BEF，△CGH の面積をそれぞれ T_1，T_2，T_3 とする。このとき，［ヌ］である。

［ヌ］の解答群

⓪　$a < b < c$ ならば，$T_1 > T_2 > T_3$
①　$a < b < c$ ならば，$T_1 < T_2 < T_3$
②　A が鈍角ならば，$T_1 < T_2$ かつ $T_1 < T_3$
③　a，b，c の値に関係なく，$T_1 = T_2 = T_3$

(4)　△ABC，△AID，△BEF，△CGH のうち，外接円の半径が最も小さいものを求める。

$0° < A < 90°$のとき，ID ［ネ］ BCであり

（△AID の外接円の半径） ［ノ］ （△ABC の外接円の半径）

であるから，外接円の半径が最も小さい三角形は

- $0° < A < B < C < 90°$のとき，［ハ］ である。
- $0° < A < B < 90° < C$のとき，［ヒ］ である。

［ネ］，［ノ］ の解答群（同じものを繰り返し選んでもよい。）

⓪ $<$	① $=$	② $>$

［ハ］，［ヒ］ の解答群（同じものを繰り返し選んでもよい。）

⓪ △ABC	① △AID	② △BEF	③ △CGH

第2問（配点　30）

〔1〕陸上競技の短距離100m走では，100mを走るのにかかる時間（以下，タイムと呼ぶ）は，1歩あたりの進む距離（以下，ストライドと呼ぶ）と1秒あたりの歩数（以下，ピッチと呼ぶ）に関係がある。ストライドとピッチはそれぞれ以下の式で与えられる。

$$\text{ストライド（m/歩）} = \frac{100\text{（m）}}{\text{100mを走るのにかかった歩数（歩）}}$$

$$\text{ピッチ（歩/秒）} = \frac{\text{100mを走るのにかかった歩数（歩）}}{\text{タイム（秒）}}$$

ただし，100mを走るのにかかった歩数は，最後の1歩がゴールラインをまたぐこともあるので，小数で表される。以下，単位は必要のない限り省略する。

例えば，タイムが10.81で，そのときの歩数が48.5であったとき，ストライドは$\frac{100}{48.5}$より約2.06，ピッチは$\frac{48.5}{10.81}$より約4.49である。

なお，小数の形で解答する場合は，**解答上の注意**にあるように，指定された桁数の一つ下の桁を四捨五入して答えよ。また，必要に応じて，指定された桁まで⓪にマークせよ。

(1) ストライドを x, ピッチを z とおく。ピッチは1秒あたりの歩数, ストライドは1歩あたりの進む距離なので, 1秒あたりの進む距離すなわち平均速度は, x と z を用いて [ア] (m/秒) と表される。

これより, タイムと, ストライド, ピッチとの関係は

$$\text{タイム} = \frac{100}{\boxed{\text{ア}}} \quad \cdots\cdots\cdots\cdots ①$$

と表されるので, [ア] が最大になるときにタイムが最もよくなる。ただし, タイムがよくなるとは, タイムの値が小さくなることである。

[ア] の解答群

⓪ $x+z$	① $z-x$	② xz
③ $\frac{x+z}{2}$	④ $\frac{z-x}{2}$	⑤ $\frac{xz}{2}$

(2)　男子短距離 100m 走の選手である太郎さんは，①に着目して，タイムが最もよくなるストライドとピッチを考えることにした。

次の表は，太郎さんが練習で 100m を 3 回走ったときのストライドとピッチのデータである。

	1 回目	2 回目	3 回目
ストライド	2.05	2.10	2.15
ピッチ	4.70	4.60	4.50

また，ストライドとピッチにはそれぞれ限界がある。太郎さんの場合，ストライドの最大値は 2.40，ピッチの最大値は 4.80 である。

太郎さんは，上の表から，ストライドが 0.05 大きくなるとピッチが 0.1 小さくなるという関係があると考えて，ピッチがストライドの 1 次関数として表されると仮定した。このとき，ピッチ z はストライド x を用いて

$$z = \boxed{\text{イウ}}\,x + \frac{\boxed{\text{エオ}}}{5} \qquad \cdots\cdots\cdots ②$$

と表される。

②が太郎さんのストライドの最大値 2.40 とピッチの最大値 4.80 まで成り立つと仮定すると，x の値の範囲は次のようになる。

$$\boxed{\text{カ}}\,.\,\boxed{\text{キク}} \leqq x \leqq 2.40$$

$y=$ ア とおく。②を$y=$ ア に代入することにより，y をx の関数として表すことができる。太郎さんのタイムが最もよくなるストライドとピッチを求めるためには，カ．キク $\leqq x \leqq 2.40$ の範囲でy の値を最大にするx の値を見つければよい。このとき，y の値が最大になるのは$x=$ ケ．コサ のときである。

よって，太郎さんのタイムが最もよくなるのは，ストライドが ケ．コサ のときであり，このとき，ピッチは シ．スセ である。また，このときの太郎さんのタイムは，①により ソ である。

ソ については，最も適当なものを，次の⓪～⑤のうちから一つ選べ。

⓪ 9.68	① 9.97	② 10.09
③ 10.33	④ 10.42	⑤ 10.55

〔2〕太郎さんと花子さんは，社会のグローバル化に伴う都市間の国際競争において,都市周辺にある国際空港の利便性が重視されていることを知った。そこで,日本を含む世界の主な 40 の国際空港それぞれから最も近い主要ターミナル駅へ鉄道等で移動するときの「移動距離」，「所要時間」，「費用」を調べた。なお，「所要時間」と「費用」は各国とも午前 10 時台で調査し，「費用」は調査時点の為替レートで日本円に換算した。

以下では，データが与えられた際，次の値を外れ値とする。

「(第１四分位数)－1.5×(四分位範囲)」以下のすべての値
「(第３四分位数)＋1.5×(四分位範囲)」以上のすべての値

(1)　次のデータは，40の国際空港からの「移動距離」（単位はkm）を並べたものである。

56	48	47	42	40	38	38	36	28	25
25	24	23	22	22	21	21	20	20	20
20	20	19	18	16	16	15	15	14	13
13	12	11	11	10	10	10	8	7	6

このデータにおいて，四分位範囲は［タチ］であり，外れ値の個数は［ツ］である。

(2)　図1は「移動距離」と「所要時間」の散布図，図2は「所要時間」と「費用」の散布図，図3は「費用」と「移動距離」の散布図である。ただし，白丸は日本の空港，黒丸は日本以外の空港を表している。また，「移動距離」，「所要時間」，「費用」の平均値はそれぞれ22，38，950であり，散布図に実線で示している。

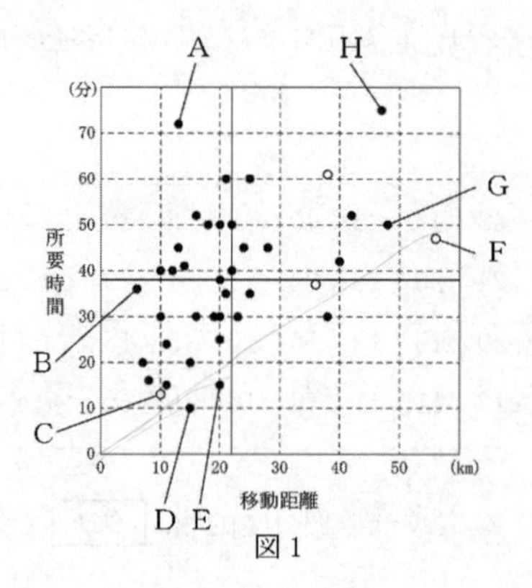

図1

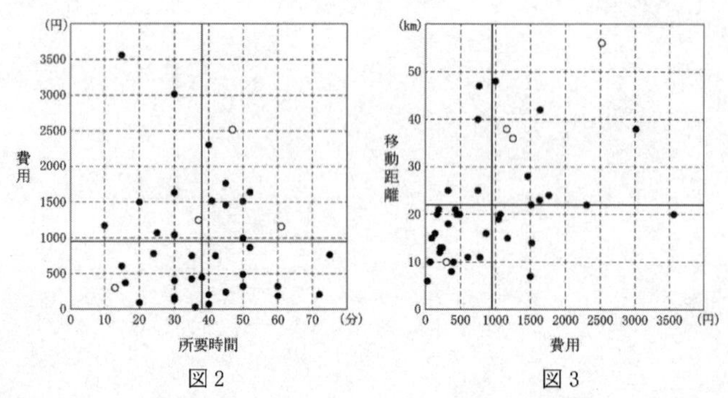

図2　　図3

(i)　40の国際空港について，「所要時間」を「移動距離」で割った「1kmあたりの所要時間」を考えよう。外れ値を＊で示した「1kmあたりの所要時間」の箱ひげ図は テ であり，外れ値は図1のA～Hのうちの ト と ナ である。

テ については, 最も適当なものを, 次の⓪～④のうちから一つ選べ。

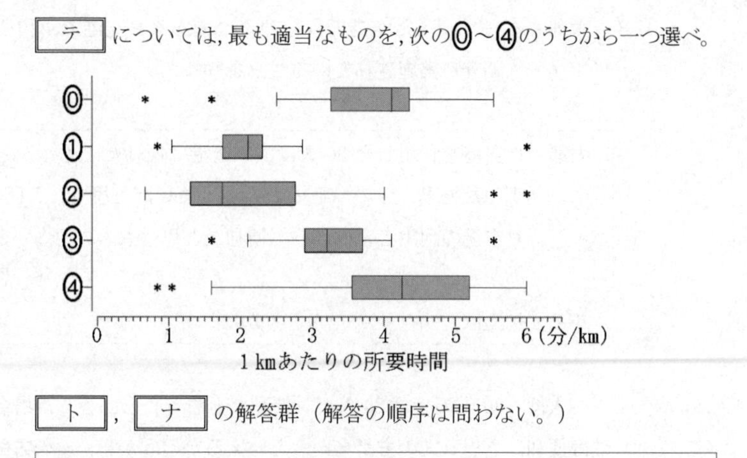

ト , ナ の解答群（解答の順序は問わない。）

⓪ A　① B　② C　③ D　④ E　⑤ F　⑥ G　⑦ H

(ii) ある国で，次のような新空港が建設される計画があるとする。

移動距離（km）	所要時間（分）	費用（円）
22	38	950

次の(Ⅰ), (Ⅱ), (Ⅲ)は, 40 の国際空港にこの新空港を加えたデータに関する記述である。

(Ⅰ)　新空港は, 日本の四つのいずれの空港よりも,「費用」は高いが「所要時間」は短い。

(Ⅱ)　「移動距離」の標準偏差は，新空港を加える前後で変化しない。

(Ⅲ)　図 1，図 2，図 3 のそれぞれの二つの変量について，変量間の相関係数は，新空港を加える前後で変化しない。

(Ⅰ), (Ⅱ), (Ⅲ)の正誤の組合せとして正しいものは ニ である。

ニ の解答群

	⓪	①	②	③	④	⑤	⑥	⑦
(Ⅰ)	正	正	正	正	誤	誤	誤	誤
(Ⅱ)	正	正	誤	誤	正	正	誤	誤
(Ⅲ)	正	誤	正	誤	正	誤	正	誤

(3)　太郎さんは，調べた空港のうちの一つであるP空港で，利便性に関するアンケート調査が実施されていることを知った。

> 太郎：P空港を利用した30人に，P空港は便利だと思うかどうかをたずねたとき，どのくらいの人が「便利だと思う」と回答したら，P空港の利用者全体のうち便利だと思う人の方が多いとしてよいのかな。
>
> 花子：例えば，20人だったらどうかな。

二人は，30人のうち20人が「便利だと思う」と回答した場合に，「P空港は便利だと思う人の方が多い」といえるかどうかを，次の**方針**で考えることにした。

方針

- “P空港の利用者全体のうちで「便利だと思う」と回答する割合と，「便利だと思う」と回答しない割合が等しい”という仮説をたてる。
- この仮説のもとで，30人抽出したうちの20人以上が「便利だと思う」と回答する確率が5%未満であれば，その仮説は誤っていると判断し，5%以上であれば，その仮説は誤っているとは判断しない。

次の**実験結果**は，30 枚の硬貨を投げる実験を 1000 回行ったとき，表が出た枚数ごとの回数の割合を示したものである。

実験結果

表の枚数	0	1	2	3	4	5	6	7	8	9	
割合	0.0%	0.0%	0.0%	0.0%	0.0%	0.0%	0.0%	0.0%	0.1%	0.8%	
表の枚数	10	11	12	13	14	15	16	17	18	19	
割合	3.2%	5.8%	8.0%	11.2%	13.8%	14.4%	14.1%	9.8%	8.8%	4.2%	
表の枚数	20	21	22	23	24	25	26	27	28	29	30
割合	3.2%	1.4%	1.0%	0.0%	0.1%	0.0%	0.1%	0.0%	0.0%	0.0%	0.0%

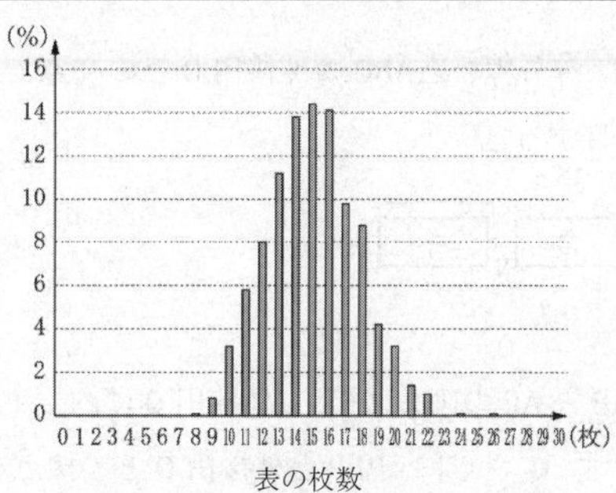

実験結果を用いると，30 枚の硬貨のうち 20 枚以上が表となった割合は［ヌ］.［ネ］%である。これを，30 人のうち 20 人以上が「便利だと思う」と回答する確率とみなし，**方針**に従うと，「便利だと思う」と回答する割合と,「便利だと思う」と回答しない割合が等しいという仮説は［ノ］，P空港は便利だと思う人の方が［ハ］。

［ノ］，［ハ］については，最も適当なものを，次のそれぞれの解答群から一つずつ選べ。

［ノ］の解答群

⓪ 誤っていると判断され	① 誤っているとは判断されず

［ハ］の解答群

⓪ 多いといえる	① 多いとはいえない

第3問（配点　20）

△ABCにおいて，AB = 3，BC = 4，AC = 5とする。

∠BACの二等分線と辺BCとの交点をDとすると

$$BD = \frac{\boxed{\text{ア}}}{\boxed{\text{イ}}},\ AD = \frac{\boxed{\text{ウ}}\sqrt{\boxed{\text{エ}}}}{\boxed{\text{オ}}}$$

である。

また，∠BACの二等分線と△ABCの外接円Oとの交点で点Aとは異なる点をEとする。△AECに着目すると

$$AE = \boxed{\text{カ}}\sqrt{\boxed{\text{キ}}}$$

である。

△ABCの2辺ABとACの両方に接し，外接円Oに内接する円の中心をPとする。円Pの半径をrとする。さらに，円Pと外接円Oとの接点をFとし，直線PFと外接円Oとの交点で点Fとは異なる点をGとする。このとき

$$AP = \sqrt{\boxed{\text{ク}}}\,r,\ PG = \boxed{\text{ケ}} - r$$

と表せる。したがって，方べきの定理により$r = \frac{\boxed{\text{コ}}}{\boxed{\text{サ}}}$である。

△ABC の内心を Q とする。内接円 Q の半径は シ で, AQ = $\sqrt{\text{ス}}$ である。

また，円 P と辺 AB との接点を H とすると，AH = $\dfrac{\text{セ}}{\text{ソ}}$ である。

以上から，点 H に関する次の (a)，(b) の正誤の組合せとして正しいものは タ である。

(a)　点 H は 3 点 B，D，Q を通る円の周上にある。

(b)　点 H は 3 点 B，E，Q を通る円の周上にある。

タ の解答群

	⓪	①	②	③
(a)	正	正	誤	誤
(b)	正	誤	正	誤

第4問 (配点　20)

中にくじが入っている二つの箱AとBがある。二つの箱の外見は同じであるが，箱Aでは，当たりくじを引く確率が $\frac{1}{2}$ であり，箱Bでは，当たりくじを引く確率が $\frac{1}{3}$ である。

(1)　各箱で，くじを1本引いてはもとに戻す試行を3回繰り返す。このとき

箱Aにおいて，3回中ちょうど1回当たる確率は $\frac{\boxed{\text{ア}}}{\boxed{\text{イ}}}$　… ①

箱Bにおいて，3回中ちょうど1回当たる確率は $\frac{\boxed{\text{ウ}}}{\boxed{\text{エ}}}$　… ②

である。箱Aにおいて，3回引いたときに当たりくじを引く回数の期待値は $\frac{\boxed{\text{オ}}}{\boxed{\text{カ}}}$ であり，箱Bにおいて，3回引いたときに当たりくじを引く回数の期待値は $\boxed{\text{キ}}$ である。

⑵　太郎さんと花子さんは，それぞれくじを引くことにした。ただし，二人は，箱A，箱Bでの当たりくじを引く確率は知っているが，二つの箱のどちらがAで，どちらがBであるかはわからないものとする。

まず，太郎さんが二つの箱のうちの一方をでたらめに選ぶ。そして，その選んだ箱において，くじを1本引いてはもとに戻す試行を3回繰り返したところ，3回中ちょうど1回当たった。

このとき，選ばれた箱がAである事象をA，選ばれた箱がBである事象をB，3回中ちょうど1回当たる事象をWとする。①，②に注意すると

$$P(A\cap W)=\frac{1}{2}\times\frac{\boxed{\text{ア}}}{\boxed{\text{イ}}},\quad P(B\cap W)=\frac{1}{2}\times\frac{\boxed{\text{ウ}}}{\boxed{\text{エ}}}$$

である。$P(W)=P(A\cap W)+P(B\cap W)$であるから，3回中ちょうど1回当たったとき，選んだ箱がAである条件付き確率$P_W(A)$は$\dfrac{\boxed{\text{クケ}}}{\boxed{\text{コサ}}}$となる。また，条件付き確率$P_W(B)$は$1-P_W(A)$で求められる。

次に，花子さんが箱を選ぶ。その選んだ箱において，くじを1本引いてはもとに戻す試行を3回繰り返す。花子さんは，当たりくじをより多く引きたいので，太郎さんのくじの結果をもとに，次の(X)，(Y)のどちらの場合がよいかを考えている。

(X)　太郎さんが選んだ箱と同じ箱を選ぶ。

(Y)　太郎さんが選んだ箱と異なる箱を選ぶ。

花子さんがくじを引くときに起こりうる事象の場合の数は，選んだ箱がA，Bのいずれかの2通りと，3回のうち当たりくじを引く回数が0，1，2，3回のいずれかの4通りの組合せで全部で8通りある。

花子：当たりくじを引く回数の期待値が大きい方の箱を選ぶといいかな。

太郎：当たりくじを引く回数の期待値を求めるには，この8通りについて，それぞれの起こる確率と当たりくじを引く回数との積を考えればいいね。

花子さんは当たりくじを引く回数の期待値が大きい方の箱を選ぶことにした。

(X)の場合について考える。箱Aにおいて3回引いてちょうど1回当たる事象をA_1，箱Bにおいて3回引いてちょうど1回当たる事象をB_1と表す。

太郎さんが選んだ箱がAである確率$P_W(A)$を用いると，花子さんが選んだ箱がAで，かつ，花子さんが3回引いてちょうど1回当たる事象の起こる確率は$P_W(A) \times P(A_1)$と表せる。このことと同様に考えると，花子さんが選んだ箱がBで，かつ，花子さんが3回引いてちょうど1回当たる事象の起こる確率は［シ］と表せる。

花子：残りの6通りも同じように計算すれば，この場合の当たりくじを引く回数の期待値を計算できるね。

太郎：期待値を計算する式は，選んだ箱がAである事象に対する式とBである事象に対する式に分けて整理できそうだよ。

残りの6通りについても同じように考えると，(X)の場合の当たりくじを引く回数の期待値を計算する式は

[ス] × [オ]/[カ] + [セ] × [キ]

となる。

(Y)の場合についても同様に考えて計算すると，(Y)の場合の当たりくじを引く回数の期待値は [ソタ]/[チツ] である。よって，当たりくじを引く回数の期待値が大きい方の箱を選ぶという方針に基づくと，花子さんは，太郎さんが選んだ箱と [テ]。

[シ] の解答群

⓪ $P_W(A) \times P(A_1)$	① $P_W(A) \times P(B_1)$
② $P_W(B) \times P(A_1)$	③ $P_W(B) \times P(B_1)$

[ス]，[セ] の解答群（同じものを繰り返し選んでもよい。）

⓪ $\frac{1}{2}$	① $\frac{1}{4}$	② $P_W(A)$	③ $P_W(B)$
④ $\frac{1}{2}P_W(A)$		⑤ $\frac{1}{2}P_W(B)$	
⑥ $P_W(A) - P_W(B)$		⑦ $P_W(B) - P_W(A)$	
⑧ $\frac{P_W(A) - P_W(B)}{2}$		⑨ $\frac{P_W(B) - P_W(A)}{2}$	

[テ] の解答群

⓪ 同じ箱を選ぶ方がよい	① 異なる箱を選ぶ方がよい

数学Ⅱ，数学Ｂ，数学Ｃ

問題	選択方法
第１問	必答
第２問	必答
第３問	必答
第４問	いずれか３問を選択し，解答
第５問	
第６問	
第７問	

※本試作問題は，2025 年度大学入学共通テストの出題科目『数学Ⅱ，数学Ｂ，数学Ｃ』について具体的なイメージの共有のために作成・公表されたものです。

第１問（必答問題）（配点　15）

(1)　次の問題Aについて考えよう。

> 問題A　関数 $y=\sin\theta+\sqrt{3}\cos\theta\ \left(0\leqq\theta\leqq\dfrac{\pi}{2}\right)$ の最大値を求めよ。

$$\sin\frac{\pi}{\boxed{\text{ア}}}=\frac{\sqrt{3}}{2},\ \cos\frac{\pi}{\boxed{\text{ア}}}=\frac{1}{2}$$

であるから，三角関数の合成により

$$y=\boxed{\text{イ}}\sin\left(\theta+\frac{\pi}{\boxed{\text{ア}}}\right)$$

と変形できる。よって，y は $\theta=\dfrac{\pi}{\boxed{\text{ウ}}}$ で最大値 $\boxed{\text{エ}}$ をとる。

(2)　p を定数とし，次の問題Bについて考えよう。

> 問題B　関数 $y=\sin\theta+p\cos\theta\ \left(0\leqq\theta\leqq\dfrac{\pi}{2}\right)$ の最大値を求めよ。

(i)　$p=0$ のとき，y は $\theta=\dfrac{\pi}{\boxed{\text{オ}}}$ で最大値 $\boxed{\text{カ}}$ をとる。

(ii)　$p > 0$のときは，加法定理

$\cos(\theta - \alpha) = \cos\theta\cos\alpha + \sin\theta\sin\alpha$

を用いると

$$y = \sin\theta + p\cos\theta = \sqrt{\boxed{キ}}\cos(\theta - \alpha)$$

と表すことができる。ただし，αは

$$\sin\alpha = \frac{\boxed{ク}}{\sqrt{\boxed{キ}}},\quad \cos\alpha = \frac{\boxed{ケ}}{\sqrt{\boxed{キ}}},\quad 0 < \alpha < \frac{\pi}{2}$$

を満たすものとする。このとき，yは$\theta = \boxed{コ}$で最大値

$\sqrt{\boxed{サ}}$をとる。

(iii)　$p < 0$のとき，yは$\theta = \boxed{シ}$で最大値$\boxed{ス}$をとる。

$\boxed{キ}$～$\boxed{ケ}$，$\boxed{サ}$，$\boxed{ス}$の解答群（同じものを繰り返し選んでもよい。）

⓪　-1	①　1	②　$-p$
③　p	④　$1-p$	⑤　$1+p$
⑥　$-p^2$	⑦　p^2	⑧　$1-p^2$
⑨　$1+p^2$	ⓐ　$(1-p)^2$	ⓑ　$(1+p)^2$

$\boxed{コ}$，$\boxed{シ}$の解答群（同じものを繰り返し選んでもよい。）

⓪　0	①　α	②　$\frac{\pi}{2}$

第２問（必答問題）（配点　15）

二つの関数 $f(x) = \dfrac{2^x + 2^{-x}}{2}$，$g(x) = \dfrac{2^x - 2^{-x}}{2}$ について考える。

(1)　$f(0) = $ ア ，$g(0) = $ イ である。また，$f(x)$ は相加平均と相乗平均の関係から，$x = $ ウ で最小値 エ をとる。

$g(x) = -2$ となる x の値は $\log_2\left(\sqrt{\boxed{オ}} - \boxed{カ}\right)$ である。

(2)　次の①〜④は，x にどのような値を代入してもつねに成り立つ。

$f(-x) = $ キ　……………………………　①

$g(-x) = $ ク　……………………………　②

$\{f(x)\}^2 - \{g(x)\}^2 = $ ケ　……………………………　③

$g(2x) = $ コ $f(x)g(x)$　……………………………　④

キ ，ク の解答群（同じものを繰り返し選んでもよい。）

⓪　$f(x)$	①　$-f(x)$	②　$g(x)$	③　$-g(x)$

⑶　花子さんと太郎さんは，$f(x)$ と $g(x)$ の性質について話している。

花子：①〜④は三角関数の性質に似ているね。

太郎：三角関数の加法定理に類似した式（A）〜（D）を考えてみたけど，つねに成り立つ式はあるだろうか。

花子：成り立たない式を見つけるために，式（A）〜（D）の β に何か具体的な値を代入して調べてみたらどうかな。

太郎さんが考えた式

$f(\alpha-\beta)=f(\alpha)g(\beta)+g(\alpha)f(\beta)$ ……………………（A）

$f(\alpha+\beta)=f(\alpha)f(\beta)+g(\alpha)g(\beta)$ ……………………（B）

$g(\alpha-\beta)=f(\alpha)f(\beta)+g(\alpha)g(\beta)$ ……………………（C）

$g(\alpha+\beta)=f(\alpha)g(\beta)-g(\alpha)f(\beta)$ ……………………（D）

⑴，⑵で示されたことのいくつかを利用すると，式（A）〜（D）のうち，［サ］以外の三つは成り立たないことがわかる。［サ］は左辺と右辺をそれぞれ計算することによって成り立つことが確かめられる。

［サ］の解答群

⓪（A）　①（B）　②（C）　③（D）

第３問（必答問題）（配点　22）

(1)　座標平面上で，次の二つの２次関数のグラフについて考える。

$y = 3x^2 + 2x + 3$ ……………………… ①

$y = 2x^2 + 2x + 3$ ……………………… ②

①，②の２次関数のグラフには次の**共通点**がある。

共通点

y 軸との交点における接線の方程式は $y =$ [ア] $x +$ [イ] である。

次の⓪〜⑤の２次関数のグラフのうち，y 軸との交点における接線の方程式が $y =$ [ア] $x +$ [イ] となるものは [ウ] である。

[ウ] の解答群

⓪ $y = 3x^2 - 2x - 3$　① $y = -3x^2 + 2x - 3$

② $y = 2x^2 + 2x - 3$　③ $y = 2x^2 - 2x + 3$

④ $y = -x^2 + 2x + 3$　⑤ $y = -x^2 - 2x + 3$

a，b，c を０でない実数とする。

曲線 $y = ax^2 + bx + c$ 上の点 $\left(0,\ \boxed{エ}\right)$ における接線を ℓ とすると，その方程式は $y =$ [オ] $x +$ [カ] である。

接線 ℓ と x 軸との交点の x 座標は $\dfrac{\boxed{\text{キク}}}{\boxed{\text{ケ}}}$ である。

a，b，c が正の実数であるとき，曲線 $y=ax^2+bx+c$ と接線 ℓ および直線 $x=\dfrac{\boxed{\text{キク}}}{\boxed{\text{ケ}}}$ で囲まれた図形の面積を S とすると

$$S=\frac{ac^{\boxed{\text{コ}}}}{\boxed{\text{サ}}\,b^{\boxed{\text{シ}}}} \quad \cdots\cdots\cdots\cdots ③$$

である。

③において，$a=1$ とし，S の値が一定となるように正の実数 b，c の値を変化させる。このとき，b と c の関係を表すグラフの概形は $\boxed{\text{ス}}$ である。

$\boxed{\text{ス}}$ については，最も適当なものを，次の⓪～⑤のうちから一つ選べ。

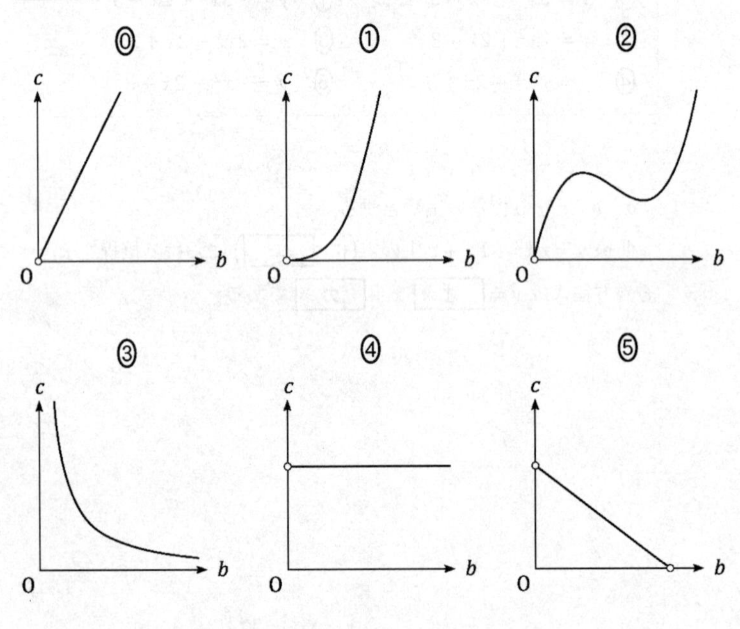

(2)　a，b，c，d を 0 でない実数とする。

$f(x)=ax^3+bx^2+cx+d$ とする。このとき，関数 $y=f(x)$ のグラフと y 軸との交点における接線の方程式は $y=$ セ $x+$ ソ となる。

次に，$g(x)=$ セ $x+$ ソ とし，$f(x)-g(x)$ について考える。

$y=f(x)$ のグラフと $y=g(x)$ のグラフの共有点の x 座標は $\dfrac{\text{タチ}}{\text{ツ}}$ と テ である。また，x が $\dfrac{\text{タチ}}{\text{ツ}}$ と テ の間を動くとき，$|f(x)-g(x)|$ の値が最大となるのは，$x=\dfrac{\text{トナニ}}{\text{ヌネ}}$ のときである。

第４問（選択問題）（配点　16）

初項3，公差pの等差数列を$\{a_n\}$とし，初項3，公比rの等比数列を$\{b_n\}$とする。ただし，$p \fallingdotseq 0$かつ$r \fallingdotseq 0$とする。さらに，これらの数列が次を満たすとする。

$$a_n b_{n+1} - 2a_{n+1}b_n + 3b_{n+1} = 0 \quad (n = 1,\ 2,\ 3,\ \cdots) \quad \cdots\cdots ①$$

(1)　pとrの値を求めよう。自然数nについて，a_n，a_{n+1}，b_nはそれぞれ

$$a_n = \boxed{\text{ア}} + (n-1)p \quad \cdots\cdots\cdots\cdots ②$$

$$a_{n+1} = \boxed{\text{ア}} + np \quad \cdots\cdots\cdots\cdots ③$$

$$b_n = \boxed{\text{イ}}\, r^{n-1}$$

と表される。$r \fallingdotseq 0$により，すべての自然数nについて，$b_n \fallingdotseq 0$となる。

$\dfrac{b_{n+1}}{b_n} = r$であることから，①の両辺をb_nで割ることにより

$$\boxed{\text{ウ}}\ a_{n+1} = r\left(a_n + \boxed{\text{エ}}\right) \quad \cdots\cdots\cdots\cdots ④$$

が成り立つことがわかる。④に②と③を代入すると

$$\left(r - \boxed{\text{オ}}\right)pn = r\left(p - \boxed{\text{カ}}\right) + \boxed{\text{キ}} \quad \cdots\cdots\cdots\cdots ⑤$$

となる。⑤がすべてのnで成り立つことおよび$p \fallingdotseq 0$により，$r = \boxed{\text{オ}}$を得る。さらに，このことから，$p = \boxed{\text{ク}}$を得る。

以上から，すべての自然数nについて，a_nとb_nが正であることもわかる。

(2)　数列 $\{a_n\}$ に対して，初項 3 の数列 $\{c_n\}$ が次を満たすとする。

$$a_n c_{n+1} - 4a_{n+1}c_n + 3c_{n+1} = 0 \quad (n = 1,\ 2,\ 3,\ \cdots) \qquad \cdots\cdots\cdots ⑥$$

a_n が正であることから，⑥を変形して，$c_{n+1} = \dfrac{\boxed{ケ}\, a_{n+1}}{a_n + \boxed{コ}}\, c_n$ を得る。

さらに，$p = \boxed{ク}$ であることから，数列 $\{c_n\}$ は $\boxed{サ}$ ことがわかる。

$\boxed{サ}$ の解答群

⓪　すべての項が同じ値をとる数列である
①　公差が 0 でない等差数列である
②　公比が 1 より大きい等比数列である
③　公比が 1 より小さい等比数列である
④　等差数列でも等比数列でもない

(3)　q，u は定数で，$q \neq 0$ とする。数列 $\{b_n\}$ に対して，初項 3 の数列 $\{d_n\}$ が次を満たすとする。

$$d_n b_{n+1} - q d_{n+1} b_n + u b_{n+1} = 0 \quad (n = 1,\ 2,\ 3,\ \cdots) \qquad \cdots\cdots\cdots ⑦$$

$r = \boxed{オ}$ であることから，⑦を変形して，$d_{n+1} = \dfrac{\boxed{シ}}{q}(d_n + u)$ を得る。したがって，数列 $\{d_n\}$ が，公比が 0 より大きく 1 より小さい等比数列となるための必要十分条件は，$q > \boxed{ス}$ かつ $u = \boxed{セ}$ である。

第5問（選択問題）（配点　16）

以下の問題を解答するにあたっては，必要に応じて 37 ページの正規分布表を用いてもよい。

花子さんは, マイクロプラスチックと呼ばれる小さなプラスチック片(以下, MP）による海洋中や大気中の汚染が，環境問題となっていることを知った。花子さんたち 49 人は，面積が 50 a（アール）の砂浜の表面にあるMPの個数を調べるため，それぞれが無作為に選んだ 20 ㎝ 四方の区画の表面から深さ 3 ㎝ までをすくい, MPの個数を研究所で数えてもらうことにした。そして，この砂浜の 1 区画あたりのMPの個数を確率変数 X として考えることにした。

このとき，X の母平均を m，母標準偏差を σ とし，標本 49 区画の 1 区画あたりの MP の個数の平均値を表す確率変数を $\overline{X}$ とする。

花子さんたちが調べた 49 区画では，平均値が 16，標準偏差が 2 であった。

(1)　砂浜全体に含まれる MP の全個数 M を推定することにする。

花子さんは，次の**方針**で M を推定することとした。

方針

砂浜全体には 20 ㎝四方の区画が 125000 個分あり，$M = 125000 \times m$ なので，M を $W = 125000 \times \overline{X}$ で推定する。

確率変数 $\overline{X}$ は，標本の大きさ 49 が十分に大きいので，平均 [ア]，標準偏差 [イ] の正規分布に近似的に従う。

そこで，**方針**に基づいて考えると，確率変数 W は平均 [ウ]，標準偏差 [エ] の正規分布に近似的に従うことがわかる。

このとき，X の母標準偏差 σ は標本の標準偏差と同じ $\sigma = 2$ と仮定すると，M に対する信頼度 95%の信頼区間は

[オカキ] $\times 10^4 \leqq M \leqq$ [クケコ] $\times 10^4$

となる。

ア の解答群

⓪ m	① $4m$	② $7m$	③ $16m$	④ $49m$
⑤ X	⑥ $4X$	⑦ $7X$	⑧ $16X$	⑨ $49X$

イ の解答群

⓪ σ	① 2σ	② 4σ	③ 7σ	④ 49σ
⑤ $\dfrac{\sigma}{2}$	⑥ $\dfrac{\sigma}{4}$	⑦ $\dfrac{\sigma}{7}$	⑧ $\dfrac{\sigma}{49}$	

ウ の解答群

⓪ $\dfrac{16}{49}m$	① $\dfrac{4}{7}m$	② $49m$	③ $\dfrac{125000}{49}m$
④ $125000m$	⑤ $\dfrac{16}{49}\overline{X}$	⑥ $\dfrac{4}{7}\overline{X}$	⑦ $49\overline{X}$
⑧ $\dfrac{125000}{49}\overline{X}$	⑨ $125000\overline{X}$		

エ の解答群

⓪ $\dfrac{\sigma}{49}$	① $\dfrac{\sigma}{7}$	② 49σ	③ $\dfrac{125000}{49}\sigma$
④ $\dfrac{31250}{7}\sigma$	⑤ $\dfrac{125000}{7}\sigma$	⑥ 31250σ	⑦ 62500σ
⑧ 125000σ	⑨ 250000σ		

(2)　研究所が昨年調査したときには，1区画あたりのMPの個数の母平均が15，母標準偏差が2であった。今年の母平均 m が昨年とは異なるといえるかを，有意水準5%で仮説検定をする。ただし，母標準偏差は今年も $\sigma = 2$ とする。

まず，帰無仮説は「今年の母平均は［サ］」であり，対立仮説は「今年の母平均は［シ］」である。

次に，帰無仮説が正しいとすると，$\overline{X}$ は平均［ス］，標準偏差［セ］の正規分布に近似的に従うため，確率変数 $Z = \dfrac{\overline{X} - \boxed{ス}}{\boxed{セ}}$ は標準正規分布に近似的に従う。

花子さんたちの調査結果から求めた Z の値を z とすると，標準正規分布において確率 $P(Z \leqq -|z|)$ と確率 $P(Z \geqq |z|)$ の和は0.05よりも［ソ］ので，有意水準5%で今年の母平均 m は昨年と［タ］。

［サ］，［シ］の解答群（同じものを繰り返し選んでもよい。）

⓪ $\overline{X}$ である　① m である
② 15である　③ 16である
④ $\overline{X}$ ではない　⑤ m ではない
⑥ 15ではない　⑦ 16ではない

［ス］，［セ］の解答群（同じものを繰り返し選んでもよい。）

⓪ $\dfrac{4}{49}$　① $\dfrac{2}{7}$　② $\dfrac{16}{49}$　③ $\dfrac{4}{7}$　④ 2
⑤ $\dfrac{15}{7}$　⑥ 4　⑦ 15　⑧ 16

［ソ］の解答群

⓪ 大きい　① 小さい

［タ］の解答群

⓪ 異なるといえる　① 異なるとはいえない

正　規　分　布　表

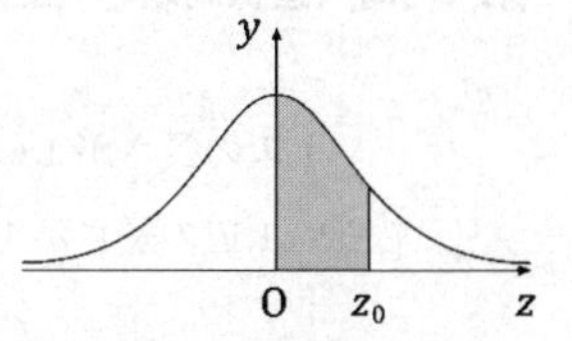

次の表は，標準正規分布の分布曲線における右図の灰色部分の面積の値をまとめたものである。

z_0	0.00	0.01	0.02	0.03	0.04	0.05	0.06	0.07	0.08	0.09
0.0	0.0000	0.0040	0.0080	0.0120	0.0160	0.0199	0.0239	0.0279	0.0319	0.0359
0.1	0.0398	0.0438	0.0478	0.0517	0.0557	0.0596	0.0636	0.0675	0.0714	0.0753
0.2	0.0793	0.0832	0.0871	0.0910	0.0948	0.0987	0.1026	0.1064	0.1103	0.1141
0.3	0.1179	0.1217	0.1255	0.1293	0.1331	0.1368	0.1406	0.1443	0.1480	0.1517
0.4	0.1554	0.1591	0.1628	0.1664	0.1700	0.1736	0.1772	0.1808	0.1844	0.1879
0.5	0.1915	0.1950	0.1985	0.2019	0.2054	0.2088	0.2123	0.2157	0.2190	0.2224
0.6	0.2257	0.2291	0.2324	0.2357	0.2389	0.2422	0.2454	0.2486	0.2517	0.2549
0.7	0.2580	0.2611	0.2642	0.2673	0.2704	0.2734	0.2764	0.2794	0.2823	0.2852
0.8	0.2881	0.2910	0.2939	0.2967	0.2995	0.3023	0.3051	0.3078	0.3106	0.3133
0.9	0.3159	0.3186	0.3212	0.3238	0.3264	0.3289	0.3315	0.3340	0.3365	0.3389
1.0	0.3413	0.3438	0.3461	0.3485	0.3508	0.3531	0.3554	0.3577	0.3599	0.3621
1.1	0.3643	0.3665	0.3686	0.3708	0.3729	0.3749	0.3770	0.3790	0.3810	0.3830
1.2	0.3849	0.3869	0.3888	0.3907	0.3925	0.3944	0.3962	0.3980	0.3997	0.4015
1.3	0.4032	0.4049	0.4066	0.4082	0.4099	0.4115	0.4131	0.4147	0.4162	0.4177
1.4	0.4192	0.4207	0.4222	0.4236	0.4251	0.4265	0.4279	0.4292	0.4306	0.4319
1.5	0.4332	0.4345	0.4357	0.4370	0.4382	0.4394	0.4406	0.4418	0.4429	0.4441
1.6	0.4452	0.4463	0.4474	0.4484	0.4495	0.4505	0.4515	0.4525	0.4535	0.4545
1.7	0.4554	0.4564	0.4573	0.4582	0.4591	0.4599	0.4608	0.4616	0.4625	0.4633
1.8	0.4641	0.4649	0.4656	0.4664	0.4671	0.4678	0.4686	0.4693	0.4699	0.4706
1.9	0.4713	0.4719	0.4726	0.4732	0.4738	0.4744	0.4750	0.4756	0.4761	0.4767
2.0	0.4772	0.4778	0.4783	0.4788	0.4793	0.4798	0.4803	0.4808	0.4812	0.4817
2.1	0.4821	0.4826	0.4830	0.4834	0.4838	0.4842	0.4846	0.4850	0.4854	0.4857
2.2	0.4861	0.4864	0.4868	0.4871	0.4875	0.4878	0.4881	0.4884	0.4887	0.4890
2.3	0.4893	0.4896	0.4898	0.4901	0.4904	0.4906	0.4909	0.4911	0.4913	0.4916
2.4	0.4918	0.4920	0.4922	0.4925	0.4927	0.4929	0.4931	0.4932	0.4934	0.4936
2.5	0.4938	0.4940	0.4941	0.4943	0.4945	0.4946	0.4948	0.4949	0.4951	0.4952
2.6	0.4953	0.4955	0.4956	0.4957	0.4959	0.4960	0.4961	0.4962	0.4963	0.4964
2.7	0.4965	0.4966	0.4967	0.4968	0.4969	0.4970	0.4971	0.4972	0.4973	0.4974
2.8	0.4974	0.4975	0.4976	0.4977	0.4977	0.4978	0.4979	0.4979	0.4980	0.4981
2.9	0.4981	0.4982	0.4982	0.4983	0.4984	0.4984	0.4985	0.4985	0.4986	0.4986
3.0	0.4987	0.4987	0.4987	0.4988	0.4988	0.4989	0.4989	0.4989	0.4990	0.4990
3.1	0.4990	0.4991	0.4991	0.4991	0.4992	0.4992	0.4992	0.4992	0.4993	0.4993
3.2	0.4993	0.4993	0.4994	0.4994	0.4994	0.4994	0.4994	0.4995	0.4995	0.4995
3.3	0.4995	0.4995	0.4995	0.4996	0.4996	0.4996	0.4996	0.4996	0.4996	0.4997
3.4	0.4997	0.4997	0.4997	0.4997	0.4997	0.4997	0.4997	0.4997	0.4997	0.4998
3.5	0.4998	0.4998	0.4998	0.4998	0.4998	0.4998	0.4998	0.4998	0.4998	0.4998

第６問（選択問題）（配点　16）

１辺の長さが１の正五角形の対角線の長さを a とする。

(1)　１辺の長さが１の正五角形 $\mathrm{OA_1B_1C_1A_2}$ を考える。

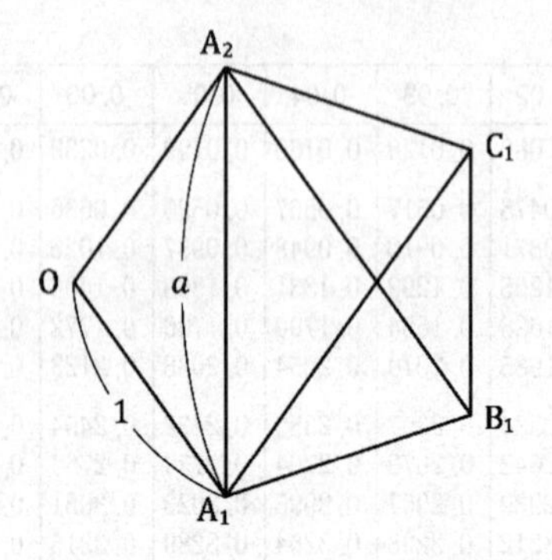

正五角形の性質から $\overrightarrow{\mathrm{A_1A_2}}$ と $\overrightarrow{\mathrm{B_1C_1}}$ は平行であり，ここでは

$$\overrightarrow{\mathrm{A_1A_2}} = \boxed{\text{ア}}\ \overrightarrow{\mathrm{B_1C_1}}$$

であるから

$$\overrightarrow{\mathrm{B_1C_1}} = \frac{1}{\boxed{\text{ア}}}\overrightarrow{\mathrm{A_1A_2}} = \frac{1}{\boxed{\text{ア}}}\left(\overrightarrow{\mathrm{OA_2}} - \overrightarrow{\mathrm{OA_1}}\right)$$

また，$\overrightarrow{\mathrm{OA_1}}$ と $\overrightarrow{\mathrm{A_2B_1}}$ は平行で，さらに，$\overrightarrow{\mathrm{OA_2}}$ と $\overrightarrow{\mathrm{A_1C_1}}$ も平行であることから

$$\begin{aligned}\overrightarrow{\mathrm{B_1C_1}} &= \overrightarrow{\mathrm{B_1A_2}} + \overrightarrow{\mathrm{A_2O}} + \overrightarrow{\mathrm{OA_1}} + \overrightarrow{\mathrm{A_1C_1}} \\ &= -\boxed{\text{ア}}\ \overrightarrow{\mathrm{OA_1}} - \overrightarrow{\mathrm{OA_2}} + \overrightarrow{\mathrm{OA_1}} + \boxed{\text{ア}}\ \overrightarrow{\mathrm{OA_2}} \\ &= \left(\boxed{\text{イ}} - \boxed{\text{ウ}}\right)\left(\overrightarrow{\mathrm{OA_2}} - \overrightarrow{\mathrm{OA_1}}\right)\end{aligned}$$

となる。したがって

$$\frac{1}{\boxed{\text{ア}}} = \boxed{\text{イ}} - \boxed{\text{ウ}}$$

が成り立つ。$a > 0$ に注意してこれを解くと，$a = \dfrac{1+\sqrt{5}}{2}$ を得る。

(2)　下の図のような, 1 辺の長さが 1 の正十二面体を考える。正十二面体とは, どの面もすべて合同な正五角形であり, どの頂点にも三つの面が集まっているへこみのない多面体のことである。

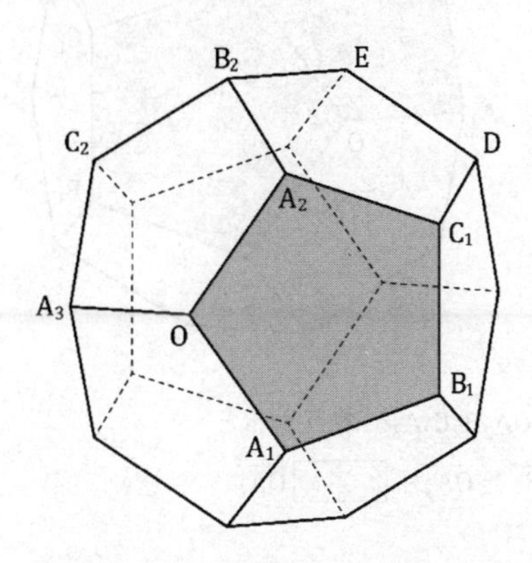

面$OA_1B_1C_1A_2$に着目する。$\overrightarrow{OA_1}$と$\overrightarrow{A_2B_1}$が平行であることから

$$\overrightarrow{OB_1}=\overrightarrow{OA_2}+\overrightarrow{A_2B_1}=\overrightarrow{OA_2}+\boxed{\text{ア}}\,\overrightarrow{OA_1}$$

である。また

$$\overrightarrow{OA_1}\cdot\overrightarrow{OA_2}=\frac{\boxed{\text{エ}}-\sqrt{\boxed{\text{オ}}}}{\boxed{\text{カ}}}$$

である。

ただし, $\boxed{\text{エ}}$ ～ $\boxed{\text{カ}}$ は, 文字 a を用いない形で答えること。

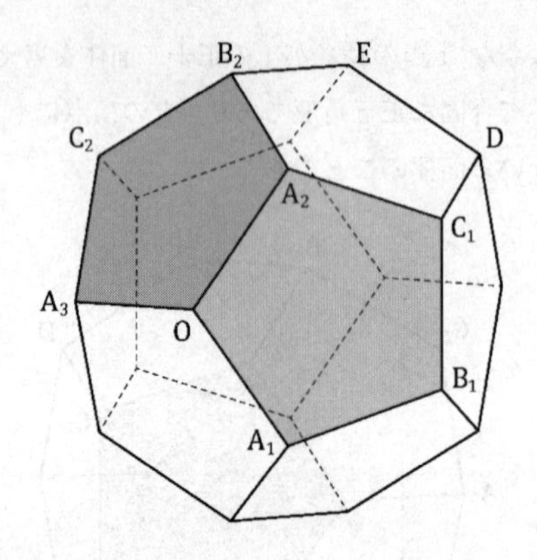

次に，面$OA_2B_2C_2A_3$に着目すると

$$\overrightarrow{OB_2} = \overrightarrow{OA_3} + \boxed{ア}\,\overrightarrow{OA_2}$$

である。さらに

$$\overrightarrow{OA_2} \cdot \overrightarrow{OA_3} = \overrightarrow{OA_3} \cdot \overrightarrow{OA_1} = \frac{\boxed{エ} - \sqrt{\boxed{オ}}}{\boxed{カ}}$$

が成り立つことがわかる。ゆえに

$$\overrightarrow{OA_1} \cdot \overrightarrow{OB_2} = \boxed{キ},\ \overrightarrow{OB_1} \cdot \overrightarrow{OB_2} = \boxed{ク}$$

である。

キ，ク の解答群（同じものを繰り返し選んでもよい。）

⓪ 0　① 1　② -1　③ $\frac{1+\sqrt{5}}{2}$

④ $\frac{1-\sqrt{5}}{2}$　⑤ $\frac{-1+\sqrt{5}}{2}$　⑥ $\frac{-1-\sqrt{5}}{2}$　⑦ $-\frac{1}{2}$

⑧ $\frac{-1+\sqrt{5}}{4}$　⑨ $\frac{-1-\sqrt{5}}{4}$

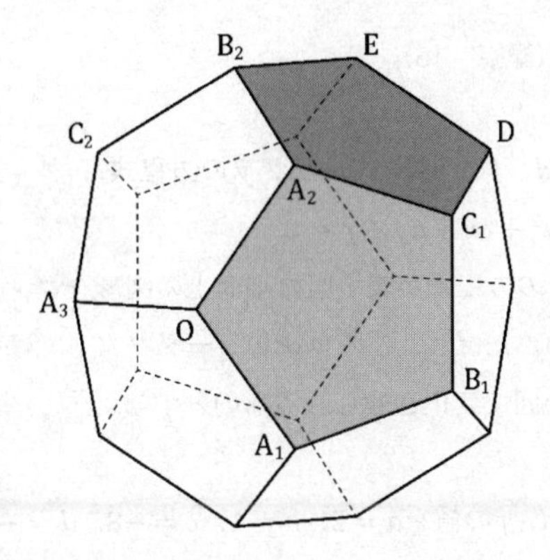

最後に，面 $A_2C_1DEB_2$ に着目する。

$$\overrightarrow{B_2D} = \boxed{\text{ア}}\ \overrightarrow{A_2C_1} = \overrightarrow{OB_1}$$

であることに注意すると，4 点 O，B_1，D，B_2 は同一平面上にあり，四角形 OB_1DB_2 は **ケ** ことがわかる。

ケ の解答群

⓪ 正方形である
① 正方形ではないが，長方形である
② 正方形ではないが，ひし形である
③ 長方形でもひし形でもないが，平行四辺形である
④ 平行四辺形ではないが，台形である
⑤ 台形でない

ただし，少なくとも一組の対辺が平行な四角形を台形という。

第７問（選択問題）（配点　16）

〔1〕　a，b，c，d，f を実数とし，x，y の方程式

$$ax^2 + by^2 + cx + dy + f = 0$$

について，この方程式が表す座標平面上の図形をコンピュータソフトを用いて表示させる。ただし，このコンピュータソフトでは a，b，c，d，f の値は十分に広い範囲で変化させられるものとする。

a，b，c，d，f の値を $a = 2$，$b = 1$，$c = -8$，$d = -4$，$f = 0$ とすると図1のように楕円が表示された。

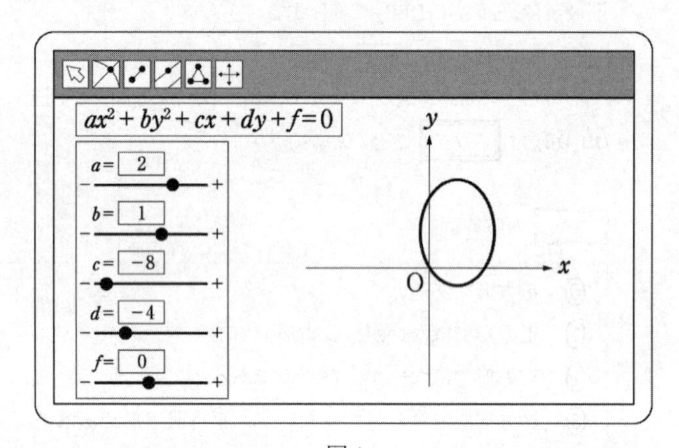

図1

方程式 $ax^2+by^2+cx+dy+f=0$ の a, c, d, f の値は変えずに, b の値だけを $b \geqq 0$ の範囲で変化させたとき, 座標平面上には ア 。

ア の解答群

- ⓪ つねに楕円のみが現れ, 円は現れない
- ① 楕円, 円が現れ, 他の図形は現れない
- ② 楕円, 円, 放物線が現れ, 他の図形は現れない
- ③ 楕円, 円, 双曲線が現れ, 他の図形は現れない
- ④ 楕円, 円, 双曲線, 放物線が現れ, 他の図形は現れない
- ⑤ 楕円, 円, 双曲線, 放物線が現れ, また他の図形が現れることもある

〔2〕　太郎さんと花子さんは，複素数 w を一つ決めて，w，w^2，w^3，…によって複素数平面上に表されるそれぞれの点 A_1，A_2，A_3，…を表示させたときの様子をコンピュータソフトを用いて観察している。ただし，点 w は実軸より上にあるとする。つまり，wの偏角を$\arg w$とするとき，$w \neq 0$ かつ $0 < \arg w < \pi$ を満たすとする。

図 1，図 2，図 3 は，wの値を変えて点 A_1，A_2，A_3，…，A_{20}を表示させたものである。ただし，観察しやすくするために，図 1，図 2，図 3 の間では，表示範囲を変えている。

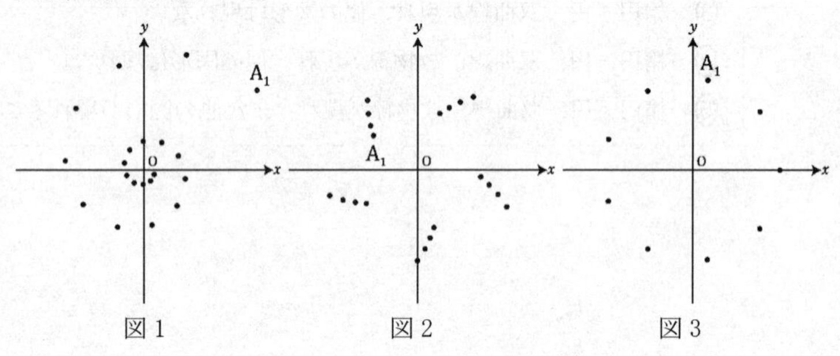

図 1　　　　図 2　　　　図 3

太郎：wの値によって，A_1からA_{20}までの点の様子もずいぶんいろいろなパターンがあるね。あれ，図 3 は点が 20 個ないよ。

花子：ためしにA_{30}まで表示させても図 3 は変化しないね。同じところを何度も通っていくんだと思う。

太郎：図 3 に対して，A_1，A_2，A_3，…と線分で結んで点をたどってみると図 4 のようになったよ。なるほど，A_1に戻ってきているね。

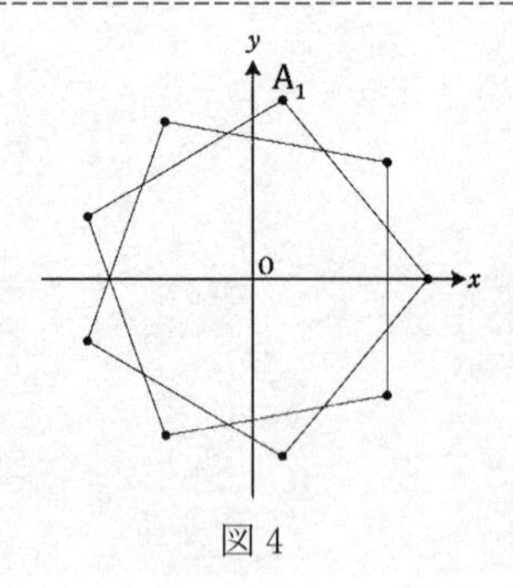

図 4

図4をもとに，太郎さんは，A_1，A_2，A_3，…と点をとっていって再びA_1に戻る場合に，点を順に線分で結んでできる図形について一般に考えることにした。すなわち，A_1とA_nが重なるようなnがあるとき，線分A_1A_2，A_2A_3，…，$A_{n-1}A_n$をかいてできる図形について考える。このとき，$w = w^n$に着目すると$|w| =$ [イ] であることがわかる。また，次のことが成り立つ。

- $1 \leqq k \leqq n-1$に対して$A_kA_{k+1} =$ [ウ] であり，つねに一定である。
- $2 \leqq k \leqq n-1$に対して$\angle A_{k+1}A_kA_{k-1} =$ [エ] であり，つねに一定である。

ただし，$\angle A_{k+1}A_kA_{k-1}$は，線分A_kA_{k+1}を線分A_kA_{k-1}に重なるまで回転させた角とする。

花子さんは，$n = 25$のとき，すなわち，A_1とA_{25}が重なるとき，A_1からA_{25}までを順に線分で結んでできる図形が，正多角形になる場合を考えた。このようなwの値は全部で [オ] 個である。また，このような正多角形についてどの場合であっても，それぞれの正多角形に内接する円上の点をzとすると，zはつねに [カ] を満たす。

[ウ] の解答群

⓪ $|w+1|$　① $|w-1|$　② $|w|+1$　③ $|w|-1$

[エ] の解答群

⓪ $\arg w$　① $\arg(-w)$　② $\arg\frac{1}{w}$　③ $\arg\left(-\frac{1}{w}\right)$

[カ] の解答群

⓪ $|z| = 1$　① $|z-w| = 1$　② $|z| = |w+1|$

③ $|z| = |w-1|$　④ $|z-w| = |w+1|$　⑤ $|z-w| = |w-1|$

⑥ $|z| = \frac{|w+1|}{2}$　⑦ $|z| = \frac{|w-1|}{2}$

2024

共通テスト
本試験

数学Ⅰ・数学Ａ／数学Ⅰ：
解答時間 70 分
配点 100 点

数学Ⅱ・数学Ｂ：
解答時間 60 分
配点 100 点

数学Ⅰ・数学A

問　題	選　択　方　法
第1問	必　　答
第2問	必　　答
第3問	いずれか2問を選択し，解答しなさい。
第4問	
第5問	

第１問　（必答問題）（配点　30）

〔1〕　不等式

$$n < 2\sqrt{13} < n+1 \quad \cdots\cdots ①$$

を満たす整数 n は［ア］である。実数 a, b を

$$a = 2\sqrt{13} - \boxed{ア} \quad \cdots\cdots ②$$

$$b = \frac{1}{a} \quad \cdots\cdots ③$$

で定める。このとき

$$b = \frac{\boxed{イ} + 2\sqrt{13}}{\boxed{ウ}} \quad \cdots\cdots ④$$

である。また

$$a^2 - 9b^2 = \boxed{エオカ}\sqrt{13}$$

である。

①から

$$\frac{\boxed{\text{ア}}}{2} < \sqrt{13} < \frac{\boxed{\text{ア}}+1}{2} \quad \cdots\cdots\cdots\cdots ⑤$$

が成り立つ。

太郎さんと花子さんは，$\sqrt{13}$ について話している。

太郎：⑤から $\sqrt{13}$ のおよその値がわかるけど，小数点以下はよくわからないね。

花子：小数点以下をもう少し詳しく調べることができないかな。

①と④から

$$\frac{m}{\boxed{\text{ウ}}} < b < \frac{m+1}{\boxed{\text{ウ}}}$$

を満たす整数 m は **キク** となる。よって，③から

$$\frac{\boxed{\text{ウ}}}{m+1} < a < \frac{\boxed{\text{ウ}}}{m} \quad \cdots\cdots\cdots\cdots ⑥$$

が成り立つ。

$\sqrt{13}$ の整数部分は **ケ** であり，②と⑥を使えば $\sqrt{13}$ の小数第1位の数字は **コ** ，小数第2位の数字は **サ** であることがわかる。

〔2〕 以下の問題を解答するにあたっては，必要に応じて 9 ページの三角比の表を用いてもよい。

水平な地面(以下，地面)に垂直に立っている電柱の高さを，その影の長さと太陽高度を利用して求めよう。

図 1 のように，電柱の影の先端は坂の斜面(以下，坂)にあるとする。また，坂には傾斜を表す道路標識が設置されていて，そこには 7 % と表示されているとする。

電柱の太さと影の幅は無視して考えるものとする。また，地面と坂は平面であるとし，地面と坂が交わってできる直線を ℓ とする。

電柱の先端を点 A とし，根もとを点 B とする。電柱の影について，地面にある部分を線分 BC とし，坂にある部分を線分 CD とする。線分 BC，CD がそれぞれ ℓ と垂直であるとき，電柱の影は坂に向かってまっすぐにのびているということにする。

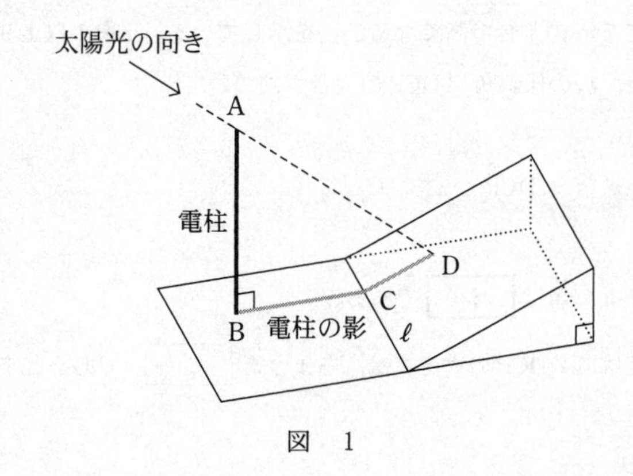

図　1

電柱の影が坂に向かってまっすぐにのびているとする。このとき，4点A，B，C，Dを通る平面はℓと垂直である。その平面において，図2のように，直線ADと直線BCの交点をPとすると，太陽高度とは$\angle$APBの大きさのことである。

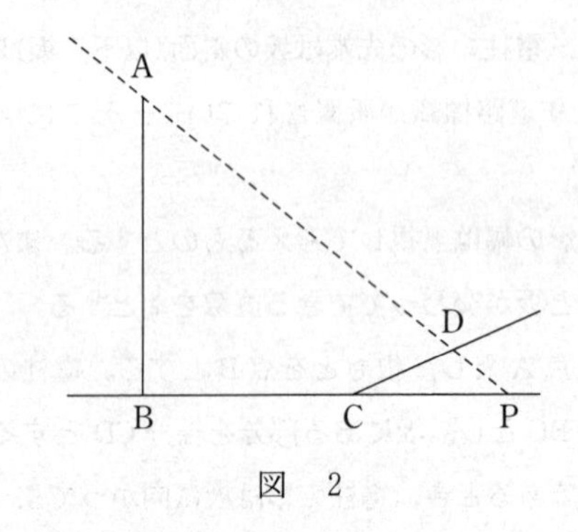

図　2

道路標識の7％という表示は，この坂をのぼったとき，100 mの水平距離に対して7 mの割合で高くなることを示している。nを1以上9以下の整数とするとき，坂の傾斜角$\angle$DCPの大きさについて

$$n^\circ < \angle \mathrm{DCP} < n^\circ + 1^\circ$$

を満たすnの値は［シ］である。

以下では，$\angle$DCPの大きさは，ちょうど［シ］°であるとする。

ある日，電柱の影が坂に向かってまっすぐにのびていたとき，影の長さを調べたところ BC = 7 m，CD = 4 m であり，太陽高度は ∠APB = 45° であった。点 D から直線 AB に垂直な直線を引き，直線 AB との交点を E とするとき

BE = [ス] × [セ] m

であり

DE = ([ソ] + [タ] × [チ]) m

である。よって，電柱の高さは，小数第 2 位で四捨五入すると [ツ] m であることがわかる。

[セ]，[チ] の解答群（同じものを繰り返し選んでもよい。）

⓪ $\sin\angle\mathrm{DCP}$	① $\dfrac{1}{\sin\angle\mathrm{DCP}}$	② $\cos\angle\mathrm{DCP}$
③ $\dfrac{1}{\cos\angle\mathrm{DCP}}$	④ $\tan\angle\mathrm{DCP}$	⑤ $\dfrac{1}{\tan\angle\mathrm{DCP}}$

[ツ] の解答群

⓪ 10.4	① 10.7	② 11.0
③ 11.3	④ 11.6	⑤ 11.9

別の日，電柱の影が坂に向かってまっすぐにのびていたときの太陽高度は $\angle APB = 42°$ であった。電柱の高さがわかったので，前回調べた日からの影の長さの変化を知ることができる。電柱の影について，坂にある部分の長さは

$$CD = \frac{AB - \boxed{テ} \times \boxed{ト}}{\boxed{ナ} + \boxed{ニ} \times \boxed{ト}} \text{ m}$$

である。AB = $\boxed{ツ}$ m として，これを計算することにより，この日の電柱の影について，坂にある部分の長さは，前回調べた 4 m より約 1.2 m だけ長いことがわかる。

$\boxed{ト}$ ～ $\boxed{ニ}$ の解答群（同じものを繰り返し選んでもよい。）

⓪ $\sin \angle DCP$	① $\cos \angle DCP$	② $\tan \angle DCP$
③ $\sin 42°$	④ $\cos 42°$	⑤ $\tan 42°$

三角比の表

角	正弦(sin)	余弦(cos)	正接(tan)
0°	0.0000	1.0000	0.0000
1°	0.0175	0.9998	0.0175
2°	0.0349	0.9994	0.0349
3°	0.0523	0.9986	0.0524
4°	0.0698	0.9976	0.0699
5°	0.0872	0.9962	0.0875
6°	0.1045	0.9945	0.1051
7°	0.1219	0.9925	0.1228
8°	0.1392	0.9903	0.1405
9°	0.1564	0.9877	0.1584
10°	0.1736	0.9848	0.1763
11°	0.1908	0.9816	0.1944
12°	0.2079	0.9781	0.2126
13°	0.2250	0.9744	0.2309
14°	0.2419	0.9703	0.2493
15°	0.2588	0.9659	0.2679
16°	0.2756	0.9613	0.2867
17°	0.2924	0.9563	0.3057
18°	0.3090	0.9511	0.3249
19°	0.3256	0.9455	0.3443
20°	0.3420	0.9397	0.3640
21°	0.3584	0.9336	0.3839
22°	0.3746	0.9272	0.4040
23°	0.3907	0.9205	0.4245
24°	0.4067	0.9135	0.4452
25°	0.4226	0.9063	0.4663
26°	0.4384	0.8988	0.4877
27°	0.4540	0.8910	0.5095
28°	0.4695	0.8829	0.5317
29°	0.4848	0.8746	0.5543
30°	0.5000	0.8660	0.5774
31°	0.5150	0.8572	0.6009
32°	0.5299	0.8480	0.6249
33°	0.5446	0.8387	0.6494
34°	0.5592	0.8290	0.6745
35°	0.5736	0.8192	0.7002
36°	0.5878	0.8090	0.7265
37°	0.6018	0.7986	0.7536
38°	0.6157	0.7880	0.7813
39°	0.6293	0.7771	0.8098
40°	0.6428	0.7660	0.8391
41°	0.6561	0.7547	0.8693
42°	0.6691	0.7431	0.9004
43°	0.6820	0.7314	0.9325
44°	0.6947	0.7193	0.9657
45°	0.7071	0.7071	1.0000

角	正弦(sin)	余弦(cos)	正接(tan)
45°	0.7071	0.7071	1.0000
46°	0.7193	0.6947	1.0355
47°	0.7314	0.6820	1.0724
48°	0.7431	0.6691	1.1106
49°	0.7547	0.6561	1.1504
50°	0.7660	0.6428	1.1918
51°	0.7771	0.6293	1.2349
52°	0.7880	0.6157	1.2799
53°	0.7986	0.6018	1.3270
54°	0.8090	0.5878	1.3764
55°	0.8192	0.5736	1.4281
56°	0.8290	0.5592	1.4826
57°	0.8387	0.5446	1.5399
58°	0.8480	0.5299	1.6003
59°	0.8572	0.5150	1.6643
60°	0.8660	0.5000	1.7321
61°	0.8746	0.4848	1.8040
62°	0.8829	0.4695	1.8807
63°	0.8910	0.4540	1.9626
64°	0.8988	0.4384	2.0503
65°	0.9063	0.4226	2.1445
66°	0.9135	0.4067	2.2460
67°	0.9205	0.3907	2.3559
68°	0.9272	0.3746	2.4751
69°	0.9336	0.3584	2.6051
70°	0.9397	0.3420	2.7475
71°	0.9455	0.3256	2.9042
72°	0.9511	0.3090	3.0777
73°	0.9563	0.2924	3.2709
74°	0.9613	0.2756	3.4874
75°	0.9659	0.2588	3.7321
76°	0.9703	0.2419	4.0108
77°	0.9744	0.2250	4.3315
78°	0.9781	0.2079	4.7046
79°	0.9816	0.1908	5.1446
80°	0.9848	0.1736	5.6713
81°	0.9877	0.1564	6.3138
82°	0.9903	0.1392	7.1154
83°	0.9925	0.1219	8.1443
84°	0.9945	0.1045	9.5144
85°	0.9962	0.0872	11.4301
86°	0.9976	0.0698	14.3007
87°	0.9986	0.0523	19.0811
88°	0.9994	0.0349	28.6363
89°	0.9998	0.0175	57.2900
90°	1.0000	0.0000	—

第２問　（必答問題）（配点　30）

〔1〕　座標平面上に４点O(0，0)，A(6，0)，B(4，6)，C(0，6)を頂点とする台形OABCがある。また，この座標平面上で，点P，Qは次の**規則**に従って移動する。

規則

- Pは，Oから出発して毎秒１の一定の速さでx軸上を正の向きにAまで移動し，Aに到達した時点で移動を終了する。
- Qは，Cから出発してy軸上を負の向きにOまで移動し，Oに到達した後はy軸上を正の向きにCまで移動する。そして，Cに到達した時点で移動を終了する。ただし，Qは毎秒２の一定の速さで移動する。
- P，Qは同時刻に移動を開始する。

この**規則**に従ってP，Qが移動するとき，P，QはそれぞれA，Cに同時刻に到達し，移動を終了する。

以下において，P，Qが移動を開始する時刻を**開始時刻**，移動を終了する時刻を**終了時刻**とする。

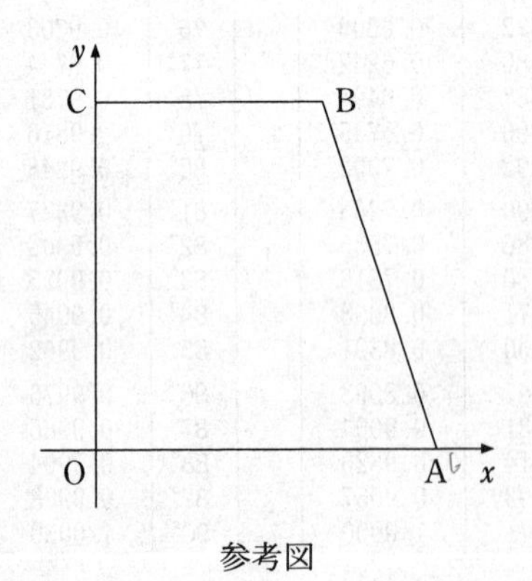

参考図

(1) **開始時刻**から1秒後の△PBQの面積は ア である。

(2) **開始時刻**から3秒間の△PBQの面積について，面積の最小値は イ であり，最大値は ウエ である。

(3) **開始時刻**から**終了時刻**までの△PBQの面積について，面積の最小値は オ であり，最大値は カキ である。

(4) **開始時刻**から**終了時刻**までの△PBQの面積について，面積が10以下となる時間は$\left(\text{ク} - \sqrt{\text{ケ}} + \sqrt{\text{コ}} \right)$秒間である。

〔2〕　高校の陸上部で長距離競技の選手として活躍する太郎さんは，長距離競技の公認記録が掲載されているWebページを見つけた。このWebページでは，各選手における公認記録のうち最も速いものが掲載されている。そのWebページに掲載されている，ある選手のある長距離競技での公認記録を，その選手のその競技でのベストタイムということにする。

なお，以下の図や表については，ベースボール・マガジン社「陸上競技ランキング」のWebページをもとに作成している。

(1)　太郎さんは，男子マラソンの日本人選手の2022年末時点でのベストタイムを調べた。その中で，2018年より前にベストタイムを出した選手と2018年以降にベストタイムを出した選手に分け，それぞれにおいて速い方から50人の選手のベストタイムをデータA，データBとした。

ここでは，マラソンのベストタイムは，実際のベストタイムから2時間を引いた時間を秒単位で表したものとする。例えば2時間5分30秒であれば，$60 \times 5 + 30 = 330$（秒）となる。

(i)　図1と図2はそれぞれ，階級の幅を30秒としたAとBのヒストグラムである。なお，ヒストグラムの各階級の区間は，左側の数値を含み，右側の数値を含まない。

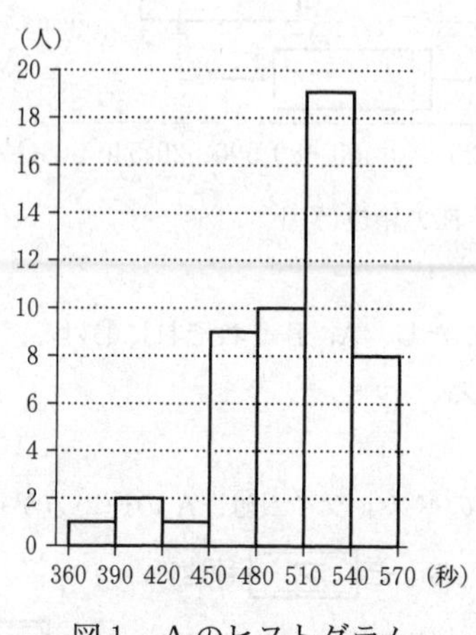

図1　Aのヒストグラム

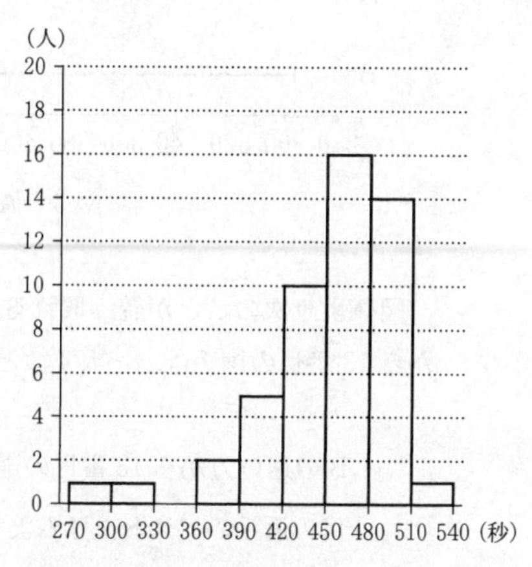

図2　Bのヒストグラム

図1からAの最頻値は階級 [サ] の階級値である。また，図2からBの中央値が含まれる階級は [シ] である。

[サ]，[シ] の解答群(同じものを繰り返し選んでもよい。)

⓪ 270 以上 300 未満	① 300 以上 330 未満
② 330 以上 360 未満	③ 360 以上 390 未満
④ 390 以上 420 未満	⑤ 420 以上 450 未満
⑥ 450 以上 480 未満	⑦ 480 以上 510 未満
⑧ 510 以上 540 未満	⑨ 540 以上 570 未満

(ii)　図3は，A，Bそれぞれの箱ひげ図を並べたものである。ただし，中央値を示す線は省いている。

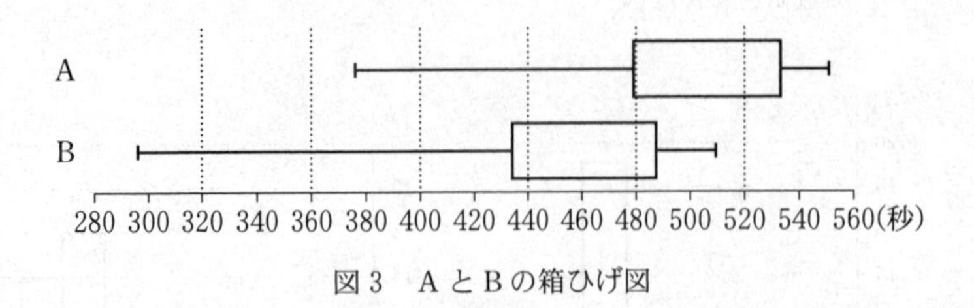

図3　AとBの箱ひげ図

図3より次のことが読み取れる。ただし，A，Bそれぞれにおける，速い方から13番目の選手は，一人ずつとする。

- Bの速い方から13番目の選手のベストタイムは，Aの速い方から13番目の選手のベストタイムより，およそ［ス］秒速い。
- Aの四分位範囲からBの四分位範囲を引いた差の絶対値は［セ］である。

［ス］については，最も適当なものを，次の⓪～⑤のうちから一つ選べ。

⓪　5	①　15	②　25	③　35	④　45	⑤　55

［セ］の解答群

⓪　0以上20未満
①　20以上40未満
②　40以上60未満
③　60以上80未満
④　80以上100未満

(iii) 太郎さんは，Aのある選手とBのある選手のベストタイムの比較において，その二人の選手のベストタイムが速いか遅いかとは別の観点でも考えるために，次の**式**を満たすzの値を用いて判断することにした。

式

（あるデータのある選手のベストタイム）＝

（そのデータの平均値）＋z×（そのデータの標準偏差）

二人の選手それぞれのベストタイムに対するzの値を比較し，その値の小さい選手の方が優れていると判断する。

表1は，A，Bそれぞれにおける，速い方から1番目の選手(以下，1位の選手)のベストタイムと，データの平均値と標準偏差をまとめたものである。

表1　1位の選手のベストタイム，平均値，標準偏差

データ	1位の選手のベストタイム	平均値	標準偏差
A	376	504	40
B	296	454	45

式と表1を用いると，Bの1位の選手のベストタイムに対するzの値は

$z=-$ ソ . タチ

である。このことから，Bの1位の選手のベストタイムは，平均値より標準偏差のおよそ ソ . タチ 倍だけ小さいことがわかる。

A，Bそれぞれにおける，1位の選手についての記述として，次の⓪～③のうち，正しいものは ツ である。

ツ の解答群

⓪　ベストタイムで比較するとAの1位の選手の方が速く，zの値で比較するとAの1位の選手の方が優れている。

①　ベストタイムで比較するとBの1位の選手の方が速く，zの値で比較するとBの1位の選手の方が優れている。

②　ベストタイムで比較するとAの1位の選手の方が速く，zの値で比較するとBの1位の選手の方が優れている。

③　ベストタイムで比較するとBの1位の選手の方が速く，zの値で比較するとAの1位の選手の方が優れている。

⑵　太郎さんは，マラソン，10000 m，5000 m のベストタイムに関連がないかを調べることにした。そのために，2022 年末時点でのこれら 3 種目のベストタイムをすべて確認できた日本人男子選手のうち，マラソンのベストタイムが速い方から 50 人を選んだ。

図 4 と図 5 はそれぞれ，選んだ 50 人についてのマラソンと 10000 m のベストタイム，5000 m と 10000 m のベストタイムの散布図である。ただし，5000 m と 10000 m のベストタイムは秒単位で表し，マラソンのベストタイムは⑴の場合と同様，実際のベストタイムから 2 時間を引いた時間を秒単位で表したものとする。なお，これらの散布図には，完全に重なっている点はない。

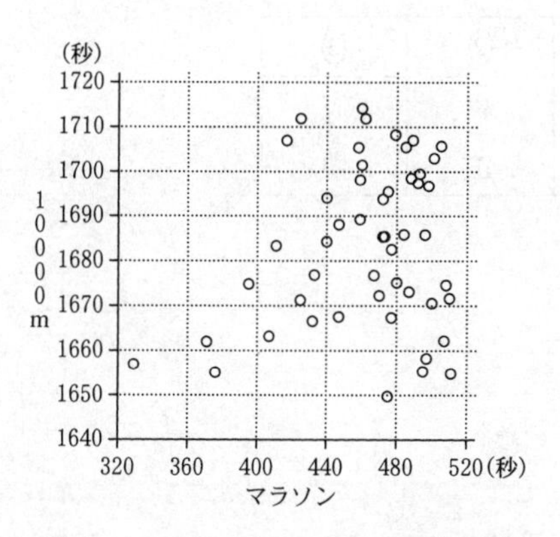

図 4　マラソンと 10000 m の散布図

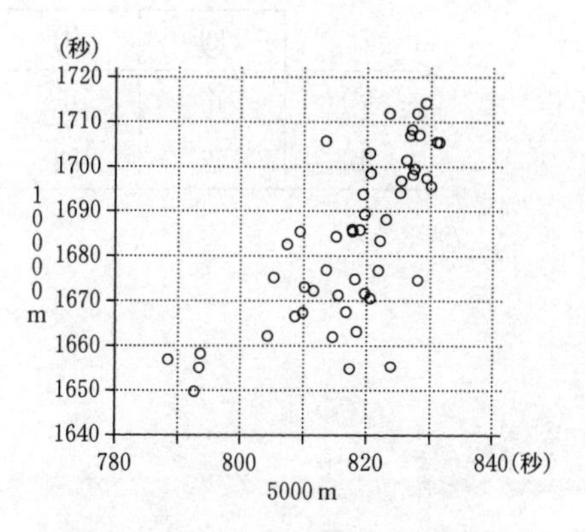

図 5　5000 m と 10000 m の散布図

次の(a), (b)は，図4と図5に関する記述である。

(a)　マラソンのベストタイムの速い方から3番目までの選手の10000 mのベストタイムは，3選手とも1670秒未満である。

(b)　マラソンと10000 mの間の相関は，5000 mと10000 mの間の相関より強い。

(a), (b)の正誤の組合せとして正しいものは　テ　である。

テ　の解答群

	⓪	①	②	③
(a)	正	正	誤	誤
(b)	正	誤	正	誤

第3問 （選択問題）（配点　20）

箱の中にカードが2枚以上入っており，それぞれのカードにはアルファベットが1文字だけ書かれている。この箱の中からカードを1枚取り出し，書かれているアルファベットを確認してからもとに戻すという試行を繰り返し行う。

(1) 箱の中に［A］，［B］のカードが1枚ずつ全部で2枚入っている場合を考える。

以下では，2以上の自然数 n に対し，n 回の試行でA，Bがそろっているとは，n 回の試行で［A］，［B］のそれぞれが少なくとも1回は取り出されることを意味する。

(i) 2回の試行でA，Bがそろっている確率は $\dfrac{\boxed{ア}}{\boxed{イ}}$ である。

(ii) 3回の試行でA，Bがそろっている確率を求める。

例えば，3回の試行のうち［A］を1回，［B］を2回取り出す取り出し方は3通りあり，それらをすべて挙げると次のようになる。

1回目	2回目	3回目
[A]	[B]	[B]
[B]	[A]	[B]
[B]	[B]	[A]

このように考えることにより，3回の試行でA，Bがそろっている取り出し方は $\boxed{ウ}$ 通りあることがわかる。よって，3回の試行でA，Bがそろっている確率は $\dfrac{\boxed{ウ}}{2^3}$ である。

(iii) 4回の試行でA，Bがそろっている取り出し方は $\boxed{エオ}$ 通りある。よって，4回の試行でA，Bがそろっている確率は $\dfrac{\boxed{カ}}{\boxed{キ}}$ である。

(2)　箱の中に A，B，C のカードが1枚ずつ全部で3枚入っている場合を考える。

以下では，3以上の自然数 n に対し，n 回目の試行で初めてA，B，Cがそろうとは，n 回の試行で A，B，C のそれぞれが少なくとも1回は取り出され，かつ A，B，C のうちいずれか1枚が n 回目の試行で初めて取り出されることを意味する。

(i)　3回目の試行で初めてA，B，Cがそろう取り出し方は **ク** 通りある。

よって，3回目の試行で初めてA，B，Cがそろう確率は $\dfrac{\boxed{ク}}{3^3}$ である。

(ii)　4回目の試行で初めてA，B，Cがそろう確率を求める。

4回目の試行で初めてA，B，Cがそろう取り出し方は，(1)の(ii)を振り返ることにより，3 × ウ 通りあることがわかる。よって，4回目の試行で初めてA，B，Cがそろう確率は $\dfrac{\boxed{ケ}}{\boxed{コ}}$ である。

(iii)　5回目の試行で初めてA，B，Cがそろう取り出し方は **サシ** 通りある。

よって，5回目の試行で初めてA，B，Cがそろう確率は $\dfrac{\boxed{サシ}}{3^5}$ である。

(3)　箱の中に A，B，C，D のカードが1枚ずつ全部で4枚入っている場合を考える。

以下では，6回目の試行で初めてA，B，C，Dがそろうとは，6回の試行で A，B，C，D のそれぞれが少なくとも1回は取り出され，かつ A，B，C，D のうちいずれか1枚が6回目の試行で初めて取り出されることを意味する。

また，3以上5以下の自然数 n に対し，6回の試行のうち n 回目の試行で初めてA，B，Cだけがそろうとは，6回の試行のうち1回目から n 回目の試行で，A，B，C のそれぞれが少なくとも1回は取り出され，D は1回も取り出されず，かつ A，B，C のうちいずれか1枚が n 回目の試行で初めて取り出されることを意味する。6回の試行のうち n 回目の試行で初めてB，C，Dだけがそろうなども同様に定める。

太郎さんと花子さんは，6回目の試行で初めてA，B，C，Dがそろう確率について考えている。

> 太郎：例えば，5回目までに[A]，[B]，[C]のそれぞれが少なくとも1回は取り出され，かつ6回目に初めて[D]が取り出される場合を考えたら計算できそうだね。
>
> 花子：それなら，初めてA，B，Cだけがそろうのが，3回目のとき，4回目のとき，5回目のときで分けて考えてみてはどうかな。

6回の試行のうち3回目の試行で初めてA，B，Cだけがそろう取り出し方が[ク]通りであることに注意すると，「6回の試行のうち3回目の試行で初めてA，B，Cだけがそろい，かつ6回目の試行で初めて[D]が取り出される」取り出し方は[スセ]通りあることがわかる。

同じように考えると，「6回の試行のうち4回目の試行で初めてA，B，Cだけがそろい，かつ6回目の試行で初めて[D]が取り出される」取り出し方は[ソタ]通りあることもわかる。

以上のように考えることにより，6回目の試行で初めてA，B，C，Dがそろう確率は$\dfrac{\boxed{チツ}}{\boxed{テトナ}}$であることがわかる。

第4問 （選択問題）（配点　20）

T3，T4，T6を次のようなタイマーとする。

T3：3進数を3桁表示するタイマー

T4：4進数を3桁表示するタイマー

T6：6進数を3桁表示するタイマー

なお，n 進数とは n 進法で表された数のことである。

これらのタイマーは，すべて次の**表示方法**に従うものとする。

表示方法

(a) スタートした時点でタイマーは000と表示されている。

(b) タイマーは，スタートした後，表示される数が1秒ごとに1ずつ増えていき，3桁で表示できる最大の数が表示された1秒後に，表示が000に戻る。

(c) タイマーは表示が000に戻った後も，(b)と同様に，表示される数が1秒ごとに1ずつ増えていき，3桁で表示できる最大の数が表示された1秒後に，表示が000に戻るという動作を繰り返す。

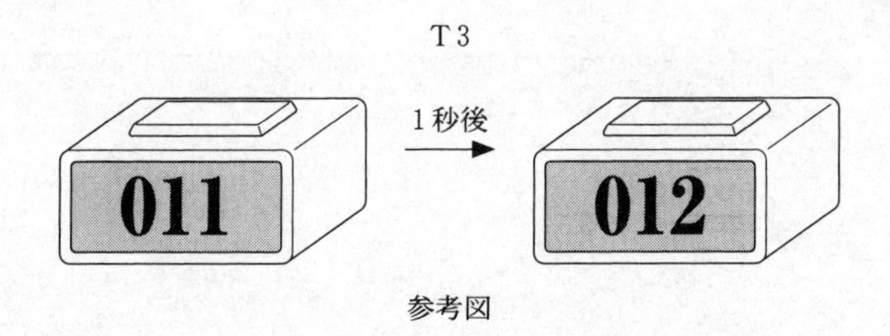

参考図

例えば，T3はスタートしてから3進数で $12_{(3)}$ 秒後に012と表示される。その後，222と表示された1秒後に表示が000に戻り，その $12_{(3)}$ 秒後に再び012と表示される。

(1)　T6は，スタートしてから10進数で40秒後に **アイウ** と表示される。

T4は，スタートしてから2進数で$10011_{(2)}$秒後に **エオカ** と表示される。

(2)　T4をスタートさせた後，初めて表示が000に戻るのは，スタートしてから10進数で **キク** 秒後であり，その後も **キク** 秒ごとに表示が000に戻る。

同様の考察をT6に対しても行うことにより，T4とT6を同時にスタートさせた後，初めて両方の表示が同時に000に戻るのは，スタートしてから10進数で **ケコサシ** 秒後であることがわかる。

(3)　0以上の整数ℓに対して，T4をスタートさせたℓ秒後にT4が012と表示されることと

ℓを［スセ］で割った余りが［ソ］であること

は同値である。ただし，［スセ］と［ソ］は10進法で表されているものとする。

T3についても同様の考察を行うことにより，次のことがわかる。

T3とT4を同時にスタートさせてから，初めて両方が同時に012と表示されるまでの時間をm秒とするとき，mは10進法で［タチツ］と表される。

また，T4とT6の表示に関する記述として，次の⓪～③のうち，正しいものは［テ］である。

［テ］の解答群

⓪　T4とT6を同時にスタートさせてから，m秒後より前に初めて両方が同時に012と表示される。

①　T4とT6を同時にスタートさせてから，ちょうどm秒後に初めて両方が同時に012と表示される。

②　T4とT6を同時にスタートさせてから，m秒後より後に初めて両方が同時に012と表示される。

③　T4とT6を同時にスタートさせてから，両方が同時に012と表示されることはない。

第５問 （選択問題）（配点　20）

図１のように，平面上に５点A，B，C，D，Eがあり，線分AC，CE，EB，BD，DAによって，星形の図形ができるときを考える。線分ACとBEの交点をP，ACとBDの交点をQ，BDとCEの交点をR，ADとCEの交点をS，ADとBEの交点をTとする。

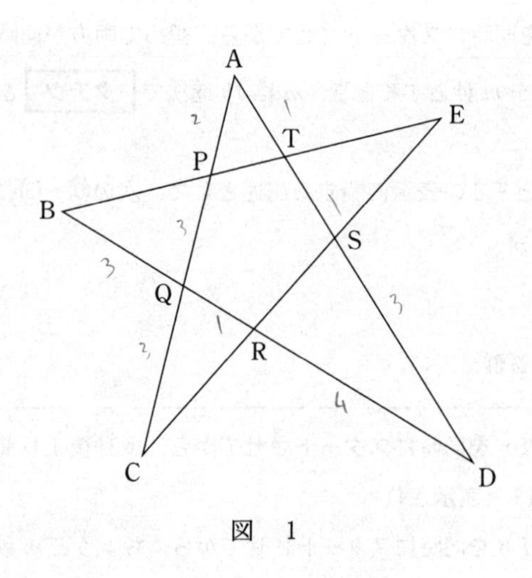

図　1

ここでは

$$\mathrm{AP}:\mathrm{PQ}:\mathrm{QC}=2:3:3,\quad \mathrm{AT}:\mathrm{TS}:\mathrm{SD}=1:1:3$$

を満たす星形の図形を考える。

以下の問題において比を解答する場合は，最も簡単な整数の比で答えよ。

(1) △AQD と直線 CE に着目すると

$$\frac{\mathrm{QR}}{\mathrm{RD}}\cdot\frac{\mathrm{DS}}{\mathrm{SA}}\cdot\frac{\boxed{\text{ア}}}{\mathrm{CQ}}=1$$

が成り立つので

$$\mathrm{QR}:\mathrm{RD}=\boxed{\text{イ}}:\boxed{\text{ウ}}$$

となる。また，△AQD と直線 BE に着目すると

$$\mathrm{QB}:\mathrm{BD}=\boxed{\text{エ}}:\boxed{\text{オ}}$$

となる。したがって

$$\mathrm{BQ}:\mathrm{QR}:\mathrm{RD}=\boxed{\text{エ}}:\boxed{\text{イ}}:\boxed{\text{ウ}}$$

となることがわかる。

ア の解答群

⓪ AC	① AP	② AQ	③ CP	④ PQ

(2)　5点P，Q，R，S，Tが同一円周上にあるとし，AC = 8 であるとする。

(i)　5点A，P，Q，S，Tに着目すると，AT：AS = 1 ： 2より
AT = $\sqrt{\fbox{カ}}$ となる。さらに，5点D，Q，R，S，Tに着目すると DR = $4\sqrt{3}$ となることがわかる。

(ii)　3点A，B，Cを通る円と点Dとの位置関係を，次の**構想**に基づいて調べよう。

構想

線分ACとBDの交点Qに着目し，AQ・CQとBQ・DQの大小を比べる。

まず，AQ・CQ = 5・3 = 15 かつ BQ・DQ = キク であるから

AQ・CQ ケ BQ・DQ　……………………………　①

が成り立つ。また，3点A，B，Cを通る円と直線BDとの交点のうち，Bと異なる点をXとすると

AQ・CQ コ BQ・XQ　……………………………　②

が成り立つ。①と②の左辺は同じなので，①と②の右辺を比べることにより，XQ サ DQが得られる。したがって，点Dは3点A，B，Cを通る円の シ にある。

ケ ～ サ の解答群(同じものを繰り返し選んでもよい。)

⓪　<	①　=	②　>

シ の解答群

⓪　内　部	①　周　上	②　外　部

(iii)　3点C，D，Eを通る円と2点A，Bとの位置関係について調べよう。

この星形の図形において，さらに $CR = RS = SE = 3$ となることがわかる。したがって，点Aは3点C，D，Eを通る円の［ス］にあり，点Bは3点C，D，Eを通る円の［セ］にある。

［ス］，［セ］の解答群（同じものを繰り返し選んでもよい。）

⓪ 内部	① 周上	② 外部

数学Ⅱ・数学B

問　題	選 択 方 法
第1問	必　　答
第2問	必　　答
第3問	いずれか2問を選択し，解答しなさい。
第4問	
第5問	

第1問 (必答問題) (配点　30)

〔1〕

(1) $k > 0$，$k \neq 1$ とする。関数 $y = \log_k x$ と $y = \log_2 kx$ のグラフについて考えよう。

(i) $y = \log_3 x$ のグラフは点 $\left(27,\ \boxed{\text{ア}}\right)$ を通る。また，$y = \log_2 \dfrac{x}{5}$ のグラフは点 $\left(\boxed{\text{イウ}},\ 1\right)$ を通る。

(ii) $y = \log_k x$ のグラフは，k の値によらず定点 $\left(\boxed{\text{エ}},\ \boxed{\text{オ}}\right)$ を通る。

(iii) $k = 2,\ 3,\ 4$ のとき

$y = \log_k x$ のグラフの概形は $\boxed{\text{カ}}$

$y = \log_2 kx$ のグラフの概形は $\boxed{\text{キ}}$

である。

カ ， キ については，最も適当なものを，次の⓪～⑤のうちから一つずつ選べ。ただし，同じものを繰り返し選んでもよい。

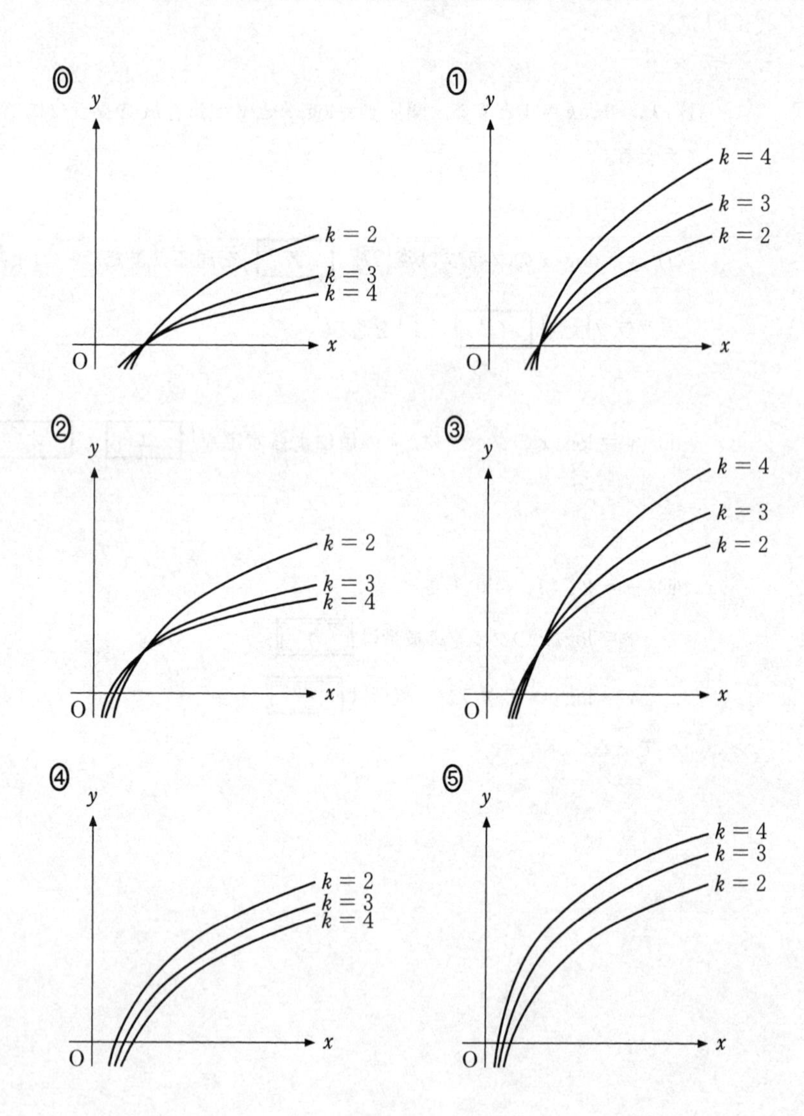

(2)　$x>0$，$x \neq 1$，$y>0$ とする。$\log_x y$ について考えよう。

(i)　座標平面において，方程式 $\log_x y=2$ の表す図形を図示すると，

［ク］の $x>0$，$x \neq 1$，$y>0$ の部分となる。

［ク］については，最も適当なものを，次の⓪～⑤のうちから一つ選べ。

⓪

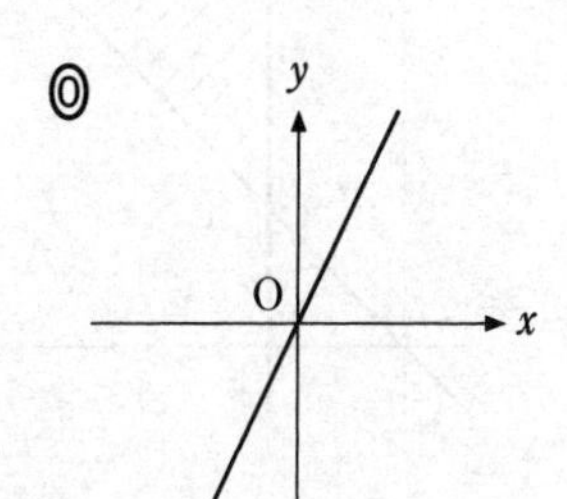

①

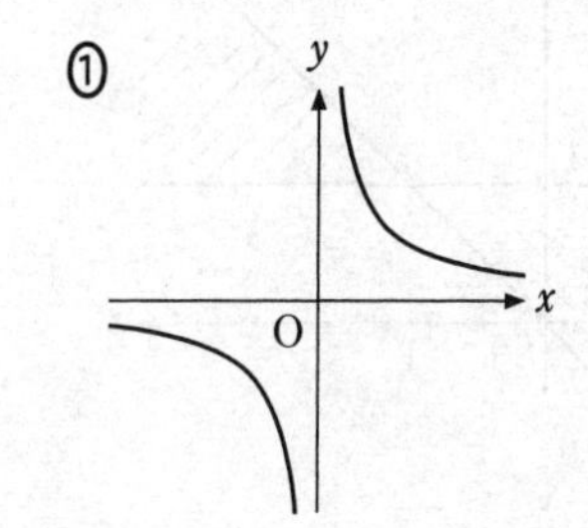

②

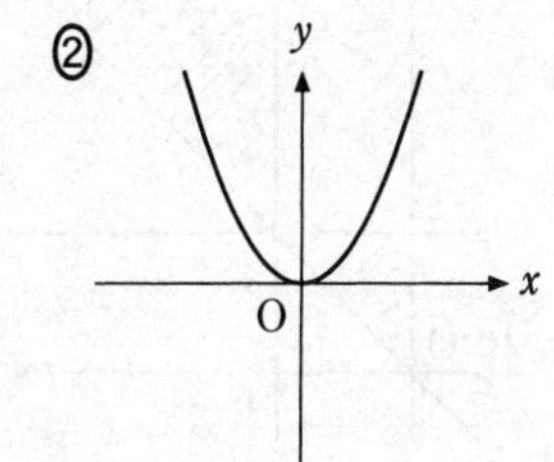

③

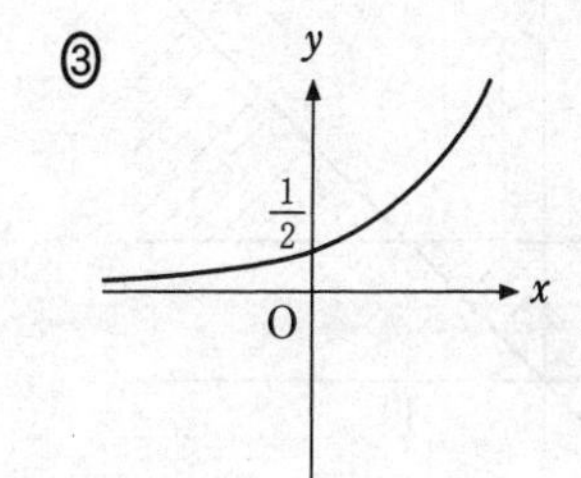

④

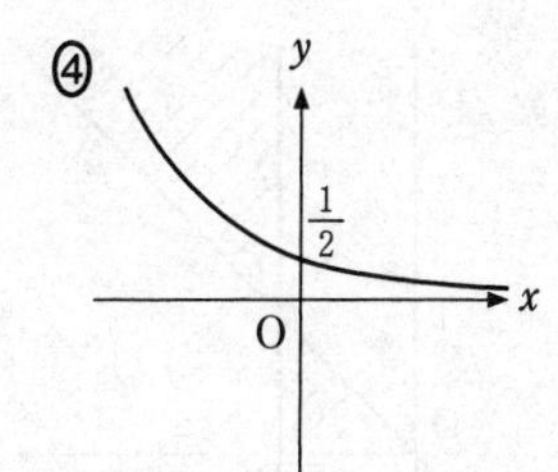

⑤

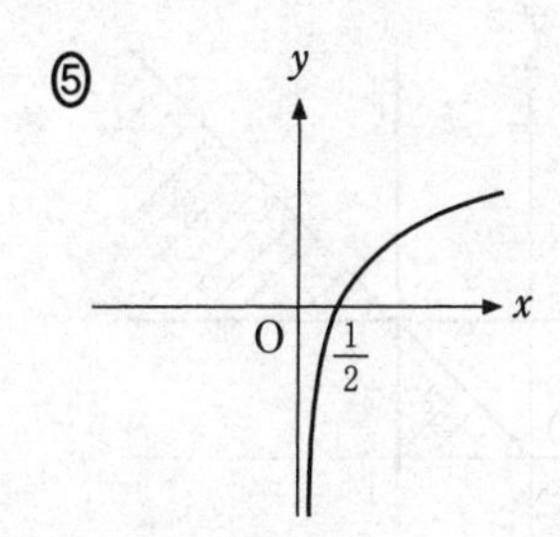

(ii)　座標平面において，不等式 $0 < \log_x y < 1$ の表す領域を図示すると，

［ケ］の斜線部分となる。ただし，境界（境界線）は含まない。

［ケ］については，最も適当なものを，次の⓪～⑤のうちから一つ選べ。

⓪
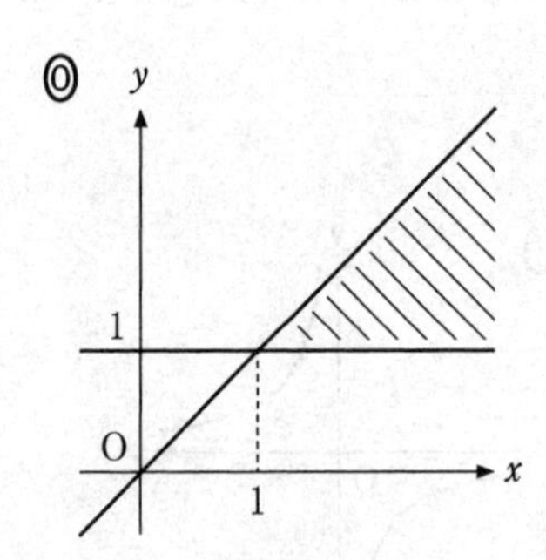

①
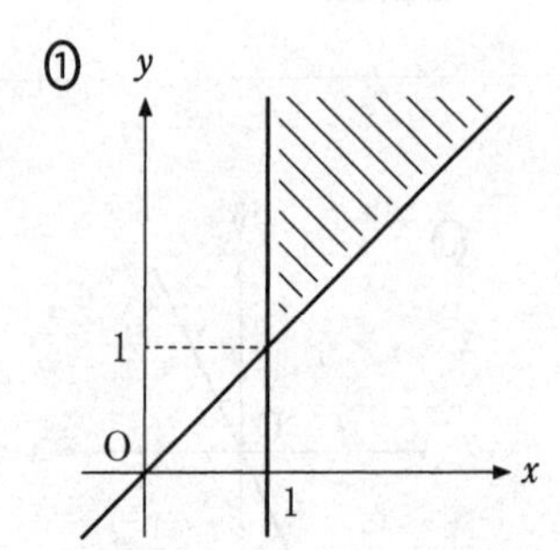

②
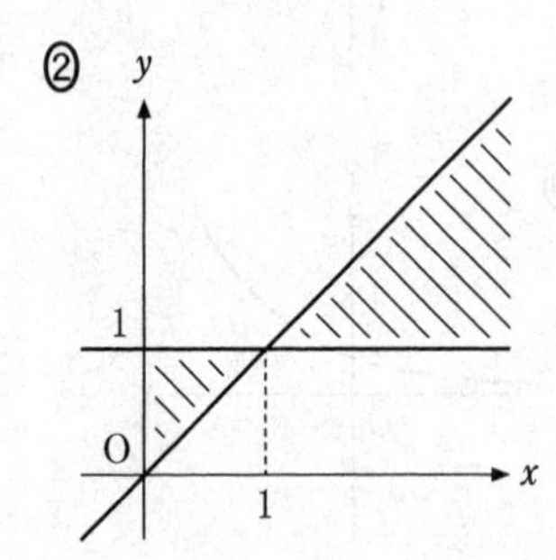

③
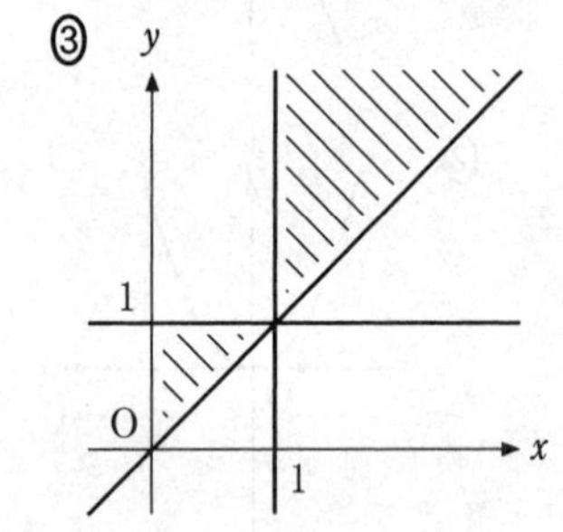

④
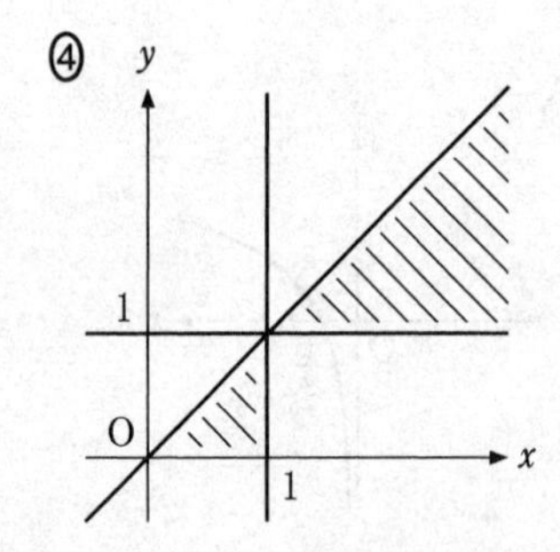

⑤
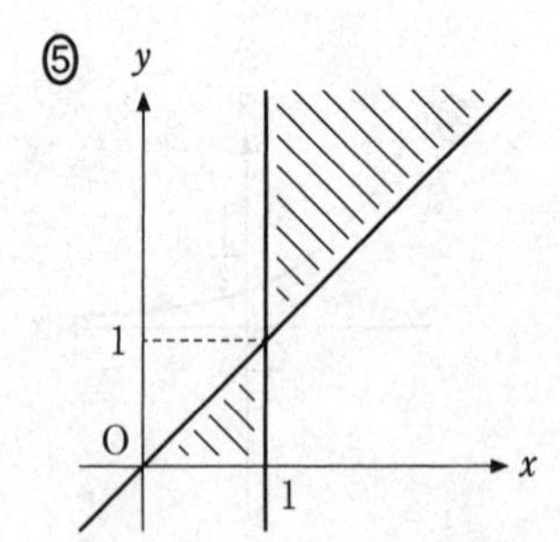

〔2〕 $S(x)$をxの2次式とする。xの整式$P(x)$を$S(x)$で割ったときの商を$T(x)$，余りを$U(x)$とする。ただし，$S(x)$と$P(x)$の係数は実数であるとする。

(1) $P(x) = 2x^3 + 7x^2 + 10x + 5$，$S(x) = x^2 + 4x + 7$の場合を考える。

方程式$S(x) = 0$の解は$x =$ [コサ] $\pm \sqrt{[シ]}\, i$である。

また，$T(x) =$ [ス] $x -$ [セ]，$U(x) =$ [ソタ] である。

(2)　方程式 $S(x)=0$ は異なる二つの解 α，β をもつとする。このとき

$P(x)$ を $S(x)$ で割った余りが定数になる

ことと同値な条件を考える。

(i)　余りが定数になるときを考えてみよう。

仮定から，定数 k を用いて $U(x)=k$ とおける。このとき，[チ]。

したがって，余りが定数になるとき，[ツ]が成り立つ。

[チ]については，最も適当なものを，次の⓪～③のうちから一つ選べ。

⓪　$P(\alpha)=P(\beta)=k$ が成り立つことから，$P(x)=S(x)T(x)+k$ となることが導かれる。また，$P(\alpha)=P(\beta)=k$ が成り立つことから，$S(\alpha)=S(\beta)=0$ となることが導かれる

①　$P(x)=S(x)T(x)+k$ かつ $P(\alpha)=P(\beta)=k$ が成り立つことから，$S(\alpha)=S(\beta)=0$ となることが導かれる

②　$S(\alpha)=S(\beta)=0$ が成り立つことから，$P(x)=S(x)T(x)+k$ となることが導かれる。また，$S(\alpha)=S(\beta)=0$ が成り立つことから，$P(\alpha)=P(\beta)=k$ となることが導かれる

③　$P(x)=S(x)T(x)+k$ かつ $S(\alpha)=S(\beta)=0$ が成り立つことから，$P(\alpha)=P(\beta)=k$ となることが導かれる

[ツ]の解答群

⓪　$T(\alpha)=T(\beta)$　　①　$P(\alpha)=P(\beta)$

②　$T(\alpha)\neq T(\beta)$　　③　$P(\alpha)\neq P(\beta)$

(ii)　逆に［ツ］が成り立つとき，余りが定数になるかを調べよう。

$S(x)$が2次式であるから，m，nを定数として$U(x)=mx+n$とおける。$P(x)$を$S(x)$，$T(x)$，m，nを用いて表すと，$P(x)=$［テ］となる。この等式のxにα，βをそれぞれ代入すると［ト］となるので，［ツ］と$\alpha \neq \beta$より［ナ］となる。以上から余りが定数になることがわかる。

［テ］の解答群

⓪ $(mx+n)S(x)T(x)$	① $S(x)T(x)+mx+n$
② $(mx+n)S(x)+T(x)$	③ $(mx+n)T(x)+S(x)$

［ト］の解答群

⓪ $P(\alpha)=T(\alpha)$　かつ　$P(\beta)=T(\beta)$

① $P(\alpha)=m\alpha+n$　かつ　$P(\beta)=m\beta+n$

② $P(\alpha)=(m\alpha+n)T(\alpha)$　かつ　$P(\beta)=(m\beta+n)T(\beta)$

③ $P(\alpha)=P(\beta)=0$

④ $P(\alpha)\neq 0$　かつ　$P(\beta)\neq 0$

［ナ］の解答群

⓪ $m\neq 0$	① $m\neq 0$　かつ　$n=0$
② $m\neq 0$　かつ　$n\neq 0$	③ $m=0$
④ $m=n=0$	⑤ $m=0$　かつ　$n\neq 0$
⑥ $n=0$	⑦ $n\neq 0$

(i)，(ii)の考察から，方程式 $S(x)=0$ が異なる二つの解 α，β をもつとき，$P(x)$ を $S(x)$ で割った余りが定数になることと［ツ］であることは同値である。

(3)　p を定数とし，$P(x)=x^{10}-2x^9-px^2-5x$，$S(x)=x^2-x-2$ の場合を考える。$P(x)$ を $S(x)$ で割った余りが定数になるとき，$p=$［ニヌ］となり，その余りは［ネノ］となる。

第2問 （必答問題）（配点　30）

m を $m>1$ を満たす定数とし，$f(x)=3(x-1)(x-m)$ とする。また，$S(x)=\int_0^x f(t)\,dt$ とする。関数 $y=f(x)$ と $y=S(x)$ のグラフの関係について考えてみよう。

(1)　$m=2$ のとき，すなわち，$f(x)=3(x-1)(x-2)$ のときを考える。

(i)　$f'(x)=0$ となる x の値は $x=\dfrac{\boxed{ア}}{\boxed{イ}}$ である。

(ii)　$S(x)$ を計算すると

$$S(x)=\int_0^x f(t)\,dt$$

$$=\int_0^x\left(3t^2-\boxed{ウ}\,t+\boxed{エ}\right)dt$$

$$=x^3-\frac{\boxed{オ}}{\boxed{カ}}x^2+\boxed{キ}\,x$$

であるから

$x=\boxed{ク}$ のとき，$S(x)$ は極大値 $\dfrac{\boxed{ケ}}{\boxed{コ}}$ をとり

$x=\boxed{サ}$ のとき，$S(x)$ は極小値 $\boxed{シ}$ をとることがわかる。

(iii)　$f(3)$と一致するものとして，次の⓪〜④のうち，正しいものは［ス］である。

［ス］の解答群

⓪　$S(3)$
①　2点$(2,\ S(2))$，$(4,\ S(4))$を通る直線の傾き
②　2点$(0,\ 0)$，$(3,\ S(3))$を通る直線の傾き
③　関数$y=S(x)$のグラフ上の点$(3,\ S(3))$における接線の傾き
④　関数$y=f(x)$のグラフ上の点$(3,\ f(3))$における接線の傾き

(2)　$0 \leqq x \leqq 1$ の範囲で，関数 $y = f(x)$ のグラフと x 軸および y 軸で囲まれた図形の面積を S_1，$1 \leqq x \leqq m$ の範囲で，関数 $y = f(x)$ のグラフと x 軸で囲まれた図形の面積を S_2 とする。このとき，$S_1 =$ **セ** ，$S_2 =$ **ソ** である。

$S_1 = S_2$ となるのは **タ** $= 0$ のときであるから，$S_1 = S_2$ が成り立つような $f(x)$ に対する関数 $y = S(x)$ のグラフの概形は **チ** である。また，$S_1 > S_2$ が成り立つような $f(x)$ に対する関数 $y = S(x)$ のグラフの概形は **ツ** である。

セ ， **ソ** の解答群(同じものを繰り返し選んでもよい。)

⓪ $\int_0^1 f(x)\,dx$	① $\int_0^m f(x)\,dx$	② $\int_1^m f(x)\,dx$
③ $\int_0^1 \{-f(x)\}\,dx$	④ $\int_0^m \{-f(x)\}\,dx$	⑤ $\int_1^m \{-f(x)\}\,dx$

タ の解答群

⓪ $\int_0^1 f(x)\,dx$	① $\int_0^m f(x)\,dx$
② $\int_1^m f(x)\,dx$	③ $\int_0^1 f(x)\,dx - \int_0^m f(x)\,dx$
④ $\int_0^1 f(x)\,dx - \int_1^m f(x)\,dx$	⑤ $\int_0^1 f(x)\,dx + \int_0^m f(x)\,dx$
⑥ $\int_0^m f(x)\,dx + \int_1^m f(x)\,dx$	

チ，ツ については，最も適当なものを，次の⓪～⑤のうちから一つずつ選べ。ただし，同じものを繰り返し選んでもよい。

⓪
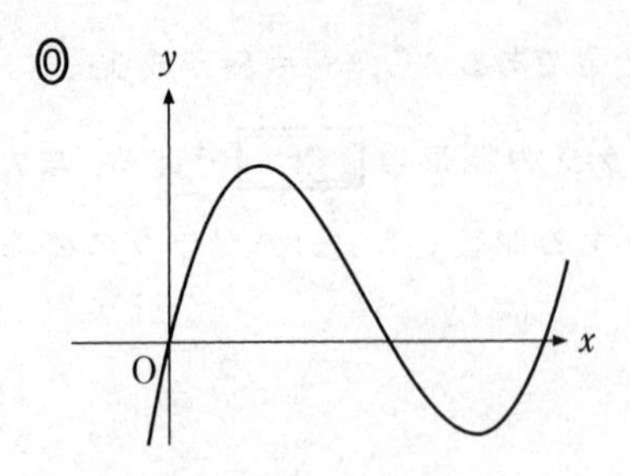

①
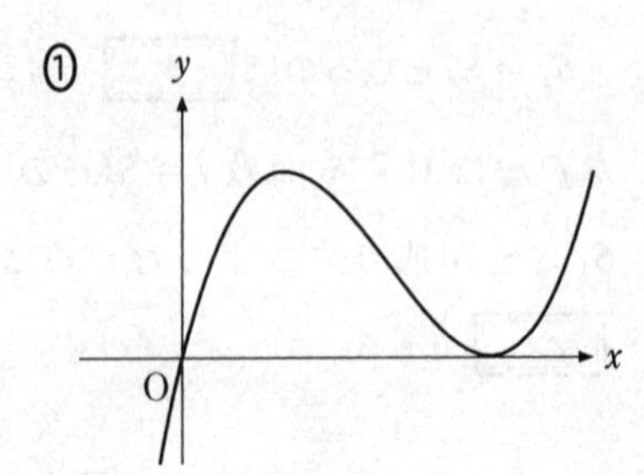

②
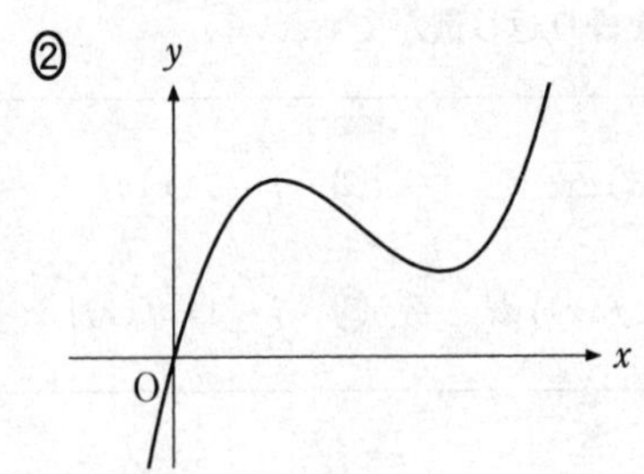

③
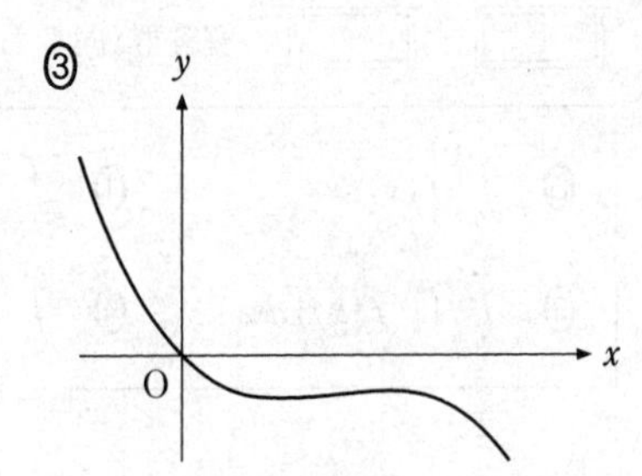

④
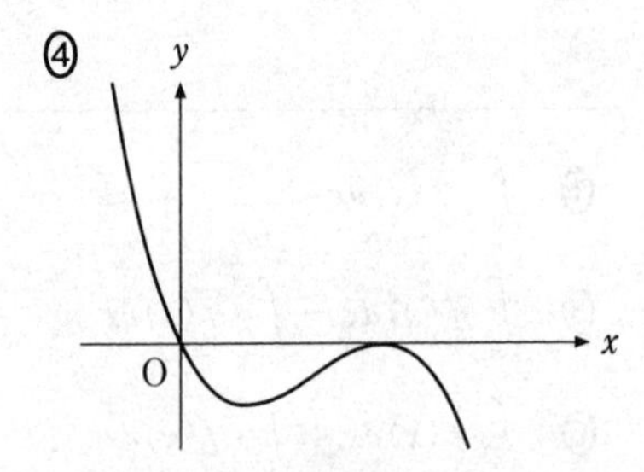

⑤
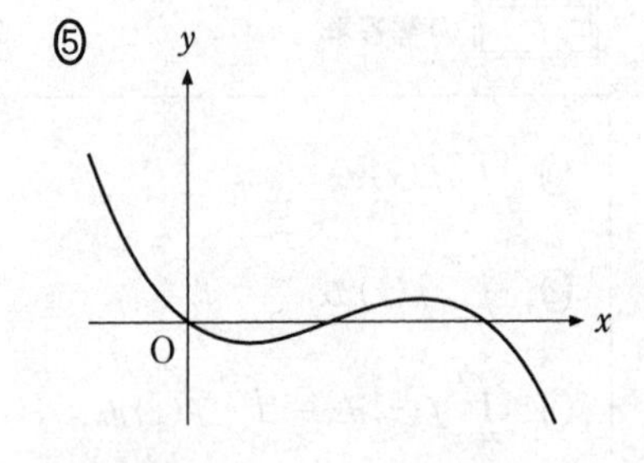

(3)　関数 $y=f(x)$ のグラフの特徴から関数 $y=S(x)$ のグラフの特徴を考えてみよう。

関数 $y=f(x)$ のグラフは直線 $x=$ [テ] に関して対称であるから，すべての正の実数 p に対して

$$\int_{1-p}^{1} f(x)\,dx = \int_{m}^{\boxed{ト}} f(x)\,dx \quad \cdots\cdots ①$$

が成り立ち，$M=$ [テ] とおくと $0<q\leqq M-1$ であるすべての実数 q に対して

$$\int_{M-q}^{M} \{-f(x)\}\,dx = \int_{M}^{\boxed{ナ}} \{-f(x)\}\,dx \quad \cdots\cdots ②$$

が成り立つことがわかる。すべての実数 α，β に対して

$$\int_{\alpha}^{\beta} f(x)\,dx = S(\beta)-S(\alpha)$$

が成り立つことに注意すれば，① と ② はそれぞれ

$$S(1-p)+S(\boxed{ト}) = \boxed{ニ}$$

$$2S(M) = \boxed{ヌ}$$

となる。

以上から，すべての正の実数 p に対して，2点 $(1-p,\ S(1-p))$，$(\boxed{ト},\ S(\boxed{ト}))$ を結ぶ線分の中点についての記述として，後の⓪～⑤のうち，最も適当なものは [ネ] である。

テ の解答群

⓪ m　① $\frac{m}{2}$　② $m+1$　③ $\frac{m+1}{2}$

ト の解答群

⓪ $1-p$　① p　② $1+p$
③ $m-p$　④ $m+p$

ナ の解答群

⓪ $M-q$　① M　② $M+q$
③ $M+m-q$　④ $M+m$　⑤ $M+m+q$

ニ の解答群

⓪ $S(1)+S(m)$　① $S(1)+S(p)$　② $S(1)-S(m)$
③ $S(1)-S(p)$　④ $S(p)-S(m)$　⑤ $S(m)-S(p)$

ヌ の解答群

⓪ $S(M-q)+S(M+m-q)$　① $S(M-q)+S(M+m)$
② $S(M-q)+S(M)$　③ $2S(M-q)$
④ $S(M+q)+S(M-q)$　⑤ $S(M+m+q)+S(M-q)$

ネ の解答群

⓪ x 座標は p の値によらず一つに定まり，y 座標は p の値により変わる。
① x 座標は p の値により変わり，y 座標は p の値によらず一つに定まる。
② 中点は p の値によらず一つに定まり，関数 $y=S(x)$ のグラフ上にある。
③ 中点は p の値によらず一つに定まり，関数 $y=f(x)$ のグラフ上にある。
④ 中点は p の値によって動くが，つねに関数 $y=S(x)$ のグラフ上にある。
⑤ 中点は p の値によって動くが，つねに関数 $y=f(x)$ のグラフ上にある。

第3問 （選択問題）（配点　20）

以下の問題を解答するにあたっては，必要に応じて49ページの正規分布表を用いてもよい。また，ここでの**晴れ**の定義については，気象庁の天気概況の「快晴」または「晴」とする。

(1)　太郎さんは，自分が住んでいる地域において，日曜日に**晴れ**となる確率を考えている。

晴れの場合は1，**晴れ**以外の場合は0の値をとる確率変数をXと定義する。また，$X=1$である確率をpとすると，その確率分布は表1のようになる。

表　1

X	0	1	計
確　率	$1-p$	p	1

この確率変数Xの平均(期待値)をmとすると

$$m = \boxed{\text{ア}}$$

となる。

太郎さんは，ある期間における連続したn週の日曜日の天気を，表1の確率分布をもつ母集団から無作為に抽出した大きさnの標本とみなし，それらのXを確率変数X_1，X_2，…，X_nで表すことにした。そして，その標本平均$\overline{X}$を利用して，母平均mを推定しようと考えた。実際に$n=300$として**晴れ**の日数を調べたところ，表2のようになった。

表　2

天　気	日　数
晴れ	75
晴れ以外	225
計	300

母標準偏差をσとすると，$n=300$は十分に大きいので，標本平均$\overline{X}$は近似的に正規分布$N\left(m,\ \boxed{\text{イ}}\right)$に従う。

一般に，母標準偏差σがわからないとき，標本の大きさnが大きければ，σの代わりに標本の標準偏差Sを用いてもよいことが知られている。Sは

$$S=\sqrt{\frac{1}{n}\{(X_1-\overline{X})^2+(X_2-\overline{X})^2+\cdots+(X_n-\overline{X})^2\}}$$

$$=\sqrt{\frac{1}{n}(X_1{}^2+X_2{}^2+\cdots+X_n{}^2)-\boxed{\text{ウ}}}$$

で計算できる。ここで，$X_1{}^2=X_1$，$X_2{}^2=X_2$，…，$X_n{}^2=X_n$であることに着目し，右辺を整理すると，$S=\sqrt{\boxed{\text{エ}}}$と表されることがわかる。

よって，表2より，大きさ$n=300$の標本から求められる母平均mに対する信頼度95％の信頼区間は$\boxed{\text{オ}}$となる。

$\boxed{\text{ア}}$の解答群

⓪ p	① p^2	② $1-p$	③ $(1-p)^2$

$\boxed{\text{イ}}$の解答群

⓪ σ	① σ^2	② $\dfrac{\sigma}{n}$	③ $\dfrac{\sigma^2}{n}$	④ $\dfrac{\sigma}{\sqrt{n}}$

$\boxed{\text{ウ}}$，$\boxed{\text{エ}}$の解答群(同じものを繰り返し選んでもよい。)

⓪ $\overline{X}$	① $(\overline{X})^2$	② $\overline{X}(1-\overline{X})$	③ $1-\overline{X}$

$\boxed{\text{オ}}$については，最も適当なものを，次の⓪～⑤のうちから一つ選べ。

⓪ $0.201\leqq m\leqq 0.299$	① $0.209\leqq m\leqq 0.291$
② $0.225\leqq m\leqq 0.250$	③ $0.225\leqq m\leqq 0.275$
④ $0.247\leqq m\leqq 0.253$	⑤ $0.250\leqq m\leqq 0.275$

(2)　ある期間において，「ちょうど3週続けて日曜日の天気が**晴れ**になること」がどのくらいの頻度で起こり得るのかを考察しよう。以下では，連続する k 週の日曜日の天気について，(1)の太郎さんが考えた確率変数のうち X_1，X_2，…，X_k を用いて調べる。ただし，k は3以上300以下の自然数とする。

X_1，X_2，…，X_k の値を順に並べたときの0と1からなる列において，「ちょうど三つ続けて1が現れる部分」をAとし，Aの個数を確率変数 U_k で表す。例えば，$k=20$ とし，X_1，X_2，…，X_{20} の値を順に並べたとき

$$1,1,1,1,0,\underbrace{1,1,1}_{\text{A}},0,0,1,1,1,1,1,0,0,\underbrace{1,1,1}_{\text{A}}$$

であったとする。この例では，下線部分はAを示しており，1が四つ以上続く部分はAとはみなさないので，$U_{20}=2$ となる。

$k=4$ のとき，X_1，X_2，X_3，X_4 のとり得る値と，それに対応した U_4 の値を書き出すと，表3のようになる。

表　3

X_1	X_2	X_3	X_4	U_4
0	0	0	0	0
1	0	0	0	0
0	1	0	0	0
0	0	1	0	0
0	0	0	1	0
1	1	0	0	0
1	0	1	0	0
1	0	0	1	0
0	1	1	0	0
0	1	0	1	0
0	0	1	1	0
1	1	1	0	1
1	1	0	1	0
1	0	1	1	0
0	1	1	1	1
1	1	1	1	0

ここで，U_k の期待値を求めてみよう。(1)における p の値を $p=\dfrac{1}{4}$ とする。

$k=4$ のとき，U_4 の期待値は

$$E(U_4)=\frac{\boxed{\text{カ}}}{128}$$

となる。$k=5$ のとき，U_5 の期待値は

$$E(U_5)=\frac{\boxed{\text{キク}}}{1024}$$

となる。

4以上の k について，k と $E(U_k)$ の関係を詳しく調べると，座標平面上の点 $(4,\ E(U_4))$，$(5,\ E(U_5))$，…，$(300,\ E(U_{300}))$ は一つの直線上にあることがわかる。この事実によって

$$E(U_{300})=\frac{\boxed{\text{ケコ}}}{\boxed{\text{サ}}}$$

となる。

正　規　分　布　表

次の表は，標準正規分布の分布曲線における右図の灰色部分の面積の値をまとめたものである。

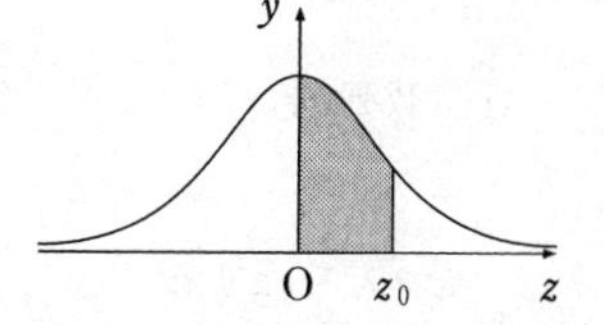

z_0	0.00	0.01	0.02	0.03	0.04	0.05	0.06	0.07	0.08	0.09
0.0	0.0000	0.0040	0.0080	0.0120	0.0160	0.0199	0.0239	0.0279	0.0319	0.0359
0.1	0.0398	0.0438	0.0478	0.0517	0.0557	0.0596	0.0636	0.0675	0.0714	0.0753
0.2	0.0793	0.0832	0.0871	0.0910	0.0948	0.0987	0.1026	0.1064	0.1103	0.1141
0.3	0.1179	0.1217	0.1255	0.1293	0.1331	0.1368	0.1406	0.1443	0.1480	0.1517
0.4	0.1554	0.1591	0.1628	0.1664	0.1700	0.1736	0.1772	0.1808	0.1844	0.1879
0.5	0.1915	0.1950	0.1985	0.2019	0.2054	0.2088	0.2123	0.2157	0.2190	0.2224
0.6	0.2257	0.2291	0.2324	0.2357	0.2389	0.2422	0.2454	0.2486	0.2517	0.2549
0.7	0.2580	0.2611	0.2642	0.2673	0.2704	0.2734	0.2764	0.2794	0.2823	0.2852
0.8	0.2881	0.2910	0.2939	0.2967	0.2995	0.3023	0.3051	0.3078	0.3106	0.3133
0.9	0.3159	0.3186	0.3212	0.3238	0.3264	0.3289	0.3315	0.3340	0.3365	0.3389
1.0	0.3413	0.3438	0.3461	0.3485	0.3508	0.3531	0.3554	0.3577	0.3599	0.3621
1.1	0.3643	0.3665	0.3686	0.3708	0.3729	0.3749	0.3770	0.3790	0.3810	0.3830
1.2	0.3849	0.3869	0.3888	0.3907	0.3925	0.3944	0.3962	0.3980	0.3997	0.4015
1.3	0.4032	0.4049	0.4066	0.4082	0.4099	0.4115	0.4131	0.4147	0.4162	0.4177
1.4	0.4192	0.4207	0.4222	0.4236	0.4251	0.4265	0.4279	0.4292	0.4306	0.4319
1.5	0.4332	0.4345	0.4357	0.4370	0.4382	0.4394	0.4406	0.4418	0.4429	0.4441
1.6	0.4452	0.4463	0.4474	0.4484	0.4495	0.4505	0.4515	0.4525	0.4535	0.4545
1.7	0.4554	0.4564	0.4573	0.4582	0.4591	0.4599	0.4608	0.4616	0.4625	0.4633
1.8	0.4641	0.4649	0.4656	0.4664	0.4671	0.4678	0.4686	0.4693	0.4699	0.4706
1.9	0.4713	0.4719	0.4726	0.4732	0.4738	0.4744	0.4750	0.4756	0.4761	0.4767
2.0	0.4772	0.4778	0.4783	0.4788	0.4793	0.4798	0.4803	0.4808	0.4812	0.4817
2.1	0.4821	0.4826	0.4830	0.4834	0.4838	0.4842	0.4846	0.4850	0.4854	0.4857
2.2	0.4861	0.4864	0.4868	0.4871	0.4875	0.4878	0.4881	0.4884	0.4887	0.4890
2.3	0.4893	0.4896	0.4898	0.4901	0.4904	0.4906	0.4909	0.4911	0.4913	0.4916
2.4	0.4918	0.4920	0.4922	0.4925	0.4927	0.4929	0.4931	0.4932	0.4934	0.4936
2.5	0.4938	0.4940	0.4941	0.4943	0.4945	0.4946	0.4948	0.4949	0.4951	0.4952
2.6	0.4953	0.4955	0.4956	0.4957	0.4959	0.4960	0.4961	0.4962	0.4963	0.4964
2.7	0.4965	0.4966	0.4967	0.4968	0.4969	0.4970	0.4971	0.4972	0.4973	0.4974
2.8	0.4974	0.4975	0.4976	0.4977	0.4977	0.4978	0.4979	0.4979	0.4980	0.4981
2.9	0.4981	0.4982	0.4982	0.4983	0.4984	0.4984	0.4985	0.4985	0.4986	0.4986
3.0	0.4987	0.4987	0.4987	0.4988	0.4988	0.4989	0.4989	0.4989	0.4990	0.4990

第4問 （選択問題）（配点　20）

(1)　数列$\{a_n\}$が

$$a_{n+1} - a_n = 14 \quad (n = 1, 2, 3, \cdots)$$

を満たすとする。

$a_1 = 10$ のとき，$a_2 = $ アイ ，$a_3 = $ ウエ である。

数列$\{a_n\}$の一般項は，初項a_1を用いて

$$a_n = a_1 + \boxed{オカ}\,(n-1)$$

と表すことができる。

(2)　数列$\{b_n\}$が

$$2b_{n+1} - b_n + 3 = 0 \quad (n = 1, 2, 3, \cdots)$$

を満たすとする。

数列$\{b_n\}$の一般項は，初項b_1を用いて

$$b_n = \left(b_1 + \boxed{キ}\right)\left(\frac{\boxed{ク}}{\boxed{ケ}}\right)^{n-1} - \boxed{コ}$$

と表すことができる。

(3)　太郎さんは

$$(c_n+3)(2c_{n+1}-c_n+3)=0 \quad (n=1,2,3,\cdots) \quad \cdots\cdots\cdots ①$$

を満たす数列$\{c_n\}$について調べることにした。

(i)

- 数列$\{c_n\}$が①を満たし，$c_1=5$のとき，$c_2=$ サ である。
- 数列$\{c_n\}$が①を満たし，$c_3=-3$のとき，$c_2=$ シス ，$c_1=$ セソ である。

(ii)　太郎さんは，数列$\{c_n\}$が①を満たし，$c_3=-3$となる場合について考えている。

$c_3=-3$のとき，c_4がどのような値でも

$$(c_3+3)(2c_4-c_3+3)=0$$

が成り立つ。

- 数列$\{c_n\}$が①を満たし，$c_3=-3$，$c_4=5$のとき

$$c_1=\boxed{セソ},\ c_2=\boxed{シス},\ c_3=-3,\ c_4=5,\ c_5=\boxed{タ}$$

である。

- 数列$\{c_n\}$が①を満たし，$c_3=-3$，$c_4=83$のとき

$$c_1=\boxed{セソ},\ c_2=\boxed{シス},\ c_3=-3,\ c_4=83,\ c_5=\boxed{チツ}$$

である。

(iii)　太郎さんは(i)と(ii)から，$c_n=-3$ となることがあるかどうかに着目し，次の**命題 A** が成り立つのではないかと考えた。

命題 A　数列 $\{c_n\}$ が ① を満たし，$c_1 \neq -3$ であるとする。このとき，すべての自然数 n について $c_n \neq -3$ である。

命題 A が真であることを証明するには，**命題 A** の仮定を満たす数列 $\{c_n\}$ について，テ を示せばよい。

実際，このようにして**命題 A** が真であることを証明できる。

テ については，最も適当なものを，次の⓪～④のうちから一つ選べ。

⓪　$c_2 \neq -3$ かつ $c_3 \neq -3$ であること

①　$c_{100} \neq -3$ かつ $c_{200} \neq -3$ であること

②　$c_{100} \neq -3$ ならば $c_{101} \neq -3$ であること

③　$n=k$ のとき $c_n \neq -3$ が成り立つと仮定すると，$n=k+1$ のときも $c_n \neq -3$ が成り立つこと

④　$n=k$ のとき $c_n=-3$ が成り立つと仮定すると，$n=k+1$ のときも $c_n=-3$ が成り立つこと

(iv)　次の(Ⅰ)，(Ⅱ)，(Ⅲ)は，数列$\{c_n\}$に関する命題である。

(Ⅰ)　$c_1 = 3$ かつ $c_{100} = -3$ であり，かつ①を満たす数列$\{c_n\}$がある。

(Ⅱ)　$c_1 = -3$ かつ $c_{100} = -3$ であり，かつ①を満たす数列$\{c_n\}$がある。

(Ⅲ)　$c_1 = -3$ かつ $c_{100} = 3$ であり，かつ①を満たす数列$\{c_n\}$がある。

(Ⅰ)，(Ⅱ)，(Ⅲ)の真偽の組合せとして正しいものは　ト　である。

ト　の解答群

	⓪	①	②	③	④	⑤	⑥	⑦
(Ⅰ)	真	真	真	真	偽	偽	偽	偽
(Ⅱ)	真	真	偽	偽	真	真	偽	偽
(Ⅲ)	真	偽	真	偽	真	偽	真	偽

第5問　（選択問題）（配点　20）

点Oを原点とする座標空間に4点A(2, 7, −1), B(3, 6, 0), C(−8, 10, −3), D(−9, 8, −4)がある。A, Bを通る直線をℓ_1とし，C, Dを通る直線をℓ_2とする。

(1)

$$\overrightarrow{AB} = \left(\boxed{\text{ア}},\ \boxed{\text{イウ}},\ \boxed{\text{エ}} \right)$$

であり，$\overrightarrow{AB} \cdot \overrightarrow{CD} = \boxed{\text{オ}}$である。

(2)　花子さんと太郎さんは，点Pがℓ_1上を動くとき，$|\overrightarrow{OP}|$が最小となるPの位置について考えている。

Pがℓ_1上にあるので，$\overrightarrow{AP} = s\overrightarrow{AB}$を満たす実数$s$があり，$\overrightarrow{OP} = \boxed{\text{カ}}$が成り立つ。

$|\overrightarrow{OP}|$が最小となるsの値を求めればPの位置が求まる。このことについて，花子さんと太郎さんが話をしている。

花子：$|\overrightarrow{OP}|^2$が最小となるsの値を求めればよいね。

太郎：$|\overrightarrow{OP}|$が最小となるときの直線OPとℓ_1の関係に着目してもよさそうだよ。

$\left|\overrightarrow{\mathrm{OP}}\right|^2 =$ キ $s^2 -$ クケ $s +$ コサ である。

また，$\left|\overrightarrow{\mathrm{OP}}\right|$ が最小となるとき，直線 OP と ℓ_1 の関係に着目すると シ が成り立つことがわかる。

花子さんの考え方でも，太郎さんの考え方でも，$s =$ ス のとき $\left|\overrightarrow{\mathrm{OP}}\right|$ が最小となることがわかる。

カ の解答群

⓪ $s\overrightarrow{\mathrm{AB}}$
① $s\overrightarrow{\mathrm{OB}}$
② $\overrightarrow{\mathrm{OA}} + s\overrightarrow{\mathrm{AB}}$
③ $(1-2s)\overrightarrow{\mathrm{OA}} + s\overrightarrow{\mathrm{OB}}$
④ $(1-s)\overrightarrow{\mathrm{OA}} + s\overrightarrow{\mathrm{AB}}$

シ の解答群

⓪ $\overrightarrow{\mathrm{OP}} \cdot \overrightarrow{\mathrm{AB}} > 0$
① $\overrightarrow{\mathrm{OP}} \cdot \overrightarrow{\mathrm{AB}} = 0$
② $\overrightarrow{\mathrm{OP}} \cdot \overrightarrow{\mathrm{AB}} < 0$
③ $\left|\overrightarrow{\mathrm{OP}}\right| = \left|\overrightarrow{\mathrm{AB}}\right|$
④ $\overrightarrow{\mathrm{OP}} \cdot \overrightarrow{\mathrm{AB}} = \overrightarrow{\mathrm{OB}} \cdot \overrightarrow{\mathrm{AP}}$
⑤ $\overrightarrow{\mathrm{OB}} \cdot \overrightarrow{\mathrm{AP}} = 0$
⑥ $\overrightarrow{\mathrm{OP}} \cdot \overrightarrow{\mathrm{AB}} = \left|\overrightarrow{\mathrm{OP}}\right|\left|\overrightarrow{\mathrm{AB}}\right|$

(3) 点Pが ℓ_1 上を動き，点Qが ℓ_2 上を動くとする。このとき，線分PQの長さが最小になるPの座標は（ セソ ， タチ ， ツテ ），Qの座標は（ トナ ， ニヌ ， ネノ ）である。

数　学　Ⅰ

（全　問　必　答）

第１問　（配点　20）

〔1〕　不等式

$$n < 2\sqrt{13} < n + 1 \quad \cdots\cdots ①$$

を満たす整数 n は［ア］である。実数 a，b を

$$a = 2\sqrt{13} - \boxed{ア} \quad \cdots\cdots ②$$

$$b = \frac{1}{a} \quad \cdots\cdots ③$$

で定める。このとき

$$b = \frac{\boxed{イ} + 2\sqrt{13}}{\boxed{ウ}} \quad \cdots\cdots ④$$

である。また

$$a^2 - 9b^2 = \boxed{エオカ}\sqrt{13}$$

である。

①から

$$\frac{\boxed{\text{ア}}}{2} < \sqrt{13} < \frac{\boxed{\text{ア}}+1}{2} \quad \cdots\cdots\cdots\cdots ⑤$$

が成り立つ。

太郎さんと花子さんは，$\sqrt{13}$ について話している。

太郎：⑤から $\sqrt{13}$ のおよその値がわかるけど，小数点以下はよくわからないね。

花子：小数点以下をもう少し詳しく調べることができないかな。

①と④から

$$\frac{m}{\boxed{\text{ウ}}} < b < \frac{m+1}{\boxed{\text{ウ}}}$$

を満たす整数 m は **キク** となる。よって，③から

$$\frac{\boxed{\text{ウ}}}{m+1} < a < \frac{\boxed{\text{ウ}}}{m} \quad \cdots\cdots\cdots\cdots ⑥$$

が成り立つ。

$\sqrt{13}$ の整数部分は **ケ** であり，②と⑥を使えば $\sqrt{13}$ の小数第1位の数字は **コ** ，小数第2位の数字は **サ** であることがわかる。

〔2〕　全体集合 U を 2 以上 9 以下の自然数全体の集合とする。a，b，c，d は U の異なる要素とする。また，U の部分集合 A，B，C，D を

$A=\{n \mid n$ は U の要素かつ a の倍数$\}$

$B=\{n \mid n$ は U の要素かつ b の倍数$\}$

$C=\{n \mid n$ は U の要素かつ c の倍数$\}$

$D=\{n \mid n$ は U の要素かつ d の倍数$\}$

とする。

なお，$A \cup B \cup C$ とは，$(A \cup B) \cup C$ のことであり，$A \cup B \cup C \cup D$ とは，$(A \cup B \cup C) \cup D$ のことである。

(1)　$a=4$，$b=5$ のとき

$A \cup B = \{$ シ ， ス ， セ $\}$

である。ただし， シ ＜ ス ＜ セ とする。

(2)　$a=2$，$b=3$ のとき

$A \cap \overline{B} = \{$ ソ ， タ ， チ $\}$

である。ただし， ソ ＜ タ ＜ チ とする。

(3) 以下，$a < b < c < d$ とする。

(i) $a = 2$，$b = 3$ のとき，$A \cup B = \overline{C} \cap \overline{D}$ が成り立つのは，

$c =$ ツ，$d =$ テ のときである。

(ii) $A \cup B \cup C \cup D = U$ が成り立つのは，$a =$ ト，$b =$ ナ，

$c =$ ニ，$d =$ ヌ のときである。

(iii) $a = 2$ であることは，$\{2, 6, 8\} \subset A \cup B \cup C$ であるための ネ 。また，$b = 6$ であることは，$\{2, 6, 8\} \subset A \cup B \cup C$ であるための ノ 。

ネ，ノ の解答群(同じものを繰り返し選んでもよい。)

⓪ 必要条件であるが，十分条件ではない
① 十分条件であるが，必要条件ではない
② 必要十分条件である
③ 必要条件でも十分条件でもない

第2問　(配点　30)

〔1〕　△ABCにおいて，BC＝5，∠ABC＝60°とする。

(1)　△ABCの外接円の半径が$\sqrt{7}$のとき，AC＝$\sqrt{\boxed{アイ}}$であり，

AB＝$\boxed{ウ}$またはAB＝$\boxed{エ}$である。ただし，$\boxed{ウ}$，$\boxed{エ}$の解答の順序は問わない。

したがって，外接円の半径が$\sqrt{7}$であるような△ABCは二つある。

(2)　△ABCの外接円の半径をRとするとき，$R=\dfrac{\boxed{オ}}{\boxed{カ}}$または

$R \geqq \dfrac{\boxed{キ}\sqrt{\boxed{ク}}}{\boxed{ケ}}$であることは，△ABCが一通りに決まるための必要十分条件である。

〔2〕 以下の問題を解答するにあたっては，必要に応じて65ページの三角比の表を用いてもよい。

水平な地面(以下，地面)に垂直に立っている電柱の高さを，その影の長さと太陽高度を利用して求めよう。

図1のように，電柱の影の先端は坂の斜面(以下，坂)にあるとする。また，坂には傾斜を表す道路標識が設置されていて，そこには7％と表示されているとする。

電柱の太さと影の幅は無視して考えるものとする。また，地面と坂は平面であるとし，地面と坂が交わってできる直線をℓとする。

電柱の先端を点Aとし，根もとを点Bとする。電柱の影について，地面にある部分を線分BCとし，坂にある部分を線分CDとする。線分BC，CDがそれぞれℓと垂直であるとき，電柱の影は坂に向かってまっすぐにのびているということにする。

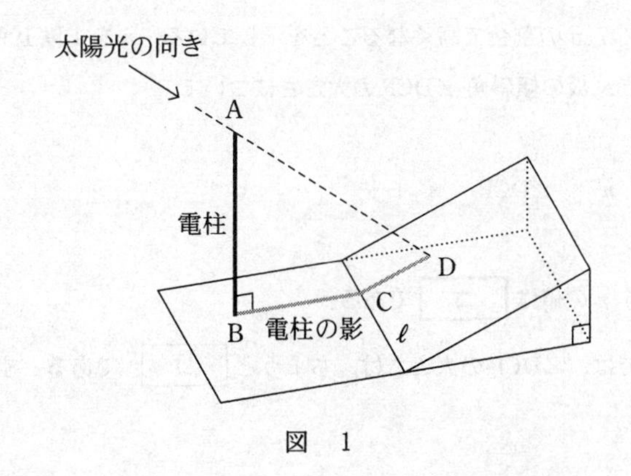

図　1

電柱の影が坂に向かってまっすぐにのびているとする。このとき，4点A，B，C，Dを通る平面はℓと垂直である。その平面において，図2のように，直線ADと直線BCの交点をPとすると，太陽高度とは∠APBの大きさのことである。

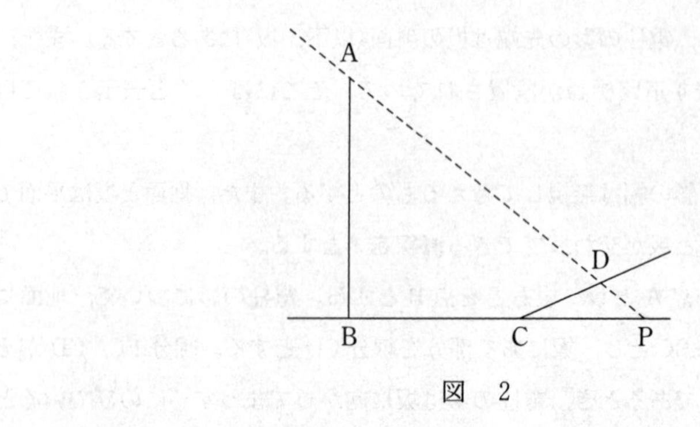

図　2

道路標識の7％という表示は，この坂をのぼったとき，100 mの水平距離に対して7 mの割合で高くなることを示している。nを1以上9以下の整数とするとき，坂の傾斜角∠DCPの大きさについて

$$n^\circ < \angle \mathrm{DCP} < n^\circ + 1^\circ$$

を満たすnの値は［コ］である。

以下では，∠DCPの大きさは，ちょうど［コ］°であるとする。

ある日，電柱の影が坂に向かってまっすぐにのびていたとき，影の長さを調べたところ BC = 7 m，CD = 4 m であり，太陽高度は ∠APB = 45° であった。点 D から直線 AB に垂直な直線を引き，直線 AB との交点を E とするとき

BE = [サ] × [シ] m

であり

DE = ([ス] + [セ] × [ソ]) m

である。よって，電柱の高さは，小数第 2 位で四捨五入すると [タ] m であることがわかる。

[シ]，[ソ] の解答群(同じものを繰り返し選んでもよい。)

⓪ $\sin \angle DCP$	① $\dfrac{1}{\sin \angle DCP}$	② $\cos \angle DCP$
③ $\dfrac{1}{\cos \angle DCP}$	④ $\tan \angle DCP$	⑤ $\dfrac{1}{\tan \angle DCP}$

[タ] の解答群

⓪ 10.4	① 10.7	② 11.0
③ 11.3	④ 11.6	⑤ 11.9

別の日，電柱の影が坂に向かってまっすぐにのびていたときの太陽高度は∠APB = 42° であった。電柱の高さがわかったので，前回調べた日からの影の長さの変化を知ることができる。電柱の影について，坂にある部分の長さは

$$\mathrm{CD} = \frac{\mathrm{AB} - \boxed{\text{チ}} \times \boxed{\text{ツ}}}{\boxed{\text{テ}} + \boxed{\text{ト}} \times \boxed{\text{ツ}}}\ \mathrm{m}$$

である。AB = $\boxed{\text{タ}}$ m として，これを計算することにより，この日の電柱の影について，坂にある部分の長さは，前回調べた 4 m より約 1.2 m だけ長いことがわかる。

$\boxed{\text{ツ}}$ ～ $\boxed{\text{ト}}$ の解答群(同じものを繰り返し選んでもよい。)

⓪ sin ∠DCP	① cos ∠DCP	② tan ∠DCP
③ sin 42°	④ cos 42°	⑤ tan 42°

三角比の表

角	正弦(sin)	余弦(cos)	正接(tan)
0°	0.0000	1.0000	0.0000
1°	0.0175	0.9998	0.0175
2°	0.0349	0.9994	0.0349
3°	0.0523	0.9986	0.0524
4°	0.0698	0.9976	0.0699
5°	0.0872	0.9962	0.0875
6°	0.1045	0.9945	0.1051
7°	0.1219	0.9925	0.1228
8°	0.1392	0.9903	0.1405
9°	0.1564	0.9877	0.1584
10°	0.1736	0.9848	0.1763
11°	0.1908	0.9816	0.1944
12°	0.2079	0.9781	0.2126
13°	0.2250	0.9744	0.2309
14°	0.2419	0.9703	0.2493
15°	0.2588	0.9659	0.2679
16°	0.2756	0.9613	0.2867
17°	0.2924	0.9563	0.3057
18°	0.3090	0.9511	0.3249
19°	0.3256	0.9455	0.3443
20°	0.3420	0.9397	0.3640
21°	0.3584	0.9336	0.3839
22°	0.3746	0.9272	0.4040
23°	0.3907	0.9205	0.4245
24°	0.4067	0.9135	0.4452
25°	0.4226	0.9063	0.4663
26°	0.4384	0.8988	0.4877
27°	0.4540	0.8910	0.5095
28°	0.4695	0.8829	0.5317
29°	0.4848	0.8746	0.5543
30°	0.5000	0.8660	0.5774
31°	0.5150	0.8572	0.6009
32°	0.5299	0.8480	0.6249
33°	0.5446	0.8387	0.6494
34°	0.5592	0.8290	0.6745
35°	0.5736	0.8192	0.7002
36°	0.5878	0.8090	0.7265
37°	0.6018	0.7986	0.7536
38°	0.6157	0.7880	0.7813
39°	0.6293	0.7771	0.8098
40°	0.6428	0.7660	0.8391
41°	0.6561	0.7547	0.8693
42°	0.6691	0.7431	0.9004
43°	0.6820	0.7314	0.9325
44°	0.6947	0.7193	0.9657
45°	0.7071	0.7071	1.0000

角	正弦(sin)	余弦(cos)	正接(tan)
45°	0.7071	0.7071	1.0000
46°	0.7193	0.6947	1.0355
47°	0.7314	0.6820	1.0724
48°	0.7431	0.6691	1.1106
49°	0.7547	0.6561	1.1504
50°	0.7660	0.6428	1.1918
51°	0.7771	0.6293	1.2349
52°	0.7880	0.6157	1.2799
53°	0.7986	0.6018	1.3270
54°	0.8090	0.5878	1.3764
55°	0.8192	0.5736	1.4281
56°	0.8290	0.5592	1.4826
57°	0.8387	0.5446	1.5399
58°	0.8480	0.5299	1.6003
59°	0.8572	0.5150	1.6643
60°	0.8660	0.5000	1.7321
61°	0.8746	0.4848	1.8040
62°	0.8829	0.4695	1.8807
63°	0.8910	0.4540	1.9626
64°	0.8988	0.4384	2.0503
65°	0.9063	0.4226	2.1445
66°	0.9135	0.4067	2.2460
67°	0.9205	0.3907	2.3559
68°	0.9272	0.3746	2.4751
69°	0.9336	0.3584	2.6051
70°	0.9397	0.3420	2.7475
71°	0.9455	0.3256	2.9042
72°	0.9511	0.3090	3.0777
73°	0.9563	0.2924	3.2709
74°	0.9613	0.2756	3.4874
75°	0.9659	0.2588	3.7321
76°	0.9703	0.2419	4.0108
77°	0.9744	0.2250	4.3315
78°	0.9781	0.2079	4.7046
79°	0.9816	0.1908	5.1446
80°	0.9848	0.1736	5.6713
81°	0.9877	0.1564	6.3138
82°	0.9903	0.1392	7.1154
83°	0.9925	0.1219	8.1443
84°	0.9945	0.1045	9.5144
85°	0.9962	0.0872	11.4301
86°	0.9976	0.0698	14.3007
87°	0.9986	0.0523	19.0811
88°	0.9994	0.0349	28.6363
89°	0.9998	0.0175	57.2900
90°	1.0000	0.0000	—

第3問 （配点　30）

〔1〕 関数$f(x) = ax^2 + bx + c$について，$y = f(x)$のグラフをコンピュータソフトを用いて表示させる。ただし，このコンピュータソフトでは，a，b，cの値は十分（じゅうぶん）に広い範囲で変化させられるものとする。

a，b，cの値をそれぞれ定めたところ，図1のように，x軸の$-2 < x < -1$の部分と$-1 < x < 0$の部分のそれぞれと交わる，上に凸の放物線が表示された。

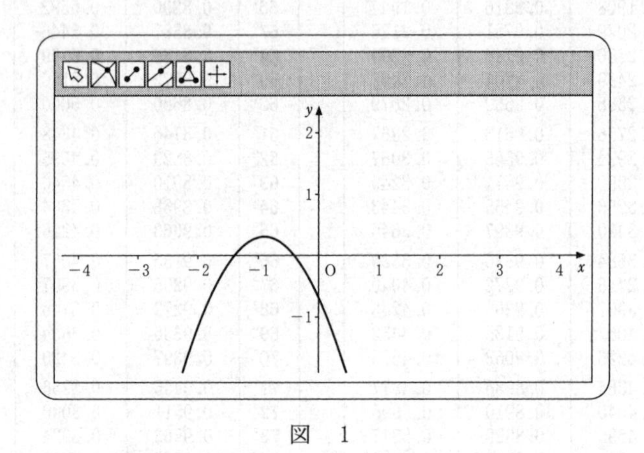

図　1

(1) 図1の放物線を表示させるa，b，cの値について

a **ア** 0，　b **イ** 0，　c **ウ** 0，　$b^2 - 4ac$ **エ** 0，

$4a - 2b + c$ **オ** 0，　$a - b + c$ **カ** 0

である。

ア ～ **カ** の解答群(同じものを繰り返し選んでもよい。)

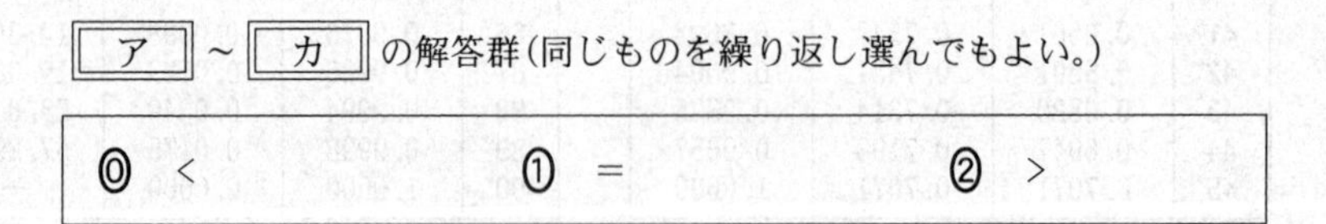

⓪ ＜　　① ＝　　② ＞

(2) 次の操作A，操作B，操作Cのうち，いずれか一つの操作を行う。

操作A：図1の状態から b，c の値は変えず，a の値だけを減少させる。
操作B：図1の状態から a，c の値は変えず，b の値だけを減少させる。
操作C：図1の状態から a，b の値は変えず，c の値だけを減少させる。

このとき，操作A，操作B，操作Cのうち

不等式 $f(x) < 0$ の解が，すべての実数となること

が起こり得る操作は［キ］。また

方程式 $f(x) = 0$ は，異なる二つの正の解をもつこと

が起こり得る操作は［ク］。

［キ］，［ク］の解答群(同じものを繰り返し選んでもよい。)

⓪ ない
① 操作Aだけである
② 操作Bだけである
③ 操作Cだけである
④ 操作Aと操作Bだけである
⑤ 操作Aと操作Cだけである
⑥ 操作Bと操作Cだけである
⑦ 操作Aと操作Bと操作Cのすべてである

〔2〕 座標平面上に4点O(0，0)，A(6，0)，B(4，6)，C(0，6)を頂点とする台形OABCがある。また，この座標平面上で，点P，Qは次の**規則**に従って移動する。

規則

- Pは，Oから出発して毎秒1の一定の速さでx軸上を正の向きにAまで移動し，Aに到達した時点で移動を終了する。
- Qは，Cから出発してy軸上を負の向きにOまで移動し，Oに到達した後はy軸上を正の向きにCまで移動する。そして，Cに到達した時点で移動を終了する。ただし，Qは毎秒2の一定の速さで移動する。
- P，Qは同時刻に移動を開始する。

この**規則**に従ってP，Qが移動するとき，P，QはそれぞれA，Cに同時刻に到達し，移動を終了する。

以下において，P，Qが移動を開始する時刻を**開始時刻**，移動を終了する時刻を**終了時刻**とする。

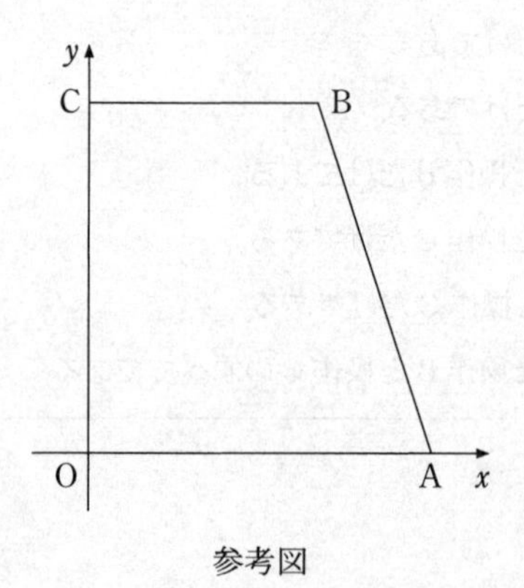

参考図

(1) **開始時刻**から1秒後の△PBQの面積は［ケ］である。

(2) **開始時刻**から3秒間の△PBQの面積について，面積の最小値は［コ］であり，最大値は［サシ］である。

(3) **開始時刻**から**終了時刻**までの△PBQの面積について，面積の最小値は［ス］であり，最大値は［セソ］である。

(4) **開始時刻**から**終了時刻**までの△PBQの面積について，面積が10以下となる時間は$\left(\boxed{タ} - \sqrt{\boxed{チ}} + \sqrt{\boxed{ツ}}\right)$秒間である。

第4問　（配点　20）

高校の陸上部で長距離競技の選手として活躍する太郎さんは，長距離競技の公認記録が掲載されているWebページを見つけた。このWebページでは，各選手における公認記録のうち最も速いものが掲載されている。そのWebページに掲載されている，ある選手のある長距離競技での公認記録を，その選手のその競技でのベストタイムということにする。

なお，以下の図や表については，ベースボール・マガジン社「陸上競技ランキング」のWebページをもとに作成している。

(1)　太郎さんは，男子マラソンの日本人選手の2022年末時点でのベストタイムを調べた。その中で，2018年より前にベストタイムを出した選手と2018年以降にベストタイムを出した選手に分け，それぞれにおいて速い方から50人の選手のベストタイムをデータA，データBとした。

ここでは，マラソンのベストタイムは，実際のベストタイムから2時間を引いた時間を秒単位で表したものとする。例えば2時間5分30秒であれば，$60 \times 5 + 30 = 330$(秒)となる。

(i)　図1と図2はそれぞれ，階級の幅を30秒としたAとBのヒストグラムである。なお，ヒストグラムの各階級の区間は，左側の数値を含み，右側の数値を含まない。

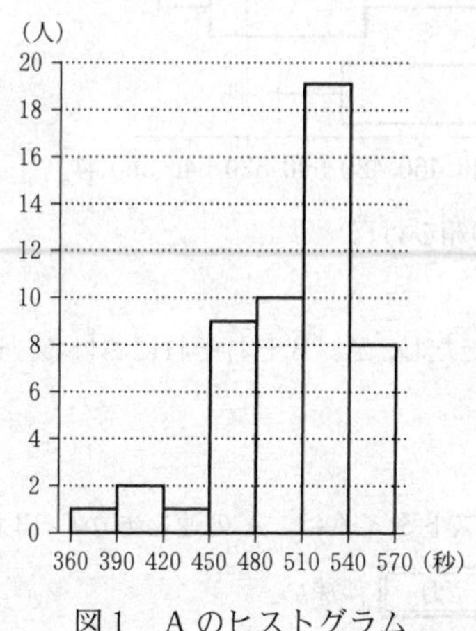

図1　Aのヒストグラム

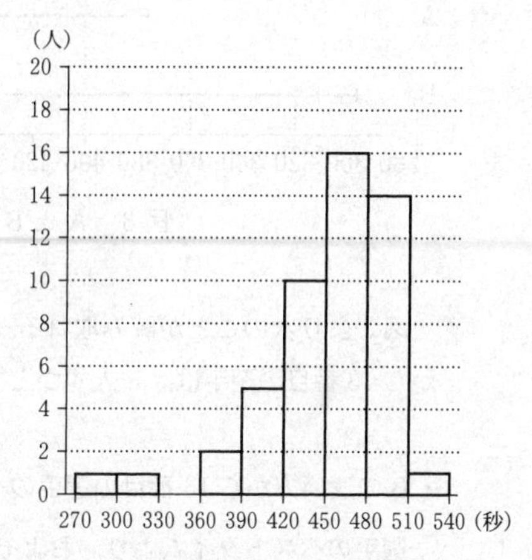

図2　Bのヒストグラム

ベストタイムが420秒未満の選手の割合はAでは［ア］％であり，Bでは［イウ］％である。

図1からAの最頻値は階級［エ］の階級値である。また，図2からBの中央値が含まれる階級は［オ］である。

［エ］，［オ］の解答群(同じものを繰り返し選んでもよい。)

⓪　270以上300未満	①　300以上330未満
②　330以上360未満	③　360以上390未満
④　390以上420未満	⑤　420以上450未満
⑥　450以上480未満	⑦　480以上510未満
⑧　510以上540未満	⑨　540以上570未満

(ii)　図3は，A，Bそれぞれの箱ひげ図を並べたものである。ただし，中央値を示す線は省いている。

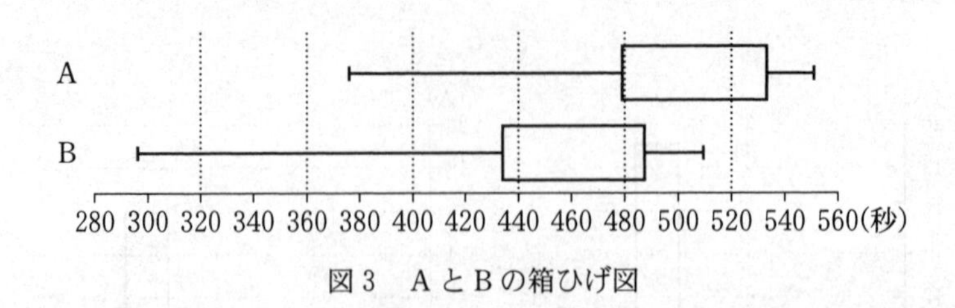

図3　AとBの箱ひげ図

図3より次のことが読み取れる。ただし，A，Bそれぞれにおける，速い方から13番目の選手は，一人ずつとする。

- Bの速い方から13番目の選手のベストタイムは，Aの速い方から13番目の選手のベストタイムより，およそ［カ］秒速い。
- Aの四分位範囲からBの四分位範囲を引いた差の絶対値は［キ］である。

［カ］については，最も適当なものを，次の⓪～⑤のうちから一つ選べ。

⓪　5　　①　15　　②　25　　③　35　　④　45　　⑤　55

［キ］の解答群

⓪　0以上20未満
①　20以上40未満
②　40以上60未満
③　60以上80未満
④　80以上100未満

(iii)　太郎さんは，Aのある選手とBのある選手のベストタイムの比較において，その二人の選手のベストタイムが速いか遅いかとは別の観点でも考えるために，次の**式**を満たす z の値を用いて判断することにした。

式

（あるデータのある選手のベストタイム）＝
（そのデータの平均値）＋ z ×（そのデータの標準偏差）

二人の選手それぞれのベストタイムに対する z の値を比較し，その値の小さい選手の方が優れていると判断する。

表1は，A，Bそれぞれにおける，速い方から1番目の選手(以下，1位の選手)のベストタイムと，データの平均値と標準偏差をまとめたものである。

表1　1位の選手のベストタイム，平均値，標準偏差

データ	1位の選手のベストタイム	平均値	標準偏差
A	376	504	40
B	296	454	45

式と表1を用いると，Bの1位の選手のベストタイムに対する z の値は

$$z = -\boxed{ク}.\boxed{ケコ}$$

である。このことから，Bの1位の選手のベストタイムは，平均値より標準偏差のおよそ ク . ケコ 倍だけ小さいことがわかる。

A，Bそれぞれにおける，1位の選手についての記述として，次の⓪～③のうち，正しいものは サ である。

サ の解答群

⓪　ベストタイムで比較するとAの1位の選手の方が速く，z の値で比較するとAの1位の選手の方が優れている。
①　ベストタイムで比較するとBの1位の選手の方が速く，z の値で比較するとBの1位の選手の方が優れている。
②　ベストタイムで比較するとAの1位の選手の方が速く，z の値で比較するとBの1位の選手の方が優れている。
③　ベストタイムで比較するとBの1位の選手の方が速く，z の値で比較するとAの1位の選手の方が優れている。

⑵　太郎さんは，マラソン，10000 m，5000 m のベストタイムに関連がないかを調べることにした。そのために，2022 年末時点でのこれら 3 種目のベストタイムをすべて確認できた日本人男子選手のうち，マラソンのベストタイムが速い方から 50 人を選んだ。

図 4 と図 5 はそれぞれ，選んだ 50 人についてのマラソンと 10000 m のベストタイム，5000 m と 10000 m のベストタイムの散布図である。ただし，5000 m と 10000 m のベストタイムは秒単位で表し，マラソンのベストタイムは⑴の場合と同様，実際のベストタイムから 2 時間を引いた時間を秒単位で表したものとする。なお，これらの散布図には，完全に重なっている点はない。

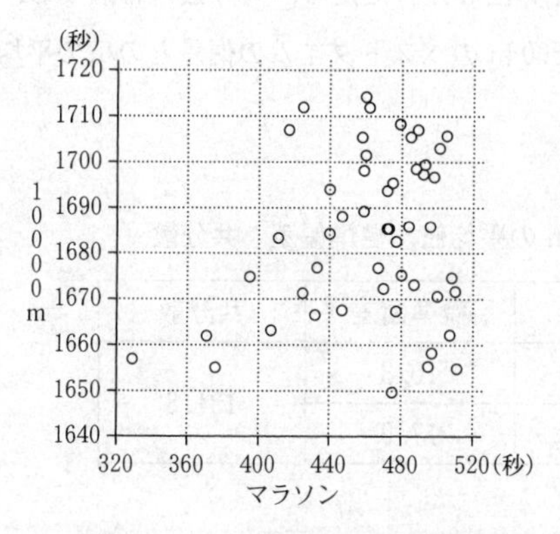

図 4　マラソンと 10000 m の散布図

(秒)
1720
1710
1700
1690
1680
1670
1660
1650
1640
10000 m
780
800
820
840 (秒)
5000 m

図 5　5000 m と 10000 m の散布図

(i)　次の⒜，⒝は，図 4 と図 5 に関する記述である。

⒜　マラソンのベストタイムの速い方から 3 番目までの選手の 10000 m のベストタイムは，3 選手とも 1670 秒未満である。

⒝　マラソンと 10000 m の間の相関は，5000 m と 10000 m の間の相関より強い。

(a), (b) の正誤の組合せとして正しいものは シ である。

シ の解答群

	⓪	①	②	③
(a)	正	正	誤	誤
(b)	正	誤	正	誤

(ii) 太郎さんは，5000 m と 10000 m の相関係数を計算するために，表 2 のように平均値，標準偏差および共分散を算出した。ただし，共分散は各選手の，5000 m のベストタイムの偏差と 10000 m のベストタイムの偏差との積の平均値である。

表 2　5000 m と 10000 m の平均値，標準偏差，共分散

	平均値	標準偏差	共分散
5000 m	817.7	10.3	131.8
10000 m	1683.6	17.9	

表 2 を用いると，5000 m と 10000 m の相関係数は ス である。

ス については，最も適当なものを，次の⓪～⑨のうちから一つ選べ。

⓪ 0.00　① 0.11　② 0.20　③ 0.31　④ 0.45
⑤ 0.58　⑥ 0.65　⑦ 0.71　⑧ 0.80　⑨ 1.40

2023

共通テスト
本試験

数学Ⅰ・数学Ａ／数学Ⅰ：
解答時間 70 分
配点 100 点

数学Ⅱ・数学Ｂ：
解答時間 60 分
配点 100 点

数学Ⅰ・数学A

問　題	選 択 方 法
第1問	必　　答
第2問	必　　答
第3問	いずれか2問を選択し，解答しなさい。
第4問	
第5問	

第１問 （必答問題）（配点　30）

〔1〕 実数xについての不等式

$$|x+6| \leqq 2$$

の解は

$$\boxed{\text{アイ}} \leqq x \leqq \boxed{\text{ウエ}}$$

である。

よって，実数a，b，c，dが

$$|(1-\sqrt{3})(a-b)(c-d)+6| \leqq 2$$

を満たしているとき，$1-\sqrt{3}$は負であることに注意すると，$(a-b)(c-d)$のとり得る値の範囲は

$$\boxed{\text{オ}} + \boxed{\text{カ}}\sqrt{3} \leqq (a-b)(c-d) \leqq \boxed{\text{キ}} + \boxed{\text{ク}}\sqrt{3}$$

であることがわかる。

特に

$$(a-b)(c-d)=\boxed{\text{キ}}+\boxed{\text{ク}}\sqrt{3} \quad \cdots\cdots ①$$

であるとき，さらに

$$(a-c)(b-d)=-3+\sqrt{3} \quad \cdots\cdots ②$$

が成り立つならば

$$(a-d)(c-b)=\boxed{\text{ケ}}+\boxed{\text{コ}}\sqrt{3} \quad \cdots\cdots ③$$

であることが，等式①，②，③の左辺を展開して比較することによりわかる。

〔2〕

(1) 点Oを中心とし，半径が5である円Oがある。この円周上に2点A，BをAB＝6となるようにとる。また，円Oの円周上に，2点A，Bとは異なる点Cをとる。

(i) $\sin \angle ACB =$ [サ] である。また，点Cを $\angle ACB$ が鈍角となるようにとるとき，$\cos \angle ACB =$ [シ] である。

(ii) 点Cを△ABCの面積が最大となるようにとる。点Cから直線ABに垂直な直線を引き，直線ABとの交点をDとするとき，

$\tan \angle OAD =$ [ス] である。また，△ABCの面積は [セソ] である。

[サ] ～ [ス] の解答群（同じものを繰り返し選んでもよい。）

⓪ $\frac{3}{5}$	① $\frac{3}{4}$	② $\frac{4}{5}$	③ 1	④ $\frac{4}{3}$
⑤ $-\frac{3}{5}$	⑥ $-\frac{3}{4}$	⑦ $-\frac{4}{5}$	⑧ -1	⑨ $-\frac{4}{3}$

(2)　半径が5である球Sがある。この球面上に3点P，Q，Rをとったとき，これらの3点を通る平面α上で$PQ = 8$，$QR = 5$，$RP = 9$であったとする。

球Sの球面上に点Tを三角錐(すい)TPQRの体積が最大となるようにとるとき，その体積を求めよう。

まず，$\cos\angle QPR = \dfrac{\fbox{タ}}{\fbox{チ}}$であることから，△PQRの面積は

$\fbox{ツ}\sqrt{\fbox{テト}}$である。

次に，点Tから平面αに垂直な直線を引き，平面αとの交点をHとする。このとき，PH，QH，RHの長さについて，$\fbox{ナ}$が成り立つ。

以上より，三角錐TPQRの体積は$\fbox{ニヌ}\left(\sqrt{\fbox{ネノ}} + \sqrt{\fbox{ハ}}\right)$である。

$\fbox{ナ}$の解答群

⓪ $PH < QH < RH$	① $PH < RH < QH$
② $QH < PH < RH$	③ $QH < RH < PH$
④ $RH < PH < QH$	⑤ $RH < QH < PH$
⑥ $PH = QH = RH$	

第２問　（必答問題）（配点　30）

〔１〕　太郎さんは，総務省が公表している2020年の家計調査の結果を用いて，地域による食文化の違いについて考えている。家計調査における調査地点は，都道府県庁所在市および政令指定都市（都道府県庁所在市を除く）であり，合計52市である。家計調査の結果の中でも，スーパーマーケットなどで販売されている調理食品の「二人以上の世帯の１世帯当たり年間支出金額（以下，支出金額，単位は円）」を分析することにした。以下においては，52市の調理食品の支出金額をデータとして用いる。

太郎さんは調理食品として，最初にうなぎのかば焼き（以下，かば焼き）に着目し，図１のように52市におけるかば焼きの支出金額のヒストグラムを作成した。ただし，ヒストグラムの各階級の区間は，左側の数値を含み，右側の数値を含まない。

なお，以下の図や表については，総務省のWebページをもとに作成している。

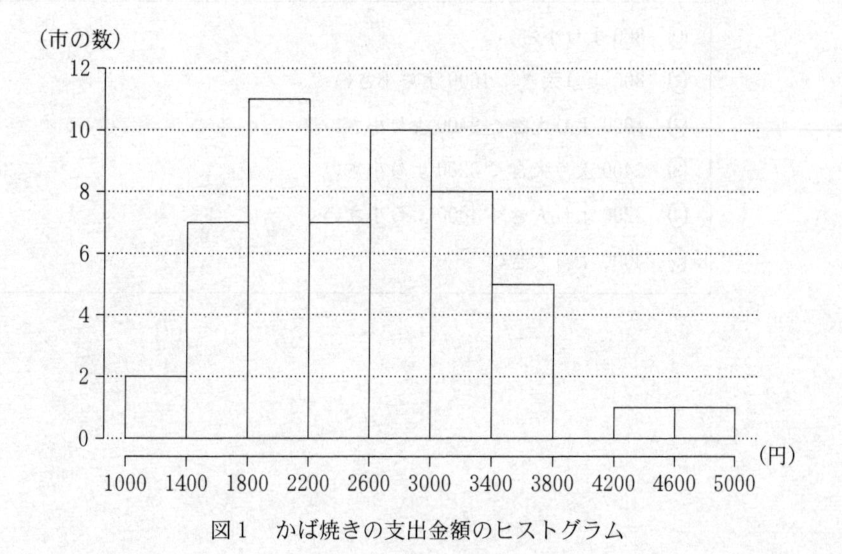

図１　かば焼きの支出金額のヒストグラム

(1)　図1から次のことが読み取れる。

・第1四分位数が含まれる階級は［ア］である。

・第3四分位数が含まれる階級は［イ］である。

・四分位範囲は［ウ］。

［ア］，［イ］の解答群(同じものを繰り返し選んでもよい。)

⓪ 1000 以上 1400 未満	① 1400 以上 1800 未満
② 1800 以上 2200 未満	③ 2200 以上 2600 未満
④ 2600 以上 3000 未満	⑤ 3000 以上 3400 未満
⑥ 3400 以上 3800 未満	⑦ 3800 以上 4200 未満
⑧ 4200 以上 4600 未満	⑨ 4600 以上 5000 未満

［ウ］の解答群

⓪ 800 より小さい

① 800 より大きく 1600 より小さい

② 1600 より大きく 2400 より小さい

③ 2400 より大きく 3200 より小さい

④ 3200 より大きく 4000 より小さい

⑤ 4000 より大きい

⑵　太郎さんは，東西での地域による食文化の違いを調べるために，52 市を東側の地域 E(19 市)と西側の地域 W(33 市)の二つに分けて考えることにした。

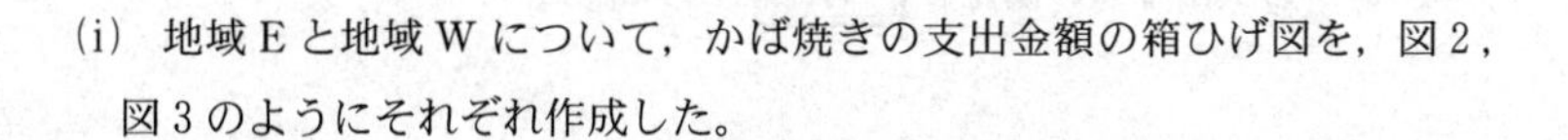

(i)　地域 E と地域 W について，かば焼きの支出金額の箱ひげ図を，図 2，図 3 のようにそれぞれ作成した。

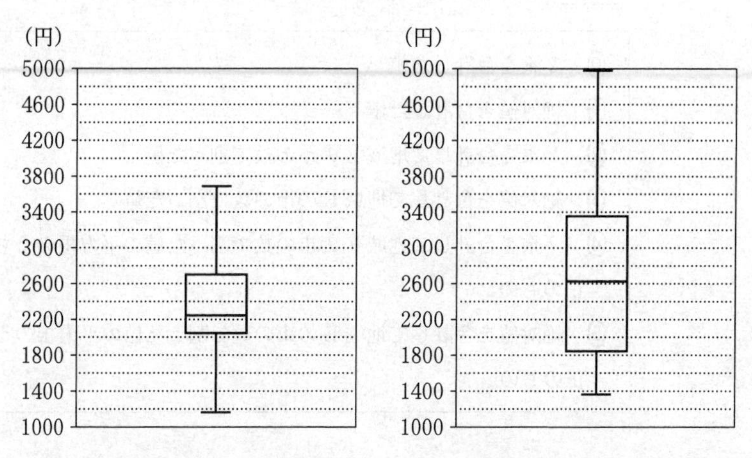

図 2　地域 E におけるかば焼きの支出金額の箱ひげ図

図 3　地域 W におけるかば焼きの支出金額の箱ひげ図

かば焼きの支出金額について，図 2 と図 3 から読み取れることとして，次の⓪〜③のうち，正しいものは［エ］である。

［エ］の解答群

⓪	地域 E において，小さい方から 5 番目は 2000 以下である。
①	地域 E と地域 W の範囲は等しい。
②	中央値は，地域 E より地域 W の方が大きい。
③	2600 未満の市の割合は，地域 E より地域 W の方が大きい。

(ii)　太郎さんは，地域Eと地域Wのデータの散らばりの度合いを数値でとらえようと思い，それぞれの分散を考えることにした。地域Eにおけるかば焼きの支出金額の分散は，地域Eのそれぞれの市におけるかば焼きの支出金額の偏差の［オ］である。

［オ］の解答群

⓪　2乗を合計した値
①　絶対値を合計した値
②　2乗を合計して地域Eの市の数で割った値
③　絶対値を合計して地域Eの市の数で割った値
④　2乗を合計して地域Eの市の数で割った値の平方根のうち正のもの
⑤　絶対値を合計して地域Eの市の数で割った値の平方根のうち正のもの

⑶　太郎さんは，⑵で考えた地域Ｅにおける，やきとりの支出金額についても調べることにした。

ここでは地域Ｅにおいて，やきとりの支出金額が増加すれば，かば焼きの支出金額も増加する傾向があるのではないかと考え，まず図４のように，地域Ｅにおける，やきとりとかば焼きの支出金額の散布図を作成した。そして，相関係数を計算するために，表１のように平均値，分散，標準偏差および共分散を算出した。ただし，共分散は地域Ｅのそれぞれの市における，やきとりの支出金額の偏差とかば焼きの支出金額の偏差との積の平均値である。

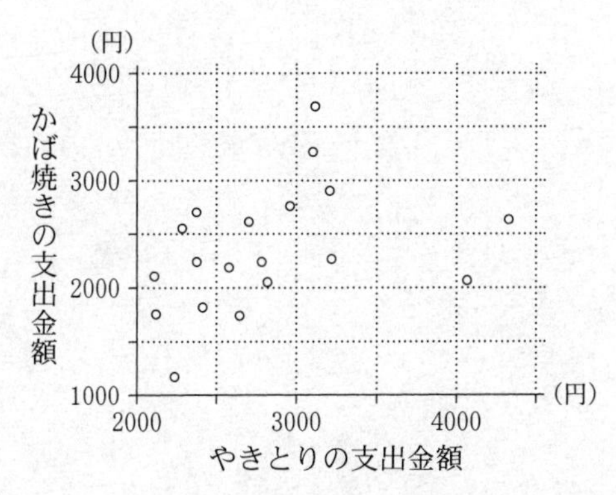

図４　地域Ｅにおける，やきとりとかば焼きの支出金額の散布図

表１　地域Ｅにおける，やきとりとかば焼きの支出金額の平均値，分散，標準偏差および共分散

	平均値	分　散	標準偏差	共分散
やきとりの支出金額	2810	348100	590	124000
かば焼きの支出金額	2350	324900	570	

表１を用いると，地域Ｅにおける，やきとりの支出金額とかば焼きの支出金額の相関係数は［カ］である。

［カ］については，最も適当なものを，次の⓪～⑨のうちから一つ選べ。

⓪ −0.62	① −0.50	② −0.37	③ −0.19
④ −0.02	⑤ 0.02	⑥ 0.19	⑦ 0.37
⑧ 0.50	⑨ 0.62		

〔2〕　太郎さんと花子さんは，バスケットボールのプロ選手の中には，リングと同じ高さでシュートを打てる人がいることを知り，シュートを打つ高さによってボールの軌道がどう変わるかについて考えている。

二人は，図1のように座標軸が定められた平面上に，プロ選手と花子さんがシュートを打つ様子を真横から見た図をかき，ボールがリングに入った場合について，後の**仮定**を設定して考えることにした。長さの単位はメートルであるが，以下では省略する。

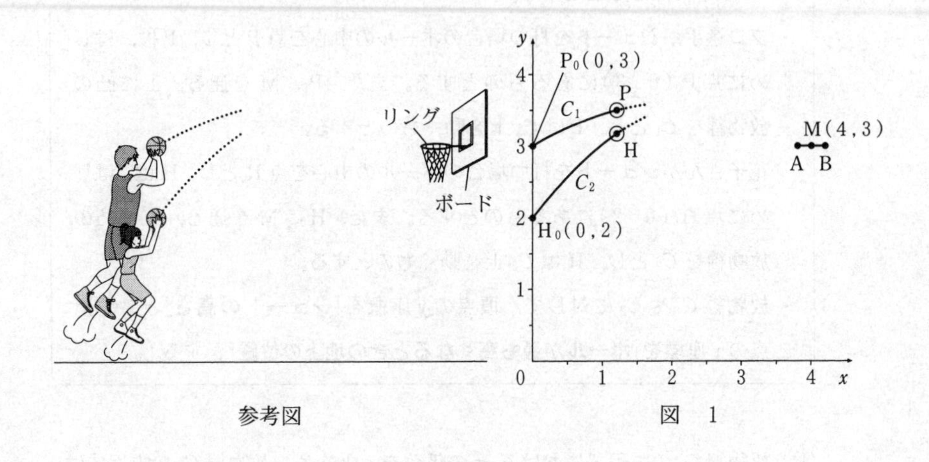

参考図　　　　図　1

仮定

- 平面上では，ボールを直径 0.2 の円とする。
- リングを真横から見たときの左端を点 A(3.8 , 3)，右端を点 B(4.2 , 3) とし，リングの太さは無視する。
- ボールがリングや他のものに当たらずに上からリングを通り，かつ，ボールの中心が AB の中点 M(4 , 3)を通る場合を考える。ただし，ボールがリングに当たるとは，ボールの中心と A または B との距離が 0.1 以下になることとする。
- プロ選手がシュートを打つ場合のボールの中心を点 P とし，P は，はじめに点 P_0(0 , 3)にあるものとする。また，P_0，M を通る，上に凸の放物線を C_1 とし，P は C_1 上を動くものとする。
- 花子さんがシュートを打つ場合のボールの中心を点 H とし，H は，はじめに点 H_0(0 , 2)にあるものとする。また，H_0，M を通る，上に凸の放物線を C_2 とし，H は C_2 上を動くものとする。
- 放物線 C_1 や C_2 に対して，頂点の y 座標を「**シュートの高さ**」とし，頂点の x 座標を「**ボールが最も高くなるときの地上の位置**」とする。

(1)　放物線 C_1 の方程式における x^2 の係数を a とする。放物線 C_1 の方程式は

$$y = ax^2 - \boxed{\text{キ}}\,ax + \boxed{\text{ク}}$$

と表すことができる。また，プロ選手の「**シュートの高さ**」は

$$-\boxed{\text{ケ}}\,a + \boxed{\text{コ}}$$

である。

放物線 C_2 の方程式における x^2 の係数を p とする。放物線 C_2 の方程式は

$$y = p\left\{x - \left(2 - \frac{1}{8p}\right)\right\}^2 - \frac{(16p-1)^2}{64p} + 2$$

と表すことができる。

プロ選手と花子さんの「**ボールが最も高くなるときの地上の位置**」の比較の記述として，次の⓪～③のうち，正しいものは［サ］である。

［サ］の解答群

⓪　プロ選手と花子さんの「**ボールが最も高くなるときの地上の位置**」は，つねに一致する。

①　プロ選手の「**ボールが最も高くなるときの地上の位置**」の方が，つねにMの x 座標に近い。

②　花子さんの「**ボールが最も高くなるときの地上の位置**」の方が，つねにMの x 座標に近い。

③　プロ選手の「**ボールが最も高くなるときの地上の位置**」の方がMの x 座標に近いときもあれば，花子さんの「**ボールが最も高くなるときの地上の位置**」の方がMの x 座標に近いときもある。

(2) 二人は，ボールがリングすれすれを通る場合のプロ選手と花子さんの「**シュートの高さ**」について次のように話している。

太郎：例えば，プロ選手のボールがリングに当たらないようにするには，Pがリングの左端Aのどのくらい上を通れば良いのかな。

花子：Aの真上の点でPが通る点Dを，線分DMがAを中心とする半径0.1の円と接するようにとって考えてみたらどうかな。

太郎：なるほど。Pの軌道は上に凸の放物線で山なりだから，その場合，図2のように，PはDを通った後で線分DMより上側を通るのでボールはリングに当たらないね。花子さんの場合も，HがこのDを通れば，ボールはリングに当たらないね。

花子：放物線 C_1 と C_2 がDを通る場合でプロ選手と私の「**シュートの高さ**」を比べてみようよ。

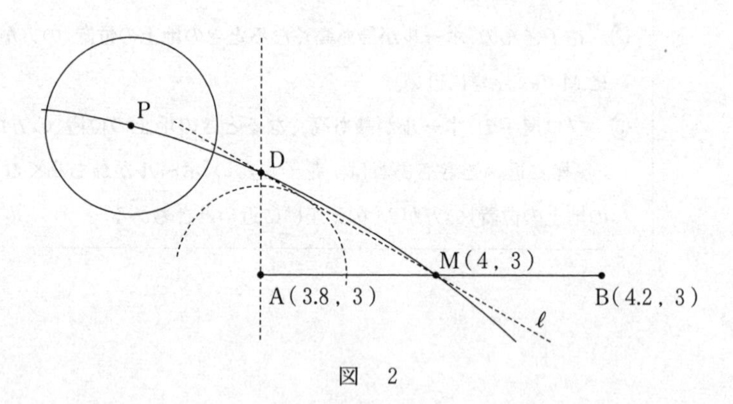

図 2

図2のように，Mを通る直線ℓが，Aを中心とする半径0.1の円に直線ABの上側で接しているとする。また，Aを通り直線ABに垂直な直線を引き，ℓとの交点をDとする。このとき，$AD=\frac{\sqrt{3}}{15}$である。

よって，放物線C_1がDを通るとき，C_1の方程式は

$$y=-\frac{\boxed{\text{シ}}\sqrt{\boxed{\text{ス}}}}{\boxed{\text{セソ}}}\left(x^2-\boxed{\text{キ}}\,x\right)+\boxed{\text{ク}}$$

となる。

また，放物線C_2がDを通るとき，(1)で与えられたC_2の方程式を用いると，花子さんの「**シュートの高さ**」は約3.4と求められる。

以上のことから，放物線C_1とC_2がDを通るとき，プロ選手と花子さんの「**シュートの高さ**」を比べると，［タ］の「**シュートの高さ**」の方が大きく，その差はボール［チ］である。なお，$\sqrt{3}=1.7320508\cdots$である。

［タ］の解答群

⓪　プロ選手	①　花子さん

［チ］については，最も適当なものを，次の⓪～③のうちから一つ選べ。

⓪　約1個分	①　約2個分	②　約3個分	③　約4個分

第3問　(選択問題)　(配点　20)

番号によって区別された複数の球が，何本かのひもでつながれている。ただし，各ひもはその両端で二つの球をつなぐものとする。次の**条件**を満たす球の塗り分け方(以下，球の塗り方)を考える。

条件

- それぞれの球を，用意した5色(赤，青，黄，緑，紫)のうちのいずれか1色で塗る。
- 1本のひもでつながれた二つの球は異なる色になるようにする。
- 同じ色を何回使ってもよく，また使わない色があってもよい。

例えば図Aでは，三つの球が2本のひもでつながれている。この三つの球を塗るとき，球1の塗り方が5通りあり，球1を塗った後，球2の塗り方は4通りあり，さらに球3の塗り方は4通りある。したがって，球の塗り方の総数は80である。

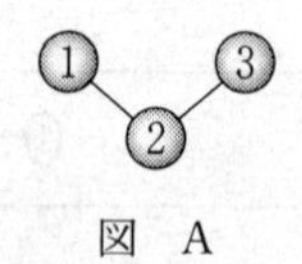

図　A

(1)　図Bにおいて，球の塗り方は アイウ 通りある。

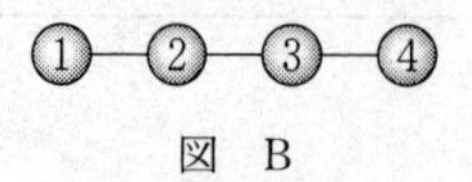

図　B

(2)　図Cにおいて，球の塗り方は **エオ** 通りある。

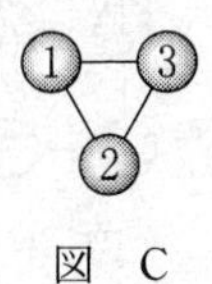

図　C

(3)　図Dにおける球の塗り方のうち，赤をちょうど2回使う塗り方は **カキ** 通りある。

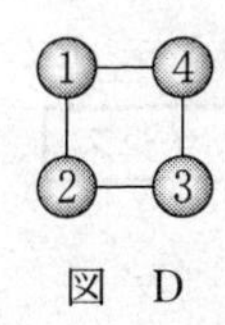

図　D

(4)　図Eにおける球の塗り方のうち，赤をちょうど3回使い，かつ青をちょうど2回使う塗り方は **クケ** 通りある。

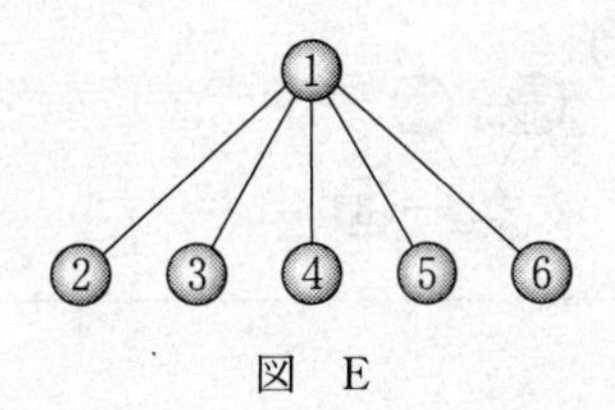

図　E

(5)　図Dにおいて，球の塗り方の総数を求める。

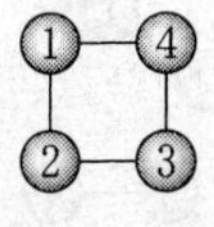

図　D(再掲)

そのために，次の**構想**を立てる。

構想

図Dと図Fを比較する。

図　F

図Fでは球3と球4が同色になる球の塗り方が可能であるため，図Dよりも図Fの球の塗り方の総数の方が大きい。

図Fにおける球の塗り方は，図Bにおける球の塗り方と同じであるため，全部で［アイウ］通りある。そのうち球3と球4が同色になる球の塗り方の総数と一致する図として，後の⓪～④のうち，正しいものは［コ］である。したがって，図Dにおける球の塗り方は［サシス］通りある。

［コ］の解答群

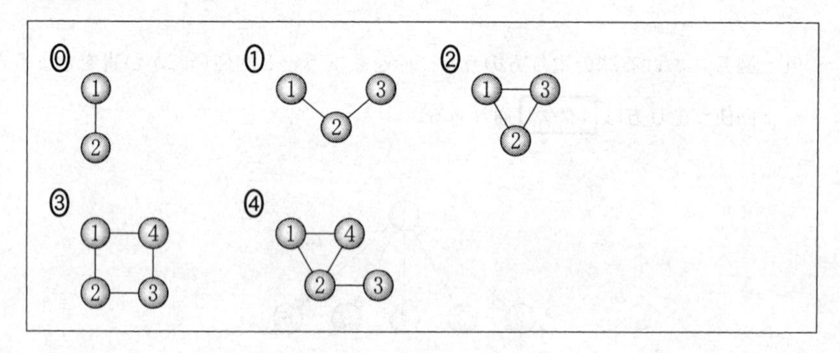

(6)　図Gにおいて，球の塗り方は［セソタチ］通りある。

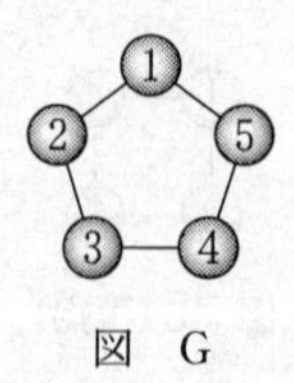

図　G

第４問 （選択問題）（配点　20）

色のついた長方形を並べて正方形や長方形を作ることを考える。色のついた長方形は，向きを変えずにすき間なく並べることとし，色のついた長方形は十分あるものとする。

(1)　横の長さが 462 で縦の長さが 110 である赤い長方形を，図 1 のように並べて正方形や長方形を作ることを考える。

赤	赤	…	赤
赤	赤	…	赤
⋮	⋮	⋱	⋮
赤	赤	…	赤

（各長方形：横 462，縦 110）

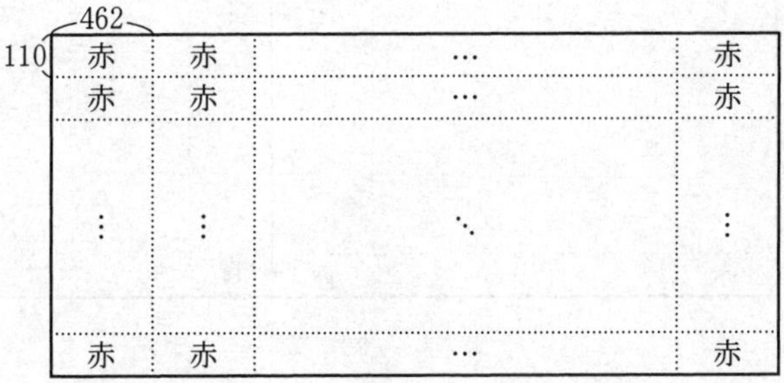

図　1

462 と 110 の両方を割り切る素数のうち最大のものは **アイ** である。

赤い長方形を並べて作ることができる正方形のうち，辺の長さが最小であるものは，一辺の長さが **ウエオカ** のものである。

また，赤い長方形を並べて正方形ではない長方形を作るとき，横の長さと縦の長さの差の絶対値が最小になるのは，462 の約数と 110 の約数を考えると，差の絶対値が **キク** になるときであることがわかる。

縦の長さが横の長さより キク 長い長方形のうち，横の長さが最小であるものは，横の長さが **ケコサシ** のものである。

(2)　花子さんと太郎さんは，(1)で用いた赤い長方形を１枚以上並べて長方形を作り，その右側に横の長さが 363 で縦の長さが 154 である青い長方形を１枚以上並べて，図２のような正方形や長方形を作ることを考えている。

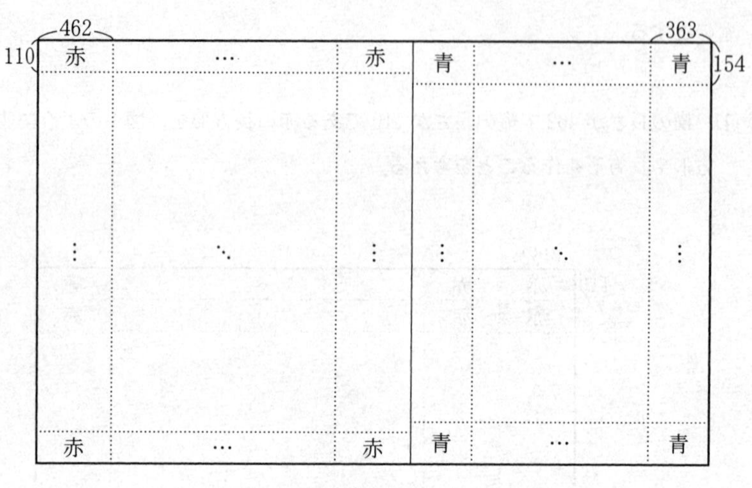

図　2

このとき，赤い長方形を並べてできる長方形の縦の長さと，青い長方形を並べてできる長方形の縦の長さは等しい。よって，図２のような長方形のうち，縦の長さが最小のものは，縦の長さが **スセソ** のものであり，図２のような長方形は縦の長さが スセソ の倍数である。

二人は，次のように話している。

花子：赤い長方形と青い長方形を図２のように並べて正方形を作ってみようよ。

太郎：赤い長方形の横の長さが462で青い長方形の横の長さが363だから，図２のような正方形の横の長さは462と363を組み合わせて作ることができる長さでないといけないね。

花子：正方形だから，横の長さは［スセソ］の倍数でもないといけないね。

462と363の最大公約数は **［タチ］** であり，［タチ］の倍数のうちで［スセソ］の倍数でもある最小の正の整数は **［ツテトナ］** である。

これらのことと，使う長方形の枚数が赤い長方形も青い長方形も１枚以上であることから，図２のような正方形のうち，辺の長さが最小であるものは，一辺の長さが **［ニヌネノ］** のものであることがわかる。

第5問 （選択問題）（配点　20）

(1)　円Oに対して，次の**手順1**で作図を行う。

手順1

(Step 1)　円Oと異なる2点で交わり，中心Oを通らない直線ℓを引く。円Oと直線ℓとの交点をA，Bとし，線分ABの中点Cをとる。

(Step 2)　円Oの周上に，点Dを∠CODが鈍角となるようにとる。直線CDを引き，円Oとの交点でDとは異なる点をEとする。

(Step 3)　点Dを通り直線OCに垂直な直線を引き，直線OCとの交点をFとし，円Oとの交点でDとは異なる点をGとする。

(Step 4)　点Gにおける円Oの接線を引き，直線ℓとの交点をHとする。

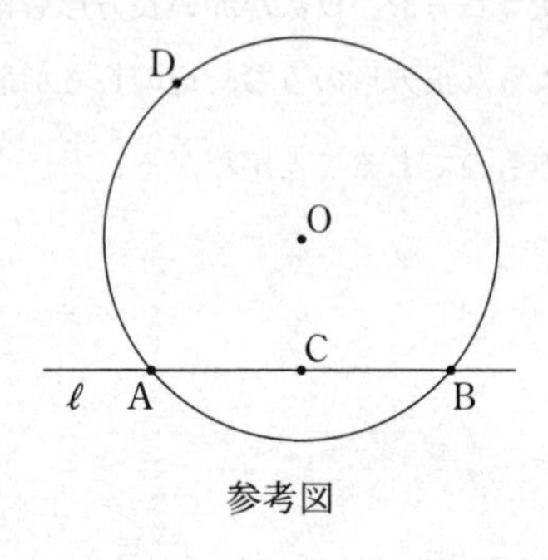

参考図

このとき，直線ℓと点Dの位置によらず，直線EHは円Oの接線である。このことは，次の**構想**に基づいて，後のように説明できる。

構想

直線EHが円Oの接線であることを証明するためには，

∠OEH = アイ °であることを示せばよい。

手順1の(Step 1)と(Step 4)により，4点C，G，H，ウ は同一円周上にあることがわかる。よって，∠CHG = エ である。一方，点Eは円Oの周上にあることから，エ = オ がわかる。よって，∠CHG = オ であるので，4点C，G，H，カ は同一円周上にある。この円が点 ウ を通ることにより，∠OEH = アイ °を示すことができる。

ウ の解答群

⓪ B　① D　② F　③ O

エ の解答群

⓪ ∠AFC　① ∠CDF　② ∠CGH　③ ∠CBO　④ ∠FOG

オ の解答群

⓪ ∠AED　① ∠ADE　② ∠BOE　③ ∠DEG　④ ∠EOH

カ の解答群

⓪ A　① D　② E　③ F

(2)　円Oに対して，(1)の**手順1**とは直線ℓの引き方を変え，次の**手順2**で作図を行う。

手順2

(Step 1)　円Oと共有点をもたない直線ℓを引く。中心Oから直線ℓに垂直な直線を引き，直線ℓとの交点をPとする。

(Step 2)　円Oの周上に，点Qを∠POQが鈍角となるようにとる。直線PQを引き，円Oとの交点でQとは異なる点をRとする。

(Step 3)　点Qを通り直線OPに垂直な直線を引き，円Oとの交点でQとは異なる点をSとする。

(Step 4)　点Sにおける円Oの接線を引き，直線ℓとの交点をTとする。

このとき，∠PTS＝［キ］である。

円Oの半径が$\sqrt{5}$で，$\mathrm{OT}=3\sqrt{6}$であったとすると，3点O，P，Rを通る円の半径は$\dfrac{[ク]\sqrt{[ケ]}}{[コ]}$であり，RT＝［サ］である。

［キ］の解答群

⓪ ∠PQS	① ∠PST	② ∠QPS	③ ∠QRS	④ ∠SRT

数学Ⅱ・数学B

問　題	選　択　方　法
第1問	必　　答
第2問	必　　答
第3問	いずれか2問を選択し，解答しなさい。
第4問	
第5問	

第１問 （必答問題）（配点　30）

〔１〕 三角関数の値の大小関係について考えよう。

(1) $x = \dfrac{\pi}{6}$ のとき $\sin x$ ［ア］ $\sin 2x$ であり，$x = \dfrac{2}{3}\pi$ のとき

$\sin x$ ［イ］ $\sin 2x$ である。

［ア］，［イ］の解答群（同じものを繰り返し選んでもよい。）

⓪ <	① ＝	② >

(2)　$\sin x$ と $\sin 2x$ の値の大小関係を詳しく調べよう。

$$\sin 2x - \sin x = \sin x\left(\boxed{\text{ウ}}\cos x - \boxed{\text{エ}}\right)$$

であるから，$\sin 2x - \sin x > 0$ が成り立つことは

「$\sin x > 0$　かつ　$\boxed{\text{ウ}}\cos x - \boxed{\text{エ}} > 0$」 …………… ①

または

「$\sin x < 0$　かつ　$\boxed{\text{ウ}}\cos x - \boxed{\text{エ}} < 0$」 …………… ②

が成り立つことと同値である。$0 \leqq x \leqq 2\pi$ のとき，① が成り立つような x の値の範囲は

$$0 < x < \frac{\pi}{\boxed{\text{オ}}}$$

であり，② が成り立つような x の値の範囲は

$$\pi < x < \frac{\boxed{\text{カ}}}{\boxed{\text{キ}}}\pi$$

である。よって，$0 \leqq x \leqq 2\pi$ のとき，$\sin 2x > \sin x$ が成り立つような x の値の範囲は

$$0 < x < \frac{\pi}{\boxed{\text{オ}}},\quad \pi < x < \frac{\boxed{\text{カ}}}{\boxed{\text{キ}}}\pi$$

である。

(3) $\sin 3x$ と $\sin 4x$ の値の大小関係を調べよう。

三角関数の加法定理を用いると，等式

$$\sin(\alpha+\beta)-\sin(\alpha-\beta)=2\cos\alpha\sin\beta \quad \cdots\cdots ③$$

が得られる。$\alpha+\beta=4x$，$\alpha-\beta=3x$ を満たす α，β に対して ③ を用いることにより，$\sin 4x-\sin 3x>0$ が成り立つことは

「$\cos$ [ク] >0　かつ　$\sin$ [ケ] >0」 ⋯⋯ ④

または

「$\cos$ [ク] <0　かつ　$\sin$ [ケ] <0」 ⋯⋯ ⑤

が成り立つことと同値であることがわかる。

$0 \leqq x \leqq \pi$ のとき，④，⑤により，$\sin 4x > \sin 3x$ が成り立つような x の値の範囲は

$$0<x<\frac{\pi}{[コ]},\quad \frac{[サ]}{[シ]}\pi<x<\frac{[ス]}{[セ]}\pi$$

である。

[ク]，[ケ] の解答群（同じものを繰り返し選んでもよい。）

⓪ 0	① x	② $2x$	③ $3x$
④ $4x$	⑤ $5x$	⑥ $6x$	⑦ $\frac{x}{2}$
⑧ $\frac{3}{2}x$	⑨ $\frac{5}{2}x$	ⓐ $\frac{7}{2}x$	ⓑ $\frac{9}{2}x$

(4) (2)，(3) の考察から，$0 \leqq x \leqq \pi$ のとき，$\sin 3x > \sin 4x > \sin 2x$ が成り立つような x の値の範囲は

$$\frac{\pi}{[コ]}<x<\frac{\pi}{[ソ]},\quad \frac{[ス]}{[セ]}\pi<x<\frac{[タ]}{[チ]}\pi$$

であることがわかる。

〔2〕

(1)　$a > 0$，$a \neq 1$，$b > 0$ のとき，$\log_a b = x$ とおくと，［ツ］が成り立つ。

［ツ］の解答群

⓪　$x^a = b$	①　$x^b = a$
②　$a^x = b$	③　$b^x = a$
④　$a^b = x$	⑤　$b^a = x$

(2)　様々な対数の値が有理数か無理数かについて考えよう。

(i)　$\log_5 25 =$ ［テ］，$\log_9 27 = \dfrac{［ト］}{［ナ］}$ であり，どちらも有理数である。

(ii)　$\log_2 3$ が有理数と無理数のどちらであるかを考えよう。

$\log_2 3$ が有理数であると仮定すると，$\log_2 3 > 0$ であるので，二つの自然数 p，q を用いて $\log_2 3 = \dfrac{p}{q}$ と表すことができる。このとき，(1)により $\log_2 3 = \dfrac{p}{q}$ は［ニ］と変形できる。いま，2は偶数であり3は奇数であるので，［ニ］を満たす自然数 p，q は存在しない。

したがって，$\log_2 3$ は無理数であることがわかる。

(iii)　a，b を2以上の自然数とするとき，(ii)と同様に考えると，「［ヌ］ならば $\log_a b$ はつねに無理数である」ことがわかる。

ニ の解答群

⓪ $p^2 = 3q^2$	① $q^2 = p^3$	② $2^q = 3^p$
③ $p^3 = 2q^3$	④ $p^2 = q^3$	⑤ $2^p = 3^q$

ヌ の解答群

⓪ aが偶数

① bが偶数

② aが奇数

③ bが奇数

④ aとbがともに偶数，またはaとbがともに奇数

⑤ aとbのいずれか一方が偶数で，もう一方が奇数

第２問 （必答問題）（配点　30）

〔1〕

(1) kを正の定数とし，次の３次関数を考える。

$$f(x) = x^2(k - x)$$

$y = f(x)$のグラフとx軸との共有点の座標は$(0,\ 0)$と$\left(\boxed{\text{ア}},\ 0\right)$である。

$f(x)$の導関数$f'(x)$は

$$f'(x) = \boxed{\text{イウ}}\,x^2 + \boxed{\text{エ}}\,kx$$

である。

$x = \boxed{\text{オ}}$ のとき，$f(x)$は極小値 $\boxed{\text{カ}}$ をとる。

$x = \boxed{\text{キ}}$ のとき，$f(x)$は極大値 $\boxed{\text{ク}}$ をとる。

また，$0 < x < k$の範囲において$x = \boxed{\text{キ}}$ のとき$f(x)$は最大となることがわかる。

$\boxed{\text{ア}}$，$\boxed{\text{オ}}$ ～ $\boxed{\text{ク}}$ の解答群（同じものを繰り返し選んでもよい。）

⓪ 0	① $\frac{1}{3}k$	② $\frac{1}{2}k$	③ $\frac{2}{3}k$
④ k	⑤ $\frac{3}{2}k$	⑥ $-4k^2$	⑦ $\frac{1}{8}k^2$
⑧ $\frac{2}{27}k^3$	⑨ $\frac{4}{27}k^3$	ⓐ $\frac{4}{9}k^3$	ⓑ $4k^3$

(2)　後の図のように底面が半径 9 の円で高さが 15 の円錐に内接する円柱を考える。円柱の底面の半径と体積をそれぞれ x, V とする。V を x の式で表すと

$$V = \frac{\boxed{\text{ケ}}}{\boxed{\text{コ}}}\pi x^2\left(\boxed{\text{サ}} - x\right) \quad (0 < x < 9)$$

である。(1)の考察より，$x = \boxed{\text{シ}}$ のとき V は最大となることがわかる。V の最大値は $\boxed{\text{スセソ}}\,\pi$ である。

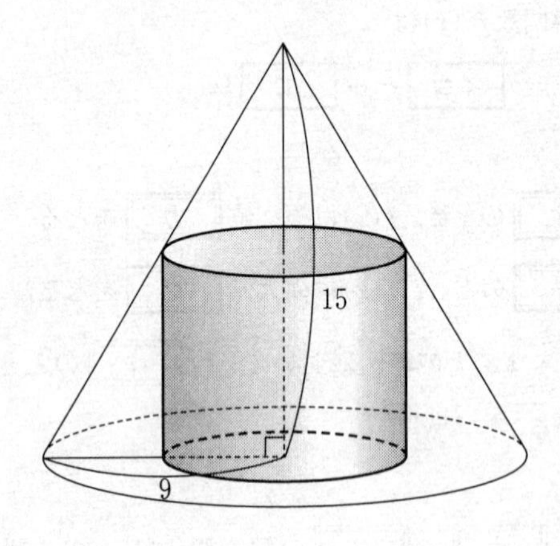

〔2〕

(1)　定積分 $\int_0^{30}\left(\frac{1}{5}x+3\right)dx$ の値は $\boxed{\text{タチツ}}$ である。

また，関数 $\frac{1}{100}x^2-\frac{1}{6}x+5$ の不定積分は

$$\int\left(\frac{1}{100}x^2-\frac{1}{6}x+5\right)dx=\frac{1}{\boxed{\text{テトナ}}}x^3-\frac{1}{\boxed{\text{ニヌ}}}x^2+\boxed{\text{ネ}}\,x+C$$

である。ただし，C は積分定数とする。

(2)　ある地域では，毎年3月頃「ソメイヨシノ(桜の種類)の開花予想日」が話題になる。太郎さんと花子さんは，開花日時を予想する方法の一つに，2月に入ってからの気温を時間の関数とみて，その関数を積分した値をもとにする方法があることを知った。ソメイヨシノの開花日時を予想するために，二人は図1の6時間ごとの気温の折れ線グラフを見ながら，次のように考えることにした。

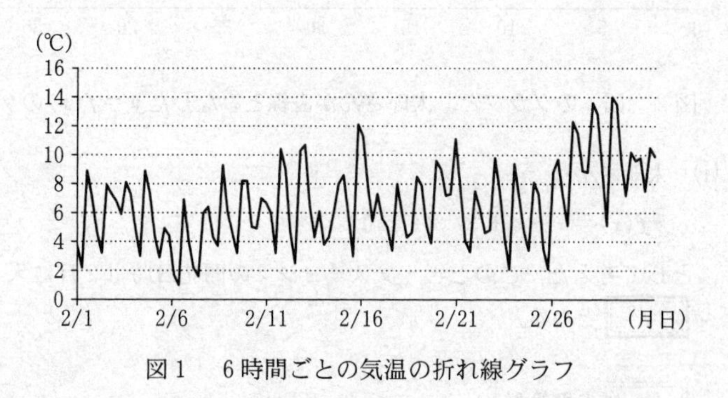

図1　6時間ごとの気温の折れ線グラフ

x の値の範囲を0以上の実数全体として，2月1日午前0時から $24x$ 時間経った時点を x 日後とする。(例えば，10.3日後は2月11日午前7時12分を表す。)また，x 日後の気温を y ℃とする。このとき，y は x の関数であり，これを $y=f(x)$ とおく。ただし，y は負にはならないものとする。

気温を表す関数$f(x)$を用いて二人はソメイヨシノの開花日時を次の**設定**で考えることにした。

設定

正の実数tに対して，$f(x)$を0からtまで積分した値を$S(t)$とする。すなわち，$S(t)=\int_0^t f(x)\,dx$とする。この$S(t)$が400に到達したとき，ソメイヨシノが開花する。

設定のもと，太郎さんは気温を表す関数$y=f(x)$のグラフを図2のように直線とみなしてソメイヨシノの開花日時を考えることにした。

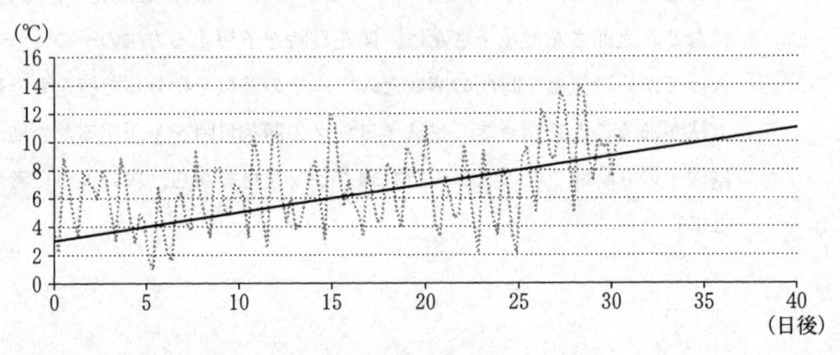

図2　図1のグラフと，太郎さんが直線とみなした$y=f(x)$のグラフ

(i)　太郎さんは

$$f(x)=\frac{1}{5}x+3 \quad (x \geqq 0)$$

として考えた。このとき，ソメイヨシノの開花日時は2月に入ってから［ノ］となる。

［ノ］の解答群

⓪ 30日後	① 35日後	② 40日後
③ 45日後	④ 50日後	⑤ 55日後
⑥ 60日後	⑦ 65日後	

(ii) 太郎さんと花子さんは，2月に入ってから30日後以降の気温について話をしている。

> 太郎：1次関数を用いてソメイヨシノの開花日時を求めてみたよ。
> 花子：気温の上がり方から考えて，2月に入ってから30日後以降の気温を表す関数が2次関数の場合も考えてみようか。

花子さんは気温を表す関数$f(x)$を，$0 \leqq x \leqq 30$のときは太郎さんと同じように

$$f(x) = \frac{1}{5}x + 3 \quad \cdots\cdots ①$$

とし，$x \geqq 30$のときは

$$f(x) = \frac{1}{100}x^2 - \frac{1}{6}x + 5 \quad \cdots\cdots ②$$

として考えた。なお，$x = 30$のとき①の右辺の値と②の右辺の値は一致する。花子さんの考えた式を用いて，ソメイヨシノの開花日時を考えよう。(1)より

$$\int_0^{30}\left(\frac{1}{5}x + 3\right)dx = \boxed{\text{タチツ}}$$

であり

$$\int_{30}^{40}\left(\frac{1}{100}x^2 - \frac{1}{6}x + 5\right)dx = 115$$

となることがわかる。

また，$x \geqq 30$の範囲において$f(x)$は増加する。よって

$$\int_{30}^{40} f(x)\,dx \quad \boxed{\text{ハ}} \quad \int_{40}^{50} f(x)\,dx$$

であることがわかる。以上より，ソメイヨシノの開花日時は2月に入ってから $\boxed{\text{ヒ}}$ となる。

［ハ］の解答群

⓪ $<$	① $=$	② $>$

［ヒ］の解答群

⓪　30日後より前

①　30日後

②　30日後より後，かつ40日後より前

③　40日後

④　40日後より後，かつ50日後より前

⑤　50日後

⑥　50日後より後，かつ60日後より前

⑦　60日後

⑧　60日後より後

第3問　(選択問題)　(配点　20)

以下の問題を解答するにあたっては，必要に応じて43ページの正規分布表を用いてもよい。

(1)　ある生産地で生産されるピーマン全体を母集団とし，この母集団におけるピーマン1個の重さ(単位はg)を表す確率変数をXとする。mとσを正の実数とし，Xは正規分布$N(m,\ \sigma^2)$に従うとする。

(i)　この母集団から1個のピーマンを無作為に抽出したとき，重さがmg以上である確率$P(X \geqq m)$は

$$P(X \geqq m) = P\left(\frac{X-m}{\sigma} \geqq \boxed{\text{ア}}\right) = \frac{\boxed{\text{イ}}}{\boxed{\text{ウ}}}$$

である。

(ii)　母集団から無作為に抽出された大きさnの標本X_1，X_2，…，X_nの標本平均を$\overline{X}$とする。$\overline{X}$の平均(期待値)と標準偏差はそれぞれ

$$E(\overline{X}) = \boxed{\text{エ}},\quad \sigma(\overline{X}) = \boxed{\text{オ}}$$

となる。

$n = 400$，標本平均が30.0g，標本の標準偏差が3.6gのとき，mの信頼度90％の信頼区間を次の**方針**で求めよう。

方針

Zを標準正規分布$N(0,\ 1)$に従う確率変数として，$P(-z_0 \leqq Z \leqq z_0) = 0.901$となる$z_0$を正規分布表から求める。この$z_0$を用いると$m$の信頼度90.1％の信頼区間が求められるが，これを信頼度90％の信頼区間とみなして考える。

方針において，$z_0 = \boxed{\text{カ}}.\boxed{\text{キク}}$である。

一般に，標本の大きさ n が大きいときには，母標準偏差の代わりに，標本の標準偏差を用いてよいことが知られている。$n = 400$ は十分に大きいので，**方針**に基づくと，m の信頼度 90 % の信頼区間は ［ケ］ となる。

［エ］，［オ］ の解答群（同じものを繰り返し選んでもよい。）

⓪ σ	① σ^2	② $\dfrac{\sigma}{\sqrt{n}}$	③ $\dfrac{\sigma^2}{n}$
④ m	⑤ $2m$	⑥ m^2	⑦ $\sqrt{m}$
⑧ $\dfrac{\sigma}{n}$	⑨ $n\sigma$	ⓐ nm	ⓑ $\dfrac{m}{n}$

［ケ］ については，最も適当なものを，次の⓪～⑤のうちから一つ選べ。

⓪ $28.6 \leqq m \leqq 31.4$	① $28.7 \leqq m \leqq 31.3$	② $28.9 \leqq m \leqq 31.1$
③ $29.6 \leqq m \leqq 30.4$	④ $29.7 \leqq m \leqq 30.3$	⑤ $29.9 \leqq m \leqq 30.1$

(2) (1)の確率変数Xにおいて，$m = 30.0$，$\sigma = 3.6$とした母集団から無作為にピーマンを1個ずつ抽出し，ピーマン2個を1組にしたものを袋に入れていく。このようにしてピーマン2個を1組にしたものを25袋作る。その際，1袋ずつの重さの分散を小さくするために，次の**ピーマン分類法**を考える。

ピーマン分類法

無作為に抽出したいくつかのピーマンについて，重さが30.0g以下のときをSサイズ，30.0gを超えるときはLサイズと分類する。そして，分類されたピーマンからSサイズとLサイズのピーマンを一つずつ選び，ピーマン2個を1組とした袋を作る。

(i) ピーマンを無作為に50個抽出したとき，**ピーマン分類法**で25袋作ることができる確率p_0を考えよう。無作為に1個抽出したピーマンがSサイズである確率は$\frac{\boxed{コ}}{\boxed{サ}}$である。ピーマンを無作為に50個抽出したときのSサイズのピーマンの個数を表す確率変数をU_0とすると，U_0は二項分布$B\left(50, \frac{\boxed{コ}}{\boxed{サ}}\right)$に従うので

$$p_0 = {}_{50}\mathrm{C}_{\boxed{シス}} \times \left(\frac{\boxed{コ}}{\boxed{サ}}\right)^{\boxed{シス}} \times \left(1 - \frac{\boxed{コ}}{\boxed{サ}}\right)^{50-\boxed{シス}}$$

となる。

p_0を計算すると，$p_0 = 0.1122\cdots$となることから，ピーマンを無作為に50個抽出したとき，25袋作ることができる確率は0.11程度とわかる。

(ii) **ピーマン分類法**で25袋作ることができる確率が0.95以上となるようなピーマンの個数を考えよう。

kを自然数とし，ピーマンを無作為に$(50+k)$個抽出したとき，Sサイズのピーマンの個数を表す確率変数をU_kとすると，U_kは二項分布$B\left(50+k,\ \dfrac{\boxed{コ}}{\boxed{サ}}\right)$に従う。

$(50+k)$は十分に大きいので，U_kは近似的に正規分布$N\left(\boxed{セ},\ \boxed{ソ}\right)$に従い，$Y=\dfrac{U_k-\boxed{セ}}{\sqrt{\boxed{ソ}}}$とすると，$Y$は近似的に標準正規分布$N(0,1)$に従う。

よって，**ピーマン分類法**で，25袋作ることができる確率をp_kとすると

$$p_k=P(25\leqq U_k\leqq 25+k)=P\left(-\frac{\boxed{タ}}{\sqrt{50+k}}\leqq Y\leqq\frac{\boxed{タ}}{\sqrt{50+k}}\right)$$

となる。

$\boxed{タ}=\alpha$，$\sqrt{50+k}=\beta$とおく。

$p_k\geqq 0.95$になるような$\dfrac{\alpha}{\beta}$について，正規分布表から$\dfrac{\alpha}{\beta}\geqq 1.96$を満たせばよいことがわかる。ここでは

$$\frac{\alpha}{\beta}\geqq 2 \qquad \cdots\cdots\cdots\cdots\cdots ①$$

を満たす自然数kを考えることとする。①の両辺は正であるから，$\alpha^2\geqq 4\beta^2$を満たす最小のkをk_0とすると，$k_0=\boxed{チツ}$であることがわかる。ただし，$\boxed{チツ}$の計算においては，$\sqrt{51}=7.14$を用いてもよい。

したがって，少なくとも$\left(50+\boxed{チツ}\right)$個のピーマンを抽出しておけば，**ピーマン分類法**で25袋作ることができる確率は0.95以上となる。

$\boxed{セ}$～$\boxed{タ}$の解答群(同じものを繰り返し選んでもよい。)

⓪ k	① $2k$	② $3k$	③ $\dfrac{50+k}{2}$
④ $\dfrac{25+k}{2}$	⑤ $25+k$	⑥ $\dfrac{\sqrt{50+k}}{2}$	⑦ $\dfrac{50+k}{4}$

正　規　分　布　表

次の表は，標準正規分布の分布曲線における右図の灰色部分の面積の値をまとめたものである。

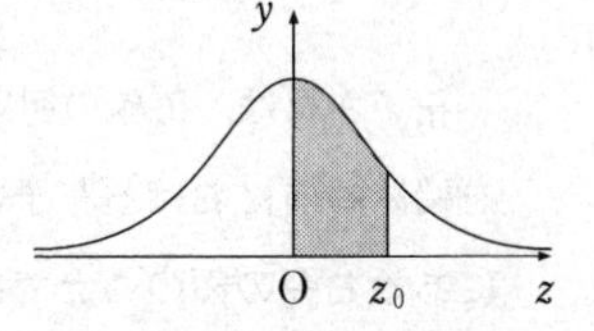

z_0	0.00	0.01	0.02	0.03	0.04	0.05	0.06	0.07	0.08	0.09
0.0	0.0000	0.0040	0.0080	0.0120	0.0160	0.0199	0.0239	0.0279	0.0319	0.0359
0.1	0.0398	0.0438	0.0478	0.0517	0.0557	0.0596	0.0636	0.0675	0.0714	0.0753
0.2	0.0793	0.0832	0.0871	0.0910	0.0948	0.0987	0.1026	0.1064	0.1103	0.1141
0.3	0.1179	0.1217	0.1255	0.1293	0.1331	0.1368	0.1406	0.1443	0.1480	0.1517
0.4	0.1554	0.1591	0.1628	0.1664	0.1700	0.1736	0.1772	0.1808	0.1844	0.1879
0.5	0.1915	0.1950	0.1985	0.2019	0.2054	0.2088	0.2123	0.2157	0.2190	0.2224
0.6	0.2257	0.2291	0.2324	0.2357	0.2389	0.2422	0.2454	0.2486	0.2517	0.2549
0.7	0.2580	0.2611	0.2642	0.2673	0.2704	0.2734	0.2764	0.2794	0.2823	0.2852
0.8	0.2881	0.2910	0.2939	0.2967	0.2995	0.3023	0.3051	0.3078	0.3106	0.3133
0.9	0.3159	0.3186	0.3212	0.3238	0.3264	0.3289	0.3315	0.3340	0.3365	0.3389
1.0	0.3413	0.3438	0.3461	0.3485	0.3508	0.3531	0.3554	0.3577	0.3599	0.3621
1.1	0.3643	0.3665	0.3686	0.3708	0.3729	0.3749	0.3770	0.3790	0.3810	0.3830
1.2	0.3849	0.3869	0.3888	0.3907	0.3925	0.3944	0.3962	0.3980	0.3997	0.4015
1.3	0.4032	0.4049	0.4066	0.4082	0.4099	0.4115	0.4131	0.4147	0.4162	0.4177
1.4	0.4192	0.4207	0.4222	0.4236	0.4251	0.4265	0.4279	0.4292	0.4306	0.4319
1.5	0.4332	0.4345	0.4357	0.4370	0.4382	0.4394	0.4406	0.4418	0.4429	0.4441
1.6	0.4452	0.4463	0.4474	0.4484	0.4495	0.4505	0.4515	0.4525	0.4535	0.4545
1.7	0.4554	0.4564	0.4573	0.4582	0.4591	0.4599	0.4608	0.4616	0.4625	0.4633
1.8	0.4641	0.4649	0.4656	0.4664	0.4671	0.4678	0.4686	0.4693	0.4699	0.4706
1.9	0.4713	0.4719	0.4726	0.4732	0.4738	0.4744	0.4750	0.4756	0.4761	0.4767
2.0	0.4772	0.4778	0.4783	0.4788	0.4793	0.4798	0.4803	0.4808	0.4812	0.4817
2.1	0.4821	0.4826	0.4830	0.4834	0.4838	0.4842	0.4846	0.4850	0.4854	0.4857
2.2	0.4861	0.4864	0.4868	0.4871	0.4875	0.4878	0.4881	0.4884	0.4887	0.4890
2.3	0.4893	0.4896	0.4898	0.4901	0.4904	0.4906	0.4909	0.4911	0.4913	0.4916
2.4	0.4918	0.4920	0.4922	0.4925	0.4927	0.4929	0.4931	0.4932	0.4934	0.4936
2.5	0.4938	0.4940	0.4941	0.4943	0.4945	0.4946	0.4948	0.4949	0.4951	0.4952
2.6	0.4953	0.4955	0.4956	0.4957	0.4959	0.4960	0.4961	0.4962	0.4963	0.4964
2.7	0.4965	0.4966	0.4967	0.4968	0.4969	0.4970	0.4971	0.4972	0.4973	0.4974
2.8	0.4974	0.4975	0.4976	0.4977	0.4977	0.4978	0.4979	0.4979	0.4980	0.4981
2.9	0.4981	0.4982	0.4982	0.4983	0.4984	0.4984	0.4985	0.4985	0.4986	0.4986
3.0	0.4987	0.4987	0.4987	0.4988	0.4988	0.4989	0.4989	0.4989	0.4990	0.4990

第4問 （選択問題）（配点　20）

花子さんは，毎年の初めに預金口座に一定額の入金をすることにした。この入金を始める前における花子さんの預金は10万円である。ここで，預金とは預金口座にあるお金の額のことである。預金には年利1％で利息がつき，ある年の初めの預金が x 万円であれば，その年の終わりには預金は $1.01x$ 万円となる。次の年の初めには $1.01x$ 万円に入金額を加えたものが預金となる。

毎年の初めの入金額を p 万円とし，n 年目の初めの預金を a_n 万円とおく。ただし，$p > 0$ とし，n は自然数とする。

例えば，$a_1 = 10 + p$，$a_2 = 1.01(10 + p) + p$ である。

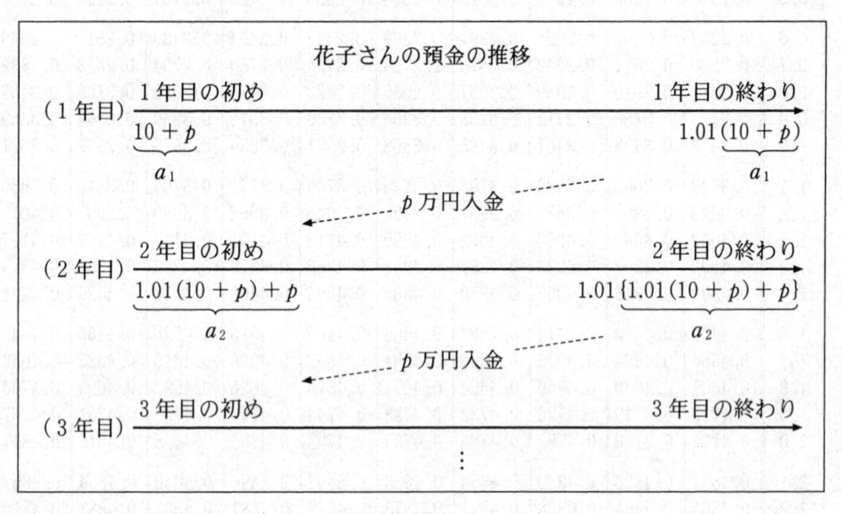

参考図

(1)　a_n を求めるために二つの方針で考える。

方針1

n 年目の初めの預金と$(n+1)$年目の初めの預金との関係に着目して考える。

3年目の初めの預金 a_3 万円について，$a_3 =$ [ア] である。すべての自然数 n について

$$a_{n+1} = \boxed{イ}\, a_n + \boxed{ウ}$$

が成り立つ。これは

$$a_{n+1} + \boxed{エ} = \boxed{オ}\left(a_n + \boxed{エ}\right)$$

と変形でき，a_n を求めることができる。

[ア] の解答群

⓪ $1.01\{1.01(10+p)+p\}$	① $1.01\{1.01(10+p)+1.01p\}$
② $1.01\{1.01(10+p)+p\}+p$	③ $1.01\{1.01(10+p)+p\}+1.01p$
④ $1.01(10+p)+1.01p$	⑤ $1.01(10+1.01p)+1.01p$

[イ] ～ [オ] の解答群(同じものを繰り返し選んでもよい。)

⓪ 1.01	① 1.01^{n-1}	② 1.01^n
③ p	④ $100p$	⑤ np
⑥ $100np$	⑦ $1.01^{n-1}\times 100p$	⑧ $1.01^n \times 100p$

方針2

もともと預金口座にあった10万円と毎年の初めに入金したp万円について，n年目の初めにそれぞれがいくらになるかに着目して考える。

もともと預金口座にあった10万円は，2年目の初めには10×1.01万円になり，3年目の初めには10×1.01^2万円になる。同様に考えるとn年目の初めには$10 \times 1.01^{n-1}$万円になる。

- 1年目の初めに入金したp万円は，n年目の初めには$p \times 1.01^{\boxed{カ}}$万円になる。
- 2年目の初めに入金したp万円は，n年目の初めには$p \times 1.01^{\boxed{キ}}$万円になる。

⋮

- n年目の初めに入金したp万円は，n年目の初めにはp万円のままである。

これより

$$\begin{aligned} a_n &= 10 \times 1.01^{n-1} + p \times 1.01^{\boxed{カ}} + p \times 1.01^{\boxed{キ}} + \cdots + p \\ &= 10 \times 1.01^{n-1} + p \sum_{k=1}^{n} 1.01^{\boxed{ク}} \end{aligned}$$

となることがわかる。ここで，$\sum_{k=1}^{n} 1.01^{\boxed{ク}} = \boxed{ケ}$となるので，$a_n$を求めることができる。

$\boxed{カ}$，$\boxed{キ}$の解答群（同じものを繰り返し選んでもよい。）

⓪ $n+1$　① n　② $n-1$　③ $n-2$

$\boxed{ク}$の解答群

⓪ $k+1$　① k　② $k-1$　③ $k-2$

$\boxed{ケ}$の解答群

⓪ 100×1.01^n
① $100(1.01^n - 1)$
② $100(1.01^{n-1} - 1)$
③ $n + 1.01^{n-1} - 1$
④ $0.01(101n - 1)$
⑤ $\dfrac{n \times 1.01^{n-1}}{2}$

(2)　花子さんは，10 年目の終わりの預金が 30 万円以上になるための入金額について考えた。

10 年目の終わりの預金が 30 万円以上であることを不等式を用いて表すと［コ］$\geqq 30$ となる。この不等式を p について解くと

$$p \geqq \frac{\boxed{サシ} - \boxed{スセ} \times 1.01^{10}}{101\left(1.01^{10} - 1\right)}$$

となる。したがって，毎年の初めの入金額が例えば 18000 円であれば，10 年目の終わりの預金が 30 万円以上になることがわかる。

［コ］の解答群

⓪ a_{10}	① $a_{10} + p$	② $a_{10} - p$
③ $1.01\,a_{10}$	④ $1.01\,a_{10} + p$	⑤ $1.01\,a_{10} - p$

(3)　1 年目の入金を始める前における花子さんの預金が 10 万円ではなく，13 万円の場合を考える。すべての自然数 n に対して，この場合の n 年目の初めの預金は a_n 万円よりも［ソ］万円多い。なお，年利は 1 ％であり，毎年の初めの入金額は p 万円のままである。

［ソ］の解答群

⓪ 3	① 13	② $3(n-1)$
③ $3n$	④ $13(n-1)$	⑤ $13n$
⑥ 3^n	⑦ $3 + 1.01(n-1)$	⑧ $3 \times 1.01^{n-1}$
⑨ 3×1.01^n	ⓐ $13 \times 1.01^{n-1}$	ⓑ 13×1.01^n

第5問 （選択問題）（配点　20）

三角錐（すい）PABCにおいて，辺BCの中点をMとおく。また，$\angle \mathrm{PAB} = \angle \mathrm{PAC}$とし，この角度を$\theta$とおく。ただし，$0^\circ < \theta < 90^\circ$とする。

(1) $\overrightarrow{\mathrm{AM}}$は

$$\overrightarrow{\mathrm{AM}} = \frac{\boxed{\text{ア}}}{\boxed{\text{イ}}}\overrightarrow{\mathrm{AB}} + \frac{\boxed{\text{ウ}}}{\boxed{\text{エ}}}\overrightarrow{\mathrm{AC}}$$

と表せる。また

$$\frac{\overrightarrow{\mathrm{AP}}\cdot\overrightarrow{\mathrm{AB}}}{|\overrightarrow{\mathrm{AP}}|\,|\overrightarrow{\mathrm{AB}}|} = \frac{\overrightarrow{\mathrm{AP}}\cdot\overrightarrow{\mathrm{AC}}}{|\overrightarrow{\mathrm{AP}}|\,|\overrightarrow{\mathrm{AC}}|} = \boxed{\text{オ}} \quad \cdots\cdots\cdots\cdots\cdots\cdots ①$$

である。

$\boxed{\text{オ}}$ の解答群

⓪ $\sin\theta$	① $\cos\theta$	② $\tan\theta$
③ $\dfrac{1}{\sin\theta}$	④ $\dfrac{1}{\cos\theta}$	⑤ $\dfrac{1}{\tan\theta}$
⑥ $\sin\angle\mathrm{BPC}$	⑦ $\cos\angle\mathrm{BPC}$	⑧ $\tan\angle\mathrm{BPC}$

(2) $\theta = 45^\circ$とし，さらに

$$|\overrightarrow{\mathrm{AP}}| = 3\sqrt{2}, \quad |\overrightarrow{\mathrm{AB}}| = |\overrightarrow{\mathrm{PB}}| = 3, \quad |\overrightarrow{\mathrm{AC}}| = |\overrightarrow{\mathrm{PC}}| = 3$$

が成り立つ場合を考える。このとき

$$\overrightarrow{\mathrm{AP}}\cdot\overrightarrow{\mathrm{AB}} = \overrightarrow{\mathrm{AP}}\cdot\overrightarrow{\mathrm{AC}} = \boxed{\text{カ}}$$

である。さらに，直線AM上の点Dが$\angle \mathrm{APD} = 90^\circ$を満たしているとする。このとき，$\overrightarrow{\mathrm{AD}} = \boxed{\text{キ}}\,\overrightarrow{\mathrm{AM}}$である。

(3)

$$\overrightarrow{AQ} = \boxed{\text{キ}}\ \overrightarrow{AM}$$

で定まる点をQとおく。$\overrightarrow{PA}$ と $\overrightarrow{PQ}$ が垂直である三角錐PABCはどのようなものかについて考えよう。例えば(2)の場合では，点Qは点Dと一致し，$\overrightarrow{PA}$ と $\overrightarrow{PQ}$ は垂直である。

(i) $\overrightarrow{PA}$ と $\overrightarrow{PQ}$ が垂直であるとき，$\overrightarrow{PQ}$ を $\overrightarrow{AB}$，$\overrightarrow{AC}$，$\overrightarrow{AP}$ を用いて表して考えると，[ク] が成り立つ。さらに①に注意すると，[ク] から [ケ] が成り立つことがわかる。

したがって，$\overrightarrow{PA}$ と $\overrightarrow{PQ}$ が垂直であれば，[ケ] が成り立つ。逆に，[ケ] が成り立てば，$\overrightarrow{PA}$ と $\overrightarrow{PQ}$ は垂直である。

[ク] の解答群

⓪ $\overrightarrow{AP}\cdot\overrightarrow{AB}+\overrightarrow{AP}\cdot\overrightarrow{AC}=\overrightarrow{AP}\cdot\overrightarrow{AP}$

① $\overrightarrow{AP}\cdot\overrightarrow{AB}+\overrightarrow{AP}\cdot\overrightarrow{AC}=-\overrightarrow{AP}\cdot\overrightarrow{AP}$

② $\overrightarrow{AP}\cdot\overrightarrow{AB}+\overrightarrow{AP}\cdot\overrightarrow{AC}=\overrightarrow{AB}\cdot\overrightarrow{AC}$

③ $\overrightarrow{AP}\cdot\overrightarrow{AB}+\overrightarrow{AP}\cdot\overrightarrow{AC}=-\overrightarrow{AB}\cdot\overrightarrow{AC}$

④ $\overrightarrow{AP}\cdot\overrightarrow{AB}+\overrightarrow{AP}\cdot\overrightarrow{AC}=0$

⑤ $\overrightarrow{AP}\cdot\overrightarrow{AB}-\overrightarrow{AP}\cdot\overrightarrow{AC}=0$

[ケ] の解答群

⓪ $|\overrightarrow{AB}|+|\overrightarrow{AC}|=\sqrt{2}\,|\overrightarrow{BC}|$

① $|\overrightarrow{AB}|+|\overrightarrow{AC}|=2\,|\overrightarrow{BC}|$

② $|\overrightarrow{AB}|\sin\theta+|\overrightarrow{AC}|\sin\theta=|\overrightarrow{AP}|$

③ $|\overrightarrow{AB}|\cos\theta+|\overrightarrow{AC}|\cos\theta=|\overrightarrow{AP}|$

④ $|\overrightarrow{AB}|\sin\theta=|\overrightarrow{AC}|\sin\theta=2\,|\overrightarrow{AP}|$

⑤ $|\overrightarrow{AB}|\cos\theta=|\overrightarrow{AC}|\cos\theta=2\,|\overrightarrow{AP}|$

(ii)　k を正の実数とし

$$k\overrightarrow{AP}\cdot\overrightarrow{AB}=\overrightarrow{AP}\cdot\overrightarrow{AC}$$

が成り立つとする。このとき，［コ］が成り立つ。

また，点Bから直線APに下ろした垂線と直線APとの交点をB′とし，同様に点Cから直線APに下ろした垂線と直線APとの交点をC′とする。

このとき，$\overrightarrow{PA}$ と $\overrightarrow{PQ}$ が垂直であることは，［サ］であることと同値である。特に $k=1$ のとき，$\overrightarrow{PA}$ と $\overrightarrow{PQ}$ が垂直であることは，［シ］であることと同値である。

［コ］の解答群

⓪ $k|\overrightarrow{AB}|=|\overrightarrow{AC}|$　　① $|\overrightarrow{AB}|=k|\overrightarrow{AC}|$

② $k|\overrightarrow{AP}|=\sqrt{2}\,|\overrightarrow{AB}|$　　③ $k|\overrightarrow{AP}|=\sqrt{2}\,|\overrightarrow{AC}|$

［サ］の解答群

⓪ B′とC′がともに線分APの中点
① B′とC′が線分APをそれぞれ$(k+1):1$と$1:(k+1)$に内分する点
② B′とC′が線分APをそれぞれ$1:(k+1)$と$(k+1):1$に内分する点
③ B′とC′が線分APをそれぞれ$k:1$と$1:k$に内分する点
④ B′とC′が線分APをそれぞれ$1:k$と$k:1$に内分する点
⑤ B′とC′がともに線分APを$k:1$に内分する点
⑥ B′とC′がともに線分APを$1:k$に内分する点

シ の解答群

⓪ △PABと△PACがともに正三角形

① △PABと△PACがそれぞれ∠PBA = 90°，∠PCA = 90°を満たす直角二等辺三角形

② △PABと△PACがそれぞれBP = BA，CP = CAを満たす二等辺三角形

③ △PABと△PACが合同

④ AP = BC

数　学　Ⅰ

（全　問　必　答）

第1問　（配点　20）

〔1〕　実数xについての不等式

$$|x+6| \leqq 2$$

の解は

$$\boxed{\text{アイ}} \leqq x \leqq \boxed{\text{ウエ}}$$

である。

　よって，実数a，b，c，dが

$$|(1-\sqrt{3})(a-b)(c-d)+6| \leqq 2$$

を満たしているとき，$1-\sqrt{3}$は負であることに注意すると，$(a-b)(c-d)$のとり得る値の範囲は

$$\boxed{\text{オ}} + \boxed{\text{カ}}\sqrt{3} \leqq (a-b)(c-d) \leqq \boxed{\text{キ}} + \boxed{\text{ク}}\sqrt{3}$$

であることがわかる。

特に

$$(a-b)(c-d)=\boxed{\text{キ}}+\boxed{\text{ク}}\sqrt{3} \quad \cdots\cdots ①$$

であるとき，さらに

$$(a-c)(b-d)=-3+\sqrt{3} \quad \cdots\cdots ②$$

が成り立つならば

$$(a-d)(c-b)=\boxed{\text{ケ}}+\boxed{\text{コ}}\sqrt{3} \quad \cdots\cdots ③$$

であることが，等式①，②，③の左辺を展開して比較することによりわかる。

〔2〕 Uを全体集合とし，A，B，CをUの部分集合とする。Uの部分集合Xに対して，Xの補集合を$\overline{X}$で表す。

(1) U，A，B，Cの関係を図1のように表すと，例えば，$A \cap (B \cup C)$はAと$B \cup C$の共通部分で，$B \cup C$は図2の斜線部分なので，$A \cap (B \cup C)$は図3の斜線部分となる。

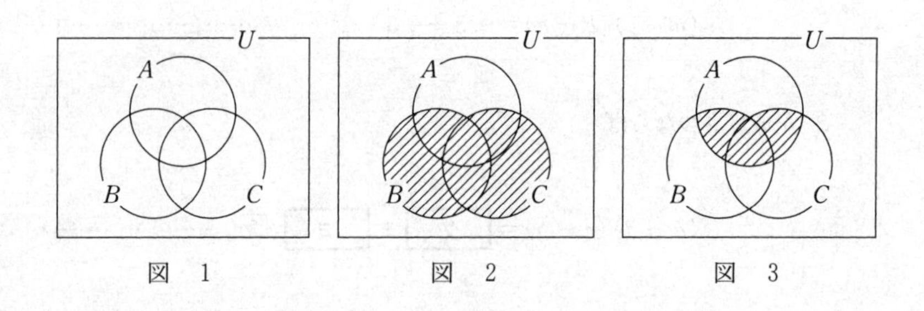

図　1　　図　2　　図　3

このとき，$(A \cap \overline{C}) \cup (B \cap C)$は［サ］の斜線部分である。

［サ］については，最も適当なものを，次の⓪～⑤のうちから一つ選べ。

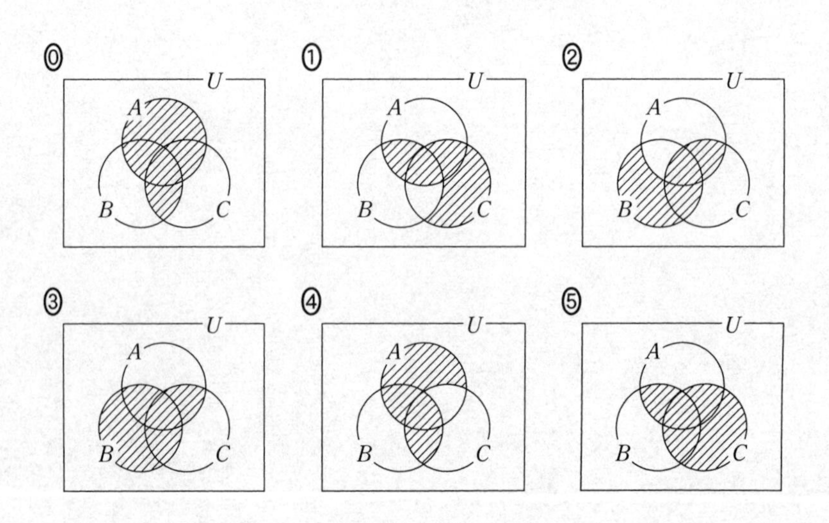

(2) 全体集合 U を

$$U=\{0,1,2,3,4,5,6,7,8,9\}$$

とする。また，U の部分集合 A，B を次のように定める。

$$A=\{0,2,3,4,6,8,9\},\quad B=\{1,3,5,6,7,9\}$$

(i) このとき

$A\cap B=\{$ シ , ス , セ $\}$

$\overline{A}\cap B=\{$ ソ , タ , チ $\}$

である。ただし

シ < ス < セ ,　ソ < タ < チ

とする。

(ii) U の部分集合 C は

$(A\cap\overline{C})\cup(B\cap C)=A$

を満たすとする。このとき，次のことが成り立つ。

- $\overline{A}\cap B$ の ツ 。
- $A\cap\overline{B}$ の テ 。

ツ , テ の解答群（同じものを繰り返し選んでもよい。）

⓪ すべての要素は C の要素である
① どの要素も C の要素ではない
② 要素には，C の要素であるものと，C の要素でないものがある

第２問 （配点　30）

(1)　点Oを中心とし，半径が5である円Oがある。この円周上に2点A，Bを$AB = 6$となるようにとる。また，円Oの円周上に，2点A，Bとは異なる点Cをとる。

(i)　$\sin \angle ACB =$ ［ア］である。また，点Cを$\angle ACB$が鈍角となるようにとるとき，$\cos \angle ACB =$ ［イ］である。

(ii)　点Cを$\angle ACB$が鈍角で$BC = 5$となるようにとる。このとき，
$AC =$ ［ウ］$\sqrt{［エ］}$ − ［オ］である。

(iii)　点Cを△ABCの面積が最大となるようにとる。点Cから直線ABに垂直な直線を引き，直線ABとの交点をDとするとき，$\tan \angle OAD =$ ［カ］である。また，△ABCの面積は［キク］である。

(iv)　点Cを，(iii)と同様に，△ABCの面積が最大となるようにとる。このとき，$\tan \angle ACB =$ [ケ] である。

さらに，点Cを通り直線ACに垂直な直線を引き，直線ABとの交点をEとする。このとき，$\sin \angle BCE =$ [コ] である。

点Fを線分CE上にとるとき，BFの長さの最小値は $\dfrac{\boxed{サシ}\sqrt{\boxed{スセ}}}{\boxed{ソ}}$ である。

[ア]，[イ]，[カ]，[ケ]，[コ] の解答群（同じものを繰り返し選んでもよい。）

⓪ $\frac{3}{5}$	① $\frac{3}{4}$	② $\frac{4}{5}$	③ 1	④ $\frac{4}{3}$
⑤ $-\frac{3}{5}$	⑥ $-\frac{3}{4}$	⑦ $-\frac{4}{5}$	⑧ -1	⑨ $-\frac{4}{3}$

(2)　半径が5である球Sがある。この球面上に3点P，Q，Rをとったとき，これらの3点を通る平面 α 上で $PQ = 8$，$QR = 5$，$RP = 9$ であったとする。

球Sの球面上に点Tを三角錐(すい)TPQRの体積が最大となるようにとるとき，その体積を求めよう。

まず，$\cos \angle QPR = \dfrac{\boxed{タ}}{\boxed{チ}}$ であることから，△PQRの面積は

$\boxed{ツ}\sqrt{\boxed{テト}}$ である。

次に，点Tから平面 α に垂直な直線を引き，平面 α との交点をHとする。このとき，PH，QH，RHの長さについて，$\boxed{ナ}$ が成り立つ。

以上より，三角錐TPQRの体積は $\boxed{ニヌ}\left(\sqrt{\boxed{ネノ}} + \sqrt{\boxed{ハ}}\right)$ である。

$\boxed{ナ}$ の解答群

⓪　$PH < QH < RH$	①　$PH < RH < QH$
②　$QH < PH < RH$	③　$QH < RH < PH$
④　$RH < PH < QH$	⑤　$RH < QH < PH$
⑥　$PH = QH = RH$	

第3問　(配点　20)

太郎さんは，総務省が公表している2020年の家計調査の結果を用いて，地域による食文化の違いについて考えている。家計調査における調査地点は，都道府県庁所在市および政令指定都市(都道府県庁所在市を除く)であり，合計52市である。家計調査の結果の中でも，スーパーマーケットなどで販売されている調理食品の「二人以上の世帯の1世帯当たり年間支出金額(以下，支出金額，単位は円)」を分析することにした。以下においては，52市の調理食品の支出金額をデータとして用いる。

太郎さんは調理食品として，最初にうなぎのかば焼き(以下，かば焼き)に着目し，図1のように52市におけるかば焼きの支出金額のヒストグラムを作成した。ただし，ヒストグラムの各階級の区間は，左側の数値を含み，右側の数値を含まない。

なお，以下の図や表については，総務省のWebページをもとに作成している。

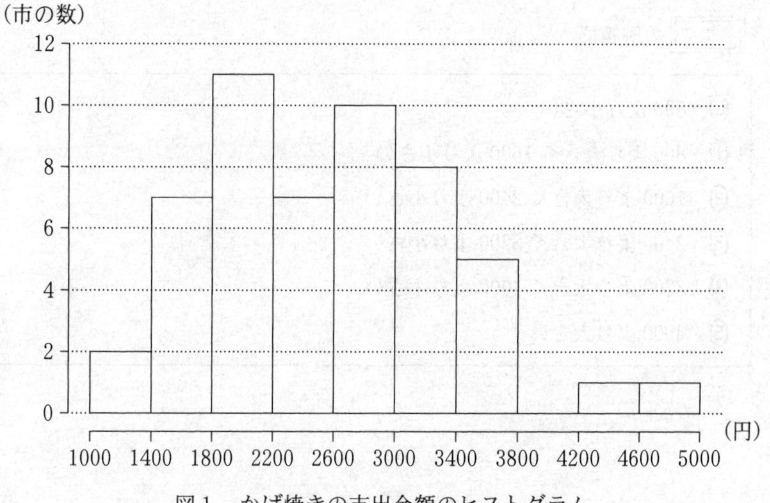

図1　かば焼きの支出金額のヒストグラム

(1)　図1から次のことが読み取れる。

- 中央値が含まれる階級は ア である。
- 第1四分位数が含まれる階級は イ である。
- 第3四分位数が含まれる階級は ウ である。
- 四分位範囲は エ 。

ア ～ ウ の解答群(同じものを繰り返し選んでもよい。)

⓪　1000以上1400未満	①　1400以上1800未満
②　1800以上2200未満	③　2200以上2600未満
④　2600以上3000未満	⑤　3000以上3400未満
⑥　3400以上3800未満	⑦　3800以上4200未満
⑧　4200以上4600未満	⑨　4600以上5000未満

エ の解答群

⓪　800より小さい
①　800より大きく1600より小さい
②　1600より大きく2400より小さい
③　2400より大きく3200より小さい
④　3200より大きく4000より小さい
⑤　4000より大きい

⑵　太郎さんは，東西での地域による食文化の違いを調べるために，52 市を東側の地域 E（19 市）と西側の地域 W（33 市）の二つに分けて考えることにした。

(i)　地域 E と地域 W について，かば焼きの支出金額の箱ひげ図を，図 2，図 3 のようにそれぞれ作成した。

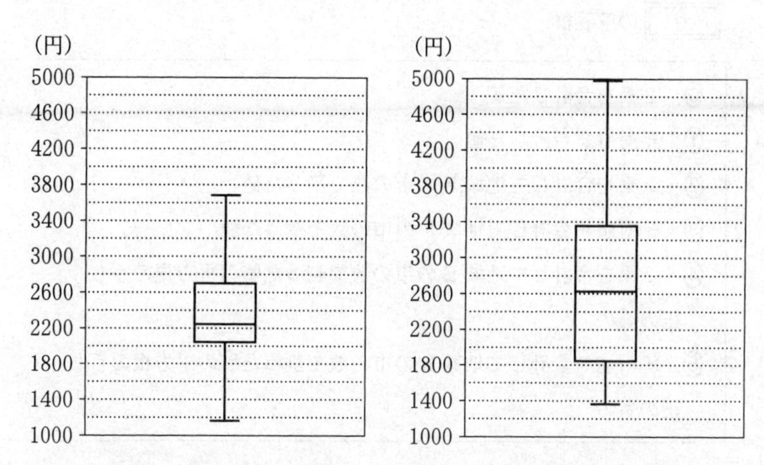

図 2　地域 E におけるかば焼きの支出金額の箱ひげ図

図 3　地域 W におけるかば焼きの支出金額の箱ひげ図

かば焼きの支出金額について，図 2 と図 3 から読み取れることとして，次の ⓪～③のうち，正しいものは [オ] である。

[オ] の解答群

⓪　地域 E において，小さい方から 5 番目は 2000 以下である。

①　地域 E と地域 W の範囲は等しい。

②　中央値は，地域 E より地域 W の方が大きい。

③　2600 未満の市の割合は，地域 E より地域 W の方が大きい。

(ii)　太郎さんは，地域Ｅと地域Ｗのデータの散らばりの度合いを数値でとらえようと思い，それぞれの分散を考えることにした。地域Ｅにおけるかば焼きの支出金額の分散は，地域Ｅのそれぞれの市におけるかば焼きの支出金額の偏差の［カ］である。

［カ］の解答群

⓪　２乗を合計した値
①　絶対値を合計した値
②　２乗を合計して地域Ｅの市の数で割った値
③　絶対値を合計して地域Ｅの市の数で割った値
④　２乗を合計して地域Ｅの市の数で割った値の平方根のうち正のもの
⑤　絶対値を合計して地域Ｅの市の数で割った値の平方根のうち正のもの

⑶　太郎さんは，⑵で考えた地域Ｅにおける，やきとりの支出金額についても調べることにした。

ここでは地域Ｅにおいて，やきとりの支出金額が増加すれば，かば焼きの支出金額も増加する傾向があるのではないかと考え，まず図４のように，地域Ｅにおける，やきとりとかば焼きの支出金額の散布図を作成した。そして，相関係数を計算するために，表１のように平均値，分散，標準偏差および共分散を算出した。ただし，共分散は地域Ｅのそれぞれの市における，やきとりの支出金額の偏差とかば焼きの支出金額の偏差との積の平均値である。

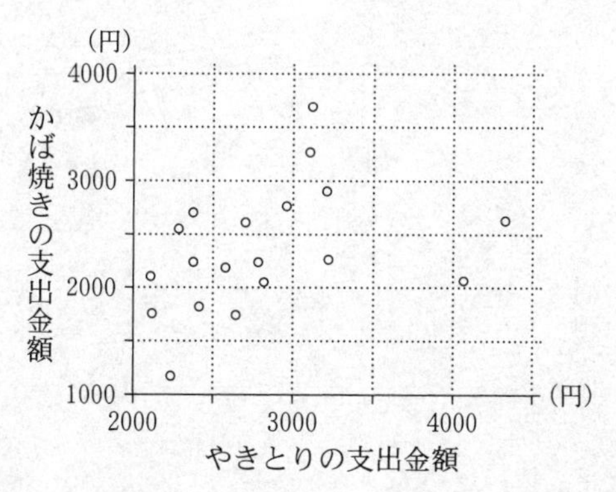

図４　地域Ｅにおける，やきとりとかば焼きの支出金額の散布図

表１　地域Ｅにおける，やきとりとかば焼きの支出金額の平均値，分散，標準偏差および共分散

	平均値	分　散	標準偏差	共分散
やきとりの支出金額	2810	348100	590	124000
かば焼きの支出金額	2350	324900	570	

(i)　表1を用いると，地域Eにおける，やきとりの支出金額とかば焼きの支出金額の相関係数は［キ］である。

［キ］については，最も適当なものを，次の⓪～⑨のうちから一つ選べ。

⓪　−0.62	①　−0.50	②　−0.37	③　−0.19
④　−0.02	⑤　0.02	⑥　0.19	⑦　0.37
⑧　0.50	⑨　0.62		

(ii)　地域Eの19市それぞれにおける，やきとりの支出金額xとかば焼きの支出金額yの値の組を

$$(x_1,\ y_1),\ (x_2,\ y_2),\ \cdots,\ (x_{19},\ y_{19})$$

とする。この支出金額のデータを千円単位に変換することを考える。地域Eにおいて千円単位に変換した，やきとりの支出金額x'とかば焼きの支出金額y'の値の組を

$$(x'_1,\ y'_1),\ (x'_2,\ y'_2),\ \cdots,\ (x'_{19},\ y'_{19})$$

とすると

$$\begin{cases} x'_i = \dfrac{x_i}{1000} \\ y'_i = \dfrac{y_i}{1000} \end{cases} \quad (i = 1,\ 2,\ \cdots,\ 19)$$

と表される。このとき，次のことが成り立つ。

- x'の分散は［ク］となる。
- x'とy'の相関係数は，xとyの相関係数［ケ］。

［ク］の解答群

⓪ $\dfrac{348100}{1000^2}$	① $\dfrac{348100}{1000}$	② 348100
③ 1000×348100	④ $1000^2 \times 348100$	

［ケ］の解答群

⓪ の$\dfrac{1}{1000^2}$倍となる	① の$\dfrac{1}{1000}$倍となる	② と等しい
③ の1000倍となる	④ の1000^2倍となる	

第4問 （配点　30）

〔1〕 p を実数とし，$f(x)=(x-2)(x-8)+p$ とする。

(1)　2次関数 $y=f(x)$ のグラフの頂点の座標は

$$\left(\boxed{\text{ア}},\ \boxed{\text{イウ}}+p \right)$$

である。

(2)　2次関数 $y=f(x)$ のグラフと x 軸との位置関係は，p の値によって次のように三つの場合に分けられる。

$p>$ $\boxed{\text{エ}}$ のとき，2次関数 $y=f(x)$ のグラフは x 軸と共有点をもたない。

$p=$ $\boxed{\text{エ}}$ のとき，2次関数 $y=f(x)$ のグラフは x 軸と点 $\left(\boxed{\text{オ}},\ 0 \right)$ で接する。

$p<$ $\boxed{\text{エ}}$ のとき，2次関数 $y=f(x)$ のグラフは x 軸と異なる2点で交わる。

(3)　2次関数 $y=f(x)$ のグラフを x 軸方向に -3，y 軸方向に5だけ平行移動した放物線をグラフとする2次関数を $y=g(x)$ とすると

$$g(x)=x^2-\boxed{\text{カ}}\,x+p$$

となる。

関数 $y=|f(x)-g(x)|$ のグラフを考えることにより，

関数 $y=|f(x)-g(x)|$ は $x=\dfrac{\boxed{\text{キ}}}{\boxed{\text{ク}}}$ で最小値をとることがわかる。

〔2〕　太郎さんと花子さんは，バスケットボールのプロ選手の中には，リングと同じ高さでシュートを打てる人がいることを知り，シュートを打つ高さによってボールの軌道がどう変わるかについて考えている。

二人は，図1のように座標軸が定められた平面上に，プロ選手と花子さんがシュートを打つ様子を真横から見た図をかき，ボールがリングに入った場合について，後の**仮定**を設定して考えることにした。長さの単位はメートルであるが，以下では省略する。

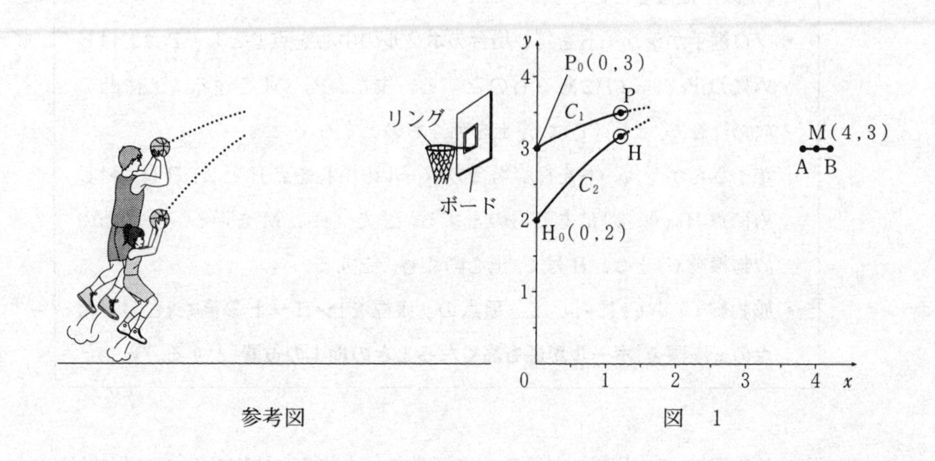

参考図　　　図　1

仮定

- 平面上では，ボールを直径 0.2 の円とする。
- リングを真横から見たときの左端を点A(3.8，3)，右端を点B(4.2，3)とし，リングの太さは無視する。
- ボールがリングや他のものに当たらずに上からリングを通り，かつ，ボールの中心がABの中点M(4，3)を通る場合を考える。ただし，ボールがリングに当たるとは，ボールの中心とAまたはBとの距離が0.1以下になることとする。
- プロ選手がシュートを打つ場合のボールの中心を点Pとし，Pは，はじめに点P_0(0，3)にあるものとする。また，P_0，Mを通る，上に凸の放物線をC_1とし，PはC_1上を動くものとする。
- 花子さんがシュートを打つ場合のボールの中心を点Hとし，Hは，はじめに点H_0(0，2)にあるものとする。また，H_0，Mを通る，上に凸の放物線をC_2とし，HはC_2上を動くものとする。
- 放物線C_1やC_2に対して，頂点のy座標を「**シュートの高さ**」とし，頂点のx座標を「**ボールが最も高くなるときの地上の位置**」とする。

(1)　放物線C_1の方程式におけるx^2の係数をaとする。放物線C_1の方程式は

$$y = ax^2 - \boxed{\text{ケ}}\,ax + \boxed{\text{コ}}$$

と表すことができる。また，プロ選手の「**シュートの高さ**」は

$$-\boxed{\text{サ}}\,a + \boxed{\text{シ}}$$

である。

放物線 C_2 の方程式における x^2 の係数を p とする。放物線 C_2 の方程式は

$$y = p\left\{x - \left(2 - \frac{1}{8p}\right)\right\}^2 - \frac{(16p-1)^2}{64p} + 2$$

と表すことができる。

プロ選手と花子さんの「**ボールが最も高くなるときの地上の位置**」の比較の記述として，次の⓪～③のうち，正しいものは［ス］である。

［ス］の解答群

⓪ プロ選手と花子さんの「**ボールが最も高くなるときの地上の位置**」は，つねに一致する。

① プロ選手の「**ボールが最も高くなるときの地上の位置**」の方が，つねにMの x 座標に近い。

② 花子さんの「**ボールが最も高くなるときの地上の位置**」の方が，つねにMの x 座標に近い。

③ プロ選手の「**ボールが最も高くなるときの地上の位置**」の方がMの x 座標に近いときもあれば，花子さんの「**ボールが最も高くなるときの地上の位置**」の方がMの x 座標に近いときもある。

(2) 二人は，ボールがリングすれすれを通る場合のプロ選手と花子さんの「**シュートの高さ**」について次のように話している。

太郎：例えば，プロ選手のボールがリングに当たらないようにするには，Pがリングの左端Aのどのくらい上を通れば良いのかな。

花子：Aの真上の点でPが通る点Dを，線分DMがAを中心とする半径0.1の円と接するようにとって考えてみたらどうかな。

太郎：なるほど。Pの軌道は上に凸の放物線で山なりだから，その場合，図2のように，PはDを通った後で線分DMより上側を通るのでボールはリングに当たらないね。花子さんの場合も，HがこのDを通れば，ボールはリングに当たらないね。

花子：放物線 C_1 と C_2 がDを通る場合でプロ選手と私の「**シュートの高さ**」を比べてみようよ。

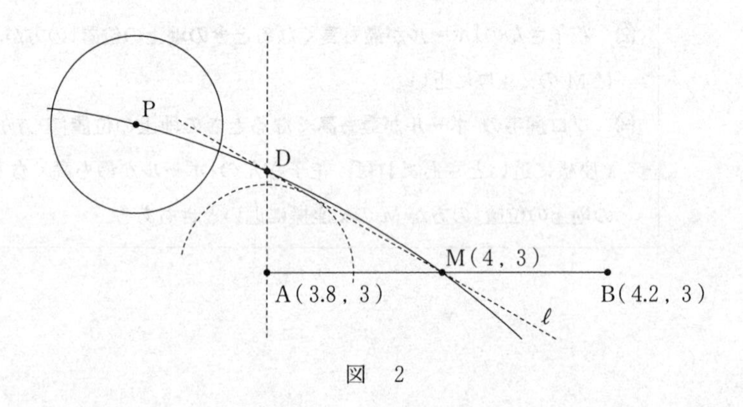

図 2

図2のように，Mを通る直線ℓが，Aを中心とする半径0.1の円に直線ABの上側で接しているとする。また，Aを通り直線ABに垂直な直線を引き，ℓとの交点をDとする。このとき，$AD = \dfrac{\sqrt{3}}{15}$である。

よって，放物線C_1がDを通るとき，C_1の方程式は

$$y = -\frac{\boxed{セ}\sqrt{\boxed{ソ}}}{\boxed{タチ}}\left(x^2 - \boxed{ケ}\,x\right) + \boxed{コ}$$

となる。

また，放物線C_2がDを通るとき，(1)で与えられたC_2の方程式を用いると，花子さんの「**シュートの高さ**」は約3.4と求められる。

以上のことから，放物線C_1とC_2がDを通るとき，プロ選手と花子さんの「**シュートの高さ**」を比べると，$\boxed{ツ}$の「**シュートの高さ**」の方が大きく，その差はボール$\boxed{テ}$である。なお，$\sqrt{3} = 1.7320508\cdots$である。

$\boxed{ツ}$の解答群

⓪　プロ選手	①　花子さん

$\boxed{テ}$については，最も適当なものを，次の⓪～③のうちから一つ選べ。

⓪　約1個分	①　約2個分	②　約3個分	③　約4個分

2023

共通テスト
追試験

数学Ⅰ・数学A：
解答時間 70 分
配点 100 点

数学Ⅱ・数学B：
解答時間 60 分
配点 100 点

数学Ⅰ・数学A

問　題	選　択　方　法
第１問	必　　答
第２問	必　　答
第３問	いずれか２問を選択し，解答しなさい。
第４問	
第５問	

第1問　(必答問題)（配点　30）

〔1〕 k を定数として，x についての不等式

$$\sqrt{5}\,x < k - x < 2x + 1 \quad \cdots\cdots ①$$

を考える。

(1) 不等式 $k - x < 2x + 1$ を解くと

$$x > \frac{k - \boxed{ア}}{\boxed{イ}}$$

であり，不等式 $\sqrt{5}\,x < k - x$ を解くと

$$x < \frac{\boxed{ウエ} + \sqrt{5}}{\boxed{オ}}k$$

である。

よって，不等式 ① を満たす x が存在するような k の値の範囲は

$$k < \boxed{カ} + \boxed{キ}\sqrt{5} \quad \cdots\cdots ②$$

である。

⑵ p，q は $p < q$ を満たす実数とする。x の値の範囲 $p < x < q$ に対し，$q - p$ をその範囲の幅ということにする。

②が成り立つとき，不等式①を満たす x の値の範囲の幅が $\frac{\sqrt{5}}{3}$ より大きくなるような k の値の範囲は

$$k < \boxed{\text{クケ}} - \boxed{\text{コ}}\sqrt{5}$$

である。

〔2〕 △ABCにおいてBC $= 1$ であるとする。$\sin \angle ABC$ と $\sin \angle ACB$ に関する条件が与えられたときの△ABCの辺，角，面積について考察する。

(1) $\sin \angle ABC = \dfrac{\sqrt{15}}{4}$ であるとき，$\cos \angle ABC = \pm \dfrac{\boxed{サ}}{\boxed{シ}}$ である。

(2) $\sin \angle ABC = \dfrac{\sqrt{15}}{4}$，$\sin \angle ACB = \dfrac{\sqrt{15}}{8}$ であるとする。

(i) このとき，AC $=$ $\boxed{ス}$ AB である。

(ii) この条件を満たす三角形は二つあり，その中で面積が大きい方の△ABCにおいては，AB $= \dfrac{\boxed{セ}}{\boxed{ソ}}$ である。

(3)　$\sin\angle ABC = 2\sin\angle ACB$ を満たす $\triangle ABC$ のうち，面積 S が最大となるものを求めよう。

$\sin\angle ABC = 2\sin\angle ACB$ と $BC = 1$ により

$$\cos\angle ABC = \frac{\boxed{タ} - \boxed{チ}\,AB^2}{2\,AB}$$

である。$\triangle ABC$ の面積 S について調べるために，S^2 を考える。$AB^2 = x$ とおくと

$$S^2 = -\frac{\boxed{ツ}}{\boxed{テト}}x^2 + \frac{\boxed{ナ}}{\boxed{ニ}}x - \frac{1}{16}$$

と表すことができる。したがって，S^2 が最大となるのは $x = \dfrac{\boxed{ヌ}}{\boxed{ネ}}$ のとき，すなわち $AB = \dfrac{\sqrt{\boxed{ノ}}}{\boxed{ハ}}$ のときである。$S > 0$ より，このときに面積 S も最大となる。

また，面積 S が最大となる $\triangle ABC$ において，$\angle ABC$ は $\boxed{ヒ}$ で，$\angle ACB$ は $\boxed{フ}$ である。

$\boxed{ヒ}$，$\boxed{フ}$ の解答群(同じものを繰り返し選んでもよい。)

⓪ 鋭　角	① 直　角	② 鈍　角

第2問 （必答問題）（配点　30）

〔1〕 高校1年生の太郎さんと花子さんのクラスでは，文化祭でやきそば屋を出店することになった。二人は1皿あたりの価格をいくらにするかを検討するためにアンケート調査を行い，1皿あたりの価格と売り上げ数の関係について次の表のように予測した。

1皿あたりの価格(円)	100	150	200	250	300
売り上げ数　　　(皿)	1250	750	450	250	50

この結果から太郎さんと花子さんは，1皿あたりの価格が100円以上300円以下の範囲で，予測される利益(以下，利益)の最大値について考えることにした。

太郎：価格を横軸，売り上げ数を縦軸にとって散布図をかいてみたよ。

花子：散布図の点の並びは，1次関数のグラフのようには見えないね。2次関数のグラフみたいに見えるよ。

太郎：価格が100，200，300のときの点を通る2次関数のグラフをかくと，図1のように価格が150，250のときの点もそのグラフの近くにあるよ。

花子：現実には，もっと複雑な関係なのだろうけど，1次関数と2次関数で比べると，2次関数で考えた方がよいような気がするね。

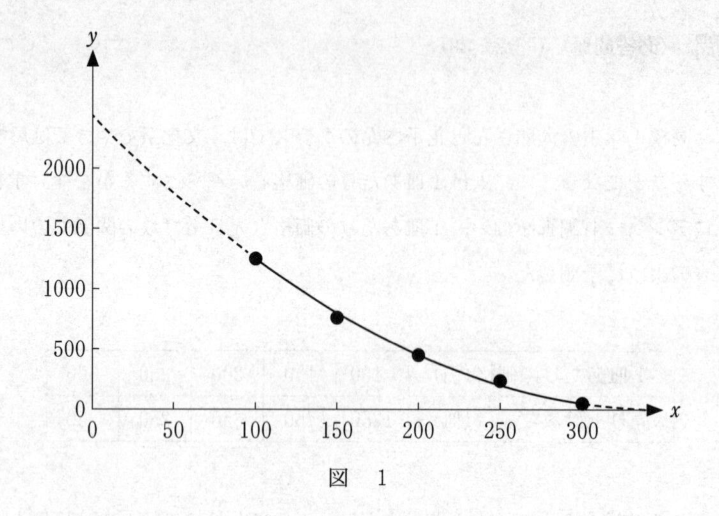

図　1

2 次関数

$$y = ax^2 + bx + c \quad \cdots\cdots\cdots\cdots\cdots\cdots\cdots\cdots ①$$

のグラフは，3 点(100, 1250)，(200, 450)，(300, 50)を通るとする。このとき，$b =$ **アイウ** である。

二人は，1皿あたりの価格 x と売り上げ数 y の関係が①を満たしたときの，$100 \leqq x \leqq 300$ での利益の最大値 M について考えることにした。

1皿あたりの材料費は80円であり，材料費以外にかかる費用は5000円である。よって，$x-80$ と売り上げ数の積から，5000を引いたものが利益となる。

このとき，売り上げ数を①の右辺の2次式とすると，利益は x の［エ］次式となる。一方で，売り上げ数として①の右辺の代わりに x の［オ］次式を使えば，利益は x の2次式となる。

太郎：利益が［エ］次式だと，今の私たちの知識では最大値 M を正確に求めることができないね。

花子：①の右辺の代わりに［オ］次式を使えば利益は2次式になるから，最大値を求められるよ。

太郎：現実の問題を考えるときには正確な答えが出せないことも多いから，自分の知識の範囲内で工夫しておおよその値を出すことには価値があると思うよ。

花子：考えているのが利益だから，①の右辺の代わりの式は売り上げ数を少なく見積もった式を考えると手堅いね。

太郎：少なく見積もるということは，その関数のグラフは①のグラフより，下の方にあるということだね。

1次関数

$$y = -4x + 1160 \quad \cdots\cdots\cdots\cdots\cdots\cdots \text{②}$$

を考える。このとき，① と ② のグラフの位置関係は次の図 2 のようになっている。

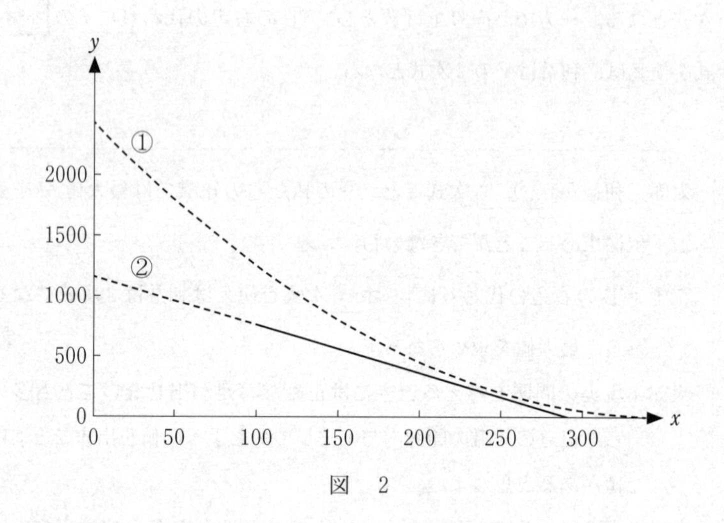

図　2

① の右辺の代わりに ② の右辺を使うと，売り上げ数を少なく見積もることになる。売り上げ数を ② の右辺としたときの利益 z は

$$z = -\boxed{\text{カ}}\,x^2 + \boxed{\text{キクケコ}}\,x - 97800$$

で与えられる。z が最大となる x を p とおくと，$p = \boxed{\text{サシス}}$ であり，z の最大値は 39100 である。

太郎：売り上げ数を少なく見積もった式は，各 x について値が ① より小さければよいので，色々な式が考えられるね。

花子：それらの式を ① の右辺の代わりに使ったときの利益の最大値と，① の右辺から計算される利益の最大値 M との関係はどうなるのかな。

1次関数

$$y = -8x + 1968 \qquad \cdots\cdots\cdots\cdots ③$$

を考える。売り上げ数を ③ の右辺としたときの利益は $x = 163$ のときに最大となり，最大値は 50112 となる。

また，①～③ のグラフの位置関係は次の図3のようになっている。

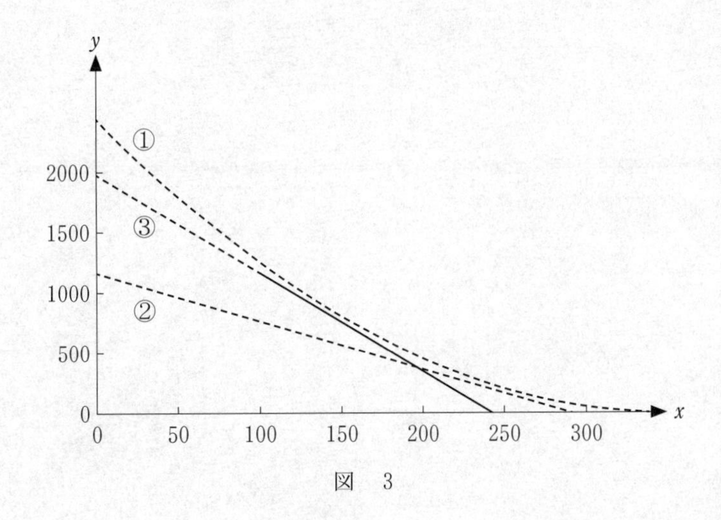

図　3

売り上げ数を①の右辺としたときの利益の記述として，次の⓪～⑥のうち，正しいものは［セ］と［ソ］である。

［セ］，［ソ］の解答群（解答の順序は問わない。）

⓪　利益の最大値 M は 39100 である。

①　利益の最大値 M は 50112 である。

②　利益の最大値 M は $\dfrac{39100 + 50112}{2}$ である。

③　$x = 163$ とすれば，利益は少なくとも 50112 以上となる。

④　$x = p$ とすれば，利益は少なくとも 39100 以上となる。

⑤　$x = 163$ のときに利益は最大値 M をとる。

⑥　$x = p$ のときに利益は最大値 M をとる。

1次関数

$$y = -6x + 1860 \quad \cdots\cdots\cdots\cdots\cdots\cdots \text{④}$$

を考える。$100 \leqq x \leqq 300$ において，売り上げ数を ④ の右辺としたときの利益は $x = 195$ のときに最大となり，最大値は 74350 となる。

また，①～④ のグラフの位置関係は次の図4のようになっている。

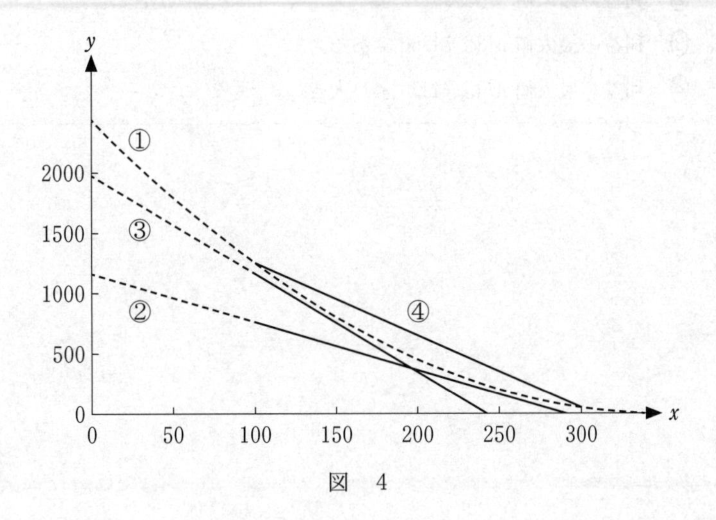

図　4

売り上げ数を ① の右辺としたときの利益の最大値 M についての記述として，次の⓪～④のうち，正しいものは［タ］である。

［タ］の解答群

⓪　利益の最大値 M は 50112 より小さい。

①　利益の最大値 M は 50112 である。

②　利益の最大値 M は 50112 より大きく 74350 より小さい。

③　利益の最大値 M は 74350 である。

④　利益の最大値 M は 74350 より大きい。

〔2〕 花子さんの通う学校では，生徒会会則の一部を変更することの賛否について生徒全員が投票をすることになった。投票結果に関心がある花子さんは，身近な人たちに尋ねて下調べをしてみようと思い，各回答が賛成ならば1，反対ならば0と表すことにした。このようにして作成される n 人分のデータを x_1，x_2，…，x_n と表す。ただし，賛成と反対以外の回答はないものとする。

例えば，10人について調べた結果が

$$0,1,1,1,0,1,1,1,1,1$$

であったならば，$x_1=0$，$x_2=1$，…，$x_{10}=1$ となる。この場合，データの値の総和は8であり，平均値は $\frac{4}{5}$ である。

(1) データの値の総和 $x_1+x_2+\cdots+x_n$ は [チ] と一致し，平均値 $\bar{x}=\frac{x_1+x_2+\cdots+x_n}{n}$ は [ツ] と一致する。

[チ]，[ツ] の解答群(同じものを繰り返し選んでもよい。)

⓪ 賛成の人の数
① 反対の人の数
② 賛成の人の数から反対の人の数を引いた値
③ n 人中における賛成の人の割合
④ n 人中における反対の人の割合
⑤ $\frac{\text{賛成の人の数}}{\text{反対の人の数}}$ の値

(2)　花子さんは，0と1だけからなるデータの平均値と分散について考えてみることにした。

$m = x_1 + x_2 + \cdots + x_n$ とおくと，平均値は $\frac{m}{n}$ である。また，分散を s^2 で表す。s^2 は，0と1の個数に着目すると

$$s^2 = \frac{1}{n}\left\{ \boxed{テ}\left(1 - \frac{m}{n}\right)^2 + \boxed{ト}\left(0 - \frac{m}{n}\right)^2 \right\} = \boxed{ナ}$$

と表すことができる。

$\boxed{テ}$，$\boxed{ト}$ の解答群(同じものを繰り返し選んでもよい。)

⓪ n　① m　② $(n-m)$　③ $\frac{m}{n}$

④ $\left(1 - \frac{m}{n}\right)$　⑤ $\frac{n}{2}$　⑥ $\frac{m}{2}$　⑦ $\frac{n-m}{2}$

$\boxed{ナ}$ の解答群

⓪ $\frac{m^2}{n^2}$　① $\left(1 - \frac{m}{n}\right)^2$　② $\frac{m(n-m)}{n^2}$

③ $\frac{m(1-m)}{n^2}$　④ $\frac{m(n-m)}{2n^2}$　⑤ $\frac{n^2 - 3mn + 3m^2}{n^2}$

⑥ $\frac{n^2 - 2mn + 2m^2}{2n^2}$

〔3〕 変量x, yの値の組

$$(-1,\ -1),\quad (-1,\ 1),\quad (1,\ -1),\quad (1,\ 1)$$

をデータWとする。データWのxとyの相関係数は0である。データWに，新たに1個の値の組を加えたときの相関係数について調べる。なお，必要に応じて，後に示す表1の計算表を用いて考えてもよい。

aを実数とする。データWに$(5a,\ 5a)$を加えたデータをW'とする。W'のxの平均値$\bar{x}$は［ニ］，W'のxとyの共分散s_{xy}は［ヌ］となる。ただし，xとyの共分散とは，xの偏差とyの偏差の積の平均値である。

W'のxとyの標準偏差を，それぞれs_x, s_yとする。積s_xs_yは［ネ］となる。また相関係数が0.95以上となるための必要十分条件は$s_{xy} \geqq 0.95\,s_xs_y$である。これより，相関係数が0.95以上となるようなaの値の範囲は［ノ］である。

表1　計算表

x	y	$x-\bar{x}$	$y-\bar{y}$	$(x-\bar{x})(y-\bar{y})$
-1	-1			
-1	1			
1	-1			
1	1			
$5a$	$5a$			

ニ の解答群

⓪ 0　① $5a$　② $5a+4$　③ a　④ $a+\frac{4}{5}$

ヌ の解答群

⓪ $4a^2$　① $4a^2+\frac{4}{5}$　② $4a^2+\frac{4}{5}a$　③ $5a^2$　④ $20a^2$

ネ の解答群

⓪ $4a^2+\frac{16}{5}a+\frac{4}{5}$　① $4a^2+1$

② $4a^2+\frac{4}{5}$　③ $2a^2+\frac{2}{5}$

ノ の解答群

⓪ $-\frac{\sqrt{95}}{4} \leqq a \leqq \frac{\sqrt{95}}{4}$　① $a \leqq -\frac{\sqrt{95}}{4},\ \frac{\sqrt{95}}{4} \leqq a$

② $-\frac{\sqrt{95}}{5} \leqq a \leqq \frac{\sqrt{95}}{5}$　③ $a \leqq -\frac{\sqrt{95}}{5},\ \frac{\sqrt{95}}{5} \leqq a$

④ $-\frac{2\sqrt{19}}{5} \leqq a \leqq \frac{2\sqrt{19}}{5}$　⑤ $a \leqq -\frac{2\sqrt{19}}{5},\ \frac{2\sqrt{19}}{5} \leqq a$

第3問 （選択問題）（配点　20）

(1)　1枚の硬貨を繰り返し投げるとき，この硬貨の表裏の出方に応じて，座標平面上の点Pが次の**規則1**に従って移動するものとする。

規則1

- 点Pは原点O(0，0)を出発点とする。
- 点Pの x 座標は，硬貨を投げるごとに1だけ増加する。
- 点Pの y 座標は，硬貨を投げるごとに，表が出たら1だけ増加し，裏が出たら1だけ減少する。

また，点Pの座標を次の**記号**で表す。

記号

硬貨を k 回投げ終えた時点での点Pの座標 $(x,\ y)$ を $(k,\ y_k)$ で表す。

座標平面上の点Pの移動の仕方について，例えば，硬貨を1回投げて表が出た場合について考える。このとき，点Pの座標は(1，1)となる。これを図1のように，原点O(0，0)と点(1，1)をまっすぐな矢印で結ぶ。このようにして点Pの移動の仕方を表す。

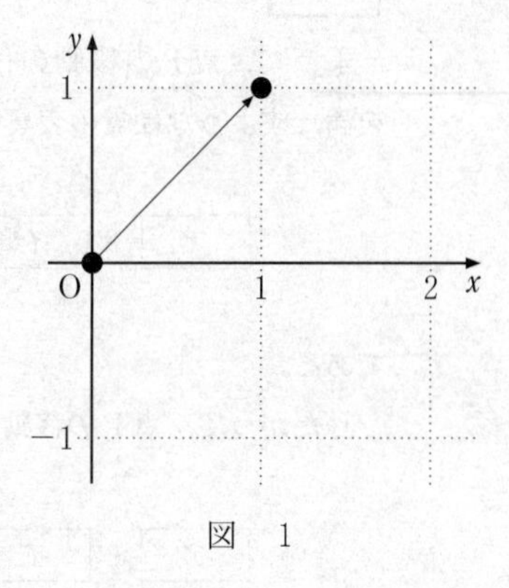

図　1

以下において，図を使用する際には同じように考えることにする。

(i) 硬貨を3回投げ終えたとき，点Pの移動の仕方が条件

$$y_1 \geqq -1 \text{ かつ } y_2 \geqq -1 \text{ かつ } y_3 \geqq -1 \quad \cdots\cdots\cdots\cdots(*)$$

を満たす確率を求めよう。

条件(*)を満たす点Pの移動の仕方は図2のようになる。例えば点O(0，0)から点A(2，0)までの点Pの移動の仕方は，点O(0，0)から点(1，1)まで移動したのち点A(2，0)に移動する場合と，点O(0，0)から点(1，−1)まで移動したのち点A(2，0)に移動する場合のいずれかであるため，2通りある。このとき，この移動の仕方の総数である2を，**四角囲みの中の数字**で点A(2，0)の近くに書く。図2における他の四角囲みの中の数字についても同様に考える。

このように考えると，条件(*)を満たす点Pの移動の仕方のうち，点(3，3)に至る移動の仕方は［ア］通りあり，点(3，1)に至る移動の仕方は［イ］通りあり，点(3，−1)に至る移動の仕方は［ウ］通りある。

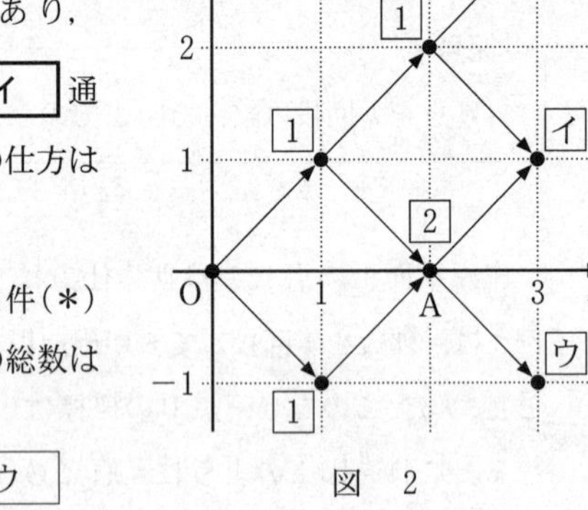

図 2

よって，点Pの移動の仕方が条件(*)を満たすような硬貨の表裏の出方の総数は

$$\boxed{ア} + \boxed{イ} + \boxed{ウ}$$

である。

したがって，点Pの移動の仕方が条件(*)を満たす確率は

$$\frac{\boxed{ア} + \boxed{イ} + \boxed{ウ}}{2^3}$$

として求めることができる。

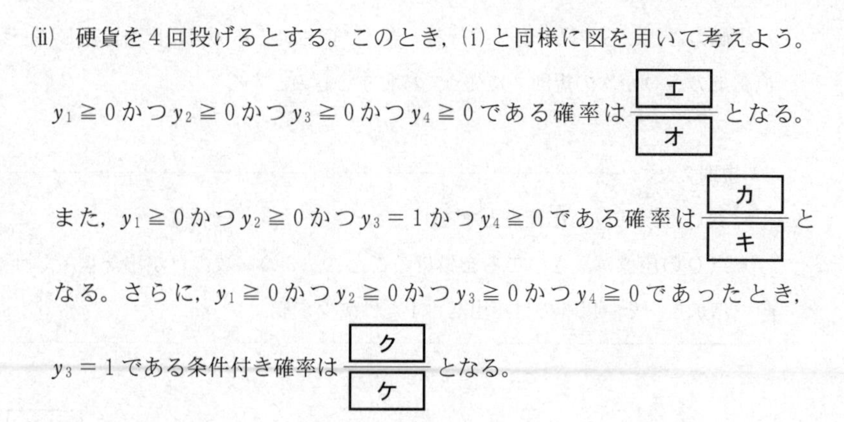

(ii)　硬貨を4回投げるとする。このとき，(i)と同様に図を用いて考えよう。

$y_1 \geqq 0$ かつ $y_2 \geqq 0$ かつ $y_3 \geqq 0$ かつ $y_4 \geqq 0$ である確率は $\dfrac{\boxed{エ}}{\boxed{オ}}$ となる。

また，$y_1 \geqq 0$ かつ $y_2 \geqq 0$ かつ $y_3 = 1$ かつ $y_4 \geqq 0$ である確率は $\dfrac{\boxed{カ}}{\boxed{キ}}$ となる。さらに，$y_1 \geqq 0$ かつ $y_2 \geqq 0$ かつ $y_3 \geqq 0$ かつ $y_4 \geqq 0$ であったとき，$y_3 = 1$ である条件付き確率は $\dfrac{\boxed{ク}}{\boxed{ケ}}$ となる。

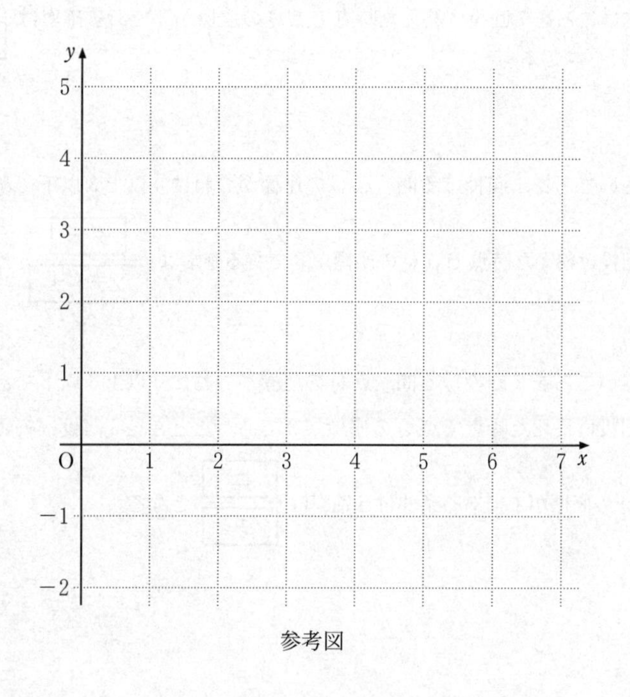

参考図

(iii)　硬貨を4回投げ終えた時点で点Pの座標が(4，2)であるとき，点(4，2)に至る移動の仕方によらず表の出る回数は $\boxed{コ}$ 回となり，裏の出る回数は $\left(4-\boxed{コ}\right)$ 回となる。

(2) 1個のさいころを繰り返し投げるとき，このさいころの目の出方に応じて，数直線上の点Qが次の**規則2**に従って移動するものとする。

規則2

- 点Qは原点Oを出発点とする。
- 点Qの座標は，さいころを投げるごとに，3の倍数の目が出たら1だけ増加し，それ以外の目が出たら1だけ減少する。

(i) さいころを7回投げ終えた時点で点Qの座標が3である確率は $\dfrac{\boxed{\text{サシ}}}{\boxed{\text{スセソ}}}$ となる。

(ii) さいころを7回投げる間，点Qの座標がつねに0以上3以下であり，かつ7回投げ終えた時点で点Qの座標が3である確率は $\dfrac{\boxed{\text{タチ}}}{\boxed{\text{ツテトナ}}}$ となる。

(iii) さいころを7回投げる間，点Qの座標がつねに0以上3以下であり，かつ7回投げ終えた時点で点Qの座標が3であったとき，3回投げ終えた時点で点Qの座標が1である条件付き確率は $\dfrac{\boxed{\text{ニ}}}{\boxed{\text{ヌ}}}$ となる。

第4問 （選択問題）（配点　20）

x，y，z についての二つの式をともに満たす整数 x，y，z が存在するかどうかを考えてみよう。

(1)　二つの式が

$$7x + 13y + 17z = 8 \quad \cdots\cdots ①$$

と

$$35x + 39y + 34z = 37 \quad \cdots\cdots ②$$

の場合を考える。①，② から x を消去すると

$$\boxed{\text{アイ}}\,y + \boxed{\text{ウエ}}\,z = 3 \quad \cdots\cdots ③$$

を得る。③ を y，z についての不定方程式とみると，その整数解のうち，y が正の整数で最小になるのは

$$y = \boxed{\text{オ}},\quad z = \boxed{\text{カキ}}$$

である。よって，③ のすべての整数解は，k を整数として

$$y = \boxed{\text{オ}} - \boxed{\text{クケ}}\,k,\quad z = \boxed{\text{カキ}} + \boxed{\text{コサ}}\,k$$

と表される。これらを ① に代入して x を求めると

$$x = 31k - 3 + \frac{\boxed{\text{シ}}\,k + 2}{7}$$

となるので，x が整数になるのは，k を 7 で割ったときの余りが $\boxed{\text{ス}}$ のときである。

　以上のことから，この場合は，二つの式をともに満たす整数 x，y，z が存在することがわかる。

(2)　a を整数とする。二つの式が

$$2x + 5y + 7z = a \quad \cdots\cdots ④$$

と

$$3x + 25y + 21z = -1 \quad \cdots\cdots ⑤$$

の場合を考える。⑤ − ④ から

$$x = -20y - 14z - 1 - a \quad \cdots\cdots ⑥$$

を得る。また，⑤ × 2 − ④ × 3 から

$$35y + 21z = -2 - 3a \quad \cdots\cdots ⑦$$

を得る。このとき

a を［セ］で割ったときの余りが［ソ］である

ことは，⑦ を満たす整数 y，z が存在するための必要十分条件であることがわかる。そのときの整数 y，z を ⑥ に代入すると，x も整数になる。また，そのときの x，y，z は ④ と ⑤ をともに満たす。

以上のことから，この場合は，a の値によって，二つの式をともに満たす整数 x，y，z が存在する場合と存在しない場合があることがわかる。

(3)　b を整数とする。二つの式が

$$x + 2y + bz = 1 \quad \cdots\cdots\cdots\cdots ⑧$$

と

$$5x + 6y + 3z = 5 + b \quad \cdots\cdots\cdots\cdots ⑨$$

の場合を考える。⑨ − ⑧ × 5 から

$$-4y + (3 - 5b)z = b \quad \cdots\cdots\cdots\cdots ⑩$$

を得る。⑩ の左辺の y の係数に着目することにより

b を 4 で割ったときの余りが **タ** または **チ** である

ことは，⑩ を満たす整数 y，z が存在するための必要十分条件であることがわかる。ただし，タ ＜ チ とする。

そのときの整数 y，z を ⑧ に代入すると，x も整数になる。また，そのときの x，y，z は ⑧ と ⑨ をともに満たす。

以上のことから，この場合も，b の値によって，二つの式をともに満たす整数 x，y，z が存在する場合と存在しない場合があることがわかる。

(4) c を整数とする。二つの式が

$$x + 3y + 5z = 1 \quad \cdots\cdots ⑪$$

と

$$cx + 3(c+5)y + 10z = 3 \quad \cdots\cdots ⑫$$

の場合を考える。これまでと同様に，y，z についての不定方程式を考察することにより

c を **ツテ** で割ったときの余りが **ト** または **ナニ** である

ことは，⑪ と ⑫ をともに満たす整数 x，y，z が存在するための必要十分条件であることがわかる。

第5問 （選択問題）（配点　20）

△ABCにおいて辺ABを2：3に内分する点をPとする。辺AC上に2点A，Cのいずれとも異なる点Qをとる。線分BQと線分CPとの交点をRとし，直線ARと辺BCとの交点をSとする。

以下の問題において比を解答する場合は，最も簡単な整数の比で答えよ。

(1) 点Qは辺ACを1：2に内分する点とする。このとき，点Sは辺BCを［ア］：［イ］に内分する点である。

AB = 5とし，△ABCの内接円が辺AB，辺ACとそれぞれ点P，点Qで接しているとする。AQ = ［ウ］であることに注意すると，BC = ［エ］であり，［オ］であることがわかる。

［オ］の解答群

⓪ 点Rは△ABCの内心
① 点Rは△ABCの重心
② 点Sは△ABCの内接円と辺BCとの接点
③ 点Sは点Aから辺BCに下ろした垂線と辺BCとの交点

(2)　△BPR と △CQR の面積比について考察する。

(i)　点 Q は辺 AC を 1 : 4 に内分する点とする。このとき，点 R は，線分 BQ を［カキ］:［ク］に内分し，線分 CP を［ケコ］:［サ］に内分する。

したがって

$$\frac{\triangle \text{CQR の面積}}{\triangle \text{BPR の面積}} = \frac{\boxed{\text{シス}}}{\boxed{\text{セ}}}$$

である。

(ii)　$\dfrac{\triangle \text{CQR の面積}}{\triangle \text{BPR の面積}} = \dfrac{1}{4}$ のとき，点 Q は辺 AC を［ソ］:［タ］に内分する点である。

数学Ⅱ・数学B

問　題	選　択　方　法
第1問	必　　答
第2問	必　　答
第3問	いずれか2問を選択し，解答しなさい。
第4問	
第5問	

第1問 （必答問題）（配点　30）

〔1〕 $P(x)$を係数が実数であるxの整式とする。方程式$P(x)=0$は虚数$1+\sqrt{2}\,i$を解にもつとする。

(1) 虚数$1-\sqrt{2}\,i$も$P(x)=0$の解であることを示そう。

$1\pm\sqrt{2}\,i$を解とするxの2次方程式でx^2の係数が1であるものは

$$x^2-\boxed{\text{ア}}\,x+\boxed{\text{イ}}=0$$

である。$S(x)=x^2-\boxed{\text{ア}}\,x+\boxed{\text{イ}}$とし，$P(x)$を$S(x)$で割ったときの商を$Q(x)$，余りを$R(x)$とすると，次が成り立つ。

$$P(x)=\boxed{\text{ウ}}$$

また，$S(x)$は2次式であるから，m，nを実数として，$R(x)$は

$$R(x)=mx+n$$

と表せる。ここで，$1+\sqrt{2}\,i$が二つの方程式$P(x)=0$と$S(x)=0$の解であることを用いれば$R(1+\sqrt{2}\,i)=\boxed{\text{エ}}$となるので，$x=1+\sqrt{2}\,i$を$R(x)=mx+n$に代入することにより，$m=\boxed{\text{オ}}$，$n=\boxed{\text{カ}}$であることがわかる。したがって，$\boxed{\text{キ}}$であることがわかるので，$1-\sqrt{2}\,i$も$P(x)=0$の解である。

ウ の解答群

⓪ $S(x)Q(x)R(x)$　① $S(x)R(x)+Q(x)$
② $R(x)Q(x)+S(x)$　③ $S(x)Q(x)+R(x)$

キ の解答群

⓪ $P(x)=S(x)R(x)$　① $P(x)=Q(x)R(x)$
② $Q(x)=0$　③ $R(x)=0$
④ $S(x)=Q(x)R(x)$　⑤ $Q(x)=S(x)R(x)$

(2) k，ℓ を実数として

$$P(x)=3x^4+2x^3+kx+\ell$$

の場合を考える。このとき，$P(x)$ を (1) の $S(x)$ で割ったときの商を $Q(x)$，余りを $R(x)$ とすると

$$Q(x)=\boxed{\text{ク}}x^2+\boxed{\text{ケ}}x+\boxed{\text{コ}}$$

$$R(x)=\left(k-\boxed{\text{サシ}}\right)x+\ell-\boxed{\text{スセ}}$$

となる。$P(x)=0$ は $1+\sqrt{2}\,i$ を解にもつので，(1) の考察を用いると

$$k=\boxed{\text{ソタ}},\quad \ell=\boxed{\text{チツ}}$$

である。また，$P(x)=0$ の $1+\sqrt{2}\,i$ 以外の解は

$$x=\boxed{\text{テ}}-\sqrt{\boxed{\text{ト}}}\,i,\quad \frac{-\boxed{\text{ナ}}\pm\sqrt{\boxed{\text{ニ}}}\,i}{\boxed{\text{ヌ}}}$$

であることがわかる。

〔2〕 以下の問題を解答するにあたっては，必要に応じて107，108ページの常用対数表を用いてもよい。

花子さんは，あるスポーツドリンク(以下，商品S)の売り上げ本数が気温にどう影響されるかを知りたいと考えた。そこで，地区Aについて調べたところ，最高気温が22℃，25℃，28℃であった日の商品Sの売り上げ本数をそれぞれN_1，N_2，N_3とするとき

$$N_1 = 285, \quad N_2 = 368, \quad N_3 = 475$$

であった。このとき

$$\frac{N_2 - N_1}{25 - 22} < \frac{N_3 - N_2}{28 - 25}$$

であり，座標平面上の3点$(22,\ N_1)$，$(25,\ N_2)$，$(28,\ N_3)$は一つの直線上にはないので，花子さんはN_1，N_2，N_3の対数を考えてみることにした。

(1) 常用対数表によると，$\log_{10} 2.85 = 0.4548$であるので

$$\log_{10} N_1 = \log_{10} 285 = 0.4548 + \boxed{\text{ネ}} = \boxed{\text{ネ}}.4548$$

である。この値の小数第4位を四捨五入したものをp_1とすると

$$p_1 = \boxed{\text{ネ}}.455$$

である。同じように，$\log_{10} N_2$の値の小数第4位を四捨五入したものをp_2とすると

$$p_2 = \boxed{\text{ノ}}.\boxed{\text{ハヒフ}}$$

である。

さらに，$\log_{10} N_3$ の値の小数第4位を四捨五入したものを p_3 とすると

$$\frac{p_2 - p_1}{25 - 22} = \frac{p_3 - p_2}{28 - 25}$$

が成り立つことが確かめられる。したがって

$$\frac{p_2 - p_1}{25 - 22} = \frac{p_3 - p_2}{28 - 25} = k$$

とおくとき，座標平面上の3点$(22,\ p_1)$，$(25,\ p_2)$，$(28,\ p_3)$は次の方程式が表す直線上にある。

$$y = k(x - 22) + p_1 \quad \cdots\cdots\cdots\cdots\cdots\cdots\cdots\cdots\cdots\cdots\ ①$$

いま，Nを正の実数とし，座標平面上の点$(x,\ \log_{10} N)$が①の直線上にあるとする。このとき，xとNの関係式として，次の⓪～③のうち，正しいものは［ヘ］である。

［ヘ］の解答群

⓪ $N = 10k(x - 22) + p_1$
① $N = 10\{k(x - 22) + p_1\}$
② $N = 10^{k(x-22)+p_1}$
③ $N = p_1 \cdot 10^{k(x-22)}$

⑵　花子さんは，地区Aで最高気温が32℃になる日の商品Sの売り上げ本数を予想することにした。$x = 32$ のときに関係式 ［へ］ を満たす N の値は ［ホ］ の範囲にある。そこで，花子さんは売り上げ本数が ［ホ］ の範囲に入るだろうと考えた。

［ホ］ の解答群

⓪　440 以上 450 未満	①　450 以上 460 未満
②　460 以上 470 未満	③　470 以上 480 未満
④　650 以上 660 未満	⑤　660 以上 670 未満
⑥　670 以上 680 未満	⑦　680 以上 690 未満
⑧　890 以上 900 未満	⑨　900 以上 910 未満
ⓐ　910 以上 920 未満	ⓑ　920 以上 930 未満

常用対数表

数	0	1	2	3	4	5	6	7	8	9
1.0	0.0000	0.0043	0.0086	0.0128	0.0170	0.0212	0.0253	0.0294	0.0334	0.0374
1.1	0.0414	0.0453	0.0492	0.0531	0.0569	0.0607	0.0645	0.0682	0.0719	0.0755
1.2	0.0792	0.0828	0.0864	0.0899	0.0934	0.0969	0.1004	0.1038	0.1072	0.1106
1.3	0.1139	0.1173	0.1206	0.1239	0.1271	0.1303	0.1335	0.1367	0.1399	0.1430
1.4	0.1461	0.1492	0.1523	0.1553	0.1584	0.1614	0.1644	0.1673	0.1703	0.1732
1.5	0.1761	0.1790	0.1818	0.1847	0.1875	0.1903	0.1931	0.1959	0.1987	0.2014
1.6	0.2041	0.2068	0.2095	0.2122	0.2148	0.2175	0.2201	0.2227	0.2253	0.2279
1.7	0.2304	0.2330	0.2355	0.2380	0.2405	0.2430	0.2455	0.2480	0.2504	0.2529
1.8	0.2553	0.2577	0.2601	0.2625	0.2648	0.2672	0.2695	0.2718	0.2742	0.2765
1.9	0.2788	0.2810	0.2833	0.2856	0.2878	0.2900	0.2923	0.2945	0.2967	0.2989
2.0	0.3010	0.3032	0.3054	0.3075	0.3096	0.3118	0.3139	0.3160	0.3181	0.3201
2.1	0.3222	0.3243	0.3263	0.3284	0.3304	0.3324	0.3345	0.3365	0.3385	0.3404
2.2	0.3424	0.3444	0.3464	0.3483	0.3502	0.3522	0.3541	0.3560	0.3579	0.3598
2.3	0.3617	0.3636	0.3655	0.3674	0.3692	0.3711	0.3729	0.3747	0.3766	0.3784
2.4	0.3802	0.3820	0.3838	0.3856	0.3874	0.3892	0.3909	0.3927	0.3945	0.3962
2.5	0.3979	0.3997	0.4014	0.4031	0.4048	0.4065	0.4082	0.4099	0.4116	0.4133
2.6	0.4150	0.4166	0.4183	0.4200	0.4216	0.4232	0.4249	0.4265	0.4281	0.4298
2.7	0.4314	0.4330	0.4346	0.4362	0.4378	0.4393	0.4409	0.4425	0.4440	0.4456
2.8	0.4472	0.4487	0.4502	0.4518	0.4533	0.4548	0.4564	0.4579	0.4594	0.4609
2.9	0.4624	0.4639	0.4654	0.4669	0.4683	0.4698	0.4713	0.4728	0.4742	0.4757
3.0	0.4771	0.4786	0.4800	0.4814	0.4829	0.4843	0.4857	0.4871	0.4886	0.4900
3.1	0.4914	0.4928	0.4942	0.4955	0.4969	0.4983	0.4997	0.5011	0.5024	0.5038
3.2	0.5051	0.5065	0.5079	0.5092	0.5105	0.5119	0.5132	0.5145	0.5159	0.5172
3.3	0.5185	0.5198	0.5211	0.5224	0.5237	0.5250	0.5263	0.5276	0.5289	0.5302
3.4	0.5315	0.5328	0.5340	0.5353	0.5366	0.5378	0.5391	0.5403	0.5416	0.5428
3.5	0.5441	0.5453	0.5465	0.5478	0.5490	0.5502	0.5514	0.5527	0.5539	0.5551
3.6	0.5563	0.5575	0.5587	0.5599	0.5611	0.5623	0.5635	0.5647	0.5658	0.5670
3.7	0.5682	0.5694	0.5705	0.5717	0.5729	0.5740	0.5752	0.5763	0.5775	0.5786
3.8	0.5798	0.5809	0.5821	0.5832	0.5843	0.5855	0.5866	0.5877	0.5888	0.5899
3.9	0.5911	0.5922	0.5933	0.5944	0.5955	0.5966	0.5977	0.5988	0.5999	0.6010
4.0	0.6021	0.6031	0.6042	0.6053	0.6064	0.6075	0.6085	0.6096	0.6107	0.6117
4.1	0.6128	0.6138	0.6149	0.6160	0.6170	0.6180	0.6191	0.6201	0.6212	0.6222
4.2	0.6232	0.6243	0.6253	0.6263	0.6274	0.6284	0.6294	0.6304	0.6314	0.6325
4.3	0.6335	0.6345	0.6355	0.6365	0.6375	0.6385	0.6395	0.6405	0.6415	0.6425
4.4	0.6435	0.6444	0.6454	0.6464	0.6474	0.6484	0.6493	0.6503	0.6513	0.6522
4.5	0.6532	0.6542	0.6551	0.6561	0.6571	0.6580	0.6590	0.6599	0.6609	0.6618
4.6	0.6628	0.6637	0.6646	0.6656	0.6665	0.6675	0.6684	0.6693	0.6702	0.6712
4.7	0.6721	0.6730	0.6739	0.6749	0.6758	0.6767	0.6776	0.6785	0.6794	0.6803
4.8	0.6812	0.6821	0.6830	0.6839	0.6848	0.6857	0.6866	0.6875	0.6884	0.6893
4.9	0.6902	0.6911	0.6920	0.6928	0.6937	0.6946	0.6955	0.6964	0.6972	0.6981
5.0	0.6990	0.6998	0.7007	0.7016	0.7024	0.7033	0.7042	0.7050	0.7059	0.7067
5.1	0.7076	0.7084	0.7093	0.7101	0.7110	0.7118	0.7126	0.7135	0.7143	0.7152
5.2	0.7160	0.7168	0.7177	0.7185	0.7193	0.7202	0.7210	0.7218	0.7226	0.7235
5.3	0.7243	0.7251	0.7259	0.7267	0.7275	0.7284	0.7292	0.7300	0.7308	0.7316
5.4	0.7324	0.7332	0.7340	0.7348	0.7356	0.7364	0.7372	0.7380	0.7388	0.7396

数	0	1	2	3	4	5	6	7	8	9
5.5	0.7404	0.7412	0.7419	0.7427	0.7435	0.7443	0.7451	0.7459	0.7466	0.7474
5.6	0.7482	0.7490	0.7497	0.7505	0.7513	0.7520	0.7528	0.7536	0.7543	0.7551
5.7	0.7559	0.7566	0.7574	0.7582	0.7589	0.7597	0.7604	0.7612	0.7619	0.7627
5.8	0.7634	0.7642	0.7649	0.7657	0.7664	0.7672	0.7679	0.7686	0.7694	0.7701
5.9	0.7709	0.7716	0.7723	0.7731	0.7738	0.7745	0.7752	0.7760	0.7767	0.7774
6.0	0.7782	0.7789	0.7796	0.7803	0.7810	0.7818	0.7825	0.7832	0.7839	0.7846
6.1	0.7853	0.7860	0.7868	0.7875	0.7882	0.7889	0.7896	0.7903	0.7910	0.7917
6.2	0.7924	0.7931	0.7938	0.7945	0.7952	0.7959	0.7966	0.7973	0.7980	0.7987
6.3	0.7993	0.8000	0.8007	0.8014	0.8021	0.8028	0.8035	0.8041	0.8048	0.8055
6.4	0.8062	0.8069	0.8075	0.8082	0.8089	0.8096	0.8102	0.8109	0.8116	0.8122
6.5	0.8129	0.8136	0.8142	0.8149	0.8156	0.8162	0.8169	0.8176	0.8182	0.8189
6.6	0.8195	0.8202	0.8209	0.8215	0.8222	0.8228	0.8235	0.8241	0.8248	0.8254
6.7	0.8261	0.8267	0.8274	0.8280	0.8287	0.8293	0.8299	0.8306	0.8312	0.8319
6.8	0.8325	0.8331	0.8338	0.8344	0.8351	0.8357	0.8363	0.8370	0.8376	0.8382
6.9	0.8388	0.8395	0.8401	0.8407	0.8414	0.8420	0.8426	0.8432	0.8439	0.8445
7.0	0.8451	0.8457	0.8463	0.8470	0.8476	0.8482	0.8488	0.8494	0.8500	0.8506
7.1	0.8513	0.8519	0.8525	0.8531	0.8537	0.8543	0.8549	0.8555	0.8561	0.8567
7.2	0.8573	0.8579	0.8585	0.8591	0.8597	0.8603	0.8609	0.8615	0.8621	0.8627
7.3	0.8633	0.8639	0.8645	0.8651	0.8657	0.8663	0.8669	0.8675	0.8681	0.8686
7.4	0.8692	0.8698	0.8704	0.8710	0.8716	0.8722	0.8727	0.8733	0.8739	0.8745
7.5	0.8751	0.8756	0.8762	0.8768	0.8774	0.8779	0.8785	0.8791	0.8797	0.8802
7.6	0.8808	0.8814	0.8820	0.8825	0.8831	0.8837	0.8842	0.8848	0.8854	0.8859
7.7	0.8865	0.8871	0.8876	0.8882	0.8887	0.8893	0.8899	0.8904	0.8910	0.8915
7.8	0.8921	0.8927	0.8932	0.8938	0.8943	0.8949	0.8954	0.8960	0.8965	0.8971
7.9	0.8976	0.8982	0.8987	0.8993	0.8998	0.9004	0.9009	0.9015	0.9020	0.9025
8.0	0.9031	0.9036	0.9042	0.9047	0.9053	0.9058	0.9063	0.9069	0.9074	0.9079
8.1	0.9085	0.9090	0.9096	0.9101	0.9106	0.9112	0.9117	0.9122	0.9128	0.9133
8.2	0.9138	0.9143	0.9149	0.9154	0.9159	0.9165	0.9170	0.9175	0.9180	0.9186
8.3	0.9191	0.9196	0.9201	0.9206	0.9212	0.9217	0.9222	0.9227	0.9232	0.9238
8.4	0.9243	0.9248	0.9253	0.9258	0.9263	0.9269	0.9274	0.9279	0.9284	0.9289
8.5	0.9294	0.9299	0.9304	0.9309	0.9315	0.9320	0.9325	0.9330	0.9335	0.9340
8.6	0.9345	0.9350	0.9355	0.9360	0.9365	0.9370	0.9375	0.9380	0.9385	0.9390
8.7	0.9395	0.9400	0.9405	0.9410	0.9415	0.9420	0.9425	0.9430	0.9435	0.9440
8.8	0.9445	0.9450	0.9455	0.9460	0.9465	0.9469	0.9474	0.9479	0.9484	0.9489
8.9	0.9494	0.9499	0.9504	0.9509	0.9513	0.9518	0.9523	0.9528	0.9533	0.9538
9.0	0.9542	0.9547	0.9552	0.9557	0.9562	0.9566	0.9571	0.9576	0.9581	0.9586
9.1	0.9590	0.9595	0.9600	0.9605	0.9609	0.9614	0.9619	0.9624	0.9628	0.9633
9.2	0.9638	0.9643	0.9647	0.9652	0.9657	0.9661	0.9666	0.9671	0.9675	0.9680
9.3	0.9685	0.9689	0.9694	0.9699	0.9703	0.9708	0.9713	0.9717	0.9722	0.9727
9.4	0.9731	0.9736	0.9741	0.9745	0.9750	0.9754	0.9759	0.9763	0.9768	0.9773
9.5	0.9777	0.9782	0.9786	0.9791	0.9795	0.9800	0.9805	0.9809	0.9814	0.9818
9.6	0.9823	0.9827	0.9832	0.9836	0.9841	0.9845	0.9850	0.9854	0.9859	0.9863
9.7	0.9868	0.9872	0.9877	0.9881	0.9886	0.9890	0.9894	0.9899	0.9903	0.9908
9.8	0.9912	0.9917	0.9921	0.9926	0.9930	0.9934	0.9939	0.9943	0.9948	0.9952
9.9	0.9956	0.9961	0.9965	0.9969	0.9974	0.9978	0.9983	0.9987	0.9991	0.9996

第２問　（必答問題）（配点　30）

〔１〕　縦の長さが 9 cm，横の長さが 24 cm の長方形の厚紙がある。この厚紙から容積が最大となる箱を作る。このとき，箱にふたがない場合とふたがある場合で容積の最大値がどう変わるかを調べたい。ただし，厚紙の厚さは考えず，作る箱の形を直方体とみなす。

(1)　厚紙の四隅（すみ）から図１のように四つの合同な正方形の斜線部分を切り取り，破線にそって折り曲げて，ふたのない箱を作る。この箱の容積を $V\ \mathrm{cm}^3$ とする。

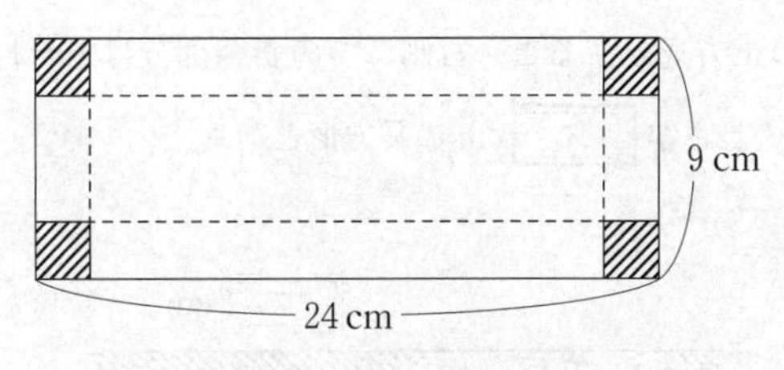

図１　ふたのない箱を作る場合

次の**構想**に基づいて箱の容積の最大値を考える。

構想

図１のように切り取る斜線部分の正方形の一辺の長さを x cm とする。V を x の関数として表し，箱が作れる x の値の範囲に注意して V の最大値を考える。

箱が作れるためのxのとり得る値の範囲は$0 < x < \dfrac{\boxed{\text{ア}}}{\boxed{\text{イ}}}$である。$V$を$x$の式で表すと

$$V = \boxed{\text{ウ}}\,x^3 - \boxed{\text{エオ}}\,x^2 + \boxed{\text{カキク}}\,x$$

であり，Vは$x = \boxed{\text{ケ}}$で最大値$\boxed{\text{コサシ}}$をとる。

(2)　厚紙の四隅から図2のように四つの斜線部分を切り取り，破線にそって折り曲げて，ふたでぴったりと閉じることのできる箱を作る。この箱の容積を$W\,\text{cm}^3$とする。

図2の四つの斜線部分のうち，左側二つの斜線部分をそれぞれ一辺の長さがx cmの正方形とすると，右側二つの斜線部分は，それぞれ縦の長さがx cm，横の長さが$\boxed{\text{ス}}$ cmの長方形となる。

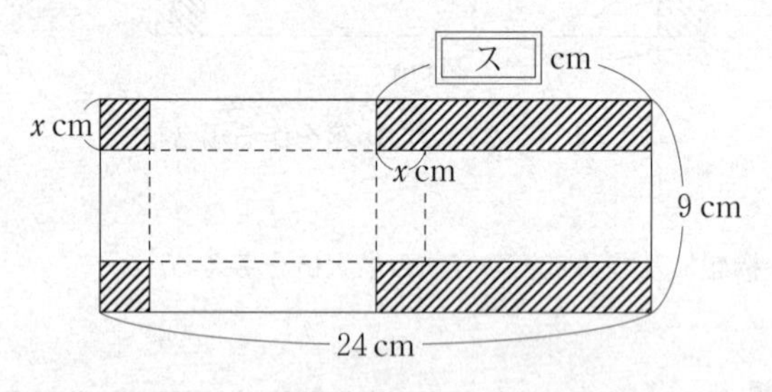

図2　ふたのある箱を作る場合

$\boxed{\text{ス}}$の解答群

⓪　6	①　$(6 - x)$	②　$(6 + x)$
③　12	④　$(12 - x)$	⑤　$(12 + x)$
⑥　18	⑦　$(18 - x)$	⑧　$(18 + x)$

太郎さんと花子さんは，W を x の式で表した後，(1)の結果を見ながら W の最大値の求め方について話している。

太郎：W の式がわかったから，W の最大値は(1)と同じように求められるね。

花子：ちょっと待って。W を表す式と(1)の V を表す式は似ているね。W を表す式と V を表す式の関係を利用できないかな。

(1)の V が最大値をとるときの x の値を x_0 とする。W の最大値は(1)で求めた V の最大値 セ 。また，W が最大値をとる x は ソ 。

セ の解答群

⓪ の $\frac{1}{4}$ 倍である　① の4倍である
② の $\frac{1}{3}$ 倍である　③ の3倍である
④ の $\frac{1}{2}$ 倍である　⑤ の2倍である
⑥ と等しくなる

ソ の解答群

⓪ ただ一つあり，その値は x_0 より小さい
① ただ一つあり，その値は x_0 より大きい
② ただ一つあり，その値は x_0 と等しい
③ 二つ以上ある

⑶　縦の長さが9 cm，横の長さが24 cmの長方形に限らず，いろいろな長方形の厚紙から⑴，⑵と同じようにふたのない箱とふたのある箱を作る。このとき

ふたのある箱の容積の最大値が，ふたのない箱の容積の最大値 セ

ということが成り立つための長方形についての記述として，次の⓪～④のうち，正しいものは タ である。

タ の解答群

⓪　縦の長さが9 cm，横の長さが24 cmの長方形のときのみ成り立つ。

①　縦の長さが9 cm，横の長さが24 cmの長方形のときと，縦の長さが24 cm，横の長さが9 cmの長方形のときのみ成り立つ。

②　縦と横の長さの比が3：8の長方形のときのみ成り立つ。

③　縦と横の長さの比が3：8の長方形のときと，縦と横の長さの比が8：3の長方形のときのみ成り立つ。

④　縦と横の長さに関係なくどのような長方形のときでも成り立つ。

〔2〕 $1^2+2^2+\cdots+10^2$ をある関数の定積分で表すことを考えよう。

(1) すべての実数 t に対して，$\int_t^{t+1} f(x)\,dx=t^2$ となる2次関数 $f(x)$ を求めよう。

$$\int_t^{t+1} 1\,dx=\boxed{\text{チ}}$$

$$\int_t^{t+1} x\,dx=t+\frac{\boxed{\text{ツ}}}{\boxed{\text{テ}}}$$

$$\int_t^{t+1} x^2\,dx=t^2+t+\frac{\boxed{\text{ト}}}{\boxed{\text{ナ}}}$$

である。また，ℓ，m，n を定数とし，$f(x)=\ell x^2+mx+n$ とおくと

$$\int_t^{t+1} f(x)\,dx=\ell t^2+(\ell+m)t+\frac{\boxed{\text{ト}}}{\boxed{\text{ナ}}}\ell+\frac{\boxed{\text{ツ}}}{\boxed{\text{テ}}}m+n$$

を得る。このことから，t についての恒等式

$$t^2=\ell t^2+(\ell+m)t+\frac{\boxed{\text{ト}}}{\boxed{\text{ナ}}}\ell+\frac{\boxed{\text{ツ}}}{\boxed{\text{テ}}}m+n$$

を得る。よって，$\ell=\boxed{\text{ニ}}$，$m=\boxed{\text{ヌネ}}$，$n=\frac{\boxed{\text{ノ}}}{\boxed{\text{ハ}}}$ とわかる。

(2) (1)で求めた $f(x)$ を用いれば，次が成り立つ。

$$1^2+2^2+\cdots+10^2=\int_1^{\boxed{\text{ヒフ}}} f(x)\,dx$$

第3問　（選択問題）（配点　20）

以下の問題を解答するにあたっては，必要に応じて119ページの正規分布表を用いてもよい。

1，2，3，4の数字がそれぞれ一つずつ書かれた4枚の白のカードが箱Aに，1，2，3，4の数字がそれぞれ一つずつ書かれた4枚の赤のカードが箱Bに入っている。箱A，Bからそれぞれ1枚ずつのカードを無作為に取り出し，取り出したカードの数字を確認してからもとに戻す試行について，次のように確率変数 X，Y を定める。

「確率変数 X」

取り出した白のカードに書かれた数と赤のカードに書かれた数の**小さい方**の数（書かれた数が等しい場合はその数）を X の値とする。

「確率変数 Y」

取り出した白のカードに書かれた数と赤のカードに書かれた数の**大きい方**の数（書かれた数が等しい場合はその数）を Y の値とする。

太郎さんは，この試行を2回繰り返したときに記録された2個の数の平均値 $t_2 = 2.50$ と，100回繰り返したときに記録された100個の数の平均値 $t_{100} = 2.95$ が書いてあるメモを見つけた。メモに関する**太郎さんの記憶**は次のとおりである。

太郎さんの記憶

メモに書かれていた t_2 と t_{100} は「確率変数 X」の平均値である。

太郎さんは，このメモに書かれていた t_2 と t_{100} が「確率変数 X」か「確率変数 Y」のうちどちらか一方の平均値であったことは覚えていたが，**太郎さんの記憶**における「確率変数 X」の部分が確かでなく，もしかしたら「確率変数 Y」だったかもしれないと感じている。このことについて，太郎さんが花子さんに相談したところ，花子さんは，太郎さんが見つけたメモに書かれていた二つの平均値をもとにして**太郎さんの記憶**が正しいかどうかがわかるのではないかと考えた。

(1)　$X=1$ となるのは，白のカード，赤のカードともに1か，白のカードが1で赤のカードが2以上か，赤のカードが1で白のカードが2以上の場合であり，全部で［ア］通りある。$X=2$，3，4についても同様に考えることにより，X の確率分布は

X	1	2	3	4	計
P	$\frac{ア}{16}$	$\frac{イ}{16}$	$\frac{ウ}{16}$	$\frac{エ}{16}$	1

となることがわかる。また，Y の確率分布は

Y	1	2	3	4	計
P	$\frac{1}{16}$	$\frac{オ}{16}$	$\frac{カ}{16}$	$\frac{キ}{16}$	1

となる。

確率変数 Z を $Z=$［ク］$-X$ とすると，Z の確率分布と Y の確率分布は同じであることがわかる。

(2)　確率変数 X の平均（期待値）と標準偏差はそれぞれ

$$E(X)=\frac{ケコ}{8},\quad \sigma(X)=\frac{\sqrt{55}}{8}$$

となる。このことと，(1)の確率変数 Z に関する考察から，確率変数 Y の平均は

$$E(Y)=\frac{サシ}{8}$$

となり，標準偏差は $\sigma(Y)=$［ス］となる。

［ス］の解答群

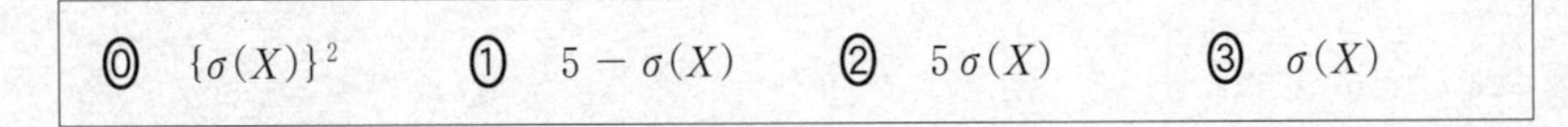

⓪ $\{\sigma(X)\}^2$　① $5-\sigma(X)$　② $5\sigma(X)$　③ $\sigma(X)$

(3)　確率変数 X，Y の分布から**太郎さんの記憶**が正しいかどうかを推測しよう。

X の確率分布をもつ母集団を考え，この母集団から無作為に抽出した大きさ n の標本を確率変数 X_1，X_2，$\cdots$，X_n とし，標本平均を $\overline{X}$ とする。Y の確率分布をもつ母集団を考え，この母集団から無作為に抽出した大きさ n の標本を確率変数 Y_1，Y_2，$\cdots$，Y_n とし，標本平均を $\overline{Y}$ とする。

(i)　メモに書かれていた，$t_2 = 2.50$ について考えよう。

花子さんは，$\overline{X} = 2.50$ となる確率 $P(\overline{X} = 2.50)$ と $\overline{Y} = 2.50$ となる確率 $P(\overline{Y} = 2.50)$ を比較することで，**太郎さんの記憶**が正しいかどうかがわかるのではないかと考えた。

$\overline{X} = 2.50$ となる確率は，$X_1 + X_2 = 5$ となる確率であり，(1)の X の確率分布より

$$P(\overline{X} = 2.50) = \frac{\boxed{\text{セソ}}}{64}$$

となり，(1)の Y の確率分布から，$P(\overline{Y} = 2.50)$ $\boxed{\text{タ}}$ $P(\overline{X} = 2.50)$ が成り立つことがわかる。

このことから，花子さんは，$t_2 = 2.50$ からでは**太郎さんの記憶**が正しいかどうかはわからないと考えた。

$\boxed{\text{タ}}$ の解答群

⓪ <	① ＝	② >

(ii)　メモに書かれていた，$t_{100} = 2.95$ について考えよう。

n が大きいとき，$\overline{X}$ は近似的に正規分布 $N(E(\overline{X}),\ \{\sigma(\overline{X})\}^2)$ に従い，$\sigma(\overline{X}) =$ チ である。$n = 100$ は大きいので，$\overline{X} = 2.95$ であったとすると，推定される母平均を m_X として，m_X の信頼度 95 % の信頼区間は

ツ $\leqq m_X \leqq$ テ　…………………………… ①

となる。一方，$\overline{Y} = 2.95$ であったとすると，推定される母平均を m_Y として，m_Y の信頼度 95 % の信頼区間は

ト $\leqq m_Y \leqq$ ナ　…………………………… ②

となることもわかる。ただし，ツ ～ ナ の計算においては，$\sqrt{55} = 7.4$ とする。

チ の解答群

⓪ $\{\sigma(X)\}^2$　① $\dfrac{\sigma(X)}{n}$　② $\dfrac{\sigma(X)}{\sqrt{n}}$　③ $\dfrac{\{\sigma(X)\}^2}{n}$

ツ ～ ナ については，最も適当なものを，次の⓪～⑧のうちから一つずつ選べ。ただし，同じものを繰り返し選んでもよい。

⓪ 1.693	① 1.875	② 2.057
③ 2.740	④ 2.769	⑤ 2.798
⑥ 3.102	⑦ 3.131	⑧ 3.160

花子さんは，次の**基準**により**太郎さんの記憶**が正しいかどうかを判断することにした。ただし，**基準**が適用できない場合には，判断しないものとする。

基準

① の信頼区間に $E(X)$ が含まれていて，② の信頼区間に $E(Y)$ が含まれていないならば，**太郎さんの記憶**は正しいものとする。① の信頼区間に $E(X)$ が含まれず，② の信頼区間に $E(Y)$ が含まれているならば，**太郎さんの記憶**は正しくないものとする。

$E(X)$ は ① の信頼区間に［ニ］。$E(Y)$ は ② の信頼区間に［ヌ］。

以上より，**太郎さんの記憶**については，［ネ］。

［ニ］，［ヌ］の解答群（同じものを繰り返し選んでもよい。）

⓪ 含まれている　　① 含まれていない

［ネ］については，最も適当なものを，次の⓪～②のうちから一つ選べ。

⓪ 正しいと判断され，メモに書かれていた t_2 と t_{100} は「確率変数 X」の平均値である

① 正しくないと判断され，メモに書かれていた t_2 と t_{100} は「確率変数 Y」の平均値である

② **基準**が適用できないので，判断しない

正　規　分　布　表

次の表は，標準正規分布の分布曲線における右図の灰色部分の面積の値をまとめたものである。

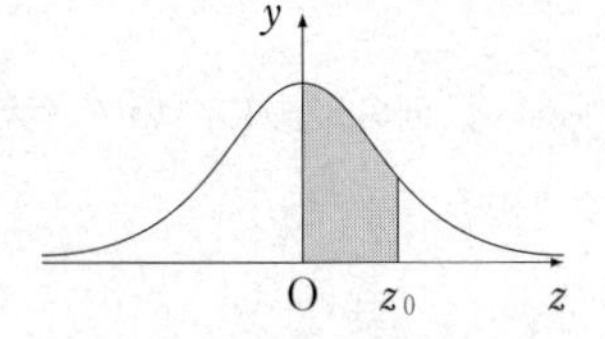

z_0	0.00	0.01	0.02	0.03	0.04	0.05	0.06	0.07	0.08	0.09
0.0	0.0000	0.0040	0.0080	0.0120	0.0160	0.0199	0.0239	0.0279	0.0319	0.0359
0.1	0.0398	0.0438	0.0478	0.0517	0.0557	0.0596	0.0636	0.0675	0.0714	0.0753
0.2	0.0793	0.0832	0.0871	0.0910	0.0948	0.0987	0.1026	0.1064	0.1103	0.1141
0.3	0.1179	0.1217	0.1255	0.1293	0.1331	0.1368	0.1406	0.1443	0.1480	0.1517
0.4	0.1554	0.1591	0.1628	0.1664	0.1700	0.1736	0.1772	0.1808	0.1844	0.1879
0.5	0.1915	0.1950	0.1985	0.2019	0.2054	0.2088	0.2123	0.2157	0.2190	0.2224
0.6	0.2257	0.2291	0.2324	0.2357	0.2389	0.2422	0.2454	0.2486	0.2517	0.2549
0.7	0.2580	0.2611	0.2642	0.2673	0.2704	0.2734	0.2764	0.2794	0.2823	0.2852
0.8	0.2881	0.2910	0.2939	0.2967	0.2995	0.3023	0.3051	0.3078	0.3106	0.3133
0.9	0.3159	0.3186	0.3212	0.3238	0.3264	0.3289	0.3315	0.3340	0.3365	0.3389
1.0	0.3413	0.3438	0.3461	0.3485	0.3508	0.3531	0.3554	0.3577	0.3599	0.3621
1.1	0.3643	0.3665	0.3686	0.3708	0.3729	0.3749	0.3770	0.3790	0.3810	0.3830
1.2	0.3849	0.3869	0.3888	0.3907	0.3925	0.3944	0.3962	0.3980	0.3997	0.4015
1.3	0.4032	0.4049	0.4066	0.4082	0.4099	0.4115	0.4131	0.4147	0.4162	0.4177
1.4	0.4192	0.4207	0.4222	0.4236	0.4251	0.4265	0.4279	0.4292	0.4306	0.4319
1.5	0.4332	0.4345	0.4357	0.4370	0.4382	0.4394	0.4406	0.4418	0.4429	0.4441
1.6	0.4452	0.4463	0.4474	0.4484	0.4495	0.4505	0.4515	0.4525	0.4535	0.4545
1.7	0.4554	0.4564	0.4573	0.4582	0.4591	0.4599	0.4608	0.4616	0.4625	0.4633
1.8	0.4641	0.4649	0.4656	0.4664	0.4671	0.4678	0.4686	0.4693	0.4699	0.4706
1.9	0.4713	0.4719	0.4726	0.4732	0.4738	0.4744	0.4750	0.4756	0.4761	0.4767
2.0	0.4772	0.4778	0.4783	0.4788	0.4793	0.4798	0.4803	0.4808	0.4812	0.4817
2.1	0.4821	0.4826	0.4830	0.4834	0.4838	0.4842	0.4846	0.4850	0.4854	0.4857
2.2	0.4861	0.4864	0.4868	0.4871	0.4875	0.4878	0.4881	0.4884	0.4887	0.4890
2.3	0.4893	0.4896	0.4898	0.4901	0.4904	0.4906	0.4909	0.4911	0.4913	0.4916
2.4	0.4918	0.4920	0.4922	0.4925	0.4927	0.4929	0.4931	0.4932	0.4934	0.4936
2.5	0.4938	0.4940	0.4941	0.4943	0.4945	0.4946	0.4948	0.4949	0.4951	0.4952
2.6	0.4953	0.4955	0.4956	0.4957	0.4959	0.4960	0.4961	0.4962	0.4963	0.4964
2.7	0.4965	0.4966	0.4967	0.4968	0.4969	0.4970	0.4971	0.4972	0.4973	0.4974
2.8	0.4974	0.4975	0.4976	0.4977	0.4977	0.4978	0.4979	0.4979	0.4980	0.4981
2.9	0.4981	0.4982	0.4982	0.4983	0.4984	0.4984	0.4985	0.4985	0.4986	0.4986
3.0	0.4987	0.4987	0.4987	0.4988	0.4988	0.4989	0.4989	0.4989	0.4990	0.4990

第4問 （選択問題）（配点　20）

数列の増減について考える。与えられた数列$\{p_n\}$の増減について次のように定める。

- すべての自然数nについて$p_n < p_{n+1}$となるとき，数列$\{p_n\}$はつねに増加するという。
- すべての自然数nについて$p_n > p_{n+1}$となるとき，数列$\{p_n\}$はつねに減少するという。
- $p_k < p_{k+1}$となる自然数kがあり，さらに$p_\ell > p_{\ell+1}$となる自然数ℓもあるとき，数列$\{p_n\}$は増加することも減少することもあるという。

(1)　数列$\{a_n\}$は

$$a_1 = 23, \quad a_{n+1} = a_n - 3 \quad (n = 1, 2, 3, \cdots)$$

を満たすとする。このとき

$$a_n = \boxed{\text{アイ}}\,n + \boxed{\text{ウエ}} \quad (n = 1, 2, 3, \cdots)$$

となり，$a_n < 0$を満たす最小の自然数nは$\boxed{\text{オ}}$である。

数列$\{a_n\}$は$\boxed{\text{カ}}$。また，自然数nに対して，$S_n = \sum_{k=1}^{n} a_k$とおくと，数列$\{S_n\}$は$\boxed{\text{キ}}$。

$n \geqq \boxed{\text{オ}}$のとき，$\boxed{\text{ク}}$。また，$b_n = \dfrac{1}{a_n}$とおくと，$n \geqq \boxed{\text{オ}}$のとき，$\boxed{\text{ケ}}$。

カ ， キ の解答群(同じものを繰り返し選んでもよい。)

⓪ つねに増加する
① つねに減少する
② 増加することも減少することもある

ク の解答群

⓪ $a_n < 0$ である
① $a_n > 0$ である
② $a_n < 0$ となることも $a_n > 0$ となることもある

ケ の解答群

⓪ $b_n < b_{n+1}$ である
① $b_n > b_{n+1}$ である
② $b_n < b_{n+1}$ となることも $b_n > b_{n+1}$ となることもある

(2)　数列$\{c_n\}$は

$$c_1 = 30, \quad c_{n+1} = \frac{50c_n - 800}{c_n - 10} \quad (n = 1, 2, 3, \cdots)$$

を満たすとする。

以下では，すべての自然数nに対して$c_n \neq 20$となることを用いてよい。

$d_n = \dfrac{1}{c_n - 20}$　$(n = 1, 2, 3, \cdots)$とおくと，$d_1 = \dfrac{1}{\boxed{\text{コサ}}}$であり，また

$$c_n = \frac{1}{d_n} + \boxed{\text{シス}} \quad (n = 1, 2, 3, \cdots) \cdots\cdots\cdots\cdots ①$$

が成り立つ。したがって

$$\frac{1}{d_{n+1}} = \frac{50\left(\frac{1}{d_n} + \boxed{\text{シス}}\right) - 800}{\left(\frac{1}{d_n} + \boxed{\text{シス}}\right) - 10} - \boxed{\text{シス}} \quad (n = 1, 2, 3, \cdots)$$

により

$$d_{n+1} = \frac{d_n}{\boxed{\text{セ}}} + \frac{1}{\boxed{\text{ソタ}}} \quad (n = 1, 2, 3, \cdots)$$

が成り立つ。

数列$\{d_n\}$の一般項は

$$d_n = \frac{1}{\boxed{\text{チツ}}}\left(\frac{1}{\boxed{\text{テ}}}\right)^{n-1} + \frac{1}{\boxed{\text{トナ}}}$$

である。

したがって，$d_n \boxed{\text{ニ}} \dfrac{1}{\boxed{\text{トナ}}}$　$(n = 1, 2, 3, \cdots)$であり，数列$\{d_n\}$は

$\boxed{\text{ヌ}}$。

よって①により，Oを原点とする座標平面上に$n = 1$から$n = 10$まで点(n, c_n)を図示すると$\boxed{\text{ネ}}$となる。

ニ の解答群

⓪ ＜	① ＝	② ＞

ヌ の解答群

⓪ つねに増加する

① つねに減少する

② 増加することも減少することもある

ネ については，最も適当なものを，次の⓪～⑤のうちから一つ選べ。

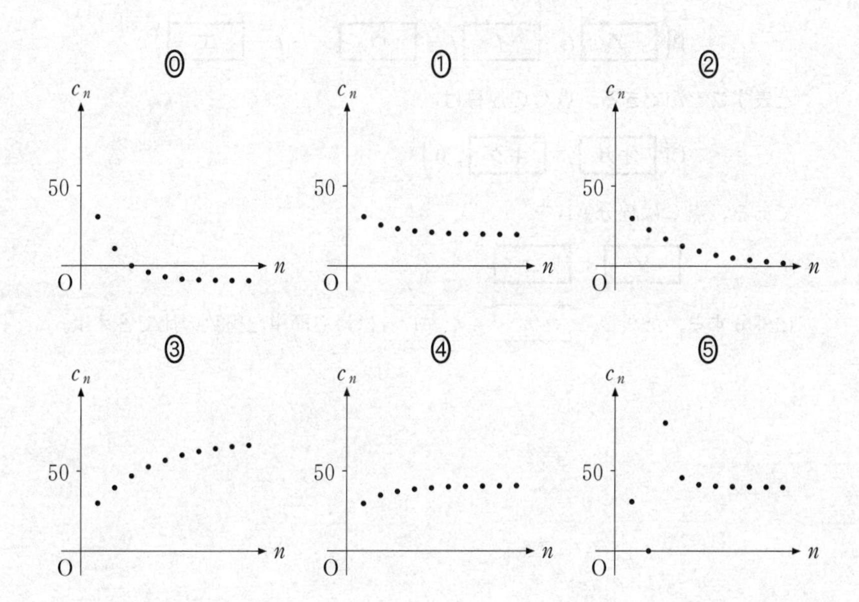

第5問 （選択問題）（配点　20）

点Oを原点とする座標空間において2点A，Bの座標を

$$A(0,\ -3,\ 5),\quad B(2,\ 0,\ 4)$$

とし，直線ABとxy平面との交点をCとする。また，点Dの座標を

$$D(7,\ 4,\ 5)$$

とする。

直線AB上の点Pについて，$\overrightarrow{OP}$を実数tを用いて

$$\overrightarrow{OP} = \overrightarrow{OA} + t\overrightarrow{AB}$$

と表すことにする。

(1)　点Pの座標は

$$P\left(\boxed{\text{ア}}\,t,\ \boxed{\text{イ}}\,t - \boxed{\text{ウ}},\ -t + \boxed{\text{エ}}\right)$$

と表すことができる。点Cの座標は

$$C\left(\boxed{\text{オカ}},\ \boxed{\text{キク}},\ 0\right)$$

である。点Cは線分ABを

$$\boxed{\text{ケ}} : \boxed{\text{コ}}$$

に外分する。ただし，$\boxed{\text{ケ}} : \boxed{\text{コ}}$ は最も簡単な整数の比で答えよ。

⑵　$\angle \mathrm{CPD} = 120°$ となるときの点Pの座標について考えよう。

$\angle \mathrm{CPD} = 120°$ のとき

$$\overrightarrow{\mathrm{PC}} \cdot \overrightarrow{\mathrm{PD}} = \frac{\boxed{\text{サシ}}}{\boxed{\text{ス}}} \left|\overrightarrow{\mathrm{PC}}\right| \left|\overrightarrow{\mathrm{PD}}\right| \quad \cdots\cdots ①$$

が成り立つ。ここで，$\overrightarrow{\mathrm{PC}}$ と $\overrightarrow{\mathrm{AB}}$ が平行であることから，0 でない実数 k を用いて $\overrightarrow{\mathrm{PC}} = k\overrightarrow{\mathrm{AB}}$ と表すことができるので，① は

$$k\overrightarrow{\mathrm{AB}} \cdot \overrightarrow{\mathrm{PD}} = \frac{\boxed{\text{サシ}}}{\boxed{\text{ス}}} \left|k\overrightarrow{\mathrm{AB}}\right| \left|\overrightarrow{\mathrm{PD}}\right| \quad \cdots\cdots ②$$

と表すことができる。

$\overrightarrow{\mathrm{AB}} \cdot \overrightarrow{\mathrm{PD}}$ と $\left|\overrightarrow{\mathrm{PD}}\right|^2$ は，それぞれ

$$\overrightarrow{\mathrm{AB}} \cdot \overrightarrow{\mathrm{PD}} = -7\left(\boxed{\text{セ}}\,t - \boxed{\text{ソ}}\right)$$

$$\left|\overrightarrow{\mathrm{PD}}\right|^2 = 14\left(t^2 - \boxed{\text{タ}}\,t + \boxed{\text{チ}}\right)$$

と表される。したがって，② の両辺の 2 乗が等しくなるのは

$$t = \boxed{\text{ツ}},\ \boxed{\text{テ}}$$

のときである。ただし，$\boxed{\text{ツ}} < \boxed{\text{テ}}$ とする。

$t = \boxed{\text{ツ}}$，$\boxed{\text{テ}}$ のときの $\angle \mathrm{CPD}$ をそれぞれ調べることで，$\angle \mathrm{CPD} = 120°$ となる点Pの座標は

$$\mathrm{P}\left(\boxed{\text{ト}},\ \boxed{\text{ナ}},\ \boxed{\text{ニ}}\right)$$

であることがわかる。

(3)　直線ABから点Aを除いた部分を点Pが動くとき，直線DPはxy平面と交わる。この交点をQとするとき，点Qが描く図形について考えよう。

点Qが直線DP上にあることから，$\overrightarrow{OQ}$は実数sを用いて

$$\overrightarrow{OQ} = \overrightarrow{OD} + s\overrightarrow{DP}$$

と表すことができる。さらに，点Qがxy平面上にあることから，sはtを用いて表すことができる。よって，$\overrightarrow{OQ}$はtを用いて

$$\overrightarrow{OQ} = \left(\boxed{\text{ヌネ}},\ \boxed{\text{ノハ}},\ 0 \right) - \frac{\boxed{\text{ヒフ}}}{t}(1,\ 1,\ 0)$$

と表すことができる。

したがって，点Qはある直線上を動くことがわかる。さらに，tが0以外の実数値を変化するとき$\dfrac{1}{t}$は0以外のすべての実数値をとることに注意すると，点Qが描く図形は直線から1点を除いたものであることがわかる。この除かれた点をRとするとき，$\overrightarrow{DR}$は $\boxed{\text{ヘ}}$ と平行である。

$\boxed{\text{ヘ}}$ の解答群

⓪ $\overrightarrow{OA}$	① $\overrightarrow{OB}$	② $\overrightarrow{OC}$	③ $\overrightarrow{OD}$
④ $\overrightarrow{AB}$	⑤ $\overrightarrow{AD}$	⑥ $\overrightarrow{BD}$	⑦ $\overrightarrow{CD}$

2022

共通テスト
本試験

数学Ⅰ・数学Ａ：
解答時間 70 分
配点 100 点

数学Ⅱ・数学Ｂ：
解答時間 60 分
配点 100 点

数学Ⅰ・数学A

問　題	選 択 方 法
第1問	必　　　答
第2問	必　　　答
第3問	いずれか2問を選択し，解答しなさい。
第4問	
第5問	

第1問 （必答問題）（配点　30）

〔1〕 実数 a，b，c が

$$a + b + c = 1 \quad \cdots\cdots ①$$

および

$$a^2 + b^2 + c^2 = 13 \quad \cdots\cdots ②$$

を満たしているとする。

(1) $(a + b + c)^2$ を展開した式において，① と ② を用いると

$$ab + bc + ca = \boxed{\text{アイ}}$$

であることがわかる。よって

$$(a - b)^2 + (b - c)^2 + (c - a)^2 = \boxed{\text{ウエ}}$$

である。

(2)　$a-b=2\sqrt{5}$ の場合に，$(a-b)(b-c)(c-a)$の値を求めてみよう。

$b-c=x$，$c-a=y$ とおくと

$$x+y=\boxed{\text{オカ}}\sqrt{5}$$

である。また，(1)の計算から

$$x^2+y^2=\boxed{\text{キク}}$$

が成り立つ。

これらより

$$(a-b)(b-c)(c-a)=\boxed{\text{ケ}}\sqrt{5}$$

である。

〔2〕 以下の問題を解答するにあたっては，必要に応じて7ページの三角比の表を用いてもよい。

太郎さんと花子さんは，キャンプ場のガイドブックにある地図を見ながら，後のように話している。

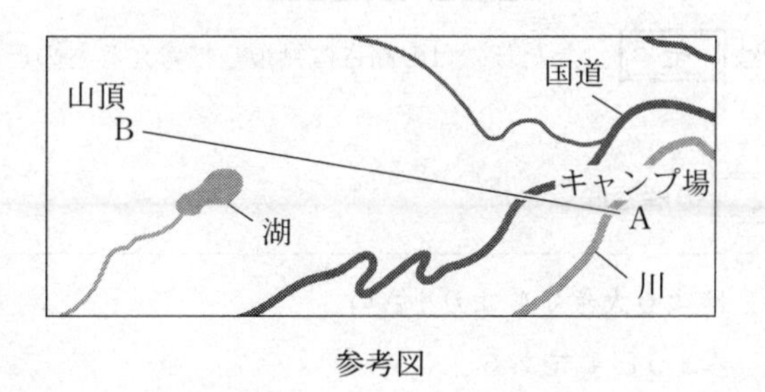

参考図

太郎：キャンプ場の地点Aから山頂Bを見上げる角度はどれくらいかな。

花子：地図アプリを使って，地点Aと山頂Bを含む断面図を調べたら，図1のようになったよ。点Cは，山頂Bから地点Aを通る水平面に下ろした垂線とその水平面との交点のことだよ。

太郎：図1の角度θは，AC，BCの長さを定規で測って，三角比の表を用いて調べたら16°だったよ。

花子：本当に16°なの？　図1の鉛直方向の縮尺と水平方向の縮尺は等しいのかな？

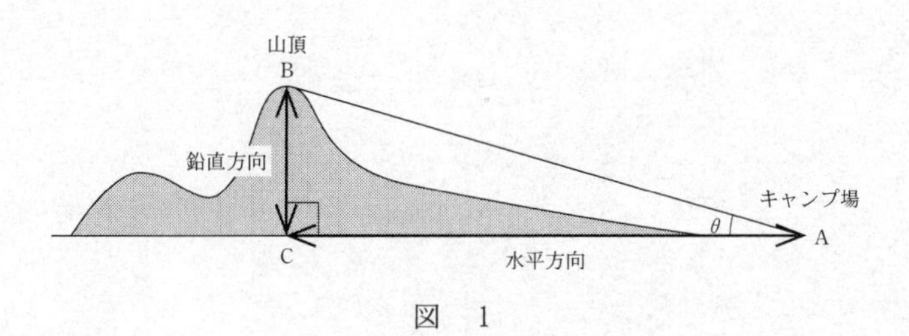

図　1

図1のθはちょうど16°であったとする。しかし，図1の縮尺は，水平方向が$\frac{1}{100000}$であるのに対して，鉛直方向は$\frac{1}{25000}$であった。

実際にキャンプ場の地点Aから山頂Bを見上げる角である∠BACを考えると，tan ∠BACは［コ］.［サシス］となる。したがって，∠BACの大きさは［セ］。ただし，目の高さは無視して考えるものとする。

［セ］の解答群

- ⓪　3°より大きく4°より小さい
- ①　ちょうど4°である
- ②　4°より大きく5°より小さい
- ③　ちょうど16°である
- ④　48°より大きく49°より小さい
- ⑤　ちょうど49°である
- ⑥　49°より大きく50°より小さい
- ⑦　63°より大きく64°より小さい
- ⑧　ちょうど64°である
- ⑨　64°より大きく65°より小さい

三角比の表

角	正弦(sin)	余弦(cos)	正接(tan)
0°	0.0000	1.0000	0.0000
1°	0.0175	0.9998	0.0175
2°	0.0349	0.9994	0.0349
3°	0.0523	0.9986	0.0524
4°	0.0698	0.9976	0.0699
5°	0.0872	0.9962	0.0875
6°	0.1045	0.9945	0.1051
7°	0.1219	0.9925	0.1228
8°	0.1392	0.9903	0.1405
9°	0.1564	0.9877	0.1584
10°	0.1736	0.9848	0.1763
11°	0.1908	0.9816	0.1944
12°	0.2079	0.9781	0.2126
13°	0.2250	0.9744	0.2309
14°	0.2419	0.9703	0.2493
15°	0.2588	0.9659	0.2679
16°	0.2756	0.9613	0.2867
17°	0.2924	0.9563	0.3057
18°	0.3090	0.9511	0.3249
19°	0.3256	0.9455	0.3443
20°	0.3420	0.9397	0.3640
21°	0.3584	0.9336	0.3839
22°	0.3746	0.9272	0.4040
23°	0.3907	0.9205	0.4245
24°	0.4067	0.9135	0.4452
25°	0.4226	0.9063	0.4663
26°	0.4384	0.8988	0.4877
27°	0.4540	0.8910	0.5095
28°	0.4695	0.8829	0.5317
29°	0.4848	0.8746	0.5543
30°	0.5000	0.8660	0.5774
31°	0.5150	0.8572	0.6009
32°	0.5299	0.8480	0.6249
33°	0.5446	0.8387	0.6494
34°	0.5592	0.8290	0.6745
35°	0.5736	0.8192	0.7002
36°	0.5878	0.8090	0.7265
37°	0.6018	0.7986	0.7536
38°	0.6157	0.7880	0.7813
39°	0.6293	0.7771	0.8098
40°	0.6428	0.7660	0.8391
41°	0.6561	0.7547	0.8693
42°	0.6691	0.7431	0.9004
43°	0.6820	0.7314	0.9325
44°	0.6947	0.7193	0.9657
45°	0.7071	0.7071	1.0000

角	正弦(sin)	余弦(cos)	正接(tan)
45°	0.7071	0.7071	1.0000
46°	0.7193	0.6947	1.0355
47°	0.7314	0.6820	1.0724
48°	0.7431	0.6691	1.1106
49°	0.7547	0.6561	1.1504
50°	0.7660	0.6428	1.1918
51°	0.7771	0.6293	1.2349
52°	0.7880	0.6157	1.2799
53°	0.7986	0.6018	1.3270
54°	0.8090	0.5878	1.3764
55°	0.8192	0.5736	1.4281
56°	0.8290	0.5592	1.4826
57°	0.8387	0.5446	1.5399
58°	0.8480	0.5299	1.6003
59°	0.8572	0.5150	1.6643
60°	0.8660	0.5000	1.7321
61°	0.8746	0.4848	1.8040
62°	0.8829	0.4695	1.8807
63°	0.8910	0.4540	1.9626
64°	0.8988	0.4384	2.0503
65°	0.9063	0.4226	2.1445
66°	0.9135	0.4067	2.2460
67°	0.9205	0.3907	2.3559
68°	0.9272	0.3746	2.4751
69°	0.9336	0.3584	2.6051
70°	0.9397	0.3420	2.7475
71°	0.9455	0.3256	2.9042
72°	0.9511	0.3090	3.0777
73°	0.9563	0.2924	3.2709
74°	0.9613	0.2756	3.4874
75°	0.9659	0.2588	3.7321
76°	0.9703	0.2419	4.0108
77°	0.9744	0.2250	4.3315
78°	0.9781	0.2079	4.7046
79°	0.9816	0.1908	5.1446
80°	0.9848	0.1736	5.6713
81°	0.9877	0.1564	6.3138
82°	0.9903	0.1392	7.1154
83°	0.9925	0.1219	8.1443
84°	0.9945	0.1045	9.5144
85°	0.9962	0.0872	11.4301
86°	0.9976	0.0698	14.3007
87°	0.9986	0.0523	19.0811
88°	0.9994	0.0349	28.6363
89°	0.9998	0.0175	57.2900
90°	1.0000	0.0000	—

〔3〕　外接円の半径が3である△ABCを考える。点Aから直線BCに引いた垂線と直線BCとの交点をDとする。

(1)　AB = 5，AC = 4とする。このとき

$$\sin\angle ABC = \frac{\boxed{ソ}}{\boxed{タ}},\qquad AD = \frac{\boxed{チツ}}{\boxed{テ}}$$

である。

(2)　2辺AB，ACの長さの間に2AB + AC = 14の関係があるとする。

このとき，ABの長さのとり得る値の範囲は $\boxed{ト} \leqq AB \leqq \boxed{ナ}$ であり

$$AD = \frac{\boxed{ニヌ}}{\boxed{ネ}}AB^2 + \frac{\boxed{ノ}}{\boxed{ハ}}AB$$

と表せるので，ADの長さの最大値は $\boxed{ヒ}$ である。

第2問　(必答問題)（配点　30）

〔1〕 p, q を実数とする。

花子さんと太郎さんは，次の二つの2次方程式について考えている。

$$x^2 + px + q = 0 \quad \cdots\cdots ①$$
$$x^2 + qx + p = 0 \quad \cdots\cdots ②$$

① または ② を満たす実数 x の個数を n とおく。

(1) $p = 4$，$q = -4$ のとき，$n =$ [ア] である。

また，$p = 1$，$q = -2$ のとき，$n =$ [イ] である。

(2) $p = -6$ のとき，$n = 3$ になる場合を考える。

花子：例えば，① と ② をともに満たす実数 x があるときは $n = 3$ になりそうだね。

太郎：それを α としたら，$\alpha^2 - 6\alpha + q = 0$ と $\alpha^2 + q\alpha - 6 = 0$ が成り立つよ。

花子：なるほど。それならば，α^2 を消去すれば，α の値が求められそうだね。

太郎：確かに α の値が求まるけど，実際に $n = 3$ となっているかどうかの確認が必要だね。

花子：これ以外にも $n = 3$ となる場合がありそうだね。

$n = 3$ となる q の値は

$q =$ [ウ], [エ]

である。ただし，[ウ] < [エ] とする。

⑶　花子さんと太郎さんは，グラフ表示ソフトを用いて，①，②の左辺を y とおいた2次関数 $y = x^2 + px + q$ と $y = x^2 + qx + p$ のグラフの動きを考えている。

$p=-6$ に固定したまま，q の値だけを変化させる。

$$y=x^2-6x+q \quad \cdots\cdots ③$$
$$y=x^2+qx-6 \quad \cdots\cdots ④$$

の二つのグラフについて，$q=1$ のときのグラフを点線で，q の値を 1 から増加させたときのグラフを実線でそれぞれ表す。このとき，③ のグラフの移動の様子を示すと オ となり，④ のグラフの移動の様子を示すと カ となる。

オ ， カ については，最も適当なものを，次の⓪～⑦のうちから一つずつ選べ。ただし，同じものを繰り返し選んでもよい。なお，x 軸と y 軸は省略しているが，x 軸は右方向，y 軸は上方向がそれぞれ正の方向である。

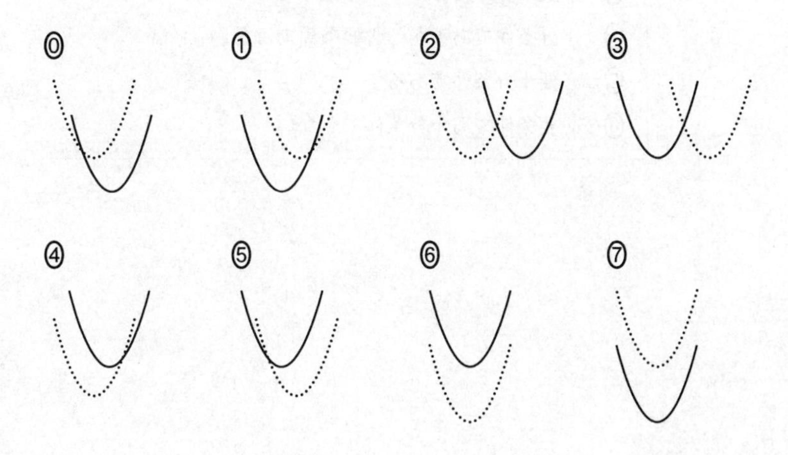

(4)　[ウ] $< q <$ [エ] とする。全体集合 U を実数全体の集合とし，U の部分集合 A，B を

$$A = \{x \mid x^2 - 6x + q < 0\}$$
$$B = \{x \mid x^2 + qx - 6 < 0\}$$

とする。U の部分集合 X に対し，X の補集合を $\overline{X}$ と表す。このとき，次のことが成り立つ。

- $x \in A$ は，$x \in B$ であるための [キ]。
- $x \in B$ は，$x \in \overline{A}$ であるための [ク]。

[キ]，[ク] の解答群(同じものを繰り返し選んでもよい。)

⓪　必要条件であるが，十分条件ではない
①　十分条件であるが，必要条件ではない
②　必要十分条件である
③　必要条件でも十分条件でもない

〔2〕 日本国外における日本語教育の状況を調べるために，独立行政法人国際交流基金では「海外日本語教育機関調査」を実施しており，各国における教育機関数，教員数，学習者数が調べられている。2018 年度において学習者数が 5000 人以上の国と地域(以下，国)は 29 か国であった。これら 29 か国について，2009 年度と 2018 年度のデータが得られている。

(1) 各国において，学習者数を教員数で割ることにより，国ごとの「教員 1 人あたりの学習者数」を算出することができる。図 1 と図 2 は，2009 年度および 2018 年度における「教員 1 人あたりの学習者数」のヒストグラムである。これら二つのヒストグラムから，9 年間の変化に関して，後のことが読み取れる。なお，ヒストグラムの各階級の区間は，左側の数値を含み，右側の数値を含まない。

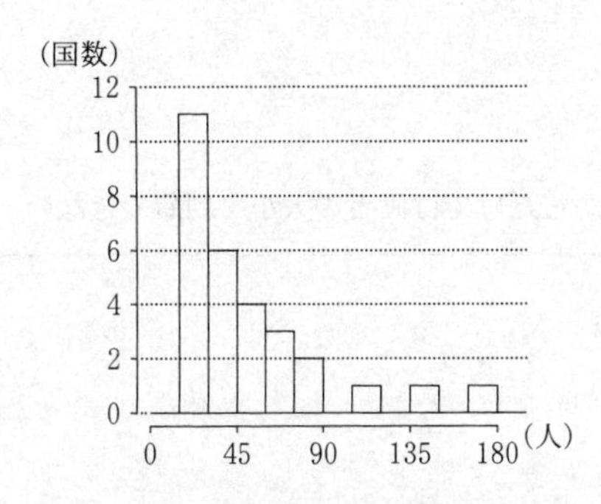

図 1　2009 年度における教員 1 人あたりの学習者数のヒストグラム

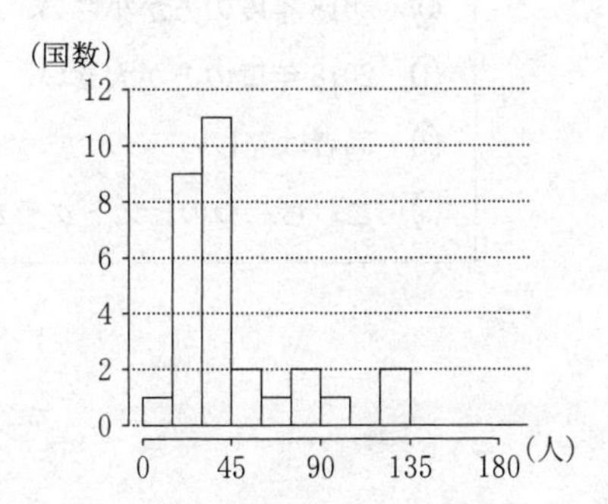

図 2　2018 年度における教員 1 人あたりの学習者数のヒストグラム

(出典：国際交流基金の Web ページにより作成)

- 2009 年度と 2018 年度の中央値が含まれる階級の階級値を比較すると，［ケ］。
- 2009 年度と 2018 年度の第 1 四分位数が含まれる階級の階級値を比較すると，［コ］。
- 2009 年度と 2018 年度の第 3 四分位数が含まれる階級の階級値を比較すると，［サ］。
- 2009 年度と 2018 年度の範囲を比較すると，［シ］。
- 2009 年度と 2018 年度の四分位範囲を比較すると，［ス］。

［ケ］～［ス］の解答群（同じものを繰り返し選んでもよい。）

⓪　2018 年度の方が小さい
①　2018 年度の方が大きい
②　両者は等しい
③　これら二つのヒストグラムからだけでは両者の大小を判断できない

(2) 各国において，学習者数を教育機関数で割ることにより，「教育機関1機関あたりの学習者数」も算出した。図3は，2009年度における「教育機関1機関あたりの学習者数」の箱ひげ図である。

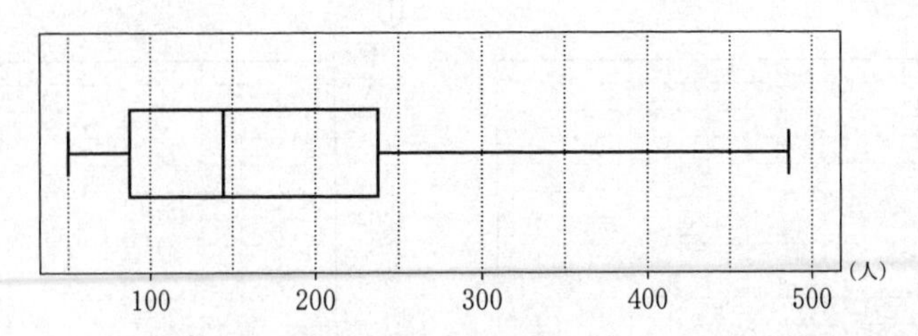

図3　2009年度における教育機関1機関あたりの学習者数の箱ひげ図

（出典：国際交流基金のWebページにより作成）

2009年度について，「教育機関1機関あたりの学習者数」(横軸)と「教員1人あたりの学習者数」(縦軸)の散布図は［セ］である。ここで，2009年度における「教員1人あたりの学習者数」のヒストグラムである(1)の図1を，図4として再掲しておく。

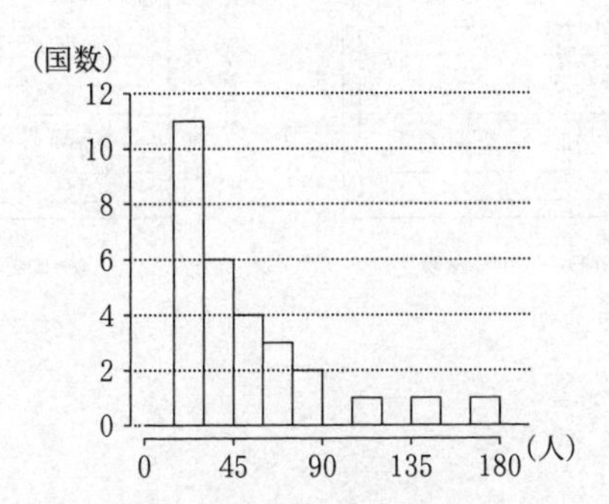

図4　2009年度における教員1人あたりの学習者数のヒストグラム

（出典：国際交流基金のWebページにより作成）

セ については，最も適当なものを，次の⓪～③のうちから一つ選べ。なお，これらの散布図には，完全に重なっている点はない。

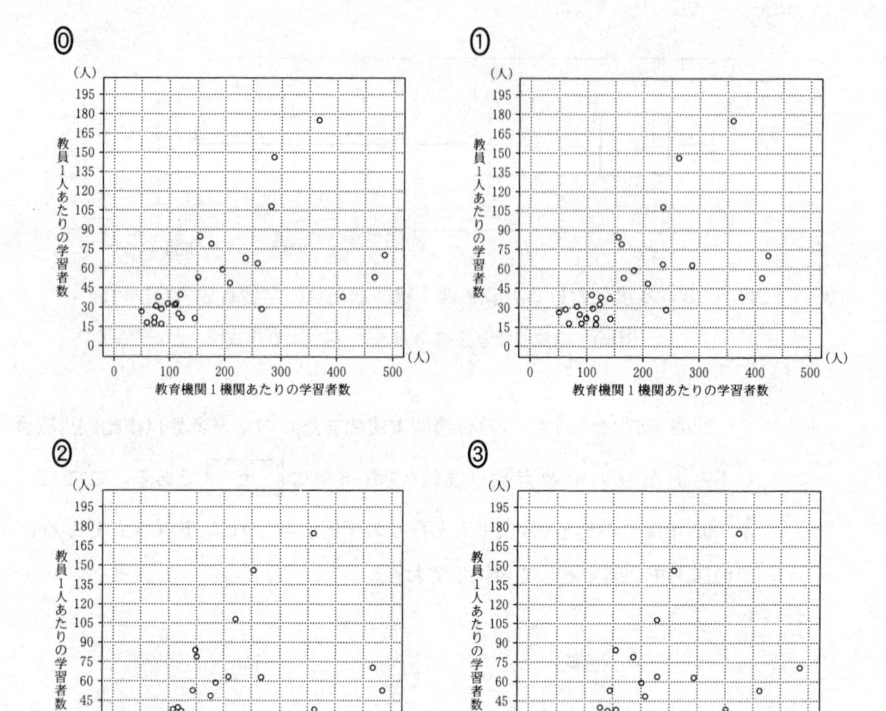

(3)　各国における2018年度の学習者数を100としたときの2009年度の学習者数S，および，各国における2018年度の教員数を100としたときの2009年度の教員数Tを算出した。

例えば，学習者数について説明すると，ある国において，2009年度が44272人，2018年度が174521人であった場合，2009年度の学習者数Sは$\frac{44272}{174521} \times 100$より25.4と算出される。

表1はSとTについて，平均値，標準偏差および共分散を計算したものである。ただし，SとTの共分散は，Sの偏差とTの偏差の積の平均値である。

表1の数値が四捨五入していない正確な値であるとして，SとTの相関係数を求めると［ソ］.［タチ］である。

表1　平均値，標準偏差および共分散

Sの平均値	Tの平均値	Sの標準偏差	Tの標準偏差	SとTの共分散
81.8	72.9	39.3	29.9	735.3

(4)　表1と(3)で求めた相関係数を参考にすると，(3)で算出した2009年度の S（横軸）と T（縦軸）の散布図は［ツ］である。

［ツ］については，最も適当なものを，次の⓪～③のうちから一つ選べ。なお，これらの散布図には，完全に重なっている点はない。

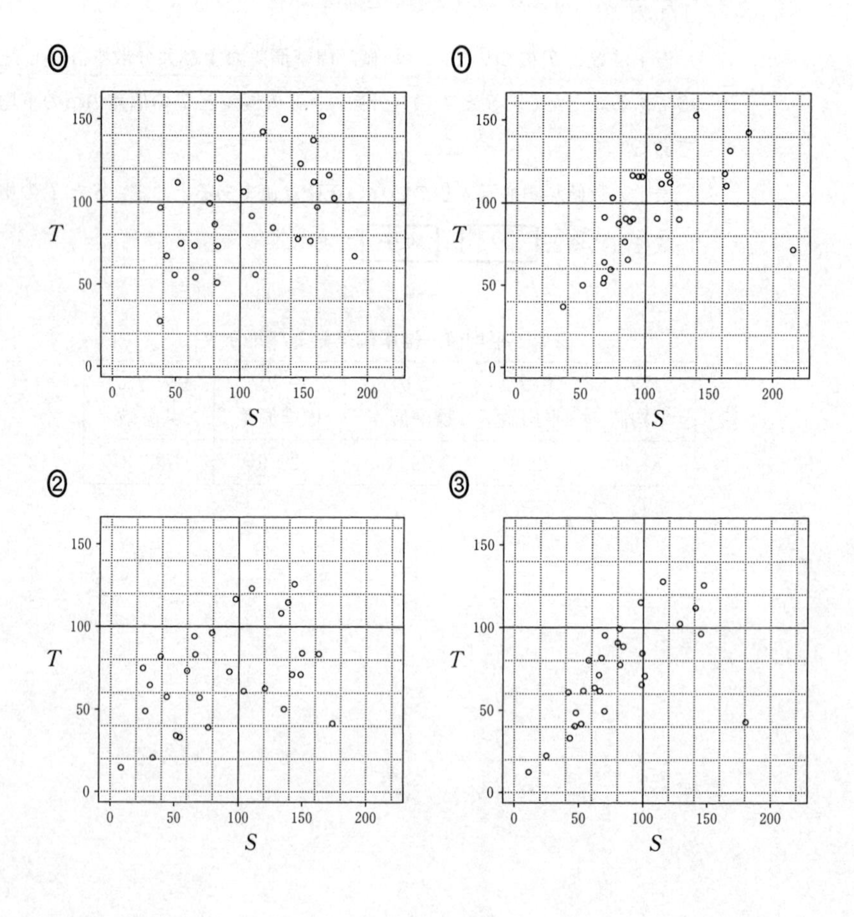

第３問 （選択問題）（配点　20）

複数人がそれぞれプレゼントを一つずつ持ち寄り，交換会を開く。ただし，プレゼントはすべて異なるとする。プレゼントの交換は次の**手順**で行う。

手順

外見が同じ袋を人数分用意し，各袋にプレゼントを一つずつ入れたうえで，各参加者に袋を一つずつでたらめに配る。各参加者は配られた袋の中のプレゼントを受け取る。

交換の結果，１人でも自分の持参したプレゼントを受け取った場合は，交換をやり直す。そして，全員が自分以外の人の持参したプレゼントを受け取ったところで交換会を終了する。

(1)　２人または３人で交換会を開く場合を考える。

(i)　２人で交換会を開く場合，１回目の交換で交換会が終了するプレゼントの受け取り方は［ア］通りある。したがって，１回目の交換で交換会が終了する確率は$\frac{［イ］}{［ウ］}$である。

(ii)　３人で交換会を開く場合，１回目の交換で交換会が終了するプレゼントの受け取り方は［エ］通りある。したがって，１回目の交換で交換会が終了する確率は$\frac{［オ］}{［カ］}$である。

(iii)　３人で交換会を開く場合，４回以下の交換で交換会が終了する確率は$\frac{［キク］}{［ケコ］}$である。

(2)　4人で交換会を開く場合，1回目の交換で交換会が終了する確率を次の**構想**に基づいて求めてみよう。

構想

1回目の交換で交換会が**終了しない**プレゼントの受け取り方の総数を求める。そのために，自分の持参したプレゼントを受け取る人数によって場合分けをする。

1回目の交換で，4人のうち，ちょうど1人が自分の持参したプレゼントを受け取る場合は［サ］通りあり，ちょうど2人が自分のプレゼントを受け取る場合は［シ］通りある。このように考えていくと，1回目のプレゼントの受け取り方のうち，1回目の交換で交換会が終了しない受け取り方の総数は［スセ］である。

したがって，1回目の交換で交換会が終了する確率は $\dfrac{\boxed{ソ}}{\boxed{タ}}$ である。

(3)　5人で交換会を開く場合，1回目の交換で交換会が終了する確率は $\dfrac{\boxed{チツ}}{\boxed{テト}}$ である。

(4)　A，B，C，D，Eの5人が交換会を開く。1回目の交換でA，B，C，Dがそれぞれ自分以外の人の持参したプレゼントを受け取ったとき，その回で交換会が終了する条件付き確率は $\dfrac{\boxed{ナニ}}{\boxed{ヌネ}}$ である。

第4問　(選択問題)（配点　20）

(1)　$5^4=625$ を 2^4 で割ったときの余りは1に等しい。このことを用いると，不定方程式

$$5^4x-2^4y=1 \qquad \cdots\cdots ①$$

の整数解のうち，x が正の整数で最小になるのは

$$x=\boxed{ア},\ y=\boxed{イウ}$$

であることがわかる。

また，① の整数解のうち，x が2桁の正の整数で最小になるのは

$$x=\boxed{エオ},\ y=\boxed{カキク}$$

である。

(2)　次に，625^2 を 5^5 で割ったときの余りと，2^5 で割ったときの余りについて考えてみよう。

まず

$$625^2=5^{\boxed{ケ}}$$

であり，また，$m=\boxed{イウ}$ とすると

$$625^2=2^{\boxed{ケ}}m^2+2^{\boxed{コ}}m+1$$

である。これらより，625^2 を 5^5 で割ったときの余りと，2^5 で割ったときの余りがわかる。

(3)　(2)の考察は，不定方程式

$$5^5x - 2^5y = 1 \quad \cdots\cdots\cdots\cdots\cdots\cdots \text{②}$$

の整数解を調べるために利用できる。

x，yを②の整数解とする。5^5xは5^5の倍数であり，2^5で割ったときの余りは1となる。よって，(2)により，$5^5x - 625^2$は5^5でも2^5でも割り切れる。5^5と2^5は互いに素なので，$5^5x - 625^2$は$5^5 \cdot 2^5$の倍数である。

このことから，②の整数解のうち，xが3桁の正の整数で最小になるのは

$x =$ **サシス**，$y =$ **セソタチツ**

であることがわかる。

(4)　11^4を2^4で割ったときの余りは1に等しい。不定方程式

$$11^5x - 2^5y = 1$$

の整数解のうち，xが正の整数で最小になるのは

$x =$ **テト**，$y =$ **ナニヌネノ**

である。

第5問　（選択問題）（配点　20）

△ABCの重心をGとし，線分AG上で点Aとは異なる位置に点Dをとる。直線AGと辺BCの交点をEとする。また，直線BC上で辺BC上にはない位置に点Fをとる。直線DFと辺ABの交点をP，直線DFと辺ACの交点をQとする。

(1)　点Dは線分AGの中点であるとする。このとき，△ABCの形状に関係なく

$$\frac{AD}{DE}=\frac{\boxed{\text{ア}}}{\boxed{\text{イ}}}$$

である。また，点Fの位置に関係なく

$$\frac{BP}{AP}=\boxed{\text{ウ}}\times\frac{\boxed{\text{エ}}}{\boxed{\text{オ}}},\qquad \frac{CQ}{AQ}=\boxed{\text{カ}}\times\frac{\boxed{\text{キ}}}{\boxed{\text{ク}}}$$

であるので，つねに

$$\frac{BP}{AP}+\frac{CQ}{AQ}=\boxed{\text{ケ}}$$

となる。

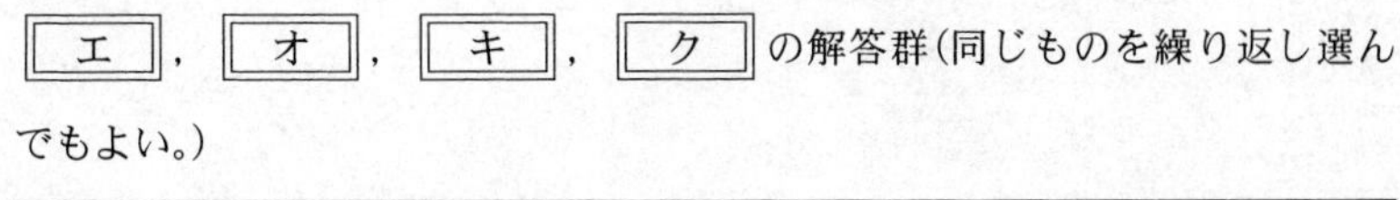

$\boxed{\text{エ}}$，$\boxed{\text{オ}}$，$\boxed{\text{キ}}$，$\boxed{\text{ク}}$ の解答群（同じものを繰り返し選んでもよい。）

⓪　BC	①　BF	②　CF	③　EF
④　FP	⑤　FQ	⑥　PQ	

⑵　$AB = 9$，$BC = 8$，$AC = 6$ とし，⑴と同様に，点Dは線分AGの中点であるとする。ここで，4点B，C，Q，Pが同一円周上にあるように点Fをとる。

このとき，$AQ = \dfrac{\boxed{\text{コ}}}{\boxed{\text{サ}}}AP$ であるから

$$AP = \frac{\boxed{\text{シス}}}{\boxed{\text{セ}}}, \qquad AQ = \frac{\boxed{\text{ソタ}}}{\boxed{\text{チ}}}$$

であり

$$CF = \frac{\boxed{\text{ツテ}}}{\boxed{\text{トナ}}}$$

である。

⑶　△ABCの形状や点Fの位置に関係なく，つねに $\dfrac{BP}{AP} + \dfrac{CQ}{AQ} = 10$ となるのは，$\dfrac{AD}{DG} = \dfrac{\boxed{\text{ニ}}}{\boxed{\text{ヌ}}}$ のときである。

数学Ⅱ・数学B

問　題	選　択　方　法
第1問	必　　答
第2問	必　　答
第3問	いずれか2問を選択し，解答しなさい。
第4問	
第5問	

第１問 （必答問題）（配点　30）

〔1〕 座標平面上に点A$(-8, 0)$をとる。また，不等式

$$x^2 + y^2 - 4x - 10y + 4 \leqq 0$$

の表す領域をDとする。

(1) 領域Dは，中心が点(ア ， イ)，半径が ウ の円の エ である。

エ の解答群

⓪ 周	① 内部	② 外部
③ 周および内部	④ 周および外部	

以下，点(ア ， イ)をQとし，方程式

$$x^2 + y^2 - 4x - 10y + 4 = 0$$

の表す図形をCとする。

⑵　点Aを通る直線と領域Dが共有点をもつのはどのようなときかを考えよう。

(i)　⑴により，直線$y =$ **オ** は点Aを通るCの接線の一つとなることがわかる。

太郎さんと花子さんは点Aを通るCのもう一つの接線について話している。

点Aを通り，傾きがkの直線をℓとする。

太郎：直線ℓの方程式は$y = k(x + 8)$と表すことができるから，これを

$$x^2 + y^2 - 4x - 10y + 4 = 0$$

に代入することで接線を求められそうだね。

花子：x軸と直線AQのなす角のタンジェントに着目することでも求められそうだよ。

(ii) 太郎さんの求め方について考えてみよう。

$y=k(x+8)$ を $x^2+y^2-4x-10y+4=0$ に代入すると，x についての2次方程式

$$(k^2+1)x^2+(16k^2-10k-4)x+64k^2-80k+4=0$$

が得られる。この方程式が［カ］ときの k の値が接線の傾きとなる。

［カ］の解答群

⓪ 重解をもつ
① 異なる二つの実数解をもち，一つは0である
② 異なる二つの正の実数解をもつ
③ 正の実数解と負の実数解をもつ
④ 異なる二つの負の実数解をもつ
⑤ 異なる二つの虚数解をもつ

(iii) 花子さんの求め方について考えてみよう。

x 軸と直線AQのなす角を θ $\left(0<\theta\leqq\dfrac{\pi}{2}\right)$ とすると

$$\tan\theta=\frac{\boxed{キ}}{\boxed{ク}}$$

であり，直線 $y=$［オ］と異なる接線の傾きは $\tan$［ケ］と表すことができる。

［ケ］の解答群

⓪ θ	① 2θ	② $\left(\theta+\dfrac{\pi}{2}\right)$
③ $\left(\theta-\dfrac{\pi}{2}\right)$	④ $(\theta+\pi)$	⑤ $(\theta-\pi)$
⑥ $\left(2\theta+\dfrac{\pi}{2}\right)$	⑦ $\left(2\theta-\dfrac{\pi}{2}\right)$	

(iv)　点Aを通るCの接線のうち，直線$y=$ オ と異なる接線の傾きをk_0とする。このとき，(ii)または(iii)の考え方を用いることにより

$$k_0 = \frac{\boxed{コ}}{\boxed{サ}}$$

であることがわかる。

直線ℓと領域Dが共有点をもつようなkの値の範囲は シ である。

シ の解答群

⓪ $k > k_0$	① $k \geqq k_0$
② $k < k_0$	③ $k \leqq k_0$
④ $0 < k < k_0$	⑤ $0 \leqq k \leqq k_0$

〔2〕 a, b は正の実数であり，$a \neq 1$，$b \neq 1$ を満たすとする。太郎さんは $\log_a b$ と $\log_b a$ の大小関係を調べることにした。

(1) 太郎さんは次のような考察をした。

まず，$\log_3 9 = \boxed{\text{ス}}$，$\log_9 3 = \dfrac{1}{\boxed{\text{ス}}}$ である。この場合

$\log_3 9 > \log_9 3$

が成り立つ。

一方，$\log_{\frac{1}{4}} \boxed{\text{セ}} = -\dfrac{3}{2}$，$\log_{\boxed{\text{セ}}} \dfrac{1}{4} = -\dfrac{2}{3}$ である。この場合

$\log_{\frac{1}{4}} \boxed{\text{セ}} < \log_{\boxed{\text{セ}}} \dfrac{1}{4}$

が成り立つ。

⑵　ここで

$$\log_a b = t \qquad \cdots\cdots ①$$

とおく。

⑴の考察をもとにして，太郎さんは次の式が成り立つと推測し，それが正しいことを確かめることにした。

$$\log_b a = \frac{1}{t} \qquad \cdots\cdots ②$$

①により，［ソ］である。このことにより［タ］が得られ，②が成り立つことが確かめられる。

［ソ］の解答群

⓪ $a^b = t$	① $a^t = b$	② $b^a = t$
③ $b^t = a$	④ $t^a = b$	⑤ $t^b = a$

［タ］の解答群

⓪ $a = t^{\frac{1}{b}}$	① $a = b^{\frac{1}{t}}$	② $b = t^{\frac{1}{a}}$
③ $b = a^{\frac{1}{t}}$	④ $t = b^{\frac{1}{a}}$	⑤ $t = a^{\frac{1}{b}}$

(3)　次に，太郎さんは(2)の考察をもとにして

$$t > \frac{1}{t} \qquad \cdots\cdots ③$$

を満たす実数 t $(t \neq 0)$ の値の範囲を求めた。

太郎さんの考察

$t > 0$ ならば，③の両辺に t を掛けることにより，$t^2 > 1$ を得る。このような t $(t > 0)$ の値の範囲は $1 < t$ である。

$t < 0$ ならば，③の両辺に t を掛けることにより，$t^2 < 1$ を得る。このような t $(t < 0)$ の値の範囲は $-1 < t < 0$ である。

この考察により，③を満たす t $(t \neq 0)$ の値の範囲は

$$-1 < t < 0,\ 1 < t$$

であることがわかる。

ここで，a の値を一つ定めたとき，不等式

$$\log_a b > \log_b a \qquad \cdots\cdots ④$$

を満たす実数 b $(b > 0,\ b \neq 1)$ の値の範囲について考える。

④を満たす b の値の範囲は，$a > 1$ のときは［チ］であり，$0 < a < 1$ のときは［ツ］である。

チ の解答群

⓪ $0 < b < \frac{1}{a}$, $1 < b < a$　① $0 < b < \frac{1}{a}$, $a < b$

② $\frac{1}{a} < b < 1$, $1 < b < a$　③ $\frac{1}{a} < b < 1$, $a < b$

ツ の解答群

⓪ $0 < b < a$, $1 < b < \frac{1}{a}$　① $0 < b < a$, $\frac{1}{a} < b$

② $a < b < 1$, $1 < b < \frac{1}{a}$　③ $a < b < 1$, $\frac{1}{a} < b$

(4) $p = \frac{12}{13}$, $q = \frac{12}{11}$, $r = \frac{14}{13}$ とする。

次の⓪～③のうち，正しいものは テ である。

テ の解答群

⓪ $\log_p q > \log_q p$ かつ $\log_p r > \log_r p$

① $\log_p q > \log_q p$ かつ $\log_p r < \log_r p$

② $\log_p q < \log_q p$ かつ $\log_p r > \log_r p$

③ $\log_p q < \log_q p$ かつ $\log_p r < \log_r p$

第2問　（必答問題）（配点　30）

〔1〕 a を実数とし，$f(x) = x^3 - 6ax + 16$ とおく。

(1) $y = f(x)$ のグラフの概形は

$a = 0$ のとき，［ア］

$a < 0$ のとき，［イ］

である。

［ア］，［イ］については，最も適当なものを，次の⓪～⑤のうちから一つずつ選べ。ただし，同じものを繰り返し選んでもよい。

⓪
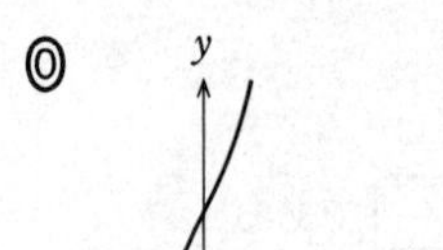

①
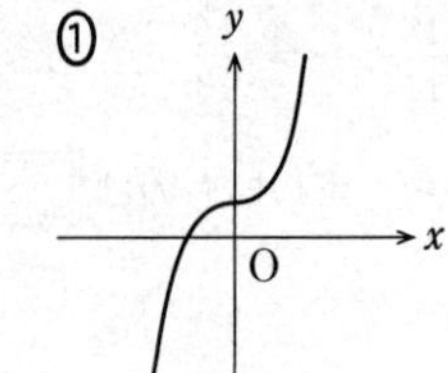

②
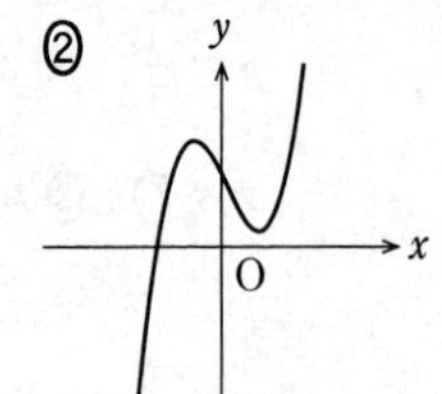

③
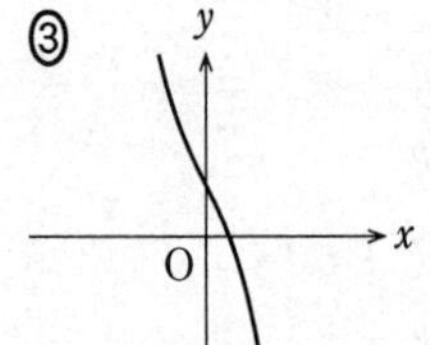

④
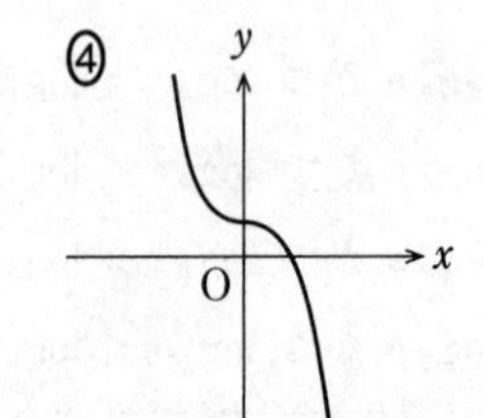

⑤
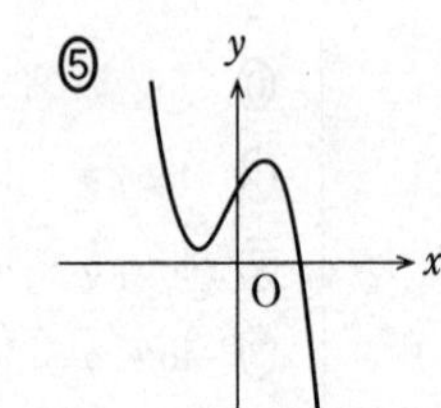

(2)　$a > 0$とし，pを実数とする。座標平面上の曲線$y = f(x)$と直線$y = p$が3個の共有点をもつようなpの値の範囲は［ウ］$< p <$［エ］である。

　$p =$［ウ］のとき，曲線$y = f(x)$と直線$y = p$は2個の共有点をもつ。それらのx座標をq，r（$q < r$）とする。曲線$y = f(x)$と直線$y = p$が点$(r,\ p)$で接することに注意すると

$$q = \boxed{オカ}\sqrt{\boxed{キ}}\,a^{\frac{1}{2}},\quad r = \sqrt{\boxed{ク}}\,a^{\frac{1}{2}}$$

と表せる。

［ウ］，［エ］の解答群（同じものを繰り返し選んでもよい。）

⓪　$2\sqrt{2}\,a^{\frac{3}{2}} + 16$	①　$-2\sqrt{2}\,a^{\frac{3}{2}} + 16$
②　$4\sqrt{2}\,a^{\frac{3}{2}} + 16$	③　$-4\sqrt{2}\,a^{\frac{3}{2}} + 16$
④　$8\sqrt{2}\,a^{\frac{3}{2}} + 16$	⑤　$-8\sqrt{2}\,a^{\frac{3}{2}} + 16$

(3)　方程式$f(x) = 0$の異なる実数解の個数をnとする。次の⓪～⑤のうち，正しいものは［ケ］と［コ］である。

［ケ］，［コ］の解答群（解答の順序は問わない。）

⓪　$n = 1$ならば$a < 0$	①　$a < 0$ならば$n = 1$
②　$n = 2$ならば$a < 0$	③　$a < 0$ならば$n = 2$
④　$n = 3$ならば$a > 0$	⑤　$a > 0$ならば$n = 3$

〔2〕 $b>0$ とし，$g(x)=x^3-3bx+3b^2$，$h(x)=x^3-x^2+b^2$ とおく。座標平面上の曲線 $y=g(x)$ を C_1，曲線 $y=h(x)$ を C_2 とする。

C_1 と C_2 は2点で交わる。これらの交点の x 座標をそれぞれ α，β $(\alpha<\beta)$ とすると，$\alpha=$ サ ，$\beta=$ シス である。

$\alpha \leqq x \leqq \beta$ の範囲で C_1 と C_2 で囲まれた図形の面積を S とする。また，$t>\beta$ とし，$\beta \leqq x \leqq t$ の範囲で C_1 と C_2 および直線 $x=t$ で囲まれた図形の面積を T とする。

このとき

$$S=\int_{\alpha}^{\beta} \boxed{セ}\, dx$$

$$T=\int_{\beta}^{t} \boxed{ソ}\, dx$$

$$S-T=\int_{\alpha}^{t} \boxed{タ}\, dx$$

であるので

$$S-T=\frac{\boxed{チツ}}{\boxed{テ}}\left(2t^3-\boxed{ト}\,bt^2+\boxed{ナニ}\,b^2t-\boxed{ヌ}\,b^3\right)$$

が得られる。

したがって，$S=T$ となるのは $t=\dfrac{\boxed{ネ}}{\boxed{ノ}}b$ のときである。

セ ～ タ の解答群（同じものを繰り返し選んでもよい。）

⓪ $\{g(x)+h(x)\}$	① $\{g(x)-h(x)\}$
② $\{h(x)-g(x)\}$	③ $\{2g(x)+2h(x)\}$
④ $\{2g(x)-2h(x)\}$	⑤ $\{2h(x)-2g(x)\}$
⑥ $2g(x)$	⑦ $2h(x)$

第3問 （選択問題） （配点　20）

以下の問題を解答するにあたっては，必要に応じて41ページの正規分布表を用いてもよい。

ジャガイモを栽培し販売している会社に勤務する花子さんは，A地区とB地区で収穫されるジャガイモについて調べることになった。

(1) A地区で収穫されるジャガイモには1個の重さが200gを超えるものが25%含まれることが経験的にわかっている。花子さんはA地区で収穫されたジャガイモから400個を無作為に抽出し，重さを計測した。そのうち，重さが200gを超えるジャガイモの個数を表す確率変数をZとする。このときZは二項分布$B\left(400,\ 0.\boxed{\text{アイ}}\right)$に従うから，$Z$の平均（期待値）は$\boxed{\text{ウエオ}}$である。

(2)　Zを(1)の確率変数とし，A地区で収穫されたジャガイモ400個からなる標本において，重さが200gを超えていたジャガイモの標本における比率を$R=\dfrac{Z}{400}$とする。このとき，Rの標準偏差は$\sigma(R)=$ カ である。

標本の大きさ400は十分に大きいので，Rは近似的に正規分布$N\left(0.\fbox{アイ},\ \left(\fbox{カ}\right)^2\right)$に従う。

したがって，$P(R \geqq x)=0.0465$となるようなxの値は キ となる。ただし， キ の計算においては$\sqrt{3}=1.73$とする。

カ の解答群

⓪ $\dfrac{3}{6400}$	① $\dfrac{\sqrt{3}}{4}$	② $\dfrac{\sqrt{3}}{80}$	③ $\dfrac{3}{40}$

キ については，最も適当なものを，次の⓪～③のうちから一つ選べ。

⓪ 0.209	① 0.251	② 0.286	③ 0.395

(3)　B地区で収穫され，出荷される予定のジャガイモ1個の重さは100 gから300 gの間に分布している。B地区で収穫され，出荷される予定のジャガイモ1個の重さを表す確率変数を X とするとき，X は連続型確率変数であり，X のとり得る値 x の範囲は $100 \leqq x \leqq 300$ である。

花子さんは，B地区で収穫され，出荷される予定のすべてのジャガイモのうち，重さが200 g以上のものの割合を見積もりたいと考えた。そのために花子さんは，X の確率密度関数 $f(x)$ として適当な関数を定め，それを用いて割合を見積もるという方針を立てた。

B地区で収穫され，出荷される予定のジャガイモから206個を無作為に抽出したところ，重さの標本平均は180 gであった。図1はこの標本のヒストグラムである。

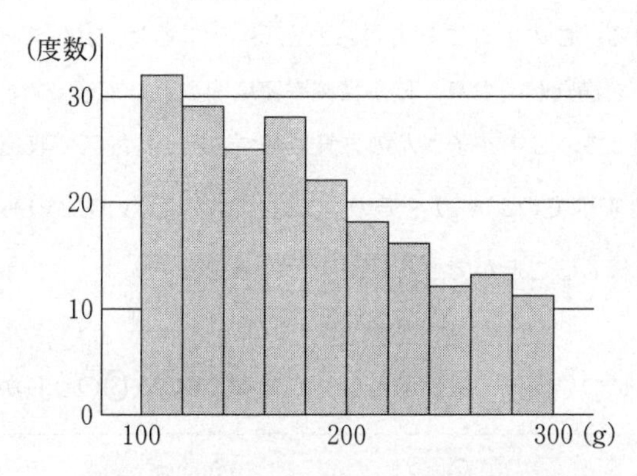

図1　ジャガイモの重さのヒストグラム

花子さんは図1のヒストグラムにおいて，重さ x の増加とともに度数がほぼ一定の割合で減少している傾向に着目し，X の確率密度関数 $f(x)$ として，1次関数

$$f(x) = ax + b \qquad (100 \leqq x \leqq 300)$$

を考えることにした。ただし，$100 \leqq x \leqq 300$ の範囲で $f(x) \geqq 0$ とする。

このとき，$P(100 \leqq X \leqq 300) =$ [ク] であることから

$$\boxed{\text{ケ}} \cdot 10^4 a + \boxed{\text{コ}} \cdot 10^2 b = \boxed{\text{ク}} \quad \cdots\cdots\cdots\cdots\cdots\cdots\cdots ①$$

である。

花子さんは，X の平均（期待値）が重さの標本平均 180 g と等しくなるように確率密度関数を定める方法を用いることにした。

連続型確率変数 X のとり得る値 x の範囲が $100 \leqq x \leqq 300$ で，その確率密度関数が $f(x)$ のとき，X の平均（期待値）m は

$$m = \int_{100}^{300} x f(x)\,dx$$

で定義される。この定義と花子さんの採用した方法から

$$m = \frac{26}{3} \cdot 10^6 a + 4 \cdot 10^4 b = 180 \quad \cdots\cdots\cdots\cdots ②$$

となる。①と②により，確率密度関数は

$$f(x) = -\boxed{\text{サ}} \cdot 10^{-5} x + \boxed{\text{シス}} \cdot 10^{-3} \quad \cdots\cdots\cdots\cdots ③$$

と得られる。このようにして得られた③の $f(x)$ は，$100 \leqq x \leqq 300$ の範囲で $f(x) \geqq 0$ を満たしており，確かに確率密度関数として適当である。

したがって，この花子さんの方針に基づくと，B地区で収穫され，出荷される予定のすべてのジャガイモのうち，重さが 200 g 以上のものは［セ］％あると見積もることができる。

［セ］については，最も適当なものを，次の⓪～③のうちから一つ選べ。

⓪ 33	① 34	② 35	③ 36

正　規　分　布　表

次の表は，標準正規分布の分布曲線における右図の灰色部分の面積の値をまとめたものである。

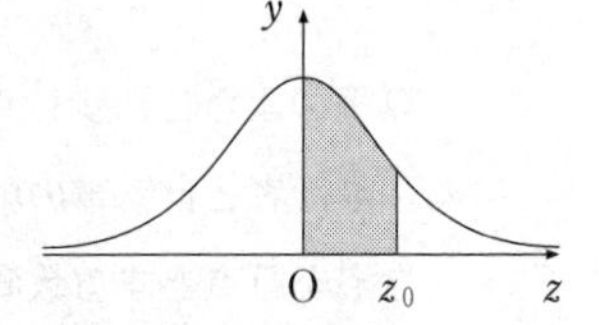

z_0	0.00	0.01	0.02	0.03	0.04	0.05	0.06	0.07	0.08	0.09
0.0	0.0000	0.0040	0.0080	0.0120	0.0160	0.0199	0.0239	0.0279	0.0319	0.0359
0.1	0.0398	0.0438	0.0478	0.0517	0.0557	0.0596	0.0636	0.0675	0.0714	0.0753
0.2	0.0793	0.0832	0.0871	0.0910	0.0948	0.0987	0.1026	0.1064	0.1103	0.1141
0.3	0.1179	0.1217	0.1255	0.1293	0.1331	0.1368	0.1406	0.1443	0.1480	0.1517
0.4	0.1554	0.1591	0.1628	0.1664	0.1700	0.1736	0.1772	0.1808	0.1844	0.1879
0.5	0.1915	0.1950	0.1985	0.2019	0.2054	0.2088	0.2123	0.2157	0.2190	0.2224
0.6	0.2257	0.2291	0.2324	0.2357	0.2389	0.2422	0.2454	0.2486	0.2517	0.2549
0.7	0.2580	0.2611	0.2642	0.2673	0.2704	0.2734	0.2764	0.2794	0.2823	0.2852
0.8	0.2881	0.2910	0.2939	0.2967	0.2995	0.3023	0.3051	0.3078	0.3106	0.3133
0.9	0.3159	0.3186	0.3212	0.3238	0.3264	0.3289	0.3315	0.3340	0.3365	0.3389
1.0	0.3413	0.3438	0.3461	0.3485	0.3508	0.3531	0.3554	0.3577	0.3599	0.3621
1.1	0.3643	0.3665	0.3686	0.3708	0.3729	0.3749	0.3770	0.3790	0.3810	0.3830
1.2	0.3849	0.3869	0.3888	0.3907	0.3925	0.3944	0.3962	0.3980	0.3997	0.4015
1.3	0.4032	0.4049	0.4066	0.4082	0.4099	0.4115	0.4131	0.4147	0.4162	0.4177
1.4	0.4192	0.4207	0.4222	0.4236	0.4251	0.4265	0.4279	0.4292	0.4306	0.4319
1.5	0.4332	0.4345	0.4357	0.4370	0.4382	0.4394	0.4406	0.4418	0.4429	0.4441
1.6	0.4452	0.4463	0.4474	0.4484	0.4495	0.4505	0.4515	0.4525	0.4535	0.4545
1.7	0.4554	0.4564	0.4573	0.4582	0.4591	0.4599	0.4608	0.4616	0.4625	0.4633
1.8	0.4641	0.4649	0.4656	0.4664	0.4671	0.4678	0.4686	0.4693	0.4699	0.4706
1.9	0.4713	0.4719	0.4726	0.4732	0.4738	0.4744	0.4750	0.4756	0.4761	0.4767
2.0	0.4772	0.4778	0.4783	0.4788	0.4793	0.4798	0.4803	0.4808	0.4812	0.4817
2.1	0.4821	0.4826	0.4830	0.4834	0.4838	0.4842	0.4846	0.4850	0.4854	0.4857
2.2	0.4861	0.4864	0.4868	0.4871	0.4875	0.4878	0.4881	0.4884	0.4887	0.4890
2.3	0.4893	0.4896	0.4898	0.4901	0.4904	0.4906	0.4909	0.4911	0.4913	0.4916
2.4	0.4918	0.4920	0.4922	0.4925	0.4927	0.4929	0.4931	0.4932	0.4934	0.4936
2.5	0.4938	0.4940	0.4941	0.4943	0.4945	0.4946	0.4948	0.4949	0.4951	0.4952
2.6	0.4953	0.4955	0.4956	0.4957	0.4959	0.4960	0.4961	0.4962	0.4963	0.4964
2.7	0.4965	0.4966	0.4967	0.4968	0.4969	0.4970	0.4971	0.4972	0.4973	0.4974
2.8	0.4974	0.4975	0.4976	0.4977	0.4977	0.4978	0.4979	0.4979	0.4980	0.4981
2.9	0.4981	0.4982	0.4982	0.4983	0.4984	0.4984	0.4985	0.4985	0.4986	0.4986
3.0	0.4987	0.4987	0.4987	0.4988	0.4988	0.4989	0.4989	0.4989	0.4990	0.4990

第4問 （選択問題） （配点　20）

以下のように，歩行者と自転車が自宅を出発して移動と停止を繰り返している。歩行者と自転車の動きについて，数学的に考えてみよう。

自宅を原点とする数直線を考え，歩行者と自転車をその数直線上を動く点とみなす。数直線上の点の座標が y であるとき，その点は位置 y にあるということにする。また，歩行者が自宅を出発してから x 分経過した時点を時刻 x と表す。歩行者は時刻0に自宅を出発し，正の向きに毎分1の速さで歩き始める。自転車は時刻2に自宅を出発し，毎分2の速さで歩行者を追いかける。自転車が歩行者に追いつくと，歩行者と自転車はともに1分だけ停止する。その後，歩行者は再び正の向きに毎分1の速さで歩き出し，自転車は毎分2の速さで自宅に戻る。自転車は自宅に到着すると，1分だけ停止した後，再び毎分2の速さで歩行者を追いかける。これを繰り返し，自転車は自宅と歩行者の間を往復する。

$x = a_n$ を自転車が n 回目に自宅を出発する時刻とし，$y = b_n$ をそのときの歩行者の位置とする。

(1)　花子さんと太郎さんは，数列 $\{a_n\}$，$\{b_n\}$ の一般項を求めるために，歩行者と自転車について，時刻 x において位置 y にいることをOを原点とする座標平面上の点 (x, y) で表すことにした。

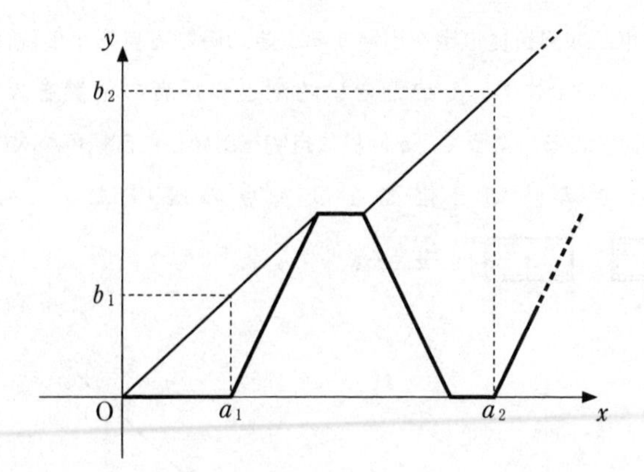

$a_1 = 2$，$b_1 = 2$により，自転車が最初に自宅を出発するときの時刻と自転車の位置を表す点の座標は(2，0)であり，そのときの時刻と歩行者の位置を表す点の座標は(2，2)である。また，自転車が最初に歩行者に追いつくときの時刻と位置を表す点の座標は(ア ， ア)である。よって

$a_2 =$ イ ，$b_2 =$ ウ

である。

花子：数列$\{a_n\}$，$\{b_n\}$の一般項について考える前に，(ア ， ア)の求め方について整理してみようか。

太郎：花子さんはどうやって求めたの？

花子：自転車が歩行者を追いかけるときに，間隔が1分間に1ずつ縮まっていくことを利用したよ。

太郎：歩行者と自転車の動きをそれぞれ直線の方程式で表して，交点を計算して求めることもできるね。

自転車が n 回目に自宅を出発するときの時刻と自転車の位置を表す点の座標は$(a_n,\ 0)$であり，そのときの時刻と歩行者の位置を表す点の座標は$(a_n,\ b_n)$である。よって，n 回目に自宅を出発した自転車が次に歩行者に追いつくときの時刻と位置を表す点の座標は，a_n，b_nを用いて，(エ ， オ)と表せる。

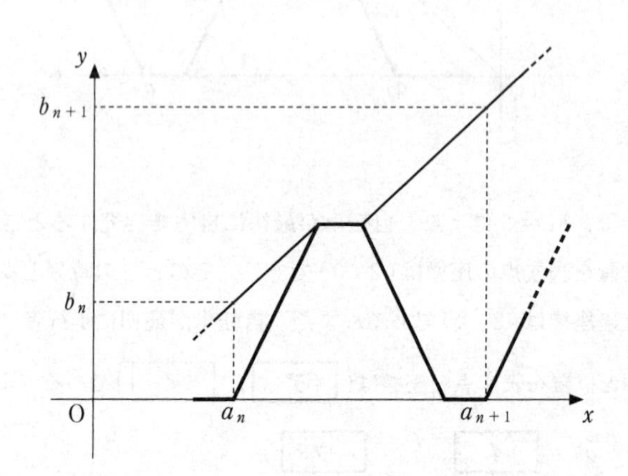

エ ， オ の解答群(同じものを繰り返し選んでもよい。)

⓪ a_n	① b_n	② $2a_n$
③ $a_n + b_n$	④ $2b_n$	⑤ $3a_n$
⑥ $2a_n + b_n$	⑦ $a_n + 2b_n$	⑧ $3b_n$

以上から，数列$\{a_n\}$，$\{b_n\}$について，自然数nに対して，関係式

$$a_{n+1} = a_n + \boxed{\text{カ}}\, b_n + \boxed{\text{キ}} \quad \cdots\cdots ①$$

$$b_{n+1} = 3b_n + \boxed{\text{ク}} \quad \cdots\cdots ②$$

が成り立つことがわかる。まず，$b_1 = 2$と②から

$$b_n = \boxed{\text{ケ}} \quad (n = 1,\ 2,\ 3,\ \cdots)$$

を得る。この結果と，$a_1 = 2$および①から

$$a_n = \boxed{\text{コ}} \quad (n = 1,\ 2,\ 3,\ \cdots)$$

がわかる。

ケ，コ の解答群（同じものを繰り返し選んでもよい。）

⓪ $3^{n-1} + 1$	① $\frac{1}{2} \cdot 3^n + \frac{1}{2}$
② $3^{n-1} + n$	③ $\frac{1}{2} \cdot 3^n + n - \frac{1}{2}$
④ $3^{n-1} + n^2$	⑤ $\frac{1}{2} \cdot 3^n + n^2 - \frac{1}{2}$
⑥ $2 \cdot 3^{n-1}$	⑦ $\frac{5}{2} \cdot 3^{n-1} - \frac{1}{2}$
⑧ $2 \cdot 3^{n-1} + n - 1$	⑨ $\frac{5}{2} \cdot 3^{n-1} + n - \frac{3}{2}$
ⓐ $2 \cdot 3^{n-1} + n^2 - 1$	ⓑ $\frac{5}{2} \cdot 3^{n-1} + n^2 - \frac{3}{2}$

(2)　歩行者が$y = 300$の位置に到着するときまでに，自転車が歩行者に追いつく回数は サ 回である。また， サ 回目に自転車が歩行者に追いつく時刻は，$x =$ シスセ である。

第5問　(選択問題)（配点　20）

平面上の点Oを中心とする半径1の円周上に，3点A，B，Cがあり，$\overrightarrow{OA}\cdot\overrightarrow{OB}=-\dfrac{2}{3}$ および $\overrightarrow{OC}=-\overrightarrow{OA}$ を満たすとする。t を $0<t<1$ を満たす実数とし，線分ABを $t:(1-t)$ に内分する点をPとする。また，直線OP上に点Qをとる。

(1)　$\cos\angle AOB=\dfrac{\boxed{アイ}}{\boxed{ウ}}$ である。

また，実数 k を用いて，$\overrightarrow{OQ}=k\overrightarrow{OP}$ と表せる。したがって

$$\overrightarrow{OQ}=\boxed{エ}\,\overrightarrow{OA}+\boxed{オ}\,\overrightarrow{OB}\quad\cdots\cdots\cdots\cdots\cdots\cdots\cdots\cdots\cdots\cdots\ ①$$

$$\overrightarrow{CQ}=\boxed{カ}\,\overrightarrow{OA}+\boxed{キ}\,\overrightarrow{OB}$$

となる。

$\overrightarrow{OA}$ と $\overrightarrow{OP}$ が垂直となるのは，$t=\dfrac{\boxed{ク}}{\boxed{ケ}}$ のときである。

$\boxed{エ}$ ～ $\boxed{キ}$ の解答群（同じものを繰り返し選んでもよい。）

⓪　kt	①　$(k-kt)$	②　$(kt+1)$
③　$(kt-1)$	④　$(k-kt+1)$	⑤　$(k-kt-1)$

以下，$t \neq \dfrac{\boxed{\text{ク}}}{\boxed{\text{ケ}}}$ とし，$\angle$OCQ が直角であるとする。

(2)　$\angle$OCQ が直角であることにより，(1) の k は

$$k = \frac{\boxed{\text{コ}}}{\boxed{\text{サ}}\,t - \boxed{\text{シ}}} \quad \cdots\cdots\cdots\cdots\cdots\cdots\cdots\cdots ②$$

となることがわかる。

平面から直線 OA を除いた部分は，直線 OA を境に二つの部分に分けられる。そのうち，点 B を含む部分を D_1，含まない部分を D_2 とする。また，平面から直線 OB を除いた部分は，直線 OB を境に二つの部分に分けられる。そのうち，点 A を含む部分を E_1，含まない部分を E_2 とする。

- $0 < t < \dfrac{\boxed{\text{ク}}}{\boxed{\text{ケ}}}$ ならば，点 Q は $\boxed{\text{ス}}$。
- $\dfrac{\boxed{\text{ク}}}{\boxed{\text{ケ}}} < t < 1$ ならば，点 Q は $\boxed{\text{セ}}$。

$\boxed{\text{ス}}$，$\boxed{\text{セ}}$ の解答群（同じものを繰り返し選んでもよい。）

⓪　D_1 に含まれ，かつ E_1 に含まれる
①　D_1 に含まれ，かつ E_2 に含まれる
②　D_2 に含まれ，かつ E_1 に含まれる
③　D_2 に含まれ，かつ E_2 に含まれる

(3)　太郎さんと花子さんは，点Pの位置と$|\overrightarrow{OQ}|$の関係について考えている。

$t=\frac{1}{2}$のとき，①と②により，$|\overrightarrow{OQ}|=\sqrt{\boxed{ソ}}$とわかる。

太郎：$t \neq \frac{1}{2}$のときにも，$|\overrightarrow{OQ}|=\sqrt{\boxed{ソ}}$となる場合があるかな。

花子：$|\overrightarrow{OQ}|$をtを用いて表して，$|\overrightarrow{OQ}|=\sqrt{\boxed{ソ}}$を満たす$t$の値について考えればいいと思うよ。

太郎：計算が大変そうだね。

花子：直線OAに関して，$t=\frac{1}{2}$のときの点Qと対称な点をRとしたら，$|\overrightarrow{OR}|=\sqrt{\boxed{ソ}}$となるよ。

太郎：$\overrightarrow{OR}$を$\overrightarrow{OA}$と$\overrightarrow{OB}$を用いて表すことができれば，tの値が求められそうだね。

直線OAに関して，$t=\frac{1}{2}$のときの点Qと対称な点をRとすると

$$\overrightarrow{CR}=\boxed{タ}\overrightarrow{CQ}$$
$$=\boxed{チ}\overrightarrow{OA}+\boxed{ツ}\overrightarrow{OB}$$

となる。

$t \neq \frac{1}{2}$のとき，$|\overrightarrow{OQ}|=\sqrt{\boxed{ソ}}$となる$t$の値は$\frac{\boxed{テ}}{\boxed{ト}}$である。

2022

共通テスト
追試験

数学Ⅰ・数学A：
解答時間 70分
配点 100点

数学Ⅱ・数学B：
解答時間 60分
配点 100点

数学Ⅰ・数学A

問　題	選　択　方　法
第1問	必　　　答
第2問	必　　　答
第3問	いずれか2問を選択し，解答しなさい。
第4問	
第5問	

第1問 (必答問題) (配点 30)

〔1〕 cを実数とし，xの方程式

$$|3x-3c+1|=(3-\sqrt{3})x-1 \quad \cdots\cdots ①$$

を考える。

(1) $x \geqq c-\frac{1}{3}$のとき，①は

$$3x-3c+1=(3-\sqrt{3})x-1 \quad \cdots\cdots ②$$

となる。②を満たすxは

$$x=\sqrt{\boxed{\text{ア}}}\,c-\frac{\boxed{\text{イ}}\sqrt{3}}{3} \quad \cdots\cdots ③$$

となる。③が$x \geqq c-\frac{1}{3}$を満たすようなcの値の範囲は$\boxed{\text{ウ}}$である。

また，$x<c-\frac{1}{3}$のとき，①は

$$-3x+3c-1=(3-\sqrt{3})x-1 \quad \cdots\cdots ④$$

となる。④を満たすxは

$$x=\frac{\boxed{\text{エ}}+\sqrt{3}}{\boxed{\text{オカ}}}c \quad \cdots\cdots ⑤$$

となる。⑤が$x<c-\frac{1}{3}$を満たすようなcの値の範囲は$\boxed{\text{キ}}$である。

［ウ］，［キ］の解答群（同じものを繰り返し選んでもよい。）

⓪ $c \leqq \frac{3+\sqrt{3}}{6}$	① $c < \frac{3-\sqrt{3}}{6}$	② $c \geqq \frac{5+\sqrt{3}}{6}$
③ $c > \frac{3+\sqrt{3}}{6}$	④ $c \geqq \frac{3-\sqrt{3}}{6}$	⑤ $c > \frac{5+\sqrt{3}}{6}$
⑥ $c \leqq \frac{5-\sqrt{3}}{6}$	⑦ $c \geqq \frac{7-3\sqrt{3}}{6}$	
⑧ $c < \frac{5-\sqrt{3}}{6}$	⑨ $c > \frac{7-3\sqrt{3}}{6}$	

⑵　①が異なる二つの解をもつための必要十分条件は［ク］であり，ただ一つの解をもつための必要十分条件は［ケ］である。さらに，①が解をもたないための必要十分条件は［コ］である。

［ク］～［コ］の解答群（同じものを繰り返し選んでもよい。）

⓪ $c > \frac{3-\sqrt{3}}{6}$	① $c > \frac{5+\sqrt{3}}{6}$	② $c \geqq \frac{7-3\sqrt{3}}{6}$
③ $c = \frac{3-\sqrt{3}}{6}$	④ $c = \frac{5+\sqrt{3}}{6}$	⑤ $c = \frac{7-3\sqrt{3}}{6}$
⑥ $c \leqq \frac{3-\sqrt{3}}{6}$	⑦ $c < \frac{5+\sqrt{3}}{6}$	⑧ $c < \frac{7-3\sqrt{3}}{6}$

〔2〕 以下の問題を解答するにあたっては，必要に応じて 56 ページの三角比の表を用いてもよい。

火災時に，ビルの高層階に取り残された人を救出する際，はしご車を使用することがある。

図 1 のはしご車で考える。はしごの先端を A，はしごの支点を B とする。はしごの角度(はしごと水平面のなす角の大きさ)は 75° まで大きくすることができ，はしごの長さ AB は 35 m まで伸ばすことができる。また，はしごの支点 B は地面から 2 m の高さにあるとする。

以下，はしごの長さ AB は 35 m に固定して考える。また，はしごは太さを無視して線分とみなし，はしご車は水平な地面上にあるものとする。

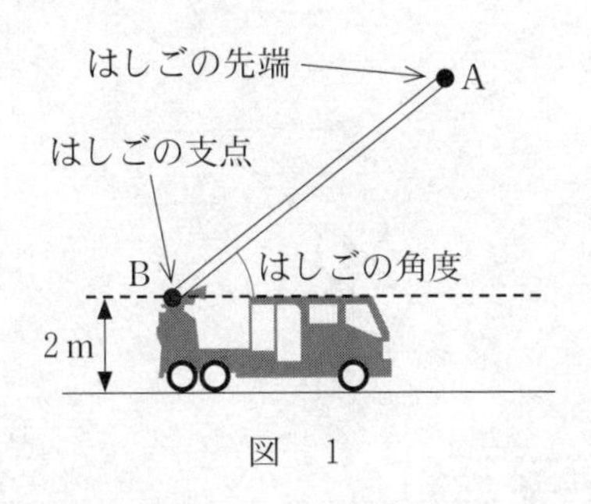

図　1

(1) はしごの先端 A の最高到達点の高さは，地面から **サシ** m である。

小数第 1 位を四捨五入して答えよ。

⑵　図1のはしごは，図2のように，点Cで，ACが鉛直方向になるまで下向きに屈折させることができる。ACの長さは10 mである。

図3のように，あるビルにおいて，地面から26 mの高さにある位置を点Pとする。障害物のフェンスや木があるため，はしご車をBQの長さが18 mとなる場所にとめる。ここで，点Qは，点Pの真下で，点Bと同じ高さにある位置である。

このとき，はしごの先端Aが点Pに届くかどうかは，障害物の高さや，はしご車と障害物の距離によって決まる。そこで，このことについて，後の(i)，(ii)のように考える。

ただし，はしご車，障害物，ビルは同じ水平な地面上にあり，点A，B，C，P，Qはすべて同一平面上にあるものとする。

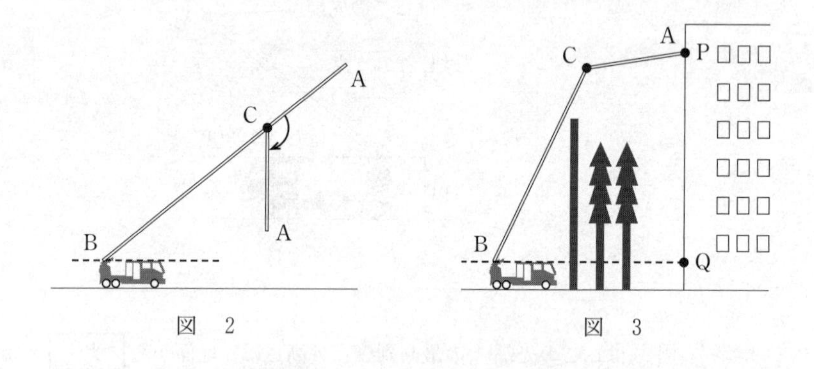

図　2　　　　図　3

(i)　はしごを点Cで屈折させ，はしごの先端Aが点Pに一致したとすると，∠QBCの大きさはおよそ［ス］°になる。

［ス］については，最も適当なものを，次の⓪～⑥のうちから一つ選べ。

⓪　53	①　56	②　59	③　63
④　67	⑤　71	⑥　75	

(ii)　はしご車に最も近い障害物はフェンスで，フェンスの高さは7m以上あり，障害物の中で最も高いものとする。フェンスは地面に垂直で2点B，Qの間にあり，フェンスとBQとの交点から点Bまでの距離は6mである。また，フェンスの厚みは考えないとする。

このとき，次の⓪～⑥のフェンスの高さのうち，図3のように，はしごがフェンスに当たらずに，はしごの先端Aを点Pに一致させることができる最大のものは，［セ］である。

［セ］の解答群

⓪　7m	①　10m	②　13m	③　16m
④　19m	⑤　22m	⑥　25m	

三角比の表

角	正弦(sin)	余弦(cos)	正接(tan)
0°	0.0000	1.0000	0.0000
1°	0.0175	0.9998	0.0175
2°	0.0349	0.9994	0.0349
3°	0.0523	0.9986	0.0524
4°	0.0698	0.9976	0.0699
5°	0.0872	0.9962	0.0875
6°	0.1045	0.9945	0.1051
7°	0.1219	0.9925	0.1228
8°	0.1392	0.9903	0.1405
9°	0.1564	0.9877	0.1584
10°	0.1736	0.9848	0.1763
11°	0.1908	0.9816	0.1944
12°	0.2079	0.9781	0.2126
13°	0.2250	0.9744	0.2309
14°	0.2419	0.9703	0.2493
15°	0.2588	0.9659	0.2679
16°	0.2756	0.9613	0.2867
17°	0.2924	0.9563	0.3057
18°	0.3090	0.9511	0.3249
19°	0.3256	0.9455	0.3443
20°	0.3420	0.9397	0.3640
21°	0.3584	0.9336	0.3839
22°	0.3746	0.9272	0.4040
23°	0.3907	0.9205	0.4245
24°	0.4067	0.9135	0.4452
25°	0.4226	0.9063	0.4663
26°	0.4384	0.8988	0.4877
27°	0.4540	0.8910	0.5095
28°	0.4695	0.8829	0.5317
29°	0.4848	0.8746	0.5543
30°	0.5000	0.8660	0.5774
31°	0.5150	0.8572	0.6009
32°	0.5299	0.8480	0.6249
33°	0.5446	0.8387	0.6494
34°	0.5592	0.8290	0.6745
35°	0.5736	0.8192	0.7002
36°	0.5878	0.8090	0.7265
37°	0.6018	0.7986	0.7536
38°	0.6157	0.7880	0.7813
39°	0.6293	0.7771	0.8098
40°	0.6428	0.7660	0.8391
41°	0.6561	0.7547	0.8693
42°	0.6691	0.7431	0.9004
43°	0.6820	0.7314	0.9325
44°	0.6947	0.7193	0.9657
45°	0.7071	0.7071	1.0000

角	正弦(sin)	余弦(cos)	正接(tan)
45°	0.7071	0.7071	1.0000
46°	0.7193	0.6947	1.0355
47°	0.7314	0.6820	1.0724
48°	0.7431	0.6691	1.1106
49°	0.7547	0.6561	1.1504
50°	0.7660	0.6428	1.1918
51°	0.7771	0.6293	1.2349
52°	0.7880	0.6157	1.2799
53°	0.7986	0.6018	1.3270
54°	0.8090	0.5878	1.3764
55°	0.8192	0.5736	1.4281
56°	0.8290	0.5592	1.4826
57°	0.8387	0.5446	1.5399
58°	0.8480	0.5299	1.6003
59°	0.8572	0.5150	1.6643
60°	0.8660	0.5000	1.7321
61°	0.8746	0.4848	1.8040
62°	0.8829	0.4695	1.8807
63°	0.8910	0.4540	1.9626
64°	0.8988	0.4384	2.0503
65°	0.9063	0.4226	2.1445
66°	0.9135	0.4067	2.2460
67°	0.9205	0.3907	2.3559
68°	0.9272	0.3746	2.4751
69°	0.9336	0.3584	2.6051
70°	0.9397	0.3420	2.7475
71°	0.9455	0.3256	2.9042
72°	0.9511	0.3090	3.0777
73°	0.9563	0.2924	3.2709
74°	0.9613	0.2756	3.4874
75°	0.9659	0.2588	3.7321
76°	0.9703	0.2419	4.0108
77°	0.9744	0.2250	4.3315
78°	0.9781	0.2079	4.7046
79°	0.9816	0.1908	5.1446
80°	0.9848	0.1736	5.6713
81°	0.9877	0.1564	6.3138
82°	0.9903	0.1392	7.1154
83°	0.9925	0.1219	8.1443
84°	0.9945	0.1045	9.5144
85°	0.9962	0.0872	11.4301
86°	0.9976	0.0698	14.3007
87°	0.9986	0.0523	19.0811
88°	0.9994	0.0349	28.6363
89°	0.9998	0.0175	57.2900
90°	1.0000	0.0000	—

〔3〕　三角形は，与えられた辺の長さや角の大きさの条件によって，ただ一通りに決まる場合や二通りに決まる場合がある。

以下，△ABC において AB $= 4$ とする。

⑴　AC $= 6$，$\cos \angle \mathrm{BAC} = \dfrac{1}{3}$ とする。このとき，BC $=$ [ソ] であり，△ABC はただ一通りに決まる。

⑵　$\sin \angle \mathrm{BAC} = \dfrac{1}{3}$ とする。このとき，BC の長さのとり得る値の範囲は，点 B と直線 AC との距離を考えることにより，$\mathrm{BC} \geqq \dfrac{[タ]}{[チ]}$ である。

$\mathrm{BC} = \dfrac{[タ]}{[チ]}$ または BC $=$ [ツ] のとき，△ABC はただ一通りに決まる。

また，$\angle \mathrm{ABC} = 90^\circ$ のとき，$\mathrm{BC} = \sqrt{[テ]}$ である。

したがって，△ABC の形状について，次のことが成り立つ。

・$\dfrac{\boxed{タ}}{\boxed{チ}} < \mathrm{BC} < \sqrt{\boxed{テ}}$ のとき，△ABC は $\boxed{ト}$。

・$\mathrm{BC} = \sqrt{\boxed{テ}}$ のとき，△ABC は $\boxed{ナ}$。

・$\mathrm{BC} > \sqrt{\boxed{テ}}$ かつ $\mathrm{BC} \neq \boxed{ツ}$ のとき，△ABC は $\boxed{ニ}$。

$\boxed{ト}$ ～ $\boxed{ニ}$ の解答群（同じものを繰り返し選んでもよい。）

⓪ ただ一通りに決まり，それは鋭角三角形である
① ただ一通りに決まり，それは直角三角形である
② ただ一通りに決まり，それは鈍角三角形である
③ 二通りに決まり，それらはともに鋭角三角形である
④ 二通りに決まり，それらは鋭角三角形と直角三角形である
⑤ 二通りに決まり，それらは鋭角三角形と鈍角三角形である
⑥ 二通りに決まり，それらはともに直角三角形である
⑦ 二通りに決まり，それらは直角三角形と鈍角三角形である
⑧ 二通りに決まり，それらはともに鈍角三角形である

第2問　(必答問題)(配点　30)

〔1〕 aを$5 < a < 10$を満たす実数とする。長方形ABCDを考え，$\mathrm{AB} = \mathrm{CD} = 5$，$\mathrm{BC} = \mathrm{DA} = a$とする。

次のようにして，長方形ABCDの辺上に4点P，Q，R，Sをとり，内部に点Tをとることを考える。

辺AB上に点Bと異なる点Pをとる。辺BC上に点Qを$\angle\mathrm{BPQ}$が45°になるようにとる。Qを通り，直線PQと垂直に交わる直線をℓとする。ℓが頂点C，D以外の点で辺CDと交わるとき，ℓと辺CDの交点をRとする。

点Rを通りℓと垂直に交わる直線をmとする。mと辺ADとの交点をSとする。点Sを通りmと垂直に交わる直線をnとする。nと直線PQとの交点をTとする。

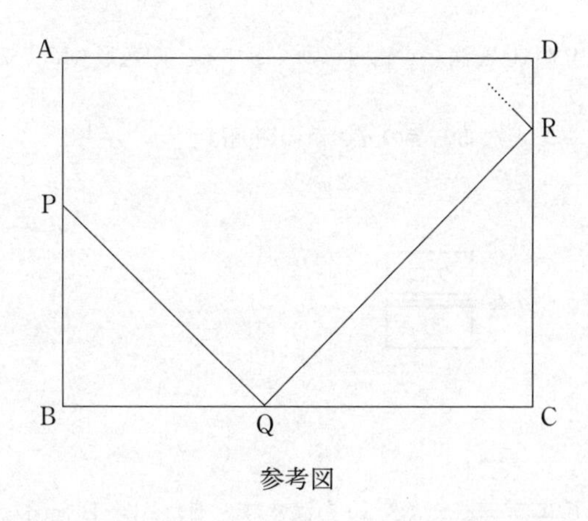

参考図

(1) $a=6$ のとき，ℓ が頂点 C，D 以外の点で辺 CD と交わるときの AP の値の範囲は $0 \leqq \mathrm{AP} < \boxed{\text{ア}}$ である。このとき，四角形 QRST の面積の最大値は $\dfrac{\boxed{\text{イウ}}}{\boxed{\text{エ}}}$ である。

$a=8$ のとき，四角形 QRST の面積の最大値は $\boxed{\text{オカ}}$ である。

(2) $5 < a < 10$ とする。ℓ が頂点 C，D 以外の点で辺 CD と交わるときの AP の値の範囲は

$$0 \leqq \mathrm{AP} < \boxed{\text{キク}} - a \quad \cdots\cdots\cdots\cdots ①$$

である。

点 P が ① を満たす範囲を動くとする。四角形 QRST の面積の最大値が $\dfrac{\boxed{\text{イウ}}}{\boxed{\text{エ}}}$ となるときの a の値の範囲は

$$5 < a \leqq \frac{\boxed{\text{ケコ}}}{\boxed{\text{サ}}}$$

である。

a が $\dfrac{\boxed{\text{ケコ}}}{\boxed{\text{サ}}} < a < 10$ を満たすとき，P が ① を満たす範囲を動いたときの四角形 QRST の面積の最大値は

$$\boxed{\text{シス}}\,a^2 + \boxed{\text{セソ}}\,a - \boxed{\text{タチツ}}$$

である。

〔2〕 国土交通省では「全国道路・街路交通情勢調査」を行い，地域ごとのデータを公開している。以下では，2010 年と 2015 年に 67 地域で調査された高速道路の交通量と速度を使用する。交通量としては，それぞれの地域において，ある 1 日にある区間を走行した自動車の台数(以下，交通量という。単位は台)を用いる。また，速度としては，それぞれの地域において，ある区間を走行した自動車の走行距離および走行時間から算出した値(以下，速度という。単位は km/h)を用いる。

(1)　表1は，2015年の交通量と速度の平均値，標準偏差および共分散である。ただし，共分散は交通量の偏差と速度の偏差の積の平均値である。

表1　2015年の交通量と速度の平均値，標準偏差および共分散

	平均値	標準偏差	共分散
交通量	17300	10200	−63600
速　度	82.0	9.60	

この表より，(標準偏差)：(平均値)の比の値は，小数第3位を四捨五入すると，交通量については0.59であり，速度については［テ］である。また，交通量と速度の相関係数は［ト］である。

また，図1は，2015年の交通量と速度の散布図である。なお，この散布図には，完全に重なっている点はない。

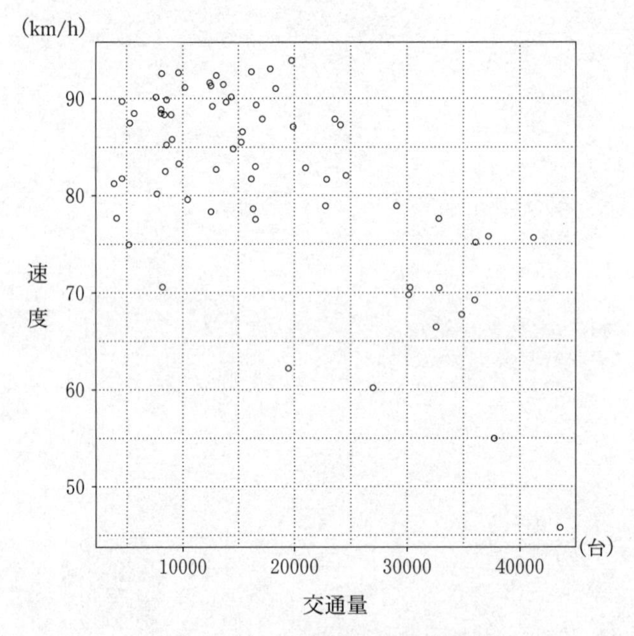

図1　2015年の交通量と速度の散布図
(出典：国土交通省のWebページにより作成)

2015年の交通量のヒストグラムは，図1を参考にすると，[ナ]である。なお，ヒストグラムの各階級の区間は，左側の数値を含み，右側の数値を含まない。また，表1および図1から読み取れることとして，後の⓪～⑤のうち，正しいものは[ニ]と[ヌ]である。

[テ]，[ト]については，最も適当なものを，次の⓪～⑨のうちから一つずつ選べ。ただし，同じものを繰り返し選んでもよい。

⓪	−0.71	①	−0.65	②	−0.59	③	−0.12	④	−0.03
⑤	0.03	⑥	0.12	⑦	0.59	⑧	0.65	⑨	0.71

[ナ]の解答群

⓪
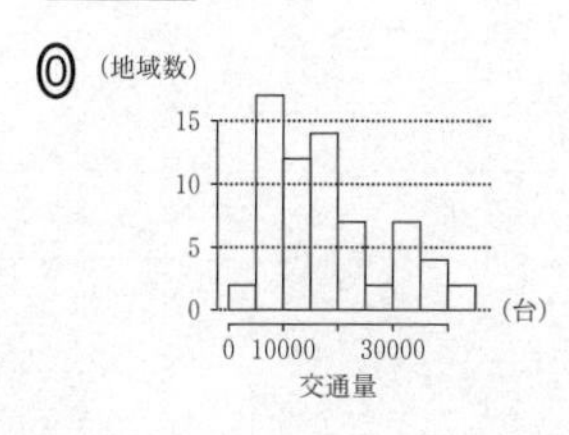

①
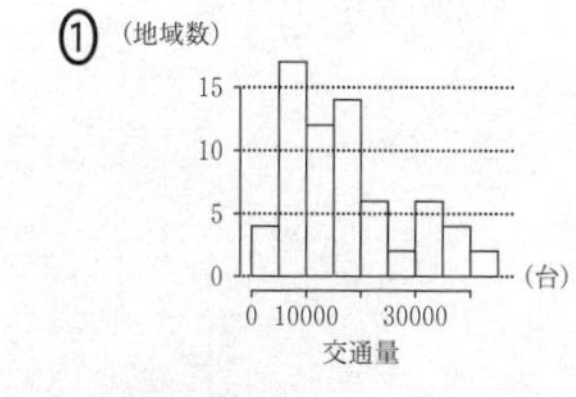

②
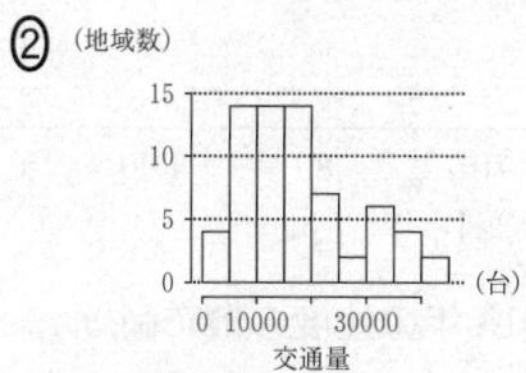

③
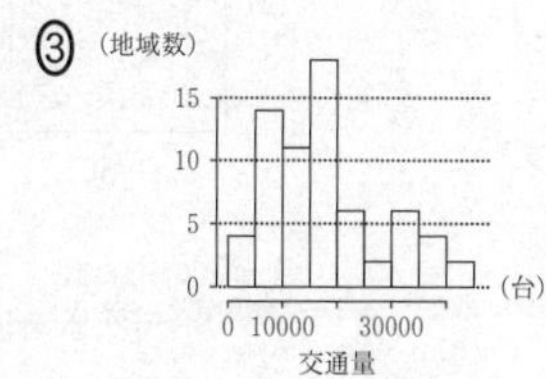

[ニ]，[ヌ]の解答群(解答の順序は問わない。)

⓪　交通量が27500以上のすべての地域の速度は75未満である。
①　交通量が10000未満のすべての地域の速度は70以上である。
②　速度が平均値以上のすべての地域では，交通量が平均値以上である。
③　速度が平均値未満のすべての地域では，交通量が平均値未満である。
④　交通量が27500以上の地域は，ちょうど7地域存在する。
⑤　速度が72.5未満の地域は，ちょうど11地域存在する。

(2) 図2は，2010年と2015年の速度の散布図である。ただし，原点を通り，傾きが1である直線(点線)を補助的に描いている。また，この散布図には，完全に重なっている点はない。

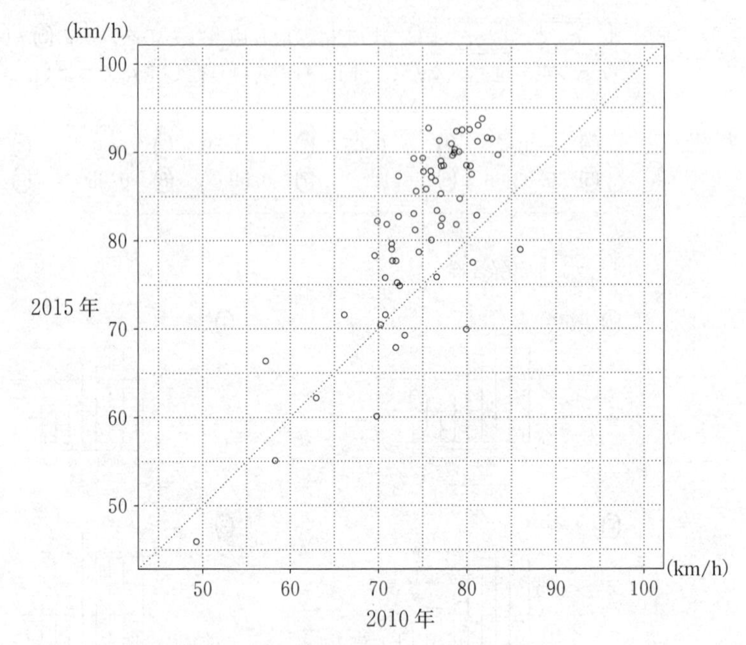

図2　2010年と2015年の速度の散布図

(出典：国土交通省のWebページにより作成)

67 地域について，2010 年より 2015 年の速度が速くなった地域群をA群，遅くなった地域群をB群とする。A群の地域数は［ネノ］である。

B群において，2010 年より 2015 年の速度が，5 km/h 以上遅くなった地域数は［ハ］であり，10 % 以上遅くなった地域数は［ヒ］である。

A群の 2015 年の速度については，第 1 四分位数は 81.2，中央値は 86.7，第 3 四分位数は 89.7 であった。次の(Ⅰ)，(Ⅱ)，(Ⅲ)はA群とB群の 2015 年の速度に関する記述である。

(Ⅰ)　A群の速度の範囲は，B群の速度の範囲より小さい。
(Ⅱ)　A群の速度の第 1 四分位数は，B群の速度の第 3 四分位数より小さい。
(Ⅲ)　A群の速度の四分位範囲は，B群の速度の四分位範囲より小さい。

(Ⅰ)，(Ⅱ)，(Ⅲ)の正誤の組合せとして正しいものは［フ］である。

［フ］の解答群

	⓪	①	②	③	④	⑤	⑥	⑦
(Ⅰ)	正	正	正	正	誤	誤	誤	誤
(Ⅱ)	正	正	誤	誤	正	正	誤	誤
(Ⅲ)	正	誤	正	誤	正	誤	正	誤

(3)　図3は2015年の速度の箱ひげ図である。図4は図1を再掲したものであり，2015年の交通量と速度の散布図である。これらの速度から1kmあたりの走行時間(分)を考える。例えば，速度が55km/hの場合は，1時間あたりの走行距離が55kmなので，1kmあたりの走行時間は$\frac{1}{55}\times 60$の小数第3位を四捨五入して1.09分となる。

このようにして2015年の速度を1kmあたりの走行時間に変換したデータの箱ひげ図は［ヘ］であり，2015年の交通量と1kmあたりの走行時間の散布図は［ホ］である。なお，解答群の散布図には，完全に重なっている点はない。

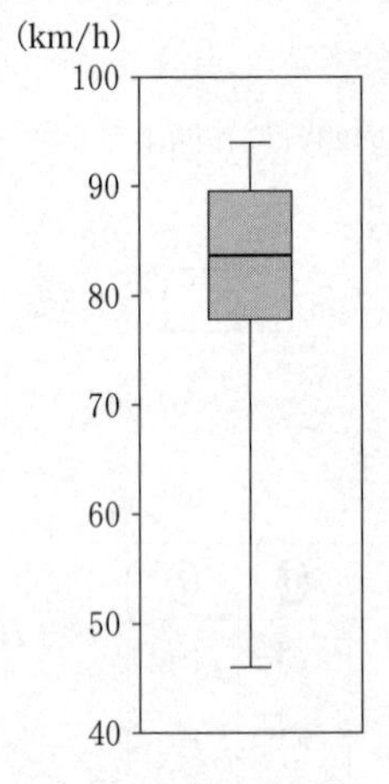

図3　2015年の速度の箱ひげ図

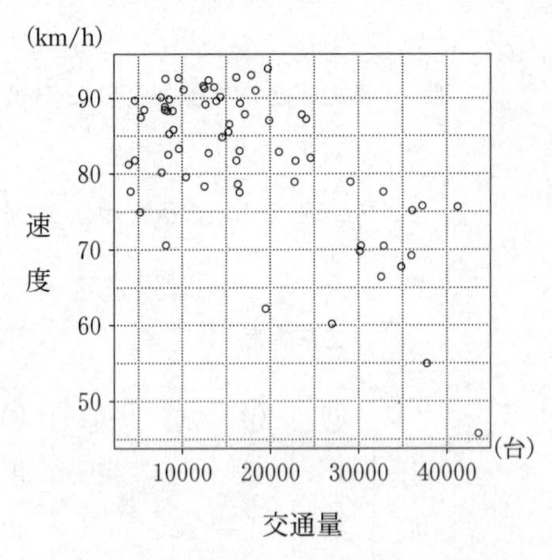

図4　2015年の交通量と速度の散布図

(出典：国土交通省のWebページにより作成)

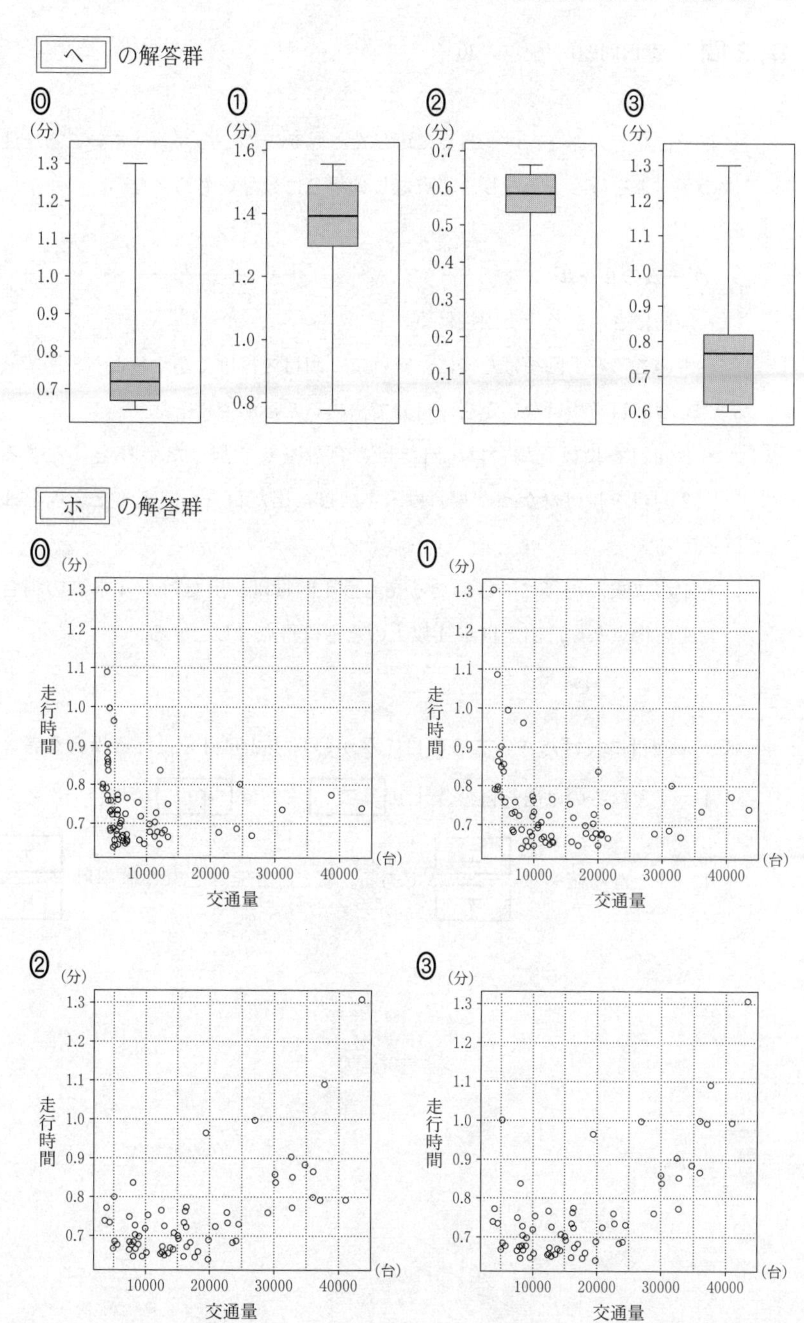

へ の解答群
⓪
①
②
③
(分)
ホ の解答群
走行時間
交通量
(台)

第３問　（選択問題）（配点　20）

花子さんと太郎さんは，得点に応じた景品を一つもらえる，さいころを使った次のゲームを行う。ただし，得点なしの場合は景品をもらえない。

ゲームのルール

- 最初にさいころを１回投げる。
- さいころを１回投げた後に，続けて２回目を投げるかそれとも１回で終えて２回目を投げないかを，自分で決めることができる。
- ２回目を投げた場合は，出た目の合計を６で割った余りを A とする。
  ２回目を投げなかった場合は，１回目に出た目を６で割った余りを A とする。
- A が決まった後に，さいころをもう１回投げ，出た目が A 未満の場合は A を得点とし，出た目が A 以上のときは得点なしとする。

(1)　１回目に投げたさいころの目にかかわらず２回目を投げる場合を考える。

$A=4$ となるのは出た目の合計が［ア］または［イウ］の場合であるから，

$A=4$ となる確率は $\dfrac{［エ］}{［オ］}$ である。また，$A \geqq 4$ となる確率は $\dfrac{［カ］}{［キ］}$ である。

(2)　花子さんは4点以上の景品が欲しいと思い，$A \geqq 4$ となる確率が最大となるような戦略を考えた。

例えば，さいころを1回投げたところ，出た目は5であったとする。この条件のもとでは，2回目を投げない場合は確実に $A \geqq 4$ となるが，2回目を投げると $A \geqq 4$ となる確率は $\frac{\boxed{\text{ク}}}{\boxed{\text{ケ}}}$ である。よって，この条件のもとでは2回目を投げない方が $A \geqq 4$ となる確率は大きくなる。

1回目に出た目が5以外の場合も，このように2回目を投げない場合と投げる場合を比較すると，花子さんの戦略は次のようになる。

花子さんの戦略

1回目に投げたさいころの目を6で割った余りが $\boxed{\text{コ}}$ のときのみ，2回目を投げる。

1回目に投げたさいころの目が5以外の場合も考えてみると，いずれの場合も2回目を投げたときに $A \geqq 4$ となる確率は $\frac{\boxed{\text{ク}}}{\boxed{\text{ケ}}}$ である。このことから，花子さんの戦略のもとで $A \geqq 4$ となる確率は $\frac{\boxed{\text{サ}}}{\boxed{\text{シ}}}$ であり，この確率は $\frac{\boxed{\text{カ}}}{\boxed{\text{キ}}}$ より大きくなる。

$\boxed{\text{コ}}$ の解答群

⓪　2以下	①　3以下	②　4以下
③　2以上	④　3以上	⑤　4以上

(3)　太郎さんは，どの景品でもよいからもらいたいと思い，得点なしとなる確率が最小となるような戦略を考えた。

例えば，さいころを1回投げたところ，出た目は3であったとする。この条件のもとでは，2回目を投げない場合，得点なしとなる確率は $\frac{\boxed{ス}}{\boxed{セ}}$ であり，2回目を投げる場合，得点なしとなる確率は $\frac{\boxed{ソタ}}{\boxed{チツ}}$ である。よって，1回目に投げたさいころの目が3であったときは，$\boxed{テ}$。

1回目に投げたさいころの目が3以外の場合についても考えてみると，太郎さんの戦略は次のようになる。

太郎さんの戦略

1回目に投げたさいころの目を6で割った余りが $\boxed{ト}$ のときのみ，2回目を投げる。

この戦略のもとで太郎さんが得点なしとなる確率は $\frac{\boxed{ナニ}}{\boxed{ヌネ}}$ であり，この確率は，1回目に投げたさいころの目にかかわらず2回目を投げる場合における得点なしとなる確率より小さくなる。

テ の解答群

⓪ 2回目を投げない方が得点なしとなる確率は小さい
① 2回目を投げた方が得点なしとなる確率は小さい
② 2回目を投げても投げなくても得点なしとなる確率は変わらない

ト の解答群

⓪ 2以下	① 3以下	② 4以下
③ 2以上	④ 3以上	⑤ 4以上

第４問　（選択問題）（配点　20）

(1)　整数 k が $0 \leqq k < 5$ を満たすとする。$77k = 5 \times 15k + 2k$ に注意すると，$77k$ を 5 で割った余りが 1 となるのは $k =$ [ア] のときである。

(2)　三つの整数 $k,\ \ell,\ m$ が

$$0 \leqq k < 5,\quad 0 \leqq \ell < 7,\quad 0 \leqq m < 11$$

を満たすとする。このとき

$$\frac{k}{5} + \frac{\ell}{7} + \frac{m}{11} - \frac{1}{385} \qquad \cdots\cdots ①$$

が整数となる $k,\ \ell,\ m$ を求めよう。

①の値が整数のとき，その値を n とすると

$$\frac{k}{5} + \frac{\ell}{7} + \frac{m}{11} = \frac{1}{385} + n \qquad \cdots\cdots ②$$

となる。②の両辺に 385 を掛けると

$$77k + 55\ell + 35m = 1 + 385n \qquad \cdots\cdots ③$$

となる。これより

$$77k = 5(-11\ell - 7m + 77n) + 1$$

となることから，$77k$ を 5 で割った余りは 1 なので $k =$ [ア] である。

同様にして

$$55\ell = 7(-11k - 5m + 55n) + 1$$

および

$$35m = 11(-7k - 5\ell + 35n) + 1$$

であることに注意すると，$\ell =$ **イ** および $m =$ **ウ** が得られる。

なお，$k =$ ア ，$\ell =$ イ ，$m =$ ウ を ③ に代入すると $n = 2$ であることがわかる。

(3)　三つの整数 x, y, z が

$$0 \leqq x < 5,\ 0 \leqq y < 7,\ 0 \leqq z < 11$$

を満たすとする。次の形の整数

$$77 \times \boxed{\text{ア}} \times x + 55 \times \boxed{\text{イ}} \times y + 35 \times \boxed{\text{ウ}} \times z$$

を5，7，11で割った余りがそれぞれ2，4，5であるとする。このとき，x, y, z を求めよう。$77 \times \boxed{\text{ア}} \times x$ を5で割った余りが2であることから $x = \boxed{\text{エ}}$ となる。同様にして $y = \boxed{\text{オ}}$，$z = \boxed{\text{カ}}$ となる。

x, y, z を上で求めた値として，整数 p を

$$p = 77 \times \boxed{\text{ア}} \times x + 55 \times \boxed{\text{イ}} \times y + 35 \times \boxed{\text{ウ}} \times z$$

で定める。このとき，5，7，11で割った余りがそれぞれ2，4，5である整数 M は，ある整数 r を用いて $M = p + 385r$ と表すことができる。

(4)　整数 p を(3)で定めたものとする。p^a を5で割った余りが1となる正の整数 a のうち，最小のものは $a = 4$ である。また，p^b を7で割った余りが1となる正の整数 b のうち，最小のものは $b = \boxed{\text{キ}}$ となる。さらに，p^c を11で割った余りが1となる正の整数 c のうち，最小のものは $c = \boxed{\text{ク}}$ である。

p^8 を385で割った余りを q とするとき，q を求めよう。p^8 を5，7，11で割った余りを利用して(3)と同様に考えると，$q = \boxed{\text{ケコサ}}$ であることがわかる。

第5問 （選択問題）（配点　20）

(1) 円と直線に関する次の**定理**を考える。

> **定理**　3点P，Q，Rは一直線上にこの順に並んでいるとし，点Tはこの直線上にないものとする。このとき，$PQ \cdot PR = PT^2$ が成り立つならば，直線PTは3点Q，R，Tを通る円に接する。

この**定理**が成り立つことは，次のように説明できる。

直線PTは3点Q，R，Tを通る円Oに接しないとする。このとき，直線PTは円Oと異なる2点で交わる。直線PTと円Oとの交点で点Tとは異なる点をT′とすると

$$PT \cdot PT' = \boxed{ア} \cdot \boxed{イ}$$

が成り立つ。点Tと点T′が異なることにより，$PT \cdot PT'$ の値と PT^2 の値は異なる。したがって，$PQ \cdot PR = PT^2$ に矛盾するので，背理法により，直線PTは3点Q，R，Tを通る円に接するといえる。

ア，イ の解答群（解答の順序は問わない。）

⓪ PQ	① PR	② QR	③ QT	④ RT

(2)　△ABCにおいて，$AB=\frac{1}{2}$，$BC=\frac{3}{4}$，$AC=1$とする。

このとき，∠ABCの二等分線と辺ACとの交点をDとすると，

$AD=\frac{\boxed{ウ}}{\boxed{エ}}$である。直線BC上に，点Cとは異なり，$BC=BE$となる点Eをとる。∠ABEの二等分線と線分AEとの交点をFとし，直線ACとの交点をGとすると

$$\frac{AC}{AG}=\frac{\boxed{オ}}{\boxed{カ}},\qquad \frac{\triangle ABF\text{の面積}}{\triangle AFG\text{の面積}}=\frac{\boxed{キ}}{\boxed{ク}}$$

である。

線分DGの中点をHとすると，$BH=\frac{\boxed{ケ}}{\boxed{コ}}$である。また

$$AH=\frac{\boxed{サ}}{\boxed{シ}},\qquad CH=\frac{\boxed{ス}}{\boxed{セ}}$$

である。

△ABCの外心をOとする。△ABCの外接円Oの半径が

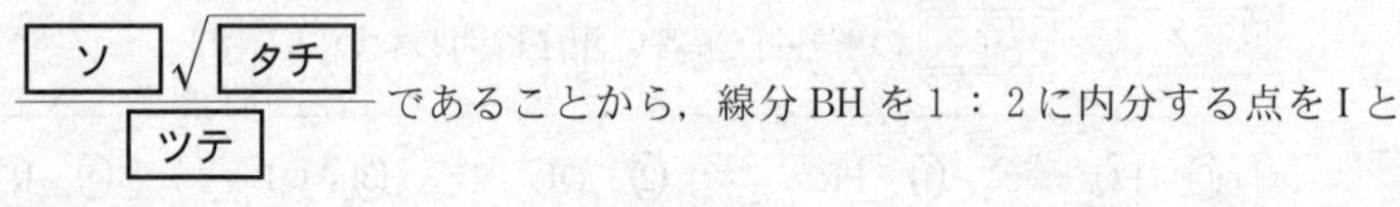

$\frac{\boxed{ソ}\sqrt{\boxed{タチ}}}{\boxed{ツテ}}$であることから，線分BHを1：2に内分する点をIとすると

$$IO=\frac{\boxed{ト}\sqrt{\boxed{ナ}}}{\boxed{ニヌ}}$$

であることがわかる。

数学Ⅱ・数学B

問　題	選　択　方　法
第１問	必　　　答
第２問	必　　　答
第３問	いずれか２問を選択し，解答しなさい。
第４問	
第５問	

第1問 (必答問題) (配点 30)

〔1〕 座標平面上で，直線 $3x+2y-39=0$ を ℓ_1 とする。また，k を実数とし，直線 $kx-y-5k+12=0$ を ℓ_2 とする。

(1) 直線 ℓ_1 と x 軸は，点(アイ , 0)で交わる。

また，直線 ℓ_2 は k の値に関係なく点(ウ , エオ)を通り，直線 ℓ_1 もこの点を通る。

(2) 2直線 ℓ_1，ℓ_2 および x 軸によって囲まれた三角形ができないような k の値は

$$k = \boxed{カ},\ \frac{\boxed{キク}}{\boxed{ケ}}$$

である。

(3)　2 直線 ℓ_1, ℓ_2 および x 軸によって囲まれた三角形ができるとき，この三角形の周および内部からなる領域を D とする。さらに，r を正の実数とし，不等式 $x^2+y^2 \leqq r^2$ の表す領域を E とする。

直線 ℓ_2 が点 $(-13, 0)$ を通る場合を考える。このとき，$k = \dfrac{\boxed{\text{コ}}}{\boxed{\text{サ}}}$

である。さらに，D が E に含まれるような r の値の範囲は

$r \geqq \boxed{\text{シス}}$

である。

次に，$r = \boxed{\text{シス}}$ の場合を考える。このとき，D が E に含まれるような k の値の範囲は

$k \geqq \dfrac{\boxed{\text{セ}}}{\boxed{\text{ソ}}}$ または $k < \dfrac{\boxed{\text{タチ}}}{\boxed{\text{ツ}}}$

である。

〔2〕 θ は $-\dfrac{\pi}{2} < \theta < \dfrac{\pi}{2}$ を満たすとする。

(1) $\tan\theta = -\sqrt{3}$ のとき，$\theta =$ [テ] であり

$\cos\theta =$ [ト]，$\sin\theta =$ [ナ]

である。

一般に，$\tan\theta = k$ のとき

$\cos\theta =$ [ニ]，$\sin\theta =$ [ヌ]

である。

[テ] の解答群

⓪ $-\dfrac{\pi}{3}$	① $-\dfrac{\pi}{4}$	② $-\dfrac{\pi}{6}$	③ $\dfrac{\pi}{6}$	④ $\dfrac{\pi}{4}$	⑤ $\dfrac{\pi}{3}$

[ト]，[ナ] の解答群(同じものを繰り返し選んでもよい。)

⓪ 0	① 1	② -1
③ $\dfrac{\sqrt{3}}{2}$	④ $-\dfrac{\sqrt{3}}{2}$	⑤ $\dfrac{\sqrt{2}}{2}$
⑥ $-\dfrac{\sqrt{2}}{2}$	⑦ $\dfrac{1}{2}$	⑧ $-\dfrac{1}{2}$

[ニ]，[ヌ] の解答群(同じものを繰り返し選んでもよい。)

⓪ $\dfrac{1}{1+k^2}$	① $-\dfrac{1}{1+k^2}$	② $\dfrac{k}{1+k^2}$	③ $-\dfrac{k}{1+k^2}$
④ $\dfrac{2}{1+k^2}$	⑤ $-\dfrac{2}{1+k^2}$	⑥ $\dfrac{2k}{1+k^2}$	⑦ $-\dfrac{2k}{1+k^2}$
⑧ $\dfrac{1}{\sqrt{1+k^2}}$	⑨ $-\dfrac{1}{\sqrt{1+k^2}}$	ⓐ $\dfrac{k}{\sqrt{1+k^2}}$	ⓑ $-\dfrac{k}{\sqrt{1+k^2}}$

(2) 花子さんと太郎さんは，関数のとり得る値の範囲について話している。

花子：$-\frac{\pi}{2} < \theta < \frac{\pi}{2}$ の範囲で θ を動かすとき，$\tan\theta$ のとり得る値の範囲は実数全体だよね。

太郎：$\tan\theta = \frac{\sin\theta}{\cos\theta}$ だけど，分子を少し変えるとどうなるかな。

$\frac{\sin 2\theta}{\cos\theta} = p$，$\frac{\sin\left(\theta + \frac{\pi}{7}\right)}{\cos\theta} = q$ とおく。

$-\frac{\pi}{2} < \theta < \frac{\pi}{2}$ の範囲で θ を動かすとき，p のとり得る値の範囲は **ネ** であり，q のとり得る値の範囲は **ノ** である。

ネ の解答群

⓪ $-1 < p < 1$	① $0 < p < 1$
② $-2 < p < 2$	③ $0 < p < 2$
④ 実数全体	⑤ 正の実数全体

ノ の解答群

⓪ $-1 < q < 1$	① $0 < q < 1$
② $-2 < q < 2$	③ $0 < q < 2$
④ 実数全体	⑤ 正の実数全体
⑥ $-\sin\frac{\pi}{7} < q < \sin\frac{\pi}{7}$	⑦ $0 < q < \sin\frac{\pi}{7}$
⑧ $-\cos\frac{\pi}{7} < q < \cos\frac{\pi}{7}$	⑨ $0 < q < \cos\frac{\pi}{7}$

(3) α は $0 \leqq \alpha < 2\pi$ を満たすとし

$$\frac{\sin(\theta+\alpha)}{\cos\theta} = r$$

とおく。$\alpha = \frac{\pi}{7}$ の場合，r は(2)で定めた q と等しい。

α の値を一つ定め，$-\frac{\pi}{2} < \theta < \frac{\pi}{2}$ の範囲で θ のみを動かすとき，r のとり得る値の範囲を考える。

r のとり得る値の範囲が q のとり得る値の範囲と異なるような $\alpha\ (0 \leqq \alpha < 2\pi)$ は [ハ]。

[ハ] の解答群

⓪ 存在しない	① ちょうど1個存在する
② ちょうど2個存在する	③ ちょうど3個存在する
④ ちょうど4個存在する	⑤ 5個以上存在する

第2問 （必答問題）（配点　30）

k を実数とし

$$f(x) = x^3 - kx$$

とおく。また，座標平面上の曲線 $y = f(x)$ を C とする。

必要に応じて，次のことを用いてもよい。

曲線 C の平行移動

曲線 C を x 軸方向に p，y 軸方向に q だけ平行移動した曲線の方程式は

$$y = (x - p)^3 - k(x - p) + q$$

である。

(1) t を実数とし

$$g(x) = (x - t)^3 - k(x - t)$$

とおく。また，座標平面上の曲線 $y = g(x)$ を C_1 とする。

(i) 関数 $f(x)$ は $x = 2$ で極値をとるとする。

このとき，$f'(2) =$ [ア] であるから，$k =$ [イウ] であり，$f(x)$ は $x =$ [エオ] で極大値をとる。また，$g(x)$ が $x = 3$ で極大値をとるとき，$t =$ [カ] である。

(ii) $t = 1$ とする。また，曲線 C と C_1 は2点で交わるとし，一つの交点の x 座標は -2 であるとする。このとき，$k =$ [キク] であり，もう一方の交点の x 座標は [ケ] である。また，C と C_1 で囲まれた図形のうち，$x \geqq 0$ の範囲にある部分の面積は $\dfrac{\text{コサ}}{\text{シ}}$ である。

(2)　a，b，c を実数とし

$$h(x) = x^3 + 3ax^2 + bx + c$$

とおく。また，座標平面上の曲線 $y = h(x)$ を C_2 とする。

(i)　曲線 C を平行移動して，C_2 と一致させることができるかどうかを考察しよう。C を x 軸方向に p，y 軸方向に q だけ平行移動した曲線が C_2 と一致するとき

$$h(x) = (x-p)^3 - k(x-p) + q \quad \cdots\cdots ①$$

である。よって，$p =$ [スセ]，$b =$ [ソ] $p^2 - k$ であり

$$k = \text{[タ]}\, a^2 - b \quad \cdots\cdots ②$$

である。また，① において，$x = p$ を代入すると，$q = h(p) = h\left(\text{[スセ]}\right)$ となる。

逆に，k が ② を満たすとき，C を x 軸方向に [スセ]，y 軸方向に $h\left(\text{[スセ]}\right)$ だけ平行移動させると C_2 と一致することが確かめられる。

(ii)　$b = 3a^2 - 3$ とする。このとき，曲線 C_2 は曲線

$$y = x^3 - \boxed{\text{チ}}\,x$$

を平行移動したものと一致する。よって，$h(x)$ が $x = 4$ で極大値 3 をとるとき，$h(x)$ は $x = \boxed{\text{ツ}}$ で極小値 $\boxed{\text{テト}}$ をとることがわかる。

(iii)　次の⓪～③のうち，平行移動によって一致させることができる二つの異なる曲線は $\boxed{\text{ナ}}$ と $\boxed{\text{ニ}}$ である。

$\boxed{\text{ナ}}$，$\boxed{\text{ニ}}$ の解答群（解答の順序は問わない。）

⓪　$y = x^3 - x - 5$
①　$y = x^3 + 3x^2 - 2x - 4$
②　$y = x^3 - 6x^2 - x - 4$
③　$y = x^3 - 6x^2 + 7x - 5$

第3問 （選択問題）（配点　20）

以下の問題を解答するにあたっては，必要に応じて91ページの正規分布表を用いてもよい。

太郎さんのクラスでは，確率分布の問題として，2個のさいころを同時に投げることを72回繰り返す試行を行い，2個とも1の目が出た回数を表す確率変数 X の分布を考えることとなった。そこで，21名の生徒がこの試行を行った。

(1) X は二項分布 $B\left(\boxed{アイ}, \dfrac{\boxed{ウ}}{\boxed{エオ}}\right)$ に従う。このとき，$k = \boxed{アイ}$，

$p = \dfrac{\boxed{ウ}}{\boxed{エオ}}$ とおくと，$X = r$ である確率は

$$P(X = r) = {}_k\mathrm{C}_r\, p^r (1 - p)^{\boxed{カ}} \qquad (r = 0, 1, 2, \cdots, k) \quad \cdots\cdots ①$$

である。

また，X の平均（期待値）は $E(X) = \boxed{キ}$，標準偏差は

$\sigma(X) = \dfrac{\sqrt{\boxed{クケ}}}{\boxed{コ}}$ である。

$\boxed{カ}$ の解答群

⓪ k	① $k + r$	② $k - r$	③ r

(2)　21名全員の試行結果について，2個とも1の目が出た回数を調べたところ，次の表のような結果になった。なお，5回以上出た生徒はいなかった。

回数	0	1	2	3	4	計
人数	2	7	7	3	2	21

この表をもとに，確率変数 Y を考える。Y のとり得る値を0，1，2，3，4とし，各値の相対度数を確率として，Y の確率分布を次の表のとおりとする。

Y	0	1	2	3	4	計
P	$\frac{2}{21}$	$\frac{1}{3}$	$\frac{1}{3}$	$\frac{\boxed{サ}}{\boxed{シ}}$	$\frac{2}{21}$	$\boxed{ス}$

このとき，Y の平均は $E(Y)=\frac{\boxed{セソ}}{\boxed{タチ}}$，標準偏差は $\sigma(Y)=\frac{\sqrt{530}}{21}$ である。

⑶ 太郎さんは，⑵の実際の試行結果から作成した確率変数Yの分布について，二項分布の①のように，その確率の値を数式で表したいと考えた。そこで，$Y=1$，$Y=2$である確率が最大であり，かつ，それら二つの確率が等しくなっている確率分布について先生に相談したところ，Yの代わりとして，新しく次のような確率変数Zを提案された。

先生の提案

Zのとり得る値は0，1，2，3，4であり，$Z=r$である確率を

$$P(Z=r)=a\cdot\frac{2^r}{r!}\qquad(r=0,\ 1,\ 2,\ 3,\ 4)$$

とする。ただし，aを正の定数とする。また，$r!=r(r-1)\cdots\cdot2\cdot1$であり，$0!=1$，$1!=1$，$2!=2$，$3!=6$，$4!=24$である。

このとき，⑵と同様にZの確率分布の表を作成することにより，$a=\dfrac{\boxed{ツ}}{\boxed{テ}}$であることがわかる。

Zの平均は$E(Z)=\dfrac{\boxed{セソ}}{\boxed{タチ}}$，標準偏差は$\sigma(Z)=\dfrac{\sqrt{614}}{21}$であり，$E(Z)=E(Y)$が成り立つ。また，$Z=1$，$Z=2$である確率が最大であり，かつ，それら二つの確率は等しい。これらのことから，太郎さんは提案されたこのZの確率分布を利用することを考えた。

(4)　(3)で考えた確率変数 Z の確率分布をもつ母集団を考え，この母集団から無作為に抽出した大きさ n の標本を確率変数 W_1，W_2，…，W_n とし，標本平均を $\overline{W} = \frac{1}{n}(W_1 + W_2 + \cdots + W_n)$ とする。

$\overline{W}$ の平均を $E(\overline{W}) = m$，標準偏差を $\sigma(\overline{W}) = s$ とおくと，$m = \frac{\boxed{\text{トナ}}}{\boxed{\text{ニヌ}}}$，

$s = \sigma(Z) \cdot \boxed{\text{ネ}}$ である。

ネ の解答群

⓪ $\frac{1}{n}$	① 1	② $\frac{1}{\sqrt{n}}$
③ $\sqrt{n}$	④ n	⑤ n^2

また，標本の大きさnが十分に大きいとき，$\overline{W}$は近似的に正規分布$N(m,\ s^2)$に従う。さらに，nが増加するとs^2は［ノ］ので，$\overline{W}$の分布曲線と，mと$E(X)=$［キ］の大小関係に注意すれば，nが増加すると$P\left(\overline{W} \geqq \text{［キ］}\right)$は［ハ］ことがわかる。

ここで，$U=$［ヒ］とおくと，nが十分に大きいとき，確率変数Uは近似的に標準正規分布$N(0,\ 1)$に従う。このことを利用すると，$n=100$のとき，標本の大きさは十分に大きいので

$$P\left(\overline{W} \geqq \text{［キ］}\right) = 0.\text{［フヘホ］}$$

である。ただし，0.［フヘホ］の計算においては$\dfrac{1}{\sqrt{614}}=\dfrac{\sqrt{614}}{614}=0.040$とする。

$\overline{W}$の確率分布において$E(X)$は極端に大きな値をとっていることがわかり，$E(X)$と$E(\overline{W})$は等しいとはみなせない。

［ノ］，［ハ］の解答群(同じものを繰り返し選んでもよい。)

⓪ 小さくなる	① 変化しない	② 大きくなる

［ヒ］の解答群

⓪ $\dfrac{\overline{W}-m}{\sqrt{n}}$	① $\dfrac{\overline{W}-m}{n}$	② $\dfrac{\overline{W}-m}{n^2}$
③ $\dfrac{\overline{W}-m}{\sqrt{s}}$	④ $\dfrac{\overline{W}-m}{s}$	⑤ $\dfrac{\overline{W}-m}{s^2}$

正　規　分　布　表

次の表は，標準正規分布の分布曲線における右図の灰色部分の面積の値をまとめたものである。

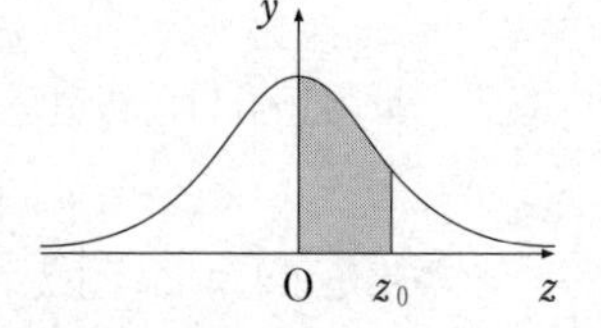

z_0	0.00	0.01	0.02	0.03	0.04	0.05	0.06	0.07	0.08	0.09
0.0	0.0000	0.0040	0.0080	0.0120	0.0160	0.0199	0.0239	0.0279	0.0319	0.0359
0.1	0.0398	0.0438	0.0478	0.0517	0.0557	0.0596	0.0636	0.0675	0.0714	0.0753
0.2	0.0793	0.0832	0.0871	0.0910	0.0948	0.0987	0.1026	0.1064	0.1103	0.1141
0.3	0.1179	0.1217	0.1255	0.1293	0.1331	0.1368	0.1406	0.1443	0.1480	0.1517
0.4	0.1554	0.1591	0.1628	0.1664	0.1700	0.1736	0.1772	0.1808	0.1844	0.1879
0.5	0.1915	0.1950	0.1985	0.2019	0.2054	0.2088	0.2123	0.2157	0.2190	0.2224
0.6	0.2257	0.2291	0.2324	0.2357	0.2389	0.2422	0.2454	0.2486	0.2517	0.2549
0.7	0.2580	0.2611	0.2642	0.2673	0.2704	0.2734	0.2764	0.2794	0.2823	0.2852
0.8	0.2881	0.2910	0.2939	0.2967	0.2995	0.3023	0.3051	0.3078	0.3106	0.3133
0.9	0.3159	0.3186	0.3212	0.3238	0.3264	0.3289	0.3315	0.3340	0.3365	0.3389
1.0	0.3413	0.3438	0.3461	0.3485	0.3508	0.3531	0.3554	0.3577	0.3599	0.3621
1.1	0.3643	0.3665	0.3686	0.3708	0.3729	0.3749	0.3770	0.3790	0.3810	0.3830
1.2	0.3849	0.3869	0.3888	0.3907	0.3925	0.3944	0.3962	0.3980	0.3997	0.4015
1.3	0.4032	0.4049	0.4066	0.4082	0.4099	0.4115	0.4131	0.4147	0.4162	0.4177
1.4	0.4192	0.4207	0.4222	0.4236	0.4251	0.4265	0.4279	0.4292	0.4306	0.4319
1.5	0.4332	0.4345	0.4357	0.4370	0.4382	0.4394	0.4406	0.4418	0.4429	0.4441
1.6	0.4452	0.4463	0.4474	0.4484	0.4495	0.4505	0.4515	0.4525	0.4535	0.4545
1.7	0.4554	0.4564	0.4573	0.4582	0.4591	0.4599	0.4608	0.4616	0.4625	0.4633
1.8	0.4641	0.4649	0.4656	0.4664	0.4671	0.4678	0.4686	0.4693	0.4699	0.4706
1.9	0.4713	0.4719	0.4726	0.4732	0.4738	0.4744	0.4750	0.4756	0.4761	0.4767
2.0	0.4772	0.4778	0.4783	0.4788	0.4793	0.4798	0.4803	0.4808	0.4812	0.4817
2.1	0.4821	0.4826	0.4830	0.4834	0.4838	0.4842	0.4846	0.4850	0.4854	0.4857
2.2	0.4861	0.4864	0.4868	0.4871	0.4875	0.4878	0.4881	0.4884	0.4887	0.4890
2.3	0.4893	0.4896	0.4898	0.4901	0.4904	0.4906	0.4909	0.4911	0.4913	0.4916
2.4	0.4918	0.4920	0.4922	0.4925	0.4927	0.4929	0.4931	0.4932	0.4934	0.4936
2.5	0.4938	0.4940	0.4941	0.4943	0.4945	0.4946	0.4948	0.4949	0.4951	0.4952
2.6	0.4953	0.4955	0.4956	0.4957	0.4959	0.4960	0.4961	0.4962	0.4963	0.4964
2.7	0.4965	0.4966	0.4967	0.4968	0.4969	0.4970	0.4971	0.4972	0.4973	0.4974
2.8	0.4974	0.4975	0.4976	0.4977	0.4977	0.4978	0.4979	0.4979	0.4980	0.4981
2.9	0.4981	0.4982	0.4982	0.4983	0.4984	0.4984	0.4985	0.4985	0.4986	0.4986
3.0	0.4987	0.4987	0.4987	0.4988	0.4988	0.4989	0.4989	0.4989	0.4990	0.4990

第４問　（選択問題）（配点　20）

数列$\{a_n\}$は，初項が１で

$$a_{n+1} = a_n + 4n + 2 \qquad (n = 1, 2, 3, \cdots)$$

を満たすとする。また，数列$\{b_n\}$は，初項が１で

$$b_{n+1} = b_n + 4n + 2 + 2 \cdot (-1)^n \qquad (n = 1, 2, 3, \cdots)$$

を満たすとする。さらに，$S_n = \sum_{k=1}^{n} a_k$ とおく。

(1)　$a_2 = $ ［ア］ である。また，階差数列を考えることにより

$$a_n = \boxed{イ}\, n^2 - \boxed{ウ} \qquad (n = 1, 2, 3, \cdots)$$

であることがわかる。さらに

$$S_n = \frac{\boxed{エ}\, n^3 + \boxed{オ}\, n^2 - \boxed{カ}\, n}{\boxed{キ}} \qquad (n = 1, 2, 3, \cdots)$$

を得る。

(2)　$b_2 = $ ［ク］ である。また，すべての自然数nに対して

$$a_n - b_n = \boxed{ケ}$$

が成り立つ。

［ケ］ の解答群

⓪　0	①　$2n$	②　$2n - 2$
③　$n^2 - 1$	④　$n^2 - n$	⑤　$1 + (-1)^n$
⑥　$1 - (-1)^n$	⑦　$-1 + (-1)^n$	⑧　$-1 - (-1)^n$

(3)　(2)から

$$a_{2021}\ \boxed{\text{コ}}\ b_{2021},\qquad a_{2022}\ \boxed{\text{サ}}\ b_{2022}$$

が成り立つことがわかる。また，$T_n = \sum_{k=1}^{n} b_k$ とおくと

$$S_{2021}\ \boxed{\text{シ}}\ T_{2021},\qquad S_{2022}\ \boxed{\text{ス}}\ T_{2022}$$

が成り立つこともわかる。

$\boxed{\text{コ}}$ ～ $\boxed{\text{ス}}$ の解答群(同じものを繰り返し選んでもよい。)

⓪ $<$	① $=$	② $>$

(4)　数列 $\{b_n\}$ の初項を変えたらどうなるかを考えてみよう。つまり，初項が c で

$$c_{n+1} = c_n + 4n + 2 + 2\cdot(-1)^n \qquad (n = 1, 2, 3, \cdots)$$

を満たす数列 $\{c_n\}$ を考える。

すべての自然数 n に対して

$$b_n - c_n = \boxed{\text{セ}} - \boxed{\text{ソ}}$$

が成り立つ。

また，$U_n = \sum_{k=1}^{n} c_k$ とおく。$S_4 = U_4$ が成り立つとき，$c = \boxed{\text{タ}}$ である。このとき

$$S_{2021}\ \boxed{\text{チ}}\ U_{2021}, \qquad S_{2022}\ \boxed{\text{ツ}}\ U_{2022}$$

も成り立つ。

ただし，$\boxed{\text{タ}}$ は，文字（a ～ d）を用いない形で答えること。

$\boxed{\text{チ}}$，$\boxed{\text{ツ}}$ の解答群（同じものを繰り返し選んでもよい。）

⓪ $<$	① $=$	② $>$

第5問　（選択問題）（配点　20）

aを正の実数とする。Oを原点とする座標空間に4点

$$A_1(1,\ 0,\ a),\ A_2(0,\ 1,\ a),\ A_3(-1,\ 0,\ a),\ A_4(0,\ -1,\ a)$$

がある。また，次の図のように，4点B_1，B_2，B_3，B_4を四角形$A_1OA_2B_1$，$A_2OA_3B_2$，$A_3OA_4B_3$，$A_4OA_1B_4$がそれぞれひし形になるようにとる。さらに，4点C_1，C_2，C_3，C_4を四角形$A_1B_1C_1B_4$，$A_2B_2C_2B_1$，$A_3B_3C_3B_2$，$A_4B_4C_4B_3$がそれぞれひし形になるようにとる。

ただし，座標空間における四角形を考える際には，その四つの頂点が同一平面上にあるものとする。

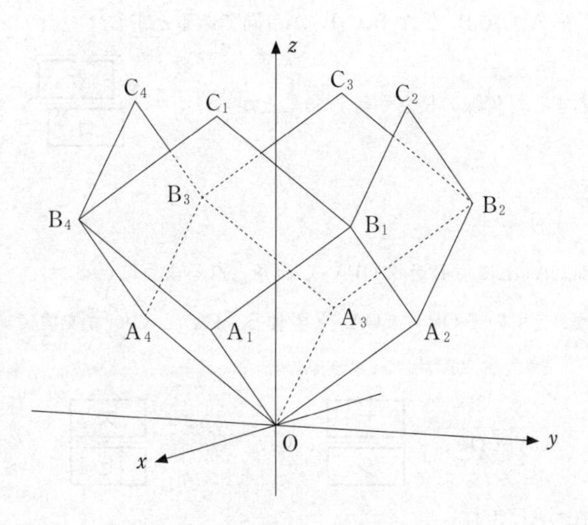

(1)　点B_2，C_3の座標は

$B_2\left(-1,\ \boxed{ア},\ \boxed{イウ}\right)$，$C_3\left(-1,\ \boxed{エ},\ \boxed{オカ}\right)$

である。

また，

$$\overrightarrow{OA_1}\cdot\overrightarrow{OB_2} = \boxed{\text{キ}},\ \overrightarrow{OA_1}\cdot\overrightarrow{B_2C_3} = \boxed{\text{ク}}$$

となる。

$\boxed{\text{キ}}$，$\boxed{\text{ク}}$ の解答群（同じものを繰り返し選んでもよい。）

⓪ 0	① 1	② -1
③ a^2	④ a^2+1	⑤ a^2-1
⑥ $2a^2$	⑦ $2a^2+1$	⑧ $2a^2-1$

(2)　ひし形 $A_1OA_2B_1$ と $A_1B_1C_1B_4$ が合同であるとする。

対応する対角線の長さが等しいことから，$a = \dfrac{\sqrt{\boxed{\text{ケ}}}}{\boxed{\text{コ}}}$ であることがわかる。

直線 OA_1 上に点 P を $\angle OPA_2$ が直角となるようにとる。

実数 s を用いて $\overrightarrow{OP} = s\,\overrightarrow{OA_1}$ と表せる。$\overrightarrow{PA_2}$ と $\overrightarrow{OA_1}$ が垂直であること，および

$$\overrightarrow{OA_1}\cdot\overrightarrow{OA_1} = \frac{\boxed{\text{サ}}}{\boxed{\text{シ}}},\ \overrightarrow{OA_1}\cdot\overrightarrow{OA_2} = \frac{\boxed{\text{ス}}}{\boxed{\text{セ}}}$$

であることにより

$$s = \frac{\boxed{\text{ソ}}}{\boxed{\text{タ}}}$$

であることがわかる。

⑶　実数 a および点 P を⑵のようにとり，３点 P，A_2，A_4 を通る平面を α とするとき，次のことについて考察しよう。

考察すること

平面 α と２点 B_2，C_3 の位置関係

$\angle OPA_4$ も直角であるので，$\overrightarrow{OA_1}$ と平面 α は垂直であることに注意する。

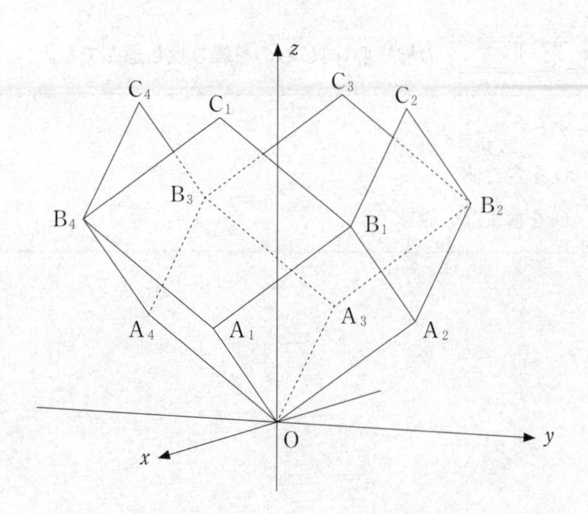

直線 B_2C_3 と平面 α の交点を Q とする。

実数 t を用いて

$$\overrightarrow{OQ} = \overrightarrow{OB_2} + t\,\overrightarrow{B_2C_3}$$

と表せる。$\overrightarrow{PQ}$ が $\overrightarrow{OA_1}$ と垂直であることにより

$t =$ チ

であることがわかる。

座標空間から平面 α を除いた部分は，α を境に，原点 O を含む側と含まない側に分けられる。このとき，点 B_2 は ツ にあり，点 C_3 は テ にある。

チ の解答群

⓪ 0	① 1	② -1	③ $\frac{1}{2}$
④ $-\frac{1}{2}$	⑤ $\frac{1}{3}$	⑥ $-\frac{1}{3}$	⑦ $\frac{2}{3}$

ツ ，テ の解答群（同じものを繰り返し選んでもよい。）

⓪ α 上
① O を含む側
② O を含まない側

2021

共通テスト

本試験
（第１日程）

数学Ⅰ・数学Ａ：
解答時間 70 分
配点 100 点

数学Ⅱ・数学Ｂ：
解答時間 60 分
配点 100 点

数学Ⅰ・数学A

<table>
<tr><th>問　題</th><th>選　択　方　法</th></tr>
<tr><td>第1問</td><td>必　　答</td></tr>
<tr><td>第2問</td><td>必　　答</td></tr>
<tr><td>第3問</td><td rowspan="3">いずれか2問を選択し，解答しなさい。</td></tr>
<tr><td>第4問</td></tr>
<tr><td>第5問</td></tr>
</table>

第１問　（必答問題）（配点　30）

〔1〕　c を正の整数とする。x の２次方程式

$$2x^2+(4c-3)x+2c^2-c-11=0 \quad \cdots\cdots\cdots\cdots\cdots ①$$

について考える。

(1)　$c=1$ のとき，① の左辺を因数分解すると

$$(\boxed{ア}x+\boxed{イ})(x-\boxed{ウ})$$

であるから，① の解は

$$x=-\frac{\boxed{イ}}{\boxed{ア}},\ \boxed{ウ}$$

である。

(2)　$c=2$ のとき，① の解は

$$x=\frac{-\boxed{エ}\pm\sqrt{\boxed{オカ}}}{\boxed{キ}}$$

であり，大きい方の解を α とすると

$$\frac{5}{\alpha}=\frac{\boxed{ク}+\sqrt{\boxed{ケコ}}}{\boxed{サ}}$$

である。また，$m<\dfrac{5}{\alpha}<m+1$ を満たす整数 m は $\boxed{シ}$ である。

(3)　太郎さんと花子さんは，①の解について考察している。

太郎：①の解はcの値によって，ともに有理数である場合もあれば，ともに無理数である場合もあるね。cがどのような値のときに，解は有理数になるのかな。

花子：2次方程式の解の公式の根号の中に着目すればいいんじゃないかな。

①の解が異なる二つの有理数であるような正の整数cの個数は［ス］個である。

〔2〕 右の図のように，△ABCの外側に辺AB，BC，CAをそれぞれ１辺とする正方形ADEB，BFGC，CHIAをかき，２点EとF，GとH，IとDをそれぞれ線分で結んだ図形を考える。以下において

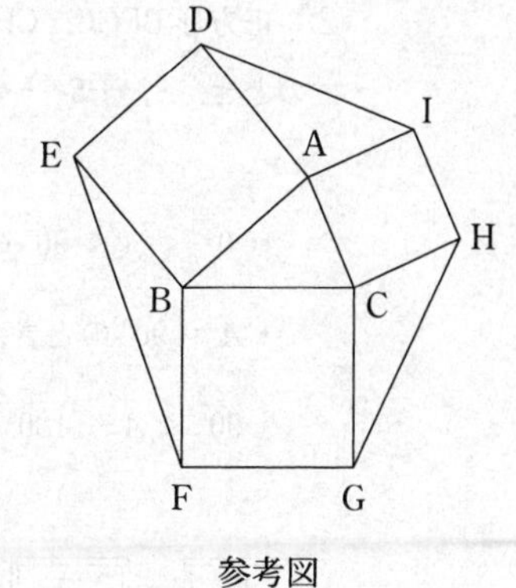

参考図

$BC = a$，$CA = b$，$AB = c$

$\angle CAB = A$，$\angle ABC = B$，$\angle BCA = C$

とする。

(1) $b = 6$，$c = 5$，$\cos A = \frac{3}{5}$ のとき，$\sin A = \frac{\boxed{セ}}{\boxed{ソ}}$ であり，

△ABCの面積は $\boxed{タチ}$，△AIDの面積は $\boxed{ツテ}$ である。

⑵ 正方形 BFGC，CHIA，ADEB の面積をそれぞれ S_1，S_2，S_3 とする。このとき，$S_1 - S_2 - S_3$ は

- $0° < A < 90°$ のとき，［ト］。
- $A = 90°$ のとき，［ナ］。
- $90° < A < 180°$ のとき，［ニ］。

［ト］～［ニ］の解答群（同じものを繰り返し選んでもよい。）

⓪ 0である
① 正の値である
② 負の値である
③ 正の値も負の値もとる

⑶ △AID，△BEF，△CGH の面積をそれぞれ T_1，T_2，T_3 とする。このとき，［ヌ］である。

［ヌ］の解答群

⓪ $a < b < c$ ならば，$T_1 > T_2 > T_3$
① $a < b < c$ ならば，$T_1 < T_2 < T_3$
② A が鈍角ならば，$T_1 < T_2$ かつ $T_1 < T_3$
③ a，b，c の値に関係なく，$T_1 = T_2 = T_3$

(4)　△ABC，△AID，△BEF，△CGH のうち，外接円の半径が最も小さいものを求める。

$0^\circ < A < 90^\circ$ のとき，ID [ネ] BC であり

(△AID の外接円の半径) [ノ] (△ABC の外接円の半径)

であるから，外接円の半径が最も小さい三角形は

- $0^\circ < A < B < C < 90^\circ$ のとき，[ハ] である。
- $0^\circ < A < B < 90^\circ < C$ のとき，[ヒ] である。

[ネ]，[ノ] の解答群(同じものを繰り返し選んでもよい。)

⓪ <	① ＝	② >

[ハ]，[ヒ] の解答群(同じものを繰り返し選んでもよい。)

⓪ △ABC	① △AID	② △BEF	③ △CGH

第2問 (必答問題) (配点　30)

〔1〕 陸上競技の短距離100m走では，100mを走るのにかかる時間(以下，タイムと呼ぶ)は，1歩あたりの進む距離(以下，ストライドと呼ぶ)と1秒あたりの歩数(以下，ピッチと呼ぶ)に関係がある。ストライドとピッチはそれぞれ以下の式で与えられる。

$$\text{ストライド(m/歩)} = \frac{100\text{(m)}}{\text{100 mを走るのにかかった歩数(歩)}}$$

$$\text{ピッチ(歩/秒)} = \frac{\text{100 mを走るのにかかった歩数(歩)}}{\text{タイム(秒)}}$$

ただし，100mを走るのにかかった歩数は，最後の1歩がゴールラインをまたぐこともあるので，小数で表される。以下，単位は必要のない限り省略する。

例えば，タイムが10.81で，そのときの歩数が48.5であったとき，ストライドは$\frac{100}{48.5}$より約2.06，ピッチは$\frac{48.5}{10.81}$より約4.49である。

なお，小数の形で解答する場合は，**解答上の注意**にあるように，指定された桁数の一つ下の桁を四捨五入して答えよ。また，必要に応じて，指定された桁まで⓪にマークせよ。

(1)　ストライドを x，ピッチを z とおく。ピッチは1秒あたりの歩数，ストライドは1歩あたりの進む距離なので，1秒あたりの進む距離すなわち平均速度は，x と z を用いて [ア] (m/秒) と表される。

これより，タイムと，ストライド，ピッチとの関係は

$$タイム=\frac{100}{\boxed{ア}} \quad \cdots\cdots ①$$

と表されるので，[ア] が最大になるときにタイムが最もよくなる。ただし，タイムがよくなるとは，タイムの値が小さくなることである。

[ア] の解答群

⓪ $x+z$	① $z-x$	② xz
③ $\frac{x+z}{2}$	④ $\frac{z-x}{2}$	⑤ $\frac{xz}{2}$

(2)　男子短距離100 m走の選手である太郎さんは，①に着目して，タイムが最もよくなるストライドとピッチを考えることにした。

次の表は，太郎さんが練習で100 mを3回走ったときのストライドとピッチのデータである。

	1回目	2回目	3回目
ストライド	2.05	2.10	2.15
ピッチ	4.70	4.60	4.50

また，ストライドとピッチにはそれぞれ限界がある。太郎さんの場合，ストライドの最大値は2.40，ピッチの最大値は4.80である。

太郎さんは，上の表から，ストライドが0.05大きくなるとピッチが0.1小さくなるという関係があると考えて，ピッチがストライドの1次関数として表されると仮定した。このとき，ピッチzはストライドxを用いて

$$z = \boxed{\text{イウ}}\,x + \frac{\boxed{\text{エオ}}}{5} \quad \cdots\cdots ②$$

と表される。

②が太郎さんのストライドの最大値2.40とピッチの最大値4.80まで成り立つと仮定すると，xの値の範囲は次のようになる。

$$\boxed{\text{カ}}\,.\,\boxed{\text{キク}} \leqq x \leqq 2.40$$

$y=$ [ア] とおく。②を $y=$ [ア] に代入することにより，y を x の関数として表すことができる。太郎さんのタイムが最もよくなるストライドとピッチを求めるためには，[カ].[キク] $\leqq x \leqq 2.40$ の範囲で y の値を最大にする x の値を見つければよい。このとき，y の値が最大になるのは $x=$ [ケ].[コサ] のときである。

よって，太郎さんのタイムが最もよくなるのは，ストライドが [ケ].[コサ] のときであり，このとき，ピッチは [シ].[スセ] である。また，このときの太郎さんのタイムは，①により [ソ] である。

[ソ] については，最も適当なものを，次の⓪～⑤のうちから一つ選べ。

⓪ 9.68	① 9.97	② 10.09
③ 10.33	④ 10.42	⑤ 10.55

〔2〕 就業者の従事する産業は，勤務する事業所の主な経済活動の種類によって，第1次産業(農業，林業と漁業)，第2次産業(鉱業，建設業と製造業)，第3次産業(前記以外の産業)の三つに分類される。国の労働状況の調査(国勢調査)では，47の都道府県別に第1次，第2次，第3次それぞれの産業ごとの就業者数が発表されている。ここでは都道府県別に，就業者数に対する各産業に就業する人数の割合を算出したものを，各産業の「就業者数割合」と呼ぶことにする。

(1)　図1は，1975年度から2010年度まで5年ごとの8個の年度(それぞれを時点という)における都道府県別の三つの産業の就業者数割合を箱ひげ図で表したものである。各時点の箱ひげ図は，それぞれ上から順に第1次産業，第2次産業，第3次産業のものである。

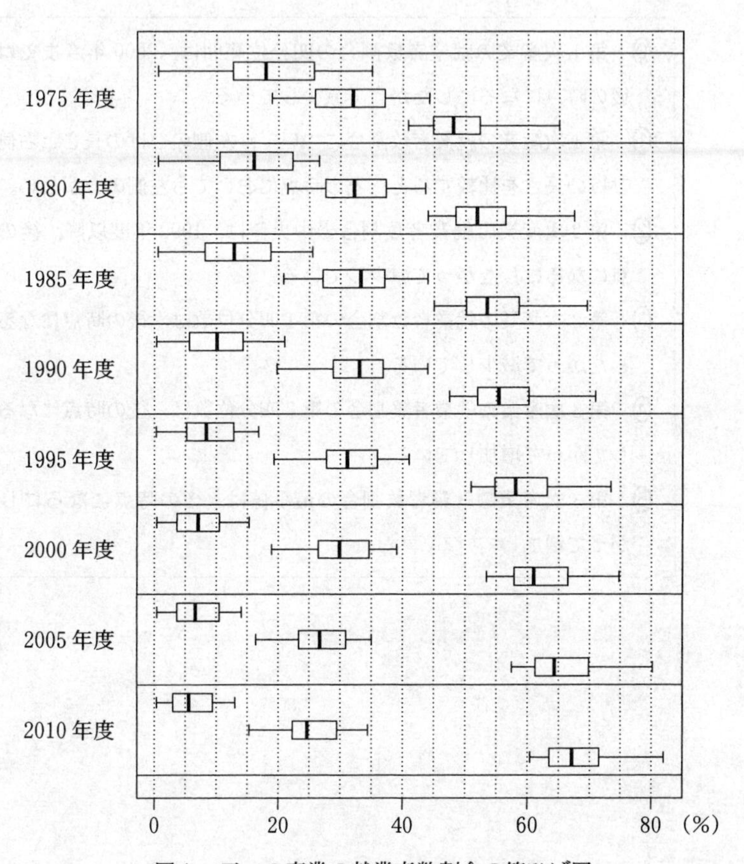

図1　三つの産業の就業者数割合の箱ひげ図

(出典：総務省のWebページにより作成)

次の⓪～⑤のうち，図1から読み取れることとして**正しくないもの**は［タ］と［チ］である。

［タ］，［チ］の解答群(解答の順序は問わない。)

⓪ 第1次産業の就業者数割合の四分位範囲は，2000年度までは，後の時点になるにしたがって減少している。

① 第1次産業の就業者数割合について，左側のひげの長さと右側のひげの長さを比較すると，どの時点においても左側の方が長い。

② 第2次産業の就業者数割合の中央値は，1990年度以降，後の時点になるにしたがって減少している。

③ 第2次産業の就業者数割合の第1四分位数は，後の時点になるにしたがって減少している。

④ 第3次産業の就業者数割合の第3四分位数は，後の時点になるにしたがって増加している。

⑤ 第3次産業の就業者数割合の最小値は，後の時点になるにしたがって増加している。

(2) (1)で取り上げた8時点の中から5時点を取り出して考える。各時点における都道府県別の，第1次産業と第3次産業の就業者数割合のヒストグラムを一つのグラフにまとめてかいたものが，次ページの五つのグラフである。それぞれの右側の網掛けしたヒストグラムが第3次産業のものである。なお，ヒストグラムの各階級の区間は，左側の数値を含み，右側の数値を含まない。

- 1985年度におけるグラフは ツ である。
- 1995年度におけるグラフは テ である。

ツ ， テ については，最も適当なものを，次の⓪～④のうちから一つずつ選べ。ただし，同じものを繰り返し選んでもよい。

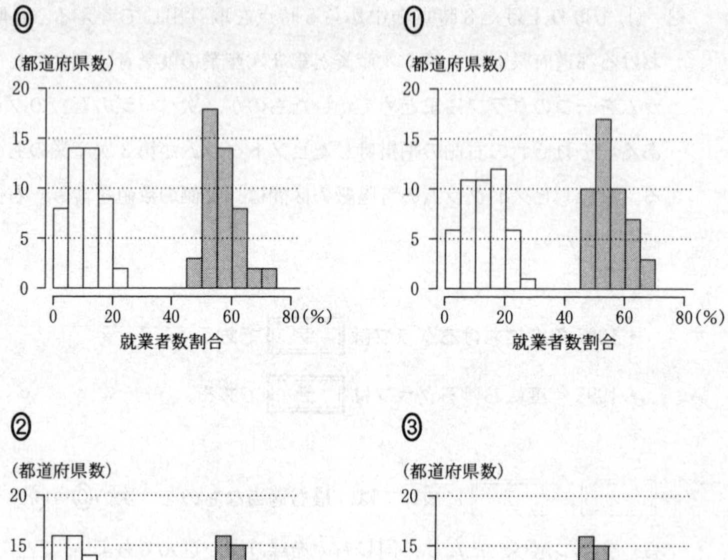

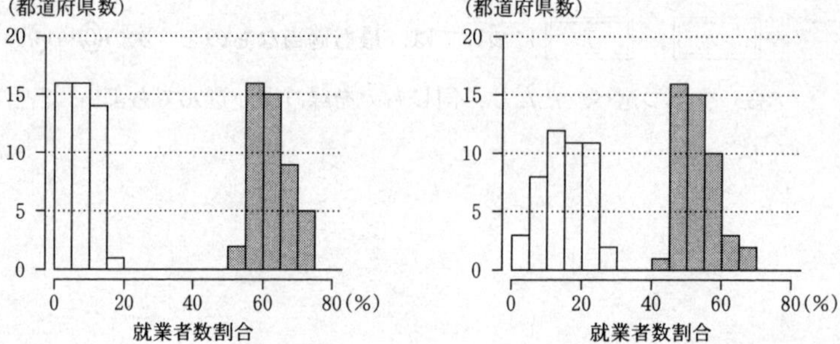

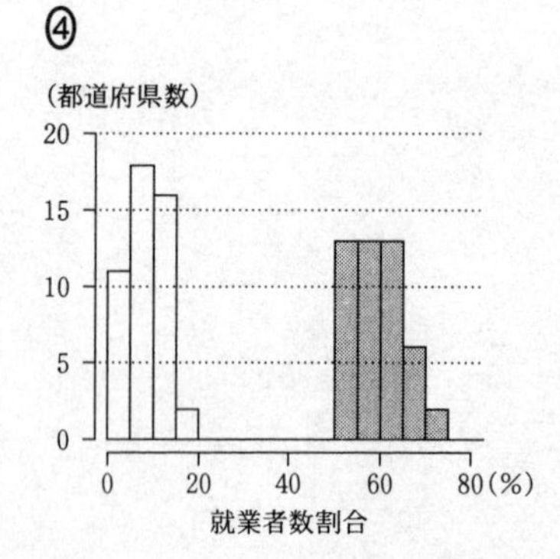

（出典：総務省の Web ページにより作成）

(3)　三つの産業から二つずつを組み合わせて都道府県別の就業者数割合の散布図を作成した。図2の散布図群は，左から順に1975年度における第1次産業(横軸)と第2次産業(縦軸)の散布図，第2次産業(横軸)と第3次産業(縦軸)の散布図，および第3次産業(横軸)と第1次産業(縦軸)の散布図である。また，図3は同様に作成した2015年度の散布図群である。

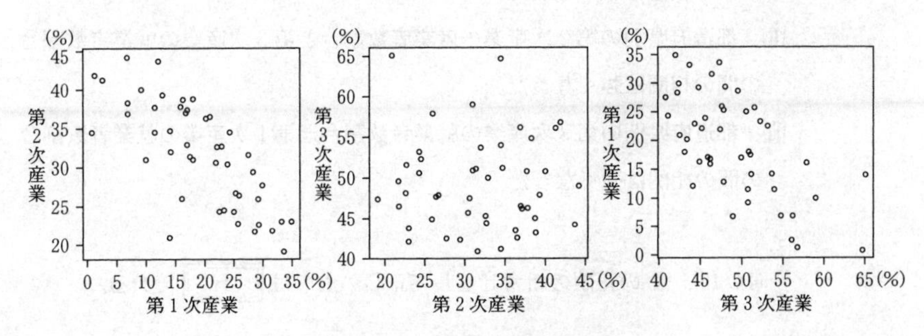

図2　1975年度の散布図群

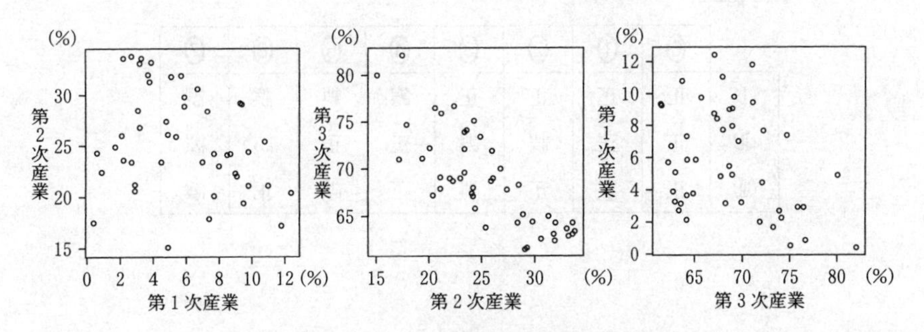

図3　2015年度の散布図群

(出典：図2，図3はともに総務省のWebページにより作成)

下の(Ⅰ)，(Ⅱ)，(Ⅲ)は，1975年度を基準としたときの，2015年度の変化を記述したものである。ただし，ここで「相関が強くなった」とは，相関係数の絶対値が大きくなったことを意味する。

(Ⅰ)　都道府県別の第1次産業の就業者数割合と第2次産業の就業者数割合の間の相関は強くなった。

(Ⅱ)　都道府県別の第2次産業の就業者数割合と第3次産業の就業者数割合の間の相関は強くなった。

(Ⅲ)　都道府県別の第3次産業の就業者数割合と第1次産業の就業者数割合の間の相関は強くなった。

(Ⅰ)，(Ⅱ)，(Ⅲ)の正誤の組合せとして正しいものは　ト　である。

ト　の解答群

	⓪	①	②	③	④	⑤	⑥	⑦
(Ⅰ)	正	正	正	正	誤	誤	誤	誤
(Ⅱ)	正	正	誤	誤	正	正	誤	誤
(Ⅲ)	正	誤	正	誤	正	誤	正	誤

(4)　各都道府県の就業者数の内訳として男女別の就業者数も発表されている。そこで，就業者数に対する男性・女性の就業者数の割合をそれぞれ「男性の就業者数割合」，「女性の就業者数割合」と呼ぶことにし，これらを都道府県別に算出した。図4は，2015年度における都道府県別の，第1次産業の就業者数割合(横軸)と，男性の就業者数割合(縦軸)の散布図である。

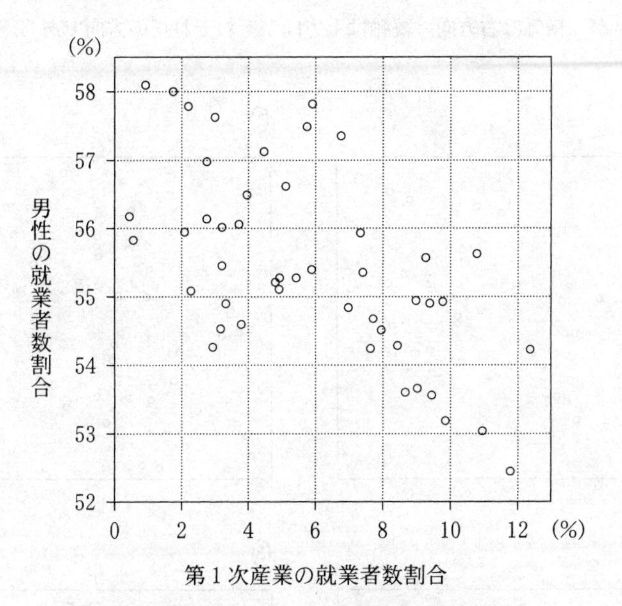

図4　都道府県別の，第1次産業の就業者数割合と，
男性の就業者数割合の散布図

(出典：総務省のWebページにより作成)

各都道府県の，男性の就業者数と女性の就業者数を合計すると就業者数の全体となることに注意すると，2015 年度における都道府県別の，第 1 次産業の就業者数割合（横軸）と，女性の就業者数割合（縦軸）の散布図は ナ である。

ナ については，最も適当なものを，下の⓪～③のうちから一つ選べ。なお，設問の都合で各散布図の横軸と縦軸の目盛りは省略しているが，横軸は右方向，縦軸は上方向がそれぞれ正の方向である。

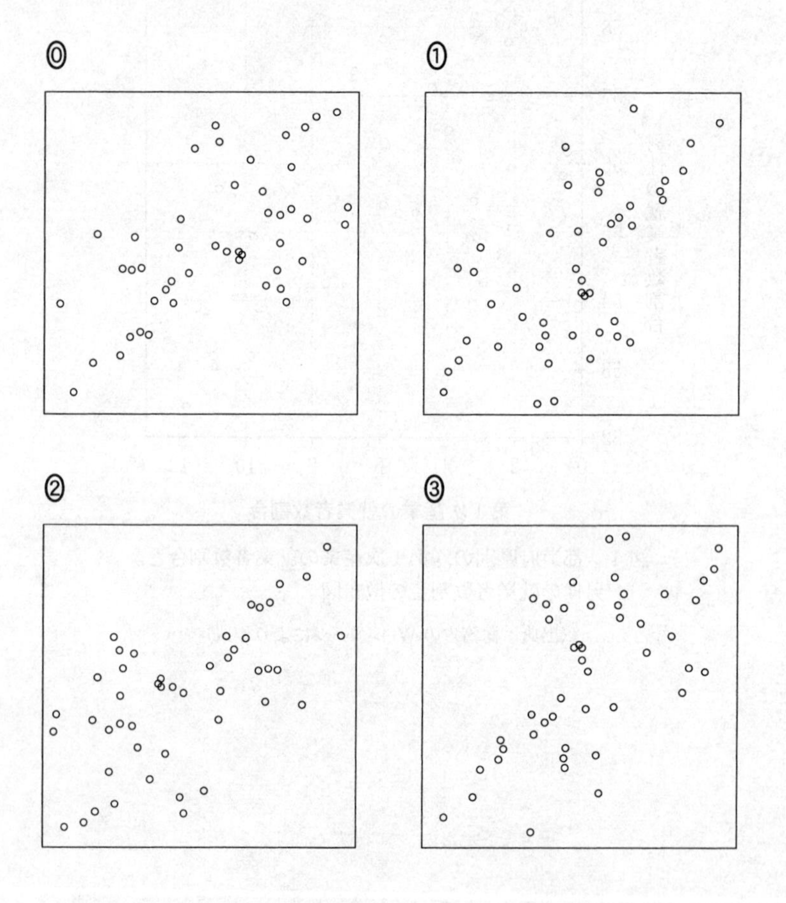

第3問 (選択問題)(配点　20)

中にくじが入っている箱が複数あり，各箱の外見は同じであるが，当たりくじを引く確率は異なっている。くじ引きの結果から，どの箱からくじを引いた可能性が高いかを，条件付き確率を用いて考えよう。

(1)　当たりくじを引く確率が $\frac{1}{2}$ である箱Aと，当たりくじを引く確率が $\frac{1}{3}$ である箱Bの二つの箱の場合を考える。

(i)　各箱で，くじを1本引いてはもとに戻す試行を3回繰り返したとき

箱Aにおいて，3回中ちょうど1回当たる確率は $\frac{\boxed{ア}}{\boxed{イ}}$ …①

箱Bにおいて，3回中ちょうど1回当たる確率は $\frac{\boxed{ウ}}{\boxed{エ}}$ …②

である。

(ii)　まず，AとBのどちらか一方の箱をでたらめに選ぶ。次にその選んだ箱において，くじを1本引いてはもとに戻す試行を3回繰り返したところ，3回中ちょうど1回当たった。このとき，箱Aが選ばれる事象を A，箱Bが選ばれる事象を B，3回中ちょうど1回当たる事象を W とすると

$$P(A \cap W) = \frac{1}{2} \times \frac{\boxed{ア}}{\boxed{イ}}, \quad P(B \cap W) = \frac{1}{2} \times \frac{\boxed{ウ}}{\boxed{エ}}$$

である。$P(W) = P(A \cap W) + P(B \cap W)$ であるから，3回中ちょうど1回当たったとき，選んだ箱がAである条件付き確率 $P_W(A)$ は $\frac{\boxed{オカ}}{\boxed{キク}}$ となる。また，条件付き確率 $P_W(B)$ は $\frac{\boxed{ケコ}}{\boxed{サシ}}$ となる。

(2)　(1)の $P_W(A)$ と $P_W(B)$ について，次の**事実(＊)**が成り立つ。

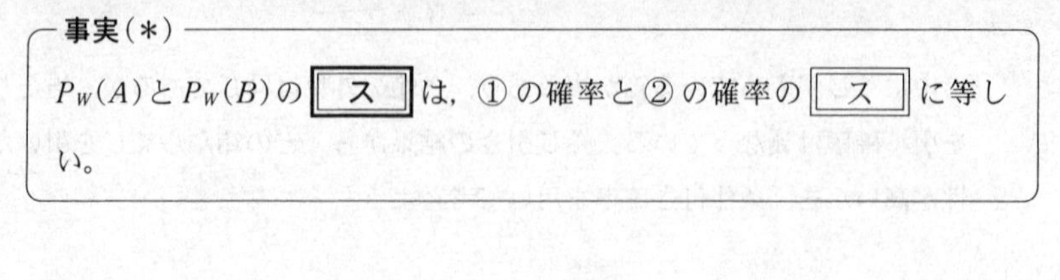

事実(＊)

$P_W(A)$ と $P_W(B)$ の [ス] は，①の確率と②の確率の [ス] に等しい。

[ス] の解答群

⓪ 和	① 2乗の和	② 3乗の和	③ 比	④ 積

(3)　花子さんと太郎さんは**事実(＊)**について話している。

花子：**事実(＊)**はなぜ成り立つのかな？

太郎：$P_W(A)$ と $P_W(B)$ を求めるのに必要な $P(A \cap W)$ と $P(B \cap W)$ の計算で，①,②の確率に同じ数 $\frac{1}{2}$ をかけているからだよ。

花子：なるほどね。外見が同じ三つの箱の場合は，同じ数 $\frac{1}{3}$ をかけることになるので，同様のことが成り立ちそうだね。

当たりくじを引く確率が，$\frac{1}{2}$ である箱A，$\frac{1}{3}$ である箱B，$\frac{1}{4}$ である箱Cの三つの箱の場合を考える。まず，A，B，Cのうちどれか一つの箱をでたらめに選ぶ。次にその選んだ箱において，くじを1本引いてはもとに戻す試行を3回繰り返したところ，3回中ちょうど1回当たった。このとき，選んだ箱がAである条件付き確率は $\dfrac{\boxed{\text{セソタ}}}{\boxed{\text{チツテ}}}$ となる。

(4)

花子：どうやら箱が三つの場合でも，条件付き確率の［ス］は各箱で３回中ちょうど１回当たりくじを引く確率の［ス］になっているみたいだね。

太郎：そうだね。それを利用すると，条件付き確率の値は計算しなくても，その大きさを比較することができるね。

当たりくじを引く確率が，$\frac{1}{2}$ である箱A，$\frac{1}{3}$ である箱B，$\frac{1}{4}$ である箱C，$\frac{1}{5}$ である箱Dの四つの箱の場合を考える。まず，A，B，C，Dのうちどれか一つの箱をでたらめに選ぶ。次にその選んだ箱において，くじを１本引いてはもとに戻す試行を３回繰り返したところ，３回中ちょうど１回当たった。このとき，条件付き確率を用いて，どの箱からくじを引いた可能性が高いかを考える。可能性が高い方から順に並べると［ト］となる。

［ト］の解答群

⓪ A，B，C，D	① A，B，D，C	② A，C，B，D
③ A，C，D，B	④ A，D，B，C	⑤ B，A，C，D
⑥ B，A，D，C	⑦ B，C，A，D	⑧ B，C，D，A

第4問 (選択問題)(配点　20)

円周上に15個の点 P_0, P_1, …, P_{14} が反時計回りに順に並んでいる。最初，点 P_0 に石がある。さいころを投げて偶数の目が出たら石を反時計回りに5個先の点に移動させ，奇数の目が出たら石を時計回りに3個先の点に移動させる。この操作を繰り返す。例えば，石が点 P_5 にあるとき，さいころを投げて6の目が出たら石を点 P_{10} に移動させる。次に，5の目が出たら点 P_{10} にある石を点 P_7 に移動させる。

(1) さいころを5回投げて，偶数の目が［ア］回，奇数の目が［イ］回出れば，点 P_0 にある石を点 P_1 に移動させることができる。このとき，$x=$［ア］，$y=$［イ］は，不定方程式 $5x-3y=1$ の整数解になっている。

(2)　不定方程式

$$5x - 3y = 8 \quad \cdots\cdots ①$$

のすべての整数解 x，y は，k を整数として

$x =$ [ア] $\times 8 +$ [ウ] k，$y =$ [イ] $\times 8 +$ [エ] k

と表される。① の整数解 x，y の中で，$0 \leqq y <$ [エ] を満たすものは

$x =$ [オ]，$y =$ [カ]

である。したがって，さいころを [キ] 回投げて，偶数の目が [オ] 回，奇数の目が [カ] 回出れば，点 P_0 にある石を点 P_8 に移動させることができる。

(3)　(2)において，さいころを［キ］回より少ない回数だけ投げて，点 P_0 にある石を点 P_8 に移動させることはできないだろうか。

(＊)　石を反時計回りまたは時計回りに 15 個先の点に移動させると元の点に戻る。

(＊)に注意すると，偶数の目が［ク］回，奇数の目が［ケ］回出れば，さいころを投げる回数が［コ］回で，点 P_0 にある石を点 P_8 に移動させることができる。このとき，［コ］＜［キ］である。

(4)　点 P_1，P_2，…，P_{14} のうちから点を一つ選び，点 P_0 にある石をさいころを何回か投げてその点に移動させる。そのために必要となる，さいころを投げる最小回数を考える。例えば，さいころを 1 回だけ投げて点 P_0 にある石を点 P_2 へ移動させることはできないが，さいころを 2 回投げて偶数の目と奇数の目が 1 回ずつ出れば，点 P_0 にある石を点 P_2 へ移動させることができる。したがって，点 P_2 を選んだ場合には，この最小回数は 2 回である。

点 P_1，P_2，…，P_{14} のうち，この最小回数が最も大きいのは点［サ］であり，その最小回数は［シ］回である。

［サ］の解答群

⓪ P_{10}	① P_{11}	② P_{12}	③ P_{13}	④ P_{14}

第５問 (選択問題) (配点　20)

△ABCにおいて，AB＝3，BC＝4，AC＝5とする。

∠BACの二等分線と辺BCとの交点をDとすると

$$BD = \frac{\boxed{\text{ア}}}{\boxed{\text{イ}}},\quad AD = \frac{\boxed{\text{ウ}}\sqrt{\boxed{\text{エ}}}}{\boxed{\text{オ}}}$$

である。

また，∠BACの二等分線と△ABCの外接円Oとの交点で点Aとは異なる点をEとする。△AECに着目すると

$$AE = \boxed{\text{カ}}\sqrt{\boxed{\text{キ}}}$$

である。

△ABCの2辺ABとACの両方に接し，外接円Oに内接する円の中心をPとする。円Pの半径をrとする。さらに，円Pと外接円Oとの接点をFとし，直線PFと外接円Oとの交点で点Fとは異なる点をGとする。このとき

$$AP = \sqrt{\boxed{\text{ク}}}\,r,\quad PG = \boxed{\text{ケ}} - r$$

と表せる。したがって，方べきの定理により$r = \dfrac{\boxed{\text{コ}}}{\boxed{\text{サ}}}$である。

△ABCの内心をQとする。内接円Qの半径は $\boxed{シ}$ で，$AQ = \sqrt{\boxed{ス}}$ である。また，円Pと辺ABとの接点をHとすると，$AH = \dfrac{\boxed{セ}}{\boxed{ソ}}$ である。

以上から，点Hに関する次の(a)，(b)の正誤の組合せとして正しいものは $\boxed{タ}$ である。

(a) 点Hは3点B，D，Qを通る円の周上にある。
(b) 点Hは3点B，E，Qを通る円の周上にある。

$\boxed{タ}$ の解答群

	⓪	①	②	③
(a)	正	正	誤	誤
(b)	正	誤	正	誤

数学Ⅱ・数学B

問題	選択方法
第１問	必答
第２問	必答
第３問	いずれか２問を選択し，解答しなさい。
第４問	
第５問	

第１問 （必答問題）（配点 30）

〔1〕

⑴ 次の**問題A**について考えよう。

> **問題A** 関数 $y = \sin\theta + \sqrt{3}\cos\theta \left(0 \leqq \theta \leqq \dfrac{\pi}{2}\right)$ の最大値を求めよ。

$$\sin\frac{\pi}{\boxed{ア}} = \frac{\sqrt{3}}{2},\ \cos\frac{\pi}{\boxed{ア}} = \frac{1}{2}$$

であるから，三角関数の合成により

$$y = \boxed{イ}\sin\left(\theta + \frac{\pi}{\boxed{ア}}\right)$$

と変形できる。よって，y は $\theta = \dfrac{\pi}{\boxed{ウ}}$ で最大値 $\boxed{エ}$ をとる。

⑵ p を定数とし，次の**問題B**について考えよう。

> **問題B** 関数 $y = \sin\theta + p\cos\theta \left(0 \leqq \theta \leqq \dfrac{\pi}{2}\right)$ の最大値を求めよ。

(i) $p = 0$ のとき，y は $\theta = \dfrac{\pi}{\boxed{オ}}$ で最大値 $\boxed{カ}$ をとる。

(ii) $p > 0$ のときは，加法定理

$$\cos(\theta - \alpha) = \cos\theta\cos\alpha + \sin\theta\sin\alpha$$

を用いると

$$y = \sin\theta + p\cos\theta = \sqrt{\boxed{キ}}\cos(\theta - \alpha)$$

と表すことができる。ただし，α は

$$\sin\alpha = \frac{\boxed{ク}}{\sqrt{\boxed{キ}}},\ \cos\alpha = \frac{\boxed{ケ}}{\sqrt{\boxed{キ}}},\ 0 < \alpha < \frac{\pi}{2}$$

を満たすものとする。このとき，y は $\theta = \boxed{コ}$ で最大値 $\sqrt{\boxed{サ}}$ をとる。

(iii) $p < 0$ のとき，y は $\theta = \boxed{シ}$ で最大値 $\boxed{ス}$ をとる。

$\boxed{キ}$ ～ $\boxed{ケ}$，$\boxed{サ}$，$\boxed{ス}$ の解答群(同じものを繰り返し選んでもよい。)

⓪ -1	① 1	② $-p$
③ p	④ $1-p$	⑤ $1+p$
⑥ $-p^2$	⑦ p^2	⑧ $1-p^2$
⑨ $1+p^2$	ⓐ $(1-p)^2$	ⓑ $(1+p)^2$

$\boxed{コ}$，$\boxed{シ}$ の解答群(同じものを繰り返し選んでもよい。)

⓪ 0	① α	② $\frac{\pi}{2}$

〔2〕 二つの関数 $f(x)=\dfrac{2^{x}+2^{-x}}{2}$，$g(x)=\dfrac{2^{x}-2^{-x}}{2}$ について考える。

(1) $f(0)=$ セ ，$g(0)=$ ソ である。また，$f(x)$ は相加平均と相乗平均の関係から，$x=$ タ で最小値 チ をとる。

$g(x)=-2$ となる x の値は $\log_2(\sqrt{\text{ツ}}-\text{テ})$ である。

(2) 次の①～④は，x にどのような値を代入してもつねに成り立つ。

$f(-x)=$ ト …………………………… ①

$g(-x)=$ ナ …………………………… ②

$\{f(x)\}^2-\{g(x)\}^2=$ ニ …………………………… ③

$g(2x)=$ ヌ $f(x)g(x)$ …………………………… ④

ト ， ナ の解答群(同じものを繰り返し選んでもよい。)

⓪ $f(x)$	① $-f(x)$	② $g(x)$	③ $-g(x)$

(3)　花子さんと太郎さんは，$f(x)$ と $g(x)$ の性質について話している。

花子：①～④ は三角関数の性質に似ているね。

太郎：三角関数の加法定理に類似した式(A)～(D)を考えてみたけど，つねに成り立つ式はあるだろうか。

花子：成り立たない式を見つけるために，式(A)～(D)の β に何か具体的な値を代入して調べてみたらどうかな。

太郎さんが考えた式

$f(\alpha-\beta)=f(\alpha)g(\beta)+g(\alpha)f(\beta)$ ………………………… (A)

$f(\alpha+\beta)=f(\alpha)f(\beta)+g(\alpha)g(\beta)$ ………………………… (B)

$g(\alpha-\beta)=f(\alpha)f(\beta)+g(\alpha)g(\beta)$ ………………………… (C)

$g(\alpha+\beta)=f(\alpha)g(\beta)-g(\alpha)f(\beta)$ ………………………… (D)

(1)，(2)で示されたことのいくつかを利用すると，式(A)～(D)のうち，［ネ］以外の三つは成り立たないことがわかる。［ネ］は左辺と右辺をそれぞれ計算することによって成り立つことが確かめられる。

［ネ］の解答群

⓪ (A)　　① (B)　　② (C)　　③ (D)

第２問 （必答問題）（配点　30）

(1)　座標平面上で，次の二つの２次関数のグラフについて考える。

$y = 3x^2 + 2x + 3$　…………………………①

$y = 2x^2 + 2x + 3$　…………………………②

①，②の２次関数のグラフには次の**共通点**がある。

共通点

- y 軸との交点の y 座標は［ア］である。
- y 軸との交点における接線の方程式は $y =$［イ］$x +$［ウ］である。

次の⓪～⑤の２次関数のグラフのうち，y 軸との交点における接線の方程式が $y =$［イ］$x +$［ウ］となるものは［エ］である。

［エ］の解答群

⓪　$y = 3x^2 - 2x - 3$	①　$y = -3x^2 + 2x - 3$
②　$y = 2x^2 + 2x - 3$	③　$y = 2x^2 - 2x + 3$
④　$y = -x^2 + 2x + 3$	⑤　$y = -x^2 - 2x + 3$

a，b，c を０でない実数とする。

曲線 $y = ax^2 + bx + c$ 上の点（0，［オ］）における接線を ℓ とすると，その方程式は $y =$［カ］$x +$［キ］である。

接線 ℓ と x 軸との交点の x 座標は $\dfrac{\boxed{\text{クケ}}}{\boxed{\text{コ}}}$ である。

a，b，c が正の実数であるとき，曲線 $y = ax^2 + bx + c$ と接線 ℓ および直線 $x = \dfrac{\boxed{\text{クケ}}}{\boxed{\text{コ}}}$ で囲まれた図形の面積を S とすると

$$S = \frac{ac^{\boxed{\text{サ}}}}{\boxed{\text{シ}}\,b^{\boxed{\text{ス}}}} \quad \cdots\cdots\cdots\cdots ③$$

である。

③において，$a = 1$ とし，S の値が一定となるように正の実数 b，c の値を変化させる。このとき，b と c の関係を表すグラフの概形は $\boxed{\text{セ}}$ である。

$\boxed{\text{セ}}$ については，最も適当なものを，次の⓪～⑤のうちから一つ選べ。

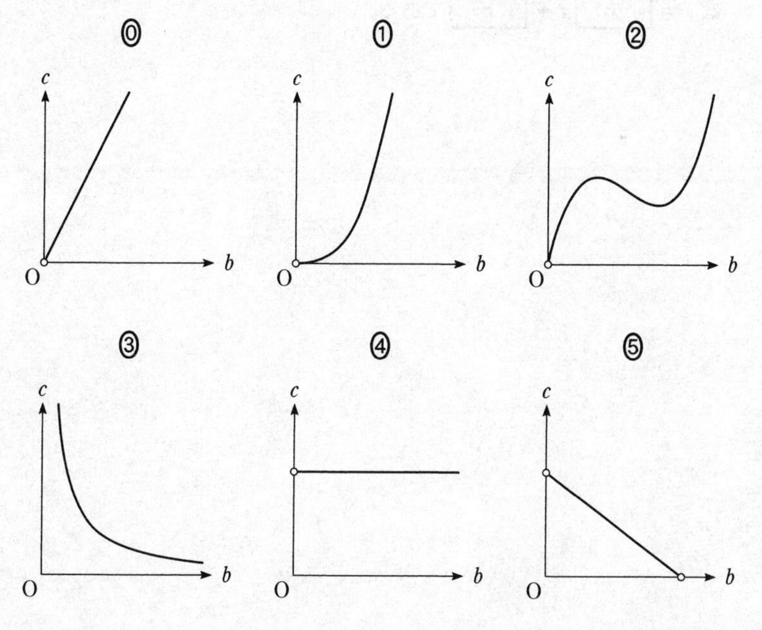

(2)　座標平面上で，次の三つの３次関数のグラフについて考える。

$y = 4x^3 + 2x^2 + 3x + 5$ ………………………… ④

$y = -2x^3 + 7x^2 + 3x + 5$ ………………………… ⑤

$y = 5x^3 - x^2 + 3x + 5$ ………………………… ⑥

④，⑤，⑥の３次関数のグラフには次の**共通点**がある。

共通点

- y 軸との交点の y 座標は［ソ］である。
- y 軸との交点における接線の方程式は $y =$［タ］$x +$［チ］である。

a，b，c，d を０でない実数とする。

曲線 $y = ax^3 + bx^2 + cx + d$ 上の点（0，［ツ］）における接線の方程式は $y =$［テ］$x +$［ト］である。

次に，$f(x)=ax^3+bx^2+cx+d$，$g(x)=$ テ $x+$ ト とし，

$f(x)-g(x)$について考える。

$h(x)=f(x)-g(x)$とおく。a，b，c，dが正の実数であるとき，$y=h(x)$のグラフの概形は ナ である。

$y=f(x)$のグラフと$y=g(x)$のグラフの共有点のx座標は$\dfrac{\text{ニヌ}}{\text{ネ}}$と ノ である。また，$x$が$\dfrac{\text{ニヌ}}{\text{ネ}}$と ノ の間を動くとき，

$|f(x)-g(x)|$の値が最大となるのは，$x=\dfrac{\text{ハヒフ}}{\text{ヘホ}}$のときである。

ナ については，最も適当なものを，次の⓪～⑤のうちから一つ選べ。

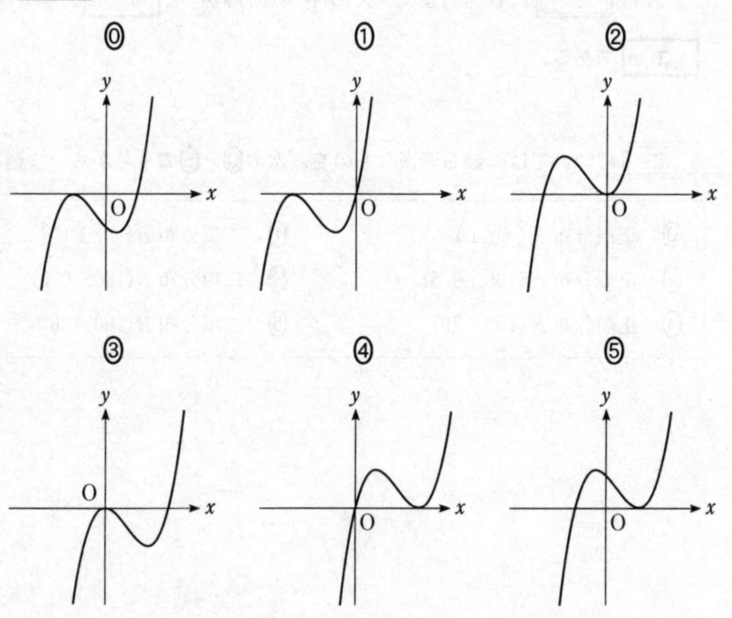

第3問 (選択問題) (配点　20)

以下の問題を解答するにあたっては，必要に応じて41ページの正規分布表を用いてもよい。

Q高校の校長先生は，ある日，新聞で高校生の読書に関する記事を読んだ。そこで，Q高校の生徒全員を対象に，直前の1週間の読書時間に関して，100人の生徒を無作為に抽出して調査を行った。その結果，100人の生徒のうち，この1週間に全く読書をしなかった生徒が36人であり，100人の生徒のこの1週間の読書時間(分)の平均値は204であった。Q高校の生徒全員のこの1週間の読書時間の母平均をm，母標準偏差を150とする。

(1)　全く読書をしなかった生徒の母比率を0.5とする。このとき，100人の無作為標本のうちで全く読書をしなかった生徒の数を表す確率変数をXとすると，Xは［ア］に従う。また，Xの平均(期待値)は［イウ］，標準偏差は［エ］である。

［ア］については，最も適当なものを，次の⓪～⑤のうちから一つ選べ。

⓪　正規分布$N(0, 1)$	①　二項分布$B(0, 1)$
②　正規分布$N(100, 0.5)$	③　二項分布$B(100, 0.5)$
④　正規分布$N(100, 36)$	⑤　二項分布$B(100, 36)$

(2)　標本の大きさ100は十分に大きいので，100人のうち全く読書をしなかった生徒の数は近似的に正規分布に従う。

全く読書をしなかった生徒の母比率を0.5とするとき，全く読書をしなかった生徒が36人以下となる確率をp_5とおく。p_5の近似値を求めると，$p_5 =$ [オ] である。

また，全く読書をしなかった生徒の母比率を0.4とするとき，全く読書をしなかった生徒が36人以下となる確率をp_4とおくと， [カ] である。

[オ] については，最も適当なものを，次の⓪～⑤のうちから一つ選べ。

⓪　0.001	①　0.003	②　0.026
③　0.050	④　0.133	⑤　0.497

[カ] の解答群

⓪　$p_4 < p_5$	①　$p_4 = p_5$	②　$p_4 > p_5$

(3)　1週間の読書時間の母平均mに対する信頼度95％の信頼区間を$C_1 \leqq m \leqq C_2$とする。標本の大きさ100は十分大きいことと，1週間の読書時間の標本平均が204，母標準偏差が150であることを用いると，$C_1 + C_2 =$ [キクケ]，$C_2 - C_1 =$ [コサ].[シ] であることがわかる。

また，母平均mとC_1，C_2については， [ス] 。

[ス] の解答群

⓪　$C_1 \leqq m \leqq C_2$が必ず成り立つ

①　$m \leqq C_2$は必ず成り立つが，$C_1 \leqq m$が成り立つとは限らない

②　$C_1 \leqq m$は必ず成り立つが，$m \leqq C_2$が成り立つとは限らない

③　$C_1 \leqq m$も$m \leqq C_2$も成り立つとは限らない

(4)　Q高校の図書委員長も，校長先生と同じ新聞記事を読んだため，校長先生が調査をしていることを知らずに，図書委員会として校長先生と同様の調査を独自に行った。ただし，調査期間は校長先生による調査と同じ直前の1週間であり，対象をQ高校の生徒全員として100人の生徒を無作為に抽出した。その調査における，全く読書をしなかった生徒の数をnとする。

校長先生の調査結果によると全く読書をしなかった生徒は36人であり，[セ]。

[セ]の解答群

⓪　nは必ず36に等しい	①　nは必ず36未満である
②　nは必ず36より大きい	③　nと36との大小はわからない

(5)　(4)の図書委員会が行った調査結果による母平均mに対する信頼度95％の信頼区間を$D_1 \leqq m \leqq D_2$，校長先生が行った調査結果による母平均mに対する信頼度95％の信頼区間を(3)の$C_1 \leqq m \leqq C_2$とする。ただし，母集団は同一であり，1週間の読書時間の母標準偏差は150とする。

このとき，次の⓪～⑤のうち，正しいものは[ソ]と[タ]である。

[ソ]，[タ]の解答群(解答の順序は問わない。)

⓪　$C_1 = D_1$と$C_2 = D_2$が必ず成り立つ。
①　$C_1 < D_2$または$D_1 < C_2$のどちらか一方のみが必ず成り立つ。
②　$D_2 < C_1$または$C_2 < D_1$となる場合もある。
③　$C_2 - C_1 > D_2 - D_1$が必ず成り立つ。
④　$C_2 - C_1 = D_2 - D_1$が必ず成り立つ。
⑤　$C_2 - C_1 < D_2 - D_1$が必ず成り立つ。

正　規　分　布　表

次の表は，標準正規分布の分布曲線における右図の灰色部分の面積の値をまとめたものである。

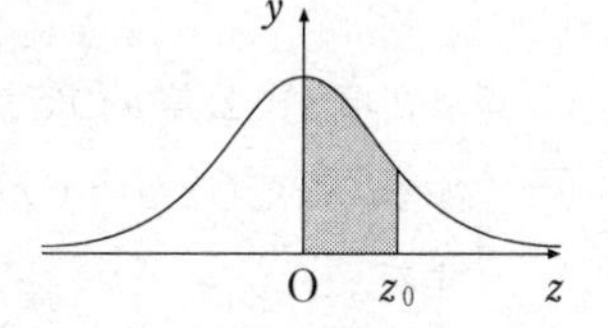

z_0	0.00	0.01	0.02	0.03	0.04	0.05	0.06	0.07	0.08	0.09
0.0	0.0000	0.0040	0.0080	0.0120	0.0160	0.0199	0.0239	0.0279	0.0319	0.0359
0.1	0.0398	0.0438	0.0478	0.0517	0.0557	0.0596	0.0636	0.0675	0.0714	0.0753
0.2	0.0793	0.0832	0.0871	0.0910	0.0948	0.0987	0.1026	0.1064	0.1103	0.1141
0.3	0.1179	0.1217	0.1255	0.1293	0.1331	0.1368	0.1406	0.1443	0.1480	0.1517
0.4	0.1554	0.1591	0.1628	0.1664	0.1700	0.1736	0.1772	0.1808	0.1844	0.1879
0.5	0.1915	0.1950	0.1985	0.2019	0.2054	0.2088	0.2123	0.2157	0.2190	0.2224
0.6	0.2257	0.2291	0.2324	0.2357	0.2389	0.2422	0.2454	0.2486	0.2517	0.2549
0.7	0.2580	0.2611	0.2642	0.2673	0.2704	0.2734	0.2764	0.2794	0.2823	0.2852
0.8	0.2881	0.2910	0.2939	0.2967	0.2995	0.3023	0.3051	0.3078	0.3106	0.3133
0.9	0.3159	0.3186	0.3212	0.3238	0.3264	0.3289	0.3315	0.3340	0.3365	0.3389
1.0	0.3413	0.3438	0.3461	0.3485	0.3508	0.3531	0.3554	0.3577	0.3599	0.3621
1.1	0.3643	0.3665	0.3686	0.3708	0.3729	0.3749	0.3770	0.3790	0.3810	0.3830
1.2	0.3849	0.3869	0.3888	0.3907	0.3925	0.3944	0.3962	0.3980	0.3997	0.4015
1.3	0.4032	0.4049	0.4066	0.4082	0.4099	0.4115	0.4131	0.4147	0.4162	0.4177
1.4	0.4192	0.4207	0.4222	0.4236	0.4251	0.4265	0.4279	0.4292	0.4306	0.4319
1.5	0.4332	0.4345	0.4357	0.4370	0.4382	0.4394	0.4406	0.4418	0.4429	0.4441
1.6	0.4452	0.4463	0.4474	0.4484	0.4495	0.4505	0.4515	0.4525	0.4535	0.4545
1.7	0.4554	0.4564	0.4573	0.4582	0.4591	0.4599	0.4608	0.4616	0.4625	0.4633
1.8	0.4641	0.4649	0.4656	0.4664	0.4671	0.4678	0.4686	0.4693	0.4699	0.4706
1.9	0.4713	0.4719	0.4726	0.4732	0.4738	0.4744	0.4750	0.4756	0.4761	0.4767
2.0	0.4772	0.4778	0.4783	0.4788	0.4793	0.4798	0.4803	0.4808	0.4812	0.4817
2.1	0.4821	0.4826	0.4830	0.4834	0.4838	0.4842	0.4846	0.4850	0.4854	0.4857
2.2	0.4861	0.4864	0.4868	0.4871	0.4875	0.4878	0.4881	0.4884	0.4887	0.4890
2.3	0.4893	0.4896	0.4898	0.4901	0.4904	0.4906	0.4909	0.4911	0.4913	0.4916
2.4	0.4918	0.4920	0.4922	0.4925	0.4927	0.4929	0.4931	0.4932	0.4934	0.4936
2.5	0.4938	0.4940	0.4941	0.4943	0.4945	0.4946	0.4948	0.4949	0.4951	0.4952
2.6	0.4953	0.4955	0.4956	0.4957	0.4959	0.4960	0.4961	0.4962	0.4963	0.4964
2.7	0.4965	0.4966	0.4967	0.4968	0.4969	0.4970	0.4971	0.4972	0.4973	0.4974
2.8	0.4974	0.4975	0.4976	0.4977	0.4977	0.4978	0.4979	0.4979	0.4980	0.4981
2.9	0.4981	0.4982	0.4982	0.4983	0.4984	0.4984	0.4985	0.4985	0.4986	0.4986
3.0	0.4987	0.4987	0.4987	0.4988	0.4988	0.4989	0.4989	0.4989	0.4990	0.4990

第4問　(選択問題)　(配点　20)

初項3，公差pの等差数列を$\{a_n\}$とし，初項3，公比rの等比数列を$\{b_n\}$とする。ただし，$p \neq 0$かつ$r \neq 0$とする。さらに，これらの数列が次を満たすとする。

$$a_n b_{n+1} - 2a_{n+1}b_n + 3b_{n+1} = 0 \qquad (n = 1, 2, 3, \cdots) \quad \cdots\cdots ①$$

(1)　pとrの値を求めよう。自然数nについて，a_n，a_{n+1}，b_nはそれぞれ

$$a_n = \boxed{\text{ア}} + (n-1)p \quad \cdots\cdots\cdots\cdots ②$$

$$a_{n+1} = \boxed{\text{ア}} + np \quad \cdots\cdots\cdots\cdots ③$$

$$b_n = \boxed{\text{イ}}\, r^{n-1}$$

と表される。$r \neq 0$により，すべての自然数nについて，$b_n \neq 0$となる。

$\dfrac{b_{n+1}}{b_n} = r$であることから，①の両辺をb_nで割ることにより

$$\boxed{\text{ウ}}\, a_{n+1} = r\left(a_n + \boxed{\text{エ}}\right) \quad \cdots\cdots\cdots\cdots ④$$

が成り立つことがわかる。④に②と③を代入すると

$$\left(r - \boxed{\text{オ}}\right)pn = r\left(p - \boxed{\text{カ}}\right) + \boxed{\text{キ}} \quad \cdots\cdots\cdots\cdots ⑤$$

となる。⑤がすべてのnで成り立つことおよび$p \neq 0$により，$r = \boxed{\text{オ}}$を得る。さらに，このことから，$p = \boxed{\text{ク}}$を得る。

以上から，すべての自然数nについて，a_nとb_nが正であることもわかる。

(2)　$p =$ ク ，$r =$ オ であることから，$\{a_n\}$，$\{b_n\}$ の初項から第 n 項までの和は，それぞれ次の式で与えられる。

$$\sum_{k=1}^{n} a_k = \frac{\boxed{ケ}}{\boxed{コ}} n\left(n + \boxed{サ}\right)$$

$$\sum_{k=1}^{n} b_k = \boxed{シ}\left(\boxed{オ}^{\,n} - \boxed{ス}\right)$$

(3)　数列 $\{a_n\}$ に対して，初項 3 の数列 $\{c_n\}$ が次を満たすとする。

$$a_n c_{n+1} - 4a_{n+1}c_n + 3c_{n+1} = 0 \quad (n = 1, 2, 3, \cdots) \quad \cdots\cdots\cdots ⑥$$

a_n が正であることから，⑥ を変形して，$c_{n+1} = \dfrac{\boxed{セ}\,a_{n+1}}{a_n + \boxed{ソ}} c_n$ を得る。

さらに，$p =$ ク であることから，数列 $\{c_n\}$ は タ ことがわかる。

タ の解答群

⓪　すべての項が同じ値をとる数列である
①　公差が 0 でない等差数列である
②　公比が 1 より大きい等比数列である
③　公比が 1 より小さい等比数列である
④　等差数列でも等比数列でもない

(4)　q，u は定数で，$q \neq 0$ とする。数列 $\{b_n\}$ に対して，初項 3 の数列 $\{d_n\}$ が次を満たすとする。

$$d_n b_{n+1} - q d_{n+1} b_n + u b_{n+1} = 0 \quad (n = 1, 2, 3, \cdots) \quad \cdots\cdots\cdots ⑦$$

$r =$ オ であることから，⑦ を変形して，$d_{n+1} = \dfrac{\boxed{チ}}{q}(d_n + u)$

を得る。したがって，数列 $\{d_n\}$ が，公比が 0 より大きく 1 より小さい等比数列となるための必要十分条件は，$q >$ ツ かつ $u =$ テ である。

第５問　（選択問題）（配点　20）

１辺の長さが１の正五角形の対角線の長さを a とする。

(1)　１辺の長さが１の正五角形 $\mathrm{OA_1B_1C_1A_2}$ を考える。

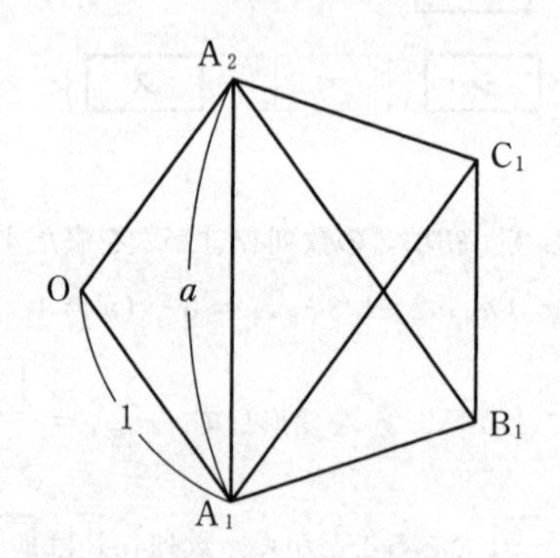

$\angle \mathrm{A_1C_1B_1} =$ [アイ] °，$\angle \mathrm{C_1A_1A_2} =$ [アイ] °となることから，$\overrightarrow{\mathrm{A_1A_2}}$ と $\overrightarrow{\mathrm{B_1C_1}}$ は平行である。ゆえに

$$\overrightarrow{\mathrm{A_1A_2}} = \boxed{\text{ウ}}\,\overrightarrow{\mathrm{B_1C_1}}$$

であるから

$$\overrightarrow{\mathrm{B_1C_1}} = \frac{1}{\boxed{\text{ウ}}}\overrightarrow{\mathrm{A_1A_2}} = \frac{1}{\boxed{\text{ウ}}}\left(\overrightarrow{\mathrm{OA_2}} - \overrightarrow{\mathrm{OA_1}}\right)$$

また，$\overrightarrow{\mathrm{OA_1}}$ と $\overrightarrow{\mathrm{A_2B_1}}$ は平行で，さらに，$\overrightarrow{\mathrm{OA_2}}$ と $\overrightarrow{\mathrm{A_1C_1}}$ も平行であることから

$$\begin{aligned}\overrightarrow{\mathrm{B_1C_1}} &= \overrightarrow{\mathrm{B_1A_2}} + \overrightarrow{\mathrm{A_2O}} + \overrightarrow{\mathrm{OA_1}} + \overrightarrow{\mathrm{A_1C_1}} \\ &= -\boxed{\text{ウ}}\,\overrightarrow{\mathrm{OA_1}} - \overrightarrow{\mathrm{OA_2}} + \overrightarrow{\mathrm{OA_1}} + \boxed{\text{ウ}}\,\overrightarrow{\mathrm{OA_2}} \\ &= \left(\boxed{\text{エ}} - \boxed{\text{オ}}\right)\left(\overrightarrow{\mathrm{OA_2}} - \overrightarrow{\mathrm{OA_1}}\right)\end{aligned}$$

となる。したがって

$$\frac{1}{\boxed{\text{ウ}}} = \boxed{\text{エ}} - \boxed{\text{オ}}$$

が成り立つ。$a > 0$ に注意してこれを解くと，$a = \dfrac{1+\sqrt{5}}{2}$ を得る。

⑵　下の図のような，１辺の長さが１の正十二面体を考える。正十二面体とは，どの面もすべて合同な正五角形であり，どの頂点にも三つの面が集まっているへこみのない多面体のことである。

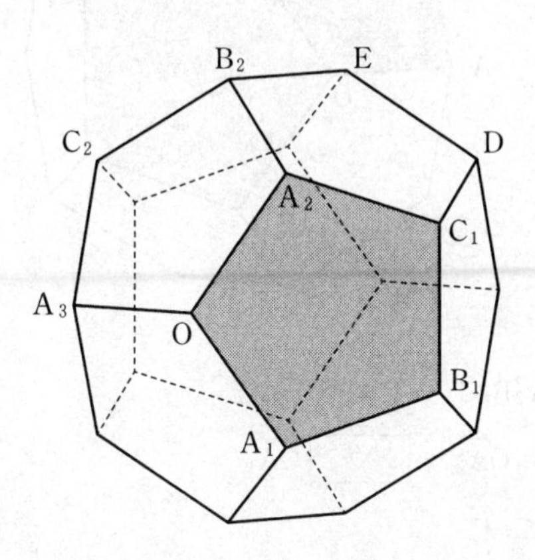

面 $OA_1B_1C_1A_2$ に着目する。$\overrightarrow{OA_1}$ と $\overrightarrow{A_2B_1}$ が平行であることから

$$\overrightarrow{OB_1}=\overrightarrow{OA_2}+\overrightarrow{A_2B_1}=\overrightarrow{OA_2}+\boxed{\text{ウ}}\,\overrightarrow{OA_1}$$

である。また

$$\left|\overrightarrow{OA_2}-\overrightarrow{OA_1}\right|^2=\left|\overrightarrow{A_1A_2}\right|^2=\frac{\boxed{\text{カ}}+\sqrt{\boxed{\text{キ}}}}{\boxed{\text{ク}}}$$

に注意すると

$$\overrightarrow{OA_1}\cdot\overrightarrow{OA_2}=\frac{\boxed{\text{ケ}}-\sqrt{\boxed{\text{コ}}}}{\boxed{\text{サ}}}$$

を得る。

ただし，$\boxed{\text{カ}}$ ～ $\boxed{\text{サ}}$ は，文字 a を用いない形で答えること。

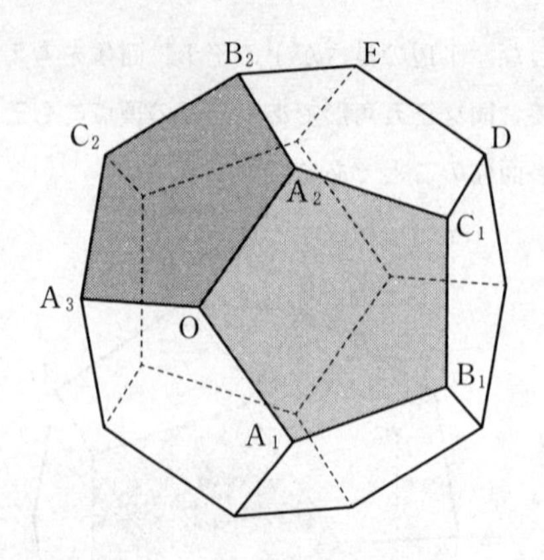

次に，面 $OA_2B_2C_2A_3$ に着目すると

$$\overrightarrow{OB_2} = \overrightarrow{OA_3} + \boxed{\text{ウ}}\,\overrightarrow{OA_2}$$

である。さらに

$$\overrightarrow{OA_2}\cdot\overrightarrow{OA_3} = \overrightarrow{OA_3}\cdot\overrightarrow{OA_1} = \frac{\boxed{\text{ケ}} - \sqrt{\boxed{\text{コ}}}}{\boxed{\text{サ}}}$$

が成り立つことがわかる。ゆえに

$$\overrightarrow{OA_1}\cdot\overrightarrow{OB_2} = \boxed{\text{シ}},\quad \overrightarrow{OB_1}\cdot\overrightarrow{OB_2} = \boxed{\text{ス}}$$

である。

$\boxed{\text{シ}}$，$\boxed{\text{ス}}$ の解答群(同じものを繰り返し選んでもよい。)

⓪ 0	① 1	② -1	③ $\frac{1+\sqrt{5}}{2}$
④ $\frac{1-\sqrt{5}}{2}$	⑤ $\frac{-1+\sqrt{5}}{2}$	⑥ $\frac{-1-\sqrt{5}}{2}$	⑦ $-\frac{1}{2}$
⑧ $\frac{-1+\sqrt{5}}{4}$	⑨ $\frac{-1-\sqrt{5}}{4}$		

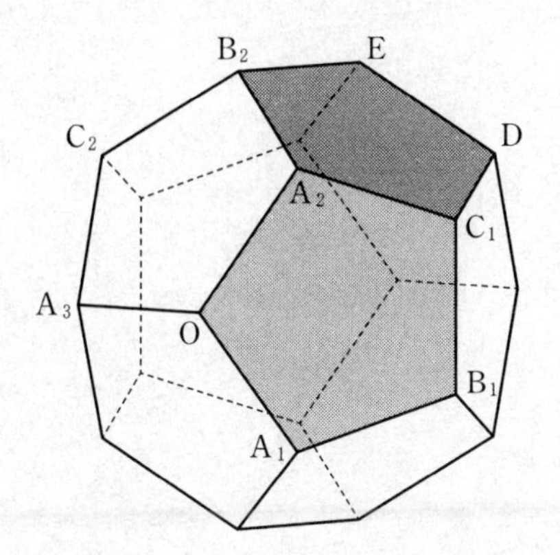

最後に，面 $A_2C_1DEB_2$ に着目する。

$$\overrightarrow{B_2D} = \boxed{\text{ウ}}\ \overrightarrow{A_2C_1} = \overrightarrow{OB_1}$$

であることに注意すると，4点 O，B_1，D，B_2 は同一平面上にあり，四角形 OB_1DB_2 は $\boxed{\text{セ}}$ ことがわかる。

$\boxed{\text{セ}}$ の解答群

⓪ 正方形である

① 正方形ではないが，長方形である

② 正方形ではないが，ひし形である

③ 長方形でもひし形でもないが，平行四辺形である

④ 平行四辺形ではないが，台形である

⑤ 台形でない

ただし，少なくとも一組の対辺が平行な四角形を台形という。

2021

共通テスト

本試験
（第２日程）

数学Ⅰ・数学Ａ：
解答時間 70 分
配点 100 点

数学Ⅱ・数学Ｂ：
解答時間 60 分
配点 100 点

数学Ⅰ・数学A

<table>
<tr><th>問　題</th><th>選 択 方 法</th></tr>
<tr><td>第１問</td><td>必　　答</td></tr>
<tr><td>第２問</td><td>必　　答</td></tr>
<tr><td>第３問</td><td rowspan="3">いずれか２問を選択し，解答しなさい。</td></tr>
<tr><td>第４問</td></tr>
<tr><td>第５問</td></tr>
</table>

第1問 (必答問題) (配点　30)

〔1〕 a, b を定数とするとき，x についての不等式

$$|ax-b-7|<3 \quad \cdots\cdots\cdots\cdots\cdots\cdots\cdots\cdots \text{①}$$

を考える。

(1) $a=-3$, $b=-2$ とする。①を満たす整数全体の集合を P とする。この集合 P を，要素を書き並べて表すと

$$P=\{\ \boxed{\text{アイ}}\ ,\ \boxed{\text{ウエ}}\ \}$$

となる。ただし，アイ，ウエ の解答の順序は問わない。

(2) $a=\dfrac{1}{\sqrt{2}}$ とする。

(i) $b=1$ のとき，①を満たす整数は全部で $\boxed{\text{オ}}$ 個である。

(ii) ①を満たす整数が全部で $\left(\boxed{\text{オ}}+1\right)$ 個であるような正の整数 b のうち，最小のものは $\boxed{\text{カ}}$ である。

〔2〕 平面上に2点A，Bがあり，AB = 8である。直線AB上にない点Pをとり，△ABPをつくり，その外接円の半径をRとする。

太郎さんは，図1のように，コンピュータソフトを使って点Pをいろいろな位置にとった。

図1は，点Pをいろいろな位置にとったときの△ABPの外接円をかいたものである。

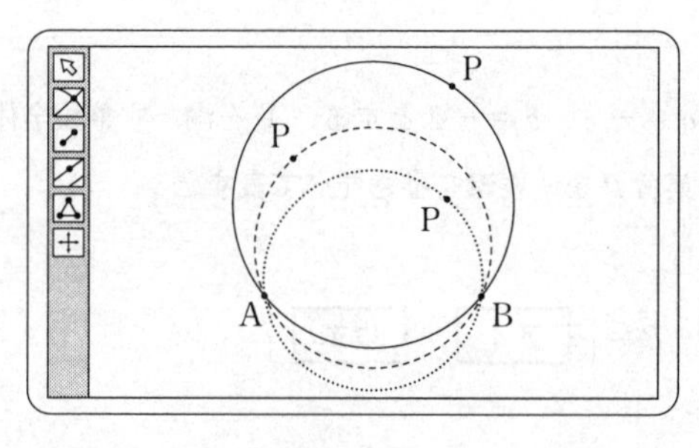

図　1

(1) 太郎さんは，点Pのとり方によって外接円の半径が異なることに気づき，次の**問題1**を考えることにした。

> **問題1**　点Pをいろいろな位置にとるとき，外接円の半径Rが最小となる△ABPはどのような三角形か。

正弦定理により，$2R = \dfrac{\boxed{\text{キ}}}{\sin \angle \text{APB}}$ である。よって，Rが最小となるのは $\angle \text{APB} = \boxed{\text{クケ}}^\circ$ の三角形である。このとき，$R = \boxed{\text{コ}}$ である。

⑵　太郎さんは，図2のように，**問題1**の点Pのとり方に条件を付けて，次の**問題2**を考えた。

問題2　直線ABに平行な直線をℓとし，直線ℓ上で点Pをいろいろな位置にとる。このとき，外接円の半径Rが最小となる△ABPはどのような三角形か。

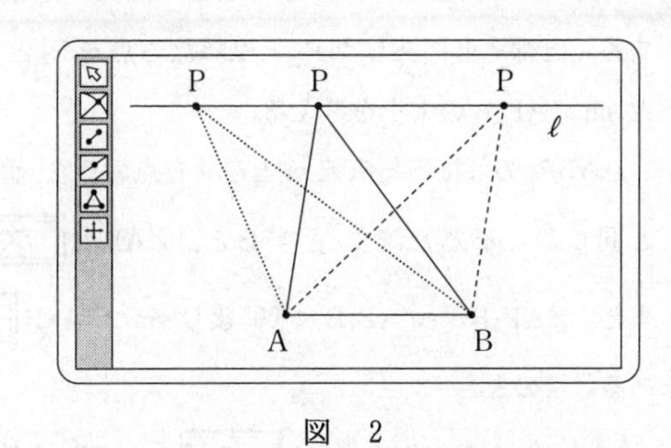

図　2

太郎さんは，この問題を解決するために，次の構想を立てた。

問題2の解決の構想

問題1の考察から，線分ABを直径とする円をCとし，円Cに着目する。直線ℓは，その位置によって，円Cと共有点をもつ場合ともたない場合があるので，それぞれの場合に分けて考える。

直線ABと直線ℓとの距離をhとする。直線ℓが円Cと共有点をもつ場合は，$h \leqq$ **サ** のときであり，共有点をもたない場合は，$h >$ **サ** のときである。

(i)　$h \leqq$ [サ] のとき

直線ℓが円Cと共有点をもつので，Rが最小となる△ABPは，$h <$ [サ] のとき [シ] であり，$h =$ [サ] のとき直角二等辺三角形である。

(ii)　$h >$ [サ] のとき

線分ABの垂直二等分線をmとし，直線mと直線ℓとの交点をP_1とする。直線ℓ上にあり点P_1とは異なる点をP_2とするとき$\sin \angle AP_1B$と$\sin \angle AP_2B$の大小を考える。

△ABP_2の外接円と直線mとの共有点のうち，直線ABに関して点P_2と同じ側にある点をP_3とすると，$\angle AP_3B$ [ス] $\angle AP_2B$である。

また，$\angle AP_3B < \angle AP_1B < 90°$より$\sin \angle AP_3B$ [セ] $\sin \angle AP_1B$である。このとき

(△ABP_1の外接円の半径) [ソ] (△ABP_2の外接円の半径)

であり，Rが最小となる△ABPは [タ] である。

[シ]，[タ] については，最も適当なものを，次の⓪～④のうちから一つずつ選べ。ただし，同じものを繰り返し選んでもよい。

⓪　鈍角三角形	①　直角三角形	②　正三角形
③　二等辺三角形	④　直角二等辺三角形	

[ス] ～ [ソ] の解答群(同じものを繰り返し選んでもよい。)

⓪　<	①　=	②　>

(3)　**問題２**の考察を振り返って，$h = 8$ のとき，△ABP の外接円の半径 R が最小である場合について考える。このとき，$\sin \angle \mathrm{APB} = \dfrac{\boxed{\text{チ}}}{\boxed{\text{ツ}}}$ であり，$R = \boxed{\text{テ}}$ である。

第2問 （必答問題）（配点　30）

〔1〕　花子さんと太郎さんのクラスでは，文化祭でたこ焼き店を出店することになった。二人は1皿あたりの価格をいくらにするかを検討している。次の表は，過去の文化祭でのたこ焼き店の売り上げデータから，1皿あたりの価格と売り上げ数の関係をまとめたものである。

1皿あたりの価格(円)	200	250	300
売り上げ数(皿)	200	150	100

(1)　まず，二人は，上の表から，1皿あたりの価格が50円上がると売り上げ数が50皿減ると考えて，売り上げ数が1皿あたりの価格の1次関数で表されると仮定した。このとき，1皿あたりの価格をx円とおくと，売り上げ数は

$$\boxed{\text{アイウ}} - x \quad \cdots\cdots\cdots\cdots ①$$

と表される。

(2)　次に，二人は，利益の求め方について考えた。

花子：利益は，売り上げ金額から必要な経費を引けば求められるよ。
太郎：売り上げ金額は，1皿あたりの価格と売り上げ数の積で求まるね。
花子：必要な経費は，たこ焼き用器具の賃貸料と材料費の合計だね。材料費は，売り上げ数と1皿あたりの材料費の積になるね。

二人は，次の三つの条件のもとで，1皿あたりの価格xを用いて利益を表すことにした。

(条件1)　1皿あたりの価格がx円のときの売り上げ数として①を用いる。

(条件2)　材料は，①により得られる売り上げ数に必要な分量だけ仕入れる。

(条件3)　1皿あたりの材料費は160円である。たこ焼き用器具の賃貸料は6000円である。材料費とたこ焼き用器具の賃貸料以外の経費はない。

利益をy円とおく。yをxの式で表すと

$$y = -x^2 + \boxed{\text{エオカ}}\,x - \boxed{\text{キ}} \times 10000 \quad \cdots\cdots\cdots\cdots\cdots\cdots ②$$

である。

(3)　太郎さんは利益を最大にしたいと考えた。②を用いて考えると，利益が最大になるのは1皿あたりの価格が$\boxed{\text{クケコ}}$円のときであり，そのときの利益は$\boxed{\text{サシスセ}}$円である。

(4)　花子さんは，利益を7500円以上となるようにしつつ，できるだけ安い価格で提供したいと考えた。②を用いて考えると，利益が7500円以上となる1皿あたりの価格のうち，最も安い価格は$\boxed{\text{ソタチ}}$円となる。

〔２〕 総務省が実施している国勢調査では都道府県ごとの総人口が調べられており，その内訳として日本人人口と外国人人口が公表されている。また，外務省では旅券（パスポート）を取得した人数を都道府県ごとに公表している。加えて，文部科学省では都道府県ごとの小学校に在籍する児童数を公表している。

そこで，47 都道府県の，人口１万人あたりの外国人人口（以下，外国人数），人口１万人あたりの小学校児童数（以下，小学生数），また，日本人１万人あたりの旅券を取得した人数（以下，旅券取得者数）を，それぞれ計算した。

(1)　図1は，2010年における47都道府県の，旅券取得者数(横軸)と小学生数(縦軸)の関係を黒丸で，また，旅券取得者数(横軸)と外国人数(縦軸)の関係を白丸で表した散布図である。

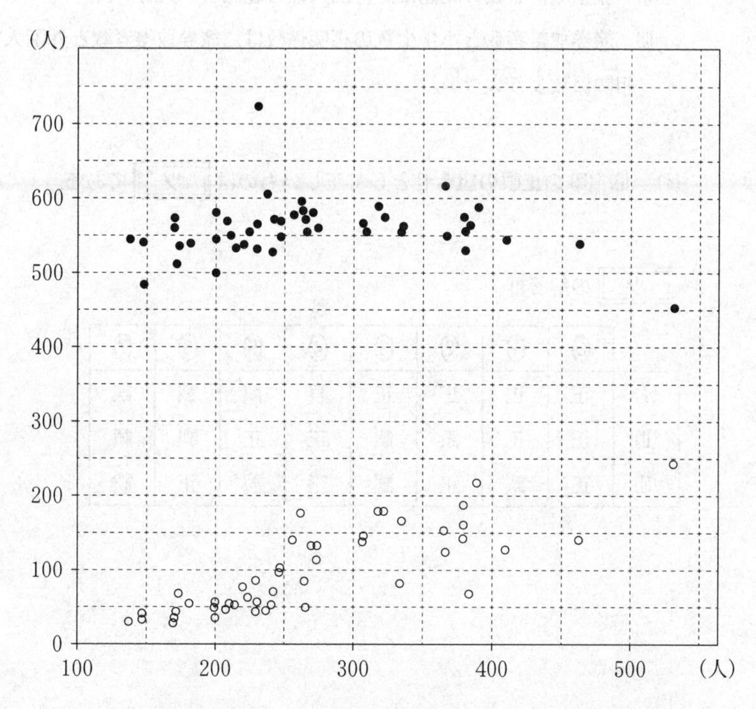

図1　2010年における，旅券取得者数と小学生数の散布図(黒丸)，

旅券取得者数と外国人数の散布図(白丸)

(出典：外務省，文部科学省および総務省のWebページにより作成)

次の(I), (II), (III)は図１の散布図に関する記述である。

(I)　小学生数の四分位範囲は，外国人数の四分位範囲より大きい。

(II)　旅券取得者数の範囲は，外国人数の範囲より大きい。

(III)　旅券取得者数と小学生数の相関係数は，旅券取得者数と外国人数の相関係数より大きい。

(I), (II), (III)の正誤の組合せとして正しいものは ツ である。

ツ の解答群

	⓪	①	②	③	④	⑤	⑥	⑦
(I)	正	正	正	正	誤	誤	誤	誤
(II)	正	正	誤	誤	正	正	誤	誤
(III)	正	誤	正	誤	正	誤	正	誤

(2) 一般に，度数分布表

階級値	x_1	x_2	x_3	x_4	…	x_k	計
度数	f_1	f_2	f_3	f_4	…	f_k	n

が与えられていて，各階級に含まれるデータの値がすべてその階級値に等しいと仮定すると，平均値 $\bar{x}$ は

$$\bar{x} = \frac{1}{n}(x_1f_1 + x_2f_2 + x_3f_3 + x_4f_4 + \cdots + x_kf_k)$$

で求めることができる。さらに階級の幅が一定で，その値が h のときは

$$x_2 = x_1 + h,\ x_3 = x_1 + 2h,\ x_4 = x_1 + 3h,\ \cdots,\ x_k = x_1 + (k-1)h$$

に注意すると

$$\bar{x} = \boxed{テ}$$

と変形できる。

テ については，最も適当なものを，次の⓪～④のうちから一つ選べ。

⓪ $\dfrac{x_1}{n}(f_1 + f_2 + f_3 + f_4 + \cdots + f_k)$

① $\dfrac{h}{n}(f_1 + 2f_2 + 3f_3 + 4f_4 + \cdots + kf_k)$

② $x_1 + \dfrac{h}{n}(f_2 + f_3 + f_4 + \cdots + f_k)$

③ $x_1 + \dfrac{h}{n}\{f_2 + 2f_3 + 3f_4 + \cdots + (k-1)f_k\}$

④ $\dfrac{1}{2}(f_1 + f_k)x_1 - \dfrac{1}{2}(f_1 + kf_k)$

図2は，2008年における47都道府県の旅券取得者数のヒストグラムである。なお，ヒストグラムの各階級の区間は，左側の数値を含み，右側の数値を含まない。

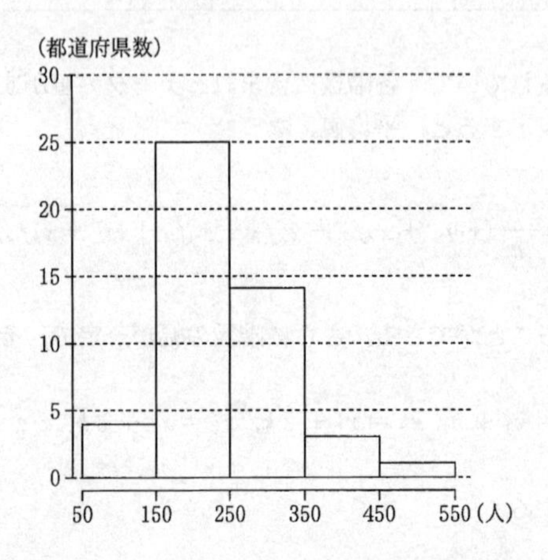

図2　2008年における旅券取得者数のヒストグラム

（出典：外務省のWebページにより作成）

図2のヒストグラムに関して，各階級に含まれるデータの値がすべてその階級値に等しいと仮定する。このとき，平均値 $\bar{x}$ は小数第1位を四捨五入すると［トナニ］である。

(3)　一般に，度数分布表

階級値	x_1	x_2	…	x_k	計
度数	f_1	f_2	…	f_k	n

が与えられていて，各階級に含まれるデータの値がすべてその階級値に等しいと仮定すると，分散 s^2 は

$$s^2 = \frac{1}{n}\left\{(x_1 - \overline{x})^2 f_1 + (x_2 - \overline{x})^2 f_2 + \cdots + (x_k - \overline{x})^2 f_k\right\}$$

で求めることができる。さらに s^2 は

$$s^2 = \frac{1}{n}\left\{(x_1{}^2 f_1 + x_2{}^2 f_2 + \cdots + x_k{}^2 f_k) - 2\overline{x} \times \boxed{\text{ヌ}} + (\overline{x})^2 \times \boxed{\text{ネ}}\right\}$$

と変形できるので

$$s^2 = \frac{1}{n}(x_1{}^2 f_1 + x_2{}^2 f_2 + \cdots + x_k{}^2 f_k) - \boxed{\text{ノ}} \quad \cdots\cdots\cdots\cdots\cdots\cdots ①$$

である。

ヌ ～ ノ の解答群(同じものを繰り返し選んでもよい。)

⓪ n	① n^2	② $\overline{x}$	③ $n\overline{x}$	④ $2n\overline{x}$
⑤ $n^2\overline{x}$	⑥ $(\overline{x})^2$	⑦ $n(\overline{x})^2$	⑧ $2n(\overline{x})^2$	⑨ $3n(\overline{x})^2$

図3は，図2を再掲したヒストグラムである。

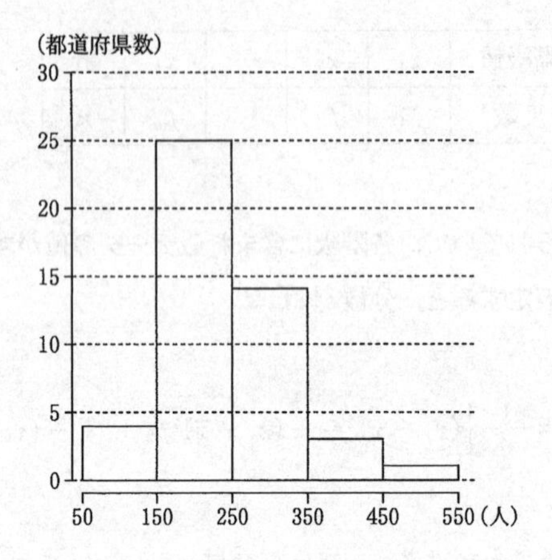

図3　2008年における旅券取得者数のヒストグラム

(出典：外務省のWebページにより作成)

図3のヒストグラムに関して，各階級に含まれるデータの値がすべてその階級値に等しいと仮定すると，平均値$\bar{x}$は(2)で求めた［トナニ］である。［トナニ］の値と式①を用いると，分散s^2は［ハ］である。

［ハ］については，最も近いものを，次の⓪～⑦のうちから一つ選べ。

⓪　3900	①　4900	②　5900	③　6900
④　7900	⑤　8900	⑥　9900	⑦　10900

第３問 （選択問題）（配点 20）

二つの袋A，Bと一つの箱がある。Aの袋には赤球2個と白球1個が入っており，Bの袋には赤球3個と白球1個が入っている。また，箱には何も入っていない。

(1) A，Bの袋から球をそれぞれ1個ずつ同時に取り出し，球の色を調べずに箱に入れる。

(i) 箱の中の2個の球のうち少なくとも1個が赤球である確率は $\frac{\boxed{アイ}}{\boxed{ウエ}}$ である。

(ii) 箱の中をよくかき混ぜてから球を1個取り出すとき，取り出した球が赤球である確率は $\frac{\boxed{オカ}}{\boxed{キク}}$ であり，取り出した球が赤球であったときに，それがBの袋に入っていたものである条件付き確率は $\frac{\boxed{ケ}}{\boxed{コサ}}$ である。

(2)　A，Bの袋から球をそれぞれ２個ずつ同時に取り出し，球の色を調べずに箱に入れる。

(i)　箱の中の４個の球のうち，ちょうど２個が赤球である確率は $\dfrac{\boxed{\text{シ}}}{\boxed{\text{ス}}}$ である。また，箱の中の４個の球のうち，ちょうど３個が赤球である確率は $\dfrac{\boxed{\text{セ}}}{\boxed{\text{ソ}}}$ である。

(ii)　箱の中をよくかき混ぜてから球を２個同時に取り出すとき，どちらの球も赤球である確率は $\dfrac{\boxed{\text{タチ}}}{\boxed{\text{ツテ}}}$ である。また，取り出した２個の球がどちらも赤球であったときに，それらのうちの１個のみがBの袋に入っていたものである条件付き確率は $\dfrac{\boxed{\text{トナ}}}{\boxed{\text{ニヌ}}}$ である。

第４問 (選択問題) (配点　20)

正の整数 m に対して

$$a^2 + b^2 + c^2 + d^2 = m,\ a \geqq b \geqq c \geqq d \geqq 0 \quad \cdots\cdots\cdots ①$$

を満たす整数 a, b, c, d の組がいくつあるかを考える。

(1)　$m = 14$ のとき，① を満たす整数 a, b, c, d の組 $(a,\ b,\ c,\ d)$ は

(ア , イ , ウ , エ)

のただ一つである。

また，$m = 28$ のとき，① を満たす整数 a, b, c, d の組の個数は オ 個である。

(2)　a が奇数のとき，整数 n を用いて $a = 2n + 1$ と表すことができる。このとき，$n(n + 1)$ は偶数であるから，次の条件がすべての奇数 a で成り立つような正の整数 h のうち，最大のものは $h =$ カ である。

条件：$a^2 - 1$ は h の倍数である。

よって，a が奇数のとき，a^2 を カ で割ったときの余りは1である。

また，a が偶数のとき，a^2 を カ で割ったときの余りは，0または4のいずれかである。

(3)　(2)により，$a^2+b^2+c^2+d^2$ が［カ］の倍数ならば，整数 a，b，c，d のうち，偶数であるものの個数は［キ］個である。

(4)　(3)を用いることにより，m が［カ］の倍数であるとき，①を満たす整数 a，b，c，d が求めやすくなる。

例えば，$m=224$ のとき，①を満たす整数 a，b，c，d の組 (a, b, c, d) は

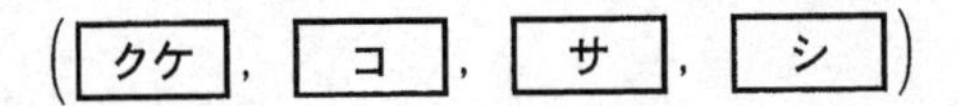
（［クケ］，［コ］，［サ］，［シ］）

のただ一つであることがわかる。

(5)　7の倍数で896の約数である正の整数 m のうち，①を満たす整数 a，b，c，d の組の個数が［オ］個であるものの個数は［ス］個であり，そのうち最大のものは $m=$［セソタ］である。

第5問 (選択問題)(配点　20)

点Zを端点とする半直線ZXと半直線ZYがあり，$0° < \angle XZY < 90°$とする。また，$0° < \angle SZX < \angle XZY$かつ$0° < \angle SZY < \angle XZY$を満たす点Sをとる。点Sを通り，半直線ZXと半直線ZYの両方に接する円を作図したい。

円Oを，次の(Step 1)～(Step 5)の手順で作図する。

手順

(Step 1)　$\angle XZY$の二等分線ℓ上に点Cをとり，下図のように半直線ZXと半直線ZYの両方に接する円Cを作図する。また，円Cと半直線ZXとの接点をD，半直線ZYとの接点をEとする。

(Step 2)　円Cと直線ZSとの交点の一つをGとする。

(Step 3)　半直線ZX上に点HをDG//HSを満たすようにとる。

(Step 4)　点Hを通り，半直線ZXに垂直な直線を引き，ℓとの交点をOとする。

(Step 5)　点Oを中心とする半径OHの円Oをかく。

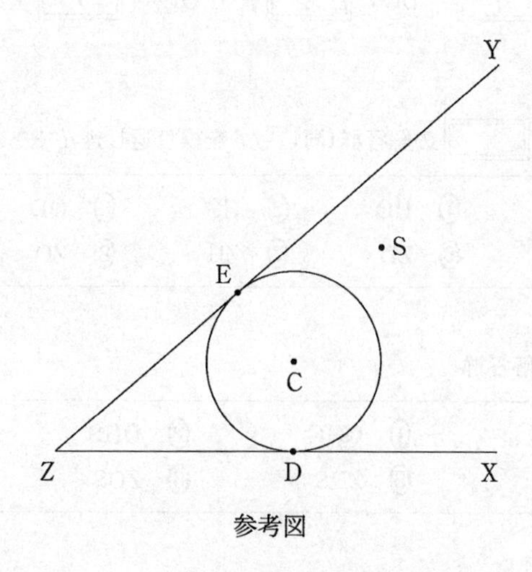

参考図

(1)　(Step 1)～(Step 5)の手順で作図した円Oが求める円であることは，次の構想に基づいて下のように説明できる。

構想

円Oが点Sを通り，半直線ZXと半直線ZYの両方に接する円であることを示すには，OH＝[ア]が成り立つことを示せばよい。

作図の手順より，△ZDGと△ZHSとの関係，および△ZDCと△ZHOとの関係に着目すると

DG：[イ]＝[ウ]：[エ]

DC：[オ]＝[ウ]：[エ]

であるから，DG：[イ]＝DC：[オ]となる。

ここで，3点S，O，Hが一直線上にない場合は，∠CDG＝∠[カ]であるので，△CDGと△[カ]との関係に着目すると，CD＝CGよりOH＝[ア]であることがわかる。

なお，3点S，O，Hが一直線上にある場合は，DG＝[キ]DCとなり，DG：[イ]＝DC：[オ]よりOH＝[ア]であることがわかる。

[ア]～[オ]の解答群(同じものを繰り返し選んでもよい。)

⓪ DH	① HO	② HS	③ OD	④ OG
⑤ OS	⑥ ZD	⑦ ZH	⑧ ZO	⑨ ZS

[カ]の解答群

⓪ OHD	① OHG	② OHS	③ ZDS
④ ZHG	⑤ ZHS	⑥ ZOS	⑦ ZCG

(2) 点Sを通り，半直線ZXと半直線ZYの両方に接する円は二つ作図できる。特に，点Sが∠XZYの二等分線ℓ上にある場合を考える。半径が大きい方の円の中心をO_1とし，半径が小さい方の円の中心をO_2とする。また，円O_2と半直線ZYが接する点をIとする。円O_1と半直線ZYが接する点をJとし，円O_1と半直線ZXが接する点をKとする。

作図をした結果，円O_1の半径は5，円O_2の半径は3であったとする。このとき，IJ＝[ク]$\sqrt{[ケコ]}$である。さらに，円O_1と円O_2の接点Sにおける共通接線と半直線ZYとの交点をLとし，直線LKと円O_1との交点で点Kとは異なる点をMとすると

$$\mathrm{LM} \cdot \mathrm{LK} = \boxed{サシ}$$

である。

また，ZI＝[ス]$\sqrt{[セソ]}$であるので，直線LKと直線ℓとの交点をNとすると

$$\frac{\mathrm{LN}}{\mathrm{NK}} = \frac{\boxed{タ}}{\boxed{チ}}, \quad \mathrm{SN} = \frac{\boxed{ツ}}{\boxed{テ}}$$

である。

数学Ⅱ・数学B

問　題	選 択 方 法
第１問	必　　答
第２問	必　　答
第３問	いずれか２問を選択し，解答しなさい。
第４問	
第５問	

第１問　（必答問題）（配点　30）

〔1〕

(1)　$\log_{10} 10 =$ ア である。また，$\log_{10} 5$，$\log_{10} 15$ をそれぞれ $\log_{10} 2$ と $\log_{10} 3$ を用いて表すと

$\log_{10} 5 =$ イ $\log_{10} 2 +$ ウ

$\log_{10} 15 =$ エ $\log_{10} 2 + \log_{10} 3 +$ オ

となる。

(2)　太郎さんと花子さんは，15^{20} について話している。

以下では，$\log_{10} 2 = 0.3010$，$\log_{10} 3 = 0.4771$ とする。

太郎：15^{20} は何桁の数だろう。

花子：15 の 20 乗を求めるのは大変だね。$\log_{10} 15^{20}$ の整数部分に着目してみようよ。

$\log_{10} 15^{20}$ は

$$\boxed{\text{カキ}} < \log_{10} 15^{20} < \boxed{\text{カキ}} + 1$$

を満たす。よって，15^{20} は **クケ** 桁の数である。

太郎：15^{20} の最高位の数字も知りたいね。だけど，$\log_{10} 15^{20}$ の整数部分にだけ着目してもわからないな。

花子：$N \cdot 10^{\boxed{\text{カキ}}} < 15^{20} < (N+1) \cdot 10^{\boxed{\text{カキ}}}$ を満たすような正の整数 N に着目してみたらどうかな。

$\log_{10} 15^{20}$ の小数部分は $\log_{10} 15^{20} - \boxed{\text{カキ}}$ であり

$$\log_{10} \boxed{\text{コ}} < \log_{10} 15^{20} - \boxed{\text{カキ}} < \log_{10}\left(\boxed{\text{コ}} + 1\right)$$

が成り立つので，15^{20} の最高位の数字は **サ** である。

〔2〕 座標平面上の原点を中心とする半径1の円周上に3点 $P(\cos\theta,\ \sin\theta)$, $Q(\cos\alpha,\ \sin\alpha)$, $R(\cos\beta,\ \sin\beta)$がある。ただし，$0 \leqq \theta < \alpha < \beta < 2\pi$ とする。このとき，s と t を次のように定める。

$$s = \cos\theta + \cos\alpha + \cos\beta,\quad t = \sin\theta + \sin\alpha + \sin\beta$$

(1) △PQR が正三角形や二等辺三角形のときの s と t の値について考察しよう。

考察 1

△PQR が正三角形である場合を考える。

この場合，α，β を θ で表すと

$$\alpha = \theta + \frac{\boxed{\text{シ}}}{3}\pi,\quad \beta = \theta + \frac{\boxed{\text{ス}}}{3}\pi$$

であり，加法定理により

$$\cos\alpha = \boxed{\text{セ}},\quad \sin\alpha = \boxed{\text{ソ}}$$

である。同様に，$\cos\beta$ および $\sin\beta$ を，$\sin\theta$ と $\cos\theta$ を用いて表すことができる。

これらのことから，$s = t = \boxed{\text{タ}}$ である。

$\boxed{\text{セ}}$，$\boxed{\text{ソ}}$ の解答群(同じものを繰り返し選んでもよい。)

⓪ $\frac{1}{2}\sin\theta + \frac{\sqrt{3}}{2}\cos\theta$　　① $\frac{\sqrt{3}}{2}\sin\theta + \frac{1}{2}\cos\theta$

② $\frac{1}{2}\sin\theta - \frac{\sqrt{3}}{2}\cos\theta$　　③ $\frac{\sqrt{3}}{2}\sin\theta - \frac{1}{2}\cos\theta$

④ $-\frac{1}{2}\sin\theta + \frac{\sqrt{3}}{2}\cos\theta$　　⑤ $-\frac{\sqrt{3}}{2}\sin\theta + \frac{1}{2}\cos\theta$

⑥ $-\frac{1}{2}\sin\theta - \frac{\sqrt{3}}{2}\cos\theta$　　⑦ $-\frac{\sqrt{3}}{2}\sin\theta - \frac{1}{2}\cos\theta$

考察 2

△PQR が PQ = PR となる二等辺三角形である場合を考える。

例えば，点Pが直線 $y=x$ 上にあり，点Q，Rが直線 $y=x$ に関して対称であるときを考える。このとき，$\theta=\frac{\pi}{4}$ である。また，α は $\alpha<\frac{5}{4}\pi$，β は $\frac{5}{4}\pi<\beta$ を満たし，点Q，Rの座標について，$\sin\beta=\cos\alpha$，$\cos\beta=\sin\alpha$ が成り立つ。よって

$$s=t=\frac{\sqrt{\boxed{\text{チ}}}}{\boxed{\text{ツ}}}+\sin\alpha+\cos\alpha$$

である。

ここで，三角関数の合成により

$$\sin\alpha+\cos\alpha=\sqrt{\boxed{\text{テ}}}\sin\left(\alpha+\frac{\pi}{\boxed{\text{ト}}}\right)$$

である。したがって

$$\alpha=\frac{\boxed{\text{ナニ}}}{12}\pi,\ \beta=\frac{\boxed{\text{ヌネ}}}{12}\pi$$

のとき，$s=t=0$ である。

(2) 次に，s と t の値を定めたときの θ，α，β の関係について考察しよう。

考察 3

$s=t=0$ の場合を考える。

この場合，$\sin^2\theta+\cos^2\theta=1$ により，α と β について考えると

$$\cos\alpha\cos\beta+\sin\alpha\sin\beta=\frac{\boxed{\text{ノハ}}}{\boxed{\text{ヒ}}}$$

である。

同様に，θ と α について考えると

$$\cos\theta\cos\alpha+\sin\theta\sin\alpha=\frac{\boxed{\text{ノハ}}}{\boxed{\text{ヒ}}}$$

であるから，θ，α，β の範囲に注意すると

$$\beta-\alpha=\alpha-\theta=\frac{\boxed{\text{フ}}}{\boxed{\text{ヘ}}}\pi$$

という関係が得られる。

(3)　これまでの考察を振り返ると，次の⓪～③のうち，正しいものは **ホ** であることがわかる。

ホ の解答群

⓪　△PQR が正三角形ならば $s = t = 0$ であり，$s = t = 0$ ならば △PQR は正三角形である。

①　△PQR が正三角形ならば $s = t = 0$ であるが，$s = t = 0$ であっても △PQR が正三角形でない場合がある。

②　△PQR が正三角形であっても $s = t = 0$ でない場合があるが，$s = t = 0$ ならば △PQR は正三角形である。

③　△PQR が正三角形であっても $s = t = 0$ でない場合があり，$s = t = 0$ であっても △PQR が正三角形でない場合がある。

第２問　(必答問題)(配点　30)

〔1〕 a を実数とし，$f(x)=(x-a)(x-2)$ とおく。また，$F(x)=\int_0^x f(t)\,dt$ とする。

(1) $a=1$ のとき，$F(x)$ は $x=$ ［ア］ で極小になる。

(2) $a=$ ［イ］ のとき，$F(x)$ はつねに増加する。また，$F(0)=$ ［ウ］ であるから，$a=$ ［イ］ のとき，$F(2)$ の値は ［エ］ である。

［エ］の解答群

⓪ 0	① 正	② 負

(3)　$a >$ [イ] とする。

b を実数とし，$G(x) = \int_b^x f(t)\,dt$ とおく。

関数 $y = G(x)$ のグラフは，$y = F(x)$ のグラフを [オ] 方向に [カ] だけ平行移動したものと一致する。また，$G(x)$ は $x =$ [キ] で極大になり，$x =$ [ク] で極小になる。

$G(b) =$ [ケ] であるから，$b =$ [キ] のとき，曲線 $y = G(x)$ と x 軸との共有点の個数は [コ] 個である。

[オ] の解答群

⓪　x 軸	①　y 軸

[カ] の解答群

⓪　b	①　$-b$	②　$F(b)$
③　$-F(b)$	④　$F(-b)$	⑤　$-F(-b)$

〔2〕 $g(x)=|x|(x+1)$ とおく。

点P$(-1,\ 0)$を通り，傾きが c の直線を ℓ とする。$g'(-1)=$ サ であるから，$0<c<$ サ のとき，曲線 $y=g(x)$ と直線 ℓ は3点で交わる。そのうちの1点はPであり，残りの2点を点Pに近い方から順にQ，Rとすると，点Qの x 座標は シス であり，点Rの x 座標は セ である。

また，$0 < c <$ サ のとき，線分PQと曲線 $y = g(x)$ で囲まれた図形の面積を S とし，線分QRと曲線 $y = g(x)$ で囲まれた図形の面積を T とすると

$$S = \frac{\boxed{\text{ソ}}\,c^3 + \boxed{\text{タ}}\,c^2 - \boxed{\text{チ}}\,c + 1}{\boxed{\text{ツ}}}$$

$$T = c^{\boxed{\text{テ}}}$$

である。

第3問 (選択問題) (配点　20)

以下の問題を解答するにあたっては，必要に応じて86ページの正規分布表を用いてもよい。

ある大学には，多くの留学生が在籍している。この大学の留学生に対して学習や生活を支援する留学生センターでは，留学生の日本語の学習状況について関心を寄せている。

(1) この大学では，留学生に対する授業として，以下に示す三つの日本語学習コースがある。

初級コース：1週間に10時間の日本語の授業を行う

中級コース：1週間に8時間の日本語の授業を行う

上級コース：1週間に6時間の日本語の授業を行う

すべての留学生が三つのコースのうち，いずれか一つのコースのみに登録することになっている。留学生全体における各コースに登録した留学生の割合は，それぞれ

初級コース：20％，中級コース：35％，上級コース：［アイ］％

であった。ただし，数値はすべて正確な値であり，四捨五入されていないものとする。

この留学生の集団において，一人を無作為に抽出したとき，その留学生が1週間に受講する日本語学習コースの授業の時間数を表す確率変数をXとする。Xの平均(期待値)は$\frac{\boxed{ウエ}}{2}$であり，Xの分散は$\frac{\boxed{オカ}}{20}$である。

次に，留学生全体を母集団とし，a 人を無作為に抽出したとき，初級コースに登録した人数を表す確率変数を Y とすると，Y は二項分布に従う。このとき，Y の平均 $E(Y)$ は

$$E(Y)=\frac{\boxed{\text{キ}}}{\boxed{\text{ク}}}$$

である。

また，上級コースに登録した人数を表す確率変数を Z とすると，Z は二項分布に従う。Y，Z の標準偏差をそれぞれ $\sigma(Y)$，$\sigma(Z)$ とすると

$$\frac{\sigma(Z)}{\sigma(Y)}=\frac{\boxed{\text{ケ}}\sqrt{\boxed{\text{コサ}}}}{\boxed{\text{シ}}}$$

である。

ここで，$a=100$ としたとき，無作為に抽出された留学生のうち，初級コースに登録した留学生が28人以上となる確率を p とする。$a=100$ は十分大きいので，Y は近似的に正規分布に従う。このことを用いて p の近似値を求めると，$p=$ $\boxed{\text{ス}}$ である。

$\boxed{\text{ス}}$ については，最も適当なものを，次の⓪～⑤のうちから一つ選べ。

⓪　0.002	①　0.023	②　0.228
③　0.477	④　0.480	⑤　0.977

(2) 40人の留学生を無作為に抽出し，ある1週間における留学生の日本語学習コース以外の日本語の学習時間(分)を調査した。ただし，日本語の学習時間は母平均 m，母分散 σ^2 の分布に従うものとする。

母分散 σ^2 を640と仮定すると，標本平均の標準偏差は［セ］となる。調査の結果，40人の学習時間の平均値は120であった。標本平均が近似的に正規分布に従うとして，母平均 m に対する信頼度95％の信頼区間を $C_1 \leqq m \leqq C_2$ とすると

$$C_1 = \boxed{ソタチ}.\boxed{ツテ},\ C_2 = \boxed{トナニ}.\boxed{ヌネ}$$

である。

(3) (2)の調査とは別に，日本語の学習時間を再度調査することになった。そこで，50人の留学生を無作為に抽出し，調査した結果，学習時間の平均値は120であった。

母分散 σ^2 を640と仮定したとき，母平均 m に対する信頼度95％の信頼区間を $D_1 \leqq m \leqq D_2$ とすると，［ノ］が成り立つ。

一方，母分散 σ^2 を960と仮定したとき，母平均 m に対する信頼度95％の信頼区間を $E_1 \leqq m \leqq E_2$ とする。このとき，$D_2 - D_1 = E_2 - E_1$ となるためには，標本の大きさを50の［ハ］.［ヒ］倍にする必要がある。

［ノ］の解答群

⓪ $D_1 < C_1$ かつ $D_2 < C_2$	① $D_1 < C_1$ かつ $D_2 > C_2$
② $D_1 > C_1$ かつ $D_2 < C_2$	③ $D_1 > C_1$ かつ $D_2 > C_2$

正　規　分　布　表

次の表は，標準正規分布の分布曲線における右図の灰色部分の面積の値をまとめたものである。

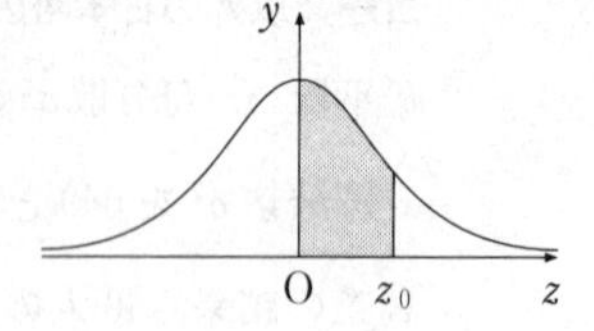

z_0	0.00	0.01	0.02	0.03	0.04	0.05	0.06	0.07	0.08	0.09
0.0	0.0000	0.0040	0.0080	0.0120	0.0160	0.0199	0.0239	0.0279	0.0319	0.0359
0.1	0.0398	0.0438	0.0478	0.0517	0.0557	0.0596	0.0636	0.0675	0.0714	0.0753
0.2	0.0793	0.0832	0.0871	0.0910	0.0948	0.0987	0.1026	0.1064	0.1103	0.1141
0.3	0.1179	0.1217	0.1255	0.1293	0.1331	0.1368	0.1406	0.1443	0.1480	0.1517
0.4	0.1554	0.1591	0.1628	0.1664	0.1700	0.1736	0.1772	0.1808	0.1844	0.1879
0.5	0.1915	0.1950	0.1985	0.2019	0.2054	0.2088	0.2123	0.2157	0.2190	0.2224
0.6	0.2257	0.2291	0.2324	0.2357	0.2389	0.2422	0.2454	0.2486	0.2517	0.2549
0.7	0.2580	0.2611	0.2642	0.2673	0.2704	0.2734	0.2764	0.2794	0.2823	0.2852
0.8	0.2881	0.2910	0.2939	0.2967	0.2995	0.3023	0.3051	0.3078	0.3106	0.3133
0.9	0.3159	0.3186	0.3212	0.3238	0.3264	0.3289	0.3315	0.3340	0.3365	0.3389
1.0	0.3413	0.3438	0.3461	0.3485	0.3508	0.3531	0.3554	0.3577	0.3599	0.3621
1.1	0.3643	0.3665	0.3686	0.3708	0.3729	0.3749	0.3770	0.3790	0.3810	0.3830
1.2	0.3849	0.3869	0.3888	0.3907	0.3925	0.3944	0.3962	0.3980	0.3997	0.4015
1.3	0.4032	0.4049	0.4066	0.4082	0.4099	0.4115	0.4131	0.4147	0.4162	0.4177
1.4	0.4192	0.4207	0.4222	0.4236	0.4251	0.4265	0.4279	0.4292	0.4306	0.4319
1.5	0.4332	0.4345	0.4357	0.4370	0.4382	0.4394	0.4406	0.4418	0.4429	0.4441
1.6	0.4452	0.4463	0.4474	0.4484	0.4495	0.4505	0.4515	0.4525	0.4535	0.4545
1.7	0.4554	0.4564	0.4573	0.4582	0.4591	0.4599	0.4608	0.4616	0.4625	0.4633
1.8	0.4641	0.4649	0.4656	0.4664	0.4671	0.4678	0.4686	0.4693	0.4699	0.4706
1.9	0.4713	0.4719	0.4726	0.4732	0.4738	0.4744	0.4750	0.4756	0.4761	0.4767
2.0	0.4772	0.4778	0.4783	0.4788	0.4793	0.4798	0.4803	0.4808	0.4812	0.4817
2.1	0.4821	0.4826	0.4830	0.4834	0.4838	0.4842	0.4846	0.4850	0.4854	0.4857
2.2	0.4861	0.4864	0.4868	0.4871	0.4875	0.4878	0.4881	0.4884	0.4887	0.4890
2.3	0.4893	0.4896	0.4898	0.4901	0.4904	0.4906	0.4909	0.4911	0.4913	0.4916
2.4	0.4918	0.4920	0.4922	0.4925	0.4927	0.4929	0.4931	0.4932	0.4934	0.4936
2.5	0.4938	0.4940	0.4941	0.4943	0.4945	0.4946	0.4948	0.4949	0.4951	0.4952
2.6	0.4953	0.4955	0.4956	0.4957	0.4959	0.4960	0.4961	0.4962	0.4963	0.4964
2.7	0.4965	0.4966	0.4967	0.4968	0.4969	0.4970	0.4971	0.4972	0.4973	0.4974
2.8	0.4974	0.4975	0.4976	0.4977	0.4977	0.4978	0.4979	0.4979	0.4980	0.4981
2.9	0.4981	0.4982	0.4982	0.4983	0.4984	0.4984	0.4985	0.4985	0.4986	0.4986
3.0	0.4987	0.4987	0.4987	0.4988	0.4988	0.4989	0.4989	0.4989	0.4990	0.4990

第4問 (選択問題)(配点　20)

〔1〕 自然数 n に対して，$S_n = 5^n - 1$ とする。さらに，数列 $\{a_n\}$ の初項から第 n 項までの和が S_n であるとする。このとき，$a_1 = \boxed{\text{ア}}$ である。また，$n \geqq 2$ のとき

$$a_n = \boxed{\text{イ}} \cdot \boxed{\text{ウ}}^{n-1}$$

である。この式は $n = 1$ のときにも成り立つ。

上で求めたことから，すべての自然数 n に対して

$$\sum_{k=1}^{n} \frac{1}{a_k} = \frac{\boxed{\text{エ}}}{\boxed{\text{オカ}}}\left(1 - \boxed{\text{キ}}^{-n}\right)$$

が成り立つことがわかる。

〔2〕　太郎さんは和室の畳を見て，畳の敷き方が何通りあるかに興味を持った。ちょうど手元にタイルがあったので，畳をタイルに置き換えて，数学的に考えることにした。

縦の長さが1，横の長さが2の長方形のタイルが多数ある。それらを縦か横の向きに，隙間も重なりもなく敷き詰めるとき，その敷き詰め方をタイルの「配置」と呼ぶ。

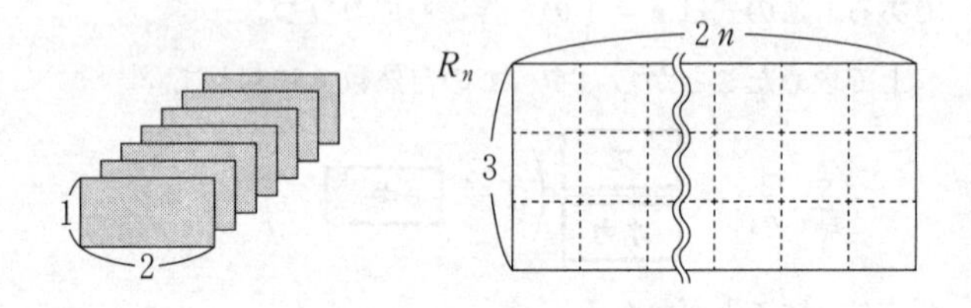

上の図のように，縦の長さが3，横の長さが$2n$の長方形をR_nとする。$3n$枚のタイルを用いたR_n内の配置の総数をr_nとする。

$n=1$のときは，下の図のように$r_1=3$である。

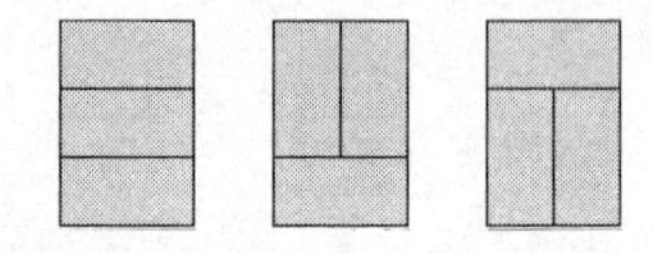

また，$n=2$のときは，下の図のように$r_2=11$である。

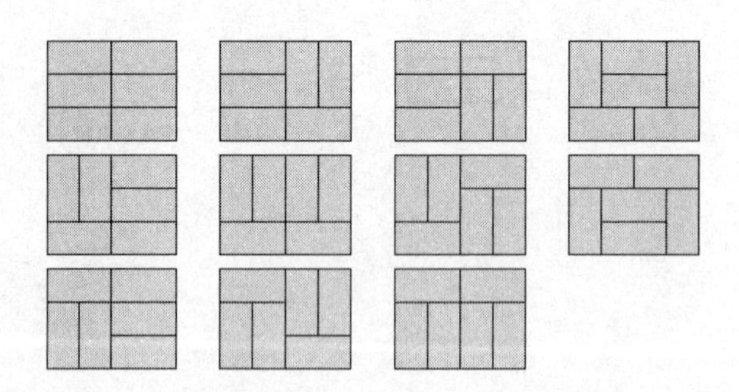

(1)　太郎さんは次のような図形 T_n 内の配置を考えた。

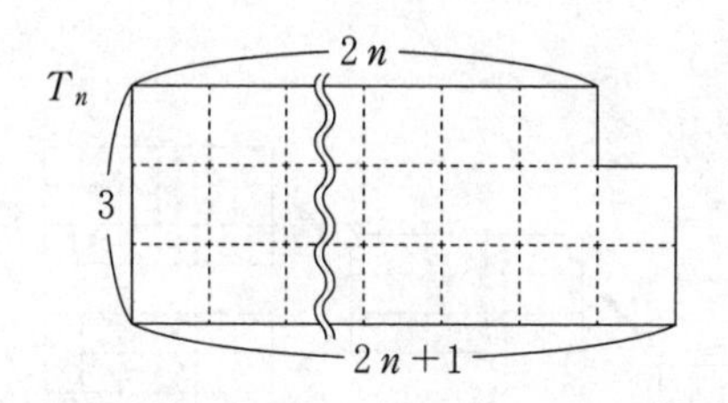

$(3n+1)$枚のタイルを用いた T_n 内の配置の総数を t_n とする。$n=1$ のときは，$t_1=$ [ク] である。

さらに，太郎さんは T_n 内の配置について，右下隅(すみ)のタイルに注目して次のような図をかいて考えた。

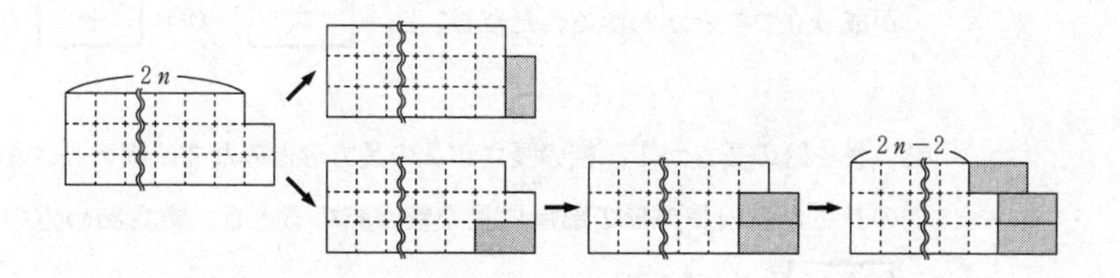

この図から，2以上の自然数 n に対して

$$t_n = Ar_n + Bt_{n-1}$$

が成り立つことがわかる。ただし，$A=$ [ケ]，$B=$ [コ] である。

以上から，$t_2=$ [サシ] であることがわかる。

同様に，R_n の右下隅のタイルに注目して次のような図をかいて考えた。

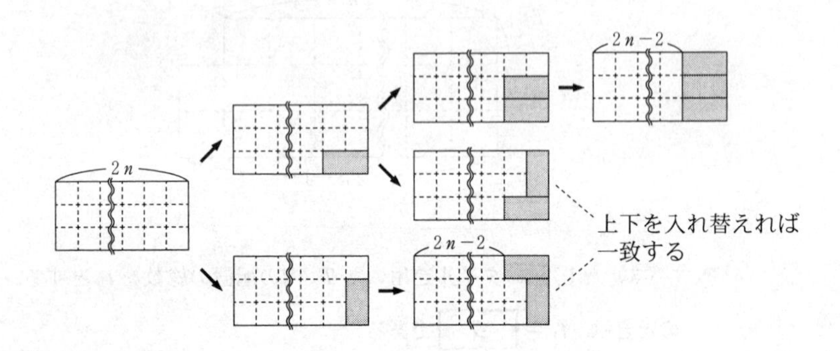

この図から，2以上の自然数 n に対して

$$r_n = Cr_{n-1} + Dt_{n-1}$$

が成り立つことがわかる。ただし，$C=$ ［ス］，$D=$ ［セ］である。

(2)　畳を縦の長さが1，横の長さが2の長方形とみなす。縦の長さが3，横の長さが6の長方形の部屋に畳を敷き詰めるとき，敷き詰め方の総数は［ソタ］である。

また，縦の長さが3，横の長さが8の長方形の部屋に畳を敷き詰めるとき，敷き詰め方の総数は［チツテ］である。

第5問　(選択問題)(配点　20)

Oを原点とする座標空間に2点A$(-1,\ 2,\ 0)$, B$(2,\ p,\ q)$がある。ただし，$q>0$とする。線分ABの中点Cから直線OAに引いた垂線と直線OAの交点Dは，線分OAを$9:1$に内分するものとする。また，点Cから直線OBに引いた垂線と直線OBの交点Eは，線分OBを$3:2$に内分するものとする。

(1)　点Bの座標を求めよう。

$|\overrightarrow{OA}|^2=$ ア である。また，$\overrightarrow{OD}=\dfrac{\text{イ}}{\text{ウエ}}\overrightarrow{OA}$ であることにより，

$\overrightarrow{CD}=\dfrac{\text{オ}}{\text{カ}}\overrightarrow{OA}-\dfrac{\text{キ}}{\text{ク}}\overrightarrow{OB}$ と表される。$\overrightarrow{OA}\perp\overrightarrow{CD}$ から

$$\overrightarrow{OA}\cdot\overrightarrow{OB}=\text{ケ} \qquad \cdots\cdots\cdots\cdots ①$$

である。同様に，$\overrightarrow{CE}$ を $\overrightarrow{OA}$, $\overrightarrow{OB}$ を用いて表すと，$\overrightarrow{OB}\perp\overrightarrow{CE}$ から

$$|\overrightarrow{OB}|^2=20 \qquad \cdots\cdots\cdots\cdots ②$$

を得る。

①と②，および$q>0$から，Bの座標は$\left(2,\ \text{コ},\ \sqrt{\text{サ}}\right)$である。

(2)　3点O，A，Bの定める平面をαとし，点$(4, 4, -\sqrt{7})$をGとする。また，α上に点Hを$\overrightarrow{GH} \perp \overrightarrow{OA}$と$\overrightarrow{GH} \perp \overrightarrow{OB}$が成り立つようにとる。$\overrightarrow{OH}$を$\overrightarrow{OA}$，$\overrightarrow{OB}$を用いて表そう。

Hがα上にあることから，実数s，tを用いて

$$\overrightarrow{OH} = s\,\overrightarrow{OA} + t\,\overrightarrow{OB}$$

と表される。よって

$$\overrightarrow{GH} = \boxed{\text{シ}}\,\overrightarrow{OG} + s\,\overrightarrow{OA} + t\,\overrightarrow{OB}$$

である。これと，$\overrightarrow{GH} \perp \overrightarrow{OA}$ および $\overrightarrow{GH} \perp \overrightarrow{OB}$ が成り立つことから，

$s = \dfrac{\boxed{\text{ス}}}{\boxed{\text{セ}}}$，$t = \dfrac{\boxed{\text{ソ}}}{\boxed{\text{タチ}}}$が得られる。ゆえに

$$\overrightarrow{OH} = \frac{\boxed{\text{ス}}}{\boxed{\text{セ}}}\overrightarrow{OA} + \frac{\boxed{\text{ソ}}}{\boxed{\text{タチ}}}\overrightarrow{OB}$$

となる。また，このことから，Hは $\boxed{\text{ツ}}$ であることがわかる。

$\boxed{\text{ツ}}$ の解答群

⓪　三角形OACの内部の点
①　三角形OBCの内部の点
②　点O，Cと異なる，線分OC上の点
③　三角形OABの周上の点
④　三角形OABの内部にも周上にもない点

共通テスト

第2回 試行調査

数学Ⅰ・数学A：
解答時間 70分
配点 100点

数学Ⅱ・数学B：
解答時間 60分
配点 100点

第2回試行調査　解答上の注意　〔数学Ⅰ・数学A〕

〔マーク式の解答について〕

1　問題の文中の［ア］，［イウ］などには，特に指示がないかぎり，符号(−，±)又は数字(0〜9)が入ります。ア，イ，ウ，…の一つ一つは，これらのいずれか一つに対応します。それらを解答用紙のア，イ，ウ，…で示された解答欄にマークして答えなさい。

（例1）［アイウ］に −83 と答えたいとき

ア	●　±　0　1　2　3　4　5　6　7　8　9
イ	−　±　0　1　2　3　4　5　6　7　●　9
ウ	−　±　0　1　2　●　4　5　6　7　8　9

なお，同一の問題文中に［ア］，［イウ］などが2度以上現れる場合，原則として，2度目以降は，［ア］，［イウ］のように細字で表記します。

また，「すべて選べ」と指示のある問いに対して，複数解答する場合は，同じ解答欄に符号又は数字を**複数マーク**しなさい。例えば，［エ］と表示のある問いに対して①，④と解答する場合は，次の(例2)のように**解答欄エの①，④にそれぞれマーク**しなさい。

（例2）

エ	−　±　0　●　2　3　●　5　6　7　8　9

2　分数形で解答する場合，分数の符号は分子につけ，分母につけてはいけません。

例えば，$\frac{［オカ］}{［キ］}$ に $-\frac{4}{5}$ と答えたいときは，$\frac{-4}{5}$ として答えなさい。

また，それ以上約分できない形で答えなさい。

例えば，$\frac{3}{4}$ と答えるところを，$\frac{6}{8}$ のように答えてはいけません。

3　小数の形で解答する場合，指定された桁数の一つ下の桁を四捨五入して答えなさい。また，必要に応じて，指定された桁まで⓪にマークしなさい。

例えば，［ク］.［ケコ］に 2.5 と答えたいときには，2.50 として答えなさい。

4　根号を含む形で解答する場合，根号の中に現れる自然数が最小となる形で答えなさい。

例えば，[サ]$\sqrt{[シ]}$ に $4\sqrt{2}$ と答えるところを，$2\sqrt{8}$ のように答えてはいけません。

★〔記述式の解答について〕

解答欄 [(あ)]，[(い)] などには，特に指示がないかぎり，枠内に数式や言葉を判読ができるよう丁寧な文字で記述して答えなさい。記述は複数行になってもよいが，枠内に入るようにしなさい。枠外に記述している解答は，採点の対象外とします。

(注) 記述式問題については，導入が見送られることになりました。本書では，出題内容や場面設定の参考としてそのまま掲載しています（該当の問題には★印を付けています)。

数学Ⅰ・数学A

問　題	選　択　方　法
第1問	必　　答
第2問	必　　答
第3問	いずれか2問を選択し，解答しなさい。
第4問	
第5問	

第1問 （必答問題）（配点 25）

〔1〕 有理数全体の集合をA，無理数全体の集合をBとし，空集合を$\varnothing$と表す。このとき，次の問いに答えよ。

★ (1) 「集合Aと集合Bの共通部分は空集合である」という命題を，記号を用いて表すと次のようになる。

$$A \cap B = \varnothing$$

「1のみを要素にもつ集合は集合Aの部分集合である」という命題を，記号を用いて表せ。解答は，解答欄 [(あ)] に記述せよ。

(2) 命題「$x \in B$，$y \in B$ならば，$x + y \in B$である」が偽であることを示すための反例となるx，yの組を，次の⓪～⑤のうちから二つ選べ。必要ならば，$\sqrt{2}$，$\sqrt{3}$，$\sqrt{2} + \sqrt{3}$ が無理数であることを用いてもよい。ただし，解答の順序は問わない。[ア]，[イ]

⓪ $x = \sqrt{2}$，$y = 0$

① $x = 3 - \sqrt{3}$，$y = \sqrt{3} - 1$

② $x = \sqrt{3} + 1$，$y = \sqrt{2} - 1$

③ $x = \sqrt{4}$，$y = -\sqrt{4}$

④ $x = \sqrt{8}$，$y = 1 - 2\sqrt{2}$

⑤ $x = \sqrt{2} - 2$，$y = \sqrt{2} + 2$

〔2〕 関数 $f(x)=a(x-p)^2+q$ について，$y=f(x)$ のグラフをコンピュータのグラフ表示ソフトを用いて表示させる。

このソフトでは，a，p，q の値を入力すると，その値に応じたグラフが表示される。さらに，それぞれの □ の下にある ● を左に動かすと値が減少し，右に動かすと値が増加するようになっており，値の変化に応じて関数のグラフが画面上で変化する仕組みになっている。

最初に，a，p，q をある値に定めたところ，図1のように，x 軸の負の部分と2点で交わる下に凸の放物線が表示された。

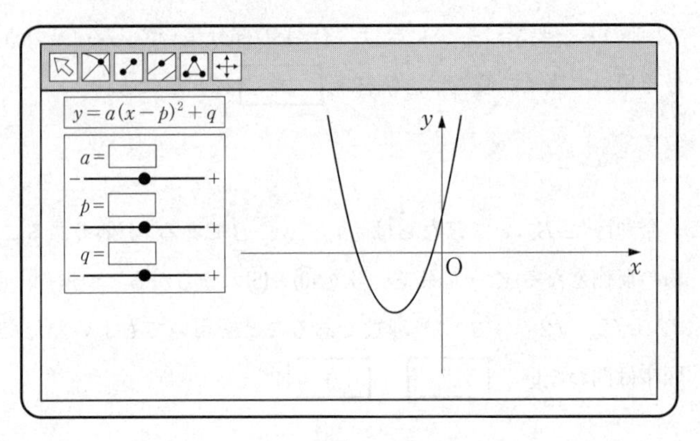

図1

(1) 図1の放物線を表示させる a，p，q の値に対して，方程式 $f(x)=0$ の解について正しく記述したものを，次の⓪～④のうちから一つ選べ。 ウ

⓪ 方程式 $f(x)=0$ は異なる二つの正の解をもつ。

① 方程式 $f(x)=0$ は異なる二つの負の解をもつ。

② 方程式 $f(x)=0$ は正の解と負の解をもつ。

③ 方程式 $f(x)=0$ は重解をもつ。

④ 方程式 $f(x)=0$ は実数解をもたない。

(2) 次の操作A，操作P，操作Qのうち，いずれか一つの操作を行い，不等式 $f(x) > 0$ の解を考える。

操作A：図1の状態から p，q の値は変えず，a の値だけを変化させる。

操作P：図1の状態から a，q の値は変えず，p の値だけを変化させる。

操作Q：図1の状態から a，p の値は変えず，q の値だけを変化させる。

このとき，操作A，操作P，操作Qのうち，「不等式 $f(x) > 0$ の解がすべての実数となること」が起こり得る操作は　エ　。また，「不等式 $f(x) > 0$ の解がないこと」が起こり得る操作は　オ　。

エ，オ に当てはまるものを，次の⓪～⑦のうちから一つずつ選べ。ただし，同じものを選んでもよい。

⓪　ない
①　操作Aだけである
②　操作Pだけである
③　操作Qだけである
④　操作Aと操作Pだけである
⑤　操作Aと操作Qだけである
⑥　操作Pと操作Qだけである
⑦　操作Aと操作Pと操作Qのすべてである

★〔3〕 久しぶりに小学校に行くと，階段の一段一段の高さが低く感じられることがある。これは，小学校と高等学校とでは階段の基準が異なるからである。学校の階段の基準は，下のように建築基準法によって定められている。

高等学校の階段では，蹴上(けあ)げが 18 cm 以下，踏面(ふみづら)が 26 cm 以上となっており，この基準では，傾斜は最大で約 35° である。

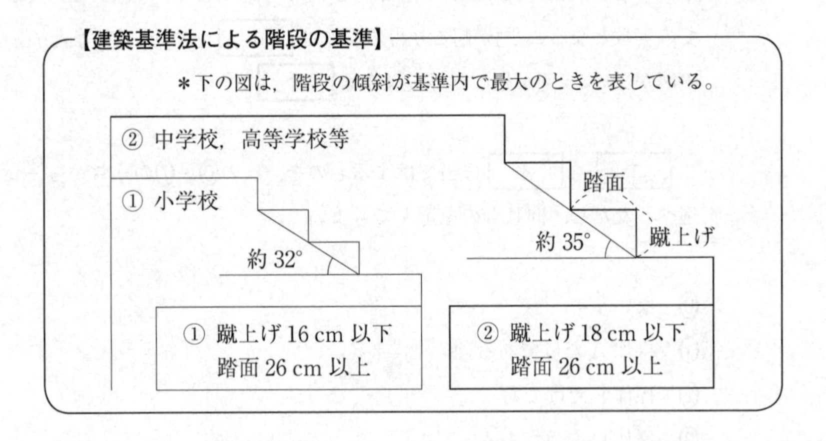

階段の傾斜をちょうど 33° とするとき，蹴上げを 18 cm 以下にするためには，踏面をどのような範囲に設定すればよいか。踏面を x cm として，x のとり得る値の範囲を求めるための不等式を，33° の三角比と x を用いて表せ。解答は，解答欄 (い) に記述せよ。ただし，踏面と蹴上げの長さはそれぞれ一定であるとし，また，踏面は水平であり，蹴上げは踏面に対して垂直であるとする。

(本問題の図は，「建築基準法の階段に係る基準について」(国土交通省)をもとに作成している。)

〔4〕 三角形ABCの外接円をOとし，円Oの半径をRとする。辺BC，CA，ABの長さをそれぞれa，b，cとし，∠CAB，∠ABC，∠BCAの大きさをそれぞれA，B，Cとする。

太郎さんと花子さんは三角形ABCについて

$$\frac{a}{\sin A}=\frac{b}{\sin B}=\frac{c}{\sin C}=2R \qquad \cdots\cdots\cdots(*)$$

の関係が成り立つことを知り，その理由について，まず直角三角形の場合を次のように考察した。

$C=90^\circ$のとき，円周角の定理より，線分ABは円Oの直径である。

よって，

$$\sin A=\frac{\mathrm{BC}}{\mathrm{AB}}=\frac{a}{2R}$$

であるから，

$$\frac{a}{\sin A}=2R$$

となる。

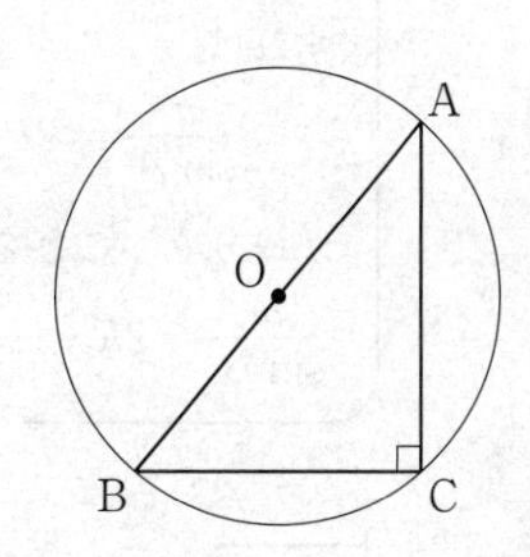

同様にして，

$$\frac{b}{\sin B}=2R$$

である。

また，$\sin C=1$なので，

$$\frac{c}{\sin C}=\mathrm{AB}=2R$$

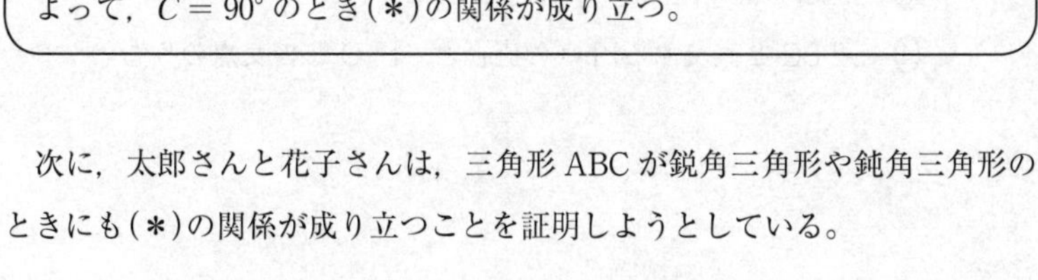

である。

よって，$C=90^\circ$のとき$(*)$の関係が成り立つ。

次に，太郎さんと花子さんは，三角形ABCが鋭角三角形や鈍角三角形のときにも$(*)$の関係が成り立つことを証明しようとしている。

(1) 三角形 ABC が鋭角三角形の場合についても(＊)の関係が成り立つことは，直角三角形の場合に(＊)の関係が成り立つことをもとにして，次のような太郎さんの構想により証明できる。

太郎さんの証明の構想

点 A を含む弧 BC 上に点 A′ をとると，円周角の定理より

$$\angle \mathrm{CAB} = \angle \mathrm{CA'B}$$

が成り立つ。

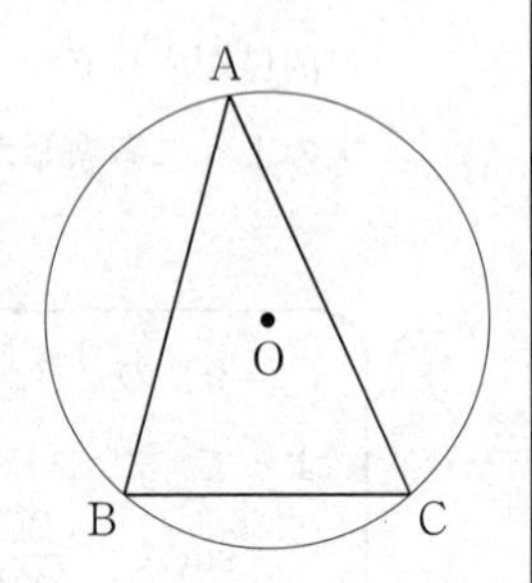

特に，[カ] を点 A′ とし，三角形 A′BC に対して $C = 90^\circ$ の場合の考察の結果を利用すれば，

$$\frac{a}{\sin A} = 2R$$

が成り立つことを証明できる。

$\dfrac{b}{\sin B} = 2R$，$\dfrac{c}{\sin C} = 2R$ についても同様に証明できる。

[カ] に当てはまる最も適当なものを，次の⓪～④のうちから一つ選べ。

⓪　点 B から辺 AC に下ろした垂線と，円 O との交点のうち点 B と異なる点
①　直線 BO と円 O との交点のうち点 B と異なる点
②　点 B を中心とし点 C を通る円と，円 O との交点のうち点 C と異なる点
③　点 O を通り辺 BC に平行な直線と，円 O との交点のうちの一つ
④　辺 BC と直交する円 O の直径と，円 O との交点のうちの一つ

(2) 三角形 ABC が $A > 90^\circ$ である鈍角三角形の場合についても $\dfrac{a}{\sin A} = 2R$ が成り立つことは，次のような花子さんの構想により証明できる。

花子さんの証明の構想

右図のように，線分 BD が円 O の直径となるように点 D をとると，三角形 BCD において

$$\sin \boxed{\text{キ}} = \frac{a}{2R}$$

である。

このとき，四角形 ABDC は円 O に内接するから，

$$\angle\text{CAB} = \boxed{\text{ク}}$$

であり，

$$\sin\angle\text{CAB} = \sin\left(\boxed{\text{ク}}\right) = \sin\boxed{\text{キ}}$$

となることを用いる。

$\boxed{\text{キ}}$，$\boxed{\text{ク}}$ に当てはまるものを，次の各解答群のうちから一つずつ選べ。

$\boxed{\text{キ}}$ **の解答群**

⓪ ∠ABC　① ∠ABD　② ∠ACB　③ ∠ACD
④ ∠BCD　⑤ ∠BDC　⑥ ∠CBD

$\boxed{\text{ク}}$ **の解答群**

⓪ 90° ＋ ∠ABC　① 180° － ∠ABC
② 90° ＋ ∠ACB　③ 180° － ∠ACB
④ 90° ＋ ∠BDC　⑤ 180° － ∠BDC
⑥ 90° ＋ ∠ABD　⑦ 180° － ∠CBD

第２問 （必答問題）（配点　35）

〔１〕 $\angle ACB = 90^\circ$ である直角三角形 ABC と，その辺上を移動する３点 P，Q，R がある。点 P，Q，R は，次の規則に従って移動する。

- 最初，点 P，Q，R はそれぞれ点 A，B，C の位置にあり，点 P，Q，R は同時刻に移動を開始する。
- 点 P は辺 AC 上を，点 Q は辺 BA 上を，点 R は辺 CB 上を，それぞれ向きを変えることなく，一定の速さで移動する。ただし，点 P は毎秒１の速さで移動する。
- 点 P，Q，R は，それぞれ点 C，A，B の位置に同時刻に到達し，移動を終了する。

次の問いに答えよ。

(1) 図１の直角三角形 ABC を考える。

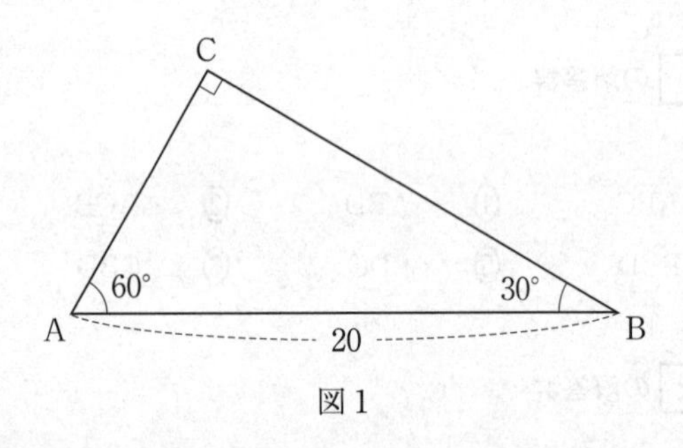

図１

(i) 各点が移動を開始してから２秒後の線分 PQ の長さと三角形 APQ の面積 S を求めよ。

$PQ =$ [ア] $\sqrt{\text{[イウ]}}$，$S =$ [エ] $\sqrt{\text{[オ]}}$

(ii) 各点が移動する間の線分PRの長さとして，とり得ない値，一回だけとり得る値，二回だけとり得る値を，次の⓪～④のうちからそれぞれ**すべて選べ**。ただし，移動には出発点と到達点も含まれるものとする。

とり得ない値　［カ］
一回だけとり得る値　［キ］
二回だけとり得る値　［ク］

⓪ $5\sqrt{2}$　① $5\sqrt{3}$　② $4\sqrt{5}$　③ 10　④ $10\sqrt{3}$

★ (iii) 各点が移動する間における三角形APQ，三角形BQR，三角形CRPの面積をそれぞれS_1，S_2，S_3とする。各時刻におけるS_1，S_2，S_3の間の大小関係と，その大小関係が時刻とともにどのように変化するかを答えよ。解答は，解答欄［(う)］に記述せよ。

(2) 直角三角形ABCの辺の長さを右の図2のように変えたとき，三角形PQRの面積が12となるのは，各点が移動を開始してから何秒後かを求めよ。

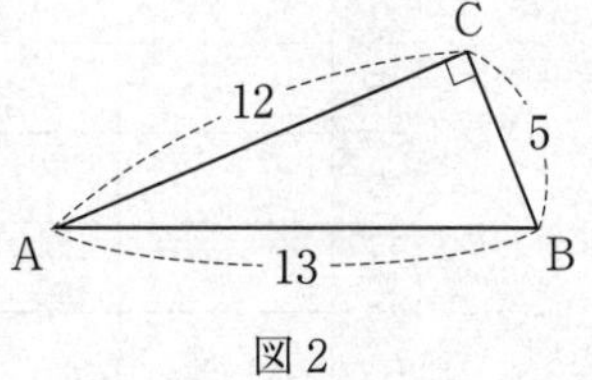

図2

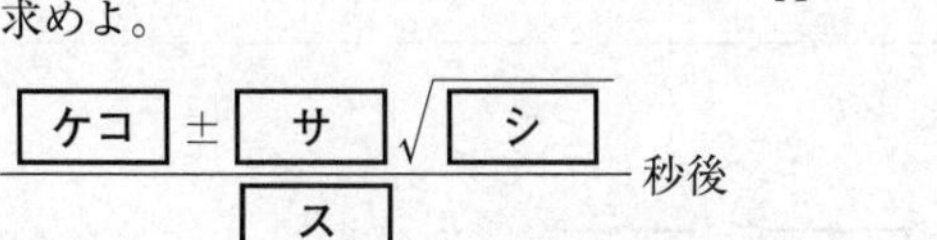

〔２〕 太郎さんと花子さんは二つの変量 x，y の相関係数について考えている。二人の会話を読み，下の問いに答えよ。

花子：先生からもらった表計算ソフトのＡ列とＢ列に値を入れると，Ｅ列にはＤ列に対応する正しい値が表示されるよ。

太郎：最初は簡単なところで二組の値から考えてみよう。

花子：２行目を $(x,\ y)=(1,\ 2)$，３行目を $(x,\ y)=(2,\ 1)$ としてみるね。

このときのコンピュータの画面のようすが次の図である。

	A	B	C	D	E
1	変量 x	変量 y		(x の平均値) =	セ
2	1	2		(x の標準偏差) =	ソ
3	2	1		(y の平均値) =	セ
4				(y の標準偏差) =	ソ
5					
6				(x と y の相関係数) =	タ
7					

(1)　セ，ソ，タ に当てはまるものを，次の⓪～⑨のうちから一つずつ選べ。ただし，同じものを繰り返し選んでもよい。

⓪　-1.50　①　-1.00　②　-0.50　③　-0.25　④　0.00

⑤　0.25　⑥　0.50　⑦　1.00　⑧　1.50　⑨　2.00

> 太郎：３行目の変量 y の値を０や -1 に変えても相関係数の値は［タ］になったね。
>
> 花子：今度は，３行目の変量 y の値を２に変えてみよう。
>
> 太郎：エラーが表示されて，相関係数は計算できないみたいだ。

(2)　変量 x と変量 y の値の組を変更して，$(x, y)=(1, 2)$，$(2, 2)$ としたときには相関係数が計算できなかった。その理由として最も適当なものを，次の⓪～③のうちから一つ選べ。［チ］

⓪　値の組の個数が２個しかないから。
①　変量 x の平均値と変量 y の平均値が異なるから。
②　変量 x の標準偏差の値と変量 y の標準偏差の値が異なるから。
③　変量 y の標準偏差の値が０であるから。

> 花子：３行目の変量 y の値を３に変更してみよう。相関係数の値は 1.00 だね。
>
> 太郎：３行目の変量 y の値が４のときも５のときも，相関係数の値は 1.00 だ。
>
> 花子：相関係数の値が 1.00 になるのはどんな特徴があるときかな。
>
> 太郎：値の組の個数を多くすると何かわかるかもしれないよ。

花子：じゃあ，次に値の組の個数を3としてみよう。

太郎：$(x,\ y)=(1,\ 1)$，$(2,\ 2)$，$(3,\ 3)$とすると相関係数の値は1.00だ。

花子：$(x,\ y)=(1,\ 1)$，$(2,\ 2)$，$(3,\ 1)$とすると相関係数の値は0.00になった。

太郎：$(x,\ y)=(1,\ 1)$，$(2,\ 2)$，$(2,\ 2)$とすると相関係数の値は1.00だね。

花子：まったく同じ値の組が含まれていても相関係数の値は計算できることがあるんだね。

太郎：思い切って，値の組の個数を100にして，1個だけ$(x,\ y)=(1,\ 1)$で，99個は$(x,\ y)=(2,\ 2)$としてみるね……。相関係数の値は1.00になったよ。

花子：値の組の個数が多くても，相関係数の値が1.00になるときもあるね。

(3)　相関係数の値についての記述として**誤っているもの**を，次の⓪～④のうちから一つ選べ。　ツ

⓪　値の組の個数が2のときには相関係数の値が0.00になることはない。

①　値の組の個数が3のときには相関係数の値が -1.00 となることがある。

②　値の組の個数が4のときには相関係数の値が1.00となることはない。

③　値の組の個数が50であり，1個の値の組が$(x,\ y)=(1,\ 1)$，残りの49個の値の組が$(x,\ y)=(2,\ 0)$のときは相関係数の値は -1.00 である。

④　値の組の個数が100であり，50個の値の組が$(x,\ y)=(1,\ 1)$，残りの50個の値の組が$(x,\ y)=(2,\ 2)$のときは相関係数の値は1.00である。

花子：値の組の個数が２のときは，相関係数の値は1.00か［タ］，または計算できない場合の３通りしかないね。

太郎：値の組を散布図に表したとき，相関係数の値はあくまで散布図の点が［テ］程度を表していて，値の組の個数が２の場合に，花子さんが言った３通りに限られるのは［ト］からだね。値の組の個数が多くても値の組が２種類のときはそれらにしかならないんだね。

花子：なるほどね。相関係数は，そもそも値の組の個数が多いときに使われるものだから，組の個数が極端に少ないときなどにはあまり意味がないのかもしれないね。

太郎：値の組の個数が少ないときはもちろんのことだけど，基本的に散布図と相関係数を合わせてデータの特徴を考えるとよさそうだね。

(4)［テ］，［ト］に当てはまる最も適当なものを，次の各解答群のうちから一つずつ選べ。

［テ］の解答群

⓪ x軸に関して対称に分布する
① 変量x，yのそれぞれの中央値を表す点の近くに分布する
② 変量x，yのそれぞれの平均値を表す点の近くに分布する
③ 円周に沿って分布する
④ 直線に沿って分布する

［ト］の解答群

⓪ 変量xの中央値と平均値が一致する
① 変量xの四分位数を考えることができない
② 変量x，yのそれぞれの平均値を表す点からの距離が等しい
③ 平面上の異なる２点は必ずある直線上にある
④ 平面上の異なる２点を通る円はただ１つに決まらない

第３問 （選択問題） （配点　20）

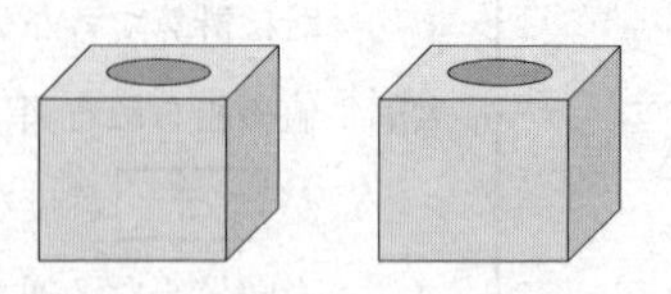

くじが 100 本ずつ入った二つの箱があり，それぞれの箱に入っている当たりくじの本数は異なる。これらの箱から二人の人が順にどちらかの箱を選んで１本ずつくじを引く。ただし，引いたくじはもとに戻さないものとする。

また，くじを引く人は，最初にそれぞれの箱に入れる当たりくじの本数は知っているが，それらがどちらの箱に入っているかはわからないものとする。

今，１番目の人が一方の箱からくじを１本引いたところ，当たりくじであったとする。２番目の人が当たりくじを引く確率を大きくするためには，１番目の人が引いた箱と同じ箱，異なる箱のどちらを選ぶべきかを考察しよう。

最初に当たりくじが多く入っている方の箱をＡ，もう一方の箱をＢとし，１番目の人がくじを引いた箱がＡである事象を A，Ｂである事象を B とする。このとき，$P(A) = P(B) = \frac{1}{2}$ とする。また，１番目の人が当たりくじを引く事象を W とする。

太郎さんと花子さんは，箱Ａ，箱Ｂに入っている当たりくじの本数によって，２番目の人が当たりくじを引く確率がどのようになるかを調べている。

(1)　箱Ａには当たりくじが 10 本入っていて，箱Ｂには当たりくじが５本入っている場合を考える。

> 花子：１番目の人が当たりくじを引いたから，その箱が箱Ａである可能性が高そうだね。その場合，箱Ａには当たりくじが９本残っているから，２番目の人は，１番目の人と同じ箱からくじを引いた方がよさそうだよ。
>
> 太郎：確率を計算してみようよ。

1番目の人が引いた箱が箱Aで，かつ当たりくじを引く確率は，

$$P(A \cap W) = P(A) \cdot P_A(W) = \frac{\boxed{ア}}{\boxed{イウ}}$$

である。一方で，1番目の人が当たりくじを引く事象 W は，箱Aから当たりくじを引くか箱Bから当たりくじを引くかのいずれかであるので，その確率は，

$$P(W) = \frac{\boxed{エ}}{\boxed{オカ}}$$

である。

よって，1番目の人が当たりくじを引いたという条件の下で，その箱が箱Aであるという条件付き確率 $P_W(A)$ は，

$$P_W(A) = \frac{P(A \cap W)}{P(W)} = \frac{\boxed{キ}}{\boxed{ク}}$$

と求められる。

また，1番目の人が当たりくじを引いた後，同じ箱から2番目の人がくじを引くとき，そのくじが当たりくじである確率は，

$$P_W(A) \times \frac{9}{99} + P_W(B) \times \frac{\boxed{ケ}}{99} = \frac{\boxed{コ}}{\boxed{サシ}}$$

である。

それに対して，1番目の人が当たりくじを引いた後，異なる箱から2番目の人がくじを引くとき，そのくじが当たりくじである確率は，$\dfrac{\boxed{ス}}{\boxed{セソ}}$ である。

花子：やっぱり１番目の人が当たりくじを引いた場合は，同じ箱から引いた方が当たりくじを引く確率が大きいよ。

太郎：そうだね。でも，思ったより確率の差はないんだね。もう少し当たりくじの本数の差が小さかったらどうなるのだろう。

花子：１番目の人が引いた箱が箱Ａの可能性が高いから，箱Ｂの当たりくじの本数が８本以下だったら，同じ箱のくじを引いた方がよいのではないかな。

太郎：確率を計算してみようよ。

(2) 今度は箱Ａには当たりくじが10本入っていて，箱Ｂには当たりくじが７本入っている場合を考える。

１番目の人が当たりくじを引いた後，同じ箱から２番目の人がくじを引くとき，そのくじが当たりくじである確率は $\dfrac{\boxed{タ}}{\boxed{チツ}}$ である。それに対して異なる箱からくじを引くとき，そのくじが当たりくじである確率は $\dfrac{7}{85}$ である。

太郎：今度は異なる箱から引く方が当たりくじを引く確率が大きくなったね。

花子：最初に当たりくじを引いた箱の方が箱Ａである確率が大きいのに不思議だね。計算してみないと直観ではわからなかったな。

太郎：二つの箱に入っている当たりくじの本数の差が小さくなれば，最初に当たりくじを引いた箱がＡである確率とＢである確率の差も小さくなるよ。最初に当たりくじを引いた箱がＢである場合は，もともと当たりくじが少ない上に前の人が１本引いてしまっているから当たりくじはなおさら引きにくいね。

花子：なるほどね。箱Ａに入っている当たりくじの本数は10本として，箱Ｂに入っている当たりくじが何本であれば同じ箱から引く方がよいのかを調べてみよう。

(3)　箱Ａに当たりくじが10本入っている場合，１番目の人が当たりくじを引いたとき，２番目の人が当たりくじを引く確率を大きくするためには，１番目の人が引いた箱と同じ箱，異なる箱のどちらを選ぶべきか。箱Ｂに入っている当たりくじの本数が４本，５本，６本，７本のそれぞれの場合において選ぶべき箱の組み合わせとして正しいものを，次の⓪～④のうちから一つ選べ。 テ

	箱Ｂに入っている当たりくじの本数			
	４本	５本	６本	７本
⓪	同じ箱	同じ箱	同じ箱	同じ箱
①	同じ箱	同じ箱	同じ箱	異なる箱
②	同じ箱	同じ箱	異なる箱	異なる箱
③	同じ箱	異なる箱	異なる箱	異なる箱
④	異なる箱	異なる箱	異なる箱	異なる箱

第４問（選択問題）（配点　20）

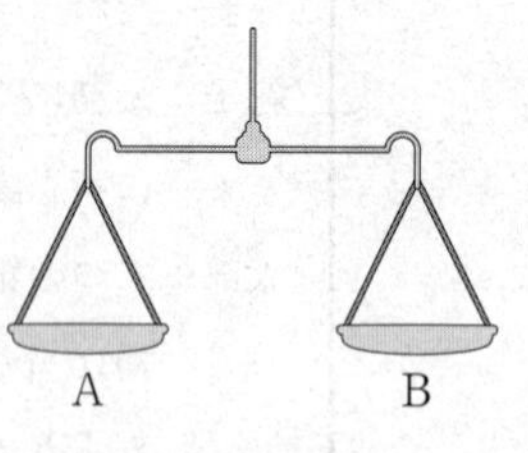

ある物体Ｘの質量を天秤（びん）ばかりと分銅を用いて量りたい。天秤ばかりは支点の両側に皿Ａ，Ｂが取り付けられており，両側の皿にのせたものの質量が等しいときに釣り合うように作られている。分銅は３gのものと８gのものを何個でも使うことができ，天秤ばかりの皿の上には分銅を何個でものせることができるものとする。以下では，物体Ｘの質量を M(g)とし，M は自然数であるとする。

(1)　天秤ばかりの皿Ａに物体Ｘをのせ，皿Ｂに３gの分銅３個をのせたところ，天秤ばかりはＢの側に傾いた。さらに，皿Ａに８gの分銅１個をのせたところ，天秤ばかりはＡの側に傾き，皿Ｂに３gの分銅２個をのせると天秤ばかりは釣り合った。このとき，皿Ａ，Ｂにのせているものの質量を比較すると

$$M + 8 \times \boxed{\text{ア}} = 3 \times \boxed{\text{イ}}$$

が成り立ち，$M = \boxed{\text{ウ}}$ である。上の式は

$$3 \times \boxed{\text{イ}} + 8 \times \left(-\boxed{\text{ア}}\right) = M$$

と変形することができ，$x = \boxed{\text{イ}}$，$y = -\boxed{\text{ア}}$ は，方程式 $3x + 8y = M$ の整数解の一つである。

(2)　$M=1$ のとき，皿Aに物体Xと8gの分銅 **エ** 個をのせ，皿Bに3gの分銅3個をのせると釣り合う。

よって，M がどのような自然数であっても，皿Aに物体Xと8gの分銅 **オ** 個をのせ，皿Bに3gの分銅 **カ** 個をのせることで釣り合うことになる。 **オ** ， **カ** に当てはまるものを，次の⓪～⑤のうちから一つずつ選べ。ただし，同じものを選んでもよい。

⓪　$M-1$　　①　M　　②　$M+1$

③　$M+3$　　④　$3M$　　⑤　$5M$

(3)　$M=20$ のとき，皿Aに物体Xと3gの分銅 p 個を，皿Bに8gの分銅 q 個をのせたところ，天秤ばかりが釣り合ったとする。このような自然数の組 (p, q) のうちで，p の値が最小であるものは $p=$ **キ** ，$q=$ **ク** であり，方程式 $3x+8y=20$ のすべての整数解は，整数 n を用いて

$x=$ **ケコ** $+$ **サ** n，$y=$ ク $-$ **シ** n

と表すことができる。

(4)　$M=$ ウ とする。3gと8gの分銅を，他の質量の分銅の組み合わせに変えると，分銅をどのようにのせても天秤ばかりが釣り合わない場合がある。この場合の分銅の質量の組み合わせを，次の⓪～③のうちから**すべて選べ**。ただし，2種類の分銅は，皿A，皿Bのいずれにも何個でものせることができるものとする。 **ス**

⓪　3gと14g　　①　3gと21g

②　8gと14g　　③　8gと21g

(5)　皿Aには物体Xのみをのせ，3gと8gの分銅は皿Bにしかのせられないとすると，天秤ばかりを釣り合わせることではMの値を量ることができない場合がある。このような自然数Mの値は［セ］通りあり，そのうち最も大きい値は［ソタ］である。

ここで，$M>$［ソタ］であれば，天秤ばかりを釣り合わせることでMの値を量ることができる理由を考えてみよう。xを0以上の整数とするとき，

(i)　$3x+8\times0$は0以上であって，3の倍数である。
(ii)　$3x+8\times1$は8以上であって，3で割ると2余る整数である。
(iii)　$3x+8\times2$は16以上であって，3で割ると1余る整数である。

［ソタ］より大きなMの値は，(i)，(ii)，(iii)のいずれかに当てはまることから，0以上の整数x，yを用いて$M=3x+8y$と表すことができ，3gの分銅x個と8gの分銅y個を皿BにのせることでMの値を量ることができる。

このような考え方で，0以上の整数x，yを用いて$3x+2018y$と表すことができないような自然数の最大値を求めると，［チツテト］である。

第5問 （選択問題）（配点　20）

ある日，太郎さんと花子さんのクラスでは，数学の授業で先生から次の**問題1**が宿題として出された。下の問いに答えよ。なお，円周上に異なる2点をとった場合，弧は二つできるが，本問題において，弧は二つあるうちの小さい方を指す。

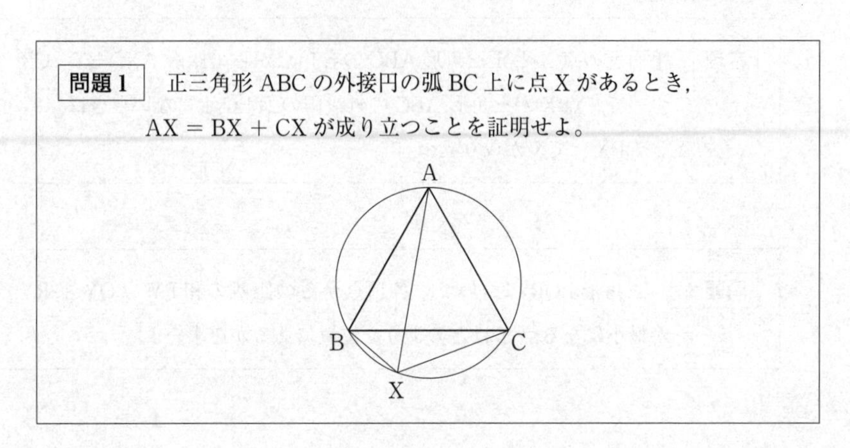

(1)　**問題1**は次のような構想をもとにして証明できる。

> 線分AX上にBX = B′Xとなる点B′をとり，BとB′を結ぶ。
> AX = AB′ + B′Xなので，AX = BX + CXを示すには，AB′ = CXを示せばよく，AB′ = CXを示すには，二つの三角形 ア と イ が合同であることを示せばよい。

ア ， イ に当てはまるものを，次の⓪～⑦のうちから一つずつ選べ。ただし， ア ， イ の解答の順序は問わない。

⓪　△ABB′	①　△AB′C	②　△ABX	③　△AXC
④　△BCB′	⑤　△BXB′	⑥　△B′XC	⑦　△CBX

太郎さんたちは，次の日の数学の授業で**問題1**を証明した後，点Xが弧BC上にないときについて先生に質問をした。その質問に対して先生は，一般に次の**定理**が成り立つことや，その**定理**と**問題1**で証明したことを使うと，下の**問題2**が解決できることを教えてくれた。

定理　平面上の点Xと正三角形ABCの各頂点からの距離AX，BX，CXについて，点Xが三角形ABCの外接円の弧BC上にないときは，$AX < BX + CX$が成り立つ。

問題2　三角形PQRについて，各頂点からの距離の和$PY + QY + RY$が最小になる点Yはどのような位置にあるかを求めよ。

(2)　太郎さんと花子さんは**問題２**について，次のような会話をしている。

花子：**問題１**で証明したことは，二つの線分 BX と CX の長さの和を一つの線分 AX の長さに置き換えられるってことだよね。

太郎：例えば，下の図の三角形 PQR で辺 PQ を１辺とする正三角形をかいてみたらどうかな。ただし，辺 QR を最も長い辺とするよ。辺 PQ に関して点R とは反対側に点 Sをとって，正三角形 PSQ をかき，その外接円をかいてみようよ。

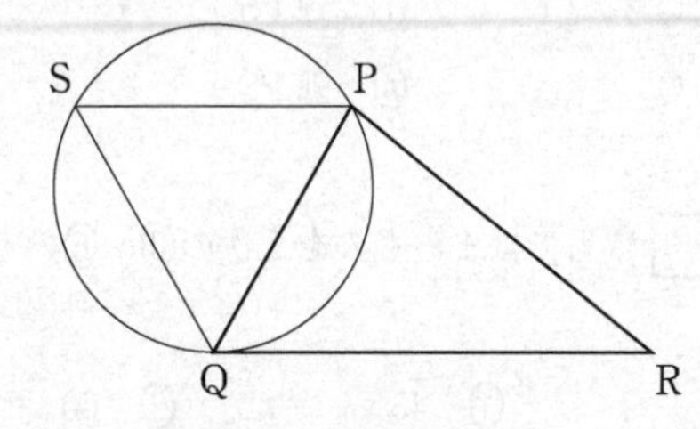

花子：正三角形 PSQ の外接円の弧 PQ 上に点 T をとると，PT と QT の長さの和は線分 ウ の長さに置き換えられるから，PT + QT + RT = ウ + RT になるね。

太郎：**定理**と**問題１**で証明したことを使うと**問題２**の点 Y は，点 エ と点 オ を通る直線と カ との交点になることが示せるよ。

花子：でも，∠QPR が キ °より大きいときは，点 エ と点 オ を通る直線と カ が交わらないから，∠QPR が キ °より小さいときという条件がつくよね。

太郎：では，∠QPR が キ °より大きいときは，点 Y はどのような点になるのかな。

(i)　ウ に当てはまるものを，次の⓪～⑤のうちから一つ選べ。

⓪ PQ　① PS　② QS
③ RS　④ RT　⑤ ST

(ii) [エ], [オ] に当てはまるものを，次の⓪～④のうちから一つずつ選べ。ただし，[エ], [オ] の解答の順序は問わない。

⓪ P　① Q　② R　③ S　④ T

(iii) [カ] に当てはまるものを，次の⓪～⑤のうちから一つ選べ。

⓪ 辺 PQ　① 辺 PS　② 辺 QS
③ 弧 PQ　④ 弧 PS　⑤ 弧 QS

(iv) [キ] に当てはまるものを，次の⓪～⑥のうちから一つ選べ。

⓪ 30　① 45　② 60　③ 90
④ 120　⑤ 135　⑥ 150

(v) ∠QPR が [キ]° より「小さいとき」と「大きいとき」の点 Y について正しく述べたものを，それぞれ次の⓪～⑥のうちから一つずつ選べ。ただし，同じものを選んでもよい。

小さいとき [ク]　大きいとき [ケ]

⓪ 点 Y は，三角形 PQR の外心である。
① 点 Y は，三角形 PQR の内心である。
② 点 Y は，三角形 PQR の重心である。
③ 点 Y は，$\angle PYR = \angle QYP = \angle RYQ$ となる点である。
④ 点 Y は，$\angle PQY + \angle PRY + \angle QPR = 180^\circ$ となる点である。
⑤ 点 Y は，三角形 PQR の三つの辺のうち，最も短い辺を除く二つの辺の交点である。
⑥ 点 Y は，三角形 PQR の三つの辺のうち，最も長い辺を除く二つの辺の交点である。

第２回試行調査　解答上の注意　〔数学Ⅱ・数学Ｂ〕

1　解答は，解答用紙の問題番号に対応した解答欄にマークしなさい。

2　問題の文中の［ア］，［イウ］などには，特に指示がないかぎり，符号(−)，数字(０～９)，又は文字(ａ～ｄ)が入ります。ア，イ，ウ，…の一つ一つは，これらのいずれか一つに対応します。それらを解答用紙のア，イ，ウ，…で示された解答欄にマークして答えなさい。

(例１)　［アイウ］に $-8a$ と答えたいとき

ア	●	⓪	①	②	③	④	⑤	⑥	⑦	⑧	⑨	ⓐ	ⓑ	ⓒ	ⓓ
イ	⊖	⓪	①	②	③	④	⑤	⑥	⑦	●	⑨	ⓐ	ⓑ	ⓒ	ⓓ
ウ	⊖	⓪	①	②	③	④	⑤	⑥	⑦	⑧	⑨	●	ⓑ	ⓒ	ⓓ

なお，同一の問題文中に［ア］，［イウ］などが２度以上現れる場合，原則として，２度目以降は，［ア］，［イウ］のように細字で表記します。

また，「すべて選べ」と指示のある問いに対して，複数解答する場合は，同じ解答欄に符号，数字又は文字を**複数マーク**しなさい。例えば，［エ］と表示のある問いに対して①，④と解答する場合は，次の(例２)のように**解答欄エ**の①，④に**それぞれマーク**しなさい。

(例２)

エ	⊖	⓪	●	②	③	●	⑤	⑥	⑦	⑧	⑨	ⓐ	ⓑ	ⓒ	ⓓ

3　分数形で解答する場合，分数の符号は分子につけ，分母につけてはいけません。

例えば，$\dfrac{\boxed{オカ}}{\boxed{キ}}$ に $-\dfrac{4}{5}$ と答えたいときは，$\dfrac{-4}{5}$ として答えなさい。

また，それ以上約分できない形で答えなさい。

例えば，$\dfrac{3}{4}$ と答えるところを，$\dfrac{6}{8}$ のように答えてはいけません。

4　小数の形で解答する場合，指定された桁数の一つ下の桁を四捨五入して答えなさい。また，必要に応じて，指定された桁まで⓪にマークしなさい。

例えば，［ク］.［ケコ］に2.5と答えたいときには，2.50として答えなさい。

5　根号を含む形で解答する場合，根号の中に現れる自然数が最小となる形で答えなさい。

例えば，［サ］$\sqrt{［シ］}$ に $4\sqrt{2}$ と答えるところを，$2\sqrt{8}$ のように答えてはいけません。

数学Ⅱ・数学Ｂ

問　題	選　択　方　法
第１問	必　　答
第２問	必　　答
第３問	いずれか２問を選択し，解答しなさい。
第４問	
第５問	

第１問 （必答問題） （配点 30）

〔1〕 Oを原点とする座標平面上に，点 A(0, −1) と，中心がOで半径が１の円 C がある。円 C 上に y 座標が正である点Pをとり，線分 OP と x 軸の正の部分とのなす角を θ $(0 < \theta < \pi)$ とする。また，円 C 上に x 座標が正である点Qを，つねに $\angle\mathrm{POQ} = \dfrac{\pi}{2}$ となるようにとる。次の問いに答えよ。

(1) P，Qの座標をそれぞれ θ を用いて表すと

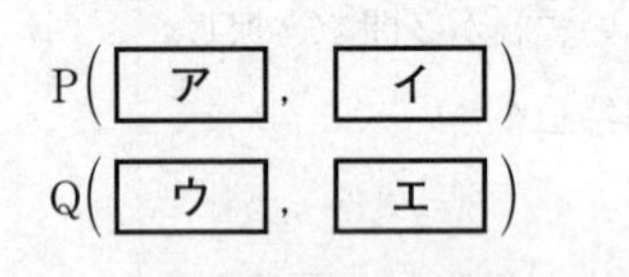

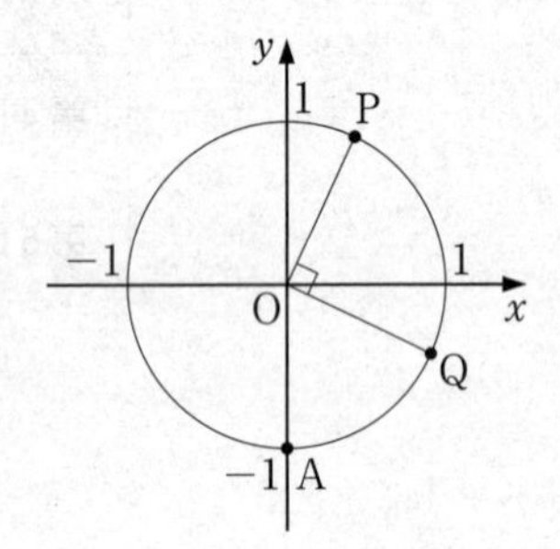

である。 ア ～ エ に当てはまるものを，次の⓪～⑤のうちから一つずつ選べ。ただし，同じものを繰り返し選んでもよい。

⓪ $\sin\theta$　① $\cos\theta$　② $\tan\theta$
③ $-\sin\theta$　④ $-\cos\theta$　⑤ $-\tan\theta$

(2) θ は $0<\theta<\pi$ の範囲を動くものとする。このとき線分 AQ の長さ ℓ は θ の関数である。関数 ℓ のグラフとして最も適当なものを，次の⓪～⑨のうちから一つ選べ。 **オ**

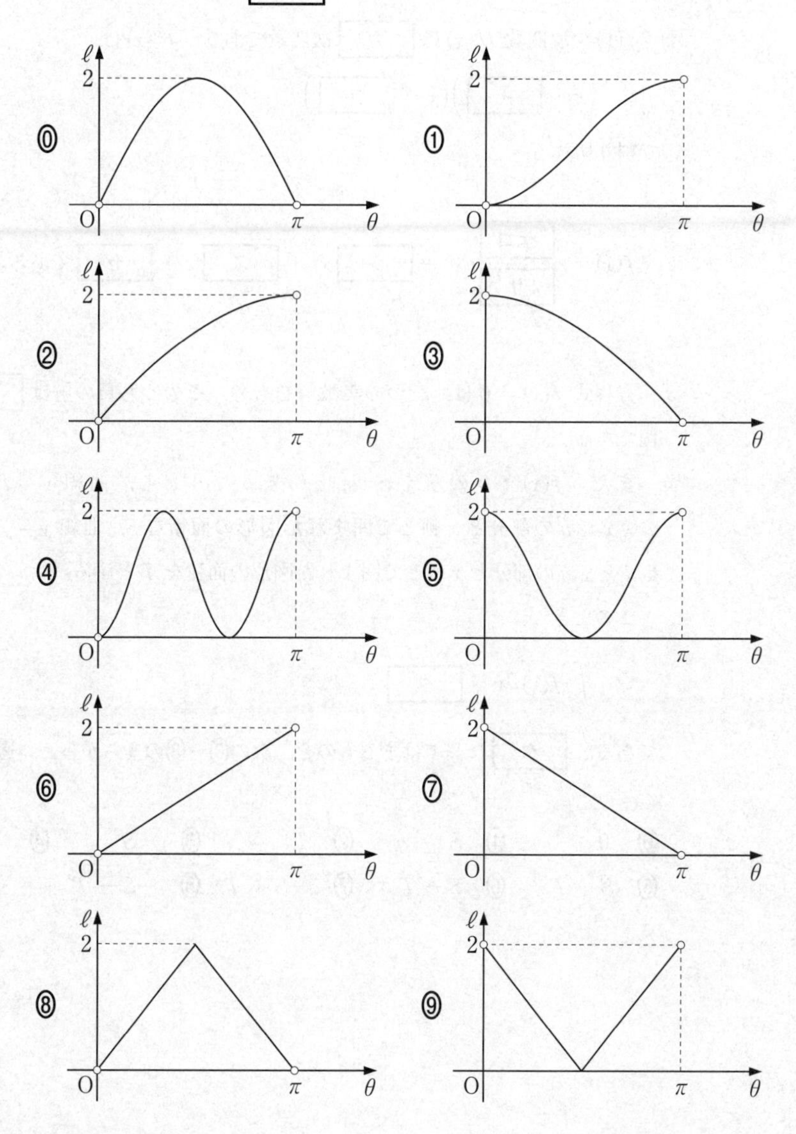

〔2〕 3次関数 $f(x)$ は，$x=-1$ で極小値 $-\dfrac{4}{3}$ をとり，$x=3$ で極大値をとる。また，曲線 $y=f(x)$ は点 $(0,\ 2)$ を通る。

(1) $f(x)$ の導関数 $f'(x)$ は カ 次関数であり，$f'(x)$ は

$$\left(x+\boxed{\text{キ}}\right)\left(x-\boxed{\text{ク}}\right)$$

で割り切れる。

(2) $f(x)=\dfrac{\boxed{\text{ケコ}}}{\boxed{\text{サ}}}x^3+\boxed{\text{シ}}x^2+\boxed{\text{ス}}x+\boxed{\text{セ}}$ である。

(3) 方程式 $f(x)=0$ は，三つの実数解をもち，そのうち負の解は ソ 個である。

また，$f(x)=0$ の解を a，b，c $(a<b<c)$ とし，曲線 $y=f(x)$ の $a \leqq x \leqq b$ の部分と x 軸とで囲まれた図形の面積を S，曲線 $y=f(x)$ の $b \leqq x \leqq c$ の部分と x 軸とで囲まれた図形の面積を T とする。

このとき

$$\int_a^c f(x)\,dx=\boxed{\text{タ}}$$

である。 タ に当てはまるものを，次の⓪～⑧のうちから一つ選べ。

⓪ 0　① S　② T　③ $-S$　④ $-T$
⑤ $S+T$　⑥ $S-T$　⑦ $-S+T$　⑧ $-S-T$

〔3〕

(1) $\log_{10} 2 = 0.3010$ とする。このとき，$10^{\boxed{チ}} = 2$，$2^{\boxed{ツ}} = 10$ となる。

$\boxed{\quad チ \quad}$，$\boxed{\quad ツ \quad}$ に当てはまるものを，次の⓪～⑧のうちから一つずつ選べ。ただし，同じものを選んでもよい。

⓪ 0　　① 0.3010　　② -0.3010

③ 0.6990　　④ -0.6990　　⑤ $\dfrac{1}{0.3010}$

⑥ $-\dfrac{1}{0.3010}$　　⑦ $\dfrac{1}{0.6990}$　　⑧ $-\dfrac{1}{0.6990}$

(2) 次のようにして**対数ものさし A** を作る。

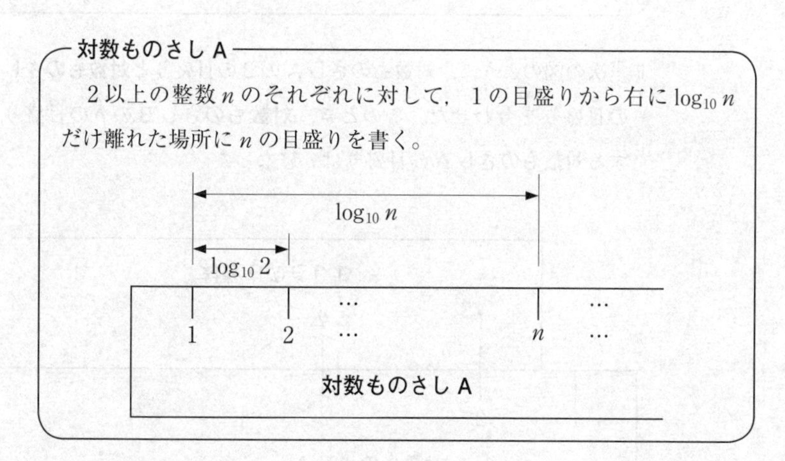

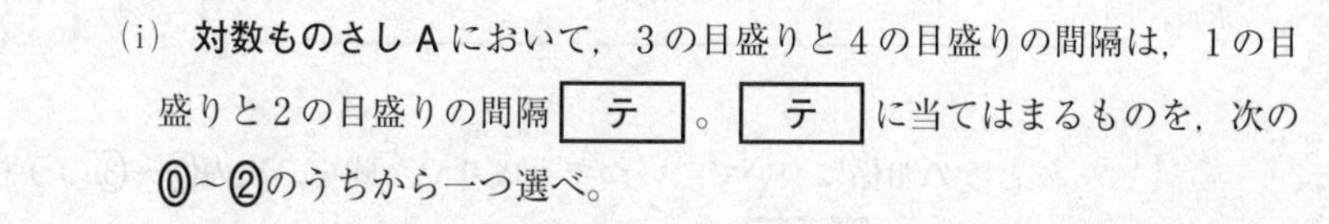

(i) **対数ものさし A** において，3 の目盛りと 4 の目盛りの間隔は，1 の目盛りと 2 の目盛りの間隔 $\boxed{\quad テ \quad}$。$\boxed{\quad テ \quad}$ に当てはまるものを，次の⓪～②のうちから一つ選べ。

⓪ より大きい　　① に等しい　　② より小さい

また，次のようにして**対数ものさしＢ**を作る。

対数ものさしＢ

２以上の整数 n のそれぞれに対して，１の目盛りから左に $\log_{10} n$ だけ離れた場所に n の目盛りを書く。

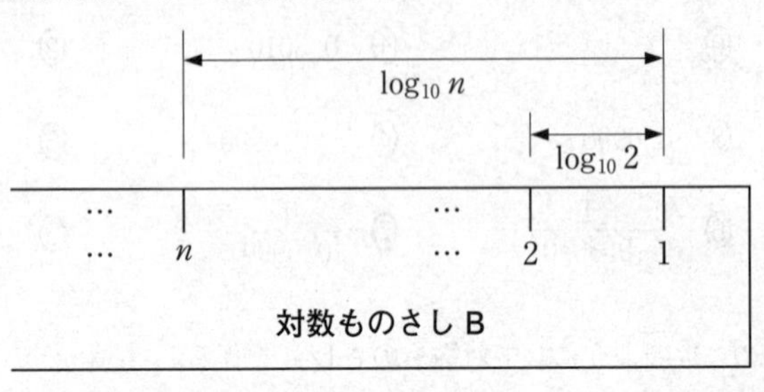

(ii)　次の図のように，**対数ものさしＡ**の２の目盛りと**対数ものさしＢ**の１の目盛りを合わせた。このとき，**対数ものさしＢ**の b の目盛りに対応する**対数ものさしＡ**の目盛りは a になった。

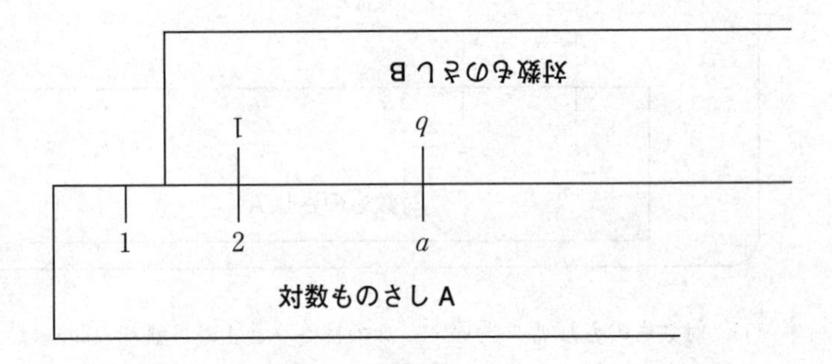

a と b の関係について，いつでも成り立つ式を，次の⓪～③のうちから一つ選べ。 ト

⓪　$a = b + 2$　　　①　$a = 2b$

②　$a = \log_{10}(b + 2)$　　　③　$a = \log_{10} 2b$

さらに，次のようにして**ものさし C** を作る。

ものさし C

自然数 n のそれぞれに対して，0の目盛りから左に $n\log_{10}2$ だけ離れた場所に n の目盛りを書く。

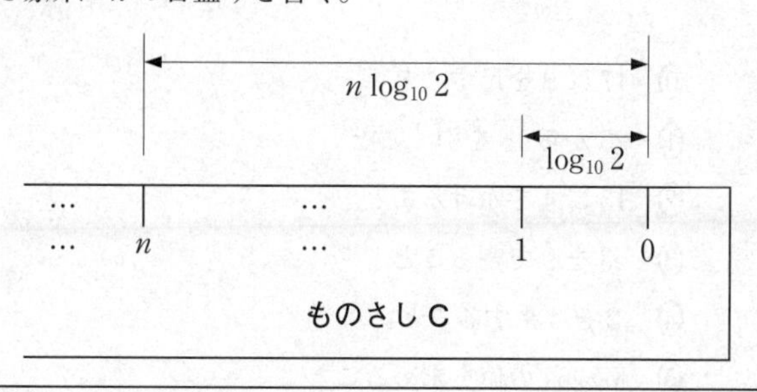

(iii) 次の図のように**対数ものさし A** の1の目盛りと**ものさし C** の0の目盛りを合わせた。このとき，**ものさし C** の c の目盛りに対応する**対数ものさし A** の目盛りは d になった。

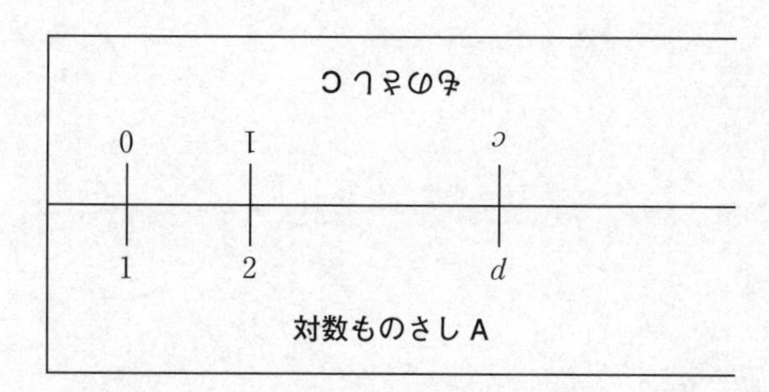

c と d の関係について，いつでも成り立つ式を，次の⓪～③のうちから一つ選べ。 ナ

⓪ $d = 2c$　　① $d = c^2$

② $d = 2^c$　　③ $c = \log_{10} d$

(iv)　**対数ものさしA**と**対数ものさしB**の目盛りを一度だけ合わせるか，**対数ものさしA**と**ものさしC**の目盛りを一度だけ合わせることにする。このとき，適切な箇所の目盛りを読み取るだけで実行できるものを，次の⓪～⑤のうちから**すべて選べ**。 ニ

⓪　17に9を足すこと。

①　23から15を引くこと。

②　13に4をかけること。

③　63を9で割ること。

④　2を4乗すること。

⑤　$\log_2 64$の値を求めること。

第2問 （必答問題） （配点 30）

〔1〕 100 g ずつ袋詰めされている食品AとBがある。1袋あたりのエネルギーは食品Aが 200 kcal，食品Bが 300 kcal であり，1袋あたりの脂質の含有量は食品Aが 4 g，食品Bが 2 g である。

(1) 太郎さんは，食品AとBを食べるにあたり，エネルギーは 1500 kcal 以下に，脂質は 16 g 以下に抑えたいと考えている。食べる量(g)の合計が最も多くなるのは，食品AとBをどのような量の組合せで食べるときかを調べよう。ただし，一方のみを食べる場合も含めて考えるものとする。

(i) 食品Aを x 袋分，食品Bを y 袋分だけ食べるとする。このとき，x，y は次の条件①，②を満たす必要がある。

摂取するエネルギー量についての条件　[ア]………①

摂取する脂質の量についての条件　[イ]………②

[ア]，[イ] に当てはまる式を，次の各解答群のうちから一つずつ選べ。

[ア] の解答群

⓪ $200x + 300y \leqq 1500$　① $200x + 300y \geqq 1500$

② $300x + 200y \leqq 1500$　③ $300x + 200y \geqq 1500$

[イ] の解答群

⓪ $2x + 4y \leqq 16$　① $2x + 4y \geqq 16$

② $4x + 2y \leqq 16$　③ $4x + 2y \geqq 16$

(ii)　x，yの値と条件①，②の関係について正しいものを，次の⓪～③のうちから二つ選べ。ただし，解答の順序は問わない。［ウ］，［エ］

⓪　$(x, y) = (0, 5)$は条件①を満たさないが，条件②は満たす。

①　$(x, y) = (5, 0)$は条件①を満たすが，条件②は満たさない。

②　$(x, y) = (4, 1)$は条件①も条件②も満たさない。

③　$(x, y) = (3, 2)$は条件①と条件②をともに満たす。

(iii)　条件①，②をともに満たす(x, y)について，食品ＡとＢを食べる量の合計の最大値を二つの場合で考えてみよう。

食品Ａ，Ｂが１袋を小分けにして食べられるような食品のとき，すなわちx，yのとり得る値が実数の場合，食べる量の合計の最大値は［オカキ］gである。このときの(x, y)の組は，

$$(x, y) = \left(\frac{\boxed{\text{ク}}}{\boxed{\text{ケ}}}, \frac{\boxed{\text{コ}}}{\boxed{\text{サ}}} \right)$$ である。

次に，食品Ａ，Ｂが１袋を小分けにして食べられないような食品のとき，すなわちx，yのとり得る値が整数の場合，食べる量の合計の最大値は［シスセ］gである。このときの(x, y)の組は［ソ］通りある。

(2)　花子さんは，食品ＡとＢを合計600g以上食べて，エネルギーは1500kcal以下にしたい。脂質を最も少なくできるのは，食品Ａ，Ｂが１袋を小分けにして食べられない食品の場合，Ａを［タ］袋，Ｂを［チ］袋食べるときで，そのときの脂質は［ツテ］gである。

〔2〕

(1) 座標平面上に点Aをとる。点Pが放物線 $y = x^2$ 上を動くとき，線分APの中点Mの軌跡を考える。

(i) 点Aの座標が $(0, -2)$ のとき，点Mの軌跡の方程式として正しいものを，次の⓪～⑤のうちから一つ選べ。 ト

⓪ $y = x^2 - 1$　① $y = 2x^2 - 1$　② $y = \frac{1}{2}x^2 - 1$

③ $y = |x| - 1$　④ $y = 2|x| - 1$　⑤ $y = \frac{1}{2}|x| - 1$

(ii) p を実数とする。点Aの座標が $(p, -2)$ のとき，点Mの軌跡は(i)の軌跡を x 軸方向に ナ だけ平行移動したものである。 ナ に当てはまるものを，次の⓪～⑤のうちから一つ選べ。

⓪ $\frac{1}{2}p$　① p　② $2p$

③ $-\frac{1}{2}p$　④ $-p$　⑤ $-2p$

(iii) p, q を実数とする。点Aの座標が (p, q) のとき，点Mの軌跡と放物線 $y = x^2$ との共有点について正しいものを，次の⓪～⑤のうちからすべて選べ。 ニ

⓪ $q = 0$ のとき，共有点はつねに2個である。

① $q = 0$ のとき，共有点が1個になるのは $p = 0$ のときだけである。

② $q = 0$ のとき，共有点は0個，1個，2個のいずれの場合もある。

③ $q < p^2$ のとき，共有点はつねに0個である。

④ $q = p^2$ のとき，共有点はつねに1個である。

⑤ $q > p^2$ のとき，共有点はつねに0個である。

(2)　ある円 C 上を動く点Qがある。下の図は定点 $\mathrm{O}(0,\ 0)$，$\mathrm{A}_1(-9,\ 0)$，$\mathrm{A}_2(-5,\ -5)$，$\mathrm{A}_3(5,\ -5)$，$\mathrm{A}_4(9,\ 0)$ に対して，線分 OQ，$\mathrm{A}_1\mathrm{Q}$，$\mathrm{A}_2\mathrm{Q}$，$\mathrm{A}_3\mathrm{Q}$，$\mathrm{A}_4\mathrm{Q}$ のそれぞれの中点の軌跡である。このとき，円 C の方程式として最も適当なものを，下の⓪～⑦のうちから一つ選べ。 **ヌ**

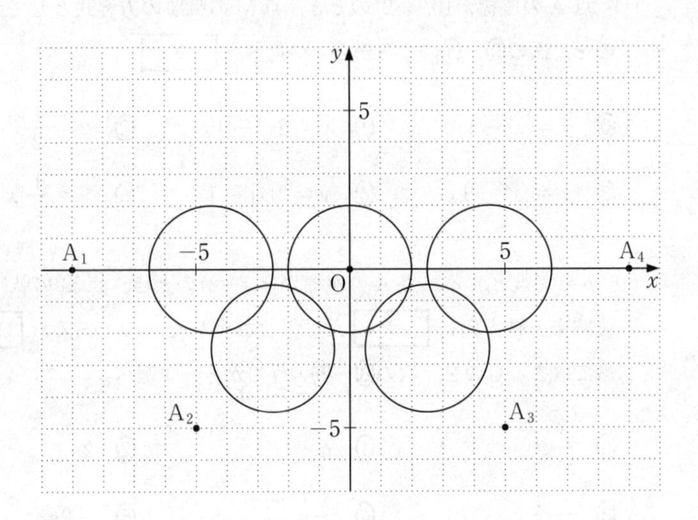

⓪　$x^2+y^2=1$　　　①　$x^2+y^2=2$

②　$x^2+y^2=4$　　　③　$x^2+y^2=16$

④　$x^2+(y+1)^2=1$　　　⑤　$x^2+(y+1)^2=2$

⑥　$x^2+(y+1)^2=4$　　　⑦　$x^2+(y+1)^2=16$

第３問 （選択問題）（配点　20）

昨年度実施されたある調査によれば，全国の大学生の１日あたりの読書時間の平均値は 24 分で，全く読書をしない大学生の比率は 50 % とのことであった。大規模Ｐ大学の学長は，Ｐ大学生の１日あたりの読書時間が 30 分以上であって欲しいと考えていたので，この調査結果に愕(がく)然とした。そこで今年度，Ｐ大学生から 400 人を標本として無作為抽出し，読書時間の実態を調査することにした。次の問いに答えよ。ただし，必要に応じて 46 ページの正規分布表を用いてもよい。

(1)　Ｐ大学生のうち全く読書をしない学生の母比率が，昨年度の全国調査の結果と同じ 50 % であると仮定する。

標本 400 人のうち全く読書をしない学生の人数の平均(期待値)は［アイウ］人である。

また，標本の大きさ 400 は十分に大きいので，標本のうち全く読書をしない学生の比率の分布は，平均(期待値) 0.［エ］，標準偏差 0.［オカキ］の正規分布で近似できる。

(2)　P大学生の読書時間は，母平均が昨年度の全国調査結果と同じ24分であると仮定し，母標準偏差をσ分とおく。

(i)　標本の大きさ400は十分に大きいので，読書時間の標本平均の分布は，平均(期待値) クケ 分，標準偏差 $\dfrac{\sigma}{\boxed{\text{コサ}}}$ 分の正規分布で近似できる。

(ii)　$\sigma = 40$とする。読書時間の標本平均が30分以上となる確率は0. シスセソ である。

また， タ となる確率は，およそ0.1587である。 タ に当てはまる最も適当なものを，次の⓪〜⑤のうちから一つ選べ。

⓪　大きさ400の標本とは別に無作為抽出する一人の学生の読書時間が26分以上

①　大きさ400の標本とは別に無作為抽出する一人の学生の読書時間が64分以下

②　P大学の全学生の読書時間の平均が26分以上

③　P大学の全学生の読書時間の平均が64分以下

④　標本400人の読書時間の平均が26分以上

⑤　標本400人の読書時間の平均が64分以下

(3) P大学生の読書時間の母標準偏差をσとし，標本平均を$\overline{X}$とする。P大学生の読書時間の母平均mに対する信頼度95％の信頼区間を$A \leqq m \leqq B$とするとき，標本の大きさ400は十分に大きいので，Aは$\overline{X}$とσを用いて［チ］と表すことができる。

(i) ［チ］に当てはまる式を，次の⓪～⑦のうちから一つ選べ。

⓪ $\overline{X}-0.95\times\dfrac{\sigma}{20}$　① $\overline{X}-0.95\times\dfrac{\sigma}{400}$

② $\overline{X}-1.64\times\dfrac{\sigma}{20}$　③ $\overline{X}-1.64\times\dfrac{\sigma}{400}$

④ $\overline{X}-1.96\times\dfrac{\sigma}{20}$　⑤ $\overline{X}-1.96\times\dfrac{\sigma}{400}$

⑥ $\overline{X}-2.58\times\dfrac{\sigma}{20}$　⑦ $\overline{X}-2.58\times\dfrac{\sigma}{400}$

(ii) 母平均mに対する信頼度95％の信頼区間$A \leqq m \leqq B$の意味として，最も適当なものを，次の⓪～⑤のうちから一つ選べ。［ツ］

⓪ 標本400人のうち約95％の学生は，読書時間がA分以上B分以下である。

① P大学生全体のうち約95％の学生は，読書時間がA分以上B分以下である。

② P大学生全体から95％程度の学生を無作為抽出すれば，読書時間の標本平均は，A分以上B分以下となる。

③ 大きさ400の標本を100回無作為抽出すれば，そのうち95回程度は標本平均がmとなる。

④ 大きさ400の標本を100回無作為抽出すれば，そのうち95回程度は信頼区間がmを含んでいる。

⑤ 大きさ400の標本を100回無作為抽出すれば，そのうち95回程度は信頼区間が$\overline{X}$を含んでいる。

正 規 分 布 表

次の表は，標準正規分布の分布曲線における右図の灰色部分の面積の値をまとめたものである。

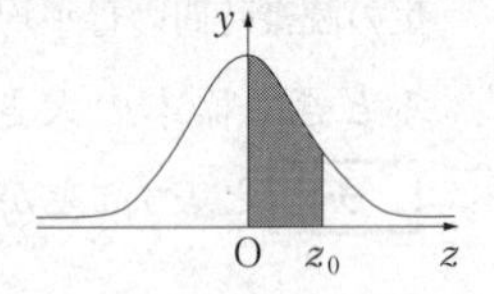

z_0	0.00	0.01	0.02	0.03	0.04	0.05	0.06	0.07	0.08	0.09
0.0	0.0000	0.0040	0.0080	0.0120	0.0160	0.0199	0.0239	0.0279	0.0319	0.0359
0.1	0.0398	0.0438	0.0478	0.0517	0.0557	0.0596	0.0636	0.0675	0.0714	0.0753
0.2	0.0793	0.0832	0.0871	0.0910	0.0948	0.0987	0.1026	0.1064	0.1103	0.1141
0.3	0.1179	0.1217	0.1255	0.1293	0.1331	0.1368	0.1406	0.1443	0.1480	0.1517
0.4	0.1554	0.1591	0.1628	0.1664	0.1700	0.1736	0.1772	0.1808	0.1844	0.1879
0.5	0.1915	0.1950	0.1985	0.2019	0.2054	0.2088	0.2123	0.2157	0.2190	0.2224
0.6	0.2257	0.2291	0.2324	0.2357	0.2389	0.2422	0.2454	0.2486	0.2517	0.2549
0.7	0.2580	0.2611	0.2642	0.2673	0.2704	0.2734	0.2764	0.2794	0.2823	0.2852
0.8	0.2881	0.2910	0.2939	0.2967	0.2995	0.3023	0.3051	0.3078	0.3106	0.3133
0.9	0.3159	0.3186	0.3212	0.3238	0.3264	0.3289	0.3315	0.3340	0.3365	0.3389
1.0	0.3413	0.3438	0.3461	0.3485	0.3508	0.3531	0.3554	0.3577	0.3599	0.3621
1.1	0.3643	0.3665	0.3686	0.3708	0.3729	0.3749	0.3770	0.3790	0.3810	0.3830
1.2	0.3849	0.3869	0.3888	0.3907	0.3925	0.3944	0.3962	0.3980	0.3997	0.4015
1.3	0.4032	0.4049	0.4066	0.4082	0.4099	0.4115	0.4131	0.4147	0.4162	0.4177
1.4	0.4192	0.4207	0.4222	0.4236	0.4251	0.4265	0.4279	0.4292	0.4306	0.4319
1.5	0.4332	0.4345	0.4357	0.4370	0.4382	0.4394	0.4406	0.4418	0.4429	0.4441
1.6	0.4452	0.4463	0.4474	0.4484	0.4495	0.4505	0.4515	0.4525	0.4535	0.4545
1.7	0.4554	0.4564	0.4573	0.4582	0.4591	0.4599	0.4608	0.4616	0.4625	0.4633
1.8	0.4641	0.4649	0.4656	0.4664	0.4671	0.4678	0.4686	0.4693	0.4699	0.4706
1.9	0.4713	0.4719	0.4726	0.4732	0.4738	0.4744	0.4750	0.4756	0.4761	0.4767
2.0	0.4772	0.4778	0.4783	0.4788	0.4793	0.4798	0.4803	0.4808	0.4812	0.4817
2.1	0.4821	0.4826	0.4830	0.4834	0.4838	0.4842	0.4846	0.4850	0.4854	0.4857
2.2	0.4861	0.4864	0.4868	0.4871	0.4875	0.4878	0.4881	0.4884	0.4887	0.4890
2.3	0.4893	0.4896	0.4898	0.4901	0.4904	0.4906	0.4909	0.4911	0.4913	0.4916
2.4	0.4918	0.4920	0.4922	0.4925	0.4927	0.4929	0.4931	0.4932	0.4934	0.4936
2.5	0.4938	0.4940	0.4941	0.4943	0.4945	0.4946	0.4948	0.4949	0.4951	0.4952
2.6	0.4953	0.4955	0.4956	0.4957	0.4959	0.4960	0.4961	0.4962	0.4963	0.4964
2.7	0.4965	0.4966	0.4967	0.4968	0.4969	0.4970	0.4971	0.4972	0.4973	0.4974
2.8	0.4974	0.4975	0.4976	0.4977	0.4977	0.4978	0.4979	0.4979	0.4980	0.4981
2.9	0.4981	0.4982	0.4982	0.4983	0.4984	0.4984	0.4985	0.4985	0.4986	0.4986
3.0	0.4987	0.4987	0.4987	0.4988	0.4988	0.4989	0.4989	0.4989	0.4990	0.4990

第4問 （選択問題）（配点　20）

太郎さんと花子さんは，数列の漸化式に関する**問題A**，**問題B**について話している。二人の会話を読んで，下の問いに答えよ。

(1)

問題A　次のように定められた数列 $\{a_n\}$ の一般項を求めよ。

$$a_1 = 6,\ a_{n+1} = 3a_n - 8 \qquad (n = 1,\ 2,\ 3,\ \cdots)$$

花子：これは前に授業で学習した漸化式の問題だね。まず，k を定数として，$a_{n+1} = 3a_n - 8$ を $a_{n+1} - k = 3(a_n - k)$ の形に変形するといいんだよね。

太郎：そうだね。そうすると公比が3の等比数列に結びつけられるね。

(i)　k の値を求めよ。

$k =$ [ア]

(ii)　数列 $\{a_n\}$ の一般項を求めよ。

$a_n =$ [イ]・[ウ]$^{n-1}$ + [エ]

(2)

問題B　次のように定められた数列 $\{b_n\}$ の一般項を求めよ。

$$b_1 = 4,\ b_{n+1} = 3b_n - 8n + 6 \qquad (n = 1,\ 2,\ 3,\ \cdots)$$

花子：求め方の方針が立たないよ。

太郎：そういうときは，$n = 1,\ 2,\ 3$ を代入して具体的な数列の様子をみてみよう。

花子：$b_2 = 10,\ b_3 = 20,\ b_4 = 42$ となったけど…。

太郎：階差数列を考えてみたらどうかな。

数列 $\{b_n\}$ の階差数列 $\{p_n\}$ を，$p_n = b_{n+1} - b_n (n = 1,\ 2,\ 3,\ \cdots)$ と定める。

(i)　p_1 の値を求めよ。

$p_1 =$ [オ]

(ii)　p_{n+1} を p_n を用いて表せ。

$p_{n+1} =$ [カ] $p_n -$ [キ]

(iii)　数列 $\{p_n\}$ の一般項を求めよ。

$p_n =$ [ク] $\cdot$ [ケ]$^{n-1}$ $+$ [コ]

(3)　二人は**問題B**について引き続き会話をしている。

太郎：解ける道筋はついたけれど，漸化式で定められた数列の一般項の求め方は一通りではないと先生もおっしゃっていたし，他のやり方も考えてみようよ。

花子：でも，授業で学習した問題は，**問題A**のタイプだけだよ。

太郎：では，**問題A**の式変形の考え方を**問題B**に応用してみようよ。**問題B**の漸化式 $b_{n+1} = 3b_n - 8n + 6$ を，定数 s，t を用いて

$$\boxed{\text{サ}} = 3\left(\boxed{\text{シ}}\right)$$

の式に変形してはどうかな。

(i)　$q_n = \boxed{\text{シ}}$ とおくと，太郎さんの変形により数列 $\{q_n\}$ が公比3の等比数列とわかる。このとき，$\boxed{\text{サ}}$，$\boxed{\text{シ}}$ に当てはまる式を，次の⓪～③のうちから一つずつ選べ。ただし，同じものを選んでもよい。

⓪　$b_n + sn + t$

①　$b_{n+1} + sn + t$

②　$b_n + s(n+1) + t$

③　$b_{n+1} + s(n+1) + t$

(ii)　s，t の値を求めよ。

$s = \boxed{\text{スセ}}$，$t = \boxed{\text{ソ}}$

(4)　**問題B**の数列は，(2)の方法でも(3)の方法でも一般項を求めることができる。数列$\{b_n\}$の一般項を求めよ。

$$b_n = \boxed{\text{タ}}^{\,n-1} + \boxed{\text{チ}}\,n - \boxed{\text{ツ}}$$

(5)　次のように定められた数列$\{c_n\}$がある。

$$c_1 = 16,\ \ c_{n+1} = 3c_n - 4n^2 - 4n - 10 \qquad (n = 1,\ 2,\ 3,\ \cdots)$$

数列$\{c_n\}$の一般項を求めよ。

$$c_n = \boxed{\text{テ}} \cdot \boxed{\text{ト}}^{\,n-1} + \boxed{\text{ナ}}\,n^2 + \boxed{\text{ニ}}\,n + \boxed{\text{ヌ}}$$

第5問（選択問題）（配点　20）

(1) 右の図のような立体を考える。ただし，六つの面OAC，OBC，OAD，OBD，ABC，ABDは1辺の長さが1の正三角形である。この立体の∠CODの大きさを調べたい。

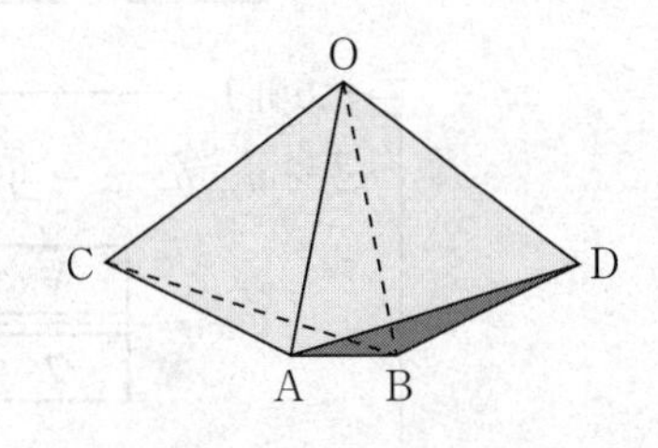

線分ABの中点をM，線分CDの中点をNとおく。

$\overrightarrow{OA}=\vec{a}$，$\overrightarrow{OB}=\vec{b}$，$\overrightarrow{OC}=\vec{c}$，$\overrightarrow{OD}=\vec{d}$ とおくとき，次の問いに答えよ。

(i) 次の［ア］～［エ］に当てはまる数を求めよ。

$$\overrightarrow{OM}=\frac{\boxed{ア}}{\boxed{イ}}(\vec{a}+\vec{b}),\quad \overrightarrow{ON}=\frac{\boxed{ア}}{\boxed{イ}}(\vec{c}+\vec{d})$$

$$\vec{a}\cdot\vec{b}=\vec{a}\cdot\vec{c}=\vec{a}\cdot\vec{d}=\vec{b}\cdot\vec{c}=\vec{b}\cdot\vec{d}=\frac{\boxed{ウ}}{\boxed{エ}}$$

(ii) 3点O，N，Mは同一直線上にある。内積 $\overrightarrow{OA}\cdot\overrightarrow{CN}$ の値を用いて，$\overrightarrow{ON}=k\overrightarrow{OM}$ を満たす k の値を求めよ。

$$k=\frac{\boxed{オ}}{\boxed{カ}}$$

(iii)　$\angle \mathrm{COD} = \theta$ とおき，$\cos\theta$ の値を求めたい。次の**方針 1** または**方針 2** について，[キ]～[シ] に当てはまる数を求めよ。

方針 1

$\vec{d}$ を $\vec{a}$，$\vec{b}$，$\vec{c}$ を用いて表すと，

$$\vec{d} = \frac{\boxed{キ}}{\boxed{ク}}\vec{a} + \frac{\boxed{ケ}}{\boxed{コ}}\vec{b} - \vec{c}$$

であり，$\vec{c} \cdot \vec{d} = \cos\theta$ から $\cos\theta$ が求められる。

方針 2

$\overrightarrow{\mathrm{OM}}$ と $\overrightarrow{\mathrm{ON}}$ のなす角を考えると，$\overrightarrow{\mathrm{OM}} \cdot \overrightarrow{\mathrm{ON}} = \left|\overrightarrow{\mathrm{OM}}\right|\left|\overrightarrow{\mathrm{ON}}\right|$ が成り立つ。

$\left|\overrightarrow{\mathrm{ON}}\right|^2 = \dfrac{\boxed{サ}}{\boxed{シ}} + \dfrac{1}{2}\cos\theta$ であるから，$\overrightarrow{\mathrm{OM}} \cdot \overrightarrow{\mathrm{ON}}$，$\left|\overrightarrow{\mathrm{OM}}\right|$ の値を用いると，$\cos\theta$ が求められる。

(iv)　**方針 1** または**方針 2** を用いて $\cos\theta$ の値を求めよ。

$$\cos\theta = \frac{\boxed{スセ}}{\boxed{ソ}}$$

(2) (1)の図形から，四つの面 OAC，OBC，OAD，OBD だけを使って，下のような図形を作成したところ，この図形は ∠AOB を変化させると，それにともなって ∠COD も変化することがわかった。

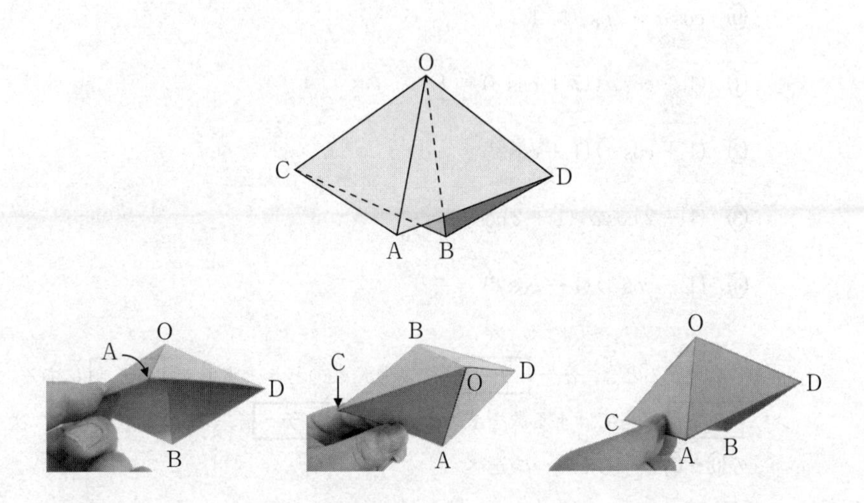

$\angle AOB = \alpha$，$\angle COD = \beta$ とおき，$\alpha > 0$，$\beta > 0$ とする。このときも，線分 AB の中点と線分 CD の中点および点 O は一直線上にある。

(i)　α と β が満たす関係式は(1)の**方針 2** を用いると求めることができる。その関係式として正しいものを，次の⓪～④のうちから一つ選べ。 タ

⓪　$\cos\alpha + \cos\beta = 1$

①　$(1 + \cos\alpha)(1 + \cos\beta) = 1$

②　$(1 + \cos\alpha)(1 + \cos\beta) = -1$

③　$(1 + 2\cos\alpha)(1 + 2\cos\beta) = \dfrac{2}{3}$

④　$(1 - \cos\alpha)(1 - \cos\beta) = \dfrac{2}{3}$

(ii)　$\alpha = \beta$ のとき，$\alpha =$ チツ °であり，このとき，点Dは テ にある。チツ に当てはまる数を求めよ。また， テ に当てはまるものを，次の⓪～②のうちから一つ選べ。

⓪　平面 ABC に関して O と同じ側

①　平面 ABC 上

②　平面 ABC に関して O と異なる側

共通テスト

第1回 試行調査

数学Ⅰ・数学A：
解答時間 70分
配点 100点

数学Ⅱ・数学B：
解答時間 60分
配点 100点

第1回試行調査　解答上の注意〔数学Ⅰ・数学A〕

〔マークシート式の解答欄について〕

1　問題の文中の ア ， イウ などには，特に指示がない限り，符号(－，±)又は数字(0～9)が入ります。ア，イ，ウ，…の一つ一つは，これらのいずれか一つに対応します。それらを解答用紙のア，イ，ウ，…で示された解答欄にマークして答えなさい。

(例1)　アイウ に －83 と答えたいとき

ア	●(－) ⊕ ⓪ ① ② ③ ④ ⑤ ⑥ ⑦ ⑧ ⑨
イ	⊖ ⊕ ⓪ ① ② ③ ④ ⑤ ⑥ ⑦ ●(8) ⑨
ウ	⊖ ⊕ ⓪ ① ② ●(3) ④ ⑤ ⑥ ⑦ ⑧ ⑨

なお，同一の問題文中に ア ， イウ などが2度以上現れる場合，原則として，2度目以降は， ア ， イウ のように細字で表記します。

また，「すべて選べ」や「二つ選べ」などの指示のある問いに対して複数解答する場合は，同じ解答欄に符号又は数字を**複数マーク**しなさい。

例えば， エ と表示のある問いに対して①，④と解答する場合は，次の(例2)のように**解答欄エ**の①，④に**それぞれマーク**しなさい。

(例2)

エ	⊖ ⊕ ⓪ ●(1) ② ③ ●(4) ⑤ ⑥ ⑦ ⑧ ⑨

2　分数形で解答する場合，分数の符号は分子につけ，分母につけてはいけません。

例えば，$\dfrac{\boxed{オカ}}{\boxed{キ}}$ に $-\dfrac{4}{5}$ と答えたいときは，$\dfrac{-4}{5}$ として答えなさい。

また，それ以上約分できない形で答えなさい。

例えば，$\dfrac{3}{4}$ と答えるところを，$\dfrac{6}{8}$ のように答えてはいけません。

3　小数の形で解答する場合，指定された桁数の一つ下の桁を四捨五入して答えなさい。また，必要に応じて，指定された桁まで⓪にマークしなさい。

例えば， ク . ケコ に 2.5 と答えたいときは，2.50 として答えなさい。

4　根号を含む形で解答する場合，根号の中に現れる自然数が最小となる形で答えなさい。

例えば，［サ］$\sqrt{［シ］}$ に $4\sqrt{2}$ と答えるところを，$2\sqrt{8}$ のように答えてはいけません。

★〔記述式の解答欄について〕

［(あ)］，［(い)］などには，特に指示がない限り，枠内に数式や言葉を記述して答えなさい。記述は複数行になってもよいが，枠内に入るようにしなさい。枠外に記述している答案は採点の対象外とします。

(注) 記述式問題については，導入が見送られることになりました。本書では，出題内容や場面設定の参考としてそのまま掲載しています（該当の問題には★印を付けています)。

数学Ⅰ・数学Ａ

問　題	選　択　方　法
第１問	必　　　答
第２問	必　　　答
第３問	いずれか２問を選択し，解答しなさい。
第４問	
第５問	

第1問 （必答問題）

〔1〕 数学の授業で，2次関数 $y = ax^2 + bx + c$ についてコンピュータのグラフ表示ソフトを用いて考察している。

このソフトでは，図1の画面上の［A］，［B］，［C］にそれぞれ係数 a，b，c の値を入力すると，その値に応じたグラフが表示される。さらに，［A］，［B］，［C］それぞれの下にある●を左に動かすと係数の値が減少し，右に動かすと係数の値が増加するようになっており，値の変化に応じて2次関数のグラフが座標平面上を動く仕組みになっている。

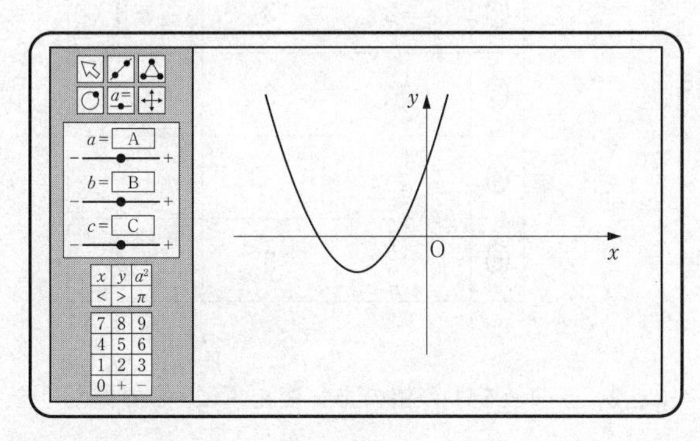

図1

また，座標平面は x 軸，y 軸によって四つの部分に分けられる。これらの各部分を「象限」といい，右の図のように，それぞれを「第1象限」「第2象限」「第3象限」「第4象限」という。ただし，座標軸上の点は，どの象限にも属さないものとする。

第2象限	第1象限
$x < 0$	$x > 0$
$y > 0$	$y > 0$
第3象限	第4象限
$x < 0$	$x > 0$
$y < 0$	$y < 0$

このとき，次の問いに答えよ。

(1)　はじめに，図１の画面のように，頂点が第３象限にあるグラフが表示された。このときの a，b，c の値の組合せとして最も適当なものを，次の⓪〜⑤のうちから一つ選べ。　ア

	a	b	c
⓪	2	1	3
①	2	-1	3
②	-2	3	-3
③	$\frac{1}{2}$	3	3
④	$\frac{1}{2}$	-3	3
⑤	$-\frac{1}{2}$	3	-3

(2)　次に，a，b の値を(1)の値のまま変えずに，c の値だけを変化させた。このときの頂点の移動について正しく述べたものを，次の⓪〜③のうちから一つ選べ。　イ

⓪　最初の位置から移動しない。　　①　x 軸方向に移動する。

②　y 軸方向に移動する。　　③　原点を中心として回転移動する。

(3) また，b，c の値を(1)の値のまま変えずに，a の値だけをグラフが下に凸の状態を維持するように変化させた。このとき，頂点は，$a=\dfrac{b^2}{4c}$ のときは [ウ] にあり，それ以外のときは [エ] を移動した。[ウ]，[エ] に当てはまるものを，次の⓪～⑧のうちから一つずつ選べ。ただし，同じものを選んでもよい。

⓪ 原点　　① x 軸上　　② y 軸上
③ 第3象限のみ　　④ 第1象限と第3象限
⑤ 第2象限と第3象限　　⑥ 第3象限と第4象限
⑦ 第2象限と第3象限と第4象限　　⑧ すべての象限

★ (4) 最初の a，b，c の値を変更して，下の図2のようなグラフを表示させた。このとき，a，c の値をこのまま変えずに，b の値だけを変化させても，頂点は第1象限および第2象限には移動しなかった。

その理由を，頂点の y 座標についての不等式を用いて説明せよ。解答は，解答欄 [(あ)] に記述せよ。

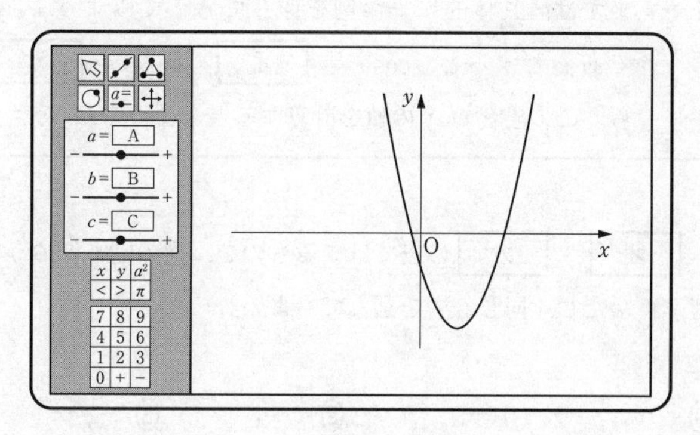

図2

〔2〕 以下の問題では，△ABC に対して，∠A，∠B，∠C の大きさをそれぞれ A，B，C で表すものとする。

ある日，太郎さんと花子さんのクラスでは，数学の授業で先生から次のような宿題が出された。

> **宿題**　△ABC において $A = 60°$ であるとする。このとき，
> $$X = 4\cos^2 B + 4\sin^2 C - 4\sqrt{3}\cos B \sin C$$
> の値について調べなさい。

放課後，太郎さんと花子さんは出された宿題について会話をした。二人の会話を読んで，下の問いに答えよ。

> 太郎：A は $60°$ だけど，B も C も分からないから，方針が立たないよ。
>
> 花子：まずは，具体的に一つ例を作って考えてみようよ。もし $B = 90°$ であるとすると，$\cos B =$ **オ** ，$\sin C =$ **カ** だね。だから，この場合の X の値を計算すると 1 になるね。

(1) **オ** ， **カ** に当てはまるものを，次の⓪～⑧のうちから一つずつ選べ。ただし，同じものを選んでもよい。

⓪ 0　① 1　② -1　③ $\frac{1}{2}$　④ $\frac{\sqrt{2}}{2}$

⑤ $\frac{\sqrt{3}}{2}$　⑥ $-\frac{1}{2}$　⑦ $-\frac{\sqrt{2}}{2}$　⑧ $-\frac{\sqrt{3}}{2}$

太郎：$B=13^\circ$ にしてみよう。数学の教科書に三角比の表があるから，それを見ると，$\cos B=0.9744$ で，$\sin C$ は……あれっ？　表には 0° から 90° までの三角比の値しか載っていないから分からないね。

花子：そういうときは，［キ］という関係を利用したらいいよ。この関係を使うと，教科書の三角比の表から $\sin C=$［ク］だと分かるよ。

太郎：じゃあ，この場合の X の値を電卓を使って計算してみよう。$\sqrt{3}$ は 1.732 として計算すると……あれっ？　ぴったりにはならなかったけど，小数第4位を四捨五入すると，X は 1.000 になったよ！
(a)これで，$A=60^\circ$，$B=13^\circ$ のときに $X=1$ になることが証明できたことになるね。さらに，(b)「$A=60^\circ$ ならば $X=1$」という命題が真であると証明できたね。

花子：本当にそうなのかな？

(2)　［キ］，［ク］に当てはまる最も適当なものを，次の各解答群のうちから一つずつ選べ。

［キ］の解答群：

⓪ $\sin(90^\circ-\theta)=\sin\theta$　① $\sin(90^\circ-\theta)=-\sin\theta$
② $\sin(90^\circ-\theta)=\cos\theta$　③ $\sin(90^\circ-\theta)=-\cos\theta$
④ $\sin(180^\circ-\theta)=\sin\theta$　⑤ $\sin(180^\circ-\theta)=-\sin\theta$
⑥ $\sin(180^\circ-\theta)=\cos\theta$　⑦ $\sin(180^\circ-\theta)=-\cos\theta$

［ク］の解答群：

⓪ -3.2709　① -0.9563　② 0.9563　③ 3.2709

(3)　太郎さんが言った下線部(a)，(b)について，その正誤の組合せとして正しいものを，次の⓪〜③のうちから一つ選べ。 ［ケ］

⓪　下線部(a)，(b)ともに正しい。
①　下線部(a)は正しいが，(b)は誤りである。
②　下線部(a)は誤りであるが，(b)は正しい。
③　下線部(a)，(b)ともに誤りである。

花子：$A=60^\circ$ ならば $X=1$ となるかどうかを，数式を使って考えてみようよ。△ABC の外接円の半径を R とするね。すると，$A=60^\circ$ だから，$\mathrm{BC}=\sqrt{\boxed{コ}}\,R$ になるね。

太郎：AB = ［サ］，AC = ［シ］ になるよ。

(4)　［コ］ に当てはまる数を答えよ。また，［サ］，［シ］ に当てはまるものを，次の⓪〜⑦のうちから一つずつ選べ。ただし，同じものを選んでもよい。

⓪　$R\sin B$　　①　$2R\sin B$　　②　$R\cos B$　　③　$2R\cos B$
④　$R\sin C$　　⑤　$2R\sin C$　　⑥　$R\cos C$　　⑦　$2R\cos C$

花子：まず，Bが鋭角の場合を考えてみたよ。

＜花子さんのノート＞

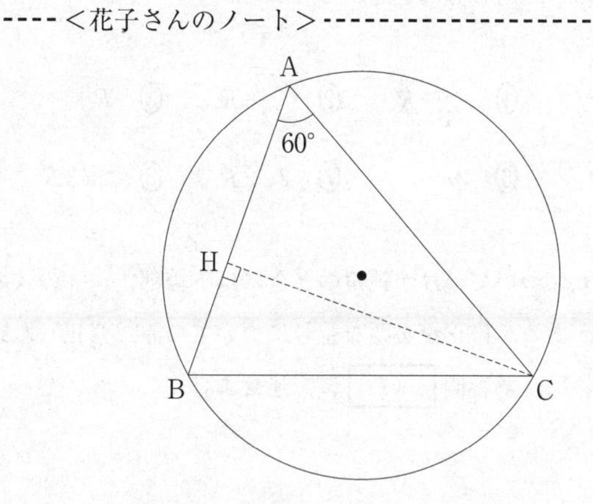

点Ｃから直線ABに垂線CHを引くと

$\text{AH} = \underline{\text{AC}\cos 60°}$ ①

$\text{BH} = \underline{\text{BC}\cos B}$ ②

である。ABをAH，BHを用いて表すと

$\text{AB} = \underline{\text{AH} + \text{BH}}$ ③

であるから

$\underline{\text{AB} = \boxed{\text{ス}}\sin B + \boxed{\text{セ}}\cos B}$ ④

が得られる。

太郎：さっき，$\text{AB} = \boxed{\text{サ}}$ と求めたから，④の式とあわせると，$X = 1$となることが証明できたよ。

花子：Bが直角のときは，すでに$X = 1$となることを計算したね。

(c)<u>Bが鈍角のときは，証明を少し変えれば</u>，やはり$X = 1$であることが示せるね。

(5) [ス], [セ] に当てはまるものを，次の⓪～⑧のうちから一つずつ選べ。ただし，同じものを選んでもよい。

⓪ $\frac{1}{2}R$　① $\frac{\sqrt{2}}{2}R$　② $\frac{\sqrt{3}}{2}R$　③ R　④ $\sqrt{2}R$

⑤ $\sqrt{3}R$　⑥ $2R$　⑦ $2\sqrt{2}R$　⑧ $2\sqrt{3}R$

★ (6) 下線部(c)について，B が鈍角のときには下線部①～③の式のうち修正が必要なものがある。修正が必要な番号についてのみ，修正した式をそれぞれ答えよ。解答は，解答欄 [(い)] に記述せよ。

> 花子：今まではずっと $A = 60°$ の場合を考えてきたんだけど，$A = 120°$ で $B = 30°$ の場合を考えてみたよ。$\cos B$ と $\sin C$ の値を求めて，X の値を計算したら，この場合にも1になったんだよね。
>
> 太郎：わっ，本当だ。計算してみたら X の値は1になるね。

(7) △ABC について，次の条件 p，q を考える。

p：$A = 60°$

q：$4\cos^2 B + 4\sin^2 C - 4\sqrt{3}\cos B\sin C = 1$

これまでの太郎さんと花子さんが行った考察をもとに，正しいと判断できるものを，次の⓪～③のうちから一つ選べ。[ソ]

⓪ p は q であるための必要十分条件である。

① p は q であるための必要条件であるが，十分条件でない。

② p は q であるための十分条件であるが，必要条件でない。

③ p は q であるための必要条件でも十分条件でもない。

第２問 （必答問題）

〔１〕 ◯◯高校の生徒会では，文化祭でＴシャツを販売し，その利益をボランティア団体に寄付する企画を考えている。生徒会執行部では，できるだけ利益が多くなる価格を決定するために，次のような手順で考えることにした。

価格決定の手順

(i) アンケート調査の実施

200人の生徒に，「Ｔシャツ１枚の価格がいくらまでであればＴシャツを購入してもよいと思うか」について尋ね，500円，1000円，1500円，2000円の四つの金額から一つを選んでもらう。

(ii) 業者の選定

無地のＴシャツ代とプリント代を合わせた「製作費用」が最も安い業者を選ぶ。

(iii) Ｔシャツ１枚の価格の決定

価格は「製作費用」と「見込まれる販売数」をもとに決めるが，販売時に釣り銭の処理で手間取らないよう50の倍数の金額とする。

下の表１は，アンケート調査の結果である。生徒会執行部では，例えば，価格が1000円のときには1500円や2000円と回答した生徒も１枚購入すると考えて，それぞれの価格に対し，その価格以上の金額を回答した生徒の人数を「累積人数」として表示した。

表１

Ｔシャツ１枚の価格(円)	人数(人)	累積人数(人)
2000	50	50
1500	43	93
1000	61	154
500	46	200

このとき，次の問いに答えよ。

(1) 売上額は

(売上額) = (Tシャツ1枚の価格) × (販売数)

と表せるので，生徒会執行部では，アンケートに回答した200人の生徒について，調査結果をもとに，表1にない価格の場合についても販売数を予測することにした。そのために，Tシャツ1枚の価格を x 円，このときの販売数を y 枚とし，x と y の関係を調べることにした。

表1のTシャツ1枚の価格と［ア］の値の組を (x, y) として座標平面上に表すと，その4点が直線に沿って分布しているように見えたので，この直線を，Tシャツ1枚の価格 x と販売数 y の関係を表すグラフとみなすことにした。

このとき，y は x の［イ］であるので，売上額を $S(x)$ とおくと，$S(x)$ は x の［ウ］である。このように考えると，表1にない価格の場合についても売上額を予測することができる。

［ア］，［イ］，［ウ］に入るものとして最も適当なものを，次の⓪～⑥のうちから一つずつ選べ。ただし，同じものを繰り返し選んでもよい。

⓪ 人数　① 累積人数　② 製作費用　③ 比例
④ 反比例　⑤ 1次関数　⑥ 2次関数

生徒会執行部が(1)で考えた直線は，表1を用いて座標平面上にとった4点のうち x の値が最小の点と最大の点を通る直線である。この直線を用いて，次の問いに答えよ。

(2) 売上額 $S(x)$ が最大になる x の値を求めよ。［エオカキ］

(3) Tシャツ1枚当たりの「製作費用」が400円の業者に120枚を依頼することにしたとき，利益が最大になるTシャツ1枚の価格を求めよ。

［クケコサ］円

〔2〕 地方の経済活性化のため，太郎さんと花子さんは観光客の消費に着目し，その拡大に向けて基礎的な情報を整理することにした。以下は，都道府県別の統計データを集め，分析しているときの二人の会話である。会話を読んで下の問いに答えよ。ただし，東京都，大阪府，福井県の3都府県のデータは含まれていない。また，以後の問題文では「道府県」を単に「県」として表記する。

太郎：各県を訪れた観光客数を x 軸，消費総額を y 軸にとり，散布図をつくると図1のようになったよ。

花子：消費総額を観光客数で割った消費額単価が最も高いのはどこかな。

太郎：元のデータを使って県ごとに割り算をすれば分かるよ。

北海道は……。44回も計算するのは大変だし，間違えそうだな。

花子：図1を使えばすぐ分かるよ。

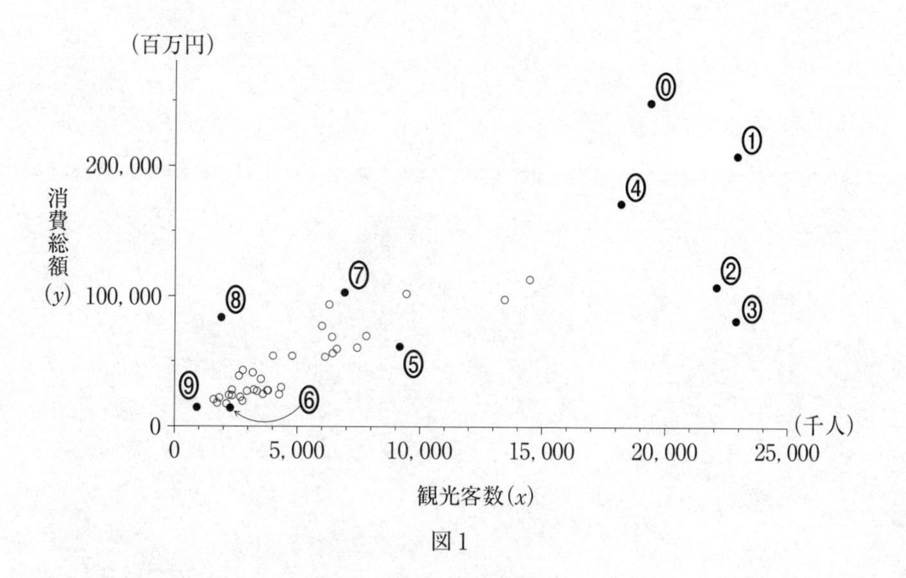

図1

(1)　図1の観光客数と消費総額の間の相関係数に最も近い値を，次の⓪〜④のうちから一つ選べ。 シ

⓪　−0.85　①　−0.52　②　0.02　③　0.34　④　0.83

★ (2)　44県それぞれの消費額単価を計算しなくても，図1の散布図から消費額単価が最も高い県を表す点を特定することができる。その方法を，「直線」という単語を用いて説明せよ。解答は，解答欄 (う) に記述せよ。

(3)　消費額単価が最も高い県を表す点を，図1の⓪〜⑨のうちから一つ選べ。 ス

花子：元のデータを見ると消費額単価が最も高いのは沖縄県だね。沖縄県の消費額単価が高いのは，県外からの観光客数の影響かな。

太郎：県内からの観光客と県外からの観光客とに分けて44県の観光客数と消費総額を箱ひげ図で表すと図2のようになったよ。

花子：私は県内と県外からの観光客の消費額単価をそれぞれ横軸と縦軸にとって図3の散布図をつくってみたよ。沖縄県は県内，県外ともに観光客の消費額単価は高いね。それに，北海道，鹿児島県，沖縄県は全体の傾向から外れているみたい。

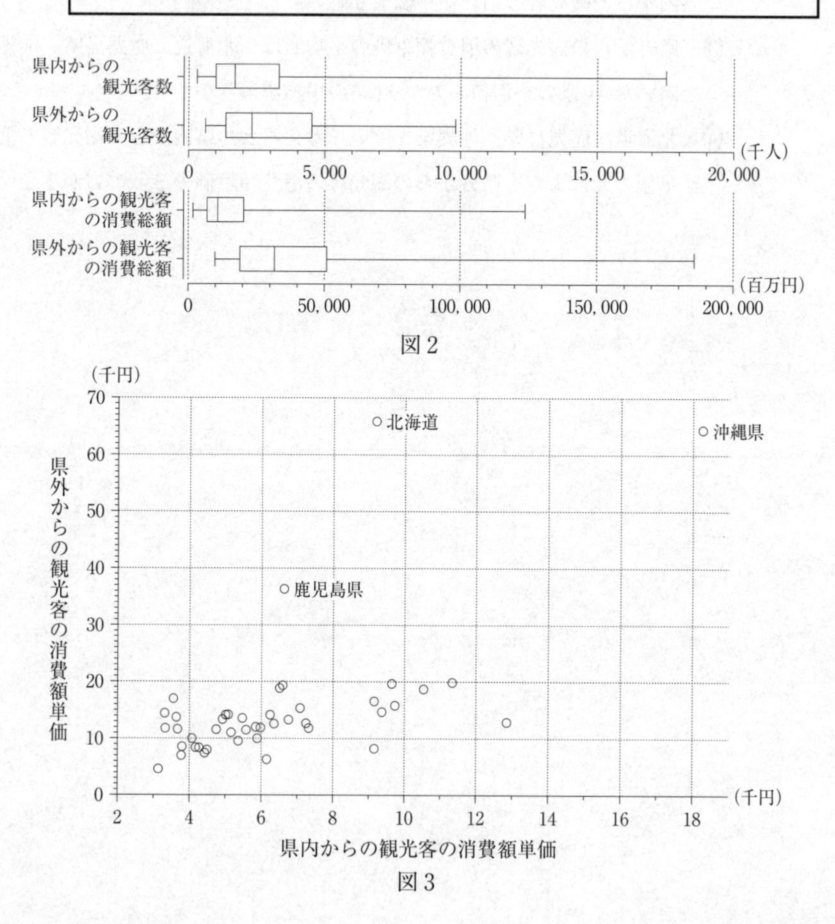

図2

図3

(4) 図２，図３から読み取れる事柄として正しいものを，次の⓪〜④のうちから二つ選べ。 セ

⓪ 44県の半分の県では，県内からの観光客数よりも県外からの観光客数の方が多い。

① 44県の半分の県では，県内からの観光客の消費総額よりも県外からの観光客の消費総額の方が高い。

② 44県の４分の３以上の県では，県外からの観光客の消費額単価の方が県内からの観光客の消費額単価より高い。

③ 県外からの観光客の消費額単価の平均値は，北海道，鹿児島県，沖縄県を除いた41県の平均値の方が44県の平均値より小さい。

④ 北海道，鹿児島県，沖縄県を除いて考えると，県内からの観光客の消費額単価の分散よりも県外からの観光客の消費額単価の分散の方が小さい。

(5) 二人は県外からの観光客に焦点を絞って考えることにした。

花子：県外からの観光客数を増やすには，イベントなどを増やしたらいいんじゃないかな。

太郎：44県の行祭事・イベントの開催数と県外からの観光客数を散布図にすると，図4のようになったよ。

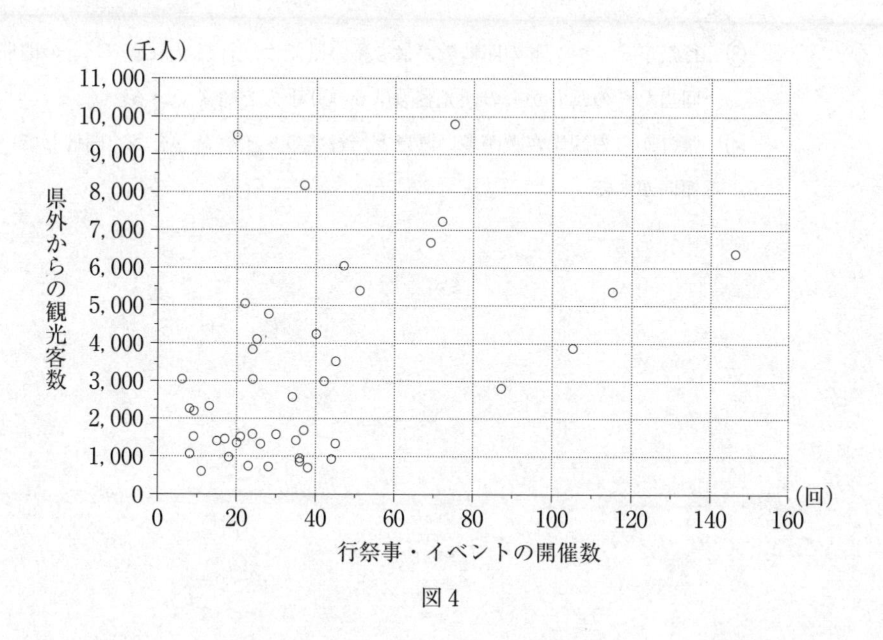

図4

図４から読み取れることとして最も適切な記述を，次の⓪～④のうちから一つ選べ。 ソ

⓪　44県の行祭事・イベント開催数の中央値は，その平均値よりも大きい。

①　行祭事・イベントを多く開催し過ぎると，県外からの観光客数は減ってしまう傾向がある。

②　県外からの観光客数を増やすには行祭事・イベントの開催数を増やせばよい。

③　行祭事・イベントの開催数が最も多い県では，行祭事・イベントの開催一回当たりの県外からの観光客数は6,000千人を超えている。

④　県外からの観光客数が多い県ほど，行祭事・イベントを多く開催している傾向がある。

（本問題の図は，「共通基準による観光入込客統計」（観光庁）をもとにして作成している。）

第3問 (選択問題)

高速道路には，渋滞状況が表示されていることがある。目的地に行く経路が複数ある場合は，渋滞中を示す表示を見て経路を決める運転手も少なくない。太郎さんと花子さんは渋滞中の表示と車の流れについて，仮定をおいて考えてみることにした。

A地点(入口)からB地点(出口)に向かって北上する高速道路には，図1のように分岐点A，C，Eと合流点B，Dがある。①，②，③は主要道路であり，④，⑤，⑥，⑦は迂(う)回道路である。ただし，矢印は車の進行方向を表し，図1の経路以外にA地点からB地点に向かう経路はないとする。また，各分岐点A，C，Eには，それぞれ①と④，②と⑦，⑤と⑥の渋滞状況が表示される。

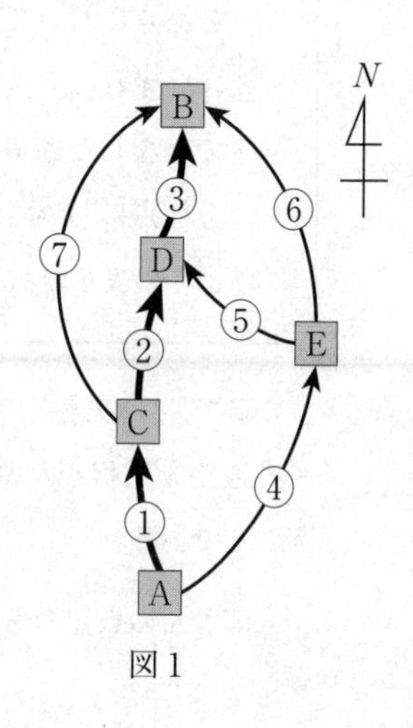

図1

太郎さんと花子さんは，まず渋滞中の表示がないときに，A，C，Eの各分岐点において運転手がどのような選択をしているか調査した。その結果が表1である。

表1

調査日	地点	台数	選択した道路	台数
5月10日	A	1183	①	1092
			④	91
5月11日	C	1008	②	882
			⑦	126
5月12日	E	496	⑤	248
			⑥	248

これに対して太郎さんは，運転手の選択について，次のような仮定をおいて確率を使って考えることにした。

太郎さんの仮定

(i)　表1の選択の割合を確率とみなす。

(ii)　分岐点において，二つの道路のいずれにも渋滞中の表示がない場合，またはいずれにも渋滞中の表示がある場合，運転手が道路を選択する確率は(i)でみなした確率とする。

(iii)　分岐点において，片方の道路にのみ渋滞中の表示がある場合，運転手が渋滞中の表示のある道路を選択する確率は(i)でみなした確率の $\frac{2}{3}$ 倍とする。

ここで，(i)の選択の割合を確率とみなすとは，例えばA地点の分岐において④の道路を選択した割合 $\frac{91}{1183}=\frac{1}{13}$ を④の道路を選択する確率とみなすということである。

太郎さんの仮定のもとで，次の問いに答えよ。

(1)　すべての道路に渋滞中の表示がない場合，A地点の分岐において運転手が①の道路を選択する確率を求めよ。$\frac{\boxed{アイ}}{\boxed{ウエ}}$

(2)　すべての道路に渋滞中の表示がない場合，A地点からB地点に向かう車がD地点を通過する確率を求めよ。$\frac{\boxed{オカ}}{\boxed{キク}}$

(3)　すべての道路に渋滞中の表示がない場合，A地点からB地点に向かう車でD地点を通過した車が，E地点を通過していた確率を求めよ。$\frac{\boxed{ケ}}{\boxed{コサ}}$

(4)　①の道路にのみ渋滞中の表示がある場合，A地点からB地点に向かう車がD地点を通過する確率を求めよ。$\frac{\boxed{シス}}{\boxed{セソ}}$

各道路を通過する車の台数が1000台を超えると車の流れが急激に悪くなる。一方で各道路の通過台数が1000台を超えない限り，主要道路である①，②，③をより多くの車が通過することが社会の効率化に繋がる。したがって，各道路の通過台数が1000台を超えない範囲で，①，②，③をそれぞれ通過する台数の合計が最大になるようにしたい。

このことを踏まえて，花子さんは，太郎さんの仮定を参考にしながら，次のような仮定をおいて考えることにした。

花子さんの仮定

(i) 分岐点において，二つの道路のいずれにも渋滞中の表示がない場合，またはいずれにも渋滞中の表示がある場合，それぞれの道路に進む車の割合は表1の割合とする。

(ii) 分岐点において，片方の道路にのみ渋滞中の表示がある場合，渋滞中の表示のある道路に進む車の台数の割合は表1の割合の $\frac{2}{3}$ 倍とする。

過去のデータから5月13日にA地点からB地点に向かう車は1560台と想定している。そこで，花子さんの仮定のもとでこの台数を想定してシミュレーションを行った。このとき，次の問いに答えよ。

(5)　すべての道路に渋滞中の表示がない場合，①を通過する台数は［タチツテ］台となる。よって，①の通過台数を1000台以下にするには，①に渋滞中の表示を出す必要がある。

①に渋滞中の表示を出した場合，①の通過台数は［トナニ］台となる。

(6)　各道路の通過台数が1000台を超えない範囲で，①，②，③をそれぞれ通過する台数の合計を最大にするには，渋滞中の表示を［ヌ］のようにすればよい。［ヌ］に当てはまるものを，次の⓪～③のうちから一つ選べ。

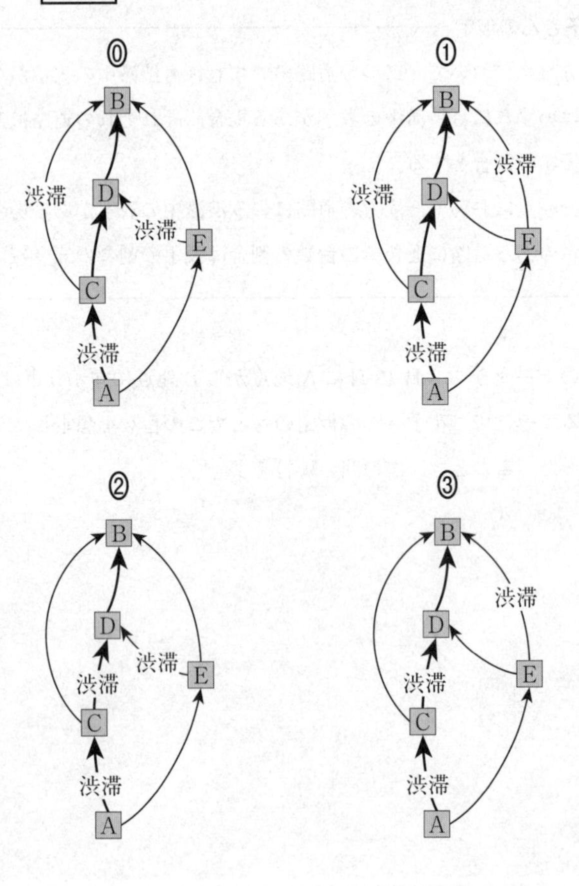

第４問 （選択問題）

花子さんと太郎さんは，正四面体ABCDの各辺の中点を次の図のようにE，F，G，H，I，Jとしたときに成り立つ性質について，コンピュータソフトを使いながら，下のように話している。二人の会話を読んで，下の問いに答えよ。

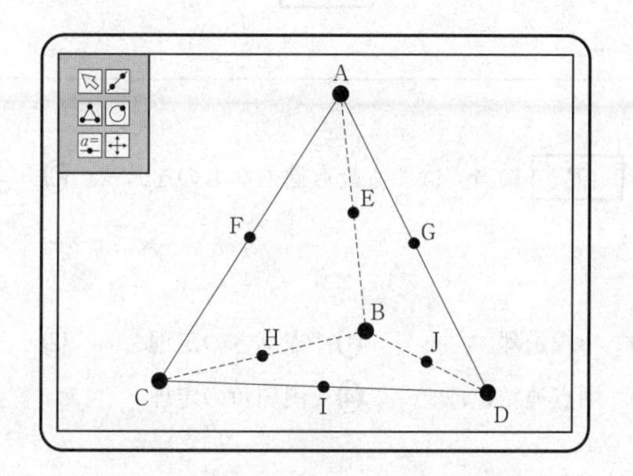

花子：四角形FHJGは平行四辺形に見えるけれど，正方形ではないかな。

太郎：４辺の長さが等しいことは，簡単に証明できそうだよ。

(1)　太郎さんは四角形 FHJG の 4 辺の長さが等しいことを，次のように証明した。

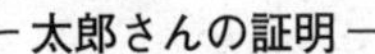

[ア] により，四角形 FHJG の各辺の長さはいずれも正四面体 ABCD の 1 辺の長さの [イ] 倍であるから，4 辺の長さが等しくなる。

(i)　[ア] に当てはまる最も適当なものを，次の⓪〜④のうちから一つ選べ。

⓪　中線定理　　①　方べきの定理　　②　三平方の定理
③　中点連結定理　　④　円周角の定理

(ii)　[イ] に当てはまるものを，次の⓪〜④のうちから一つ選べ。

⓪　2　　①　$\frac{3}{4}$　　②　$\frac{2}{3}$　　③　$\frac{1}{2}$　　④　$\frac{1}{3}$

(2) 花子さんは，太郎さんの考えをもとに，正四面体をいろいろな方向から見て，四角形FHJGが正方形であることの証明について，下のような構想をもとに，実際に証明した。

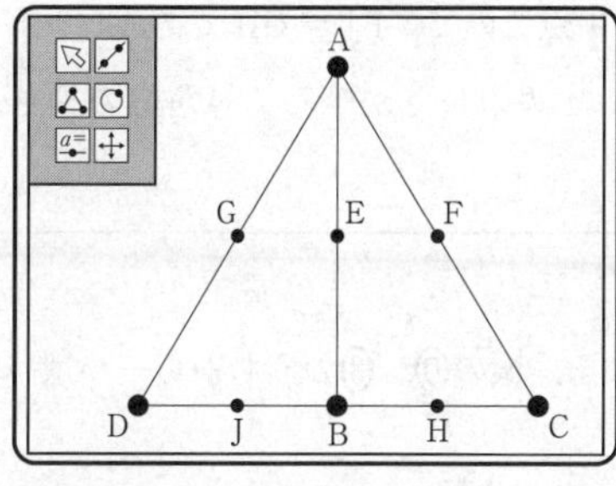

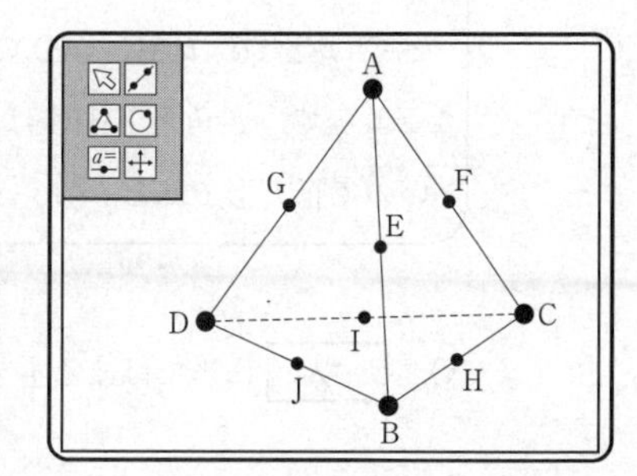

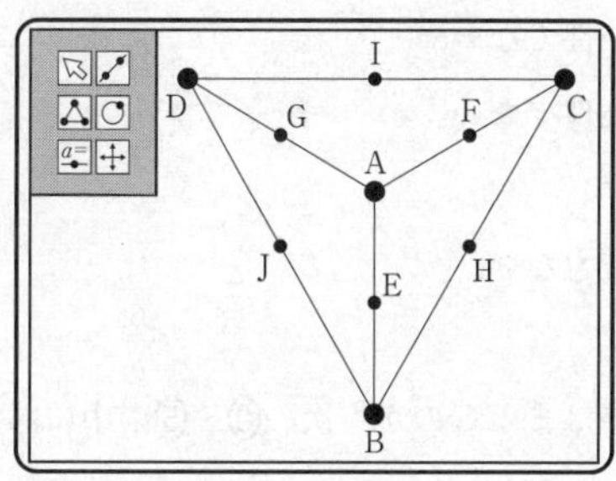

花子さんの構想

四角形において，4辺の長さが等しいことは正方形であるための［ウ］。さらに，対角線FJとGHの長さが等しいことがいえれば，四角形FHJGが正方形であることの証明となるので，△FJCと△GHDが合同であることを示したい。

しかし，この二つの三角形が合同であることの証明は難しいので，別の三角形の組に着目する。

花子さんの証明

点F，点GはそれぞれAC，ADの中点なので，二つの三角形 **エ** と **オ** に着目する。 エ と オ は3辺の長さがそれぞれ等しいので合同である。このとき， エ と オ は **カ** で，FとGはそれぞれAC，ADの中点なので，FJ＝GHである。

よって，四角形FHJGは，4辺の長さが等しく対角線の長さが等しいので正方形である。

(i) **ウ** に当てはまるものを，次の⓪～③のうちから一つ選べ。

⓪ 必要条件であるが十分条件でない
① 十分条件であるが必要条件でない
② 必要十分条件である
③ 必要条件でも十分条件でもない

(ii) **エ** ， **オ** に当てはまるものが，次の⓪～⑤の中にある。当てはまるものを一つずつ選べ。ただし， エ と オ の解答の順序は問わない。

⓪ △AGH　① △AIB　② △AJC
③ △AHD　④ △AHC　⑤ △AJD

(iii) **カ** に当てはまるものを，次の⓪～③のうちから一つ選べ。

⓪ 正三角形　① 二等辺三角形
② 直角三角形　③ 直角二等辺三角形

四角形FHJGが正方形であることを証明した太郎さんと花子さんは，さらに，正四面体ABCDにおいて成り立つ他の性質を見いだし，下のように話している。

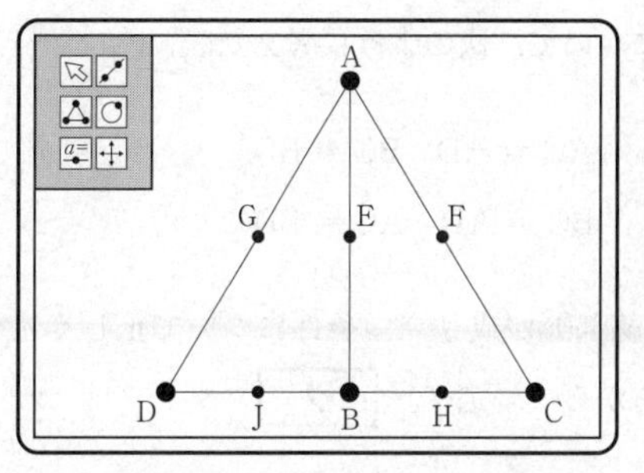

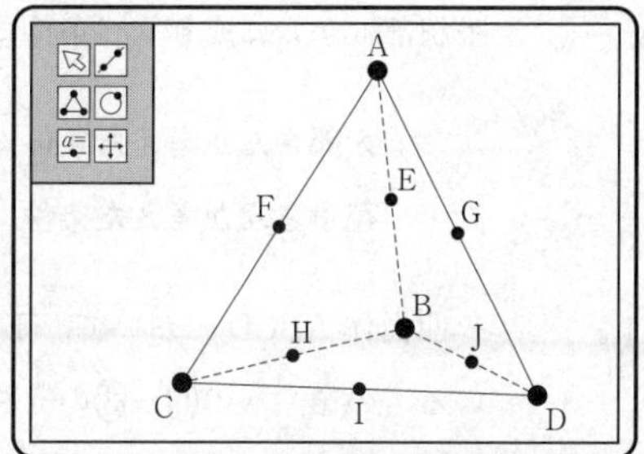

花子：線分EIと辺CDは垂直に交わるね。

太郎：そう見えるだけかもしれないよ。証明できる？

花子：(a)辺CDは線分AIともBIとも垂直だから，(b)線分EIと辺CDは垂直といえるよ。

太郎：そうか……。ということは，(c)この性質は，四面体ABCDが正四面体でなくても成り立つ場合がありそうだね。

(3)　下線部(a)から下線部(b)を導く過程で用いる性質として正しいものを，次の⓪～④のうちから**すべて選べ**。 キ

⓪　平面α上にある直線ℓと平面α上にない直線mが平行ならば，$\alpha /\!/ m$である。

①　平面α上にある直線ℓ，mが点Pで交わっているとき，点Pを通り平面α上にない直線nが直線ℓ，mに垂直ならば，$\alpha \perp n$である。

②　平面αと直線ℓが点Pで交わっているとき，$\alpha \perp \ell$ならば，平面α上の点Pを通るすべての直線mに対して，$\ell \perp m$である。

③　平面α上にある直線ℓ，mがともに平面α上にない直線nに垂直ならば，$\alpha \perp n$である。

④　平面α上に直線ℓ，平面β上に直線mがあるとき，$\alpha \perp \beta$ならば，$\ell \perp m$である。

(4) 下線部(c)について，太郎さんと花子さんは正四面体でない場合についても考えてみることにした。

四面体ABCDにおいて，AB，CDの中点をそれぞれE，Iとするとき，下線部(b)が常に成り立つ条件について，次のように考えた。

太郎さんが考えた条件：　AC = AD，BC = BD

花子さんが考えた条件：　BC = AD，AC = BD

四面体ABCDにおいて，下線部(b)が成り立つ条件について正しく述べているものを，次の⓪～③のうちから一つ選べ。 ク

⓪ 太郎さんが考えた条件，花子さんが考えた条件のどちらにおいても常に成り立つ。

① 太郎さんが考えた条件では常に成り立つが，花子さんが考えた条件では必ずしも成り立つとは限らない。

② 太郎さんが考えた条件では必ずしも成り立つとは限らないが，花子さんが考えた条件では常に成り立つ。

③ 太郎さんが考えた条件，花子さんが考えた条件のどちらにおいても必ずしも成り立つとは限らない。

第5問 （選択問題）

n を3以上の整数とする。紙に正方形のマスが縦横とも $(n-1)$ 個ずつ並んだマス目を書く。その $(n-1)^2$ 個のマスに，以下の**ルール**に従って数字を一つずつ書き込んだものを「方盤」と呼ぶことにする。なお，横の並びを「行」，縦の並びを「列」という。

ルール：上から k 行目，左から ℓ 列目のマスに，k と ℓ の積を n で割った余りを記入する。

$n=3$，$n=4$ のとき，方盤はそれぞれ下の図1，図2のようになる。

1	2
2	1

図1

1	2	3
2	0	2
3	2	1

図2

例えば，図2において，上から2行目，左から3列目には，$2\times 3=6$ を4で割った余りである2が書かれている。このとき，次の問いに答えよ。

(1) $n=8$ のとき，下の図3の方盤の A に当てはまる数を答えよ。 ア

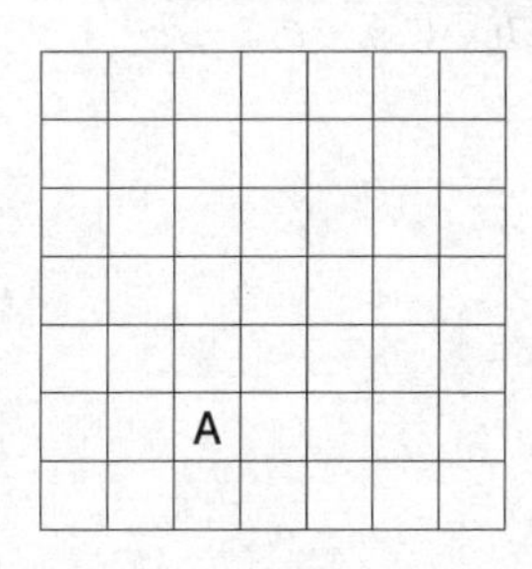

図3

また，図3の方盤の上から5行目に並ぶ数のうち，1が書かれているのは左から何列目であるかを答えよ。左から イ 列目

(2)　$n=7$ のとき，下の図4のように，方盤のいずれのマスにも0が現れない。

1	2	3	4	5	6
2	4	6	1	3	5
3	6	2	5	1	4
4	1	5	2	6	3
5	3	1	6	4	2
6	5	4	3	2	1

図4

このように，方盤のいずれのマスにも0が現れないための，n に関する必要十分条件を，次の⓪～⑤のうちから一つ選べ。［ウ］

⓪　n が奇数であること。

①　n が4で割って3余る整数であること。

②　n が2の倍数でも5の倍数でもない整数であること。

③　n が素数であること。

④　n が素数ではないこと。

⑤　$n-1$ と n が互いに素であること。

(3)　nの値がもっと大きい場合を考えよう。方盤においてどの数字がどのマスにあるかは，整数の性質を用いると簡単に求めることができる。

$n=56$のとき，方盤の上から27行目に並ぶ数のうち，1は左から何列目にあるかを考えよう。

(i)　方盤の上から27行目，左からℓ列目の数が1であるとする(ただし，$1 \leqq \ell \leqq 55$)。ℓを求めるためにはどのようにすれば良いか。正しいものを，次の⓪～③のうちから一つ選べ。［エ］

⓪　1次不定方程式$27\ell - 56m = 1$の整数解のうち，$1 \leqq \ell \leqq 55$を満たすものを求める。

①　1次不定方程式$27\ell - 56m = -1$の整数解のうち，$1 \leqq \ell \leqq 55$を満たすものを求める。

②　1次不定方程式$56\ell - 27m = 1$の整数解のうち，$1 \leqq \ell \leqq 55$を満たすものを求める。

③　1次不定方程式$56\ell - 27m = -1$の整数解のうち，$1 \leqq \ell \leqq 55$を満たすものを求める。

(ii)　(i)で選んだ方法により，方盤の上から27行目に並ぶ数のうち，1は左から何列目にあるかを求めよ。左から［オカ］列目

(4)　$n=56$ のとき，方盤の各行にそれぞれ何個の0があるか考えよう。

(i)　方盤の上から24行目には0が何個あるか考える。

左から ℓ 列目が0であるための必要十分条件は，24ℓ が56の倍数であること，すなわち，ℓ が［キ］の倍数であることである。したがって，上から24行目には0が［ク］個ある。

(ii)　上から1行目から55行目までのうち，0の個数が最も多いのは上から何行目であるか答えよ。上から［ケコ］行目

(5)　$n=56$ のときの方盤について，正しいものを，次の⓪～⑤のうちから**すべて選べ**。［サ］

⓪　上から5行目には0がある。
①　上から6行目には0がある。
②　上から9行目には1がある。
③　上から10行目には1がある。
④　上から15行目には7がある。
⑤　上から21行目には7がある。

第１回試行調査　解答上の注意〔数学Ⅱ・数学Ｂ〕

1　解答は，解答用紙の問題番号に対応した解答欄にマークしなさい。

2　問題の文中の［ア］，［イウ］などには，特に指示がない限り，符号(－)，数字(０～９)，又は文字(ａ～ｄ)が入ります。ア，イ，ウ，…の一つ一つは，これらのいずれか一つに対応します。それらを解答用紙のア，イ，ウ，…で示された解答欄にマークして答えなさい。

(例１)　［アイウ］に $-8a$ と答えたいとき

ア	● ⓪ ① ② ③ ④ ⑤ ⑥ ⑦ ⑧ ⑨ ⓐ ⓑ ⓒ ⓓ
イ	⊖ ⓪ ① ② ③ ④ ⑤ ⑥ ⑦ ● ⑨ ⓐ ⓑ ⓒ ⓓ
ウ	⊖ ⓪ ① ② ③ ④ ⑤ ⑥ ⑦ ⑧ ⑨ ● ⓑ ⓒ ⓓ

なお，同一の問題文中に［ア］，［イウ］などが２度以上現れる場合，原則として，２度目以降は，［ア］，［イウ］のように細字で表記します。

また，「すべて選べ」や「二つ選べ」などの指示のある問いに対して複数解答する場合は，同じ解答欄に符号，数字又は文字を**複数マーク**しなさい。

例えば，［エ］と表示のある問いに対して①，④と解答する場合は，次の(例２)のように**解答欄エの①，④にそれぞれマーク**しなさい。

(例２)

エ	⊖ ⓪ ● ② ③ ● ⑤ ⑥ ⑦ ⑧ ⑨ ⓐ ⓑ ⓒ ⓓ

3　分数形で解答する場合，分数の符号は分子につけ，分母につけてはいけません。

例えば，$\frac{［オカ］}{［キ］}$ に $-\frac{4}{5}$ と答えたいときは，$\frac{-4}{5}$ として答えなさい。

また，それ以上約分できない形で答えなさい。

例えば，$\frac{3}{4}$ と答えるところを，$\frac{6}{8}$ のように答えてはいけません。

4　小数の形で解答する場合，指定された桁数の一つ下の桁を四捨五入して答えなさい。また，必要に応じて，指定された桁まで⓪をマークしなさい。

例えば，［ク］.［ケコ］に 2.5 と答えたいときには，2.50 として答えなさい。

5　根号を含む形で解答する場合，根号の中に現れる自然数が最小となる形で答えなさい。

例えば，$\boxed{\text{サ}}\sqrt{\boxed{\text{シ}}}$ に $4\sqrt{2}$ と答えるところを，$2\sqrt{8}$ のように答えてはいけません。

数学Ⅱ・数学B

<table>
<tr><th>問　題</th><th>選 択 方 法</th></tr>
<tr><td>第1問</td><td>必　　答</td></tr>
<tr><td>第2問</td><td>必　　答</td></tr>
<tr><td>第3問</td><td rowspan="3">いずれか２問を選択し，解答しなさい。</td></tr>
<tr><td>第4問</td></tr>
<tr><td>第5問</td></tr>
</table>

第1問 (必答問題)

〔1〕 aを定数とする。座標平面上に，原点を中心とする半径5の円Cと，直線ℓ：$x+y=a$がある。

Cとℓが異なる2点で交わるための条件は，

$$-\boxed{\text{ア}}\sqrt{\boxed{\text{イ}}}<a<\boxed{\text{ア}}\sqrt{\boxed{\text{イ}}} \quad \cdots\cdots\cdots ①$$

である。①の条件を満たすとき，Cとℓの交点の一つを$\mathrm{P}(s,\ t)$とする。このとき，

$$st=\frac{a^2-\boxed{\text{ウエ}}}{\boxed{\text{オ}}}$$

である。

〔２〕 aを１でない正の実数とする。(i)〜(iii)のそれぞれの式について，正しいものを，下の⓪〜③のうちから一つずつ選べ。ただし，同じものを繰り返し選んでもよい。

(i)　$\sqrt[4]{a^3} \times a^{\frac{2}{3}} = a^2$　　［カ］

(ii)　$\dfrac{(2a)^6}{(4a)^2} = \dfrac{a^3}{2}$　　［キ］

(iii)　$4(\log_2 a - \log_4 a) = \log_{\sqrt{2}} a$　　［ク］

⓪　式を満たすaの値は存在しない。

①　式を満たすaの値はちょうど一つである。

②　式を満たすaの値はちょうど二つである。

③　どのようなaの値を代入しても成り立つ式である。

〔3〕

(1)　下の図の点線は $y = \sin x$ のグラフである。(i)，(ii)の三角関数のグラフが実線で正しくかかれているものを，下の⓪〜⑨のうちから一つずつ選べ。ただし，同じものを選んでもよい。

(i)　$y = \sin 2x$　**ケ**　　　(ii)　$y = \sin\left(x + \dfrac{3}{2}\pi\right)$　**コ**

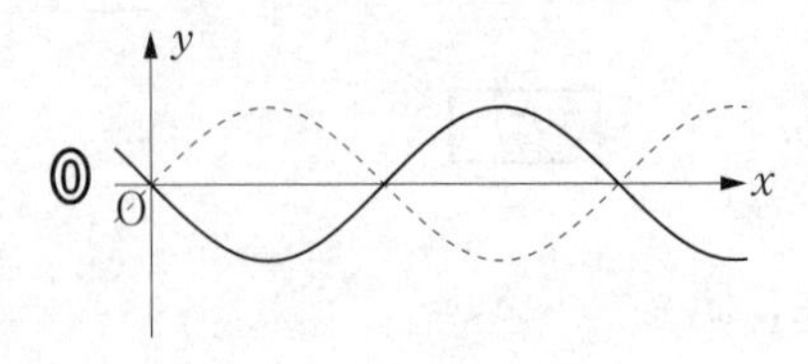

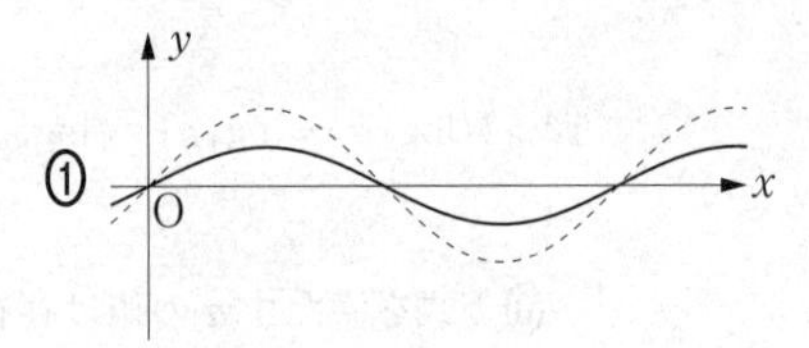

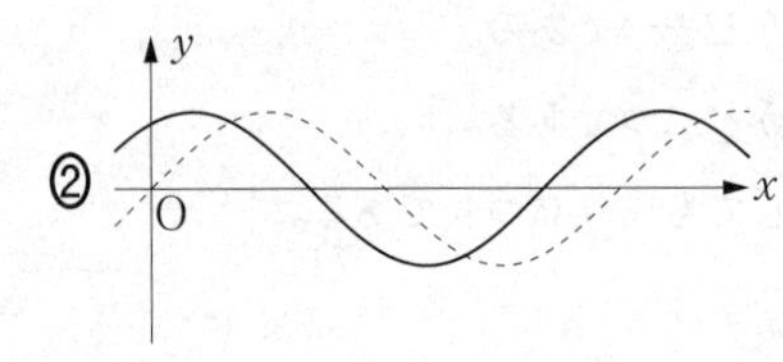

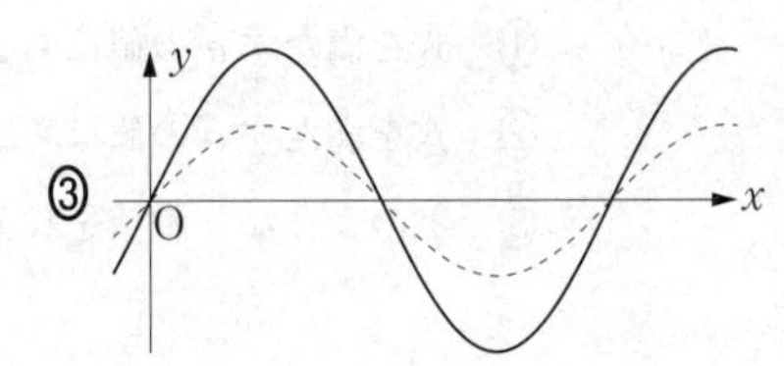

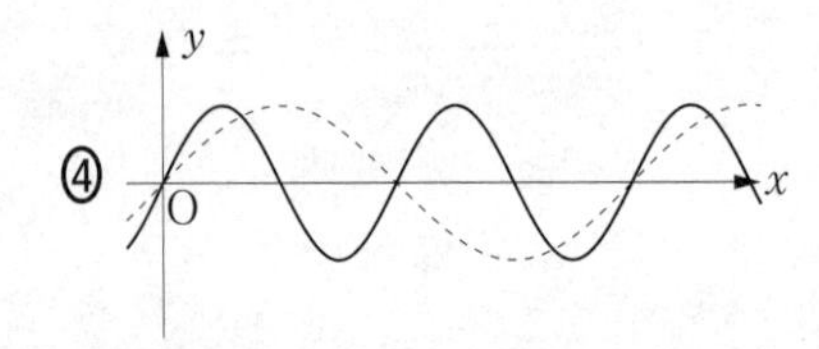

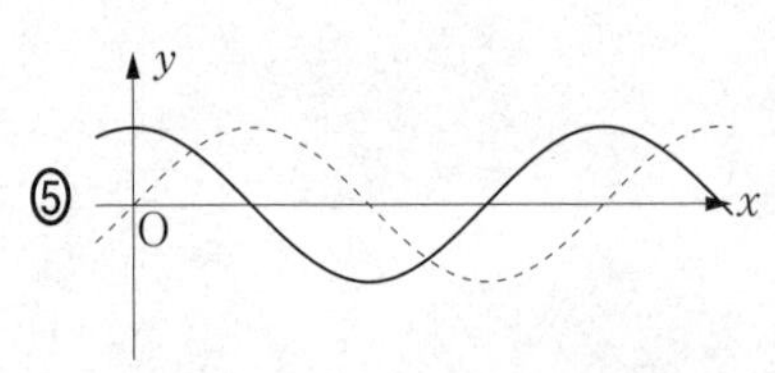

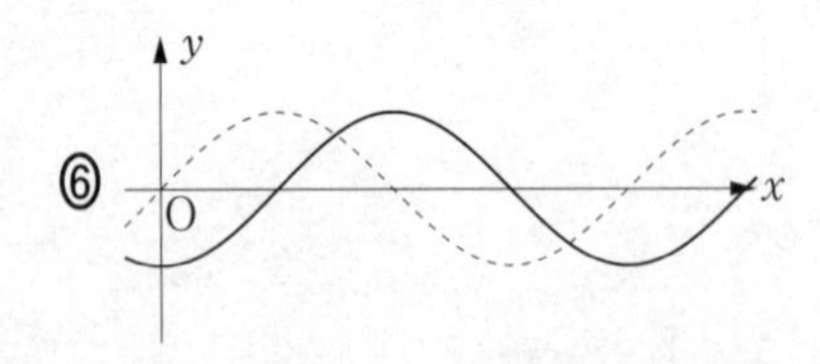

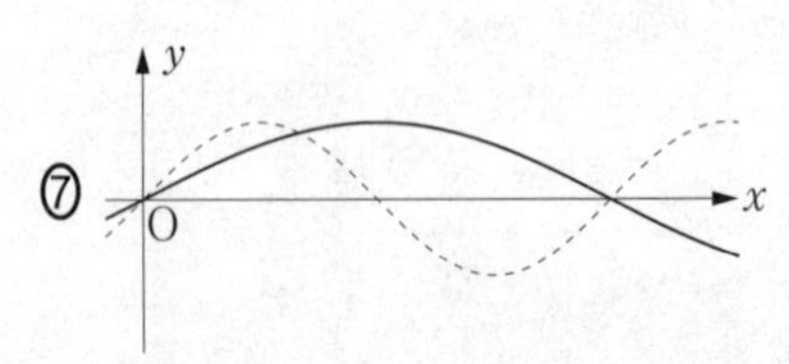

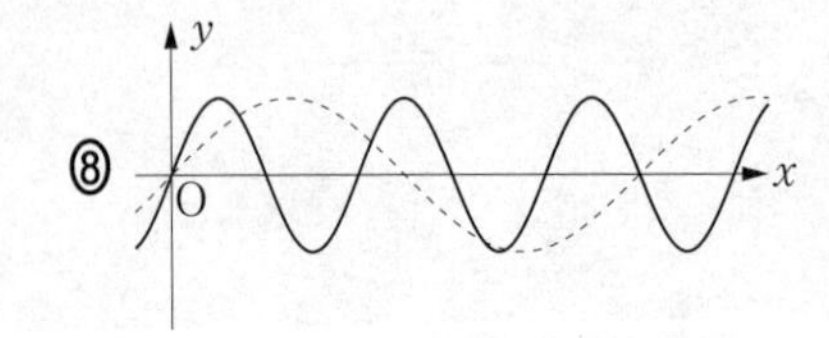

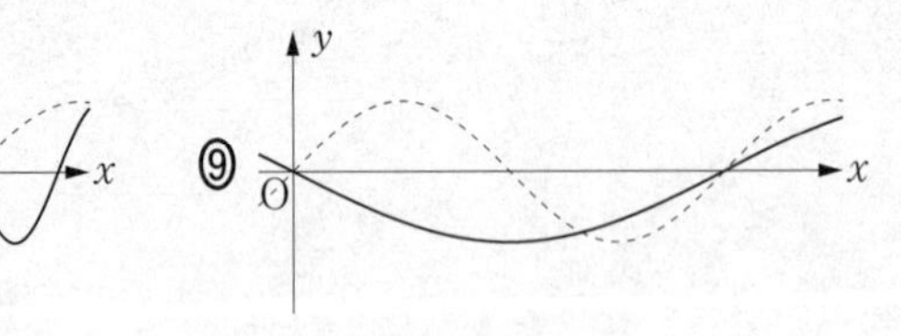

(2) 次の図はある三角関数のグラフである。その関数の式として正しいものを，下の⓪～⑦のうちからすべて選べ。 サ

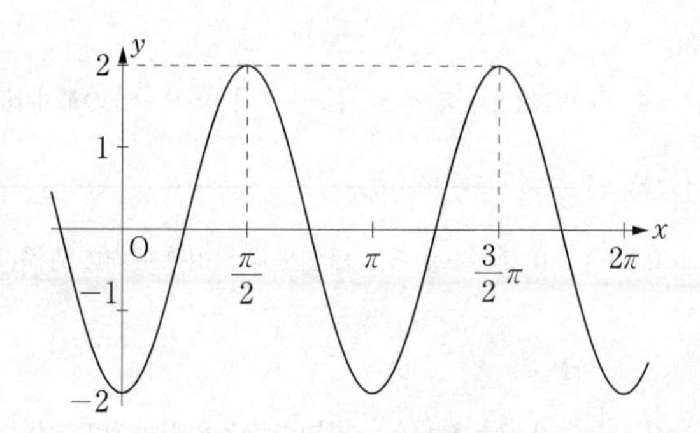

⓪ $y = 2\sin\left(2x + \frac{\pi}{2}\right)$　　① $y = 2\sin\left(2x - \frac{\pi}{2}\right)$

② $y = 2\sin 2\left(x + \frac{\pi}{2}\right)$　　③ $y = \sin 2\left(2x - \frac{\pi}{2}\right)$

④ $y = 2\cos\left(2x + \frac{\pi}{2}\right)$　　⑤ $y = 2\cos 2\left(x - \frac{\pi}{2}\right)$

⑥ $y = 2\cos 2\left(x + \frac{\pi}{2}\right)$　　⑦ $y = \cos 2\left(2x - \frac{\pi}{2}\right)$

〔4〕 先生と太郎さんと花子さんは，次の問題とその解答について話している。三人の会話を読んで，下の問いに答えよ。

【問題】

x，y を正の実数とするとき，$\left(x+\dfrac{1}{y}\right)\left(y+\dfrac{4}{x}\right)$ の最小値を求めよ。

【解答A】

$x>0$，$\dfrac{1}{y}>0$ であるから，相加平均と相乗平均の関係により

$$x+\frac{1}{y} \geqq 2\sqrt{x\cdot\frac{1}{y}}=2\sqrt{\frac{x}{y}} \qquad \cdots\cdots\cdots ①$$

$y>0$，$\dfrac{4}{x}>0$ であるから，相加平均と相乗平均の関係により

$$y+\frac{4}{x} \geqq 2\sqrt{y\cdot\frac{4}{x}}=4\sqrt{\frac{y}{x}} \qquad \cdots\cdots\cdots ②$$

である。①，②の両辺は正であるから，

$$\left(x+\frac{1}{y}\right)\left(y+\frac{4}{x}\right) \geqq 2\sqrt{\frac{x}{y}}\cdot 4\sqrt{\frac{y}{x}}=8$$

よって，求める最小値は8である。

【解答B】

$$\left(x+\frac{1}{y}\right)\left(y+\frac{4}{x}\right)=xy+\frac{4}{xy}+5$$

であり，$xy>0$ であるから，相加平均と相乗平均の関係により

$$xy+\frac{4}{xy} \geqq 2\sqrt{xy\cdot\frac{4}{xy}}=4$$

である。すなわち，

$$xy+\frac{4}{xy}+5 \geqq 4+5=9$$

よって，求める最小値は9である。

先生「同じ問題なのに，解答Ａと解答Ｂで答えが違っていますね。」

太郎「計算が間違っているのかな。」

花子「いや，どちらも計算は間違えていないみたい。」

太郎「答えが違うということは，どちらかは正しくないということだよね。」

先生「なぜ解答Ａと解答Ｂで違う答えが出てしまったのか，考えてみましょう。」

花子「実際に x と y に値を代入して調べてみよう。」

太郎「例えば $x=1$，$y=1$ を代入してみると，$\left(x+\dfrac{1}{y}\right)\left(y+\dfrac{4}{x}\right)$ の値は 2×5 だから 10 だ。」

花子「$x=2$，$y=2$ のときの値は $\dfrac{5}{2}\times4=10$ になった。」

太郎「$x=2$，$y=1$ のときの値は $3\times3=9$ になる。」

（太郎と花子，いろいろな値を代入して計算する）

花子「先生，ひょっとして［シ］ということですか。」

先生「そのとおりです。よく気づきましたね。」

花子「正しい最小値は［ス］ですね。」

(1)　［シ］に当てはまるものを，次の⓪～③のうちから一つ選べ。

⓪　$xy+\dfrac{4}{xy}=4$ を満たす x，y の値がない

①　$x+\dfrac{1}{y}=2\sqrt{\dfrac{x}{y}}$ かつ $xy+\dfrac{4}{xy}=4$ を満たす x，y の値がある

②　$x+\dfrac{1}{y}=2\sqrt{\dfrac{x}{y}}$ かつ $y+\dfrac{4}{x}=4\sqrt{\dfrac{y}{x}}$ を満たす x，y の値がない

③　$x+\dfrac{1}{y}=2\sqrt{\dfrac{x}{y}}$ かつ $y+\dfrac{4}{x}=4\sqrt{\dfrac{y}{x}}$ を満たす x，y の値がある

(2)　［ス］に当てはまる数を答えよ。

第2問 （必答問題）

a を定数とする。関数 $f(x)$ に対し，$S(x)=\int_a^x f(t)\,dt$ とおく。このとき，関数 $S(x)$ の増減から $y=f(x)$ のグラフの概形を考えよう。

(1)　$S(x)$ は3次関数であるとし，$y=S(x)$ のグラフは次の図のように，2点 $(-1,\ 0)$，$(0,\ 4)$ を通り，点 $(2,\ 0)$ で x 軸に接しているとする。

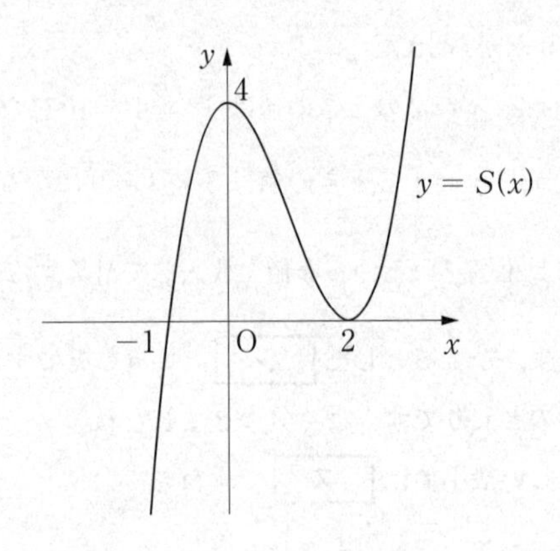

このとき，

$$S(x)=\left(x+\boxed{\text{ア}}\right)\left(x-\boxed{\text{イ}}\right)^{\boxed{\text{ウ}}}$$

である。$S(a)=\boxed{\text{エ}}$ であるから，a を負の定数とするとき，$a=\boxed{\text{オカ}}$ である。

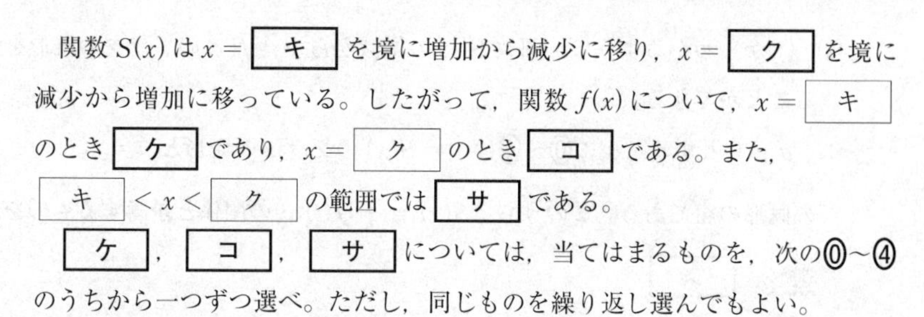

関数 $S(x)$ は $x=$ [キ] を境に増加から減少に移り，$x=$ [ク] を境に減少から増加に移っている。したがって，関数 $f(x)$ について，$x=$ [キ] のとき [ケ] であり，$x=$ [ク] のとき [コ] である。また，[キ] $< x <$ [ク] の範囲では [サ] である。

[ケ]，[コ]，[サ] については，当てはまるものを，次の⓪〜④のうちから一つずつ選べ。ただし，同じものを繰り返し選んでもよい。

⓪ $f(x)$ の値は0　　① $f(x)$ の値は正　　② $f(x)$ の値は負

③ $f(x)$ は極大　　④ $f(x)$ は極小

$y=f(x)$ のグラフの概形として最も適当なものを，次の⓪〜⑤のうちから一つ選べ。[シ]

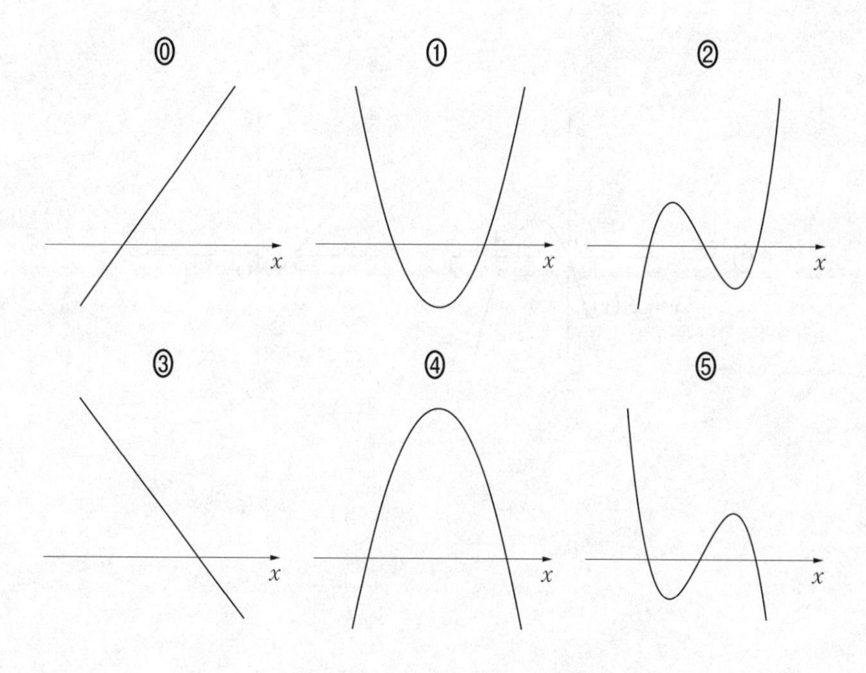

(2)　(1)からわかるように，関数 $S(x)$ の増減から $y=f(x)$ のグラフの概形を考えることができる。

$a=0$ とする。次の⓪〜④は $y=S(x)$ のグラフの概形と $y=f(x)$ のグラフの概形の組である。このうち，$S(x)=\int_0^x f(t)\,dt$ の関係と**矛盾するもの**を**二つ**選べ。　ス

⓪

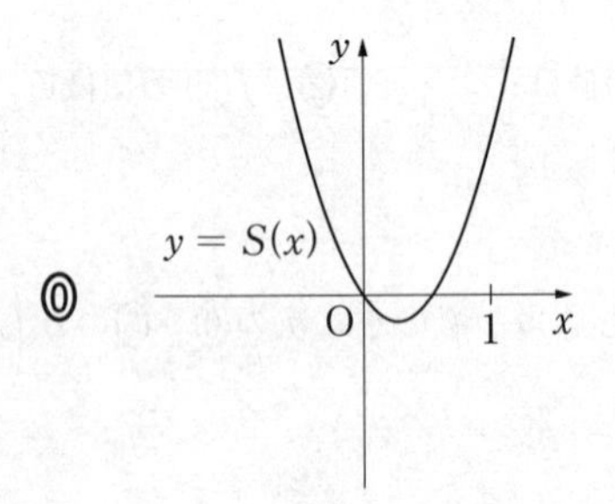

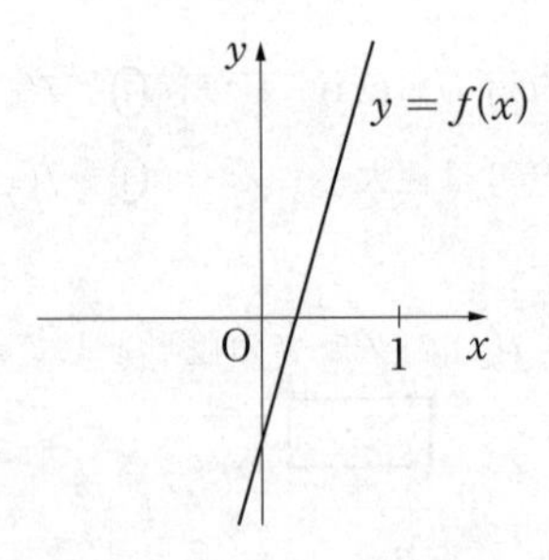

①

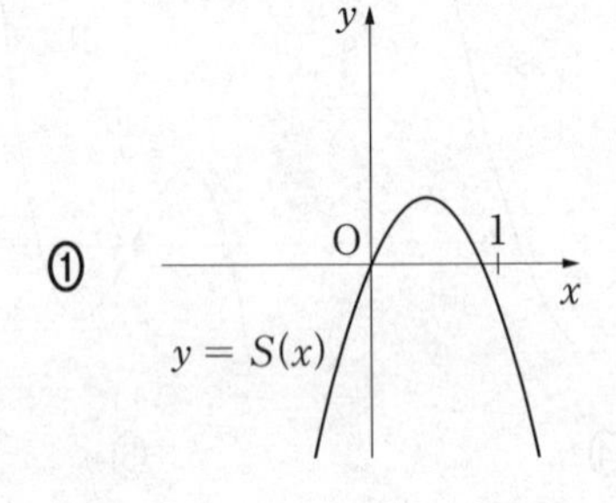

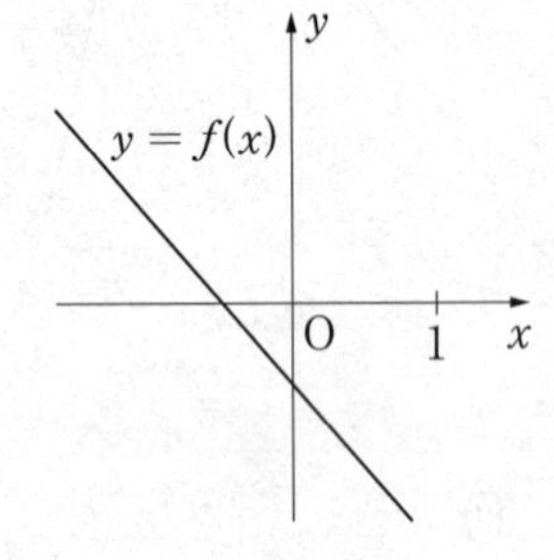

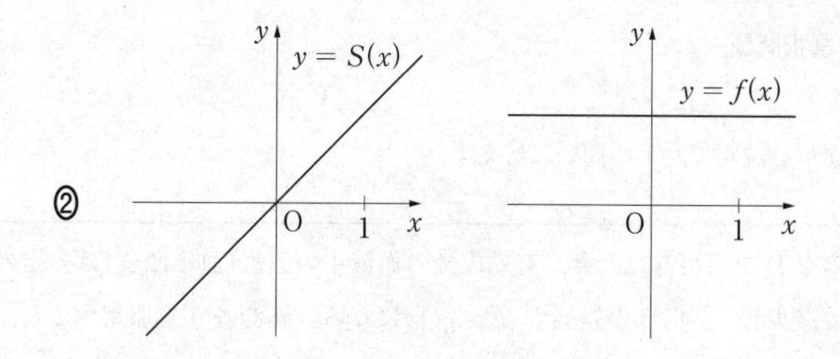
②
y = S(x)
y = f(x)
O
1
x
y

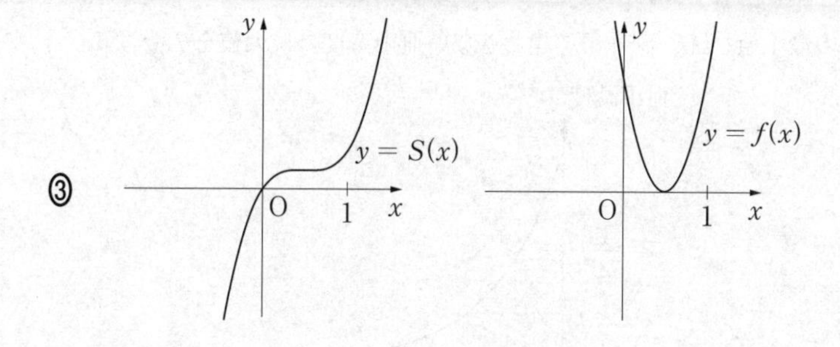
③
y = S(x)
y = f(x)
O
1
x
y

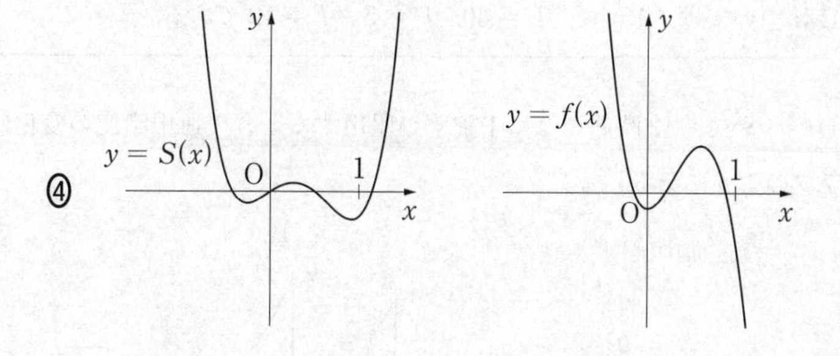
④
y = S(x)
y = f(x)
O
1
x
y

第3問 (選択問題)

次の文章を読んで，下の問いに答えよ。

ある薬Dを服用したとき，有効成分の血液中の濃度(血中濃度)は一定の割合で減少し，T時間が経過すると$\frac{1}{2}$倍になる。薬Dを1錠服用すると，服用直後の血中濃度はPだけ増加する。時間0で血中濃度がPであるとき，血中濃度の変化は次のグラフで表される。適切な効果が得られる血中濃度の最小値をM，副作用を起こさない血中濃度の最大値をLとする。

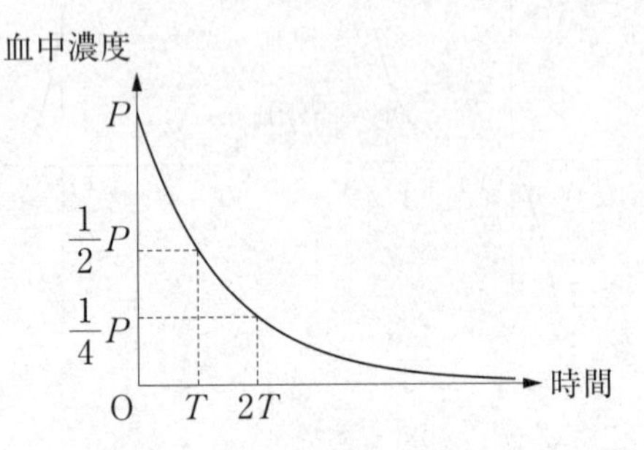

薬Dについては，$M=2$，$L=40$，$P=5$，$T=12$である。

(1) 薬Dについて，12時間ごとに1錠ずつ服用するときの血中濃度の変化は次のグラフのようになる。

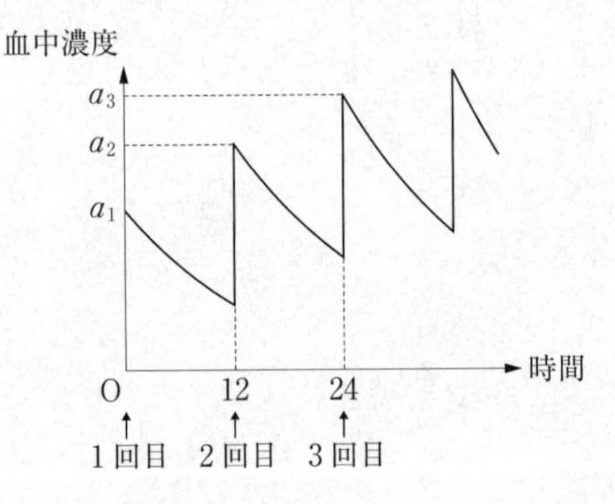

n を自然数とする。a_n は n 回目の服用直後の血中濃度である。a_1 は P と一致すると考えてよい。第 $(n+1)$ 回目の服用直前には，血中濃度は第 n 回目の服用直後から時間の経過に応じて減少しており，薬を服用した直後に血中濃度が P だけ上昇する。この血中濃度が a_{n+1} である。

$P=5,\ T=12$ であるから，数列 $\{a_n\}$ の初項と漸化式は

$$a_1 = \boxed{\text{ア}},\quad a_{n+1} = \frac{\boxed{\text{イ}}}{\boxed{\text{ウ}}}a_n + \boxed{\text{エ}} \quad (n=1,\ 2,\ 3,\ \cdots)$$

となる。

数列 $\{a_n\}$ の一般項を求めてみよう。

【考え方1】

数列 $\{a_n - d\}$ が等比数列となるような定数 d を求める。$d = \boxed{\text{オカ}}$ に対して，数列 $\{a_n - d\}$ が公比 $\dfrac{\boxed{\text{キ}}}{\boxed{\text{ク}}}$ の等比数列になることを用いる。

【考え方2】

階差数列をとって考える。数列 $\{a_{n+1} - a_n\}$ が公比 $\dfrac{\boxed{\text{ケ}}}{\boxed{\text{コ}}}$ の等比数列になることを用いる。

いずれの考え方を用いても，一般項を求めることができ，

$$a_n = \boxed{\text{サシ}} - \boxed{\text{ス}}\left(\frac{\boxed{\text{セ}}}{\boxed{\text{ソ}}}\right)^{n-1} \quad (n=1,\ 2,\ 3,\ \cdots)$$

である。

(2) 薬Dについては，$M=2$，$L=40$である。薬Dを12時間ごとに1錠ずつ服用する場合，n回目の服用直前の血中濃度がa_n-Pであることに注意して，正しいものを，次の⓪〜⑤のうちから二つ選べ。 タ

⓪　4回目の服用までは血中濃度がLを超えないが，5回目の服用直後に血中濃度がLを超える。

①　5回目の服用までは血中濃度がLを超えないが，服用し続けるといつか必ずLを超える。

②　どれだけ継続して服用しても血中濃度がLを超えることはない。

③　1回目の服用直後に血中濃度がPに達して以降，血中濃度がMを下回ることはないので，1回目の服用以降は適切な効果が持続する。

④　2回目までは服用直前に血中濃度がM未満になるが，2回目の服用以降は，血中濃度がMを下回ることはないので，適切な効果が持続する。

⑤　5回目までは服用直前に血中濃度がM未満になるが，5回目の服用以降は，血中濃度がMを下回ることはないので，適切な効果が持続する。

(3) (1)と同じ服用量で，服用間隔の条件のみを24時間に変えた場合の血中濃度を調べよう。薬Dを24時間ごとに1錠ずつ服用するときの，n回目の服用直後の血中濃度をb_nとする。n回目の服用直前の血中濃度はb_n-Pである。最初の服用から$24n$時間経過後の服用直前の血中濃度である$a_{2n+1}-P$と$b_{n+1}-P$を比較する。$b_{n+1}-P$と$a_{2n+1}-P$の比を求めると，

$$\frac{b_{n+1}-P}{a_{2n+1}-P}=\frac{\boxed{\text{チ}}}{\boxed{\text{ツ}}}$$

となる。

(4)　薬Dを24時間ごとにk錠ずつ服用する場合には，最初の服用直後の血中濃度はkPとなる。服用量を変化させてもTの値は変わらないものとする。

薬Dを12時間ごとに1錠ずつ服用した場合と24時間ごとにk錠ずつ服用した場合の血中濃度を比較すると，最初の服用から$24n$時間経過後の各服用直前の血中濃度が等しくなるのは，$k=$ [テ] のときである。したがって，24時間ごとにk錠ずつ服用する場合の各服用直前の血中濃度を，12時間ごとに1錠ずつ服用する場合の血中濃度以上とするためには$k \geqq$ [テ] でなくてはならない。

また，24時間ごとの服用量を [テ] 錠にするとき，正しいものを，次の⓪～③のうちから一つ選べ。 [ト]

⓪　1回目の服用以降，服用直後の血中濃度が常にLを超える。

①　4回目の服用直後までの血中濃度はL未満だが，5回目以降は服用直後の血中濃度が常にLを超える。

②　9回目の服用直後までの血中濃度はL未満だが，10回目以降は服用直後の血中濃度が常にLを超える。

③　どれだけ継続して服用しても血中濃度がLを超えることはない。

第4問 （選択問題）

四面体OABCについて，$OA \perp BC$が成り立つための条件を考えよう。次の問いに答えよ。ただし，$\overrightarrow{OA} = \vec{a}$，$\overrightarrow{OB} = \vec{b}$，$\overrightarrow{OC} = \vec{c}$とする。

(1) O(0, 0, 0)，A(1, 1, 0)，B(1, 0, 1)，C(0, 1, 1)のとき，$\vec{a} \cdot \vec{b} =$ ［ア］となる。$\overrightarrow{OA} \neq \vec{0}$，$\overrightarrow{BC} \neq \vec{0}$であることに注意すると，$\overrightarrow{OA} \cdot \overrightarrow{BC} =$ ［イ］によりOA ⊥ BCである。

(2) 四面体OABCについて，OA ⊥ BCとなるための必要十分条件を，次の⓪～③のうちから一つ選べ。［ウ］

⓪ $\vec{a} \cdot \vec{b} = \vec{b} \cdot \vec{c}$　① $\vec{a} \cdot \vec{b} = \vec{a} \cdot \vec{c}$

② $\vec{b} \cdot \vec{c} = 0$　③ $|\vec{a}|^2 = \vec{b} \cdot \vec{c}$

(3) OA ⊥ BCが常に成り立つ四面体を，次の⓪～⑤のうちから一つ選べ。

［エ］

⓪ OA = OBかつ∠AOB = ∠AOCであるような四面体OABC

① OA = OBかつ∠AOB = ∠BOCであるような四面体OABC

② OB = OCかつ∠AOB = ∠AOCであるような四面体OABC

③ OB = OCかつ∠AOC = ∠BOCであるような四面体OABC

④ OC = OAかつ∠AOC = ∠BOCであるような四面体OABC

⑤ OC = OAかつ∠AOB = ∠BOCであるような四面体OABC

(4) $OC = OB = AB = AC$ を満たす四面体 OABC について，$OA \perp BC$ が成り立つことを下のように証明した。

【証明】

線分 OA の中点を D とする。

$\overrightarrow{BD} = \dfrac{1}{2}\left(\boxed{\text{オ}} + \boxed{\text{カ}}\right)$，$\overrightarrow{OA} = \boxed{\text{オ}} - \boxed{\text{カ}}$ により

$\overrightarrow{BD} \cdot \overrightarrow{OA} = \dfrac{1}{2}\left\{\left|\boxed{\text{オ}}\right|^2 - \left|\boxed{\text{カ}}\right|^2\right\}$ である。

また，$\left|\boxed{\text{オ}}\right| = \left|\boxed{\text{カ}}\right|$ により $\overrightarrow{OA} \cdot \overrightarrow{BD} = 0$ である。

同様に，$\boxed{\text{キ}}$ により $\overrightarrow{OA} \cdot \overrightarrow{CD} = 0$ である。

このことから $\overrightarrow{OA} \neq \vec{0}$，$\overrightarrow{BC} \neq \vec{0}$ であることに注意すると，

$\overrightarrow{OA} \cdot \overrightarrow{BC} = \overrightarrow{OA} \cdot (\overrightarrow{BD} - \overrightarrow{CD}) = 0$ により $OA \perp BC$ である。

(i) $\boxed{\text{オ}}$，$\boxed{\text{カ}}$ に当てはまるものを，次の⓪～③のうちからそれぞれ一つずつ選べ。ただし，同じものを選んでもよい。

⓪ $\overrightarrow{BA}$　① $\overrightarrow{BC}$　② $\overrightarrow{BD}$　③ $\overrightarrow{BO}$

(ii) $\boxed{\text{キ}}$ に当てはまるものを，次の⓪～④のうちから一つ選べ。

⓪ $|\overrightarrow{CO}| = |\overrightarrow{CB}|$　① $|\overrightarrow{CO}| = |\overrightarrow{CA}|$　② $|\overrightarrow{OB}| = |\overrightarrow{OC}|$

③ $|\overrightarrow{AB}| = |\overrightarrow{AC}|$　④ $|\overrightarrow{BO}| = |\overrightarrow{BA}|$

(5)　(4)の証明は，$OC = OB = AB = AC$ のすべての等号が成り立つことを条件として用いているわけではない。このことに注意して，$OA \perp BC$ が成り立つ四面体を，次の⓪～③のうちから一つ選べ。 ク

⓪　$OC = AC$ かつ $OB = AB$ かつ $OB \neq OC$ であるような四面体 OABC

①　$OC = AB$ かつ $OB = AC$ かつ $OC \neq OB$ であるような四面体 OABC

②　$OC = AB = AC$ かつ $OC \neq OB$ であるような四面体 OABC

③　$OC = OB = AC$ かつ $OC \neq AB$ であるような四面体 OABC

第5問 （選択問題）

ある工場では，内容量が100 g と記載されたポップコーンを製造している。のり子さんが，この工場で製造されたポップコーン1袋を購入して調べたところ，内容量は98 g であった。のり子さんは「記載された内容量は誤っているのではないか」と考えた。そこで，のり子さんは，この工場で製造されたポップコーンを100袋購入して調べたところ，標本平均は104 g，標本の標準偏差は2 g であった。

以下の問題を解答するにあたっては，必要に応じて58ページの正規分布表を用いてもよい。

(1) ポップコーン1袋の内容量を確率変数 X で表すこととする。のり子さんの調査の結果をもとに，X は平均104 g，標準偏差2 g の正規分布に従うものとする。

このとき，X が100 g 以上106 g 以下となる確率は0. アイウ であり，X が98 g 以下となる確率は0. エオカ である。この98 g 以下となる確率は，「コインを キ 枚同時に投げたとき，すべて表が出る確率」に近い確率であり，起こる可能性が非常に低いことがわかる。 キ については，最も適当なものを，次の⓪～④のうちから一つ選べ。

⓪ 6　　① 8　　② 10　　③ 12　　④ 14

のり子さんがポップコーンを購入した店では，この工場で製造されたポップコーン2袋をテープでまとめて売っている。ポップコーンを入れる袋は1袋あたり5gであることがわかっている。テープでまとめられたポップコーン2袋分の重さを確率変数Yで表すとき，Yの平均をm_Y，標準偏差をσとおけば，$m_Y=$ クケコ である。ただし，テープの重さはないものとする。

また，標準偏差σと確率変数X，Yについて，正しいものを，次の⓪～⑤のうちから一つ選べ。 サ

⓪ $\sigma=2$であり，Yについて$m_Y-2\leqq Y\leqq m_Y+2$となる確率は，Xについて$102\leqq X\leqq 106$となる確率と同じである。

① $\sigma=2\sqrt{2}$であり，Yについて$m_Y-2\sqrt{2}\leqq Y\leqq m_Y+2\sqrt{2}$となる確率は，$X$について$102\leqq X\leqq 106$となる確率と同じである。

② $\sigma=2\sqrt{2}$であり，Yについて$m_Y-2\sqrt{2}\leqq Y\leqq m_Y+2\sqrt{2}$となる確率は，$X$について$102\leqq X\leqq 106$となる確率の$\sqrt{2}$倍である。

③ $\sigma=4$であり，Yについて$m_Y-2\leqq Y\leqq m_Y+2$となる確率は，Xについて$102\leqq X\leqq 106$となる確率と同じである。

④ $\sigma=4$であり，Yについて$m_Y-4\leqq Y\leqq m_Y+4$となる確率は，Xについて$102\leqq X\leqq 106$となる確率と同じである。

⑤ $\sigma=4$であり，Yについて$m_Y-4\leqq Y\leqq m_Y+4$となる確率は，Xについて$102\leqq X\leqq 106$となる確率の4倍である。

(2) 次にのり子さんは，内容量が 100 g と記載されたポップコーンについて，内容量の母平均 m の推定を行った。

のり子さんが調べた 100 袋の標本平均 104 g，標本の標準偏差 2 g をもとに考えるとき，小数第 2 位を四捨五入した信頼度(信頼係数)95 % の信頼区間を，次の⓪～⑤のうちから一つ選べ。 シ

⓪ $100.1 \leqq m \leqq 107.9$　　① $102.0 \leqq m \leqq 106.0$
② $103.0 \leqq m \leqq 105.0$　　③ $103.6 \leqq m \leqq 104.4$
④ $103.8 \leqq m \leqq 104.2$　　⑤ $103.9 \leqq m \leqq 104.1$

同じ標本をもとにした信頼度 99 % の信頼区間について，正しいものを，次の⓪～②のうちから一つ選べ。 ス

⓪ 信頼度 95 % の信頼区間と同じ範囲である。
① 信頼度 95 % の信頼区間より狭い範囲になる。
② 信頼度 95 % の信頼区間より広い範囲になる。

母平均 m に対する信頼度 D % の信頼区間を $A \leqq m \leqq B$ とするとき，この信頼区間の幅を $B - A$ と定める。

のり子さんは信頼区間の幅を シ と比べて半分にしたいと考えた。そのための方法は 2 通りある。

一つは，信頼度を変えずに標本の大きさを セ 倍にすることであり，もう一つは，標本の大きさを変えずに信頼度を ソタ . チ % にすることである。

正 規 分 布 表

次の表は，標準正規分布の分布曲線における右図の
灰色部分の面積の値をまとめたものである。

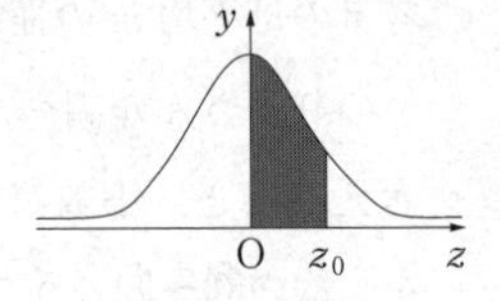

z_0	0.00	0.01	0.02	0.03	0.04	0.05	0.06	0.07	0.08	0.09
0.0	0.0000	0.0040	0.0080	0.0120	0.0160	0.0199	0.0239	0.0279	0.0319	0.0359
0.1	0.0398	0.0438	0.0478	0.0517	0.0557	0.0596	0.0636	0.0675	0.0714	0.0753
0.2	0.0793	0.0832	0.0871	0.0910	0.0948	0.0987	0.1026	0.1064	0.1103	0.1141
0.3	0.1179	0.1217	0.1255	0.1293	0.1331	0.1368	0.1406	0.1443	0.1480	0.1517
0.4	0.1554	0.1591	0.1628	0.1664	0.1700	0.1736	0.1772	0.1808	0.1844	0.1879
0.5	0.1915	0.1950	0.1985	0.2019	0.2054	0.2088	0.2123	0.2157	0.2190	0.2224
0.6	0.2257	0.2291	0.2324	0.2357	0.2389	0.2422	0.2454	0.2486	0.2517	0.2549
0.7	0.2580	0.2611	0.2642	0.2673	0.2704	0.2734	0.2764	0.2794	0.2823	0.2852
0.8	0.2881	0.2910	0.2939	0.2967	0.2995	0.3023	0.3051	0.3078	0.3106	0.3133
0.9	0.3159	0.3186	0.3212	0.3238	0.3264	0.3289	0.3315	0.3340	0.3365	0.3389
1.0	0.3413	0.3438	0.3461	0.3485	0.3508	0.3531	0.3554	0.3577	0.3599	0.3621
1.1	0.3643	0.3665	0.3686	0.3708	0.3729	0.3749	0.3770	0.3790	0.3810	0.3830
1.2	0.3849	0.3869	0.3888	0.3907	0.3925	0.3944	0.3962	0.3980	0.3997	0.4015
1.3	0.4032	0.4049	0.4066	0.4082	0.4099	0.4115	0.4131	0.4147	0.4162	0.4177
1.4	0.4192	0.4207	0.4222	0.4236	0.4251	0.4265	0.4279	0.4292	0.4306	0.4319
1.5	0.4332	0.4345	0.4357	0.4370	0.4382	0.4394	0.4406	0.4418	0.4429	0.4441
1.6	0.4452	0.4463	0.4474	0.4484	0.4495	0.4505	0.4515	0.4525	0.4535	0.4545
1.7	0.4554	0.4564	0.4573	0.4582	0.4591	0.4599	0.4608	0.4616	0.4625	0.4633
1.8	0.4641	0.4649	0.4656	0.4664	0.4671	0.4678	0.4686	0.4693	0.4699	0.4706
1.9	0.4713	0.4719	0.4726	0.4732	0.4738	0.4744	0.4750	0.4756	0.4761	0.4767
2.0	0.4772	0.4778	0.4783	0.4788	0.4793	0.4798	0.4803	0.4808	0.4812	0.4817
2.1	0.4821	0.4826	0.4830	0.4834	0.4838	0.4842	0.4846	0.4850	0.4854	0.4857
2.2	0.4861	0.4864	0.4868	0.4871	0.4875	0.4878	0.4881	0.4884	0.4887	0.4890
2.3	0.4893	0.4896	0.4898	0.4901	0.4904	0.4906	0.4909	0.4911	0.4913	0.4916
2.4	0.4918	0.4920	0.4922	0.4925	0.4927	0.4929	0.4931	0.4932	0.4934	0.4936
2.5	0.4938	0.4940	0.4941	0.4943	0.4945	0.4946	0.4948	0.4949	0.4951	0.4952
2.6	0.4953	0.4955	0.4956	0.4957	0.4959	0.4960	0.4961	0.4962	0.4963	0.4964
2.7	0.4965	0.4966	0.4967	0.4968	0.4969	0.4970	0.4971	0.4972	0.4973	0.4974
2.8	0.4974	0.4975	0.4976	0.4977	0.4977	0.4978	0.4979	0.4979	0.4980	0.4981
2.9	0.4981	0.4982	0.4982	0.4983	0.4984	0.4984	0.4985	0.4985	0.4986	0.4986
3.0	0.4987	0.4987	0.4987	0.4988	0.4988	0.4989	0.4989	0.4989	0.4990	0.4990

NOTE

NOTE

NOTE

NOTE

数学①解答用紙・第1面

注意事項

1. 問題番号④⑤の解答欄は，この用紙の第2面にあります。
2. 選択問題は，選択した問題番号の解答欄に解答しなさい。
3. 訂正は，消しゴムできれいに消し，消しくずを残してはいけません。
4. 所定欄以外にはマークしたり，記入したりしてはいけません。
5. 汚したり，折りまげたりしてはいけません。

・1科目だけマークしなさい。
・解答科目欄が無マーク又は複数マークの場合は，0点となります。

解答科目欄

数学I・数学A	数学I
○	○

旧教育課程	
旧数学I・旧数学A	旧数学I
○	○

1

	解	答	欄									
	−	±	0	1	2	3	4	5	6	7	8	9
ア	⊖	⊕	⓪	①	②	③	④	⑤	⑥	⑦	⑧	⑨
イ	⊖	⊕	⓪	①	②	③	④	⑤	⑥	⑦	⑧	⑨
ウ	⊖	⊕	⓪	①	②	③	④	⑤	⑥	⑦	⑧	⑨
エ	⊖	⊕	⓪	①	②	③	④	⑤	⑥	⑦	⑧	⑨
オ	⊖	⊕	⓪	①	②	③	④	⑤	⑥	⑦	⑧	⑨
カ	⊖	⊕	⓪	①	②	③	④	⑤	⑥	⑦	⑧	⑨
キ	⊖	⊕	⓪	①	②	③	④	⑤	⑥	⑦	⑧	⑨
ク	⊖	⊕	⓪	①	②	③	④	⑤	⑥	⑦	⑧	⑨
ケ	⊖	⊕	⓪	①	②	③	④	⑤	⑥	⑦	⑧	⑨
コ	⊖	⊕	⓪	①	②	③	④	⑤	⑥	⑦	⑧	⑨
サ	⊖	⊕	⓪	①	②	③	④	⑤	⑥	⑦	⑧	⑨
シ	⊖	⊕	⓪	①	②	③	④	⑤	⑥	⑦	⑧	⑨
ス	⊖	⊕	⓪	①	②	③	④	⑤	⑥	⑦	⑧	⑨
セ	⊖	⊕	⓪	①	②	③	④	⑤	⑥	⑦	⑧	⑨
ソ	⊖	⊕	⓪	①	②	③	④	⑤	⑥	⑦	⑧	⑨
タ	⊖	⊕	⓪	①	②	③	④	⑤	⑥	⑦	⑧	⑨
チ	⊖	⊕	⓪	①	②	③	④	⑤	⑥	⑦	⑧	⑨
ツ	⊖	⊕	⓪	①	②	③	④	⑤	⑥	⑦	⑧	⑨
テ	⊖	⊕	⓪	①	②	③	④	⑤	⑥	⑦	⑧	⑨
ト	⊖	⊕	⓪	①	②	③	④	⑤	⑥	⑦	⑧	⑨
ナ	⊖	⊕	⓪	①	②	③	④	⑤	⑥	⑦	⑧	⑨
ニ	⊖	⊕	⓪	①	②	③	④	⑤	⑥	⑦	⑧	⑨
ヌ	⊖	⊕	⓪	①	②	③	④	⑤	⑥	⑦	⑧	⑨
ネ	⊖	⊕	⓪	①	②	③	④	⑤	⑥	⑦	⑧	⑨
ノ	⊖	⊕	⓪	①	②	③	④	⑤	⑥	⑦	⑧	⑨
ハ	⊖	⊕	⓪	①	②	③	④	⑤	⑥	⑦	⑧	⑨
ヒ	⊖	⊕	⓪	①	②	③	④	⑤	⑥	⑦	⑧	⑨
フ	⊖	⊕	⓪	①	②	③	④	⑤	⑥	⑦	⑧	⑨
ヘ	⊖	⊕	⓪	①	②	③	④	⑤	⑥	⑦	⑧	⑨
ホ	⊖	⊕	⓪	①	②	③	④	⑤	⑥	⑦	⑧	⑨

2

	解	答	欄									
	−	±	0	1	2	3	4	5	6	7	8	9
ア	⊖	⊕	⓪	①	②	③	④	⑤	⑥	⑦	⑧	⑨
イ	⊖	⊕	⓪	①	②	③	④	⑤	⑥	⑦	⑧	⑨
ウ	⊖	⊕	⓪	①	②	③	④	⑤	⑥	⑦	⑧	⑨
エ	⊖	⊕	⓪	①	②	③	④	⑤	⑥	⑦	⑧	⑨
オ	⊖	⊕	⓪	①	②	③	④	⑤	⑥	⑦	⑧	⑨
カ	⊖	⊕	⓪	①	②	③	④	⑤	⑥	⑦	⑧	⑨
キ	⊖	⊕	⓪	①	②	③	④	⑤	⑥	⑦	⑧	⑨
ク	⊖	⊕	⓪	①	②	③	④	⑤	⑥	⑦	⑧	⑨
ケ	⊖	⊕	⓪	①	②	③	④	⑤	⑥	⑦	⑧	⑨
コ	⊖	⊕	⓪	①	②	③	④	⑤	⑥	⑦	⑧	⑨
サ	⊖	⊕	⓪	①	②	③	④	⑤	⑥	⑦	⑧	⑨
シ	⊖	⊕	⓪	①	②	③	④	⑤	⑥	⑦	⑧	⑨
ス	⊖	⊕	⓪	①	②	③	④	⑤	⑥	⑦	⑧	⑨
セ	⊖	⊕	⓪	①	②	③	④	⑤	⑥	⑦	⑧	⑨
ソ	⊖	⊕	⓪	①	②	③	④	⑤	⑥	⑦	⑧	⑨
タ	⊖	⊕	⓪	①	②	③	④	⑤	⑥	⑦	⑧	⑨
チ	⊖	⊕	⓪	①	②	③	④	⑤	⑥	⑦	⑧	⑨
ツ	⊖	⊕	⓪	①	②	③	④	⑤	⑥	⑦	⑧	⑨
テ	⊖	⊕	⓪	①	②	③	④	⑤	⑥	⑦	⑧	⑨
ト	⊖	⊕	⓪	①	②	③	④	⑤	⑥	⑦	⑧	⑨
ナ	⊖	⊕	⓪	①	②	③	④	⑤	⑥	⑦	⑧	⑨
ニ	⊖	⊕	⓪	①	②	③	④	⑤	⑥	⑦	⑧	⑨
ヌ	⊖	⊕	⓪	①	②	③	④	⑤	⑥	⑦	⑧	⑨
ネ	⊖	⊕	⓪	①	②	③	④	⑤	⑥	⑦	⑧	⑨
ノ	⊖	⊕	⓪	①	②	③	④	⑤	⑥	⑦	⑧	⑨
ハ	⊖	⊕	⓪	①	②	③	④	⑤	⑥	⑦	⑧	⑨
ヒ	⊖	⊕	⓪	①	②	③	④	⑤	⑥	⑦	⑧	⑨
フ	⊖	⊕	⓪	①	②	③	④	⑤	⑥	⑦	⑧	⑨
ヘ	⊖	⊕	⓪	①	②	③	④	⑤	⑥	⑦	⑧	⑨
ホ	⊖	⊕	⓪	①	②	③	④	⑤	⑥	⑦	⑧	⑨

3

	解	答	欄									
	−	±	0	1	2	3	4	5	6	7	8	9
ア	⊖	⊕	⓪	①	②	③	④	⑤	⑥	⑦	⑧	⑨
イ	⊖	⊕	⓪	①	②	③	④	⑤	⑥	⑦	⑧	⑨
ウ	⊖	⊕	⓪	①	②	③	④	⑤	⑥	⑦	⑧	⑨
エ	⊖	⊕	⓪	①	②	③	④	⑤	⑥	⑦	⑧	⑨
オ	⊖	⊕	⓪	①	②	③	④	⑤	⑥	⑦	⑧	⑨
カ	⊖	⊕	⓪	①	②	③	④	⑤	⑥	⑦	⑧	⑨
キ	⊖	⊕	⓪	①	②	③	④	⑤	⑥	⑦	⑧	⑨
ク	⊖	⊕	⓪	①	②	③	④	⑤	⑥	⑦	⑧	⑨
ケ	⊖	⊕	⓪	①	②	③	④	⑤	⑥	⑦	⑧	⑨
コ	⊖	⊕	⓪	①	②	③	④	⑤	⑥	⑦	⑧	⑨
サ	⊖	⊕	⓪	①	②	③	④	⑤	⑥	⑦	⑧	⑨
シ	⊖	⊕	⓪	①	②	③	④	⑤	⑥	⑦	⑧	⑨
ス	⊖	⊕	⓪	①	②	③	④	⑤	⑥	⑦	⑧	⑨
セ	⊖	⊕	⓪	①	②	③	④	⑤	⑥	⑦	⑧	⑨
ソ	⊖	⊕	⓪	①	②	③	④	⑤	⑥	⑦	⑧	⑨
タ	⊖	⊕	⓪	①	②	③	④	⑤	⑥	⑦	⑧	⑨
チ	⊖	⊕	⓪	①	②	③	④	⑤	⑥	⑦	⑧	⑨
ツ	⊖	⊕	⓪	①	②	③	④	⑤	⑥	⑦	⑧	⑨
テ	⊖	⊕	⓪	①	②	③	④	⑤	⑥	⑦	⑧	⑨
ト	⊖	⊕	⓪	①	②	③	④	⑤	⑥	⑦	⑧	⑨
ナ	⊖	⊕	⓪	①	②	③	④	⑤	⑥	⑦	⑧	⑨
ニ	⊖	⊕	⓪	①	②	③	④	⑤	⑥	⑦	⑧	⑨
ヌ	⊖	⊕	⓪	①	②	③	④	⑤	⑥	⑦	⑧	⑨
ネ	⊖	⊕	⓪	①	②	③	④	⑤	⑥	⑦	⑧	⑨
ノ	⊖	⊕	⓪	①	②	③	④	⑤	⑥	⑦	⑧	⑨
ハ	⊖	⊕	⓪	①	②	③	④	⑤	⑥	⑦	⑧	⑨
ヒ	⊖	⊕	⓪	①	②	③	④	⑤	⑥	⑦	⑧	⑨
フ	⊖	⊕	⓪	①	②	③	④	⑤	⑥	⑦	⑧	⑨
ヘ	⊖	⊕	⓪	①	②	③	④	⑤	⑥	⑦	⑧	⑨
ホ	⊖	⊕	⓪	①	②	③	④	⑤	⑥	⑦	⑧	⑨

数学①解答用紙・第2面

4

	解答欄											
	−	±	0	1	2	3	4	5	6	7	8	9
ア	−	±	0	1	2	3	4	5	6	7	8	9
イ	−	±	0	1	2	3	4	5	6	7	8	9
ウ	−	±	0	1	2	3	4	5	6	7	8	9
エ	−	±	0	1	2	3	4	5	6	7	8	9
オ	−	±	0	1	2	3	4	5	6	7	8	9
カ	−	±	0	1	2	3	4	5	6	7	8	9
キ	−	±	0	1	2	3	4	5	6	7	8	9
ク	−	±	0	1	2	3	4	5	6	7	8	9
ケ	−	±	0	1	2	3	4	5	6	7	8	9
コ	−	±	0	1	2	3	4	5	6	7	8	9
サ	−	±	0	1	2	3	4	5	6	7	8	9
シ	−	±	0	1	2	3	4	5	6	7	8	9
ス	−	±	0	1	2	3	4	5	6	7	8	9
セ	−	±	0	1	2	3	4	5	6	7	8	9
ソ	−	±	0	1	2	3	4	5	6	7	8	9
タ	−	±	0	1	2	3	4	5	6	7	8	9
チ	−	±	0	1	2	3	4	5	6	7	8	9
ツ	−	±	0	1	2	3	4	5	6	7	8	9
テ	−	±	0	1	2	3	4	5	6	7	8	9
ト	−	±	0	1	2	3	4	5	6	7	8	9
ナ	−	±	0	1	2	3	4	5	6	7	8	9
ニ	−	±	0	1	2	3	4	5	6	7	8	9
ヌ	−	±	0	1	2	3	4	5	6	7	8	9
ネ	−	±	0	1	2	3	4	5	6	7	8	9
ノ	−	±	0	1	2	3	4	5	6	7	8	9
ハ	−	±	0	1	2	3	4	5	6	7	8	9
ヒ	−	±	0	1	2	3	4	5	6	7	8	9
フ	−	±	0	1	2	3	4	5	6	7	8	9
ヘ	−	±	0	1	2	3	4	5	6	7	8	9
ホ	−	±	0	1	2	3	4	5	6	7	8	9

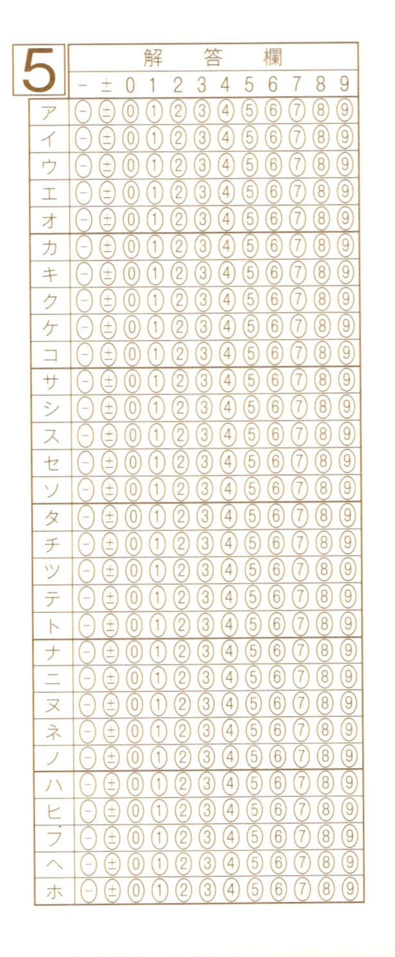

5

	解答欄											
	−	±	0	1	2	3	4	5	6	7	8	9
ア	−	±	0	1	2	3	4	5	6	7	8	9
イ	−	±	0	1	2	3	4	5	6	7	8	9
ウ	−	±	0	1	2	3	4	5	6	7	8	9
エ	−	±	0	1	2	3	4	5	6	7	8	9
オ	−	±	0	1	2	3	4	5	6	7	8	9
カ	−	±	0	1	2	3	4	5	6	7	8	9
キ	−	±	0	1	2	3	4	5	6	7	8	9
ク	−	±	0	1	2	3	4	5	6	7	8	9
ケ	−	±	0	1	2	3	4	5	6	7	8	9
コ	−	±	0	1	2	3	4	5	6	7	8	9
サ	−	±	0	1	2	3	4	5	6	7	8	9
シ	−	±	0	1	2	3	4	5	6	7	8	9
ス	−	±	0	1	2	3	4	5	6	7	8	9
セ	−	±	0	1	2	3	4	5	6	7	8	9
ソ	−	±	0	1	2	3	4	5	6	7	8	9
タ	−	±	0	1	2	3	4	5	6	7	8	9
チ	−	±	0	1	2	3	4	5	6	7	8	9
ツ	−	±	0	1	2	3	4	5	6	7	8	9
テ	−	±	0	1	2	3	4	5	6	7	8	9
ト	−	±	0	1	2	3	4	5	6	7	8	9
ナ	−	±	0	1	2	3	4	5	6	7	8	9
ニ	−	±	0	1	2	3	4	5	6	7	8	9
ヌ	−	±	0	1	2	3	4	5	6	7	8	9
ネ	−	±	0	1	2	3	4	5	6	7	8	9
ノ	−	±	0	1	2	3	4	5	6	7	8	9
ハ	−	±	0	1	2	3	4	5	6	7	8	9
ヒ	−	±	0	1	2	3	4	5	6	7	8	9
フ	−	±	0	1	2	3	4	5	6	7	8	9
ヘ	−	±	0	1	2	3	4	5	6	7	8	9
ホ	−	±	0	1	2	3	4	5	6	7	8	9

数学 ② 解答用紙・第１面

注意事項

1. 問題番号[4][5][6][7]の解答欄は，この用紙の第２面にあります。
2. 選択問題は，選択した問題番号の解答欄に解答しなさい。
3. 訂正は，消しゴムできれいに消し，消しくずを残してはいけません。
4. 所定欄以外にはマークしたり，記入したりしてはいけません。
5. 汚したり，折りまげたりしてはいけません。

・１科目だけマークしなさい。
・解答科目欄が無マーク又は複数マークの場合は，０点となることがあります。

解答科目欄

数学Ⅱ，数学B，数学C	旧教育課程			
	旧数学Ⅱ・旧数学B	旧数学Ⅱ	旧簿記・会計	旧情報関係基礎
○	○	○	○	○

1 解答欄

	−	0	1	2	3	4	5	6	7	8	9	a	b	c	d
ア	−	0	1	2	3	4	5	6	7	8	9	a	b	c	d
イ	−	0	1	2	3	4	5	6	7	8	9	a	b	c	d
ウ	−	0	1	2	3	4	5	6	7	8	9	a	b	c	d
エ	−	0	1	2	3	4	5	6	7	8	9	a	b	c	d
オ	−	0	1	2	3	4	5	6	7	8	9	a	b	c	d
カ	−	0	1	2	3	4	5	6	7	8	9	a	b	c	d
キ	−	0	1	2	3	4	5	6	7	8	9	a	b	c	d
ク	−	0	1	2	3	4	5	6	7	8	9	a	b	c	d
ケ	−	0	1	2	3	4	5	6	7	8	9	a	b	c	d
コ	−	0	1	2	3	4	5	6	7	8	9	a	b	c	d
サ	−	0	1	2	3	4	5	6	7	8	9	a	b	c	d
シ	−	0	1	2	3	4	5	6	7	8	9	a	b	c	d
ス	−	0	1	2	3	4	5	6	7	8	9	a	b	c	d
セ	−	0	1	2	3	4	5	6	7	8	9	a	b	c	d
ソ	−	0	1	2	3	4	5	6	7	8	9	a	b	c	d
タ	−	0	1	2	3	4	5	6	7	8	9	a	b	c	d
チ	−	0	1	2	3	4	5	6	7	8	9	a	b	c	d
ツ	−	0	1	2	3	4	5	6	7	8	9	a	b	c	d
テ	−	0	1	2	3	4	5	6	7	8	9	a	b	c	d
ト	−	0	1	2	3	4	5	6	7	8	9	a	b	c	d
ナ	−	0	1	2	3	4	5	6	7	8	9	a	b	c	d
ニ	−	0	1	2	3	4	5	6	7	8	9	a	b	c	d
ヌ	−	0	1	2	3	4	5	6	7	8	9	a	b	c	d
ネ	−	0	1	2	3	4	5	6	7	8	9	a	b	c	d
ノ	−	0	1	2	3	4	5	6	7	8	9	a	b	c	d
ハ	−	0	1	2	3	4	5	6	7	8	9	a	b	c	d
ヒ	−	0	1	2	3	4	5	6	7	8	9	a	b	c	d
フ	−	0	1	2	3	4	5	6	7	8	9	a	b	c	d
ヘ	−	0	1	2	3	4	5	6	7	8	9	a	b	c	d
ホ	−	0	1	2	3	4	5	6	7	8	9	a	b	c	d

2 解答欄

	−	0	1	2	3	4	5	6	7	8	9	a	b	c	d
ア	−	0	1	2	3	4	5	6	7	8	9	a	b	c	d
イ	−	0	1	2	3	4	5	6	7	8	9	a	b	c	d
ウ	−	0	1	2	3	4	5	6	7	8	9	a	b	c	d
エ	−	0	1	2	3	4	5	6	7	8	9	a	b	c	d
オ	−	0	1	2	3	4	5	6	7	8	9	a	b	c	d
カ	−	0	1	2	3	4	5	6	7	8	9	a	b	c	d
キ	−	0	1	2	3	4	5	6	7	8	9	a	b	c	d
ク	−	0	1	2	3	4	5	6	7	8	9	a	b	c	d
ケ	−	0	1	2	3	4	5	6	7	8	9	a	b	c	d
コ	−	0	1	2	3	4	5	6	7	8	9	a	b	c	d
サ	−	0	1	2	3	4	5	6	7	8	9	a	b	c	d
シ	−	0	1	2	3	4	5	6	7	8	9	a	b	c	d
ス	−	0	1	2	3	4	5	6	7	8	9	a	b	c	d
セ	−	0	1	2	3	4	5	6	7	8	9	a	b	c	d
ソ	−	0	1	2	3	4	5	6	7	8	9	a	b	c	d
タ	−	0	1	2	3	4	5	6	7	8	9	a	b	c	d
チ	−	0	1	2	3	4	5	6	7	8	9	a	b	c	d
ツ	−	0	1	2	3	4	5	6	7	8	9	a	b	c	d
テ	−	0	1	2	3	4	5	6	7	8	9	a	b	c	d
ト	−	0	1	2	3	4	5	6	7	8	9	a	b	c	d
ナ	−	0	1	2	3	4	5	6	7	8	9	a	b	c	d
ニ	−	0	1	2	3	4	5	6	7	8	9	a	b	c	d
ヌ	−	0	1	2	3	4	5	6	7	8	9	a	b	c	d
ネ	−	0	1	2	3	4	5	6	7	8	9	a	b	c	d
ノ	−	0	1	2	3	4	5	6	7	8	9	a	b	c	d
ハ	−	0	1	2	3	4	5	6	7	8	9	a	b	c	d
ヒ	−	0	1	2	3	4	5	6	7	8	9	a	b	c	d
フ	−	0	1	2	3	4	5	6	7	8	9	a	b	c	d
ヘ	−	0	1	2	3	4	5	6	7	8	9	a	b	c	d
ホ	−	0	1	2	3	4	5	6	7	8	9	a	b	c	d

3 解答欄

	−	0	1	2	3	4	5	6	7	8	9	a	b	c	d
ア	−	0	1	2	3	4	5	6	7	8	9	a	b	c	d
イ	−	0	1	2	3	4	5	6	7	8	9	a	b	c	d
ウ	−	0	1	2	3	4	5	6	7	8	9	a	b	c	d
エ	−	0	1	2	3	4	5	6	7	8	9	a	b	c	d
オ	−	0	1	2	3	4	5	6	7	8	9	a	b	c	d
カ	−	0	1	2	3	4	5	6	7	8	9	a	b	c	d
キ	−	0	1	2	3	4	5	6	7	8	9	a	b	c	d
ク	−	0	1	2	3	4	5	6	7	8	9	a	b	c	d
ケ	−	0	1	2	3	4	5	6	7	8	9	a	b	c	d
コ	−	0	1	2	3	4	5	6	7	8	9	a	b	c	d
サ	−	0	1	2	3	4	5	6	7	8	9	a	b	c	d
シ	−	0	1	2	3	4	5	6	7	8	9	a	b	c	d
ス	−	0	1	2	3	4	5	6	7	8	9	a	b	c	d
セ	−	0	1	2	3	4	5	6	7	8	9	a	b	c	d
ソ	−	0	1	2	3	4	5	6	7	8	9	a	b	c	d
タ	−	0	1	2	3	4	5	6	7	8	9	a	b	c	d
チ	−	0	1	2	3	4	5	6	7	8	9	a	b	c	d
ツ	−	0	1	2	3	4	5	6	7	8	9	a	b	c	d
テ	−	0	1	2	3	4	5	6	7	8	9	a	b	c	d
ト	−	0	1	2	3	4	5	6	7	8	9	a	b	c	d
ナ	−	0	1	2	3	4	5	6	7	8	9	a	b	c	d
ニ	−	0	1	2	3	4	5	6	7	8	9	a	b	c	d
ヌ	−	0	1	2	3	4	5	6	7	8	9	a	b	c	d
ネ	−	0	1	2	3	4	5	6	7	8	9	a	b	c	d
ノ	−	0	1	2	3	4	5	6	7	8	9	a	b	c	d
ハ	−	0	1	2	3	4	5	6	7	8	9	a	b	c	d
ヒ	−	0	1	2	3	4	5	6	7	8	9	a	b	c	d
フ	−	0	1	2	3	4	5	6	7	8	9	a	b	c	d
ヘ	−	0	1	2	3	4	5	6	7	8	9	a	b	c	d
ホ	−	0	1	2	3	4	5	6	7	8	9	a	b	c	d

数学②解答用紙・第2面

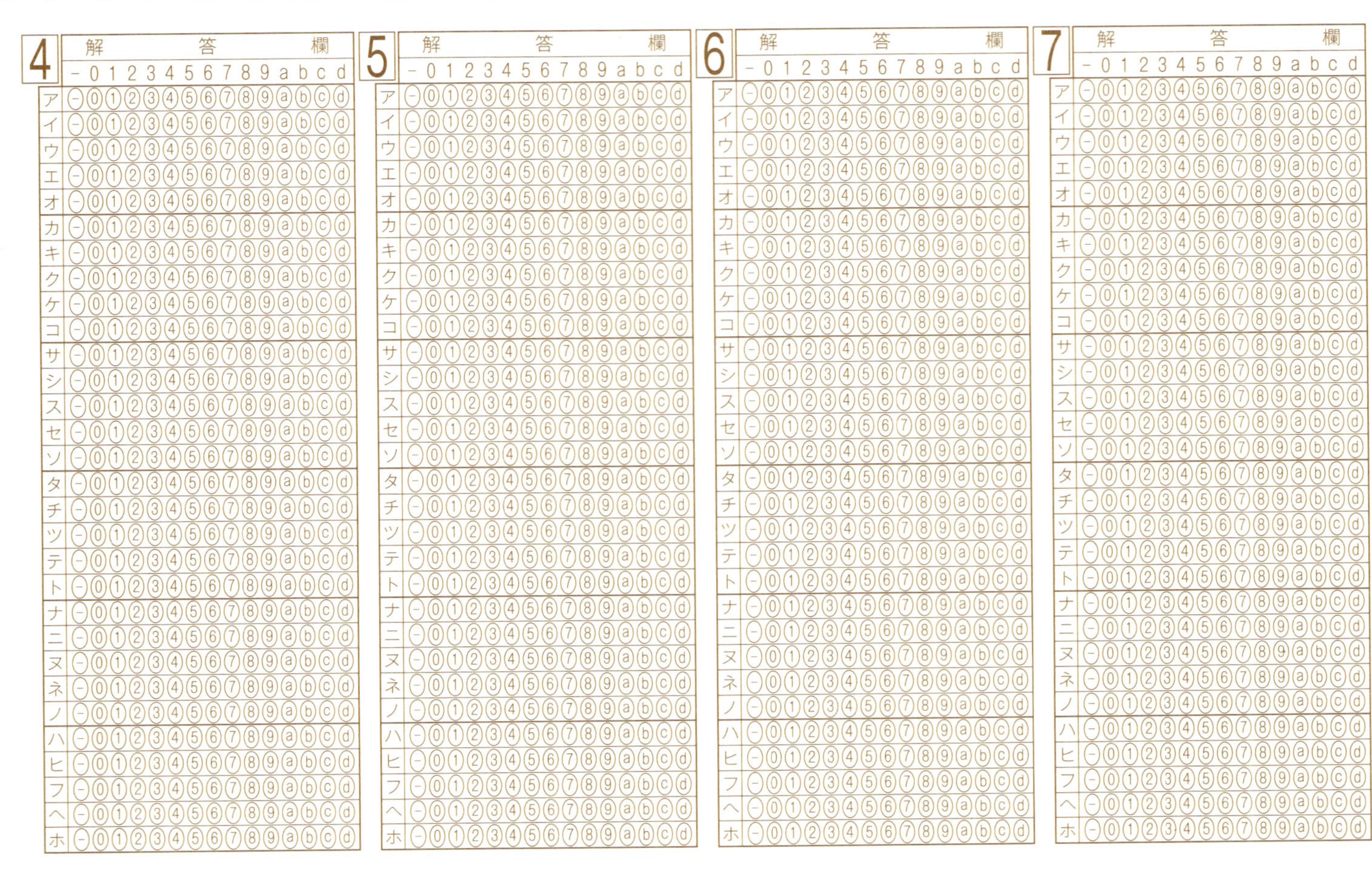
4 解答欄
5 解答欄
6 解答欄
7 解答欄
- 0 1 2 3 4 5 6 7 8 9 a b c d
ア イ ウ エ オ カ キ ク ケ コ サ シ ス セ ソ タ チ ツ テ ト ナ ニ ヌ ネ ノ ハ ヒ フ ヘ ホ

2025